中国建筑学会地基基础学术大会论文集（2022）

主　编　宫剑飞
副主编　高文生　王曙光

中国建筑工业出版社

图书在版编目（CIP）数据

中国建筑学会地基基础学术大会论文集. 2022/宫剑飞主编；高文生，王曙光副主编. —北京：中国建筑工业出版社，2022.10

ISBN 978-7-112-27852-7

Ⅰ. ①中… Ⅱ. ①宫… ②高… ③王… Ⅲ. ①地基-基础（工程）-学术会议-文集 Ⅳ. ①TU47-53

中国版本图书馆 CIP 数据核字（2022）第 161622 号

责任编辑：杨　允　李静伟　辛海丽
责任校对：李辰馨

中国建筑学会地基基础学术大会论文集（2022）
主　编　宫剑飞
副主编　高文生　王曙光
*
中国建筑工业出版社出版、发行（北京海淀三里河路 9 号）
各地新华书店、建筑书店经销
霸州市顺浩图文科技发展有限公司制版
北京圣夫亚美印刷有限公司印刷
*
开本：880 毫米×1230 毫米　1/16　印张：35¾　字数：1450 千字
2023 年 7 月第一版　2023 年 7 月第一次印刷
定价：**149.00** 元
ISBN 978-7-112-27852-7
（39839）

中国建筑学会地基基础学术大会（2022）

主办单位： 中国建筑学会地基基础分会
中国建筑科学研究院有限公司地基基础研究所
北京金山基础工程咨询有限公司

承办单位： 建研地基基础工程有限责任公司
北京建筑机械化研究院有限公司
建筑安全与环境国家重点实验室
国家建筑工程技术研究中心
住房和城乡建设防灾研究中心
北京市既有建筑改造工程技术研究中心

协办单位： 中国建筑设计研究院有限公司
中国航空规划设计研究总院有限公司
中铁工程设计咨询集团有限公司
中航勘察设计研究院有限公司
北京工业大学
北京中岩大地科技股份有限公司
北京市建筑设计研究院有限公司
北京土木建筑学会岩土工程委员会
北京市勘察设计研究院有限公司
建设综合勘察研究设计院有限公司
索泰克（北京）岩土科技有限公司
中兵勘察设计研究院有限公司
北京交通大学
《基础工程》杂志社

顾问委员会

主　任： 滕延京

委　员：（按姓氏笔画排名）

王公山　王吉望　王铁宏　王铁梦　王继孔　王惠昌　毛尚之　方惟寅　石少卿
朱象清　闫明礼　许溶烈　许镇鸿　肖自强　吴廷杰　吴朝淮　沈保汉　张乃瑞
张永钧　陆忠伟　陈如桂　陈希泉　周光孔　赵明华　咸大庆　侯光瑜　秦宝玖
袁内镇　顾宝和　顾晓鲁　钱力航　徐天平　徐海仁　高　岱　高永强　郭乐群
唐建华　黄　新　黄绍铭　梅全亭　曹名葆　彭盛恩　韩义夫　韩选江　裘以惠
潘秋元　薛慧立

学术委员会

主　任： 宫剑飞

副主任： 张建民　杨　敏　康景文　刘松玉　周同和　郑建国　郑　刚　王卫东

委　员：（按姓氏笔画排名）

丁　冰　马福东　王长科　王占雷　王红雨　王家伟　王曙光　毛由田　化建新
方泰生　尹金凤　白晓红　毕建东　朱　磊　朱武卫　仲崇民　任庆英　刘　润
刘小敏　刘永超　刘争宏　刘金波　刘春原　闫澍旺　汤小军　许国平　孙　云
孙　凯　孙宏伟　李　驰　李　昆　李向群　李庆刚　李连祥　李耀良　杨　军
杨成斌　杨志红　肖宏彬　吴　涛　何开明　何毅良　邹新军　宋昭煌　宋福渊
张长城　张丙吉　张成金　张吾渝　张季超　张钦喜　张信贵　张振拴　张鸿儒
陈　峥　陈昌富　陈锦剑　岳大昌　周家谟　郑永强　郑俊杰　房　震　赵海生
郝江南　胡岱文　柳建国　钟　阳　钟冬波　钟显奇　侯伟生　施　峰　袁志英
聂庆科　顿志林　柴万先　徐日庆　徐中华　徐立军　高广运　高文生　郭传新
郭院成　唐孟雄　黄　强　黄志广　黄茂松　黄质宏　梅国雄　曹积财　梁发云
梁志荣　韩鹏举　韩　煊　傅志斌　蔡国军　蔡袁强　滕文川　燕晓宁　霍文营
戴国亮　魏焕卫

组织委员会

主　任： 宫剑飞　高文生

副主任： 王曙光

委　员：（按姓氏笔画排名）

马福东　王　浩　化建新　石　健　任庆英　刘金波　汤小军　孙宏伟　孙金山
李建民　李建光　杨　军　宋福渊　张建民　张钦喜　张鸿儒　郑文华　柳建国
钟冬波　夏向东　郭传新　韩　煊　傅志斌　霍文营

前　言

中国建筑学会地基基础分会于2022年10月在北京市召开中国建筑学会地基基础学术大会（2022），会议旨在交流近年来适应我国城镇化发展地基基础领域所取得的最新研究成果，针对该领域的未来需求及热点难点问题展开学术讨论。同时邀请国内知名专家和学者对学科发展动态作主题报告。

本届会议自第一号通知发出以后，得到了国内众多岩土工作者的广泛响应和有关单位的大力支持。本次会议共收到投稿论文110余篇，经专家对稿件评审，会议最终有97篇论文入选本次会议论文集，会议论文集由中国建筑工业出版社出版。所收到的论文来源基本覆盖了全国主要省市区，论文作者来自国内大专院校、科研机构以及工程第一线的设计、研究和施工单位。这些论文内容涉及地基基础和城市地下空间领域理论研究、设计、施工和检测等方面，本次学术活动对促进我国地基基础工程技术的科技进步将起到积极作用。

本次会议由中国建筑学会地基基础分会、中国建筑科学研究院有限公司地基基础研究所、北京金山基础工程咨询有限公司联合主办；建研地基基础工程有限责任公司、北京建筑机械化研究院有限公司、建筑安全与环境国家重点实验室、国家建筑工程技术研究中心、住房和城乡建设防灾研究中心、北京市既有建筑改造工程技术研究中心承办；中国建筑设计研究院有限公司、中国航空规划设计研究总院有限公司、中铁工程设计咨询集团有限公司、中航勘察设计研究院有限公司、北京工业大学、北京中岩大地科技股份有限公司、北京市建筑设计研究院有限公司、北京土木建筑学会岩土工程委员会北京市勘察设计研究院有限公司、建设综合勘察研究设计院有限公司、索泰克（北京）岩土科技有限公司、中兵勘察设计研究院有限公司、北京交通大学、《基础工程》杂志社等协办。会议筹备和组织过程得到有关单位和同行专家们的热情关心和支持，在此谨向主办单位、承办单位、支持单位及协办单位，向本次会议论文评审专家和全体论文作者表示衷心感谢！向关心和支持本次会议的单位、专家和同行们致以诚挚的谢意！

中国建筑学会地基基础分会

2022年10月

目　录

地基基础

地基处理

桩基础

基坑工程

边坡工程

地下结构

岩土测试

施工技术

历史建筑改造中地基基础若干问题的讨论

钟 阳

（云南省建筑工程设计院有限公司，云南 昆明 610021）

摘 要：针对某历史建筑改造项目中地基基础工程，从原始资料、建筑现状、补充勘察、鉴定结论、设计及咨询等各个角度，分析了承载能力、变形、地基液化及震陷等技术问题，提出在既有建筑改造过程中，建筑现状与技术标准之间必须依靠正确的工程经验和概念设计，为项目找到可靠、可行、可持续的解决方法。

关键词：历史建筑；地基承载力；地基变形；液化与震陷

作者简介：钟阳，男，1970 年生，总工程师，主要从事结构抗震与岩土工程。

The analysis of foundation engineering in historical building renewing

ZHONG Yang

（Yunnan Architectural and Construction Design Institute，Kunming Yunnan 610021）

Abstract：This paper intends to analyze the foundation engineering in a historical building renew project，focus on the field where the history meets the reality，so many problem need to solve，such as the strength and settlement of the soil，the foundation liquidize，etc. Above all，the engineer who responsible should dig a way to get a compromise between what the building is and how the code ruled，which need flexibility and decision-making ability.

Key words：historical building；pressure and strength；settlement；soil liquidize

1 引言

当前我国城市建设进入新的历史阶段，大拆大建日渐式微，有机、可持续的城市更新运动方兴未艾，历史建筑由于深厚的社会人文背景，在这一过程中受到各方的高度关注。就技术方面而言，由于年代的久远、文保的要求、原始物证资料的缺乏、工程标准的升级换代、建筑使用和管理的变化等因素，使得历史建筑改造的难度很大，而其中地基基础部分更因隐蔽工程特点，困难尤为突出。

笔者工作中接触到的一个项目，在如何处理地基基础问题上就很费思量，“安全、适用、经济、美观、环保”，作为工程的总目标自然是毋庸置疑的，但建筑的历史存在是客观事实，现行的工程技术标准如何与之相结合，是对工程师团队综合能力的考验。

2 工程概况

该项目位于某省会城市中心地段，地理环境优越，紧邻全国重点文物保护单位和城市水体公园，项目建于1957 年，曾是特殊历史时期的当地“十大工程”之一，作为城市展览馆使用至今，现拟改造为专向博物馆，几乎每个技术专业，都面临与现行技术标准诸多方面的矛盾，改造工程的成功与否，有赖于如何妥善化解矛盾，解决问题。本文仅就建筑结构中地基基础部分进行讨论。

原建筑主馆为一栋 3 层建筑，建筑高度 24.0m，无地下室（图 1），20 世纪 80 年代进行过简单结构加固，现改造方案内部空间划分有较大调整，建筑外立面基本维持原风貌（图 2）。

图 1 建筑效果图

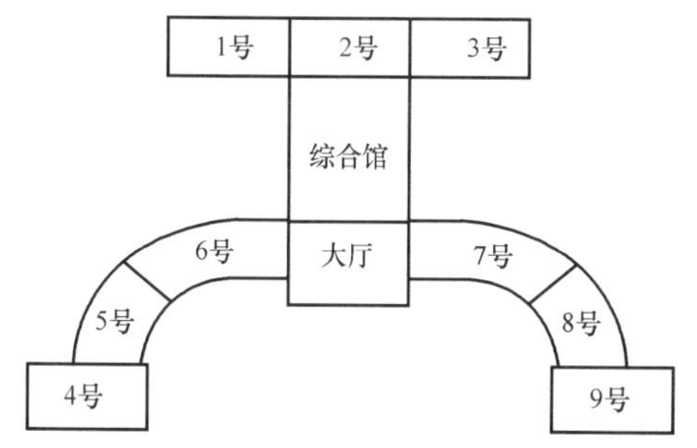

图 2 平面分区图

建筑总尺寸长 100m、宽 80m，业主要求改造后续使用年限为 50 年，结构安全等级为一级，建筑抗震设防分类乙类，地基基础设计等级为甲级；当地抗震设防烈度为 8 度（0.2g），第三组，场地类别为Ⅲ类。

经过多方努力，收集到少量当年的设计资料，原结构为外墙砌体-内框架，基础为墙下条形基础和柱下独立基础（毛石）（图 3、图 4）。

前期确定的项目改造总原则为：坚持“修旧如旧，保

地基基础

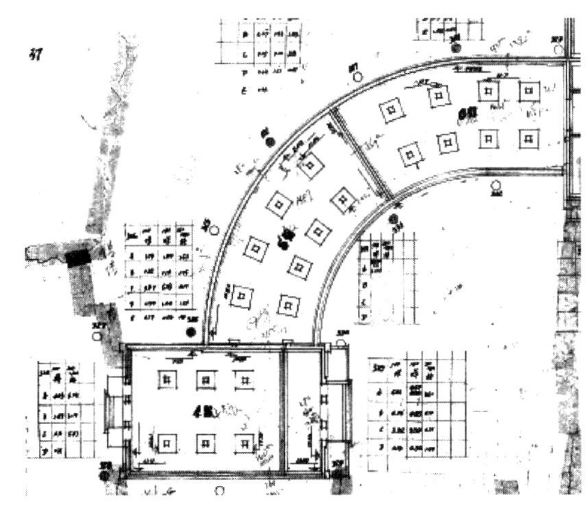

图 3　基础平面布置图（局部）

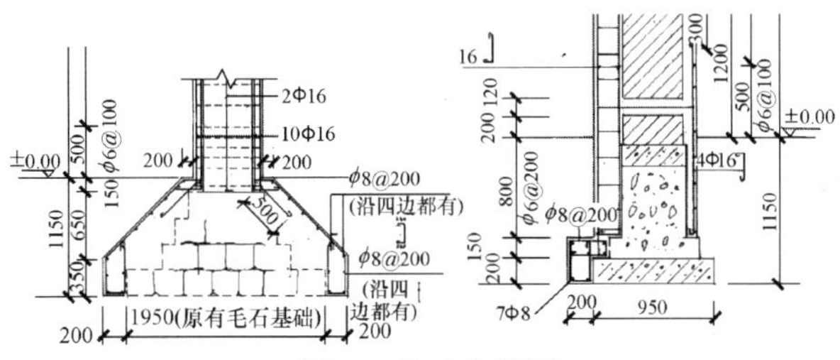

图 4　基础大样图

（图中钢筋混凝土部分为 20 世纪 80 年代加固）

护为主，抢救第一，合理利用，加强管理”的保护方针，尽可能真实完整保存历史原貌和建筑特征，尽可能保留现有建筑材料，在充分科学依据的条件下，最大限度地延长该建筑物寿命和最大化利用的原则，实现修旧如旧的要求。

同时，该建筑物使用已达 60 余年，原主体结构承载能力下降，必须满足现有建筑功能荷载使用要求、提高该建筑物抗震性能要求进行结构加固改造处理。

3　地基基础鉴定结论

项目业主委托了专业单位对项目进行全面的质量安全鉴定，其中关于地基基础部分的结论为：

“经调查，该工程框架部分为独立基础、砌体部分为毛石基础。现场对受检建筑四周进行检查，未发现散水有开裂现象；同时对上部主体结构和围护结构重点检查，当前未发现因地基不均匀沉降而引起上部结构明显倾斜、扭曲、歪闪及围护墙体开裂等现象。”

“经现场实测，房屋最大倾斜值为 11.0mm，倾斜率为 0.80‰，满足《建筑地基基础设计规范》GB 50007—2011 限值要求（≤4‰）。现场检查结果表明，受检房屋地基基础未发现不均匀沉降现象，依据《民用建筑可靠性鉴定标准》GB 50292—2015 第 7.2.2 条、7.2.3 条、7.2.5 条规定，结合分析：房屋地基基础子单元安全性等级评定为 Bu 级。”

从技术角度，作为服役超半个世纪的历史建筑，地基基础的表现值得点赞，说明原基础设计和施工具有较高的质量水准或安全冗余度。

4　岩土工程勘察资料

由于原有的地勘资料缺失，为配合本次改造又进行了专项勘察，勘察钻孔沿现有建筑外墙布置。

据勘察报告，工程场地地基土层总体上以第四系人工填土、冲湖积的黏性土、粉性土以及软（弱）土和坡洪积的黏性土以及下伏基岩等地层为主。其分布特征主要表现为（图 5）：场地浅表部广泛分布①人工填土层，表层覆盖厚约 15～30cm 的混凝土地坪；浅部分布厚度变化较大的冲湖积（Q^{al+1}）②黏性土、粉性土及软（弱）土层；其下为坡洪积（Q^{dl+pl}）的③黏性土层；下伏 P1y（二叠系阳新组）④灰岩。

地基主要土层为：②$_1$ 黏土：灰褐、褐灰，湿，可塑状态，高压缩性，岩芯切面较光滑，稍具光泽，干强度及韧性中等，部分含腐殖物，孔隙较大，标贯实测锤击数 5～6 击，平均 5.2 击，场区内勘探点揭露层厚为 0.6～2.9m，平均厚度 1.43m，层间夹有②$_1^1$ 层粉土透镜体。

②$_1^1$ 粉土：灰、褐灰，浅灰，湿，中密状态，中压缩性，岩芯切面较粗糙，干强度低，韧性低，无光泽，稍具摇振反应，标贯实测锤击数 11 击，场区内勘探点揭露层厚 0.5～3.2m，平均厚度 1.39m，呈透镜体分布。

②$_2$ 泥炭质土：黑、灰黑色，湿，软塑状态，局部可塑状态，高压缩性，孔隙较大，含水量较高，稍具臭味，含腐殖物，局部夹薄层灰黑、黑灰色有机质黏土，有机质含量平均值为 23.79%，属中泥炭质土，岩芯切面稍粗糙，标贯实测锤击数 3～4 击，平均 3.7 击，场区内勘探点揭露层厚 0.6～2.5m，平均厚度 1.61m。

②$_3$ 黏土：蓝灰、褐灰、灰褐，湿，可塑状态，高压缩性，岩芯切面较光滑，稍具光泽，干强度及韧性中等，部分含腐殖物，孔隙较大，标贯实测锤击数 7～11 击，平均 8.0 击，场区内勘探点揭露层厚为 0.6～14.8m，平均厚度 4.35m，层间夹有②$_3^1$ 层粉土透镜体。

②$_3^1$ 粉土：灰褐、褐灰，浅灰，湿—很湿，中密状态，中压缩性，岩芯切面较粗糙，干强度低，韧性低，无光泽，稍具摇振反应，标贯实测锤击数 9～16 击，平均 12.8 击，场区内勘探点揭露层厚 0.5～3.5m，平均厚度 1.90m，呈透镜体分布。

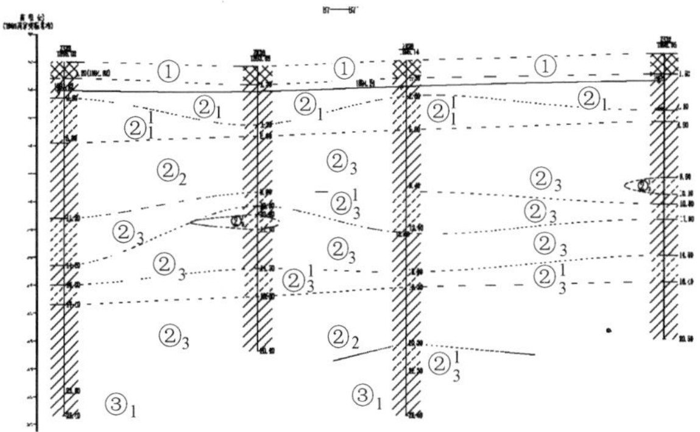

图 5　地质剖面图

5 地基基础问题

分析建筑现状及岩土工程勘察报告，本项目改造设计的地基基础工程面临三个主要问题：

（1）地基承载力：通过资料收集和局部开挖验证，原地基基础持力层为现勘察报告中$②_1$黏土，原设计要求承载力 $15t/m^2$，而据现勘察报告该土层承载力设计值为120kPa（已综合考虑深度及宽度修正），两者存在约25%的差距。

用原基础断面和现有地勘资料进行计算复核，原基础承载力、变形均不满足现有规范下的建筑荷载功能使用要求，零应力区超出50%。

（2）地基液化问题：

勘察报告明确提出在20m深度范围内分布的饱和粉（砂）土层主要为$②_1^1$层粉土和$②_3^1$层粉土。根据室内颗分试验成果并经标贯法计算分析，上述饱和砂（粉）土均存在液化问题，液化指数 I_{lE} 为1.51～7.29，根据各孔液化指数综合判定地基的液化等级为中等液化。地震液化会导致基础承载力减弱和缓慢的沉降，因此改造设计时尚需考虑场地内饱和砂（粉）土地震液化的影响。

（3）软（弱）土震陷：结合勘察成果资料以及波速测试成果，场地内浅部分布典型软土，即$②_2$层泥炭质土。主要分布于现状地表下1.9～4.2m之间，因此工程场地需考虑软（弱）土震陷影响。

6 地基基础加固措施

针对以上问题，本项目的初步设计单位提出了进行地基基础加固的设计方案。

采取的主要技术措施：（1）对地基土层进行压力注浆加固，以消除液化和震陷，提高地基土的强度、变形模量并减少土层沉降，注浆孔间距1.5～1.8m，确保被加固土体在平面和深度范围内连成整体；注浆的深度要求穿过20m内的液化土层，平均注浆深度约18m；（2）增设钢筋混凝土筏板基础；要求筏板基础与原条形基础、独立基础可靠连接，保证新、旧基础的连接牢固和变形协调（图6）。

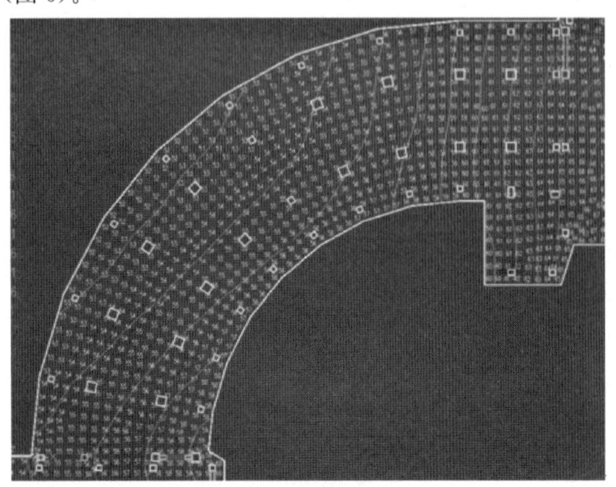

图6 地基基础加固平面图（局部）

7 讨论

在设计咨询过程中，针对该加固方案，各方进行了广泛的讨论。文保方担心压力注浆会损害历史建筑，并对邻近的重点文物带来伤害；环保部门担忧会影响水体公园的水质；工程技术方面讨论的焦点并不是设计方案的经济性和实施难度，而是加固设计的出发点：为什么要加固。

（1）地基承载力和变形：第一种意见认可目前的设计方法，认为按勘察报告提出的承载力和变形参数进行后续计算和处理，无可厚非；第二种意见认为，建筑已正常使用60余年，勘察报告的取值低于实际情况，证明勘察工作有误，应由勘察单位复核，或补充平板载荷试验，重新提出计算指标；第三种意见认为，勘察工作本身是符合现行技术标准的，不能简单认为报告有误，客观存在的建筑物可以理解为长期的实体载荷测试，如果上部荷载未增加，宜维持现状，不对地基基础进行处理；第四种意见认为，即便认可现状地基强度和变形均满足后续使用要求，但历史建筑基础构件的耐久性肯定存在问题，仍应进行加固处理。

（2）地基的液化和震陷：由于勘察报告明确提出了场地的液化和震陷问题，对于如何认识和处理，同样有不同观点。有意见认为按正常思路，规范对液化判别有标准，对各类建筑的液化处理有明确的规定，照章办事，不要自找麻烦；也有专家提出本场地的几层疑似可液化土层竖向厚度不大，$②_1^1$粉土平均厚度1.39m；$②_3^1$粉土平均厚度1.90m，中间隔有不透水的黏土层，两层土水平分布也并不连续，有些钻孔厚度仅几十厘米，总体呈透镜体分布，现勘察以标贯数为唯一液化判别指标，合理性不足；当然，讨论过程中勘察单位也提出目前的规范并没有为液化设定厚度条件，以标贯数判断是常规做法，而且工程中也没有其他更好的方法；另一个情况是，该城市在20世纪80年代之前地震设防烈度为7度，但后来调整为8度，液化的标贯判别标准也水涨船高。

折中意见认为应该承认液化，通过计算震陷沉降量来评估可能的液化影响，如果影响程度轻微，可以不必进行专门的液化处理；或者可以参照早期规范版本的相关规定，只考虑地面以下15m深度范围的液化问题，在多层液化土分布的情况下，可以有效减少处理工作量。

液化问题在新建项目中同样存在，目前工程界一方面不断有学者发表文章介绍地震区场地液化的“新”发现，即向低烈度区和粗粒土（甚至砾石）扩展，这种“蔓延”甚至已经动摇传统对液化发生条件“饱和、松散、细粒”的认识根基；但另一方面，即便在超越震区当地设防水平的大震中，可以明确判定因液化产生的典型建筑结构震害案例又很罕见；与此同时，我国目前规范规定的液化标贯判别击数值，在经过历次修订提高后，在高烈度地区趋向保守，按此标准，中密以上砂类土都可能液化，且标贯几乎成为唯一判别依据。

8 结语

历史建筑的保护、利用，是一个综合性的课题，由于客观条件限制，历史建筑可以采取的工程措施和检验手段十分受限。其中地基基础实际状况由于难以直接查明，一般只能通过观察建筑沉降或开裂等现象来间接获取信息，即便加固，其施工质量同样不易检验，同时存在其他方面的负面影响。

对于案例项目，地基土的强度、变形和液化等问题无法回避，本文重在提出不同观点加以讨论，实际工作中，通过各方的沟通协调，初步确定了“适当加固”的大原则，具体实施还需要结合现场实际情况灵活处理，才能确保实现工程总目标。

参考文献：

[1] 中华人民共和国住房和城乡建设部. 建筑抗震设计规范(2016年版)：GB 50011—2010[S]. 北京：中国建筑工业出版社，2016.

[2] 中华人民共和国住房和城乡建设部. 地基基础设计规范：GB 50007—2011[S]. 北京：中国建筑工业出版社，2012.

[3] 中华人民共和国住房和城乡建设部. 岩土工程勘察规范(2009年版)：GB 50021—2001[S]. 北京：中国建筑工业出版社，2009.

[4] 杨润林. 地基基础液化鉴定与加固新技术研究[M]. 北京：知识产权出版社，2004.

[5] 刘惠珊. 砾石的液化判别探讨[C]//中国建筑学会，中国地震学会. 第五届全国地震工程学术会议论文集，1998.

[6] 曹振中，袁晓铭，陈龙伟，等. 汶川大地震液化宏观现象概述[J]. 岩土工程学报，2010(4)：645-650.

岩溶地区某厂房的基础设计及施工问题处理

曹　龙，邹　宏
（中国航空规划设计研究总院有限公司，北京 100120）

摘　要：岩溶地区因地质情况复杂，对勘察、设计及施工单位的技术经验要求较高。文章主要介绍了勘察数据和实际施工数据出现较大的差异后的处理情况；介绍了独立基础在岩石地基中的抗剪计算往往很难满足要求，可以采取预设基础高度反算承载力的方法进行设计；介绍了在岩溶地区的桩（墩）施工中经常碰到溶洞、暗河以及其他不可预料情况时采取的一些施工应对措施。

关键词：岩溶；基础抗剪；岩石地基；溶洞；暗河

作者简介：曹龙，硕士，高级工程师，中国航空规划设计研究总院有限公司。Email：52764473@qq.com。

Foundation design and construction treatments of a factory building in karst area

CAO Long，ZOU Hong
（China Aviation Planning and Design Institute（Group）Co.，Ltd.，Beijing 100120，China）

Abstract：Because of the complexity of geological conditions in karst area，the technical experiences of investigation，design and construction units are required highly. This paper mainly introduces the processing of survey data and actual construction data with large deviation；and introduces that the shear calculation of the Independent Foundation in the rock foundation is often difficult to meet the requirements，we can adopt the design method of inverse calculation of bearing capacity based on the preset foundation height；This paper introduces some practical measures for pile（pier）construction in karst area when it often encounters karst cave，underground river and other unexpected situations.

Key words：karst；foundation shear；rock foundation；karst cave；underground river

1　工程概况

广西某药材基地项目位于柳州地区宜州市，一期包括1号综合楼和2号厂房，其中1号综合楼建筑面积约为0.6万m^2，结构总高度为17.9m，2号厂房建筑面积约为1.04万m^2，结构总高度为14.3m。主体结构采用钢筋混凝土框架结构，柱网为9m/7m×9m/8m。1号楼地上4层局部5层，层高分别为4.8m、4.8m、4.2m和4.2m，局部出屋面层高4.4m。2号厂房地上2层，层高分别为7.8m和6.5m。

该工程结构安全等级为二级，结构使用年限为50年。抗震设防烈度为6度，设计基本地震加速度为0.05g，地震分组为第一组，抗震设防类别为标准设防类，框架抗震等级为四级，场地类别为Ⅱ类。地基基础设计等级为乙级。基本风压0.3kN/m^2，地面粗糙度为B类。1号工艺区活荷载为4.0kN/m^2，其他按荷载规范要求；2号工艺活荷载为10kN/m^2。

2　地基基础方案

2.1　地质条件

拟建场区场地土层自上而下依次为：$①_1$素填土（Q_4^{ml}）：灰色，稍湿，松散，主要为煤渣及少量黏性土，均匀性差，堆填时间约10年。该层在场地内分布较连续，层厚0.80～5.30m，层顶高程为138.14～138.54m。②红黏土（Q_4^{dl+el}）：浅黄色，硬塑，稍湿，致密状结构，主要成分为黏土矿物，稍有光泽，无摇振反应，干强度高，韧性高。该层在场地分布连续，层厚0.20～4.0m。层顶高程为132.84～137.42m。③灰岩（C1L2）：灰白色，中风化，隐晶质结构，中—厚层状，岩体较完整，岩芯呈短柱状、柱状，采取率90%～95%，RQD=85～90。取6组岩样做饱和单轴抗压试验，抗压强度值62.5～80.0MPa，平均值70.8MPa，标准值68.7MPa，属坚硬岩，岩体基本质量等级属Ⅱ级。该层在场地内分布连续，层顶高程为130.94～138.48m。勘察时未揭穿，平均控制厚度为5.30m。室内正负零标高相当于绝对标高139.10m。

2.2　基础方案设计

根据详细勘察建议，场地①素填土分布较连续，厚度相对较大，属高压缩性土层，工程性质差，未经处理不能作为拟建物的天然地基基础持力层；②红黏土在场地内分布不连续，分层厚度小，属于不均匀地基，沉降差异难以控制，故不宜以②红黏土为基础持力层。③灰岩分布连续，该层厚度大，层位较稳定，埋深较浅，承载力高，压缩变形小，地基变形差异小，可以采用独立柱基础+桩（墩）基础，以③灰岩作为基础持力层。工程地质剖面见图1。桩基础建议采用旋挖钻孔灌注桩或机械冲孔灌注桩。

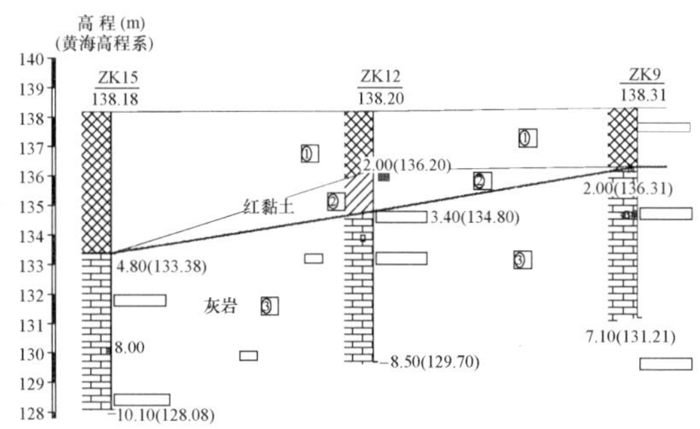

图 1　工程地质剖面图

Fig. 1　Profile of Engineering Geology

3　地勘报告与实际情况的偏差及处理

3.1　详细勘察与施工勘察情况

由于岩溶地区的基础设计需要，本工程在施工图过程中除了依据详细勘察报告外还补做了更加详细的施工勘察。

详细勘察共布设了 17 个钻孔，其中技术性钻孔 12 个，一般性钻孔 5 个，孔间距 30～40m，深度为入岩 5m。勘察显示，拟建场地及附近无活动性断裂通过，勘探期间未发现有土洞、岩溶塌陷、滑坡、崩塌、泥石流等不良地质作用；未发现有隐伏的古河道、墓穴、孤石、地下空洞、防空洞及临空面等对工程不利的地下埋藏物，下伏基岩为灰岩，岩层厚度大，承载力高，分布连续；未发现有地下水及地表水冲蚀现象；评价该场地岩溶、土洞发育趋势弱，建筑场地及地基稳定性良好。

施工勘察共布设了 133 个钻孔，每柱下均设孔，深度为入岩 5m。勘察显示有 8 个钻孔遇有溶洞，溶洞由黏性土充填，溶岩钻孔可见洞率约为 6%。基桩施工时，桩端应穿过溶洞，进入稳定基岩层。

3.2　勘察数据与施工开挖实际数据的偏差及处理

两次勘察均没有揭露出场地有暗河和大溶洞，而实际开挖在 2 号厂房发现直径大约 10m×18m 的大溶洞，在地面下 1.5m 左右，溶洞内有暗河，水深度约 1m，流量较大。

施工勘察遇溶洞 8 个，实际开挖遇溶洞 11 个。

两次勘察对于基底持力层岩石的预测标高与实际开挖的标高出现了较大偏差，导致在设计过程中，有的独立基础需要改为桩基，有的桩基需要改为独立基础，标高最大偏差 3m。

两次勘察对于灰岩的指标有所不同，详勘中石灰岩承载力特征值为 6500kPa，施工勘察中石灰岩承载力特征值为 5000kPa，后经反复确认后施工勘察修正为 6500kPa。

地勘报告缺乏对于石灰岩的表面起伏大，斜度大，基底局部不完整等情况的处理建议。本项目个别独立基础，由于基岩坡度大或者基底局部不是完整岩面出现得较多。缺失面少于 10% 的情况，设计上考虑承载力的按面积折减，可以不处理或者清理后填 C25 混凝土处理。对于缺失面积在 20% 以下的情况，考虑将此处土挖掉，采用填 C25 混凝土处理。超过 20% 的将基底继续下挖至满足要求后再处理。

两次勘察对于岩石持力层深度的判断不足，导致开挖后实际勘探的持力层厚度大部分不满足 5m 的要求，少量在 3m 以下。根据《岩土工程勘察规范》GB 50021—2001 规定：对桩基础，一般性勘探孔的深度应达到预计桩长以下（3～5）d，且不得小于 3m；对于大直径桩，不得少于 5m。对于本工程桩径为 800mm 以上的大直径桩，实际开挖后探明持力层厚度不足 4m 的需要采取补充勘察，4m 以上的经与当地质检和勘察单位沟通，根据当地的经验，可以满足承载要求，没有进行补充勘察。

3.3　勘察单位与检测单位对灰岩的岩性数据不符

《建筑基桩检测技术规范》JGJ 106—2014 第 3.3.7 条的规定，“对于端承型大直径灌注桩，当受设备或现场条件限制无法检测单桩竖向抗压承载力时，可选择下列方式之一，进行持力层核验：采用钻芯法测定桩底沉渣厚度，并钻取桩端持力层岩土芯样检验桩端持力层，检测数量不应少于总桩数的 10%，且不应少于 10 根”。鉴于该工程的单桩竖向抗压承载力较大，且场地空间有限，没有达到堆叠配重的要求，无法进行单桩竖向抗压静载试验，经研究，本工程采取低应变法对基桩进行桩身完整性检测，并采用钻芯法对基桩进行承载力检测，也可以补充验证基桩桩长、桩身混凝土强度、桩底沉渣厚度，判定或鉴别桩端岩土性状，判定桩身完整性类别。通过对比基桩检测报告与勘察报告，发现两报告中的石灰岩的指标有一定的差异，具体见表 1、表 2，但是最终的承载力特征值基本一致。通过沟通，双方对于承载力特征值达成一致数值，最终也是采用此值进行了设计。

勘察报告中岩石指标　　表 1

The Rock indicators in survey report　　Table 1

岩石名称	统计个数 n	范围值 (MPa)	平均值 f_{rm} (MPa)	变异系数 δ	标准值 f_{rk} (MPa)	折减系数 ψ_r	承载力特征值 f_{ak}(kPa)
③灰岩	6	60.2～80.0	70.8	0.07	68.7	0.10	6870

检测报告中岩石指标　　表 2

The Rock indicators in the test report　　Table 2

岩石名称	统计个数 n	范围值 (MPa)	平均值 f_{rm} (MPa)	变异系数 δ	标准值 f_{rk} (MPa)	折减系数 ψ_r	承载力特征值 f_{ak}(kPa)
③灰岩	21	38.7～59.9	47.73	0.15	44.9	0.15	6735

4　岩石地基中独立基础的抗剪问题

常规的独立基础大都是用冲切计算确定基础高度，但是当地基承载力较高，基底面积相对较小，按一般经验确定基础高度后，基底面积常在柱 45°冲切锥体范围内，不需要作冲切验算。此时许多基础设计软件仅是以控制抗弯钢筋的数量来验算一下基础高度是否合理，实际上此时基础高度往往由抗剪承载力决定的，如果不进行验算使得基础不安全。因《建筑地基基础设计规范》GB 50007—2011[1] 中未直接给出独立基础的抗剪承载力公式，其抗剪承载力验算一般均采用《混凝土结构设计规范》(2015 年版)：GB 50010—2010[2] 中规定的不配置箍筋和弯起钢筋的一般板类受弯构件的抗剪承载力公式，且验算截面取为基础柱边或基础变截面处，其结果往往造成岩石地基上的独立基础较高，造成无法设计和不必要的浪费。因此，学界对《建筑地基基础设计规范》GB 50007—2011 第 8.2.9 条独立基础的抗剪验算公式（$V_S \leqslant 0.7\beta_{hs} f_t A_0$）有很多的探讨[3]，焦点一是对抗剪验算截面提出不同看法；焦点二是对独立基础这种跨高比比较小的构件的抗剪公式的适用性提出疑义；焦点三是由于基础的刚度和基岩的刚度的不同，基底反力分布规律有很大的变化，计算时如何考虑反力分布有不用意见。

结合本工程实际情况，如果采取基岩的实际承载力计算，独立基础的厚度将有可能超过基底开挖深度。因此，本工程采用先拟定基础合理的高度，通过反算得出对应的基岩承载力特征值，再用该特征值上下增减一定数值进行独立基础的迭代设计，以最经济的独立基础尺寸对应的特征值作为设计基岩特征值，该承载力特征值虽然比基岩的实际承载力低，但却相对经济合理。

5 岩溶地区的施工问题处理

岩溶地区由于地质条件复杂，灰岩性状复杂，地形多变，对施工单位的经验要求比较高。在开挖过程中需要随时对地质条件进行研判，详细记录每个地层变化情况，并且及时对比施工勘察报告数据，一旦出现不符的情况，要及时和地勘、设计单位进行沟通。本项目前期施工单位对于开挖机械性能判断不足，采用的机械冲孔设备功率太小，对于较深的孔，成孔效率太低，容易出现孔斜、卡钻和掉钻等事故，项目又地处偏远，设备不能及时更换，导致进度一再延误。后期通过调用大吨位的旋挖钻孔机才提高了成孔率。

5.1 溶洞的一般施工处理方法

岩溶地区成桩要做好漏水、塌孔、溶洞等常见施工问题的预案，施工过程中要采取相应的安全措施。本工程一共有 133 个孔，其中见溶洞的孔有 11 个，根据地勘显示，溶洞大小在 1～5m 之间，均有填充物，属于小型和一般溶洞。对于小型溶洞，在钻孔前，施工人员需要提前准备片石或黏土，遇洞后采用抛填片石、黏土互层进行小冲程处理，增加填充物的密实度。同时也要准备好短时间内快速注浆工作，如果出现漏浆后确保能够及时供应浆料。

对于溶洞较大的，或者无填充物的，或填充物无法成孔的，也可以采用护筒跟进施工方案确保施工安全和顺利成桩，因此需要提前准备好护筒。护筒法成孔可以有单护筒法和双护筒法，如果桩长较长，数量较多时可以采用双护筒法，这样可以取出外护筒，性价比较高。单护筒泥浆护壁冲击钻孔一般采用抽渣法清孔，双护筒冲击钻孔采用吸泥法清孔，吸泥机管径为 100～150mm。经过 3h 观察，孔底沉渣厚度≤5cm 时，即可停止清孔，灌注水下混凝土。

5.2 本工程中溶洞和暗河的施工处理

在项目施工中，本工程一共有 11 根桩遇到溶洞，个别溶洞空洞较深，有多处空洞，孔底有活水，通向暗河，个别孔洞内淤泥量大，见图 2。由于施工单位前期对于溶洞的认识不足，成孔时对可以成孔的溶洞没有进行填埋处理，导致后期浇筑混凝土成桩时，发现混凝土流失严重，无法成桩。本项目中 51 号桩及 52 号桩发生此种情况，只能采用放置护筒后再浇筑混凝土。127 号桩孔地勘未显示溶洞，实际地质情况与地勘完全不同，实际孔深 33m 左右，钻孔遇到水和流砂，拔钻后，流砂从旁边涌入，无法成孔。采用回填片石混合物后，再用旋挖机反钻压实后二次成孔。但是浇筑混凝土时还是发现混凝土浇筑不满，只能放置护筒后进行混凝土浇筑。

施工 104 号桩时，发现局部的空洞，经勘探后发现该空洞通向一个较大的空溶洞，底部有暗河，水流湍急，水深大约 1m，水量较大，溶洞平面尺寸约有 1 个柱网大小，高度大约 8m，具体见图 3。

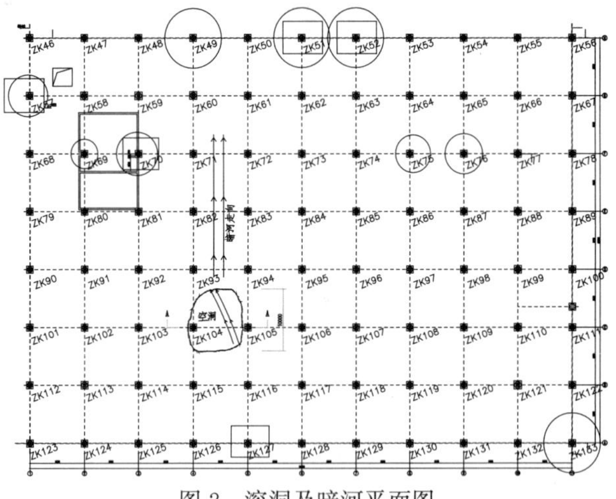

图 2 溶洞及暗河平面图

Fig. 2 Karst cave and underground river plan

对于岩溶地区的暗河处理时，一般首先需要做全面的探明，查出暗河深度、宽度、高度、位置、水源情况以及丰水期流量情况。在探明的基础上形成处置方案，一般有两种处理方案，方案一是在厂房外将暗河堵截并改道引走，厂房内的河道进行填埋或者跨越的处理；方案二是不改变暗河流向，对厂房内暗河进行埋管处理，避免暗河冲刷地基影响桩（墩）基础安全，也可以避免厂房地面塌陷、沉降等。埋管直径需要根据水源情况，丰水期的流量设置，埋管后进行跨越或填埋处理。本项目采用第二种方案进行了处理，在暗河处放置了多根混凝土空心管让水流通过，在空心管上部浇筑了厚混凝土配筋板进行了跨

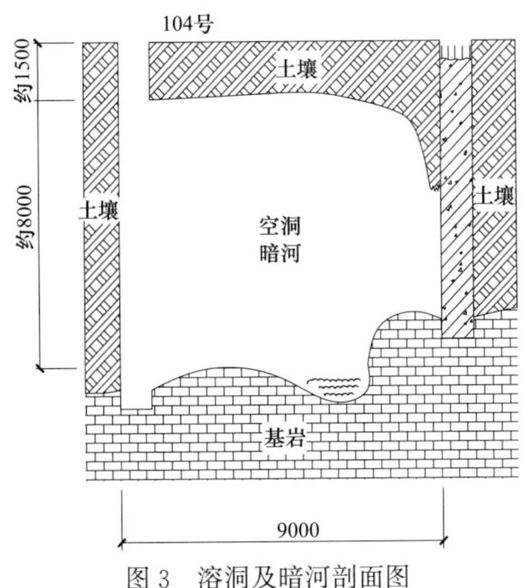

图 3　溶洞及暗河剖面图

Fig. 3　Karst care and underground river profile

越，填埋处理后再施工厂房的地坪。

6　结语

（1）岩溶地区因地质情况复杂，对勘察、设计及施工单位的技术经验要求较高。勘察报告往往由于勘察孔的数量、大小、选取位置及勘察人员的经验等因素使得和实际施工开挖的地质情况不相符，需要设计及施工人员根据实际情况进行分析判断后结合经验给出合理方案。

（2）岩石地基因基岩承载力较高，与一般的土质地基不同，在设计时要特别注意基础的抗剪验算，当高度不满足时，可以采用假定高度反算承载力的方法进行设计。

（3）在岩溶地区施工时，经常会碰到溶洞、暗河以及其他不可预料情况，此时需要根据具体情况采取应对措施，本工程施工过程中采取一些应对措施，可供大家参考。

参考文献：

［1］　中华人民共和国住房和城乡建设部. 建筑地基基础设计规范：GB 50007—2011［S］. 北京：中国建筑工业出版社，2012.

［2］　中华人民共和国住房和城乡建设部. 混凝土结构设计规范(2015 年版)：GB 50010—2010［S］. 北京：中国建筑工业出版社，2016.

［3］　赖庆文，等. 岩石地基基础受剪计算方法探讨［J］. 工业建筑，2002，32(8)：32-34.

寒地农房地基冻害原因分析与加固处理

陈建华[1]，朱　磊[1]，武占鑫[1]，江　星[2]
（1. 黑龙江省寒地建筑科学研究院，黑龙江 哈尔滨 150080；2. 黑龙江省城乡建设研究所，黑龙江 哈尔滨 150070）

摘　要： 东北严寒地区全域广泛分布着季节冻土和多年冻土，该地区农村房屋多为低层建筑，房屋总重量较轻，基础形式多采用天然地基浅基础，且多数房屋基础埋深较浅，导致地基基础冻害频发、房屋上部结构受损严重。通过对农村低层建筑主要地基冻害及上部结构损伤形式进行调查研究和分析总结，提出了造价低廉、施工简便的“微型钢螺杆桩抬墙梁托换加固技术”对受损房屋进行基础托换加固，将浅基础变为深基础，有效提高了农村低层住宅抵御地基冻害风险的能力。
关键词： 寒地；农房；地基冻害；加固
作者简介： 陈建华，男，1978 年生，正高级工程师，国家一级注册结构工程师。联系方式：18604517507@163.com。

Cause analysis and reinforcement treatment of freezing damage of rural building foundation in cold area

CHEN Jian-hua，ZHU Lei，WU Zhan-xin，JIANG Xing
（1. Heilongjiang Province Cold Region Constructure Science Research Institute，Harbin，Heilongjiang 150080；2. Heilongjiang Province Urban and Rural Construction Institute，Harbin Heilongjiang，150070）

Abstract：Seasonal frozen soil and permafrost are widely distributed in the severe cold area of Northeast China. Most rural buildings in this area are low-rise buildings，the total weight of buildings is relatively light，the foundation form mostly adopts shallow foundation on natural subso，and the embeded depth of most building foundations is relatively shallow，resulting in frequent freezing damage of foundation and serious damage to the upside structure of buildings. Based on the analysis and summary of the main forms of freezing damage of rural buildings，this paper puts forward the " micro steel screw pile wall lifting beam underpinning and strengthening technology" with low cost and simple construction to carry out foundation underpinning and strengthening of damaged buildings，change the shallow foundation into deep foundation，and effectively improve the ability of rural low-rise buildings to resist the risk of foundation freezing damage.
Key words：cold area；rural building；freeze damage of foundation；strengthening

1　引言

我国冻土面积约 729 万 km^2，占国土面积的 76.3%，其中季节冻土面积为 514 万 km^2，多年冻土面积为 215 万 km^2。我国北方地区，尤其是东北严寒地区全域广泛分布着季节冻土和多年冻土，季节冻土多属于中—深厚度季节冻土区，多年冻土主要分布在高纬度地区的大、小兴安岭和松嫩平原北部。

在冻土地基上建设房屋，受地基土的冻胀和融沉影响，房屋基础易产生不均匀变形，进而导致房屋上部结构出现变形、开裂等结构损伤，这就是严寒地区房屋建筑的典型地基基础冻害现象。

三年脱贫攻坚任务期间，通过对东北严寒地区农村房屋调研发现，该地区农村住宅多数为自建低层建筑，结构形式以砖混结构居多，各地还零散分布一些早年建设的泥草房。农民建房一般没有正规地质勘察队伍和工程建设队伍，多数都是农村工匠根据经验自行建造，由于缺乏专业技术知识，对地基冻害认识不足，同时为了节省工程造价，因此房屋基础形式普遍采用天然地基浅基础，且基础埋深一般均较浅，即房屋坐落在季节冻土层上；近年来部分房屋开始采用稀疏布置的短桩/墩基础形式，但桩/墩长度一般均较短，北部深厚季冻区，有的房屋桩/墩长度甚至小于当地冻土层厚度。当建设场地地势低洼、地下水位较高、地基土冻胀性较强时，由于此类房屋层数少、重量轻，对地基冻胀变形敏感，导致地基基础冻害频发、房屋上部结构受损严重，房屋冻害损伤情况如图 1 所示。

图 1　地基基础冻害导致房屋墙体开裂

2 农房地基冻害原因分析

由于气候变化和工程建设等因素，东北高纬度多年冻土呈逐年退化趋势，分布区域逐渐向北部推移，分布面积逐渐缩小，故本次仅对大面积分布的季节冻土区农房地基冻害原因进行分析。

季节冻土区地基土在未冻结之前，一般属于单层匀质介质，进入冬期后，随着室外气温降低至负温，地温也随之持续降低，降至0℃以下时，土中水冻结出现冰晶体，逐步将原来的矿物颗粒间的水分联结为冰晶胶结，使土体形成高强度、低压缩性的冻土[1]。随着负温时间的延续以及未冻区水分的不断迁移，地基土冻结界面由地表向下缓慢延伸，当冻结深度超过基础底面之后，就形成了上硬下软的非均质双层地基。

如果地基土是非冻胀性的，即在土壤冻结过程中其体积基本不发生变化，或其变化可以忽略，则即使地基土已形成双层地基系统，土中的应力分布仍属于非冻期地基的单层均质介质的应力状态，房屋基础及上部结构不会产生冻害。如果地基土为冻胀性地基土，土壤冻结过程中体积发生膨胀，冻胀力开始出现，即由冻胀引起的地基内应力；冻胀力的产生将引起地基土中应力状态的改变，基础底面受到垂直于基底的法向冻胀力，基础侧表面受到竖直向上的切向冻胀力以及水平方向的侧向冻胀力，见图2。当房屋上部层数较少，荷载较小时，基底附加压应力也较小，无法平衡冻胀力作用，房屋基础及上部结构就会在地基不均匀冻胀变形作用下产生变形、开裂破坏[2]。

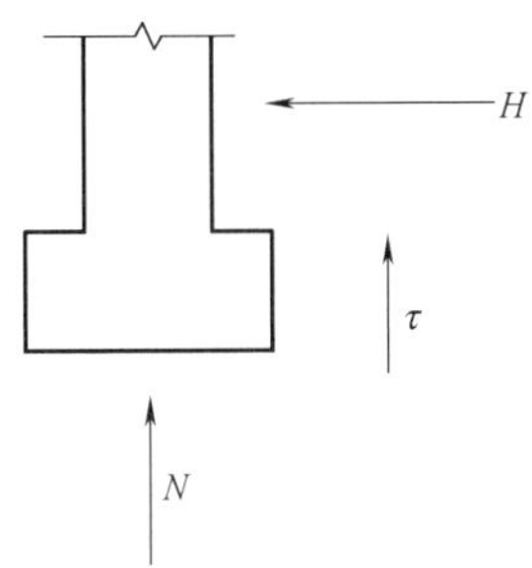

N—法向冻胀力；τ—切向冻胀力；H—侧向冻胀力

图2 基础所受冻胀力示意图

进入春融期后，随着天气转暖、地温升高，地基土由地表开始向下逐渐融化，当地基融化界面超过基础底面之后，由于融土的变形模量骤然减小，有时甚至低于土的冻前状态，冻胀力消失，此时形成了三层地基，即融土—冻土—未冻土，土中应力重新分布，直至彻底融化后应力状态恢复至原来单层均质体系状态。对于融沉性较强的地基土，冻土融化时，由于冻土层内冰的融化和水的自由消散，使土体在自重及外力作用下产生排水固结而出现沉降，即热融下沉[3]。地基的融沉将导致坐落在其上的基础失去承托，随之一同下沉变形，进而引起上部建筑物的沉陷破坏。

在季节冻土地区，这种地基冻胀与融沉变形随着季节的变化，周而复始、反复发生，导致上部房屋结构的变形与开裂也产生周期性变化，严重影响房屋的结构安全性与正常使用功能。

3 农房地基冻害加固治理措施

引起房屋地基冻害的主要原因是地基土的冻胀与融沉不均匀变形所致，而地基土的冻胀、融沉则是受土的水分、土质、温度和附加荷载等因素的影响。因此，只要掌握基础土的冻胀、融沉规律，从改善外界自然因素影响、提高房屋抵抗地基变形能力等方面着手，并在设计、施工与日常使用维护中予以注意，房屋地基冻害完全可治理[4,5]。

3.1 提高房屋抗力措施

针对寒地农村低层房屋因地基冻胀因素产生的墙体开裂、变形等损伤，从提高房屋自身抵抗地基不均匀变形能力方面分析，对于既有房屋可采用桩基托换加固方式进行处理，即在被加固墙体内外两侧对称设置托换桩，托换桩应进入未冻土层足够深度，桩顶再搭设托梁承托上部墙体，将原结构基础形式由浅基础变成深基础，见图3。

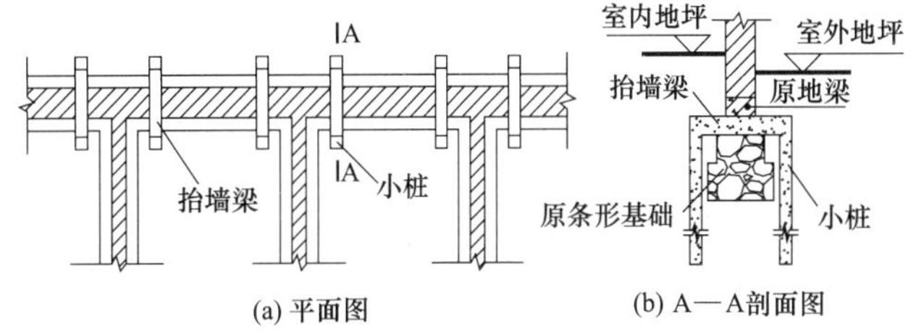

图3 微型桩-抬墙梁法加固地基冻害房屋示意图

由于农村低层房屋荷重较小，基础托换时无需选用大直径混凝土灌注桩或预制桩，另外，基桩直径增大则桩侧表面积也相应增大，穿越冻土层区段，在冬期冻拔力也较大，对基础抗冻胀不利；基于上述分析，提出并形成了造价低廉、施工简便的"微型钢螺杆桩抬墙梁托换加固技术"，该方法具有结构传力直接、受力合理，地基刚度大，控制建筑物沉降变形能力强等优点。微型钢螺杆桩（图4）抗压、抗拔承载力高，能够有效抵抗冻土地基冻胀、融沉等不利作用，有效解决了地基冻害造成的房屋墙体开裂、变形问题[6,7]。

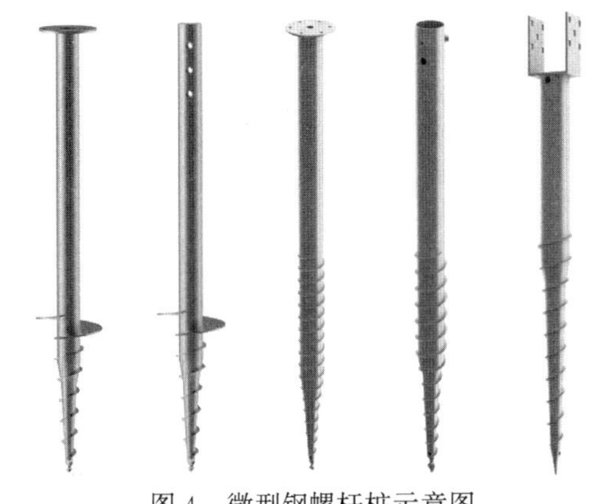

图4 微型钢螺杆桩示意图

3.2 改变地基土冻胀性措施

前文分析我们已经知道影响地基土冻胀的四大基本要素：土质、水分、温度、附加荷载，其中，温度是前提、水分是核心。因此，如果能消除或调整上述四个因素中的任何一个，原则上就可以消除或削弱土体的冻胀和融沉。

对于既有建筑，在不进行增层改造的前提下我们一般无法改变基底附加荷载，但其他 3 个因素还是可以通过采取技术措施进行调整的。

3.2.1 改变土质

持力层地基土质一般无法改变，但基础外侧回填土的土质是可以改变的，可采用非冻胀性粗颗粒土料进行换填处理，见图 5。

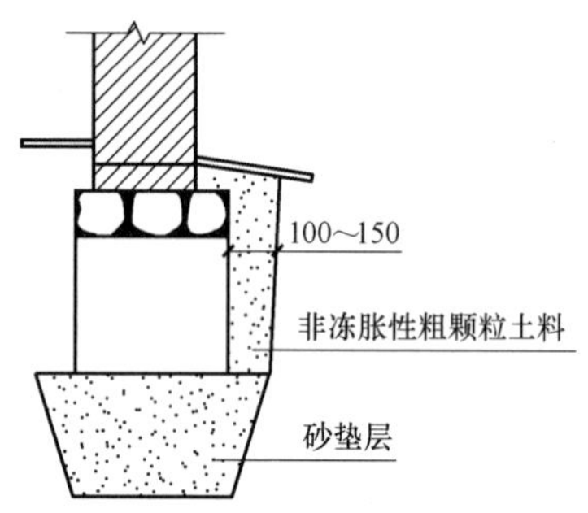

图 5 基础外侧换填示意图

3.2.2 改变水分

设置防止施工和使用期间的雨水、地表水和生活污水浸入地基的排水设施，如截水沟、暗沟等，以排走地表水和潜水流，避免因地基土浸水、含水率增加而造成冻胀性增强[8]。

3.2.3 改变温度

室外自然环境温度无法改变，但可以通过对地基基础采取保温措施，改变建设场地局部地温，进而减小基础周边地基土冻结深度，减弱或消除切向冻胀力与法向冻胀力。

一般可在基础外侧四周增设聚苯板裙式保温构造，保温层厚度根据当地气候条件确定；水平保温板上面应有不少于 300mm 厚土层保护，并有不小于 5% 的向外排水坡度，保温宽度应不小于自保温层以下算起的场地冻结深度[9]，见图 6。

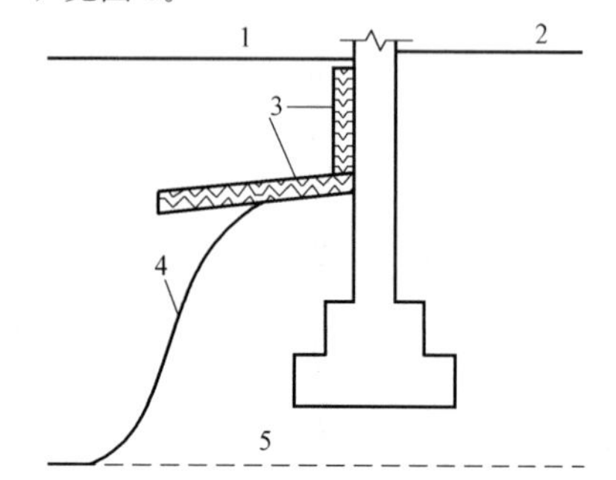

1—室外地面；2—采暖室内地面；3—苯板保温层；4—实际冻深线；5—原场地冻深线

图 6 基础裙式保温构造示意图

4 农房地基冻害加固治理案例

本工程案例为一栋单层砌体结构农村住宅，房屋为矩形平面，长度 $L=11.84$m、宽度 $B=6.74$m，建筑面积约为 80m^2，檐口高度为 3.0m；承重外墙为 490mm 厚烧结黏土砖砌体，室内墙体均为 120mm 厚烧结黏土砖砌体（非承重隔墙），屋盖结构为木屋架上铺陶土瓦，平面示意见图 7。

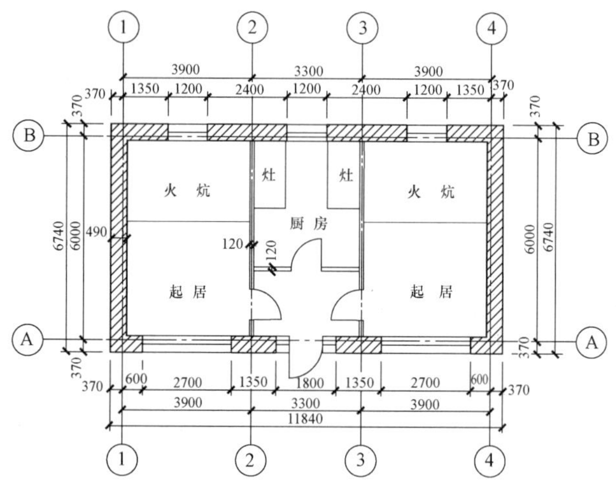

图 7 农房平面图

该房屋位于哈尔滨市远郊，标准冻深 2.0m，阴坡，地基土为粉质黏土，含水率大，地下水位高。根据实测，冻胀率 $\eta=20\%$，属特强冻胀土。室内外高差 150mm，基础形式为毛石砌筑条形基础，基础宽度 0.6m、高度 0.5m，基础埋深 1.2m。

由于既有建筑系单层居住建筑物，荷载较小，且室内空间受限制，为了减小托换结构构件截面尺寸，本工程托换桩采用直径为 114mm 的微型钢螺杆桩，桩长为 4.5m 左右计算，为了降低改造施工对室内的影响，布桩时尽量合理分布、减少桩数，房屋四角采用斜向布置抬墙梁方式，最大程度减少室内布桩数量。桩位平面布置图及抬墙梁托换构造剖面示意图分别见图 8、图 9。

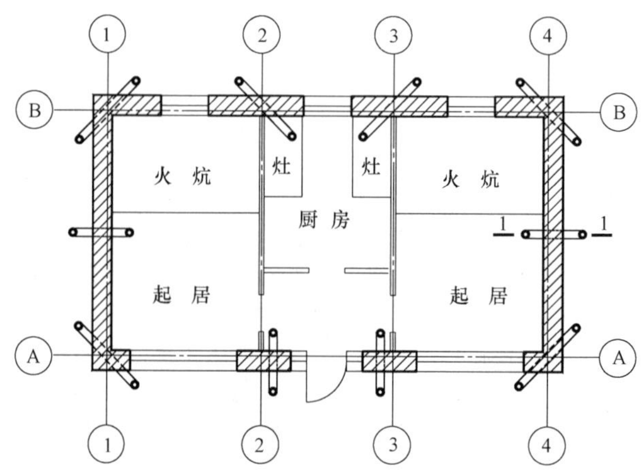

图 8 桩位平面布置图

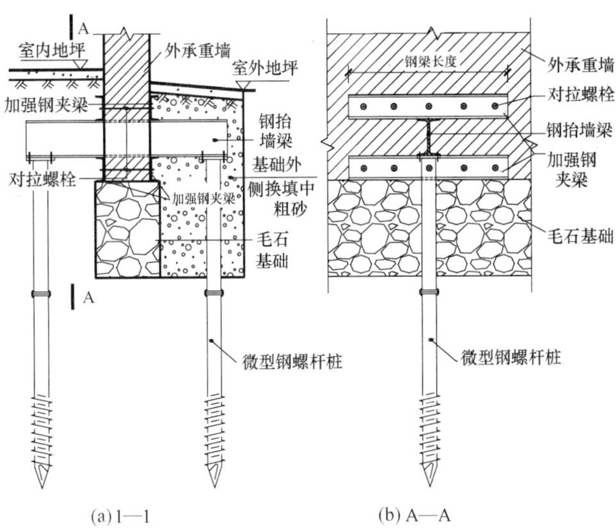

(a) 1—1　　(b) A—A

图 9　桩托换构造示意图

4.1　桩托换冻胀稳定性验算

根据《冻土地区建筑地基基础设计规范》JGJ 118—2011 附录 C 相关规定，冻胀土地基上基础应进行稳定性验算。本案例基础侧面回填约 500mm 厚的中、粗砂层，可消除切向冻胀力影响。按第 C.2.2 条对托换桩进行基底法向冻胀力作用下的冻胀稳定性验算。

采暖建筑法向冻胀力作用下的基础稳定性应符合下式要求：

$$P_0 \geqslant P_h$$

式中，P_0 为基础底面处的附加压力（kPa）；P_h 为供暖情况下作用在基础上的冻胀力（kPa）。

本文以②轴与Ⓐ轴相交墙垛为例进行验算，计算单元示意图见图 10。该墙垛横向负荷长度为（3.9＋3.3）/2＝3.6m，纵向负荷宽度为 6.0/2＝3.0m。屋面恒荷载标准值取 1.0kN/m^2，屋面活荷载标准值取 0.5kN/m^2（不上人屋面）。

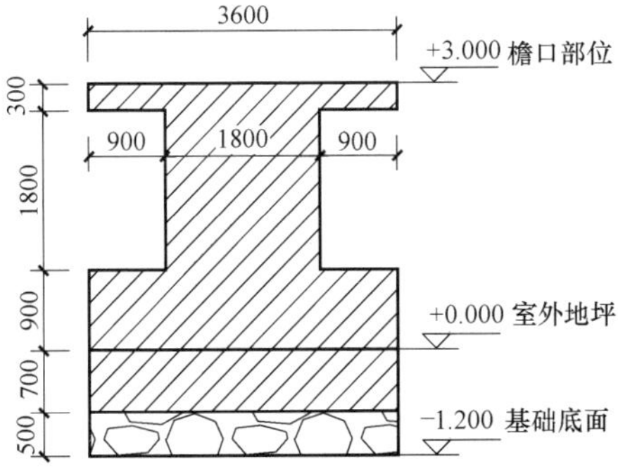

图 10　结构计算单元立面图

（1）基础底面处的附加压力 P_0 计算

砖墙自重 $G_{k1}=18\times0.49\times(3.5\times3.6-2.25\times1.8)=75.4$kN

条基自重 $G_{k2}=22\times0.60\times0.5\times3.6=23.8$kN

屋面恒荷载标准值为：

$$G_{k3}=1.0\times3.6\times3.0=10.8\text{kN}$$

屋面活荷载标准值为：

$$G_{k3}=0.5\times3.6\times3.0=5.4\text{kN}$$

作用在基础上的永久荷载标准值为：

$$G_k=75.4+23.8+10.8=110\text{kN}$$

基础底面处的附加压力为：

$$P_0=0.9G_k/A=0.9\times110/(0.6\times3.6)=45.8\text{kPa}$$

（2）供暖情况下作用在基础上的冻胀力 P_h 计算

该房屋地基的设计冻深按下式计算：

$$Z_d=2.0\times1.00\times0.80\times1.00\times1.10=1.76\text{m}$$

（标准冻深 $z_0=2.0$、黏性土 $\psi_{zs}=1.1$、特强冻胀 $\psi_{zw}=0.80$、城市远郊 $\psi_{ze}=1.00$、阴坡 $\psi_{zt0}=1.10$）

最大冻深处的冻胀应力 σ_{fh}，由 $\eta=20\%$ 查规范附图 C.1.2-1 取值可得 $\sigma_{fh}=49$kPa。

基础宽度 $b=0.60$m，基础底面到冻结界面的冻层厚度 $h=1.76-1.20=0.56$m，查图 C.1.2-2 取值可得 $\alpha_d=0.32$。

裸露的建筑物中作用在基础上的冻胀力为：

$$P_e=\sigma_{fh}/\alpha_d=49/0.32=153.1\text{kPa}$$

直线段（直墙角）$\psi_h=0.50$、室内外高差 150mm，插值得 $\psi_t=0.88$；由于房屋供暖，基础底面下冻层厚度减少对冻胀力的影响系数为：

$$\psi_v=\frac{\frac{\psi_t+1}{2}Z_d-d_{min}}{Z_d-d_{min}}=\frac{0.5\times(0.88+1)\times1.76-1.2}{1.76-1.2}=0.81$$

供暖情况下，作用在基础上的冻胀力为：

$$P_h=\psi_v\psi_hP_e=0.81\times0.50\times153.1=62.0\text{kPa}$$

（3）基础稳定性验算

$$P_0=45.8\text{kPa}\leqslant P_h=62.0\text{kPa}$$

法向冻胀力作用下基础稳定性不满足规范要求，需采取加固措施。本工程采用微型钢螺杆桩抬墙梁托换加固法对地基基础进行加固以抵抗法向冻胀力的不利影响。

本工程选用的钢螺杆桩型号为 YDT144×2500 与 YDTL114×2000 上下组合连接，桩直径 114mm，桩长 4.5m，旋片高度 630mm。

根据《地螺丝微型钢管桩技术规程》[10] DB37/T 5158—2020 第 4.4.2 条规定：

基桩抗拔极限承载力标准值为：

$$T_{uk}=u\sum\lambda_iq_{sik}l_i+u\sum\lambda_i\beta_{si}q_{sik}l_i$$

桩身周长：$u=\pi d=3.14\times0.114=0.358$m。

抗拔系数：λ_i 取 0.8（黏性土）。

可塑状态黏性土端阻：$q_{sik}=70$kPa

$$T_{uk}=0.358\times0.8\times70\times(4.5-1.67-0.63)+0.358\times0.8\times1.1\times70\times0.63=58\text{kN}$$

单根桩抗拔承载力为：$T_{uk}/2=58/2=29$kN

两根桩的抗拔承载力折合基础底面新增附加压力为：

$$\Delta P_0=29\times2/3.6\times0.6=26.9\text{kPa}$$

新增微型桩加固后基础底面处的附加压力为：

$$P_0=45.8+26.9=72.7\text{kPa}>P_h=65.8\text{kPa}$$

新增两根微型桩后基础稳定性满足规范要求。

4.2　桩基抗压承载力验算

根据《地螺丝微型钢管桩技术规程》DB37/T 5158—2020 第 4.2.1 条规定：轴心竖向力作用下，桩基竖向承载力应按下式计算：

$$N_{\mathrm{k}} \leqslant R$$

单桩竖向承载力特征值 $R_{\mathrm{a}} \leqslant \frac{1}{K}Q_{\mathrm{uk}}$（安全系数 $K=2$）

$$Q_{\mathrm{uk}}=u\sum q_{sik}l_i+u\sum\beta_{si}q_{sik}l_i+q_{\mathrm{pk}}A_{\mathrm{p}}$$

$$Q_{\mathrm{uk}}=0.358\times70\times(4.5-0.63)+0.358\times70\times1.6\times0.63+0.010\times1700=139.2\mathrm{kN}$$

$$R_{\mathrm{a}}=139.2/2=69.6\mathrm{kN}$$

假设条形基础因冻胀损伤上部结构荷载全部由托换桩承担，那么荷载效应标准组合如下：

$$N_{\mathrm{k}}=109.6+5.4=115\mathrm{kN}$$

$$N_{\mathrm{k}}=115\mathrm{kN}\leqslant R=69.2\times2=138.4\mathrm{kN}$$

两根微型桩抗压承载力满足要求。

4.3 桩身承载力验算

（1）桩身抗拉承载力验算

根据《地螺丝微型钢管桩技术规程》DB37/T 5158—2020 第 4.2.1 条规定：抗拔桩桩身抗拉承载力应按下式验算：

$$N\leqslant fA_{\mathrm{ps}}$$

微型钢螺杆桩直径 114mm，钢管壁厚 3.5mm，钢材采用 Q235B 级。

$$A_{\mathrm{ps}}=0.25\times3.14\times(114\times114-107\times107)=1214\mathrm{mm}^2$$

Q235B 级钢材强度指标为 $f=215\mathrm{N/mm}^2$

荷载效应基本组合下的桩顶轴向拉力设计值

$$N=1.3\times(62-45.8)\times3.6\times0.6=45.5\mathrm{kN}$$

单根桩抗拉承载力设计值为：

$$fA_{\mathrm{ps}}=215\times1214=261\mathrm{kN}$$

单根桩桩身抗拉承载力验算结果如下：

$$N=45.5/2=22.8\mathrm{kN}\leqslant fA_{\mathrm{ps}}=261\mathrm{kN}$$

微型桩的桩身抗拉承载力满足要求。

（2）桩身抗压承载力验算

假设上部荷载全部由托换桩承担，应进行托换桩桩身抗压承载力验算。

根据《地螺丝微型钢管桩技术规程》DB37/T 5158—2020 第 4.6.1 条规定：桩身抗压承载力应按下式验算：

$$N\leqslant fA_{\mathrm{ps}}$$

荷载效应基本组合下桩顶轴向压力设计值为：

$$N=1.3\times110+1.5\times5.4=151.1\mathrm{kN}$$

单根桩抗压承载力设计值为：

$$fA_{\mathrm{ps}}=215\times1214=261\mathrm{kN}$$

单根微型桩桩身承载力验算结果如下：

$$N=151.1/2=45.6\mathrm{kN}\leqslant fA_{\mathrm{ps}}=261\mathrm{kN}$$

微型桩的桩身抗压承载力满足要求。

4.4 抬墙梁承载力验算

承台梁属于受弯构件，本工程案例抬墙梁总长度为 1.5m。上部结构传递的荷载或法向冻胀力设为 R，托换桩所受到的拉力或压力分别设为 R_1 和 R_2，计算简图见图 11。承台梁拟选用宽翼缘 H 型钢 HW250×250×9×14，选用 Q235-B 型钢材，其强度指标为 $f=215\mathrm{N/mm}^2$。

上部结构传递的荷载如下：

$$N=1.3\times110+1.5\times5.4=151.1\mathrm{kN}$$

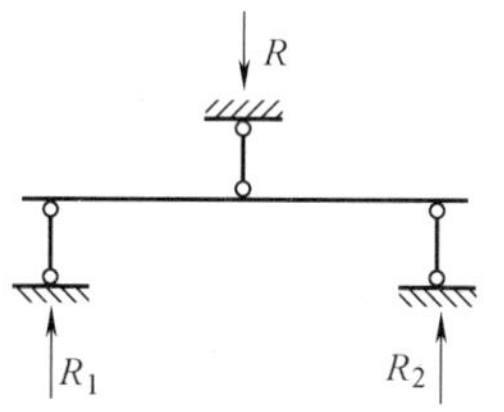

图 11　承台梁受力分析简图

承台梁所受最大弯矩如下：

$$M=75.6\times0.75=56.7\mathrm{kN\cdot m}$$

承台梁所受最大剪力如下：

$$V=151.1/2=75.6\mathrm{kN}$$

根据《钢结构设计标准》[11] GB 50017—2017 第 6.1.1 条和第 6.1.3 条要求，分别对抬墙梁的抗弯强度和抗剪强度进行验算。

$$\frac{M}{\gamma_{\mathrm{x}}W_{\mathrm{nx}}}=\frac{56.7\times10^6}{1.05\times860\times10^3}=62.7\mathrm{N/mm}^2\leqslant f=215\mathrm{N/mm}^2$$

$$\frac{VS}{It_{\mathrm{w}}}=\frac{75.6\times10^3\times468444}{10700\times10^4\times9}=36.7\mathrm{N/mm}^2\leqslant f_{\mathrm{v}}=125\mathrm{N/mm}^2$$

抬墙梁的抗弯强度及抗剪强度均满足要求。

5 结语

本文采用实践调研、理论分析与工程事故案例治理相结合的方法，对寒地农房地基冻害原因分析与加固处理技术进行了综合研究，并提出了符合农村实际情况的相应治理措施，主要得到以下结论：

（1）东北严寒地区农村房屋基础埋深普遍偏小，多数浅于该地区季节冻土标准冻深，且很少采取防冻害措施，导致该类低层房屋冻害事故频发。

（2）当建设场地地势低洼、地下水位较高时，地基土冻胀性一般也较高；低层房屋上部荷载小，基底附加压力也小，一般情况下无法平衡冻胀力作用，房屋基础及上部结构就会在地基不均匀冻胀变形作用下产生变形、开裂破坏，形成冻害。

（3）冻胀性强的地基土一般融沉性也较强，地基的融沉将导致坐落在其上的基础失去承托，随之一同下沉变形，进而引起上部建筑物的沉陷破坏；地基冻胀与融沉随着季节的变化，周而复始、反复发生，导致上部房屋结构的变形与开裂也产生周期性变化，严重影响房屋的结构安全性与正常使用功能。

（4）理论分析与工程实践证明“微型钢螺杆桩抬墙梁托换加固技术”施工简便、造价低廉，加固改造后地基刚度大，控制建筑物沉降变形能力强，能够有效抵抗冻土地基冻胀、融沉等不利作用，可有效解决地基冻害造成的房屋墙体开裂、变形问题，改造时应注意以下几点：

① 托换桩及抬墙梁的平面位置应避开首层门窗洞口，宜尽量减少室内布桩；

② 抬墙梁宜穿过原房屋基础梁下，两端置于基础两侧预先施工完成的桩顶并可靠连接；

③ 钢螺杆桩穿越冻土层区段，宜采取涂刷沥青涂层等措施消除切向冻胀力影响；

④ 抬墙梁采用钢梁时，应做好防腐措施；

⑤ 应根据现场实际情况结合采用基础侧表面换填非冻胀性中粗砂、地基保温或加强场地排水等改变地基土冻胀性措施，消除切向冻胀力对房屋既有基础的不利影响。

本文介绍的基础托换加固、基侧换填综合技术对类似工程的地基防冻害治理有一定的参考价值。

参考文献：

[1] 童长江，管枫年．土的冻胀与建筑物冻害防治[M]．北京：水利电力出版社，1985.

[2] 刘鸿绪．对冬季冻土地基中基础浅埋的几点意见[J]．建筑技术，1990(10)：50-51.

[3] 刘卓．冻土冻胀及融沉分析[D]．上海：同济大学，2006.

[4] 周池绪．北方农房建筑基础防治冻害方法[J]．农业工程，1984(0z1)：17-17.

[5] 马建国．平房和低层建筑浅基础防治冻害方法[J]．石河子科技，2010(3)：65-65.

[6] 陈建华，朱广祥，阴雨夫，等．地方标准《黑龙江省农村危房改造技术规程》技术成果探讨[J]．低温建筑技术，2021，43(6)：62-65.

[7] 张忠玉．冻土地基轻型结构短桩基础冻拔问题[J]．油气田地面工程，2001(4)：57.

[8] 中华人民共和国住房和城乡建设部．冻土地区建筑地基基础设计规范：JGJ 118—2011[S]．北京：中国建筑工业出版社，2011.

[9] 中华人民共和国住房和城乡建设部．建筑地基基础设计规范：GB 50007—2011[S]．北京：中国建筑工业出版社，2012.

[10] 山东省住房和城乡建设厅．地螺丝微型钢管桩技术规程：DB37/T 5158—2020[S]．北京：中国建筑工业出版社，2020.

[11] 中华人民共和国住房和城乡建设部．钢结构设计标准：GB 50017—2017[S]．北京：中国建筑工业出版社，2018.

坑式静压桩托换法在非自重湿陷性黄土地区地基基础抗震加固工程中的应用

孙　云，李彦文
（甘肃土木工程科学研究院有限公司，甘肃 兰州 730000）

摘　要： 坑式静压桩托换法加固地基基础是比较成熟的地基基础加固方法，但在非自重湿陷性黄土地区进行抗震加固的实例和技术参数比较少，为了探讨坑式静压桩托换法在非自重湿陷性黄土地区既有建筑地基基础加固应考虑的因素及加固效果，文章通过一个典型的工程实例，结合非自重湿陷性黄土地基的特殊性，从坑式静压桩托换法在非自重湿陷性黄土场地地基基础抗震加固工程中的方案论证、施工过程到加固效果，阐述了坑式静压桩托换法在非自重湿陷性黄土地区地基基础抗震加固中应用原理和应考虑的因素，为非自重湿陷性黄土地区的类似地基基础加固工程提供参考依据。该工程加固施工后至今使用状况良好，达到了预期的加固目的。坑式静压桩托换法是非自重湿陷性黄土地区地基基础抗震加固最有效的方法之一。由于静压桩分担了部分荷载，使得地基加固后桩间非自重湿陷性黄土所承受的压力小于湿陷起始压力土，从而防止了湿陷性黄土地基的湿陷下沉。另外，静压桩托换施工过程中施加了预应力，防止了建筑物的附加下沉。
关键词： 坑式静压桩；托换法；非自重湿陷性黄土；湿陷起始压力；抗震加固
作者简介： 孙云（1972—），男，甘肃兰州人，1997 年毕业于中南大学，硕士，高级工程师，注册岩土工程师，主要从事岩土方面的研究，现任甘肃土木工程科学研究院岩土所总工程师。

李彦文（1994—），男，甘肃榆中人，2018 年毕业于兰州交通大学，本科，助理工程师，从事岩土工程勘察工作。

Pit-type static pressure pile underpinning method for foundation in loess non-collapsible under overburden pressure area application of seismic reinforcement engineering

SUN Yun，LI Yan-wen
（Gansu Civil Engineering Research Institute Co.，Ltd.，Lanzhou Gansu 730000，China）

Abstract: The pit-type static pressure pile underpinning method is a mature foundation reinforcement method，but there are few examples and technical parameters of seismic reinforcement in loess noncollapsible under overburden pressure area. In order to discuss the factors and reinforcement effect of pit-type static pressure pile underpinning method in loess noncollapsible under overburden pressure area，In order to provide reference for similar foundation reinforcement projects in loess noncollapsible under overburden pressure area，through a typical engineering example，combined with the particularity of loess noncollapsible under overburden pressure foundation，this paper discusses the scheme demonstration，construction process and reinforcement effect of pit static pressure pile underpinning method in anti earthquake reinforcement project of loess noncollapsible under overburden pressure foundation，This paper analyzes and expounds the application principle of pit-type static pressure pile underpinning method in seismic reinforcement of foundation in loess noncollapsible under overburden pressure area and the factors that should be considered. The reinforcement construction of the project will be in good condition in the future，and the expected reinforcement purpose has been achieved. Pit-type Static Pressure Pile underpinning method is one of the most effective methods for seismic reinforcement of foundation in loess noncollapsible under overburden pressure area. Because the static pressure piles share part of the load，the pressure of loess noncollapsible under overburden pressure between piles is less than the initial pressure of collapsible soil after foundation reinforcement，so as to prevent the collapsible settlement of collapsible loess foundation. In addition，prestressing force is applied during underpinning construction of pit-type static pressure pile to prevent additional subsidence of the building.
Key words: pit-type static pressure pile；underpinning method；loess noncollapsible under overburden pressure；initial collapsible pressure；seismic reinforcement

1　引言

我国湿陷性黄土主要分布在山西、陕西、甘肃等大部分地区，河南西部和宁夏、青海、河北的部分地区，新疆、内蒙古自治区和山东、辽宁、黑龙江等省局部地区亦有分布。非自重湿陷性黄土在以上地区均有分布，且由西往东，占湿陷性黄土比例越大。

20 世纪及以前，湿陷性黄土地区的建筑物一般为中低层建筑物，基础大都为浅基础，地基处理一般为垫层法、强夯法、挤密法、预浸水法及组合处理，根据建筑物的重要性，采取全部消除湿陷性和部分消除湿陷性的方法。在建筑物使用过程中，地基浸水（雨水、管沟等地表水或地下水上升等）湿陷引起建筑物的沉降案例比较普遍，相当一部分是因为浸水后上部荷载大于地基土的湿陷起始压力引起的。

非自重湿陷性黄土为特殊性土，与一般的黄土在工程特性方面主要区别就是在浸水情况下，荷载大于湿陷起始压力后会产生湿陷下沉。

非自重湿陷性黄土在北方分布比较广，建筑物的沉降案例比较多，研究坑式静压桩托换法对非自重湿陷性黄土地区既有建筑物地基加固具有重要的意义。

本文以非自重湿陷性黄土地区一个坑式静压桩托换法在地基基础抗震加固工程实例为背景，从坑式静压桩托换法在非自重湿陷性黄土场地地基基础抗震加固工程中的方案论证、施工及加固效果，探讨了坑式静压桩托换法在非自重湿陷性黄土地区地基基础抗震加固中应用的原理和应考虑的因素。为非自重湿陷性黄土地区的类似地基基础加固工程提供参考依据。

2 工程概况

中铝河南分公司氧化铝厂一烟囱位于郑州市上街区，建于 1962 年，高 60m，为钢筋混凝土结构，基础形式为钢筋混凝土筏板基础，基础厚 0.9m，埋深 2.5m，持力层为重锤夯实填土。该工程将达到设计使用年限，为了继续使用，对该烟囱进行了检测鉴定。根据检测鉴定结论，需对该烟囱进行结构和地基基础加固。

3 工程场地地质

该构筑物场地地貌单元属黄河中游河谷冲积平原，场地地势平坦，地面绝对标高为 148.00～148.46m。

根据已有资料及探井揭露，场地地层自上而下依次为杂填土（Q_4^{ml}）、填土（Q_4^{ml}）、黄土状粉土（Q_3^{al}）。

（1）①$_1$ 杂填土（Q_4^{ml}）：浅黄色，稍湿，稍密，干强度低，韧性低，局部见砖块等建筑垃圾。层厚 0.8～1.6m。

（2）①$_2$ 填土（Q_4^{ml}）：褐红色，稍湿，中密—密实，干强度低，韧性低，主要为黄土状土。重锤夯实，层厚 2.0～2.5m。

（3）②黄土状粉土（Q_3^{al}）：褐黄色，含钙质结核，稍湿—很湿，摇振反应中等，干强度低，韧性低，层厚大于 15m，层底埋深 23.7～24.6m，局部夹薄黏土层。

该场地为非自重湿陷性黄土场地，地基的湿陷等级为Ⅱ级（中等），湿陷性黄土层厚 5.0～6.0m。地下水水位埋深 11.6～11.7m，属潜水，补给来源为大气降水。地下水对混凝土具微腐蚀性。

根据以上情况，②黄土状粉土分布稳定，可作为建筑物基础的持力层。根据土工试验，地基土的湿陷起始压力 p_{sh} 为 180kPa。

烟囱所在地区抗震设防烈度为 7 度，设计地震加速度为 0.15g，地震分组为第一组，安全等级为二级，Ⅲ类场地，不存在地震液化土。

4 检测鉴定简述

中铝股份有限公司河南分公司氧化铝厂烧窑烟囱位于烧窑车间西侧，建于 1962 年，该建筑场地位于公司厂区内东北方向，烟囱采用全现浇钢筋混凝土筒状结构，现浇钢筋混凝土筏板基础。

2004 年 11 月，由检测单位对该烟囱进行检测鉴定，根据检测鉴定结果，中国铝业股份有限公司河南分氧化铝厂烧窑烟囱抗震性能不满足抗震鉴定要求，主要存在以下问题：

（1）现龄期混凝土强度推定值最小值为 10.3MPa，不满足《建筑抗震鉴定标准》GB 50023—95 的要求。

（2）烟囱筒壁的最小配筋率不满足《烟囱设计规范》GB 50051—2001 的规定。烟囱抗震承载力不满足《烟囱设计规范》GB 50051—2001 要求。

（3）烟囱基础的倾斜为 0.001，满足《建筑地基基础设计规范》GB 50007—2002 的规定。窑烟囱高 30～40m 处有裂缝，长约 1.5m，宽约 10mm，钢筋外露，地基土浸水严重，地基抗震承载力验算不满足，地基基础存在静载缺陷。

根据检测鉴定结果烟囱上部结构和地基基础均不满足现行规范及抗震要求，应该予以加固。

5 加固方案的选择

加固方案必须能控制原建筑物的沉降量及不均匀沉降，防止附加下沉。

第一种方案人工挖孔灌注桩托换法加固。人工挖孔灌注桩托换法加固优点是设备简单，质量可靠；单桩承载力高；无噪声、无振动、无污染；对四邻影响小；工程造价较低；施工速度快、适应性强。但人工挖孔灌注桩托换法加固的缺点是因在基础下开挖桩孔，劳动强度较大；安全难保证；钢筋笼的制作、混凝土的浇筑施工困难。托换需要等到混凝土强度达到一定强度才能进行。

第二种方案采用压力注浆加固地基。由于在化学浆液的作用下，地基土发生触变以及黄土产生湿陷，增大建筑物的附加沉降，对加固高耸构筑物极为不利，产生的后果难以预料，因此不宜采用。

第三种方案采用坑式静压桩托换法。坑式静压桩托换法施工设备简单，适合狭小空间作业，且不影响建筑物的正常使用，其压桩力反映直观，托换值易控制且准确可靠，易达到抗震加固的目的。根据材质分为静压混凝土桩托换和静压钢管桩托换，其中钢管桩侧阻力小，承载力低，作为摩擦桩不理想，故不宜使用。混凝土桩侧阻力大，承载力高，能与桩间土共同作用，满足烟囱的荷重，可满足高耸构筑物地基基础的抗震要求。

经过以上几种加固方案的分析论证，并结合工程实际情况，最后选用第三种方案：坑式静压桩托换法加固地基基础。

6 静压桩加固原理

坑式静压桩托换法加固机理是利用静压桩将建筑物上部结构部分荷载通过桩身和桩尖传入地基较好的持力层，减轻原基础持力层的负载，从而达到对原有地基基础的加固补强作用。坑式静压桩法是既有建筑地基基础加固的一种桩基施工工艺，它以原有建筑物的自重为压桩反力，在导坑内用液压千斤顶将桩逐节压入地基土中，通过托换法，给桩加压，使桩产生一定的预应力，然后用托换钢管托换，最后用混凝土将桩、托换钢管和基础浇筑在一起共同承载建筑物带来的压力，从而起到地基加固的作用（图 1）。

7 方案设计

烟囱所在场地为非自重湿陷性黄土场地（土的物理力学性质指标见表 1），地基基础抗震加固不仅考虑地基土的承载力满足要求，还要保证地基土所承受的荷载小于非自重湿陷性黄土的湿陷起始压力。

（1）基础信息

基础直径：$D=11.0$m；

基础底埋深：$B_g=-2.5$m。

（2）荷载信息

按地震效应标准组合的荷载值：

上部结构荷载：$N_k=9435.00$kN；

弯矩：$M_k=12351.00$kN·m；

基础自重和基础上的土重：

$G_k=5224.17$kN。

（3）底板反力（kPa）

$$p_k=\frac{N_k+G_k}{A} \tag{1}$$

$$p_{kmax}=\frac{N_k+G_k}{A}+\frac{M_k}{W} \tag{2}$$

$$p_{kmin}=\frac{N_k+G_k}{A}-\frac{M_k}{W} \tag{3}$$

式中：p_k——地震作用效应标准组合的基础底面平均压力；

p_{kmax}——地震作用效应标准组合的基础边缘的最大压力；

p_{kmin}——地震作用效应标准组合的基础边缘的最小压力。

计算结果：

$p_k=154$kPa；

$p_{kmax}=249$kPa；

$p_{kmin}=60$kPa。

根据以上基本信息，共布设 24 根静压桩，设计单桩承载力 300kN，压桩力 450kN。

静压桩最终设计压桩力按下式计算：

$$P_p(L)=K_p\times P_a \tag{4}$$

式中：K_p——压桩力系数，取值 1.5；

P_a——设计单桩承载力（kN）；

$P_p(L)$——设计最终单桩压桩力（kN）；

L——设计桩最终入土深度（m）。

桩间土所承受的荷载：$p_j=173.2$kPa（按底板反力最大值 p_{kmax} 计算）

布设静压桩后复合地基抗震承载力设计值：

$$f_{aE}=\xi_a f_a=273\text{kPa} \tag{5}$$

$$p_k<f_{aE} \tag{6}$$

$$p_{kmax}<1.2f_{aE} \tag{7}$$

式中：f_{aE}——调整后的地基抗震承载力；

f_a——复合地基承载力特征值，载荷试验确定为 210kPa；

ξ_a——地基抗震承载力调整系数，取 1.3。

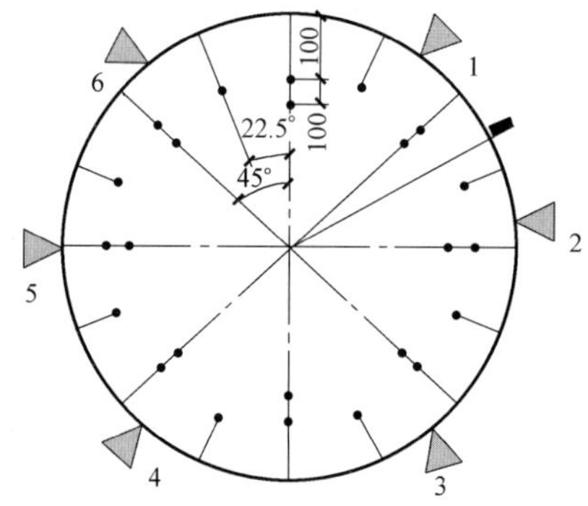

图 1 地基基础加固静压桩平面图（单位：mm）

Fig. 1 Layout of underpinning liles (Unit: mm)

地基基础加固后复合地基承载力特征值满足抗震要求。

桩间土所承受的荷载低于地基土的湿陷起始压力 180kPa，考虑压力扩散后，重锤夯实填土层下的非自重湿陷性黄土所承受的荷载，满足湿陷性土地区建筑规范对湿陷起始压力的要求。

土的物理力学性质指标 表 1

Physical and mechanical properties of soil Table 1

土样编号	试样深度(m)	质量密度 ρ (g/cm^3)	天然含水率 w(%)	土粒相对密度 G_s	天然孔隙比 e	湿陷系数 δ_s (×200kPa)	自重湿陷系数 δ_{zs}	压缩系数 $a_{0.1\text{-}0.2}$ (MPa^{-1})	压缩模量 $E_{s0.1\text{-}0.2}$ (MPa)	起始压力(试验)(kPa)
1	3.0	1.61	10.3	2.70	0.760	0.015	0.011	0.1	18.6	185
2	4.0	1.62	11.1	2.70	0.762	0.012	0.012	0.11	16.9	183
3	5.0	1.58	10.2	2.70	0.773	0.017	0.013	0.13	14.4	180
4	6.0	1.55	9.2	2.70	0.801	0.015	0.016	0.09	14.6	181
5	7.0	1.57	8.2	2.70	0.762	0.018	0.010	0.15	12.4	180
6	8.0	1.56	9.1	2.70	0.789	0.014	0.014	0.14	13.4	182
7	9.0	1.59	10.3	2.70	0.780	0.020	0.008	0.16	11.8	183
8	10	1.59	10.3	2.70	0.778	0.018	0.009	0.21	11.7	185

8 施工工艺

该施工工艺与传统坑式静压桩施工工艺类似，按以下工艺进行。

(1) 开挖导坑：在独立基础下开挖宽 1.0m，长 1.2m，深 1.8m 导坑（从基础或圈梁底面起计算）。

(2) 固定桩位：安置千斤顶等沉桩设备。

(3) 沉桩：以基础作反力，在千斤顶下垫钢板，以防止桩头压坏，用薄钢板调节桩的垂直度。在沉桩过程中，仔细监测压力变化，桩之间的焊接符合相关规范要求。

(4) 成桩：压力与深度均达设计要求后（当摩擦桩进入土体约 5.0m 后，压桩力随深度增长不大），进行托换。

(5) 回填：用 3∶7 的灰土回填夯实，自基础下 40cm 左右用干混凝土捣实。

9 加固效果

加固前，在烟囱筒体上布置了 6 个沉降观测点（图 2），对加固烟囱的变形进行 3 年多的监测，根据沉降观测结果（表 2），该烟囱沉降稳定，从加固至今，烟囱使用正常，说明采用坑式静压桩托换法加固该烟囱地基的效果较好。

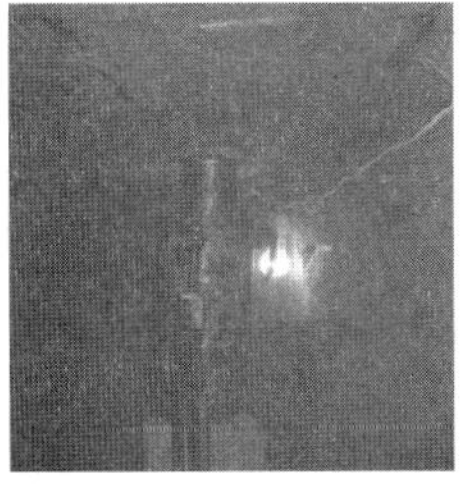

图 2 加固施工现场照片

Fig. 2 Photos of reinforcement construction site

烟囱地基加固沉降观测结果 **表 2**

observation results of chimney foundation reinforcement settlement **Table 2**

日期	沉降量(mm)						
	1号	2号	3号	4号	5号	6号	备注
2015-10-16	0	0	−1	+1	0	+1	注：表中沉降量为累积沉降量
2015-10-18	−1	+1	−2	0	−1	−1	
2015-10-21	+1	−2	−2	0	−2	−1	
2015-11-06	0	+2	−1	+1	−1	−1	
2016-12-26	0	+1	−1	+2	−1	0	
2018-12-10	0	+1	−2	+3	−1	0	

10 结论

(1) 坑式静压桩托换法对黄土地区非自重湿陷性黄土地基进行抗震加固，在技术上先进，操作上可行，是地基基础抗震加固最有效的方法之一。

(2) 由于静压桩分担了部分荷载，使得地基加固后桩间非自重湿陷性黄土所承受的压力小于湿陷起始压力土，从而防止了湿陷性黄土地基的湿陷下沉。

(3) 静压桩托换施工过程中施加了预应力，防止了建筑物的附加下沉。

(4) 坑式静压桩托换法在湿陷性黄土地区加固既有建筑的地基基础，具有施工机具轻便灵活、施工工艺简单、作业空间小、无振动、无噪声、施工周期短、工程造价低、经济合理、在施工时建筑物可正常使用等优点。

参考文献：

[1] 彭振斌，张可能，陈昌富，等．托换工程设计计算与施工[M]．武汉：中国地质大学出版社，1997.

[2] 陈希哲．土力学地基基础[M]．北京：清华大学出版社，1998.

[3] 胡广韬，杨文远．工程地质学[M]．北京：地质出版社，1984.

[4] 殷宗泽，龚晓南．地基处理工程实例[M]．北京：中国水利水电出版社，2007.

[5] 中华人民共和国住房和城乡建设部．湿陷性黄土地区建筑标准：GB 50025—2018[S]．北京：中国建筑工业出版社，2018.

[6] 中华人民共和国住房和城乡建设部．地基处理技术规范：JGJ 79—2012[S]．北京：中国建筑工业出版社，2012.

[7] 龚晓南．地基处理手册[M]．2 版．北京：中国建筑工业出版社，2000.

[8] 卜军华，陈平，林旭峰，等．坑式静压桩在玉皇阁整体顶升保护工程中的应用[J]．工业建筑，2011(1)：833-836

[9] 李林，张会林．某住宅楼裂缝事故的检测鉴定及坑式静压桩托换[J]．建筑结构，2006，36(12)：108-111.

[10] 王逢睿，牛文庆，张小兵，等．湿陷性黄土地区锚杆静压桩地基加固应用研究[J]．建筑结构，2019(6)：128-133.

[11] 储王应，王能民．静力压桩沉桩阻力分析与估算[J]．岩土工程技术，2000，51(1)：25-28，46.

基于价值工程的地基基础设计优化案例分析

孙宏伟，卢萍珍，王　媛，方云飞
（北京市建筑设计研究院有限公司，北京 100045）

摘　要： 由于地质条件与岩土特性复杂以及施工质量因素影响，为了更好地控制成本与工期，地基基础设计优化愈发受到关注。基于价值工程的概念与指导思想，结合工程实例包括合理节省成本的桩长优化减短、变刚度调平设计实例、以中桩补强边桩而成本不变的实例，以及需要增加成本包括考虑近接深开挖相互影响、地基刚度局部增强、基本试验成本投入的实践案例，对地基基础设计优化思路进行了分析和探讨，并倡导通过岩土工程顾问咨询进行优化设计的模式，延伸价值工程的理念，将会为充分发挥价值工程作用、提高投资效益发挥更重要的作用。

关键词： 价值工程；优化设计；沉降控制设计；案例分析

作者简介： 孙宏伟，1969 年出生，副总工程师，教授级高级工程师，注册土木工程师（岩土），专注于地基与结构相互作用研究与工程应用实践，电子邮箱：dijiyanjiu@163.com。

Analysis on value engineering-based optimized foundation design

SUN Hong-Wei, LU Ping-zhen, WANG Yuan, Fang Yun-fei
(Beijing Institute of Architectural Design, Beijing 100045)

Abstract: Due to complicated and changeable geological condition and properties, and unreliable workmanship have great effect on construction cost and time of foundation engineering. Based on value engineering, case histories and concepts of optimized design were discussed. Case study of optimized shortening of pile length and variable stiffness design for minimizing different settlement used for cost savings, and reinforcing side piles with inner piles for keeping cost constant, and cost input need to increase used to carry out load test, and to enhance subgrade stiffness of key parts, subjected to deep excavation and load concentration. For extending concept of value engineering, geotechnical consulting shall be going to be more important role and more value to enhance investment efficiency.

Key words: value engineering; optimized design; settlement-based design; case study

1　引言

由于地基岩土性状变化复杂，“地基基础方案的选择是关系到整个工程的安全质量和经济效益的重大课题，也是牵涉到工程地质条件、建筑物类型性质以及勘察、设计与施工等条件的综合课题，常常需要长时间的调查研究和多方面的反复协商才能最后定案”[1]。然而近年来某些地基基础工程的勘察、设计、施工对规范的依赖性过强，未能很好地与地质条件、现场施工条件结合，既可能造成保守浪费，又可能存在安全隐患。地基基础工程设计比选优化、综合分析和风险控制是至关重要的。

当前中国企业和工程师参与国外工程建设项目日渐增多，“价值工程是我国建筑承包商走出国门、走向世界必须经历的第一课”[2]。为此基于价值工程（Value Engineering）的概念并结合工程实践案例针对地基基础设计优化思路加以分析和探讨，以期对工程界同行有所帮助。

2　沉降控制设计的概念

地基基础紧密相连，设计时各有侧重。地基类型分为两大类，即天然地基和人工地基，其中人工地基包括处理地基和桩基。《建筑与市政地基基础通用规范》GB 55003—2021 提出的“在满足承载力计算的前提下，应按控制地基变形的正常使用极限状态设计”是地基设计的基本原则。桩基属于人工地基，其承载性状与承载能力、按沉降控制原则确定承载力的设计取值的概念均需要正确把握，即桩基设计亦应遵循沉降变形控制原则。

地基基础设计始终要把工程在不同工况条件下的差异变形的控制与协调作为解决地基基础问题的总目标，以沉降控制为关注焦点，精心勘察、精心设计、精心施工。沉降控制设计的实现需要依靠多专业、多岗位的工程师们各出所长、通力合作。

3　价值工程的概念

1961 年 Miles L D 所著的《Techniques of Value Analysis and Engineering》出版，Value Engineering 是 Miles 所提出的以功能为导向的、系统化的管理技术，用以分析并提高产品、设计、系统或服务的价值。价值工程的表达式为 V=F/C，其中 F 和 C 分布表示功能（Fuction）和成本（Cost），两者的比值视为价值（Value），由此可知，为实现价值 V 的最大化，有下列 5 个途径：

（1）双向型：功能 F 提高，成本 C 降低；

（2）投资型：功能 F 大幅提高，成本 C 小幅增加；

（3）改进型：功能 F 提高，成本 C 不变；

（4）节约型：功能 F 不变，成本 C 降低；

（5）牺牲型：功能 F 小幅降低，成本 C 大幅降低。

需要强调的是，由于“岩土材料形成与赋存的环境，以及环境变迁的历史直接影响其性质；宏观工程地质、水文地质、地震地质条件对场地条件的主导和约束作用”[3]，且基础工程“具有不可见性和疵病修复的困难性，以及一旦失效，经济损失和社会影响的巨大性”，因此“牺牲型”必须慎用，并杜绝偷工减料。

接下来结合工程实例对于双向型、改进型和投资型的设计优化加以阐述。

4 双向型的案例分析

由于各地岩土性状变化复杂，成桩质量和承载性状并不不同，有时差别明显。目前受管理体制的影响，对于规范由依据变为依赖，并且现有的技术体制，将桩基工程的勘察与设计分隔为两个独立的工作阶段，前一阶段由勘察单位提供岩土参数，后一阶段由设计单位完成桩基设计，目前容易出现问题之处在于设计人员只能通过勘察报告“被动”而非“主动”了解地基工程特性指标。优化设计在于科学合理把握岩土指标参数，依照价值工程的概念和指导思想，减短桩长不仅节省成本及工期而且实现更优的承载性状以及沉降控制目标，归为双向型的价值工程，接下来结合桩长优化减短和变刚度调平设计的工程实例进行分析与讨论。

4.1 桩长优化减短

（1）软硬交互层

软硬交互层，如图 1 所示，某工程场地的地基土层由相对的高压缩性（软）与低压缩性（硬）交互沉积层构成，有两个备选桩端持力层，桩长与地层配置关系见图 1。

为比较选择确定合理的桩端持力层，专门针对两个备选持力层做了现场对比试验，即在同一场地内的进行了两个不同持力层的单桩静载荷试验测试承载变形特性，试验桩的桩长分别为 53.4m 和 33.4m，长桩以密实卵石层为持力层，短桩则以密实砂层为持力层，两者静载荷试验 Q-s 曲线[4] 如图 2 所示。

由钻孔灌注桩的单桩承载力计算通式可知，加大桩身直径和加长桩身长度，均能提高基桩承载力计算值。由图 2 可知，试验桩桩长相差 20m，但其桩顶沉降量相近，即长桩与短桩的承载力基本相同。

由此反思，针对软硬交互层地基，更应审慎考量长径比与基桩承载性状，桩越长并非承载力越高。文献［4］建议按沉降控制进行桩基设计，当需要通过加大桩长，选择以更深部土层作为桩端持力层以减小桩基沉降，但同时会增加施工质量的控制难度。因此对于软硬交互层地基条件，合理优化减短桩长，可视为典型的双向型的价值工程。

（2）桩端不嵌岩

凡桩端进入岩石层，均按照建筑桩基技术规范的嵌岩桩计算公式确定单桩承载力，是认识误区。实际上，岩体特性对于成桩质量、基桩承载性状有直接影响，因此进入岩层与嵌入岩层并非划等号，笔者建议以入岩桩和嵌岩桩相区分，岩石试验指标、岩体工程特性、成桩工艺和承载变形特性均是设计时应当考虑的关键问题。

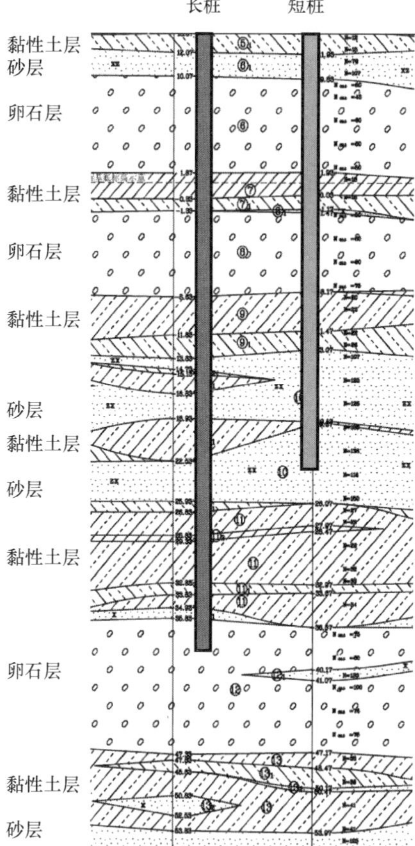

图 1　桩长与地层配置关系

Fig. 1　Relationship between pile length and profile

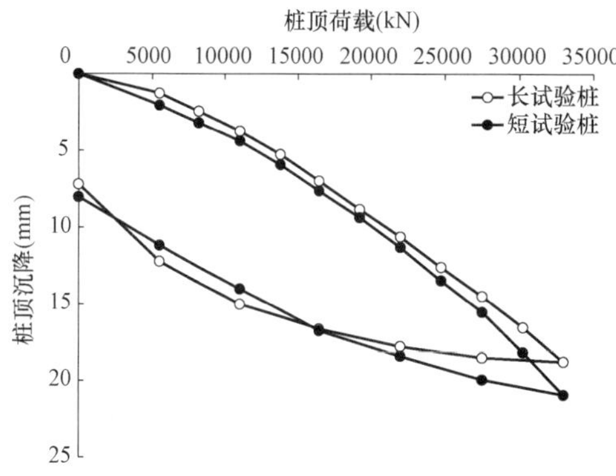

图 2　长桩与短桩静载试验 Q-s 曲线对比

Fig. 2　Q-s curves of long and short testing piles

位于北京丽泽商务区的丽泽 SOHO 大厦建筑因造型独特而荷载集度差异显著，需要严格控制地基基础沉降变形，而地基土层为密实砂卵石层及其下分布的第三纪黏土岩，设计时针对差异沉降与桩基承载性状进行了深入分析。附近场地的另一栋超高层建筑（G 工程）采用桩筏基础，其主塔楼抗压桩以第三系为桩端持力层。经过比对 G 工程和丽泽 SOHO 相同深度的试验桩桩侧阻力差异显著。

两工程的桩端与地层剖面配置关系见图 3。以软岩为桩端持力层，虽然桩长加长，但是单桩承载力并没有得到有效地提高，而且还影响到卵石层侧阻力的发挥。通过现场静载试验数据的对比分析，最终设计采用“短桩”方案，避开第三系不利影响，充分发挥砂卵石层侧阻力，工程桩承载力检验测试全部合格，沉降实测值与计算值完全吻合，达到设计预期[5]。

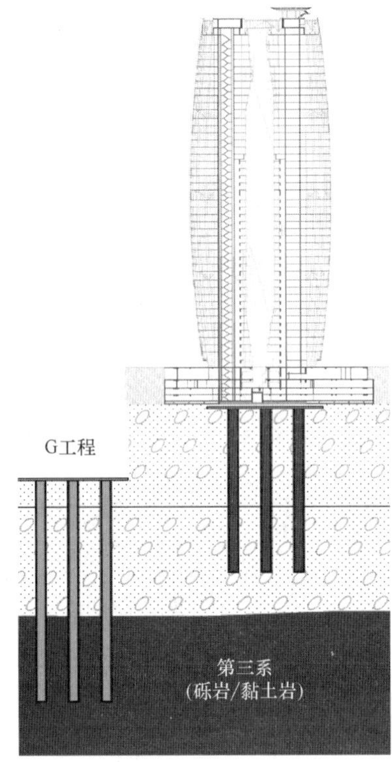

图 3　桩端持力层示意

Fig. 3　Sketch of different bearing layers

4.2　变刚度调平设计案例

对于大底盘主裙楼建筑形式，兼顾抗浮设计，合理弱化裙楼地基支承刚度，实现差异沉降的控制与协调。对于核心筒-外框柱的建筑结构形式，通过弱化外框柱基桩支承刚度以实现调平沉降的设计优化，合理减短外框柱的桩长。节省桩基成本 C 的同时获得更好的沉降控制性能（即提高功能 F），属于双向型，列举北京中信大厦（中国尊）和西安国瑞中心两个代表性的工程实例。

（1）北京中信大厦（中国尊）

地上为高度 528m 的主塔楼，主塔楼地上 108 层、地下 7 层，东西两翼均为纯地下 7 层。桩筏协同设计是将主塔楼与其两翼裙房作为一个整体进行研究与分析，设计过程中桩筏协同作用的三维数值分析与桩基设计密切结合，遵循差异沉降控制与协调的设计准则[6,7]。岩土工程师与结构工程师通力协作实现了桩筏设计创新。

通过试验桩载荷试验研究超长钻孔灌注桩的荷载传递规律、荷载-沉降的工程性状，考虑桩筏协同作用按变形控制条件合理选择桩端持力层，优化设计桩长、桩径和桩距。最终的变地基基础刚度调平设计成果可概化为图

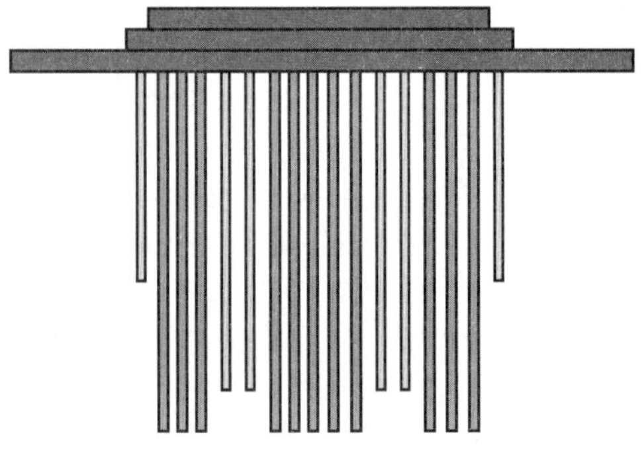

图 4　弱化两翼地基支承刚度

Fig. 4　Weakening supporting stiffness of side foundation

4，超高层主塔楼与两翼裙房之间不再设置沉降后浇带，两翼不设抗浮桩，通过弱化两翼地基支承刚度以实现差异沉降最小化。至 2019 年底实测沉降已稳定，计算值与实测值吻合，实践证明桩筏基础设计方案科学合理、安全可靠。

（2）国瑞·西安国际金融中心

主塔楼建筑高度约 350m，地上 75 层，工程建设场地是以硬塑粉质黏土层为主，地区特点显著。

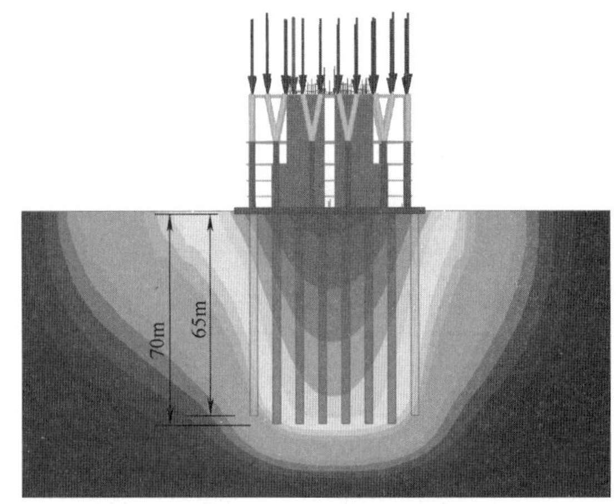

图 5　弱化外框柱基桩支承刚度

Fig. 5　Weakening supporting stiffness of side column foundation pile

主楼桩基设计方案，核心筒基桩设计桩长为 70m，外框桩基桩长桩减至 65m，经过协同作用分析地基基础沉降变形，通过适当弱化外框柱的基桩支承刚度有效协调沉降差，即通过适当减短桩长以弱化支承刚度（图 5）进而实现更优的差异沉降控制的性能化目标。超长灌注桩现场足尺工程试验资料有非常重要的参考价值，试验桩设计桩径为 1.0m、有效桩长约 76m、最大试验加载达 30000kN，其试验设计与数据分析详见文献［8］。

需要注意的是，《建筑地基基础设计规范》GB 50007—2011 要求“其主楼下筏板的整体挠度值不宜大于 0.05%，主楼与相邻的裙房柱的差异沉降不应大于其跨度的 0.1%”，尚应验算核心筒与外框柱之间的沉降差，亦需要满足沉降差不应大于其跨度的 0.1% 的限值要求。

5 改进型的案例分析

软土场地上的某建筑需要在周边填方（图 6），桩基设计时需要考虑负摩阻力以及不均匀沉降的影响。

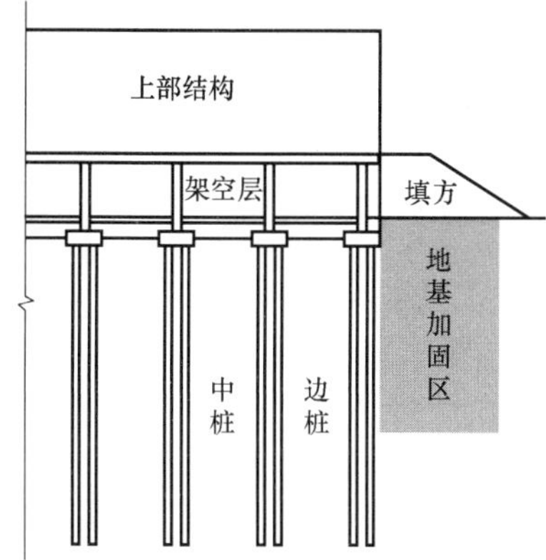

图 6 建筑及其周边填方工况

Fig. 6 Building with surrounding fill

为尽可能减小负摩阻力，采用了架空层，并且对填方范围进行地基加固。在沉降分析后，为了有效控制沉降差，采取了弱化中桩支承刚度同时强化边桩支承刚度的设计措施，将适量桩数由中间调整至周边，保持总桩数不变，属于改进型的设计优化。根据沉降实测和负摩阻力监测，验证了设计优化措施是合理可靠的。

6 投资型的案例分析

与双向型的成本减少及改进型的成本不变的不同之处在于，投资型价值工程需要适当增加成本 C 投入，以实现更好的地基基础性能化目标。以下 3 种情形都属于典型的投资型的优化设计：（1）考虑相邻深基坑开挖影响时，需要适当增强基桩支承刚度（增加桩长）以减小相互影响进而获得更安全的变形控制设计目标；（2）天然地基承载力基本满足要求的前提下，为更有效地控制差异沉降，增加增强体形成复合地基以提高局部地基刚度；（3）通过增加后注浆以及试验成本 C 投入，使得灌注桩承载性状得到改善，更有利于沉降控制。

6.1 考虑相互影响工况的设计实例

如图 7 所示，天津滨海新区某超高层主楼毗邻地铁深基坑，间距仅 0.75m 且地铁基坑底面深于相邻建筑的基底标高，需要考虑两者之间的相互影响问题[9]。

超高层建筑荷载作用会引起桩间土应力变化，会对毗邻的地铁支护体系所承受的土压力增大，进而加大其水平位移，而与此同时，地铁基坑支护体系水平位移的加大又会造成桩筏基础差异沉降变形的加大。为此针对这一复杂的工况条件，针对桩基沉降变形进行了详细的计算分析。依据相互影响的数值分析计算成果，为了有效控制地铁深基坑的开挖及支护与超高层建造之间的相互影响，对于主楼桩基设计参数进行了调整，桩长加长到 67.35m 且以⑨$_4$ 层粉砂作为桩端持力层，即适当增加成

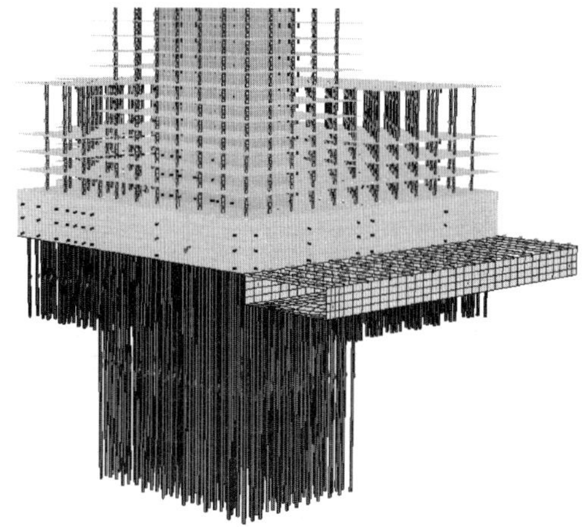

图 7 高层建筑与相邻深基坑工况

Fig. 7 high-rise building with adjacent deep fexcavation pit

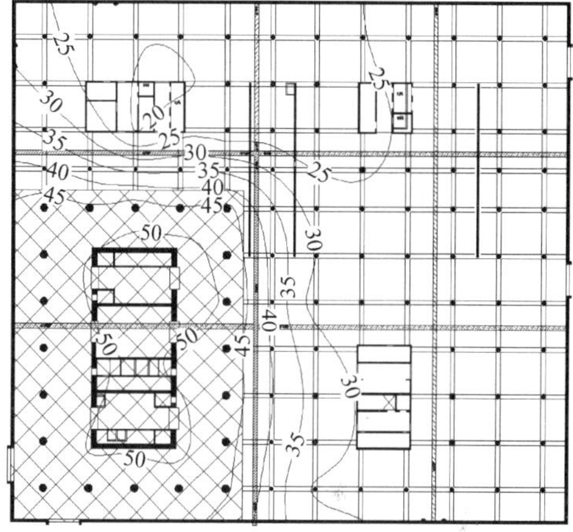

图 8 实测基础沉降等值线图

Fig. 8 Contour graph of settlement observation

本 C 以增强基桩支承刚度而获得更安全的变形控制设计目标[10]。由图 8 可以清楚地表明实测主楼基础沉降均匀，验证了考虑相互影响工况的桩基设计思路是安全可靠的。

6.2 地基刚度局部增强

北京银河 SOHO 为典型的大底盘多塔连体结构，塔楼核心筒与中庭荷载差异显著。在地基基础设计过程中，岩土工程师与结构工程师密切合作并协同工作。

鉴于地质条件，在直接持力层之下分布有相对软弱黏性土层，增加筏板基础厚度（即增加基础刚度）的同时将使得地基刚度弱化，故根据荷载集度的分布特点，人为调整地基刚度——通过加设 CFG 桩使得地基刚度局部增强（图 9），将均匀地基调整为不均匀地基，以实现差异沉降最小化。设计以及技术交底过程中，坚持针对 CFG 桩增强体单桩加强承载性状检验，并以增强体单桩静载试验作为地基施工质量检验的主控项目。经过沉降实测验证，地基基础设计方案科学合理、安全可靠。

6.3 基本试验成本投入

《建筑与市政地基基础通用规范》GB 55003—2021 规

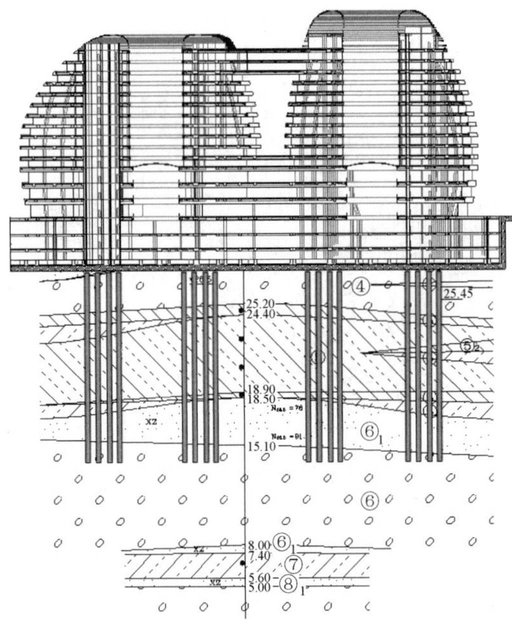

图 9　局部增强地基刚度

Fig. 9　Enhancing subgrade stiffness of key parts

定“单桩竖向极限承载力标准值应通过单桩静载荷试验确定。”上海中心大厦专门进行了超长桩的后注浆效果的对比分析，“4 根试桩中，2 根为桩侧桩端联合后注浆桩，1 根为桩端后注浆桩，1 根为常规灌注桩”[11]。

桩端桩侧均进行了后注浆的试验桩与常规灌注桩（未进行后注浆）的静载荷试验 Q-s 曲线如图 10 所示，相比传统的钻孔灌注桩施工工艺，后注浆工艺使得基桩承载性状得到有效增强，有利于沉降控制。为了准确把握单桩承载性状，需要在设计之前，开展试验桩的测试工作，投入必要的时间和经费是值得的。

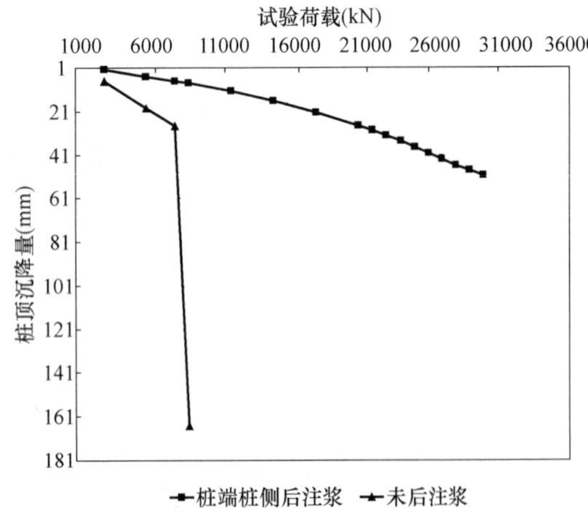

图 10　试验桩 Q-s 曲线对比

Fig. 10　Comparison of Q-s curve of testing piles

7　结语与展望

“无论天然的土层结构怎样复杂，也无论我们的知识与土的实际条件之间存在多么大的差距，我们还是要利用处理问题的技艺，在合理的造价的前提下，为土工结构和地基基础问题寻求满意的答案。”[12] 以此为指导思想，从价值工程的视角展开了分析探讨，依照价值工程的概念和指导思想，针对地基基础工程的特点，结合代表性的实践案例，阐述了双向型、改进型和投资型的优化设计，确保工程方案的安全可靠以及成本的经济合理。

价值工程的合理运用，尚需技术管理体制的创新、进一步推进岩土工程技术体制深化改革。展望今后的发展，笔者提议延伸为通过岩土工程顾问咨询进行优化设计的模式，即 C 转化为 Consulting 顾问咨询，延伸价值工程的理念，将更有助于合理节省资源、提高投资效益。

参考文献：

[1] 张国霞. 高重建筑物地基与基础[C]//中国土木工程学会. 第四届土力学及基础工程学术会议论文选集，1983：17-25.

[2] 李健，王力尚，朱建潮. 价值工程在国际 EPC 项目中的应用研究[J]. 施工技术，2013，42(6)：55-57.

[3] 张在明. 岩土工程的工作方法[C]//第二届全国岩土与工程学术大会论文集. 北京：科学出版社，2006：608-620.

[4] 孙宏伟. 京津沪超高层超长钻孔灌注桩试验数据对比分析[J]. 建筑结构，2011，41(9)：143-146.

[5] 方云飞，王媛，孙宏伟，等. 丽泽 SOHO 地基基础设计与验证[J]. 建筑结构，2019，49(18)：87-91，114.

[6] 孙宏伟，常为华，宫贞超，等. 中国尊大厦桩筏协同作用计算与设计分析[J]. 建筑结构，2014，44(20)：109-114.

[7] 王媛，孙宏伟. 北京 Z15 地块超高层建筑桩筏的数值计算与分析[J]. 建筑结构，2013，43(17)：134-139.

[8] 方云飞，王媛，孙宏伟. 国瑞·西安国际金融中心超长灌注桩静载试验设计与数据分析[J]. 建筑结构，2016，46(17)：99-104.

[9] 孙宏伟，沈莉，方云飞，等. 天津滨海新区于家堡超长桩载荷试验数据分析与桩筏沉降计算[J]. 建筑结构，2011(S1)：1253-1255.

[10] 王媛，鲍蕾，方云飞，等. 天津汇金中心基桩测试数据与基础沉降数据分析[J]. 建筑结构，2017，47(18)：75-78.

[11] 王卫东，李永辉，吴江斌. 上海中心大厦大直径超长灌注桩现场试验研究[J]. 岩土工程学报，2011，33(12)：1817-1826.

[12] Terzaghi K，PECK R B. Soil Mechanics in Engineering Practice[M]. John Wiley and Sons，New York，1967.

不均匀地基下地服维修楼基础选型分析

宋宜濛，周　青
（中国航空规划设计研究总院有限公司，北京 100088）

摘　要：针对某地服维修楼位于不均匀地基下的基础选型问题，进行柱下独立基础、柱下条形基础、桩基础以及组合基础的多方案比较，从安全性、经济性、适用性出发，综合确定出最优方案，也能为类似工程提供借鉴作用。
关键词：不均匀地基；组合基础；基础选型

1　引言

我国湖北省位于长江中游、洞庭湖以北，境内河流湖泊众多，素有“千湖之省”之称。另外，湖北省丘陵众多，机场用地多需“削峰填谷”，造成建设场地地质条件复杂，多为不均匀地基，给结构基础设计带来较大困难。

本文针对湖北省鄂州机场某项目地服维修楼基础设计方案进行分析，从安全性、经济性、适用性等因素综合考虑，制定出最优的基础方案，满足项目需求，为类似工程起到借鉴作用。

2　工程概况

新建湖北鄂州民用机场某项目位于鄂州市燕矶镇，西侧为坝角村，东侧紧邻 112 省道。

基地中 1 号地服维修楼总建筑面积 9923.7m^2，主要满足特种车辆维修、集装板箱维修等功能，建筑效果见图 1。

图 1　建筑效果图

地服维修楼采用温度伸缩缝兼防震缝分为 A、B、C 三个区域，分区图见图 2。其中，A 区长 112m，宽 30m，主要柱网为 10m×15（12）m，地上一层，层高 10m；B 区长 112m，宽 15m，主要柱网为 10m×15（12）m，地上一层，层高 10m；C 区长 112.5m，宽 20m，主要柱网为 10m×（15）7.5m，地上两层，一层层高 5.9m，二层层高 4.1m。

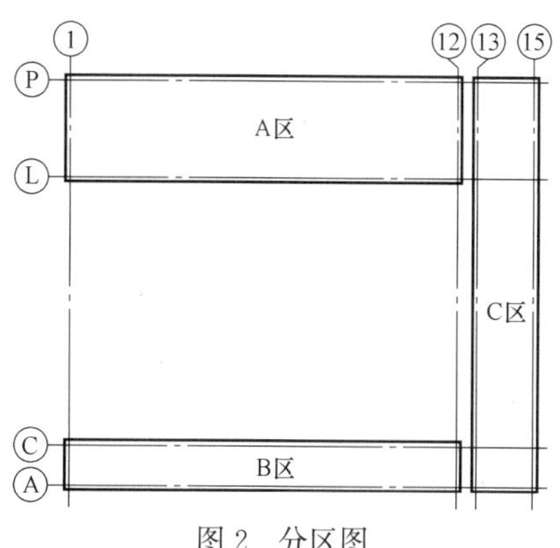

图 2　分区图

各分区均采用钢筋混凝土框架结构，屋面为现浇钢筋混凝土屋面，各沿长度方向设置两道后浇带。

建筑±0.000 标高为 23.8m。

主体结构使用年限为 50 年，结构安全等级为二级。50 年重现期基本风压为 0.35kN/m^2，基本雪压为 0.40kN/m^2。抗震设防烈度为 6 度，设计地震分组为第一组，场地类别为Ⅱ类，抗震设防类别为丙类，地基基础设计等级为乙级。

3　基础方案

根据《新建湖北鄂州某基地工程岩土工程勘察报告》，拟建地服维修楼地基持力层存在人工填土层、粉质黏土层、强风化泥质砂岩层、中风化泥质砂岩层等多种力学性质差距较大地层，判定其为不均匀地基。

根据野外钻探、原位测试及室内土工试验成果的综合分析，本次勘察揭露 26.0m 深度范围内的地层表层为人工填土，其下为第四系残坡积成因的黏性土，再下为白垩—下第三系东湖群砂岩类，土层参数见表 1。

土层参数表　　　　**表 1**

土层名称	压缩模量 E_s（MPa）	地基承载力特征值 f_{ak}(kPa)	桩侧土摩阻力特征值 q_{sia}(kPa)	桩端土端阻力特征值 q_{pa}(kPa)	密实度	揭露地层厚度（m）
①粉土素填土	—	—	10	—	松散	0.3～8.6
①$_1$ 泥质砂岩素填土	—	—	25	—	稍密—中密	0.3～8.6
①$_2$ 块石素填土	—	—	70	—	稍密—中密	0.3～8.6
①$_3$ 淤泥质粉质黏土素填土	—	—	10	—	软塑	0.3～8.6
②粉质黏土	7.43	170	26	—	可塑—硬塑	0.7～7.6
③强风化泥质砂岩	55	500	70	700	泥质胶结	0.5～7.0
④中风化泥质砂岩	—	2000	120	2000	泥质胶结	最大 19.1

拟建地服维修楼范围内，现状地表标高在 19.92～25.9m 之间，建筑±0.000 标高为 23.8m，部分现状地表位于地坪标高以下，且存在废弃水塘，水塘内存在约 0.6～0.7m 厚的淤泥层。地勘建议清除水塘内①层粉土素填土、$①_1$ 层泥质砂岩素填土、$①_3$ 层淤泥质粉质黏土素填土后，采用素土或 2∶8 灰土分层回填碾压或强夯处理至设计标高。

勘察期间，业主已委托机场方统一进行场地平整和地基处理。处理要求为采用黏土、砂土或碎石土压实回填，地基承载力特征值不小于 120kPa，压实系数不小于 0.94，固体体积率不小于 0.80。由于具体回填时间、回填现状、回填质量均由机场方统一处理，难以及时了解回填现状，且处理效果难以把控，因此按照原状地质进行基础方案确定。

原状地质如图 3 所示，由于建筑物范围内土层分布不均匀，各土层起伏较大，且局部存在较大厚度填方区域，地质条件复杂。故为满足建筑使用功能，需对基础形式进行多方案比选。

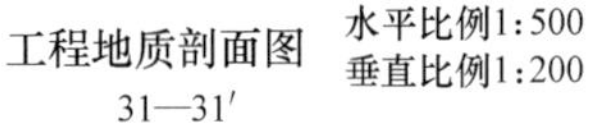

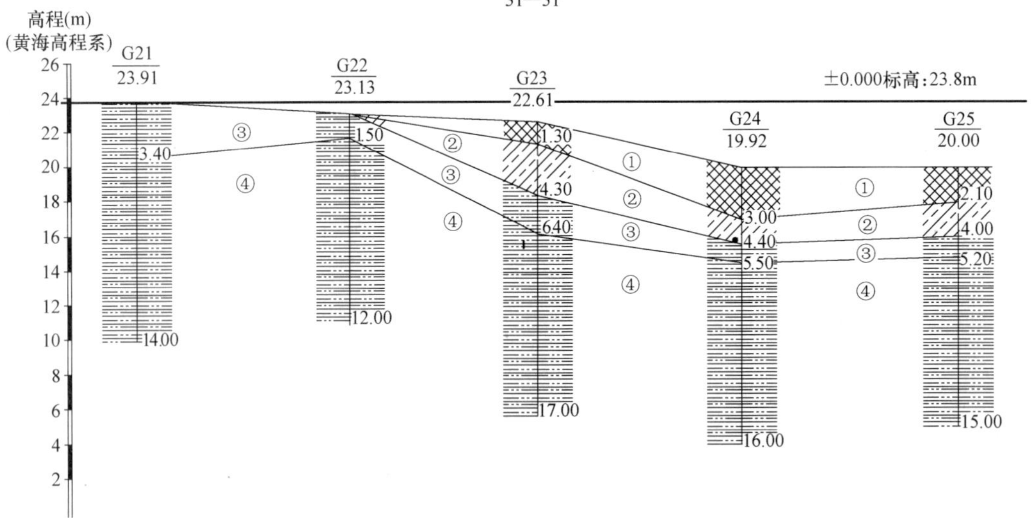

图 3　典型地质剖面

4　基础方案比选

地服维修楼 A 区、B 区单柱最大轴力 4000kN，C 区单柱最大轴力 6000kN。

根据地勘报告，③层强风化泥质砂岩层分布广、强度较高，可作为天然地基基础持力层，②层粉质黏土层分布广，强度一般，可作为轻型、对沉降和不均匀沉降要求一般的建筑物的天然地基基础持力层。按照建筑正负零标高及现状地坪标高计算，如全部采用独立基础，独立基础埋深范围由±0.000～−7.520m 不等，开挖深度过大，且基础整体性较差，经济性欠佳，因此不宜全部采用独立基础。综合考虑，对于填方区域进行地基处理检测合格的前提下，可采用柱下条形基础以增加基础的整体性；或采取局部桩基础方案，从根本上解决地质不均匀的问题[1]。

4.1　独立基础＋柱下条形基础

方案一为柱下独立基础＋柱下条形基础＋基础连系梁方案，即地服维修楼南侧地质情况良好部位可采用独立基础，独立基础持力层采用②层粉质黏土层及③层强风化泥质砂岩层。独立基础范围按照基础埋深能控制在−3m 以内确定。

其余部分地势变化较大，采用柱下条形基础提高基础整体性，柱下条形基础按照基础底标高−1.5m 考虑，基底持力层跨越②层粉质黏土层、③层强风化泥质砂岩层、④层中风化泥质砂岩层以及水塘处的人工换填层。

基础平面布置如图 4 所示。

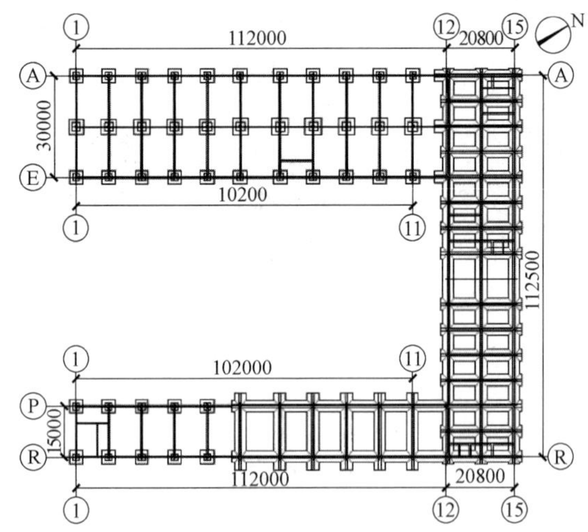

图 4　方案一基础平面布置图

4.2　独立基础＋桩基础

方案二为柱下独立基础＋桩基础＋基础连系梁方案，独立基础布置原则同方案一，其余部分采用桩基础，基桩形式采用钻（冲）孔灌注桩，桩径 800mm，以④层中风化泥质砂岩层为桩端持力层，单桩竖向承载力特征值为

1600kN，桩长约 10m。基础平面布置如图 5 所示。

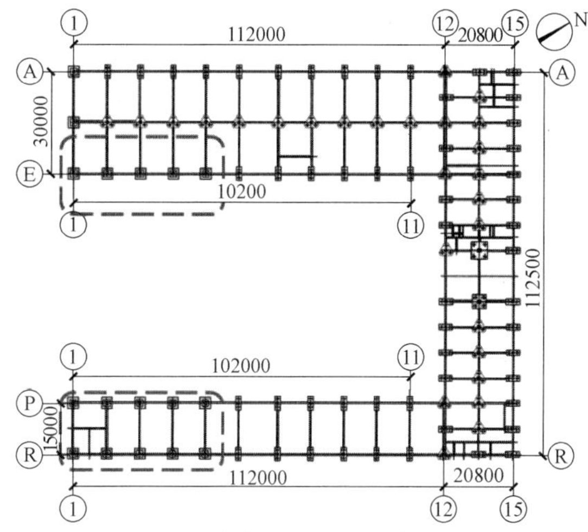

图 5　方案二基础平面布置图

4.3　方案比选

（1）适用性

针对处于不均匀地基下的框架结构，应控制相邻柱基的沉降差，该地服维修楼持力层地基土类别包括高压缩性土以及中、低压缩性土，根据《建筑地基基础设计规范》GB 50007—2011 以及湖北省地方基础规范要求，控制该地服维修楼的变形允许值为 $0.002L$，L 为相邻柱基的中心距离（mm）。

方案一相邻柱基的最大沉降差为 32.8mm，相对差为 $0.003L$，不满足变形允许值要求，沉降云图如图 6 所示。

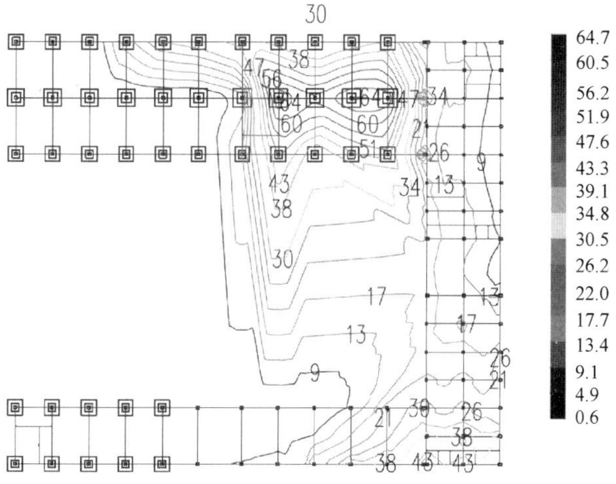

图 6　方案一沉降云图

将沉降差超限位置的四跨独立基础改为柱下条形基础，减小了基础形式交接处独立基础的沉降量，可以将最大沉降差控制在 $0.0018L$，满足《建筑地基基础设计规范》GB 50007—2011 小于 $0.002L$ 要求，调整后的沉降云图如图 7 所示。

方案二中独立基础均采用③层强风化泥质砂岩层为持力层，独立基础与桩基础的沉降值均可忽略不计，沉降控制效果明显优于方案一。

（2）工程造价对比

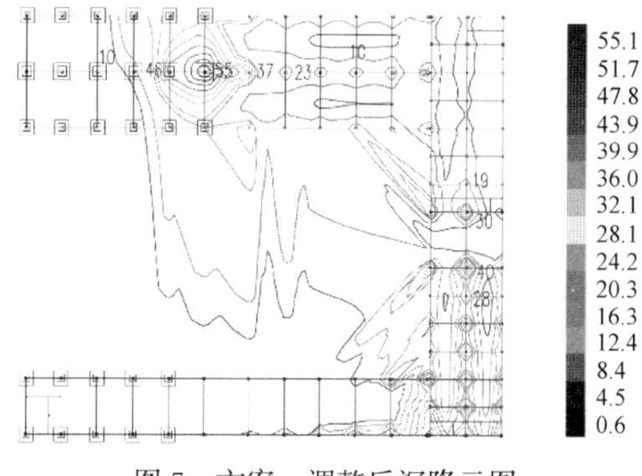

图 7　方案一调整后沉降云图

参考当地材料价格，对地服维修楼的两种基础方案的工程造价进行对比，混凝土按 1300 元/m^3（含模板），钢筋按 7000 元/t（含加工），灌注桩按 2500 元/m^3（根据当地经验综合单价，含钢筋、混凝土及施工费用），两种方案的工程量及造价见表 2 及表 3。

方案一造价表　　表 2

分项	方案一			
	混凝土		钢筋	
	工程量（m^3）	价格（万元）	工程量（t）	价格（万元）
独立基础	140	18	5	4
基础梁	172	22	65	46
条形基础	3347	435	141	99
合计	624 万元			

方案二造价表　　表 3

分项	方案二			
	混凝土		钢筋	
	工程量（m^3）	价格（万元）	工程量（t）	价格（万元）
独立基础	131	17	5	3
基础梁	608	79	88	62
承台	632	82	38	26
基桩	995	249	—	—
合计	518 万元			

对比可见，工程造价方面方案二优于方案一，而且方案一中地基处理的费用难以把控，机场方能否在建筑施工前完成地基处理、处理质量能否满足要求等信息均不确定，因此地基处理部分的工程造价难以考虑，所以方案二在工程造价方面优于方案一。

（3）换填要求对比

方案一对换填区域的要求较高，需作为柱下条形基础的持力层使用，要求清除①层杂填土，采用 2∶8 灰土或级配砂石分层回填碾压至设计标高，处理后的地基承载力不小于 150kPa，压缩模量不小于 10MPa。机场方地基处理的要求为地基承载力不小于 120kPa，压实系数不小于0.94，无法满足设计要求。

方案二对换填区域的要求相对较低，满足地坪相关要求即可，即处理后的地基承载力不小于100kPa，压缩模量不小于5MPa，机场统一进行的地基处理可以满足要求。

从换填要求角度分析，方案二要求较低，换填成本较低。另外，根据以往类似工程经验分析，承载力要求较高时，换填质量往往难以保证，故从基础换填的质量要求及经济性角度考虑，方案二优于方案一。

（4）工期及质量对比

桩基施工工序较多，需要进行试桩、基桩施工、基桩检测、承台施工等多道工序，工期较长。独立基础及柱下条形基础施工工序简单，工期较短。另外，相比于桩基础，独立基础及条形基础的施工质量也更好把控，故从工期及质量控制角度分析，方案一优于方案二[2]。

综上所述，从适用性、经济性、安全性等角度出发，最终选择柱下独立基础＋桩基础＋基础连系梁的基础方案。

5 结论

（1）当建筑物范围内地质情况不均匀时，应首先对基础选型进行分析。

（2）常规基础方案不合适时，考虑组合基础的形式。在满足承载力前提下，应重视沉降计算。

（3）各类基础形式众多，造价指标地域性差异明显，需充分了解建设场地的地方定额，具体计算方可得出准确数值。具体项目之间存在的特异性也很明显，最终从质量、工期、造价等多方面充分对比后方可制定出最合适的基础方案。

参考文献：

[1] 杨超杰，金来建，李令. 北京某山区建筑物地基基础设计[J]. 工业建筑，2012，42(S1)：405-408.

[2] 吕恒柱，张伟玉，张军，等. 南京某商业广场基础选型与优化设计[J]. 建筑结构，2020，50(2)：122-127.

托架式结构构筑物顶升纠倾实例分析

戴武奎，张丙吉
（中国建筑东北设计研究院有限公司，辽宁 沈阳 110006）

摘　要：某石化厂混凝絮凝池体为独立基础，上部柱顶托池体结构，由于降雨量增多，场地排水不畅原强夯地基产生了不均匀沉降，导致池体最大沉降量为 319mm，倾斜率为 5.22‰，不满足自流要求。为使池体恢复正常使用，针对池体结构特点，采用了迫降纠倾和顶升纠倾相结合的纠倾方案。按动态设计思路从加固设计、纠倾设计和监测设计三个方面提出了柱体截断整体顶升设计方案。总结了顶升施工中的技术难点，顶升施工过程中根据实际发生情况随时调整设计，施工后池体基本上恢复了正常使用。经过沉降监测和使用证明，该池体已趋于稳定，池体高度及倾斜均已满足设计要求，方案成功实施说明该方案应用于托架式结构建（构）筑物的加固及顶升纠倾是可行的。
关键词：迫降纠倾；顶升纠倾；动态设计；沉降监测
作者简介：戴武奎，男，1981 年生，正高级工程师。主要从事地基基础方面的研究。

Analysis for lifting deviation correction of bracket structure

DAI Wu-kui，ZHANG Bing-ji
（China Northeast Architectural Design & Research Institute Co，Ltd.，Shenyang Liaoning 110006，China）

Abstract：The coagulation and flocculation pond body is an independent foundation，and the upper column top supports the pond body structure. Due to the increase of rainfall，the site drainage is not smooth and the original dynamic foundation produces uneven settlement，resulting in the maximum settlement of the pond body is 319mm，and the tilt rate is 5.22‰，which does not meet the requirements of gravity flow. In order to restore the use of the pool body，the landing rectify leaning and the rectifying deviation by jack-up was adopted. According to the idea of dynamic design，the overall jacking design is proposed from the reinforcement design，tilt correction design and monitoring design. The technical difficulties in jacking construction were summarized，and the design was adjusted according to the actual situation during jacking construction. The pool body was basically restored to normal use after construction. It is proved that the pool body tends to be stable，the height and inclination of the pool body have met the design requirements，and the successful implementation of the scheme shows that the scheme is feasible to be applied to the reinforcement of bracket type structure and the lifting deviation correction.
Key words：landing rectify leaning；rectifying deviation by jack-up；dynamic design；subsidence monitoring

1　引言

由于地质条件和环境的复杂性与多样性，导致相当数量已建成的建（构）筑物出现了不同程度的破坏和沉降变形，有的已严重影响了结构的使用。重建往往会造成较大的社会影响和经济损失，因此，采取必要的加固纠倾措施就成为解决问题最经济有效的方法[1-2]。综合国外成功经验并结合我国实际情况，目前比较常见的加固纠倾方法有掏土纠倾法[3-5]、水冲纠倾法[6]、顶升纠倾法[7-11]以及在此等基础上发展的新型顶升纠倾方法。刘丽萍等提出了预压托换桩加固及顶升纠倾方法，提出了顶升纠倾中预压托换桩的设计，为黄土地区加固纠倾提供参考[12]。李帅等通过新增牛腿顶升法和剪力墙孔洞顶升法的对比分析比较了两方案的优劣，为类似工程提供了良好的借鉴[13]。周镭等结合南京某小区砌体住宅楼顶升纠倾工程，对砌体结构顶升纠倾技术进行了研究，并给出了砌体结构顶升方案的对比及质量安全控制要点[14]。魏焕卫等采用了顶升法和微型桩纠倾加固方案，利用信息化设计和施工手段对某铁路信号建筑物进行纠倾处理[15]。

本文对某石化厂托架式结构的混凝絮凝池体顶升纠倾工程进行了深入的研究与探讨，通过动态设计和施工方法形成了掏土纠倾、高压旋喷地基加固和顶升的综合顶升纠倾方法。

1.1　工程背景

本工程位于某石化厂污水处理场，顶升纠倾池体为污水完成絮凝过程的混凝絮凝池体，池体整体平面尺寸较小约为 26m×8m，基础为独立基础形式（图 2）。为满足生产需要，上部结构为整体托架式结构以满足池内完成絮凝过程后水体的自流要求（图 1）。

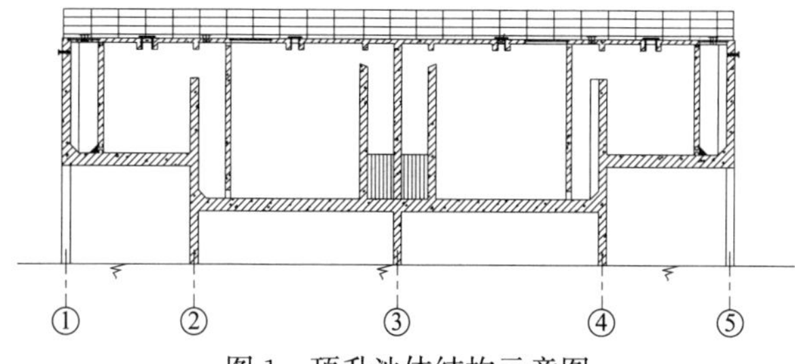

图 1　顶升池体结构示意图

Fig. 1　Schematic diagram of pool structure

池体基础下为强夯回填地基，回填深度为 16m。回填

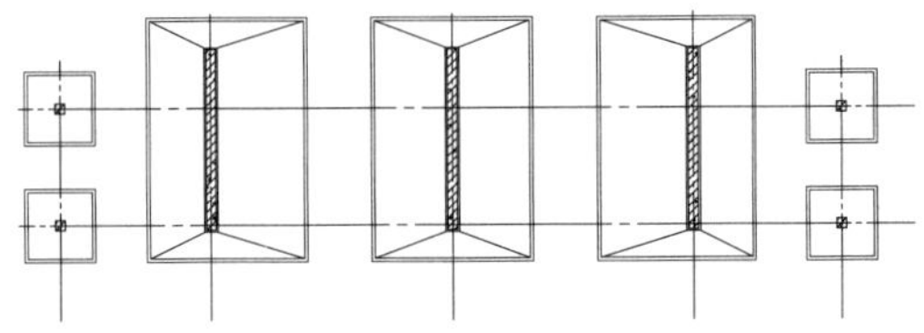

图 2　顶升池体基础平面布置图

Fig. 2　Basic floor plan of pool

土体主要以棕红色—褐红色经过红土化作用的山皮土、地区红黏土以及块石等为主。强夯施工 2012 年 9 月开始，2013 年 1 月结束，之后池体开始施工作业。池体建成于 2014 年 11 月，由于 2014 年和 2015 年全年降雨量偏多，场区地层上部的强夯回填区因场地排水不畅而发生浸泡，严重影响强夯后地基的质量。加之回填地基的不均匀性，不同区域受渗流影响差异显著，浸泡区同非浸泡区具有较大的差别。并且回填红土中含有伊利石等亲水性矿物，其具有吸水膨胀软化和失水急剧收缩硬裂两种往复变形特性，而根据勘察报告，本区红土一般具有微弱膨胀性，随降雨量增多，夯实地基排水不畅使其在非饱和状态至饱和状态过程中吸水软化，强度锐减，加之回填填料的差异性和强夯过程中的不均匀性进而导致填土在强度衰减后的自身固结以及上部建筑超载作用下的沉降不均匀现象，结构体出现微裂缝。前期仅针对池体进行了简单的裂缝封堵处理。截至 2015 年 12 月 9 日，混凝絮凝池沉降 239～319mm，南北最大沉降差 81mm，倾斜率 5.22‰；东西最大沉降差 24mm，倾斜率 4.44‰。最大沉降 319mm，位于西南角，最小沉降 239mm，位于东北角。总体东北侧沉降较小，西南侧沉降较大。

1.2　工程重点及难点

池体主要由于沉降过大已不满足构筑物自流的使用要求，且根据监测数据，地基的自身固结尚未完成，沉降仍在发展。因此，在考虑顶升方案的同时要求加固地基满足设计承载以及为顶升提供反力要求。考虑池体已存在的不均匀沉降，在考虑池体顶升的基础上同时满足构筑物倾斜要求。另外，池体的托架式结构特点以及池体基础为独立基础形式如按常规顶升考虑基础附近设置顶升托换梁等方案，在顶升过程中池体极易偏心失去稳定。

2　建筑物地基加固及纠倾顶升措施

纠倾加固分为迫降纠倾和顶升纠倾，迫降纠倾又可分为掏土纠倾、堆载纠倾、降水纠倾以及浸水纠倾等，顶升纠倾可分为截桩纠倾和托换纠倾等。每种方法都有其适用性可根据建（构）筑物结构类型的倾斜程度和地基情况等来灵活选用亦可根据工程特点结合使用。本工程池体由于需考虑地基加固及顶升的双重要求，且池体南北向沉降差较大，故设计时考虑采用迫降纠倾和顶升纠倾相结合的施工方法，提出采用掏土纠倾—高压旋喷地基加固—顶升三过程方案，具体如下：

（1）由于池体沉降不均，为减少构筑物沉降差以便为后续顶升施工提供便利，减少顶升风险，结合该区填土特点，北侧③～⑤轴基础首先采用高压水冲掏土纠倾方案，高压水冲掏土深度 2m，水冲压力、流量根据现场试验确定水冲压力为 2MPa，流量 40L/min。掏土纠倾为迫降纠倾方案，施工时要求先对沉降较大的南侧①、②轴基础进行加固处理，而后再进行冲水软化地基红填土，达到纠倾目的。

（2）池体属于托架式结构，基础为独立基础形式，地面至池底距离为 1.9～3.5m。由于加固空间受限，并结合填土地层的工程地质条件，考虑采用高压旋喷桩加固方式。旋喷桩是完整可见的桩体，可独立承担竖向荷载，也可与桩间土共同作用形成复合地基。虽然在已有基础下不能设置褥垫层，但由于旋喷桩本身属半刚性桩，桩体有一定压缩，且在桩底无硬层的情况下单桩属摩擦桩，受力后会发生一定沉降，与土共同作用形成复合地基以达到地基承载要求。

（3）顶升过程考虑在池体以下空间设置顶升装置，将池体侧墙作为顶升点，设置完成后加压稳定，待千斤顶压力稳定后截断墙体使建筑物的荷载全部由顶升点支撑，后分级施加荷载至设计标高。最后恢复墙体和结构柱完成顶升。

3　池体地基加固及顶升纠倾设计

3.1　地基加固设计

根据回填土分布情况以及物理力学指标计算，回填土天然地基承载力取 100kPa，处理后地基承载力为 160kPa，根据现场试桩结果，选取 600mm 旋喷桩间距 1.0～1.2m，置换率为 0.2826～0.1963。旋喷桩桩体立方体抗压强度平均值不小于 3MPa。为控制池体沉降，旋喷桩长设计为 17m，要求穿过填土层厚度进入稳定持力层不小于 2m。

为保证顶升过程中地基提供足够的反力作用，施工前先开挖至基础底标高后进行旋喷桩施工，而后采用水泥浆回填至地面标高，形成 700mm 厚水泥垫层。

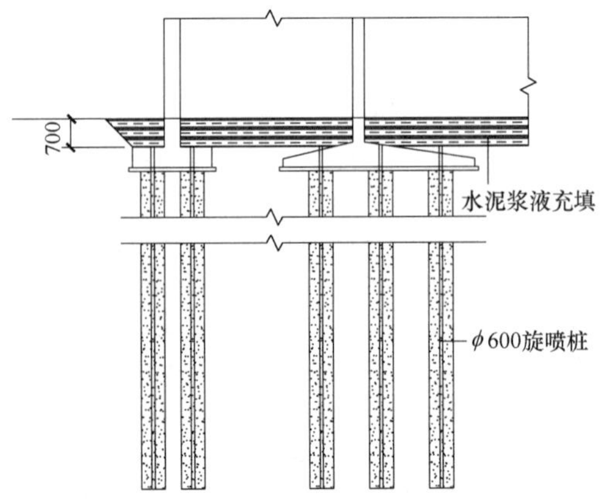

图 3　地基加固剖面示意图

Fig. 3　Schematic diagram of foundation reinforcement

3.2 池体顶升纠倾设计

（1）顶升点设计

池体内部设备已安装完毕，尚未蓄水，由于池体顶升过程属于短期施工行为，设计时仅考虑恒载不考虑活载影响。经计算池体自重与内部设备总荷载标准值为4659kN，取安全系数为2.0，选用500kN千斤顶，顶升支承点（图4、图5）千斤顶的工作荷载设计值取千斤顶额定工作荷载的0.8，经计算设计布设顶升点数28点。由于顶升点设计常在顶升发现荷载不均或局部顶升力过大时增加顶升点数，且本工程需对池体进行纠倾以及避免顶升过程中千斤顶出现故障，备用千斤顶5只（西侧千斤顶自南向北为1～14号，东侧千斤顶自南向北为15～28号）。

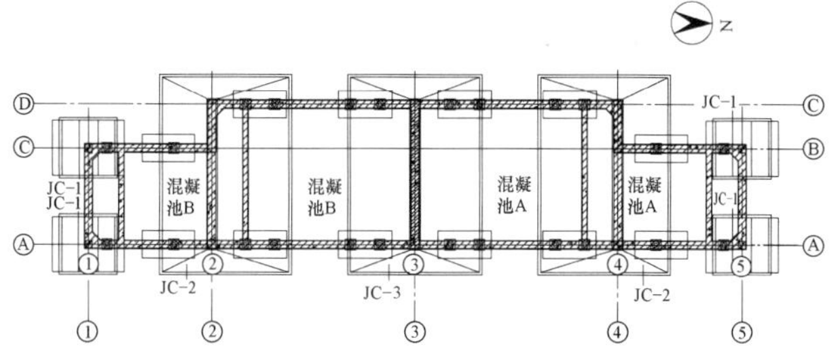

图4 千斤顶顶升点布置图

Fig. 4 Jacking point layout plan

千斤顶布置在池体侧墙独立基础上，顶上部设置应力扩散钢垫块，下部设置混凝土垫块，垫块荷载以及考虑千斤顶的最大加载通过700mm厚水泥扩散层传递至基础下旋喷加固地层中，经计算承载力满足要求。

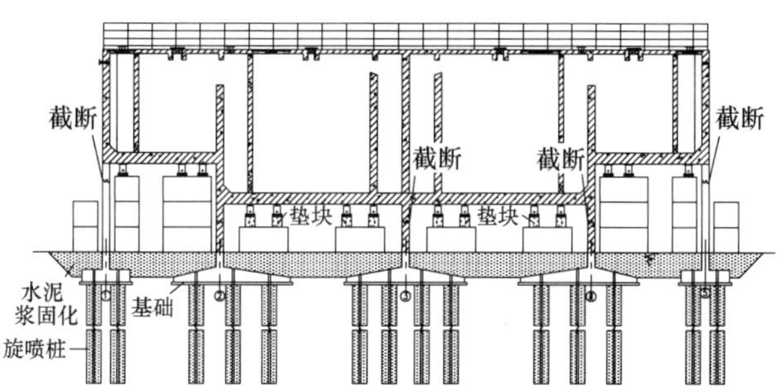

图5 千斤顶顶升点剖面图

Fig. 5 Jacking point profile

（2）顶升过程池体的应力分析

本池体采用整体顶升方式，建立顶升过程结构的三维有限元模型进行池体内力分析，顶升点采用集中力模拟。从分析结果可以看出顶升过程中池体底板产生的弯矩最大值在布设的千斤顶位置，经结构内力计算结构配筋均满足要求（图6）。

从混凝絮凝池体顶升应力分布云图中可以看出顶升过程出现的应力集中位置分布在南北混凝池与絮凝池交接处以及各千斤顶顶升点位置（图7）。池体剪切应力主要分布在底板顶升点范围及池体内外墙交接处，顶升过程中要求控制好顶升荷载，对应力集中和产生剪切应力较大的重点位置着重进行观测（图8）。

（3）墙柱截断及结构恢复设计

图6 混凝絮凝池体底板弯矩云图

Fig. 6 The bending moment nephogram of the pool bottom

图7 混凝絮凝池体底板顶升应力分布云图

Fig. 7 The jacking stress nephogram of pool floor

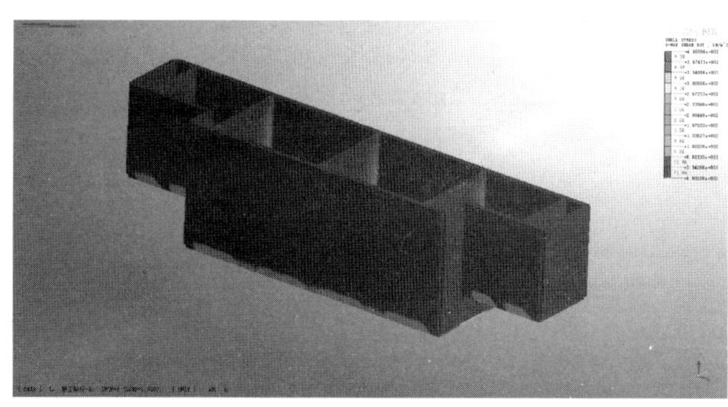

图8 混凝絮凝池体剪应力分布云图

Fig. 8 The shear stress nephogram of pool

施工步骤为：①千斤顶布置完成后，同时加压，待千斤顶承压后截断墙柱只保留主筋；②混凝土剔除完毕后将主筋切断，使主体结构与基础分离，结构自重全由千斤顶承担，记录各千斤顶压力表读数；③采用混凝土垫块和钢板进行换撑，换撑完毕后，将千斤顶卸压，支座用垫块或钢板垫高，并重新安放千斤顶。对千斤顶再次加压，重复步骤①使主体结构缓慢上升，直至纠倾完成。

根据位于同一连接区段内的钢筋搭接接头面积不大于50%且纵向受力钢筋的焊接接头连接区段的长度为$35d$且不小于500mm确定墙体和结构柱的截断长度为1660mm（图9）。

（4）顶升监测设计及顶升纠倾目标

顶升过程采用百分表控制各顶升点每次微小顶升量，采用压力表监测顶升压力，控制池体在每次顶升过程中各顶升点顶升压力均匀。同时，在池体顶部角点位置布设10个监测点，采用水准仪、经纬仪观测池体整体位移倾

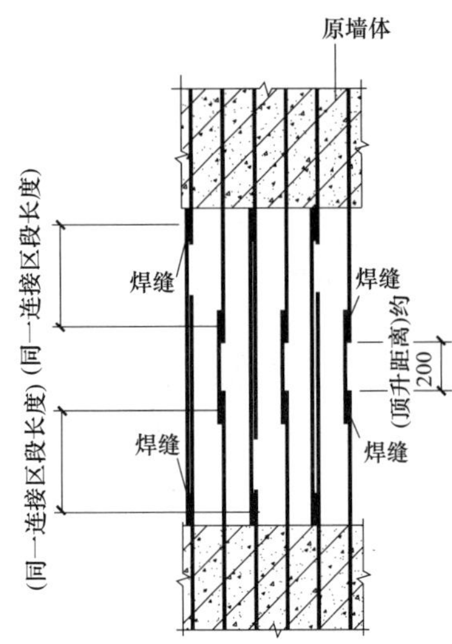

图 9　柱、墙断开处钢筋连接做法

Fig. 9　The reinforcing bar connection of truncated columns and walls

斜情况，监测频率在顶升初期 10cm 按 1 次/2cm，而后按 1 次/4cm 进行（图 10）。

由于池体顶升最大距离 32cm，而千斤顶行程为 18cm，第一阶段顶升过程中要求首先进行纠倾。因此，计划采用 3 阶段顶升方案，每次顶升约 12cm，南北与东西向纠倾工作交叉进行。每阶段顶升到位后设置转换垫块将千斤顶卸压，然后将支座用混凝土垫块（或钢板）垫高，并重新安放千斤顶进行下一阶段顶升。

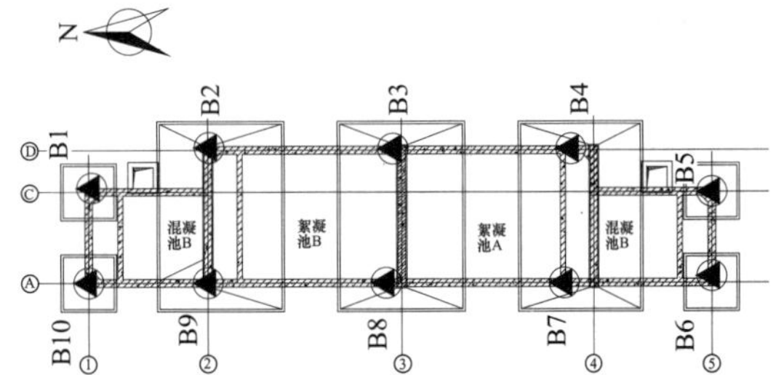

图 10　池体顶升过程监测点布置图

Fig. 10　The layout of monitoring points for jacking process of pool body

（5）顶升后池体结构恢复

顶升纠倾完成后，将主筋重新连接，并在断开处支设模板，模板顶部设置斜向振捣口，混凝土强度等级比原设计强度提高一个等级（图 11）。

当截断处混凝土达到强度后，先将换撑时放置的垫块和钢板拆除，然后进行千斤顶拆除工作，拆除千斤顶时需将千斤顶缓慢泄压，直至千斤顶与结构底板脱离接触，去除千斤顶及支座钢板和垫块，千斤顶泄压时应注意观测主体结构是否有沉降变化。千斤顶拆除完毕后，再将混凝土条块移除，移除时应尽量避免与主体结构发生碰撞。

4　池体地基纠倾加固施工及顶升作业

池体于 2016 年 1 月 16 日开始旋喷桩施工，先施工①

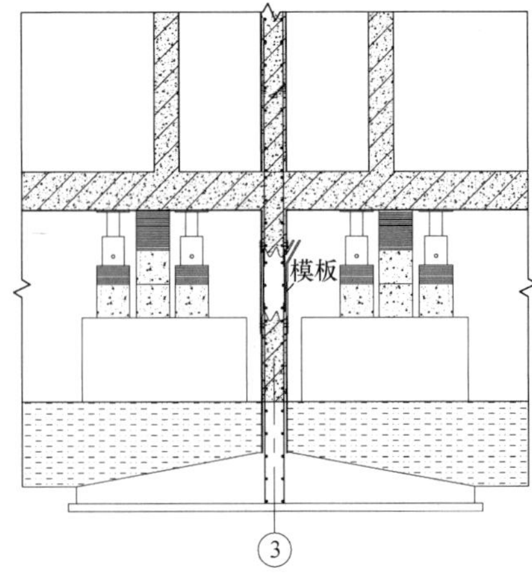

图 11　墙柱截断处支设模板示意图

Fig. 11　The supporting formwork schematic diagram of truncated columns and walls

轴和②轴基础旋喷桩 26 根，1 月 21 日施工完成，由于旋喷桩施工时对地基进行扰动，基础位移变化趋势为先沉后升，施工完成后南侧基础抬升约 2.7mm。1 月 24 日开始对北侧按⑤～③轴顺序各旋喷桩点位采用高压水冲掏土以减少南北沉降差，为后续顶升纠倾提供便利。掏土施工至 2 月 2 日，基础产生约 3～5mm/d 的沉降，使池体倾斜得到一定的控制。2 月 8 日旋喷桩施工全部完成，南北向纠倾约 2.5cm。后根据跟踪监测数据确定顶升时间。

3 月 6 日根据监测数据，各观测点位移基本稳定。在池体下设置垫块布设千斤顶、转换块以及分散千斤顶压力的钢板。安装完毕后，开始进行千斤顶加压，根据压力表读数控制千斤顶行程，待各千斤顶均开始受力即停止加压进行截断墙柱工作，截断顺序自南北两侧①轴和⑤轴结构柱开始，向中间③轴墙体对称截断控制截断顺序和进程。根据监测结果，墙体截断千斤顶压力表平均读数约为 25MPa（约 165kN），南侧①轴附近压力表数值偏大约 30MPa。

3 月 8 日开始进行顶升，Ⓐ轴上千斤顶③轴以北顶升高度按位移 2mm/次进行，各顶控制顶升压力 30MPa；以南顶升高度按位移 2.5～3mm/次进行，各顶控制顶升压力 35MPa。Ⓒ轴和Ⓓ轴上千斤顶根据相应沉降数值南北与东西向纠倾工作交叉进行，每次纠倾数值控制在 0.5～1mm，顶升压力不大于 35MPa。每阶段千斤顶行程按 12cm 控制，阶段顶升完成后在各千斤顶对应位置设置混凝土转换块，转换块与池体底部间缝隙采用楔形楔体塞紧保证转换块体受力均匀。而后由中间③轴向两侧依次进行对称千斤顶泄压并加高垫块二次安放千斤顶，泄压过程缓慢进行并关注压力表变化，确保转换块体缓慢均匀受力。

从顶升过程来看，由于各千斤顶为人工加压控制，在顶升过程中根据监测情况随时调整顶升压力和顶升高度，以保持池体均匀顶升（图 12）。

顶升结束后，最大顶升量为池体西南角约 310mm，池体南北沉降差 10mm，东西沉降差 9mm，楼梯倾斜南北侧 0.41‰，东西侧 1.67‰，满足结构局部倾斜要求。池体结构基本调平。而后连接钢筋主筋支设模板并自斜

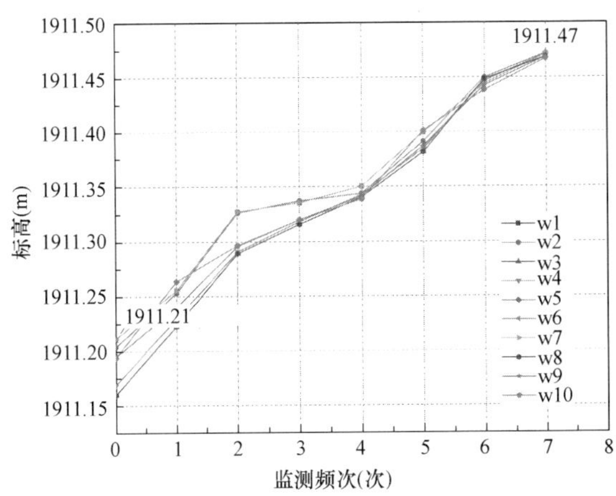

图 12　顶升过程池体竖向位移变化

Fig. 12　The vertical displacement change of the jacking pool body

向振捣口浇筑混凝土。3 月 9 日混凝土浇筑完毕并进行养护，3 月 15 日开始进行顶升后的池体沉降观测。观测结果在 2016 年 3 月 15 日～2016 年 4 月 19 日期间池体最大沉降量 0.9mm，沉降速率为 0.0257mm/d。在 2016 年 4 月 19 日～2016 年 4 月 29 日期间由于邻近池体试水，试水后池体发生约 0.8mm 的沉降，沉降速率为 0.08mm/d。在 2016 年 4 月 29 日～2016 年 5 月 19 日期间池体发生约 0.3mm 沉降，沉降速率为 0.015mm/d，沉降逐渐趋于稳定。

5　结论

托架式结构池体基础采用高压旋喷桩地基加固结合高压水冲掏土纠倾以及顶升方法有效地解决了原采用天然地基构筑物在原有填土地层发生过大沉降及不均匀沉降时导致的构筑物整体沉降倾斜问题。经实践证明该方案有效可行，整体沉降和倾斜在满足构筑物使用功能基础上均恢复至规范允许范围之内，效果明显。经过加固顶升纠倾后的构筑物经过 2 个月的监测，沉降基本趋于稳定。

对于整体顶升方案，应结合建（构）筑物特点适当的选取地基加固和顶升措施，对于本工程，由于池体的托架式结构对于基础加固空间的限制，加固考虑采用高压旋喷加固方案，顶升从构筑物自身结构特点考虑了采用池底顶升方案，本工程采用动态设计，在顶升施工过程中根据实际发生情况随时调整设计确保工程顺利进行。

目前，该池体已趋于稳定，高度及倾斜均已满足设计要求。方案的成功实施，说明此方案可应用于托架式结构建（构）筑物的加固及顶升纠倾工程。

参考文献：

[1]　叶书麟，韩杰. 地基处理与托换加固技术[M]. 北京：中国建筑工业出版社，2000.

[2]　唐业清. 我国旧建筑物增层纠倾技术的新进展[J]. 建筑结构，1993(6)：3-9.

[3]　高传宝，宋德斌. 浅层掏土法在建筑物偏中的应用[J]. 煤炭工程，2003(11)：30-33.

[4]　王爱平，陈少平，黄海翔，等. 掏土托换技术在软硬不均地基危房纠倾中的应用[J]. 岩石力学与工程学报，2003，22(1)：148-152.

[5]　杨 敏，胡杰. 砖砌体结构住宅楼人工水平钻土法纠倾[J]. 建筑技术，2003，34(6)：433-434.

[6]　任亚平，徐健，谢仁山，等. 射水法在某住宅楼桩基基础纠倾工程中的应用[J]. 工业建筑，2003，33(5)：81-83.

[7]　朱彦鹏，王秀丽，曹凯，等. 湿陷性黄土地区倾斜建筑物的沉降法纠倾技术及其应用[J]. 甘肃工业大学学报，2003，29(2)：101-103.

[8]　李向阳，涂光祉. 房屋截桩纠倾实例[J]. 工程勘察，2002(6)：44-46.

[9]　刘明振. 墩式托换用于柱基纠倾[J]. 岩土工程学报，1995，17(6)：89-95.

[10]　郑俊杰，张建平，刘志刚. 软土地基上建筑物加固及综合纠偏[J]. 岩石力学与工程学报，2001，20(1)：123-125.

[11]　郭应桐，毛源，赵文生，等. 减桩法在建筑物纠倾中的应用[J]. 岩土力学，2000，21(4)：416-422.

[12]　刘丽萍，李向阳，王德伟，等. 预压托换桩加固及顶升纠倾工程实践[J]. 岩石力学与工程学报，2005，24(15)：2795-2801.

[13]　李帅，李延和，卢意. 某高层建筑物顶升纠倾方案对比分析[J]. 建筑结构，2019，49：982-986.

[14]　周镭，任亚平，李延和. 某砌体结构顶升纠倾工程的技术研究[J]. 建筑结构，2017，47：1017-1020.

[15]　魏焕卫，孙剑平，贾留东，等. 采用顶升法和微型桩的纠倾加固设计施工[J]. 建筑技术，2006，37(6)：455-457.

透水地基在工程中的应用研讨

汤　伟，郭胜娟
（云南省设计院集团有限公司，云南 昆明 650228）

摘　要：实际工程中地基处理常用的方法有换填、注浆加固、预压地基、复合地基及微型桩加固等，这些地基处理方式仅考虑提高地基承载力和基础沉降控制。对于某些特殊工程，需考虑工程对地下水流向的影响，本文借一工程实例介绍一种处理后既能满足地基承载力和沉降控制要求，又不影响地下水流向的地基处理方法，在此称之为透水地基，希望对后续类似工程有所帮助。
关键词：地基处理；地下水流向；透水地基
作者简介：汤伟，高级工程师，注册岩土工程师。E-mail：tw3176@126.com。
郭胜娟，高级工程师，一级建造师。

Application of permeable foundation in Engineering

TANG Wei，GUO Sheng-juan
（Yunnan Design Ins.，Kunming Yunnan 650228，China）

Abstract：In practical engineering，the common methods of foundation treatment include replacement，grouting reinforcement，preloading foundation，composite foundation and micro pile reinforcement. These foundation treatment methods only consider improving the foundation bearing capacity and foundation settlement control. For some special projects，the impact of the project on the flow direction of groundwater needs to be considered. This paper introduces a foundation treatment method that can meet the requirements of foundation bearing capacity and settlement control without affecting the flow direction of groundwater through an engineering example. It is called permeable foundation here，hoping to be helpful to subsequent similar projects.
Key words：soft soil；foundation treatment；groundwater flow direction；permeable foundation

1　引言

传统地基处理方法种类繁多，例如换填、注浆加固、预压地基、复合地基及微型桩加固等[1]，但这些地基处理方法主要考虑的因素是地基承载力和沉降控制要求。随着社会的发展，人类环保意识增强，地基处理需要考虑的因素也越来越多，例如本文工程案例地基处理不但要考虑承载力和沉降要求，还要求地基处理后不得影响地下水水流流向。在此，本文结合一工程实例介绍一种新的地基处理方法——透水地基。透水地基主要采用级配碎石分层碾压回填，结合一系列辅助措施，既可以保证地基承载力及沉降控制要求，也可以达到不影响地下水水流通道的目的，希望对后续类似工程提供一种新的思路。

2　工程概况

本工程拟建建（构）筑物有污泥脱水机房 1 栋、配电间 1 栋、鼓风机房 1 栋、综合楼 1 栋、CASS 反应池 2 座、中间提升泵 1 座、絮凝沉淀池 2 座、滤布滤池 2 座、污泥池 1 座、粗格栅 1 座。

此工程场地原为一洼地，上游侧为人工湖，下游侧为农田。上游水通过洼地四周基岩裂隙无组织渗入洼地汇集后，再经一排水涵洞流入下游农田灌溉渠，为下游侧万亩良田提供灌溉水源，总平面布置见图 1。

按工程总体规划要求，最终场地标高要在原地面以上回填 5.5～8.5m，工程场地处理完成后不但要满足地基承载力及沉降要求，还要维持原地下水水流通道，而且地下水还不能影响工程后续营运和使用。由于工程的特殊要求，经碎石土换填、架空处理、透水地基及更换场址几种方案对比分析后，最终选取了透水地基处理方案。

图 1　总平面布置图

3　工程地质条件

拟建场地地质条件较为复杂，场地地基岩土层主要由第四系人工活动层（Q_4^{pd}）耕植土，第四系人工堆积层（Q_4^{ml}）杂填土，第四系残坡积层（Q_4^{el+dl}）黏土，第四系湖积层（Q_4^{el+dl}）黏土，第三系花枝格组（Nh）泥岩，古生界泥盆系中统古木组（D_2g）白云质灰岩组成，地质典型剖面图如图2所示，现分述如下：

（1）第四系人工活动层（Q_4^{pd}）

耕土（单元层代号①$_1$）：褐灰、黑褐色，由红黏土夹植物根、茎及耕作垃圾构成，偶有硅质、铁锰质小砾出现。结构松散，高压缩性。

（2）第四系人工堆积层（Q_4^{ml}）

杂填土（单元层代号①$_2$）：杂色，由碎石及少量粉质黏土构成，为新近回填，结构松散，高压缩性。

（3）第四系残坡积（Q_4^{el+dl}）

黏土（单元层代号②）：黄色，稍湿，硬塑状，局部为可塑状态，含少量角砾，粒径一般2～5cm，最大为10cm，分布不均匀，含量约为10%，局部可达30%，干强度中等，韧性差，该层仅在场地少部分区域分布。标准贯入试验原始锤击数平均9.1击，承载力特征值170kPa。

（4）第四系湖积层（Q_4^{l}）

黏土（单元层代号③）：黄褐色，局部黑褐色，稍湿，可塑状，局部为软塑状态，含少量角砾，粒径一般0.5～2cm，最大为5cm，分布不均匀，含量约为10%，干强度中等，韧性差，该层仅在场地少部分区域分布。标准贯入试验原始锤击数平均7.6击，承载力特征值150kPa。

（5）第三系花枝格组（Nh）

全风化泥岩（单元层代号④$_1$）：深灰、灰黑色，硬塑状，稍密、稍湿，局部为可塑状，含少量的泥岩碎块，粒径一般0.5～2cm，最大为6cm，分布不均匀，主要分布于场地西北侧地段。标准贯入试验原始锤击数平均14.36击，承载力特征值210kPa。

强风化泥岩（单元层代号④$_2$）：深灰色，泥质结构，薄层状构造，岩芯整体完整，多层短柱状，岩质相对较软，风化程度强烈，主要分布于场区北西侧边坡地段。岩石质量等级为Ⅴ级，承载力特征值350kPa。全场区均有揭露，该层未揭穿。

（6）古生界泥盆系中统古木组（D_2g）

强风化白云质灰岩（单元层代号⑤$_1$）：灰黄，浅灰色，岩质较硬，节理裂隙发育，局部有少量泥质充填，岩芯整体破碎，多呈碎块、碎石状，风化程度强烈，岩石质量等级为Ⅴ级。

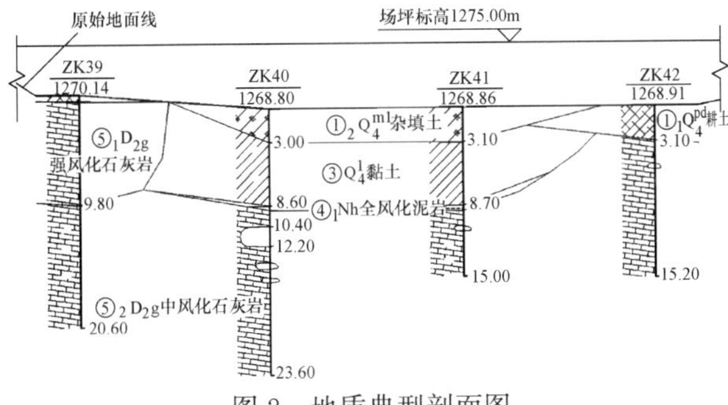

图2　地质典型剖面图

中风化白云质灰岩（单元层代号⑤$_2$）：灰黄色，灰白色，岩质较硬，锤击声清脆，隐晶质结构，中厚层状构造，节理裂隙发育，岩芯较完整，多呈短柱状，少量碎块状，RQD值约为60%～80%。岩石质量等级为Ⅳ级。

4　工程设计难点

本工程修建存在以下难点：（1）工程场地为一洼地，为了保证项目建成后顺利运行，需将本场地填高5.5～8m；（2）由于此水源是下游侧万亩良田的唯一灌溉水源，工程建设不能影响下游农田耕种；（3）洼地积水为上游人工湖水经四周基岩裂隙无组织渗入，没有集中汇入点；（4）上游人工湖水因影响因素较多，没有直接引水到下游灌溉渠的条件；（5）随季节变化，降雨量的变化，洼地来水时大、时小，工程建设在此地需考虑水位变幅带来的不利影响；（6）地基处理完成后需满足承载力、沉降及保留原有水流通道的三个要求；（7）工程投资受限。

5　方案比选

结合本工程地质水文及存在的问题，作了以下方案对比。

5.1　碎石土分层碾压回填方案

碎石土分层碾压回填，施工方便，回填质量容易控制，造价经济，但处理后会影响地下水流向，回填完成后地下水流向不可控，后期场地水位上升后，场地土软化沉陷风险较大，本方案不可行。

5.2　场地架空方案

场地内建（构）筑物及道路采用结构的方式进行架空处理，由于本工程属污水处理项目，水池结构占比较大，采用架空方式处理，工程造价高，后期营运管理困难，安全风险高。

5.3　调整场址方案

本工程场地特殊，存在的问题较大，最好的办法就是更换建设场地，但由于所属区域土地资源紧张，征地困难，污水处理问题又亟待解决，时间不允许，因此调整场址方案不可行。

5.4　透水地基方案

（1）保证了原地下水流通通道，为下游良田灌溉提供了保障；

（2）保证了地基承载力及工后沉降要求；

（3）节省工程造价，比架空方案有较大优势；

（4）施工碾压要求高，填料满足要求高；

（5）场区道路铺设方便，后期运维方便。

通过上述5种处理方案对比分析，从处理效果、工程造价、施工质量及后期运营等因素综合考虑，最终选用了透水地基作为本工程地基处理问题的解决方案。

6 工程设计

本工程经上述方案对比最终选取了透水地基的处理方案，具体采取如下措施：

（1）清除洼地内淤积的软弱土至原状土层。

（2）沿洼地最低轴线点设置一条断面尺寸为 2m×2m 主排水盲沟，每隔 30m 鱼骨形设置一条支排水盲沟与主盲沟相连，形成地下水排水主要通道，排水系统布置见图 3。

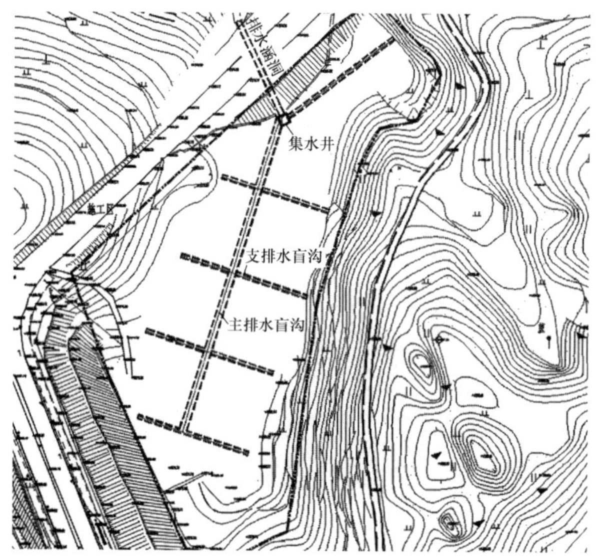

图 3 排水系统布置图

（3）在主排水盲沟尾端设置一口断面尺寸为 3m×3m 的集水井，集水井侧壁设置直径 20mm，间距 250mm×250mm 梅花形排布的透水孔，外侧设置反滤布＋300mm 厚碎石反滤层，既要保证能顺利收集场地地下水，又要保证场地内细颗粒土流失；集水井既能收集排水盲沟来水，也能收集场地内地下水，见图 4。

（4）场地清淤完成后采用级配碎石按 300mm 一层分层碾压回填，孔隙率控制在 15%～25%，回填深度 3～6m；回填完成后在顶部按 300mm 一层分层碾压回填厚 2m 的碎石土层，压实系数控制在建（构）筑物轮廓线 2.5m 范围以外压实系数不小于 94%，2.5m 范围以内压实系数不小于 96%。底部级配碎石层既能保证原地下裂隙水顺畅流出并汇至排水盲沟及集水井，也能保证下部换填层的强度及稳定。顶部碎石土层既可以阻隔地表水，也可以保证基础底部持力层具有足够承载力。

（5）在场地内均匀布置 5 个水位观测井，配备 8 台移动式抽水泵。当地下水位超过设计标高时，可从观测井内抽取地下水，控制地下水位标高。

（6）房屋基础均采用条形基础，水池及构筑物基础均采用筏板基础。

（7）处理完成后在地表设置 8 个沉降观测点，以测定工后沉降。

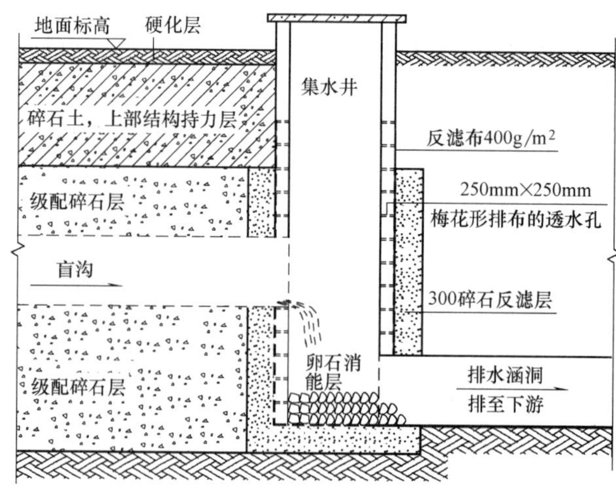

图 4 集水井典型剖面图

7 处理效果

项目建设完成已正常运行两年，根据施工及运行期间检测结果表明本工程设计达到预期效果，现将相关数据整理如下：

（1）场地内回填完成后进行浅层载荷板试验，共计 6 个点，承载力特征值为 188.7kN/m^2；建筑物地基承载力要求为 150kN/m^2，构筑物地基承载力要求为 100kN/m^2。

（2）沉降观测时长 24 个月，最大沉降值为 11mm，最小沉降值为 6mm，平均值为 7.5mm，工艺要求容许沉降值为 50mm。

（3）地下水位最大变幅 1.13m，均控制在回填的级配碎石层中，对建（构）筑物无影响。

（4）出口侧水流量与建设前流量差别不大，建成后无农田灌溉用水投诉事件。

8 结语

传统地基处理方法一般只要求满足承载力及沉降控制要求，但由于本工程场地及水文地质情况的特殊性，除满足承载力和沉降控制要求以外还需满足地下水流向要求，据此特殊要求采取了透水地基的作法。经与架空方案造价对比，节约投资 2000 多万元，取得了较好的经济和社会效益，为后续类似工程提供了一种新的处理办法。

参考文献：

[1] 中华人民共和国住房和城乡建设部. 建筑地基处理技术规范：JGJ 79—2012［S］. 北京：中国建筑工业出版社，2013.

抗浮锚杆原位试验与蠕变特性分析

孙 硕

（北京市勘察设计研究院有限公司，北京 100038）

摘 要：采用杆-土体系刚度模量变化的损伤力学研究方法结合多种原位试验的数据分析，用杆-土体系刚度模量的损伤变量研究穿越黏性土-粉土地层中的全粘结型抗浮锚杆荷载效应下的蠕变特性，并将杆-土体系刚度模量损伤与其他原位试验比较，提出采用残余变形和杆-土体系刚度模量损伤率综合预估和判定抗浮锚杆的破坏程度方法，并结合实际工程阐述。

关键词：抗浮锚杆；全粘结型锚杆；杆-土体系刚度模量损伤；原位试验

In-situ test of anti-floating anchor and analysis of creep characteristic

SUN Shuo

（BGI Engineering Consultants Ltd.，Beijing 100038，China）

Abstract：Using the damage mechanics research method of the stiffness modulus change in the anchor-soil system combined with the data analysis of various in-situ tests，apply the damage variable of the stiffness modulus of the anchor-soil system to study the wholly grouted in the silt and cohesive soils that the creep characteristic of anti-floating anchor under the load effect model. And compared the stiffness modulus damage of the anchor-soil system with other in-situ tests，to use the plastic displacement and the stiffness modulus damage rate of the anchor-soil system to comprehensively predict and evaluate the damage. And applying this principle in practical engineering project.

Key words：anti-floating；wholly grouted anchor；damage of stiffness modulus in anchor-soil system；in-situ test

1 引言

城市化的今天，建筑结构也在向地下空间延伸，地下空间的开发和运用以及与此相关的工程问题已引起广泛关注。岩土抗浮锚杆作为一种高效的工程抗浮手段在富水地下环境中被广泛运用。本文采用损伤力学的研究方法结合现场试验数据对锚杆的桩-土体系进行分析，揭示出了黏性土-粉土地层中全粘结型锚杆杆-土体系的蠕变特性，结合锚杆原位试验分析蠕变损伤并提出一种能综合反映蠕变损伤荷载效应和时间效应的破坏预估方法。

2 抗浮锚杆现场试验简介

在北京朝阳区某试验场地对同一类型锚杆，分别采用锚杆单循环张拉试验，锚杆多循环张拉试验和锚杆慢速维持荷载法静载试验进行平行试验数据采集[1-3]。试验采用高压油泵以 50～80kN/min 进行逐级加载，卸荷速度为 100～200kN/min。试验采用同一最大加载值，荷载分级方式参考相应的技术标准。数据采集过程中，通过位移传感器和压力传感器实时测读锚杆顶部的位移和拉力，绘制荷载-位移数据曲线和相应的弹性变形-荷载-塑性变形数据曲线。

杆体穿越地层为黏性土-粉土互层，场区降水至试验平面下约 2m 处。锚杆施工工艺为二次注浆法，常规注浆养护 12h 进行劈裂注浆，设计参数见表 1。

抗浮锚杆设计参数一览表 表 1

锚杆有效设计长度(m)	杆体直径(mm)	主筋设置	杆体水泥强度等级(MPa)	二次注浆压力(MPa)
15	200	3Φ22	42.5	1.2～4.0

3 抗浮锚杆试验数据分析过程

试验场区共设置了 15 组试验，锚杆抗拔桩试验（试验 1～试验 5），锚杆多循环张拉试验（试验 6～试验 10），锚杆单循环张拉试验（试验 11～试验 15）。其中为使 *Q-s* 折线图更加简洁，图 1 中锚杆多循环张拉试验仅连接了每个循环的最大加载值点。由于试验 6 在第 5 个加载循环的 378kN 的作用下，锚杆顶部位移出现了不收敛的现象，故这一点的位移量不计在平均值的统计中（图 2，图 3）。

首先对 3 种原位试验进行横向比对（表 2），并得出统计上的一般特性；再通过对荷载位移曲线 3 种原位试验方法数据的特征进行分析，得出多循环试验方法的有效性。随后具体分析了锚杆多循环试验的二次多项式拟合曲线的杆-土体系的刚度模量变化规律，提出用杆-土体系的刚度模量损伤分析的方法研究和预估杆-土体系的损伤并提出破坏的临界条件。最后提出一种工程应用思路，揭示出杆-土体系的损伤与锚杆多循环张拉试验方法的塑性位移的线性关系，用塑性变形量确定杆-土体系的损伤程度并预估其破坏条件。

锚杆原位试验数据汇总表　　表 2

试验类型	抗拔桩试验方法	多循环张拉试验方法	单循环张拉试验方法
累计持荷时长(min)	600	70	50
累计卸荷时长(min)	300	15	4
最大加载值作用下的锚杆顶部累计位移平均值(mm)	9.71	9.30	8.64
最大加载值作用下，相对于锚杆单循环张拉试验，锚杆顶部最大累计位移平均值增加百分比(%)	6.13	7.64	—
平均残余变形量(mm)及残余变形率(%)	2.03;20.91	2.78;29.89	2.49;28.82

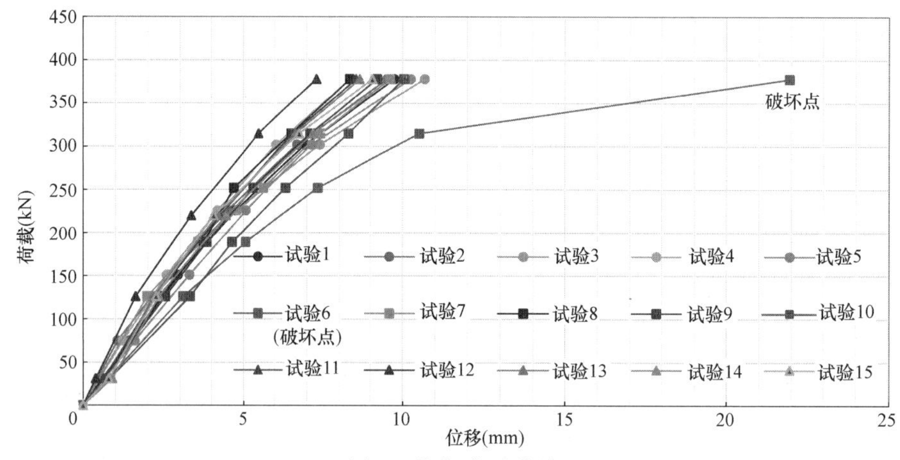

图 1　荷载-位移曲线

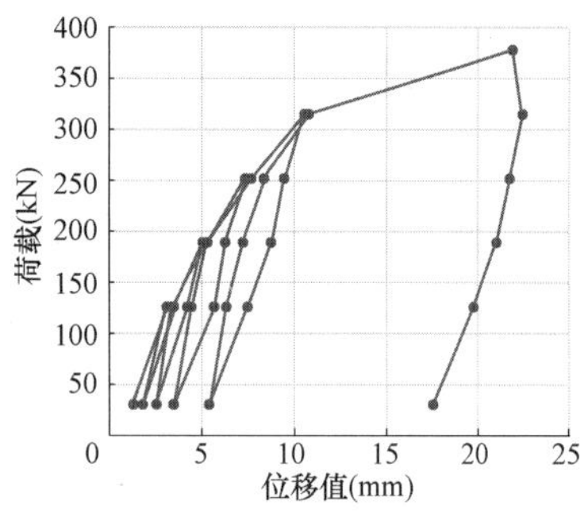

图 2　荷载-位移曲线（试验 6）

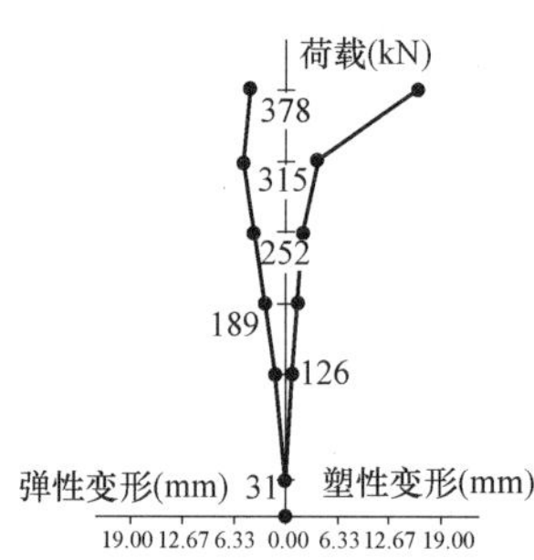

图 3　弹性变形-荷载-塑性变形数据曲线（试验 6）

3.1　荷载-位移曲线分析

由图 1 所示 Q-s 曲线图可见，本试验场区采用的 3 种方法的 15 组试验揭示出此地层下的锚杆受力特征：(1) 在未达到极限状态前，采用锚杆单循环张拉试验、锚杆多循环张拉试验和锚杆慢速维持荷载法静载试验方法实测的 Q-s 曲线形态一致性较好，均表现为缓变型曲线。(2) 在最大加载值的作用下，锚杆多循环张拉试验方法和锚杆慢速维持荷载静载试验方法的锚杆顶部位移比锚杆单循环张拉试验大，反映锚杆在循环荷载作用下的蠕变损伤的累积效应和抗拔桩持荷状态下蠕变损伤的时间效应。

单循环试验方法可以用于快速确定荷载效应下的非收敛锚-土体系承载力，但在缓变型曲线特点的杆-土体系中则不能有效反映锚-土体系在荷载作用下的时间效应。

锚杆多循环张拉试验方法中由荷载效应产生的蠕变损失与锚杆慢速维持荷载静载试验法的时间效应产生的蠕变损失基本一致，可为我们提供一种用锚杆多循环张拉试验模拟锚杆抗拔桩试验或蠕变试验的思路。考虑到锚杆多循环张拉试验的周期仅为抗拔桩试验的 9.4%。在工程实践中，多循环张拉试验更为高效，可有效用于岩土锚杆的荷载效应及时间效应作用下的承载力确定中，且试验结论并不失其一般性。

3.2　杆-土体系刚度模量损伤分析

本文采用 Kachanov 损伤变量定义法[4] 研究锚杆的杆-土体系，并假设杆-土体系的刚度模量 E 为一个连续变量，用以反映锚杆的杆-土体系刚度模量变化特征，其表征抗浮锚杆的荷载-位移二次拟合曲线某点处轴向力与锚杆轴向位移的偏导数，单位为 kN/mm。

$$E=\frac{\partial Q}{\partial s}$$

式中　Q——锚杆轴向力；

s——锚杆轴向位移。

$$\psi=\frac{E}{E_0}$$

式中　ψ——杆-土体系刚度模量损失率；

E——杆-土体系待研究点的刚度模量；

E_0——初始瞬时（位移为 0mm）杆-土体系刚度模量。

杆-土体系刚度破坏的预估：

当 $\psi=0$ 时，锚杆处于完全没有破坏的理想状态；

当 $\psi=\psi_c=0.5$ 时，锚杆处于临界杆-土体系刚度破坏状态（由破坏试验确定）；

当 $\psi\geqslant0.5$ 时，杆-土体系刚度破坏；

当 $\psi<0.5$ 时，杆-土体系刚度产生损失，但未破坏；

当 $\psi=1$ 时，锚杆处于杆-土体系刚度完全破坏，完全丧失承载能力的状态。

根据以上对锚杆的杆-土体系的刚度损失变量的分析，为方便实际操作，可选取二次拟合相对线性部分的拟合杆-土体系刚度模量损失率，二次曲线拟合杆-土体系刚度模量损失率或割线杆-土体系刚度模量损失率来具体预估杆-土体系损伤程度。

根据曲线特性和杆-土体系的损伤力学研究过程，我们这里选取荷载-位移曲线的杆-土体系刚度模量为锚杆的损伤变量，通过对试验全过程的数据进行分析，研究锚杆的杆-土体系刚度模量损伤变量的变化，用杆-土体系刚度损失变量来评估锚杆的损伤程度。并且可以从分析中确定杆-土体系破坏临界条件。

由图 1 所示 Q-s 曲线形态分析可知，曲线大致可以分为两段，直线段和曲线段，分别对应着弹性阶段和弹塑性阶段。对于未进入塑性阶段的曲线，对其进行线性拟合的结果显示，其拟合度均能达到 0.97 以上，拟合程度较好。对于弹塑性阶段的缓变型曲线，线性拟合度较低，但当对其全程荷载-位移数据进行一元二次方程的拟合时，其拟合度可达到 0.99 以上，故可用一元二次拟合方程研究杆-土体系弹塑性阶段的蠕变损伤特性，详见图 4。

以表 3 所示的试验 6 为例，对其数据进行分析可知，随着锚杆位移的增加，其割线表征的杆-土体系刚度模量和二次曲线拟合的杆-土体系刚度模量随之降低，根据二次拟合方程式可知，随着加荷值和位移的增加，锚杆的杆-土体系刚度模量降低的速率呈线性增加，见图 5。试验 6 观测到锚杆塑性破坏瞬间的界限杆-土体系刚度模量值为 17.355kN/mm（图 2）。根据表中杆-土体系刚度模量变化规律，可分析出，在锚杆加荷为 252kN 时其割线表征的杆-土体系刚度模量为 19.874kN/mm，锚杆加荷为 315kN 时的二次方程拟合杆-土体系刚度模量为 18.263kN/mm 均接近临界破坏杆-土体系刚度模量（杆-土体系刚度割线模量在反映杆-土体系刚度模量变化时相对于二次曲线拟合的杆-土体系刚度模量会有滞后，但可以在设计分级加载时增加荷载级数来降低误差）。如图试验 7～试验 10 直线段线性拟合杆-土体系刚度模量的平均值为 40.655kN/mm，详见表 3。

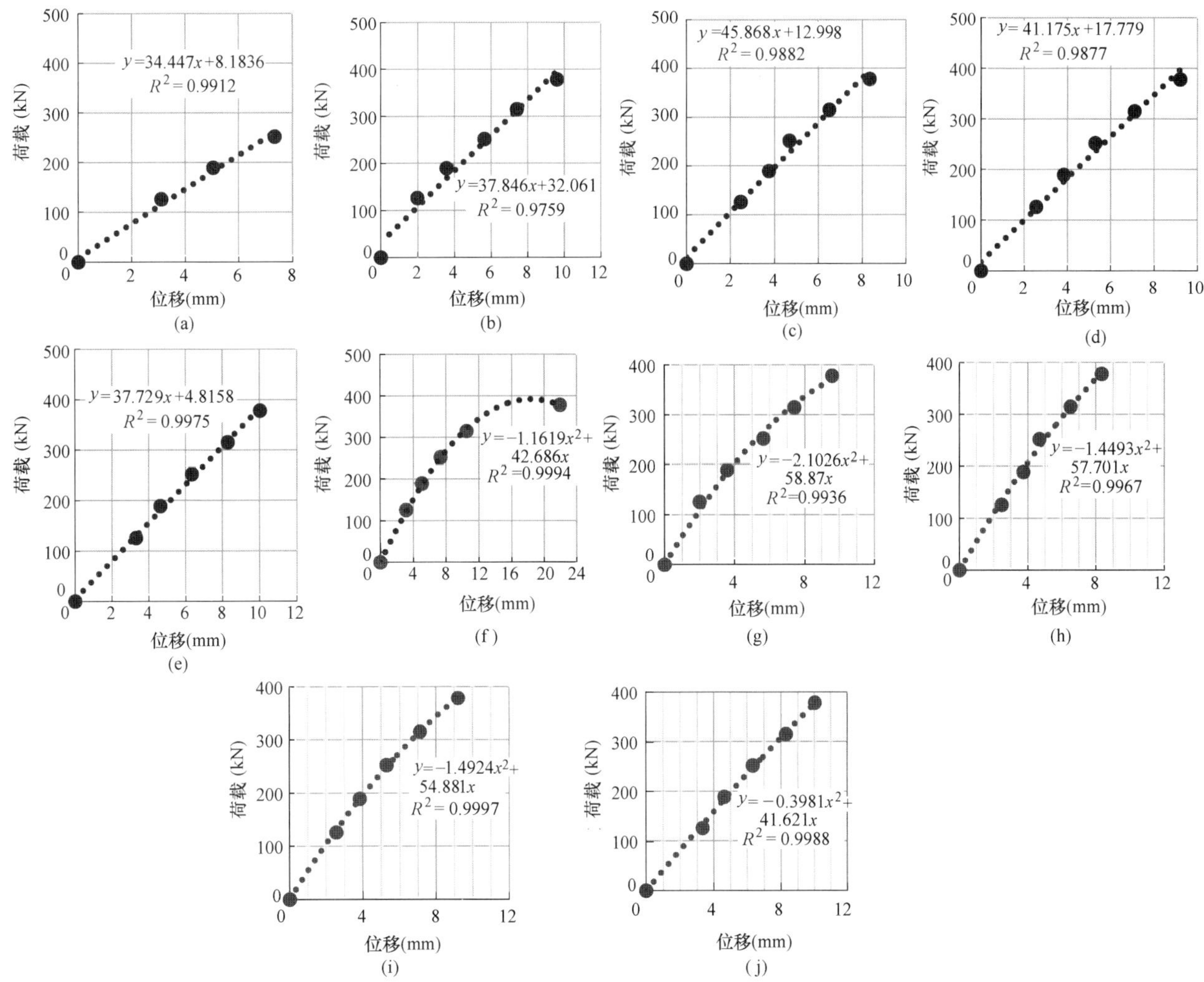

图 4　荷载-位移的线性拟合及二次多项式拟合曲线（试验 6～试验 10）

锚杆的杆-土体系刚度模量损失分析计算表（试验 6） 表 3

荷载(kN)	线性拟合杆-土体系刚度模量(kN/mm)	杆-土体系割线刚度模量(kN/mm)	杆-土体系割线刚度模量损失率(%)	二次曲线拟合的杆-土体系刚度模量(kN/mm)	二次曲线拟合的杆-土体系刚度模量损失率(%)	二次拟合相对线性拟合的杆-土体系刚度模量损失率(%)
0	34.447	40.514	0.00	42.686	0.00	−23.91
126	34.447	32.308	20.26	35.459	16.93	−2.93
189	34.447	27.632	31.80	30.928	27.55	10.22
252	34.447	19.874	50.95	25.629	39.96	25.60
315	34.447	5.507	86.41	18.263	57.22	46.99
378	34.447	—	—	−8.321	119.49	124.16

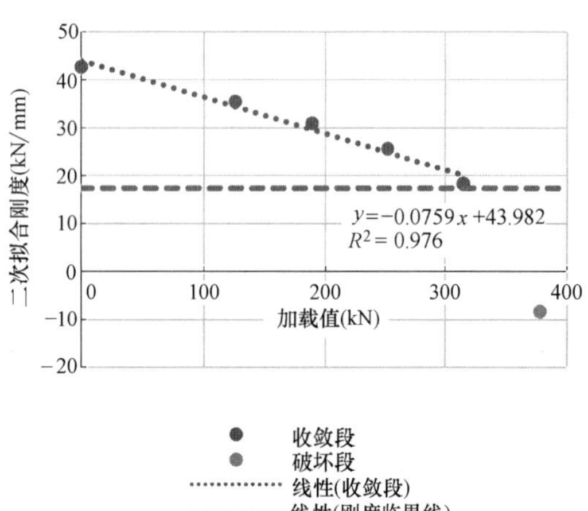

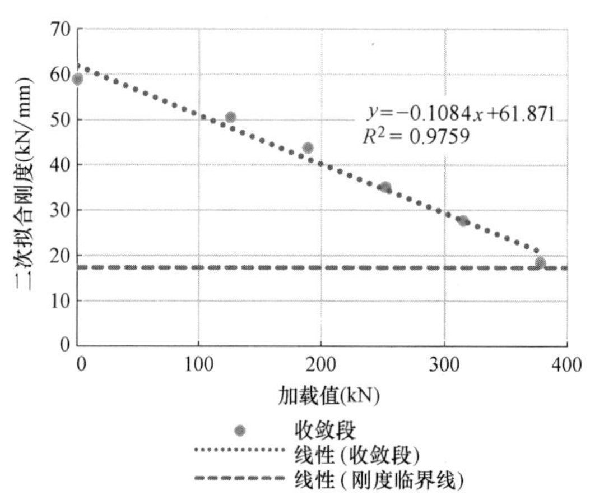

图 5 加载值-二次拟合杆-土体系刚度模量值拟合图（试验 6，试验 7）

3.3 多循环试验方法中塑性位移与杆-土体系刚度模量损伤的联系

通过对多循环试验方法得出的塑性变形与杆-土体系刚度模量损伤的拟合，如图 6 所示，可揭示两个变量间的线性相关性。由此我们可以建立两者间的联系，用塑性变形表征杆-土体系刚度模量损伤程度并预估锚杆的破坏。这里提供一个有趣的思路，在工程实践中，当直接建立锚杆的杆-土体系刚度模量变化模型比较困难时，通过上述简单的线性变换后，就可以采用锚杆塑性变形量来定量确定杆-土体系刚度模量破坏的临界荷载。根据表 3 数据综合分析，本试验场区可以选取 50%为临界累计杆-土体系刚度模量损失率，根据如图 7 所示的累计杆-土体系刚度模量损失率与累计塑性变形的线性关系，可以确定临界值处对应的塑性变形量。

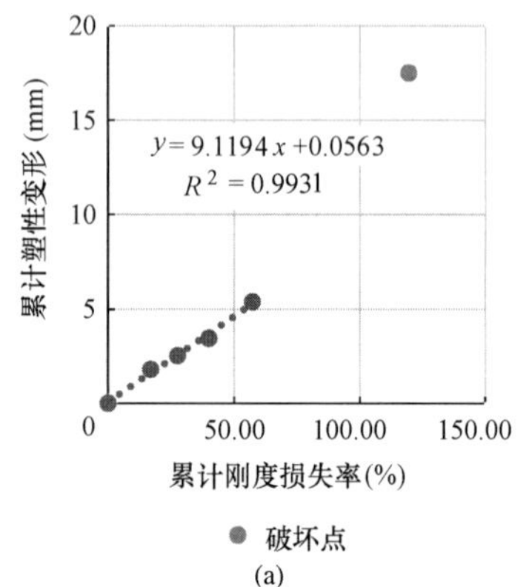

(a)

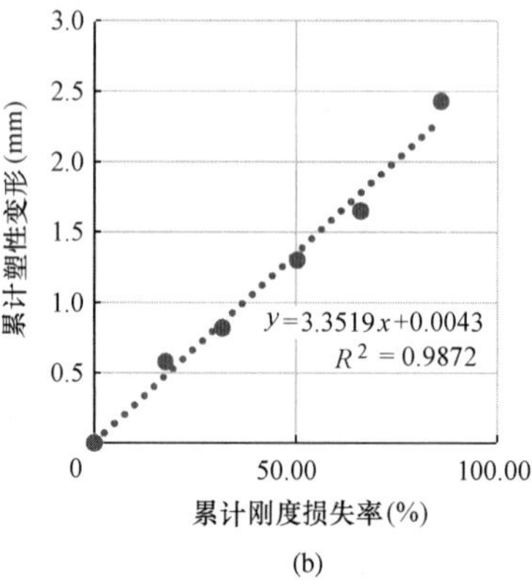

(b)

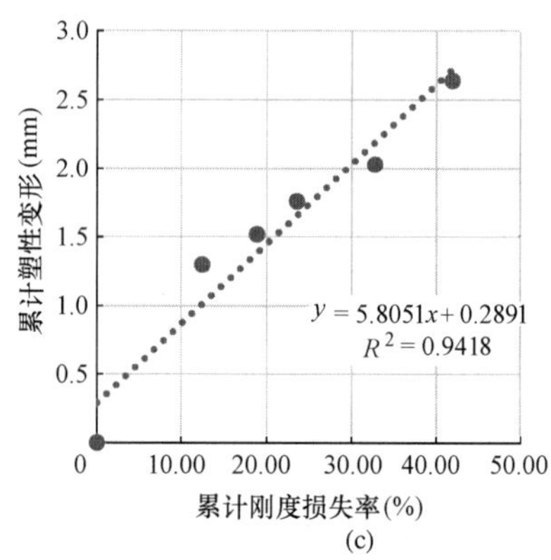

(c)

图 6 杆-土体系累计刚度模量损失率-累计塑性变形拟合图（试验 6～试验 10）（一）

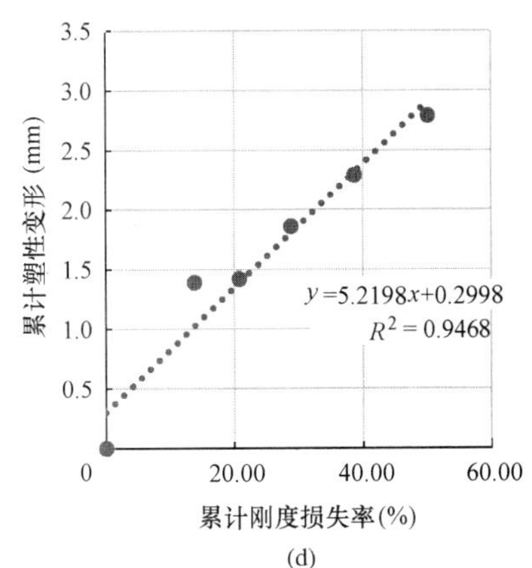

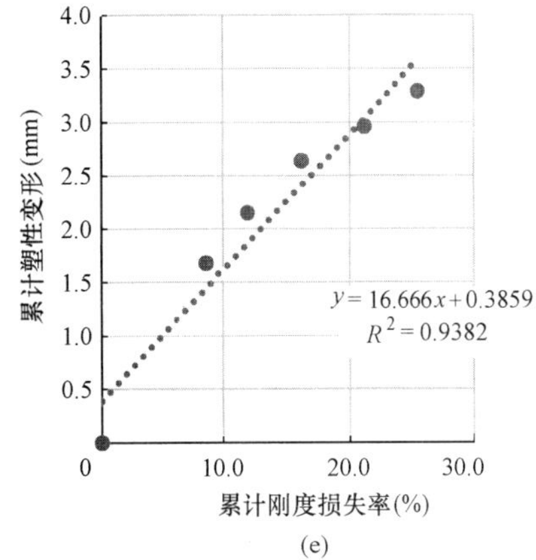

图 6 杆-土体系累计刚度模量损失率-累计塑性变形拟合图（试验 6～试验 10）（二）

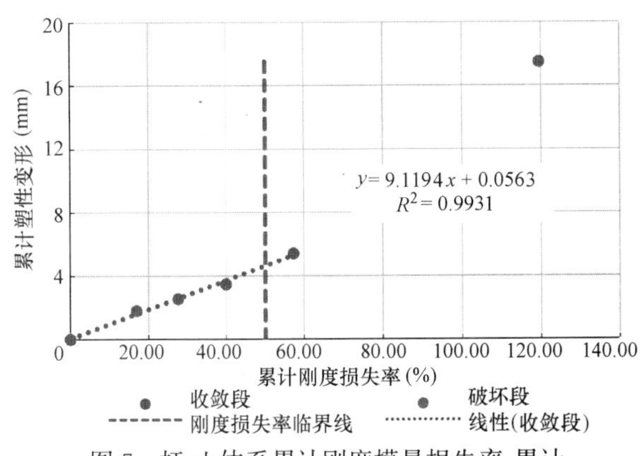

图 7 杆-土体系累计刚度模量损失率-累计塑性变形拟合图

4 现行标准对全粘结性锚杆原位试验确定承载力的方法

现行确定全粘结性锚杆承载力的技术规范主要有 3 种。除锚杆杆体破坏，锚头位移总量控制，蠕变不满足要求和关于锚头位移不收敛时的描述性规定外，区别之处以下分述之。

(1) 其中《岩土锚杆与喷射混凝土支护工程技术规范》GB 50086—2015 第 12.1.22 条中是以循环递增方式加载，以荷载作用下锚杆 10min 内位移不大于 1.0mm 时的承载力为准，当不能满足时，持荷时间延长至 60min，若锚杆位移小于 2.0mm，则认定锚杆可达到承载力。关于锚杆破坏的描述为：此级锚头 10min 内位移增量大于 2.0mm。

(2)《建筑基坑支护技术规程》JGJ 120—2012 采用单循环和多循环的加载方式，当桩头位移 10min 内增量不大于 0.1mm 时的荷载值，不满足时，接着每半小时测读一次位移，当连续出现两次 1h 内的锚头位移增量小于 0.1mm 时可认定达到承载力。关于锚杆破坏的描述为：此级锚头位移增量大于前一级锚头位移增量的 5 倍。

(3)《岩土锚杆（索）技术规程》CECS 22：2005 承载力判定的描述与《岩土锚杆与喷射混凝土支护工程技术规范》GB 50086—2015 相同。关于锚杆破坏的描述为：此级锚头位移增量大于前一级锚头位移增量的 2 倍。

以上的规范对于收敛的定义停留在定性描述上，且现今设计方大多没有给出对于锚杆总位移的规定，具体理解上和实际操作中依赖于各单位的经验水平，存在较大的误判风险。对于锚杆多循环加载试验中的塑性位移和弹性位移的意义和分析方法没有提出明确的思路，使得锚杆多循环张拉试验的实际应用的意义甚微。

5 结论

(1) 在研究杆-土体系时采用损伤力学变量分析方法，以全粘结性锚杆的杆-土体系刚度模量损失为损伤变量，可以分析出全粘结性锚杆在荷载效应下的力学特性。

(2) 结合破坏试验，本文提出了锚杆的杆-土体系刚度模量损伤的临界条件，杆-土体系刚度模量临界值 E_c 和临界拟合杆-土体系刚度模量损失率 ψ_c，本试验场区内其数值分别为 17.355kN/mm 和 50%。今后可以通过更多不同地区不同地层的锚杆原位试验，总结出整个北京地区全粘结性锚杆的杆-土体系刚度模量临界值 E_c 和临界拟合杆-土体系刚度模量损失率 ψ_c。

(3) 在杆-土体系刚度模量损失的分析中，得出本试验场区内抗浮锚杆的杆-土体系刚度模量损失与全粘结性锚杆的多循环试验中塑性位移的线性关系。在锚杆多循环张拉试验和锚杆采用的抗拔桩试验的比对试验中，揭示出锚杆时间效应下全粘结性锚杆的蠕变损失与多循环张拉试验的蠕变损伤相近，可用多循环张拉试验模拟锚杆的蠕变试验或抗拔桩试验。既可以分析出全粘结性锚杆荷载效应下的蠕变损伤，也能间接模拟时间效应下的全粘结性锚杆的蠕变损伤，且试验周期仅为锚杆采用抗拔桩试验时间的 1/10。

参考文献：

[1] 中华人民共和国住房和城乡建设部. 建筑基坑支护技术规程：JGJ 120—2012 [S]. 北京：中国建筑工业出版社，2012.

[2] 中华人民共和国住房和城乡建设部. 岩土锚杆与喷射混凝土支护技术规范：GB 50086—2015[S]. 北京：中国建筑工业出版社，2015.

[3] 中华人民共和国住房和城乡建设部. 建筑基桩检测技术规范：JGJ 106—2014 [S]. 北京：中国建筑工业出版社，2014.

[4] 李兆霞. 损伤力学及其应用[M]. 北京：科学出版社，2002.

[5] 中国工程建设标准化协会. 岩土锚杆(索)技术规程：CECS 22：2005[S]. 北京：中国标准出版社，2005.

某斜坡地下室抗水板破坏机理分析

张子东，唐　印，任　鹏，王　鹏
（四川省建筑科学研究院有限公司，四川 成都 610081）

摘　要：随着城市的高速发展，丘陵地区的建筑物日益增加，因此较多地下结构修建在丘陵斜坡地带，但是斜坡地带场地内并无统一的地下水位，修建地下结构后势必改变斜坡内部的水流排泄路径，导致场地内局部水位升高，对地下结构造成破坏。本文以实际工程事故为例，综合外部主要影响因素（地形地貌及大气降雨）和内部主要影响因素（抗浮设计及施工质量），分析了该地下室抗水板开裂渗水原因，并得到其破坏机理：地下结构的修建改变了斜坡的水流排泄路径，地下室抗水板下部的相对隔水层使得水流不易排出，长时间持续降雨经过肥槽填土充分渗流至肥槽及地下室抗水板下，形成较大水头差，导致局部地下室抗水板出现开裂渗水破坏。

关键词：斜坡建筑；持续降雨；地下室抗浮；破坏机理

作者简介：张子东（1993—），男，硕士，现主要从事地质灾害防治及岩土工程方面的工作。

Analysis on the failure mechanism of the anti-water plate in a basement of a slope

ZHANG Zi-dong，TANG Yin，REN Peng，WANG Peng
（Sichuan institute of building science Co.，Ltd.，Chengdu Sichuan 610081，China）

Abstract：With the rapid development of cities，the buildings in hilly areas are increasing day by day，so many underground structures are built in hilly slope areas，but there is no uniform groundwater level in the slope area.，causing the local water level in the site to rise，causing damage to the underground structure. Taking the actual engineering accident as an example，this paper combines the main external factors（topography and atmospheric rainfall）and the main internal factors（anti-floating design and construction quality）.：The construction of the underground structure has changed the drainage path of the water flow on the slope. The relative water barrier at the lower part of the basement water-resistant plate makes the water flow difficult to discharge. The long-term continuous rainfall will fully seep through the fertilizer trough filling and flow to the fertilizer trough and the basement water-resistant plate. If the water head difference is large，it is easy to cause cracking and water seepage damage to the local basement water-resistant board.

Key words：slope building；continuous rainfall；basement anti-floating；destruction mechanism

1　引言

随着城市建设的高速发展，高层建筑大量兴建，人们对地下空间的开发利用越来越重视，越来越多的建筑物修建在丘陵斜坡地区。实际工程中，经常出现勘察报告提供的抗浮水位跟实际情况相差甚远的情况，导致工程设计时未做抗浮设计或设计不满足抗浮要求，导致不少沿坡而建的地下结构因未作抗浮设计而造成工程事故[1-4]。覃伟[5] 等通过分析某坡地建筑地下室汇排水特征及地下水对地下结构的影响提出了降水抗浮设计措施。陈近中[6] 等对红层丘陵地区斜坡建筑地下室从地形条件、地质条件、施工影响及气象条件等方面分析其上浮原因，并提出有效处理措施。冯瑞宏、王海东、游庆等[7-9] 等人认为山坳缓坡地段抗浮设防水位应根据场地内的实际地质、水文情况和施工工况作出合理选择，并分析了抗浮水位的确定方法，给出了抗浮设计的建议。

对于修建在斜坡地带的地下结构，由于地下水位随坡变化，在地势变化处极易形成水头差。此类处于斜坡处的地下结构抗水板往往会分布着因水的渗流而产生水扬压力的非均布荷载[10,11]。抗浮水位取上游的最高历史值或下游地势较低处的水位值都不合理。

本文以四川省遂宁市某工程为例，由于勘察仅依据历史最高丰水期水位提供抗浮水位，未结合场地地形地貌、汇水条件等综合考虑确定地下水位，认为抗浮水位位于地下室抗水板以下，因此未做抗浮设计，致使该建筑工程地下室抗水板在运营期间发生局部开裂渗水现象。对此，本文对该工程事故原因进行分析，并提出其抗浮破坏机理。

2　工程概况及工程地质条件

2.1　工程概况

项目位于遂宁市蓬溪县（图 1），设计±0.000 标高为 283.700m，项目南侧设二层地下室，占地面积约 12000m^2，纯地下室部分采用桩基础＋抗水板的基础形式。

基金项目：四川华西集团资助项目（HXKX2019/019、HKKX2018/030、HXKX2019/015）。

该工程地下室抗水板设计厚 250mm，双层双向布置 Φ10@150，抗水板采用 C30 混凝土，地下室底标高为 274.60m。项目于 2015 年 12 月 8 日竣工。2018 年 07 月，地下室抗水板局部发生开裂、渗水，并伴有明显隆起现象。

图 1　项目所在位置

Fig. 1　Project location map

2.2　工程地质条件

研究区内无较大的断层和次级褶皱，地质构造简单，场地原始地貌为浅丘与洼地相间，位于涪江河漫滩上。场地内无不良地质现象。场区内地层自上而下依次为：第四系全新统人工堆积（Q_4^{ml}）杂填土，第四系全新统冲洪积层形成的（Q_4^{al+pl}）粉质黏土、粉土、卵石层及下伏侏罗系蓬莱镇组上统（J_3p）强风化泥岩、中风化泥岩和强风化砂岩、中风化砂岩（图 2）。

该项目地下水类型为赋存于卵石层的孔隙潜水和基岩裂隙水，主要靠大气降水、农田灌溉水的下渗补给以及场外过水断面的侧向地下径流补给，以地下径流方式通过含水层下部排出场外。地下水年变幅 1.0～2.0m，丰水期最高水位 271.00m。

勘察建议丰水期最高水位 271.00m 可作为场地地下水抗浮设防水位。由于设防水位均低于地下室基础抗水板，因此不考虑抗浮问题，但地下室应注意防潮和防水处理。

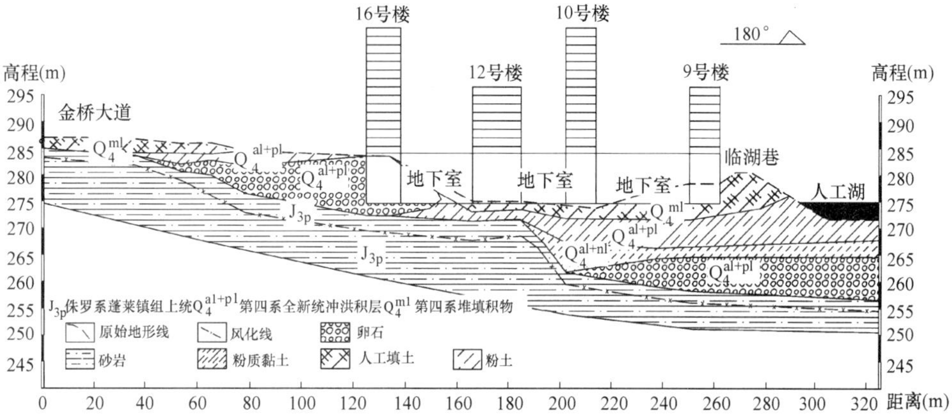

图 2　项目工程地质剖面图

Fig. 2　Project engineering geological profile

3　地下室抗浮破坏特征

通过对地下室抗水板调查发现，有一处存在明显的隆起现象，主楼之间的纯地下室部分均有明显的开裂、渗水现象（图 3、图 4）。对地下室抗水板钻芯取样后，孔口有水溢出，说明该工程地下室抗水板下部存在较大的水头压力（图 5）。地下室抗水板隆起、开裂、渗水位置见图 6。

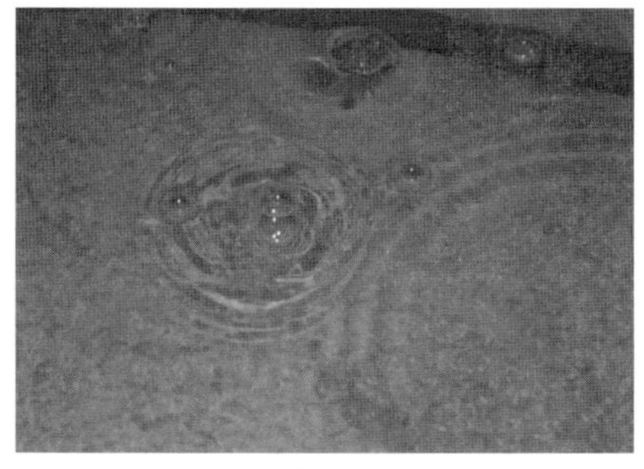

图 3　地下室渗水

Fig. 3　Basement seepage

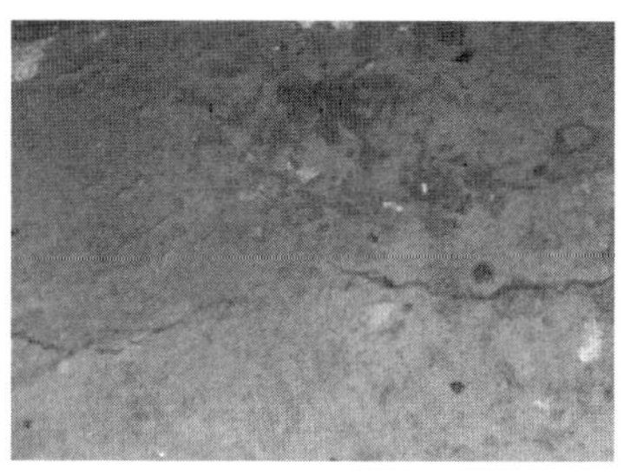

图 4　地下室开裂

Fig. 4　Cracked basement

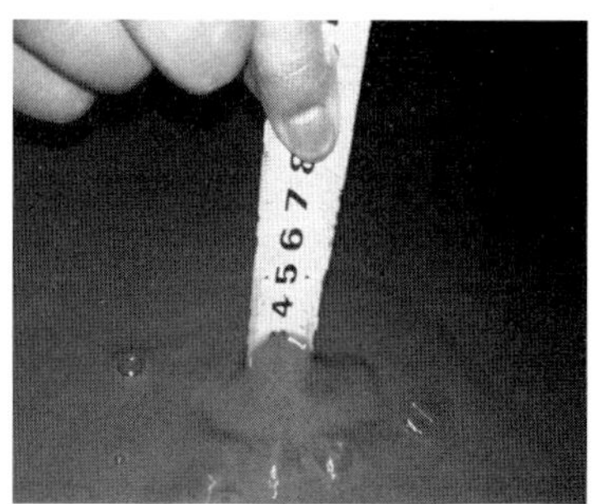

图 5　地下室抗水板取芯孔溢水

Fig. 5　Basement floor coring hole overflows

3.1 外部影响因素

（1）地形地貌

场地原始地貌为浅丘与洼地相间地貌单元，位于涪江河漫滩上，由于工程开挖，平整场地，项目所在地为整个场地的相对较低处，且项目南部还有一狭长形人工湖，紧邻涪江，有利于水流汇集，但该工程地下结构修建改变了原始地形地貌，阻碍了地表水的正常排泄。

通过对现场周边地势情况进行测绘，测量小区周边道路进行相对高程，沿小区周边道路共布置 23 个观测点（D01～D23），以小区西南角小区外侧道路 D01 的高程设为基准点（相对标高为 0.0），测得小区周边其他点位的相对高程，可以发现：小区地势相对低洼，整体上呈西北高、东南低，最大高差位于西北角，可达 7.1m 左右。地表径流易从西北向东南汇集，整个场地位于汇水区内。具体测量成果见图 7。

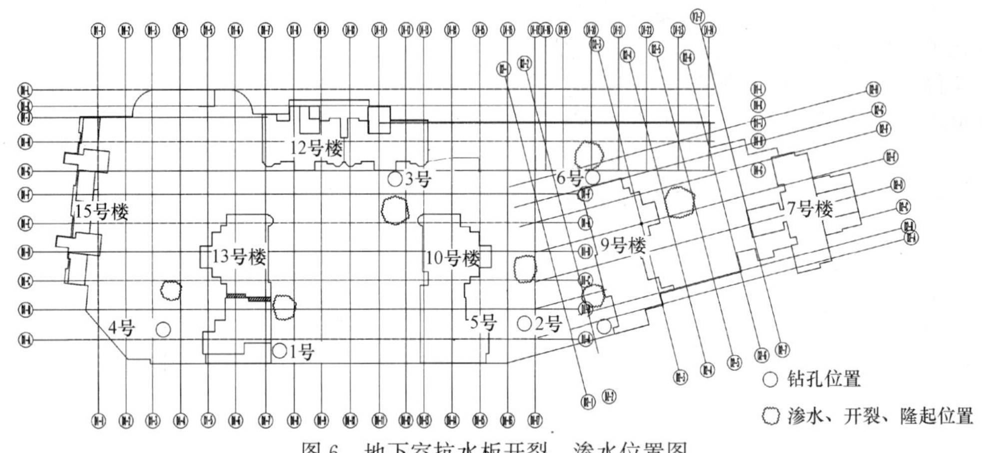

图 6 地下室抗水板开裂、渗水位置图

Fig. 6 Basement floor cracking and water seepage location map

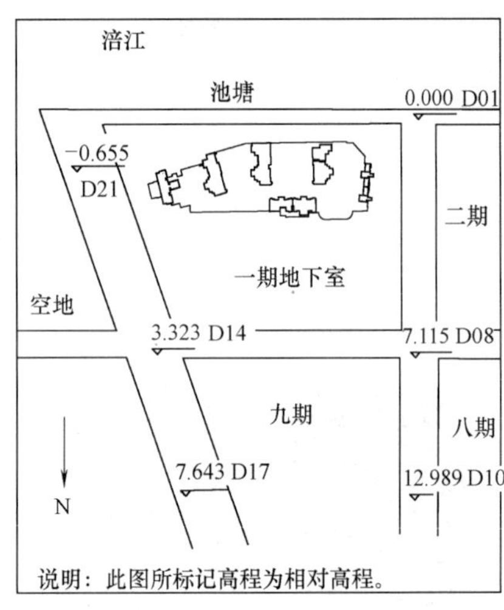

图 7 相对高程测量成果

Fig. 7 Relative elevation measurement result

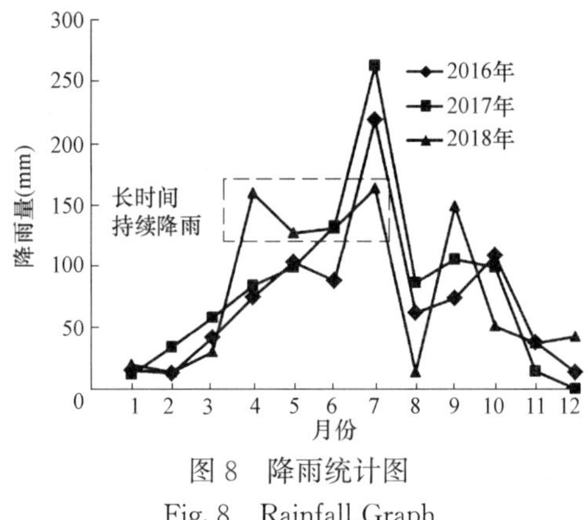

图 8 降雨统计图

Fig. 8 Rainfall Graph

（2）大气降雨

该工程自 2015 年 12 月竣工后，经历两个水文年未发现地下室有破坏现象，直到 2018 年经历了 4～7 月的降雨期后才发现地下室抗水板有开裂渗水问题。

根据降雨数据统计（图 8），2016 年、2017 年、2018 年 7 月（最高月降雨量）降雨量分别为 218.6mm、262.7mm、163mm。通过该数据可以发现，2016 年、2017 年降雨量远大于 2018 年，但该地下室未发生抗水板破坏现象，反而在 2018 年 7 月最高降雨量为 163mm 时发生破坏。虽然 2018 年月最大降雨量较前两年较小，但在 4～7 月降雨量均达到 120mm 以上，降雨时间长，高于前两年同期水量。

由于该工程已经竣工，且地下室周边已经封闭，地表水入渗较困难，短期的强降雨，雨水来不及通过地表土入渗，大部分会通过地表径流排走。但长时间的持续降雨，会导致雨水缓慢持续入渗至基坑肥槽及抗水板底部填土中，无法通过地表径流排出，形成“水盆效应”。极易产生高水头差，对抗水板产生较大浮力。

3.2 内部影响因素

（1）抗浮设计

该地下室抗水板下地基土从上到下依次为杂填土、粉质黏土、粉土、卵石。其中杂填土层厚约 0.30～11.00m，以强风化泥岩块、卵石、建筑渣土为主，其中泥岩碎石一般粒径 20～200mm 不等，块石粒径 200～2000mm，结构松散，均匀性差，渗透性好。粉质黏土厚约 0.60～9.00m，为相对隔水层，主要分布于场区下部地段。

勘察仅依据历史最高丰水期水位提出抗浮水位，未考虑该地下室位于斜坡地段，且地下室抗水板下有较厚填土，填土下有相对隔水的粉质黏土，极易造成地表水入渗后富集在填土层内，形成一种特殊的“地下水”。设计依据最高丰水期水位作为设计抗浮水位而不进行抗浮设计，易造成地下室抗浮安全储备不足。

(2) 施工质量

根据设计要求，地下室外墙与基坑侧壁间隙应灌注素混凝土或搅拌流动性水泥土，或采用灰土、级配砂石、压实性较好的素土分层夯实，压实系数不宜小于 0.94。实际上该工程肥槽回填主要为建筑渣土，不满足填料及压实度要求，使得肥槽回填土内部孔隙成为地表水入渗的优势渗流通道。

为检查地下室抗水板强度及厚度，对该项目地下室抗水板混凝土钻孔取芯，进行混凝土单轴抗压强度试验和抗水板厚度测量，取芯部位均为抗水板开裂、渗水及隆起位置附近，取点位置见图 5。

根据混凝土单轴抗压强度试验结果，所取地下室抗水板混凝土试样的抗压强度分别为 25.50MPa、24.90MPa、25.30MPa，均不满设计要求。抗水板厚度均为 300mm，满足设计要求。具体统计详见表 1。

抗水板厚度检查统计表　　表 1

Statistical table of thickness inspection of water-resistant plate　　Table 1

点号	取芯位置	芯样长度 (mm)	单轴抗压强度 (MPa)	备注
1 号	D1-3～D1-4 轴交 D1-A～D1-B	300	25.50	—
2 号	D1-7 ～D1-8 轴交 D1-A～D1-C	300	24.90	—
3 号	D1-11～D1-12 轴交 D1-E～D1-F	300	25.30	—
4 号	D1-16～D1-17 轴交 D1-C～D1-D	—	—	破碎
5 号	D1-19～D1-21 轴交 D1-H～D1-G	—	—	破碎
6 号	D2-2～D2-3 轴交 D2-C～D2-D	—	—	破碎

4 地下室抗浮破坏机理分析

综合上述调查及分析过程，该工程地下室抗水板抗浮破坏机理如下：

(1) 工程位于斜坡地段，处于场地汇水区内，地下结构完工后，改变了场地本身的水流排泄路径。

(2) 地下室肥槽填土不满足设计要求，成为雨水入渗的优势渗流通道，且地下室抗水板下部又存在相对隔水的粉质黏土层，导致外部水源通过肥槽填土孔隙进入地下室抗水板下部的填土层后不易排出。

(3) 该地区 2018 年出现 4 个月的长时间降雨，致使该小区周边水源补给丰富，雨水经过地表充分入渗至基坑肥槽及抗水板底部填土内，封闭的抗水板下的水与抗水板外的水形成较高的水头压力，对地下室抗水板产生较大的上浮压力作用。局部地下室抗水板强度不足以抵抗水浮力作用，导致抗水板出现隆起、开裂、渗水现象（图 9）。

5 结论

通过对该地下室抗水板抗浮破坏原因及机理研究，可以得到以下结论：

(1) 该地下室抗水板发生破坏的主要原因为：一是抗浮设计时未考虑到该地下结构位于斜坡，未充分论证分析整个场地的地形地貌、地质条件及水文条件，抗浮设计未保留足够的安全储备；二是施工时未严格把控肥槽回

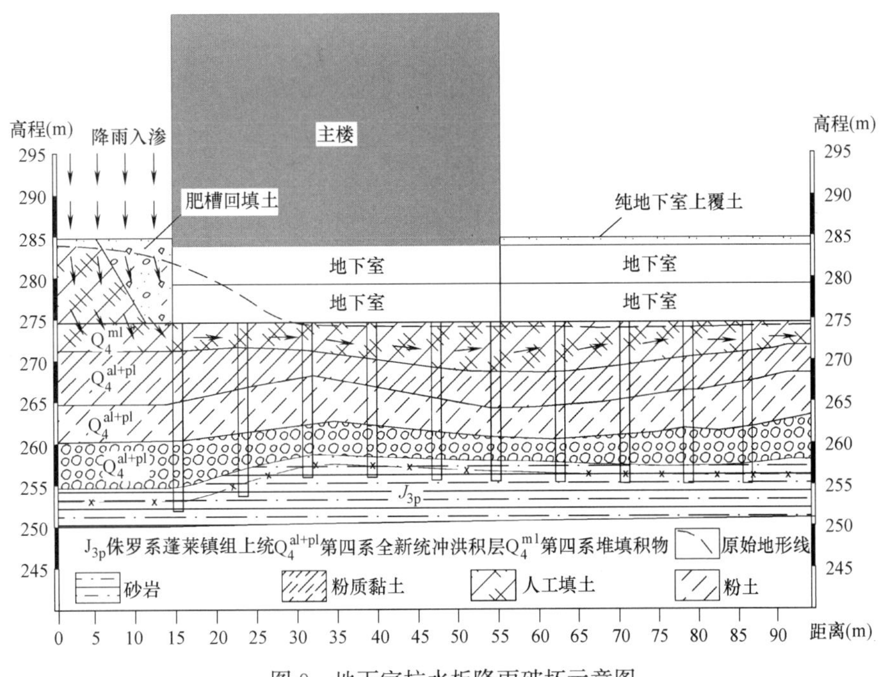

图 9　地下室抗水板降雨破坏示意图

Fig. 9　Schematic diagram of rain damage of basement water resistant board

填土质量，使其成为地表水入渗的优势通道，长时间持续降雨使得地表水充分渗透至肥槽及抗水板下部填土中，形成较大水头差。

（2）该地下室抗水板抗浮破坏机理为：由于斜坡地下结构的修建，改变了该场地的水流排泄途径，并且地下室抗水板下部存在相对隔水层，长时间的持续降雨使得外部水源通过肥槽填土孔隙进入地下室抗水板下部的土层后不易排出，易形成较大水头差，造成局部地下室抗水板出现开裂、渗水和隆起。

参考文献：

[1] 刘冬柏，王璇．地下室抗浮设计中的几个问题讨论[J]．中外建筑，2010，16(2)：42-44.

[2] 应高飞．从工程事故谈地下室抗浮问题[J]．福建建筑，2007，25(11)：50-51.

[3] 王子安，关群．某办公楼工程地下室上浮事故实例分析及处理[J]．工程与建设，2009，23(6)：848-850.

[4] 胡允棒．纯地下室工程质量事故二例[J]．建筑结构，2019，49(S1)：710-714.

[5] 覃伟，杞小林，张莲花．坡地建筑地下室上浮原因分析及处理措施[J]．成都大学学报(自然科学版)，2016，35(1)：103-106.

[6] 陈近中，刘泊雷，张浩森．红层丘陵区斜坡建筑地下室上浮原因分析及处理措施[J]．四川建筑，2021，41(5)：39-41.

[7] 冯瑞宏，朱艳．山坳缓坡地段抗浮设防水位的研究及确定[J]．山西建筑，2021，47(15)：60-62.

[8] 王海东，罗雨佳．超大地下室施工期抗浮破坏机理分析与应对思考[J]．铁道科学与工程学报，2019，16(10)：2538-2546.

[9] 游庆，陆有忠．地下室抗浮设防水位标高取值的讨论以及抗浮措施[J]．地质与勘探，2019，55(5)：1314-1321.

[10] 李宏儒，张盼，王神尼，赵华鹏．降雨条件下顺倾向煤系地层边坡稳定性的影响研究[J]．地质力学学报，2018，24(6)：836-848.

[11] 周汉国，郭建春，李静，等．裂隙特征对岩石渗流特性的影响规律研究[J]．地质力学学报，2017，23(4)：531-539.

非均质黏土中吸力桶底部反向承载特性数值模拟

冯 航[1,2]，时振昊[1,2]，黄茂松[1,2]，沈侃敏[3]，王 滨[3]

（1. 同济大学地下建筑与工程系，上海 200092；2. 同济大学岩土及地下工程教育部重点实验室，上海 200092；3. 中国电建集团华东勘测设计研究院有限公司，浙江 杭州 310058）

摘 要：吸力桶抗拔承载特性是海上风电导管架吸力基础抵抗倾覆荷载的关键。底部反向承载力是不排水条件下吸力基础竖向极限抗力的主导部分。利用有限元数值模拟，通过自定义接触面模型分离底部反向承载力和基础侧摩阻力，重点研究了地基强度非均质性、土桶接触面粗糙程度、基础长径比对吸力桶底部反向承载力的影响，基于剪切塑性区分析了不同工况下吸力桶底部承载破坏机理。主要结论包括：（1）强度非均质性和土桶界面粗糙程度的增长可导致底部反向承载力系数的提高；（2）强度非均质性较小时，反向承载力系数随基础长径比单调递增，非均质性较大时，承载力系数随长径比的提高呈先减小再增大趋势，承载力系数变化规律与基础底部土中塑性区发展具有较好对应关系。

关键词：吸力桶；不排水黏土；底部反向承载力；强度非均匀性；土-桶接触面

作者简介：冯航，男，1998 年生，硕士研究生，主要从事海上风电基础方面的研究。E-mail：hangfeng@tongji. edu. cn。

通讯作者：时振昊，男，1988 年生，博士，助理教授，主要从事岩土工程方面的教学与科研工作。E-mail：1018tjzhenhao@tongji. edu. cn。

Numerical study of reverse end-bearing capacity of suction caisson in non-homogenous clay

FENG Hang[1,2]，SHI Zhen-hao[1,2]，HUANG Mao-song[1,2]，SHEN Kan-min[3]，WANG Bin[3]

（1. Department of Geotechnical Engineering，Tongji University，Shanghai 200092，China；2. Key Laboratory of Geotechnical and Underground Engineering of Ministry of Education，Tongji University，Shanghai 200092，China；3. PowerChina Huadong Engineering Corporation Limited，Hangzhou Zhejiang 310058，China）

Abstract：The uplift response of suction caisson is vital for the ability of suction caisson jacket to resist over-turning moment. Reverse end-bearing capacity is the predominant component of tensile capacity of suction caisson under undrained conditions. Based on user-defined soil-structure interface，a finite element model（FEM）is constructed that allows isolating reverse end-bearing capacity from total foundation tensile capacity. By using the FEM，this study investigates the influences of the non-homogeneity of soil strength，roughness of soil-caisson interface，and the length-over-diameter ratio on the reverse bearing capacity of suction caisson. The failure mechanism related to reverse end-bearing is explored by analyzing the distribution of soil shear plastic strains. The main conclusions include：（1）The increase in the non-homogeneity of soil strength and the roughness of soil-caisson interface can enhance reverse end-bearing capacity factor；（2）Reverse end-bearing capacity factor rises monotonically with length-over-diameter ratio when the soil strength non-homogeneity is relatively small，whereas first decreases then increases when the strength non-homogeneity becomes stronger，correlated well with the variation in the size of plastic shear zone.

Key words：suction caisson；undrained clay；reverse end-bearing capacity；non-homogenous strength；soil-caisson interface

1 引言

随着海上风电的开发利用，海上风电基础受到工程界的重视，其中导管架吸力基础因其稳定性和经济性成为工程界较优的选择。由于海洋环境比较复杂，在风、浪、流等作用下，多桶导管架在服役期间受到较大的水平荷载，因此，要求多桶导管架具有较大的抗倾覆能力，而吸力桶导管架的抗倾覆能力和单桶的抗拔承载力是密不可分的[1,2]。因此，研究吸力桶的竖向抗拔承载力是尤其重要的。

当土体处于不排水条件时，吸力桶的抗拔承载力 V_u 主要由桶体外壁侧摩阻力 Q_{side}、底部反向承载力 Q_u 和桶体自重 W 组成[3,4]（图 1）：

$$V_u = Q_u + Q_{side} + W \tag{1}$$

其中，底部反向承载力是由于桶盖和土塞间存在负孔压（即吸力）而在吸力桶底部引起类似地基承载力整体破坏模式（但方向相反）。底部反向承载力是吸力基础抗拔承载力的主导部分[3,5-7]。目前已有较多针对吸力基础抗拔承载特性的数值模拟和理论解析研究[5-9]。然而，这些工作大多关注吸力基础整体抗拔承载力，较为缺乏针对底部反向承载力及其影响因素的研究。产生底部反向承载力和桶壁摩阻力的机理不同，对他们进行分离和独立分析对揭示吸力基础竖向承载机理具有重要意义。

通过自定义接触面模型，本文建立了分离吸力桶侧摩阻力和底部反向承载力的有限元数值模型，重点研究侧摩阻力和地基土强度非均质性对吸力桶底部反向承载特性的影响机理。

基金项目：国家自然科学基金项目（41902278）。

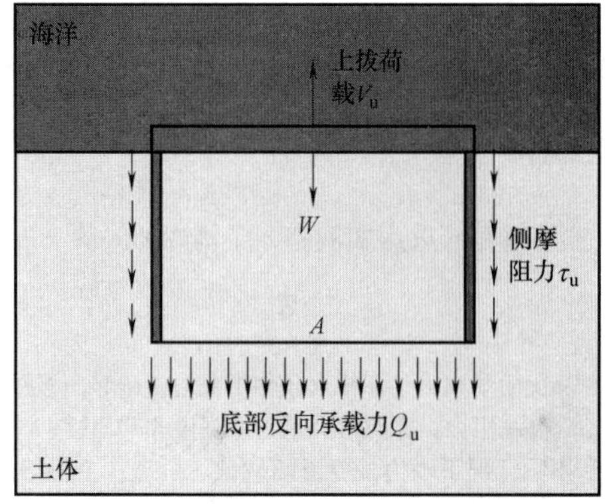

图 1　吸力桶抗拔承载力的主要组成

Fig. 1　Components of pullout capacity of suction caisson

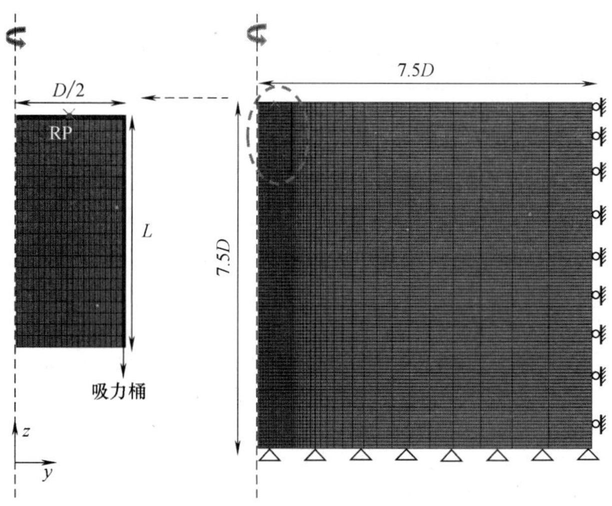

图 2　有限元网格及边界情况

Fig. 2　FE mesh and boundary conditions

2　有限元模型

2.1　模型设置

通过 Abaqus 程序，建立二维轴对称有限元（FE）模型，网格划分及边界条件如图 2 所示。吸力桶直径 D 为 4m，长度 L 为 1～8m（对应长径比 $L/D=0.2\sim2$），桶壁厚 0.08m；为降低边界效应，模型水平延伸 15D，竖向 7.5D；约束底部边界节点所有自由度及两侧边界处节点法向自由度；土体和吸力桶均采用 CAX4 单元。模型采用位移控制进行加载。

2.2　材料属性

考虑钢制吸力桶材料刚度和土体刚度间较大差异，将吸力桶约束为刚体。对不排水黏土进行总应力分析，通过 Mises 理想弹塑性模型模拟土体应力-应变关系，其中，泊松比 μ 取 0.49 以模拟不排水条件，弹性模量的取值对极限承载力影响较小，本文弹性模量取 $E=300S_u$，针对本文关注的正常固结软黏土，其不排水抗剪强度倾向于沿深度呈线性增长，因此采用如下不排水强度剖面：

$$S_u=S_{u0}+kz \tag{2}$$

式中，S_{u0} 为地表处不排水强度；k 为 S_u 沿着深度增大的斜率，z 为土体深度。为了表征土体强度的不均匀程度，定义如下不均匀系数 K：

$$K=\frac{kD}{S_{u0}} \tag{3}$$

K 值越大，土体强度的不均匀性越强，表 1 汇总了本研究考虑的不排水抗剪强度剖面的不同情况。

黏土不排水抗剪强度剖面　　表 1

Soil undrained strength profile　Table 1

S_{u0}(kPa)	k(kPa·m^{-1})	K
0	1	∞(infinite)
0.5	1	8
1	1	4
2	1	2
4	1	1
2	0	0

2.3　接触面模拟

为了从整体承载力中分离底部反向承载力，需合理模拟侧摩阻力。对不排水黏土而言，较合理的界面强度准则是与相邻土体不排水抗剪强度进行关联：

$$\tau_u=\alpha S_u \tag{4}$$

式（4）中系数 α 与界面粗糙度、土体应力水平等因素相关。Abaqus 内置接触模型无法实现式（4）中强度模型。本文通过 FRIC 用户自定义子程序，基于理想弹塑性方法（图 3），构建了土-桶接触面模型，参数 k_s 为界面弹性刚度。同时，为模拟不排水条件，模型不允许土体和吸力桶间法向脱开。

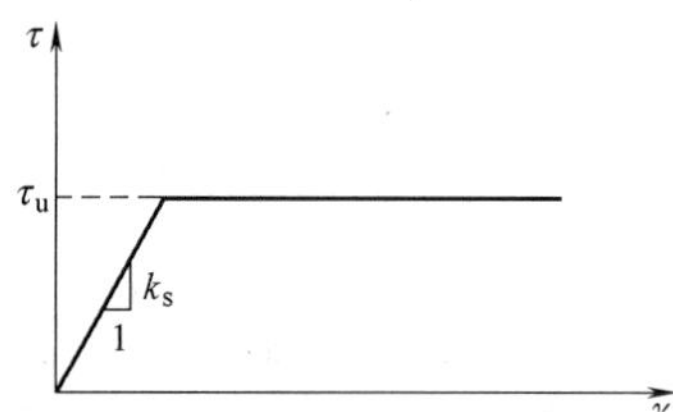

图 3　理想弹塑性土-桶接触面模型

Fig. 3　Elasto-perfectly-plastic soil-caisson interface

图 4 对比了界面完全粗糙［即式（4）中 $\alpha=1$］情况下，本文有限元计算的吸力基础极限抗拔承载力和 Martin[9] 给出的极限分析上下限解。图中 V_u 为抗拔承载力，A 为基础底面积，$S_{u(tip)}$ 为基础底部不排水强度。上述对比验证了自定义界面模拟的合理性。需要注意，Martin[9] 的上下限解基于 Tresca 模型，相应地，图 4 中的有限元分析采用 Tresca 理想弹塑性模型模拟土体。

3　计算结果与分析

基于上述有限元模型，本文计算了不同长径比 L/D、地基非均质系数 K 以及土桶界面粗糙系数 α 下的吸力桶整体抗拔承载力（即图 1 中 V_u）。通过扣除桶壁侧摩阻力 Q_{side}［即对式（3）沿桶壁进行积分］，获得了底部反向承

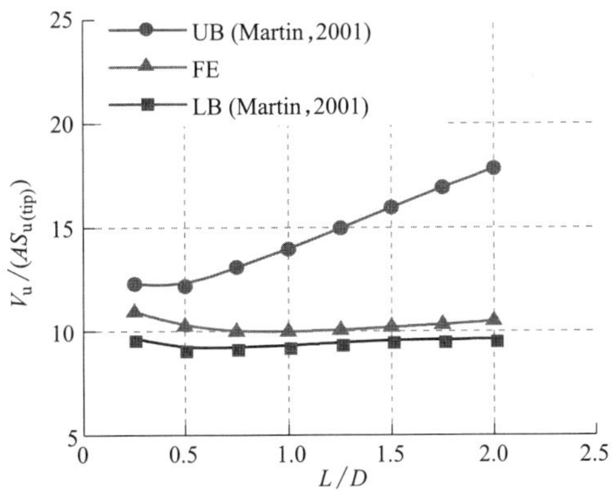

图 4　有限元和极限分析计算的抗拔承载力对比

Fig. 4　Comparison between pullout capacity computed by FE and limit analysis

载力 Q_u。下文将统一基于式（5）中无量纲承载力系数 N_c 讨论侧摩阻力和地基非均匀性对底部反向承载力的影响。

$$N_c=\frac{Q_u}{AS_{u(tip)}} \tag{5}$$

3.1　侧摩阻力的影响

图 5 给出了不同 α 系数下承载力系数 N_c 随长径比 L/D 的变化规律。随着侧壁摩阻力的提高，底部反向承载力呈上升趋向。上述结果表明，虽然侧摩阻力和底部反向承载力源于不同承载机制，但是二者并非独立，即吸力桶壁粗糙程度可显著影响底部反向承载能力的发挥。

3.2　强度非均质性的影响

图 6 给出了不同地基强度非均匀系数下，承载力系数 N_c 随长径比 L/D 的变化规律。在给定长径比下，N_c 系数随地基非均匀程度的提高而增大。同时，不均匀系数 K 可显著影响 N_c 与 L/D 的关系。当 K 值较小时，N_c 随 L/D 的增大呈现单调递增关系。随着地基非均质程度的上升（即 K 值的增大），上述单调关系演化为 N_c 随 L/D 的提高呈先减小再增大的非单调关系。

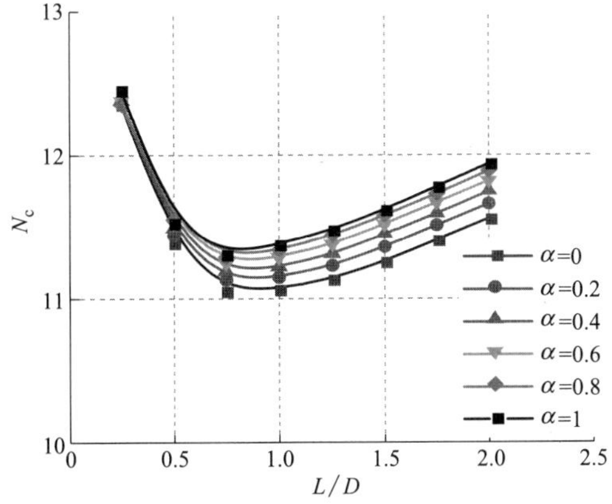

图 5　不同 α 下承载力系数 N_c 随 L/D 的变化（K=infinite）

Fig. 5　Variation of N_c with L/D under different α values（K=infinite）

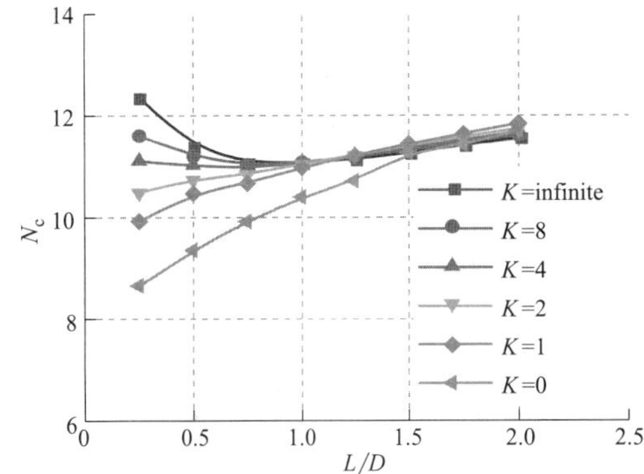

图 6　不同 K 值下 N_c 随 L/D 的变化（α=0）

Fig. 6　Variation of N_c with L/D under different K values（α=0）

为了分析产生上述两类底部反向承载力与插入比关系的原因，图 7 和图 8 给出了吸力桶达到极限抗拔承载状态时土中等效塑性剪应变的分布云图。如图 7 所示，当 K 值较大时，吸力桶底部的塑性区的大小随着 L/D 的增加呈现先减小后增大的趋势，拐点位置接近 L/D=0.75，这与图 5 所呈现的 N_c-L/D 非单调曲线的规律一致。另一方面，当 K 值较小时，吸力桶底部塑性区范围随插入比的上升而单调增大（图 8），对应于图 5 中承载力系数随 L/D 的单调递增关系。最后，对比图 7 和图 8 中相同插入比 L/D 下吸力桶底部的塑性区范围，可见塑性区随着地基非均质性的上升（即 K 值的增大）而不断扩大，解释了前文所提及的 N_c 随着 K 的增大而增大的现象。

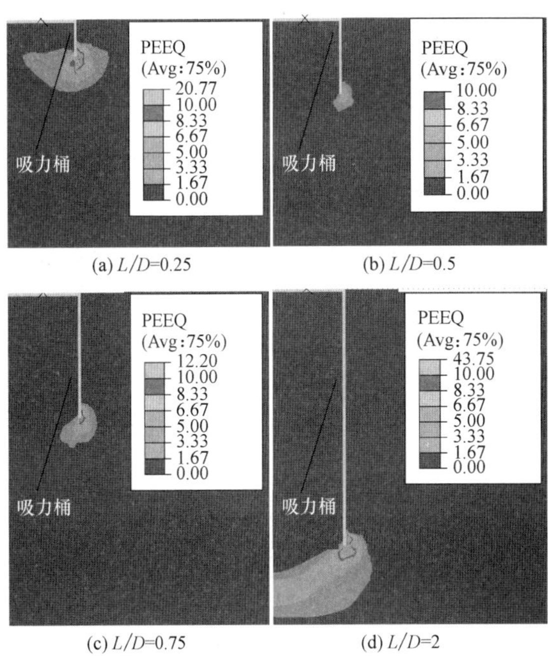

图 7　不同 L/D 下等效塑性剪应变云图（K=infinite，α=0）

Fig. 7　Distribution of equivalent plastic strain contour under different L/D ratios（K=infinite，α=0）

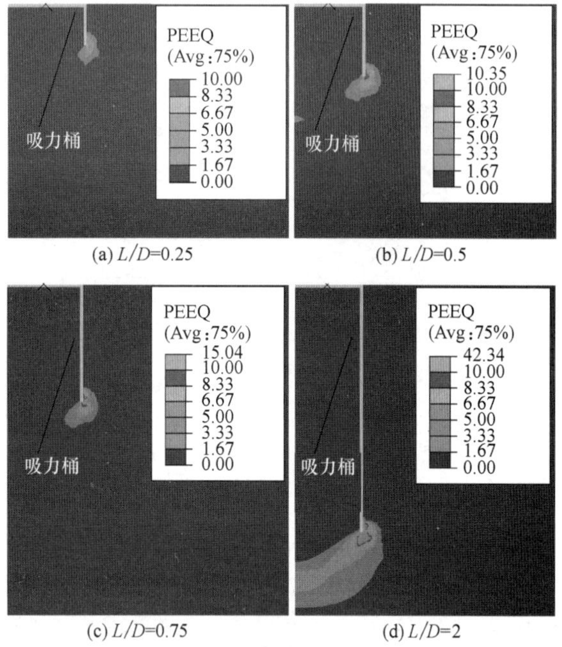

(a) L/D=0.25 (b) L/D=0.5

(c) L/D=0.75 (d) L/D=2

图 8 不同 L/D 下等效塑性剪应变云图（$K=1$，$\alpha=0$）

Fig. 8 Distribution of equivalent plastic strain contour under different L/D ratios ($K=1$, $\alpha=0$)

4 结论

通过有限元模拟，本文研究了强度非均质不排水黏土中竖向受荷吸力桶的底部反向承载特性。基于自定义接触面模拟，分离了底部反向承载力与基础侧摩阻力，重点研究了强度非均质性和基础侧壁粗糙程度对底部反向承载力的影响，得到如下结论：

（1）强度非均质性和土桶界面粗糙程度的增长可导致底部反向承载力系数的提高。

（2）强度非均质性较小时，反向承载力系数随基础长径比单调递增；非均质性较大时，承载力系数随长径比呈先减小再增大。承载力系数变化规律与基础底部土中塑性区发展具有较好对应关系。

参考文献：

[1] KIM S R，HUNG L C，OH M. Group effect on bearing capacities of tripod bucket foundations in undrained clay[J]. Ocean Engineering，2014(79)：1-9.

[2] JALBI S，NIKITAS G，BHATTACHARYA S，ALEXANDER，N. Dynamic design considerations for offshore wind turbine jackets supported on multiple foundations[J]. Marine Structures，2019(67)：102631.

[3] DENG，W，CARTER J P. A theoretical study of the vertical uplift capacity of suction caissons[J]. International Journal of Offshore and Polar Engineering，2002，12（2）：89-97.

[4] RANDOLPH M F，HOUSE A R. Analysis of suction caisson capacity in clay[C]// Offshore Technology Conference. Houston：[s. n.]，2002.

[5] NIELSEN S D. Finite element modeling of the tensile capacity of suction caissons in cohesionless soil[J]. Applied Ocean Research，2019，90：101866.

[6] ZHU B，DAI J L，KONG D Q，FENG L Y，CHEN Y M. Centrifuge modelling of uplift response of suction caisson groups in soft clay[J]. Canadian Geotechnical Journal，2020(57)：1294-1303.

[7] SUN L Q，QI Y M，FENG X W，LIU Z Q. Tensile capacity of offshore bucket foundations in clay[J]. Ocean Engineering，2020(197)：106893

[8] GOURVENEC S M，RANDOLPH M F，HOSSAIN M S，MANA D. Failure mechanisms of skirted foundations in uplift and compression[J]. International Journal of Physical Modelling in Geotechnics，2012，12(2)：47-62.

[9] MARTIN C M. Vertical bearing capacity of skirted circular foundations on Tresca soil[C]// Proceedings of the 15th International Conference on Soil Mechanics and Geotechnical Engineering. Istanbul：[s. n.]，2001.

冻融前后黄土力学性质的试验研究

解邦龙[1,2]，**张吾渝**[1,2*]，**孙翔龙**[1,2]，**黄雨灵**[1,2]，**刘成奎**[3,4]
（1. 青海大学土木工程学院，青海 西宁 810016；2. 青海省建筑节能材料与工程安全重点实验室，青海 西宁 810016；3. 青海省建筑建材科学研究院有限责任公司，青海 西宁 810008；4. 青海省高原绿色建筑与生态社区重点实验室，青海 西宁 810008）

摘　要：青海季节性冻土区域内黄土面积分布较广，且随着全球气候日益变暖使得青海当地降水量增加，多种因素的影响对地基土体的承载力、稳定性等有更高的要求。因此，本文以青海地区原状黄土为试验材料，通过冻融试验、无侧限抗压强度试验和不固结不排水三轴剪切试验，对比分析冻融前、冻融后原状黄土强度的变化规律。试验结果发现：冻融作用会破坏原状黄土的结构，冻融后原状黄土的无侧限抗压强度相较于冻融前下降约43%，抗剪强度下降约6%（天然含水率时）；进行不固结不排水三轴剪切试验发现，冻融前和冻融后原状黄土的主应力差随着围压和应变速率的增加而增加，其应力应变曲线均为应变硬化型；冻融过程对高含水率黄土的破坏程度较严重。试验结论旨在为当地黄土工程的建设和施工提供参考。

关键词：原状黄土；冻融作用；无侧限抗压强度；抗剪强度；应变速率

作者简介：解邦龙（1996—），男，青海西宁人，在读硕士研究生，从事黄土及冻土物理力学方面的研究工作。
通讯作者简介：张吾渝（1969—），女，教授，从事岩土及地下工程研究。

Experimental study on mechanical properties of loess before and after freezing and thawing

XIE Bang-long[1,2]，ZHANG Wu-yu[1,2*]，SUN Xiang-long[1,2]，HUANG Yu-ling[1,2]，Liu Cheng-kui[3,4]
（1. College of Civil Engineering，Qinghai University，Xining Qinghai 810016，China；2. Qinghai Key Laboratory of Building Energy Saving Materials and Engineering Safety，Xining Qinghai 810016，China；3. Qinghai Building and Materials Research Co.，Ltd，Xining Qinghai 810008，China；4. Qinghai Provincial Key Laboratory of Plateau Green Building and Eco-community，Xining Qinghai 810008，China）

Abstract：In the seasonally frozen soil area of Qinghai，the area of loess is widely distributed，and with the increasing warming of the global climate，the local precipitation in Qinghai has increased. A variety of factors lead to higher requirements for the bearing capacity and stability of the foundation soil. Therefore，this paper uses the undisturbed loess in Qinghai as the test material，passes the freeze-thaw test，unconfined compressive strength test，and unconsolidated and undrained triaxial shear test，and analyzes the change law of the undisturbed loess strength before and after freezing and thawing. The test results found：Freezing and thawing destroy the structure of the undisturbed loess. The unconfined compressive strength of the undisturbed loess after freezing and thawing is reduced by about 43% compared with that before the freezing and thawing，and the shear strength is reduced by about 6%（natural water content）；The unconsolidated and undrained triaxial shear test found that the principal stress difference of the undisturbed loess before and after freezing and thawing increases with the increase of confining pressure and strain rate，and its stress-strain curves are all strain hardening；The freezing and thawing process damages loess with high water content more seriously. The test results are intended to provide a reference for the construction and construction of local loess projects.

Key words：undisturbed loess；freeze-thaw effect；unconfined compressive strength；shear strength；strain rate

1　引言

青海省地处青藏高原，当地特殊的地质与气候条件（高海拔、高寒等特点）使工程建设面临较多困难。而随着“一带一路”“西宁-兰州一小时生活圈”等政策的提出，青海省内工程建设增多，面临诸多挑战与机遇。同时，青海黄土区域内的工程建设受冻融作用及黄土自身性质的双重影响，易产生地基不均匀沉降、路基开裂和边坡冻融剥蚀等问题[1,2]，因此，黄土的稳定性及承载力显得非常重要。

黄土的剪切强度是研究土体稳定性分析的重要指标之一，试验过程中围压、应变速率和含水率等不同应力条件对强度存在不同的影响。郭鹏等[3] 对兰州黄土进行静三轴试验，发现高应变速率会产生应变软化现象，抗剪强度随应变速率的增大先增大再减小；文少杰等[4] 通过对西宁地区原状黄土进行不同应变速率的剪切试验，发现

基金项目：国家自然科学基金项目（52168054）；青海省科技厅项目（2020-ZJ-738）；青海省高原绿色建筑与生态社区重点实验室开放基金计划项目（KLKF-2021-007）资助。

原状黄土的破坏强度随应变速率的增大而增大；党进谦等[5]通过黄土进行固结不排水三轴剪切试验，黄土的CU抗剪强度随剪切速率的增大先增大后减小；鲁洁等[6]、蔡国庆等[7]对不同含水率的黄土进行剪切试验，发现随含水率增加土的抗剪强度降低。由此发现，剪切速率、含水率及围压对黄土的强度影响研究已较为普遍，对不同地区黄土都有所研究，但研究小围压和低应变速率对黄土强度影响的研究有待深入。

冻融作用也会对黄土性能产生影响，倪万魁等[8]对洛川黄土进行了单轴压缩试验及三轴剪切试验，发现冻融作用破坏了土颗粒之间的联结，黄土的抗剪强度降低；庞旭卿等[9]对陕西杨凌 Q_3 黄土进行冻融试验，发现冻融循环会对黄土强度产生劣化；Guoyu Li 等[10]研究发现黄土在经历冻融循环作用后，无侧限抗压强度都出现了大幅下降，同时发现随着冻融循环次数的增加，强度都有所衰减；李双好等[11]对原状黄土进行不同含水率等因素的冻融试验，发现－15～15℃和18.34%为最不利冻融温度梯度值和含水率；Z. W. Zhou 等[12,13]对经历冻融循环后冻结黄土的力学性能开展了相关研究，研究结果表明，冻融作用对冻结黄土的力学性能有显著的影响，4～6次冻融后其强度等力学性能基本保持稳定；叶万军等[14]通过对压实黄土进行冻融循环试验，发现冻融作用会使土体颗粒体系发生变化，含水率越高土体抗剪强度会降低。同时，韩春鹏等[15]通过正交试验发现冻融循环次数为影响土体强度的主要因素；Zhaohui (Joey) Yang 等[15]提出温度和含水量对冻土的力学性能影响较大。因此，冻融作用会衰减土体的初始强度，改变土体内部颗粒形态及分布，但以往的研究多集中于考虑冻融温度、冻融循环次数等冻融条件对黄土的影响，而对冻融作用后小应变速率、小围压等条件对黄土强度影响的相关研究较少。

本文以冻融深度范围内的原状黄土为材料，通过冻融试验、无侧限抗压强度试验及不固结不排水三轴剪切试验，研究冻融前、冻融后原状黄土的无侧限抗压强度和抗剪强度规律，分析冻融作用对黄土强度的影响，旨为季节性冻土地区黄土工程的施工和建设提供参考。

2 试验材料及方案

2.1 试验材料

试验所用黄土选自青海省西宁市某场地，所取土样呈黄色，存在部分矿物颗粒，其基本物理性质如表1所示，颗粒级配曲线如图1所示。

黄土的基本物理性质指标　　表1

Basic physical properties of loess　Table 1

天然含水率(%)	天然密度(g/cm³)	塑限(%)	液限(%)	液性指数	塑性指数
13.40	1.49	13.95	25.30	−0.05	11.35

发现该黄土的不均匀系数10，曲率系数为0.226。同时，根据表1发现液塑限指数 $I_L = -0.05$，判断该黄土属于固态、半固态（坚硬状态）；塑性指数 $I_P = 11.35$，

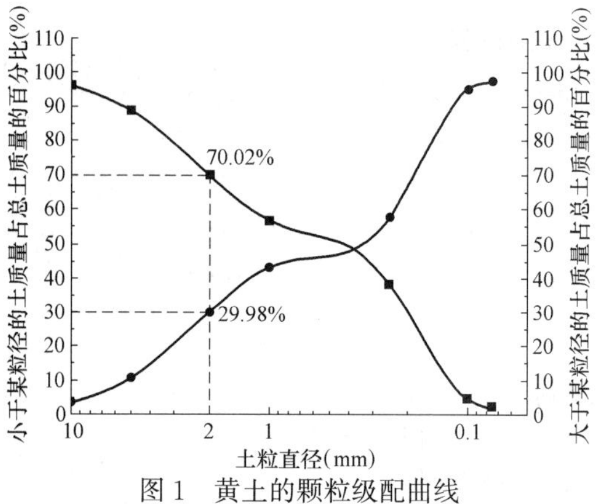

图1　黄土的颗粒级配曲线

Fig. 1　Gradation curve for the tested loess soil

为粉质黏土。

2.2 试验方案

将取回的原状黄土取出，按照黄土的沉积方向放置于托盘内，选择表面积为100.06mm² 的环刀并在内壁涂抹少许凡士林，保证试样与环刀接触紧密，采用双线法对原状黄土进行湿陷试验，逐级加载同时进行平行试验。

利用削土盘和削土刀将原状黄土制为圆柱形标准试样（直径39.10mm，高80.00mm），采用水膜转移法配制不同含水率的黄土试样，待试样含水率配制完成且密封放置24h后（保证配制的水分渗透均匀），放入冻融试验箱进行冻融试验。冻融温度设定为±15℃，冻融时间为24h（冻结12h，融化12h）。待完成冻融试验后，对冻融前后的黄土试样进行不固结不排水三轴剪切试验。试验参数如表2所示。

试验方案及参数设定　　表2

Experiment design and parameter setting

Table 2

试验方案	方法	试验参数设定
湿陷试验	双线法	施加压力0～300kPa
	水膜转移法	含水率为13.4%、18.4%
冻融试验	恒温冻结	冻结温度为15℃，融化温度为15℃；冻融时间24h
三轴剪切试验	UU试验	围压为20kPa、40kPa、60kPa；剪切速率0.4mm/min、0.24mm/min、0.16mm/min

天然土地基与路基存在不同性质及不同重度的土体，深度为 Z 土体受到的围压根据式（1）求得。

$$\sigma_z = \sum_{i=1}^{n} \gamma_i z_i \tag{1}$$

式中，z 为埋深；γ 为土体的重度。

根据《冻土工程地质勘察规范》GB 50324—2014[16]，青海的冻土层深度约为1.5m，因此本文研究0～2m深度范围内黄土的力学特性。由于取土场地内黄土厚度较大，在取土深度内未发现地下水，根据计算所施加的围压为0～36kPa，因而选择20kPa、40kPa、60kPa三个围压进行试验研究。

2.3 湿陷试验

制备不同含水率的黄土试样时，需采用水膜转移法，该方法会对黄土原生结构产生一定的影响，因此要求黄土的湿陷等级较低时可利用该方法进行制样，能保证黄土原生结构不发生变化。因而对原状黄土进行湿陷试验。

如图2所示为原状黄土在不同上覆压力时湿陷系数的变化曲线，黄土在遇水时发生湿陷变形是其重要特性之一。从图2可以发现，在不同上覆压力作用下，原状黄土的湿陷系数均小于0.015，以《湿陷性黄土地区建筑标准》GB 50025—2018[17] 判定该黄土为非湿陷性黄土，因此可采用水膜转移法制备不同含水率的黄土试样。同时，黄土的湿陷系数会随着上覆压力的增大而逐渐增大，上覆压力越大，对黄土初始结构的破坏效果越明显，水对黄土结构产生的二次破坏使得黄土变形增大、湿陷性增强。

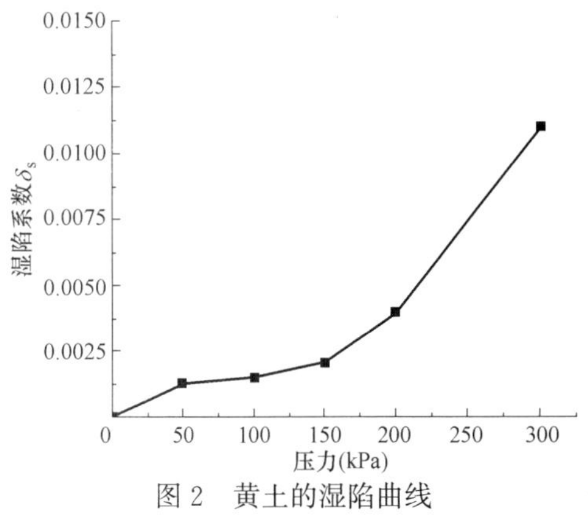

图2　黄土的湿陷曲线

Fig. 2　Collapsible curve of undisturbed loess

3　结果与讨论

3.1 无侧限抗压强度试验

图3所示为原状黄土无侧限抗压强度的变化曲线，图3曲线a为原状黄土未经历冻融，此时黄土的应力应变曲线为强软化型，在达到峰值抗压强度前曲线近似弹性阶段，说明原状黄土的原生结构能承担的变形和荷载成正比关系，黄土自身强度较高。当达到强度峰值后曲线存在延性变形阶段，此时原状黄土的原始结构破坏，裂缝逐渐贯通试样表面，强度逐渐下降，但存在一定的抵抗变形的能力。

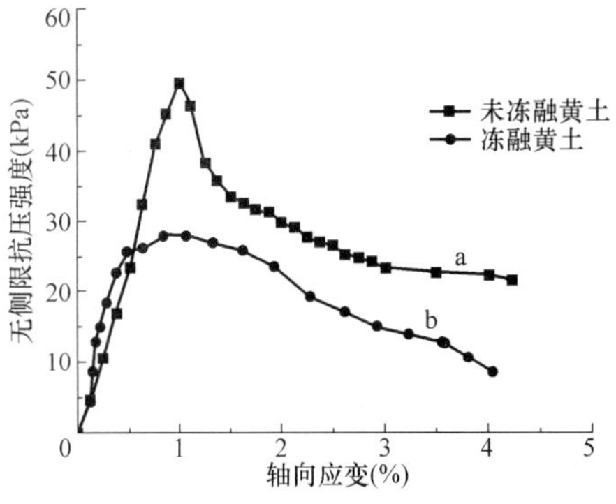

图3　黄土的轴向应变与轴力的关系曲线

Fig. 3　The relationship curve between axial strain and axial force of loess

冻融作用是一种强风化过程[18]，通过影响土体内部水相变对抗剪强度产生劣化，当土体内部温度下降至负温时，土体内部水分冻结为冰，水相变过程中体积膨胀导致破坏土体原有结构，强度发生劣化；当土体内部温度上升至正温时，冰融化为水，土体体积产生融沉现象其强度再次弱化。原状黄土经历冻融作用时（天然含水率），土体内部水相变破坏原状黄土的结构，导致黄土的抗压强度降低（峰值强度下降约43%）。

3.2 不固结不排水三轴剪切试验

1）冻融前黄土的应力应变曲线

在无侧向约束的条件下，冻融后原状黄土的抗压强度降低，而施加一定的围压时，原状黄土的抗剪强度变化规律如图4（a）所示。从图4（a）中看出围压对土体强度存在影响，但变化趋势大致相同。冻融前，原状黄土的应力应变曲线呈现一般硬化型，部分呈现强硬化型，原状黄土的偏应力会随着围压的增大而逐渐增大，围压越大，对试样的约束效果越明显，其强度也逐渐提高。当给原状黄土施加一定的围压时，对土颗粒起到约束效果，土样抵抗变形的能力提高，颗粒间的滑动和咬合作用较强，土颗粒不易发生错动，施加的围压值越大，土样的抗剪强度越大。

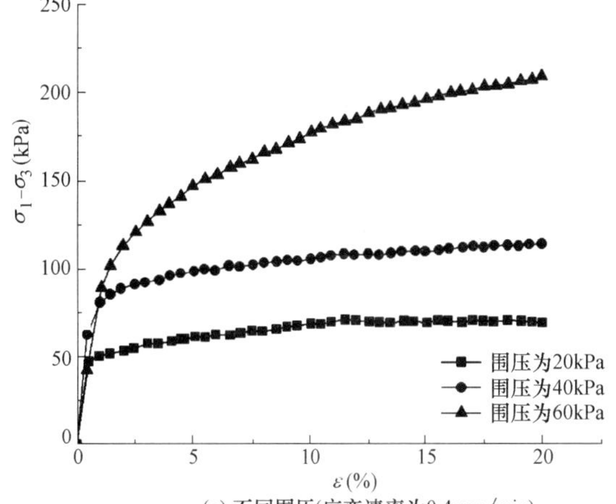

(a) 不同围压(应变速率为0.4mm/min)

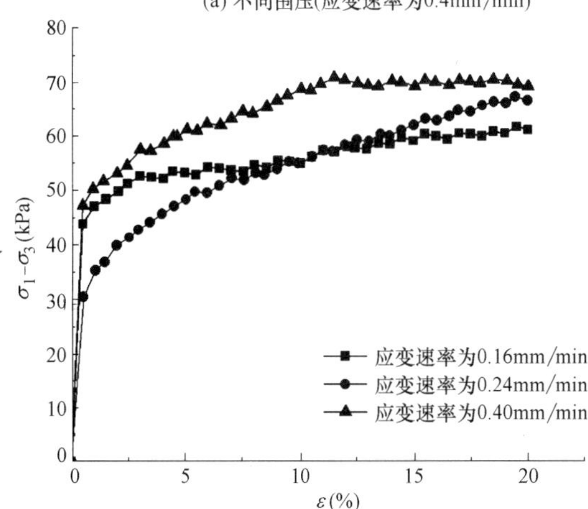

(b) 不同应变速率(围压为20kPa)

图4　黄土的应力应变曲线

Fig. 4　Stress-strain curve of loess before freezing and thawing

如图 4（b）所示为不同应变速率对原状黄土强度的影响规律，在小围压的条件下，试验过程中施加的应变速率越小，其应力应变曲线趋于应变弱硬化型，随着应变速率的增大，其曲线向应变强硬化型和一般硬化型过渡。应变速率越小，试样的偏应力越小，此时外界荷载对土体变形或破坏的影响弱，在一定围压的作用下土骨架能够承受一定的变形且较稳定，颗粒间的滑动和咬合摩擦能够抵抗部分变形，而当应变速率增大，土体的内部结构或颗粒间的变形较快，逐渐趋向于强硬化型曲线。

2）冻融后黄土的应力应变曲线

（1）天然含水率

经历冻融后原状黄土的初始结构发生破坏，无侧限抗压强度明显下降，当进行不固结不排水三轴剪切试验时冻融后原状黄土的应力应变曲线如图 5 所示。从图 5 发现，冻融后黄土的应力应变曲线均为应变硬化型，随着围压的增大其曲线趋于应变强硬化型，说明此时土颗粒间相互紧密结合，冻融作用和围压使得黄土颗粒重新定向排列，颗粒破碎随之填补内部原有孔隙，土体的正应力增大，颗粒间的摩擦效果增强。同时发现，在一定围压约束的条件下，经历冻融作用后原状黄土的强度未发生明显变化，说明黄土含水率较小，水相变对土体结构产生的破坏效果较弱，强度减小不明显。

与图 4 对比发现，相同含水率时，经历冻融后原状黄土的抗剪强度明显降低，降低约 6%，说明冻融后原状黄土的结构发生劣化，结构破坏导致试样强度降低，冻融作用会影响土体的抗剪强度和抗压强度。无围压与有围压时黄土强度相差约 16%（冻融前）～41%（冻融后），施加围压越大，其差值越大。从图 5（b）也发现应变速率对原状黄土抗剪强度的影响规律与冻融前黄土的变化规律相似，应变速率越大，偏应力越大，硬化程度越明显。

（2）高含水率的影响

上述结果发现当土体含水率较小时，冻融作用对土体抗剪强度的影响其实并不明显。蔡国庆等[7] 通过试验，发现含水率是冻融过程中对土体强度影响较大的因素之一，含水率越高冻融作用对水和土体结构的影响较明显，冻融后高含水率黄土试样的应力应变曲线如图 6 所示。

对比图 4～图 6 可以发现，围压及应变速率对其应力应变曲线的影响规律相似，均呈现为应变硬化型，而含水率较高时，冻融作用对土体强度的影响较显著，说明当土体内部含有较多水分时，冻融过程中水相变对土体原生结构的破坏程度较严重，土颗粒破碎程度较高，土颗粒变得圆滑，土颗粒间的咬合和滑动摩擦减小，土体的结构性减弱，使得黄土的抗剪强度明显降低，相较于含水率为 13.4%时，冻融后黄土的抗剪强度降低约 40%，含水率较高时冻融作用对土体抗剪强度影响程度明显。

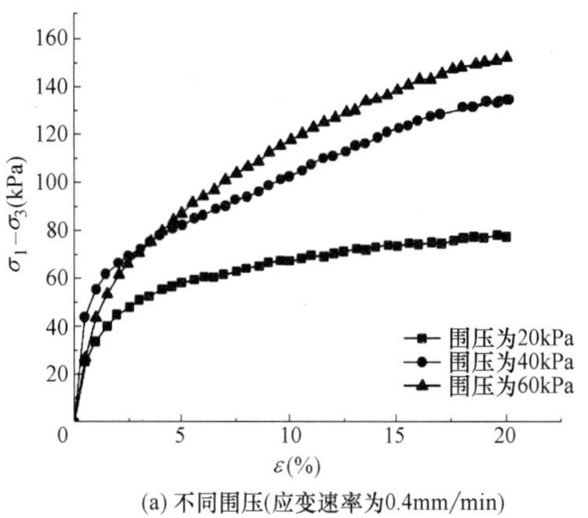

(a) 不同围压(应变速率为0.4mm/min)

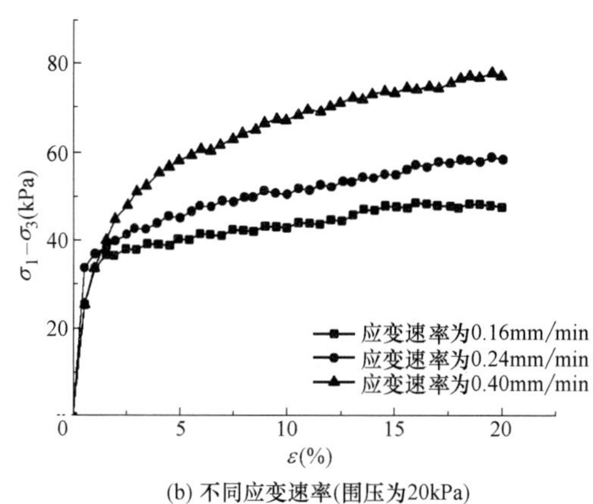

(b) 不同应变速率(围压为20kPa)

图 5　冻融后黄土的应力应变曲线（$\omega=13.4\%$）

Fig. 5　Stress-strain curve of loess after freezing and thawing（$\omega=13.4\%$）

（3）峰值强度分析

分析不同应变速率对峰值抗剪强度的影响。通过上述试验结果分析发现，不同应力条件下黄土的应力应变曲线均为应变硬化型，根据《土工试验方法标准》GB/T 50123—2019[19]，选择轴向应变为 15%所对应的主应力差作为峰值强度。图 7 给出了冻融后不同含水率对黄土峰值强度的影响规律，含水率不同时，峰值强度均随着应变速率呈线性增加，说明应变速率越大，黄土内部颗粒破碎及定向重排列的速率逐渐增大，剪切面处土颗粒发生错动、转动的效率提高，这些原因导致土体的强度不断提高。

（4）抗剪强度参数分析

采用摩尔-库仑理论对黄土的抗剪强度指标进行求解，图 8 给出了冻融前后黄土的黏聚力和内摩擦角与不同应变速率的曲线关系。

冻融后黄土的黏聚力随应变速率的增加而逐渐增大，说明在应变速率增加的过程中，土体内部孔隙比衰减速率增大，颗粒间接触点形成的化学键逐渐增多。冻融作用会导致土体颗粒破碎，内部细小颗粒增多，由于土颗粒会带负电荷，水溶液会吸附阳离子，土颗粒间会相互吸引，当细小颗粒增多时颗粒间的静电引力会增大，即含水率较高时土体黏聚力越大的原因。

从图 8 可见黄土的内摩擦角先增后减，经过冻融作用后黄土的原生结构破坏，土颗粒变圆滑且细小颗粒增加，含水率越高会降低土颗粒的摩擦性质[20]，颗粒间的咬合和滑动摩擦增大，含水率越高其内摩擦角越小。而随着应变速率的增加，其内摩擦角的变化幅度小，对黄土抗剪强度的贡献较小。

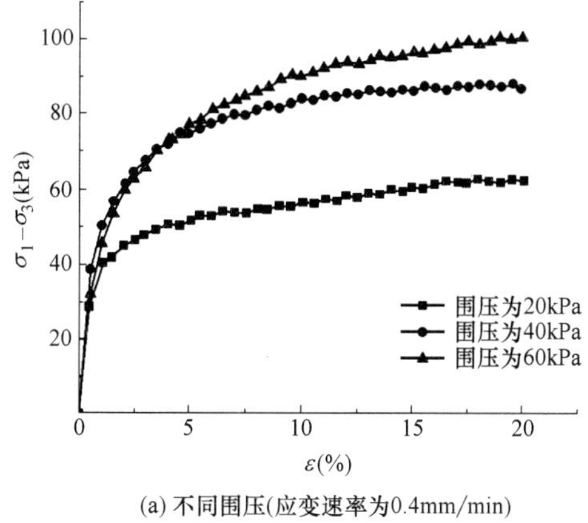

(a) 不同围压(应变速率为0.4mm/min)

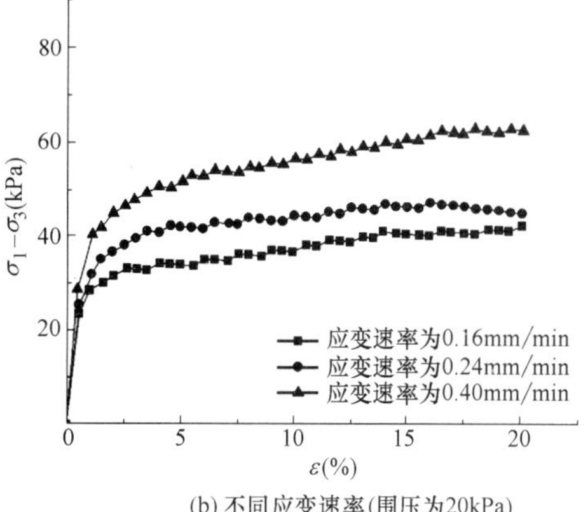

(b) 不同应变速率(围压为20kPa)

图 6 冻融后黄土的应力应变曲线（$\omega=18.4\%$）

Fig. 6 Stress-strain curve of loess after freezing and thawing（$\omega=18.4\%$）

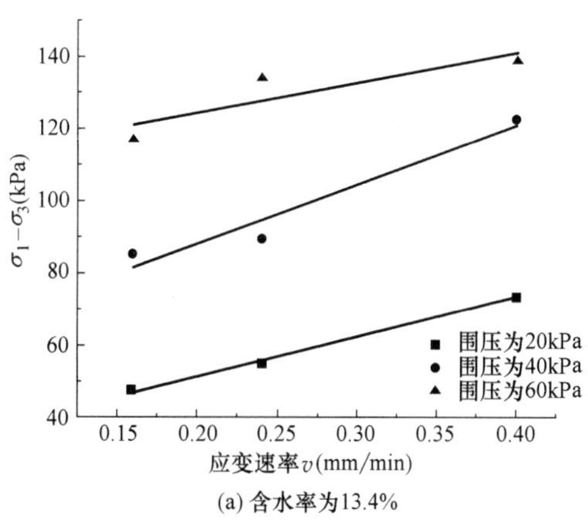

(a) 含水率为13.4%

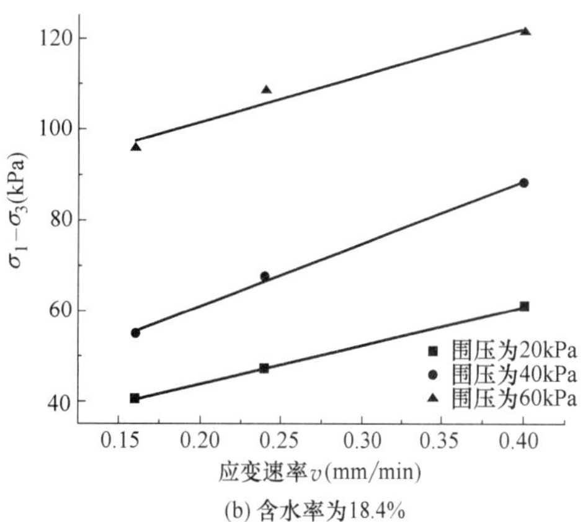

(b) 含水率为18.4%

图 7 不同应变速率对峰值强度的影响曲线

Fig. 7 Curve of influence of different strain rates on peak strength

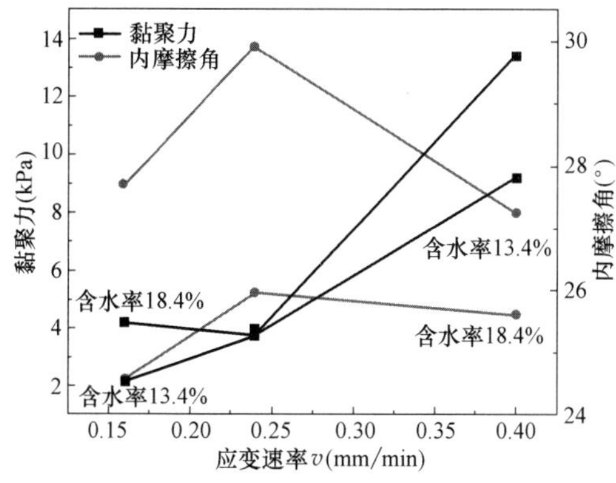

图 8 抗剪强度指标变化规律

Fig. 8 Change law of shear strength index

3.3 基于本构模型的应力-应变关系描述（邓肯-张模型的应变硬化型关系）

李广信[21]、聂如松等[22]指出在利用邓肯-张模型描述土体的应力应变曲线时，要求曲线为应变硬化型且属于双曲线，如下式：

$$(\sigma_1-\sigma_3)=\frac{\varepsilon_a}{a+b\varepsilon_a} \tag{2}$$

式中，a、b 为拟合参数，本文进行普通三轴试验，此时 $\varepsilon_a=\varepsilon_1$（试验过程中所测的轴向应变）。

基于邓肯-张模型对应力应变曲线进行拟合，如图 9 所示，获取的拟合参数如表 3 所示，绝大多数曲线拟合的相关系数超过 0.9，拟合系数最好为 0.99951，说明采用邓肯-张模型拟合效果较好。拟合参数的变化对拟合曲线存在一定的影响，拟合参数 b 控制曲线的硬化程度，拟合参数 b 越小，峰值强度（15%应变对应的主应力差）越大。

拟合参数 a、b 的取值 表 3

Values of parameters $a\&b$ Table 3

	围压(kPa)	应变速率(mm/min)	a	b	R^2
冻融前含水率 13.4%	20	0.16	0.005693	0.013940	0.94521
		0.24	0.004231	0.016847	0.92103
		0.4	0.019554	0.014715	0.94518
	40	0.16	0.005551	0.010523	0.97135
		0.24	0.002298	0.010239	0.96907
		0.4	0.003935	0.008857	0.97129
	60	0.16	0.003806	0.006716	0.94857
		0.24	0.008147	0.005559	0.98131
		0.4	0.009653	0.004406	0.97722
冻融后含水率 13.4%	20	0.16	0.010856	0.020873	0.94231
		0.24	0.011712	0.017362	0.90736
		0.4	0.020750	0.012088	0.98000
	40	0.16	0.013137	0.010731	0.97253
		0.24	0.008101	0.010781	0.95358
		0.4	0.019828	0.006577	0.91310
	60	0.16	0.015190	0.007465	0.96365
		0.24	0.025461	0.005465	0.97150
		0.4	0.026465	0.005230	0.98064
冻融后含水率 18.4%	20	0.16	0.012128	0.024430	0.93437
		0.24	0.010440	0.021230	0.98748
		0.4	0.011244	0.015932	0.96160
	40	0.16	0.023534	0.017007	0.99951
		0.24	0.015020	0.014229	0.99453
		0.4	0.009682	0.010895	0.99073
	60	0.16	0.015301	0.009279	0.98839
		0.24	0.013589	0.008305	0.99281
		0.4	0.036188	0.005580	0.99405

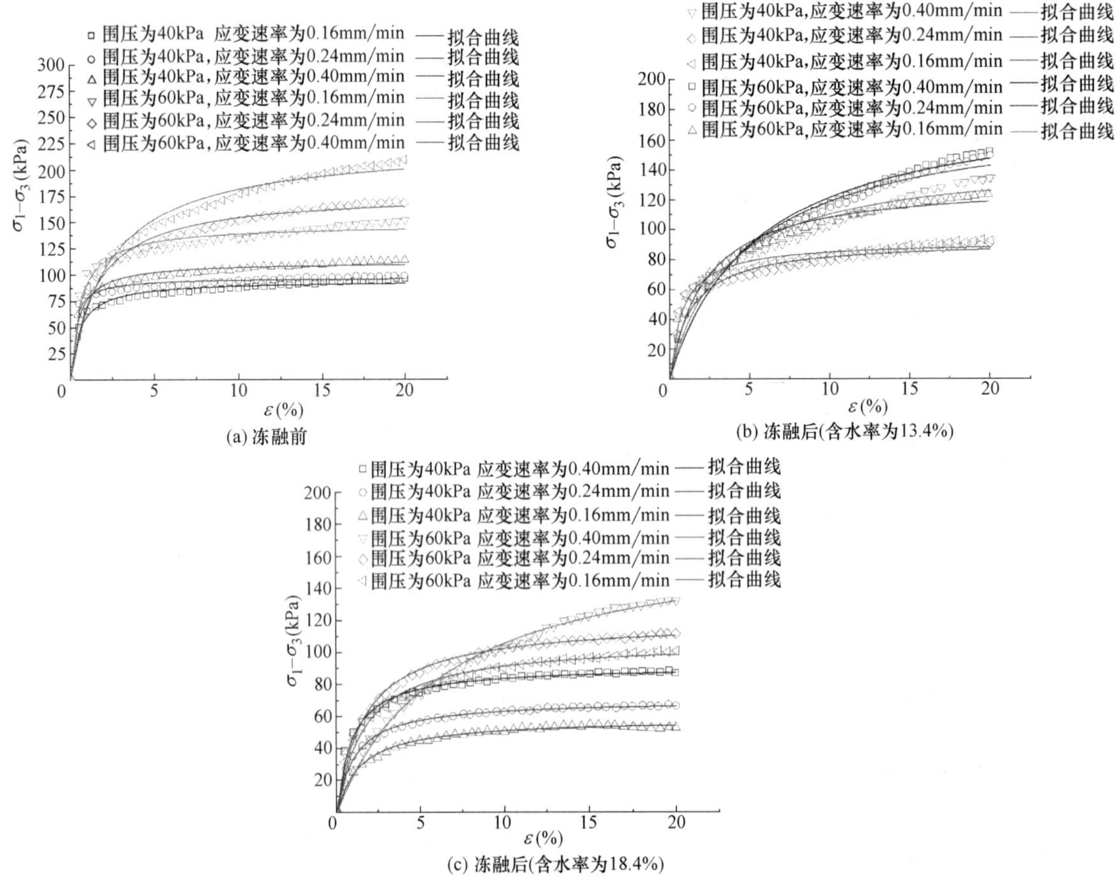

图 9 应力应变关系的拟合曲线

Fig. 9 Fitting curve of stress-strain relationship

在拟合过程中发现，对于强硬化型曲线的拟合效果较差，加载初期的拟合度较高，15%应变后的拟合曲线低于试验曲线，当硬化程度逐渐减小，拟合曲线逐渐接近于试验曲线。而对一般硬化型曲线的拟合度良好，试验值和拟合值很接近。综上所述，邓肯-张模型对应变硬化型曲线有较好的拟合性，能反映出土体抗剪强度的变化趋势，对冻融前和冻融后黄土的应力应变曲线的拟合效果均较好。

4 结论

（1）对冻融前和冻融后的原状黄土进行无侧限抗压强度试验，发现原状黄土经历冻融作用时，土体内部水相变破坏原状黄土的结构，黄土的抗压强度降低相较于未冻融黄土的峰值抗压强度下降约43%。

（2）进行不固结不排水三轴剪切试验，发现冻融前后原状黄土的应力应变曲线均为应变硬化型，随着围压和应变速率的增加，抗剪强度提高。

（3）对冻融后高含水率的黄土进行UU试验，发现土体内部含有较多水分时，冻融过程中水相变对土体的原生结构的破坏程度较严重，相较于低含水率试样，冻融后黄土的抗剪强度降低约40%，含水率较高时冻融作用对土体强度影响较大。

（4）采用邓肯-张模型对试验中应变硬化型曲线的拟合程度良好，拟合参数 b 越小，峰值强度越高。

参考文献：

[1] 张辉，王铁行，许健．黄土高原边坡冻融病害调查及现场测试研究[J]．地下空间与工程学报，2015，11(5)：1339-1343.

[2] 刘祖典．黄土力学与工程[M]．西安：陕西科学技术出版社，1996.

[3] 郭鹏，王建华，孙军杰，等．Q_3 原状黄土变形过程中的应变速率效应[J]．土木工程学报，2019，52(S2)：42-50.

[4] 文少杰，张吾渝，童国庆，等．原状黄土的剪应变速率效应及数值模拟[J]．科学技术与工程，2020，20(15)：6205-6210.

[5] 党进谦，蒋仓兰，吉中亮．剪切速率对结构性黄土力学性状的影响[J]．地下空间与工程学报，2009，5(3)：459-462+540.

[6] 鲁洁，孙亚男，王铁行，等．压实黄土强度及渗透各向异性研究[J]．地下空间与工程学报，2019，15(1)：151-157.

[7] 蔡国庆，张策，黄哲文，等．含水率对砂质 Q_3 黄土抗剪强度影响的试验研究[J]．岩土工程学报，2020，42(S2)：32-36.

[8] 倪万魁，师华强．冻融循环作用对黄土微结构和强度的影响[J]．冰川冻土，2014，36(4)：922-927.

[9] 庞旭卿，胡再强，刘寅．冻融循环作用对黄土力学性质损伤的试验研究[J]．铁道科学与工程学报，2016，13(4)：669-674.

[10] GUOYU LI，FEI WANG，WEI MA，et al. Variations in strength and deformation of compacted loess exposed to wetting-drying and freeze-thaw cycles[J]. Cold Regions Science and Technology，2018，151.

[11] 李双好，李元勋，高欣亚，等．冻融作用对原状黄土抗剪强度的影响规律[J]．土木与环境工程学报（中英文），2020，42(1)：48-55.

[12] ZHOU ZH W，MA W，ZHANG S J，et al. Effect of freeze-thaw cycles in mechanical behaviors of frozen loess[J]. Cold Regions Science and Technology，2018，146(2)：9-18.

[13] ZHOU ZH W，MA W，ZHANG S J，et al. Damage evolution and recrystallization enhancement of frozen loess[J]. International Journal of Damage Mechanics，2018，27(9)：1131-1155.

[14] 叶万军，陈义乾，张登峰，等．冻融作用下水分迁移对压实黄土强度影响的宏微观试验研究[J]．中国公路学报，2021，34(6)：27-37.

[15] 韩春鹏，何钰龙，申杨凡，王绍全．冻融作用下纤维土抗剪强度影响因素试验研究[J]．铁道科学与工程学报，2015，12(2)：275-281.

[16] 中华人民共和国住房和城乡建设部．冻土工程地质勘察规范：GB 50324—2014[S]．北京：中国计划出版社，2014.

[17] 中华人民共和国住房和城乡建设部．湿陷性黄土地区建筑标准：GB 50025—2018[S]．北京：中国计划出版社，2019.

[18] 汪恩良，姜海强，张栋，等．冻融作用对土体物理力学性质影响研究进展[J]．东北农业大学学报，2017，48(5)：82-88.

[19] 中华人民共和国住房和城乡建设部．土工试验方法标准：GB/T 50123—2019[S]．北京：中国计划出版社，2019.

[20] 朱兆波，王新刚，朱荣森，等．甘肃黑方台黄土滑坡滑带土剪切特性环剪试验研究[J]．干旱区资源与环境，2021，35(5)：144-150.

[21] 李广信．高等土力学[M]．北京：清华大学出版社，2005.

[22] 聂如松，董俊利，程龙虎，等．重载铁路基床填料低围压静三轴试验研究[J]．铁道科学与工程学报，2019，16(11)：2707-2715.

某附崖建筑岩质地基性状分析

纪迎超[1]，贾向新[1, 2]，梁书奇[1, 2]，郭亚光[1]，王俊明[1]

（1. 中冀建勘集团有限公司，河北 石家庄 050227；2. 河北省岩土工程技术研究中心，河北 石家庄 050227）

摘　要：随着开发建设的发展，在我国土地资源紧张的西部山区，附崖建筑已成为山区建设的常见形式，岩质边坡作为地基已成为常见地基形式，其强度及其稳定性直接决定着建筑安全使用。结合某附崖建设工程实例，给出了影响岩质边坡承载性状的主要因素，在确定承载力的同时，还应考虑边坡局部和整体的稳定性。文中采用规范法确定承载力后，采用有限元方法对临空面的岩质边坡地基稳定性进行验算，避免单一方法中假定条件与实际状况不符造成地基失稳；确保附加建筑地基局部和整体的稳定性。

关键词：岩质边坡；地基承载力；有限元；稳定性

Analysis of the foundation of a rocky area of a Heta Cliff

JI Ying-chao[1], JIA Xiang-xin[1, 2], LIANG Shu-qi[1, 2], GUO Ya-guang[1], Wang Jun-ming[1]

(1. China Hebei Construction & Geotechnical Investigation Group Ltd., Shijiazhuang Hebei 050227, China; 2. Geotechnical Engineering Technology Research Center of Hebei, Shijiazhuang Hebei 050227, China)

Abstract: With the development of construction, cliff building has become a common form of mountain construction in the western mountainous area where land resources are limited. Rock slope as foundation has become a common form of foundation and its strength and stability directly determine the safe use of building. The main factors affecting the bearing capacity of rock slope are given based on an example of a cliff construction project, and the stability of local and whole slope should be considered when the bearing capacity of rock slope is determined. In this paper, the bearing capacity of the rock slope foundation is determined by the standard method, and the stability of the rock slope foundation is checked by the finite element method to avoid the instability of the foundation caused by the inconsistency between the assumed conditions and the actual conditions with the single method and ensure the local and overall stability of the foundation of the additional building.

Key words: rock slope; bearing capacity of foundation; finite element; stability

1　引言

我国国土辽阔，但山地面积约占国土面积的 3/4，随着国家经济的发展，城镇化建设水平的不断提升，山区建设规模不断扩大，为了充分利用有限的山地资源，好多建筑都是依山而建形成附崖建筑。附崖建筑部分基础直接坐落于削方后分级的山体台阶上，山体各个台阶所形成的岩质地基承载力及其稳定性能否达到建筑要求，直接影响着建筑物的使用安全。

岩质边坡作为地基，一般具有单面或多面临空，其破坏形式不同于半无限体地基，临空形式的岩质地基由于受稳定性的影响，使其承载力有不同程度的降低。

在附崖建筑地基的地基承载力和稳定性分析方面已有一些研究。如王红雨[1]、杨峰[2] 等提出了邻近边坡基础的地基承载力上限解；张永兴[3] 通过对边坡岩石地基分析，指出考虑到一侧临空面的出现使侧压力减小，必须对正承载力进行修正。吴曙光[4] 认为斜坡上建筑物地基承载力可根据岩石单轴受压强度乘以岩坡影响系数的方法确定等。

对于岩质边坡地基，由于坡体岩土条件复杂，其破坏形式影响因素较多，目前研究对地基承载力确定及其破坏模式还未形成统一的方式。本文结合工程实例，给出了附崖建筑岩质边坡，在保证局部和整体稳定性条件下，地基承载力的确定方法，保证了工程安全。

2　工程概况

2.1　项目简介

某山区项目依山而建，地上 6 层，采用框架结构，独立基础形式。建筑北侧为岩质边坡，建筑 1～4 层依附崖壁上爬建设，部分基础位于削坡形成的岩质边坡平台。根据场地环境及建筑结构要求，需对原自然山体进行修整，其中 1～3 层修整为高 4.5m、宽度为 8.0m 的直立台阶式边坡，4 层修整为高 4.5m、宽为 2.5m 的直立边坡。该建筑在每级边坡上均设置一排基础，基础中心距边坡顶部边缘距离为 2.0m。建筑立面图见图 1。

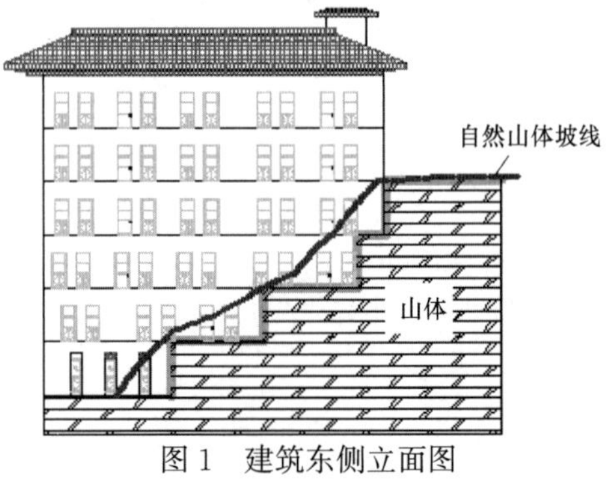

图 1　建筑东侧立面图

Fig. 1　East elevation of the building

2.2 工程地质条件

项目区地处太行山东麓，地貌类型为侵蚀剥蚀构造较为强烈的低山地貌，海拔高程100～320m。根据本项目岩土工程勘察资料，边坡岩体为中元古界蓟县系雾迷山组白云岩，浅灰色—灰白色，岩层产状为300°～350°∠8°～15°，呈强—微风化状态，矿物以方解石和白云岩为主，隐晶质结构，厚层—巨厚层构造，属较硬岩，岩体完整性为较破碎—较完整，边坡工程岩体质量等级为Ⅲ～Ⅳ级。岩体无外倾结构面。

山体自然边坡坡向为180°，坡角为38°～42°，边坡高度为18.5～20.0m。

项目区无全新世活动断层，地震动峰值加速度为0.05g，地震基本烈度为Ⅵ度，区域地质环境条件简单。

经分析，该边坡修整完成后在自然情况下呈稳定状态。

2.3 岩石参数

根据本项目区岩土工程勘察报告，给出了岩石密度、弹性模量、泊松比和饱和单轴抗压强度试验等参数指标建议值，各指标建议值见表1。

岩石参数　表1
Rock parameters　Table 1

重度(kN/m^3)	27.0
弹性模量(kPa)	1.6×10^7
泊松比	0.24
等效内摩擦角(°)	55
单轴抗压强度(MPa)	32
完整岩石参数 m	8
地质强度指标 GSI	55
扰动因子 D	0.3

3 岩质边坡地基承载力

岩质边坡地基承载力机理复杂，破坏模式影响因素较多，其承载力受多种不确定性因素的影响。为了保证边坡承载力确定合理、安全可靠，本项目采用规范方法计算，并结合数值方法验证的方式，确定岩质边坡地基承载力。

3.1 规范法

目前，在重庆市地方标准《建筑地基基础设计规范》DBJ 50—047—2016[5] 中给出了岩质边坡地基承载力的确定方法，对位于无外倾结构面、岩体完整、较完整或较破碎且稳定的岩质边坡上的基础，可按半无限空间条件下确定岩质地基的承载力，再根据边坡性状进行折减计算。折减系数可根据基础外边缘与坡脚连线倾角按表2确定。

边坡地基承载力折减系数　表2
Reduction factor of the bearing capacity of slope foundation　Table 2

基础外边缘与坡脚连线倾角	90°～75°	75°～50°	50°～15°
折减系数	0.33～0.50	0.50～0.67	0.67～0.85

岩质半无限空间条件下岩质地基的承载力特征值可根据国家标准《建筑地基基础设计规范》GB 50007—2011[6] 中给出的方法确定。规范明确，对完整、较完整和较破碎的岩石地基承载力特征值可根据室内饱和单轴抗压强度乘以折减系数进行确定，对完整岩体折减系数可取0.5，对较完整岩体可取0.2～0.5，对较破碎岩体可取0.1～0.2，未考虑施工因素及建筑物使用后风化作用的影响。

根据以上方法，选取本项目部分岩质边坡地基承载力进行计算，选取计算段边坡岩体为较破碎～较完整状态，岩体地基距离边坡边缘较近，考虑到建筑使用后的风化作用，饱和单轴抗压强度折减系数取为0.2，按《建筑地基基础设计规范》GB 50007—2011[6] 计算平地岩石地基承载力特征值为6400kPa。

选择计算的基础中心到坡顶边缘的距离为2.0m，考虑到基础尺寸不同直接影响基础外边缘与坡脚连线倾角的差异，从而导致边坡地基承载力的不同，综合考虑本项目的建筑荷载等因素后，按五种基础尺寸分别计算岩质边坡地基承载力特征值，基础尺寸分别为1.0m×1.0m、1.2m×1.2m、1.5m×1.5m、1.8m×1.8m和2.0×2.0m，其计算结果见表3。

规范法地基承载力计算结果　表3
Calculation results of the bearing capacity of foundation by standard method　Table 3

基础尺寸(m)	基础外边缘与坡脚连线倾角(°)	折减系数	边坡地基承载力特征值(kPa)
1.0×1.0	66.8	0.55	3520
1.2×1.2	68.2	0.54	3456
1.5×1.5	70.3	0.53	3392
1.8×1.8	72.5	0.52	3328
2.0×2.0	74.0	0.51	3264

根据以上计算结果，边坡地基承载力特征值为3264～3520kPa。

3.2 有限元方法

对坡顶有建筑物的边坡，随坡顶建筑荷载的增大，边坡的安全系数逐渐减小，当边坡安全系数达到1.0时，边坡处于极限平衡状态，此时建筑基底压力即为建筑所能施加的极限荷载，假定，此时边坡地基承受压力为其极限承载力。参考《建筑地基基础设计规范》GB 50007—2011[6] 的相关规定，对岩质地基承载力特征值取为极限值的1/3，进一步确定边坡地基承载力特征值。

考虑到岩质边坡破坏机制复杂，边坡稳定性计算采用有限元方法，选择适用于岩体的广义霍克-布朗模型，使用强度折减法进行。

有限元分析采用 Midas GTS NX 软件进行，计算时预先对基础施加一个荷载，计算此荷载对应的安全系数，并根据此安全系数与 1.0 的关系，对基础施加的荷载进行迭代，直至其安全系数达 1.0 时为止，此时基础上施加的荷载对应为边坡极限承载力。

3.2.1 计算模型

几何模型根据基础所在该级边坡参数和建筑基础尺寸及其布置位置确定，为和规范方法计算的基础尺寸保持一致，本次共建立了五种基础尺寸对应的模型。

模型整体采用混合网格实体单元进行网格化分，对于独立基础及柱网格划分长度为 0.25m，边坡网络划分长度为 0.5m，其网络模型见图 2。

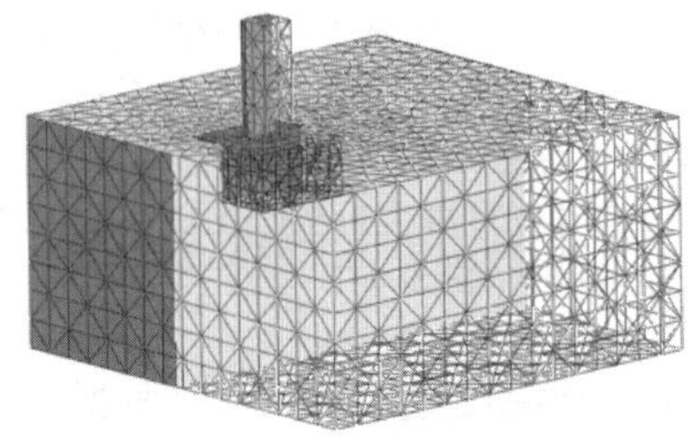

图 2 基础边坡模型（1.8m×1.8m）

Fig. 2 The model of foundation slope (1.8m×1.8m)

3.2.2 计算结果

计算完成后整理了各模型对应的位移，塑性应变分布图等，计算结果详见图 3～图 12。

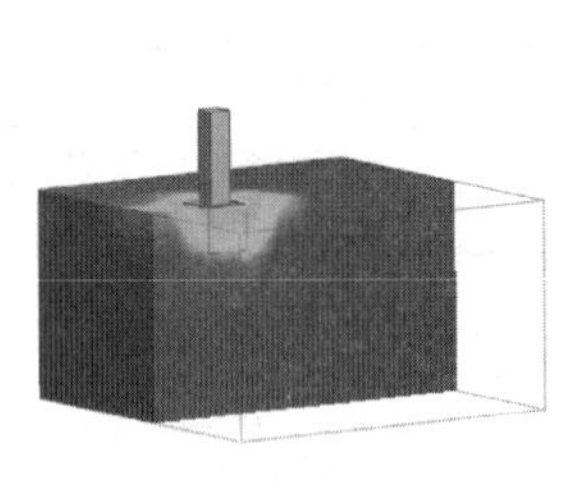
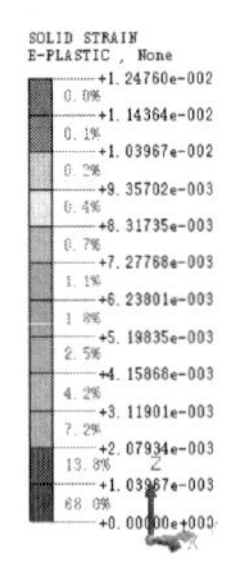

INCR=9 (FOS=1.0000), [UNIT] kN, m

图 3 基础处塑性应变（1.0m×1.0m）

Fig. 3 Plastic strain at foundation (1.0m×1.0m)

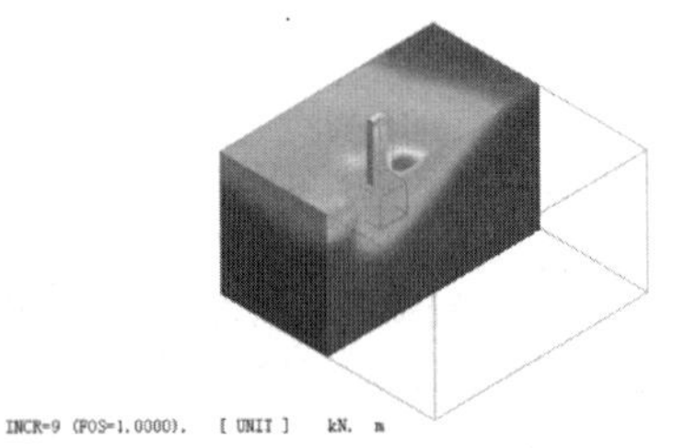
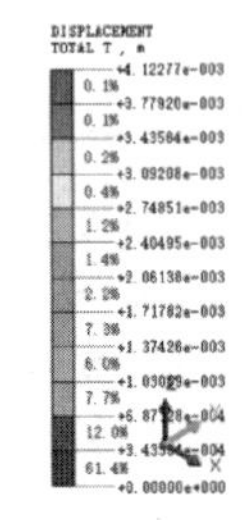

INCR=9 (FOS=1.0000), [UNIT] kN, m

图 4 基础处位移（1.0m×1.0m）

Fig. 4 Foundation displacement (1.0m×1.0m)

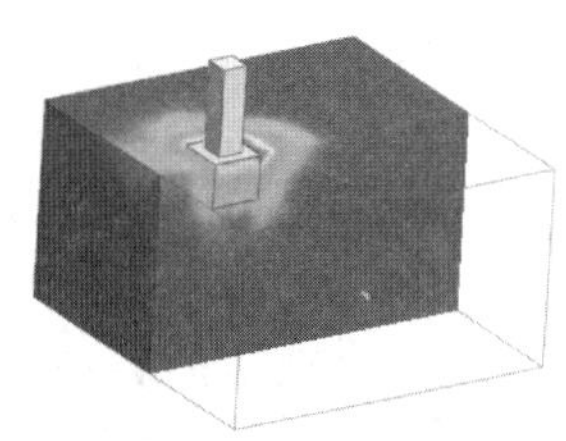
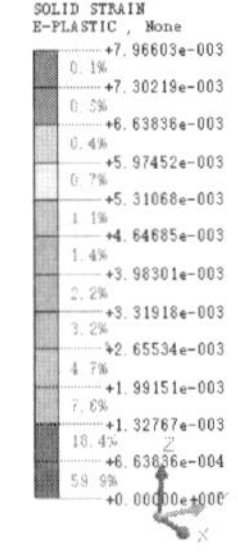

INCR=10 (FOS=1.0055), [UNIT] kN, m

图 5 基础处塑性应变（1.2m×1.2m）

Fig. 5 Plastic strain at foundation (1.2m×1.2m)

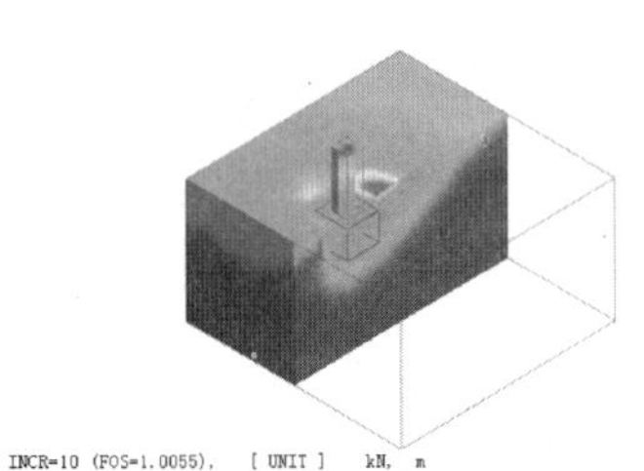
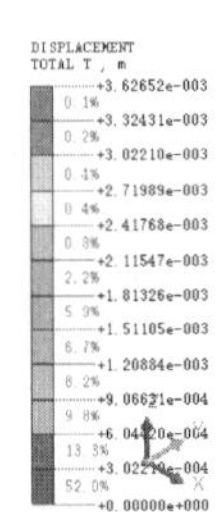

INCR=10 (FOS=1.0055), [UNIT] kN, m

图 6 基础处位移（1.2m×1.2m）

Fig. 6 Foundation displacement (1.2m×1.2m)

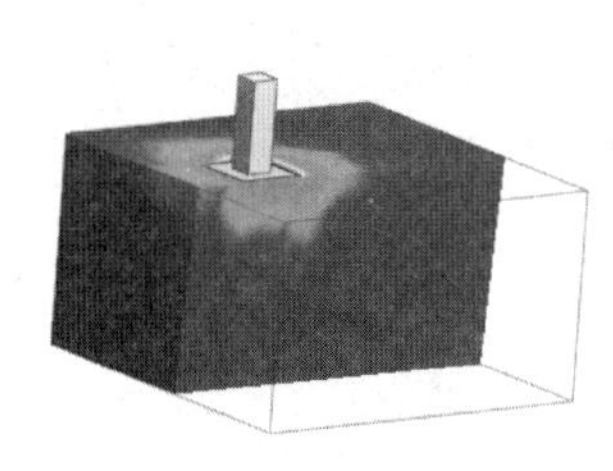
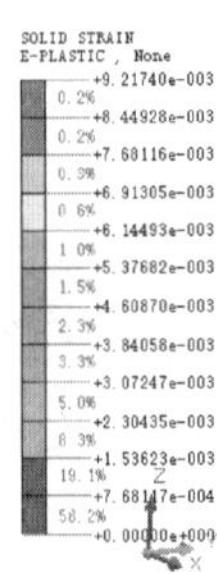

INCR=9 (FOS=1.0000), [UNIT] kN, m

图 7 基础处塑性应变（1.5m×1.5m）

Fig. 7 Plastic strain at foundation (1.5m×1.5m)

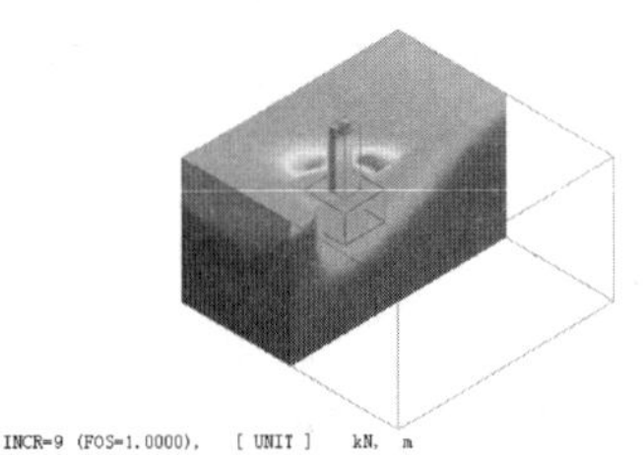
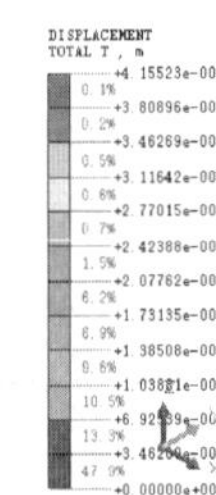

INCR=9 (FOS=1.0000), [UNIT] kN, m

图 8 基础处位移（1.5m×1.5m）

Fig. 8 Foundation displacement (1.5m×1.5m)

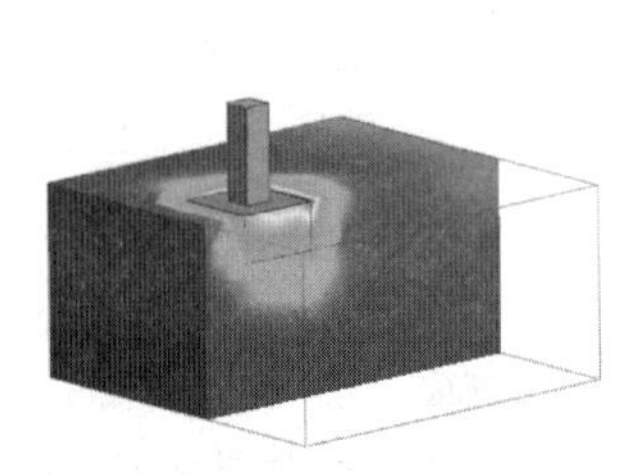
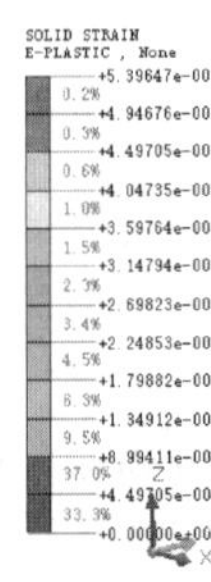

INCR=9 (FOS=1.0055), [UNIT] kN, m

图 9 基础处塑性应变（1.8m×1.8m）

Fig. 9 Plastic strain at foundation (1.8m×1.8m)

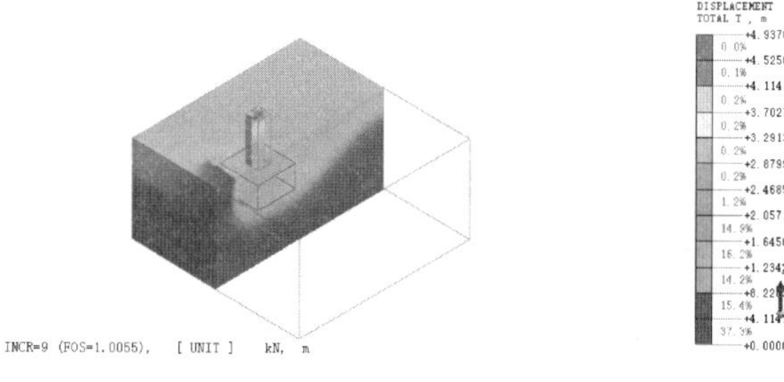

图 10 基础处位移(1.8m×1.8m)

Fig. 10 Foundation displacement (1.8m×1.8m)

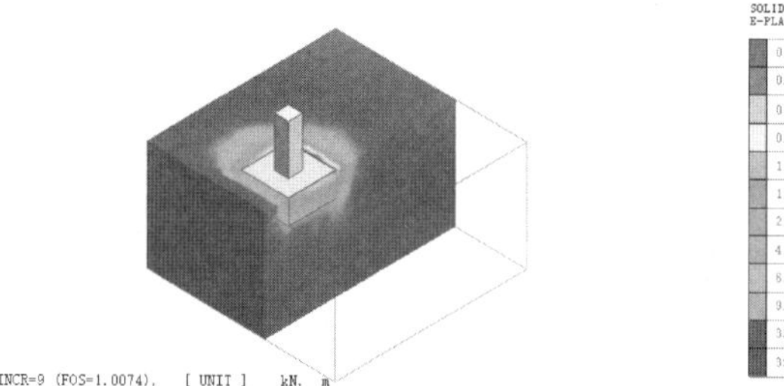

图 11 基础处塑性应变(2.0m×2.0m)

Fig. 11 Plastic strain at foundation (2.0m×2.0m)

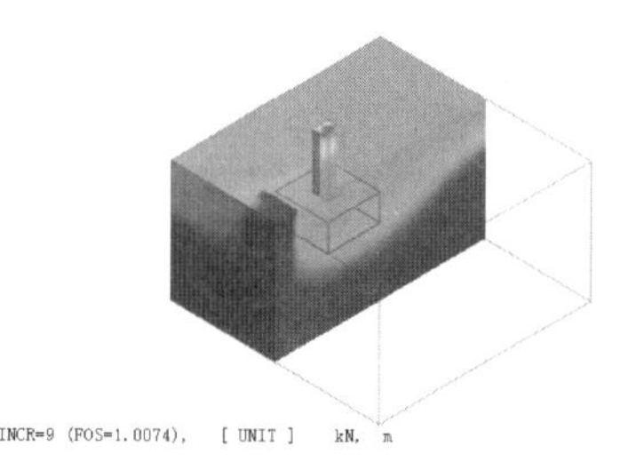

图 12 基础处位移(2.0m×2.0m)

Fig. 12 Foundation displacement (2.0m×2.0m)

根据上述计算，分析出各基础尺寸对应的边坡地基承载力特征值及对应的位移，计算结果详见表 4。

有限元法分析地基承载力结果　　表 4

Calculation results of the bearing capacity of foundation by finite element method　　Table 4

基础尺寸(m)	地基承载力特征值 f_{ak}(kPa)	最大位移(mm)
1.0×1.0	5520	2.051
1.2×1.2	5057	2.109
1.5×1.5	4562	2.420
1.8×1.8	4166	2.465
2.0×2.0	3958	2.703

3.3 边坡地基承载力的分析确定

根据规范方法和有限元方法计算结果，对不同基础尺寸计算的承载力进行比较，在基础中心距坡顶边缘距离相同时，随基础尺寸的增大地基承载力特征值均呈减小的趋势，其有限元方法计算值减小的趋势高于规范方法减小的趋势；规范法计算值小于有限元法计算值，其值为有限元计算值的 0.64～0.82。对比详见表 5。

两种地基承载力计算方法对比　　表 5

Comparison of two calculation methods of the bearing capacity of foundation Table 5

基础尺寸(m)	地基承载力特征值 f_{ak}(kPa)		比例系数 规范法/有限元法
	规范方法	有限元方法	
1.0×1.0	3520	5520	0.64
1.2×1.2	3456	5057	0.68
1.5×1.5	3392	4562	0.74
1.8×1.8	3328	4166	0.80
2.0×2.0	3264	3958	0.82

通过对以上地基承载力特征值计算结果分析，考虑到本项目的边坡岩土体的性质、施工荷载影响及工程重要程度等因素，最终确定在设计时，基础外边缘距离坡顶边缘不小于 1.0m，采用基础尺寸不大于 2.0m×2.0m，地基承载力特征值可取为 3200kPa。

4 边坡地基稳定性

山地建筑结构的岩质地基除应进行边坡地基承载力计算满足强度和局部稳定性要求外，还需对边坡地基在建筑荷载条件下的整体稳定性验算。

边坡地基整体稳定性验算，是根据建筑荷载、功能要求、基础形式及其布置情况，对山体边坡在施加建筑荷载作用的情况下，进行稳定性验算，验算采用有限元方法进行。

4.1 计算模型

计算几何模型是按整个建筑基础与边坡位置关系及整体边坡参数建立，建筑荷载采用荷载效应基本组合。

模型整体采用混合网格实体单元进行网格化分，对于独立基础及柱网格划分长度 0.25m，边坡网络划分长度为 1.0m，其网络模型见图 13。

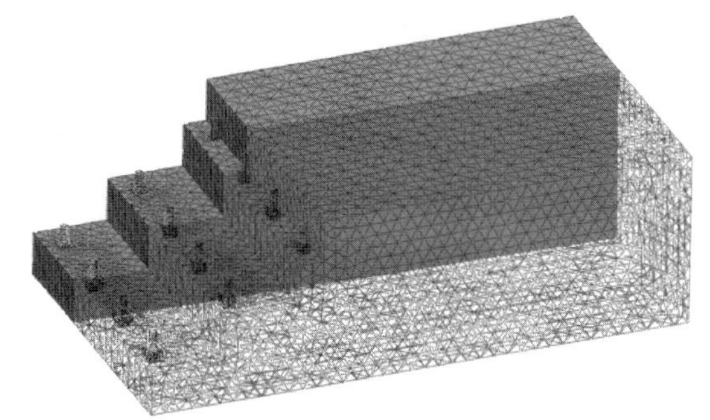

图 13 边坡模型

Fig. 13 The model of slope

4.2 分析工况

根据项目特点，结合边坡稳定分析的相关要求，分别计算了边坡地基在天然工况和地震工况下的稳定性。

对于地震工况，根据《山地建筑结构设计标准》JGJ/T 472—2020[7] 相关要求，建筑地基边坡地震工况应验算罕遇地震作用下稳定性。本项目地震设防烈度为6度，考虑到本项目边坡破坏后果的严重性，地震工况下计算时分别计算6度罕遇地震和7度（0.10g）罕遇地震工况下的稳定性。

有限元计算地震工况时，地震作用简化为作用于单元重心处，指向坡外的水平静力，其值等于边坡综合水平地震系数乘以单元自重（含坡顶建筑物作用），边坡综合水平地震系数按表6取值。

边坡综合水平地震系数　　表6

Comprehensive horizontal seismic coefficient of slope　Table 6

设防烈度	6度	7度		8度	
地震峰值加速度	0.05g	0.10g	0.15g	0.20g	0.30g
综合水平地震系数	0.10	0.16	0.21	0.28	0.37

4.3 稳定性评价计算

山体边坡在建筑基础荷载作用下天然工况和地震工况下的安全系数计算结果见表7，各工况模拟计算塑性图见图14～图16。

边坡安全系数　　表7

The safety factor of slope　Table 7

计算工况	一般工况	6度罕遇地震工况	7度(0.10g)罕遇地震工况
安全系数	1.60	1.53	1.50

本项目建筑地基边坡的安全等级为一级，根据《建筑边坡工程技术规范》GB 50330—2013[8] 规定，边坡稳定安全系数，一般工况下为1.35，地震工况下为1.15。根据计算结果可判定，本项目边坡在建筑基础荷载作用下处于稳定状态。

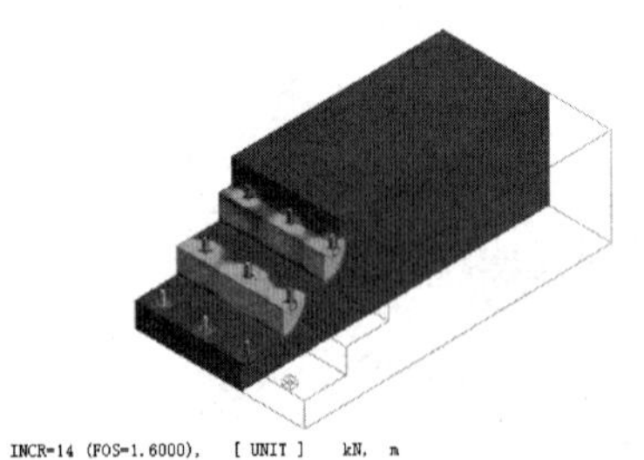

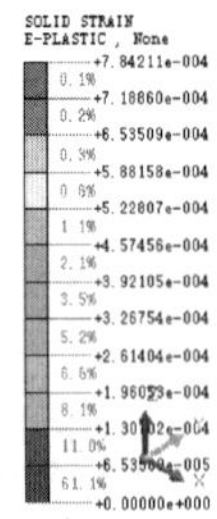

图14　边坡塑性应变（一般工况）

Fig. 14　Plastic strain of slope (general working condition)

5 结论

(1) 对于附崖建筑场地山体进行勘察时，应查明山体边坡的组成、岩土体类型、强度参数、结构特征，为边坡承载力的计算和稳定性评价提供参数。

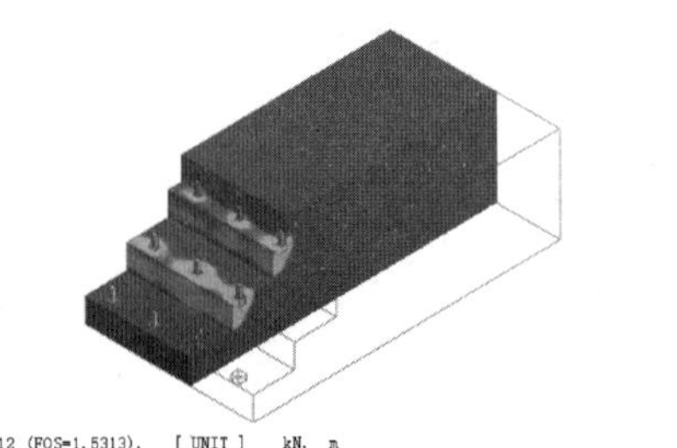

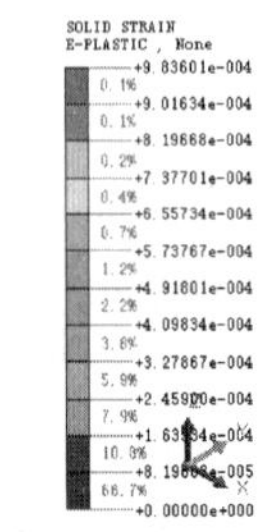

图15　边坡塑性应变（6度罕遇地震工况）

Fig. 15　Plastic strain of slope (6 degree at rare earthquake condition)

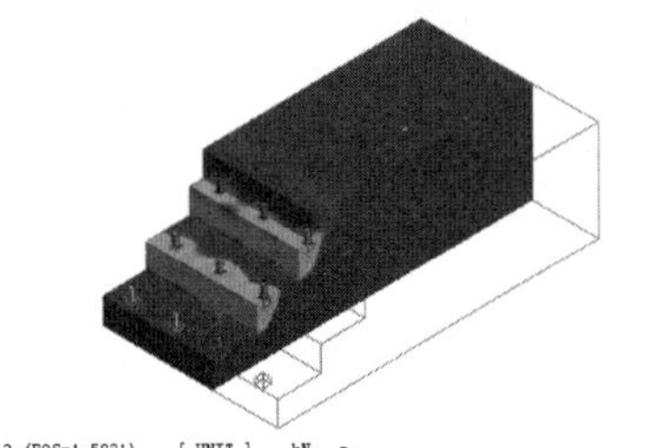

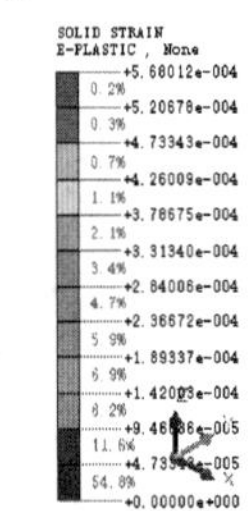

图16　边坡塑性应变（7度罕遇地震工况）

Fig. 16　Plastic strain of slope (7 degree at rare earthquake condition)

(2) 对于岩质边坡地基的承载力不能只按照《建筑地基基础设计规范》GB 50007—2011[6] 的相关规定直接确定，还应考虑基础尺寸、其外边缘与坡脚连线倾角、基础距离临空面的距离等多个因素的影响。

(3) 附崖建筑岩质边坡的承载力特征值除了考虑强度满足要求外，还应验算边坡在基础荷载作用下的稳定性，使其满足边坡稳定性的要求。

(4) 通过对规范方法确定边坡地基承载力，再采用有限元方法模拟变形控制条件下岩质边坡的地基承载力，使附崖建筑地基在满足强度的条件下，满足变形和稳定的要求，确保建筑地基安全稳定。

参考文献：

[1] 王红雨，杨敏．临近基坑矩形浅基础地基承载力的上限估算[J]．岩土工程学报，2005，27(10)：1116-1122.

[2] 杨峰，阳军生，张学民，等．斜坡地基单侧滑移破坏模式及承载力上限解[J]．工程力学，2010，27(6)：162-168.

[3] 张永兴，贺永年．岩石力学[M]．北京：中国建筑工业出版社，2004.

[4] 吴曙光．建筑岩质边坡的稳定与控制研究[D]．重庆：重庆大学，2005.

[5] 中冶赛迪工程技术股份有限公司．建筑地基基础设计规范：DBJ 50—047—2016[S]．重庆：重庆市城乡建设委员会，2016.

[6] 中华人民共和国住房和城乡建设部．建筑地基基础设计规范：GB 50007—2011[S]．北京：中国建筑工业出版社，2012.

[7] 中华人民共和国住房和城乡建设部．山地建筑结构设计标准：JGJ/T 472—2020[S]．北京：中国建筑工业出版社，2020.

[8] 中华人民共和国住房和城乡建设部．建筑边坡工程技术规范：GB 50330—2013[S]．北京：中国建筑工业出版社，2014.

MICP 方法改良膨胀土的分数阶蠕变模型

田旭文，肖宏彬*，苏桓宇，欧阳倩文，罗深平，喻心佩
（中南林业科技大学 土木工程学院，湖南 长沙 410004）

摘 要：利用微生物诱导碳酸钙沉淀方法，对南宁膨胀土进行了改良，对改良后的膨胀土开展了一维固结蠕变特性研究。研究发现，MICP 方法改良膨胀土的蠕变，具有明显的非线性特点。改良膨胀土的蠕变过程，可分为瞬时弹性变形、衰减蠕变和稳态蠕变三个阶段。采用 MICP 方法改良膨胀土，能够有效减小膨胀土的蠕变量。当 50mL 菌液中的胶结液掺量为 100mL 时，土样的蠕变量达到最小。基于分数阶微积分理论，建立了能够描述 MICP 方法改良膨胀土的分数阶蠕变模型，并确定了相应的模型参数。相对于整数阶蠕变模型，分数阶蠕变模型能更有效地描述 MICP 方法改良膨胀土蠕变的全过程，且该模型的分析结果与实测结果的吻合度更高。本文研究结果，为分析 MICP 方法改良膨胀土在长期荷载作用下的变形提供了理论依据，也为进一步探索 MICP 方法改良膨胀土的应力松弛和长期强度提供了新的思路。

关键词：MICP 方法；改良膨胀土；分数阶微积分；蠕变模型

作者简介：田旭文（1998—），男，硕士研究生。主要从事微生物改良膨胀土的研究。E-mail：20201200455@csuft. edu. cn。
通讯作者简介：肖宏彬（1957—），男，博士，教授，博士生导师，主要从事膨胀土流变理论和软土地基处理等方面的教学与研究工作。E-mail：t20090169@csuft. edu. cn。

Creep model of expansive soil improved by MICP method based on fractional calculus

TIAN Xu-wen，XIAO Hong-bin*，SU Huan-yu，OUYANG Qian-wen，LUO Shen-ping，YU Xin-pei
（Central South University of Forestry and Technology，Changsha Hunan 410004，China）

Abstract：Nanning expansive soil is improved by microbially induced carbonate precipitation method，and one-dimensional consolidation creep characteristics of this improved expansive soil have been studied. It is found that the creep of expansive soil improved by MICP method has obvious nonlinear characteristics. The creep process of improved expansive soil can be divided into three stages：instantaneous elastic deformation，attenuation creep and steady-state creep. Using MICP method to improve expansive soil，the creep of expansive soil can be reduced effectively. When the amount of cementation agent mixed in 50 mL bacterial solution is 100 mL，the creep of soil sample has been reached the minimum value. Based on the theory of fractional calculus，a fractional-orde creep model of expansive soil improved by MICP method has been established，and corresponding model parameters are determined. Compared with integer order creep model，fractional order creep model can more effectively describe whole creep process of expansive soil improved by MICP method，and the analyzed results from this model are in good agreement with tested results. The research results provide a theoretical basis for analyzing the deformation of expansive soil improved by MICP method under the action of long-term load，and also provide a new idea for further exploring stress relaxation and long-term strength of expansive soil improved by MICP method.

Key words：microbially induced carbonate precipitation method；improved expansive soil；fractional calculus；creep model

1 引言

膨胀土是一种由蒙脱石、高岭石和伊利石等强亲水性黏土矿物所组成的灾害性高液限黏土，具有吸水膨胀和失水收缩的特点[1]。随着大规模的铁路、公路以及水利工程建设的不断发展，为了施工简便和节约成本，工程中越来越多地使用土性改良法来处理膨胀土[2]。虽然采用传统方法改良膨胀土的相关技术已经非常成熟。但是，石灰、水泥和粉煤灰的大量使用会产生非常严重的环境污染[2-4]。因此，工程界和学术界亟待探寻一种更经济、更方便和更环保的膨胀土改良方法。

近年来，出现了很多改良膨胀土的新方法和新技术。其中，将微生物诱导碳酸钙沉淀（Microbial Induced Calcite Precipitation，MICP）方法应用到膨胀土的改良中，受到了国内外学者的广泛关注。Jiang Weichang 和 Ouyang Qianwen 等[5,6] 利用 MICP 方法对膨胀土进行了改良，探讨了改良土的物理性质和亲水特性。研究发现，改良膨胀土的亲水能力明显减弱，相应的吸水膨胀率和失水收缩率明显降低，改良前的中等膨胀土变成了改良后的非膨胀土。Tiwari 等[7] 研究了 MICP 方法对膨胀土的胀缩特性和强度特性的改良效果。研究发现，经过 MICP 方法改良后，方解石的含量增加了 205%，提高了膨胀土的无侧限抗压强度和劈裂抗拉强度，膨胀力和膨胀应变也大幅降低。

基金项目：国家自然科学基金项目（50978097），湖南省研究生科研创新项目（微生物改良膨胀土的蠕变特性及长期强度研究）资助。

肖宏彬等[8] 利用固结仪对南宁膨胀土进行了一维加载-卸载试验，得到了加载-卸载条件下膨胀土的蠕变曲线，并建立了膨胀土的7元件蠕变模型。李珍玉等[9] 利用半理论半经验的方法，建立了能够描述膨胀土非线性流变的黏塑性本构方程。张泽林等[10] 采用西原模型、逻辑回归模型和指数型经验模型，探讨了红层软岩的蠕变规律。上述研究成果极大地促进了岩土流变学的研究，也取得了诸多有益的研究成果。但是，这些模型均存在一定的局限性[11]。其中的元件模型的基本元件都是线性的，无法描述土体的非线性蠕变特性，且模型结构复杂，参数多。经验模型缺乏理论依据，所得到的经验公式只能反映某一地区岩土材料的蠕变特性，不具有普遍适用性。

为了更深入地研究岩土材料的蠕变特性，分数阶导数模型被认为是一种有效方法[12-13]。分数阶微积分可以描述复杂的力学过程，也描绘出时间上的可记忆性和空间上的路径依赖性。Zhou 等[14] 采用分数阶 Abel 黏壶代替经典的 Nishihara 模型中的牛顿黏壶，提出了新的分数阶导数的蠕变模型。由 Abel 黏壶元件建立的分数阶蠕变模型具有结构简单和参数少等优点。通过调整 Abel 黏壶元件中分数阶的阶次，可以准确描述土体蠕变现象的全过程。

因此，本文利用 MICP 方法改良膨胀土，通过系列一维固结蠕变试验，探明微生物对改良膨胀土蠕变特性的影响规律。在此基础上，基于分数阶微积分理论，建立适合于描述 MICP 方法改良膨胀土蠕变特性的分数阶蠕变模型。

2 试验材料

2.1 试验用的膨胀土

试验用的膨胀土，取自广西南宁某环城道路。土体呈淡黄色，触摸有砂砾感。烘干碾碎过筛后，根据《公路土工试验规程》JTG 3430—2020，通过试验得到土样的物理性质指标，如表1所示。

土样的物理性质指标　　表1

Physical property indices of soil sample　　Table 1

土样来源	天然密度 (g/cm³)	最大干密度 (g/cm³)	相对密度 G_s	液限 (%)	塑限 (%)	塑性指数 (%)	最佳含水率 (%)
南宁	1.89	1.75	2.70	58.1	22.3	35.8	23.3

同时，通过试验得到土样的自由膨胀率为 $F_s=64.0\%$，塑性指数为 $I_P=35.8$，标准吸湿含水率为 $W_f=5.86$。因此，根据公路工程膨胀土的判定标准，判定该土样为中等膨胀土。

2.2 微生物的培育

试验选用的微生物，是购自中国普通微生物菌种保藏管理中心的巴氏芽孢杆菌（*Sporosarcina pasteurii*, ATCC11859）。巴氏芽孢杆菌对人体和环境友好，产脲酶的能力优越[15]。用于细菌培养的每升液体培养基中，包括尿素20g、酪蛋白胨15g、大豆蛋白胨5g、氯化钠5g和蒸馏水1L。将菌种冻干粉激活后在液体培养基中接种，并放置于恒温振荡培养箱中培养48h。恒温振荡培养箱的温度设置为30℃，转速为180r/min。用分光光度计测定菌液浓度。菌液的浓度通常用吸光度 OD_{600} 值表示，当 OD_{600} 值达到1.0以上时，即可用于试验[16]。

2.3 胶结液的制备

天然膨胀土中钙元素的含量较低，因而在微生物矿化过程中的碳酸钙产出率很低。因此，在试验研究中，需要添加由氯化钙和尿素的混合溶液组成的胶结液的方法补充土中的钙源[16]。试验用1mol/L尿素和1mol/L $CaCl_2$ 等体积混合制成的胶结液[17]。巴氏芽孢杆菌在一定的环境条件下分泌脲酶，催化尿素水解形成 NH_4^+ 和 CO_3^{2-}，为 MICP 生化反应提供能量和氮源。$CaCl_2$ 在土中提供钙离子，碳酸根离子与钙离子结合生成 $CaCO_3$ 沉淀。$CaCO_3$ 沉淀附着在土颗粒表面，通过胶结土颗粒并填充颗粒间的空隙将松散的土颗粒连接起来。生化反应的过程可表示为：

$$2H_2O+CO(NH_2)_2 \longrightarrow CO_3^{2-}+2NH_4^+ \tag{1}$$

$$Ca^{2+}+CO_3^{2-} \rightarrow CaCO_3 \tag{2}$$

3 试验方法

3.1 试样制备

根据本课题组的研究经验，在 MICP 方法改良膨胀土的过程中，菌液与胶结液的体积比，对膨胀土的改良效果有明显的影响[18,19]。因此，在本文试验中，取未改良膨胀土试样1组和改良膨胀土试样3组，共4组土样进行对比研究。其中，3组改良土试样的菌液掺量均为50mL，胶结液掺量分别为50mL、100mL和150mL。将拌和好的膨胀土用保鲜膜密封，留出部分孔隙以保证细菌的氧气供应。然后将土样放置于恒温恒湿的生化培养箱中养护一周。养护完成后，加速风干土样至达到最大压实度所需的最佳含水率（试验测得 $w_{op}=23.3\%$）。将风干后的土样放入保湿缸中焖料24h。焖料结束后，将土样放入高为20mm，直径为61.8mm的环刀中，采用静压法对土样进行压实，并控制其压实度达到90%。

3.2 试验方法

试验中，根据《公路土工试验规程》JTG 3430—2020，并采用 WG 型单杠杆三联高压固结仪，对土样进行一维固结蠕变试验。在试验过程中，采用的竖向应力分别为50kPa、100kPa、200kPa、400kPa和800kPa共5级荷载，对土样进行逐级加载，每级加载的持续时间为7d。当土样在1d内的累计变形量小于0.05mm时，可认为土样的变形已稳定，可施加下一级荷载。该试验过程，需要在恒湿恒温环境中完成，以确保在长期加载过程中土样的含水率不会发生变化。

4 试验结果及分析

通过一维固结蠕变试验，可得到各组试样在竖向应力分别为 50kPa、100kPa、200kPa、400kPa 和 800kPa 作用下的蠕变曲线，如图 1 所示。

由图 1 中可以发现，在不同胶结液掺量的条件下，试样蠕变曲线的变化具有相似性。在加载后，试样均产生瞬时变形，且随着竖向应力的增大，瞬时变形增大。当竖向应力较小时，随着时间的增长，土样蠕变的增加速率逐渐减缓，且很快趋于稳定。当竖向应力较大时，蠕变量的增加比较明显，并随着时间的增长，出现衰减蠕变，最终趋于稳定。根据以上分析，可以发现 MICP 改良膨胀土的蠕变过程包括瞬时变形、衰减蠕变和稳定蠕变三个阶段，说明土样的蠕变具有弹性、黏-弹性和黏-塑性变形特征。

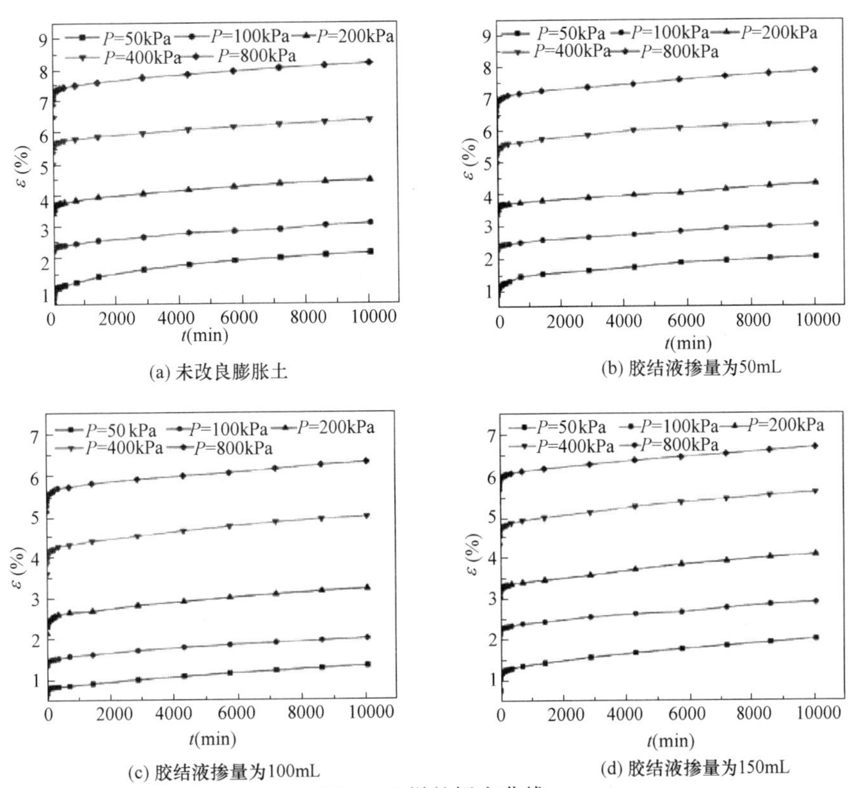

图 1 土样的蠕变曲线

Fig. 1 Creep curves of soil sample

由图 1 中还可以发现，膨胀土的蠕变量受胶结液掺量的影响。在相同应力的条件下，MICP 方法改良膨胀土的蠕变量较未改良膨胀土显著减小。说明 MICP 方法，能明显减小膨胀土的蠕变变形。这是因为 MICP 方法生成的碳酸钙沉淀填充了土颗粒间的空隙，并连结了土颗粒，从而提高了土样的抗压强度，导致土样的变形减小[20]。当胶结液掺量为 100mL 时，土样的蠕变量最小。因此，在 MICP 方法改良膨胀土的过程中，过度加大胶结液用量无助于降低膨胀土的蠕变变形。其原因可能是在一定的菌液用量条件下，微生物完成矿化过程所需要的胶结液用量是有限的。微生物衰亡后，多余的胶结液无法再参与矿化过程。同时，过量的胶结液会抑制微生物脲酶分泌的能力，导致生成碳酸钙沉淀的效率降低[21]。

5 MICP 方法改良膨胀土的分数阶蠕变模型

5.1 MICP 改良膨胀土的蠕变特点分析

根据蠕变试验结果，可得到土样的应力-应变等时曲线。当胶结液掺量为 100mL 时，土样的应力-应变等时曲线，如图 2 所示。

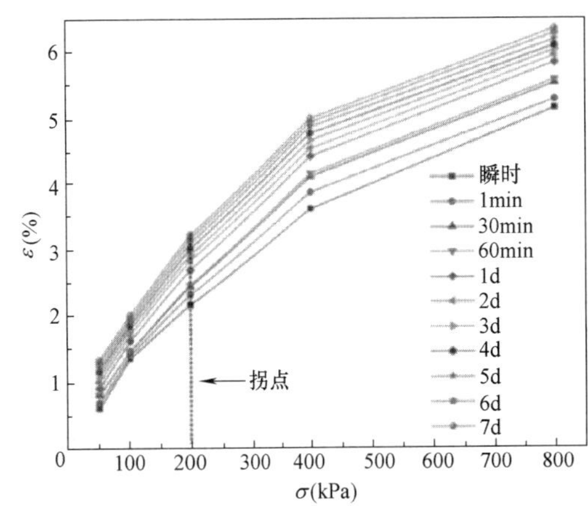

图 2 土样的应力-应变等时曲线

Fig. 2 Stress-strain isochronous curves of soil sample

由图 2 中可以发现，当应力水平较低时，应力-应变关系近似呈直线。当应力水平逐渐增大时，应力-应变等时曲线逐渐偏离应变轴，表现出非线性蠕变特性。曲线簇均在应力为200kPa处开始出现明显的拐点，该点所对应的应力可认为是塑性元件的屈服应力 σ_s[22]。在应力小于200kPa时，等时曲线几乎呈线性关系，土体表现为黏弹性特点。当应力大于200kPa时，应力-应变关系已不再为线性关系，土体表现为黏塑性特点。因此，可以用黏弹性模型和黏塑性模型串联所形成的组合模型，描述MICP方法改良膨胀土的非线性蠕变特性。

5.2 基于分数阶微积分的软体元件

分数阶微积分有很多种定义方式[23]，本文引入常用的Riemann-Liouville型分数阶微积分算子理论。对于函数 $f(x)$ 的分数阶微积分定义为：

$$\frac{\mathrm{d}^{\beta}f(t)}{\mathrm{d}t^{\beta}}={}_{t_0}D_t^{\beta}f(t)=\frac{\mathrm{d}^n}{\mathrm{d}t^n}\int_{t_0}^{t}\frac{(t-\tau)^{n-\beta-1}}{\Gamma(n-\beta)} \tag{3}$$

式中，t 为时间；t_0 为初始时间；β 为分数阶阶次；${}_{t_0}D_t^{\beta}$ 是在 $[t_0, t]$ 上的 β 阶的分数阶积分；$\Gamma(n-\beta)$ 为Gamma函数，其定义为：

$$\Gamma(\beta)=\int_0^{\infty}e^{-t}t^{\beta-1}\,\mathrm{d}t \tag{4}$$

根据Riemann-Liouville型分数阶微积分算子理论，得到软体元件的本构方程为[24]：

$$\sigma(t)=\eta\frac{\mathrm{d}^{\beta}\varepsilon(t)}{\mathrm{d}t^{\beta}} \tag{5}$$

式中，$\sigma(t)$ 为应力；$\varepsilon(t)$ 为应变；η 为类黏滞系数。

显然，当 $\beta=0$ 时，式（5）所描述的是弹性固体；当 $\beta=1$ 时，式（5）所描述的是理想牛顿黏体。因此，当 $0<\beta<1$ 时，元件所描述的是介于理想弹性固体和牛顿黏体之间的黏-弹体，亦称为软体。软体元件如图3所示。

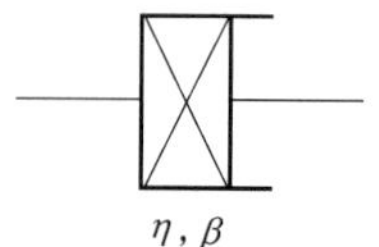

图3 软体元件

Fig. 3 Software element

在式（5）中，若 $\sigma(t)$ 为常量，则元件描述的是软体的蠕变现象，根据Riemann-Liouville型分数阶微积分定义，对式（5）两边进行分数阶积分，可得：

$$\varepsilon(t)=\frac{\sigma}{\eta}\frac{t^{\beta}}{\Gamma(1+\beta)} \tag{6}$$

根据式（6），在应力不变的情况下，取不同的分数阶阶次，可得到不同的蠕变曲线。软体元件的蠕变曲线如图4所示。

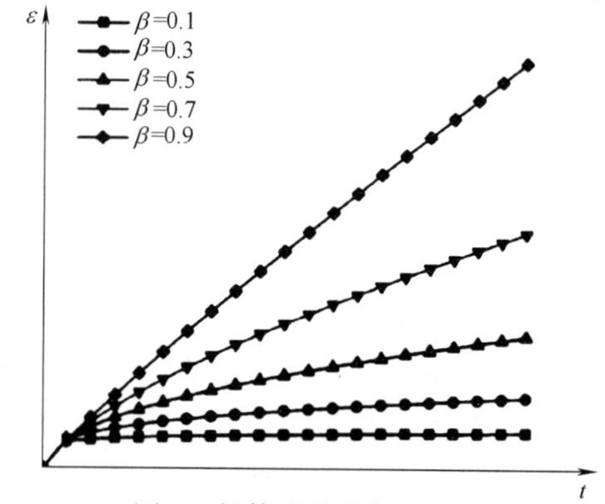

图4 软体元件的蠕变曲线

Fig. 4 Creep curves of soft-matter element

由图4可以发现，随着分数阶阶次 β 的增大，软体元件表现出增强的蠕变特性，其描述的正是材料的非线性蠕变过程。

5.3 分数阶蠕变模型

根据上述分析和本课题组已有的研究[24,25] 可以发现，微生物改良膨胀土的蠕变包括弹性、黏弹性和黏塑性等多种复杂的变形成分。为了清楚地描述MICP方法改良膨胀土一维固结蠕变的全过程，通过对各种元件组合形式的比较后，筛选出四元件分数阶蠕变模型，用于描述改良膨胀土的固结蠕变特性，如图5所示。取屈服应力 σ_s 为摩擦片的启动应力，即 $\sigma_s=200\text{kPa}$。

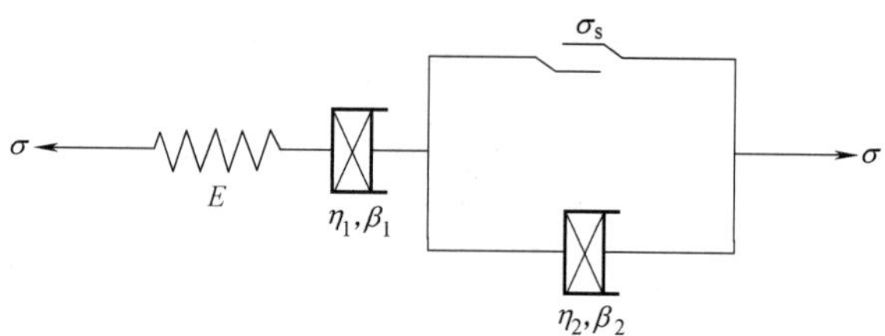

图5 分数阶蠕变模型

Fig. 5 Fractional-order creep model

该模型中，串联的软体元件的类黏滞系数 η 为一常数，但在力学行为上，类黏滞系数 η 在常应力条件下会随时间而变化。沈珠江曾指出，岩土体的损伤变量呈指数衰减规律[26]。因此，可以假设类黏滞系数 η 的变化，也符合指数函数的形式，即：

$$\eta(\sigma)=\eta_0\mathrm{e}^{-\lambda\sigma} \tag{7}$$

式中，η_0 为理想牛顿黏体的黏滞系数；λ 为黏滞指数。

由式（6）和式（7），可以考虑非定常软体元件的本构方程为：

$$\varepsilon(t)=\frac{\sigma-\sigma_s}{\eta}\mathrm{e}^{\lambda\sigma}\frac{t^{\beta}}{\Gamma(l+\beta)} \tag{8}$$

依据图5所示的四元件模型和分数阶微积分理论，将定常的黏壶元件改进成非定常的软体元件，可得MICP方法改良膨胀土的蠕变方程为：

$$\begin{cases}\varepsilon=\dfrac{\sigma}{E}+\dfrac{\sigma}{\eta_{01}}\mathrm{e}^{\lambda_1\sigma}\dfrac{t^{\beta_1}}{\Gamma(1+\beta_1)}, \text{当}\ \sigma\leqslant\sigma_s\ \text{时}\\ \varepsilon=\dfrac{\sigma}{E}+\dfrac{\sigma}{\eta_{01}}\mathrm{e}^{\lambda_1\sigma}\dfrac{t^{\beta_1}}{\Gamma(1+\beta_1)}+\\ \dfrac{\sigma-\sigma_s}{\eta_{02}}\mathrm{e}^{\lambda_2(\sigma-\sigma_s)}\dfrac{t^{\beta_2}}{\Gamma(1+\beta_2)}, \text{当}\ \sigma>\sigma_s\ \text{时}\end{cases} \tag{9}$$

5.4 参数反演与验证

为了验证四元件分数阶蠕变模型描述微生物改良膨

胀土固结蠕变特性的合理性，分别应用整数阶四元件模型和分数阶四元件模型，对同一组试样的试验结果进行拟合。应用 Leverberg-Marquardt 全局优化算法，对胶结液掺量为 100mL 试样的试验结果进行参数识别。拟合得到的分数阶模型参数，如表 2 所示。

将表 2 中的四元件分数阶模型参数代入式（9）中，可得到改良土样的分数阶蠕变曲线。同理，根据四元件整数阶模型，可得到改良土样的整数阶蠕变曲线。改良土样的分数阶蠕变曲线、整数阶蠕变曲线和实测蠕变的对比，如图 6 所示。

分数阶模型的参数 **表 2**

Parameters of fractional-order model **Table 2**

σ(kPa)	E(kPa)	η_{01} (kPa·m)	λ_1	β_1	η_{02} (kPa·m)	λ_2	λ_2	R^2
50	67.938	0.702	−1.190	0.498	—	—	—	0.956
100	70.980	0.979	−0.095	0.979	—	—	—	0.994
200	89.468	1.564	−0.038	1.564	—	—	—	0.985
400	110.822	3.273	−0.015	0.132	0.337	−0.092	1.210	0.999
800	156.341	162.617	−0.004	0.174	2.570	−0.048	2.526	0.998

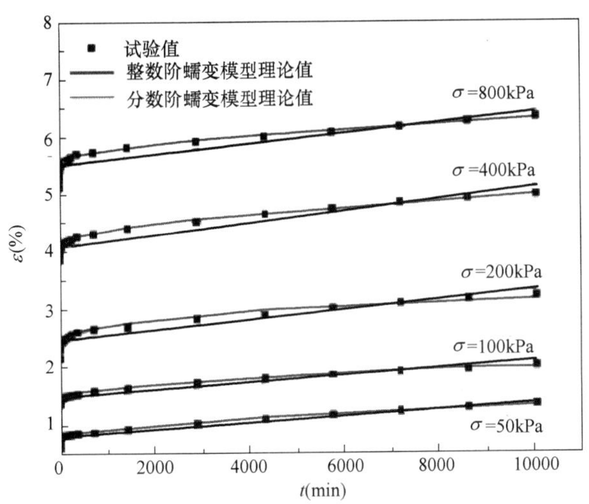

图 6　模型曲线与实测结果的对比

Fig. 6　Comparison between model curves and tested results

由图 6 中可以发现，通过调整分数阶模型的阶次 β_1 和 β_2 的值，能够更精准地反映 MICP 方法改良膨胀土蠕变的全过程。相对于整数阶蠕变曲线，分数阶蠕变曲线与实测结果的吻合度更高。为了定量的评价两种模型与实测结果的吻合度，选择均方差（RMSE）、残差平方和（SSE）、相关系数（R^2）、卡方系数和 F 统计等作为评价指标。两种蠕变模型的评价指标，如表 3 所示。

蠕变模型的评价指标 **表 3**

Evaluation indices for creep model Table 3

蠕变模型	RMSE	SSE	R^2	卡方系数	F 统计
整数阶蠕变模型	0.1048	0.2338	0.868	0.0725	48.8
分数阶蠕变模型	0.0267	0.0150	0.986	0.0108	2415.5

由表 3 中可以发现，在评价指标中，分数阶蠕变模型的 RMSE、SSE 和卡方系数均较小，其 R^2 和 F 统计的值均较大，说明分数阶模型与试验数据的相关性，较整数阶模型更好。因此，验证了分数阶蠕变模型能够更好地描述 MICP 方法改良膨胀土的一维固结蠕变过程，且模型参数较少。

6　结论

通过一维固结蠕变试验，研究了 MICP 方法改良膨胀土的固结蠕变特性。应用分数阶微积分理论，建立了改良膨胀土的分数阶蠕变模型。通过研究，得到了以下结论。

（1）MICP 方法改良膨胀土的一维固结蠕变过程，可分为瞬时弹性变形、衰减蠕变和稳定蠕变三个阶段，且具有明显的非线性蠕变特性。

（2）MICP 方法，能有效减小膨胀土的蠕变变形量。当胶结液掺量为 100mL 时，土样的蠕变量最小。但是，胶结液用量过大，改良土体的蠕变将不再减小。

（3）应用分数阶微积分理论，构建了分数阶软体元件，并将黏性元件中的类黏滞系数改进为非定常的类黏滞系数，可以更加准确地反映 MICP 方法改良膨胀土的非线性蠕变特性。

（4）建立了 MICP 方法改良膨胀土的分数阶蠕变模型，提出了相应的蠕变分析理论。通过调整分数阶模型的阶次 β_1 和 β_2，能够更精准地反映 MICP 方法改良膨胀土蠕变的全过程。所建立的蠕变模型结构简单，参数较少且物理意义明确，便于实际应用。

上述研究结果，为分析 MICP 方法改良膨胀土在长期荷载作用下的变形提供了理论依据，也为进一步探索 MICP 方法改良膨胀土的应力松弛和长期强度提供了新的思路。

参考文献：

[1]　王保田，张福海. 膨胀土的改良技术与工程应用[M]. 北京：科学出版社，2008.

[2]　赵辉，储诚富，郭坤龙，等. 铁尾矿砂改良膨胀土基本工程性质试验研究[J]. 土木建筑与环境工程，2017，39(6)：98-104.

[3]　庄心善，周睦凯，陶高梁，等. 循环荷载下发泡聚苯乙烯改良膨胀土动弹性模量与阻尼比试验研究[J]. 岩土力学，2021，42(9)：2427-2436.

[4] WANG FENGHUA，XIANG WEI，CORELY T. Yeh，et al. The Influences of Freeze-Thaw Cycles on the Shear Strength of Expansive Soil Treated with Ionic Soil Stabilizer [J]. Soil Mechanics and Foundation Engineering，2018，55(3)：195-200.

[5] JIANG WEICHANG，Zhang Chunshun，Xiao Hongbin，et al. Preliminary study on microbially modified expansive soil of embankment[J]. Geomechanics and Engineering. 2021，26(3)：301-310.

[6] OUYANG QIANWEN，XIAO HONGBIN，LI ZHENYU，et al. Ouyang Miao. Experimental Study on the Influence of Microbial Content on Engineering Characteristics of Improved Expansive Soil[J]. Frontiers in Earth Science，2022，863357.

[7] TIWARI NITIN，SATYAM NEELIMA，SHARMA MEGHNA. Micro-mec-hanical performance evaluation of expansive soil biotreated with indigenous bacteria using MICP method[J]. Scientific reports，2021，11(1)：1-12.

[8] 肖宏彬，金文婷，马千里，等. 南宁膨胀土加载-卸载试验及蠕变特性[J]. 自然灾害学报，2011，20(2)：1-7.

[9] 李珍玉，肖宏彬，金文婷，等. 南宁膨胀土非线性流变模型研究[J]. 岩土力学，2012，33(8)：2297-2302.

[10] 张泽林，吴树仁，王涛，等. 甘肃天水泥岩剪切蠕变行为及其模型研究[J]. 岩石力学与工程学报，2019，38(S2)：3603-3617.

[11] WANG DONGPO，HUANG RUNQIU，PEI XIANGJUN，et al. A new rock creep model based on variable-order fractional derivatives and continuum damage mechanics，Bulletin of Engineering Geology and The Environment，2018，77(1)：375-383.

[12] GAO Y，YIN D. A full-stage creep model for rocks based on the variable-order fractional calculus[J]. Applied Mathematical Modelling，2021，95(1)：435-446.

[13] 薛东杰，路乐乐，易海洋，等. 考虑温度和体积应力的分数阶蠕变损伤 Burgers 模型[J]. 岩石力学与工程学报，2021，40(2)：315-329.

[14] ZHOU H W，WANG C P，HAN B B，et al. A creep constitutive model for salt rock based on fractional derivatives[J]. International Journal of Rock Mechanics and Mining Sciences，2011，48(1)：116-121.

[15] CHUO Sing Chuong，MOHAMED Sarajul Fikri，MOHD SETAPAR Siti Hamidah，et al. Insights into the Current Trends in the Utilization of Bacteria for Microbially Induced Calcium Carbonate Precipitation [J]. Materials (Basel，Switzerland)，2020，13(21)，pp. 4993.

[16] YU XINPEI，XIAO HONGBIN，LI ZHENYU，te al. Experimental Study on Microstructure of Unsaturated Expansive Soil Improved by MICP Method，Applied Sciences，2022，12(1)：12010342.

[17] ZHAO Q，LI L，LI CHI，LI MINGDONG. Factors Affecting Improvement of Engineering Properties of MICP-Treated Soil Catalyzed by Bacteria and Urease[J]. Journal of Materials in Civil Engineering，2014，26(12)：04014094.

[18] TIAN XUWEN，XIAO HONGBIN，LI ZIXIANG，et al. Experimental Study on the Strength Characteristics of Expansive Soils Improved by the MICP Method[J]，Geofluids，2022，3089820.

[19] SU HUANYU，XIAO HONGBIN，LI ZHENYU，et al. Experimental Study on Microstructure Evolution and Fractal Features of Expansive Soil Improved by MICP Method [J]. Frontiers in Materials，2022，842887.

[20] LI XIAOBING，ZHANG CHUNSHUN，XIAO HONGBIN，et al. Reducing Compressibility of the Expansive Soil by Microbiological-Induced Calcium Carbonate Precipitation [J]. Advances in Civil Engineering. 2021，2021(1)：1-12.

[21] ANBU P，KANG C H，SHIN Y J，et al. Formations of calcium carbonate minerals by bacteria and its multiple applications[J]. Springer International Publishing，2016，5：250，27026942.

[22] 吴斐，谢和平，刘建锋，等. 分数阶黏弹塑性蠕变模型试验研究[J]. 岩石力学与工程学报，2014，33(5)：964-970.

[23] LAI JINXING，MAO SHENG，QIU JUNLING，et al. Investigation Progresses and Applications of Fractional Derivative Model in Geotechnical Engineering[J]. Mathematical Problems in Engineering，2016，9183296，1-15.

[24] 张春晓，肖宏彬，包嘉邈，等. 膨胀土应力松弛的分数阶模型[J]. 岩土力学，2018，39(5)：1747-1752+1760.

[25] 宁行乐，肖宏彬，张春晓，等. 膨胀土非线性蠕变模型研究[J]. 自然灾害学报，2017，26(1)：149-155.

[26] 何开胜，沈珠江. 结构性黏土的弹黏塑损伤模型[J]. 水利水运工程学报，2002(4)：7-13.

MICP 方法改良膨胀土的细观结构及其对强度特性的影响

苏桓宇，肖宏彬*，田旭文，罗深平，喻心佩，欧阳倩文

（中南林业科技大学 土木工程学院，湖南 长沙 410004）

摘　要：通过直剪试验和离散元数值模拟，研究了 MICP 方法改良膨胀土的细观结构和强度特性的变化。微生物诱导碳酸钙沉淀，改变了膨胀土的细观结构，导致膨胀土的强度特性得到明显改良。根据离散元计算理论，建立了 MICP 方法改良膨胀土细观结构的颗粒流模型，验证了模型的合理性，并确定了模型参数。探明了胶结液用量，对 MICP 方法改良膨胀土细观结构的影响规律。通过对土中的力链分布、细观组构和局部孔隙率分布等方面的理论分析，揭示了碳酸钙沉淀对膨胀土的细观结构特性和宏观力特性改良的影响机理，提出了改良膨胀土细观结构变化的定量分析方法。本文的研究成果，为定量分析 MICP 方法改良膨胀土的细观结构演变奠定了理论基础，也为进一步分析改良膨胀土的细观结构与其宏观力学特性的密切联系提供了新思路。

关键词：MICP 方法；改良膨胀土；细观结构；离散元理论

作者简介：苏桓宇（1997—），男，硕士研究生。主要从事改良膨胀土微观特性的研究。E-mail：20201100370@csuft. edu. cn。

通讯作者简介：肖宏彬（1957—），男，博士，教授，博士生导师，主要从事桩-土共同作用和软土地基处理等方面的教学与研究工作。E-mail：t20090169@csuft. edu. cn。

Mesostructure of MICP method improvement expansive soil and its influence on strength characteristics

SU Huan-yu，XIAO Hong-bin*，TIAN Xu-wen，LUO Shen-ping，YU Xin-pei，OUYANG Qian-wen

(Central South University of Forestry and Technology，Changsha Hunan 410004，China)

Abstract: Through direct shear test and discrete element numerical simulation，the changes of mesostructure and its strength characteristics of expansive soil improved by MICP method are studied. The mesostructure of expansive soil is changed by microbially induced carbonate precipitation，resulting in the strength characteristics of expansive soil are improved obviously，According to the discrete element calculation theory，a granule flow model of the mesostructure of expansive soil improved by MICP method has been established，the rationality of the model is verified，and model parameters are determined. The influence law of cementing agent amount on the mesostructure of MICP method improvement expansive soil has been determined. Through theoretical analysis of force chain distribution，mesoscopic fabric and local porosity distribution in soil，the influence mechanism of calcium carbonate precipitation on the improvement of mesostructure characteristics and macro force characteristics of expansive soil is revealed，and quantitative analysis method of mesostructure change of improved expansive soil has been put forward. The research results not only lay a theoretical foundation for quantitative analysis of mesostructure evolution of MICP method improvement expansive soil，but also provide a new idea for further analysis of close relation between mesostructure of improved expansive soil and its macro mechanical characteristics.

Key words: microbially induced carbonate precipitation method；improved expansive soil；mesostructure；discrete element theory

1　引言

膨胀土，是一种由蒙脱石、伊利石和高岭石等强亲水矿物所组成的高液限黏土。膨胀土的胀缩性、裂隙性和超固结性等不良特性，极大地增加了工程建设的难度[1]。因此，开展膨胀土的改良研究是极为必要的。

传统的膨胀土改良方法，主要包括物理改良和化学改良。经过改良后，膨胀土的不良特性得到了一定的改善[2-4]。但是，这些传统的改良方法，不但施工难度大，造价高，而且还污染环境。因此，学术界和工程界亟待寻找一种新的改良方法。近十几年来，采用微生物诱导碳酸钙沉淀（Microbially Induced Carbonate Precipitation，MICP）方法，对结构进行裂缝修补、防水堵漏、固土护砂和软土改良等研究，受了国内外学者的广泛关注[5-11]。通过研究发现，MICP 方法用于混凝土裂缝的修补和砂土的改良，均能取得较好的效果。但是，采用 MICP 方法对膨胀土等灾害性软黏土改良的研究，尚少见有相关文献报道。在国内外学者采用 MICP 方法改良砂土研究的基础上，本项目组尝试将 MICP 方法用于膨胀土等软黏土的改良[12-17]，并取得一定成效。

岩土材料的宏观力学特性，是其颗粒相互作用的最终体现，与细观力学行为密切相关。随着计算机技术的发展，国内学者运用有限元等连续机理方法，分析岩土材料的细观力学特性，并取得了很好的研究进展[18-22]。但是，连续机理方法，将颗粒介质近似地看作连续体介质，与岩

基金项目：国家自然科学基金项目（50978097）。

土颗粒所具有的离散性并不相符。近年来，也有学者运用离散单元法，分析岩土材料的细观力学特性[23-32]。采用软件模拟材料的受力情况，分析其颗粒受力、颗粒位移和裂缝等现象，得到了更加符合离散材料的细观力学特性。但是，现阶段主要采用离散元法，研究岩石和砂土的细观力学特性，对黏土特别是改良土细观力学特性的研究，尚未见有相关文献报道。因此，本文通过颗粒流程序（Particle Flow Code2D，PFC2D），对 MICP 方法改良膨胀土进行模拟，通过直剪试验标定其细观参数。在此基础上，提出 MICP 方法改良膨胀土的细观力学特性分析理论。

2 试验材料和方法

2.1 试验材料

试验研究中所用的膨胀土，取自广西南宁环城道路工程。根据《土工试验方法标准》GB/T 50123—2019[33]，通过试验得到土样的基本物理性质指标，如表 1 所示。

土样的基本物理性质　　表 1

Basic physical properties of soil samples

Table 1

土样来源	天然密度 (g/cm³)	最大干密度 (g/cm³)	相对密度 G_s	液限 (%)	塑限 (%)	塑性指数 (%)	最佳含水率 (%)
南宁	1.89	1.75	2.70	58.1	22.3	35.8	23.3

2.2 试验方法

2.2.1 土样制备

根据已有的研究，配置菌液和胶结液，并选用菌液与胶结液之比 r_{bc} 分别为 50mL：100mL 以及 50mL：125mL，根据文献［12］～［17］的方法，对膨胀土进行改良。根据《土工试验方法标准》GB/T 50123—2019，测定改良膨胀土达到最大压实度为 90%时，对应的最优含水率为 23.3%。制备在此最优含水率条件下，试验研究所需要的环刀土样。同时，运用比重瓶，测得改良后膨胀土的相对密度分别为 2.63 和 2.61。为了便于对比研究，按照同样的方法，制备未改良膨胀土的环刀土样。根据测定的土样相对密度，通过计算得到未改良膨胀土、$r_{bc}=50:100$ 的改良膨胀土以及$r_{bc}=50:125$ 的改良膨胀土三种环刀土样的初始孔隙率分别为 0.249、0.228 和 0.218。

2.2.2 试验方案

选用 ZJ 四联直剪仪，对改良膨胀土和未改良膨胀土开展垂直压力 p 分别为 50kPa、100kPa、150kPa 和 200kPa 的直剪试验。根据直剪试验结果，运用 PFC2D 软件对土样进行离散元法分析。

3 直剪试验结果与分析

根据直剪试验结果，得到在不同垂直压力作用下，改良前后膨胀土的剪应力 τ 与剪切位移 L 之间的关系。膨胀土的 τ-L 曲线，分别如图 1 和图 2 所示。

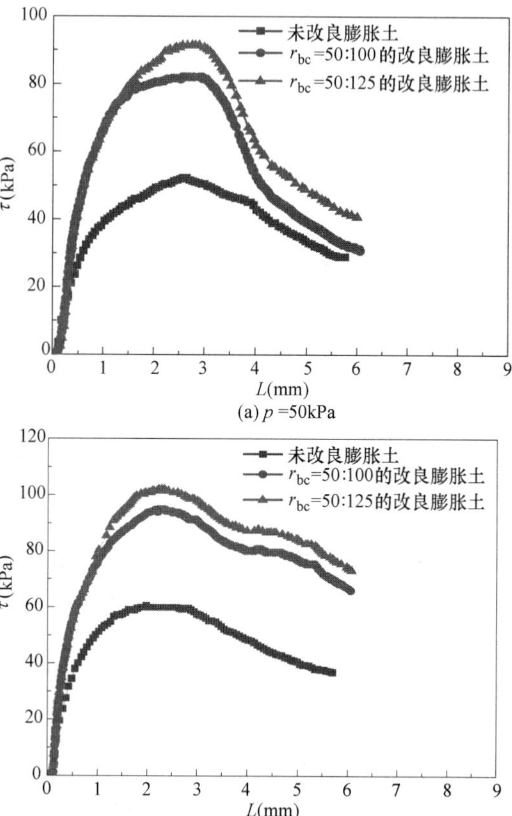

图 1　膨胀土的剪应力-剪切位移曲线

Fig. 1　Shear stress-shear displacement curve of expansive soil

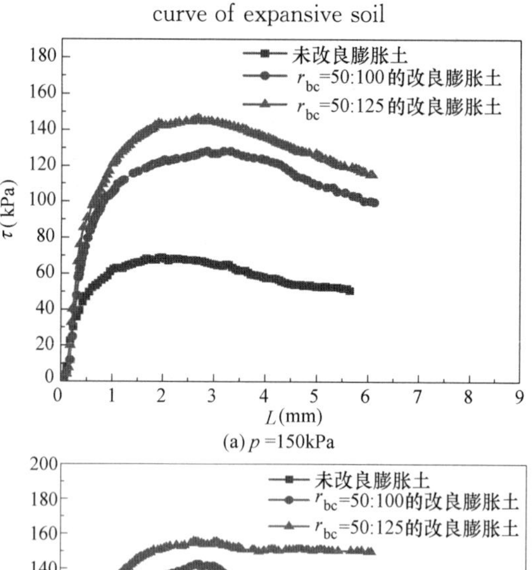

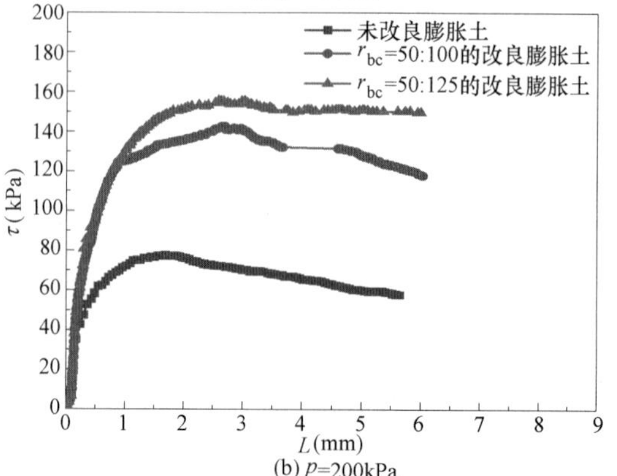

图 2　膨胀土的剪应力-剪切位移曲线

Fig. 2　Shear stress-shear displacement curve of expansive soil

由图1和图2中可以发现，随着垂直荷载的增加，剪应力峰值也随之增高。该现象表明，竖向荷载越大，土体被挤压得越密实，土颗粒之间的连接更强，使得土样的抗剪强度越高。由图1和图2中也可以发现，在相同的垂直荷载作用下，改良膨胀土的剪应力峰值高于未改良膨胀土，且改良膨胀土剪的应力-剪位移曲线的斜率也较未改良膨胀土高。该结果说明，由于碳酸钙沉淀对土颗粒的“胶结”和对土孔隙的“填充”作用，使得土体的黏聚力和内摩擦角均得到了提高。根据文献［12］～［17］的研究结论，当菌液用量一定时，胶结液的用量越大，所形成的碳酸钙沉淀越多。胶结液的用量越大，对膨胀土的改良效果越明显。

4 PFC软件模拟

4.1 平行粘结模型

离散元理论中的模型，主要有线性刚度模型、线性接触模型、线性接触粘结模型和平行粘结模型等。运用离散元分析软件PFC2D建立的离散元模型，在默认情况下，颗粒之间不存在粘结。但是，可以通过粘结模型赋予颗粒黏聚力。与线性接触粘结模型相比，平行粘结模型可以同时传递力和力矩，且可以很好地描述土颗粒之间胶接材料的力学特性。因此，选用平行粘结模型对改良前后的膨胀土进行分析。

4.2 直剪试验模拟

（1）直剪试验模型

运用PFC2D建立的直剪试验模型，如图3所示。可知，所建立模型中，试样的宽度和高度与实际土样相同。根据曾远的研究，模型中土颗粒的大小只要能满足宏观力学性能即可[32]。因此，本文所建立模型的颗粒半径为0.02～0.3mm。并且，通过控制模拟时间，使其与试验时间相同，由此标定墙体的移动速度。用FISH语言编程，当剪切位移达到6mm时，可停止试验。

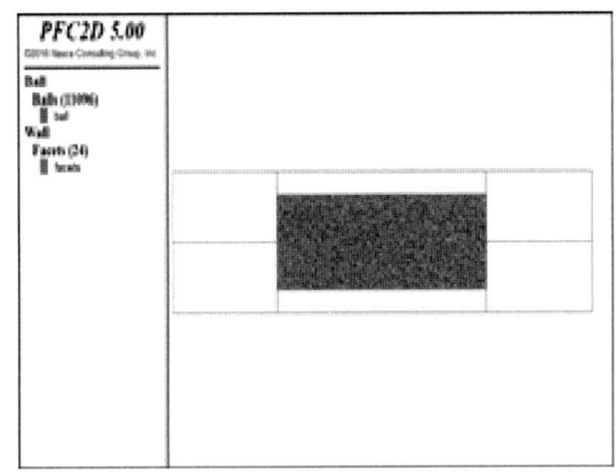

(a) 剪切前的土样

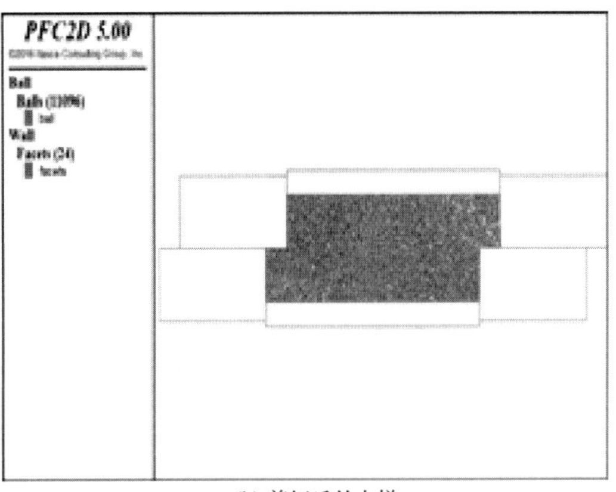

(b) 剪切后的土样

图3 直剪试验模型

Fig. 3 Model for direct shear test

（2）未改良膨胀土模型细观参数的标定

模拟过程中，提取软件计算所得到的剪应力-剪位移曲线，并与试验所得到的曲线进行对比。通过调节孔隙率 n、颗粒接触模量 E、颗粒刚度比 kratio、平行粘结黏聚力 pb_coh、平行粘结抗拉强度 pb_ten 和内摩擦角 pb_fa 等细观参数，使模拟结果与试验结果基本吻合。其中，在建立模型时，需要先对孔隙率进行二维换算。孔隙率从三维到二维的转换，如式（1）所示[35]。

$$n_{2D}=0.42n_{\text{室内试验}}^{2}+0.25n_{\text{室内试验}} \tag{1}$$

式中，n_{2D} 为离散元模型的孔隙率。

基于国内学者的研究[35-38]，并不断对程序进行调试，可得到未改良膨胀土模型的细观参数。未改良膨胀土模型的细观参数，如表2所示。

未改良膨胀土模型的细观参数　　表2

Mesoscopic parameters of unimproved expansive soil model　　Table 2

参数名称	颗粒接触模量 E(Pa)	颗粒刚度比 kratio	黏聚力 Pb_coh (Pa)	抗拉强度 Pb_ten (Pa)	内摩擦角 Pb_fa(°)
取值	7e6	1	1.5e4	3e4	50

由表2可以得到未改良膨胀土剪应力-剪应变的模拟结果，将模拟结果与试验结果进行对比，可以分析未改良膨胀土的细观特性。未改良膨胀土剪应力-剪应变的试验结果和模拟结果，如图4所示。

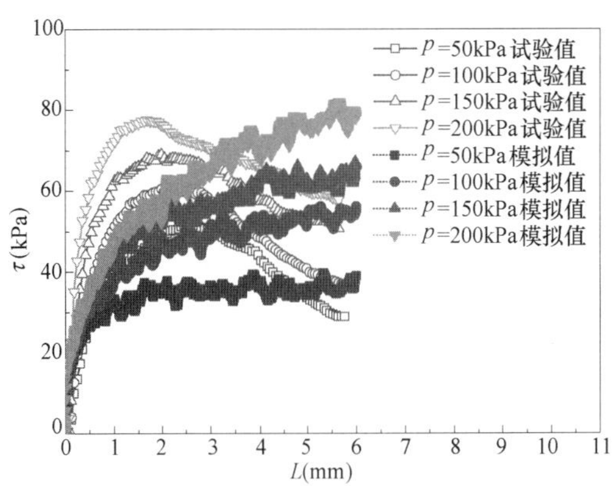

图4 未改良膨胀土剪应力-剪应变的试验结果和模拟结果

Fig. 4 Tested results and simulated results of shear stress-strain of unimproved expansive soil

由图 4 中可以发现，模拟结果存在少量的误差，可能是因为模型生成的颗粒为圆形刚体，与土颗粒实际形态存在差异所致。尽管如此，模拟结果与室内试验结果的变化趋势及其峰值基本吻合。因此，验证了模型可以较好地反映剪切试验中颗粒之间的实际受力情况。

（3）改良膨胀土模型细观参数的标定

碳酸钙沉淀通过"胶结"和"填充"作用，增强了膨胀土体抵御外部荷载的能力。在平行粘结模型中，调节平行粘结黏聚力 Pb_coh、平行粘结抗拉强度 Pb_ten 和摩擦角 Pb_fa 的大小，可以改变颗粒间的黏聚力。同时，接触模量的变化，也改变了模型抵御外部荷载的能力。因此，通过改变接触模量、黏聚力、抗拉强度和摩擦角，可以模拟碳酸钙晶体的"胶结"作用。改变孔隙率，使模型随机生成更多的球形颗粒，可以模拟碳酸钙晶体的"填充"作用。改良膨胀土模型的细观参数，如表 3 所示。

改良膨胀土模型的细观参数　表 3

Mesoscopic parameters of improved expansive soil model　Table 3

参数名称	颗粒接触模量 E(Pa)	颗粒刚度比 kratio	黏聚力 Pb_coh (Pa)	抗拉强度 Pb_ten (Pa)	内摩擦角 Pb_fa(°)
50∶100 改良膨胀土	2×10^7	1	1.1×10^5	2.3×10^5	60
50∶125 改良膨胀土	2.5×10^7	1	1.6×10^5	2.8×10^5	65

将表 2 中的细观参数导入 PFC 中，可以得到改良膨胀土的模型。运行程序可得到改良膨胀土的剪应力-剪应变曲线，将模型结果与试验结果进行对比，可以分析改良膨胀土的细观特性。改良膨胀土的剪应力-剪应变试验曲线和模拟曲线，如图 5 所示。

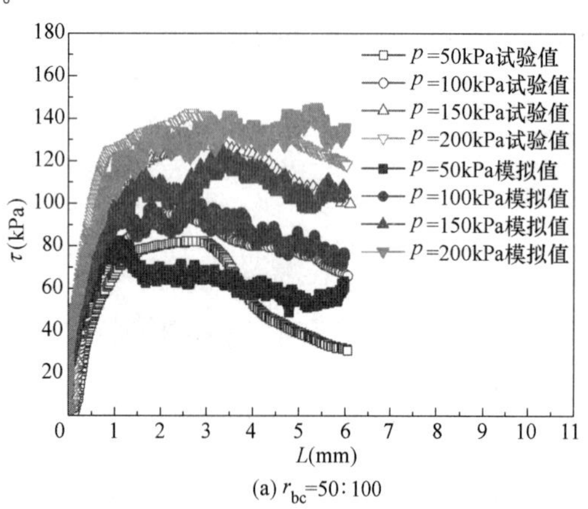

(a) r_{bc}=50∶100

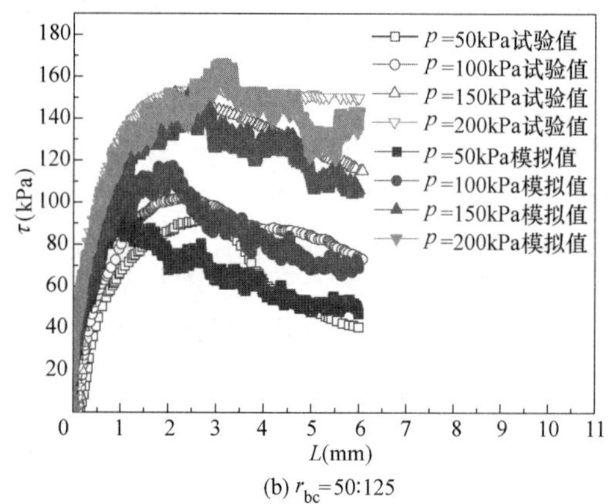

(b) r_{bc}=50∶125

图 5　改良膨胀土剪应力-剪应变的试验结果和模拟结果

Fig. 5　Tested results and simulated results of shear stress-strain of improved expansive soils

由图 5 中可以发现，对于改良膨胀土，所建立的离散元模型，运行后所得到的结果与试验结果的吻合度较高。对比图 5（a）和图 5（b）也可以发现，在相同的垂直压力作用下，当 $r_{bc}=50∶125$ 时，改良膨胀土的抗剪强度峰值均高于当 $r_{bc}=50∶100$ 时的改良膨胀土。上述结论也验证了改良膨胀土离散元模型的可靠性。

5　细观特性分析

5.1　细观参数分析

对比表 1 和表 2，可以得到细观参数与胶结液用量的关系，分别如图 6 和图 7 所示。

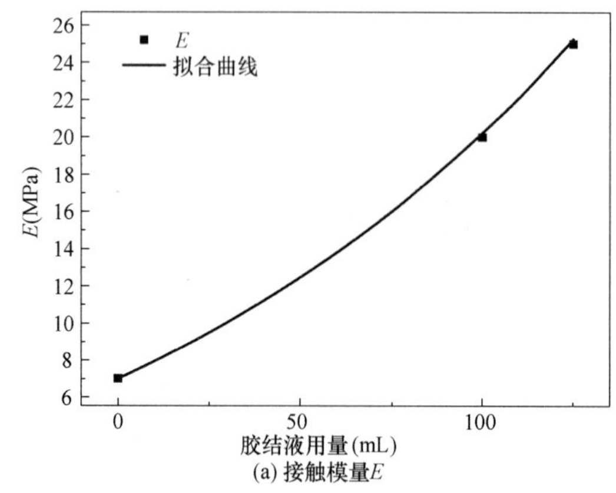

(a) 接触模量E

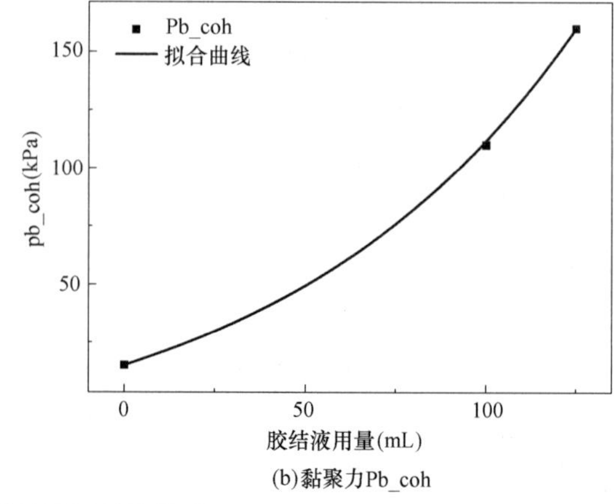

(b)黏聚力Pb_coh

图 6　细观参数与胶结液用量的关系

Fig. 6　Relation between mesoscopic parameters and cementing agent amount

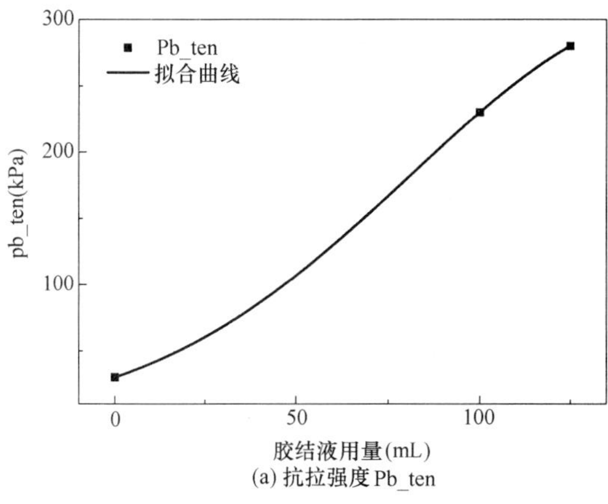

(a) 抗拉强度 Pb_ten

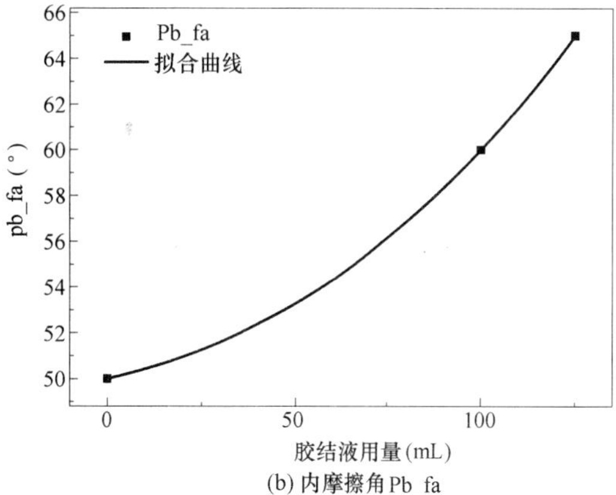

(b) 内摩擦角 Pb_fa

图 7 细观参数与胶结液用量的关系

Fig. 7 Relation between mesoscopic parameters and cementing agent amount

由图 6 和图 7 中可以发现，随着胶结液用量的增大，离散元模型的细观参数均随之提高。该结论从细观层面表明，碳酸钙沉淀可以有效提高土颗粒之间的胶结力，并使土体抵御外部荷载的能力得到了增强。同时，也从细观层面揭示了 MICP 方法对改良膨胀土强度特性的影响机理。对表 2 中细观参数模拟结果的拟合，细观参数与胶结液用量之间的关系可表示为，

$$\begin{cases} E=4.39\times \\ \left[\exp\left(\frac{-x}{-130.58}\right)+\exp\left(\frac{-x}{-145.1}\right)+\exp\left(\frac{-x}{-159.6}\right)\right]-6.17 \\ Pb\_coh=4.25\times\exp\left(\frac{x}{83.96}\right)-27.25 \\ Pb\_ten=\exp(3.4+0.031x-0.0001x^2) \\ Pb\_fa=\exp(3.91+0.00072x+0.00011x^2) \end{cases} \tag{2}$$

式中，x 为胶结液用量。

式 (2) 为定量分析 MICP 方法改良膨胀土的细观力学特性提供了理论依据。

5.2 力链强度分析

在外部荷载作用下，土颗粒之间发生解压接触，且形成复杂的接触网络。土颗粒之间的接触力沿着接触网络中的链状路径传递。这些传递接触力的链状路径，也被称之为力链。土体中力链的分布，对其宏观力学特性将产生重要的影响。不同垂直压力下，剪切完成后膨胀土中的力链分布，如图 8～图 13 所示。

由图 8～图 13 中可以发现，剪切完成后，土样中形成了颜色不同，交错分布的力链，反映了传递荷载的大小不同。其中，沿着力链分布图的左上角至右下角形成较多贯通的主要力链。随着垂直荷载的增大，主要力链的密集程度明显增大。这一现象说明，随着垂直荷载的增大，颗粒之间的连接更加紧密，土体的整体性得到了提高，抵御外部荷载破坏的能力增强。因此，表明力链结构能够很好地反映土的宏观力学特性。由图 8～图 13 中还可以发现，尽管改良膨胀土与未改良膨胀土的力链结构存在差异，但力链的分布基本相同。说明在直剪试验过程中，力的传导是定向的，与土体的细观结构无关。但是，从图 8～图 13 中还可以发现，改良膨胀土的力链强度，均高于未改良膨胀土，且随着胶结液用量的增多，强度越高。该现象进一步说明碳酸钙沉淀的“胶接”和“填充”作用，提高了土颗粒间的胶结力，使得土体的整体强度得到了提高。同时，随着胶结液的用量增多，碳酸钙沉淀也将增加，导致土的整体性越好，力链强度越高，土的抗剪强度越高。该结论表明，土的细观结构变化与其宏观力学特性的变化密切相关。

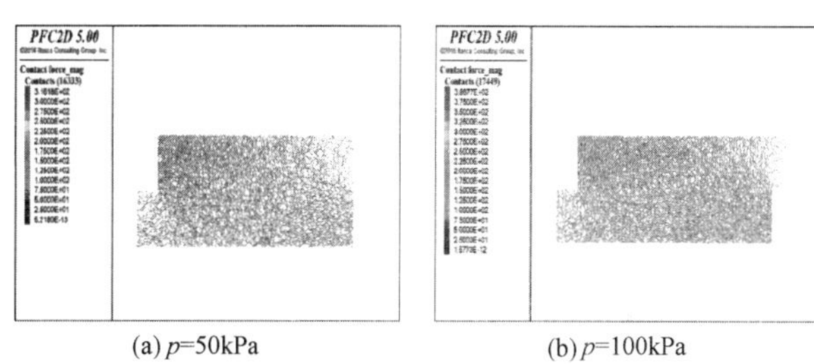

(a) p=50kPa (b) p=100kPa

图 8 未改良膨胀土中的力链分布

Fig. 8 Distribution of force chains in unimproved expansive soil

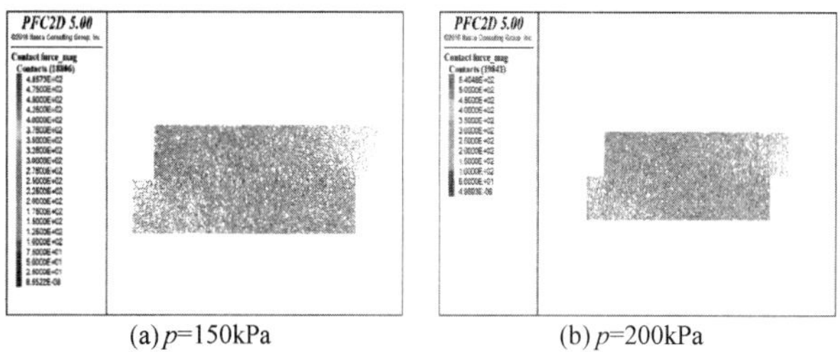

(a) p=150kPa (b) p=200kPa

图 9 未改良膨胀土中的力链分布

Fig. 9 Distribution of force chains in unimproved expansive soil

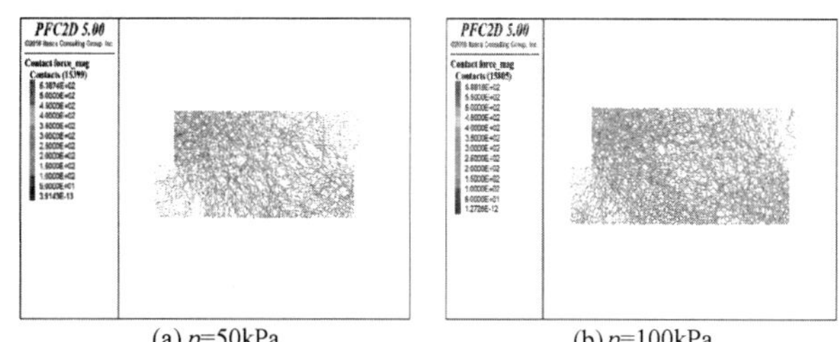

(a) p=50kPa (b) p=100kPa

图 10 改良膨胀土中的力链分布，r_{bc}=50∶100

Fig. 10 Distribution of force chains in improved expansive soil, r_{bc}=50∶100

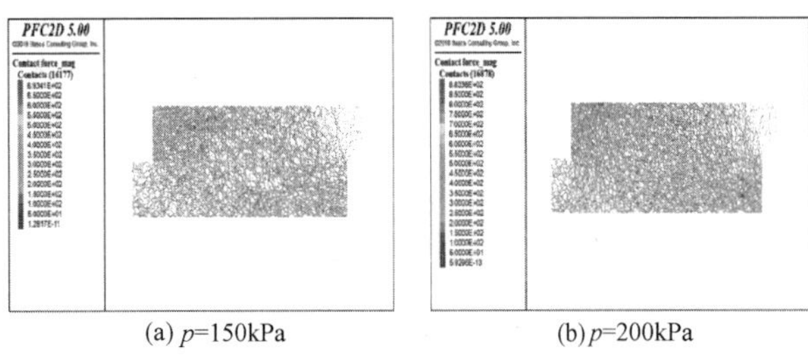

(a) p=150kPa　　(b) p=200kPa

图 11　改良膨胀土中的力链分布，$r_{bc}=50:100$

Fig. 11　Distribution of force chains in improved expansive soil, $r_{bc}=50:100$

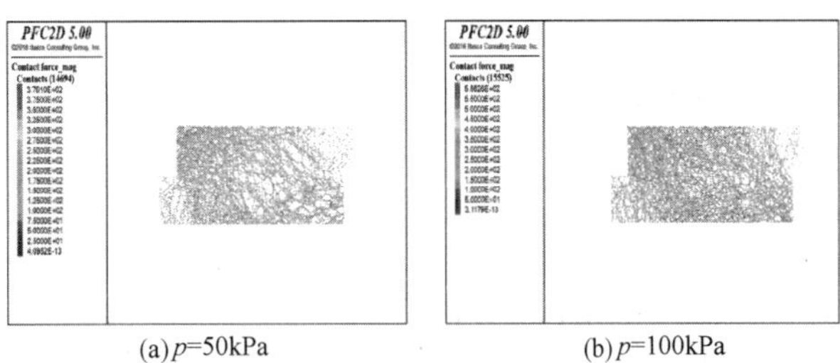

(a) p=50kPa　　(b) p=100kPa

图 12　改良膨胀土中的力链分布，$r_{bc}=50:125$

Fig. 12　Distribution of force chains in improved expansive soil, $r_{bc}=50:125$

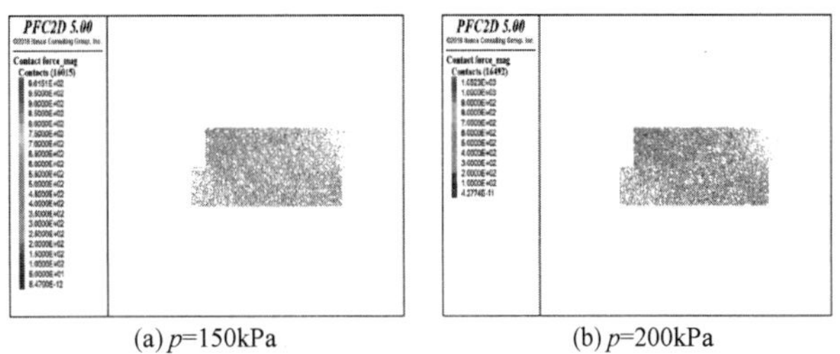

(a) p=150kPa　　(b) p=200kPa

图 13　改良膨胀土中的力链分布，$r_{bc}=50:125$

Fig. 13　Distribution of force chains in improved expansive soil, $r_{bc}=50:125$

5.3　土的组构分析

在直剪过程中，为了适应应力状态的改变，土颗粒会发生相对移动和转动并重新排列。土颗粒间的接触力，具有矢量特点，其大小和方向直接影响土颗粒的移动量和移动方向。当接触力大于平均力的力链时，被定义为强力链。为了更好地对土样组构的各向异性进行分析，通过FISH 语言对力链网络中不同角度强力链的数目进行统计。从力的分布方向，对改良前后膨胀土的组构图进行分析。不同垂直荷载作用下，膨胀土的细观组构，如图 14 和图 15 所示。

由图 14 和图 15 中可以发现，在不同的垂直荷载作用下，膨胀土被剪切完成后，土中的强力链主要集中在 0°～60°和 180°～240°两个范围内。说明力的方向以斜向为主，与图 8～图 13 中的力链分布结果完全一致。由图 14 和图 15 中也可以发现，在斜向角度范围内，改良膨胀土的强力链数高于未改良膨胀土。研究结果说明，碳酸钙沉淀可以有效地增强土颗粒之间的接触，使得颗粒在土体

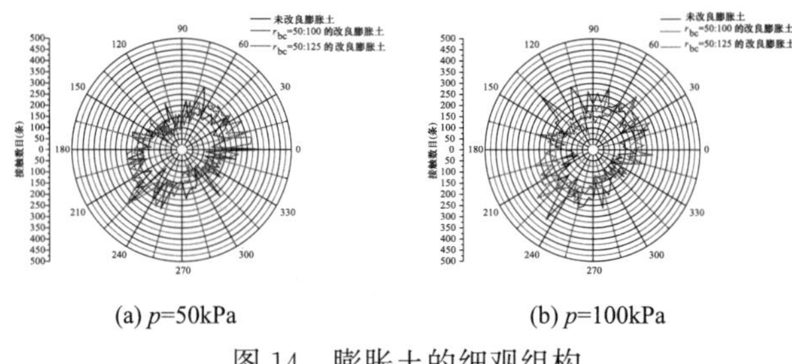

(a) p=50kPa　　(b) p=100kPa

图 14　膨胀土的细观组构

Fig. 14　Mesoscopic fabric of expansive soil

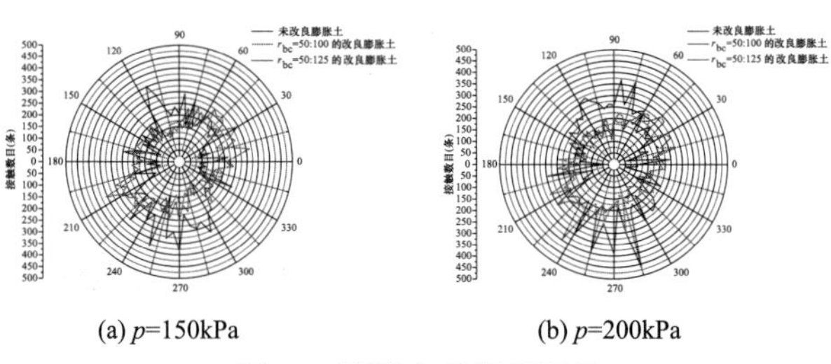

(a) p=150kPa　　(b) p=200kPa

图 15　膨胀土的细观组构

Fig. 15　Mesoscopic fabric of expansive soil

发生剪切位移时，被破坏的颗粒接触更少。验证了碳酸钙沉淀可以有效地增强土颗粒之间的连接，增强了土体的整体性。但是，对 $r_{bc}=50:100$ 和 $r_{bc}=50:125$ 两种不同的改良膨胀土进行对比，发现胶结液用量增大对强力链数的影响并不明显。可能是因为，相对于胶结液用量为100mL 的情况，在胶结液用量为 125mL 时改良膨胀土中碳酸钙沉淀的增加量较少。尽管土样的细观结构变化并不明显，但明显改变了土样的宏观力学特性。表现出颗粒间的接触力增大，土样的整体性得到了增强。由图 14 和图 15 中还可以发现，与未改良膨胀土相比，改良膨胀土的组构在不同方向的变化更小，说明改良膨胀土更趋近于各向同性。

5.4　土中的局部孔隙率分析

在外部荷载作用下，土颗粒会产生转动和移动，从而导致土中的孔隙率发生变化。孔隙率的变化，改变了土体的细观结构，也改变了土的强度特性。在常规的室内试验中，土样剪切完成后，无法获得其内部的孔隙率变化。为了得到土中的局部孔隙率，在模拟过程中，通过 FISH 语言在土体中布置一定数量的测量圆，可测量其中的孔隙率。测量圆的布置如图 16 所示。

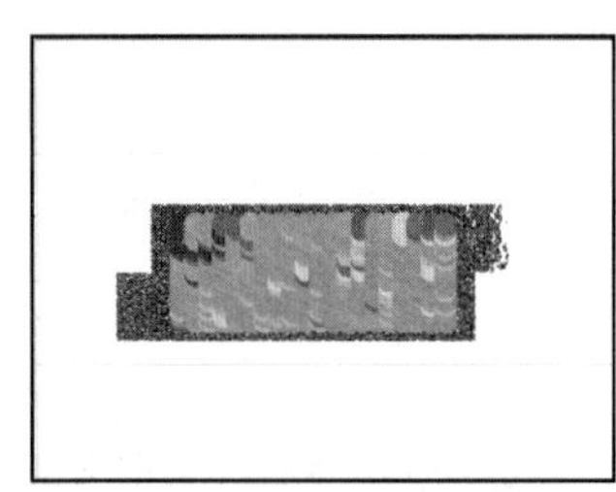

图 16　测量圆的布置

Fig. 16　Arrangement of the measuring circle

为了精确地获得剪切完成后土体内的孔隙率，在土

体中间部位布置了 400 个测量圆。通过 FISH 语言实现以测量圆为媒介，采集测量圆覆盖部位的孔隙率。以垂直压力 200kPa 为例，膨胀土剪切完成后，得到了测量圆覆盖部位的孔隙率。测量圆覆盖部位的孔隙率，如图 17 所示。

由图 17 中可以发现，剪切完成后，改良膨胀土的孔隙率分布比未改良膨胀土更均匀，且胶结液用量越多，孔隙率分布的均匀性越明显。由图 16 中也可以发现，与试样的初始孔隙率相比，改良膨胀土的孔隙率变化量更小。胶结液用量越大，土样剪切完成后孔隙率的变化量越小。在剪切过程中，颗粒间的平行胶结力会限制颗粒间的滑移和转动，也会限制土颗粒在局部的重新排列。上述结论表明，在 MICP 方法改良膨胀土的过程中，碳酸钙沉淀依附于土颗粒表面，增大了颗粒之间的黏聚力，在外部荷载作用下，使得颗粒间的接触更加紧密，更难发生由于滑移和转动而引起的破坏。孔隙率的变化越小，说明颗粒之间的接触越好，力链强度越大，抵御外部荷载的能力越强。宏观上表现为土样的剪应力峰值越高。

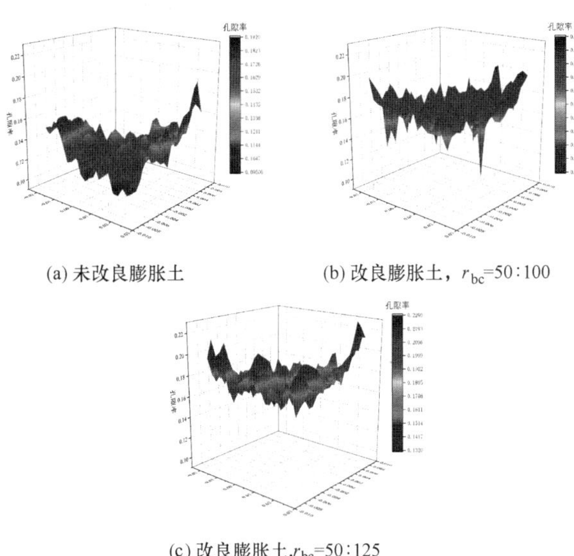

(a) 未改良膨胀土　　(b) 改良膨胀土，r_{bc}=50∶100

(c) 改良膨胀土，r_{bc}=50∶125

图 17　测量圆覆盖部位的孔隙率

Fig. 17　Porosity of area covered by measuring circle

6　结论

通过直剪试验和 PFC2D 数值模拟等方法，对 MICP 方法改良的南宁膨胀土开展了试验研究，应用离散元理论并考虑土体的细观结构变化，对改良膨胀土的强度特性进行了理论分析。通过研究，得到了如下结论。

(1) 通过直剪试验发现，经过 MICP 方法改良后膨胀土的剪切峰值强度得到了显著提高。随着胶结液掺量的增多，剪切峰值强度随之提高。微生物诱导碳酸钙沉淀，可以有效提高土体抵御外部荷载的能力。

(2) 基于离散元理论，建立了 MICP 方法改良膨胀土的离散元模型，并确定了模型的细观参数，验证了模型的合理性。

(3) 通过定量分析，证明了碳酸钙沉淀可以有效提高土颗粒间的黏聚力，也提高了土体抵御外部荷载的能力。探明了胶结液用量对模型参数的影响规律。

(4) 对土中的力链分布、细观组构和局部孔隙率分布等方面进行了理论分析。揭示了碳酸钙沉淀对膨胀土的细观结构特性和宏观力特性改良的影响机理。

本文的研究，为定量分析 MICP 方法改良膨胀土的细观结构演变奠定了理论基础，也为进一步分析改良膨胀土的细观结构与其宏观力学特性的密切联系提供了新思路。

参考文献：

[1] 孙长龙，殷宗泽，王福升，等. 膨胀土性质研究综述[J]. 水利水电科技进展，1995(6)：11-15.

[2] ALI BEHNOOD. Soil and clay stabilization with calcium- and non-calcium-based additives: A state-of-the-art review of challenges, approaches and techniques[J]. Transportation Geotechnics, 2018, 17: 14-32

[3] 刘林，刘坤岩. 膨胀土改良机理及改良剂对比试验研究[J]. 公路工程，2011，36(1)：142-144.

[4] 边加敏，蒋玲，王保田. 石灰改良膨胀土强度试验[J]. 长安大学学报(自然科学版)，2013，33(2)：38-43.

[5] TIAN Z F, TANG X, XIU Z L, et al. Effect of different biological solutions on microbially induced carbonate precipitation and reinforcement of sand[J]. Marine Georesources & Geotechnology, 2019, 8: 1-11.

[6] YANG XIAO, YANG WANG, SHUN WANG, T. MATTHEW EVANS, ARMIN W. STUEDLEIN, JIAN CHU, CHANG ZHAO, HUANRAN WU, HANLONG LIU. Homogeneity and mechanical behaviors of sands improved by a temperature-controlled one-phase MICP method [J]. Acta Geotechnica, 2021, 16: 1417-1427.

[7] DEJONG, J T, FRITZGES M B, Nusslein K. Microbial induced cementation to control sand response to undrain shear[J]. Geotech. Geoenviron. Eng., 2006, 132(11): 1381-1392.

[8] FENG K, MONTOYA B M. Quantifying level of microbialinduced cementation for cyclically loaded sand [J]. Geotech. Geoenviron. Eng., 2017, 143(6): 1-4.

[9] KWON Y M, CHANG I, LEE M, et al. Geotechnical engineering behavior of Jiang N J, Soga K. The applicability of microbially induced calcite precipitation (MICP) for internal erosion control in gravel-sand mixtures [J]. Géotechnique, 2017, 67(1): 42-55.

[10] YAN Y. Effect of wool fiber addition on the reinforcement of loose sands by microbially induced carbonate precipitation (MICP): mechanical property and underlying mechanism [J]. Acta Geotechnica, 2021, 16(5): 1401.

[11] HOANG T, ALLEMAN J, CETIN B, et al. Sand and silty-sand soil stabilization using bacterial enzyme-induced calcite precipitation (BEICP)[J]. Canadian Geotechnical Journal, 2019, 56(6): 808-822.

[12] LI XIAOBING, ZHANG CHUNSHUN, XIAO HONGBIN, et al. Reducing Compressibility of the Expansive Soil by Microbiological-Induced Calcium Carbonate Precipitation [J]. Advances in Civil Engineering. 2021, 2021(1): 1-12.

[13] JIANG WEICHANG, ZHANG CHUNSHUN, XIAO HONGBIN, et al. Preliminary study on microbially modified ex-

pansive soil of embankment[J]. Geomechanics and Engineering. 2021，26(3)：301-310.

[14] SU HUANYU，XIAO HONGBIN，LI ZHENYU，et al. Experimental Study on Microstructure Evolution and Fractal Features of Expansive Soil Improved by MICP Method [J]. Frontiers in Materials，2022，842887.

[15] OUYANG QIANWEN，XIAO HONGBIN，LI ZHENYU，et al. Experimental Study on the Influence of Microbial Content on Engineering Characteristics of Improved Expansive Soil[J]. Frontiers in Earth Science，2022，863357.

[16] TIAN XUWEN，XIAO HONGBIN，LI ZIXIANG，et al. Experimental Study on the Strength Characteristics of Expansive Soilss Improved by the MICP Method，Geofluids，2022，3089820.

[17] YU XINPEI，XIAO HONGBIN，LI ZHENYU，et al. Experimental Study on Microstructure of Unsaturated Expansive Soil Improved by MICP Method，Applied Sciences，2022，12(1)，10. 3390/app12010342.

[18] 高广运，姚啃峰，孙雨明，等. 2.5维有限元分析高铁荷载诱发非饱和土地面振动[J]. 同济大学学报(自然科学版)，2019，47(7)：957-966.

[19] 张玉军，张维庆. 锚固的双重孔隙-裂隙岩体流变模型及其地下洞室二维有限元分析[J]. 岩石力学与工程学报，2018，37(S1)：3300-3309.

[20] 王松，朱守彪. 断层破裂速度对地震动及其地震灾害影响的有限单元法模拟[J]. 地球物理学报，2022，65(2)：686-697.

[21] 邢会林，郭志伟，王建超，等. 断层系统摩擦动力学行为的有限元模拟分析[J]. 地球物理学报，2022，65(1)：37-50.

[22] 宋伟涛，张佩，杜修力. 含石量对砂卵石地层隧道开挖地表沉降影响研究[J]. 地下空间与工程学报，2021，17(S1)：359-366+374.

[23] 刘云贺，王琦，宁致远，等. 考虑损伤的平行黏结接触模型开发及其参数影响分析[J]. 岩土力学，2022(3)：1-11.

[24] 袁伟，李建春. 剪切速率对平直节理摩擦行为的影响及其机制研究[J]. 岩石力学与工程学报，2021，40(S2)：3241-3252.

[25] 苏永华，王栋. 基于离散元法的砂石混合体直剪试验结果分析[J]. 水文地质工程地质，2021，48(6)：97-104.

[26] 杨圣奇，孙博文，田文岭. 不同层理页岩常规三轴压缩力学特性离散元模拟[J]. 工程科学学报，2022，44(3)：430-439.

[27] ROUHOLLAH BASIRAT，JAFAR KHADEMI HAMIDI. Numerical Modeling of a Punch Penetration Test Using the Discrete Element Method[J]. Slovak Journal of Civil Engineering，2020，28(2)：1-7.

[28] WEN-LING TIAN，SHENG-QI YANG，YAN-HUA HUANG. Discrete element modeling on crack evolution behavior of sandstone containing two oval flaws under uniaxial compression[J]. Arabian Journal of Geosciences，2020，13(1)：206-225.

[29] FU TENG FEI，TAO XU，MICHAEL J. Heap，et al. Mesoscopic time-dependent behavior of rocks based on three-dimensional discrete element grain-based model[J]. Computers and Geotechnics，2020，121(C)：103472-103472.

[30] JOHN DE BONO，GLENN MCDOWELL. The effects of particle shape on the yielding behaviour of crushable sand [J]. Soils and Foundations，2020，60(2)：520-532.

[31] ZHAOHUI CHONG，QIANGLING YAO，XUEHUA LI，et al. Acoustic emission investigation on scale effect and anisotropy of jointed rock mass by the discrete element method [J]. Arabian Journal of Geosciences，2020，13(2)：25-32.

[32] HADI AHMADI，SAMAN FARZI SIZKOW. Numerical analysis of ground improvement effects on dynamic settlement of uniform sand using DEM[J]. SN Applied Sciences，2020，2(5)：1171-1182.

[33] 中华人民共和国住房和城乡建设部. 土工试验方法标准：GB/T 50123—2019[S]. 北京：中国计划出版社，2019.

[34] 曾远. 土体破坏细观机理及颗粒流数值模拟[D]. 上海：同济大学，2006.

[35] 李保瑞. 基于颗粒流软件的土性标定及排桩支护桩土作用机理研究[D]. 西安：长安大学，2017.

[36] 骆旭锋. 砂土和黏土直剪试验的颗粒流数值模拟与湿颗粒吸力研究[D]. 南宁：广西大学，2019.

[37] 宁孝梁. 黏性土的细观三轴模拟与微观结构研究[D]. 杭州：浙江大学，2017.

[38] 李可宇，杨果岳，李良吉，等. 基于颗粒流模拟的黏性土宏细观参数相关性分析[J]. 实验力学，2020，35(6)：1147-1156.

滑道承载力增效评估分析

何　晶[1]，许　洁[1]，徐　燕[1]，刁　钰[2]，郑　刚[2]
（1. 天津市建筑科学研究院有限公司，天津 300193；2. 天津大学，天津 300350）

摘　要：对长度超过 200m，包括 2 种承载力、4 种标准道板、应用高低桩板、多种桩型布置、通过滑块和滑靴传力的复杂结构进行承载力评估是困难的，尤其只允许采用无损检测方法，所有现场检测均在建造场地钢构件生产加工作业的同时进行。结合工程结构及实际需求制定科学可行的实施方案，综合利用现有各种检测手段，在确保检测结果可靠性的同时，辅以经验公式验算、数学模型模拟计算等方法，完成滑道评估工作，为提高产能提供技术支持。

关键词：滑道；地基基础；无损检测；模型计算

作者简介：何晶，男，1979 年生，主要从事岩土工程检测方面研究。

Evaluation and analysis of the effect of carrying capacity of the slideway

HE Jing[1], XU Jie[1], XU Yan[1], DIAO Yu[2], ZHENG Gang[2]
(1. Tianjin construction science research institute Co., Ltd., Tianjin 300193, China; 2. Tianjin University, Tianjin 300193, China)

Abstract: It is difficult to evaluate the bearing capacity through the complex structure of slide block and slipper, with the length of more than 200m, including 2 kinds of design bearing capacity, 4 standard channel plates, application of high and low pile board, multiple pile type arrangement. All field tests are completed at the construction site steel components production process. In particular, it is only allowed to use nondestructive testing methods. Combined with the engineering structure and actual demand, we can formulate scientific and feasible implementation plan. While ensuring the reliability of the test results, we should make full use of existing surveying and detection methods, supplemented by empirical formula checking, mathematical model simulation and other methods. We completed the evaluation of slideway and provided technical support for improving production capacity.

Key words: slideway; foundation; nondestructive test; model calculation

1　引言

滑道位于天津市塘沽区临海建造场区内，自 1998 年陆续建成并投入使用，主要用于海上石油平台等大型钢结构设施的建造与组装，可直接装船。根据社会与经济发展要求，特别是我国海洋工程产业向深海、大型化、国际化、高附加值方向发展，需要对该工程的使用功能进行增效与改造，亟须对原有工程结构现状及地基条件现状进行检验与评估，以便对该工程的安全使用、增效及改造设计提供可靠的技术依据与安全保障。

为了完成对 3 条滑道、5 块预制场地及各车道承载能力的评估任务，根据已掌握的技术资料，依据《民用建筑可靠性鉴定标准》GB 50292—2015[1] 对该项目进行岩土工程勘察、地基载荷试验、结构检查、模型计算等多项工作。本文以较为复杂的某条滑道为例具体说明。

2　评估技术要求

滑道评估要求为基于现有的完工资料和滑道现在实际状态，对各滑道的承载能力进行评估，给出滑道沿长度方向允许的线荷载，各滑道允许线荷载在滑道宽度上的分布曲线，不允许采用破坏性试验。

3　准备工作

3.1　现场踏勘

通过现场实地踏勘直观了解工作条件，大型钢结构模块正在施工，各种大型车辆、重型吊车穿梭不停，振动干扰多，在一定程度上限制了评估的检测工作。

3.2　收集滑道技术资料

由于滑道建成使用已有 15 年以上时间，期间进行过数次修缮与维护，为更全面了解本工程区域内的工程情况，除进行现场踏勘外，还调阅了大量技术资料，包括滑道竣工及改造存档资料、工程地质勘察报告等。滑道、滑块、滑靴、支腿、组块的码放见图 1，滑道滑块布置见图 2。

3.3　滑道实际状态

（1）工程概况

滑道总长 213.26m，设计承载能力分为 8000t 级和 4000t 级两部分，以中心线为轴两侧对称，由东、西两条滑道组成，内侧取齐。距码头近端为 8000t 级组块滑道，总长为 78.14m（其中前方约 30.9m 在码头上），滑道板宽 12m，两滑道板中心线间距 19m，适用滑靴间距 14～

图 1　现场滑道、滑块、滑靴、支腿、组块结构
Fig. 1　Field slideway, slider, slipper, outrigger and block structure

24m 的组块建造和装船。距码头远端为承载 4000t 级组块滑道，总长为 135.12m，滑道板宽 10m，两滑道板中心线间距 17m，适用滑靴间距 12～22m 的组块建造和装船。滑道板设计混凝土强度为 C35。

（2）滑道 8000t 级部分结构特点

滑道 8000t 级部分前方码头区滑道采用高桩板式承台结构，滑道板长度为 30.9m，板厚为 2.5m，板中间不分段，不设伸缩缝。东侧滑道板下面布置 20 根 ϕ1500mm 和 2 根 ϕ1200mm 的混凝土灌注桩支撑，桩与桩间距横向 4.55m、纵向 4.6m，桩入土深度前沿两根角桩分别为 80m、73m，其余桩在 57～67m 之间；西侧滑道板下面由 3 根 ϕ1500mm 和 28 根 ϕ1200mm 的混凝土灌注桩支撑，桩与桩间距横向 3.48m 或 3.50m、纵向 3.95m。桩入土深度前沿 4 根角桩为 71m，其余桩在 50～65m 之间。

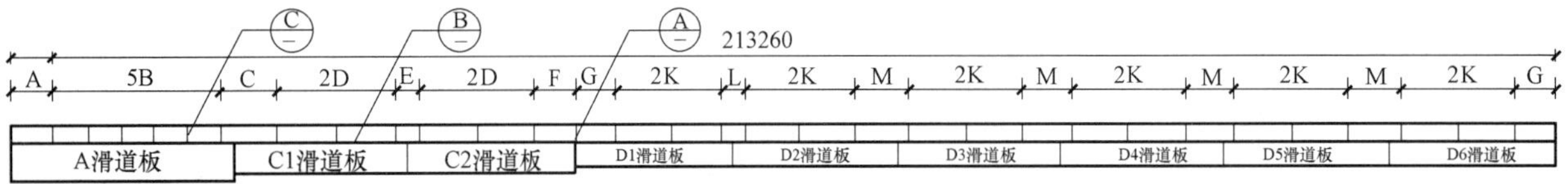

(a) 东侧滑道滑块布置图

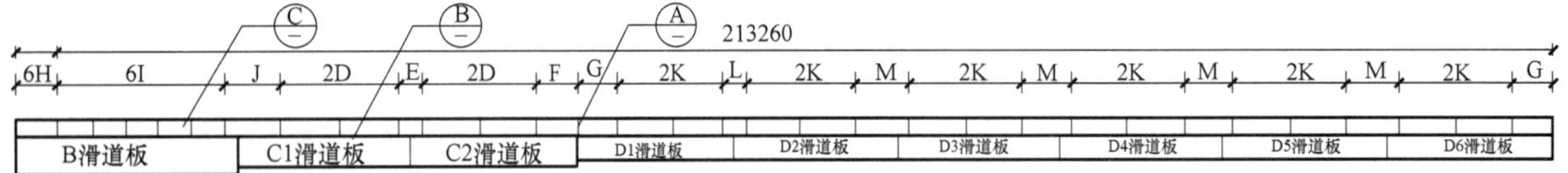

(b) 西侧滑道滑块布置图

图 2　滑道滑块布置图
Fig. 2　Slide block layout of skidway

滑道 8000t 级部分后方场地区滑道采用低桩板式承台结构，每条滑道板分为 2 段，每段板长 23.6m，板厚为 2.0m，板与板之间留有 20mm 伸缩缝，用沥青木丝板填塞。每块滑道板下布置 18 根 ϕ1200mm 的混凝土灌注桩支撑，桩与桩间距横向 4.5m、纵向 4.04m。桩入土深度 6 根边桩桩长为 62m，其余桩桩长为 51m。

（3）滑道 4000t 级部分结构特点

滑道 4000t 级部分后方场地区采用低桩板式承台结构，每条滑道板分为 6 段，每段长 22.5m，板厚 1.5m，板与板之间留有 20mm 伸缩缝，用沥青木丝板填塞。每块滑道板下布置 18 根 ϕ1000mm 混凝土灌注桩，桩与桩间距横向 3.5m，纵向 3.9m。桩入土深度角桩桩长 45.5m，其余桩长 41.5m。

（4）滑块部分结构特点

滑道共铺设 65 块滑块，为滑靴与滑道板之间的传力结构，高 1.2m、宽 2.0m 的钢筋混凝土梁式构件，在两条滑道上通长布置。按长度不同，分 13 种型号。两条滑道仅在前方码头区滑块布置略有不同。装船时滑块必须按设计位置摆放，滑块间除中间留一道伸缩缝外（与滑道板伸缩缝连成通缝），所有滑块间都预留 60mm 宽的连接缝，用于浇注砂浆，将所有滑块连接成一个整体，利于滑块间传递水平力，防止将水平力传给前方码头桩台。

（5）设计计算工况及荷载组合

根据承载力划分的工况及荷载组合见表 1、表 2。

前方码头区计算工况（8000t 级滑道区）　表 1

Alculation condition in the front of dock area (8000t slideway)　Table 1

荷载			工况	
编号	名称	数量	编号	组合方式
①	桩重		Ⅰ	①+②+③+④*
②	滑道板重		Ⅱ	①+②+③+⑤*
③	滑块重		Ⅲ	①+②+⑥
④	四腿组块集中荷载	2×1300t	Ⅳ	①+②+③+⑧*

续表

荷载			工况	
编号	名称	数量	编号	组合方式
⑤	八腿组块集中荷载	4×1300t	Ⅴ	①+②+⑦
⑥	水平荷载	160t	Ⅵ	①+②+⑨
⑦	堆货荷载	3.0t/m^2	Ⅶ	①+②+③+④* ×50%+⑩
⑧	组块装船时荷载	2600t		
⑨	350t 履带吊	13.5t/m^2		
⑩	地震作用	7度		

注：* 为流动荷载，Ⅰ、Ⅱ、Ⅲ、Ⅳ、Ⅴ、Ⅵ为设计荷载组合，Ⅶ为特殊荷载组合

后方场地区计算工况（8000t、4000t 级滑道区） 表 2

Calculation working conditions in the rear area（8000t、4000t slideway） Table 2

荷载			工况	
编号	名称	数量	编号	组合方式
①	桩重		Ⅰ	①+②+③+④*
②	滑道板重		Ⅱ	①+②+③+⑤*
③	滑块重		Ⅲ	①+②+⑥* +⑦
④	四腿组块集中荷载	2×1300t、2×780t	Ⅳ	①+②+③+④* ×50%+⑧
⑤	八腿组块集中荷载	4×1300t、2×650t		
⑥	1200t 组块集中荷载	2×390t		
⑦	水平荷载	160t		
⑧	地震作用	7度		

注：* 为流动荷载，Ⅰ、Ⅱ、Ⅲ为设计荷载组合，Ⅳ为特殊荷载组合

4 实测成果、验算及模拟计算结果

4.1 岩土工程勘察

根据评估工作的需要，本次（岩土）工程勘察阶段为详细勘察阶段，以钻探取样和标准贯入试验为主，并结合静力触探、十字板剪切试验、波速等原位测试方法进行综合评价。根据工程桩长度，滑道周围布置了 1 个 90m 深钻孔，2 个 80m 深钻孔。土层物理力学性质汇总见表 3。

本次勘察结果与收集的勘察报告进行了对比，除地表填土层外（经年多次填筑压实），其下覆各土层的物理力学性质无明显变化。

土层物理力学性质汇总表 表 3

List of the physical and mechanical properties of the soil layer Table 3

名称	顶板标高 (m)	层厚 (m)	重度 (kN/m^3)	参数类型	黏聚力 (kPa)	内摩擦角 (°)	剪切模量 (MPa)	体积模量 (MPa)	地基承载力 (kPa)	侧摩阻力 (kPa)	端阻力 (kPa)
⑥$_1$ 粉质黏土	0	4	18.5	不排水	14	0	2	41	70	20	—
⑥$_2$ 粉质黏土	−4	3	18.5	不排水	16	0	2	47	80	24	—
⑥$_3$ 黏土	−7	7	17.9	不排水	15	0	2	44	75	22	—
⑥$_4$ 粉质黏土	−14	1	19.4	不排水	20	0	3	61	105	30	—
⑥$_5$ 粉土	−15	2	20.1	不排水	23	0	4	70	120	36	—
⑧$_1$ 粉质黏土	−17	4	20.2	不排水	26	0	4	79	135	42	—
⑧$_2$ 粉质黏土	−21	1	19.8	不排水	29	0	4	88	150	50	—
⑨$_1$ 粉质黏土	−22	2	19.9	不排水	31	0	5	93	160	52	—
⑨$_2$ 粉砂	−24	3	20.1	排水	0	30	15	32	200	64	750
⑩$_1$ 粉砂	−27	4	19.5	排水	0	32	17	36	220	68	800
⑪$_1$ 粉砂	−31	36	20.1	排水	0	33	28	61	270	72	900
⑫$_1$ 粉质黏土	−67	2	20.3	不排水	39	0	6	117	200	60	—
⑫$_2$ 粉砂	−69	11	20.1	排水	0	33	43	93	290	80	1000

4.2 结构检测

通过对滑道进行全面检查，包括外观目测检查、外形尺寸测量、高程测量、表面混凝土强度检测等方法，汇总目前各结构现状，为评估、模型计算提供基础参数。

4.2.1 外观目测检查

滑道上经常有重型运输车辆及大型履带吊作业，道板表面混凝土局部小面积存在麻面，个别边缘外包角钢弯曲变形，未发现影响安全稳定的结构裂缝等缺陷。

4.2.2 测量

对现有各滑道的外观尺寸及高程进行测量，与设计图纸进行校核。各滑道板块长度和宽度外观尺寸测量结果符合设计图纸要求。由于无法进行开挖验证，滑道板厚度未予量测。其高程较均匀，最高点高程 4.0699m 在滑道最后端道板上，最低点高程 3.8833m 在滑道最前端，符合设计要求。由于水准点变化及工程施工水准测量基点已无从查找，无法得出工后沉降。

4.2.3 道板表面混凝土强度检测

根据现场实际工作条件和委托方要求无损检测的技术要求，采用回弹法检测滑道表面 2880 个测点混凝土表面强度。滑道表面现龄期混凝土强度推定值达到 C35 以上，符合设计要求。

4.3 结构验算

滑道板主要由钻孔灌注桩提供承载力，按照设计图纸、依据《建筑桩基技术规范》JGJ 94—2008[2] 和《混凝土结构设计规范》GB 50010—2010[3] 相关规定进行了标准滑道板的基桩承载力、沉降、冲切及抗弯验算。

4.3.1 基桩承载力验算

根据勘察报告提供的参数和基桩检测报告结果，对各种桩型承载力进行验算，结果见表 4，单桩承载力均满足设计要求。

滑道钻孔灌注桩承载力验算结果汇总 表 4

Summary of the results of the checking calculation of the bearing capacity of bored piles in the slideway

Table 4

直径（mm）	桩长（m）	单桩极限承载力标准值(kN)	单桩承载力特征值(kN)
1500	70.0	21116	10558
1200	70.0	17246	8623
1200	53.0	12455	6227
1200	43.0	9740	4870
1000	70.0	14666	7333
1000	45.0	8834	4417

4.3.2 设计图纸结构验算

根据设计图纸、结构检查结果、基桩承载力验算结果作为计算参数，对 4 个标准道板最不利的受力条件进行结构验算，结果表明各道板边角处为受力变形最薄弱点。

4.4 模型计算

各滑道前方码头采用高桩板式结构，后方均采用低桩板式结构，滑块位置均可沿滑道横向移动位置，涉及复杂的桩土相互作用，常规方法分析困难。对此，采用有限差分法对滑道的承载力与沉降特性进行分析计算，利用岩土专业软件 FLAC3D 进行建模分析，模拟目前使用最小长 6.4m、宽 1.2m 的滑靴作用下各滑道的荷载-沉降特征。

4.4.1 模型概述

模型采用三维建模，桩、板、滑块和土层均采用实体 C3D8R 单元，仅滑道 4000t 级部分共约 100000 个单元。图 3 和图 4 为典型的模型网格。

(a) 高桩板滑道　　(b) 低桩板滑道

图 3 典型模型网格

Fig. 3 Typical model grid

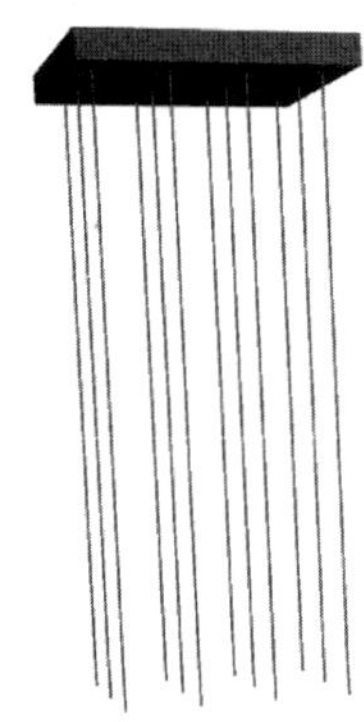

图 4 滑道板及桩网格

Fig. 4 Slideway and pile mesh

(1) 滑道板

对于滑道 4000t 级部分模型计算域为 22.5m×17.0m×81.0m（长×宽×深），8000t 级部分模型计算域为低桩板 23.6m×19.0m×81.0m（长×宽×深）和高桩板 30.9m×19.0m×81.0m（长×宽×深）。

由于每段滑道板之间留有沉降缝，因此对每一段单独进行计算。忽略滑道板底面以上土体的加强作用，底面以上仅考虑滑道板。滑道板下部布置桩，桩头与滑道板刚性连接。忽略角桩与中心桩的差异，取较短的中心桩长。

(2) 土体

根据设计图纸滑道外两侧土体边界距离中线距离为4m，土体分层根据《岩土工程勘察报告》共分为15层，最深处为粉土，深80.5m。采用摩尔库仑模型，考虑到每级荷载施加速度较快，因此低渗透性黏土采用不排水参数，而渗透性高的细砂采用排水参数。

4.4.2 加载

滑道板上的荷载包括各滑块重力和上部结构（组块或导管架）的垂直荷载。

首先在滑道上放置滑块，而后码放滑靴，然后逐步施加上部荷载（组块或导管架等），上部结构保守取为四腿，目前使用的最小滑靴长6.4m、宽1.2m，滑块最大长度不超过7.5m，钢结构平台组块在滑块和滑靴的支撑下，通过支腿在滑道上逐层加工完成后拖拉至码头装船。实际工况计算参考表1、表2。

为考察沿滑道长度方向的允许荷载分布，滑块按设计布置方式计算，对于不同的滑道其布置方式不同，为考察沿滑道宽度方向的允许荷载分布，分别计算了滑块沿滑道边部布置、1/4道宽处布置和中心处布置三种情况下滑块的荷载-沉降特性，如图5所示。

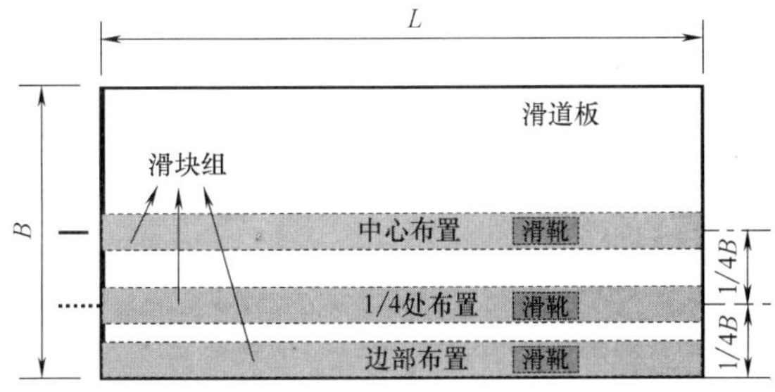

图5 计算沿滑道宽度方向允许承载力滑块布置图

Fig. 5 Calculate the allowable bearing capacity to place slider on the slideway along width

4.4.3 允许承载力特征分析

组块或支架荷载通过支腿、滑靴、滑块、道板最终传递到桩-土承载体系，各支腿下滑靴处道板承担集中荷载，应力最集中，结构破坏形式主要受道板抗弯强度控制，而每块道板中心处的抗弯性能最差，生产过程中要求各滑靴之间的沉降变形差异不可大于25mm。由于计算模型中采用了移动滑靴（目前使用最小滑靴宽6.4m、长1.2m）、固定滑块布置、固定桩基布置及土层分布、固定结构形式（道板长度、宽度、厚度、强度及配筋等），在对道板的逐级加载计算过程中，这些参数都对计算结果产生了影响。在沿滑道长度方向上，滑道承载力的变化主要受荷载作用位置等参数的影响。一般情况下，在相同荷载作用下的沉降变形与滑块长度成正比，随着荷载不断增加，沉降变形也逐渐加大，变形达到60mm时，在道板中心处施加荷载时应力最为集中，混凝土将产生裂缝。

在沿滑道宽度方向上，滑道承载力的变化除主要受基桩布置位置和荷载作用位置的影响外，还包括滑靴尺寸、滑块长度及滑靴布置的影响。一般情况下，在相同荷载作用下的沉降变形在道板边部最大，在道板中心处最小。

4.4.4 模型计算分析结果

1）滑道承载能力

（1）滑道承载力计算

参考土层物理力学性质指标及结构设计图纸，根据基桩布置情况，模拟滑靴在滑块上沿滑道后端向前端移动，整体强度主要由道板受弯变形控制，在变形达到60mm时道板混凝土有可能发生结构破坏，并给出了各滑块在各级荷载作用下所对应沉降。

（2）滑道允许承载力统计

因生产过程中要求各滑靴之间的沉降变形差异不可大于25mm，故取变形量30mm对应的荷载为各滑道的允许承载力，允许承载力统计见表5。

滑道允许承载力统计　　表5

Allowable bearing capacity statistics table on the slideway　　Table 5

滑道	区域	滑道允许承载力(kN/m^2)		
		边部	四分之一	中心
4000t级	东	2340	2340	2470
	西	2340	2340	2470
8000t级	东	3380	3510	3640
	西	3150	3250	3250

查表应按照每腿组块集中荷载＝滑道承载力×滑靴面积的数学关系一一对应。

2）滑道允许承载力特征分析

根据滑道模型计算结果汇总后，其允许承载力沿滑道长度、宽度方向上的分布情况见图6、图7。

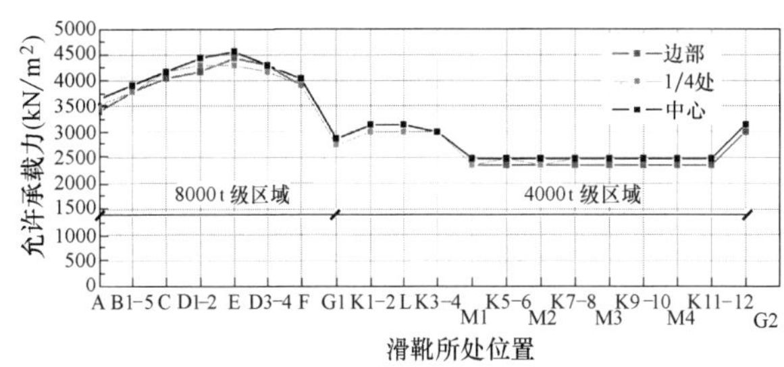

图6 滑道东侧允许承载力分布曲线

Fig. 6 Allowable bearing capacity distribution curve on the east side of slideway

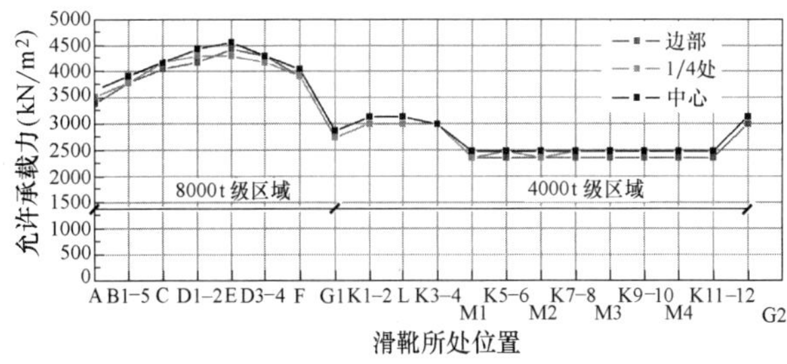

图7 滑道西侧允许承载力分布曲线

Fig. 7 Allowable bearing capacity distribution curve on the west side of slideway

在沿滑道长度方向上允许承载力的分布主要受结构设计强度控制，基本上呈线性分布，每个滑块上的承载力均为在道板中间最大，在相同荷载作用下变形向两侧移动时逐渐增大，在不同位置也有起伏变化。这是由于采用固定长度滑靴（宽 6.4m、长 1.2m）为计算单元模拟在滑块上的移动，不同长度滑块的布置对承载力产生了一定影响。布置均匀且规律性强的位置滑道允许承载力较为一致，如 4000t 级 M1 至 K11-12 段；由于滑块布置不同可使滑道承载力产生变化，如 8000t 级东西两侧码头前沿位置；尤其是相邻滑块长度差异越大引起的承载力变化越大，如 4000t 级尾端 G2 滑块处。

在沿滑道宽度方向上各点允许承载力的变化不大，均表现为在滑道中心处最大，在滑道边缘处最低，变化幅度在平均值的 10%以内。

东西两条滑道允许承载力趋势基本相同，8000t 级区域的变化是由高桩承台向低桩承台过渡造成的，突变点的差异是因桩型与滑块不同，4000t 级区域的变化是由于桩型差异和边界条件不同造成的。

3）荷载-沉降关系

图 8、图 9 分别为滑道东、西侧沿长度方向荷载作用在滑道边部布置时，其荷载-沉降关系曲线。由图可知，荷载-沉降基本为线性关系，而且相同结构区域内及相同荷载作用下滑块在边部布置时沉降最大，最不利的荷载与沉降关系见下式：

$$S_{max}=F/K_{min}$$

式中，S_{max} 为最大沉降量；F 为最不利荷载；K_{min} 为每单位上部荷载造成的沉降，其中 $K_{min}=600$（kN/mm），即每 10kN 上部荷载造成的最大沉降为 1/60mm。

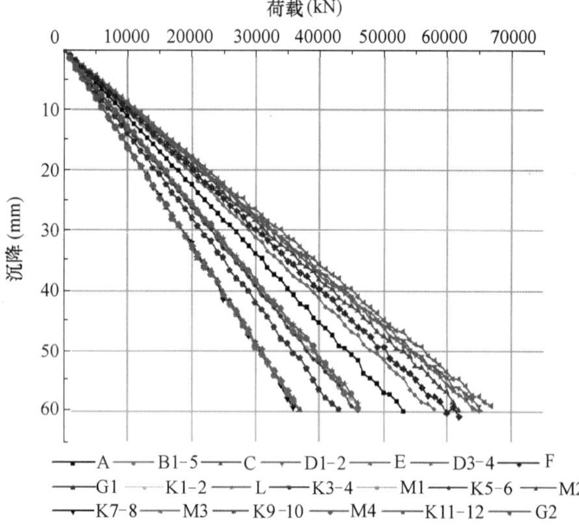

图 8　滑道东侧边部布置荷载-沉降曲线

Fig. 8　Layout load-settlement curve on the east side of slideway

在沿滑道宽度方向上允许承载力的分布主要受结构设计强度控制，呈线性分布，变形随荷载的增大而增加，每个滑块上的承载力均为在道板中间最大，在相同荷载作用下变形向两侧移动时逐渐增大。

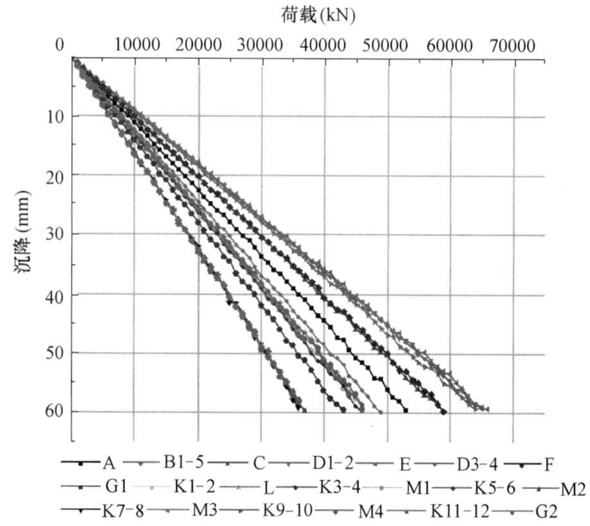

图 9　滑道西侧边部布置荷载-沉降曲线

Fig. 9　Layout load-settlement curve on the west side of slideway

5　滑道承载力评估

5.1　滑道允许承载力控制条件

生产过程中要求各滑靴之间的沉降变形差异不可大于 25mm，根据模型计算结果，滑道整体结构强度主要由道板受弯变形控制，桩基础区域最大沉降不宜超过 60mm。

5.2　滑道允许承载力汇总

在按照设计要求布置滑块的条件下（目前使用最小滑靴长 6.4m，宽 1.2m），根据滑道目前现状，4000t、8000t 级允许承载力分别为 2340kN/m^2、3150kN/m^2，满足原图纸设计要求。

5.3　荷载-沉降变形对应关系

结构强度变形允许范围内，各滑道荷载-沉降变形曲线基本为线性，说明滑道-桩-土尚处于弹性变形阶段，生产过程中，应加强对各受力位置的变形监测。

5.4　允许承载力沿滑道长度方向分布特点

各滑道沿长度方向允许的线荷载基本呈线性分布，并受到滑靴、滑块布置、桩基布置、土层分布、结构形式（道板长度、宽度、厚度、强度及配筋等）、作用部位等因素的影响。

5.5　允许承载力沿滑道宽度方向分布特点

各滑道沿宽度方向允许的线荷载工作性能表现为在相同荷载作用下边部沉降变形最大，中部最小，变化幅度较小。

6 建议

根据评估结果，滑道承载力仍有提升空间，主要受变形控制。

各道板边角处是承载力较薄弱处，该区域不允许长期超限使用，荷载堆放尽量靠近道板中间。

滑块尽量按设计图纸位置码放，特别是各道板连接处，尽量使用较大的滑靴。

由于荷载随工序增加，应加强生产加工过程中的变形监测与数据积累，特别在超宽超限使用时。组块移动到码头必须尽快装船，不得停滞。

7 结语

既有建筑地基基础在长期荷载作用下其承载力、变形性状等均与原设计有差别，且每单体建筑结构特点各异，需进行有针对性的技术分析。

本工程实例充分说明了既有建筑地基基础的评价的重要性和复杂性，必须根据不同技术要求结合现场实际情况，采取适宜的检测评估方法才能得到最优结果，对重要部位宜开展长期健康监测，保证建筑物的安全使用。

参考文献：

[1] 中华人民共和国住房和城乡建设部. 民用建筑可靠性鉴定标准：GB 50292—2015 [S]. 北京：中国建筑工业出版社，2016.

[2] 中华人民共和国住房和城乡建设部. 建筑桩基技术规范：JGJ 94—2008[S]. 北京：中国建筑工业出版社，2008.

[3] 中华人民共和国住房和城乡建设部. 混凝土结构设计规范（2015 年版）：GB 50010—2010[S]. 北京：中国建筑工业出版社，2016.

某既有建筑物基础补强工程选型分析

刘　博[1]，敬　静[2]，夏文韬[1]，叶新宇[3]

（1. 北京中岩大地科技股份有限公司，北京　100000；2. 湖南省湘煤地质工程勘察有限公司，湖南 长沙　410014；3. 中南大学土木工程学院，湖南 长沙　410000）

摘　要：本文对某既有建筑基础补强项目进行了基础选型研究，在旧桩较长的前提下采用数值计算方法研究了新桩长短对新旧桩协同受力的影响，发现较长的新桩更有利于减少工后沉降。另外，还分析了新桩施加预应力对新旧桩协同受力的作用，得出新桩施加预应力将主动减少旧桩荷载，同时能够有效控制施工过程和工后沉降。在项目实践中结合地勘情况选择前压浆钢管微型桩作为该项目基础形式，通过全过程的监测数据反馈，该方案达到了较好的基础加固效果。

关键词：既有建筑物；基础补强；微型钢管桩

作者简介：刘博（1989—），男，技术总监。主要从事基坑、边坡、桩基、既有建筑物基础加固设计与施工技术工作。

Analysis of pile type selection for foundation reinforcement project of an existing building

LIU Bo[1]，JING Jing[2]，XIA Wen-tao[1]，YE Xin-yu[3]

（1. Zhongyan Technology Co.，Ltd.，Beijing 100000，China；2. Coal Geological Engineering Investigation Co.，Ltd of Hunan Province，Changsha Hunan 410014，China；3. School of Civil Engineering，Central South University，Changsha Hunan 410075，China）

Abstract：This article mainly researched on the pile type selection for a certain existing building foundation reinforcement project. Based on the fact that the existing piles are relatively long，the affection of new pile length on the cooperative bearing behaviors of the combined piles system is studied. It is concluded that the post-construction subsidence tend to be less while the new added piles are longer. Besides，the affection of the prestress added on the new pile is also studied，it is concluded that the prestressed new piles can reduce the load added on the old piles actively，and the post-construction subsidence can be better controlled. Considered the geological condition，the pre-pressure grouting micro steel pile is selected in this project. The implementation effect has achieved expected result through the feedback of the monitoring data.

Key words：existing building；foundation reinforcement；micro steel pile

1　引言

由于建筑物改造、文物保护、周边地下工程施工以及质量事故等，既有建筑物基础加固作为一种特殊的基础工程正在越来越多的项目中实践。加固的原因与目的、既有建筑物基础形式、施工空间、地质条件等边界条件的多样性导致每个加固项目都具有特异性，每个项目的设计分析方法和要解决的核心问题都不尽相同，方案的制定需要理论与经验相结合，信息化施工手段也尤为重要。

对于竖向承载力补强最常用的工程手段主要有利用天然地基的扩大基础法、注浆加固法、锚杆静压桩、树根桩、坑式静压桩、微型桩等，其中锚杆静压桩与微型桩在复杂项目中的应用更为广泛，应用场景包括建筑地下增层、缺陷基础补强、既有建筑物托换、顶升与平移等。徐醒华等[1] 成功应用锚杆静压桩对既有建筑物基础进行了补强，将原一层房屋改造增加为四层房屋；贾强等[2] 对锚杆静压桩在既有建筑物地下空间增设项目中的应用进行详细设计与论证；文颖文等[3] 成功采用锚杆静压桩对既有建筑物进行了地下增层改造，并就设计和施工要点进行了讨论；魏焕卫等[4-6] 研究了微型桩组合托换结构中上部新增荷载、既有基础、微型桩和新增承台间的相互作用机理，并提出托换构件强度的计算模型；另外，为微型桩的受力机理和基础加固模式也已经有较多的试验研究，Zhang[7] 研究了微型桩加固中桩、土、基础三者的相互影响特性，李子曦[8] 等通过离心试验研究了微型桩加固对浅基础荷载传递及沉降控制的影响。文章针对某一既有桩基础补强工程，开展了新增桩长度以及新桩预应力两个因素对建筑物整体工后沉降影响的分析与研究。

2　工程概况

某 33 层住宅楼基础形式为桩基础，采用 800mm、900mm、1000mm、1100mm、1200mm 桩，承载力特征值分别为 4300kN、5500kN、6700kN、8200kN、10400kN，桩端设计持力层为中风化岩层，实际桩长约 20m，持力层大多为强风化岩。在上部结构实施过程中发现建筑物出现不均匀沉降，且无收敛趋势，通过补勘与桩身取芯检测，发现既有桩基础存在桩底沉渣过厚等缺陷，基于补勘揭露地层对检测揭露的三根代表桩承载能力进行理论计算，结果如表 1 所示。

桩实际承载能力与设计承载能力对比　表 1

Comparation of actual bearing capacity and designed bearing capacity　Table 1

	15 号桩	20 号桩	25 号桩
设计承载力(kN)	6600	8200	10400
实际反算承载力(kN)	3054	3134.5	3843
比例关系(%)	46.27	38.23	36.95

通过以上分析可知，桩的承载力特征值远未达到设计要求，即使按照极限承载力估算仍无法完全承担上部结构所传递的荷载，建筑物的不均匀沉降将继续发展，需对建筑物进行基础加固。

根据补勘成果承台顶以下约 6～7m 为薄层填土与圆砾，大部分为粉质黏土，往下有约 13～14m 厚的全风化砾岩层，接下来是 12m 左右的强风化砾岩和中风化砾岩。地质参数如表 2 所示。

地质参数　表 2

Geotechnical parameters　Table 2

地层名称	承载力特征值 f_{ak}(kPa)	压缩模量 E_s(MPa)	黏聚力 c(kPa)	内摩擦角 φ(°)
③粉质黏土	160	5	20	14
④圆砾	180	40*	0	38
⑤粉质黏土	220	6.5	30	20
⑥全风化砾岩	260	7.5	32	20
⑦强风化砾岩	320	60*	60	25
⑧中风化砾岩	1500	—	200	30
⑨强风化泥质粉砂岩	320	50*	60	25
⑩中风化泥质粉砂岩	1200	—	190	30

针对以上边界条件，拟对比分析锚杆静压桩和微型钢管桩两种方案。如采用锚杆静压桩，结合以往经验，地基承载力不大于 200kPa 的土层可以静压压入，本项目全风化砾岩地基承载力达到 260kPa，所以锚杆静压桩在进入该地层后将难以进一步压入，结合补勘资料暂按入全风化砾岩 2～3m 估算，承载能力按照终桩压力采用，如果桩径按照 300m 计算，预估桩长为 8m，单桩承载力预计能够达到 1000kN，但该桩长度不足既有桩长度一半，新桩、既有桩、土层之间相互作用较为复杂，补强后新旧桩体系整体承载能力可能无法达到预期，或会发生较大的工后变形。

微型桩通过钻孔灌注成桩，所以成桩长度不受地层影响，为便于对比分析桩长对基础工后沉降的影响，微型桩直径也选取为 300mm，承载力极限值同样取为 1000kN，此时，微型桩理论计算桩长为 12m。

3　新桩长度对加固工后沉降的影响

根据以上初步分析，文章采用 FLAC3D 进行数值分析计算，两种桩型在具有相同的直径、相同承载能力条件下，有不同的理论计算长度，故可以用来分析在加固桩较既有桩短的条件下，桩长这一单一变量对既有桩受力与新旧桩体系工后沉降的影响。

3.1　数值模型

（1）几何模型与约束

文章针对 15 号、16 号桩承台建立三维模型分析，考虑三维模型空间约束效应，土体按照 60m×60m×60m 立方体建模，承台通过实体单元模拟，桩通过模型自带桩单元模拟。

模型（图 1）采取四周水平法向约束，底部在 x、y、z 三个方向上均进行平动约束。

考虑旧桩桩底均有较厚沉渣，故对旧桩桩底采取竖直方向自由约束，对于桩顶与承台之间采用刚性约束；

模拟新桩的桩单元与承台单元及桩端范围内土体单元完全刚接。

（2）荷载情况

承台荷载按照 10000kN 考虑，简化承台顶面均布力，根据项目实际实施进度，其中 9000kN 的荷载在加固桩施工前施加，主要由既有桩承担，剩余荷载在加固桩预应力计算完成后施加；

预应力简化为作用在承台与桩端的一对反向力，在模拟预应力施加过程中承台与基础桩间的连接断开，在预应力施加计算完成后再次连接。

图 1　数值计算模型

Fig. 1　Numerical model

（3）加固桩的考虑

加固桩均按照 8m 的锚杆静压桩和 12m 的微型钢管桩分别模拟，极限单桩承载力均为 1000kN，由此反算桩土接触面的侧阻，该计算承台下方共考虑增加 8 根加固桩，分两排平行于原有桩基布置，对于两个对比计算案例桩基布置位置一致。

3.2　新桩与旧桩的协同受力分析

新桩与旧桩通过扩展承台联系后开始联合受力，后续考虑两种因素导致新旧桩共同受力：

（1）当前房屋尚未修建完成，还有约 10%的恒荷载未施加，这将由新旧桩共同承担；

（2）当前条件下旧桩基本承担了所有荷载，并且已经超出其承载力极限，导致房屋仍在沉降，故在新桩受力后，沉降仍将持续一段时间，并在这一过程中通过变形协调将旧桩承担的一部分荷载转移给新桩，此处假定最终状态下旧桩承载力达到实际反算的承载力特征值。

基于以上两点，协同分析工况设定如下：

（1）在承台与桩施工前，地应力初始平衡；

（2）原有承台与原有桩基在既有荷载作用下达到初步稳定；

（3）增加新承台后，旧桩再次达到稳定；

（4）增加新桩，计算稳定；

（5）施加后续装修荷载，计算稳定；

（6）考虑现有桩侧阻力进一步弱化，对旧桩的承载力按照复核的承载力特征值 3000kN 考虑，计算承台位移响应，与最终新旧桩荷载的分担情况。

通过计算得到加固前两根旧桩桩身最大荷载分别为 4238kN 和 4420kN，计算结果如图 2 所示。

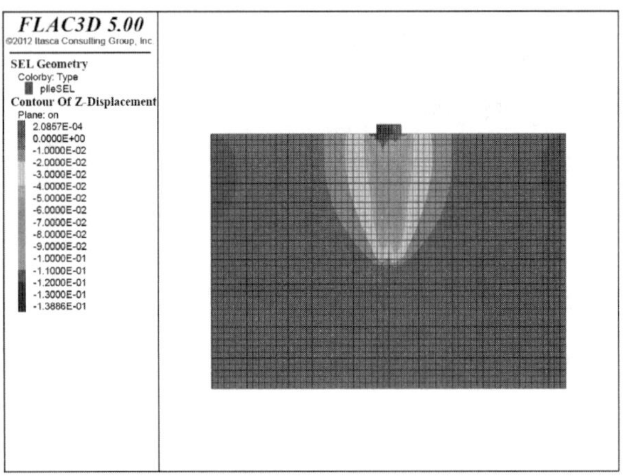

图 2　加固前旧桩轴力及土层沉降云图

Fig. 2　Axial force of pile and settlement nephogram before reinforcement

8m 锚杆静压桩和 12m 微型钢管桩在工况（5）与工况（6）时的计算结果如图 3～图 6 所示。

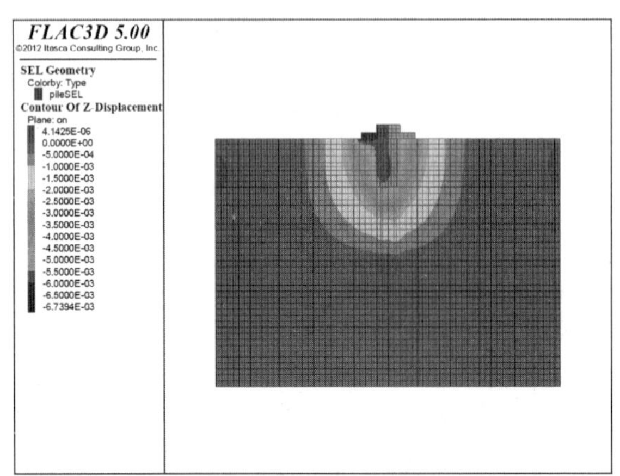

图 3　8m 锚杆静压桩工况（5）对应的沉降云图

Fig. 3　Settlement nephogram reinforced by 8-meter-long anchor static pressure pile under working condition (5)

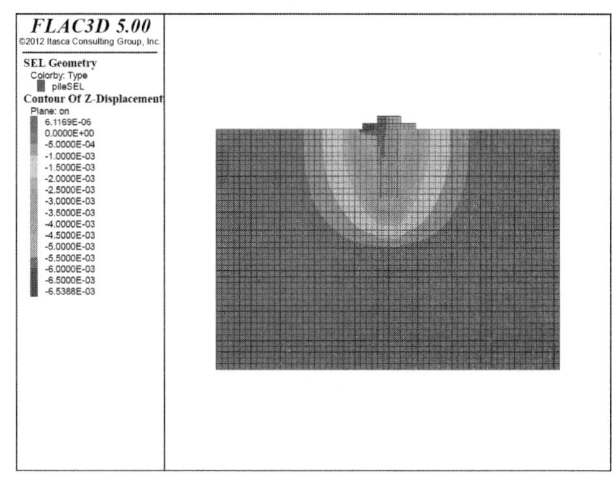

图 4　12m 微型钢管桩工况（5）对应的沉降云图

Fig. 4　Settlement nephogram reinforced by 12-meter-long micro steel pile under working condition (5)

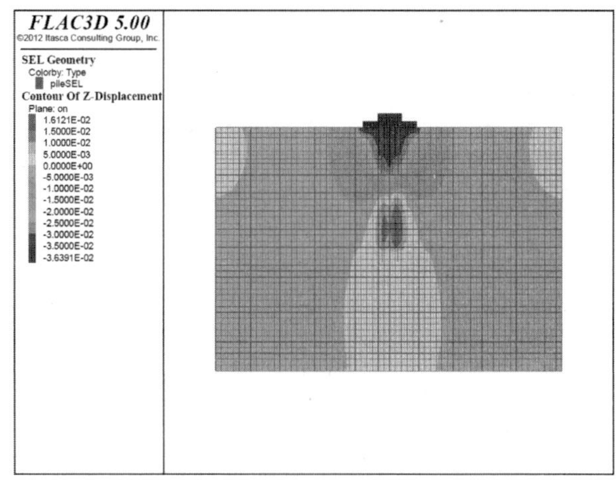

图 5　8m 锚杆静压桩工况（6）对应的沉降云图

Fig. 5　Settlement nephogram reinforced by 8-meter-long anchor static pressure pile under working condition (6)

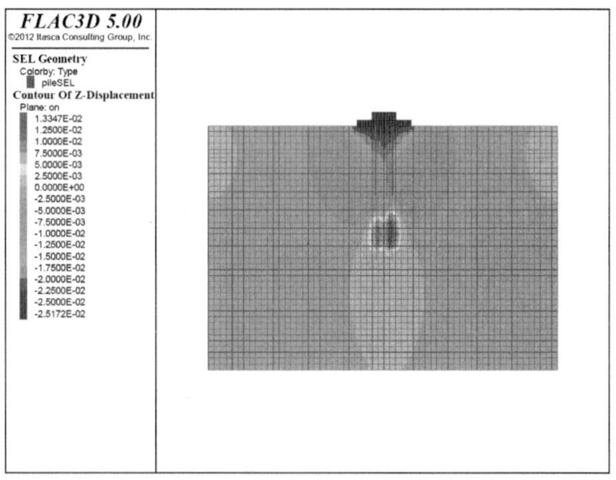

图 6　12m 微型钢管桩工况（6）对应的沉降云图

Fig. 6　Settlement nephogram reinforced by 12-meter-long micro steel pile under working condition (6)

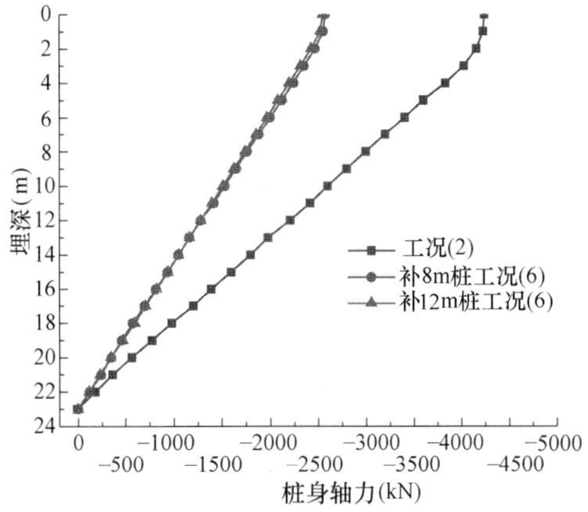

图 7　既有桩桩侧削弱前后桩身轴力分布图

Fig. 7　The axial force distribution map of existing pile before and after pile side weakening

计算结果数据见表 3，经对比可见，12m 微型钢管桩桩长较 8m 锚杆静压桩在未考虑旧桩削弱的情况下，与旧桩协同受力基本相当，引起的承台沉降量也基本一致。但是随着旧桩削弱，12m 桩长在沉降控制方面有显著优势，较 8m 桩长引起的沉降量小 11.2mm，说明具有更大桩长的微型钢管桩在工后沉降控制方面更具有优势。

两种桩型工后沉降及受力分担情况　表 3

Post-construction subsidence and distribution of bearing load reinforced by the two different pile types　Table 3

	旧桩加固前最大轴力(kN)	旧桩最大轴力(kN)	新桩最大轴力(kN)	承台沉降量(mm)
8m 桩工况(5)	4420	4761	83.4	6.7mm
8m 桩工况(6)	4420	2571	719.3	36.4mm
12m 桩工况(5)	4420	4756	85	6.5mm
12m 桩工况(6)	4420	2543	770.4	25.2mm

但从桩身轴力图的分析中可以看出，在对既有桩基侧阻进行削弱后（图 7），8m 和 12m 桩分担的上部荷载相当，12m 桩分担的荷载稍大，但在两种情况下既有桩桩身的轴力分布几乎没有差异，这说明在当前分析中，较短桩并不会因为应力扩散效应导致既有桩下部的轴力增大。

同时，需要注意，若旧桩承载能力削弱，新桩内力可能超出承载设计特征值，需采取相应措施予以规避。

还应注意新桩承载力发挥是在旧桩发生显著沉降的前提下，虽然增设新桩能够有效解决基础的承载力问题，但是仍然存在后续变形较大的风险。

4　预应力对新旧桩协同受力的作用

为减少新旧桩协同受力过程中发生的工后沉降，本文进一步分析了施加预应力对新旧桩体系工后沉降的影响。分析采用的是 12m 长微型钢管桩模型，在工况（5）对应的计算结果基础上，分别对新桩施加 300kN 和 600kN 两种不同的预应力，计算分析该工况下的承台沉降变形，对应的沉降云图与桩轴力如图 8～图 10 所示。

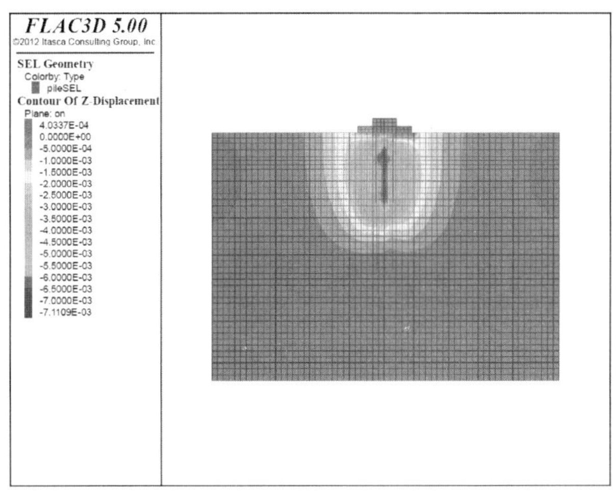

图 8　预应力为 300kN 时对应的沉降云图

Fig. 8　Settlement nephogram while prestress force is 300kN

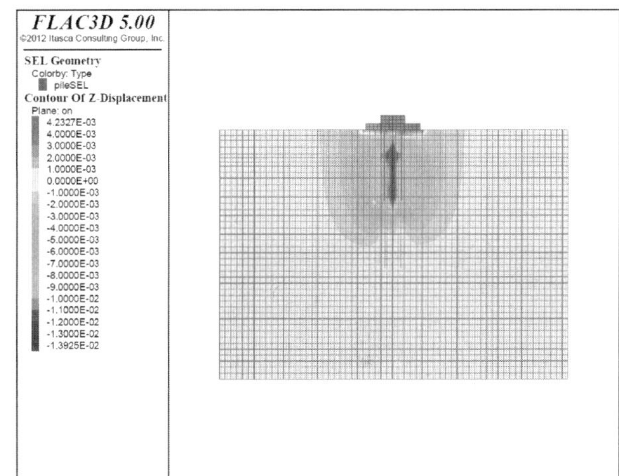

图 9　预应力为 600kN 时对应的沉降云图

Fig. 9　Settlement nephogram while prestress force is 300kN

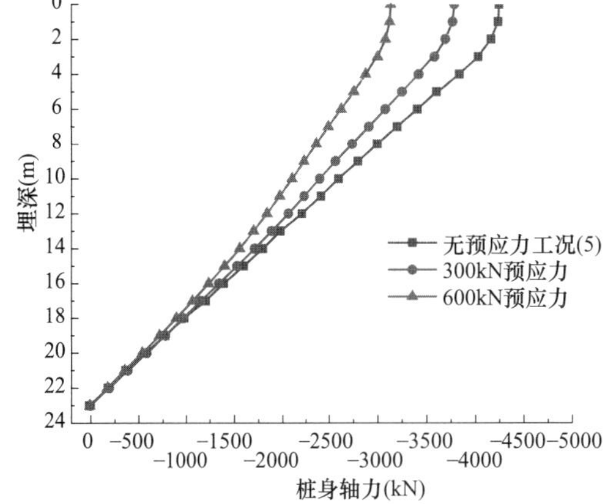

图 10　不同预应力条件下桩身轴力分布

Fig. 10　The axial force distribution of pile under different prestress conditions

表 4 列出了不同预应力条件下新旧桩的桩身最大轴力值与承台的沉降值，通过对比分析可知：

（1）在新增 10%的荷载后，锚杆静压桩内力基本与所施加的预应力大小一致；

（2）在 600kN 预应力作用下，旧桩分担的荷载可较现状降低 24.8%，但在 300kN 预应力作用，旧桩分担的荷载较现状降低 9.2%，这一定程度上表现出预应力越大，越能有效分担旧桩的荷载；

（3）预应力的施加能够有效控制承台进一步沉降，当施加 600kN 的预应力时，计算结果显示承台出现上抬，相比未施加预应力工况（6）的计算结果，预应力桩在主动分担旧桩荷载的前提下，可以有效控制工后沉降；

（4）在预应力作用下既有桩桩身轴力显著减小，且轴力减小显著的区域集中在桩顶以下至新桩桩底的范围内。

预应力对新旧桩协同受力影响分析表　表 4

Affection of prestress force on cooperative bearing behaviors of the combined piles system

Table 4

	旧桩最大轴力(kN)	新桩最大轴力(kN)	承台沉降量(mm)
无预应力工况(5)	4756	85	6.5mm
无预应力工况(6)	2543	770.4	25.2mm
300kN 预应力	4317	261	−0.4mm
600kN 预应力	3576	570	−4.2mm

5　工程方案和监测情况

根据以上的定性分析，该工程实施最终采用了前压浆预应力钢管桩的施工方案，桩身直径 200mm，钢管直径 127mm，壁厚 10mm，采用 Q345B 钢材，桩长约 17m，持力层为全风化砾岩，进入持力层深度为 11m。在初始设计方案中分区块考虑了预应力桩设计，以期减少施工过程中的扰动与最终的工后沉降，但由于工期因素，进行了相关调整未能实施。

在工程加固过程与施工完成后进行了严格的监测（图 11），实施过程中的监测频率不低于一天一次。

将最终监测数据整理为施工前、施工中、施工后三个阶段，监测具体数据情况如图 12～图 14 所示。在施工前调查阶段发现房屋一直在以缓慢速度沉降，100d 的累计最大沉降达到约 5mm，且无收敛趋势。

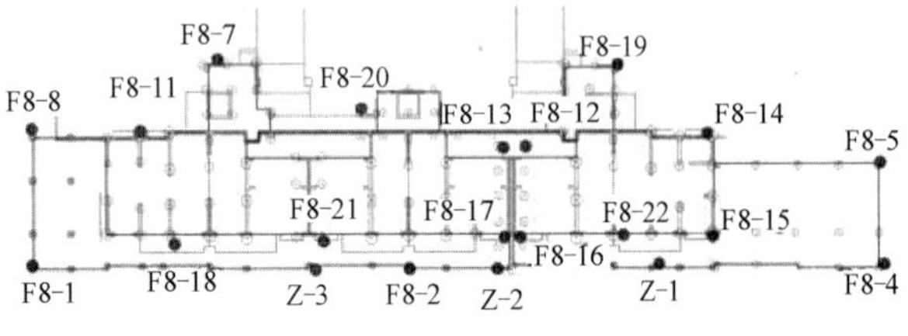

图 11　监测平面布置

Fig. 11　Layout of monitoring points

施工阶段是房屋发生了一定量的变形，沉降最大点位于原有沉降侧，该点累计沉降达到 19.9mm，说明微型钢管桩在施工加固过程中还是会有一定扰动，施工过程

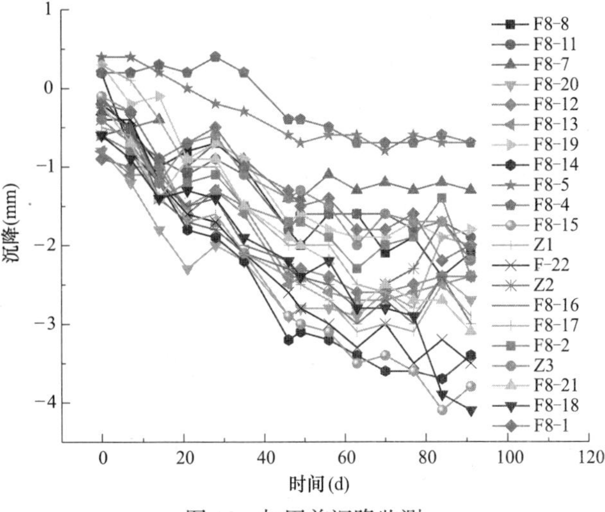

图 12　加固前沉降监测

Fig. 12　Monitoring graph before reinforcement

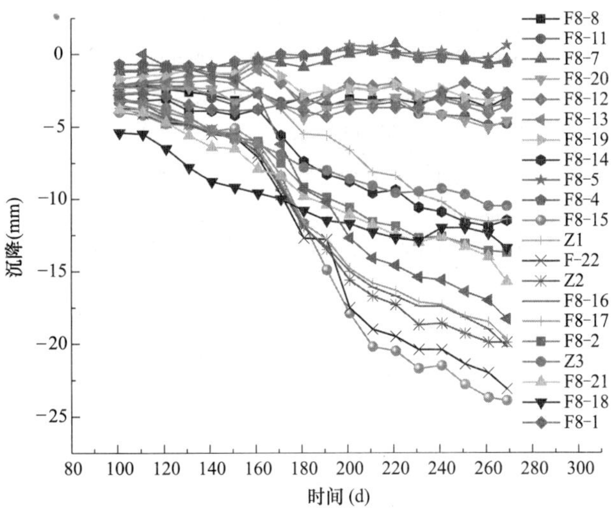

图 13　加固过程中沉降监测

Fig. 13　Monitoring graph during reinforcement construction

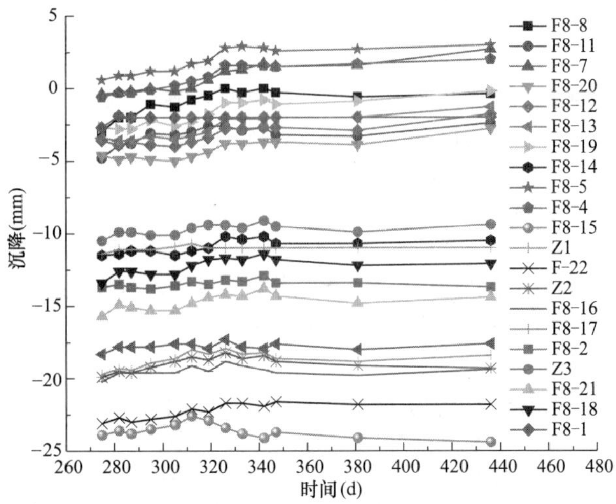

图 14　加固完成后沉降监测

Fig. 14　Monitoring graph after reinforcement

中的信息化控制就显得尤为重要，如果具备条件可以采用分块施工分块施加预应力的施工策略，这样应该可以有效控制施工过程中的位移。从施工完成后的监测数据可以看出房屋沉降很快趋于平稳，在完工后的第二个100d，房屋的最大沉降量就小于1mm，在未施加预应力的情况下，房屋实际的工后沉降较小，这可能是由于旧桩仍旧分担了较大的荷载，但是这一荷载恰好与极限承载力相当，故未继续发生沉降，同时，微型钢管的实际刚度对荷载重分布影响也很大，这值得进一步研究。

6 结论

文章基于实际基础补强工程，分析了新增桩长度与预应力对加固后新旧桩组合体系工后沉降和既有桩内力的影响，并依据分析成果进行了方案设计与实施，基于本工程的地质条件、既有桩工作状态等边界条件，可以得到以下结论：

（1）在承载力相同的情况下，采用长度更长的桩型有利于减小新旧桩组合体系的工后沉降；

（2）在本项目中，数值分析结果显示长短不同的两种桩型方案在部分荷载由旧桩转向新桩后，并不会对既有桩的内力分布产生影响，两个方案新旧桩分担的荷载也基本相当，这说明新桩长度对工后减沉的贡献与新旧桩的荷载重分布无关；

（3）对新桩施加预应力有效减少工后沉降，同时能够显著减少既有桩上部的轴力，并且新桩所施加的预应力越大该部分轴力减小的幅度越大，对于沉降控制要求严格的基础加固工程建议采用预应力封桩设计方案；

（4）实际监测数据反映微型钢管桩能够很好地解决基础补强问题，同时，在未施加预应力的情况下工后沉降也控制在了规范允许范围内。

参考文献：

[1] 徐醒华，付兆明，伍锦湛. 锚杆静压桩在建筑物基础加固中的应用[J]. 建筑结构，2004，12：22-23.

[2] 贾强，应惠清，张鑫. 锚杆静压桩技术在既有建筑物增设地下空间中的应用[J]. 岩土力学，2009，30(7)：2053-2057+2090.

[3] 文颖文，胡明亮，韩顺有，等. 既有建筑地下室增设中锚杆静压桩技术应用研究[J]. 岩土工程学报，2013，35(S2)：224-229.

[4] 魏焕卫，李岩，孙剑平，等. 微型桩在某储煤仓基础加固中的应用[J]. 岩土工程学报，2011，33(S2)：384-387.

[5] 魏焕卫，付艳青，王寒冰，等. 微型桩托换加固作用机理研究[J]. 山东建筑大学学报，2014，29(5)：409-413+427.

[6] 付艳青，魏焕卫，孔军，等. 基于微型桩托换的建筑物基础加固设计[J]. 山东建筑大学学报，2014，29(3)：229-234.

[7] 李子曦，罗方悦，张嘎. 微型桩加固浅基础的离心模型试验研究[J]. 岩土工程学报，2021，43(S2)：56-59.

[8] ZHANG，JUAN S. A Mechanism Analysis of Pile-Soil Interaction of Micro-Pile in Building Heightening and Transformation[J]. Applied Mechanics & Materials，2014，501-504：258-262.

地 基 处 理

碎石桩复合地基特性及工程应用

张东刚， 闫明礼
（中国建筑科学研究院有限公司地基基研研究所，北京 100013）

摘　要：本文介绍了碎石桩复合地基的增强体的特性、施工工艺的特性、碎石桩复合地基承载力和变形特性及工程应用。其中，增强体的特性主要介绍了四个方面内容：桩身具有良好的透水性；碎石桩承载力取决于桩周土的约束；碎石桩没有常规桩的侧阻力和端阻力；碎石桩存在有效桩长。碎石桩的工艺特性主要介绍了碎石桩施工时振动和挤密效应在饱和黏性土、密度大的黏土、松散的砂土中的作用和处理效果，以及对上覆土层产生的影响。碎石桩复合地基承载力和变形特性，包括碎石桩承载力特征值的估算方法；设计计算主要参数，包括桩土应力比、置换率、桩间土承载力提高系数，并说明了这三个参数的影响因素及应用时需注意的问题；分析了碎石桩复合地基承载力的上限值和变形特性，最后总结说明了碎石桩复合地基提高承载力控制变形能力弱的特性和具有良好的消除砂土液化的特性。

关键词：碎石桩增强体；有效桩长；砂土液化；承载力；变形

作者简介：张东刚(1966—)，男，研究员。主要从事岩土工程研究。

Characteristics and Engineering Application of Gravel Column Composite Foundation

ZHANG Dong-gang，YAN Ming-li
（Foundation Engineering Research Institute of CABR，Beijing 100013，China）

Abstract：The characteristics of the reinforced body，the characteristics of the construction technology，and the characteristics of bearing capacity and deformation of the gravel column composite foundation are introduced. At the same time，the engineering application of the gravel column composite foundation is also introduced. For the gravel column composite foundation，the characteristics of the reinforced body are mainly introduced in four aspects：the pile body has good permeability ；the bearing capacity of gravel column depends on the constraint of the soil around the pile；the gravel column has no side resistance and end resistance of conventional pile；the gravel column has effective pile length. For the characteristics of the construction technology of gravel columns，it mainly introduces the effects of the vibration and compaction effect on the soil such as saturated clay，high density clay and loose sand and its influence on the overburden layer during the construction of the gravel column. For the bearing capacity and deformation characteristics of gravel column composite foundation，it introduces the estimation method of the characteristic value of bearing capacity of gravel column，the main design parameters and the upper limit of bearing capacity and deformation characteristics of gravel column composite foundation. The main design parameters include the pile-soil stress ratio，the replacement rate and the improvement coefficient of the soil bearing capacity between the piles，and the influencing factors of the design parameters and the attention problems in the application are explained. Finally，it is concluded that the ability of improving bearing capacity and controlling deformation by gravel column composite foundation is weak，but the sand liquefaction can be eliminated well by gravel column composite foundation.

Key words：gravel column reinforcement；effective pile length；sand liquefaction；bearing capacity；deformation

1　引言

复合地基中，增强体的种类很多，有碎石桩、土挤密桩、灰土挤密桩、水泥搅拌桩、旋喷桩、夯实水泥土桩、CFG桩以及素混凝土桩。文献［1］按材料性状，将复合地基分为两大类，散体材料增强体复合地基和有粘结强度增强体复合地基，其中振冲碎石桩和沉管砂石桩是散体材料桩复合地基最典型的代表；而有粘结强度桩，又可根据其增强体强度高低分为中低粘结强度桩复合地基，如水泥土搅拌桩复合地基，以及高粘结强度桩复合地基，如CFG桩复合地基。

《建筑地基基础术语标准》GB/T 50941—2014中给出的砂石桩复合地基的概念：将碎石、砂或砂石混合料挤压入已成的孔中，形成密实砂石竖向增强体复合地基。砂石桩复合地基术语中有三个关键的地方：第一，碎石、砂或砂石混合料，这反映了散体材料中增强体的特性；第二，挤压入已成的孔中，这是指成孔方式，采用振动、水冲、挤土、排土等方式，反映了碎石桩的工艺特性；第三，形成密实砂石竖向增强体复合地基，这反映了复合地基承载力和变形特性。也就是说碎石桩概念中给出了碎石桩复合地基的三个特性：增强体的材料特性、碎石桩的工艺特性和碎石桩复合地基承载力和变形特性。本文从上述三个方面对碎石桩复合地基的特性进行分析，并对其优缺点、使用范围及使用中需注意的问题及工程应用作一说明，以便工程人员在碎石桩复合地基应用时参考。

2　碎石桩增强体的材料特性

碎石桩增强体的材料特性，主要反映在四个方面：第一，桩身具有良好的透水性；第二，碎石桩的承载力取决于桩周围土的约束；第三，碎石桩没有常规桩的侧阻力和端阻力；第四，碎石桩存在有效桩长。

2.1 碎石桩增强体的渗透性

在复合地基增强体中，碎石桩增强体材料是由砂、石或砂石混合料组成，是增强体中唯一具有良好渗透性的桩型（渗透系数可达 10～40m/d），它通过振冲设备或振动沉管设备在土体内形成与基底褥垫层相连的竖向排水通道，从而大大缩短了天然土体的排水路径。工程上地下水位较高时，通常从两方面利用这一特性，一方面，将振冲工艺或者振动沉管工艺挤密振密施工过程中产生的超孔隙水压力尽快消散，有利于桩间土的强度恢复或提高，砂土、粉土消除或部分消除液化的机理就是利用了这一特性；另一方面，建筑物建造过程即复合地基加荷时，土体的压密过程产生的超孔隙水及时消散排除，有利于复合地基强度的增长。

碎石桩通常用于处理砂土、粉土地基，它具有良好的抗液化性能；而碎石桩复合地基用于饱和黏性土地基时，工后沉降大，工程上通常不用碎石桩处理饱和黏性土地基。当在饱和黏土中如对变形控制不严格，可采用碎石桩置换处理，如堆场、料场、水池等利用这一特性对地基进行预压，并通过碎石桩消散其产生的超孔隙水压力，加快地基土的固结。碎石桩施工后，应间隔一定时间方可进行质量检验，粉质黏土不宜小于 21d，粉土地基不宜小于 14d，砂土和杂填土地基不宜小于 7d，这也反映了不同土质在桩体渗透通道存在情况下，超孔隙水压力消散和土体强度恢复的快慢程度。

2.2 碎石桩承载能力取决于桩周土的约束

碎石桩由散体材料构成，其本身没有承载力，其承载力取决于桩周土的约束作用，这是碎石桩增强体的一个重要特性（图 1）。在使用范围内，周围土的约束力大时承载力高，周围土的约束力小时承载力低；当超过这个范围就不宜采用碎石桩了。首先来看一个极端情况，碎石桩在水中，其约束力接近为零，碎石桩就会坍塌成一堆，成不了桩。文献［1］规定，对于处理不排水抗剪强度不小于 20kPa 的饱和黏性土、饱和黄土，应在施工前通过现场试验确定其适用性。这里有一个饱和黏性土抗剪强度不小于 20kPa 的限制，当饱和黏性土小于 20kPa 时，碎石桩的桩间土约束力过小不能成桩，或成桩后起不到地基加固效果，因此饱和黏性土在小于 20kPa 时不应使用碎石桩，饱和黏性土即使大于 20kPa，其加固效果也不确定，也需通过试验确定其适用性。从工程应用角度来看，不建议在饱和黏性土中使用碎石桩，工程应用中有不少失败的案例。上面讲的是碎石桩在工程应用时天然地基承载力要求的下限。碎石桩工程应用的上限，对于密实度大的黏性土和密实砂土，由于振动作用，桩间土的约束作用也会降低，达不到加固效果，也就是说碎石桩加固土体有一个应用范围，并不是对所有的土体均有效。

碎石桩的承载力取决于桩周土的约束，从这一特性来看要提高碎石桩的承载力有两种途径：一是提高约束，如应用于可挤密土，通过振动挤密，桩间土的承载力得以提高，约束也就增大了。当然也可以人为增大约束，如以前在软土地区应用的袋装碎石桩，通过人为方式增大了碎石桩的约束力。提高碎石桩承载力另一种途径是增大桩体的黏聚力，将散体材料桩变为高粘结强度桩，改变碎石桩的受力状态，CFG 桩就是基于碎石桩的受力特性发展而来的。

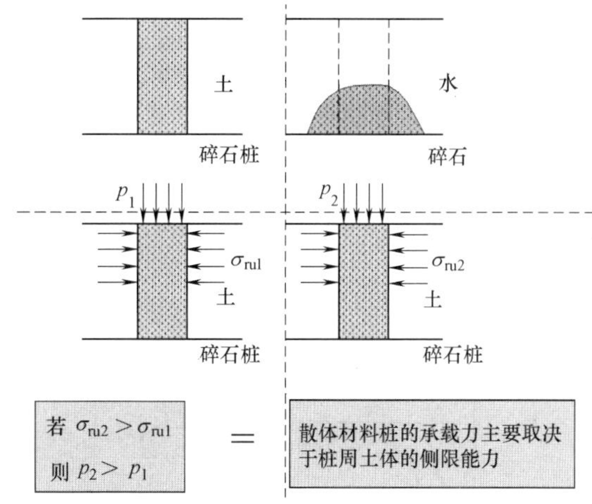

图 1　桩周土约束对碎石桩的影响

Fig. 1　Effect of soil constraint on gravel column

2.3 碎石桩没有常规桩的侧阻力和端阻力

碎石桩桩身为散体材料，其桩体受力后向土体传递荷载的方式不同于常见的有粘结强度桩，如混凝土桩，它没有常规桩的侧阻力和端阻力，这也反映在散体材料桩和有粘结强度桩的复合地基公式表达式（1）和式（2）中。有粘结强度桩的公式表达式中有单桩承载力，单桩承载力计算公式（3）中有桩长、侧阻力和端阻力，工程应用时只需改变桩长、桩径，就可以改变单桩承载力。

$$f_{spk}=[1+m(n-1)]f_{sk} \tag{1}$$

$$f_{spk}=\lambda m\frac{R_a}{A_p}+\beta(1-m)f_{sk} \tag{2}$$

$$R_a=u_p\sum_{i=1}^{n}q_{si}l_{pi}+\alpha_p q_p A_p \tag{3}$$

而碎石桩复合地基公式表达式（1）中没有桩径、桩长、单桩承载力，这些参数是通过复合地基的另外两个参数置换率和桩土应力比来间接表达。初步设计时，复合地基承载力特征值可通过公式（1）估算。工程上复合地基承载力特征值确定应通过试验方法：其一为复合地基静载荷试验，其二为采用增强体静载荷试验结果与其周边土的承载力特征值结合经验确定。对于第二种方法，由于碎石桩单桩承载力没有计算公式，其值通过静载荷试验来确定，工程应用时与其通过单桩静载荷试验确定单桩承载力再与桩间土复合确定碎石桩复合地基承载力，就可以直接按第一种方法做复合地基静载荷试验确定复合地基承载力。第二种试验方法确定复合地基承载力特征值仅是一种方法和思路，工程应用意义不大。

2.4 碎石桩存在有效桩长

碎石桩存在有效桩长，所谓有效桩长就是桩长增大到某一长度后，桩长增加单桩承载力就不再增加了。碎石桩桩体传递竖向荷载的能力与围压和桩体的密实度有关，在竖向荷载作用下桩顶2～3倍桩径范围内为高应力区，在桩顶4倍（桩径）范围内，桩顶产生较大的侧向变形（图2），因此文献［1］规定，碎石桩桩长不宜小于4m。随着桩长的增加轴向应力沿桩身衰减较快，到达某一长度后，桩体传递竖向荷载的能力和其桩间土相差不大，增加桩长对提高碎石桩承载力效果并不明显，也就是说碎石桩存在有效桩长。当桩长超过有效桩长，通过增加桩长，来提高复合地基承载力效果并不好。设计时，碎石桩桩长应超过有效桩长，并应满足文献［1］对桩长的规定：当（土体）相对硬层埋深较浅时，桩长可按相对硬层埋深确定；当相对硬层埋深较大时，应按建筑物的变形允许值确定。

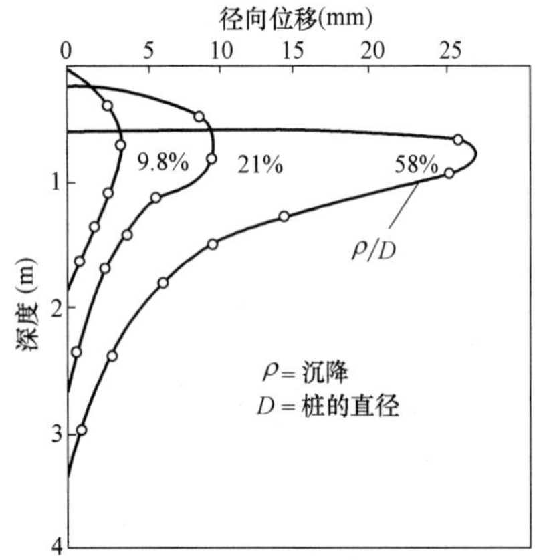

图2 桩侧径向位移与深度的关系

Fig. 2 Relationship between pile lateral radial displacement and depth

图3为青海钾肥厂的碎石桩工程实例，在同一场地进行了相同桩径、不同专长的单桩、单桩复合地基静载荷试验。场地地基土为粉质黏土和粉土，基底为粉质黏土，承载力特征值为80～100kPa；其下为粉土，承载力特征值为180kPa。采用振冲工艺成桩，桩径为1m，桩长分别为6m、8m和10m三种。静载荷试验表明三种桩长的单桩承载力、单桩复合地基承载力和桩土应力比均相同，也就是说碎石桩存在有效桩长，超过有效桩长后随着桩长的增加，单桩承载力、单桩复合地基承载力不再增加。

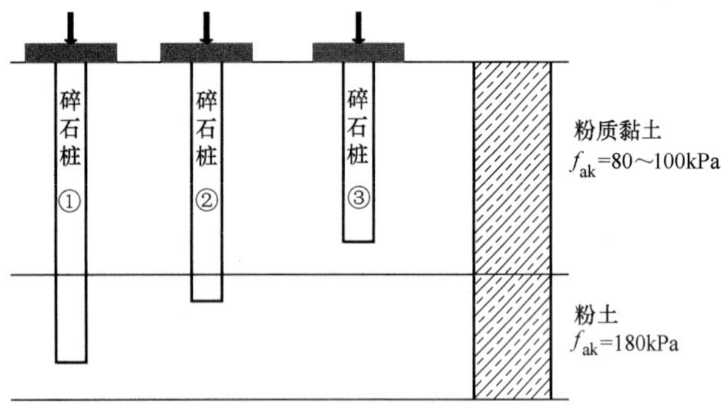

图3 某工程碎石桩实例

Fig. 3 An example of a project with gravel columns

3 碎石桩的工艺特性

无论是振冲桩还是沉管桩施工过程中存在振动和挤土特性，称之为碎石桩的工艺特性。工艺特性对于不同的土质影响不同，有些影响是有利的，有些影响是不利的；有些土是可挤密土，有些土是不可挤密土。工程中常利用这种振动挤土特性解决特有的工程问题，如消除砂土液化。

碎石桩工艺特性，主要从四个方面来说明：对饱和黏性土的作用，对密度大的黏土作用，对松散砂土的作用，对上覆土层的影响。

3.1 对饱和黏性土的作用

碎石桩工艺特性对饱和黏性土的作用，可从以下的工程实例看出。

表1为三个饱和黏土场地采用振冲桩施工的工程实例，分别在浙江、天津大港和天津塘沽。施工前和施工后不同时间段进行了十字板抗剪强度试验，从表中可以看出：（1）采用振冲桩施工后桩间土的抗剪强度比原土降低10%到30%；（2）经过一段时间随着超孔隙水压力消散，土的有效应力增大，强度得到恢复，但强度提高幅度并不大。可见饱和黏性土可挤密性差，其加固机理主要靠置换作用，仅靠置换作用，复合地基承载力提高幅度很有限，并且处理后的沉降难以控制。也就是说，碎石桩在饱和黏性土中处理效果并不理想，因此文献［2］取消了碎石桩的置换作用。在饱和黏性土，当对变形控制不严格时可采用碎石桩处理，如对堆场等。建筑工程上，在饱和黏性土采用碎石桩承载力和变形均难以控制，碎石桩不建议用于处理饱和黏性土。

3.2 对密度大的黏土作用

碎石桩的工艺特性对密度大的黏土作用，可从一个工程实例看出。中国建筑科学研究院有限公司地基所在某振冲碎石桩工程做了静载荷检测试验，埋设了压力盒，进行了桩土应力比测试。场地地基土为粉质黏土，天然地

饱和软黏土制桩前后十字板抗剪强度变化　　表1

Change of shear strength of cross plate before and after construction columns in saturated soft clay　Table 1

工程名称	十字板抗剪强度(kPa)			
	制桩前	制桩后		
浙江炼油厂G233	18.2	16.3(15d)	20.6(21d)	18.9(52d)
天津大港电厂大水箱	25.5～36.3	20.6～32.4(25d)	23.5～39.2(115d)	
塘沽长芦盐场第二化工厂	20.0	18.7(0d)	23.3(80d)	

基承载力为200kPa，采用直径800mm的振冲碎石桩进行加固处理，加固后静载荷试验表明复合地基承载力没有提高，桩土应力比小于1.0（图4）。因此，可以用八个字描述碎石桩振动挤土这一工艺特性，就是“松土振密，密土振松”。所谓松土是指松散的砂土、粉土，所谓密土是指密度大的黏土和密实的砂土。文献［1］碎石桩工程应用所说的黏性土可理解为是指非饱和的、塑性指数较小密度不大的黏性土。

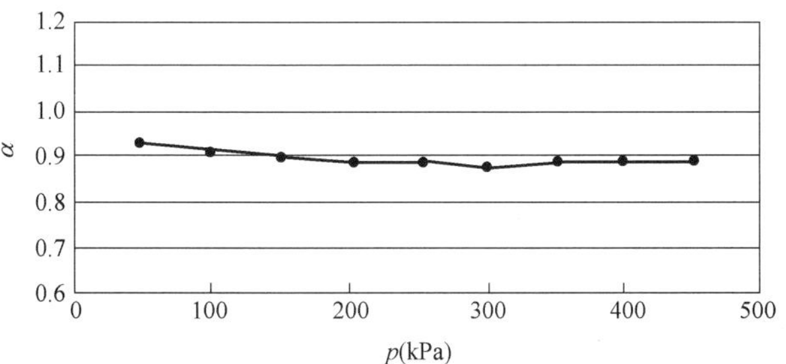

图4　某工程碎石桩荷载与桩土应力比关系曲线

Fig. 4　The curve of relationship between load and pile-soil stress ratio of gravel column in a project

3.3　对松散砂土、粉土的作用

中国建筑科学研究院有限公司地基所于20世纪90年代在唐山港海员大酒店做的一个项目，场地为粉细砂，天然地基承载力特征值为50kPa，采用振动沉管桩处理，处理后场地地表下沉了30～50cm，桩间土承载力由50kPa提高到130kPa，也就是说，采用碎石桩对于松散砂土处理效果非常良好。碎石桩的工艺特性，在松散砂土、粉土地基上的作用主要表现在三个方面：（1）振密作用；（2）挤密作用；（3）抗液化作用。振密作用是指依靠振冲器或振动头的强制振动，使饱和砂层发生液化，砂颗粒重新排列，超孔隙水压力消散后，空隙减少、承载力提高。挤密作用是指在成孔或成桩过程中，依靠振冲器和振动头的水平振动力，通过填料、留振和返插等措施，并控制好密实电流、填料量和留振时间使桩体密实，桩间砂层挤密加密。抗液化作用是指，振密挤密作用下桩间土密实度提高，从而提高桩间土的抗剪强度和抗液化能力。同时碎石桩的存在，对抗液化也非常有利，一方面碎石桩增强体的强度远大于桩间土的强度，在地震剪应力作用下，应力集中于桩体，从而减少了桩间土的剪应力，达到桩间土的减震作用；另一方面碎石桩的良好的排水通道，有助于振动作用产生的超孔隙水压力加速消散，降低了孔隙水压力上升幅度，从而提高了地基抗液化能力。但目前我国规范中对抗液化作用的评价均未考虑碎石桩桩体产生的有利作用。

对砂土和粉土采用碎石桩复合地基，由于成桩过程对桩间土的挤密或振密，使桩间土承载力比天然地基承载力有了较大幅度的提高，为此可用桩间土承载力调整系数来表达。文献［1］编制过程中对44个国内采用振冲和沉管碎石桩工程的桩间土承载力调整系数进行统计（图5），桩间土承载力调整系数在1.07～3.6。桩间土承载力调整系数与原土天然地基承载力相关，天然地基承载力低时桩间土承载力调整系数大，在初步估算松散砂土、粉土复合地基承载力时，桩间土承载力调整系数可取1.2～1.5，原土强度低时取大值，原土强度高时取小值。

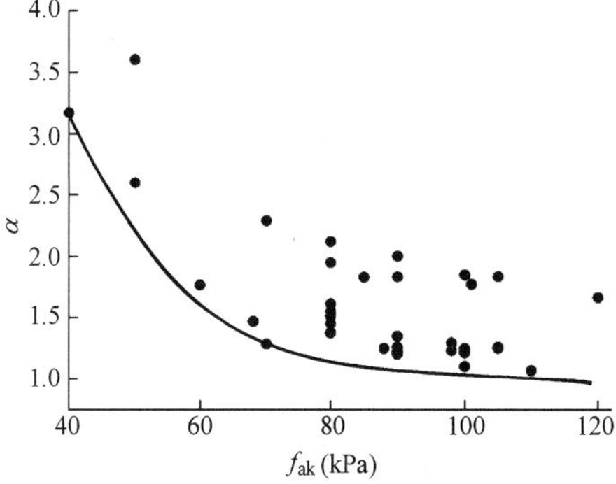

图5　桩间土承载力提高系数 α 与原土承载力 f_{ak} 统计图

Fig. 5　The statistical chart of the relationship between the increase coefficient α of soil bearing capacity between piles and the bearing capacity fak of the original soil

文献［1］规定，碎石桩需要在基础外设置护桩，即在基础外扩大1～3排桩，这主要考虑，一方面，碎石桩为散体材料桩，其构成的复合地基，在受理过程中以压胀破坏为主，增加护桩可以约束基础内的复合地基，使其受力更加合理；另一方面，由于碎石桩为散体材料桩，其向深度传递荷载能力较弱，基础下复合地基在受力过程中，复合地基具有类似垫层的作用，荷载在基础边缘沿深度会一个扩散角向外扩散，因此需要将扩散角范围内的土体加密，也需要在基础外扩大1～3排桩；而对于液化地基，在基础外扩大宽度不应小于其下可液化土层的1/2，且不应小于5m，这主要考虑建筑物埋置深度要求，若基础外处理范围不扩大，在地震作用下，基础外土体发生液化弱化建筑物埋深范围周围土的约束条件，改变建筑物埋置深度，影响建筑物的稳定性。

工程上，常用碎石桩作为全部消除或部分消除地基液化沉陷的措施。在地表下15～20m深度范围内，当饱和砂土、粉土标准贯入锤击数小于或等于液化判别标准贯入锤击数临界值时应判为液化土。消除液化的本质就是通过砂石桩的挤密振密，使桩间土的标准贯入锤击数提高。对松散的粉土和砂土可液化地基采用碎石桩处理，桩间距是关键的设计参数。若桩间距过大，就难以保证消除或部分消除地基液化，达不到处理效果。若桩间距过小，又会造成不必要的浪费，且施工困难。根据经验，振动沉管桩采用桩间距一般不宜大于4.5倍桩径，同时文献［1］给出了根据挤密后要求达到的空隙比推导出的估算桩间距的公式：

等边三角形布置

$$s=0.95\xi d\sqrt{\frac{1+e_0}{e_0-e_1}} \tag{4}$$

$$s=0.89\xi d\sqrt{\frac{1+e_0}{e_0-e_1}} \tag{5}$$

$$e_1=e_{max}-D_{r1}(e_{max}-e_{min}) \tag{6}$$

式中，s 为砂石桩间距（m）；d 为砂石桩直径（m）；ξ 为修正系数，当考虑振动下沉密实作用时，可取 1.1～1.2；不考虑振动下沉密实作用时，可取 1.0；e_0 为地基处理前的孔隙比，可按原状土样试验确定，也可根据动力或静力触探等对比试验确定；e_1 为地基挤密后要求达到的孔隙比；e_{max}、e_{min} 为砂土的最大、最小孔隙比，可按现行国家标准《土工试验方法标准》GB/T 50123 的有关规定确定；D_{r1} 为地基挤密后要求砂土达到的相对密实度，可取 0.70～0.85。

需要特别说明的是，上述公式是在地层挤密是均匀的这个条件下推导的，而碎石桩挤密振密桩间土后，紧靠桩体越近桩间土越密实，而离桩中心越远，桩间土挤密效果越差。工程上桩间土消除液化地基检测采用标准贯入试验，检测位置在正方形或三角形布桩中点，即离桩中心最远位置，这个位置标准贯入试验击数达到了要求，桩间土其他位置就均能满足要求。上述桩间距的公式仅用于估算桩间距，而对于重要的工程，消除液化的桩间距还应通过现场试验确定。碎石桩增强体的存在对抗液化产生的有利影响检测时应如何考虑这一因素，有待于进一步研究。

3.4 对上覆土层的作用

碎石桩施工完毕后的表层处理也是保证工程质量的一个重要环节。施工完毕后桩顶部约 1m 范围内，由于该层土地基上覆压力小，施工时的振动挤土使桩体的密实度很难达到要求，需另行处理。处理的方法，一种是将该段桩土挖除并压实，另一种使用振动碾使之振压密实。如果采用挖出的方法，施工前的地面高程和桩顶高程，要事先计划好。

经过处理后的表层需要铺设一层 30～50cm 的碎石垫层，垫层本身也要压实，压实后再在上面做基础。

4 碎石桩的承载力和变形特性

建筑工程碎石桩复合地基的应用主要解决两方面问题：一，消除或部分消除砂土、粉土液化；二，提高地基承载力和变形控制能力。消除或部分消除砂土、粉土液化，这是碎石桩工艺特性独有的功能，当然，采用振动沉管施工的 CFG 桩，也具有消除液化的功能，但由于振动沉管施工的 CFG 桩，存在桩身诸多质量问题，如桩身变径，上浮，施工效率低下等问题，在早期 CFG 桩工程中应用较多，目前 CFG 桩施工多采用长螺旋钻机施工；柱锤冲孔桩施工的碎石桩，也具有消除液化的功能。

提高地基承载力、控制变形是所有增强体复合地基均具有的功能，而散体材料碎石桩，相对于有粘结材料增强体复合地基，如水泥土类桩、CFG 桩，它的能力是最弱的，也就是说，碎石桩提高地基承载力控制变形能力较弱，这是碎石桩复合地基承载力和变形特性。针对碎石桩复合地基，文献［1］规定，对大型、重要或场地地层复杂的工程，应在施工前通过现场试验确定其适用性，这个条文可理解为，由于碎石桩复合地基，提高地基承载力和变形能力较弱，对大型、重要的，或场地地层复杂的工程，不宜采用碎石桩，若要采用碎石桩，则应在施工前通过现场试验，确定复合地基是否可行，是否适用。

4.1 碎石桩复合地基承载力计算的三个参数

复合地基承载力应通过复合地基静载荷试验确定，对散体材料增强体复合地基，在初步设计时，可按式（7）估算复合地基承载力。

$$f_{spk}=[1+m(n-1)]\alpha f_{ak} \quad (7)$$

也即是说碎石桩复合地基承载力，可表达为天然地基承载力特征值 f_{ak} 乘以放大系数，在公式中有三个参数：n 为复合地基桩对应的比；m 为复合地基置换率；α 为桩间土承载力调整系数。在复合地基工程中这三个参数会经常遇到，对这三个参数说明如下：

（1）桩土应力比

桩土应力比是散体材料增强体复合地基中的一个重要参数，它在一个较小范围变化且有规律，而对于高粘结强度桩复合地基，通常不用桩土应力比这个概念。桩土应力比是指竖向增强型复合地基中，桩顶平面位置上桩的平均应力与桩间土的平均应力比。桩上的应力和桩间土的应力，可通过埋设在桩顶平面位置上的桩顶压力盒和桩间土压力盒测量得出（图 6），在这里需要说明几个概念：(1) 桩上应力和桩间土的应力是指平均应力，从压力盒测试结果来看，复合地基中桩上应力是各不相同的，如九桩复合地基，中间桩、边桩和角桩，应力各不相同，而桩的应力是指所有桩的应力平均值；同样，桩间土应力，在离桩远近不同以及基础范围内桩的外区桩间土和内区桩间土也不相同，桩间土的应力也是指桩间土的平均应力；(2) 桩土应力比是指桩顶平面位置上的桩土应力比，复合地基中不同深度平面均有桩的应力和土的应力，而工程上的桩土应力比是特制桩顶平面位置上的桩土应力比；(3) 桩上应力和土上应力在不同的荷载水平下各不相同，桩土应力比随荷载水平变化，而工程上的桩土应力比是指在使用荷载下的桩土应力比。

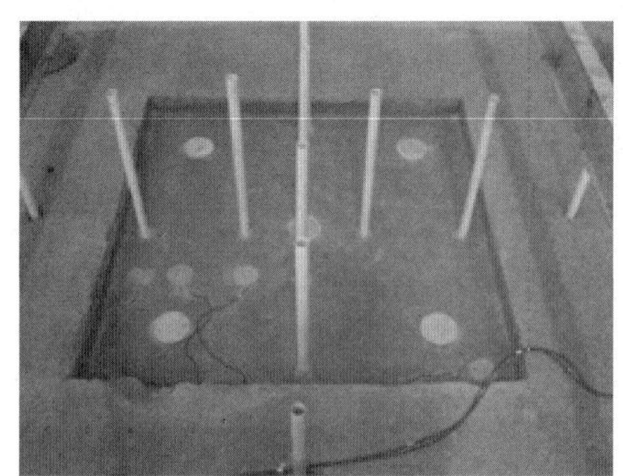

图 6　采用压力盒测试桩和桩间土应力的载荷试验

Fig. 6　Load test for testing soil stress between pile and pile using pressure box

桩土应力比影响因素很多，与原地基土强度、荷载水平、置换率以及桩间距、桩长、桩体密实度等一系列影响因素有关。而我们关心的是，在使用荷载下，在桩顶平面位置处，桩和桩间土的平均应力，文献［1］规定，桩土应力比应采用实测值确定，如果没有实测值，对于黏性土可取 2～4，对砂土、粉土可取 1.5～3，天然土强度低时取大值，天然土强度高时取小值。从取值范围可以看出，黏性土桩土应力比要比砂土、粉土桩土应力比略大些，这主要是砂土、粉土是可挤密土，在碎石桩挤密振密后，砂土、粉土强度提高，缩小了桩和桩间土的应力，从而使桩土应力比缩小，而黏性土上挤密振密作用不明显，因此，砂土、粉土桩土应力比比黏性土给出的经验值要略小些。

（2）置换率

复合地基置换率是指在竖向增强体复合地基中，竖向增强体横断面积与其所对应的复合地基面积之比，也可表达为，桩身平均直径与一根桩分担的处理面积的等效圆直径比值的平方，即 $m=d^2/d_e^2$。其中，等边三角形布桩 $d_e=1.05s$，正方形布桩 $d_e=1.13s$，矩形布桩 $d_e=1.13\sqrt{S_1S_2}$，S、S_1、S_2 分别为桩间距、纵向桩间距和横向桩间距。从中可以看出，影响置换率就两个因素，一个是桩的平均直径，另外一个是桩间距。

桩的平均直径，这仅对碎石桩而言。而对于有粘结强度桩，如CFG桩，由于施工工艺因素使桩径在桩长范围内基本是一致的，桩的平均直径也就是桩顶平面位置处的桩径。而碎石桩具有挤土工艺，由于施工时要求碎石桩桩体达到密实，从而在不同的土层桩径不同，土层强度低时，桩间土的约束小，为达到桩体密实，成桩后桩径越大；而土层强度越高，成桩后的桩径就相对越小，桩的平均直径可用每根桩所用的填料量计算确定。

碎石桩的桩间距，应根据复合地基承载力和变形，以及对原地基土要达到的挤密效果来确定，对于振冲碎石桩应根据上部结构荷载和场地土层情况，并结合振冲器的功率综合确定，对于沉管碎石桩，桩间距不宜大于碎石桩直径的4.5倍。

工程上为了增大碎石桩的置换率，有两种方式：一种是增大桩的直径，另一种是减少桩间距。增大桩的直径，当设备选型确定后，在施工时，当达到桩体密实度要求后，桩的直径实际是确定的；减少桩间距是增大置换率的另一种办法，但桩间距过小，挤土会造成桩径变小，桩体位移，施工困难。因此，碎石桩置换率到达某一值后，就无法再提高了。工程上，碎石桩的置换率通常在10%～40%。

（3）桩间土承载力提高系数

振冲或沉管施工工艺，施工产生的振密挤密会使松散的砂土、粉土密度增大，从而使桩间土承载力提高。文献［1］规定处理后的桩间土承载力，可按地区经验确定，如没有地区经验时，对于松散的砂土、粉土可取原天然地基承载力特征值的1.2～1.5倍。

4.2 碎石桩复合地基承载力的上限

工程应用时，碎石桩复合地基承载力能达到的上限是工程设计人员选择地基处理方案时关心的一个问题。

从散体材料增强体复合地基公式（7）可以看出，复合地基承载力等于天然地基承载力乘一放大系数 $[1+m(n-1)]\alpha$，我们可以用桩土应力比、置换率、桩间土承载力提高系数的值，求出放大系数值，见表2。对黏性土放大系数为1.1～2.2，对砂土放大系数为1.26～2.7，也即是说碎石桩复合地基承载力放大系数在1.1～2.7之间。放大系数还受到天然地基承载力的制约，表现在两个方面。一方面，当天然地基承载力大时，桩土应力比，置换率，桩间土承载力提高系数，取小值，放大系数取小值；天然地基承载力小时，桩体应力比，置换率，桩间土承载力提高系数，取大值，放大系数也取大值。碎石桩一般不会出现天然地基承载力高，放大系数也大的情况，这种制约造成处理后的碎石桩复合地基承载力不会很大。另一方面，天然地基承载力还受到“密土振松，松土振密”的工艺特性制约，对密度大的黏土或密实的砂土，处理后的复合地基承载力提高非常有限，有时甚至不会超过天然地基承载力。

碎石桩复合地基承载力放大系数　　表2

Magnification coefficient of bearing capacity of gravel column composite foundation　　Table 2

参数	黏性土	砂土
$m(\%)$	10～40	10～40
n	2.0～4.0	1.5～3.0
α	1.0	1.2～1.5
$[1+m(n-1)]\alpha$	1.10～2.20	1.26～2.70

表3为北京两个振动沉管碎石桩的工程实例，第一个为黄村项目，场地土为粉质黏土，天然地基承载力特征值为120kPa，设计要求碎石桩处理后承载力达到180kPa。处理后承载力特征值为150kPa，没有达到设计要求，碎石桩承载力放大系数为1.25倍。第二个为怀柔项目，天然地基承载力为100kPa，设计要求碎石桩处理后达到150kPa，加固处理后，承载力达到120kPa，也没有达到设计要求，碎石桩承载力放大系数为1.2倍。可见，碎石桩复合地基处理后，承载力提高幅度不是很大。

碎石桩复合地基工程实例　　表3

Examples of gravel column composite foundation　　Table 3

工程名称	天然地基承载力特征值 f_{ak}(kPa)	设计要求承载力特征值(kPa)	加固后地基承载力特征值 f_{spk}(kPa)	$\frac{f_{spk}}{f_{ak}}$
黄村	120	180	150	1.25
怀柔	100	150	120	1.20

表4为文献［3］给出的另一种地基处理方法换填地基处理后的承载力值参考表。从表中可以看出，当换填材料为碎石、卵石，压实系数达到0.97以上，换填处理后承载力特征值可以达到200～300kPa。我们可以理解为，这是置换率为100%碎石桩复合地基，处理后承载力特征值为200～300kPa。事实上，碎石桩置换率通常在40%以下，我们可以近似理解为200～300kPa是碎石桩复合地基加固处理后承载力能达到的上限，可见碎石桩复合地基处理后的承载能力较弱。工程中通常利用碎石桩主要是消除砂土液化。

各种垫层的压实标准和承载力特征值 表 4

Compaction standard and characteristic values of bearing capacity of various cushions Table 4

施工方法	换填材料类别	压实系数	承载力特征值(kPa)
碾压振密或夯实	碎石、卵石	≥0.97	200～300
	砂夹石(其中碎石、卵石占全重的 30%～50%)	≥0.97	200～250
	土夹石(其中碎石、卵石占全重的 30%～50%)	≥0.97	150～200
	中砂、粗砂、砾砂、角砾、圆砾	≥0.97	150～200
	石屑	≥0.97	120～150
	粉质黏土	≥0.95	130～180
	灰土	≥0.95	200～250
	粉煤灰	≥0.95	120～150

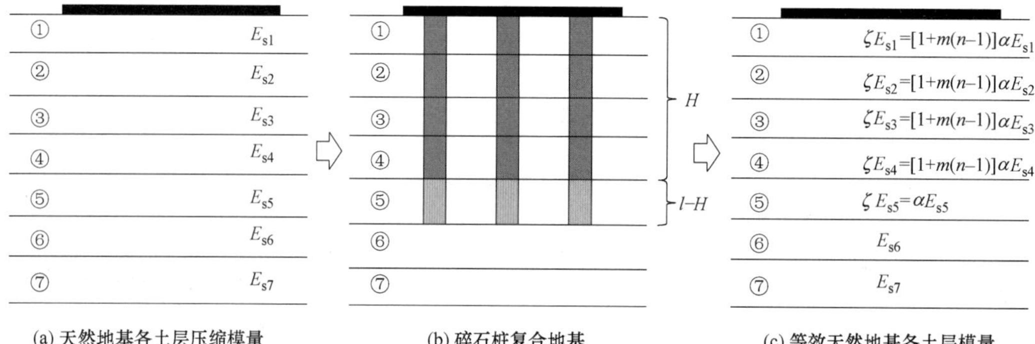

图 7 碎石桩复合地基加固区复合土层模量

Fig. 7 Composite soil layer modulus in reinforced area of gravel column composite foundation

而将提高承载力控制变形的任务，由刚性桩复合地基来完成，于是，工程应用中出现了碎石桩＋CFG 桩构成的多桩型复合地基，用于达到即消除液化又大幅提高地基承载力的目的。

4.3 碎石桩复合地基变形计算

文献［1］对复合地基变形计算修订主要包括两个方面，一方面，是将所有增强体复合地基加固区复合模量计算均采用了统一的表达公式，即复合土层的压缩模量等于该层土天然地基模量的 ζ 倍，ζ 等于复合地基承载力与基底土的天然地基承载力的比值。即：

$$\zeta=\frac{f_{\mathrm{spk}}}{f_{\mathrm{ak}}}=[1+m(n-1)]\alpha \tag{8}$$

对于碎石桩而言，与文献［2］相比，只是复合模量计算公式的表达形式做了改变，而本质是完全相同的。

另一方面，文献［1］对复合地基变形计算经验系数作了修订。文献［2］规定变形计算深度范围内，压缩模量当量值 20MPa 时，变形计算经验系数取 0.2；而文献［1］修订为，压缩模量当量值 20MPa 时取 0.25，35MPa 时取 0.2。这些修订，对高粘结强度桩，如 CFG 桩复合地基是有影响的，而对于碎石桩复合地基，其压缩模量当量值较小，复合地基变形计算经验系数（表 5）的修订对碎石桩复合地基是没有影响的。

复合地基变形计算经验系数 Ψ_s 表 5

Empirical coefficient Ψ_s for deformation calculation of composite Foundation Table 5

$\overline{E}_s$(MPa)	4.0	7.0	15.0	20.0	35.0
Ψ_s	1.0	0.7	0.4	0.25	0.2

对碎石桩复合地基变形计算说明如下：

（1）加固区的模量提高系数，可根据桩土应力比、置换率、承载力提高系数计算得出，其值在 1.1～2.74 之间；

（2）加固区范围取决于碎石桩的桩长。确定复合地基的桩长，无论对散体材料桩还是有粘结强度桩，均要求桩端落在好土层。对碎石桩，当相对应硬层埋深较浅时桩长可按相对硬层埋深确定；当相对硬层埋深较大时，应按建筑物变形允许值确定。

由于碎石桩存在有效桩长 H，可根据有效桩长将加固区深度范围 l 分为两部分（图 7）：有效桩长范围 H 和有效桩长以下范围 $l-H$，这两部分土层模量提高系数取值方法并不相同。在有效桩长 H 范围内，各土层的复合模量提高系数 ζ 可按公式（8）确定；在加固区有效桩长以下范围 $l-H$，可认为在该范围碎石桩桩体应力与周围土体应力接近，即桩土应力比 $n\approx1$，在 $l-H$ 范围内各层土模量提高系数 $\zeta=\alpha$。当加固区有效桩长以下范围 $l-H$ 土层为黏性土，各层土模量提高系数 ζ 可取 1.0，当加固区有效桩长以下范围 $l-H$ 土层为粉土、砂土，各层土模量提高系数 ζ 可根据地区经验确定，当没经验时，可取 $\zeta=1.2\sim1.5$，土体承载力低时取大值，承载力高时取小值。

（3）工程实践表明，碎石桩复合地基变形控制能力弱，工后沉降量较大。因此，工程应用时，碎石桩复合地基不宜用在大型的、重要的或场地地层复杂的工程上，也不宜用在高层建筑上。

5 结语

（1）碎石桩具有良好的渗透性，其最大的优势是通过挤密振密桩间土达到消除或部分消除粉土砂土液化的目的。

（2）碎石桩不宜用于处理饱和黏性土，对密实大的黏土或密实的砂土，碎石桩工艺特性存在“松土振密、密土振松”，工程应用时，应根据土质情况、荷载情况、建筑物重要性并结合地区经验或现场试验确定其适用性。

（3）碎石桩复合地基变形计算，当桩长大于有效桩长时，可根据有效桩长将加固区分为两部分确定复合模量，这两部分土层模量提高系数取值方法并不相同。

（4）碎石桩复合地基承载力提高幅度较小，变形控制能力较弱，不宜用在大型的、重要的或场地地层复杂的工程上，也不宜用在高层建筑上。但碎石桩可与 CFG 桩等高粘结强度桩构成多桩型复合地基解决复杂工程问题。

参考文献：

[1] 中华人民共和国住房和城乡建设部. 建筑地基处理技术规范：JGJ 79—2012 [S]. 北京：中国建筑工业出版社，2013.

[2] 中华人民共和国建设部. 建筑地基处理技术规范：JGJ 79—2002[S]. 北京：中国建筑工业出版社，2003.

[3] 滕延京. 建筑地基处理技术规范理解与应用(按 JGJ 79—2012)[M]. 北京：中国建筑工业出版社，2013.

[4] 龚晓南. 地基处理手册[M]. 3 版. 北京：中国建筑工业出版社，2008.

[5] 闫明礼，张东刚. CFG 桩复合地基技术及工程实践[M]. 2 版. 北京：中国水利水电出版社，2006.

[6] HUGHES J M O，WITHERS N J. Reinforcing soft cohesive soils with stone columns[J]. Ground Engineering，7 (3)：42-49.

[7] 盛崇文. 碎石桩在软基加固中的应用[C]//软土地基学术讨论会论文选集. 北京：中国水利水电出版社，1980，242-248.

[8] 张志良. 振冲水冲法加固天津大港软土地基[R]. 水电部地质勘探基础处理公司，1983.

[9] 方永凯. 碎石桩法加固黏性土地基[R]. 南京水利科学研究院，1983.

[10] 钱征. 复合地基应力分担比的测定与述评[C]//中国建筑学会地基基础学术委员会. 全国复合地基学术会议论文集，1990：1-7.

[11] ENGELHARDT K，GOLDING H C. Field testing to evaluate stone column performance in a seismic area[J]. Geotechnique，1975，25(1)：61-69.

考虑桩体损伤的复合地基开挖破坏模式研究

李连祥[1, 2]，李胜群[1, 2]，季相凯*[1, 2]，赵仕磊[1, 2]，郭龙德[1, 2]
（1. 山东大学基坑与深基础工程技术研究中心，山东 济南 250061；2. 山东大学土建与水利学院，山东 济南 250061）

摘　要：为了揭示近接基坑开挖复合地基的破坏模式，基于离心试验模型，采用混凝土损伤实体单元，利用 ABAQUS 软件建立邻近既有复合地基侧向开挖的数值模型，研究复合地基在邻近基坑开挖过程中复合地基刚性桩与桩间土体的受力状态及破坏特征。结果表明：靠近基坑的刚性桩首先出现桩身损伤情况，其破坏模式主要为弯曲破坏；随后距离基坑较远的桩体也出现了弯曲破坏的损伤情况，呈渐进式破坏，桩间土体易发生滑裂面为直线的整体失稳破坏；筏板基础的存在能够有效约束复合地基发生侧移，减小桩体损伤与土体破坏的可能性；当支护结构发生内凸式或复合式变形时，近基坑桩发生弯曲断裂现象，桩间土体破坏模式为圆弧整体破坏模式。为进一步认识复合地基近接开挖性状与支护结构设计增强理论支撑。

关键词：刚性桩复合地基；桩体损伤；受力特征；破坏模式

作者简介：李连祥（1966—），男，河北人，博士，教授，从事岩土工程研究。E-mail：jk _ doctor@163. com。

Analysis of failure characteristics of rigid pile composite foundation considering pile damage

LI Lian-xiang[1, 2]，LI Sheng-qun[1, 2]，JI Xiang-kai[1, 2]，ZHAO Shi-lei[1, 2]，GUO Long-de[1, 2]
（1. Research Center of Foundation Pit and Deep Foundation Engineering，Shandong University，Jinan Shandong 250061，China；2. School of Civil and Hydraulic Engineering，Shandong University，Jinan Shandong 250061，China）

Abstract：In order to reveal the damage mode of the composite foundation in the excavation of the adjacent pit，based on the centrifugal test model，the concrete damage solid unit is used to establish the numerical model of the lateral excavation of the adjacent existing composite foundation by using ABAQUS software to study the stress state and damage characteristics of the composite foundation in the process of the excavation of the adjacent pit between the rigid piles and the pile soil. The results show that：the rigid piles near the foundation pit are damaged first，and the damage mode is mainly bending damage；then the piles farther away from the foundation pit are also damaged by bending damage，showing progressive damage，and the soil between the piles is prone to the overall destabilization damage with a straight slip crack surface；the existence of raft plate foundation can effectively restrain the lateral shift of the composite foundation and reduce the possibility of pile damage and soil damage；when When the support structure is internally convex or compound deformation，the pile near the foundation is bent and fractured，and the soil damage mode between the piles is circular overall damage mode. To enhance theoretical support for the further understanding of composite foundation proximity excavation properties and support structure design.

Key words：rigid pile composite foundation；pile damage；force characteristics；damage mode

1　引言

邻近既有复合地基建筑开挖基坑时，地基侧移引起荷载转移，刚性桩产生附加弯矩和挠度，既有复合地基桩土应力动态变化，危及既有建筑及其复合地基正常使用[1]。同时，由于复合地基的存在，基坑边坡的破坏模式必然受到影响。理论研究和工程实践证明，破坏模式决定支护结构及其设计方法[1]。破坏模式选取不当，再精确的设计、再先进的工法也难以达到设计施工的预期目的。因此研究复合地基邻近基坑开挖的破坏模式，对于确定复合地基开挖支护结构侧压力，建立此类基坑支护设计方法，保护原有建筑安全具有重要理论意义和工程价值。

目前，基坑开挖与邻近复合地基相互影响的研究主要集中在两个方面：一是离心试验；二是有限元分析。但基本都局限于刚性桩在弹性范围内的工作性状[2-8]。如李连祥[2-4] 通过离心机试验，利用铝合金管材模拟刚性桩，掌握了基坑开挖时邻近复合地基的侧向力学性状，并获得了相同荷载下不同置换率对复合地基力学性状的影响规律，明确了复合地基桩轴力及侧摩阻力、桩土应力比、桩间土竖向应力、桩弯矩和支护结构弯矩开挖规律，不同置换率对于复合地基与支护结构内力和位移的影响。再如邹燕利用有限元软件 ABAQUS 建立 5×5 的简化 CFG 桩复合地基模型，利用线弹性本构关系，研究了挖深与距离对邻近 CFG 桩受力和变形影响[5]；张景尧等利用有限元软件分析桩体为线弹性材料时复合地基桩体、桩间土的水平位移、应力在土体侧移时的分布规律[8]。这些结

基金项目：国家自然科学基金项目（51508310）；山东省优秀中青年科学家科研基金项目（BS2013SF024）；济南市科技计划项目（201201145）。

论在一定程度上说明了复合地基侧向开挖受力和变形性状，但未考虑复合地基桩体变形损伤影响，尚不能展现复合地基邻近开挖时基坑边坡的破坏过程及模式。

一些学者对路堤下复合地基及桩体进行了弹塑性分析，揭示桩体局部损伤或破坏后的应力迁移规律。Kivelö[9] 研究了单柱的破坏模式，提出一些可能出现的破坏过程，并指出其取决于荷载和土壤条件；Broms[10] 用混凝土损伤本构模型模拟桩体，讨论了桩体渐进式破坏的可能性；郑刚等[11-13] 采用 FLAC3D 分析了软土路堤下单桩的工作机理，在群桩分析中采用"CUT-OFF"退出机制（直接将桩身在最大弯矩处截断），指出刚性桩桩承路堤的破坏大多是由路堤肩部下桩体的受弯破坏引起的。上述成果和方法为本文研究指明了思路，坚定了信心，提供了参考。

本文采用 ABAQUS 软件，建立了侧向开挖的复合地基三维分析模型，研究刚性桩复合地基在加荷以及侧向开挖过程中桩体的受力、受损以及应力迁移的过程，分析桩体可能的破坏特征，揭示不同支护结构变形的复合地基整体稳定破坏模式。为同类基坑工程设计、施工提供参考，推进此类基坑设计理论研究。

2 计算模型与参数选取

2.1 几何尺寸

黄佳佳在文献［14］中，通过 ABAQUS 有限元分析软件对复合地基的离心机试验加载阶段进行了模拟，结果显示，有限元模拟结果与原离心机试验的结果相吻合。为方便计算，减少单元数量，并使其具有代表性，通过对称性处理，在建模中选择一标准单元进行分析，其中支护结构按地下连续墙进行模拟。模型尺寸及桩体布置如图 1 所示。

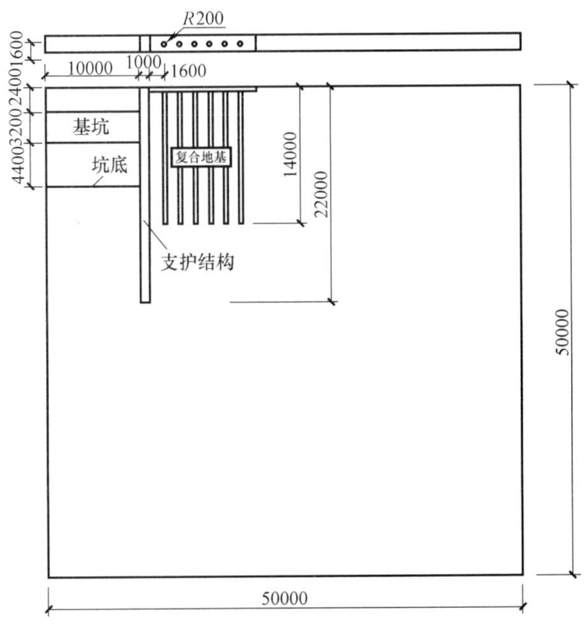

图 1　复合地基模型平立面图（mm）

Fig. 1　Plane and elevation of composite foundation (mm)

2.2 桩体混凝土损伤塑性模型

混凝土的应力-应变曲线由上升段和下降段（应变软化）组成；特别是对下降段，具有裂缝逐渐扩展、卸载时弹性软化等特点，非线性弹性、弹塑性理论很难描述这一特性。损伤力学理论可较好地反映受力过程中由于损伤积累而产生的裂缝扩展，进而导致的应变软化。

方秦等[15] 通过算例与试验对比验证 ABAQUS 中混凝土损伤塑性模型在静力学问题分析中良好的应用性。模型中混凝土弹性刚度的损伤分为拉伸损伤和压缩损伤 2 个部分。拉伸损伤和压缩损伤这 2 个损伤变量为塑性应变、温度和场量的函数，损伤变量的取值范围从 0（表示材料无损）～1（表示材料完全损伤）。

E_0 为材料的初始弹性模量，损伤塑性模型假定损伤后弹性模量可表示为无损弹性模量 E 与损伤因子 d 的关系式，即：

$$E=(1-d)E_0 \tag{1}$$

2.3 桩身混凝土材料参数

模型中的刚性桩为素混凝土桩，混凝土受拉开裂的后续破坏行为通过应力-位移及位移-损伤关系曲线来定义，混凝土的受压特性通过应力-塑性应变和塑性应变-损伤关系曲线定义。混凝土材料参数如表 1 所示，拉伸和压缩行为如图 2 和图 3 所示[16]。根据材料最大抗拉强度计算出纯弯状态下桩身的极限抗弯弯矩 51kN·m。

桩体混凝土材料参数　　表 1

Material parameters of concrete pile　Table 1

弹性模量（MPa）	泊松比	密度（kg/m³）	剪胀角（°）	初始受压屈服应力（MPa）	极限受压屈服应力（MPa）	拉伸破坏应力（MPa）
26000	0.2	2400	36	18.1	24.4	2.41

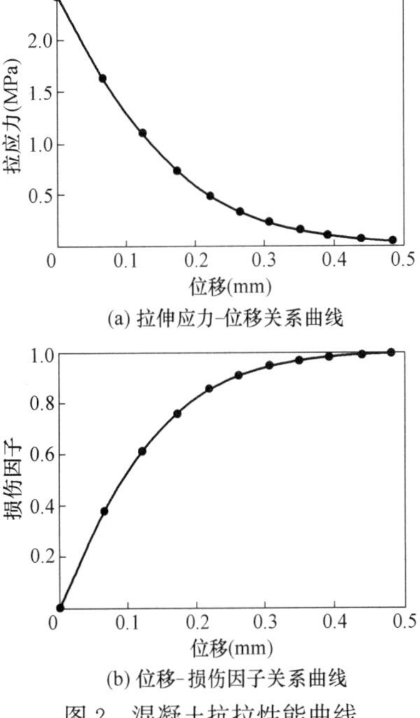

图 2　混凝土抗拉性能曲线

Fig. 2　Tensile performance curves of concrete

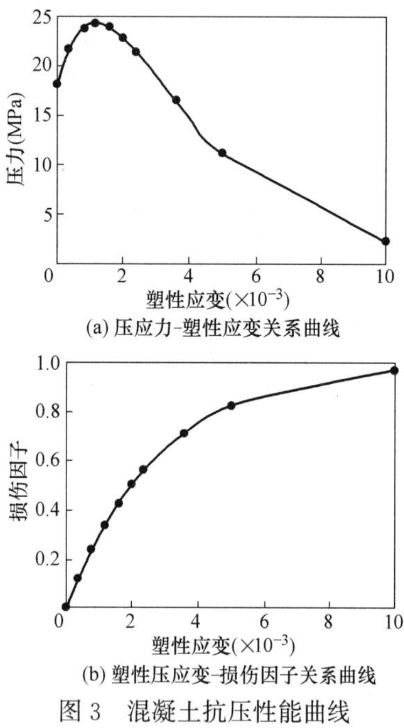

图 3 混凝土抗压性能曲线

Fig. 3 Compression performance curves of concrete

2.4 土体本构模型及材料参数

垫层和砂土均采用 Mohr-Coulomb 模型，具体参数选取见表 2。

土体物理力学参数 表 2

Physical and mechanical parameters of soil layers

Table 2

	密度 (kg/m^3)	弹性模量 E(MPa)	黏聚力 (kPa)	内摩擦角 φ(°)	泊松比 ν
垫层土	2100	35	20	30	0.35
砂土	2200	56	0	35	0.30

2.5 边界条件和加载步骤

模型的网格划分如图 4 所示，模型左右边界沿 X 方向固定，前后两面沿 Y 轴方向固定，模型底面在 3 个方向完全固定。模型单元采用空间八节点缩减积分单元 C3D8R，桩与模型土接触采用面对面接触形式，其法向采用 ABAQUS 默认的硬接触，切向采用罚函数模型，摩擦系数为 0.4。

图 4 模型网格划分

Fig. 4 FEM mesh

计算过程中路堤和荷载的施加步骤如下：

(1) 平衡地应力；

(2) 分步施加建筑物的重力荷载至 180kPa，模拟复合地基上覆建筑物的建造过程；

(3) 分层对复合地基邻近的基坑开挖至 10m。

3 复合地基破坏模式分析

3.1 悬臂支护复合地基破坏模式分析

李连祥团队开展了复合地基侧向开挖离心试验[2-4]，揭示复合地基近邻开挖力学性状。数值模拟回溯离心机模型试验过程，将气囊加载装置视为柔性基础，此时支护结构呈悬臂式变形。

开挖至 10m 时桩体拉伸损伤和压缩损伤分布图分别如图 5 和图 6 所示。由图 5 可见：1～2 号桩在开挖面位置处拉伸塑性损伤继续扩展，但主要分布在桩体的表面，并未向截面内部扩展；3～4 号桩身中部较为严重的拉伸塑性损伤，位置较 1～2 号损伤位置略有提升，但主要依旧分布在桩体表面，其中 3 号桩的拉伸损伤较为严重，达 35.75%；5～6 号桩基本未出现拉伸损伤，此时仍以承担竖向荷载为主。

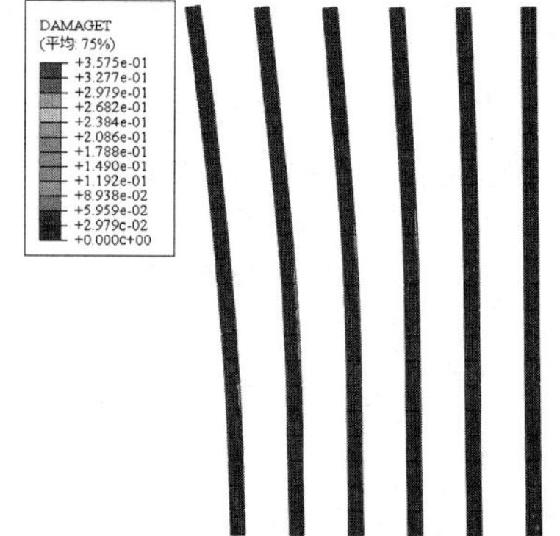

图 5 开挖至 10m 时桩体拉伸损伤分布图

Fig. 5 Tensile damage in piles when excavation to 10m

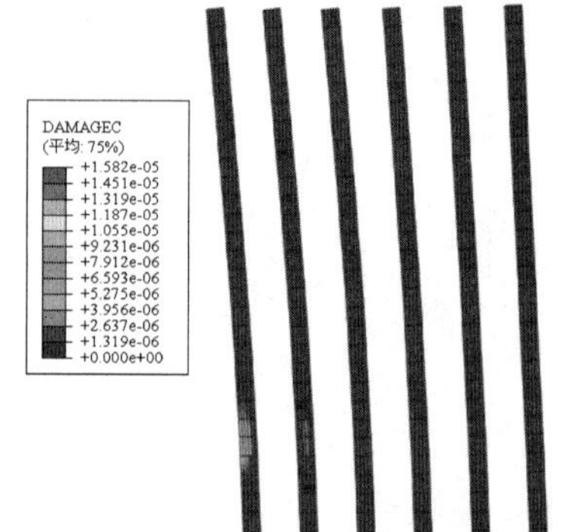

图 6 开挖至 10m 时桩体压缩损伤分布图

Fig. 6 Compression damage in piles when excavation to 10m

由图6可见：桩体的压缩损伤主要出现在1～2号桩的拉伸损伤分布位置的邻近位置，但压缩损伤值极小，可不予考虑，即此时的刚性桩仅在桩体表面发生局部破坏，而不是整体截面断裂的破坏。

图7为桩体的弯矩分布图，对比图5的桩体拉伸损伤图，可见桩体的拉伸损伤主要分布在桩体弯矩最大处。而且随着与基坑距离的增加，桩体弯矩最大值所在位置有所提高，且发生损伤的桩体弯矩最大值在50kN·m左右，这与先前计算的纯弯状态下桩身的极限抗弯弯矩51kN·m相近。如图8所示，开挖结束时，各桩的水平位移大致都呈悬臂式变化，即最大位移都出现在桩顶位置，随着深度的增加而位移减小；随着与新开挖基坑距离的增加，桩身的水平位移迅速减小；由于加固区深度与开挖深度相差较小，各桩基本上都是整体性的倾覆，位移曲线上无特别明显的拐点，这也验证了此时的桩体发生整体截面断裂破坏的可能性较低。

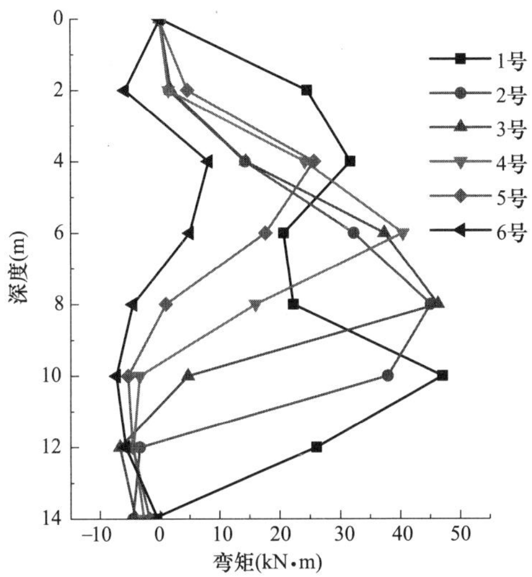

图7　开挖至10m时桩身弯矩分布图

Fig. 7　Pile moment when excavation to 10m

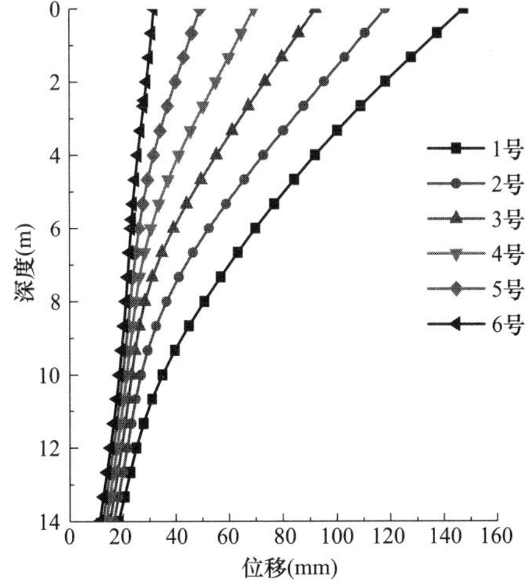

图8　开挖至10m时桩体水平位移分布图

Fig. 8　Horizontal displacement of piles excavation to 10m

图9为开挖至10m时，桩间土的塑性区分布情况。由图9可以看出，此时的土体塑性开展区主要集中在复合地基上部的桩顶位置，其原因大致为侧向开挖的卸荷作用，桩顶位置处的桩土沉降差异较大，桩向上刺入褥垫层，土的承载能力较低，荷载更多地向桩进行转移。除此之外，还可以见到，塑性区由桩顶位置继续在桩间土内部向下扩展，最终与开挖面相连，形成一条贯通的塑性区，从而造成整体失稳的平面破坏模式，其滑移面为直线，端点分别为开挖面附近、复合地基边桩的桩顶位置。通过与桩体损伤情况对比来看，此时的桩体只在表面形成程度较轻的拉伸损伤，并未完全断裂，而桩间土已形成贯通的塑性开展区，可认为桩间土体先于桩体发生平面破坏，随后滑裂面经过的桩体产生弯曲破坏。

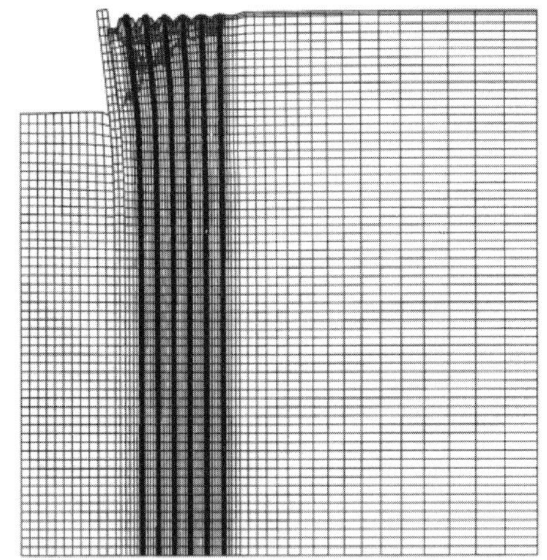

图9　开挖至10m时土体塑性开展区

Fig. 9　Plastic development area of soil when excavation to 10m

3.2　筏板基础下复合地基破坏模式分析

在实际工程中，复合地基一般选用筏板基础，为此在离心机模型的基础上添加混凝土筏板基础，荷载通过筏板施加到复合地基上，其中筏板基础采用线弹性材料进行模拟。

图10、图11为在筏板基础下开挖至10m时的桩体损伤图：除6号桩体上部出现拉伸损伤之外，其余桩体未出现拉伸损伤情况，同时没有发生压缩损伤。这与柔性荷载下的情况极不相同。筏板基础通过压缩褥垫层使之产生应力重分布将荷载更多地转移至桩体减少了土体的破坏，同时通过与褥垫层之间的摩擦作用，对复合地基的侧向位移产生较好的抑制作用，减少了桩体侧移与弯矩，因此桩体不会产生较大的损伤。

由于筏板基础的存在，基础的沉降接近均匀，使得褥垫层的调节作用更加明显，荷载更多地由桩体承担。同时，筏板基础通过与褥垫层之间的摩擦作用对复合地基的侧向位移有很强的约束作用，导致在竖向加载完成后，边桩上部产生较大的弯矩。随着开挖的进行，近基坑桩在桩体上部产生负弯矩。这与李连祥[4]发现的规律相一致，即距基坑的距离决定桩弯矩的大小和变化形式，在距基坑较近处因桩土不均匀沉降明显，桩顶上刺入褥垫层，桩顶与褥垫层的相对水平位移较大，基础通过摩擦作用对桩顶有水平约束，引起桩上部负弯矩。

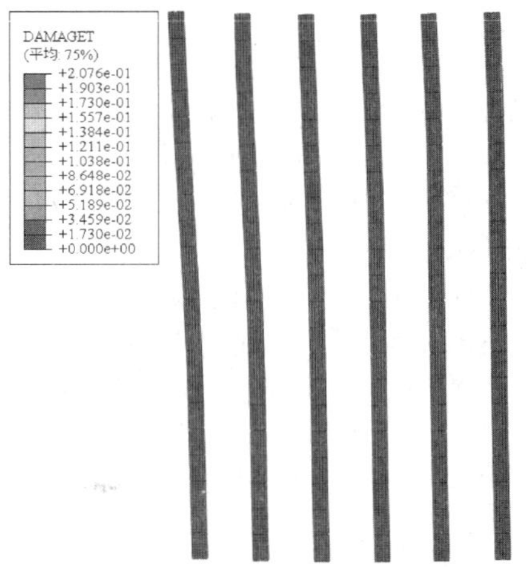

图 10　筏板基础下的时桩体拉伸损伤分布图

Fig. 10　Tensile damage in piles under raft

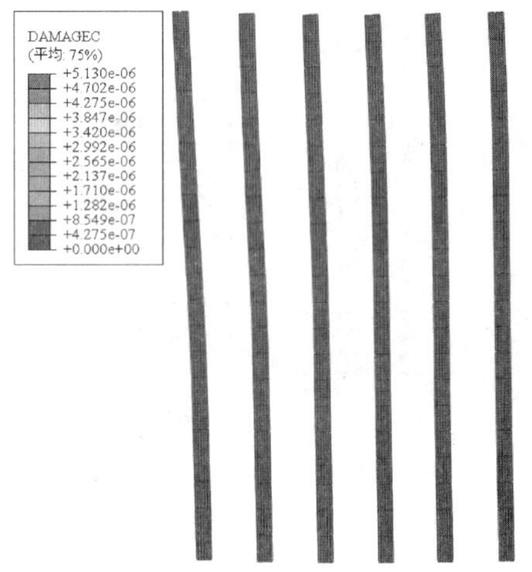

图 11　筏板基础下的桩体压缩损伤分布图

Fig. 11　Compression damage in piles under raft

同时近基坑的地基侧移使筏板基础也发生侧移，拉动远基坑处的地基发生更大的侧移，从而使得远基坑处边桩上部的弯矩值进一步加大，直至出现拉伸损伤破坏。对比图 8 与图 12，可以明显地发现，桩体位移大幅减少，

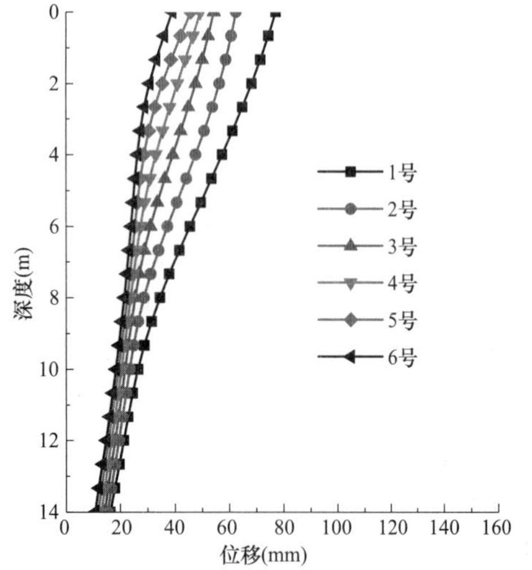

图 12　筏板基础下桩体水平位移分布图

Fig. 12　Horizontal displacement of piles under raft

位移最大的 1 号桩位移约减少了 50%，可见筏板基础的存在对复合地基刚性桩的侧向约束作用相当明显。

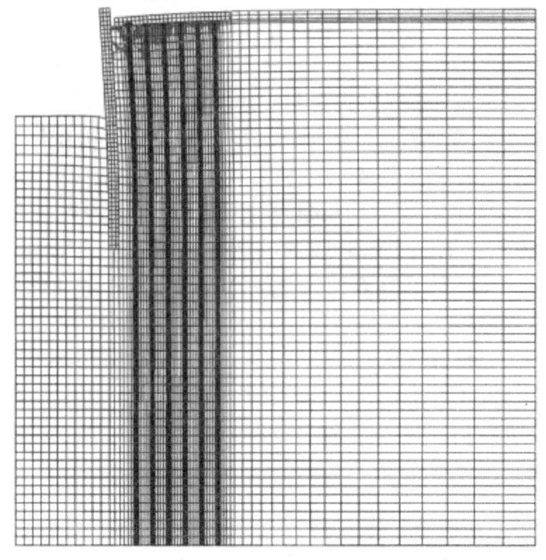

图 13　筏板基础下的土体塑性开展区

Fig. 13　Plastic development area of soil under raft

在图 13 中可以清楚地看到，由于筏板基础的存在，塑性开展区范围明显减少，塑性开展程度明显减弱，且主要集中在靠近新开挖基坑的桩顶位置。在桩间土内部并未形成贯通的塑性开展区，表明在此种状况下发生整体失稳的可能性降低，但发生局部破坏可能性却不容忽视。通过桩体未受到严重的拉伸损伤、桩体弯矩远小于损伤限值 51kN·m，可以判断此时的破坏机制为由于开挖作用，近基坑桩桩顶周围土体丧失承载力，桩荷载加大，将会产生局部受压破坏。

3.3　支护结构内凸式变化时复合地基破坏模式分析

离心模型试验采用的支护结构变形模式为悬臂型（图 8），变形较大；实际此类工程须严格控制既有复合地基变形，往往需要增设支撑或锚杆。郑刚[17] 认为在增设内支撑后的基坑支护结构变形多为内凸式，而在最大位移相同的情况下，不同变形模式对坑后土体的位移场影响较大。位于邻近基坑的复合地基将处于不同的位移场，刚性桩及桩间土体的破坏模式也将发生很大的不同。

图 14、图 15 为支护结构发生内凸式变形时，开挖至 10m 处复合地基刚性桩的拉伸损伤与压缩损伤分布图。由于支护结构的位移模式不同，近基坑桩桩体弯曲方向发生变化，同时对桩体的侧移产生较大影响。1 号、2 号桩体的中部位置，出现了较为严重的拉伸损伤，损伤因子达 99%，且拉伸损伤区域几乎贯穿整个截面，可以认定 1 号、2 号桩发生了断裂现象。3 号桩也发生了较为严重的拉伸损伤情况，损伤程度在 50%左右，损伤程度随着与基坑距离的增加而减少。同时近基坑桩的压缩损伤影响范围与程度明显增大。可见内凸式的变形对坑后桩体极为不利，将大大降低复合地基的承载能力。

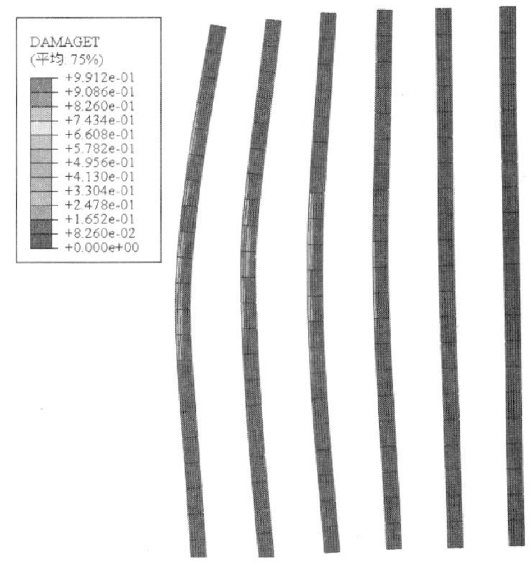

图 14　支护内凸变化时桩体拉伸损伤分布图

Fig. 14　Tensile damage in piles when the support is convexly changed

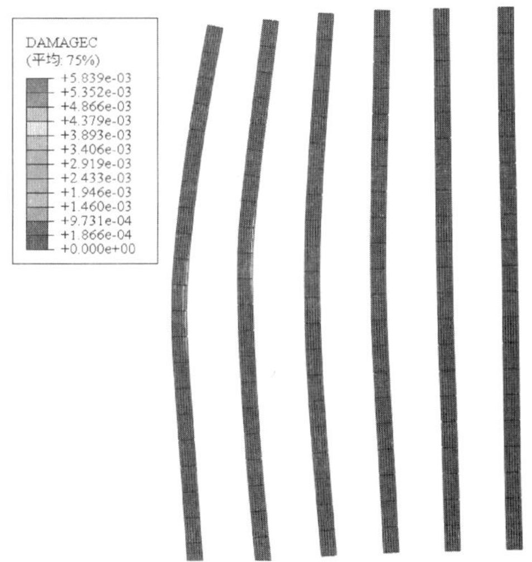

图 15　支护内凸变化时桩体压缩损伤分布图

Fig. 15　Compression damage in piles when the support is convexly changed

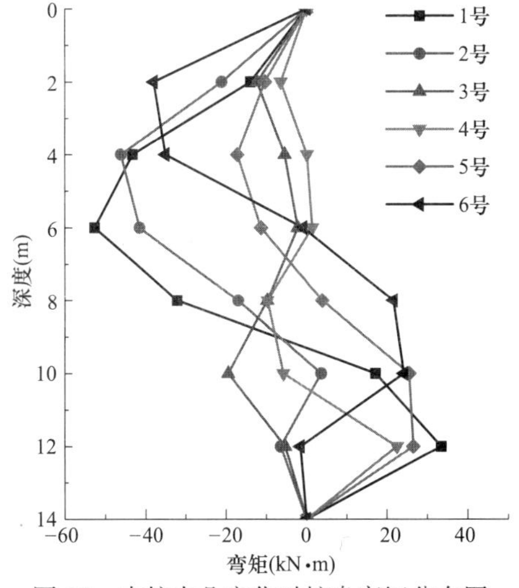

图 16　支护内凸变化时桩身弯矩分布图

Fig. 16　Pile moment when the support is convexly changed

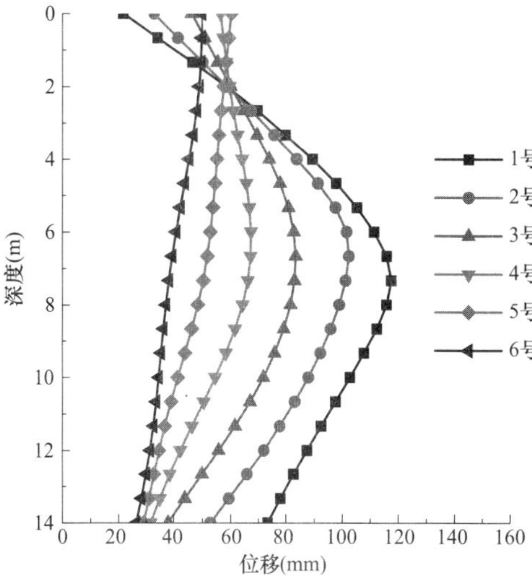

图 17　支护内凸变化时桩体水平位移分布图

Fig. 17　Horizontal displacement of piles when the support is convexly changed

通过对图 16、图 17 中的弯矩与位移分析，不难发现，此时的桩体破坏程度较前述情况更加严重，桩体向内弯曲，最大弯矩发生的位置几乎与支护结构最大侧移所处位置一致，随着与基坑距离的增加，弯矩值略有减少。由于支护结构的变形模式为内凸形，在同样的最大位移水平下，使得更大范围内的坑后土体发生较大的侧移，使得刚性桩中部发生较大的侧移，同时由于刚性桩两端处的土体侧移量较小，产生较大的约束，从而使得邻近基坑的刚性桩在中间位置发生较大的拉伸与压缩损伤。

图 18 为支护结构发生内凸式变形时，桩间土的塑性开展区分布情况。由图 18 可以看出，由于支护结构发生内凸式的变形，坑后的土体发生更大范围的侧移，受影响程度更加剧烈。除了在桩顶处，桩土的差异沉降使得桩向上刺入褥垫层而产生大范围的土体塑性区外，土体还在

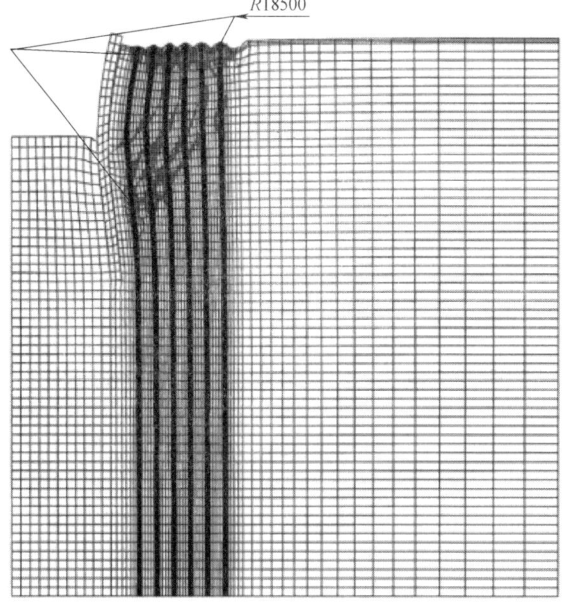

图 18　支护内凸变化时的土体塑性开展区

Fig. 18　Plastic development area of soil when the support is convexly changed

桩间土内部产生多条圆弧形状且贯通的塑性区，连接桩顶与桩端处的塑性开展区。

根据塑性扩展区的宽度与出现时间的顺序，选定圆弧形滑裂面如图 18 所示，圆弧半径为 18.5m，圆弧两端点分别为 5 号桩桩顶位置、1 号桩桩底位置，圆心位置与复合地基顶部持平。对比桩体损伤图可以发现，有滑裂面穿过的 1～4 号桩都发生了不同程度拉伸损伤。破坏机制为：基坑开挖使得坑后土体在开挖面附近发生较大侧移，局部发生塑性变形，近基坑桩中部产生较大弯矩，发生弯曲破坏，丧失承载能力，桩间土体进一步侧移，并向远处延伸，最终发生圆弧破坏。

3.4 支护结构发生复合式变形时复合地基破坏模式分析

在实际工程中，除了内撑支护结构外，常用支护形式还有桩锚支护结构。李连祥[18] 认为桩锚支护由于不能及时限制支护桩顶部的位移，其变形呈复合式，坑后桩体在一定范围内也将呈现出相似的变形模式，为此探讨在支护结构为复合变形模式下的复合地基破坏模式分析显得尤为重要。

图 19、图 20 为支护结构发生复合式变形时，开挖至 10m 处复合地基刚性桩的拉伸损伤与压缩损伤分布图。由于支护结构的位移模式为复合型，即悬臂式与内凸式相叠加的变形模式，因此与支护结构发生内凸式变形时情况相似，在 1 号、2 号桩体的中部位置，出现了较为严重的拉伸损伤。但由于在此变形模式下，桩顶的位移限制较小，因此对桩体中部的损害程度有所降低，损伤分布区域减小，且只有 1 号桩发生了断裂现象，2 号桩损伤程度降至 50%左右。3～6 号桩则因距离影响发生整体倾斜式的变形，未产生拉伸损伤。压缩损伤程度较轻，主要分布在 1 号桩右侧。

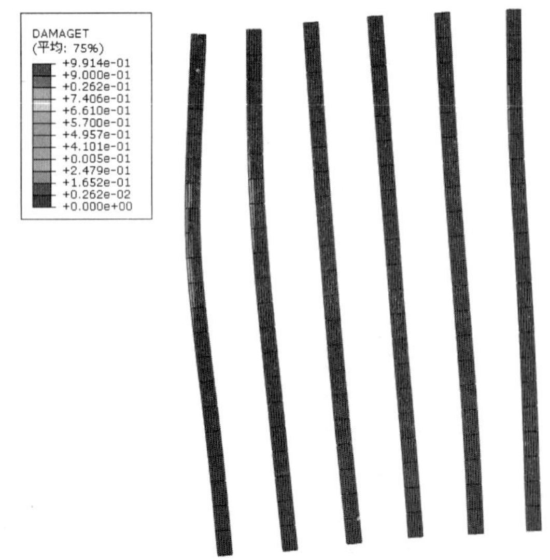

图 19 支护复合变化时桩体拉伸损伤分布图

Fig. 19 Tensile damage in piles when the support is convexly changed

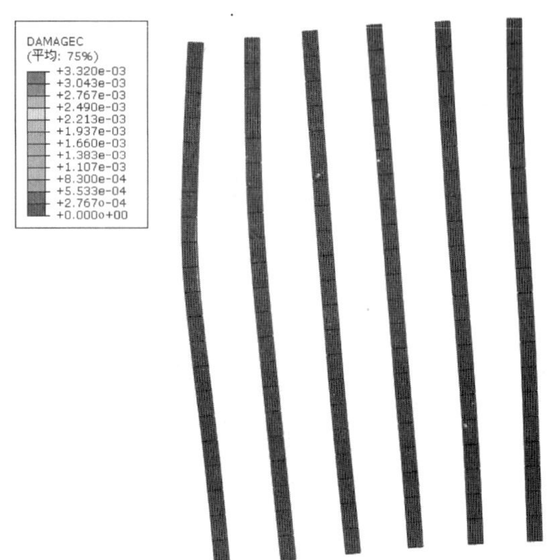

图 20 支护复合变化时桩体压缩损伤分布图

Fig. 20 Compression damage in piles when the support is convexly changed

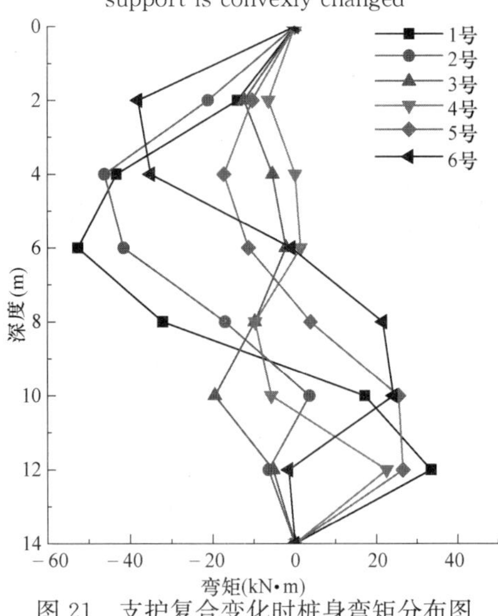

图 21 支护复合变化时桩身弯矩分布图

Fig. 21 Pile moment when the support is convexly changed

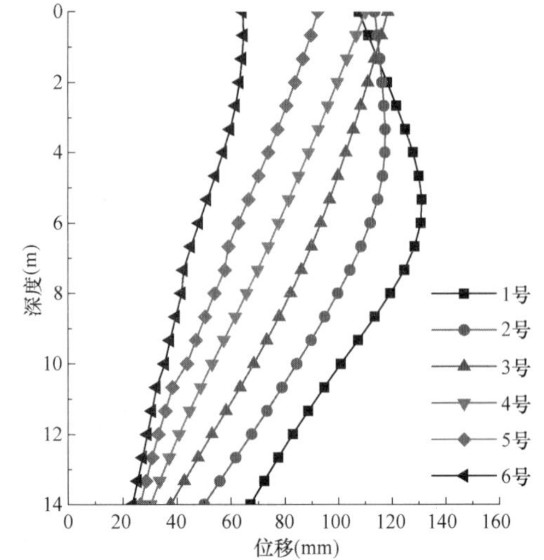

图 22 支护复合变化时桩体水平位移分布图

Fig. 22 Horizontal displacement of piles when the support is convexly changed

通过图 21、图 22 中弯矩与位移与图 16、图 17 的曲线对比分析，发现：近基坑桩依旧主要向内弯曲，但在桩体下部出现较大的正弯矩，即存在反弯点，1 号桩有可能发生二次弯曲破坏；随着与基坑距离的增加，坑后的桩体变形逐渐由复合式变成悬臂式，相比支护结构发生内凸式变形时，此种情况下支护结构的变形对坑后土体影响范围减小，对桩体的影响程度降低。

图 23 为支护结构复合变形时，桩间土的塑性区开展情况，其影响范围较支护结构发生内凸式变形时明显减少。桩间土内部依旧产生多条圆弧形塑性开展区，但圆弧形塑性开展区条数锐减，半径减小；桩间土体还是发生圆弧破坏模式。同样根据塑性开展区的宽度与出现时间的早晚，选定圆弧形滑裂面如图 23 所示，圆弧半径为 12m，其两端点分别位于 3 号桩桩顶位置、1 号桩桩体下部 0.75 倍桩深位置，圆心略低于复合地基顶部。通过与桩体损伤相对比可以发现：桩体产生损伤的 1 号、2 号桩依旧被滑裂面穿过。其破坏机制与支护结构内凸变化时相似，只不过由于支护结构发生复合式变形时，坑后土体受其影响范围减少，故此时的圆弧滑裂面半径减小，产生损伤的桩体数减少。

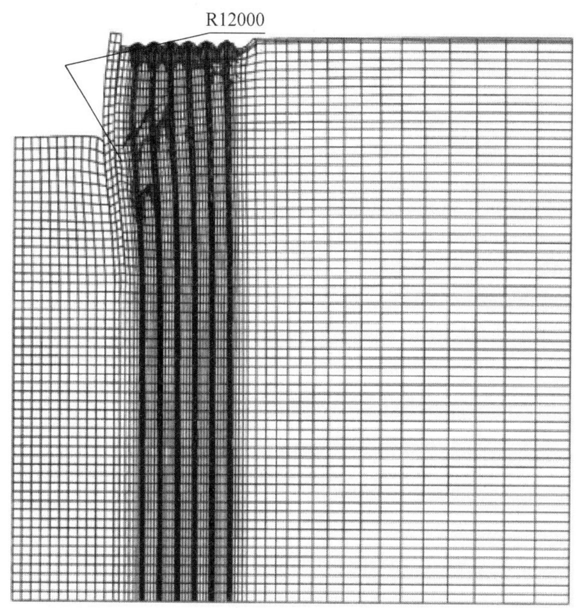

图 23 支护复合变化时土体塑性开展区
Fig. 23 Plastic development area of soil when the support is convexly changed

4 结论

(1) 柔性基础条件下，随基坑开挖，邻近基坑的桩体发生局部弯曲破坏，进而向远处扩展；桩间土发生平面破坏，土体先于桩体破坏。

(2) 筏板基础能够较好地约束复合地基的位移，减小桩体弯矩，减少开挖对桩体造成的影响；土体发生整体破坏的可能性降低，但依旧存在较高的局部破坏风险。

(3) 支护结构的变形模式不同，对复合地基的影响程度不同。支护结构发生内凸式或复合式变形时，近基坑桩发生弯曲断裂；桩间土产生多条圆弧形塑性开展区，最终发生圆弧整体破坏。

参考文献：

[1] 李连祥，张海平，徐帮树，等. 考虑 CFG 复合地基对土体侧向加固作用的基坑支护结构优化[J]. 岩土工程学报，2012，34(S1)：500-506.

[2] 李连祥，符庆宏. 临近基坑开挖复合地基侧向力学性状离心试验研究[J]. 土木工程学报，2017，50(6)：85-94.

[3] 李连祥，黄佳佳，符庆宏，等. 不同置换率复合地基力学性状附加荷载影响规律离心试验研究[J]. 岩土力学，2017，38(S1)：131-139.

[4] 李连祥，黄佳佳，成晓阳，等. 刚性桩复合地基与临近基坑支护结构相互影响的离心模型试验[J]. 岩石力学与工程学报，2017，36(S2)：4142-4150.

[5] 邹燕. 基坑开挖对临近 CFG 桩复合地基影响的研究[D]. 合肥：安徽建筑大学，2015.

[6] 杨敏，周洪波，杨桦. 基坑开挖与临近桩基相互作用分析[J]. 土木工程学报，2005，38(4)：91-96.

[7] 吉庆祥. 既有建筑复合地基对邻近基坑性状影响的研究[D]. 太原：太原理工大学，2015.

[8] 张景尧，乔京生，梁乐杰. 土体侧向位移对周边复合地基力学性状影响研究[J]. 土工基础，2013，27(3)：89-92.

[9] Kivelö D J. Deep soil stabilization：design and construction of lime and lime cement columns[D]. Stockholm，Sweden：Royal Institute of Technology，2003.

[10] BROMS B B. Lime and lime/cement columns，ground improvement[M]. 2nd ed. London：Spon press，2004：252-330.

[11] 郑刚，刘力，韩杰. 刚性桩加固软弱地基上路堤的稳定性问题(Ⅰ)：存在问题及单桩条件下的分析[J]. 岩土工程学报，2010，32(11)：1648-1657.

[12] 郑刚，刘力，韩杰. 刚性桩加固软弱地基上路堤的稳定性问题(Ⅱ)：群桩条件下的分析[J]. 岩土工程学报，2010，32(12)：1811-1820.

[13] 李帅. 刚性桩复合地基支承路堤的失稳破坏机理及其稳定分析方法研究[D]. 天津：天津大学，2012.

[14] 黄佳佳. 既有复合地基形成机制与支护开挖力学性状研究[D]. 济南：山东大学，2018.

[15] 方秦，还毅，张亚栋，等. ABAQUS 混凝土损伤塑性模型的静力性能分析[J]. 解放军理工大学学报(自然科学版)，2007，8(3)：254-260.

[16] BIRTEL V，MARK P. Parameterised finite element modelling of RC beam shear failure[C]//2006 ABAQUS User's Conference. Taiwan，2006：95-108.

[17] 郑刚，邓旭，刘畅，等. 不同围护结构变形模式对坑外深层土体位移场影响的对比分析[J]. 岩土工程学报，2014，36(2)：273-285.

[18] 李连祥，张永磊，扈学波. 基于 PLAXIS 3D 有限元软件的某坑中坑开挖影响分析[J]. 地下空间与工程学报，2016，12(S1)：254-261+266.

深厚杂填土场地复合地基加固的工程实践

王曙光[1, 2, 3]，王学彬[1]，李钦锐[1]，刘　畅[1]，唐　君[1]，任禄星[1]

（1. 中国建筑科学研究院有限公司地基基础研究所，北京 100013；2. 住房和城乡建设部防灾研究中心，北京 100013；3. 建筑安全与环境国家重点实验室，北京 100013）

摘　要：随着复合地基的广泛应用，在深厚杂填土场地上建设多层或高层建筑时，部分工程的地基基础方案采用地基处理后的地基或采用复合地基。在此类场地上采用复合地基时，应确定地基处理方法的适用性和有效性，并对大面积施工的可行性进行评估。北京某住宅楼位于深厚杂填土场地，地基处理设计采用柱锤夯扩碎石桩、柱锤夯扩混凝土桩组成多桩型复合地基，但是地基处理施工时，大部分桩长不能满足设计要求，需对已施工的复合地基进行加固补强。加固补强方案是在已施工完成的碎石桩的桩位处设置旋喷复合桩，旋喷桩有效直径不小于 600mm，旋喷桩中心部位植入 ϕ219 钢管作为芯桩，旋喷桩采用潜孔冲击高压旋喷工艺，确保复合桩穿透深厚杂填土层，桩端进入密实卵石层，满足建筑物的承载力及变形控制要求。旋喷复合桩的施工桩长全部达到设计深度，承载力满足设计要求。复合地基加固完成后，建筑物顺利施工，沉降均匀、稳定，取得了良好的经济效益和社会效益。

关键词：杂填土场地；复合地基；地基加固；旋喷复合桩

作者简介：王曙光，男，1972 年生，研究员。主要从事岩土工程研究。

Engineering practice of composite foundation reinforcement in deep miscellaneous fill site

WANG Shu-guang[1, 2]，WANG Xue-bin[1]，LI Qin-rui[1]，LIU Chang[1]，TANG Jun[1]，REN Lu-xing[1]

（1. Institute of Foundation Engineering，China Academy of Building Research，Beijing 100013，China；2. Disaster Prevention Research Center，Ministry of House and Urban-Rural Development，Beijing 100013，China；3. State key Laboratory of Building Safety and Built Environment，Beijing 100013）

Abstract：With the widely used of composite foundation，when multi-story or high-rise buildings were built on deep miscellaneous fill field，the foundation schemes of ground treatment or the composite foundation were usually used. When composite foundations are used on such sites，the suitability and effectiveness of ground treatment methods should be determined，and the feasibility of large area construction should be evaluated. The residential building in Beijing is located on deep miscellaneous fill field. The composite foundation with multiple reinforcement of different materials or lengths were used，one was composite foundation with impact displacement columns by gravel，the other was composite foundation with impact displacement columns by concrete. But most of the construction pile length can' t meet the design requirements. It is necessary to reinforce the composite foundation which has been constructed. And then，the composite foundations with jet grouting were used on the pile position of the gravel piles which had been completed. The effective diameter of jet grouting pile was not less than 600mm，the Φ219 steel pipe was implanted in the center of jet grouting pile as core pile. In order to meet the structure of bearing capacity and deformation control requirements，Jet grouting piles with DTH impact high-pressure jet grouting (Forming of the hole and the pile of impact in the hole and whirl-jet grouting pile with high pressure) technology were used，which can make sure that the pile penetrates the deep miscellaneous soil，and the pile tip enters the dense pebble bed. All of the construction pile length of jet grouting was reached the design depth；the design requirements of the bearing capacity are satisfied. After the composite foundation completed，the building constructed smoothly，the settlement of the building is uniform and stable，which obtains good economic and social benefits.

Key words：miscellaneous fill field；composite foundation；ground improvement；composite pile with jet grouting

1　引言

随着我国经济的发展、人口的增长、城市化进程的加快，城市建设用地紧张的矛盾日益突出，在城市建设中，利用各种填土场地进行工程建设的工程案例越来越多，填土顾名思义是指由人类活动而堆填的土，与自然沉积的正常固结土相比，填土一般具有不均匀性、湿陷性、自重压密性、低强度、高压缩性等[1]。在填土场地上进行工程建设，首先要通过地基处理的方式消除填土的上述不良特性，但是在填土场地的实际工程中，事故工程屡见不鲜，事故原因往往都会涉及地基问题，因此在填土场地进行工程建设时，应根据填土的类型及工程特性、采取桩基础或有针对性的地基处理方式消除填土的不良地质特性。

2　杂填土的工程特性及处理方法

填土根据其物质组成和堆填方式可分为素填土、杂填土和冲填土，其中杂填土特性尤为复杂。杂填土一般是由人类活动任意堆填而成的，按其组成物质可以分为建筑垃圾、工业废料和生活垃圾[2]。杂填土由于其堆填条件、堆积时间、物质来源、组成成分的复杂和差异，通常结构疏松、厚薄不均，导致杂填土强度低、压缩性高、均匀性差，一般还会具有浸水湿陷性。对于建筑垃圾和工业废料为主要成分的杂填土，一般在适当处理后，可作为建筑物地基。但对于生活垃圾，含大量有机质和未分解的腐殖质，即使堆积时间较长，仍然比较松软。

杂填土场地比较常见的是以建筑垃圾为主的场地，该类场地往往具有欠固结性，未经处理不能直接作为建筑物地基。如果基底以下的杂填土厚度不大，可采用换填垫层、强夯、挤密桩等方法进行处理。但是当基底以下存在深厚的杂填土时，换填垫层不可行也不经济，采用强夯处理要评估强夯能级的有效处理范围是否能达到填土厚度，强夯往往还会受到场地及周边环境的限制；采用复合地基时，采用的增强体及施工工艺应能满足消除杂填土欠固结特性的要求，且施工是可行的，而对于深厚的杂填土，尤其是以建筑垃圾为主的杂填土场地，物质来源和组成成分比较复杂，除了常规的砖头瓦块以外，有的还会存在大面积的混凝土板、完整的桩头等较大体积、强度较高的建筑垃圾，甚至形成地下障碍物，且空间分布杂乱无章，增强体施工很难穿透，且这些部位无法被挤密，因此此类地基处理方法往往理论上是可行的，但是面临施工困难和处理效果评价的困难。综上所述，在深厚杂填土场地上建设高层建筑时，地基基础方案应首选桩基础，工程桩应穿透杂填土层进入下部承载力较高、压缩性低的土层或岩层，设计时应考虑深厚填土引起的负摩阻力，施工时应采用合适的工艺确保桩基能穿透深厚杂填土层并进入设计持力层，并应确保桩端阻能有效发挥及桩身混凝土质量满足设计要求。当采用地基处理方案时应有可靠的地区经验，并应选取有代表性的区域进行现场试验，确定地基处理方法的适用性和有效性，并对大面积施工的可行性进行评估。

近年来，随着复合地基的广泛应用，在深厚杂填土场地上建设多层或高层建筑时，也出现部分工程的地基基础方案采用地基处理后的地基或采用复合地基，一旦处理不好，工程的事故率较高。本文介绍一个深厚杂填土场地的复合地基工程，由于施工过程中增强体长度不能满足设计要求，进而对已施工的复合地基进行加固补强处理的工程案例。

3 工程概况

北京某 3 号、4 号、5 号、11 号、12 号住宅楼，地上为 21 层，地下为 3 层，建筑高度为 60m，剪力墙结构，筏板基础。该建筑位于深厚杂填土层，基底以下杂填土厚度 6.0～11.0m 不等。

根据岩土工程勘察报告，本场地上部为填土、其下为新近沉积层、一般第四系冲洪积及第三系基岩层，共分 8 大层。场地地层构成自上而下描述如下：①层为填土层，$①_1$ 层为杂填土，$①_2$ 层为卵石素填土，$①_3$ 层为生活垃圾杂填土。新近沉积层：②层为粉细砂，③层为圆砾、卵石。一般第四系冲洪积层：④层为卵石，$④_1$ 层为细中砂，⑤层为卵石，⑥层为卵石。第三系基岩层：⑦层为泥岩，⑧层为砾岩。地下水潜水稳定水位埋深在 22～24m。典型工程地质剖面见图 1，土层参数表详见表 1。

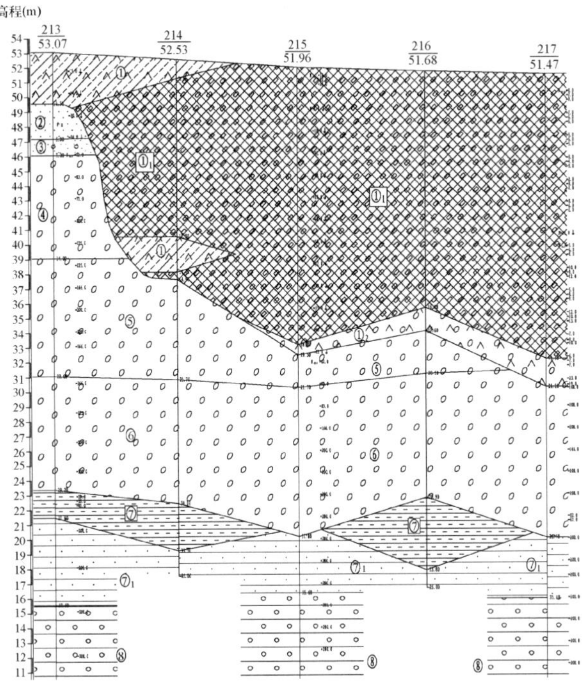

图 1　工程地质剖面图

Fig. 1　Engineering geologic profile

土层参数信息　表 1

Soil parameters　Table 1

土层编号	土层名称	含水率 w(%)	重度 γ(N/m³)	桩的极限侧阻力标准值 q_{sik}(kPa)	桩的极限端阻力标准值 q_{pk}(kPa)
①	填土层	—	17.0	—	—
$①_1$	杂填土	—	19.0	—	—
$①_2$	卵石素填土	—	20.0	—	—
$①_3$	生活垃圾杂填土	—	17.0	—	—
②	粉细砂	—	21	—	—
③	圆砾、卵石	—	22	—	—
④	卵石	—	22	100	—
$④_1$	细中砂	—	21	60	—
⑤	卵石	—	22	110	—
$⑤_1$	细中砂	—	21	60	—
⑥	卵石	—	22	120	2500

本场地原为采砂坑，在后续建设活动中回填至现状标高，主要为以建筑垃圾为主的$①_1$ 层杂填土，厚度为 0.50～21.80m，该层以砖渣、碎石、混凝土块、灰渣、卵石等建筑垃圾为主，混粉土、黏性土，含少量生活垃圾，局部地段含大块块石、漂石及大块混凝土块。建筑垃圾 $D_{大}$ =150cm，$D_{一般}$ =10～50cm；卵石 $D_{大}$ =14cm，$D_{一般}$ =2～5cm。现场开挖杂填土见图 2。该层土为人为随意堆填而成，具有物质来源、组成成分复杂多变，均匀性差，结构疏松，强度较低，压缩性高，受压易变形的特点，为欠固结土，工程性质较差，未经处理不宜作为建筑物地基。

拟建住宅楼位于深厚杂填土层部位，基底以下建筑垃圾为主的$①_1$ 层杂填土厚度 6.0～11.0m 不等，其下为⑤层中密—密实卵石和⑥层密实卵石。由于基底直接持

(a) 大块建筑垃圾

(b) 少量生活垃圾

图 2 杂填土

Fig. 2 Miscellaneous fill

力层为①$_1$ 层杂填土，天然地基不满足设计要求，需采用桩基础或进行地基处理。

本工程前期由于从工期、经济性和机械施工可行性等因素考虑，未采用桩基础方案，而采用多桩型复合地基处理方案。设计方案为柱锤夯扩碎石桩＋柱锤夯扩混凝土桩组成的多桩型复合地基，见图 3。先采用柱锤夯扩碎石桩对杂填土层进行挤密处理，柱锤夯扩碎石桩直径 450mm，设计有效桩长 7.1～11.8m（以 4 号楼为例），再采用柱锤夯扩混凝土桩进一步对杂填土层进行挤密处理，柱锤夯扩混凝土桩直径 450mm，设计有效桩长 7.3～12.0m（以 4 号楼为例），桩端进入密实卵石层。柱锤夯扩碎石桩、柱锤夯扩混凝土桩间隔布置，桩间距为 1m，柱锤夯扩碎石桩处理后的复合地基承载力特征值为 105kPa，柱锤夯扩混凝土桩单桩承载力特征值为 400kN，经二次复合后的多桩型复合地基承载力特征值为 250kPa。

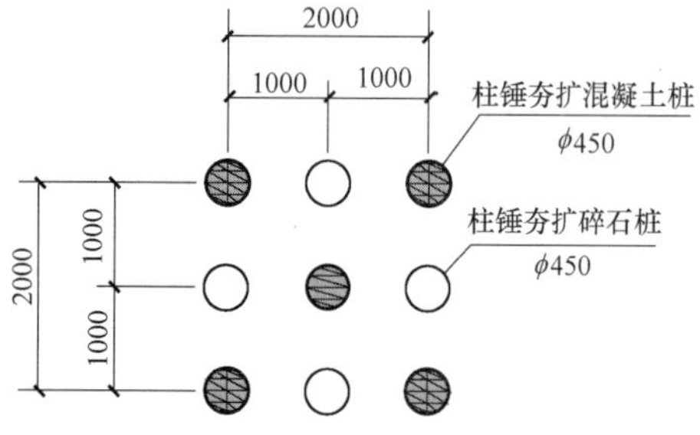

图 3 复合地基平面示意图

Fig. 3 Plane layout of composite foundation with multiple reinforcement

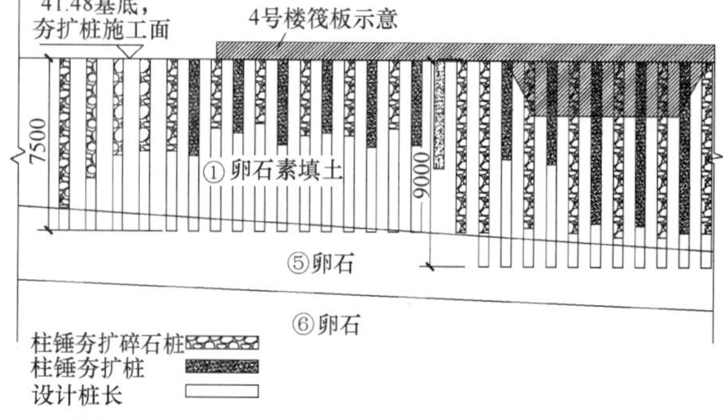

图 4 地基处理实际施工桩长（以 4 号楼为例）

Fig. 4 The actual construction pile length of foundation treatment（building 4 号）

柱锤冲扩桩复合地基是采用起吊设备将细长柱锤提高到一定高度自由下落冲孔，然后分层填料分层冲扩夯实形成增强体与桩间土形成的复合地基[3]。其加固机理主要是冲孔时对桩周土的侧向挤密、填料冲扩对桩间土的二次挤密作用，以及桩体材料的置换作用。由于其施工过程中的侧向挤密作用可以有效地提高桩周土的密实度，进而提高其强度、降低压缩性，因此适用于处理非饱和的黏性土、松散粉土、砂土、填土、黄土等地基。

本工程采用柱锤夯扩碎石桩、柱锤夯扩混凝土桩形成的多桩型复合地基，采用夯扩工艺对桩间土进行挤密，提高填土的密实度，然后再采用混凝土桩进一步提高地基承载力，控制地基变形，因此该地基处理设计从理论上讲是可行的，但是由于该建筑场地的杂填土中局部地段含大块块石、漂石及大块混凝土块，形成地下障碍物，且空间分布杂乱无章，柱锤冲扩施工时很难穿透杂填土达到设计要求的桩端持力层，因此大部分柱锤夯扩碎石桩、柱锤夯扩混凝土桩的实际施工桩长不满足设计要求。实际施工桩长如图 4 所示（以 4 号楼为例），柱锤夯扩碎石桩实际桩长普遍达不到设计要求，施工桩长比设计桩长短 0～5.4m；柱锤夯扩混凝土桩实际桩长同样也是普遍达不到设计要求，施工桩长比设计桩长短 0～5.7m，已施工的复合地基增强体不能满足设计要求，对后续工程带来重大隐患，因此需要对已形成的复合地基进行加固补强。

4 复合地基加固补强

拟建住宅楼设计采用柱锤夯扩碎石桩、柱锤夯扩混凝土桩组成的多桩型复合地基，复合地基施工过程中大部分柱锤夯扩碎石桩、柱锤夯扩混凝土桩的实际施工桩长不满足设计要求，导致复合地基无法验收、上部结构无法施工，因此需要对已形成的复合地基进行加固补强以满足设计要求。

该工程对复合地基进行加固补强的难度较大，一是大部分已施工的桩由于未达到设计桩长、未进入设计持力层，达不到原设计要求的消除深厚杂填土的不良地质特性的要求，也不能满足原设计地基承载力及变形控制的要求；二是已施工的桩长短不一，使得现状复合地基是不均匀的；三是已施工的柱锤夯扩碎石桩、柱锤夯扩混凝土桩间隔布置，桩间距仅为 1m，给后续加固时新增增强体或桩基施工造成困难。

针对以上问题，对该工程复合地基加固补强时应抓住主要矛盾，重新设置增强体，并应确保增强体的承载力达到设计要求，且要有一定的安全储备，确保增强体施工能穿透杂填土、达到设计要求的桩端持力层，以满足建筑物变形控制的要求。该工程的复合地基加固补强方案仍然采用复合地基方案，在已施工完成的碎石桩的桩位处重新设置增强体（图 5），增强体采用旋喷复合桩方案，旋喷桩有效直径不小于 600mm，为保证桩体强度，旋喷桩中心部位植入 ϕ219 钢管作为芯桩，进而形成旋喷复合桩，桩长 10～12m，桩端进入密实卵石层，单桩承载力特征值不小于 500kN。新设置的旋喷复合桩成为加固后的复合地基的主增强体，已经施工的柱锤夯扩混凝土桩成为副增强体，原处理后的复合地基承载力特征值按 105kPa 考虑，最终形成的复合地基承载力特征值不小于 250kPa。

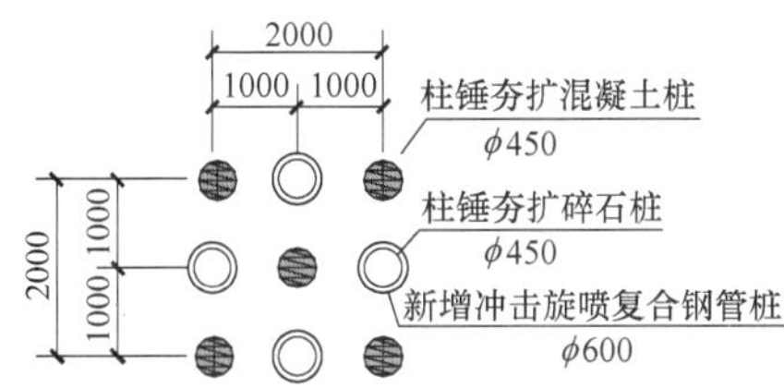

图 5　加固后的复合地基平面示意图

Fig. 5　Plane layout of composite foundation with multiple reinforcement after reinforcement

在已施工完成的碎石桩的桩位处要施工旋喷复合桩，且新设置的桩体要穿透碎石桩及碎石桩端下方的杂填土并进入密实卵石层，要选取合适的施工工艺，确保新增的旋喷复合桩增强体施工可行，且能保证施工质量、满足设计要求。该工程选用潜孔冲击高压旋喷施工工艺进行旋喷桩的施工，旋喷桩施工完成后采用振动锤下放芯桩，完成旋喷复合桩的施工。

潜孔冲击高压旋喷施工工艺是将潜孔锤与高压旋喷工艺有机结合形成的一种新的旋喷施工工艺，可适用于常规工艺难以钻进的含大块硬质杂物的填土层、砂卵砾石块石漂石层、岩溶（溶沟、溶槽、溶洞等）发育的地层、基岩等复杂地质和场地条件。

该工程潜孔冲击高压旋喷施工时采用 ϕ305 的潜孔锤，潜孔锤在高压空气驱动下冲击钻进，当遇到碎石、卵石或块体时，潜孔锤可将其冲击破碎。在钻进的同时，由高压泵向喷嘴提供高压水和高压气（图 6（a）），冲击器上部四周的喷嘴水平喷射高压水流，切割软化周边土体。如地层为粉土、黏土，喷射的高压水流可切割软化四周的土体，对卵石、块石地层通过振动调整块石位置，为后续水泥浆的渗透打开通道。当钻进到设计深度后开始提钻，提钻时将高压水切换为高压水泥浆（图 6（b）），同时提升喷射压力，通常可达 25～30MPa，由喷射器侧壁的喷嘴向周围土体进行高压旋喷注浆，锤底喷射的高压气可加大搅拌混合力度，并将浆液往四周挤压，沿着气爆打开的孔隙和通道注入被加固的土体，从而形成均匀的水泥土混合物。这种喷射注浆方式要比普通的旋喷注浆产生的压力更大，效果更好，可形成的桩径也更大[4]。潜孔冲击高压旋喷桩施工参数如表 2 所示。

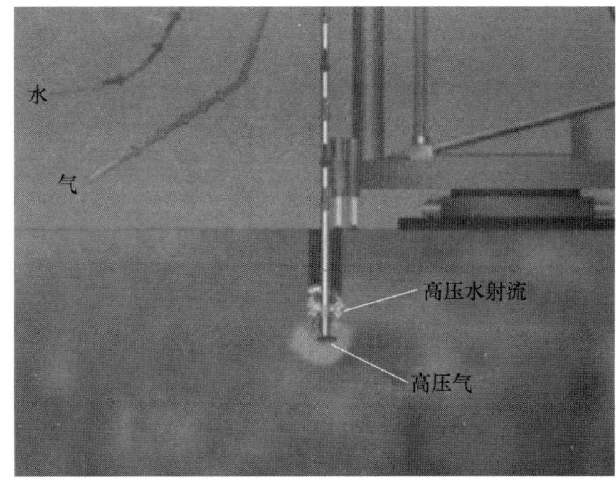

(a) 钻进

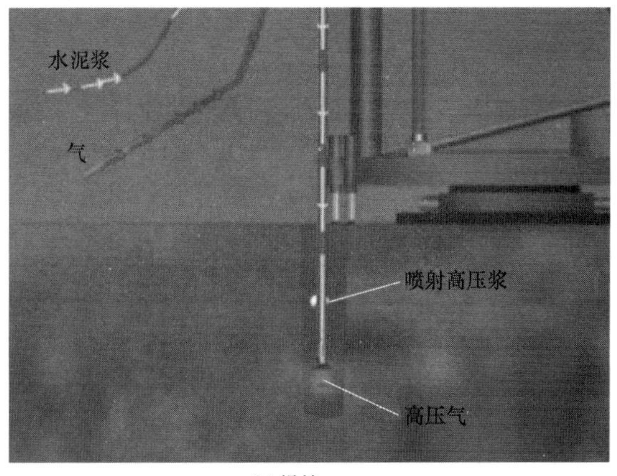

(b) 提钻

图 6　潜孔冲击高压旋喷桩成孔及成桩示意图

Fig. 6　Forming of the hole and the pile of impact in the hole and whirl-jet grouting pile with high pressure

潜孔冲击高压旋喷桩施工参数表　　表 2

Construction parameters of submerged jet grouting cement-soil piles　　Table 2

项目	参数
水灰比	0.7
喷水压力	≤5MPa
水泥强度	P·O 42.5
水泥掺量	≥25%
空气压缩机输出压力	≥0.8MPa
注浆压力	≥10MPa

该工程实际施工时旋喷复合桩的桩长全部达到设计深度，由于旋喷桩在已施工的碎石桩部位成桩，碎石及杂填土的渗透性较好，施工的旋喷桩的直径普遍大于设计要求的 600mm，如图 7 所示。

施工完成后，采用竖向静载荷试验检测单桩和复合地基的承载力。图 8 为单桩静载荷试验曲线，单桩加载至 2 倍竖向抗压承载力特征值（1000kN）时，对应的桩顶沉降分别为 16.18mm、17.24mm、18.01mm、16.47mm、17.81mm。

图 9 为复合地基静载荷试验 p-s 曲线，复合地基静

图 7　旋喷桩成桩效果
Fig. 7　The photo of the effect of composite pile with jet grouting

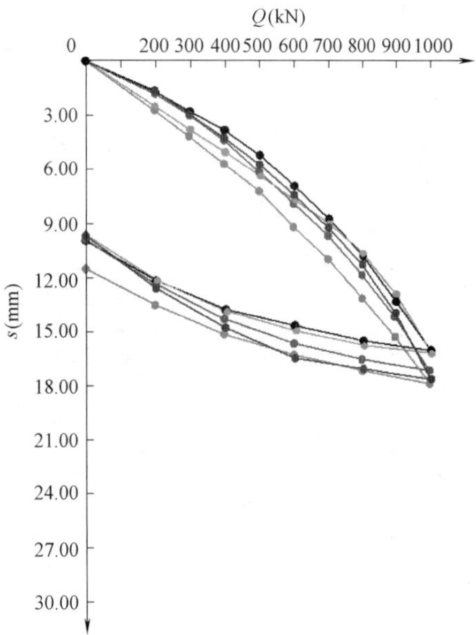

图 8　单桩静静载试验 Q-s 曲线
Fig. 8　Q-s curve of single pile static load test

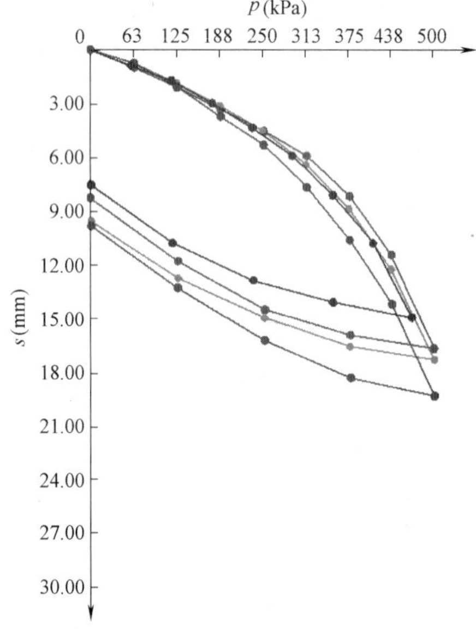

图 9　复合地基静静载试验 p-s 曲线
Fig. 9　p-s curve of composite foundation static load test

载荷试验承压板面积 4.0m^2，加载至 2 倍复合地基承载力特征值（500kPa）时，对应的沉降分别为 16.82mm、17.44mm、19.42mm、16.18mm。

单桩和复合地基静载荷试验表明，荷载达到 2 倍承载力特征值时，对应的沉降量均较小，且曲线并未出现明显拐点，表明单桩和复合地基承载力还有较大的安全储备。

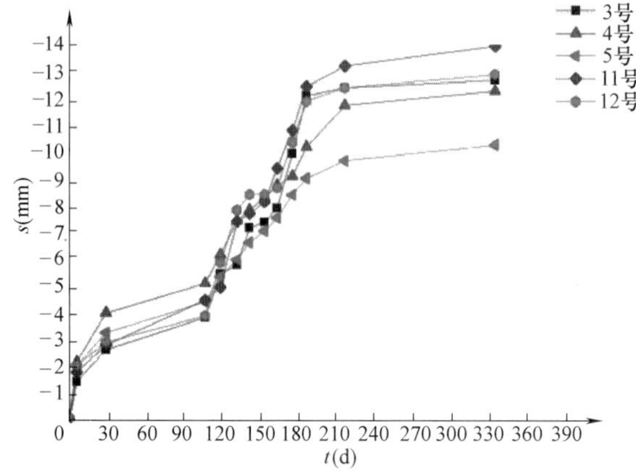

图 10　各楼座沉降观测曲线
Fig. 10　Curve of each building settlement observation

复合地基加固补强施工完成后，主体建筑顺利施工，建筑物整体沉降和差异沉降小，第三方监测单位对 3 号、4 号、5 号、11 号、12 号住宅楼进行了从首层施工到结构封顶长达 1 年的连续性沉降观测，各楼座各监测点最大沉降量分别为 12.71mm、12.29mm、10.29mm、13.98mm、12.91mm。沉降观测结果见图 10。沉降观测表明加固后的复合地基满足建筑物承载力和变形要求。

5　结论

（1）在深厚杂填土场地上建设高层建筑时，地基基础方案首选桩基方案，工程桩应穿透杂填土层进入下部承载力较高、压缩性低的土层或岩层，设计时应考虑深厚填土引起的负摩阻力，施工时应采用合适的工艺确保桩基能穿透深厚杂填土层并进入设计持力层，并应确保桩端阻能有效发挥及桩身混凝土质量满足设计要求。

（2）填土场地采用复合地基时，设计采用的增强体和施工工艺应能消除填土的欠固结性，满足处理后地基土和增强体共同承担荷载的技术要求。

（3）杂填土场地采用挤密桩地基处理时，应充分考虑施工能力及处理效果，确定地基处理方法的适用性和有效性，并对大面积施工的可行性进行评估，确保挤密后的地基已消除欠固结性。

参考文献：

[1]　《工程地质手册》编委会. 工程地质手册[M]. 4 版. 北京：中国建筑工业出版社，2007.
[2]　黄熙龄，秦宝玖. 地基基础的设计与计算[M]. 北京：中国建筑工业出版社，1981.
[3]　滕延京. 建筑地基处理技术规范理解与应用(按 JGJ 79—2012)[M]. 北京：中国建筑工业出版社，2013.
[4]　张亮，朱允伟，李楷兵，等. 潜孔冲击高压旋喷桩工法原理及特性研究[J]. 施工技术，2017，46(19)：59-62.

真空预压场地形成及检测分析

李忠诚
(上海山南勘测设计有限公司，上海 201206)

摘　要：系统介绍了某工程场地形成过程中的真空预压试验，并对试验结果和相关规律进行了总结分析，包括沉降、分层沉降、孔隙水压力等。分析结果表明：在软土地区，采用真空预压对大面积地基进行处理，可以取得良好效果，试验结果满足工程要求。
关键词：真空预压；地基处理；沉降；软土地基

Test analysis of vacuum preloading test in engineering site formation

LI Zhong-cheng
(Shanghai Shannan Investigation and Design Co.，Ltd.，Shanghai 200120)

Abstract: In this paper, the Test analysis of Vacuum preloading test in engineering site formation of Disney in Shanghai is systematically introduced. The test result and related laws, including subside, layered sedimentation and pore water pressure, are summarized and analyzed. The results show that: In the soft-land area, it can achieve good effect to vacuum preload in large-area foundation, and the test results meet the engineering requirements.
Key words: vacuum preloading; foundation treatment; subsidence; soft soil foundation

1　引言

某工程场地属于上海地区典型的软黏土，需要采用地基处理及大面积平整。场地根据使用功能不同分为：高等级处理区、中等级处理区及低等级处理区。地基处理主要采用真空预压的方法。场地位置如图1所示。

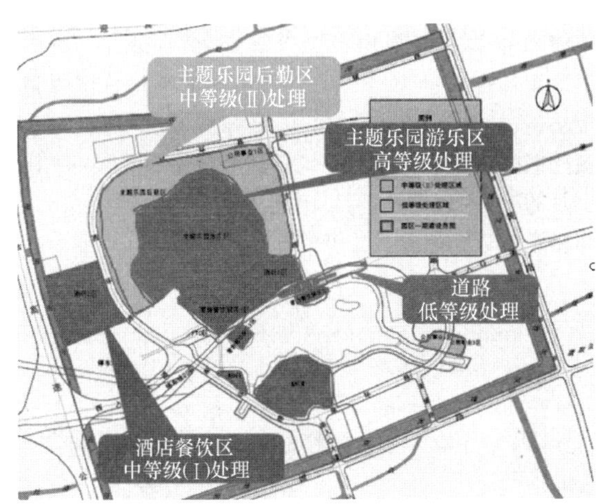

图1　场地位置示意图

Fig. 1　Schematic diagram of location site

2　真空预压试验及监测方案

真空预压针对不同的处理区域和处理要求，采用不同的真空度，维持至沉降达到稳定。排水板间距1.0～1.5m，真空度55～90kPa，真空预压方案和场地地层如图2和表1所示。

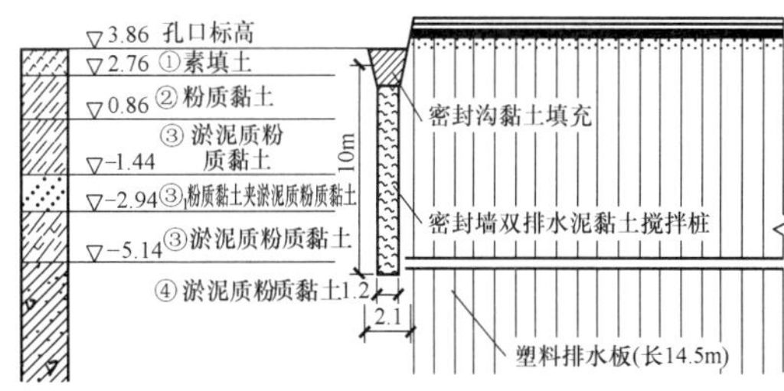

图2　真空预压剖面图

Fig. 2　Profile of vacuum preloading

土层参数　　表1

Soil layers　　Table 1

层序	土层名称	层厚(m)	含水率(%)	重度(kN/m^3)	孔隙比	液限(%)	塑限(%)
①	填土	0.96	25.6	19.5	0.72	36.1	20.0
②	粉质黏土	1.90	30.9	18.7	0.87	36.3	20.5
③	淤泥质粉质黏土	6.06	40.6	17.6	1.14	34.8	20.0
④	淤泥质黏土	9.23	50.2	16.6	1.43	41.7	22.5
⑤$_1$	粉质黏土	8.04	40.5	17.5	1.16	40.3	21.9
⑤$_3$	粉质黏土	11.77	34.4	18.1	0.99	36.6	20.6
⑤$_4$	粉质黏土	2.34	23.3	19.6	0.68	31.5	17.2

根据设计要求，场地形成项目地基处理的监测任务主要包括三项，分别为地表沉降、分层沉降以及孔隙水压力。

2.1　地表沉降

地表沉降是监测中最基本的项目之一，它能直接反映施工区域内土体的变化情况，通过对真空预压加固区内地表沉降的监测，可以直观地反映真空预压各个阶段土体沉降的变化情况，从而反映地基处理的加固效果。

2.2 分层沉降

地表沉降可以反映土体表面的沉降变化，分层沉降可以反映不同深度范围内土体垂直位移的变化情况，从而可以分析不同土体在真空作用下的压缩情况。

2.3 孔隙水压力

通过孔隙水压力的监测，可以分析真空预压过程在不同深度、不同土层地基上孔隙水压力上升与消散变化规律和负压值的变化规律，从而评价真空效果以及真空的影响深度（图 3、图 4）。

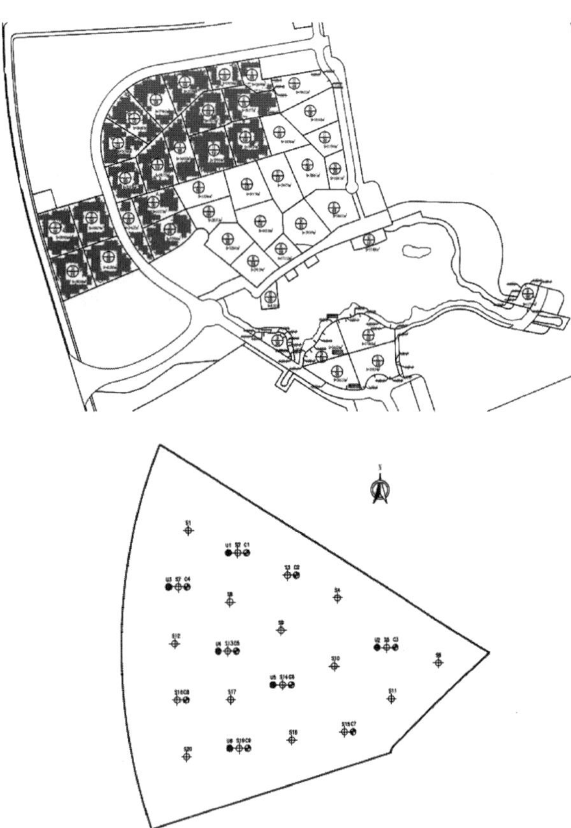

图 3 场地形成项目区块分布及试验点布置

Fig. 3 Distribution of regions and test points

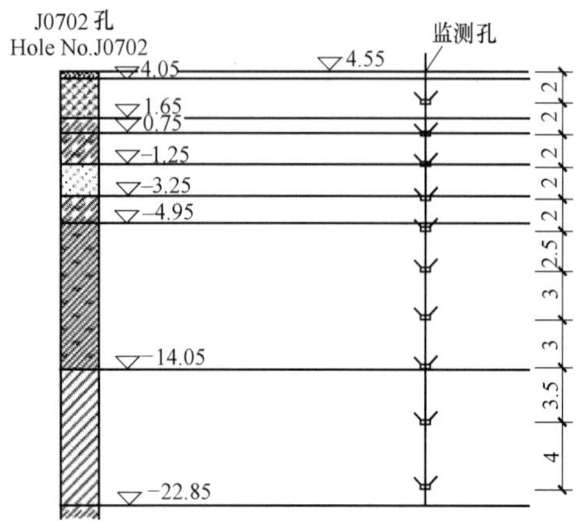

图 4 分层及孔压监测点剖面图

Fig. 4 Location of measuring points of pore water pressure

3 试验结果分析

3.1 地表沉降数据统计分析

从图 5 地表累计沉降的等值线可以发现，场地中边界区域的沉降小于中心区域的沉降，这与真空预压理论的沉降分布比较一致。其中红色区域为沉降的最大区域（沉降 710～740mm），整个场地沉降主要集中在 560～650mm 范围。

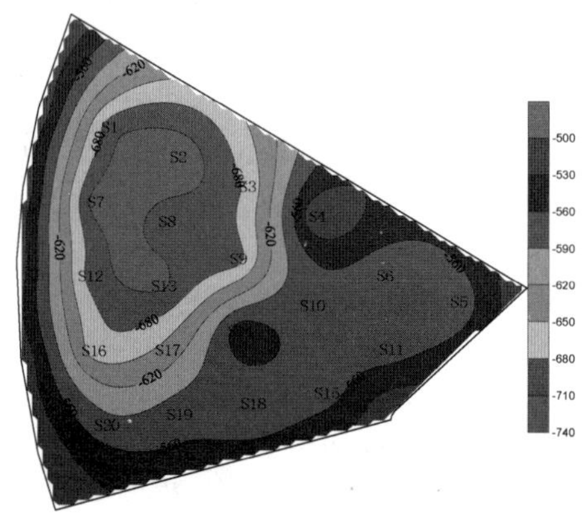

图 5 累计沉降等值线图

Fig. 5 Contours of cumulative settlements

从图 6～图 8 地表沉降随时间的变化曲线以及沉降速率随时间的变化曲线可以发现：整个场地的沉降与真空加压关系密切，加压前期真空度逐渐增大，沉降速率也同时明显增大。真空预压抽水大概 9d 后真空压力保持在设计要求的 80kPa 以上，在这 9d 中，地表沉降变化速率较大，最大 66mm/d；真空度稳定后，地表沉降变化速率逐渐放缓。真空预压期达到一个月，在这一个月中累计最大沉降值为 604mm，平均日沉降值为 20.1mm/d。所有点的平均累计沉降量为 500mm，所有点的平均日沉降量为 16.7mm/d。达到设计要求的停泵标准后真空预压结束。在预压期间内，所有点的平均日沉降量为 12.9mm，比第一个月的平均日沉降量小，由于停泵时间与第一个月的时间相距较近，因此，二者的差距不是很大。

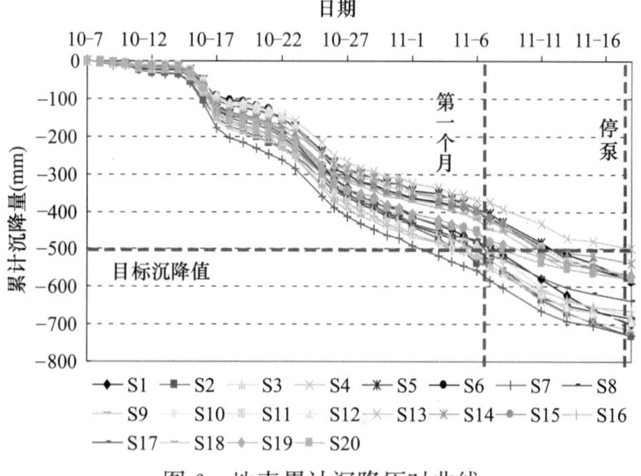

图 6 地表累计沉降历时曲线

Fig. 6 Variation of cumulative settlements of ground surface with time

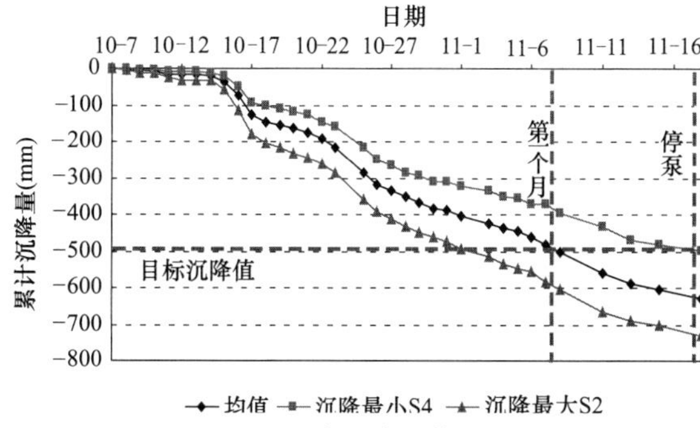

图 7　地表沉降最值均值历时曲线

Fig. 7　Variation of peak and average values of ground settlement with time

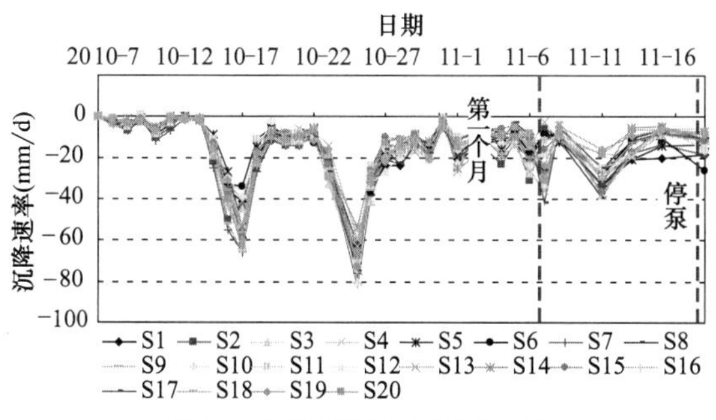

图 8　地表沉降速率历时曲线

Fig. 8　Variation of layered rates of ground surface with time

3.2　分层沉降数据统计分析

从图 9～图 16 可以看到，分层沉降最上面的磁环反映土体的变化规律与地表沉降基本相似，随真空度逐渐上升，分层沉降逐渐发展。不同深度的分层沉降曲线形态基本相似，但斜率不同。从不同孔位的分层沉降曲线上可以发现在浅层部分分层沉降较大，真空预压在 12.5m 深度范围内影响较大，12.5m 以下则影响较小。26m 处影响最小，这也反映了在真空预压施工中，由于排水板的深度，以及真空度的传递效果和底部土层等多方面的因素，使得最底部的土体沉降很小。

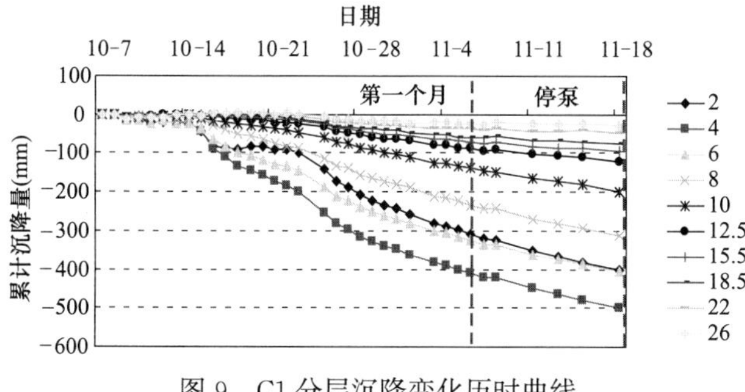

图 9　C1 分层沉降变化历时曲线

Fig. 9　Variation of layered settlements with time in C1

根据分层沉降磁环位置与土层的对应关系可以由分层沉降数据分析得到各土层的压缩量。由图 13～图 16 可以看到，该场地真空预压主要沉降发生在 4m、6m、8m、10m 磁环位置，其中 4m、6m、8m 磁环位置的变化量最大，对应地质资料报告，4m 位置对应②层粉质黏土，6m、

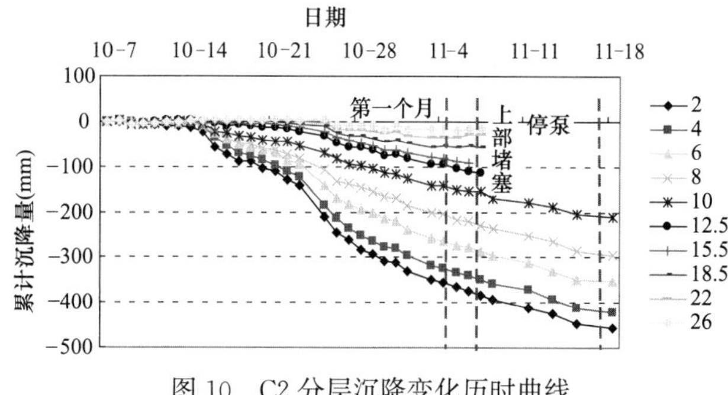

图 10　C2 分层沉降变化历时曲线

Fig. 10　Variation of layered settlements with time in C2

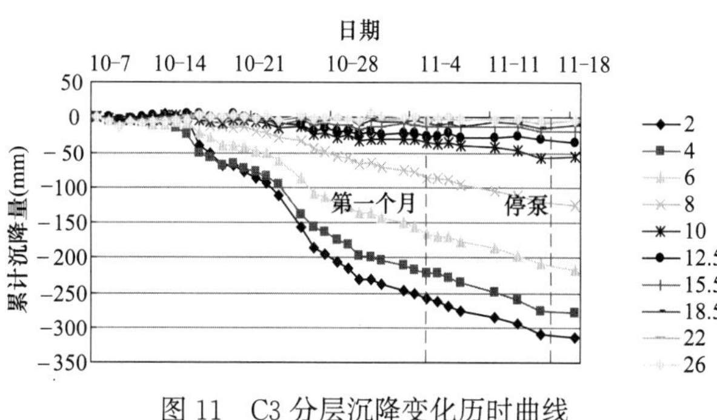

图 11　C3 分层沉降变化历时曲线

Fig. 11　Variation of layered settlements with time in C3

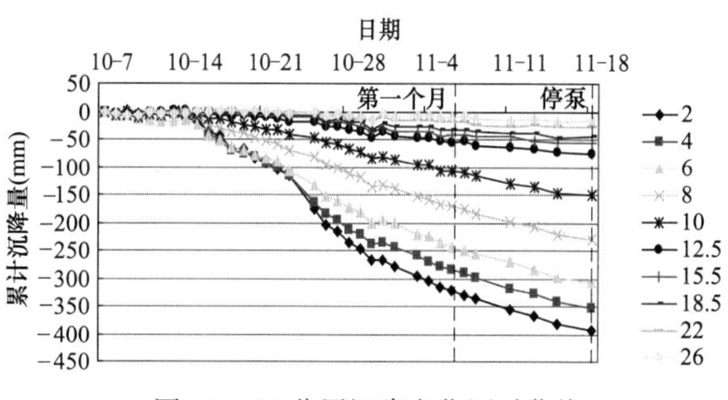

图 12　C4 分层沉降变化历时曲线

Fig. 12　Variation of layered settlements with time in C4

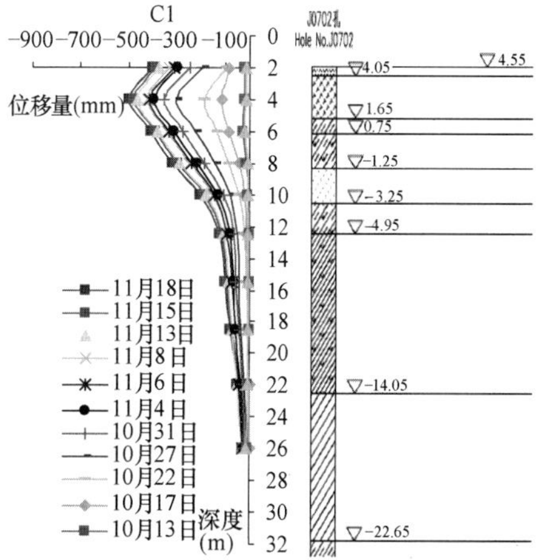

图 13　C1 分层沉降沿深度变化曲线

Fig. 13　Variation of layered settlements with depth in C1

8m、10m 对应③层淤泥质粉质黏土，占总沉降量的 60%以上，④层淤泥质黏土的压缩量占总沉降量 20%左右，

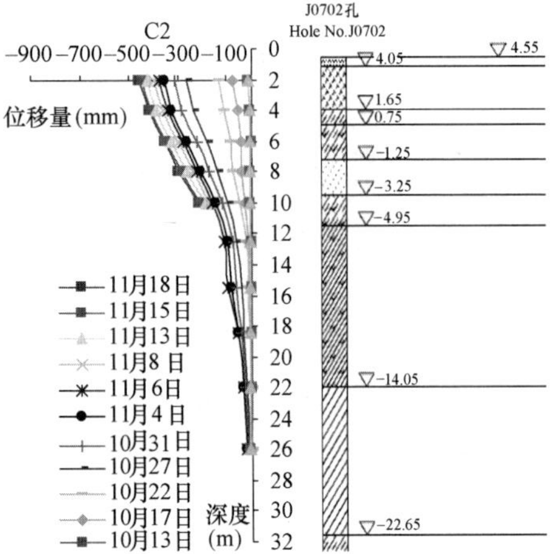

图 14　C2 分层沉降沿深度变化曲线

Fig. 14　Variation of layered settlements with depth in C2

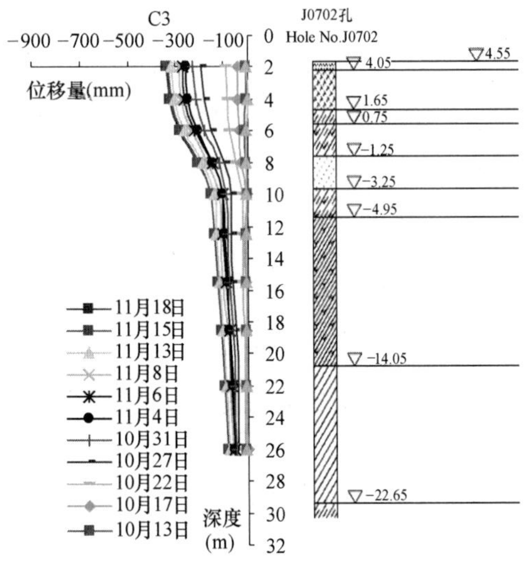

图 15　C3 分层沉降沿深度变化曲线

Fig. 15　Variation of layered settlements with depth in C3

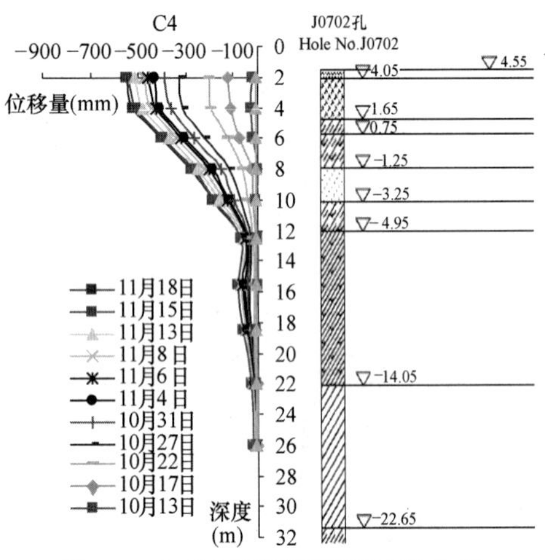

图 16　C4 分层沉降沿深度变化曲线

Fig. 16　Variation of layered settlements with depth in C4

②层粉质黏土和⑤层黏土压缩量分别只占 20%左右；同时，在 11 月 8 日真空预压期达到一个月至 11 月 15 日停泵时③层淤泥质粉质黏土压缩量略有增长，但量值不大，④层淤泥质黏土压缩量占比持续增加，②层粉质黏土压缩量在抽真空一个月后已稳定，其固结已基本收敛，第⑤层无明显增大。这说明在抽真空初始阶段，主要固结的土层为②层粉质黏土和③层淤泥质粉质黏土，其中③层淤泥质粉质黏土（含夹层）所占比重很大，在超过一个月后，主要固结的土层为④层淤泥质黏土，而⑤层黏土基本没有发生较大沉降变形。

3.3　孔隙水压力数据统计分析

孔压力计的竖向布置深度为砂垫层顶部以下：2m、4m、6m、8m、10m、12.5m、15.5m、18.5m、22m、26m，各监测点孔压变化历时曲线、孔压变化速率曲线见图 17～图 22。

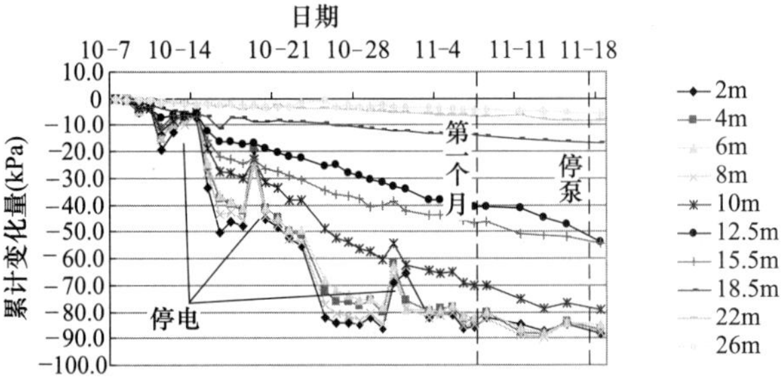

图 17　U1 孔压变化历时曲线

Fig. 17　Variation of pore water pressures with time in U1

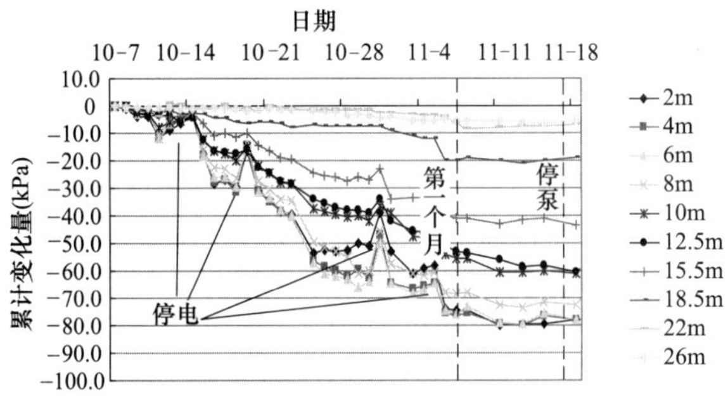

图 18　U2 孔压变化历时曲线

Fig. 18　Variation of pore water pressures with time in U2

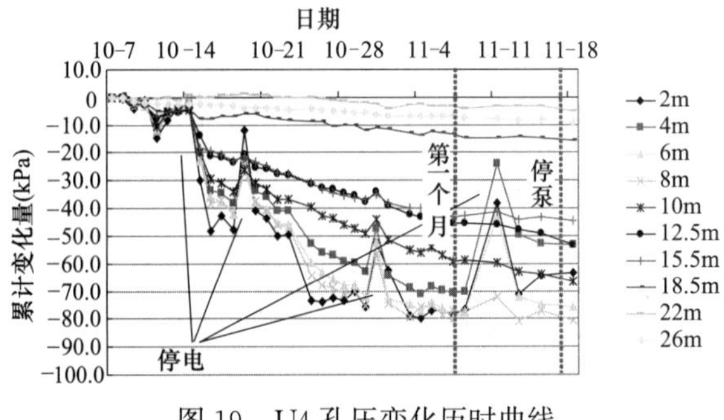

图 19　U4 孔压变化历时曲线

Fig. 19　Variation of pore water pressures with time in U4

由图可以看到，真空预压施工开始后，各孔负孔压增加明显，随着时间的推移，负孔压增加速度逐渐降低，在 9d 后明显降低并趋向稳定，并且 10m 以上土体负孔隙水压力基本与真空压力接近，说明该范围真空度较好，真空预压效果明显。孔压与真空度关系密切，上层土体孔压变

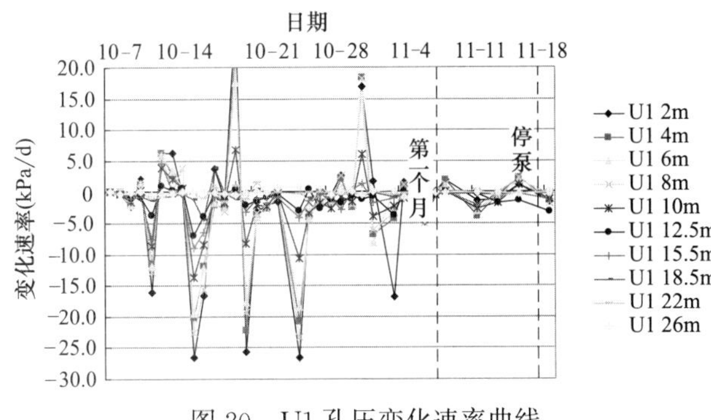

图 20　U1 孔压变化速率曲线

Fig. 20　Change rates of pore water pressure with time in U1

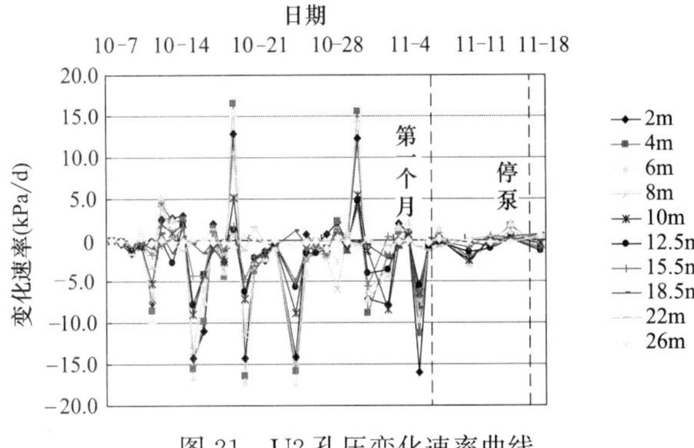

图 21　U2 孔压变化速率曲线

Fig. 21　Change rates of pore water pressure with time in U2

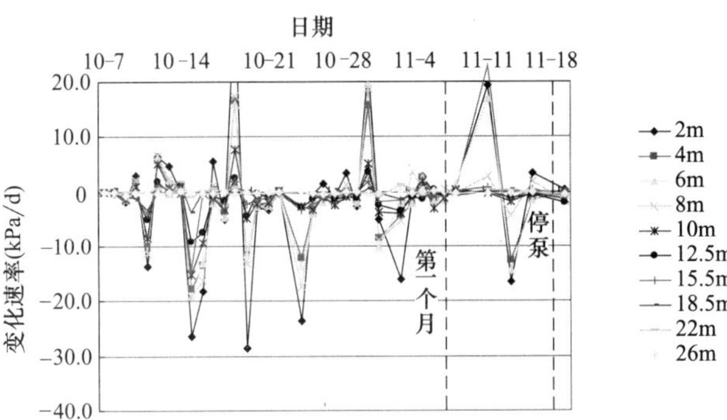

图 22　U4 孔压变化速率曲线

Fig. 22　Change rates of pore water pressure with time in U4

化规律一致，且变化曲线基本吻合，当深度超过 12.5m 时孔压变化量明显降低，在 22m 以下孔压基本无变化，说明加压影响随深度逐渐减少，这与分层沉降呈现的规律相一致。

从图中还可以发现，在整个 42d 的预压期中，场地内有三次集中停泵现象，分别为 10 月 14 日、10 月 19 日、10 月 31 日。停泵时间均为 1d。可以发现，停泵后，在整个土层范围大概 10m 以上的位置处，孔隙水压力的累计变化量出现反弹，深度越浅，影响程度越大。2m 处的影响最大，10m 以下位置孔隙水压力的累计变化量由于停泵时间较短未受影响或影响很小。在第二天恢复抽水后，10m 以上位置孔隙水压力的累计变化量开始逐渐恢复，从各曲线上可以看出，大概在 4d 左右的时间才能恢复到停泵前的量值。

4　结论

所分析地块的目标沉降为 550mm，其中包括膜前沉降 20mm，整个预压期自 10 月 8 日至 11 月 18 日共计 42d，其中在 11 月 15 日达到设计要求的停泵标准。整个预压期可以分为三个阶段。

第一阶段 10 月 8 日至 10 月 17 日，是真空压力逐渐施加的阶段。在此期间，随着真空压力的施加，各土层在真空压力的作用下发生固结压缩，各土层土体逐渐压缩，导致地表沉降。此期间的地表沉降比较明显，日沉降量比较大。由于真空作用在深度方向的逐渐延伸以及排水板深度的影响，各土层所受的真空作用并不相同，最上面的土层所受压力最大，上面土层最先开始固结压缩。

第二阶段 10 月 17 日至 11 月 08 日（真空预压期达到一个月），是真空压力稳定的阶段，在此期间，地表沉降也比较明显，日沉降量逐渐稳定。此阶段真空作用在各土层，但由于真空作用在深度方向的衰减以及排水板深度的影响，各土层所受的真空作用不同，总体看超过深度 10m 以下的土层，真空作用较小，因此压缩量主要集中在 10m 以上的第③层淤泥质粉质黏土层中（4～10m）。

第三阶段 11 月 8 日至 11 月 18 日停泵，由于真空作用在深度方向的持续施加，各土层所受的真空作用逐渐向深层延伸，普遍作用可达 12.5m 以下的土层。因此 10m 以下的第④层淤泥黏土层中的压缩量逐渐增大，但是由于真空压力并不是很大，所以压缩量的增加量不大。

综上所述，本地块的真空预压效果比较明显，在较短的时间内达到了设计要求的目标沉降值，其中沉降主要发生在第一个月，试验结果满足工程设计要求。

参考文献：

[1]　龚晓南. 地基处理手册[M]. 3 版. 北京：中国建筑工业出版社，2008.

[2]　于海成，席宁中，李业龙. 真空联合堆载预压处理大面积软土地基变形规律及分析[J]. 建筑科学，2009，25(3)：145-149.

[3]　刘汉龙，李豪，彭劼，等. 真空-堆载联合预压加固软基室内试验研究[J]. 岩土工程学报，2004，6(1)：145-149.

[4]　温晓贵，朱建才，龚晓南. 真空堆载联合预压加固软基机理的试验研究[J]. 土工基础，2010，24(3)：71-74.

劣质脱硫石膏和粉煤灰填方材料的性质研究

茆玉超[1,2]，贾向新[1,2]，王英辉[1,2]，商卫东[1,3]，郭亚光[1]

（1. 中冀建勘集团有限公司，河北 石家庄 050227；2. 河北省岩土工程技术研究中心，河北 石家庄 050227；3. 河北省工业固体废弃物综合利用重点实验室，河北 石家庄 050227）

摘　要：依托粉煤灰基地聚合物的研究基础，针对劣质脱硫石膏和粉煤灰单一材料的工程性能缺陷，进行材料性能改善研究。采用激光衍射、EDX和XRD等方法表征了材料的微观结构和矿物成分，以NaOH为激发剂制备了具有复合凝胶结构的混合材料。耐久性试验表明，混合材料的压缩模量可达到18.11MPa，黏聚力可达到53.0kPa，体积膨胀率为0.64%～1.07%，具有良好的长期力学稳定性。现场工艺试验中测得材料压缩模量可达12.25MPa，地基承载力特征值达到200kPa以上，材料强度指标和压缩模量随时间增长。经监测，采用该材料的建筑物经18个月进入变形稳定期，各建筑物最大沉降量为35.44～44.07mm，验证了其作为填方材料的可行性。

关键词：固废利用；劣质脱硫石膏；劣质粉煤灰；填方材料

作者简介：茆玉超（1987—），男，本科，工程师，主要从事岩土工程工作。

Study on properties of inferior desulfurized gypsum and fly ash filling materials

MAO Yu-chao[1,2]，JIA Xiang-xin[1,2]，WANG Ying-hui，[1,2]，SHANG Wei-dong[1,3]，GUO Ya-guang[1]

（1. China Hebei Construction & Geotechnical Investigation Group Ltd，Shijiazhuang Hebei 050227；2. Geotechnical Engineering Technology Research Center of Hebei，Shijiazhuang Hebei 050227；3. Key Laboratory for Industrial Solid Waste Resource Utilization of. Hebei Province，Shijiazhuang Hebei 050227）

Abstract：Based on the research of fly ash based polymers，in view of the single materials' engineering performance defects of inferior desulfurized gypsum and fly ash，material properties improvement was researched. According to the microstructure and mineral composition from Laser diffraction，EDX and XRD test results，the mixed material with composite gel structure was prepared by using NaOH as the excitant. From the durability tests，it has good long-term mechanical stability，the compression modulus of the mixed material is 18.11MPa，the cohesive force is 53.0kPa，and the volume expansion rate is 0.64%～1.07%. In the field process test，the material strength index and compression modulus increase with time，compressive modulus of the material measured to be 12.25MPa，the characteristic value of foundation bearing capacity is more than 200kPa. Through the monitoring results，the building with this materialas a period of stable deformation after 18 months，the biggest settlement from 35.44mm to 44.07mm，with verified it's feasibility as filling material.

Key words：utilization of solid wastes；inferior desulfurized gypsum；inferior fly ash；backfilling material

1　引言

近年来，在国家大力倡导及政策引领下，工业固废的利用率逐年增长，但在固废利用方面多以优质材料为基础，对劣质材料利用较少。在脱硫石膏和粉煤灰的研究与利用方面，郭晓璐[1]等以高钙粉煤灰和脱硫石膏为原料，形成了高强度地聚合物。曾平[2]等开展了脱硫石膏及其混合物作为填筑材料的物理力学性质试验研究。国内多位学者的研究中，对材料的品质、养护条件、激发剂等有特定的要求，对于劣质、活性低固废材料的物理化学性质、材料性能研究较少。本文以工业生产废弃的劣质脱硫石膏和劣质粉煤灰为原料，研究了材料间的反应机理及作用效应，通过室内与现场工艺试验，验证了混合材料的工程性能及长期稳定性，工程应用中取得了良好的效果。

2　材料性质及反应机理

2.1　材料物化性质

为了分析劣质脱硫石膏和粉煤灰的物理化学形成、成分结构，采用激光衍射、EDX和XRD等试验方法，从宏观和微观两方面分析了两材料的物化性质及成分组成，原材料分析结果见表1。

原材料物化分析试验结果　　表1

Test results of raw material physicochemical analysis

Table 1

材料名称	C_u	C_c	粒度(μm)	主要元素	化学物成分
脱硫石膏	2.66	1.14	10～100	S、Ca、O	SO_3、CaO
粉煤灰	6.08	1.02	<70	C、Al、Si、Ca、O	Al_2O_3、SiO_2

利用电镜扫描观察劣质脱硫石膏和粉煤灰的微观形态，脱硫石膏呈碎散块体状，以晶相颗粒为主；粉煤灰为微小的细颗粒状，以小实心球和空心球为主，材料微观结构见图1。

(a) 脱硫石膏　　(b) 粉煤灰

图1　材料微观结构

Fig. 1　Material Microstructure Diagram

2.2　地聚合物机理及反应分析

地聚合物是具有一定程度活性的含有硅铝酸盐物质在碱激发作用下，发生化学反应，铝（硅）氧键断裂之后，又逐渐聚合形成硅铝网状结构的聚合物。聚合物反应分为解构-重构、重构-凝聚以及凝聚-结晶阶段，随着聚合程度的加深，聚合体强度不断提升，最终产生地聚合物硬化体。

铝硅酸盐聚合反应是放热脱水的过程，铝硅酸盐矿物在水介质中被碱性催化剂激发，Si-O或Al-O键被破坏，生成了低聚合度的铝（硅）四面单元体，将水排出后生成由铝、硅和氧三种原子以共价键形成了Al-O-Si网络结构，形成组成结构不同、高聚合度的产物，其反应过程可用以下式表达[3]：

$$(Si_2O_5,Al_2O_2)_n+wSiO_2+H_2O\xrightarrow{KOH+NaOH}$$

$$(Na,K)2n(OH)_3—Si—O—\underset{\underset{(OH)_2}{|}}{\overset{(-)}{Al}}—O—Si—(OH)_3 \quad (1)$$

$$n(OH)_3—Si—O—Al—O—\underset{\underset{(OH)_2}{|}}{\overset{(-)}{Si}}\xrightarrow{KOH+NaOH}$$

$$(Na,K)\left\{\begin{array}{c} \quad (-) \\ |\qquad | \qquad | \\ —Si—O—Al—O—Si—O— \\ |\qquad | \qquad | \\ O \\ | \\ ((Na,K)\text{-PSS}) \end{array}\right\}_n+nH_2O \quad (2)$$

Si-O、Al-O键在顶角以共用电子对方式构成空间网络，金属离子以离子键的形式与自由顶点的硅氧四面体结合，Si/O、Al/O比例越大，聚合度越高，四面体自由顶点就越少，结构越难解体。化学稳定性高的材料，需激发活性$Si(OH)_4$和$Al(OH)_4$的溶出量，其化学活性需一定时间才能显著表现。

劣质脱硫石膏与粉煤灰两种材料中均含有硅、铝、氧、钙等成分，从地聚合物反应机理和材料矿物成分分析，其在激发剂作用下具备形成地质聚合物的基础。

2.3　材料反应试验测试

根据聚合物聚合反应机理，采用热量分析仪监测反应过程的放热量，分析反应情况。试验采用劣质脱硫石膏与粉煤灰为原料，按50∶50的质量比并分别掺入一定量氢氧化钠、水玻璃作为激发剂，结果表明：在NaOH溶液作用下，放热现象明显，表明其激发下反应相对充分，测试结果见图2。

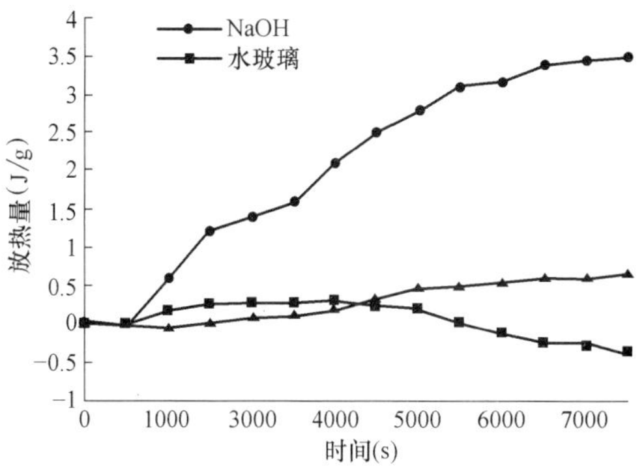

图2　材料热量测定结果

Fig. 2　Material Calorimetry Results

反应后混合材料的SEM测试结果表明：材料间出现少量非晶态相，形成了胶凝的状态的结构体。加入NaOH激发剂后材料的SEM结果见图3。

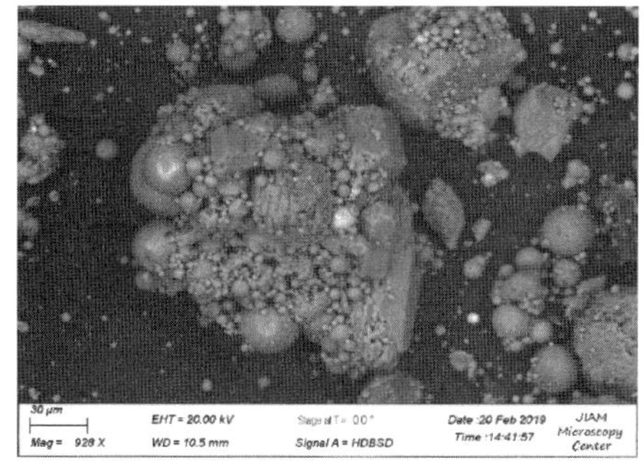

图3　加NaOH反应后材料的SEM分析

Fig. 3　SEM analysis of materials after adding NaOH

粉煤灰析出活性SiO_2、Al_2O_3，生成水化硅酸钙和水化铝酸钙凝胶，脱硫石膏溶解析出的二水石膏晶体和水化铝酸钙凝胶反应生成微膨胀的钙矾石，形成以二水石膏晶体为主要骨架、钙矾石搭接、脱硫石膏及粉煤灰微集料填充、水化硅酸钙凝胶包裹粘结的结构体。

3　材料工程特性研究

基于材料间的反应分析，对混合材料的力学强度、变形特征、膨胀性、环境影响性及长期稳定性进行研究，考虑工程中水的不利作用，同步研究了混合材料浸水条件下的力学性质变化和稳定性。

3.1　材料击实特性

将劣质脱硫石膏和粉煤灰按70∶30、50∶50和30∶70的质量比混合，分别采用不加入激发剂、NaOH或水玻璃作为激发剂的配比试验，试验结果见表 2。

混合材料击实试验结果　　表 2

Test results of mixture compaction　Table 2

脱硫石膏：粉煤灰	激发剂	最大干密度（g/cm^3）	最优含水率（%）
7：30	无 1%～3%水玻璃 1%NaOH 3%NaOH	1.37 1.36～1.37 1.38 1.39	24.3
50：50	无 1%～3%水玻璃 1%NaOH 3%NaOH	1.36 1.36 1.37 1.38	18.6
30：70	无 1%～3%水玻璃 1%NaOH 3%NaOH	1.32 1.31～1.32 1.33 1.34	17.4

试验结果表明：混合材料的最优含水率随粉煤灰含量增加而降低，脱硫石膏含量对材料最大干密度和最优含水率影响较大；NaOH 激发剂可提高材料的最大干密度，且与其掺入比例正相关；水玻璃激发剂对最大干密度的影响不明显。两种激发剂掺量较小，对最优含水率的影响可忽略。

3.2　材料膨胀特性

混合材料中含有的脱硫石膏具有吸水及遇水膨胀特性。为了分析混合材料的体积稳定性，进行膨胀性试验，试验方法采用浸水法。

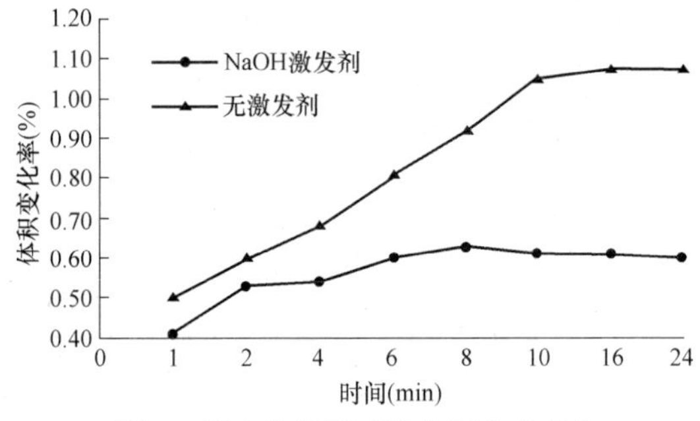

图 4　浸水条件下试样体积应变变化

Fig. 4　Sample volume strain under water conditions

试验中，以水玻璃作为激发剂时，因水玻璃激发的反应程度低及其吸湿作用，试样在 20min 后发生软化破坏，因此仅对以 NaOH 作为激发剂和无激发剂的混合材料试样进行浸水膨胀性研究。

混合材料试样非浸水条件下，激发剂对试样体积变化影响较小。浸水条件下，加入 NaOH 激发剂，试样的体积稳定性较加水试样有较大提高，分析认为，加入 NaOH 后，混合材料中发生地质聚合反应，生成溶解度低、具有水硬性的钙矾石与水化硅酸钙对二水石膏的包裹保护作用，阻止、削弱了水对二水石膏的侵蚀破坏，提高了混合材料的耐水性，且两者的体积膨胀率相对较低，对膨胀性影响较小。

3.3　材料力学特性

采用击实试验制作不同配比及激发剂的混合材料试样，在室温条件下养护，研究试样 3d、7d、28d、60d、90d 和 180d 的直接剪切强度和压缩性能变化特征。

（1）剪切强度指标变化特征

对不同配比、激发剂条件、不同龄期的混合材料试样进行直接剪切试验，测定材料的抗剪强度指标随时间的变化特征。配比为 50：50 的混合材料试样剪切指标见图 5。

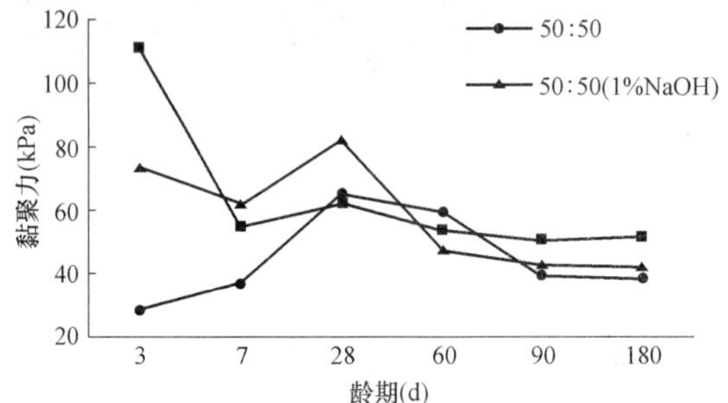

(a) 配比50:50混合材料材料黏聚力随时间变化曲线

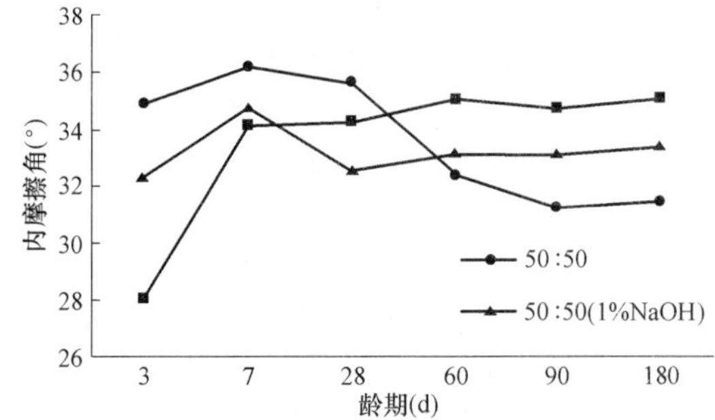

(b) 配比50:50混合材料内摩擦角随时间变化曲线

图 5　配比 50：50 混合材料试样剪切强度指标变化曲线

Fig. 5　Variation curve of shear strength index of mixed material samples with a ratio of 50：50

材料的剪切强度随时间变化有明显规律，以 60d 为界可分为两阶段，第一阶段为 60d 内，受地质聚合反应变化的影响，强度随时间有一定波动；第二阶段为 60d 后，强度变化趋稳。

混合材料的黏聚力在第一阶段内呈波动变化，NaOH 激发剂先提高了材料的黏聚性，随龄期增加，黏聚性变弱并在 60d 后逐步趋于稳定；在无激发剂条件下，材料间反应程度低，黏聚力波动较小。

在 NaOH 激发剂作用下，混合材料间形成胶凝结构体，提高了颗粒间摩擦力，使内摩擦角有一定提高，在第二阶段后趋于平稳。

（2）压缩性指标变化特征

根据多组不同配比、不同龄期混合材料试样的固结试验，分析地质聚合物材料的压缩性指标随时间的变化规律。不同配比的混合材料试样压缩模量指标随时间的变化规律见图 6。

无激发剂作用下，混合材料的压缩模量随时间波动上升，在 90d 后趋于稳定。配比为 70：30、50：50 和 30：70 混合材料的最终压缩模量分别为 14.26MPa、18.11MPa 和 16.32MPa。

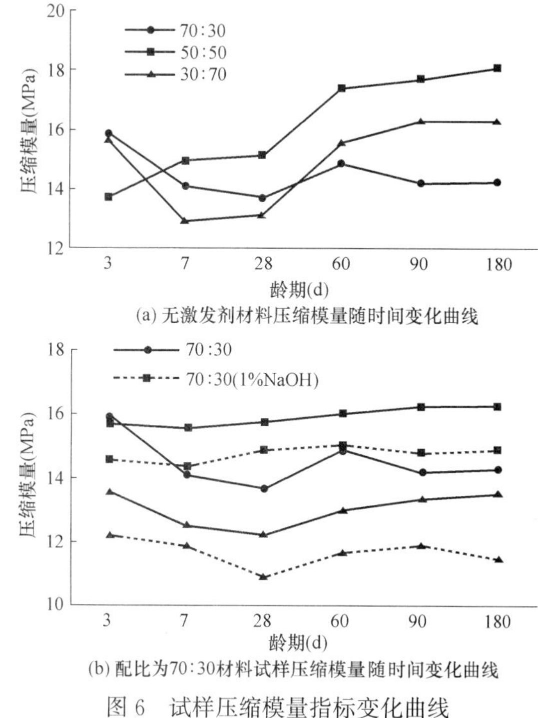

(a) 无激发剂材料压缩模量随时间变化曲线

(b) 配比为70:30材料试样压缩模量随时间变化曲线

图 6 试样压缩模量指标变化曲线

Fig. 6 Curve change of compression modulus of specimen

采用 NaOH 作为激发剂时，混合材料的压缩模量在 60d 后趋稳，其压缩模量较无激发剂条件增长 14%；NaOH 掺入比由 1%增加至 3%，压缩模量增幅为 9%，主要因激发剂含量增加，促进了材料间反应，使混合材料更加致密、集料充填更充分。

采用水玻璃激发剂时，混合材料的压缩模量随龄期呈弱化-恢复规律，在 90d 后趋于稳定，其压缩模量较无激发剂条件降低 5%～15%；水玻璃掺入比由 1%增加至 3%，压缩模量增幅为 15%，增加水玻璃掺量可提升混合材料的压缩模量。

3.4 材料的浸水稳定性

在相同条件下，对不同龄期的混合材料试样浸水饱和，进行剪切强度及变形特性试验。

(1) 浸水黏聚力特征

根据剪切试验结果，浸水对混合材料试样的摩擦角影响较小，对黏聚力有一定弱化作用。配比为 50∶50 混合材料的浸水黏聚力随时间变化见图 7。

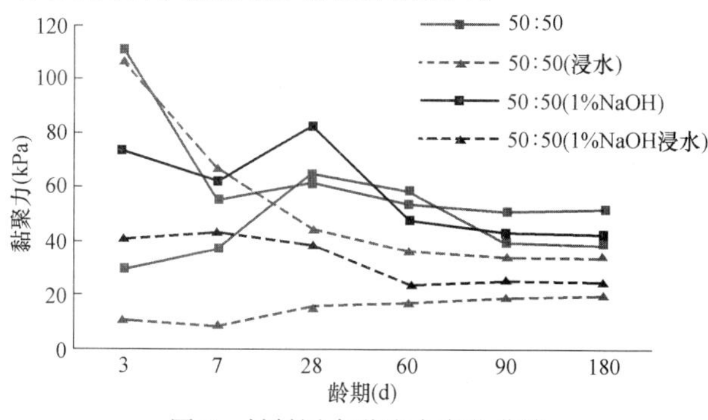

图 7 材料浸水黏聚力变化曲线

Fig. 7 Cohesion curve diagram of material soaking in water

浸水条件下，混合材料的黏聚性随时间规律明显。60d 以内，激发剂条件下材料黏聚力均随时间降低，且 NaOH 掺量越高，降幅越明显；60d 以后，黏聚力趋于稳定；但与不掺加激发剂相比，总体表现为激发剂对混合材料黏聚力有提升作用。

混合材料浸水后，软化了未固化的结构体，分散了孔隙内充填的微集料，宏观表现为黏聚力降低。混合材料配比为 50∶50，NaOH 掺量分别为 1%和 3%，最终的稳定黏聚力分别为 24.6kPa 和 34.6kPa，其黏聚力值较非浸水条件分别降低 42%和 33%。

(2) 浸水变形特征

混合材料中脱硫石膏的吸水及遇水膨胀特性对材料的压缩模量存在影响，且脱硫石膏比例越高，影响程度越大。配比为 70∶30 混合材料的浸水压缩模量随时间变化见图 8。

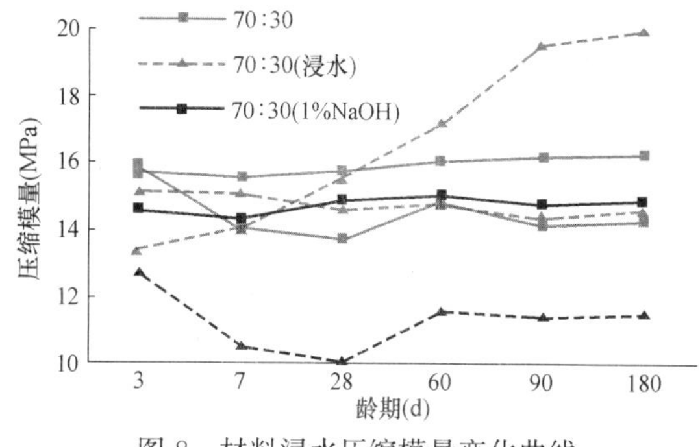

图 8 材料浸水压缩模量变化曲线

Fig. 8 Variation curve of compressive modulus of material immersed in water

浸水条件下，混合材料的压缩模量随时间变化受脱硫石膏含量和激发剂掺量影响，压缩模量的趋稳时间、变化趋势表现出不同的规律。无激发剂时，混合料的压缩模量受脱硫石膏的膨胀作用影响，表现为随时间增长而增加，受脱硫石膏含量限制，其压缩模量在 90d 后增幅降低趋稳。

以 NaOH 作为激发剂时，混合材料在浸水后压缩模量降幅随 NaOH 掺入量增加而减小。混合材料配比为 70∶30，当 NaOH 掺入量为 3%，其压缩模量在 28d 后趋于稳定，最终稳定压缩模量为 14.65MPa，较非浸水条件的降幅约为 10%，但优于相同配比、无激发剂的混合材料非浸水条件下的稳定压缩模量值；当 NaOH 掺入量为 1%，其压缩模量在 60d 后趋于稳定，最终稳定压缩模量为 11.54MPa，较非浸水条件的降幅约为 22%。

分析认为，混合材料在 NaOH 激发剂作用下，生成的钙矾石与水化硅酸钙溶解度低，且对二水石膏的包裹保护作用，提高了混合料的耐水性，维持了混合材料压缩模量的稳定性，同时也弱化了脱硫石膏的膨胀性，未出现压缩模量大幅提升的现象。

3.5 环境影响性

对脱硫石膏和粉煤灰混合料的浸出物毒性进行了检测，结果表明，混合料中铜、锌、镍、总铬、银、六价铬等重金属未检出，其他重金属及元素符合危险废物鉴别标准限值。

4 材料现场压实特性

基于室内试验结果及其性质变化规律，以同种劣质脱硫石膏和粉煤灰为原材料，采用脱硫石膏：粉煤灰为70：30、50：50和30：70的配比、3%掺入量的NaOH为激发剂，制备混合材料并进行现场试验，模拟自然环境条件对混合材料工程性能的影响，对材料的压实、承载力与力学强度进行试验。

4.1 材料压实特性

结合室内击实试验结果，现场采用不同配比的混合材料进行铺填、碾压试验，碾压完成后7d进行压实度测试，以便选取工程应用的技术工艺参数。碾压压实度测试曲线见图9。

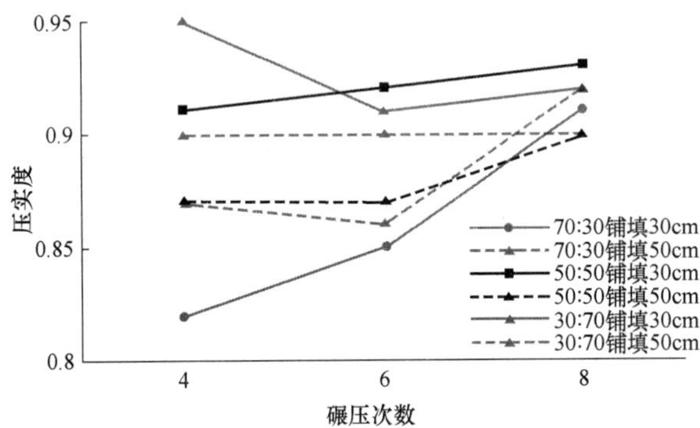

图9 碾压压实度测试曲线

Fig. 9 Roller compaction test curve

不同铺填厚度下，各配比混合材料的压实度随碾压遍数增加，各配比混合材料受铺填厚度的影响趋势不一。配比为50：50和30：70的混合材料在相同施工条件下，其中配比为50：50的混合材料，当铺填厚度为30cm、碾压遍数为8遍时，压实度可达到0.93，压实度优于配比为70：30的混合材料，在实际工程中，优选50：50配比的混合材料。

4.2 材料压实试验力学特性

根据室内试验结果，混合材料在60d后能够表现出良好的力学稳定性，采取现场碾压试验后60d、90d及180d龄期的混合材料试样进行室内固结和直剪试验，分析其在自然环境下力学变化。50：50配比混合材料的压缩模量随时间变化曲线见图10。

结果表明，混合材料的压缩模量和抗剪强度指标整体随龄期增长，压缩模量增势平稳。至180d时，铺填厚度为50cm、碾压遍数为8遍时，其压缩模量可达到12.25MPa；铺填厚度为30cm、碾压遍数为8遍时，黏聚力可达到53kPa；采用同种材料配比、激发剂的混合材料，其室内试验条件下的稳定压缩模量为15.63MPa，黏聚力为51.5kPa。

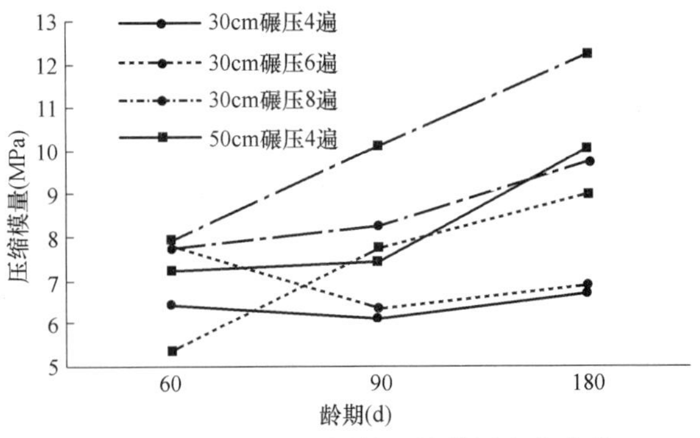

图10 50：50配比材料压缩模量变化曲线

Fig. 10 Compression modulus change curve of 50：50 ratio material

4.3 碾压材料承载特性

为研究铺填厚度、碾压遍数对混合材料承载性能的影响，现场试验区碾压完成后，分别在第1天、第3天和第7天进行了钎探测试，测试深度为30cm，在碾压完成后第7天进行了浅层平板载荷试验。配比为50：50的混合材料钎探击数见图11。

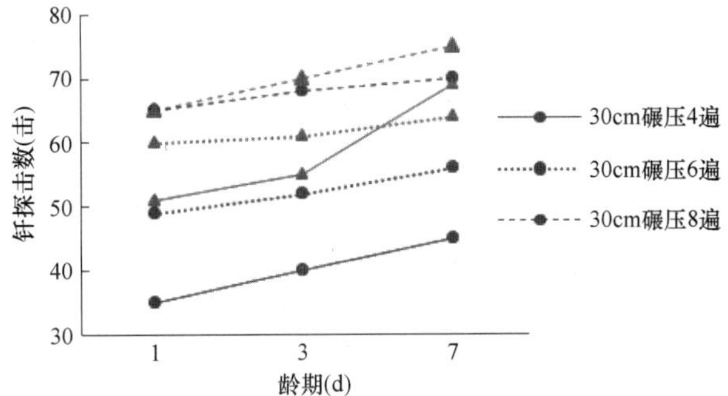

图11 50：50配比填料钎探击数对比

Fig. 11 Comparison chart of the number of probes of 50：50 filler and brazing

该配比下混合材料不同龄期的钎探击数随时间增长，混合材料配比为50：50、铺填厚度为30cm和50cm、碾压遍数为8遍时，整个龄期的钎探击数稳定，测试深度内钎探击数保持在70击以上。

混合材料的浅层平板载荷试验中，测得的p-s曲线为缓降型，在400kPa前未出现明显沉降拐点，在400～800kPa压力段沉降突变点，试验测得累计最大沉降量为18～27mm，计算变形模量为52.7～56.5MPa，碾压遍数越多，累计沉降量越小。

5 工程应用

采用配比为50：50的同种原材料作为建筑物基底持力层的填方材料，施工中铺填厚度为30cm、碾压遍数为8遍，压实度和承载力测试结果满足设计要求。对采用该填方材料的建筑物进行沉降观测，监测点分布于建筑角点、各边中心点及边长1/4位置，监测历时18个月，各建筑物最大沉降量为35.44～44.07mm，平均沉降量为

32.33～36.64mm，监测两周期的平均沉降速率小于0.01mm/d，已趋于稳定，并进入稳定期。各建筑地基变形满足规范及使用要求[4]。2号焙烧车间沉降监测曲线见图12。

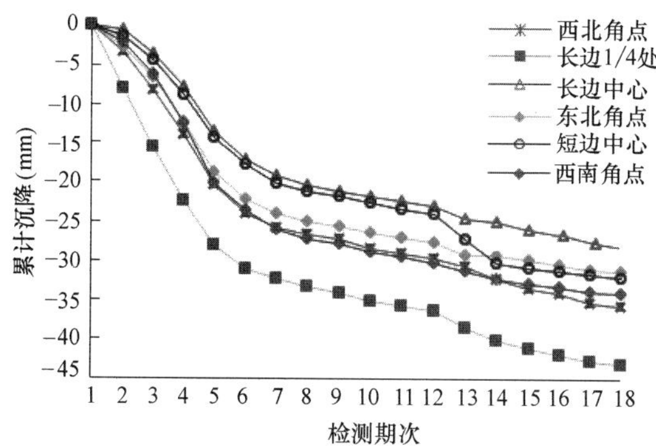

图12　2号焙烧车间沉降监测曲线

Fig. 12　Settlement monitoring curve of No. 2　roasting workshop

6　结论

(1) 结合劣质脱硫石膏和粉煤灰物理、化学性质分析，采用试验验证了混合料具备发生反应、固化的条件，在NaOH激发剂作用下，材料间的反应明显，具备在材料间形成地聚合物的基础条件。

(2) 劣脱硫石膏和粉煤灰形成的混合材料，在NaOH激发剂作用下，材料的力学性质得到改善，材料性质随时间变化具有一定的波动性，据试验结果，60d龄期内性状为波动变化，60d后其性质保持相对稳定，对类似材料应进行试验确定。

(3) 浸水条件对混合材料的工程性能有一定的弱化，但NaOH激发剂在材料间的反应作用，降低了混合材料的体积膨胀性，保持了相对稳定的力学性质和抗压缩特性。

(4) 自然环境条件下的混合材料的力学指标随时间增长，可保持相对稳定的状态，同一配比和外加剂条件下，混合材料自然环境条件下的力学指标可结合室内试验结果进行折减。工程应用结果表明，混合材料的承载与变形性能满足作为地基填方材料的性能要求，可作为填方材料使用。

参考文献：

[1] 郭晓潞，施惠生. 脱硫石膏-粉煤灰地聚合物抗压强度和反应机理[J]. 同济大学学报(自然科学版)，2012，40(4)：573-577.

[2] 曾平，康学毅，马领康. 电厂脱硫石膏及其混合物作为填筑材料的物理力学性质试验研究[J]. 工程勘察，2008，(S2)：100-103.

[3] DAVIDOVITS J. Geopolymers：inorganic polymeric new materials[J]. Journal of Thermal Analysis and Calori-metry，1991，37(4)：1633-1656.

[4] 中华人民共和国住房和城乡建设部. 建筑地基基础设计规范：GB 50007—2011 [S]. 北京：中国建筑工业出版社，2012.

搅拌桩施工质量控制的关键工艺因素模型试验研究

刘　钟，葛春巍，张云霖，杨宁晔，余桃喜，兰　伟

（浙江坤德创新岩土工程有限公司，浙江 宁波 315800）

摘　要： 利用自制模拟钻机、智能控制系统及自动成桩试验技术，在均质高岭土和中粗砂混合模拟地基中进行了系列搅拌桩模型试验。探索了控制搅拌桩施工质量的关键工艺因素影响，发现搅拌桩的均匀性和桩身强度与单位桩长的搅拌翼板搅拌次数 T 值存在三段式分布规律，其中段区间的桩身强度随着 T 值增大呈线性大幅度增长趋势，且桩身 7d 无侧限抗压强度可提高近 4 倍。运用能量分析法，本文给出了单位体积搅拌能量 E 与桩身强度 UCS 的定量关系，依据 T-E-UCS 值之间的内在规律提出了基于试验条件的 2 个桩身强度简化计算公式。模型试验结果表明，为确保搅拌桩工程质量的可控性和可靠性，需要针对设计桩身强度目标的关键工艺控制因素 T 值提出最低工艺要求。此外，试验成果还为搅拌桩的智能化施工控制技术提供了试验基础。

关键词： 搅拌桩；质量控制；模型试验；关键工艺因素；能量分析；桩身强度评估

作者简介： 刘钟，男，1950 年生，博士，教授级高级工程师，主要从事地基处理及桩基工程等方面的研究。E-mail：zzliu8@163. com。

Model test study on key factors affecting the quality of deep soil mixing piles

LIU Zhong，GE Chun-wei，ZHANG Yun-lin，YANG Ning-ye，YU Tao-xi，LAN Wei

（Zhejiang Kunde Innovate Geotechnical Engineering Co.，Ltd.，Ningbo Zhejiang，315800，China）

Abstract： With the help of in-house designed model drilling rig，intelligent control system and automatic technique of pile installation，a series of model tests were conducted to investigate the influence of key construction factors on DSM pile quality in a homogeneous foundation which was composed of Kaolin clay and medium coarse sand. The positive correlativity between the uniformity as well as the unconfined compression strength（UCS）of a pile and the blade rotation number T is a three-stage piecewise function. Within the middle section of the domain，UCS grows linearly with the increase of T value，and the pile strength has quadrupled. According to the mixing energy analysis method，author quantifies the relationship between the mixing energy per unit volume E and the UCS of DSM piles. In addition，two simplified equations are proposed based on the internal relationship between T-E-UCS values. When it comes engineering practices，it is necessary to regulate the minimum T value，to ensure a reliable construction quality and to achieve the targeting pile strength. Furthermore，the research provides crucial experimental data for the intelligent quality control technique in deep soil mixing engineering.

Key words： deep soil mixing pile；quality control；model test；key control factors；mixing energy analysis；strength evaluation

1　引言

深层搅拌桩（简称搅拌桩，DSM pile）工法是国内外最常用的地基处理技术之一，其发展经历了 20 世纪 50 年代美国 MIP 工法[1-2]，20 世纪 60 年代瑞典粉喷石灰桩工法[3]，进入 20 世纪 70 年代，日本开发出多种搅拌桩技术，包括粉喷与浆喷 DMM 工法[4]。我国于 1977 年开展了搅拌桩技术研究，次年投入工程应用[5-6]。进入 21 世纪后，搅拌桩技术得到快速发展，有代表性的搅拌桩新技术包括意大利 TREVIMIX 工法[7]、德国 SCM 与 SWING 工法[8]，英国和美国 DSM 工艺[9]，以及以双向搅拌技术与机具装备为特征的日本 EPOCOLUMN 工法[10] 和德国 SCM-DH 工法[8]。

近 20 多年来，随着搅拌桩先进技术的多样化发展和工程装备能力日益提高，国外知名岩土公司开始注重施工关键工艺因素控制的研究，先后开发出多种智能化施工质量控制监测系统。较为著名的有德国 KELLER 集团的智能深层搅拌桩施工系统[9]、德国 BAUER 公司的 B-TRONIC 智能质量控制系统[8]、日本 TAISEI 公司的 WinBLADE 工法自动控制监测系统[11]、美国 HAYWARD BAKER 公司的 DSM 工法智能施工装备[12]。这些智能工程装备的主要优点在于能够针对施工关键工艺因素，实时控制工程装备的自动运行以及施工信息采集，从而通过有效控制关键施工工艺确保搅拌桩施工质量。

由于搅拌桩具有适用性强、价格低廉、绿色环保等优势，在岩土工程领域得到广泛应用[13]。然而，在搅拌桩技术应用过程中，存在较多的施工质量问题，特别是在桩身均匀性和强度方面，甚至导致了严重的工程安全事故[14]。因此，这些施工可控可靠性问题亟待解决。

搅拌桩的工程质量主要取决于桩身均匀性与强度，影响桩身均匀性与强度的因素主要分为两类[13]：第 1 类和地质条件、固化剂、掺灰量、水灰比、喷浆形式等因素有关，而这些因素在施工开始前已经明确或已经解决；第 2 类和钻具转速与升降速度、施工扭矩与钻掘压力、浆液流量与压力、搅拌翼板个数等施工工艺因素有关。本文采用模型试验研究方法，针对搅拌桩均匀性和强度控制的

基金项目：宁波市建设科研计划立项项目（甬建发〔2020〕103 号），“劲性复合桩在宁波软土地区适用性研究”科技研发项目。

关键工艺因素影响进行了探索，并研究了智能化施工系统对搅拌桩质量控制的贡献。

2 模型试验设备与试验技术

为在模型试验中模拟搅拌桩成桩工艺与效果、控制钻具升降速度与转速、量测施工扭矩、调节桩段固化剂喷注量，实时记录施工参数信息，研制了搅拌桩智能模型试验系统、自动成桩钻机设备和可控注浆系统，从而通过对主要工艺因素掌控实现精准控制模型桩的制作质量。

2.1 模型试验箱与模拟地基制备

图 1 为模型箱，长 100cm、宽 60cm、高 120cm，由分层角钢框架堆叠而成，每层之间采用卡扣连接。模型箱内每层填土层高 5cm，共 22 层；底部设有层高 10cm 的砂土排水层，箱底部采用钢板及工字钢支承。

模拟地基制备选用高岭土与石英中粗砂的混拌材料。在地基配制过程中，通过在高岭土中加入不同比例的中粗砂来调节模拟地基的物理力学性能，控制塑性指数位于 10～17 之间，固化材料选用 42.5 级 P・O 水泥，在 10%～18%掺灰量条件下，水泥土在养护 7d 后具有足够强度进行切块，并能够进行无侧限抗压强度检测。

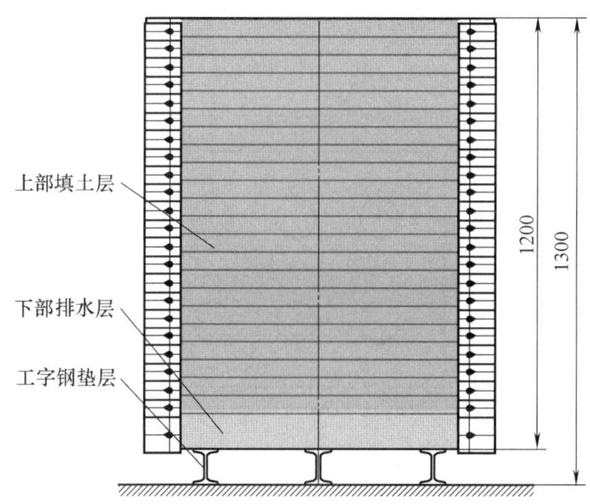

图 1 模型箱示意图

Fig. 1 Sketch of test case

在正式试验中，模拟地基采用高岭土和中粗砂各 50%混拌，控制含水率为 30%，平均塑性指数为 13.6，属于粉质黏土。地基制备采用分层填筑法，每 5cm 土层填筑、压实并刮平后再填筑上一层土。在底部 10cm 粗中砂层中预埋了渗水管，引导排水。地基制备后，在模型箱顶面覆盖土工膜，防止水分蒸发，静置 2d 后进行试验，模拟地基的物理力学指标见表 1。

模拟地基的物理力学指标 表 1

Physico-mechanical parameters of model soil Table 1

密度 (g/cm³)	含水率 (%)	液限 (%)	塑限 (%)	黏聚力 (kPa)	内摩擦角 (°)	塑性指数	岩土分类
1.84	30	34.1	20.5	8.4	13.7	13.6	粉质黏土

2.2 智能模型试验系统

（1）模型试验钻机

图 2 展示的试验钻机设有外部钢框架，钻机主桅杆滑台固定在框架一侧，动力头的上下运动由线性数控丝杆滑台控制，并带动钻具的上下移动。滑台最大垂直负载为 50kg，最高垂直满载速度为 0.4m/s，位置精度为 2mm。动力头由伺服电机和减速机组成，减速机的减速比为 10：1，额定扭矩为 12.7N・m，峰值扭矩为 38.1N・m，额定转速为 300rpm。伺服电机功率为 400W，满载传动效率>94%。可控注浆系统通过轴套式旋转接头与钻杆连接，为钻具提供注浆通道。

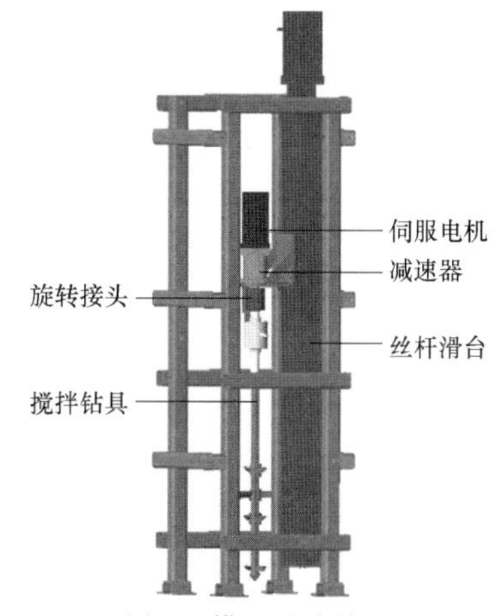

图 2 模型试验钻机

Fig. 2 Small-scale drilling rig for model tests

（2）智能控制系统

试验钻机采用 PLC 编程模块控制自动成桩，试验前可通过触摸屏预设钻具转速、旋转方向，钻具钻掘与提升速度以及每 5cm 的喷浆量。搅拌桩喷浆量控制通过变频控制器调控液压站电机转速来实现。图 3 为智能控制系统框图，试验人员通过中控平台的触摸屏和实体键对 ACS 智能控制系统进行管理，钻机自动运行由 PLC 进行逻辑控制与数据采集，运行参数显示于触摸屏。

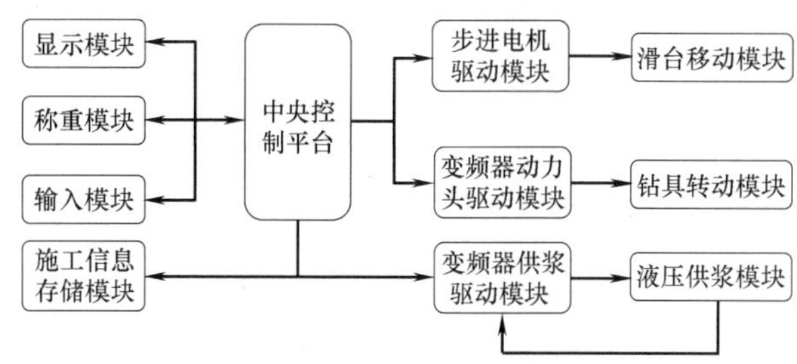

图 3 智能控制系统框图

Fig. 3 Layout of the autonomous control system (ACS)

ACS 系统除拥有预设施工参数、钻机自动运行、人机操作界面功能之外，还能够实时监控施工参数、存储数据，包括时间、扭矩、转速、当前钻掘深度、钻具升降速度（图 4），数据采样频率为 1Hz。模型桩在施工过程中的各桩段注浆量和单位桩长搅拌次数 T 能够在打桩过程中显示与存储。同样的控制原理与 PID 算法也能够应用于实际的搅拌桩工程装备中，实现搅拌桩智能化施工。

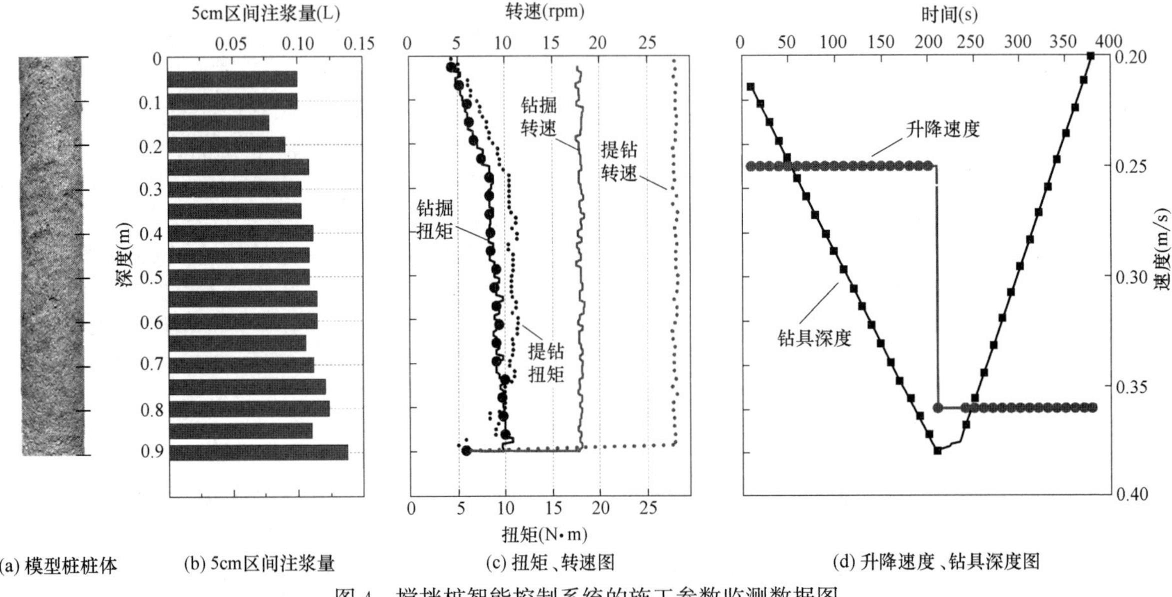

图 4　搅拌桩智能控制系统的施工参数监测数据图

Fig. 4　Summary of real-time monitoring data recorded by ACS

（3）搅拌钻具与注浆系统

搅拌钻具结构如图 5 所示，其由钻杆、搅拌翼板和钻掘翼板组成，钻具设有芯管注浆通道。搅拌翼板采用活动模块，能够对翼板的立刃角度及上下翼板组的间距进行调节。喷浆管位于一侧钻掘翼板的底部，设有 5 个出浆口。钻具与动力头下方的旋转接头连接，可保障钻具芯管与注浆管路连通。

可控注浆系统由变频器、液压站和注浆泵组成，液压站工作压力为 0.3MPa，流量为 0.3～1.0L/min，实时浆液喷注量通过变频器控制液压站电机转速进行调节，达到桩身恒量或变量注浆的目的。前期喷浆量试验结果证明，变频器输出频率和注浆泵喷浆量具有良好的线性关系，通过变频器调节可精准控制每 5cm 桩段的水泥浆喷注量。

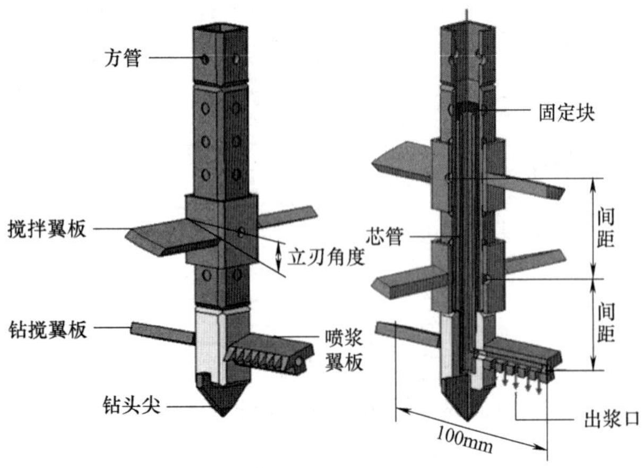

图 5　模型搅拌钻具

Fig. 5　Illustration of the drilling tool

（4）模型桩制作

前期试验发现模型搅拌桩施工对桩周土体的影响范围为 100～150mm，此结果与 Shui-Long Shen 等[15] 的研究成果吻合，因此认为模型桩施工影响范围约为（1.0～1.5）D（桩直径 D＝100mm）。图 6 展示了 8 根搅拌桩在模型箱中的位置，其最小桩中心距为 220mm，这种布桩方案可忽略搅拌桩施工对相邻桩的性能影响。

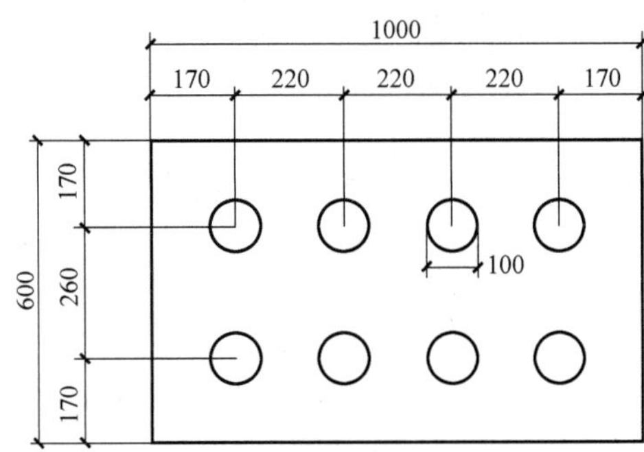

图 6　桩位布置图（单位：mm）

Fig. 6　Position of piles in model foundation（Unit：mm）

3　试验设计

模型试验的主要目的是研究施工关键工艺因素对搅拌桩质量的影响，主要反映在钻掘-搅拌翼板的搅拌次数对桩身均匀性与强度的影响，以及每 5cm 桩段水泥浆喷注量稳定性对桩身强度的贡献。

3.1　模型试验方案

在工程实践中，常用搅拌桩长度为 10～30m、桩径为 0.6～2.0m、常用水泥掺量为 10%～20%、水灰比为 0.6～1.3、常用钻掘速度为 1.0m/min、提钻速度为 0.5～1.0m/min、钻具转速为 20～45rpm、常用搅拌翼板（以下含钻掘翼板）个数为 4～6 个[4]。

在参考上述工程应用条件下，为了达到试验目的，试验设计了桩长为 90cm，桩径为 100mm 的模型桩，试验变量包括与关键工艺因素相关的钻具转速和升降速度及搅拌翼板个数。模型桩施工采用两搅一喷工艺，掺灰量为13.5%，水灰比为0.7，搅拌翼板间距为7cm，单位桩长搅拌次数控制在300～1000rev/m区间内。具体试验方案见表2，共计21组模型试验。

模型试验方案　　表2

Scheme of model tests　　Table 2

桩号	桩长(m)	钻掘转速(rpm)	钻掘速度(m/min)	提钻转速(rpm)	提钻速度(m/min)	搅拌翼板个数	搅拌次数(rev/m)
1	0.9	9	0.25	14	0.36	4	300
2	0.9	11	0.25	20	0.36	4	398
3	0.9	13	0.25	22	0.36	4	452
4	0.9	15	0.25	23	0.36	4	496
5	0.9	15	0.25	23	0.36	4	496
6	0.9	17	0.25	25	0.36	4	550
7	0.9	18	0.25	28	0.36	4	599
8	0.9	18	0.25	28	0.36	4	599
9	0.9	18	0.25	28	0.36	4	599
10	0.9	21	0.25	28	0.36	4	647
11	0.9	22	0.25	31	0.36	4	696
12	0.9	22	0.25	32	0.32	4	752
13	0.9	23	0.25	33	0.30	4	808
14	0.9	25	0.25	33	0.30	4	840
15	0.9	25	0.25	35	0.28	4	900
16	0.9	25	0.25	36	0.24	4	1000
17	0.9	21	0.25	28	0.36	4	647
18	0.9	21	0.25	28	0.36	4	647
19	0.9	14	0.25	19	0.36	6	653
20	0.9	14	0.25	19	0.36	6	653
21	0.9	14	0.25	19	0.36	6	653

注：1～16组试验时间在夏季，17～21组试验时间在冬季，温差为25℃。

3.2 试验步骤

(1) 采用分层法制备均匀性良好的、可复制的模拟地基。

(2) 试验方案按两搅一喷工艺要求，在智能控制系统中预设施工参数：水灰比、水泥掺量、钻掘深度、钻具转速、升降速度及5cm桩段喷浆量等。同时，根据模型桩水灰比和水泥掺入量要求制备水泥净浆。

(3) 启动智能控制系统、钻机及注浆设备，依序施工模型桩，成桩过程中测量、显示并存储全部施工技术参数信息，包括深度、扭矩，钻具转速、升降速度和5cm桩段喷浆量。其后用土工膜封顶并养护7d。

(4) 7d后拆箱取出搅拌桩，利用台式电锯将每根桩切割成12～14块边长为50mm正立方体试块，进行7d龄期试块的无侧限抗压强度检测，并取试块检测的平均值作为该模型桩的强度指标。

模型试验装置照片见图7，该装置包括模型箱、模型试验钻机和智能控制系统平台。

图7　模型试验装置照片

Fig. 7　Picture of the test equipment setup

4 试验结果与分析

4.1 搅拌次数与桩身强度的相关性

试验方案主要研究的工艺因素包括钻掘转速、提钻转速、提钻速度、搅拌翼板个数，而钻掘速度采用常量0.25m/min。由于单位桩长搅拌次数 T 可以综合反映上述各种工艺因素变量的影响，本试验将研究范围限定在 T=300～1000rev/m区间内，试验通过工艺因素变化重点研究搅拌次数 T、单位体积搅拌能量 E 对搅拌桩桩身强度UCS的影响。模型试验结果汇总于表3。

模型试验结果　　表3

Model test results　　Table 3

桩号	T (rev/m)	UCS (MPa)	E (kJ/m³)	桩号	T (rev/m)	UCS (MPa)	E (kJ/m³)
1	300	0.266	267.52	9	599	0.538	540.13
2	398	0.355	336.31	10	647	0.733	472.61
3	452	0.297	304.46	11	696	1.103	571.97
4	496	0.390	324.84	12	752	0.991	481.53
5	496	0.420	444.59	13	808	1.423	736.31
6	550	0.502	351.59	14	840	1.343	792.36
7	599	0.621	444.59	15	900	1.383	780.89
8	599	0.691	523.57	16	1000	1.490	868.79

对于采用两搅一喷及钻掘阶段喷浆工艺的单位桩长搅拌次数 T (rev/m) 可按公式 (1) 计算[16]。

$$T=M\times\left(\frac{N_d}{V_d}+\frac{N_u}{V_u}\right) \tag{1}$$

其中，M 为搅拌翼板总数；N_d 和 N_u 为钻掘、提钻时的钻具转速 (rpm)；V_u 和 V_d 为钻掘和提钻时的升降速度 (m/min)。从式 (1) 可知，搅拌翼板总数 M，钻掘与提钻时的钻具转速 N_d 和 N_u 对于 T 值的提高具有正相关性，而随着钻掘和提钻的升降速度 V_u 或 V_d 增加则会导致 T 值降低。

图8展示了搅拌次数 T 分别为480和1200时的搅拌桩纵剖面照片，比较两张照片可以辨别固化水泥浆的分布均匀性，照片中的灰色部分为固化水泥浆，白色部分为

地基土。当 T 为 480 时，固化水泥浆分布极不均匀；当 T 为 1200 时，模型桩的搅拌均匀性显著提升。这表明搅拌次数的增加对搅拌桩的均匀性具有正面贡献。

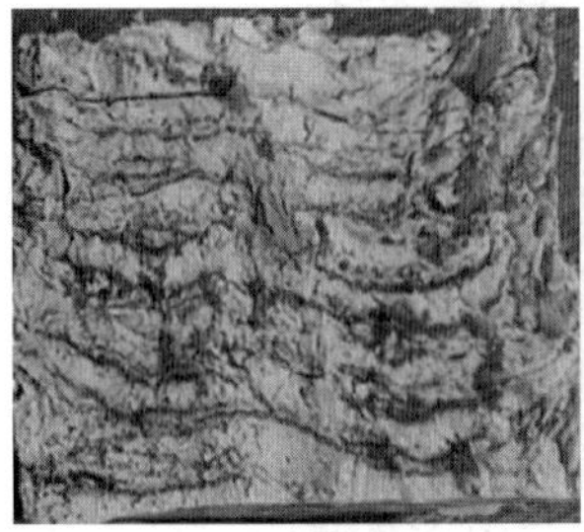

(a) T=480

(b) T=1200

图 8　搅拌次数变化对搅拌桩均匀性的影响

Fig. 8　Section view of piles with T=480 and 1200

图 9 为 1～16 号模型桩的单位桩长搅拌次数 T 与 7d 桩身平均抗压强度 UCS 的关系曲线，可以看出搅拌桩每延米桩长搅拌次数 T 和桩身平均抗压强度 UCS 之间呈三段式规律。当搅拌次数 T 小于 450 或大于 850 时，搅拌次数 T 的增减对桩身强度影响较小；而搅拌次数 T 位于 450～850 中段区间时，桩身强度随搅拌次数 T 的增加呈良好的线性增长，在此区间提高搅拌次数 T，可以大幅度提升桩身强度，最大提高幅度接近 4 倍。

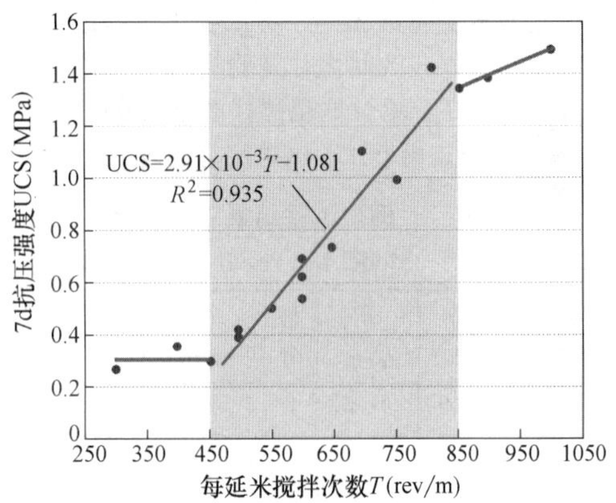

图 9　搅拌次数与桩身强度的关系曲线

Fig. 9　Relationship between blade rotation number and UCS

经过中段曲线试验数据拟合可以获得桩身强度与单位桩长搅拌次数的关系公式：

$$\mathrm{UCS}=2.91\times10^{-3}T-1.081 \tag{2}$$

分析搅拌次数 T 与桩身强度关系曲线可以看出，搅拌桩在质量、成本和工时方面与搅拌次数 T 密切相关，施工工艺应存在最优搅拌次数。因此，在搅拌桩工程施工中应针对设计桩身强度提出明确的最低搅拌次数 T 值要求，这对工程质量控制具有重大意义。

4.2　搅拌能量与桩身强度的相关性

在上述模型试验研究中，讨论了搅拌次数 T 与桩身强度之间的相关关系，但是在试验中，搅拌次数变量并未考虑搅拌翼板与土体接触面积以及立刃角度等因素的影响。为了能够客观地分析关键工艺因素对桩身强度的影响，宜引入搅拌能量分析方法，因其可以综合反映搅拌翼板的尺寸与形状效应。此外，这种分析方法有利于将试验结果定性运用到实际工程中，即通过将足尺试验与模型试验的搅拌能量进行对比，找出两者之间的差异性，开发相关计算方法。

在采用能量分析法时，首先要明确净做功扭矩 T_k（N·m）概念：

$$T_k=T_1-T_2 \tag{3}$$

其中，T_1（N·m）为试验成桩过程中的动力头输出扭矩；T_2（N·m）为试验钻机钻掘前，钻机空转为了克服钻机系统内部轴承及齿轮之间的摩擦所产生的空载扭矩，这部分能量损耗与搅拌桩成桩所需扭矩无关，应予剔除。

搅拌能量的计算公式：

$$P=\int T_k(t)\omega \mathrm{d}t \tag{4}$$

其中，P 为搅拌能量（kN·m 或 kJ）；ω 为钻具转动的角速度（rad/s）；T_k 为成桩过程中消耗的净做功扭矩（N·m）；t 为时间（s）。

通过式（4）可推导出单位体积搅拌能量的计算公式：

$$E=\frac{P}{V}=\frac{\int T_k(t)\omega \mathrm{d}t}{V}=\frac{N\times\int T_k(t)\mathrm{d}t}{9550\times V} \tag{5}$$

其中，E 为单位体积搅拌能量（kN·m/m^3 或 kJ/m^3）；V 为搅拌桩体积（m^3）；T_k 为净做功扭矩（N·m）；N 为钻具转速（rpm）。

为应用能量分析方法，首先需要提供搅拌桩分区桩段的单位体积搅拌能量 E 试验数据。以 11 号搅拌桩为例，该桩单位体积搅拌能量 E 的计算步骤为先将桩分为 9 段，每段长度为 10cm，再根据式（5）计算各段的单位体积搅拌能量，并绘于图 10，其后取各桩段的平均值作为该桩的单位体积搅拌能量 E 值。

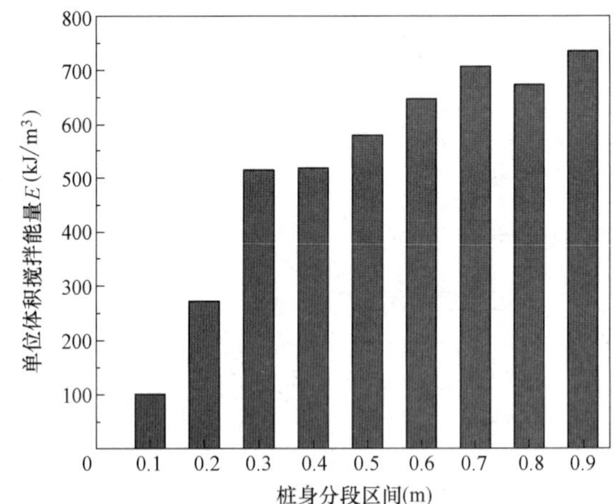

图 10　不同桩段的单位体积搅拌能量

Fig. 10　Mixing energy at various segments of a pile

图 11 展示了 1～16 号模型桩单位体积搅拌能量与单位桩长搅拌次数的拟合曲线，其具有良好的线性发展趋势。通过对搅拌次数和搅拌能量做线性拟合并做 95% 置信区间，可以发现经过关系曲线的试验数据拟合，利用单位桩长搅拌次数 T 能够计算出单位体积搅拌能量 E，其拟合相关系数为 0.89，表明两者具有较好的相关性。

$$E=0.932T-75.749 \tag{6}$$

图 12 给出了 1～16 号搅拌桩的搅拌能量与桩身强度的

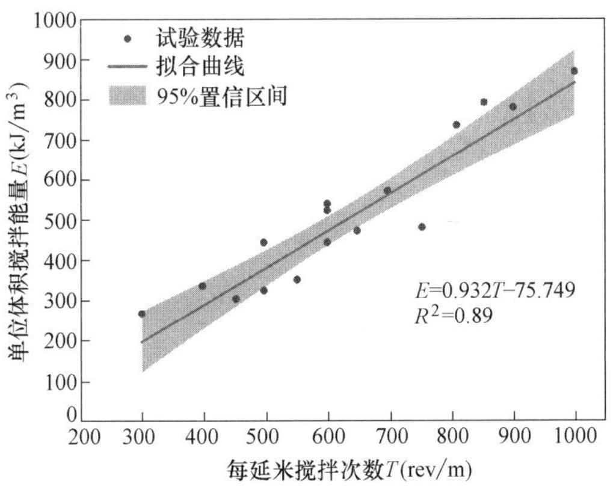

图 11　搅拌次数与搅拌能量的关系曲线

Fig. 11　Relationship between blade rotation number and mixing energy per unit volume

关系曲线，单位体积搅拌能量 E 和模型桩 7d 平均抗压强度 UCS 呈明显的线性关系，即随单位体积搅拌能量 E 的增加，桩身抗压强度 UCS 呈线性增长。这表明随着搅拌能量的不断提高，桩身搅拌均匀性会更好，强度也会显著提高。

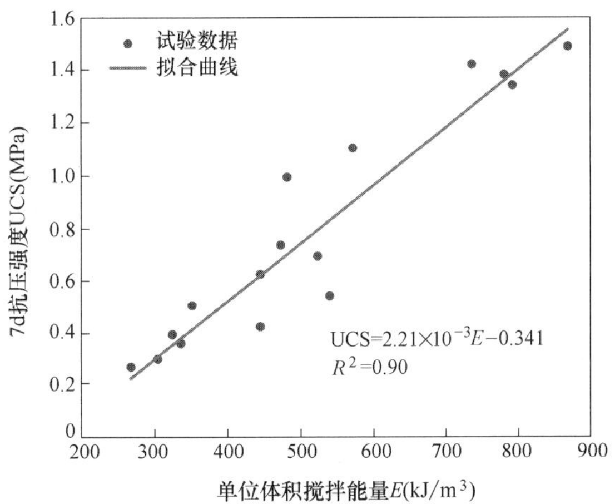

图 12　搅拌能量和桩身强度的关系曲线

Fig. 12　Relationship between mixing energy and UCS

经曲线拟合，桩身 7d 平均抗压强度 UCS 与搅拌能量 E 的关系表达式如下：

$$\mathrm{UCS}=2.21\times10^{-3}E-0.341 \quad (7)$$

由于本文模型试验所获得的单桩最大单位体积搅拌能量为 870kJ/m^3，对于更高搅拌能量变化对桩身强度的影响趋势无法判断。Shui-Long Shen[17] 等曾做过类似研究工作，现将其 17 个试验数据与本文 16 个试验数据绘于图 13。从图中可见当单位体积搅拌能量位于 250～750kJ/m^3 区间时，本文试验数据随着单位体积搅拌能量增加，桩身强度呈现大幅度线性提高，桩身强度最高可提高约 4 倍。利用 Shui-Long Shen[17] 等试验数据可以引申出，当单位体积搅拌能量大于 750kJ/m^3 时，桩身强度仍会增长，但其增长幅度明显减缓了。从定量角度看，前段直线的斜率 k_1 为 2.41×10^{-3}，后段直线的斜率 k_2 为 0.51×10^{-3}，斜率 k_2 约为斜率 k_1 的 21%。由此可见，当单位体积搅拌能量大于 750kJ/m^3 时，单位体积搅拌能耗对桩身强度的贡献率将减少 4 倍左右。

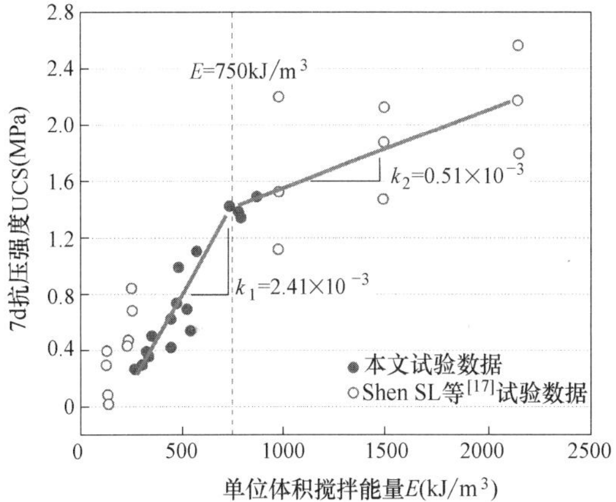

图 13　搅拌能量与桩身强度的关系曲线

Fig. 13　Comparison of mixing energy vs. UCS curve

4.3　搅拌翼板个数与桩身强度的相关性

由于模型试验温度条件对桩身强度的影响很大，且在研究搅拌翼板个数对桩身强度的影响时实验室气温较低，故单独设置了 17～21 号桩对比试验。通过这 5 根模型桩试验，研究了搅拌翼板个数对搅拌桩质量的影响。试验方案采用了相近的搅拌次数 T、不同的钻掘速度与提钻转速，施工质量仍以 7d 桩身强度作为判定指标，试验结果见表 4。

模型试验结果　表 4

Model test results　Table 4

桩号	搅拌翼板个数	T(rev/m)	UCS(MPa)
17	4	647	0.398
18	4	647	0.384
19	6	653	0.583
20	6	653	0.634
21	6	653	0.609

图 14 展示了桩身强度与搅拌翼板个数之间的相关关系。在搅拌次数基本相同条件下，与 4 个搅拌翼板钻具对比，采用 6 个搅拌翼板钻具制作的搅拌桩强度可提高 0.22MPa，提升幅度高达 56%。这表明钻具的搅拌翼板个数增多，对搅拌桩强度提高具有重要意义。

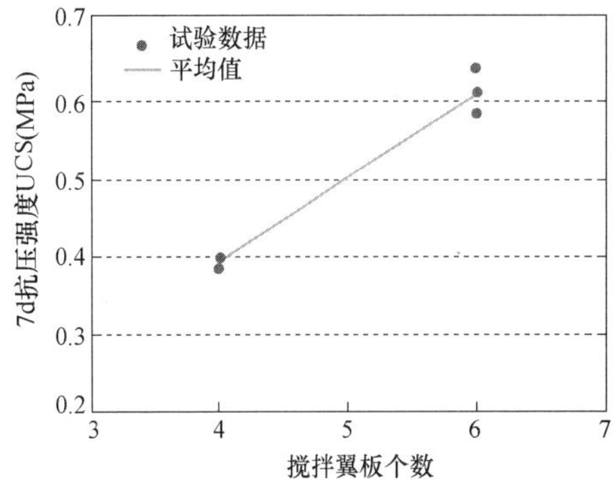

图 14　搅拌翼板个数与桩身强度的相关关系

Fig. 14　Relationship between the blade number of a drilling tool and UCS

4.4 桩身强度计算公式验证

为了验证式（2）和式（7）的可靠性，采用与表 2 相同的试验条件，作者另外进行了 5 组验证试验，各组试验的搅拌次数 T 均为 599。根据表 5 的桩身强度实测值与拟合公式计算值对比分析可见，基于式（2）的桩身计算强度与试验实测强度的误差为 8.5%～30.1%；而基于式（7）的桩身计算强度与试验实测强度的误差为 12.1%～28.1%。总体来看，除 Y3 外拟合公式计算值均大于试验实测值，其中式（2）的平均误差为 18.5%，式（7）的平均误差为 18.4%。

验证试验对比分析结果　　表 5

Verification of test results　　Table 5

序号	E (kJ/m^3)	UCS$_{实测}$ (MPa)	T-UCS$_{计算}$ (MPa)	误差 (%)	E-UCS$_{计算}$ (MPa)	误差 (%)
Y1	464.40	0.591	0.662	12.0	0.685	16.0
Y2	465.65	0.610	0.662	8.5	0.688	12.8
Y3	467.43	0.787	0.662	15.9	0.692	12.1
Y4	449.32	0.509	0.662	30.1	0.652	28.1
Y5	447.47	0.526	0.662	25.9	0.648	23.2

5 结论

通过搅拌桩施工质量控制关键工艺因素的模型试验研究，获得了下述结论：

（1）为实现试验目标，研制了试验钻机和智能控制系统，通过自动化成桩方式和可控注浆技术，可排除成桩过程中的人为因素干扰，为搅拌桩应用提供了智能装备与工艺的实现途径。

（2）通过搅拌桩施工参数变化，研究了搅拌次数 T 与桩身强度的相关关系，发现存在三段式内在规律。在试验条件下，位于 450～850 区间的 T 值变化对桩身强度具有显著影响，当 T 值从 450 增加到 850 时，桩身强度可提高近 4 倍。在其他区间内，T 值增加对桩身强度的正面贡献较小。因此，为保障搅拌桩工程质量，建议在施工中设定最低 T 值。

（3）采用能量分析法可以更科学地探索桩身强度与搅拌能量 E 之间的内在规律，并可依据计算搅拌能量定量化评估搅拌桩强度。

（4）在试验数据数理统计基础上，提出了基于单位桩长搅拌次数 T 的桩身强度计算公式：

$$\mathrm{UCS}=2.91\times10^{-3}T-1.081$$

和基于单位体积搅拌能量 E 的桩身强度计算公式：

$$\mathrm{UCS}=2.21\times10^{-3}E-0.341$$

在室内模型试验条件下，采用上述公式可以快速估算搅拌桩强度。

（5）在模型试验采用不同钻掘速度、提钻转速和相近的搅拌次数 T 的条件下，对比 4 个搅拌翼板钻具，采用 6 个搅拌翼板钻具时桩身强度可提高 56%，这表明搅拌翼板个数增多，对搅拌桩强度提高具有重要意义。

参考文献：

[1] BRUCE D A. Deep mixing in the United States：milestones in evolution[C]. DFI-EFFC International Conference on Piling & Deep Foundations，Stockholm，Sweden，2014.

[2] BRUCE，D A，BRUCE M. The practitioner's guide to deep mixing [C]. Grouting and Ground Treatment，Proceedings of the Third International Conference，Geotechnical Special Publication.，2003.

[3] GORAN HOLM. State of practice in dry deep mixing methods[C]. The 3rd International Specialty Conference on Grouting and Ground Treatment. ASCE Geotechnical Special Publication，2003：145-163.

[4] Cement Deep Mixing Method Association. Cement Deep Mixing Method（CDM）Design and Construction Manual[S]；Tokyo，Japan：Cement Deep Mixing Method Association，1999.

[5] HOSOMI H. Method of deep mixing at Tianjin Port，People's Republic of China[C]. In Proc. of the 2nd Int. Conf. on Ground Improvement Geosystems，1996(1)：491-494.

[6] 刘松玉. 新型搅拌桩复合地基理论与技术[M]. 南京：东南大学出版社，2014.

[7] MOHAMED A. SAKR，WASIEM R. AZZAM，MOSTAFA A. EI-sawwaf，Esraa A. EL-disouky. Lime columns technique for the improvement of soft clay soil[J]. Journal of Multidisciplinary Engineering Science Studies，2021，7 (5)：3893-3898.

[8] BAUER. 2017. SCM and SCM-DH Single Column Mixing. https://www.bauer.de/export/shared/documents/pdf/bma/datenblatter/SCM_SCM_DH_EN_905_757_2.pdf [2018-0910].

[9] KELLER Holding GmbH. 2011. Deep Soil Mixing（DSM）：Improvement of weak soils by the DSM method. http://www.kellergrundlaggning.se/documents/Files/32-01E%20Deep%20Soil%20Mixing-2.pdf [2018-02-27].

[10] SUZUKI K，SAITOH K，HARA M，et al. Mixing mechanism and case study of deep stabilization method using contra-rotational mixing head [J]. Journal of the Society of Materials Science，Japan. 2010，59 (1)：32-37.

[11] FUJIWARA T，ISHII H，KOBAYASHI M，AOKI T. Development and on-site application of new in-situ soil mixing method with ability of obstacle avoidance and inclined operation [J]. Japanese Geotechnical Society Special Publication，2016，2 (62)：2107-10.

[12] HAYWARD BAKER INC 2013. Hayward-Baker-Wet-Soil-Mixing Brochure https://www.hayward-baker.com/uploads/solutionstechniques/wet-soil-mixing/HaywardBaker-Wet-Soil-Mixing-Brochure.pdf [2018-09-07] . 5.

[13] KITAZUME M，TERASHI M. The deep mixing method [M]. London：CRC press，2013.

[14] KITAZUME M. Recent development and future perspectives of quality control and assurance for the deep mixing method [J]. Applied Sciences，2021，11 (19)：9155.

[15] SHEN S L，HAN J，HUANG X C，et al. Laboratory studies on property changes in surrounding clays due to installation of deep mixing columns [J]. Marine Georesources and Geotechnology，2003，21 (1)：15-35.

[16] YOSHIZAWA H，OKUMURA R，HOSOYA Y，et al. JGS TC report：factors affecting the quality of treated soil during execution of DMM [C]. In Proceedings，ISTokyo 96/2nd international conference on ground improvement geosystems，1997 (2)：931-937.

[17] SHEN SL，HAN J，MIURA N. Laboratory evaluation of mixing energy consumption and its influence on soil-cement strength [J]. Transportation research record. 2004，1868 (1)：23-30.

水泥土搅拌桩在北京东部某地基处理项目中的应用研究

郭馨阳
（北京市勘察设计研究院有限公司，北京 10038）

摘　要：水泥土搅拌桩是利用深层搅拌机械将水泥浆或水泥等固化剂输送到地基深处与软土强制搅拌，利用固化剂和软土间所产生的一系列物理-化学反应，使软土硬结成具有整体性、水稳性和一定强度的复合地基。该地基处理技术具有设备简单、操作方便、施工速度快、成本低等优点，已在我国的各项工程中得到广泛应用。本文依托北京东部某地基处理设计项目，通过水泥土室内配合比试验研究了水泥掺量、龄期与水灰比对水泥土无侧限抗压强度的影响，通过试验结果确定了适用于当前土层的水泥掺量和水灰比，为北京东部地区类似地质条件下的地基处理工程应用积累了宝贵经验。

关键词：水泥土搅拌桩；水泥掺量；水灰比；龄期；地基处理

作者简介：郭馨阳，女，1992 年生，岩土工程师。主要从事地基处理、建筑地基与基础协同作用分析等研究。

Application of cement-soil mixing pile in the foundation treatment project of 37 plots in Wuyi Garden

GUO Xin-yang
（BGI Engineering Consultants Co.，Ltd.，Beijing 100038）

Abstract: Cement deep mixed columns is the use of deep mixing machinery to transport cement slurry or cement and other curing agents to the depth of the foundation and soft soil forced mixing, the use of curing agent and soft soil between a series of physical-chemical reactions, so that the soft soil hardening into a composite foundation with integrity, water stability and a certain strength. The foundation treatment technology has the advantages of simple equipment, convenient operation, fast construction speed and low cost, and has been widely used in various projects in China. This paper studied the influence of cement mixing, age and water ash ratio on the unquenched compressive strength of cement soil through the cement-soil indoor mix ratio test, and determined the cement mixing and water-ash ratio suitable for the current soil layer through the test results, which accumulated valuable experience for the application of foundation treatment engineering under similar geological conditions in eastern Beijing.

Key words: cement-soil mixing piles; cement mixing; water-to-ash ratio; age period; foundation treatment

1　引言

随着地下空间工程的迅速发展，工程建设过程中出现越来越多的不良地质问题，为满足地基强度、抗震等要求，必须对不满足条件的天然地基土层进行人工处理。水泥土搅拌桩作为地基处理的一种方式，适用于处理正常固结的淤泥、淤泥质土、素填土、黏性土（软塑、可塑）、粉土（稍密、中密）、粉细砂（松散、中密）、中粗砂（松散、稍密）、饱和黄土等土层[1]。其具有施工简单、效率高、无泥浆水污染、无土体隆起等优点，因而在软土地基中得到广泛应用。

水泥土搅拌法是利用特制的深层搅拌机械，在地基中将粉体活浆体固化剂（水泥）与软土就地强制搅拌混合，使其硬化后形成整体性、水稳定性和一定强度的桩体[2]。水泥土搅拌法分为深层搅拌法（湿法）和粉体喷搅法（干法），其形成的水泥土加固体可作为竖向承载复合地基、基坑工程围护挡墙、被动区加固、防渗帷幕、大体积水泥稳定土等。

北京东部某项目采用水泥土搅拌桩法进行地基处理，现场施工前委托第三方实验室完成了多组室内配合比试验，确定了适用于该地层的水灰比及水泥掺量。同时对多组试验结果进行了细致的对比分析，研究了水泥土无侧限抗压强度与龄期、水灰比、水泥掺量的关系。最后，在现场水泥土搅拌桩施工完成后，对 90d 的水泥土桩进行了钻芯取样，测得其下、中、上不同部位的强度和室内试验结果进行对比分析。

2　依托项目概况

2.1　工程概况

北京东部某项目位于北京市通州区潞城镇，该项目共包括 16 栋住宅楼，3 个配套楼及周边纯地下车库，结构形式为框架剪力墙结构，基础形式均为筏板基础。住宅楼地上 9～20 层，地下 2～3 层，其中有 12 栋住宅楼和局部地下车库进行了地基处理（图 1）。

2.2　工程地质条件

本工程基底持力层为②$_1$ 层砂质粉土、③层淤泥质黏土、④层粉细砂、⑤层粉砂。③层淤泥质黏土（图 2）主要分布在场地东南侧，且自东向西厚度变浅，基底以下最

图 1　场区环境图

Fig. 1　Site environment map

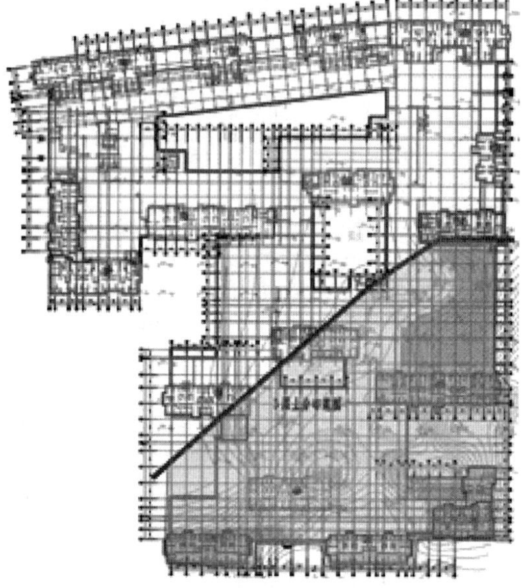

图 2　淤泥质黏土③分布图

Fig. 2　Distribution map of silty clay ③

大厚度达 10.0m。该层土为褐灰色—黑灰色，平均天然密度为 1.28g/cm^3，孔隙比为 1.131，平均天然含水率为 40.7%，平均塑性指数为 21.4。由于其含水量高、压缩性高、天然密度低、抗剪强度低、承载力低、工程性质差，不宜作为基底持力层。

场区内各层土承载力标准值及压缩模量详见表 1。

2.3　地基处理方案

本工程对③层基底淤泥质黏土厚度大于 3m 的部分采用水泥土搅拌桩进行地基处理，厚度小于 3m 的部分采用换填垫层法进行地基处理。对处理后承载力依然不能满足要求的部位进行“换填垫层法＋CFG 桩”或“水泥土搅拌桩＋CFG 桩”的联合处理方式。综合考虑场区内③层淤泥质黏土分布不均等因素，水泥土搅拌桩有效桩长为 5.0～10.5m，桩径为 500mm，桩间距为 1.0～1.35m，在有 CFG 桩的部位插空布置，水泥土搅拌桩严格避让 CFG 桩（图 4）。

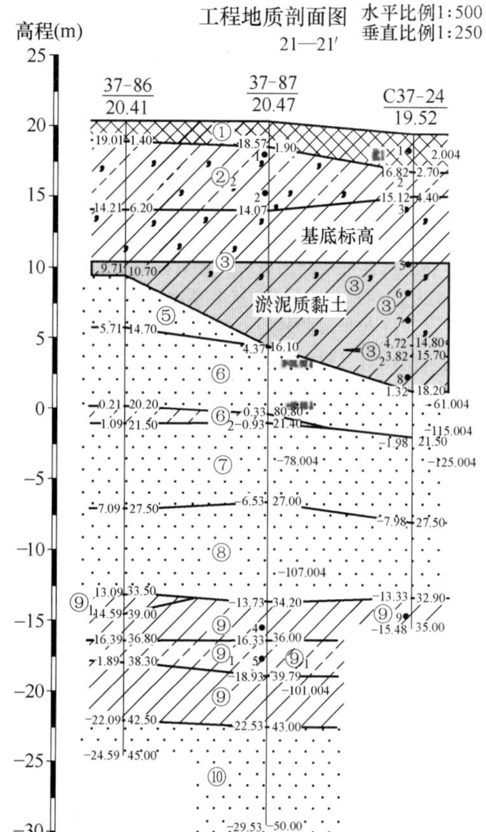

图 3　工程地质剖面图

Fig. 3　Engineering geological profile

天然地基承载力标准值及压缩模量表　表 1

Standard value of bearing capacity of natural foundation and compression modulus table　Table 1

土层	承载力特征值 f_{spk} (kPa)	压缩模量 Es_{z+100} (MPa)
②$_1$ 砂质粉土	100.0	4.5
②$_2$ 粉质黏土—重粉质黏土	90.0	3.5
③淤泥质黏土	80.0	3.0
③$_1$ 黏质粉土	100.0	4.5
③$_2$ 细砂	140.0	15.0
④粉细砂	190.0	20.0
④$_1$ 砂质粉土	140.0	5.0
④$_2$ 粉质黏土	130.0	5.0
⑤细砂	250.0	25.0
⑤$_1$ 粉质黏土	140.0	6.0
⑥细中砂	290.0	35.0
⑥$_1$ 粉质黏土	150.0	6.0
⑥$_2$ 砂质粉土—黏质粉土	160.0	7.0
⑦细中砂	260.0	30.0
⑦$_1$ 重粉质黏土—黏土	200.0	10.0
⑦$_2$ 砂质粉土	210.0	11.0
⑧细砂	270.0	30.0
⑧$_1$ 黏土	200.0	11.0
⑧$_2$ 砂质粉土—黏质粉土	210.0	11.5
⑨黏土	210.0	11.5
⑨$_1$ 砂质粉土	220.0	12.0
⑨$_2$ 细砂	270.0	30.0
⑩细砂	280.0	35.0
⑩$_1$ 黏土	220.0	12.0

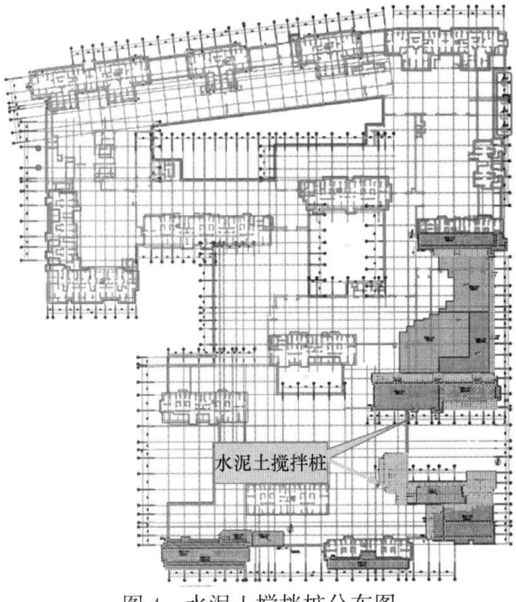

图4　水泥土搅拌桩分布图

Fig. 4　Distribution map of cement-soil mixing piles

3　室内配合比试验

《建筑地基处理技术规范》JGJ 79—2012要求，水泥土搅拌桩设计前应进行处理地基土的室内配比试验。针对现场拟处理地基土层性质，选择合适的固化剂、外加剂及其掺量，提供不同龄期、不同配比的强度参数，水泥土90d无侧限抗压强度不低于2.0MPa。

3.1　试验原理

采用水泥土搅拌法中的深层搅拌法（湿法）通过对不同水灰比、不同水泥掺量及不同龄期的试样进行抗压强度试验（即使用无侧限压力仪，在不加任何侧向压力的情况下，对圆柱体试样施加轴向压力，直至试样剪切破坏为止。试样破坏的轴向应力以 q_u 表示，称为无侧限抗压强度）。通过分析 q_u 的强度值，确定合适的水灰比。

3.2　试验方案

为确定适用于当前地层的水灰比及水泥掺量，满足设计及现场施工要求，委托第三方进行水泥土搅拌桩试块制作，在不掺粉煤灰的情况下，分别制作了水泥掺量为17%、20%、23%、25%，水灰比为0.3、0.5、0.7的立方体试块，试验7d、14d、28d、40d、90d的无侧限抗压强度，具体方案详见表2。

试验方案表　　表2

Test protocol table　　Table 2

水泥掺量(%)	水灰比	水泥掺量(%)	水灰比
17	0.3	23	0.3
	0.5		0.5
	0.7		0.7
20	0.3	25	0.3
	0.5		0.5
	0.7		0.7

3.3　试验过程

(1) 按照表2中的水泥掺量、水灰比，将土、水、水泥采用搅拌机搅拌均匀。

(2) 将搅拌均匀的拌合土装入 ϕ5cm×10cm的模型中，振动压实，最后将试样表面用刮土刀刮平，用湿毛巾盖上，保持湿度，防止水分蒸发。每组试样的数量为3个，每个试样均用油漆笔编号，称重放入养护室。养护室温度控制在(20±3)℃，湿度控制在90%以上。

(3) 成型7d后拆模，拆模后继续养护，保持温度控制在(20±3)℃，湿度控制在90%以上[3]。

(4) 养护到规定期龄（7d、14d、28d、40d、90d）时，进行无侧限抗压强度试验。

3.4　试验结果

各水灰比（0.3、0.5、0.7）、水泥掺量（17%、20%、23%、25%）室内配合比试验无侧限抗压强度结果见表3。

室内配比试验结果　　表3

Indoor matching test results　　Table 3

水泥掺量(%)	水灰比	平均抗压强度(MPa)				
		龄期7d	龄期14d	龄期28d	龄期40d	龄期90d
17	0.3	2.7	4.4	5.3	6.8	8.4
	0.5	2.6	3.7	4.5	5.0	6.0
	0.7	1.8	2.7	3.4	3.9	3.4
20	0.3	4.0	5.2	7.0	6.4	8.7
	0.5	3.3	4.7	6.5	6.3	7.1
	0.7	2.4	3.6	4.8	5.0	5.7
23	0.3	3.7	6.0	7.6	8.3	9.5
	0.5	3.0	4.5	5.7	6.2	7.8
	0.7	1.9	3.2	4.0	4.9	6.3
25	0.3	4.6	6.7	9.6	10.0	12.3
	0.5	3.4	4.6	6.8	6.8	8.5
	0.7	2.0	3.1	4.4	4.5	6.2

从上表试验结果看出，不论采用何种水灰比及水泥掺量，龄期到达14d时，水泥土的无侧限抗压强度均大于2MPa，满足水泥土90d无侧限抗压强度不低于2.0MPa的设计要求。

为研究在水泥掺入量相同情况下不同水灰比的水泥土试块抗压强度与龄期的关系，绘制图5～图8。

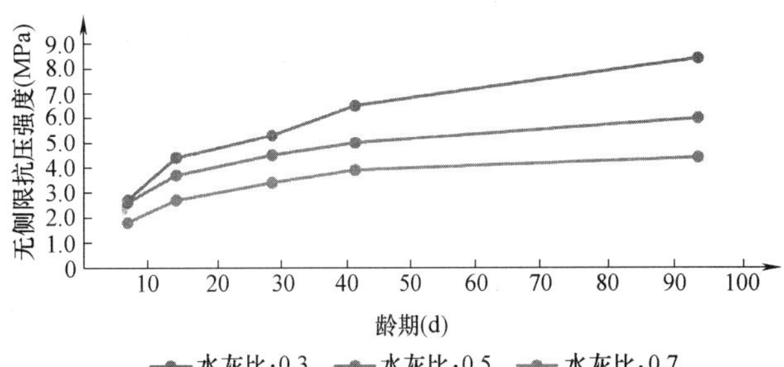

图5　水泥掺量为17%时的无侧限抗压强度

Fig. 5　Unconfined compressive strength of cement at 17%

从图5～图8可以看出，随着龄期的增长水泥土的无侧限抗压强度在不断增长[4]，这说明作为固化剂的水泥

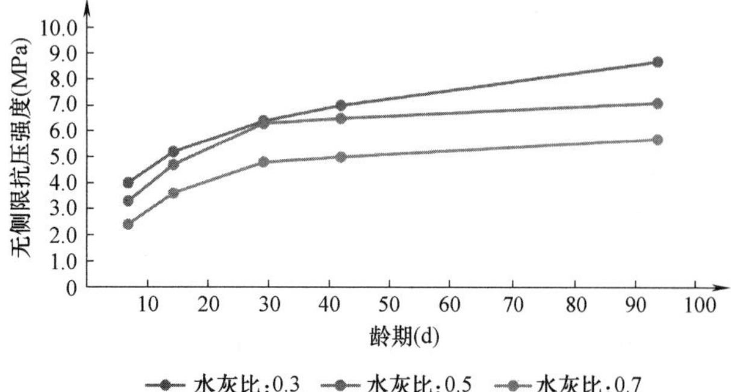

图 6　水泥掺量为 20%时的无侧限抗压强度

Fig. 6　Unconfined compressive strength of cement at 20%

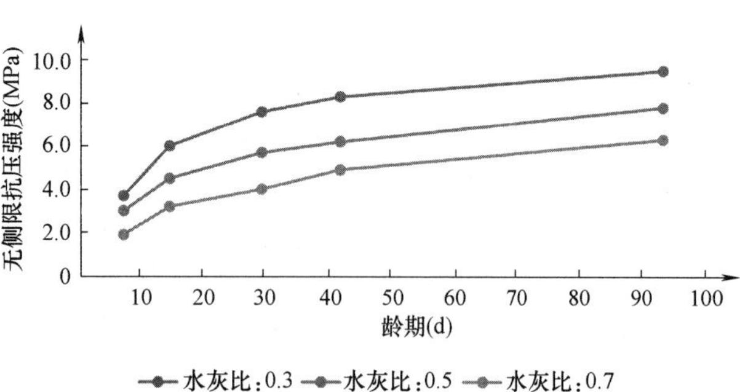

图 7　水泥掺量为 23%时的无侧限抗压强度

Fig. 7　Unconfined compressive strength of cement at 23%

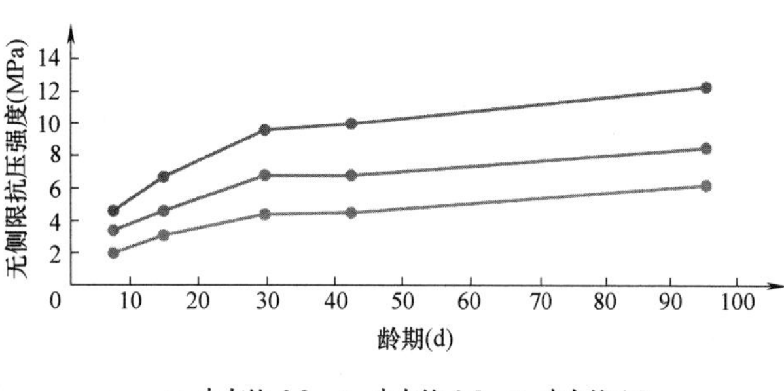

图 8　水泥掺量为 25%时的无侧限抗压强度

Fig. 8　Unconfined compressive strength of cement at 25%

与土颗粒的离子交换反应和团粒化作用是一个缓慢的过程，从加水到龄期 90d 一直进行，这些物理化学反应使强度增长呈现出一个由快到慢的过程，水泥土的强度随着反应的深入发展不断增长，龄期 28d 之前增长幅度较大。

同时从图中还可以看出，在水泥掺量及龄期相同的情况下，随着水灰比的增长，试件的无侧限强度依次降低。通常来说，水泥土中的水泥掺量都比较少，土中的水量足够水泥水化所需的水，水泥土搅拌用水主要是为了施工中泵送需要，获得一定的流动性。在满足施工要求的前提下，选择较小的水灰比对强度是有利的，但并不是越小的水灰比就会越有利于工程质量，水灰比过小，水泥浆不能与土搅拌均匀，不能更好地渗入土壤中，从而会影响水泥土搅拌桩的完整性，进一步影响施工质量。

为研究在水灰比相同条件下，不同水泥掺量与无侧限抗压强度随着龄期增长的关系[5]，作图 9～图 11。从图中可以看出，90d 龄期的无侧限抗压强度随着水泥掺量

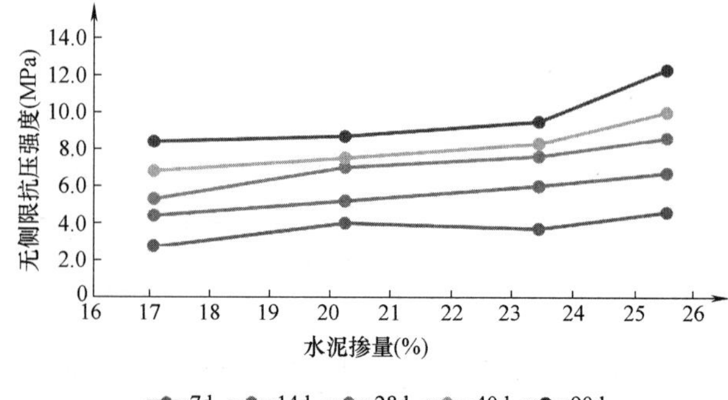

图 9　水灰比为 0.3 时的无侧限抗压强度

Fig. 9　Unconfined compressive strength with a water-to-ash ratio of 0.3

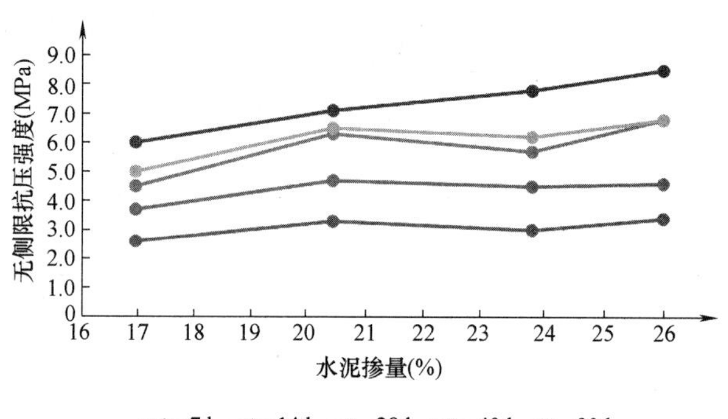

图 10　水灰比为 0.5 时的无侧限抗压强度

Fig. 10　Unconfined compressive strength with a water-to-ash ratio of 0.5

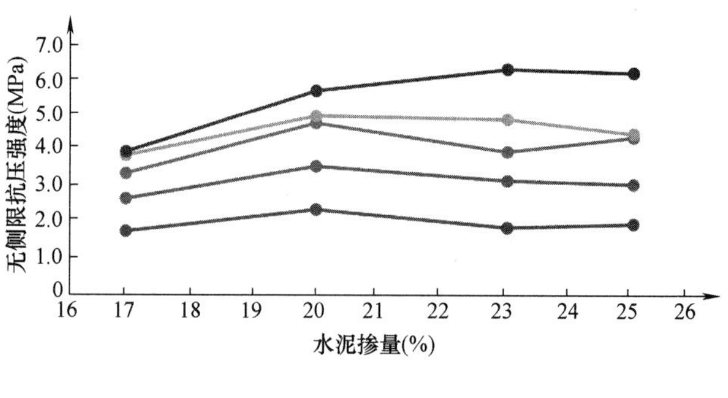

图 11　水灰比为 0.7 时的无侧限抗压强度

Fig. 11　Unconfined compressive strength with a water-to-ash ratio of 0.7

的增加而增加，而 7d、14d、28d 龄期的无侧限抗压强度在水泥掺量小于 20%时随着水泥掺量的增加而增大，当水泥掺量大于 20%时，无侧限抗压强度反而降低。

4　现场施工及检测结果

4.1　水泥土搅拌桩取芯强度试验

综合考虑试验结果、现场施工及经济合理等各方面要求，现场施工的水泥土搅拌桩采用 0.5 的水灰比及

20%的水泥掺量，并进行钻芯取样。对水泥土搅拌桩的芯样进行了 90d 无侧限抗压强度试验，试验结果见表 4，表 4 中编号为整根桩从桩端到桩顶逐步提高的 9 个部位。

试验结果　　表 4

Test results　　Table 4

编号	1-1	1-2	1-3	2-1	2-2	2-3	3-1	3-2	3-3
90d 强度 (MPa)	7.0	7.2	7.3	7.4	7.6	8.0	7.5	7.6	8.0

从室内试验和现场钻芯取样的无侧限强度对比可以看出：现场钻芯强度为室内试验强度的 98%～114%。现场施工与室内试验在强度上的差异主要原因是不同部位搅拌均匀程度上存在着差异[6]。

4.2 水泥土搅拌桩现场施工控制

在水泥土搅拌桩施工过程中对于现场控制是十分重要的。为保障水泥土搅拌桩的成桩质量应严格控制水泥净浆的水灰比。现场控制水灰比可以在制浆池中加入已知重量的水，再依据水灰比计算出所需的水泥用量投入池中。第一次加水时在制浆池内壁用钢筋焊接明显标记，以后每次加水加到此刻线后投入相应的水泥。制得的水泥浆可使用泥浆比重仪或水泥净浆稠度仪进行测量，要与室内试验严格保持一致。水泥的相对密度过大，不利于泵送，相对密度过小不利于水泥土搅拌桩整体强度。同时现场在钻进、提升时管道工作压力控制在 0.1～0.2MPa，喷浆时管道工作压力为 0.4～0.6MPa，钻进速度要求小于等于 1.0m/min，提升速度要求小于等于 0.5m/min。

5　结论

（1）水泥土的无侧限抗压强度随着龄期增长而增加，龄期 28d 之前增长较快。

（2）水泥掺量一定，水灰比越小，水泥土无侧限抗压强度越大，但实际应用中应综合考虑现场施工情况，选用合适的水灰比，在达到设计要求的同时便于施工。

（3）在水灰比一定时，同一龄期的水泥土无侧限抗压强度并非随着水泥掺量的增大而增大，施工前通过室内试验确定合理的水泥掺量和水灰比是必要的。

（4）严格控制现场水灰比及施工中钻速和喷浆压力，对水泥土搅拌桩的成桩质量控制十分重要。

参考文献：

[1] 中华人民共和国住房和城乡建设部. 建筑地基处理技术规范：JGJ 79—2012 [S]. 北京：中国建筑工业出版社，2013.

[2] 王立华，罗素芬，陈理达. 水泥土搅拌桩室内配合比试验研究 [J]. 广东水利水电，2008(11)：115.

[3] 中华人民共和国住房和城乡建设部. 水泥土配合比设计规程：JGJ/T 233—2011 [S]. 北京：中国建筑工业出版社，2011.

[4] 唐咸燕. 水泥土搅拌桩室内配比试验和现场检测实例分析 [J]. 建筑科学，2013，29(7)：109-111.

[5] 林鹏，许淑贤，许镇鸿. 软土地基水泥土的室内强度试验分析[J]. 西部探矿工程，2002(4)：6-7.

[6] 王军，王保田，朱珍德. 水泥搅拌桩室内配合比试验研究 [J]. 华东公路，2005(5)：14-18.

干旱湿陷性黄土区增湿高能级强夯试验研究

郭　怡，晁　凯，邸俊男
（北京市勘察设计研究院有限公司，北京 100038）

摘　要：西北干旱湿陷性黄土区土体含水量较低，一般在3%～8%，在现行规范的能级（8500kN・m）下直接进行强夯，影响深度比较小，都需要进行增湿处理。目前，采用高能级（大于10000kN・m以上）对西北干旱湿陷性黄土地基进行强夯处理的案例较少，而采用增湿联合高能级强夯处理湿陷性黄土地基更是鲜有报道。本文依托某大型垃圾填埋场项目，开展了6000kN・m、12000kN・m直接高能级强夯、增湿联合6000kN・m、12000kN・m高能级强夯试验对比研究。试验研究表明：在西北干旱湿陷性黄土区直接进行高能级强夯与增湿联合高能级强夯消除地基土湿陷性的效果存在明显差异，增湿联合强夯消除地基土湿陷性效果更好，同时强度参数也有所提高。通过上述工作，初步探索了适宜于西北干旱湿陷性黄土区增湿联合高能级强夯地基处理的施工工艺，可以为类似工程的地基处理提供借鉴。

关键词：湿陷性黄土；高能级强夯；增湿强夯

作者简介：郭怡，男，1996年，岩土工程师。主要从事非饱和土地基、建筑地基处理等方面的研究。

Experimental research on the high energy level dynamic compaction with humidification operation to collapsible loess in the arid region

GUO Yi，CHAO Kai，DI Jun-Nan
（BGI Engineering Consultants Ltd.，Beijing 100038）

Abstract: The collapsible loess in the northwest arid area is relatively dry, and its moisture content is 3 to 8%, so it is generally believed that it is needed for humidification treatment with the energy level (below 8 500kN・m) in the current specification standard to treat collapsible loess found directly because of the effect of poor compaction, relatively small effect depth. At present, it is less than that the dynamic compaction with more than high energy level (more than 10000kN・m) to collapsible loess in the arid region in Northwest China and it is hardly reported that the high energy level dynamic compaction combined with humidification operation to collapsible loess was carried out. Therefore, Contrast testing study on 6000kN・m and 12000kN・m high energy level dynamic compaction to collapsible loess with 6000kN・m and 12 000kN・m high energy level dynamic compaction with humidification operation in the arid region in Northwest China was performed based on the large lanfill projects constructed by the country on Collapsible Loess. The results by testing study showed that the collapsible depth to be eliminated under high energy level dynamic compaction to collapsible loess directly and high energy level dynamic compaction combined with humidification operation was very different. A suitable construction process on high energy level dynamic compaction combined with humidification operation in the northwest arid collapsible loess area was probed by this experimental study and it is a reference for similar ground treatment project.

Key words: collapsible loess; high energy level dynamic compaction; humidification operation

1　引言

湿陷性黄土地基采用强夯法处理，目前已有较多的成功案例[1-11]，但强夯能级一直是处于规范要求的最大能级8500kN・m以下，对于采用更高能级（>10000kN・m）的强夯处理湿陷性黄土地基比较少。对于在西北干旱湿陷性黄土区采用高能级进行强夯处理湿陷性黄土地基的相关报道较少。规范[9]规定："采用强夯法处理湿陷性黄土地基，土的天然含水率宜低于塑限含水率1%～3%。在拟夯实的土层内，当土的天然含水率低于10%时，宜对其增湿至接近最优含水率；当土的天然含水率大于塑限含水率3%时，宜采用晾干或其他措施适当降低其含水量"。西北干旱湿陷黄土区土体比较干燥，含水率很低，一般在3%～8%，未经扰动的土体干强度一般较高，在现行规范的能级下直接进行强夯的处理效果不佳，影响深度比较小，需要进行增湿处理[3,10]。对场地进行增湿施工，达到适宜的含水量再进行高能级强夯，其效果如何，仍有待于进一步的试验和研究。

目前，国内的强夯能级已达到18000kN・m甚至25000kN・m[11-12]。因此，为了探求在西北干旱湿陷性黄土区直接进行高能级强夯以及增湿联合高能级强夯处理湿陷性黄土地基的处理效果、施工工艺，本文以新疆某大型垃圾焚烧厂为依托，开展试验研究，探索适宜于西北干旱湿陷性黄土区强夯地基处理的施工工艺。

2　工程概况

2.1　试验区概况

试验场区位于准噶尔盆地南部，天山山前冲洪积平原向北部古尔班通古特沙漠区过渡的地带，地表广泛出露第四系上更新统至全新统冲积、洪积、湖积相粉土、砂类土、黏性土，厚度约 350m，下部为第三系、侏罗系岩层。试验区场地地貌上属于三屯河冲洪积平原中下游，场地曾经是耕地，现为荒地，地形起伏不大，场地较为平坦，钻孔口高程介于 436.933～437.658 之间。

为了试验高能级强夯在西北干旱区湿陷性黄土的适宜性，了解直接高能级强夯以及增湿后进行高能级强夯消除湿陷性黄土的深度以及地基土经处理的改善效果，本研究选取了四块试验区。试验区位置包括锅炉区、烟气区、综合楼和检修楼四个区域（图 1）。

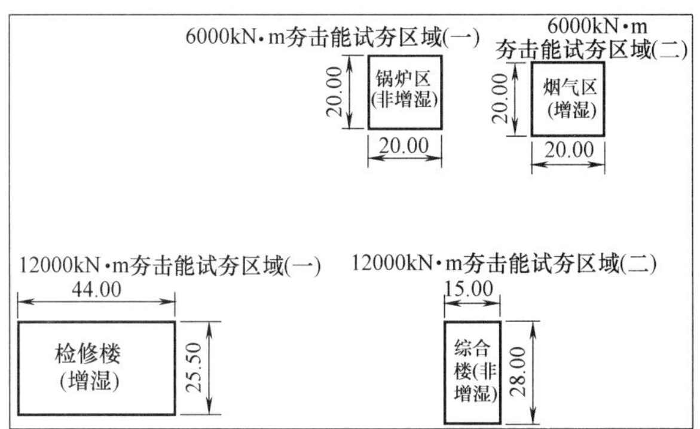

图 1　试验区平面位置示意图

Fig. 1　Schematic diagram of the plane location of the test area

2.2　试验区地质条件

根据工程地质钻探揭露，场区地层均为第四系全新统（Q_4）松散沉积物。根据钻孔揭露，拟建工程场地主要地层自上而下依次为①层耕植土、②层细砂、③层黄土状粉土、④层粉土、⑤层粉砂、⑥层细砂、⑦层粉土，现分层描述如下：

①层耕土（Q_4^{ml}）：土黄色，松散，稍湿，主要由粉土组成，夹少量植物根系及塑料，为人工扰动土。

该层场区分布范围广泛，场区范围内 73 个勘探孔均有分布，层厚 0.30～0.50m，平均层厚 0.34m。

②层细砂（Q_4^{al+pl}）：灰褐色、青灰色，稍湿，松散—稍密，砂质较纯净，矿物成分主要以石英、长石为主，含有少量云母等暗色矿物。

该层主要分布在场区西侧地段（油罐区、固化养护车间、渗滤液处理站的全部区域及主厂房、检修楼的西侧局部区域），其余地段缺失。场区内 21 个勘探点揭露该土层，揭露层顶埋深 0.30～0.50m，揭露层厚 3.40～5.10m，揭露平均层厚 4.44m。

③层黄土状粉土（Q_4^{al+pl}）：浅黄色，稍密，稍湿，摇振反应无，干强度低，刀切面无光泽，肉眼可见针状小孔。

该层场区分布范围广泛，场地内 73 个勘探点均揭露该土层，揭露层顶埋深 0.30～5.60m，揭露平均埋深 1.74m，揭露层厚 2.10～10.20m，揭露平均层厚 6.98m。

③$_1$ 层细砂（Q_4^{al+pl}）：灰褐色、青灰色，稍湿，稍密，砂质较纯净，矿物成分主要以石英、长石为主，含有少量云母等暗色矿物。

该层主要分布范围较窄，呈透镜体分布在 ZK9、ZK31、ZK41 勘探点范围的③层黄土状粉土中，揭露层顶埋深 3.50～3.80m，揭露层厚 0.40～1.70m。

④层粉土（Q_4^{al+pl}）：褐黄色，中密，稍湿—饱和，干强度低，韧性低，刀切面无光泽，摇振反应无。

该层场区分布范围广泛，场区内 73 个钻孔均揭露该土层，层顶埋深 7.30～10.50m，平均埋深 8.93m，层厚 7.70～15.00m，平均层厚 11.51m。

⑤层粉砂：褐黄色—青灰色，饱和，中密—密实，矿物成分主要以长石、石英及少量云母组成，砂质不均匀，含较多黏粒，局部夹粉土薄层，层厚小于 40cm。

该层场区分布范围广泛，场地场区内 73 个钻孔均揭露该土层，揭露层顶埋深 16.20～22.60m，揭露平均埋深 20.44m，揭露层厚 2.40～16.70m，揭露平均层厚 6.84m。

⑥层细砂：青灰色，饱和，中密—密实，矿物成分主要以石英、长石为主，含有少量云母等暗色矿物，局部夹粉砂薄层，层厚小于 40cm。

该层场区分布范围广泛，场地内 30 个勘察深度 40.0m 的控制性钻孔均揭露该土层，揭露层顶埋深 26.00～35.60m，揭露平均埋深 30.53m，揭露层厚 2.60～14.00m，揭露平均层厚 7.88m。

⑦层粉土：黄褐色，饱和，密实，摇振反应无，干强度低，刀切面无光泽。

该层场区分布范围较广泛，场地内 19 个勘察深度为 40.0m 的控制性钻孔揭露该土层，揭露层顶埋深 35.10～39.00m，揭露平均埋深 37.49m，揭露层厚 1.00～4.90m，揭露平均层厚 2.51m。

根据钻孔剖面及勘察报告资料推测：强夯试验区具有湿陷性土层总厚度在 2～10m，其下为地质条件良好的粉土、粉砂、细砂。

本场地③层黄土状粉土具有湿陷性，但由于该场地原为农田，在长期进行防水灌溉过程中，场地土的浸水状况有较大差别，造成场地土的湿陷等级及湿陷深度也有一定差别。③层黄土状粉土湿陷系数为 0.015～0.144，自重湿陷系数为 0.005～0.081，地基承载力特征值 120kPa，压缩模量 6.94MPa。试验区附近场地湿陷等级为Ⅱ级非自重湿陷～Ⅲ级自重湿陷，其中湿陷等级为Ⅱ级的探井占探井总数量的 67%。场地土的天然含水率较低，一般在 4.9%～16.2%。

2.3　试夯方案

根据地层条件、处理湿陷土层的深度综合确定 4 个试验区的试夯参数如表 1 所示。其中，点夯收锤标准为最后两击平均夯沉量不大于 100mm，夯坑周围地面隆起量小于 1/4 夯坑体积。点夯和满夯的夯击点平面布置详见图 2 和图 3。

对于增湿强夯试验区内，需要在强夯前对场地进行击实试验，确定最优含水率和最大干密度。本场地土含水率较低，本研究在施工前 4～6d 对场地土进行增湿处理，并在增湿后实测场地土含水率，实测值与最优含水率误差±2%时停止注水增湿。

试夯主要参数　表1

Test parameters of trial ramming　Table 1

试夯参数	点夯	满夯
单击夯击能(kN・m)	6000	2000
单点夯击次数	6～8	2～3
夯击遍数	2	2
夯点布置	6m×6m	正方形

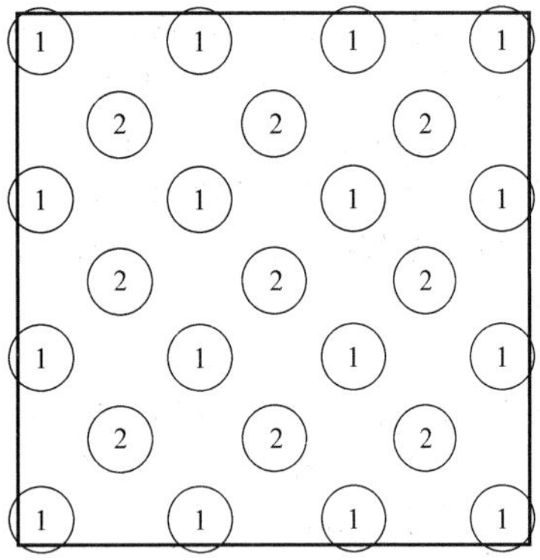

图2　点夯夯点平面布置图

Fig. 2　Schematic diagram of the local compaction

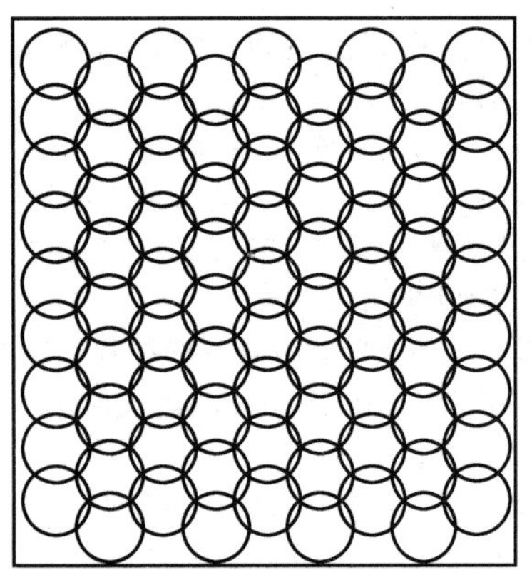

图3　满夯夯点平面布置图

Fig. 3　Schematic diagram of the full compaction

试验区试夯方案　表2

Trial ramming plan in the test area　Table 2

试验区名称	夯击能(kN・m)	是否增湿
锅炉区	6000	否
烟气区	6000	是
综合楼	12000	否
检修楼	12000	是

3　直接高能级强夯与增湿高能级强夯效果对比

根据土工试验结果，地基土含水率、湿陷系数以及压缩模量随深度变化的关系曲线如图4～图6所示。

从地基土含水率变化来看，场区经过增湿处理后，含水率增加了1%～2%，增湿后场地土基本达到适宜于强夯所要求的最优含水率。但由于场地填土渗透性的不均

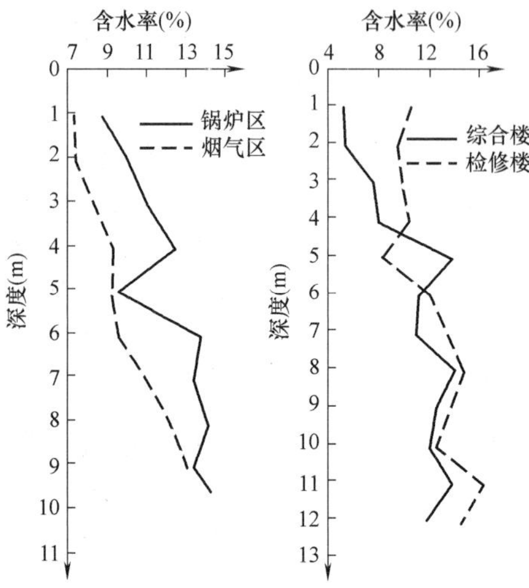

图4　含水率随深度变化关系曲线

Fig. 4　Curve of the moisture with depth

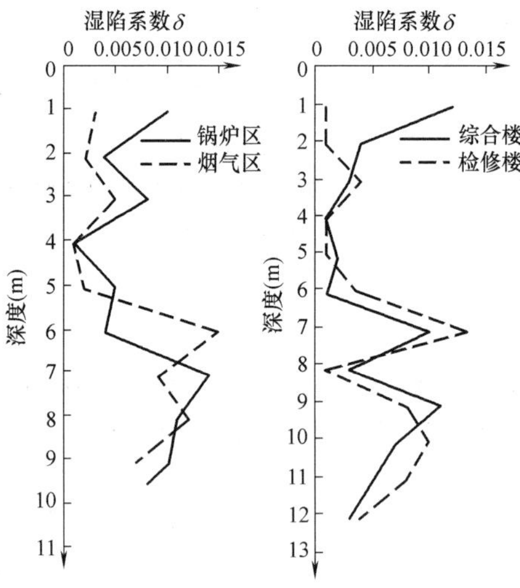

图5　湿陷系数随深度变化关系曲线

Fig. 5　Curve of the collapsibility coefficient with depth

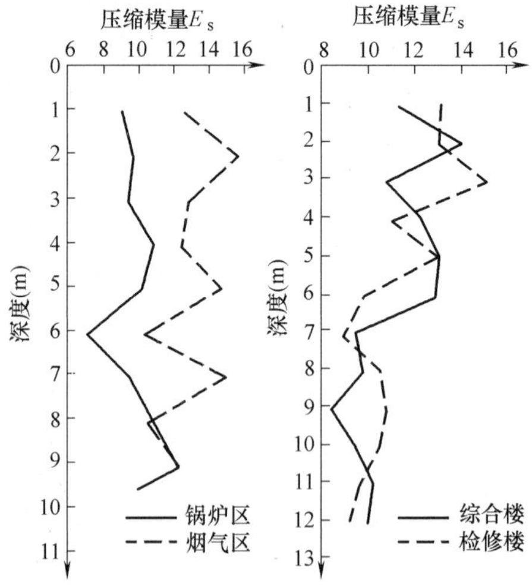

图6　压缩模量随深度变化关系曲线

Fig. 6　Curve of the modulus with depth

匀和现场注水孔埋深（约5m）等因素，导致部分检测点含水量测试结果没有明显增大，且对于深层土（＞5m）的含水率影响较小。

从湿陷系数变化来看，增湿后进行高能级强夯消除湿陷的深度与注水入渗深度有关。由图5可知，从起夯面算起，深度0～5m范围内的土体经增湿强夯处理后，其湿陷系数明显小于直接强夯处理的土体湿陷系数；而对于深度大于5m的土体，增湿对湿陷系数的影响似乎并不明显。结合图4，这可能是因为现场注水方式和地基土渗透系数较小等因素使得注入水并没有充分扩散，导致埋深5m以下土体增湿效果不明显，埋深5m以下土体未达到最优含水率，导致强夯消除湿陷性的效果没有明显提高。

从压缩模量的变化来看，由图6，采用6000kN·m夯击能时，增湿后土体压缩模量有明显提高，接近更高夯击能对压缩模量的影响；而采用12000kN·m夯击能时，增湿和非增湿后土体的压缩模量没有明显差异。这说明增湿后的土体可以配合低夯击能强夯实现高夯击能对土体压缩模量的增益效果，从这方面来说，可以依靠注水增湿来节省选用高夯击能强夯方案时产生的额外施工成本。

另外，根据现场载荷试验，设计最大加载量至400kPa，累计沉降曲线如图7、图8所示。

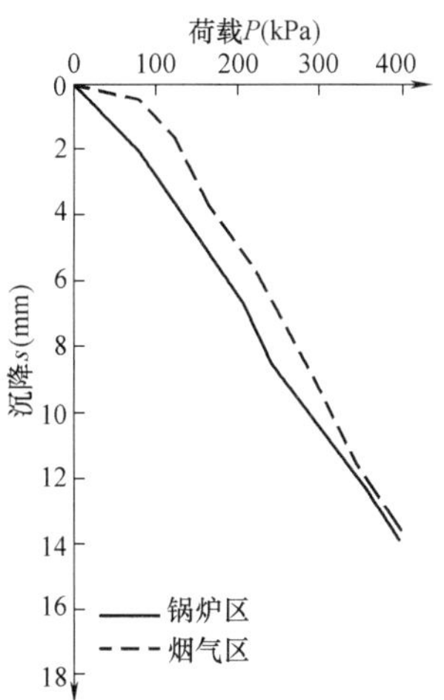

图7　6000kN·m夯击能载荷试验曲线

Fig. 7　Curve of the loading test of 6000kN·m compactive effort

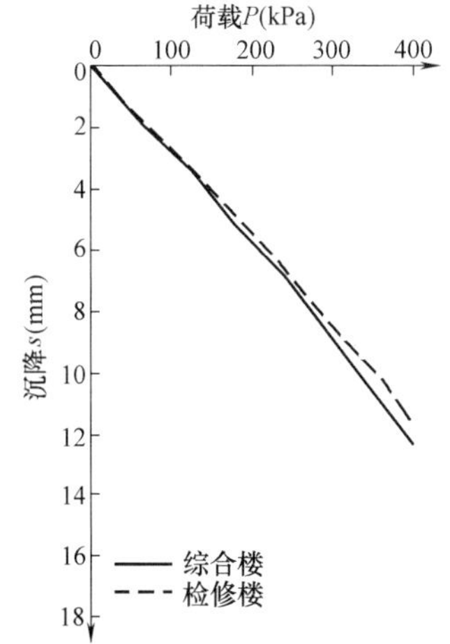

图8　12000kN·m夯击能载荷试验曲线

Fig. 8　Curve of the loading test of 12000kN·m compactive effort

其中，6000kN·m直接强夯试验区与增湿强夯试验区累计沉降差异较为明显，沉降分别为14.01mm和13.73mm，其P-s曲线上的比例界限不明显时，按相对变形确定地基承载力。对于强夯地基，可取压板沉降s与压板直径D或宽度B之比即s/D或$s/B=0.010$确定，由此确定直接强夯试验区$f_{ak}>270$kPa，增湿强夯试验区$f_{ak}\geqslant 320$kPa，相比夯前地基土填土地基承载力特征值60kPa，黄土状粉土地基承载力特征值120kPa，提高幅度在2～3倍以上。

4　结论

通过对上述4种试验方案施工的摸索及试夯效果对比研究，可以看出：在西北干旱湿陷黄土区直接进行高能级强夯和增湿联合高能级强夯消除地基土湿陷性的效果具有明显差异，增湿联合强夯消除地基土湿陷性效果更好，同时强度参数也有所提高。因此，对于特定的建筑物，可以根据处理湿陷性土层的厚度、地基土的强度指标、施工工期等来确定是采取直接高能级强夯还是采取增湿联合高能级强夯施工工艺。得出的主要结论如下：

(1) 根据不同的建筑物的设计要求，结合4种地基处理方案、处理效果的不同，可选取直接高能级强夯和增湿联合高能级强夯2种施工工艺中的一种进行地基处理。

(2) 在西北干旱湿陷性黄土区，即使在含水率很低的情况下，采用12000kN·m高能级直接强夯消除黄土湿陷性深度可达9.5m以上，其强度参数压缩模量可提高2.8倍以上，地基承载力特征值可提高1.8倍以上。

(3) 采用先增湿后选择夯击能为6000kN·m和12000kN·m的高能级强夯，有效增湿段（埋深0～5m）的地基土湿陷性消除效果明显提高；采用6000kN·m夯击能处理增湿后地基土的强度参数压缩模量显著提高，而12000kN·m夯击能处理时受增湿影响较小；地基承载力特征值提高2～3倍。

(4) 在增湿施工过程中发现，当场地存在填土时，在注水过程中容易形成溶洞，导致部分浸水孔的水量流向溶洞或沿通道流失，造成部分地段地基土含水量过大，而下部原状黄土浸水较慢，当停水后，下部离浸水孔较远部分无水可浸，形成上部饱和下部含水仍较低的不均匀状态，不利于强夯。

针对注水增湿过程中存在的问题，建议增湿施工应注意以下问题：

(1) 对于填土地区，一定要采取多遍少量的原则进行，保证有足够的时间让水向下渗透至原土层。

(2) 采用人工24h不间断直接对每个浸水孔进行分遍注水，每孔每次浸水时间或浸水量可根据水管的流量大致测量时间估算流量，确保划分的施工小区块的浸水总量相对准确。

参考文献：

[1]　王铁宏. 新编全国重大工程项目地基处理工程实录[M]. 北京：中国建筑工业出版社，2005.

[2]　杨天亮，叶观宝. 高能级强夯法在湿陷性黄土地基处理中

的应用研究[J]. 长江科技学院院报，2008(2)：54-57.

[3] 安明，杨印旺. 高能级强夯法加固湿陷性黄土地基深度的探讨[J]. 施工技术，2005(S1)：143-145.

[4] 郭伟，汤克胜. 12000kN·m高能级强夯加固湿陷性黄土地基的有效加固深度试验研究[J]. 施工技术，2009(S2)：16-19.

[5] 马晓伟，何灵生. 高能级强夯处理湿陷性黄土后的灌注桩试验[J]. 山西建筑，2008(23)：132-133.

[6] 韩晓雷，席亚军，水伟厚，等. 15000kN·m超高能级强夯法处理湿陷性黄土的应用研究[J]. 水利与建筑工程学报，2009(3)：91-93.

[7] 詹金林，水伟厚. 高能级强夯法在石油化工项目处理湿陷性黄土中的应用[J]. 岩土力学，2009(S2)：469-472.

[8] 王迎兵，滕文川，朱彦鹏，等. 高能级强夯在大厚度黄土地区应用研究[J]. 甘肃科学学报，2009(2)：92-95.

[9] 中华人民共和国住房和城乡建设部，国家市场监督管理总局. 湿陷性黄土地区建筑规范：GB 50025—2018[S]. 北京：中国建筑工业出版社，2019.

[10] 张继文，屈百经，王军，等. 超高能级强夯法加固湿陷性黄土地基的试验研究[J]. 工程勘察，2010(1)：15-18.

[11] 秦宝和. 强夯及强夯置换技术在客运专线复合地基处理中的应用[J]. 铁道工程学报. 2007(7)：33-37.

[12] 王铁宏，水伟厚，王亚凌. 对高能级强夯技术发展的全面与辩证思考[J]. 建筑结构，2009(11)：86-89.

基于 XGBoost 的 CFG 桩复合地基承载力预测

樊俊杰，冯大冲，王 法，杨树春
（北京市勘察设计研究院有限公司，北京 100038）

摘 要：水泥粉煤灰碎石桩复合地基承载力是衡量工程质量的重要依据之一，因此，准确预测承载力具有重要的意义。本文通过分析影响承载力的主要因素，采用 XGBoost 对收集到的实际工程数据进行非线性回归分析，并对模型进行调优，得到 CFG 桩复合地基承载力与其影响因素之间的非线性关系。预测结果显示，基于 XGBoost 模型预测水泥粉煤灰碎石桩复合地基承载力更准确。

关键词：XGBoost 算法；水泥粉煤灰碎石桩；复合地基承载力；复合地基

作者简介：樊俊杰，男，1994 年生，项目工程师。主要从事岩土工程方面的研究。

Research on prediction of bearing capacity of CFG pile composite foundation based on HPSO-SVM

FAN Jun-jie，FENG Da-chong，WANG Fa，YANG Shu-chun
（BEI Engineering Consultants Ltd.，Beijing 100038）

Abstract：The bearing capacity of the Cementfly-ash Gravel pile composite foundation is one of the important basis for measuring the quality of the project. Therefore，it is of great significance to accurately predict the bearing capacity. In this paper，by analyzing the main factors affecting the bearing capacity，XGBoost is used to perform nonlinear regression analysis on the collected actual engineering data，and the model is optimized to obtain the nonlinear relationship between the bearing capacity of the CFG pile composite foundation and its influencing factors. The prediction results show that the bearing capacity of Cement Fly-ash Gravel pile composite foundation is more accurate based on the XGBoost model.

Key words：XGBoost algorithm；cement flyash gravel；bearing capacity of composite foundation；composite foundation

1 引言

CFG 桩（Cement Fly-ash Gravel，水泥粉煤灰碎石桩）复合地基处理技术由于自身沉量小、质量稳定、造价低等优势，在实际建筑施工中普遍使用。由于影响 CFG 复合地基承载力的因素众多，且各因素之间具有相关性，很难建立精准的承载力计算公式。因此，如何准确确定复合地基承载力，是 CFG 桩复合地基设计中的一个重要问题。

目前 CFG 复合地基处理设计中的承载力设计值主要来自规范中半经验半理论公式，佟建兴等[1] 通过现场的复合地基静载荷试验，对《建筑地基处理技术规范》JGJ 79—2012 中的承载力估算公式进行分析，对公式中 R_a、f_{sk}、b 的取值给出合理性建议，为施工和设计提供了一定的参考依据。陈昌仁[2] 等在《建筑基坑支护技术规程》JGJ 120—2012 中承载力普遍经验公式的基础上，参照边载与承载力数值间的变化规律，采用经验取值，提出了边载影响系数，对经验公式进行改进。半经验半理论公式虽使用方便，但经验系数的取值对承载力的计算结果影响较大，设计值与载荷试验数据存在误差，在实际工程中设计往往偏于保守。平板载荷试验虽可精确、可靠检测 CFG 桩复合地基承载力，但耗时长、费用高。

近年来，机器学习方法作为一种有效的数据驱动策略，许多研究者将该技术用于复合地基承载力预测中。齐宏伟等[3] 利用 BP 神经网络模型建立了有效的承载力预测模型。张丽华等[4] 筛选 CFG 桩复合地基中影响承载力的参数建立数据样本，采用最小二乘支持向量机对承载力特征值进行预测。姜伟等[5] 利用 Matlab 工具箱建立的基于遗传神经网络的 CFG 桩复合地基承载力预测模型，克服了传统 BP 神经网络的不足，得到的预测结果更加准确。研究发现，机器学习算法可以从已有的信息中预测新的事件，根据历史数据的变化自适应地改变，能够准确反映复杂的输入输出关系。

XGBoost 算法是一种迭代型树类算法，有着更容易实现的并行处理、更快的运算处理速度、比起传统决策树更高的准确性等备受瞩目 ，成为一种流行的机器学习算法，应用于诸多领域。此外，XG-Boost 克服了 ANN 算法复杂的、难以解读的隐藏层问题；相对 SVM 等算法，有更高的准确率。

作者利用收集的实际工程数据作为样本数据，采用 XGBoost 算法进行建模对 CFG 复合地基承载力进行预测，以利用机器学习方法准确预测复合地基承载力问题。

2 基于 XGBoost 的 CFG 桩复合地基承载力预测模型

基于 XGBoost 的 CFG 桩复合地基承载力预测模型的建模过程如下：

（1）确定输入、输出变量；

（2）对原始数据进行预处理，得到样本数据；

（3）用 XGBoost 学习样本数据；

（4）调整模型参数，使模型更加稳定；

（5）用 XGBoost 模型预测复合地基承载力。

2.1 XGBoost 算法原理

XGBoost[6] 是一种迭代型树类算法，将多个弱分类器一起组合成一个强的分类器，是梯度提升决策树（GBDT）的一种实现。XGBoost[7] 是一种强大的顺序集成技术，具有并行学习的模块结构来实现快速计算，其通过正则化来防止过度拟合，可以生成处理加权数据的加权分位数草图。与传统决策树模型及 SVM 等算法相比，有更高的准确性。此外，该模型克服了 ANN 算法复杂的、难以解读隐藏层问题，成为一种流行的机器学习算法。具体算法步骤如下：

目标函数：

$$l(y_i,\hat{y}_i)=(y_i-\hat{y}_i)^2 \tag{1}$$

在 XGBoost 中，每棵树需逐个加入，以期效果能得到提升：

$$\hat{y}_i^{(0)}=0;\hat{y}_i^{(1)}=f_1(x_i)=\hat{y}_i^{(0)}+f_1(x_i);\cdots; \tag{2}$$

$$\hat{y}_i^{(t)}=\sum_{k-1}^{t}f_k(x_i)=\hat{y}^{(t-1)}+f_t(x_i) \tag{3}$$

如果叶子的节点太多，模型的过拟合风险就增大。所以在目标函数中加入惩罚项 $\Omega(f_t)$ 来限制叶子节点个数：

$$\Omega(f_t)=\gamma T+\frac{1}{2}\lambda\sum_{j=1}^{T}\omega_j^2 \tag{4}$$

式中，γ 为惩罚力度；T 为叶子的个数；ω 为叶子节点的权重。

完整的目标函数即为：

$$Obj^{(t)}=\sum_{j=1}^{n}l(y_i,\hat{y}_i^{(t-1)})+f_t(x_i)+\Omega(f_t) \tag{5}$$

记：

$$g_i=\partial_{\hat{y}^{(t-1)}}(y_i,\hat{y}^{(t-1)}),h_i=\partial^2_{\hat{y}^{(t-1)}}l(y_i,\hat{y}_i^{(t-1)}) \tag{6}$$

得到：

$$L^{(t)}\approx\sum_{i=1}^{n}[l(y_i,\hat{y}_i^{(t-1)})+g_if_t(x_i)+\frac{1}{2}h_if_t^2(x_i)]+\Omega(f_t) \tag{7}$$

求出目标函数最优解：

$$\hat{L}^{(i)}(q)=-\frac{1}{2}\sum_{j=1}^{T}\frac{\left(\sum_{i\in I_j}g_i\right)^2}{\sum_{i\in I_j}h_i+\lambda}+\gamma T \tag{8}$$

公式（8）可作为树的子叶分数，树的结构随着分数的增加而优异，且一旦分裂后的结果小于给定参数的最大所得值，算法将停止增长子叶深度。

2.2 影响因素选择

影响 CFG 复合地基承载力影响因素众多，除桩本身的参数（如桩长、桩径、桩身强度等）外，桩土面积置换率、褥垫层厚度、土的物理力学特性及施工工艺，均对复合地基承载力有着重要影响。各因素间互相关联，相互影响，且与地基承载力特征值之间存在着高度的复杂性和非线性，很难建立准确的承载力计算公式。

文献［8］对 CFG 桩复合地基承载性状影响因素进行了较为全面的分析：（1）桩周土对复合地基承载性状影响是明显的。可用天然孔隙比 e 和液性指数表述；（2）桩体对复合地基的影响可用桩径 d、桩长 L 来表述；（3）由于建立预测模型所需要的数据是桩体施工完毕后，铺设褥垫层之前进行的现场静荷载试验结果，并未有褥垫层的作用，因此不考虑褥垫层的影响；（4）桩的布置对复合地基的影响可以用置换率 m 来表述；（5）不同的施工方法对桩周土的挤密效应差异明显，建立预测模型时要予以考虑。

通过此 5 个影响因素作为输入变量，实际测得的 CFG 桩复合地基承载力特征值作为目标值，即输出项，从而构成 XGBoost 算法模型的样本数据。

2.3 样本数据及预处理

本研究以文献［3］列出的实际工程数据作为样本数据，由于输入数据大小相差较大，会影响收敛速度并降低泛化能力，因此将各影响因素以范围在［0，1］的数据形式表示，对各参数处理方法如下：

对桩土置换率、桩周土孔隙比、液性指数等参数，分别除以该参数最大值或大于最大值的数值；对桩径、承载力，分别除以 1000，将单位变换为 m 或 MPa；对不同的施工方法，取长螺旋钻管内泵压施工工艺数值为 1；振动沉管打桩机施工工艺数值为 0，处理后的数据见表 1。将

实际工程数据　表 1

Actual engineering data　Table 1

序号	有效桩长（×10m）	桩径（m）	置换率	孔隙比	施工工艺	液性指数	复合地基承载力特征（MPa）
1	0.427	0.400	0.477	0.816	0	0.404	0.327
2	0.818	0.415	0.336	0.528	1	0.609	0.605
3	0.736	0.415	0.364	0.536	1	0.596	0.635
4	0.545	0.415	0.200	0.448	1	0.168	0.563
5	0.818	0.415	0.336	0.456	1	0.180	0.620
6	0.273	0.415	0.314	0.632	1	0.416	0.550
7	0.455	0.340	0.286	0.875	0	1.000	0.211
8	0.614	0.370	0.314	0.608	0	0.745	0.330
9	0.341	0.400	0.459	0.560	0	0.174	0.227
10	0.432	0.400	0.395	0.880	1	0.174	0.180
11	0.432	0.400	1.000	0.658	0	0.491	0.267
12	0.577	0.400	0.295	0.976	0	0.497	0.205
13	0.932	0.415	0.314	0.528	1	0.242	0.540
14	0.364	0.400	0.986	0.992	1	0.416	0.300
15	0.555	0.400	0.405	0.572	0	0.373	0.400
16	0.886	0.415	0.272	0.540	1	0.224	0.597
17	0.9	0.415	0.291	0.544	1	0.559	0.585
18	0.705	0.400	0.314	0.832	0	0.919	0.315
19	0.818	0.415	0.291	0.456	1	0.180	0.605
20	0.295	0.400	0.291	0.542	1	0.232	0.388
21	0.909	0.415	0.272	0.496	1	0.634	0.595
22	0.523	0.380	0.336	0.712	0	0.379	0.250

注：20～22 为测试集。

数据分为 19 组作为训练集和 3 组作为测试集。模型训练完成后进行预测时，需要对输出的预测值进行归一化处理，从而得出真实的预测目标值，即 CFG 桩复合地基承载力特征值。

2.4 数据特征分析

对表 1 的 22 组 CFG 桩复合地基承载力影响因素与承载力特征值的相关关系如图 1 所示。从图 1 可知随着孔隙比的增加，复合地基承载力特征值有下降的趋势。这是由于 CFG 桩复合地基的土体主要依靠内部土颗粒骨架受力，当内部骨架的孔隙比变大，其所能承受的荷载就越少；从图 2 中可知复合地基承载力特征值会随着有效桩长的增加有增加的趋势。这是由于在承担相同的基础荷载时，桩体和桩间土所承担的应力分担不同，桩越长，桩承担的荷载就越大，桩间土的压缩变形就小，可增大加固区的深度。同时桩体越长，桩侧摩阻力就越大，上部荷载可以传递到更深的土层中，使复合地基承载力能力提高，变形减小。

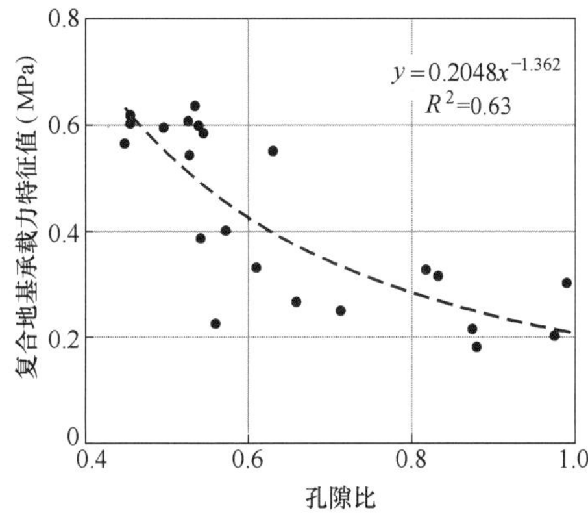

图 1　复合地基承载力特征值与孔隙比的关系

Fig. 1　Relationship between eigenvalues of composite foundation bearing capacity and void ratio

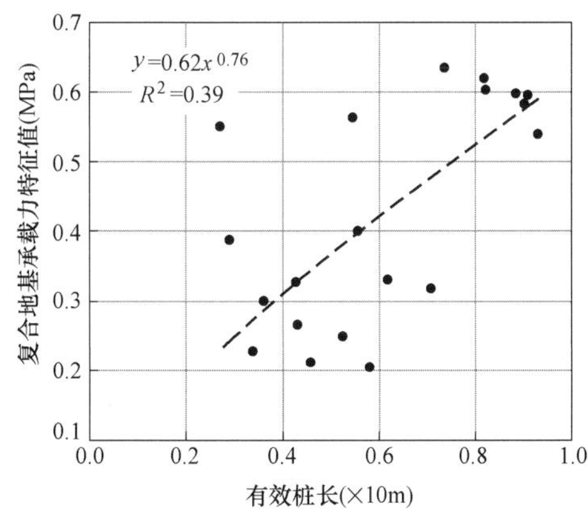

图 2　复合地基承载力特征值与有效桩长的关系

Fig. 2　Relationship between eigenvalues of composite foundation bearing capacity and effective pile length

可能由于数据量较少的原因，并未发现桩径、置换率及液性指数与地基承载力特征值之间较为明显的相关性。总体分析单因素与复合地基承载力特征值相关性并不理想，需研究多因素与复合地基承载力特征值之间的关系。

2.5 结果分析

复合地基承载力训练值和测试值结果见表 2，验证集的平均相对误差为 1.67%。图 3 给出了实际复合地基承载力特征值与预测复合地基承载力特征值，数据集中在 $y=x$ 直线附近，可见基于 XGBoost 模型的复合地基承载力预测方法能相对准确地预测复合地基承载力。

测试集验证结果　　表 2

Test set validation results　　Table 2

序号	实际复合地基承载力特征值（MPa）	预测复合地基承载力特征值（MPa）	相对误差（%）
20	388	385	0.77
21	595	584	1.84
22	250	256	2.40

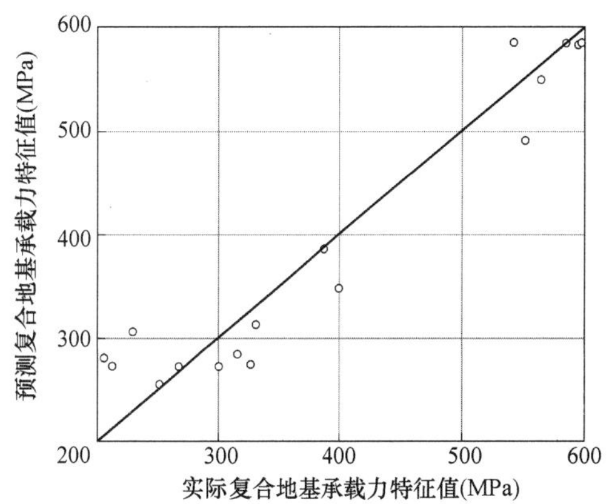

图 3　基于 XGBoost 的 CFG 复合地基承载力特征值预测结果

Fig. 3　Prediction results of eigenvalues of bearing capacity of CFG composite foundation based on XGBoost

3　结论

XGBoost 预测模型克服了 ANN 算法复杂的、难以解读隐藏层问题，与传统决策树模型及 SVM 等算法相比，有着更容易实现的并行处理、更快的运算处理速度及更高的准确性。本文采用 XGBoost 预测模型进行 CFG 桩复合地基承载力的设计，能够较全面地反映影响 CFG 桩复合地基承载力的各个因素及各因素间的相互作用，综合反映复合地基的各种作用效应，更准确地估算复合地基承载力。实际工程数据作为样本数据，训练结果证明，该方法可以大大提高 CFG 桩复合地基承载力设计精度，减少盲目设计给工程造成的损失。可以得到如下结论：

（1）CFG 桩复合地基承载性状诸多因素中，可以选取天然孔隙比 e、液性指数 I_L、桩径 d、桩长 L、置换率 m 及施工工艺这 6 个指标进行分析，为建立 XGBoost 预测模型提供了合理的数据源。

(2) 通过分析单因素与复合地基承载力特征值，发现复合地基承载力特征值随着孔隙比的减小及有效桩长的增加有增加的趋势。

(3) 计算模型预测评估得到验证集的平均相对误差为1.67%，实际与预测复合地基承载力特征值相比较，数据集中在 $y=x$ 直线附近，而且一般几秒时间就可以给出预测结果，其精度和速度都高于现有的经验方法和数值方法，表明该模型稳定且结果可信。

参考文献：

[1] 佟建兴，胡志坚，闫明礼，等. CFG桩复合地基承载力确定[J]. 土木工程学报，2005，38(7)：87-91.

[2] 陈昌仁，侯新宇，郭洪涛. CFG桩复合地基承载力经验公式的修正及应用[J]. 河海大学学报(自然科学版)，2006(3)：321-324.

[3] 齐宏伟，李文华. 基于BP算法的CFG桩复合地基承载力的神经网络预测[J]. 工业建筑，2005，35(Z1)：525-528.

[4] 张丽华，刘海波，郭金鑫. 基于EMD和LS-SVM的复合地基沉降预测[J]. 中国矿业，2014(11)：141-144.

[5] 姜伟，马令勇，刘功良. 基于遗传神经网络的CFG桩复合地基承载力预测[J]. 世界地震工程，2010(S1)：263-266.

[6] Jin Zhang，Daniel Mucs，Ulf Norinder，et al. Journal of Chemical Information and Modeling，2019，59(10)：4150.

[7] Aman Agarwal，Liu Y A，Christopher McDowell. Industrial & Engineering Chemistry Research，2019，58(36)：1619.

[8] 彭勇波，王瑜，梁鹏. CFG桩复合地基辅助设计的BP网络研究[J]. 国外建材科技，2005，26(1)：99-102.

后注浆技术与CFG桩复合地基相结合在加固工程中的应用实例

张天宇，曹光栩，姚智全，吴渤昕，郝仁成
（建研地基基础工程有限责任公司，北京 100013）

摘　要：后注浆技术多应用于灌注桩桩基工程，与CFG桩复合地基相结合并应用于地基加固工程的实例较为少见。本文结合山东德州某一加固工程实例，介绍了后注浆技术在CFG桩复合地基中应用的实施方案和工艺流程，并通过工程实践解决了长度较大的CFG桩中小直径注浆管后插等技术难点。实测结果表明后注浆处理后，复合地基承载力有显著提高，完全达到了加固效果。

关键词：后注浆；CFG桩复合地基；注浆管后插；地基加固

作者简介：张天宇（1992—），男，硕士，工程师，主要从事岩土工程方面的设计、咨询和科研工作，E-mail：yao1221@sina.com。

Quality control of post grouting technology at pile end in CFG pile composite foundation

ZHANG Tian-yu，CAO Guang-xu，YAO Zhi-quan，WU Bo-xin，HAO Ren-cheng
（CABR Foundation Engineering Co.，Ltd.，Beijing 100013，China）

Abstract：Pile end post grouting technology is often used in the construction of bored cast-in-place pile. The combination of post grouting technology and CFG pile composite foundation is a new foundation treatment technology，which significantly improves the bearing capacity of composite foundation. By summarizing the quality control measures such as grouting pipe back insertion and cement slurry ratio in the project，it provides more perfect technical support for the combined construction of pile end post grouting technology and CFG pile，and brings better economic benefits for the investment of manpower，materials and machines.

Key words：post-grouting；installation of grouting pipe；mix proportion of cement slurry

1　引言

随着我国城镇化推进，高层建筑越来越多，对地基承载力的要求越来越高，基础形势多采用桩基。桩基施工主要有泥浆护壁成孔＋钢筋笼水下灌注、后插钢筋笼两种工艺。前者产生的桩侧泥皮及桩端沉渣，影响成桩质量；后者在钢筋笼后插过程，容易对注浆装置造成破坏，影响注浆质量。而选用后注浆技术与CFG桩复合地基相结合的施工工艺，其成孔采用长螺旋钻机，可以解决桩侧泥皮、桩端沉渣的问题，后插注浆管注浆可以提高复合地基承载力。

本文对某一后注浆技术与CFG桩复合地基相结合的加固工程实例进行了介绍和分析，希望对类似长度较大的CFG桩中后插小直径注浆管的施工工艺提供有益的借鉴。

1　工程概况

1.1　原设计方案情况

某住宅楼项目位于山东省德州市，该楼设计为地上30层、地下2层，剪力墙结构。住宅楼原基础方案采用桩筏基础（概况见表1），工程桩为泥浆护壁钻孔灌注桩，桩径600mm，桩长28m，混凝土强度等级为C35，桩基础采用桩侧桩端后注浆。

拟建建筑物概况　　表1

有效桩长（m）	混凝土强度等级	桩径（m）	单桩承载力特征值（kN）	复合地基承载力特征值(kPa)	桩端持力层
23.00	C30	0.40	720	400	⑩粉砂

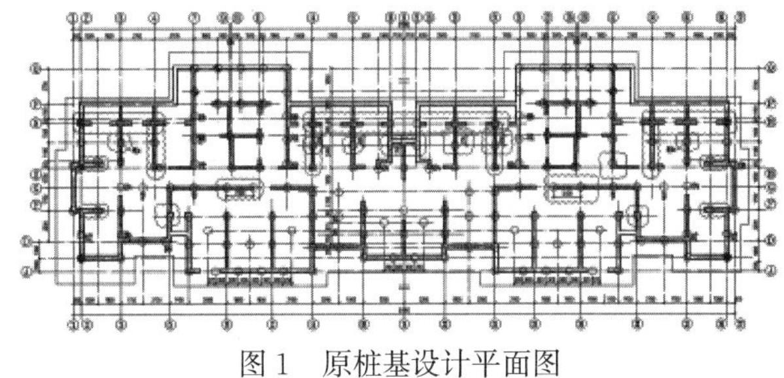

图1　原桩基设计平面图

1.2　地层情况

该住宅楼基底位于⑤层粉土层，桩端持力层位于⑩层粉砂层，各层地质情况如下：

⑤层粉土：黄褐色，中密—密实，湿，摇振反应迅速，含云母碎片，具锈染，低干强度，低韧性。

$⑤_1$层亚层粉质黏土：棕褐色，可塑—软塑，稍有光泽，含有锈斑，中等干强度，中等韧性。

⑥层粉质黏土：灰褐色，软塑—可塑，稍有光泽，含大量锈斑，中等干强度，中等韧性。

⑥$_1$ 层亚层粉土：灰黄色，中密—密实，湿，摇振反应迅速，含大量云母碎片，具黄色锈染，低干强度，低韧性。

⑦层粉土：灰黄色，中密—密实，湿，摇振反应迅速，含大量云母碎片，具黄色锈染，低干强度，低韧性。

⑦$_1$ 层亚层粉砂：黄褐色，中密，饱和，以石英、长石、云母为主，级配良好，分选性好，磨圆度高，土质均匀。

⑧层粉质黏土：灰褐色，可塑，稍有光泽，含有锈斑，中等干强度，中等韧性。

⑧$_1$ 层亚层粉土：褐黄色，中密—密实，湿，含大量云母碎片，具黄色锈染，摇振反应迅速，低干强度，低韧性。

⑨层粉土：褐黄色，密实，湿，含大量云母碎片，具黄色锈染，摇振反应迅速，低干强度，低韧性。

⑨$_1$ 层亚层粉质黏土：棕褐色，可塑—硬塑，稍有光泽，含有锈斑，中等干强度，中等韧性。

⑩层粉砂：黄褐色，密实，饱和，以石英、长石、云母为主，级配良好，分选性好，磨圆度高，土质均匀。

场地地下水为微承压水，水位埋深 5～6m，水位变幅 3m 左右。

1.3 地基加固方案

原桩基方案于 2019 年 3 月施工完成，进行静载检测发现单桩承载力未达到设计要求。后建设方又专门委托其他第三方检验机构进行检测，根据检测报告所抽检的 16 根桩的单桩承载力均不满足设计要求，要求单桩承载力特征值为 2300kN，而实测最小单桩承载力特征值仅为 720kN。经分析承载力不足的原因主要为：(1) 原桩基施工采用反循环钻机泥浆护壁施工工艺，施工质量控制较差，导致桩端沉渣过厚；(2) 所施工灌注桩垂直度较差，检测方在进行钻芯取样时较多桩出现钻头偏出桩身的情况；(3) 原设计要求采用桩端和桩侧后注浆进行处理，由于施工方操作不当大部分注浆阀未打开或未按照注浆量进行注浆。经过多种方案的技术经济比较，选择采用后注浆和 CFG 桩复合地基方案对该楼地基进行加固处理。

原施工的工程桩单桩承载力取值为 720kN（检测报告的最小值）当作刚性桩使用，再根据上部荷载要求进行补桩加固处理。该工程新增 CFG 桩方案概况见表 2，新增后注浆工艺注浆管布置见图 2，地质条件如图 3 所示，布桩情况见图 4。新增 CFG 桩（桩径 400mm、桩长 23m）采用长螺旋钻孔管内泵送混凝土施工工艺，并进行桩端后注浆施工，注浆压力为 1.2～4.0MPa，每根桩注浆干水泥用量不小于 600kg。采用桩端后注浆工艺有效处理后，水泥浆液通过渗入、劈裂等作用使桩端和桩侧一定范围内的土体得到加固[1]，从而使桩端承载力和侧阻力均得到显著提高[2]。

新增 CFG 桩复合地基设计参数　　表 2

拟建物名称	层数(F)	房屋高度(m)	结构类型	原基础形式	基础埋深(m)	原设计单桩承载力特征值(kN)
住宅楼	30F/−2B	90.34	剪力墙	桩筏基础	约 7.00	2300

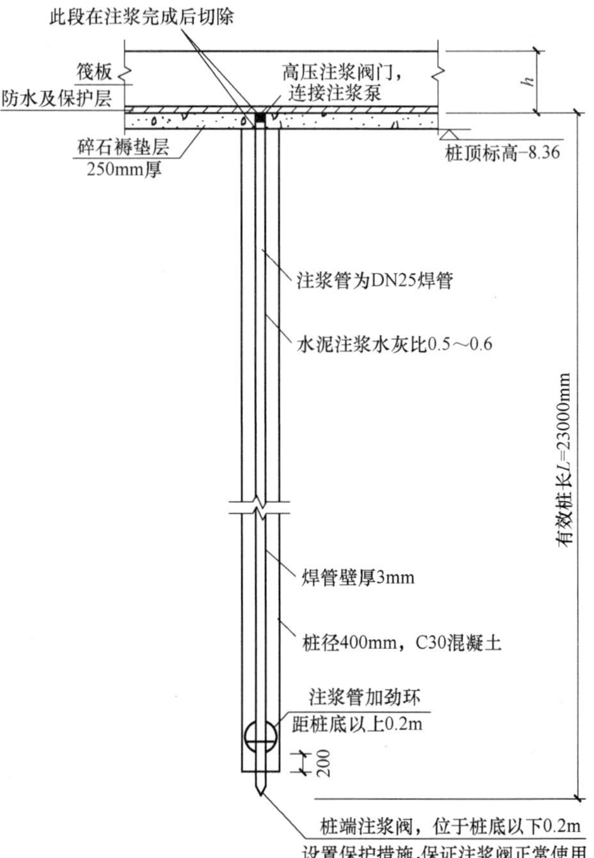

图 2　后注浆工艺注浆管布置

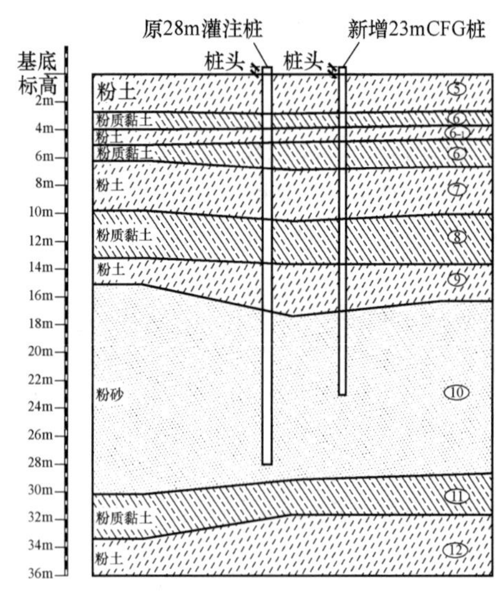

图 3　地质条件及桩深示意图

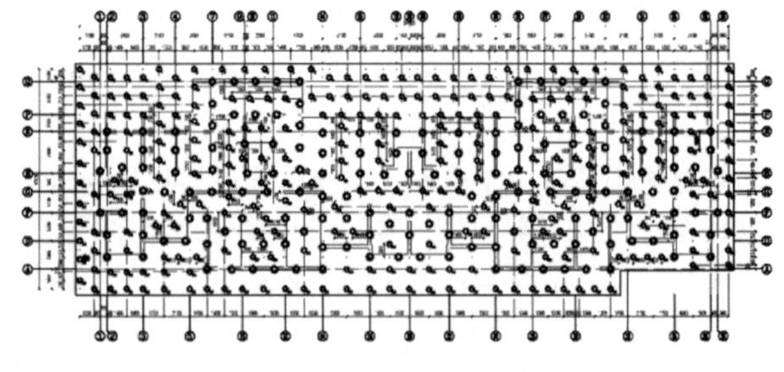

图 4　新增 CFG 桩平面布置

2 施工工艺流程及控制措施

2.1 后压浆施工工艺流程

(1) 注浆钢管制作

施工注浆钢管采用6m定尺DN25焊管，壁厚3mm，钢管两侧套丝处理，连接后不得渗漏。注浆钢管顶端需套丝，并用管箍、管堵封口。注浆管端部连接定制注浆管头如图5所示。桩底注浆钢管下端距桩底以上0.2m处设置导向支架。施工中注浆管头深入桩底土层不小于20cm，注浆钢管上端高出CFG桩施工面不小于0.3～0.5m。

(2) 试压清水

注浆作业宜于成桩后2d开始，正式压浆前先进行试压清水（试压清水30～50kg），通过压水试验一方面疏通压浆管，保持干净的压浆环境。另一方面确定压浆初始压力，同时检查注浆泵、压力表运转是否正常，为后续注浆工作提供质量保证。

(3) 注浆孔位选择

本工程注浆管头要求伸入桩端以下粉砂层，这可根据长螺旋提钻后，钻杆挂泥来判断桩端是否达到该土层。水泥浆在高压作用下，扩散面积较大。为了防止邻近在施CFG桩发生返浆，压浆孔位应远离成孔作业点不小于8～10m，且跳孔注浆。

(4) 注浆施工

现场注浆采用P.S.A 32.5矿渣硅酸盐水泥，水灰比0.5～0.6，每根桩水泥用量不小于600kg。注浆管头位于饱和土层，注浆压力控制在1.2～4MPa[3]。初始注浆阶段采用初始压力，浆液由稀到稠。初注时要密切注意压浆压力、压浆量、压浆管变化及压浆节奏[4]。终止注浆应满足下列条件之一：(1) 每根桩水泥用量不小于600kg；(2) 注浆量达到设计值的75%，注浆压力超过4MPa且维持5min以上。

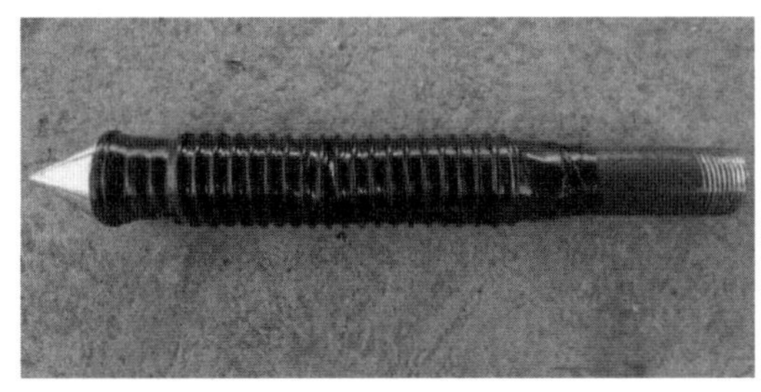

图5 带止逆装置的注浆管头

2.2 压浆控制技术措施

(1) 浆液配合比自动控制

对于浆液配合比控制，以往施工中常依靠人工称量或凭经验进行调配，由于人为因素多会导致配合比控制出现较大误差，影响注浆质量。结合工程实践，本工程通过安装成本较低的时间继电器进行自动控制计量，取得了较好的效果。

实际应用中，分别在散装水泥罐出料口和供水管开关处安装了时间继电器，结合现场搅浆设备容量经仔细计算及试验，通过控制两种材料的出料时间，对每次水泥和水的用量均做到了精准控制，从而严格控制了水灰比。

(2) 注浆压力与注浆过程控制

本项目注浆压力主要控制在1.2～4MPa之间，若注浆压力超过4MPa，且注浆量达到设计值的75%，也可终止注浆。在较大压力作用下浆液容易通过桩侧上串至地面，若出现水泥浆从桩侧溢出、周围桩串孔、桩端注浆压力长时间低于1.2MPa的情况，可改为间歇注浆，间歇时间为30～60min；间歇注浆时适当降低水灰比，当间歇时间超过60min时需要压入清水清洗内导管和管阀。

如果注浆过程中断时长超过60min，应压入清水清洗内导管和管阀。恢复注浆后可先压入清水冲洗疏通管路，再正常注浆。

注浆管路堵塞时，注浆量由其邻近孔位分担。

3 施工难点及解决措施

本工程新增CFG桩有效桩长较长为23m，而注浆管直径仅为25mm，在考虑了保护土层厚度以后下管总长接近25m。在整体组装后，注浆管长细比很大，刚度过小，下管时极易出现导向偏差和中间接头弯折的情况，导致后插注浆管非常困难，这是本工程施工过程中遇到的一个技术难点。通过认真分析和现场试验，本项目对注浆管的设计与施工技术方案做出了改进。

3.1 对混凝土做出调整

在混凝土材料方面，商品混凝土站最初提供的C30混凝土，所用粗骨料粒径约20～30mm，相对较大。后通过与商品混凝土站进行协商，减小了粗骨料的粒径，控制在10～15mm，有效减小了混凝土中的粗骨料对钢管下放时的阻力。另外，通过添加外加剂改善了混凝土的和易性，提高了混凝土的流动性、保水性，避免了泌水现象的发生。

在混凝土供应管理方面，要求泵送混凝土过程中，禁止在料斗中加水，因为加水量过大极易造成成桩后混凝土离析，使接近桩端处大量骨料堆积，也会增大注浆管下放的阻力。为此，现场设专门调度员与商品混凝土站沟通协调，保证现场用料量的同时，减少商品混凝土等待时长，缩短泵送混凝土与后插注浆管的等待时间。

3.2 修改定位导向装置

为保证注浆管居中设置，注浆管外侧每隔2m设置有对中导向装置。原设计方案采用主筋为三级16mm的环形定位导向装置（图6），在实践中发现该导向装置在注浆管下放中产生的阻力较大。经过分析研究，将其改为主筋为ϕ12mm的半菱形导向支架（图7），该方案减小了注浆管整体竖向受力面积，在下放时与混凝土之间的摩阻力大为减少。

3.3 修改注浆管下管方案

原施工方案计划采用4根6m注浆管组装后整体起吊、振动插入的下管方式，但实际施工中发现由于长细比

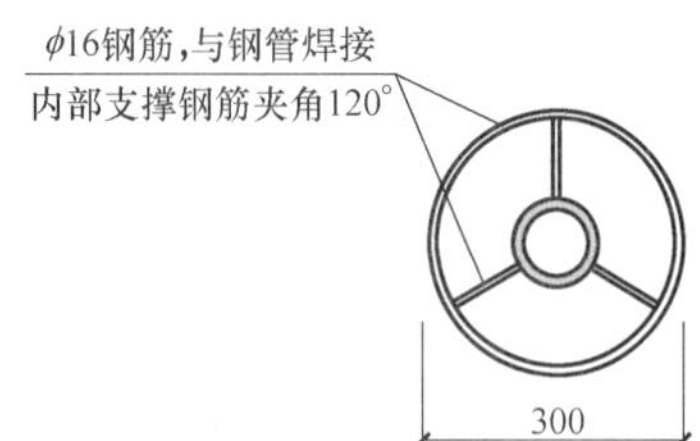

图 6　原导向对中支架剖面图

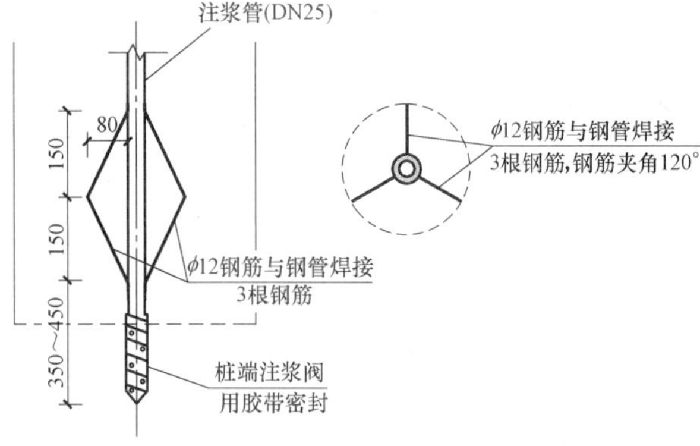

图 7　修改后对中支架剖面及立面图

较大，注浆管在振动过程中晃动较严重，且容易弯折，很难下管成功。经过分析和实践，现场采用逐根下管，孔口丝扣连接的下管方案。前 2～3 根注浆管，下放阻力较小，实际施工中可采用人工配合小型挖掘机的方式进行插管，最后一根注浆管则采用振锤辅助下管。振锤钢管（钢管型号为 DN65 焊管）辅助下管时，注浆管套入振锤钢管中，振锤与振锤钢管连接处依靠绳索在两个水平方向控制插入的垂直度（现场照片如图 8 所示）。

图 8　人工配合振锤及振锤钢管下放注浆管

4　施工检测结果及后续反馈

本项目加固施工于 2019 年 9 月全部完成，在满足检测条件后，建设方于 2019 年 10 月委托德州市某检测机构对新增 CFG 复合地基承载力、单桩竖向抗压承载力特征值及桩身完整性进行检测。

检测结果显示，加固处理后的复合地基承载力特征值不小于 400kPa、单桩竖向抗压承载力特征值不小于 720kN，均满足设计要求。设计加固方案中新增的 CFG

试验桩号:211号桩					测试日期:2019-10-03					
桩长:23m					桩径:400mm					
荷载(kN)	0	288	432	576	720	864	1008	1152	1296	1440
累计沉降(mm)	0.00	0.41	1.01	2.01	3.52	5.39	8.24	11.55	15.56	20.33

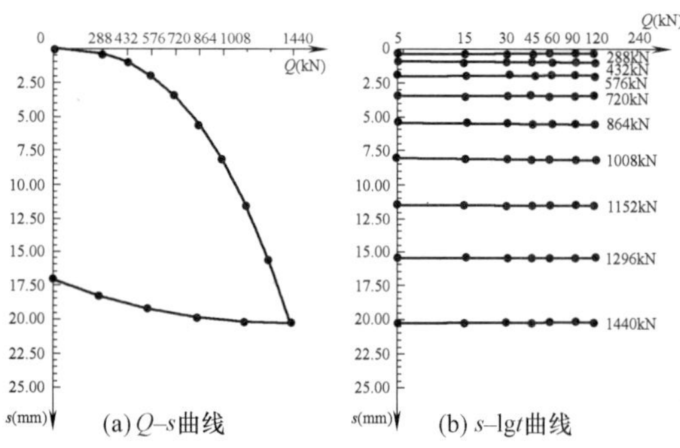

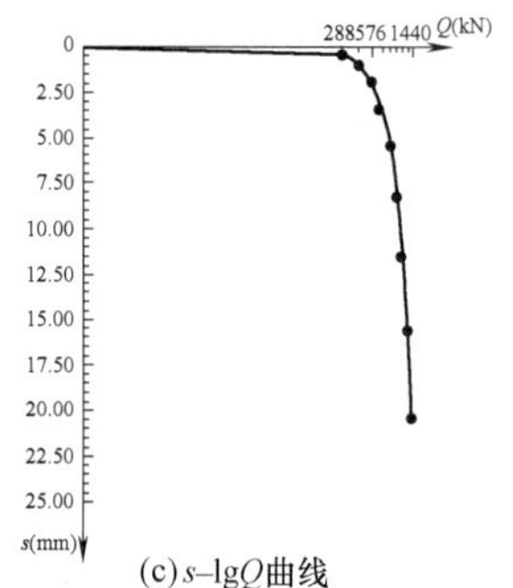

图 9　单桩竖向抗压承载力检测数据

桩，侧阻力增强系数取值为 1.6，端阻力增强系数 2.6，而上述质量检测结果再一次表明，桩端后压浆对提高桩承载力和改善荷载传递性能完全达到了预期的设计效果。

截止到 2022 年 3 月建筑物已经交付使用了 2 年多，经过回访，目前建筑物沉降变形稳定，使用一切正常，说明该加固取得了成功。

5　结语

（1）采用后注浆施工技术，可以有效提高单桩承载力，无需增加桩的设计长度，有利于降低工程造价，该技术可以在类似复合地基工程中推广使用。

（2）通过改善混凝土粗骨料粒径、调整混凝土和易性、调整注浆管对中支架外形和下管方式，可有效解决在较长 CFG 桩中注浆管后插不到位的问题，保证后压浆的进行及施工质量。

（3）采用小成本的时间继电器控制原材进料投入，使控制水泥浆配合比更加精准，可有效避免人为误差对水泥浆质量的影响，也为工程带来较好的经济效益。

参考文献：

[1]　宇文斌．后插钢筋笼灌注桩后压浆工艺应用与研究[D]．北京：中国地质大学，2017.

[2]　戴国亮，龚维明，薛国亚，等．超长钻孔灌注桩桩端后压浆效果检测[J]．岩土力学，2006，27(5)：849-852.

[3]　中华人民共和国住房和城乡建设部．建筑桩基技术规范：JGJ 94—2008[S]．北京：中国建筑工业出版社，2008.

[4]　袁秀德，皮朝阳，李红燕．CFG 桩复合地基后压浆施工技术[J]．工程质量，2014，32(2)：55-58.

高速深层搅拌复合桩（DMC桩）在雄安体育中心的应用

侯文诗
（北京中岩大地科技股份有限公司，北京 100041）

摘　要：高速深层搅拌复合桩（DMC桩）是在水泥土复合管桩基础上的进一步升级与突破，属于非取土植桩。在雄安地区普遍采用灌注桩，雄安地区垃圾综合处理设施一期工程首次应用DMC桩替代灌注桩，本次以雄安体育中心项目为工程实例，为DMC桩在雄安地区的推广提供有益参考。高速深层搅拌复合桩（DMC桩）与灌注桩相比，施工工效高，造价较低。通过对该项目的实际应用效果分析，不仅满足设计的承载力和沉降要求，且满足了施工工期的要求，设计与施工均取得了圆满成功。

关键词：高速深层搅拌复合桩；DMC桩；雄安；灌注桩

作者简介：侯文诗（1988—），女，注册土木工程师（岩土）。主要从事基坑支护、地基基础、公路路基及边坡工程等设计与施工。E-mail：houwens@163.com。

Application of super deep mixing composite pile（DMC pile）in Xiong′an sports center

HOU Wen-shi
（Beijing Zhongyan Technology Company，Beijing 100041，China）

Abstract：Super Deep Mixing Composite pile (DMC pile) is a further upgrading and breakthrough on the basis of cement soil composite pipe pile，which belongs to non soil borrowing and planting pile. Cast-in-place pile is widely used in Xiong′an area. DMC pile is used to replace cast-in-place pile for the first time in the phase I project of comprehensive waste treatment facilities in Xiong′an area. Taking the project of Xiong′an sports center as an engineering example，it provides a useful reference for the promotion of DMC pile in Xiong′an area. Compared with cast-in-place pile，the construction efficiency is high and the cost is low. Through the analysis of the practical application effect of the project，it is found that the design not only meets the requirements of bearing capacity and settlement，but also meets the requirements of construction period. The design and construction has achieved complete success.

Key words：super deep mixing composite pile；DMC pile；Xiong′an；cast-in-place pile

1　引言

高速深层搅拌复合桩（DMC桩）是一种新的桩型，采用DMC搅拌钻机辅以水泥浆液、新型减阻剂快速钻进搅拌原位土体形成稳定、均匀的大直径高速深层搅拌水泥土桩后，同心植入预制芯桩，是一种预制芯桩与水泥土桩协同抵抗上部结构荷载的高性能新型组合桩。

DMC桩是在水泥土复合管桩基础上的进一步升级与突破，属于非取土植桩。该工法结合了高速深层搅拌水泥土桩的高效稳定、高摩擦阻力及预制芯桩自身所具备的预制化、高强度特点，具有施工功效高、质量稳定、经济环保、承载力高等优点，可有效控制上部结构沉降，是一种针对中软土地区较为理想的地基基础形式。

2　工程概况

雄安体育中心项目总建筑面积约18万m^2，由一场两馆三个单体建筑组成，分别为体育场、体育馆、游泳馆。周边场地较为空旷。具体位置见雄安体育中心航拍图（图1）。

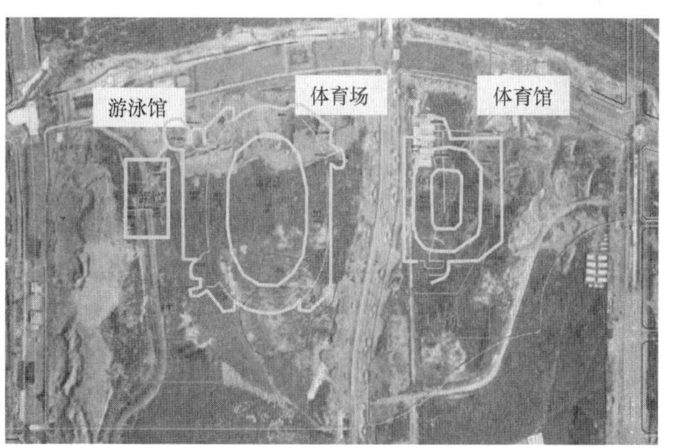

图1　体育中心场地航拍图

Fig. 1　Aerial photograph of Sports Center

原设计为旋挖法钻孔灌注桩。具体如下：

（1）体育场

ϕ600工程桩总数为1410根，有效桩长为40m，桩顶标高3.7m，桩端持力层为⑩$_4$粉细砂层，单桩抗压承载力特征值为2500kN。ϕ700工程桩总数为300根，有效桩长为45m，桩顶标高－1.5m，桩端持力层为⑩$_4$粉细砂层，单桩抗压承载力特征值为3200kN。

（2）体育馆

ϕ600 工程桩总数为 509 根，有效桩长为 28m，桩顶标高−1.15m，桩端持力层为⑧$_4$ 粉细砂层，单桩抗压承载力特征值为 1600kN，抗拔承载力特征值为 1200kN。ϕ800 工程桩总数为 1103 根，有效桩长为 23m，桩顶标高 3.45m，桩端持力层为⑧$_4$ 粉细砂层，单桩抗压承载力特征值为 1650kN，抗拔承载力特征值为 1300kN；采用桩侧及桩端后注浆工艺。

（3）游泳馆

ϕ600 工程桩总数为 488 根，有效桩长为 32m，桩顶标高 4.35m，桩端持力层为⑧$_4$ 粉细砂层，单桩抗压承载力特征值为 1800kN。ϕ600 工程桩总数为 42 根，有效桩长为 35m，桩顶标高为 7.55m，桩端持力层为⑧$_4$ 粉细砂层，单桩抗压承载力特征值为 2000kN。

2.1 工程地质条件

按成因类型、沉积年代划分为人工堆积层、新近沉积层及第四纪沉积层三大类，整体呈现黏性土、粉土、砂土交互沉积规律。具体土层物理力学性质指标如表 1 所示。

土层物理力学性质指标　　表 1

Physical and mechanical indexes of soil layers　Table 1

土层名称	土层状态	标准贯入 N（标准值）	桩的极限侧阻力标准值（kPa）	桩的极限端阻力标准值（kPa）
①$_1$ 杂填土	稍密	10	—	—
①$_2$ 素填土	稍密	7	—	—
②$_1$ 黏土	可塑	—	50	—
②$_2$ 粉质黏土	可塑	—	50	—
②$_3$ 粉土	密实—中密	—	50	—
②$_4$ 粉细砂	稍密—中密	15	40	—
④$_1$ 黏土	可塑	—	40	—
④$_2$ 粉质黏土	可塑	7	45	—
④$_3$ 粉土	中密—密实	12	50	—
④$_4$ 粉细砂	中密	21	50	—
⑥$_1$ 黏土	硬塑	—	55	—
⑥$_2$ 粉质黏土	可塑—硬塑	—	60	—
⑥$_3$ 粉土	密实—中密	—	65	—
⑥$_4$ 粉细砂	密实	38	65	—
⑦$_1$ 黏土	可塑—硬塑	—	60	—
⑦$_2$ 粉质黏土	可塑—硬塑	—	60	—
⑦$_3$ 粉土	密实	—	60	—
⑦$_4$ 粉细砂	密实	—	70	—
⑧$_1$ 黏土	硬塑	—	60	—
⑧$_2$ 粉质黏土	硬塑—可塑	—	65	—
⑧$_3$ 粉土	密实	—	70	—
⑧$_4$ 粉细砂	密实	67	70	1200
⑨$_1$ 黏土	硬塑	—	60	800
⑨$_2$ 粉质黏土	可塑—硬塑	—	65	850
⑨$_3$ 粉土	密实	—	70	900
⑨$_4$ 粉细砂	密实	87	75	1500

2.2 水文地质条件

本工程勘察期间（2021 年 8 月中旬~9 月上旬）于钻孔中（最深 40.00m）量测到 2 层地下水，各层地下水水位情况及类型参见表 2。

地下水水位情况　　表 2

Groundwater level　　Table 2

编号	地下水类型	地下水稳定水位（承压水测压水头）		主要含水层
		水位埋深（m）	水位标高（m）	
1	潜水	16.1～20.0	−6.41～−7.50	粉细砂⑥$_4$ 层
2	承压水	21.0～24.9	−11.14～−12.20	粉细砂⑧$_4$ 层、粉细砂⑨$_4$ 层

场区近 3～5 年最高地下水位标高约−3.00m，1973 年以来历年最高地下水位标高约 7.50～8.00m。

2.3 地震液化

按地震烈度达到 8 度且地下水位按历史最高水位考虑时，拟建场地内 20m 深度范围内天然沉积的土层不会发生地震液化。

2.4 腐蚀性评价

场区浅层土对混凝土结构和钢筋混凝土结构中的钢筋均具有微腐蚀性。场区内地下水（潜水、承压水）对混凝土结构及钢筋混凝土结构中的钢筋均具有微腐蚀性。

3 DMC 桩设计方案

3.1 设计原则

在满足承载力要求及沉降要求的前提下，采用 DMC 桩单桩替换钻孔灌注桩。与灌注桩相比，一台旋挖机每天完成 4、5 根灌注桩施工，一台搅拌机+静压机每天完成 10～12 根 DMC 桩施工，施工工效提高 50%以上[1]。由于直径增大、侧阻力及端阻力特征值提高，可进一步减小桩长，从而减少工程量，降低造价，造价相比灌注桩节省 10%。

3.2 设计参数

DMC 桩的外芯为水泥土桩，水泥土桩的水泥选用普通硅酸盐水泥，水泥强度等级不低于 42.5MPa，水泥掺量不小于被加固土质量的 30%，泥浆的水灰比取 1.0；内芯为高强预应力管桩，内外芯等长；DMC 桩为摩擦型桩，在满足沉降要求的前提下，桩端可选可塑—硬塑的⑦$_2$、⑧$_2$ 粉质黏土层，⑦$_3$、⑧$_3$ 粉土层。具体参数见表 3～表 5。

体育场 DMC 桩参数　　表 3

Parameters of DMC pile in Stadium　Table 3

桩长（m）	搅拌桩径（mm）	管桩型号	桩端持力层	抗压承载力特征值（kN）	抗拔承载力特征值（kN）
26	800	PHC500-125-AB	⑧$_2$ 粉质黏土/⑧$_3$ 粉土/⑧$_4$ 粉细砂	2500	—
30	800	UHC500-125-Ⅱ-C105	⑨$_2$ 粉质黏土/⑨$_3$ 粉土/⑨$_4$ 粉细砂	3200	—

体育馆 DMC 桩参数　　表 4

Parameters of DMC pile in Gymnasium

Table 4

桩长 (m)	搅拌桩径 (mm)	管桩型号	桩端持力层	抗压承载力特征值 (kN)	抗拔承载力特征值 (kN)
23	800	PHC500-125-C	⑦$_2$ 粉质黏土/⑦$_3$ 粉土/⑧$_4$ 粉细砂	1600	1200
23	900	PHC600-130-B	⑧$_4$ 粉细砂	1650	1300
15	1000	PHC600-130-B	⑦$_2$ 粉质黏土/⑦$_3$ 粉土	1650	1300

游泳馆 DMC 桩参数　　表 5

Parameters of DMC pile in Natatorium

Table 5

桩长 (m)	搅拌桩径 (mm)	管桩型号	桩端持力层	抗压承载力特征值 (kN)	抗拔承载力特征值 (kN)
19	800	UHC400-95-Ⅱ-C105	⑦$_2$ 粉质黏土/⑦$_3$ 粉土	1800	—
21	800	UHC400-95-Ⅱ-C105	⑦$_2$ 粉质黏土/⑦$_3$ 粉土	2000	—
18	800	UHC400-95-Ⅱ-C105	⑦$_2$ 粉质黏土/⑦$_3$ 粉土	1800	—

4　DMC 桩试桩

4.1　DMC 桩试桩要求

施工前应进行试桩，试验采用堆载法或锚桩法反力装置，若由压重平台（平台总配重不小于试验最大加载值的 1.2 倍）提供反力，通过试桩钢梁及千斤顶对基桩进行加载试验，如图 2～图 4 所示。

图 2　抗拔静载试验

Fig. 2　Uplift static load test

抗压、抗拔、水平静载试验按最大加载量的 1/10 分级，首级加倍。加荷测读变形量的时间间隔：每级加荷后第 1h 内按 5min、10min、15min、15min、15min 测读一次变形量，以后每隔 30min 测读一次，直至达到相对稳定。

图 3　抗压静载试验

Fig. 3　Compressive static load test

图 4　水平静载试验

Fig. 4　Horizontal static load test

卸载时，每级荷载测读 1h，按第 5min、15min、30min、60min 测读四次。

每小时变形不大于 0.1mm，并连续出现两次（由 1.5h 内连续三次观测值计算），可视为相对稳定。

当出现下列现象之一时，应终止加载：

（1）压桩

① 某级荷载作用下，桩顶的沉降量超过前一级荷载作用下桩顶沉降量的 5 倍时，且桩顶总沉降量超过 40mm；

② 某级荷载作用下，桩顶的沉降量超过前一级荷载作用下桩顶沉降量的 2 倍时，且经 24h 尚未达到相对稳定；

③ 抗压试验桩当荷载-沉降曲线为缓变型时，可加载至桩顶总沉降量 60mm。

（2）拔桩

① 某级荷载作用下，桩顶上拔量超过前一级荷载作用下桩顶上拔量的 5 倍时；

② 抗拔试验桩累计上拔量超过 100mm。

（3）水平桩

① 桩身折断；

② 水平位移超过 30mm。

绘制抗压静载试验的荷载变形 Q-s 曲线、s-lg$t$ 曲线；抗拔静载荷试验的荷载变形 U-δ 曲线、δ-lg$t$ 曲线；水平静载荷试验的荷载变形 P-Δ 曲线、Δ-lg$t$ 曲线。具体试桩设计参数见表 6～表 8。

试桩设计参数一览表（游泳馆） 表 6

List of design parameters of test pile (in Natatorium) Table 6

	桩类型	搅拌桩长（m）	搅拌桩径（mm）	有效桩顶标高（m）	管桩型号	管桩长度	试桩根数	持力层	承载力特征值（kN）
抗压试验桩	Ⅰ	21.0	800	7.75	UHC400-95-C105-Ⅱ	11.0m+10.0m	3	⑦$_2$/⑦$_3$	2000
	Ⅱ	18.0	800	4.35	UHC400-95-C105-Ⅱ	9.0m+9.0m	3	⑦$_2$/⑦$_3$	1800
抗拔试验桩	Ⅰ	18.0	800	4.35	UHC400-95-C105-Ⅱ	9.0m+9.0m	2	⑦$_2$/⑦$_3$	250
抗水平试验桩	Ⅰ	18.0	800	4.35	UHC400-95-C105-Ⅱ	10.0m+9.0m	2	⑦$_2$/⑦$_3$	120

试桩设计参数一览表（体育场） 表 7

List of design parameters of test pile (in Stadium) Table 7

	桩类型	搅拌桩长（m）	搅拌桩径（mm）	有效桩顶标高（m）	管桩型号	管桩长度	试桩根数	持力层	承载力特征值（kN）
抗压试验桩	Ⅰ	25.0	800	−1.75	PHC500-125-AB	14.0m+11.0m	3	⑧$_4$	2500
	Ⅱ	25.0	800	3.45	PHC500-125-AB	14.0m+11.0m	3	⑧$_2$	2500
抗拔试验桩	Ⅰ	25.0	800	−1.75	PHC500-125-B	14.0m+11.0m	3	⑧$_4$	700
抗水平试验桩	Ⅰ	25.0	800	−1.75	PHC500-125-B	14.0m+12.0m	3	⑧$_4$	210

试桩设计参数一览表（体育馆） 表 8

List of design parameters of test pile (in Gymnasium) Table 8

	桩类型	搅拌桩长（m）	搅拌桩径（mm）	有效桩顶标高（m）	管桩型号	管桩长度	试桩根数	持力层	承载力特征值（kN）
抗压试验桩	Ⅰ	23.0	800	3.8	PHC500-125-C	12.0m+11.0m	3	⑦$_2$/⑦$_3$	1600
	Ⅱ	23.0	900	−1.4	PHC600-130-B	12.0m+11.0m	3	⑧$_4$	1650
	Ⅲ	15.0	1000	−1.4	PHC600-130-B	15.0m	3	⑦$_2$/⑦$_3$	1650
抗拔试验桩	Ⅰ	23.0	800	3.8	PHC500-125-C	12.0m+11.0m	3	⑦$_2$/⑦$_3$	1200
	Ⅱ	23.0	900	−1.4	PHC600-130-B	12.0m+11.0m	3	⑧$_4$	1300
	Ⅲ	15.0	1000	−1.4	PHC600-130-B	15.0m	3	⑦$_2$/⑦$_3$	1300

4.2 DMC 桩施工

4.2.1 施工过程

施工前应平整场地并清除地上和地下障碍物，设置轴线定位点及水准基点，并应采取措施加以保护，复核桩位，桩机就位，检查施工机械设备的工作性能，拌制水泥浆液，钻杆开始喷浆搅拌下沉至桩底标高，与此同时检测钻杆垂直度，钻至桩底标高处钻杆喷浆提升复搅，钻杆喷浆搅拌提升至桩顶标高，后起吊桩植入芯桩，搅拌桩机移机施工下一根桩、压桩机就位。植桩、对接、接桩时注意垂直度的控制。具体施工过程见图 5 和图 6。

4.2.2 试验加固处理

试桩在静载荷试验前必须按要求对抗压桩及水平桩的桩头进行加固处理。

管桩外侧安装钢护筒，护筒的直径大于管桩直径 20～100mm，管桩植桩完成且水泥土固化后，将桩头开挖并安装护筒，护筒的轴线与管桩轴线重合，在护筒与管桩之间的空隙内浇筑混凝土灌浆料，确保混凝土与管桩顶部齐平。对于抗拔桩，在管桩内芯设置钢筋笼，并采用 C80 灌浆料填充。

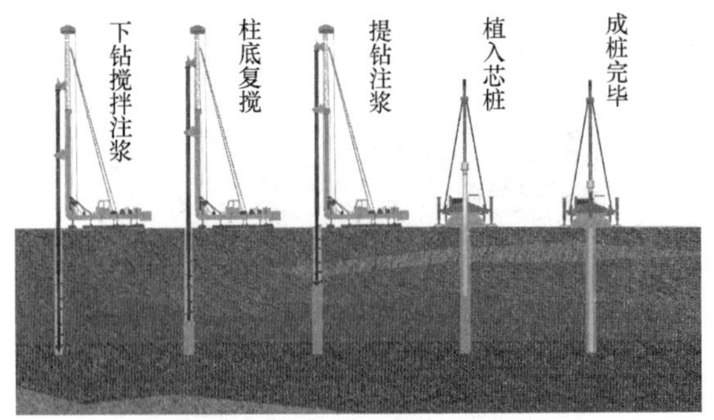

图 5 DMC 桩施工流程

Fig. 5 Construction flow chart of DMC pile

4.3 DMC 桩试桩结果

此次试桩全部满足设计要求，以游泳馆为例进行具体分析。

图 6　DMC 桩施工机械

Fig. 6　DMC pile construction machinery

（1）单桩抗压静载试验结果

共计 6 根抗压试验，试桩加载至 4000kN/4400kN 时，沉降及稳定时间正常，Q-s 曲线未发生陡降（图 7），满足抗压承载力特征值不小于 1800kN/2000kN 的设计要求。试验结果如表 9 所示。

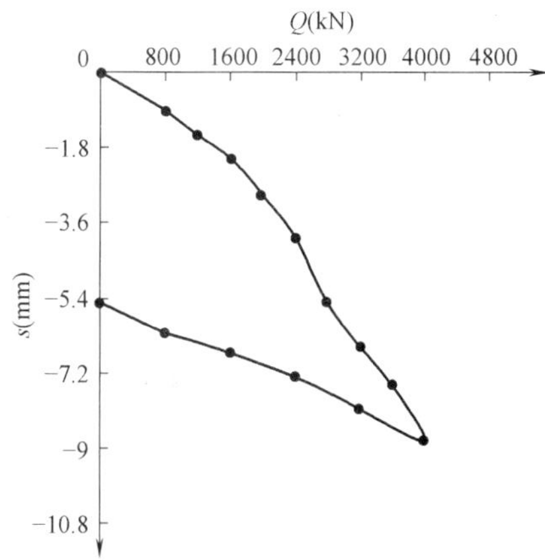

图 7　抗压 Q-s 曲线

Fig. 7　Compressive Q-s curve

抗压试验结果一览表　　表 9

List of compressive test results　Table 9

桩类型	搅拌桩长（m）	加载至承载力设计值			试验加载至破坏	
		承载力极限要求值（kN）	本级沉降量（mm）	沉降量累计值（mm）	试验加载至破坏值（kN）	总沉降累计值（mm）
1	18	4000	1.30	8.79	6290	17.72
2	18	4000	1.33	8.73	4900	25.92
3	18	4000	0.46	5.93	5260	10.33
4	21	4400	0.73	4.51	未做破坏性试验	
5	21	4400	0.67	4.75		
6	21	4400	0.75	4.49		

根据试验加载破坏值，综合考虑按照 4500kN 作为极限值计算，反推外芯侧阻力调整系数为 1.6。与雄安垃圾填埋场项目的外芯侧阻力调整系数一致。具体计算见表 10。

抗压承载力计算　　表 10

Calculation table of compressive bearing capacity

Table 10

地层	层底标高（m）	层厚（m）	侧阻特征值 q_{sa}（kPa）	外芯侧阻力调整系数
②$_4$ 粉细砂	3.8	0.55	20	1.6
④$_3$ 粉土	0.3	3.5	25	1.6
④$_4$ 粉细砂	−0.5	0.8	25	1.6
⑥$_4$ 粉细砂	−11.2	10.7	32.5	1.6
⑦$_2$ 粉质黏土	−13.65	2.45	30	1.6
桩端持力层为⑦$_2$ 粉质黏土				
桩端承载力特征值 q_{pa}（kPa）			950	
计算的单桩承载力特征值 R_a（kN）			2290	

（2）单桩抗拔静载试验结果

共计 2 根抗拔试验，单桩抗拔承载力破坏值分别为 1260kN 和 850kN，均为填芯的钢筋受拉后破坏（填芯钢筋采用 4 根直径 25mm 的 HRB400 热轧带肋钢筋）。在试验加载至 500kN 时，上拔及稳定时间正常，U-δ 曲线未发生陡升（图 8），满足抗拔承载力特征值不小于 250kN 的设计要求。试验结果如表 11 所示。

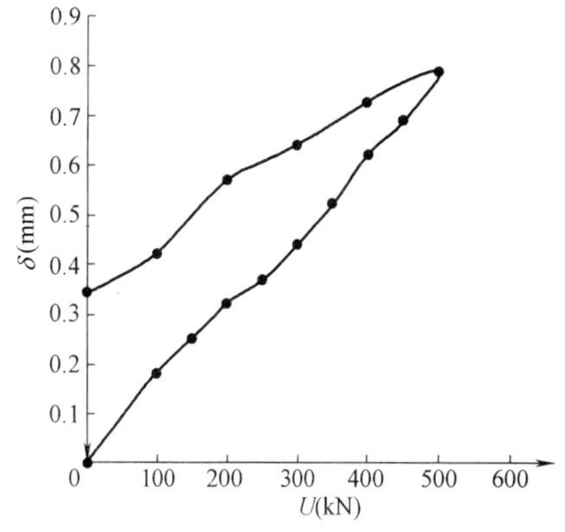

图 8　抗拔 U-δ 曲线

Fig. 8　Pullout resistance U-δ curve

抗拔试验结果一览表　　表 11

List of uplift test results　Table 11

桩类型	搅拌桩长（m）	加载至承载力设计值			试验加载至破坏	
		承载力极限要求值（kN）	本级上拔量（mm）	上拔量累计值（mm）	试验加载至破坏值（kN）	破坏位置
1	18	500	0.33	1.53	1260	钢筋
2	18	500	0.1	0.79	850	拉断

根据试验加载破坏值，按照 1260kN 作为极限值计算，反推外芯侧阻力调整系数至少为 0.6。

（3）单桩水平静载试验结果

共计 2 根水平静载试验，均能满足承载力要求，试验加载至 160kN 时，H-Y_0 曲线未发生陡降（图 9），位移及稳定时间正常，满足承载力特征值不小于 120kN 的设计要求。试验结果如表 12 所示。

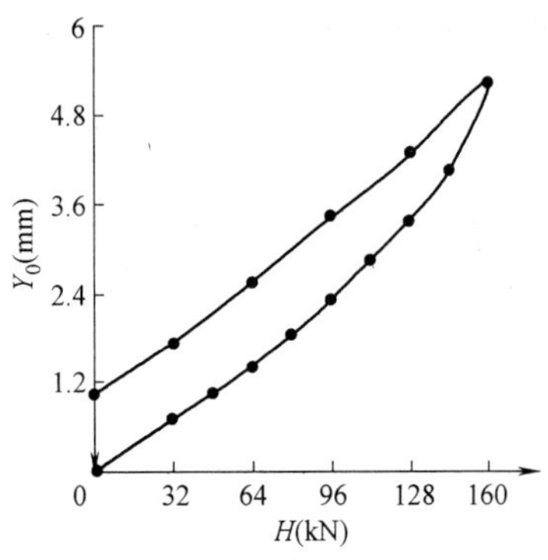

图 9　水平 H-Y_0 曲线

Fig. 9　Horizontal H-Y_0 curve

抗拔试验结果一览表　　　表 12

List of uplift test results　　Table 12

桩类型	搅拌桩长（m）	加载至承载力设计值		
		承载力极限要求值（kN）	本级位移量（mm）	位移量累计值（mm）
1	19	160	1.2	5.24
2	19	160	0.51	3.2

根据试验加载至 160kN 的沉降量小于 6mm，按照 160kN 作为极限值计算，根据《建筑基桩检测技术规范》JGJ 106—2014，计算过程如下式：

$$m=\frac{(\nu_y \cdot H)^{\frac{5}{3}}}{b_0 Y_0^{\frac{5}{3}} (EI)^{\frac{2}{3}}} \tag{1}$$

式中，m 为地基土水平抗力系数的比例系数；ν_y 为桩顶水平位移系数，取 2.441；H 为作用于地面的水平力（kN）；Y_0 为水平力作用点的水平位移（m）；EI 为桩身抗弯刚度（kN·m^2），取预制管桩的抗弯刚度。

反推④$_4$ 细砂层的 m 值为 11.5，为今后雄安相似土层的项目提供设计依据。

5　结论

（1）钻孔灌注桩在穿越砂层易产生塌孔、缩颈等问题，护壁泥浆在桩体外形成泥皮，降低了桩侧阻力，影响了桩体承载力，并且受混凝土供应影响较大，供应量不足会严重影响工期。高速深层搅拌复合桩（DMC 桩）弥补了钻孔灌注桩的一些缺点，水泥土外芯桩侧阻力高，可充分发挥预应力管桩的桩身承载力，沉桩速度快，可提高工效，缩短工期、节省造价。

（2）在雄安地区本工程运用 DMC 桩不仅满足设计的承载力和沉降要求，且满足了施工工期的要求，设计与施工均取得了圆满成功。为今后类似工程的设计与施工提供有益参考。

（3）DMC 桩的成桩特点决定了其侧阻力特征值高于灌注桩，在本项目的桩侧阻力提高系数约为 1.6 倍。对比灌注桩可降低造价约 10%，工期节约 50%。

参考文献：

[1] 赵星辰，晏礼伟，韩俊彦. MC 劲性复合桩在雄安地区的试验分析[C]//2021 年全国土木工程施工技术交流会论文集（下册），2021，1906-1908.

[2] 中华人民共和国住房和城乡建设部. 劲性复合桩技术规程：JGJ/T 327—2014[S]. 北京：中国建筑工业出版社，2014.

[3] 中华人民共和国住房和城乡建设部. 建筑地基基础设计规范：GB 50007—2011[S]. 北京：中国建筑工业出版社，2012.

[4] 中华人民共和国住房和城乡建设部. 建筑桩基技术规范：JGJ 94—2008[S]. 北京：中国建筑工业出版社，2008.

[5] 中华人民共和国住房和城乡建设部. 建筑桩基检测技术规范：JGJ 106—2014[S]. 北京：中国建筑工业出版社，2014.

较厚欠固结软土地基快速固结技术的探索

郭军强，杜彦东，蔡桂标，詹俊宇
（广东省基础工程集团有限公司，广东 广州 510660）

摘　要：未经处理的不等厚的欠固结软土作为建筑地基，其建筑将面临较大不均匀沉降、桩基础产生负摩阻力的危害，合适的地基处理方法有利于大幅降低其不利影响。依据排水固结理论、参考近年增压式真空预压的多个研究成果和根据广东汕尾市文体中心的工程实例，提出一种较简易的固结沉降计算方法。该方法主要考虑注气增压后，影响范围的土体产生由增压管向排水板延伸的空间网状裂缝，形成在真空预压下固结系数增大的重构土，重构土能快速固结完成，接近最终沉降值。

关键词：欠固结软土；增压式真空预压；重构土；固结系数，地表沉降

作者简介：郭军强（1977—），男，注册土木工程师（岩土），主要从事特殊岩土施工及设计方面的研究。

Exploration of rapid consolidation technology for thicker and underconsolidated soft soil foundation

GUO Jun-qiang，DU Yan-dong，CAI Gui-biao，ZHAN Jun-yu
（Guangdong Foundation Engineering Group Co.，Ltd.，Guangzhou Guangdong 510060，China）

Abstract：As the untreated soft soil with unequal thickness and underconsolidated is used as the foundation of building，the building will be faced with the hazards of large uneven settlement and negative friction of pile foundation，apposite treatment methods can significantly reduce its harmful effects. According to the theory of drainage consolidation，the research results of supercharged vacuum preloading in recent years and the engineering example of Guangdong Shanwei Cultural and Sports Center，a simple consolidation settlement calculation method is proposed. The method mainly considers that after the air injection pressurization，the spatial network cracks extending from the pressurizing pipe to the drainage plate are produced in the affected area of the soil，which forms the reconstructed soil with an increased coefficient of consolidation under vacuum preloading，and the reconstructed soil can be consolidated quickly，approaching final settlement.

Key words：underconsolidated soft soil；vacuum preloading with air pressure boosted；reconstructive soil；coefficient of consolidation，surface settlement

1　引言

随着建筑用地的不断由城区向郊外拓展，难免建造在较厚欠固结软土、液化土等不良岩土之上，为了保证建筑物在地基沉降、承载力和抗震等方面满足建筑使用要求，往往需要对建筑场地进行地基处理。针对软土的地基处理方法很多，包括搅拌桩、旋喷桩等复合地基、强夯和堆载预压的排水固结方法等。地基处理方法是与场地岩土情况、建筑物使用要求、工期及造价等息息相关，在众多处理方法中合理选取最佳处理方法是地基处理的难点。

对比较厚欠固结软土地基的处理方法，复合地基处理虽然较快，但造价高且随着处理深度的增加性价比大幅下降；排水固结特别是真空预压涉及较少的材料投入，达到较理想的处理效果，而增压式真空预压[1]在快速处理方面有独到优点。

2　欠固结软土作场馆地基的特点

2.1　欠固结土特点

（1）欠固结土往往是新近堆积土层及下卧孔隙比较大的饱和软土层。正常固结土初始孔压等于静水压力，欠固结土前者大于后者，超固结土则前者小于后者。

（2）地基土的状态是随着附加荷载及排水情况变化的，例如堆载预压（包含真空预压）：欠固结状态→加载后，正常排水固结→卸载后，超固结状态→工后场地合理使用，仍然为超固结状态。

2.2　欠固结软土作场馆地基的危害

（1）欠固结软土，特别是较厚淤泥，其土的自重固结尚未完成固结、黏粒含量高、渗透系数低；超静水压力需要消散，而低渗透系数加上过长的排水距离，则固结时间很长，欠固结软土作场馆地基，是不可能等待仅靠自身固结完成再建设的。

（2）欠固结软土作场馆地基会由于软土层厚度不一，导致工后沉降不一，较大的不均匀沉降会对场地建成后的道路、地下管线等产生破坏。

（3）欠固结软土对建筑物桩基础产生负摩阻力，如果考虑该因素影响，不经处理，则增大建筑物基桩长度、深度等；经过处理后，再按处理后的岩土力学参数进行桩基础设计，可以降低基桩的尺寸，从而避免设计上的浪费。

2.3 欠固结软土地基处理

建筑场地的欠固结土多为分层土，上层是素填土或杂填土，对于上层欠固结填土，一部分在地下水位以上，压实机械等的振动会产生一定压密过程，可以认为是一种广义的固结作用。地下水位以下的欠固结填土则与下层淤泥一样通过排水固结完成沉降和增大抗剪强度。

3 真空预压处理技术简况

3.1 真空预压形式的演变

真空预压从 1952 年国外开始应用至今，其表现形式发展线路为：传统式真空预压（砂垫层＋竖向排水体）→直排式真空预压（真空管与排水板直连，无需砂垫层）→增压式真空预压（直排式真空预压＋加气加压装置）→其他（交替式真空预压[7]、加热法真空预压等）。

真空预压形式的演变主要是在应用中出现问题、发现问题并改进的过程。传统式真空预压由于砂层传递的真空度沿路径损失大，随着设备、材料技术的发展，逐渐发展出直排式真空预压形式。传统式真空预压、直排式真空预压在排水固结过程中，由于土体颗粒还是存在明显的散体结构，细小颗粒随渗流的水堆积在排水通道附近，形成“土柱”，这些土柱渗透系数更小，导致排水效果明显下降，宏观表现为即使不断的抽真空，通过排水板的排水量也必然减少。为了更好解决这个问题，出现了增压式真空预压技术，渗透系数很小的淤泥层通过增压处理，破坏土体部分结构，形成较好的排水通道。

3.2 排水固结理论研究现状

太沙基在 1925 年建立了饱和土渗透固结理论，首次研究了土体的渗透固结过程，同时还提出了有效应力原理，并求得了在特定条件下的解析解。后续全球专家学者对此不断完善，提出二维、三维等固结方程，相应的是各种本构模型、模型参数、假设的提出，典型土体排水三维固结微分方程如下式所示：

$$\frac{\partial u}{\partial t}=C_{\mathrm{v}}\frac{\partial^2 u}{\partial z^2}+C_{\mathrm{h}}\left(\frac{\partial^2 u}{\partial r^2}+\frac{1}{r}\frac{\partial u}{\partial r}\right) \tag{1}$$

三维饱和固结理论较符合实际地层中土体的排水固结规律，但三维固结方程的解析解非常困难，可采用有限差分法求数值解，用数值解近似代替解析解。

虽然三维固结微分方程可以通过数值解求得近似解，但其各种参数的确定不容易，且参数的来源不稳定，因此，在实际施工计算中该理论难以被一般工程人员所接受。太沙基建立的饱和土体一维固结理论虽然受限于各种的假定条件，但由于其理论简明、解答形式较简单、并有多年的实际工程经验，目前该理论仍然是现行规范中计算主固结沉降的推荐方法，特别是在大面积较薄的软土地基处理，如下列式所示。

$$\frac{\partial u}{\partial t}=C_{\mathrm{v}}\frac{\partial^2 u}{\partial z^2} \tag{2}$$

$$C_{\mathrm{v}}=\frac{k(1+e_1)}{\alpha\gamma_{\mathrm{w}}} \tag{3}$$

式中，u 为地基中任意点的超静水压力（kPa）；t 为时间（s）；z 为地基中任意点到天然地面的高度（m）；C_{v} 为土的固结系数（$\mathrm{m^2/s}$）；k 为土的渗透系数（m/s）；e_1 为渗流固结前土的孔隙比；α 为土的压缩系数（1/kPa）；γ_{w} 为水的重度（$\mathrm{kN/m^3}$）。

根据差分法求解上述微分方程，其边界条件为：

$$u\big|_{t=0}=u_0$$

$$u\big|_{z=0}=0$$

$$\frac{\partial u}{\partial z}\Big|_{z=H}=0$$

真空预压法是渗透固结的一种，也适合构建固结微分方程来解答。该法在软土中形成人工竖向排水通道，地基四周设置帷幕，地表铺设横向排水通道，再进行密封，然后对其持续抽真空并排水的方法。真空预压力学模型：真空预压在加固软基过程中真空荷载通过排水通道使地基内部处于负压状态，地表的大气压以附加荷载的形式促使地基孔隙水压力上升，两者共同作用增大了地基土体的水头差，从而加速了地基土体的排水，随着超静水压力的下降，土体有效应力相应增加，土体被压缩，抗剪强度相应增大。

而后发展的增压式真空预压在整个预压过程不是连续进行的，而是中途产生作用，所以试图构建单一解法将是非常困难的。

4 结合工程实例的一种快速固结计算方法

4.1 工程实例简述

1）相关内容工程概况

建场地位于汕尾市高新区红草园区西片区，本工程体育中心占地面积为 27109m²，场区地貌属滨海相平原地貌，原为湿地滩涂养殖虾池，后经人工回填改造。

场地由上而下，第一层为 2～3m 的素填土，未经压实、松散，属欠固结软土；第二层为 2.70～10.20m 厚的淤泥，处在欠固结状态，典型地质剖面及岩土力学参数见图 1 及表 1。这 2 层欠固结软土对体育馆的建设构成潜在的不利影响，主要为大沉降、不均匀沉降、对桩基础产生负摩阻力影响，而该项目工期为民生工程，工期较紧，在勘察设计阶段就开始考虑快速处理的方法。

本工程设计核心要求：在较短时间内，软土地基经过处理后，地基承载力和工后沉降等力学性能能够满足后期土建施工和项目建成后场地使用要求、降低工程造价。采用真空预压方案软基处理后技术指标为：

（1）地基承载力特征值约 80kPa；

（2）20 年工后沉降不大于 200mm；

（3）十字板强度平均值大于 25kPa。

该设计采用较成熟的经验设计，如下：

排水板插板间距为 0.8m，正方形布置，打设深度为 12m。插设降水增压板，间距为 2.4m，入土深度 4m。

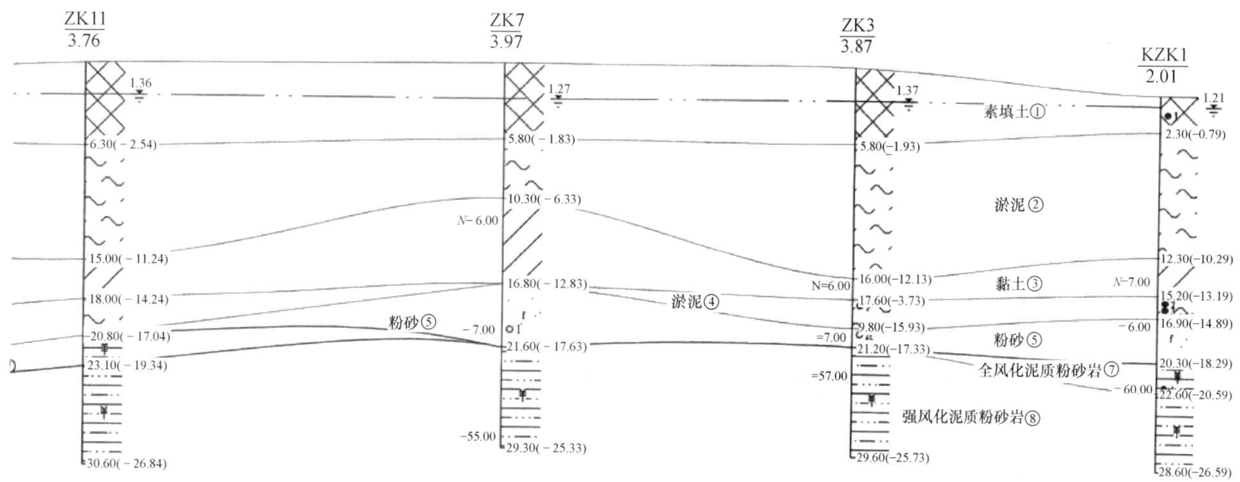

图 1 典型地质剖面

Fig. 1 Typical geological section

压缩层的岩土力学参数 **表 1**

Geotechnical mechanical parameters of compressed layers **Table 1**

序号	土层名称	承载力特征值 f_{ak}(kPa)	质量密度 (g/cm³)	压缩模量 E_s(MPa)	压缩系数 a_{1-2}(MPa^{-1})	黏聚力 c_q(kPa)	内摩擦角 φ_q(°)	固结系数 (10^{-4}cm²/s)(经验值)
1	素填土	80	1.81	3.29	0.617	10.5	9.3	8
2	淤泥	45	1.59	1.71	1.621	4.8	3.7	3.8
3	黏土	140	1.82	3.27	0.659	11.8	10.6	10

2）施工及施工分析

(1）与快速固结处理方法有关的主要施工步骤

① 直排式真空预压系统的埋设（含排水板的插打、抽真空设备安装等）。

② 增压管埋设等。

③ 抽真空至 80kPa 以上，连续抽真空约 30d 后至出水量明显减少或周平均沉降量减小至 60mm，开始降水增压施工。

④ 降水增压采用间歇式方式，施工时气压控制约 400kPa（根据场地实际情况进行调整），待真空度减小 10kPa 时停止增压。再次维持抽真空至 80kPa 以上至出水量减少时，再次增压施工。一般 24h 增压施工一次，每次 2h。增压施工往复循环 15 次，待周平均沉降量降至 35mm 以下时，增压施工结束，停止抽真空，施工过程实景见图 2。

图 2 排水固结过程实景

Fig. 2 View of drainage consolidation process

(2）施工分析

本工程监测孔 C9 施工地表沉降具有明显的分阶段特性，其他监测孔也基本遵循该特征，如图 3 所示。

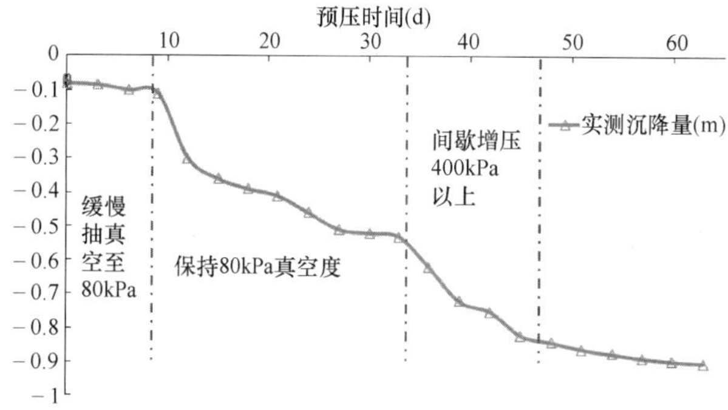

图 3 地表沉降曲线分析

Fig. 3 Surface settlement curve analysis

① 欠固结软土插排水板的时候，由于超静水压力通过就近的排水板向外释放，加上插设排水板的过程对周边土的挠动，期间就产生一定的沉降，本工程沉降量在 0.1～0.2m 之间。

② 从 0～8d 左右，缓慢抽真空至 80kPa，沉降相对平稳。

③ 抽真空至 80kPa 以上连续 30d 以上，往往出现了出水量明显减少，塑料排水板出现淤堵，沉降速率趋缓。

④ 间歇增压 15d 左右，土体发生明显的沉降加速现象，表明排水固结明显。

⑤ 经过过程监测、工后检测，各项指标均达到设计

要求。

4.2 一种快速固结计算方法探索

1）模型的提出过程及依据

（1）增压式真空预压参考

本模型主要参照近年真空预压的专利及多个专家学者的有关研究成果，增压式真空预压始于专利技术，主要参考成果：

① 2009 年增压式真空预压在珠海一铁路站场的应用，给出已降低地下水位的方式模拟增压效果[2,6]。

② 真空预压时，增压管能有效改善增压管长度范围及其底部以下约 3m 范围土体物理力学性质[5]。

③ 增压式真空预压加固后土体骨架颗粒大小均匀且排列密实，骨架颗粒接触形式以面接触为主，骨架颗粒间孔隙直径明显减小[3]。

④ 相对于深厚欠固结淤泥，对于施工成本而言，增压式真空预压施工工艺的单价最高[4]，传统式次之，直排式最低。

（2）重构土概念提出

重构前的土体情况：增加了排水板的软土经过真空预压一定时间后，由于“土柱”的逐步形成，排水板周围的土体渗透系数逐渐减小，特别是上部土体，减小更明显。

为了改善上部土体的渗透性，采取适当的注气增压的工艺可以改善土体整体渗透性，增压施工是不小于 400kPa 的正向气压（孔口处），外加塑料排水板内约 80kPa 的负压（孔口处），配合气流的作用，其排水通道变成空间网状排水通道，其网状通道主要由增压管向排水板延伸，极大地加快了土体固结速度。从整体考虑，相当于把增压管影响范围的土体变成了透水性较好的土层，相当于改变了材料参数，尤其是渗透性，故可以把通过增压处理的土体暂定为重构土。

重构土影响范围确定依据：考虑增压气体的压力、排水板间距、土体的抗剪强度和抽真空系统的因素影响，不能长期注气和过高压力注气，也不适宜过长的增压管。因受排水板间距的影响，一旦产生连通的排气裂缝，增压的气体就往排水板漏失进入抽真空系统，增压效果越往下越差，超过一定深度则气体对土体不起重构作用。对于一般淤泥软土，按注气压力 400kPa 压力，真空度下降 30kPa 左右，单根注气管的影响半径范围约 3m，而管间距 2.4m，产生相互搭接。注气管下端影响范围也按影响半径范围约 3m 的半球状分布，且互相搭接，见图 4，平均影响深度按 3m 计算。而对于真空度下降 10kPa 则平均影响深度可以考虑按 2m 计算。

2）计算方法简述

根据规范提供的固结度计算公式，采用已有较成熟岩土软件（如理正岩土）进行计算，通过地表沉降量间接反映固结度。

（1）确定固结系数变化范围

本工程以监测孔 C9 附近钻孔作为分析对象，土层由上而下分别按 2m 素填土、10m 淤泥层和 0.1m 黏土层（该层仅起到计算边界条件作用），附加荷载采用 90kPa，

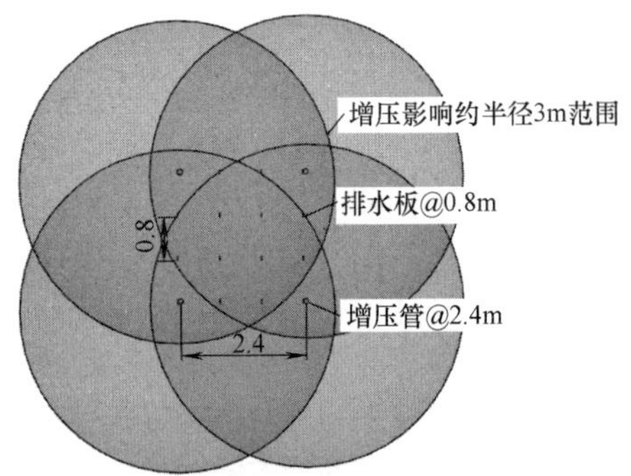

(a) 重构土平面图

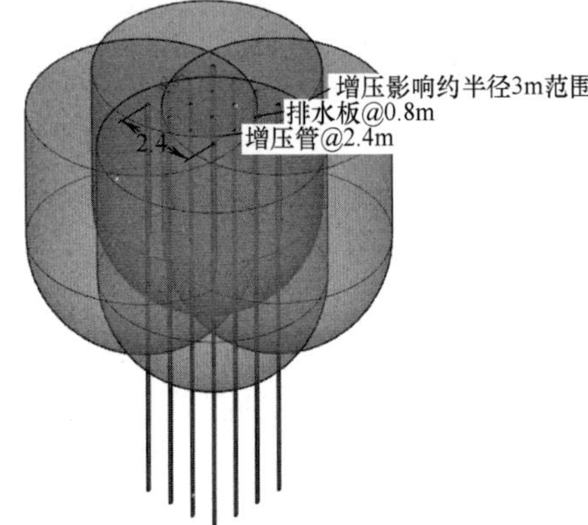

(b) 重构土三维图

图 4 重构土范围

Fig. 4 Range of reconstructed soil

其中 10kPa 为 1m 水深的覆水深度产生，其他参数按表 1 选取。分别设置不同固结系数（从 $0\sim96\times10^{-4}\mathrm{cm^2/s}$），按预压 1 个月时间计算，其结果如图 5 所示。

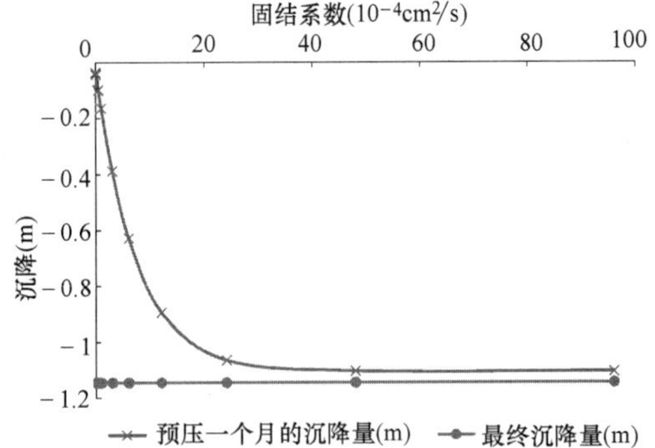

图 5 仅不同固结系数下地表沉降曲线

Fig. 5 Surface settlement curve under different coefficient of consolidation

计算结果表明，固结系数大于 38（相当于比原土固结系数放大 10 倍），其沉降收敛，与最终沉降接近。最终沉降与附加荷载大小、各级荷载下土的压缩模量（或孔隙比）有关，与固结系数无关。为此，针对增压式真空预压，可以按此方法进行简单模拟，即把重构土按 10 倍以上固结系数进行模拟快速固结，考虑到土体增压后，重构土形成了空间网状的排水通道，固结系数增大是符合实际情况的，这个是重构土固结系数取值的主要依据。

（2）第一阶段模拟计算

按 2m 素填土、10m 淤泥层和 0.1m 黏土层，其他参

数按表1选取，按2个月排水固结计算，其地表沉降曲线见图6，曲线平缓，但未收敛。

由于该模拟计算没有考虑插板期间沉降，开始阶段是没法吻合的，主要是欠固结软土特性决定的。

（3）第二阶段模拟计算

按2m素填土、6m重构土（4m增压管入土深度+2m影响范围，本工程按真空度下降10kPa进行增压施工）和0.1m黏土层，除固结系数取$38\times10^{-4}cm^2/s$外，其他参数按表1选取，按1个月排水固结计算，其地表沉降曲线参见图6，曲线很快收敛。

本次计算是采用初始原土参数进行的，但实际经过1个月左右的真空预压后，其地表已发生一定的沉降，孔隙比、压缩模量等均已发生变化，所以该阶段的有效沉降应有小于1的系数修正，按经验，其取值为0.6～0.75之间较符合该阶段地表沉降，一般重构土下卧软土层较厚取小值，反之则取较大值。

（4）曲线整合

由于以上2个阶段的计算是独立的，拟合整个过程则把第二阶段的修正沉降量曲线移动至第一阶段对应时点进行曲线整合，详见图6，整个过程按下式分阶段计算。

$$S=S_1+\eta S_2 \tag{4}$$

式中，S_1为未增压阶段的真空预压地表沉降量；S_2为增压阶段重构土的原始地表沉降量；η为沉降修正系数，本工程取0.65。

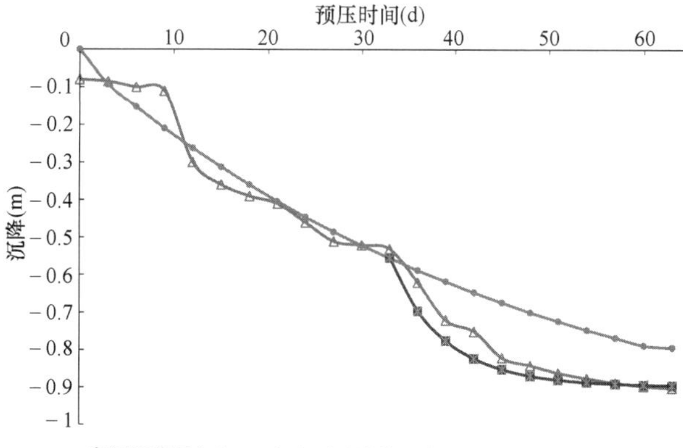

图6　三种不同形式的地表沉降曲线

Fig. 6　Surface settlement curves in three different forms

通过对比分析，该快速拟合的地表沉降曲线符合施工规律，较好地反映了增压施工的关键步骤，相当于该层土基本15d到1个月基本固结完毕，工后沉降主要为重构土下卧土层的继续固结沉降。

5　结论与展望

5.1　结论

本文对较厚欠固结软土地基快速固结技术的探索，主要得出以下结论：

（1）真空增压阶段，相当于重新激活了被淤堵的排水板、重构了增压管影响范围内的土体，根据实践效果检验，通过增压处理，基本淤堵的排水板重新排水，沉降加速。

（2）本文主要以较成熟的固结理论为依据，采用分步式的计算方法，以最终固结沉降为计算目标，得到较贴近实际的结果，过程主要采用重构土的平均固结系数进行简化计算，不必纠结于施工过程土体的各种不可预测的变化，例如土中裂缝大小、分布规律、渗透系数大小、真空度衰减及土体附加应力变化等，导致计算异常复杂，一般工程人员不好理解，进一步推广难度大。

（3）由专利技术开始，经过多个项目的检验，对于15m以内的较厚欠固结软土，采用5m左右深度的增压管进行增压式真空预压，可以快速、有效地得到较理想的处理效果。

（4）经增压式真空预压快速固结处理，可以尽快插入桩基础施工，保证桩的摩阻力有效提高及基本消除欠固结软土的负摩阻力，从工期、造价降低和提高工程可靠度方面考虑，该技术有明显优势。

5.2　展望

由于岩土工程具有实践先行的特点，其后总结提炼出经验数据或理论，反过来促进该技术的更大发展。

目前由于市场对此技术认识不足，相应技术标准没有跟上，导致在使用上有一定障碍，例如在设计上就没有合理的参数可供选择，往往需要经验数据，导致计算结果差异大，也就意味着业主方难以接受不成熟的技术。

本次探索在数据积累、模型深入分析仍然存在不足，有待进一步研究，为此展望如下：例如勘察阶段通过排水量反算重构土的平均固结系数，更准确预测增压效果，另外计算软件也针对增压式真空预压增加计算模块，从而为设计阶段提供强有力支持，增大易用性、更便于推广，以发挥该技术的社会效益。

参考文献：

[1]　金亚伟，金亚君，蒋君南，等．增压式真空预压固结处理软土地基/尾矿渣/湖泊淤泥装置：200820160080.7[P]．2009-07-15.

[2]　沈宇鹏，冯瑞玲，钟顺元，等．增压式真空预压在铁路站场地基处理的优化设计研究[J]．铁道学报，2012，34(4)：88-93.

[3]　雷华阳，胡垚，雷尚华，等．增压式真空预压加固吹填超软土微观结构特征分析[J]．岩土力学，2019，40(S1)：32-40.

[4]　邹锋，陈运涛，刘文彬．不同真空预压施工工艺的应用效果及经济性[J]．中国港湾建设，2018，38(8)：20-23.

[5]　何超亮．增压防淤堵真空预压法在某道路工程中应用研究[J]．福建建筑，2017(9)：62-64.

[6]　沈宇鹏，余江，刘辉，等．增压式真空预压处理站场软基效果试验研究[J]．铁道学报，2011，33(5)：97-103.

[7]　雷华阳，李宸元，刘景锦，等．交替式真空预压法加固吹填超软土试验及数值模拟研究[J]．岩石力学与工程学报，2019，38(10)：2112-2125.

深层夯扩桩复合地基在不均匀地基中的应用

蒙　军，许立明，蒙泽宇，桂　宇，张益波
（贵阳云海岩土工程有限公司，贵州 贵阳 550000）

摘　要：深层夯扩桩复合地基通过控制成桩过程中的贯入度，从而达到控制桩竖向支撑刚度相近的目的，解决了不均匀地基上产生的不均匀沉降问题，使建筑物的沉降差满足规范设计要求。

关键词：深层夯扩桩；复合地基；贯入度；竖向支撑刚度

作者简介：蒙军，男，1964年生，正高级工程师。主要从事岩土工程勘察、设计、施工工作。

Deep compaction pile composite foundation in the application of the uneven foundation

MENG Jun, XU Li-ming, MENG Ze-yu, GUI Yu, ZHANG Yi-bo
(Guiyang Clouds in Geotechnical Engineering Co., Ltd., Guiyang Guizhou, 550000)

Abstract: Deep compaction pile composite foundation by controlling in the process of pile penetration, so as to achieve the aim of similar control supporting pile vertical stiffness, solves the uneven foundation uneven settlement of the problems, the differential settlement of building design requirements specification.

Key words: deep compaction piles; composite foundation; penetration; the vertical support stiffness

1　引言

由于岩土的复杂性，在工程建设实践中，我们常遇到不均匀地基问题，新近回填场地、邻近河流沟谷场地、岩溶场地等往往存在地基不均匀问题。采用常规方法工程造价高，且常产生安全和质量事故。如何既满足建筑物承载力要求，又解决不均匀地基上产生的不均匀沉降问题，使建筑物的沉降差满足规范设计要求，从而经济、环保地进行工程建设，是一个值得我们深思解决的问题。

2　基本原理

本公司通过多年实践、总结，成功地在普通刚性桩复合地基基础上研发高承载力（f_{spk}=300～500kPa）、高压缩模量（E_{sp}=20～40MPa）复合地基深层夯扩桩复合地基（SPG桩）并研发制造了具有自主知识产权的深层夯扩桩机，解决了深层夯扩桩复合地基的关键技术。深层夯扩桩是一种采用全钢套管挤压成孔夯击成型扩大头的混凝土灌注桩施工工艺流程见图1。

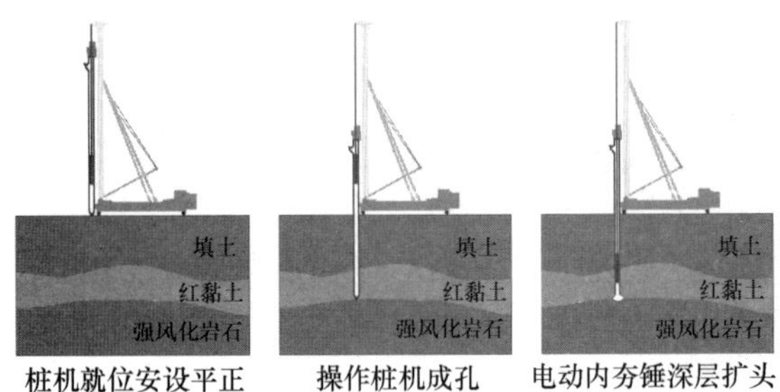

图1　施工工艺流程图

Fig. 1　The construction process flow diagram

关键技术（深层夯扩桩机）为云海公司研制（获得国家实用新型专利：ZL 2014 2 0666551.7），该装置采用全钢套管振动夯击成孔。沉管达到设计深度后，管端活门打开，用电动内夯自由锤（夯击能1000kN·m）夯击桩端持力层。当桩端为土层时，使桩端一定范围内的土体得到有效挤密，承载力和压缩模量有大幅度的提高，在管内灌入一定高度的混凝土，用内夯自由锤（夯击能1000kN·m）不断夯击混凝土，使管内混凝土挤出管外，形成圆柱形扩大载体，然后拔出内夯自由锤，灌注桩身混凝土，边灌注边拔管，最终形成带有圆柱形扩大头，且混凝土密实的桩（图2～图4）。

深层夯扩桩复合地基将深层夯扩桩设计成复合地基的增强体，深层夯扩桩施工采用挤土工艺成孔，在一定程度上挤密了桩间土，故在欠固结回填土中进行深层夯扩桩复合地基处理时，可考虑深层夯扩桩施工对欠固结回填土的挤密固结作用。若桩距设计布置合适，可在施工过程中完成回填层的自重固结，解除回填层后期对桩的负

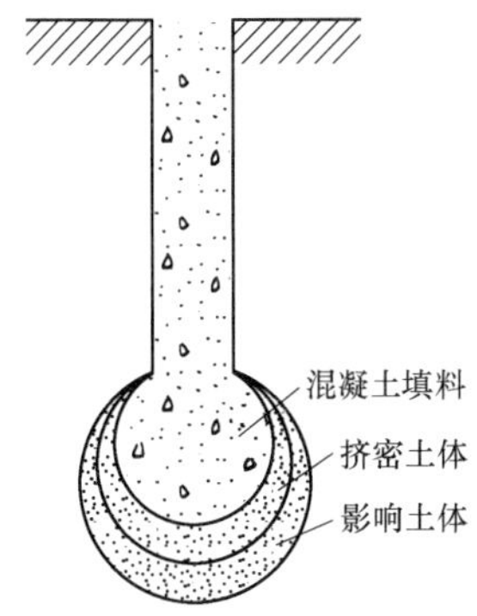

图 2　土层夯扩桩身大样图

Fig. 2　Soil compaction pile body details

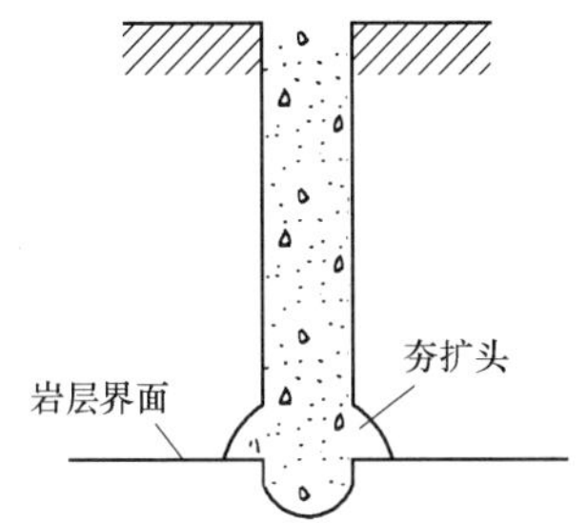

图 3　岩层水平夯扩桩身大样图

Fig. 3　Shale compaction pile body details

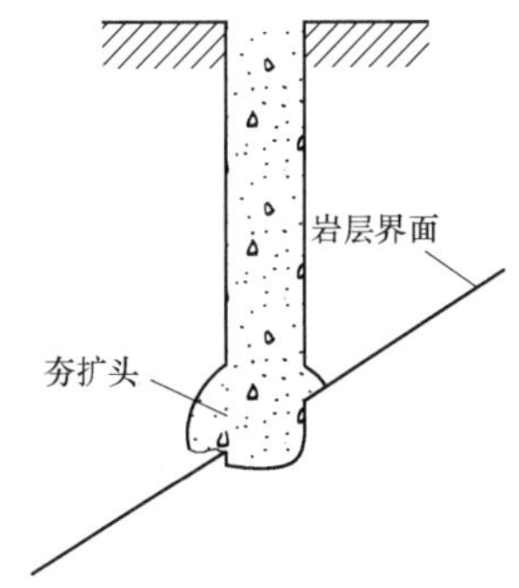

图 4　岩层倾斜夯扩桩身大样图

Fig. 4　Tilted strata compaction pile body details

摩阻力。施工后对桩间土进行了重型动力触探检测，锤击数可达 5～9 击，处理后的桩间土可达稍密状态。深层夯扩桩复合地基与常规的增强体为有胶结强度的刚性桩复合地基一样都是通过褥垫层发挥桩与桩间土的承载力，实现桩土共同受力。因此深层夯扩桩复合地基设计时承载力计算公式参照常规复合地基承载力的计算模型进行估算。复合地基承载力计算公式参照《建筑地基处理技术规范》JGJ 79—2012[1]：

$$f_{spk}=\lambda m\frac{R_a}{A_p}+\beta(1-m)f_{sk} \tag{1}$$

式中，f_{spk} 为复合地基承载力特征值；λ 为单桩承载力发挥系数；m 为面积置换率；R_a 为单桩竖向承载力特征值；A_p 为桩的截面积；β 为桩间土承载力发挥系数；f_{sk} 为处理后桩间土承载力特征值。

在西南地区，特别在贵州、广西、云南部分地区，不同场地地质条件差异较大，单桩竖向承载力特征值宜通过静载试验确定。

深层夯扩桩从受力原理分析，混凝土桩身相当于传力杆，夯扩头相当于扩展基础，上部荷载主要通过桩身传递到夯扩头，再通过挤密土体、影响土体逐级扩散，最终传递到夯扩头下的持力层。深层夯扩桩承载力主要来源于夯扩头和桩身侧阻力，成桩的终止条件按最后 3 锤的贯入度确定。同一场地用同一设备所施工的刚性桩用相同的贯入度控制终孔，从施工工艺上保证了其竖向支承刚度相接近，从而较好地解决了不均匀地基上产生的不均匀沉降问题。

由于此工法可通过相同贯入度控制成桩终止条件，即人为控制调节桩的竖向支承刚度，使每根刚性桩的竖向支承刚度（K_p）相接近，然后再通过褥垫层的厚薄调节刚性桩复合支承刚度（kN/m），使其与地基土的刚度系数（kN/m^3）相匹配，最终达到整个加强处理的复合地基场地整体支承刚度相接近，从而调节不均匀沉降差，满足设计规范的要求。

3　工程案例

3.1　案例一

清织金丰伟·龙湾国际 3 号地块 1 号、3 号楼，框剪结构，地下 1 层，地上 24 层，场地地基岩土主要特点为上覆土层主要为卵石层，下伏基岩为灰岩，岩溶强发育，埋深较深为 15～60m，平均埋深 32m，部分超过 60m 未见基岩，且地下水位埋深较浅，场地地层见图 5。在其他

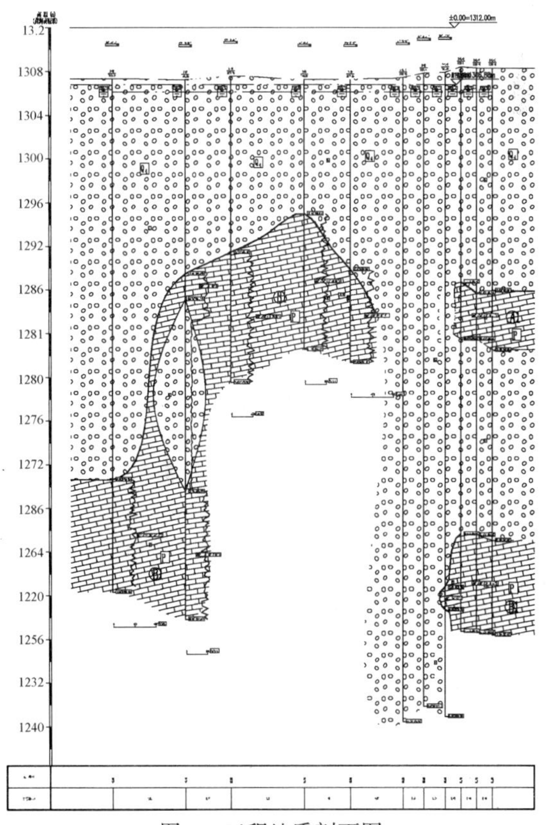

图 5　工程地质剖面图

Fig. 5　Engineering geological profile

基础方案均不可行时，最终设计采用深层夯扩桩复合地基进行地基加强处理。

本设计采用深层夯扩桩（SPG）工法进行复合地基加强处理，设筏板基础。本工程桩直径为600mm，正方形布桩，桩间距1.9m，桩端置于卵石层，当卵石层埋置深度≥25m时，桩长L定为25m，成桩的终止条件按最后3min的贯入度确定，最后3min的贯入度≤10mm/min，夯锤最后3击的贯入度≤20mm/3击，即可成桩。设计要求单桩竖向承载力特征值$R_a=800$kN，复合地基承载力特征值$f_{spk}=400$kPa，复合地基变形模量$E_s\geq22$MPa。为了确保该工法在本场地运用达到要求，在正式施工前，须进行单桩竖向承载力特征值、复合地基承载力特征值静载荷试验检测，检验所选设计参数及施工工艺要求是否适合。根据试验结果，达到设计要求后，方能全面开展施工，否则应由设计人员进行相应调整，要求如下：(1) 对一组3根试验桩进行单桩静载荷试验，要求单桩竖向承载力特征值$R_a\geq800$kN；(2) 对一组3根试验桩进行复合地基静载荷试验，要求复合地基承载力特征值$f_{spk}\geq400$kPa。清土和截桩时，应采用小型机械或人工剔除等措施，不得造成桩顶标高以下桩身断裂或桩间土扰动。在做褥垫层前需用打夯机将桩间土夯实。级配碎石褥垫层厚150mm，其中碎石最大粒径不宜大于30mm。砂石比为3（砂）：7（碎石），褥垫层铺设用振动打夯机夯实，夯填度为0.85。

在施工完成后，贵州联建土木工程质量检测监控中心有限公司对该项目复合地基进行了静载试验。经复合地基静载试验表明：在同一场地、相近工程地质条件下，清织金丰伟·龙湾国际3号地块单桩承载力特征值为960kN；复合地基承载力特征值为400kPa，变形模量为41.6MPa，满足设计要求。采用低应变法试验对桩身完整性进行了检测，检查数量10%，检测结果合格。施工后进行了沉降观测，最大累计沉降量为13.2mm，最大沉降差为5.9mm，满足《建筑地基基础设计规范》GB 50007—2011表5.3.4的要求。

3.2 案例二

清镇市铁鸡巷安置3号楼，结构形式为框架结构，地下1层，地上3层，场地属新回填场地，填土厚度4～17m，未压实；填土材料为黏土夹碎石，碎石含量约占40%。场地地层情况见图6。

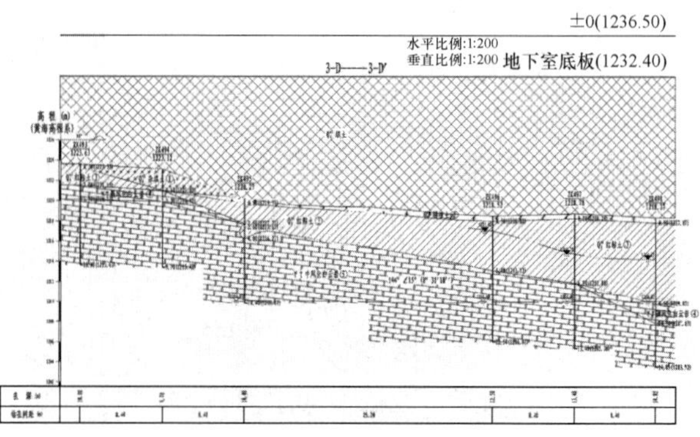

图6 工程地质剖面图

Fig. 6 Engineering geological profile

场地地基土主要特点是新回填欠固结，而且回填深度较深，其他施工方案不宜实施。根据上部结构荷载不大的情况，从施工安全度、质量保证水平等情况分析，结合我公司多项相同地质情况场地的成功加强处理经验，决定选用深层夯扩桩复合地基方案，以消除场地的欠固结性，提高地基承载力、减少变形。同时该方案在成桩过程中采用振动挤土沉管工艺，无土方外运，从而具有较好的经济性、环保及施工周期短等明显优势。

贵州工大土木工程试验检测股份有限公司对该项目复合地基进行了静载试验。经复合地基静载试验表明：该项目复合地基承载力特征值为297kPa，单桩承载力特征值为650kN，变形模量为73MPa，满足设计要求。

3.3 案例三

贵阳市东山新里程11号楼，结构形式为框架-剪力墙结构。拟建区域上覆土层为新近回填杂填土层、黏土层，杂填土层厚度0.7～16.2m，黏土层厚度1.4～19.5m，下卧地层属于二叠系上统龙潭组（P2c）薄—中厚层泥灰岩，场地地质剖面图见图7。在旋挖钻机成孔、人工挖孔桩基方案均不可行时，最终设计采用深层夯扩桩复合地基进行地基加强处理。

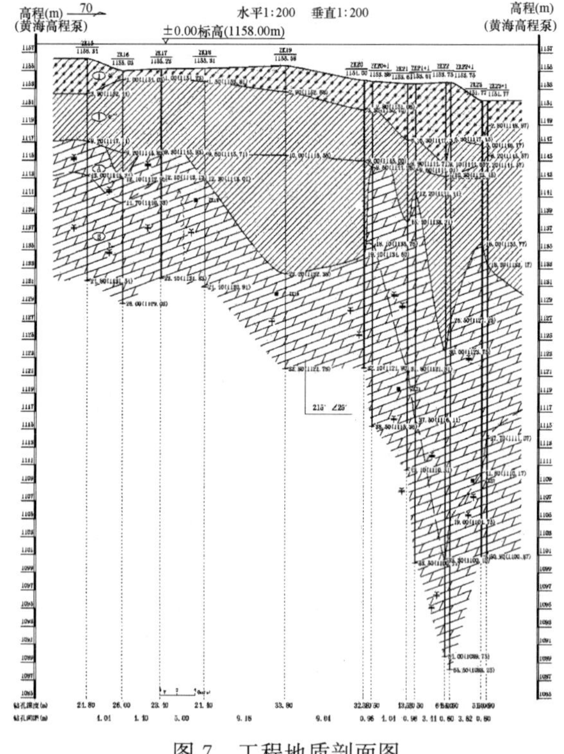

图7 工程地质剖面图

Fig. 7 Engineering geological profile

贵州工大土木工程试验检测股份有限公司对该项目复合地基进行了静载试验。经复合地基静载试验表明：该居住小区11号楼复合地基桩间土承载力特征值为131.9kPa；单桩承载力特征值为720kN；复合地基承载力特征值为353kPa，变形模量为92MPa。以上数据符合《建筑地基处理技术规范》JGJ 79—2012，相互之间匹配，满足设计要求。

3.4 案例四

贵州万豪商贸总部项目 18 号楼，结构形式为框架-剪力墙结构，地下 1 层，地上 18 层。场地地基岩土主要特点为岩溶裂隙或串珠状溶洞很发育，最大岩溶发育深度 >57.0m，整体属岩溶强发育地段。局部钻孔因岩溶发育钻探深度至 57.0m 未见底，大部分岩溶发育深度在 10～40m 之间，场地地质剖面图见图 8。其他施工方案不宜实施，决定选用深层夯扩素混凝土挤密桩复合地基方案。

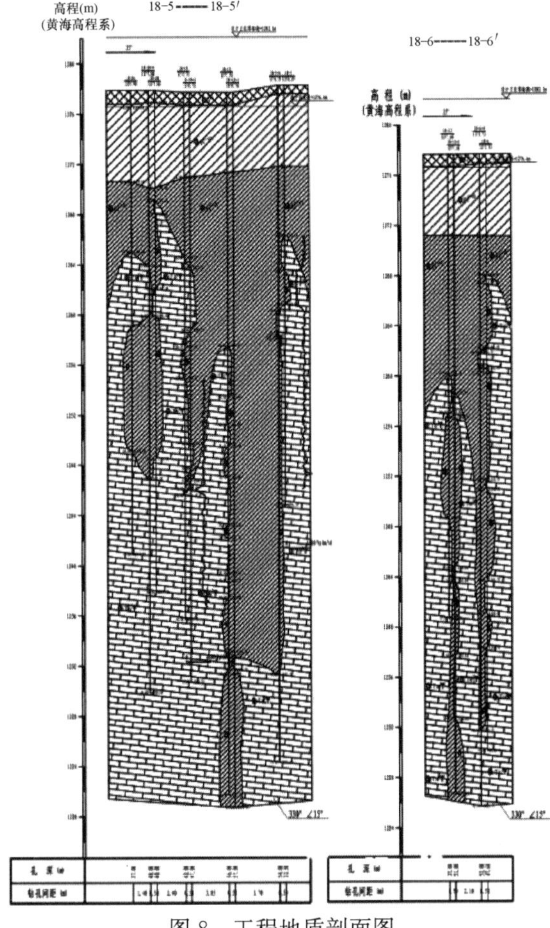

图 8 工程地质剖面图

Fig. 8 Engineering geological profile

贵州黔弘工程质量检测有限公司对该项目复合地基进行了静载试验。经复合地基静载试验表明：单桩承载力特征值为 700kN；复合地基承载力特征值为 295kPa；变形模量为 80MPa，满足设计要求。

4 结束语

通过以上多个成功案例证明了深层夯扩桩复合地基通过控制成桩过程中冲击荷载下的竖向支撑刚度（贯入度），从而可达到控制静荷载下的桩支撑刚度相近的目的。既满足了建筑物的承载力要求，又解决了不均匀地基上产生的不均匀沉降问题，使建筑物的沉降差满足规范设计要求，从而经济、环保的进行工程建设。

参考文献：

[1] 中华人民共和国住房和城乡建设部. 建筑地基处理技术规范：JGJ 79—2012 [S]. 北京：中国建筑工业出版社，2012.

[2] 中华人民共和国住房和城乡建设部. 复合地基技术规范：GB/T 50783—2012 [S]. 北京：中国计划出版社，2012.

桩 基 础

复合桩水泥土环作用和设计参数的理论分析

刘金波*[1]，汪　宁[2]，张　松[1]
（1. 中国建筑科学研究院地基基础研究所　国家建筑工程技术研究中心，北京 100013；2. 中国科学院力学研究所，北京 100190）

摘　要：钢筋混凝土和水泥土复合桩与普通钢筋混凝土桩比，具有承载力高、施工速度快、环保、经济等优点，对于复合桩的这些优点，复合桩的水泥土环起到关键作用。围绕水泥土的剪胀特性，分析了水泥土环对承载力提高的作用、水泥土的强度要求和水泥土环的理想直径，得出水泥土环的剪胀是复合桩承载力提高的主要原因之一；水泥土的强度过高不利于承载力的提高，满足和混凝土芯桩不出现滑移即可；水泥土环直径与芯桩直径比为 2 左右是较理想设计参数等结论。
关键词：复合桩；芯桩；水泥土环；剪胀；水泥土强度；水泥土环与芯桩桩径比
作者简介：刘金波(1964—)，男，研究员，博士，主要从事地基基础研究与工程技术服务。E-mail:cabrljb@126.com。

The effect of cement-soil on composite piles: a theoretical model and parameter analysis

LIU Jin-bo* [1]，WANG Ning[2]，ZHANG Song[1]
（1. Institute of Foundation Engineering China Academy of Building Research，Beijing 100013，China；2. Institute of Mechanics，Chinese Academy of Sciences，Beijing 100190，China）

Abstract: The composite piles，which consist of a reinforced concrete core pile and its outer cement-soil material，has the advantage of high-bearing capacity，high speed and low-cost of construction，environmental-protection，etc. Most of the advantages above are due to the characteristic of the cement-soil column surrounding the concrete pile. Centering on the dilatancy of cement-soil material，a theoretical model is proposed for analyzing the effect of dilatancy on the foundation's vertical bearing capacity. The proper diameter and strength of the cement-soil column are also analyzed. The dilatancy of cement-soil material is found to be one of the main factors which rise the bearing capacity of the composite piles. The strength and rigidity of cement-soil column shows a negative correlation with the increase of bearing capacity. The strength of cement-soil also should not be too low to maintain the shear capacity of the interface of concrete pile and cement-soil. The example shows a diameter which is 2 times the core pile diameter is proper for the cement-soil column.
Key words: composite piles; core-pile; cement-soil column; dilatancy; strength of cement-soil; diameter ratio of core pile and cement-soil column

1　引言

复合桩是指由钢筋混凝土芯桩和水泥土外环同心结合在一起形成的桩，如图 1 所示。混凝土芯桩可以是现浇混凝土桩，也可以是预制混凝土桩，现在应用广的为预制混凝土桩和水泥土桩的结合，即在水泥土未凝固前插入预制桩。1998 年刘金波在河北省新河钻机厂进行了系列复合桩的试验研究[1-2]，并和普通的泥浆护壁钻孔灌注桩进行对比试验。试验结果表明，在相同地质条件、相同桩径和桩长情况下，复合桩的承载力明显高于灌注桩，并具有环保、施工速度快、质量稳定等优点。

复合桩的上述优点也得到了国内其他学者类似试验的证明，如邓亚光等以混凝土管桩作为芯桩，粉喷桩作为外环的复合桩，试验发现仅使用 12m 长单节管桩形成的复合桩，其竖向承载力可达到原设计 38m 长相同直径管桩承载力[3]。岳建伟、凌光容在粉质黏土场地中采用长 14m 截面 0.27m×0.27m 混凝土预制桩，复合直径 0.6m 水泥土搅拌桩进行试验，也获得了较好的水平承载力结果[4]。

复合桩和普通混凝土桩的主要区别在于水泥土环，本文以复合桩水泥土环作为分析对象，通过对水泥土环受力的计算，分析水泥土环对复合桩承载力提高的影响，确定合理水泥土环与芯桩桩径比及水泥土强度的影响和要求。

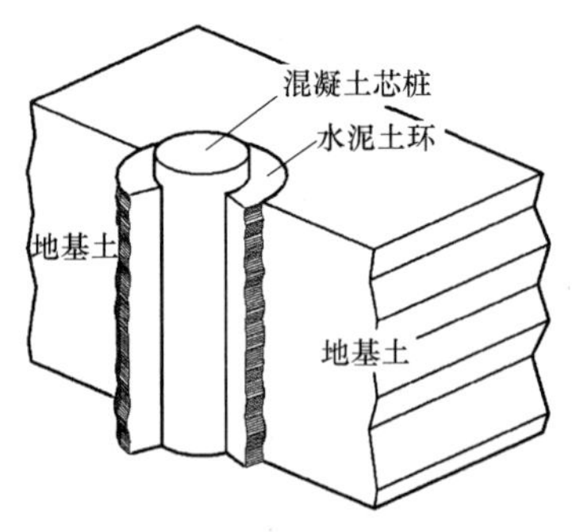

图 1　复合桩剖视图

Fig. 1　Cutaway view of a composite pile

2 理论模型与基本假设

理论模型的几何特征如图 2 所示。其中，R_1 为混凝土芯桩半径，R_2 为水泥土环外半径。E、G、ν 分别为水泥土弹性模量、剪切模量和泊松比，ψ 为水泥土剪胀角。F 为单位桩长对应的侧阻力（亦即环形界面总剪力），单位为 kN/m；σ 为因剪胀产生的水泥土环外侧表面法向压力，以受压为正方向；s 为剪胀作用下水泥土外壁的位移，以向外侧为正方向。

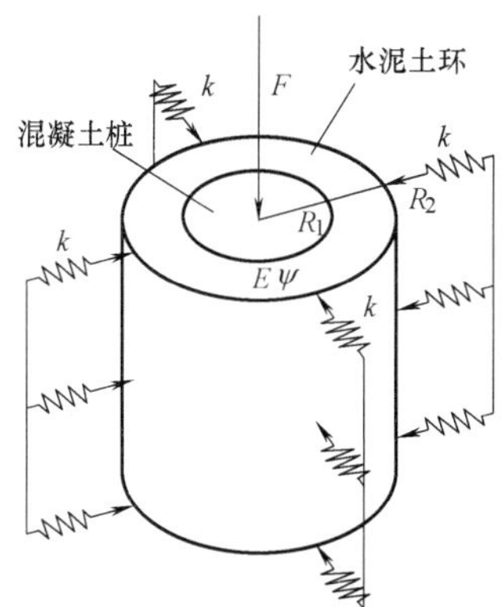

图 2 理论模型示意图

Fig. 2 Theoretical model of composite piles

理论模型采用如下边界条件：

(1) 假设水泥土环内侧混凝土桩刚度足够大，外荷载由混凝土芯桩承担，且桩与水泥土界面不会因挤压产生向桩心的压缩变形。这主要是因为混凝土材料相比水泥土，弹性模量大约高 2 个数量级。

(2) 水泥土环外侧土压力与界面位移呈正比，比值 k 表示侧向推动土体产生单位位移所需的压力，其值应和土的压缩模量、扁铲侧胀试验参数有较直接的对应关系。

此外，上述模型还采用如下基本假设：

(1) 水泥土环变形遵循平面应变假设，桩对水泥土环内侧施加的剪力沿深度方向均匀；

(2) 水泥土环变形过程的应力应变遵循线弹性规律，E 和 k 为相关弹性参数；

(3) 当无周围土体约束时，剪胀性带来的水泥土环体积增大效应可完全体现。

3 公式推导

水泥土环与周围土之间的压力对桩侧摩阻力的发挥有重要影响，界面压力增大，侧摩阻力提高。基于前面假设，对水泥土环剪胀作用造成水泥土和土界面正压力变化的过程进行推导。

根据模型的上述边界条件和基本假设，在剪胀作用下，界面正应力的关键求解过程描述如下：

根据剪胀角的定义，水泥土距离桩心 r 位置处，在自由剪胀下的体积膨胀率为（以体积膨胀为正）：

$$\varepsilon_{VS}=\tau/G\times\tan\psi \tag{1}$$

剪应力向桩外传递过程中，其总竖向力不减少，剪应力随所在位置到桩心距离增大而减小。因此式 (1) 可继续写为如下形式：

$$\varepsilon_{VS}=F\tan\psi/(2\pi rG) \tag{2}$$

假设上述剪胀量在不受外层土体约束（即 $\sigma=0$）的情况下得以完全转换为水泥土环的体积变化。对式 (2) 中体积应变在水泥土环范围内（即 $R_1\leqslant r\leqslant R_2$）进行积分，得到整个水泥土环的自由体积膨胀量：

$$\begin{aligned}V_S&=\int_{R_1}^{R_2}\int_0^{2\pi}F\tan\psi/(2\pi rG)\times r\mathrm{d}\theta\mathrm{d}r\\&=F(R_2-R_1)\tan\psi/G\end{aligned} \tag{3}$$

该体积膨胀量对应的自由膨胀半径为：

$$R_3=\sqrt{F(R_2-R_1)\tan\psi/\pi G+R_2^2} \tag{4}$$

根据水泥土环外侧位移为 s，推导出水泥土环实际的体积膨胀量为：

$$V=\pi[(R_2+s)^2-R_2^2]=\pi(s^2+2sR_2) \tag{5}$$

同样根据水泥土环外侧位移为 s，水泥土环外边界土压力表示为：

$$\sigma=ks \tag{6}$$

根据平面应变假设，水泥环轴向应变为 0。假设水泥土环从自由膨胀半径 R_3 压缩到实际膨胀半径 R_2+s。该过程中，根据图 3，假设径向应变分布均匀，水泥土表面的三向应变可表示为式 (7) 中形式。

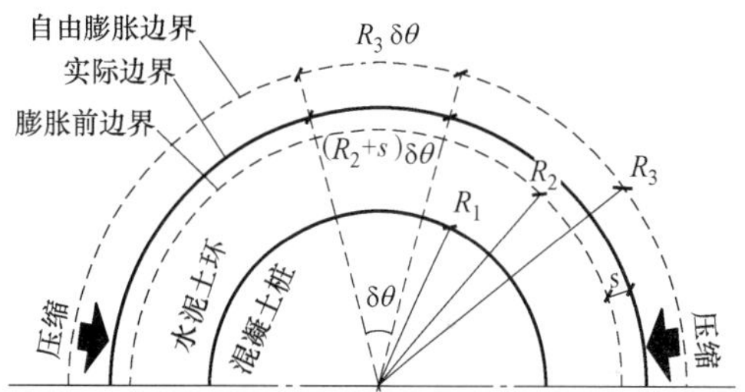

图 3 水泥土剪胀变化示意图

Fig. 3 Dilatancy of cement-soil column

$$\begin{cases}\varepsilon_z=0\\\varepsilon_r=(R_3-R_2-s)/(R_3-R_1)\\\varepsilon_c=(R_3-R_2-s)/R_3\end{cases} \tag{7}$$

其中，ε_z、ε_r、ε_c 分别表示土体沿竖向、径向和切向的正应变。

在上述应变状态下，根据各向同性胡克定律推导表面径向应力：

$$\sigma=\frac{E}{(1-2\nu)(1+\nu)}[(1-\nu)\varepsilon_r+\nu\varepsilon_c] \tag{8}$$

联立式 (6)～式 (8) 解得：

$$s=\frac{R_3-R_2}{k\dfrac{(1-2\nu)(1+\nu)R_3(R_3-R_1)}{E(R_3-R_1\nu)}+1} \tag{9}$$

回代入式 (6) 即可得到剪胀效应对水泥土环与土体界面正应力的影响：

$$\sigma=\frac{k(R_3-R_2)}{k\dfrac{(1-2\nu)(1+\nu)R_3(R_3-R_1)}{E(R_3-R_1\nu)}+1} \tag{10}$$

4 参数选取和计算分析

根据宋新江对水泥掺入比12%的水泥土的三轴剪切试验成果[5]，等p剪切试验下水泥土试样体积应变和轴向应变关系（以膨胀方向为正方向）如图4所示。

地基土重度16～18kN/m^{3}较为常见，结合图4可知，20m深度对应围压下水泥土仍具有较明显的剪胀性。取图中围压为300kPa和400kPa对应的曲线剪胀段作为水泥土剪胀性能参考，根据三轴试验剪胀角的定义：

$$\tan\alpha = 2\sin\psi/(1-\sin\psi) \tag{11}$$

其中，$\tan\alpha$为剪胀过程中，体积应变和轴向应变的比值。

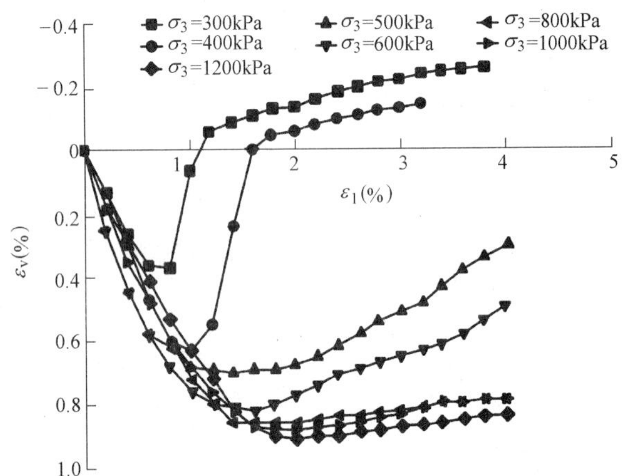

图4 水泥土轴向应变-体变关系曲线（宋新江，2011）

Fig. 4 Relationship between axial and volume strain of cement-soil

根据式（11）计算图4中水泥土试样剪胀角约为24°。作为本模型中水泥土剪胀角的参考值。

根据上述理论解，设定对照组工况其他参数如表1所示。其中水泥土材料弹性模量设置为120MPa；泊松比为0.28[6]；混凝土芯桩桩径0.5m，水泥土环外径0.9m[1]。

对照组算例参数　　表1

Parameters of control example　Table 1

参数	含义	单位	数值
E	水泥土弹性模量	kPa	120000
ν	水泥土泊松比		0.28
ψ	水泥土剪胀角	°	24
μ	水泥土-土界面摩擦系数		0.4
R_1	混凝土桩半径	m	0.25
R_2	水泥土环外径	m	0.45
F	水泥土环侧阻力	kN/m	200
k	水泥土-土界面约束刚度	kN/m^3	150000

在上述工况下，根据式（10）解得因剪胀性引起的水泥土-土界面正压力增量σ为17.27kPa，其可使桩轴线方向上每延米桩土界面侧摩阻力提高19.53kN/m，约占原侧摩阻力的9.8%。

水泥土弹性模量发生改变时，与土体界面正压力增量变化规律如图5所示。由图5可看出，剪胀性对水泥土-土体界面压力的增大效果随水泥土刚度的增大而减弱。二者关系呈近似双曲线的反比关系，这主要是因为水泥土环的刚度增大直接导致了其剪应变的减小，并进而阻碍了体积膨胀效果的发挥。

然而，考虑到水泥土变形刚度和强度一般存在正相关性，片面追求刚度降低将导致剪力相对较大的内圈水泥土率先发生剪坏，反而使剪力无法向桩周土传递。故应根据土的侧摩阻力，首先确保水泥土和芯桩之间不发生剪坏，这可根据水泥土桩和芯桩桩径比，考虑一定的安全系数算出；一般水泥土强度大于对应原状土强度8倍时，可保证不在水泥土环与混凝土芯桩间发生破坏，而是在水泥土环与土之间发生破坏。

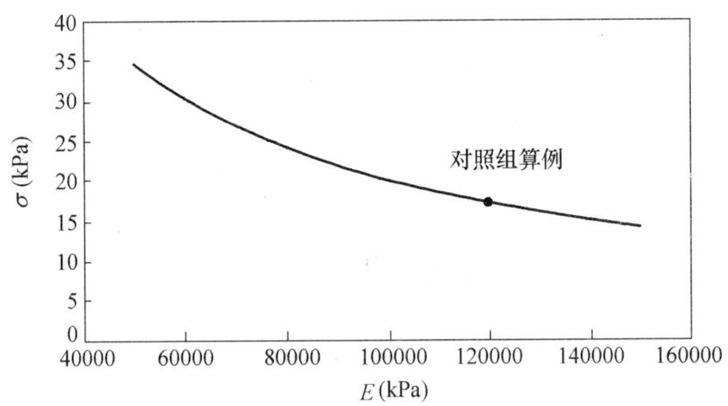

图5 水泥土刚度对水泥土-土体界面压力的影响

Fig. 5 Effect of E on σ

水泥土环外圈范围发生改变时，与土体界面正压力增量变化规律如图6所示。水泥土环外圈界面正压力起初随水泥土环厚度增大而增大，且增长幅度逐渐减小并在曲线后段逐渐变为负增长。这一方面是由于越远离桩心，水泥土剪力衰减越显著，剪胀效果越不明显，因此扩大水泥土桩外径对体积膨胀量的增大效果会越来越小；另一方面，扩大水泥土桩外径会减小在相同体积膨胀量下的外侧膨胀位移，进而减小对周边地基土的挤压作用。根据图6中曲线，水泥土环径与混凝土芯桩桩径比在2以内时，对界面压力的影响较为明显。

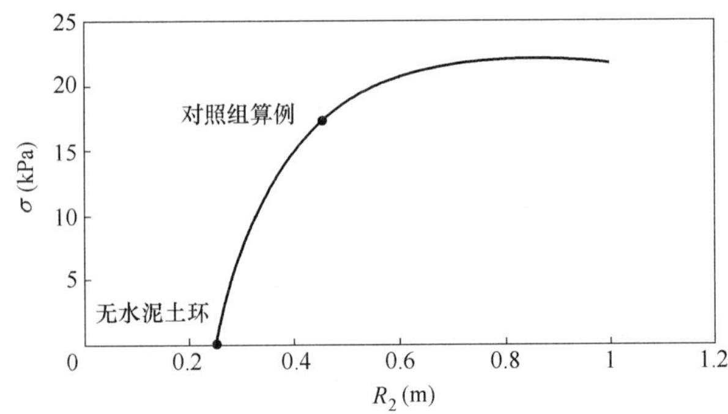

图6 水泥土环径对水泥土-土体界面压力的影响

Fig. 6 Effect of R_2 on σ

此处应注意到，水泥土环外径在一定范围内的增大不仅加大了与地基土的界面压力，也增大了界面总面积，进而对承载力有着双重提升效果。外径增大对每延米界面竖向承载力的提高量如图7所示。由图7可见，综合考虑上述两种增益作用后，界面竖向承载力提高量与外径

R_2 呈近似的线性正相关关系，斜率随 R_2 增大略有减小。

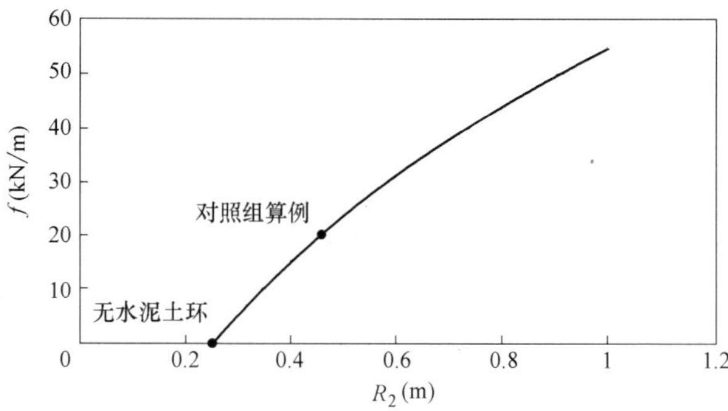

图 7 水泥土环径对每延米水泥土-土体界面抗剪承载力的影响

Fig. 7 Effect of R_2 on f

对比图 6 和图 7 归纳出：线性段的前半段，水泥土环和地基土界面面积虽大但剪胀性尚未发挥，承载力提高量受剪胀效应影响；后半段，虽剪胀效应引起的界面压力增量趋于稳定，但地基土界面面积不断增大，承载力提高量主要受界面面积变化的影响。可见，图 7 虽总体表现为近似的线性特征，但其增长过程隐含了剪胀性和界面面积这两种增益因素主次地位的变化。

当水泥土环外径不变，混凝土桩桩径扩大时，土体界面正应力变化规律如图 8 所示。计算结果显示，水泥土环外边缘界面压力随混凝土芯桩直径增大而单调减小，且二者大致呈线性关系。这说明，在相同外径的情况下，混凝土芯桩占比越大，越不利于水泥土环剪胀性的发挥以及外侧界面压力的增长。这可以解释试验[1] 中 900mm 直径的混凝土桩承载力为什么低于相同直径复合桩。

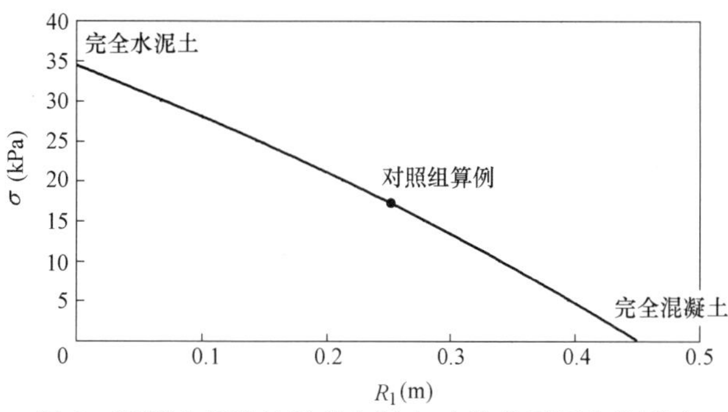

图 8 混凝土芯桩桩径对水泥土-土体界面压力的影响

Fig. 8 Effect of R_1 on σ

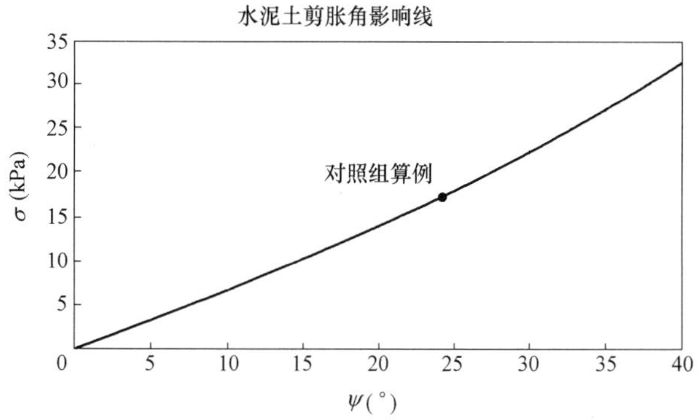

图 9 水泥土剪胀角对水泥土-土体界面压力的影响

Fig. 9 Effect of ψ on σ

水泥土剪胀角发生改变时，土体界面正压力增量变化规律如图 9 所示。在计算参数范围内，水泥土环外边界正压力与剪胀角近似呈正比例、正相关关系，曲线斜率随剪胀角增大而略有增大。

5 结论

（1）水泥土的剪胀作用可使水泥土环与混凝土芯桩、环外土之间的界面压力提高，利于桩侧摩阻力的发挥，由于剪胀作用，水泥土环与外围土间侧摩阻力可提高 10% 左右；

（2）水泥土强度只要保证复合桩的破坏面不发生在水泥土环和芯桩之间，而是发生在水泥土环和土之间即可，过高的强度不利于其剪胀性能的发挥，且造成浪费；

（3）在混凝土桩桩径不变的条件下，水泥土环外径在一定限度内的扩大有利于界面压力的提高，但扩大到芯桩直径约 2 倍时，对水泥土环和土的界面压力的影响将不再显著甚至发生负增长，即水泥土环径和芯桩桩径比为 2 是理想的设计参数；

（4）在相同水泥土环径下，提高混凝土芯桩所占截面比例，使水泥土环体积减小，不利于剪胀性能发挥和桩侧摩阻力的提高，且增加造价；

（5）水泥土环剪胀性产生的外边界压力升高值近似与土体剪胀角呈正比；

（6）模型计算结果显示，水泥土剪胀性仅能使桩侧阻力提高约 10%，远不及模型试验[1] 中的承载力提高量，说明侧摩阻力的提高，还受桩土界面几何不规则性、水泥土施工时对周围土的挤压、水泥浆的外渗等因素影响，如果将上述影响与剪胀性共同考虑，将是下一步需要关注的研究方向之一。

参考文献：

[1] 刘金砺，刘金波. 水下干作业复合灌注桩试验研究[J]. 岩土工程学报，2001，23(5)：536-539.

[2] 刘金波. 干作业复合灌注桩的试验研究及理论分析[D]. 北京：中国建筑科学研究院，2000.

[3] 邓亚光，郑刚，陈昌富，等. 劲性复合桩技术综述[J]. 施工技术，2018，47(S4)：262-264.

[4] 岳建伟，凌光容. 软土地基中组合桩水平受荷作用下的试验研究[J]. 岩石力学与工程学报，2007(6)：1284-1289.

[5] 宋新江. 轴对称条件下水泥土强度特性试验研究[J]. 水利水电技术，2011，42(8)：1-6.

[6] 许胜才，张信贵，马福荣，等. 水泥土桩加固边坡变形破坏特性及模型试验分析[J]. 岩土力学，2017，38(11)：187-196.

免共振高频振沉钢管桩工艺及其轴向受荷特性研究

李卫超[1]，杨　敏[1]，蒋益平[2]，金　易[3]，章苏亚[3]，曾英俊[4]

（1. 同济大学土木工程学院，上海 200092；2. 上海市城市建设设计研究总院（集团）有限公司，上海 200125；3. 上海公路桥梁（集团）有限公司，上海 200433；4. 上海城建市政工程（集团）有限公司，上海 200065）

摘　要：免共振高频振动沉桩工艺具有施工噪声低、速度快、挤土效应弱，施工设备轻便灵活等优点；钢管桩具有强度高，在施工过程中无固废排放等优势。将两者结合，即振沉钢管桩，在上海市的改扩建工程项目中，已经逐渐成为首选的桩基础型式之一。然而，在工程实践中，沉桩困难和桩基抗压承载力不足的问题常有出现；而当前规范鲜有针对振动沉桩给出明确的设计计算方法。因此，本文在简述免共振高频振沉钢管桩应用背景的基础上，首先介绍了振动沉桩设备及工艺；其次对应用该工艺施工的开口钢管桩的设计方法进行探讨；最后结合现场足尺试验，分析了在振动沉桩过程中的桩基力学响应、提升沉桩效能的主要措施方法以及桩基抗压承载特性等问题。

关键词：免共振高频振动沉桩；开口钢管桩；轴向受荷特性；现场试验

作者简介：李卫超，男，1983 年生，副教授，博导. 主要从事软土与桩基础方面的教学与研究工作. E-mail：WeichaoLi@tongji. edu. cn。

Axial response of steel pipe piles driven with high-frequency resonance-free vibratory hammer

LI Wei-chao[1]，YANG Min[1]，JIANG Yi-ping[2]，JIN Yi[3]，ZHANG Su-ya[3]，ZENG Ying-jun[4]

（1. College of Civil Engineering，Tongji University，Shanghai 200092，China，2. Shanghai Urban Construction Design& Research Institute，Shanghai 200125，China；3. Shanghai Road and Bridge（Group）Co.，Ltd.，Shanghai 200433，China；4. Shanghai Urban Construction Municipal Engineering（Group）Co.，Ltd.，Shanghai 200065，China）

Abstract：Pile driving technique with high-frequency resonance-free vibratory hammers shows its advantages of low noise，high speed of construction，ignorable effect of soil squeezing，portable and flexible facilities，and etc. Steel pipe piles possess high strength，avoid discharging of solid waste during construction. These result in the steel pipe piles gradually being one of the first choice as the foundation and retaining structure in urban reconstruction in Shanghai. However，as the industrial construction progressing，problems with pile driving and axial compression bearing capacity occasionally encounter. Unfortunately，corresponding design guide is rarely mentioned in current standards. Based on the state-of-the-practice introduction of pile driving technique with high-frequency resonance-free vibratory hammer，this paper firstly introduces related techniques and facilities，follow which，the design method of open-ended steel pipe is described. Finally，field full-scale tests are presented，analyzed and discussed to investigate the piles' response during driving，methods to improve the pile driving efficiency，and the bearing response to axial compression.

Key words：pile driven with high-frequency resonance-free vibratory hammer；open-ended steel pipe pile；axial response；field tests

1　引言

钢管桩已在海洋、港口、桥梁、建筑等工程中得到了较为广泛的应用，但是采用传统的锤击沉桩工艺，即通过柴油或液压打桩锤产生的连续冲击力将钢管桩沉至设计标高。在锤击施工过程中，会产生噪声等环境问题，限制了钢管桩在市区建设工程中的应用。为此，上海等地区正在推广采用免共振高频振动沉桩工艺（以下简称振动沉桩）施工钢管桩（图 1），该工艺具备施工速度快、对环境影响小、施工过程无固废排放等优点，在工程实践中已取得了良好效果，例如上海市嘉闵高架路、军工路高架路、杨高中路沿江通道、天目路高架、龙东高架路等工程，其中对于济阳路改扩建工程，采用振动沉桩工艺施工完成了长达 60m 的开口钢管桩基础[1]，在施工过程中，周围管线变形可控，未影响济阳路的正常通行，并且工期缩短一个多月。

振动沉桩工艺同时具有沉桩和拔桩的功能，该工艺于 20 世纪 30 年代在苏联、德国研制，在钢板桩等围护结构的施工中得到了广泛的应用[2-4]。我国在 20 世纪 50 年代，建设武汉长江大桥时，首次采用了振动沉桩工艺。振动沉桩工艺之所以能在市区改扩建工程中得到推广应用[1,5,6]，主要具有以下突出的优点：（1）噪声低、避免扰民，如上海市市区内某改扩建工程，部分桩基施工在凌晨进行；（2）沉桩施工过程中挤土效应不明显，通常城市主干道、紧邻地铁隧道或保护建筑不到 2m 的范围内进行钢管桩的振沉施工，邻近建（构）筑物的变形监测数据可控制在允许范围内，例如在上海市某毗邻保护建筑的深

基金项目：国家自然科学基金资助项目（41877236，41972275）。

图 1　免共振高频液压振动锤现场施工照片

Fig. 1　Photos of filed construction site with high-frequency resonance-free hydraulic vibratory hammer

基坑工程中，采用振动沉桩工艺施工完成了 61 根长度 36m、直径 0.9m 的开口钢管桩（用作隔离柱），取得了令人满意的效果；（3）施工速度快，桩端进入持力层前，沉桩速度可达 0.2m/s；（4）施工设备体积小、移动便捷，其动力泵的重量不超过 17t，长度不超过 6m、宽度和高度均不超过 3m，一台吊车即可带着振动锤和动力泵施工移位，例如在上海国家会展中心工程中，在室内顺利完成了桩基施工。

振动沉桩工艺还具有多台振动锤并联施工的优点，例如对于港珠澳大桥人工岛（图 2）工程的超大直径钢圆筒桩，直径 22m、长 50m、重 600t，以及深中通道工程的超大直径钢圆筒桩，直径 28m、长 37m、重 800t，分别采用 8 台和 12 台振动锤进行并联完成施工。此外，振动沉桩工艺还可实现拔桩，例如上海市某高架桥工程，混凝土盖梁重达 1000t，需在该盖梁的模板下布置钢管桩基进行临时支撑，在项目实施中，先采用振动锤施工直径 0.9m、长度 46m 的开口钢管桩，在约 3 个月后，再通过振动锤

图 2　港珠澳大桥现场振沉施工钢圆筒照片

Fig. 2　Photos of steel pipe piles driven with vibratory hammers in Hong Kong-Zhuhai-Macao Bridge construction site

将该桩拔除，实施过程顺利，最终取得了较好的经济和社会效益。类似工程，又如海上风机基础施工的临时平台，采用直径约 2m 的钢管桩，也是采用振动锤完成安装与拔除。综上可知，在未来工程建设中，振动沉桩工艺具有良好的应用前景。

尽管如此，振动沉桩工艺施工钢管桩也出现了一些问题[3,4,7-13]，主要为振动锤沉桩能力不足导致无法将桩基沉至设计标高以及振动沉桩工艺施工的钢管桩抗压承载力偏低。例如上海市某些工程遇到了桩基不能沉至设计标高的问题，需采取截桩等措施；上海浦东某工程桩长 45m，桩径 0.7m，经一个月休止期后单桩抗压极限承载力仅为设计要求最大值的 40%；嘉兴市某工程原设计采用钢管桩基础、通过振动沉桩工艺施工，因为试桩实测极限承载力仅为设计要求最大值的 60%，所以改为采用钻孔灌注桩。通过资料调研与分析发现[1,4,7,9,13,14]，振动沉桩对桩-土作用力及桩基承载特性的影响规律与机制不同于静压及锤击沉桩。为此，本文将首先简述免共振高频振动沉桩工艺及设备；其次，针对该工艺施工的开口钢管桩的相关设计方法进行探讨；在此基础上，分析讨论近期在上海市开展的振动沉桩现场足尺试验研究。

2　振动沉桩设备及工艺

2.1　振动锤的工作原理

振动沉桩设备主要包括夹持在桩头的振动锤和为振动锤提供动力的动力泵，其中，振动锤内有成对配置的偏心块，在动力泵的驱动下通过成对偏心轮高速旋转产生沿桩轴线方向的上下振动的正弦力（图 3），从而带动桩体产生轴向振动，以驱动桩基贯入地基土体。在振动锤带动桩基上下运动过程中，桩对邻桩土体产生强扰动、使土体强度不同程度的折减、降低桩基贯入过程中土对桩的阻力，这也是为何当前在上海市可以采用激振力最大仅为 300t 的锤就可完成对极限承载力超过 600t 的钢管桩进行施工。

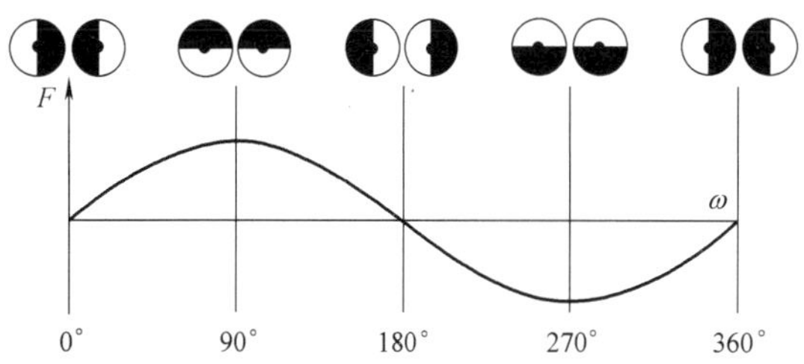

图 3　振动锤产生的激振力示意图

Fig. 3　Sketch of vibration force generated by vibratory hammer

从设备开机到正常工作的启动过程中，振动锤内偏心轮转速是从零逐渐加速至工作转速；而在停机过程中，偏心轮转速自工作转速逐渐减小为零。也就是说振动锤在启动和停机两个过程，振动频率分别经历了逐渐增大和逐渐减小的过程。当前多数振动锤的工作转速约为 2000r/min，即振动锤产生的激振力频率约为 33Hz。而场

地的固有频率介于 10～20Hz，故在启动和停机两个过程中会出现激振力频率与场地固有频率接近、重合的时刻，从而使场地产生较大的振动。为避免这一不利现象，研发了免共振锤，该锤在启动和停机过程中，成对偏心轮通过内部旋转偏心块相位角使偏心力为零，这样即使经历频率重叠的时刻，但偏心力为零，因此就避免了地基-桩土-锤的共振现象。

2.2 振动锤的工作频率与动力源

根据振动锤的最高工作频率，可将振动锤分为低频、中频、高频和超高频四种类型；振动锤根据驱动偏心块的动力源，可分为电动振动锤和液压振动锤，其中电动振动锤构造较为简单，应用较早，但是动力较小；液压振动锤应用较晚，但动力较大且可控性好。随着对动力需求的增大，液压振动锤以其较广的应用范围已基本取代了电动振动锤。

2.3 当前上海地区使用的主要振动锤

当前，在上海地区应用较多的振动锤为免共振液压高频振动锤（图 1），表 1 中给出了上海地区最为常用的两种振动锤参数和对应的动力泵参数。

当前上海地区常用液压振动锤与动力泵的主要参数　表 1

Specifications for hydraulic vibratory hammers and power stations commonly used in Shanghai　Table 1

	主要技术参数	小型振动锤	大型振动锤
振动锤	最大激振力(kN)	1600	3000
	最大偏心力矩(kg·m)	28	70
	最大转速(rpm)	2300	2000
	锤重(t)	6	10
动力泵	最大工作油压(bar)	350	350
	最大油流量(L/min)	670	1600

3 当前设计方法及探讨

目前，国内外较为一致的认识是，振动沉桩对桩基承载特性，尤其对轴向抗压承载特性的影响是不利的、并且不可忽视[1,4,8,10,12]，在工程实践中，表现为钢管桩 28d 实测的抗压承载力低于设计计算值。尽管如此，但是当前鲜有规范[15-18] 针对振动沉桩给出明确的设计方法，如《码头结构设计规范》[18] 将锤击和振动沉桩统一称为打入桩，在承载力计算中不做区分。而我国铁路和公路桥涵地基和基础设计规范[19,20] 仅建议针对不同的桩基尺寸和土性给出了对应的折减系数，见表 2。

从表 2 中可以看出：(1) 相比于锤击桩和静压桩，除砂土地基中直径不超过 2m 的振动沉桩外，其他地层中的桩周土阻力均因振动沉桩产生不同程度的折减，其中黏土地层中，因振动沉桩导致桩周土阻力降低达 50%；(2) 因振动沉桩导致的土阻力折减程度也与桩的几何尺寸有关，桩的直径越大，振动沉桩导致的土阻力折减越大；(3) 未区分桩周和桩端土的折减差异。

土阻力折减系数　表 2

Reduction factor for soil resistance　Table 2

桩径	黏土	粉质黏土	粉土	砂土
$D\leqslant$ 0.8m	0.6	0.7	0.9	1.1
0.8m$<D\leqslant$2.0m	0.6	0.7	0.9	1.0
2.0m$<D$	0.5	0.6	0.7	0.9

《公路桥涵地基与基础设计规范》JTG 3363—2019[20]，相较于 2007 年版，增加了开口钢管桩土塞效应系数，即对直径大于 1.2m 的开口钢管桩土塞效应系数进行了规定：(1) 1.2m$<d\leqslant$1.5m 时取 0.3～0.4；(2) $d>$1.5m 时取 0.2～0.3。可见该规范仅给出了直径 1.2m 以上的开口钢管桩土塞效应系数，对于市政桥梁中常用的 0.7～0.9m 直径钢管桩，未有明确规定或建议。

4 上海地区现场试验研究

4.1 现场试验情况

针对振动沉桩工艺施工开口钢管桩，结合上海市某快速路改建工程，开展了原位足尺试验研究，重点关注桩基贯入过程中与沉桩完成后桩基轴向抗压承载特性。本次试验中，共选取 6 根工程桩作为试验桩，桩径为 0.7m、长度在 50～60m，壁厚在 12～16mm。为研究桩基在振沉过程中和轴向压载下桩身的荷载传递特性，沿桩身不同深度位置，埋设轴力测试元件。桩身的轴力测试元件及导线通过角钢保护[21,22]，存活率达到了 90%，如图 4 所示。

图 4　轴力计及导线保护槽照片

Fig. 4　Photos of channel for protection of axial force transducer and lead wire

试验场地为上海市典型地层，地基土为第四纪全新世 Q_4^3—晚更新世 Q_3^1 的沉积层，主要由填土、粉（砂）性土、淤泥质土、黏性土组成。根据地基土沉积年代、成因类型及物理力学性质差异，场地地层分布及比贯入阻力试验曲线随深度的分布如图 5 所示。

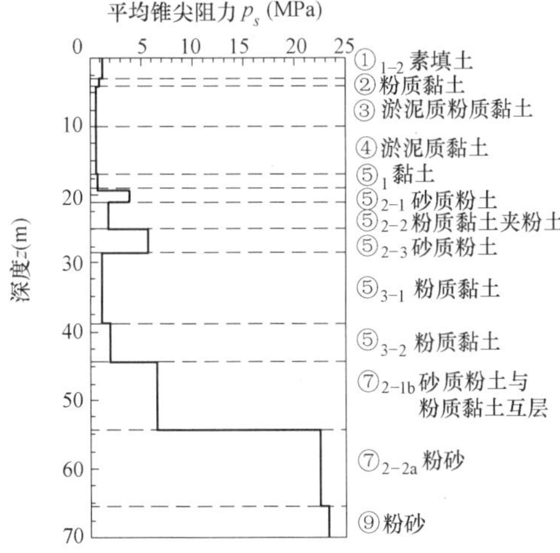

图 5 试验场地地层分布及比贯入阻力曲线

Fig. 5 Soil layers and cone resistance distribution for test site

桩基长度为 50～60m，需分两或三节下沉，即下节桩沉桩完成，吊装中节或上节桩并环缝焊接后，逐节完成整桩的沉贯。为确保桩身垂直度，在对第一节桩（或下节桩）进行沉桩时，采用桩架（图 6）。由于下节桩沉桩所需的激振力较小，且为了方便调整垂直度，下节桩沉桩采用小型振动锤，中节和上节桩采用大型振动锤。各锤垫的主要技术参数见表 1。需要说明的是，当遇到沉桩困难的时候，可在锤上安装配重，以增大振动锤的沉桩能力，见图 6。

图 6 桩架与带配重块振动锤的照片

Fig. 6 Photos of pile rig and vibratory hammer

现场试桩如图 7 所示，由于试验桩为快速路高架桥下多桩基础的基桩，因此借用邻近工程桩作锚桩，通过锚桩法完成加载。加载过程依据《建筑基桩检测技术规范》[23]，即采用逐级加载-维持荷载的方式完成试验。6 根试验桩中，除 1 根验证性试桩未加载至明显的陡降点外，其余均出现了明显的拐点，可认为桩端产生了刺入变形。

图 7 现场试桩照片

Fig. 7 Photo of field test site

4.2 沉桩过程

通过桩身标记点，对沉桩速率进行了监测。随着贯入深度的增加，得到了对应时刻的沉贯速度，如图 8 所示，可以看出，在桩基进入持力层之前，桩的贯入速率基本在 0.1～0.2m/s，完成整根桩的总沉贯时间通常为 10min 左右（不含停锤接桩等时间）。

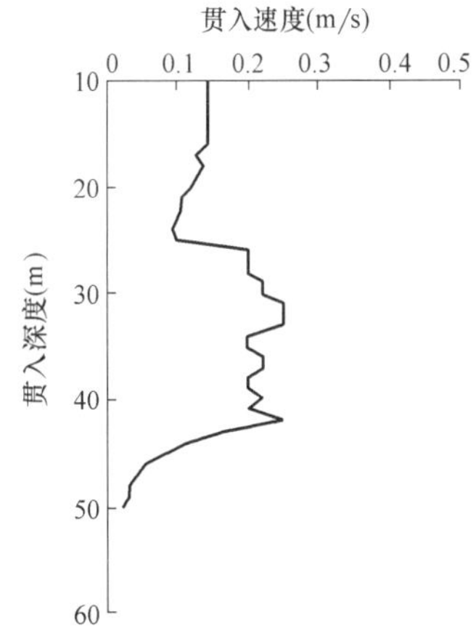

图 8 桩基贯入速度随深度的变化

Fig. 8 Variation of pile penetration rate with depth

通过桩身安装的轴力测试元件，读取了沉桩过程中桩身各深度处的轴力值。图 9 给出了桩基贯入深度为 27m 时，桩身各断面处的轴力值随时间的变化，其中断面 9 靠近桩头、依次向下至靠近桩端约 2m 的断面 1。从图 9 可见，振动锤连续产生正弦形式的、沿桩身长度方向传递的激振力；值得注意的是，由于土阻力的作用，入地基后桩身轴力在深度方向产生明显的减小。此外，桩身各断面轴力随时间的正弦变化中，自上向下各断面轴力达到峰值的相位角有依次滞后的现象，这也是激振力产生的拉压应力波在桩身自上而下传播时的一个表征。通过断面间距离、波在钢材中的传播速度，可以计算出任意两个断面间轴力峰值相位差，这与实测值吻合。

基于实测振动沉桩过程中激振力在桩身的传播特征，采用一维波动方程模拟振动沉桩过程（图 10），并编制了

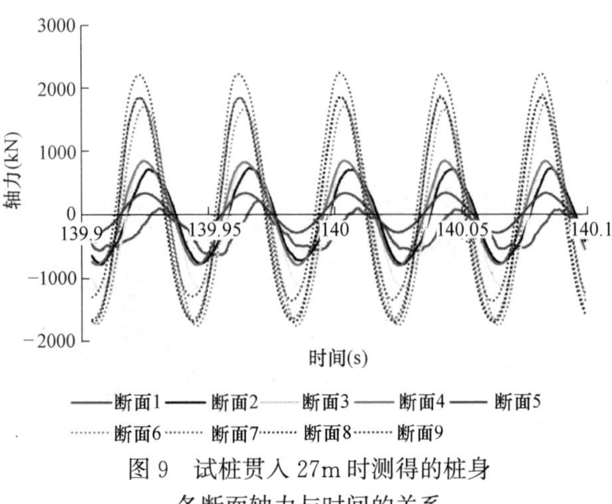

图 9　试桩贯入 27m 时测得的桩身各断面轴力与时间的关系

Fig. 9　Relationship between pile axial force and time at a penetration length of 27m

计算程序，实现了振动沉桩过程的模拟[11]。在此基础上，进一步研究了振动锤工作频率（也就是转速）、偏心力矩及配重的改变对沉桩过程的影响特征。研究结果指出，配重的影响远低于振动锤工作频率和偏心力矩的影响，考虑到振动锤的轻便优势，不建议通过增加配重的方式提升振动锤的效率。

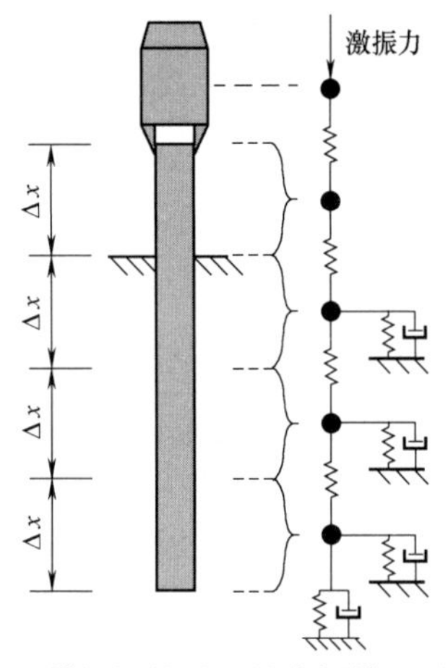

图 10　模拟沉桩过程的分析模型示意图

Fig. 10　Sketch of analytical model for simulation of pile driving

4.3　抗压承载特性

针对相邻两根工程桩，分别在沉桩后 42d 和 72d 进行了静载试验[1]，试验结果如图 11 所示：42d 休止期后测得的承载力为 6030kN，低于规范计算值 7000kN；而 72d 休止期后试验的试桩在加载至 7000kN 时桩头荷载和沉降曲线仍基本保持线性比例增长。可以推测，72d 休止期对应的桩基承载力大于 7000kN，也就是相比于休止期 42d 对应的承载力增加不少于 16%。从这组试验结果对比也可以看出，振沉桩承载力恢复或增长至设计计算值所需的休止期大于规范规定的 28d，这其中一个原因可能是振沉桩在完成沉桩后承载力恢复需要的时间大于打入桩或静压桩；另一个原因也可能是振动沉桩过程中对桩周土体的扰动更大、使桩周土阻力折减更大；也可能是两个原因共同作用所导致。

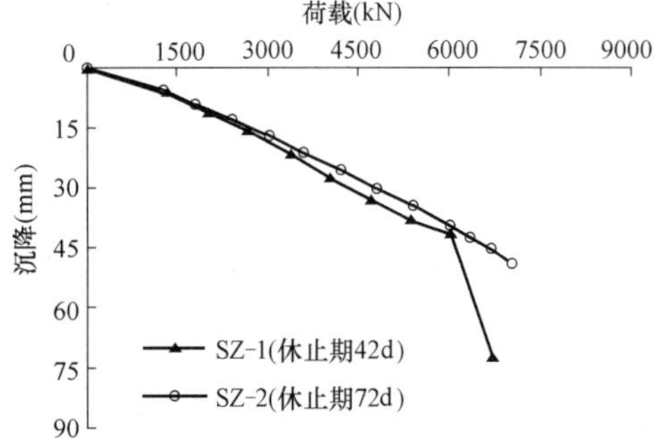

图 11　不同休止期桩基轴向抗压承载特性对比

Fig. 11　Load response comparison of axial compression piles with different aging periods

影响开口钢管桩轴向抗压承载力的一个重要因素是桩端的土塞效应[24,25]。现场沉桩完成后，尽管试桩长度达 60m、桩径仅为 0.7m、长径比达 85，桩内土柱的顶面与桩外地表基本持平（图 12），还有部分试桩出现桩内土体从桩顶外冒的现象。可以推测，振动沉桩过程中桩端形成土塞的程度较低、甚至未形成土塞，这也是试桩在经 42d 休止期后仍未达到规范计算值的一个原因。

图 12　免共振高频液压振动锤施工钢管桩内土柱照片

Fig. 12　Photo of soil core in steel pipe pile driven by high frequency vibratory hydraulic hammer with resonance free

5　结论与展望

本文的主要结论如下：

（1）免共振高频振沉钢管桩逐渐成为上海市快速路桥梁的主要桩基础形式。沉桩困难和桩基抗压承载力不足是当前工程中亟待解决的两个主要问题。

（2）本文通过实际工程案例，介绍了该工艺的应用现状与前景；通过调研分析，总结了振沉设备的主要技术与参数；围绕振动沉贯的钢管桩，讨论了当前规范设计方法的现状。

(3) 结合实际工程项目，选取工程桩作为试验桩，在桩身埋设轴力测试元件，采用研发的保护技术取得了较好的试验效果，测试元件位于水下埋深达60m，存活率可以达到90%。

(4) 在本次振动沉桩试验中，桩基贯入速率为0.1～0.2m/s；因桩周土阻力的作用，入土段桩身轴力随深度的增加而减小；振沉桩过程符合一维波动方程方程假设，通过理论分析指出改变振动锤频率和偏心力矩可有效调整振动锤效。

(5) 振沉钢管桩抗压承载力在休止期42d后约为设计计算值的86%；延长休止期至72d后，承载力可增长不少于16%。振沉过程对桩周土体强扰动是承载力偏低及恢复增长较慢的主要原因。

(6) 开口钢管桩在振动沉贯过程中，形成土塞的程度较低、甚至可能无土塞，尽管桩基长径比达85。结合上海地区锤击和静压沉贯开口钢管桩的经验，振动沉桩对桩端土塞的形成具有较大影响。

在本文研究的基础上，针对免共振高频振沉钢管桩，建议重点围绕以下几个方面开展研究：

(1) 进一步关注沉桩过程中及沉桩后的桩周土体物理力学特性的变化特征，以及桩端土塞的形成特征。

(2) 进一步关注桩基抗压承载力的恢复规律，在此基础上，探讨振沉桩的合理休止期。

(3) 探讨提升振沉钢管桩抗压承载力的有效措施，如通过结构措施加强桩端土塞效应、桩管内不同截面处设置隔板、桩端与桩侧注浆等。

(4) 改进现有的设计计算方法，通过实际工程实践验证并完善，为标准及规范的撰写提供参考与依据。

参考文献：

[1] 蒋益平，张尔海，沙丽新，等. 基于载荷试验的振沉钢管桩承载力研究[J]. 结构工程师，2021.（录用待刊）.

[2] WARRINGTON D C. Theory and development of vibratory pile-driving equipment, in Offshore Technology Conference [J]. Offshore Technology Conference: Houston, Texas. 1989, 541-550.

[3] VIKING K. Vibro-driveability: field study of vibratory driven sheet piles in non-cohesive soils, in Department of Civil and Architectural Engineering. 2002, Royal Institute of Technology (KTH): Stockholm, Sweden.

[4] MASSARSCH K R, WERSÄLL C, FELLENIUS B H. Vibratory driving of piles and sheet piles-state of practice[J]. Proceedings of the Institution of Civil Engineers - Geotechnical Engineering, 2022. 175(1): 31-48.

[5] 陆文卿. 高频免共振钢管桩在基坑竖向支承体系的应用[J]. 山西建筑，2021，47(9)：56-58.

[6] 耿鹏飞. 高频振沉成桩工艺在城市快速路改造中的应用案例研究[J]. 建筑工程技术与设计，2021(8)：2430-2433.

[7] 庞玉麟. 振沉钢管桩贯入与抗压承载特性的原位试验与分析[D]. 上海：同济大学，2021.

[8] 邓俊杰，陈龙珠，邢爱国，等. 液压高频振动沉桩的饱和土超静孔压及单桩静载特性试验研究[J]. 岩土工程学报，2011，33(2)：203-208.

[9] MORIYASU S, KOBAYASHI S-i, MATSUMOTO T. Field load test on small pipe piles driven by vibratory hammer, in 10th International Conference on Stress Wave Theory and Testing Methods for Deep Foundations, P. Bullock, G. Verbeek, S. Paikowsky, Editors. 2019, ASTM International: West Conshohocken, PA. p. 467-2019.

[10] GHOSE-HAJRA M, JENSEN R, HULLIGER L. Pile setup and axial capacity gain for driven piles installed using impact hammer versus vibratory system, in IFCEE 2015. 2015. 1064-1074.

[11] 李卫超，庞玉麟，金易，等. 基于CPT的振动沉桩贯入分析理论模型[J]. 湖南大学学报(自然科学版)，2021，48(11)：185-194.

[12] 张娟. 高频免共振液压振动沉桩钢管桩承载力研究[J]. 土工基础，2021，35(5)：616-620.

[13] 唐康. 免共振液压振动锤施工的钢管桩承载力恢复规律的研究与应用[J]. 中国市政工程，2020(6)：17-19+110.

[14] LAMIMAN, E C, Robinson B. Bearing capacity reduction of vibratory installed large diameter pipe piles, in From Soil Behavior Fundamentals to Innovations in Geotechnical Engineering: Honoring Roy E. Olson, 2014: 475-481.

[15] 中华人民共和国建设部. 建筑桩基技术规范：JGJ 94—2008[S]. 北京：中国建筑工业出版社，2008.

[16] 中华人民共和国住房和城乡建设部. 建筑地基基础设计规范：GB 50007—2011[S]. 北京：中国计划出版社，2012.

[17] 上海住房和城乡建设管理委员会. 地基基础设计标准：DGJ 08—11—2018[S]. 上海：同济大学出版社，2019.

[18] 中华人民共和国交通运输部. 码头结构设计规范：JTS 167—2018[S]. 北京：人民交通出版社，2018.

[19] 国家铁路局. 铁路桥涵地基和基础设计规范：TB 10093—2017[S]. 北京：中国铁道出版社，2018.

[20] 中华人民共和国交通运输部. 公路桥涵地基与基础设计规范：JTG 3363—2019[S]. 北京：人民交通出版社，2019.

[21] 李卫超，杨敏. 一种监测桩土相互作用力的装置：202121200304.4[P]. 2021-12-07.

[22] 李卫超，杨敏，庞玉麟. 针对钢桩应力分布实时监测方法：201910861459.3[P]. 2021-04-30.

[23] 中华人民共和国住房和城乡建设部. 建筑基桩检测技术规范：JGJ 106—2014[S]. 北京：中国建筑工业出版社，2014.

[24] XIAO Y J, CHEN F Q, DONG Y Z. Numerical investigation of soil plugging effect inside sleeve of cast-in-place piles driven by vibratory hammers in clays[J]. SpringerPlus, 2016, 5(1): 755.

[25] MATSUMOTO T, TAKEI M. Effects of soil plug on behaviour of driven pipe piles[J]. Soils and Foundations, 1991, 31(2): 14-34.

扩体桩水平承载特性试验研究

肖乐平[1,4]，杨　艳[2]，杨　赛[3]，周同和[4]

（1. 泰州职业技术学院 建筑工程学院，江苏 泰州 225300；2. 黄淮学院 建筑工程学院，河南 驻马店 463000；3. 郑州大学土木工程学院，河南 郑州 450001；4. 郑州大学综合设计研究院有限公司，河南 郑州 450002）

摘　要：针对扩体桩的水平承载问题，设置了水泥土、水泥砂浆混合料两种不同扩体材料的预制混凝土扩体桩，采用足尺试验和数值模拟相结合的方法研究了其水平承载特性及影响因素。试验结果表明：在相同条件下，水泥砂浆扩体桩较水泥土扩体桩水平临界荷载增加较大，水平极限荷载值差异较小。水泥土扩体桩临界荷载与极限荷载之间的安全储备较高，且大于水泥砂浆扩体桩临界荷载与极限荷载之间的安全储备。数值模拟结果表明：管桩采用混凝土塑性损伤模型，与足尺试验更吻合。在相同水平荷载作用下，单一管桩的桩身弯矩明显大于水泥土扩体桩和水泥砂浆扩体桩，水平极限承载力远低于扩体桩。通过增加水泥砂浆扩体桩的外桩径能显著提高水平承载力。结合足尺试验承载性状，提出了考虑了包裹材料刚度的水泥土扩体桩和水泥砂浆扩体桩的水平承载力设计值公式和水平承载力特征值公式。本研究成果对于扩体桩的水平承载力设计及变形计算具有一定的参考价值。

关键词：扩体桩；水平承载特性；足尺试验；数值模拟

Experimental study on horizontal bearing characteristics of expanded pile

XIAO Le-ping[1,4], YANG Yan[2], YANG Sai[3], ZHOU Tong-he[4]

(1. School of Architecture Engineering, Taizhou Polytechnic College, Taizhou Jiangsu 225300, China; 2. School of Architecture Engineering, Huanghuai University, Zhumadian Henan 463000, China; 3. School of Civil Engineering, Zhengzhou University, Zhengzhou Henan, 450001, China; 4. Zhengzhou University Comprehensive Design and Research Institute Co., Ltd., Zhengzhou Henan, 450002, China)

Abstract: Aiming at the horizontal bearing problem of expanded piles, this paper has set up two types of precast concrete expanded piles whose expanding materials are cement-soil and cement mortar. The horizontal bearing characteristics and influencing factors of expanded piles have been studied by a combination of full-scale tests and numerical simulations. The result of full-scale test shows that, the horizontal critical compressive load of cement mortar expanded pile increases more than that of soil-cement expanded pile and the difference of the horizontal ultimate load between which is small. The safe storage between the critical load and ultimate load of soil-cement expanded pile is higher than cement mortar expanded pile. The numerical results show that the concrete plastic damage model is with good agreement with the full-scale test. The bending moment of single pipe pile is obviously larger than that of soil-cement pile and cement mortar pile under horizontal load, and the horizontal ultimate bearing capacity of single pipe pile is far lower than that of expanded pile. The horizontal bearing capacity can be significantly improved by increasing the outer diameter of cement mortar expanded pile. The results of this study provide valuable references for the extension and application of expanded pile.

Key words: expanded pile; horizontal bearing characteristics; full scale test; numerical simulation

1　引言

近年来，水泥土复合管桩作为新的桩型被广泛应用于基坑支护，软土地基加固等方面。与其他桩型相比，水泥土复合管桩具有造价低、施工工艺简单、施工噪声低、振动小等优点[1]，但是水泥土搅拌桩强度受土质影响较大、桩身均匀性不易受控制[2]。同时在设计过程中，因为不能保证包裹材料水泥土的强度，水泥土的刚度仅被作为安全储备，这无疑造成一定的浪费[3]。为了弥补水泥土复合桩中水泥土的不足，进一步促进组合桩的应用，完善并发展组合桩的工程应用理论，周同和[4]等对传统的劲性复合桩进行改进，将预制混凝土管桩或型钢的水泥土外包裹材料改为水泥砂浆混合料、低强度等级混凝土或者预拌水泥土等固结体。这样的外包裹材料相对均一、材料强度相对较高（水泥砂浆抗压强度大于10MPa），这种组合桩可称为扩体桩。目前，该桩型已应用于桩基工程、基坑支护、地基处理等工程中。

国内外学者采用过多种手段和方法研究水平荷载作用下的桩受力特性。如陈文华[5]将分布式光纤传感技术（BOTDA）应用在桩基水平载荷试验中，推导了单桩在水平荷载作用下利用实测分布式应变计算桩身弯矩和挠度的计算公式。张孟环[6]通过预埋钢筋计进行了水泥土复合管桩和预制管桩的现场对比试验，发现劲性复合桩与单一管桩变形和受力分布规律相似，由于管桩包裹材料的存在，劲性复合桩水平临界荷载提高了50%，水平极限荷载提高了66.7%，当水平荷载达到132kN时，劲性复合桩与单一管桩的最大弯矩比值为0.68。Jamsawang[7]进行了加筋水泥土搅拌（SDCM）桩和喷射水泥土搅拌（DCM）桩的现场对比试验，混凝土芯桩的截面积显著影响了SDCM桩的水平承载能力和位移，当芯桩与水泥土截面积比为0.17，长度比为0.85时，SDCM

桩的水平极限承载力比DCM桩高15倍。Werasak[8] 分别进行了芯桩为H型横截面预应力混凝土、钢管、H型钢的加筋水泥土搅拌（SDCM）桩与水泥土搅拌（DCM）桩的水平承载对比试验，带有H型钢芯的SDCM桩侧向承载力为DCM桩的3～4倍。王安辉[2] 对劲性复合桩的预制管桩采用混凝土塑性损伤模型，水泥土和桩周土采用摩尔库仑模型，利用ABAQUS有限元软件对比分析劲性复合桩（SCP）和PHC管桩的水平承载性能，由于包裹材料的加固作用，PHC管桩的水平极限承载力提高了40%，桩身最大弯矩减少了20%。

现有的研究主要集中在包裹材料为水泥土的复合桩，对于扩体材料为水泥砂浆的扩体桩研究较少，水泥砂浆扩体桩在水平载荷下的承载能力，破坏模式都需要进一步开展研究。为了将扩体桩更好地应用到基坑支护工程、受水平荷载的基础工程中。本文开展包裹材料分别为水泥土和水泥砂浆的预制混凝土桩水平承载足尺试验，探讨水泥土和水泥砂浆对预制混凝土管桩水平承载性能的影响，运用数值模拟方法对扩体桩和非扩体桩的水平承载特性进行比较分析。

2 试验概况

2.1 地质条件

试验场地位于郑州市金水区，地貌单元区域上属黄河冲积泛滥平原区。现场地形无起伏，地貌单一，场地相对高程100.00m。根据现场钻探、静力触探测试及土工试验结果等资料，勘探深度范围内均为第四纪全新世冲积形成的地层。勘察期间地下水位埋深约11m左右，地下水的补给主要为大气降水，环境类别为Ⅱ类。各土层物理力学指标如表1所示。

土层参数　表1

Parameters of soils　Table 1

土层名称	厚度(m)	重度 γ (kN/m³)	黏聚力 c (kPa)	内摩擦角 φ(°)	压缩模量 (MPa)
杂填土	0.5～1.2	17.0	7.0	13.0	—
粉土	1.2～2.4	18.1	12.8	22.5	10.7
粉土夹粉质黏土	2.9～4.3	19.0	13.5	21.0	7.1
粉土	2.3～2.8	17.4	8.5	23.6	13
粉土	1.9～2.5	18.2	14.0	25.0	14.5
粉土	1.1～2.6	19.7	15.8	22.1	14

2.2 加载模式

试验采用两桩对推法，互为反力桩，如图2所示。万征[9] 等用两桩对推方法进行了现场试验，试验结果良好。为了确保两组扩体桩在施加水平荷载时，互不影响。宋义仲[10] 通过在桩周土埋设土压力盒，发现水泥土复合管桩单桩水平位移的影响范围为2.5倍的桩径。故水泥土扩体桩和水泥砂浆扩体桩的间距取5倍的桩径为2.5m，扩体桩试验平面布置图见图3。采用单向多循环水平加载，该方法用于模拟地震作用、风载、制动力等循环性荷载且试验所得承载力偏于安全。每级荷载施加后，恒载4min后测读水平位移，然后卸载至零，停2min后测读残余水平位移，至此完成一个加卸载循环。当水平位移超过40mm或水平位移增量发生突变时，终止加载。

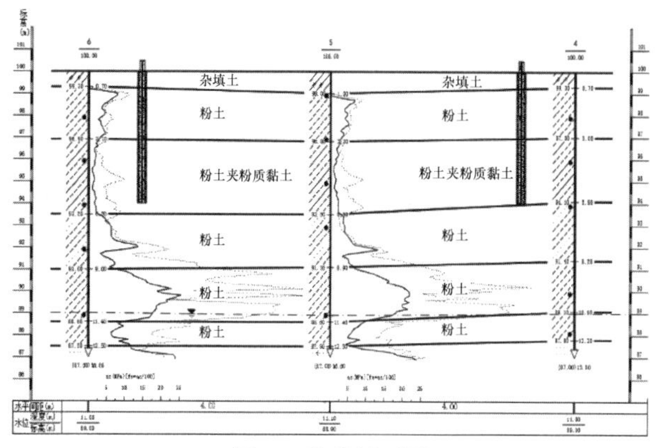

图1　地质剖面图

Fig. 1　Geologic profile

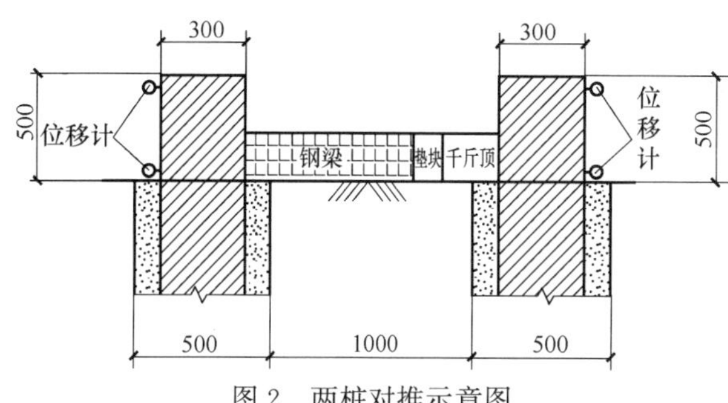

图2　两桩对推示意图

Fig. 2　Schematic diagram of two piles pushing

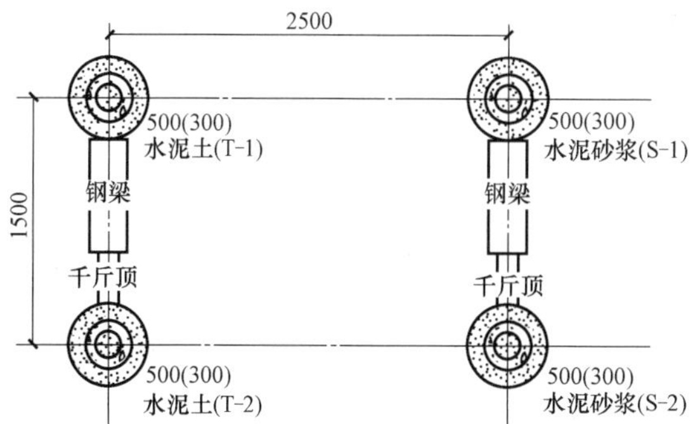

图3　试验桩平面布置图

Fig. 3　Layout plan of test pile

2.3 试验桩设计

本试验水泥砂浆扩体桩和水泥土扩体桩各2根，试桩设计参数见表2，根据《建筑基桩检测技术规范》JGJ 106—2014[11] 要求，需刨除顶部500mm的水泥土，地面下扩体桩长6.5m。

按照《通用硅酸盐水泥》GB 175—2007[12] 采用42.5普通硅酸盐水泥，扩体材料水泥砂浆中水泥、砂、水配合比为1∶3∶0.8；水泥土中水泥、土配比为1∶4，水泥掺入量25%，土体为粉土。扩体材料的抗压强度如表3所示。

试验桩参数　　表 2

Parameters of test piles　　Table 2

试验类型	试桩桩号	试桩类型	桩长(m)	扩体桩外径(mm)	管桩型号
水平承载试验	T-1 T-2	水泥土扩体桩	6.5	500	PHC300AB70-7
	S-1 S-2	水泥砂浆扩体桩	6.5	500	PHC300AB70-7

扩体材料无侧限抗压强度　　表 3

Unconfined compressive strength of expanded material　　Table 3

试块	抗压强度(MPa)			
	1	2	3	平均值
水泥土	2.18	2.27	3.6	2.68
水泥砂浆	9.45	10.3	9.9	9.89

2.4　量测系统

本次足尺试验，使用位移计来测量桩的水平位移，桩身应变监测采用分布式光纤监测技术，通过数学公式的换算得出不同位置处的桩身弯矩。分布式光纤传感技术以普通光纤为传感和传输介质，无需其他外置传感器件，且光纤纤细柔韧，易植入管桩体内或体表。施斌[13]、魏广庆[14]、陈文华[5] 等及本课题组对分布式光纤在基坑工程和桩基工程中的检测有着成熟的经验。本次试验采用 BOTDA 技术，其工作原理是分别从光纤两端注入脉冲光和连续光，制造布里渊放大效应，根据光信号布里渊频移与光纤温度和轴向应变之间的线性变化关系。传感光纤主要采用预先浇注、表面粘贴和开槽埋入三种方法植入到结构构件中。作为预制桩，无法将光纤浇注到其中，仅粘贴在桩表面的光纤极易在桩打入过程中与桩周土石摩擦脱离桩体，导致光纤的变形与桩体不同步，而采用开槽埋入光纤后再胶封的方法使光纤与桩体合为一体，大大提高了传感光纤的成活率。

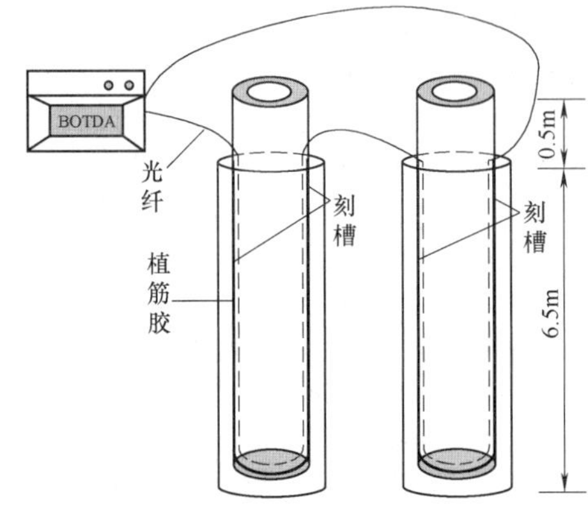

图 4　光纤监测示意图

Fig. 4　Fiber optic monitoring diagram

3　试验结果及分析

3.1　水平承载力

据《建筑基桩检测技术规范》JGJ 106—2014[11]，单向多循环加载的单桩取 $H\text{-}t\text{-}Y_0$ 曲线出现拐点的前一级水平荷载值或 $H\text{-}\Delta Y_0/\Delta H$ 曲线第一拐点对应的水平荷载值为临界荷载；取 $H\text{-}t\text{-}Y_0$ 曲线发生明显陡降的前一级水平荷载值或取 $H\text{-}\Delta Y_0/\Delta H$ 曲线第二拐点对应的水平荷载值为极限荷载。图 5 中 H_{cr} 为水平临界荷载，H_u 为水平极限荷载。

试验结果如图 5 所示，水泥土扩体桩 T-1 桩和 T-2 桩的临界荷载均为 50kN；水泥砂浆扩体桩 S-1 桩和 S-2 桩的临界荷载均为 80kN。水泥土扩体桩 T-1 桩和水泥砂浆扩体桩 S-1 桩的极限荷载均为 120kN；水泥土扩体桩 T-2 桩和水泥砂浆扩体桩 S-2 桩的极限荷载均为 100kN。相比于水泥土，由于水泥砂浆的强度更高，水泥砂浆扩体桩的临界荷载比水泥土扩体桩提高了 60%。水泥土扩体桩 T-1 桩和 T-2 桩在 50kN 时，最大弯矩分别达到 30.86kN・m 和 27.12kN・m，接近预制管桩的抗裂弯矩 30kN・m，

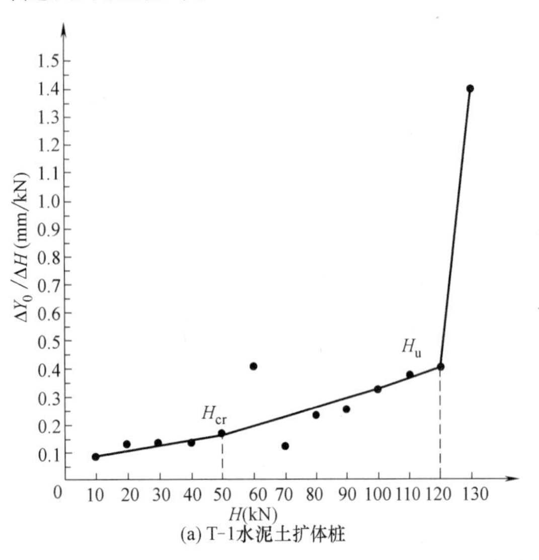

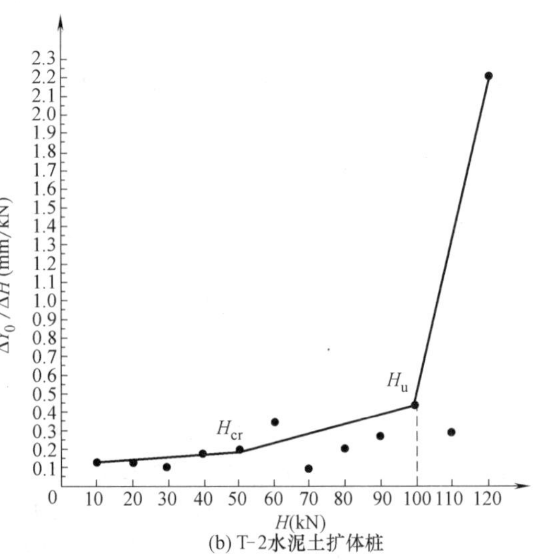

图 5　水平力-位移梯度关系曲线（一）

Fig. 5　Load-displacement gradient curves (one)

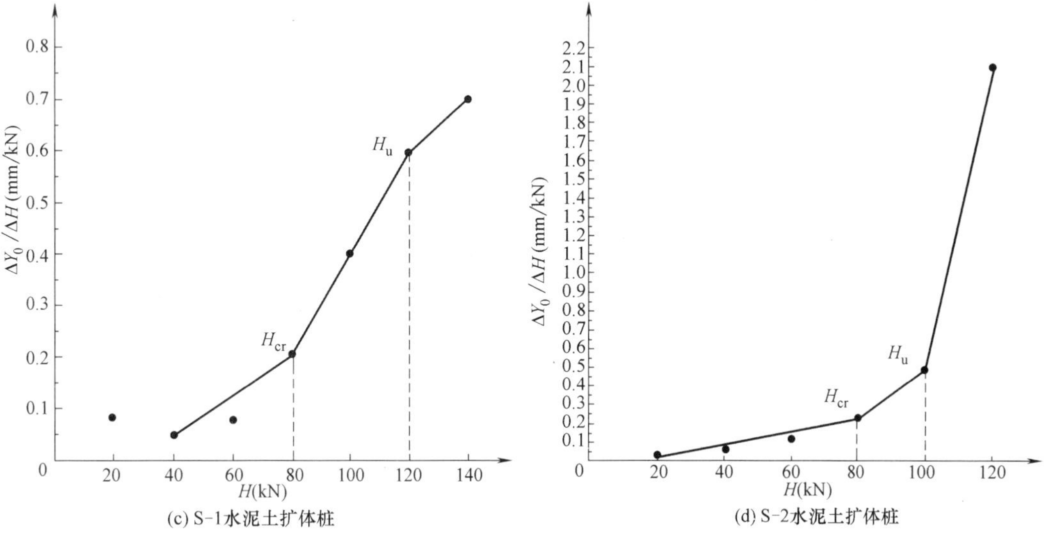

图 5　水平力-位移梯度关系曲线（二）

Fig. 5　Load-displacement gradient curves (two)

继续加载，管桩受拉侧混凝土开裂，退出工作，钢筋承担的拉力增加，因此水泥土扩体桩荷载-荷载位移梯度曲线在水平荷载 50kN 后均出现了突变。

试验结果比较，如图 6 所示，在扩体桩达到破坏荷载前，水泥砂浆扩体桩在各级荷载作用下，桩顶水平位移均小于水泥土扩体桩。桩顶水平位移 8mm 左右时，水泥砂浆扩体桩和水泥土扩体桩分别达到各自临界荷载 50kN 和 80kN。在荷载 60kN 时，两种桩的位移差最大，水泥土扩体桩的桩顶位移为 10.7mm，水泥砂浆扩体桩为 4mm。在达到极限荷载时，水泥砂浆扩体桩和水泥土扩体桩的位移非常接近，T-1 桩和 S-1 桩在极限荷载 120kN 时，T-1 桩的位移为 27.44mm，S-1 桩的位移为 25.76mm；T-2 桩和 S-2 桩在极限荷载 100kN 时，T-2 桩的位移为 21.04mm，S-2 桩的位移为 18mm。在达到极限荷载时，水泥土扩体桩和水泥砂浆扩体桩的地面水平位移相差不大。

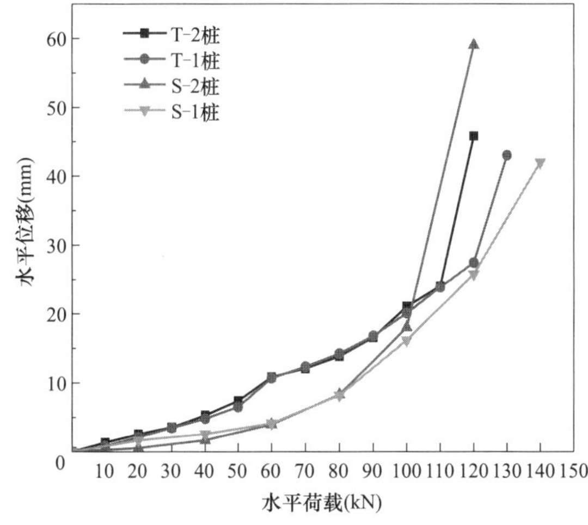

图 6　扩体桩水平位移对比图

Fig. 6　Horizontal displacement contrast diagram of expanded pile

3.2　桩身弯矩

对光纤测量结果进行处理，得到 4 组预制混凝土桩桩身弯矩如图 7 所示。水泥砂浆扩体桩和水泥土扩体桩在分别达到 80kN 和 50kN 临界荷载时（桩顶水平位移均为 8mm），水泥砂浆扩体桩芯桩最大弯矩为 43kN·m，水泥土扩体桩芯桩最大弯矩 30kN·m 左右，水泥砂浆扩体桩芯桩弯矩大于水泥土扩体桩的芯桩弯矩，水泥砂浆扩体桩临界荷载是水泥土扩体桩临界荷载的 1.6 倍，最大弯矩比是

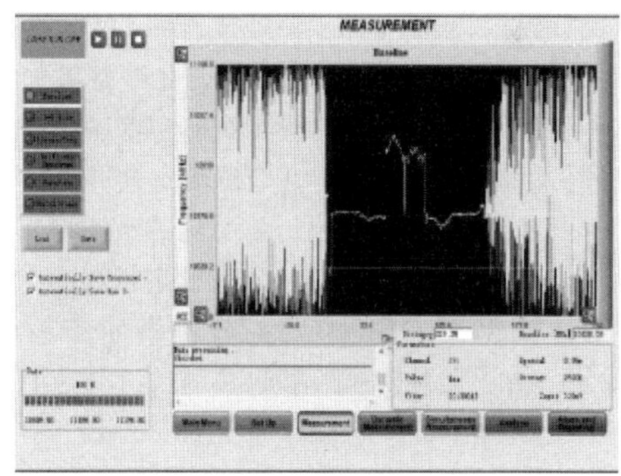

(a) 水泥土扩体桩

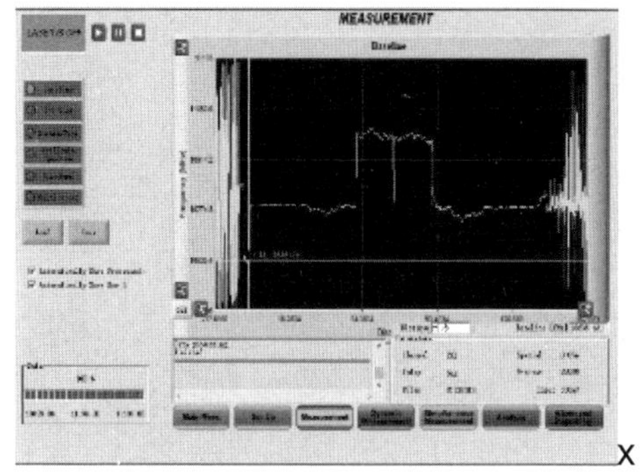

(b) 水泥砂浆扩体桩

图 7　BOTDA 光纤实时监测图

Fig. 7　Comparison diagram of bending moment of expanded core pile

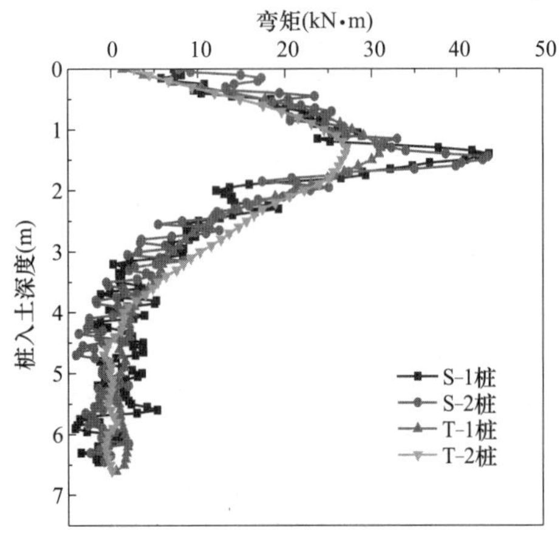

图 8　扩体桩芯桩弯矩对比（桩顶水平位移为 8mm）

Fig. 8　Comparison diagram of bending moment of expanded core pile

1.4（图 8）。说明水泥砂浆扩体桩的水平承载性能更好。

4　数值分析

基于试桩设计和现场试验参数，采用 ABAQUS 有限元软件建立三维水泥土扩体桩、水泥砂浆扩体桩和单一管桩的水平承载模型，进一步揭示扩体桩水平承载作用机理，比较两者受力和变形形状。

4.1　模型尺寸与网格

本模型的几何尺寸采用：长×宽×深为 10m×10m×20m。预制管桩与水泥土和水泥砂浆、桩土接触面采用黏结-滑移模型，法向接触采用硬接触，允许接触面滑移和分离。采用 T3D2 杆单元[15] 模拟纵筋和箍筋，通过 Embed 接触嵌入管桩混凝土，使其与混凝土共同变形。约束整体模型的 X、Y 方向的位移，Z 方向约束模型底部全部自由度。荷载条件与现场载荷一致，预制桩混凝土、包裹材料和土体均采用 C3D8 单元，管桩纵筋和箍筋采用 T3D2 单元，为了提升模拟结果的准确度，对桩周 5 倍扩体桩外径的土体网格进行加密，与扩体桩网格一致。

图 9　模型示意图

Fig. 9　Model diagram

4.2　模型计算及数选取

整个模型中，土体的本构模型在弹性阶段采用弹性模型，塑性屈服阶段采用摩尔-库仑（Mohr-Coulomb）模型。为了便于分析，对土层进行简化，模型材料参数取值见表 4。

土层参数材料　　表 4

Soil parameter material　　Table 4

土层名称	层厚(m)	密度(kg/m^3)	黏聚力(kPa)	内摩擦角(°)	压缩模量(MPa)
粉土	2	1810	12.8	22.5	10.7
粉土夹粉质黏土	4	1900	13.5	21.0	7.1
粉土	3	1740	8.5	23.6	13
粉土	3	1820	14.0	25	14.5

在数值计算中，土体杨氏模量取 3～5 倍压缩模量[16]。管桩混凝土和水泥砂浆采用 ABAQUS 软件中的混凝土塑性损伤（CDP）模型[17]，混凝土的损伤因子计算[18] 具体见《混凝土结构设计规范》GB 50010—2010[19]，混凝土损伤塑性材料参数中剪胀角为 40°；流动势偏移量为 0.1；双轴受压与单轴受压极限强度比为 1.16；不变量应力比为 0.6667；压缩损伤恢复因子为 0.5；拉伸恢复因子为 0；黏滞系数为 0.005。水泥土桩采用摩尔-库仑（Mohr-Coulomb）模型，钢筋采用线弹性模型，根据《先张法预应力混凝土管桩》[20] 的要求，螺旋筋的直径取 4mm，纵筋为 9mm，桩端 2m 范围内的螺旋筋的螺距取 50mm，中间部分的螺旋筋螺距取 75mm。

材料参数　　表 5

Material parameters　　Table 5

材料名称	密度(kg/m^3)	模量(MPa)	泊松比	黏聚力(kPa)	力摩擦角(°)	抗拉强度(kPa)
C80	2400	38000	0.2	—	—	—
钢筋	7850	200000	0.3	—	—	—
水泥土	2000	375	0.3	450	30	300
水泥砂浆	2100	20000	0.3	—	—	—

4.3　计算结果及比较

水泥土扩体桩和水泥砂浆扩体桩的实测值与 ABAQUS 有限元模拟所得的桩顶水平荷载-位移关系对比曲线如图 10 所示。由图 10（a）可知，当水泥土扩体桩的预制管桩混凝土采用混凝土塑性损伤模型，扩体材料水泥土采用摩尔-库仑弹塑性模型时，模拟结果与实测结果吻合较好，但有限元模拟的桩顶位移在加载中途位移没有突变，整体荷载-位移曲线平滑。

为了分析管桩混凝土屈服损伤对桩头水平荷载-位移曲线的影响，进行了预制管桩采用弹性模型的有限元模拟，即不考虑管桩 C80 混凝土损伤开裂，水泥土仍然采用摩尔-库仑模型，其他参数不变。

由图 10（a）可知，在水平荷载 50kN 之前（桩顶水平位移小于 5mm），弹性桩体的数值模拟结果与试验实测值较为接近，当水平荷载大于 50kN 后，弹性桩体的水平位移开始明显小于实测值和塑性桩体的模拟值，随着水平荷载的增大，桩顶水平位移的差值越来越大，加载至 120kN，塑性桩体的桩头位移为弹性桩体的 3 倍。这表明在足尺试验的临界荷载 50kN 之前，预制管桩的混凝土处于弹性阶段，采用弹性模型也能较好地模拟水泥土扩体桩的承载性状；当超过临界荷载后，桩身局部开始发生损伤破坏，桩体的抗弯刚度开始衰减，预制管桩开始进入塑性状态，如果依旧采用弹性模型进行计算，将会高估水泥土扩体桩的水平承载值。

由图 10（b）可知，当预制管桩和外包裹水泥砂浆均采用混凝土塑性损伤模型时，模拟结果与实测值近乎一致。对水泥砂浆扩体桩同样额外进行了预制管桩为弹性桩体的模拟工况，从图 10（b）看到，在水平荷载 80kN 之前（桩头水平位移小于 8mm），弹性桩体的水平位移与实测值较好吻合，表明在桩顶水平位移 8mm 内管桩混凝土处在线弹性状态，随着水平荷载的增大，管桩混凝土开始损伤，抗弯刚度开始下降，弹性桩体的模拟值与实测值位移相差越来越大，加载至 140kN，塑性桩体的桩头位移为弹性桩体的 3 倍。对于水泥砂浆扩体桩，桩体采用弹性模型同样会高估水平承载力，导致计算结果不安全。

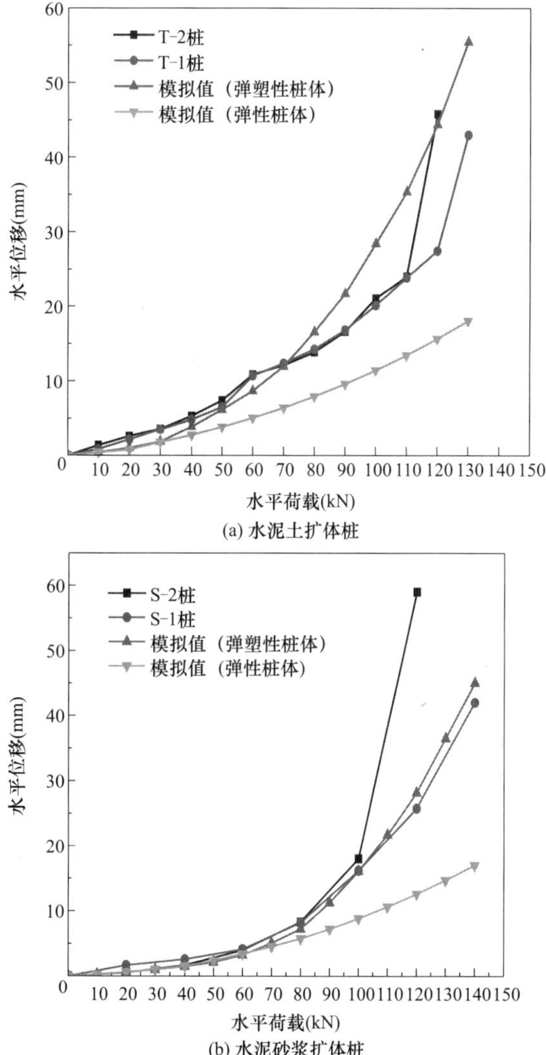

图 10　水平荷载-位移数值模拟与实测值对比

Fig. 10　Comparison between horizontal load-displacement numerical simulation and measured values

4.4　单一管桩水平承载模拟及比较

由于现场条件限制，没有进行单一管桩的水平承载足尺试验，本文通过 ABAQUS 软件模拟单一管桩条件下的水平承载性状，PHC 桩体采用 C80 混凝土塑性损伤模型，桩径 300mm，桩长 6.5m，钢筋笼嵌入桩体，因管桩桩壁光滑，故桩土接触采用库仑摩擦模型，切向摩擦系数取 0.3，法向接触采用硬接触，土体参数与扩体桩相同。

由数值模拟得出管桩的临界荷载为 30kN。管桩极限荷载取破坏前一级荷载为 60kN，水泥土扩体桩和水泥砂浆扩体桩水平极限承载力较单管桩分别提高了 83%和 117%。在管桩极限荷载 60kN 时，管桩桩身水平位移远远大于扩体桩。

3 种桩型的桩身位移见图 11（a），桩身水平位移越小的桩型，水平位移零点的位置越深：管桩、水泥土扩体桩、水泥砂浆扩体桩的水平位移零点依次为 1.5m、1.75m、2.5m。桩顶水平位移管桩为 34.1mm，水泥土扩体桩为 8.66mm，水泥砂浆扩体桩为 3.2mm，水泥土扩体桩和水泥砂浆扩体桩在水平荷载 60kN 时，桩顶位移较

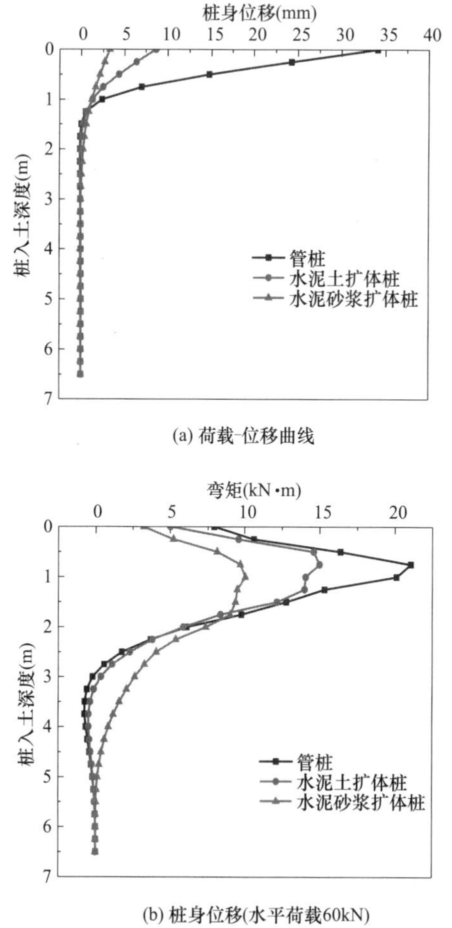

图 11　管桩和扩体桩对比图

Fig. 11　Comparison of pipe pile and expanded pile

管桩分别降低了75%和91%。

在管桩极限荷载为60kN时，对管桩和扩体桩模拟的弯矩曲线进行对比，如图11（b）所示。由于水泥土扩体桩在水平荷载的过程中，管桩与水泥土脱离，管桩单独受力，故其弯矩分布与管桩相近。管桩和水泥土扩体桩分别在地下深度2.75m和3m处出现反弯点，水泥砂浆扩体桩则没有出现反弯点。扩体桩的最大弯矩均出现在地面以下1.25m左右，管桩则出现在地面深度1m处左右。水泥砂浆扩体桩与管桩的最大弯矩比为0.47，水泥土扩体桩与管桩的最大弯矩比为0.71。

4.5 扩体外径变化对扩体桩水平承载性能的影响

管桩桩身混凝土采用C80混凝土塑性损伤模型，桩径300mm，长度6.5m，水泥砂浆强度不变，水泥砂浆扩体桩外桩径分别取500mm、600mm、700mm进行模拟计算，土体参数和接触参数均不变，模拟结果见图11。

由图12（a）可知，随着水泥砂浆扩体桩外桩径的增加，相同荷载作用下桩头的水平位移逐渐减小，外直径500mm、600mm、700mm的水泥砂浆扩体桩分别在140kN、180kN、220kN桩顶位移超过40mm。相较管桩的水平极限承载力60kN，外直径500mm、600mm、700mm水泥砂浆扩体桩的水平极限承载力分别为管桩的2.2倍、2.5倍、3.5倍。

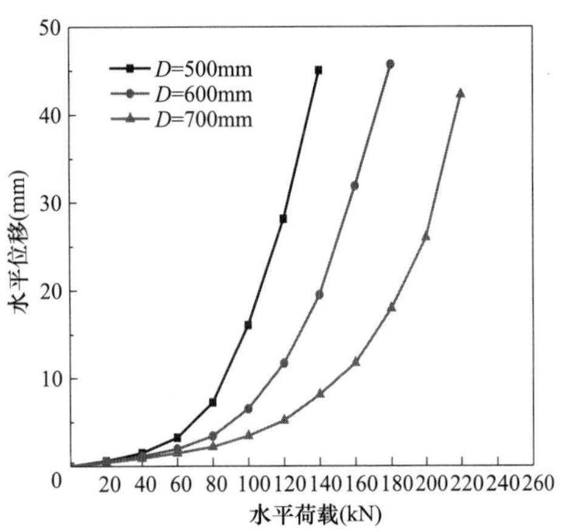

(a) 水平荷载-位移曲线

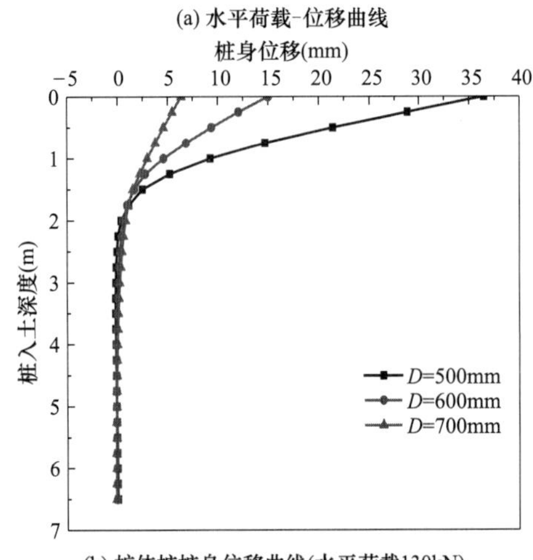

(b) 扩体桩桩身位移曲线(水平荷载130kN)

图12 扩体外径不同对比曲线

Fig. 12 Different contrast curves of expanded outer diameters

图12（b）为水平荷载130kN时（桩径500mm水泥砂浆扩体桩的水平极限荷载），3种不同桩径扩体桩的桩身水平位移。由图可知，随着水泥砂浆桩径的增加，桩身水平位移减小，桩顶位移减少尤其明显：外径700mm水泥砂浆扩体桩的桩顶位移相较外径600mm扩体桩减少21.4mm，外径600mm扩体桩相较500mm扩体桩减少8.7mm。在相同的情况下，随着水泥砂浆桩径的增加，扩体桩桩身位移零点深度逐渐下降：外径500mm、600mm、700mm的桩身位移零点分别为2.25m、3m、3.75m。

4.6 扩体桩水平承载力计算方法讨论

1）水泥土扩体桩水平承载力计算方法讨论

在足尺试验结果中，水泥土扩体桩的临界荷载为50kN，地面水平位移10mm时的水平荷载为60kN。保守取临界荷载50kN作为水泥土扩体桩的计算值。下面对水泥土扩体桩的水平承载力公式参数进行探讨。

（1）折减系数

《水泥土复合管桩基础技术规程》JGJ/T 330—2014[21]规定水泥土复合桩的水平承载力特征值折减系数为0.6。由足尺试验结果可知，2根水泥土扩体桩的临界荷载为50kN，极限荷载分别为100kN和120kN，水泥土扩体桩的极限荷载H_u与临界荷载H_{cr}之比分别为2倍和2.4倍，均达到安全系数2，故其折减系数可取1.0。

（2）桩身刚度

在足尺试验中，水泥土扩体桩的水泥土强度较大（抗压强度2MPa以上），水泥土扩体桩的水平承载出现两种承载性状：一是水泥土扩体桩作为整体变形，二是管桩与水泥土发生脱离，水泥土由桩体变为加固土体。根据试验加载现场情况，在临界荷载50kN时，管桩和水泥土作为整体共同参与工作，故水泥土扩体桩的刚度取管桩刚度与水泥土刚度的代数和：

$$EI=EI_{pp}+EI_{cs} \tag{1}$$

式中：EI_{pp}——预制管桩刚度；

EI_{cs}——水泥土刚度。

（3）计算宽度b_0和m值

水泥土扩体桩因水泥土强度较大且均匀（抗压强度2MPa以上），在达到临界荷载时，桩身完整性良好，故本方法中b_0按整体外桩径d计算。m值可按规范推荐公式估算。

综上所述，水泥土扩体桩水平承载力设计值公式为：

$$R_h=\frac{\alpha^3 EI}{\nu_x}\chi_{0a} \tag{2}$$

水泥土扩体桩水平承载力特征值公式为：

$$R_{ha}=\frac{\alpha^3 EI}{\nu_x}\chi_{0a} \tag{3}$$

参照足尺试验数据，带入式（2）得水泥土扩体桩水平承载力设计值49.75kN，与临界荷载实测值50kN接近。因此，通过提升水泥土刚度将水泥土扩体桩看作整体，计算宽度按整体外桩径计算，刚度取水泥土刚度与管桩刚度之和，求得的水泥土扩体桩水平承载力设计值与临界荷载吻合。

2）水泥砂浆扩体桩水平承载力计算方法讨论

水泥砂浆扩体桩在达到破坏荷载前，作为整体受力。根据足尺试验，2 根水泥砂浆扩体桩的水平临界荷载为 80kN（地面水平位移 8mm），极限荷载分别为 100kN 和 120kN。水泥砂浆扩体桩的极限荷载分别为临界荷载的 1.25 倍和 1.5 倍，为使安全系数不小于 2.0，折减系数分别为 0.625 和 0.75。保守取较小值 0.625 为折减系数。

水泥砂浆扩体桩的水平承载力设计值公式与水泥土扩体桩相同：

$$R_h = \frac{\alpha^3 EI}{\nu_x} \chi_{0a} \tag{4}$$

水泥砂浆扩体桩水平承载力特征值公式：

$$R_{ha} = 0.625 \frac{\alpha^3 EI}{\nu_x} \chi_{0a} \tag{5}$$

$$EI = 0.85 E_c I_0 + 0.85 E_1 I_1 \tag{6}$$

式中：EI——水泥砂浆刚度与管桩刚度之和；

E_1——水泥砂浆弹性模量；

I_1——水泥砂浆截面惯性矩；

其余参数与水泥土扩体桩一致。

将足尺试验水泥砂浆扩体桩参数代入式（4），得水平承载力设计值为 85kN，与实测临界荷载 80kN 相差约 6%。与水泥土扩体桩计算过程相同，考虑了水泥砂浆刚度的水平承载力设计值与实测临界荷载值吻合度较高。

5 结论与建议

5.1 结论

本文以水泥土扩体桩和水泥砂浆扩体桩为研究对象，结合现有的文献和研究成果，采用足尺试验、数值模拟、理论分析相结合的方法，研究具有稳定强度的水泥土和水泥砂浆扩体材料对扩体桩水平承载性能的影响，对比分析了单一管桩与水泥土扩体桩和水泥砂浆扩体桩的水平承载特性，研究了不同强度管桩和外桩径对水泥砂浆扩体桩的受力和变形影响，结合足尺试验情况，研究了水泥土扩体桩和水泥砂浆扩体桩水平承载特征值的折减系数。主要研究结论如下：

（1）在相同条件下，水泥砂浆扩体桩较水泥土扩体桩水平临界荷载提升较大，但水平极限荷载值差异较小。水泥土扩体桩临界荷载与极限荷载之间的安全储备较高，且大于水泥砂浆扩体桩临界荷载与极限荷载之间的安全储备。

（2）桩顶水平位移较小时（小于 10mm），水泥砂浆扩体桩承受的水平荷载明显大于水泥土扩体桩，在桩顶水平位移 8mm 时，水泥砂浆扩体桩的水平荷载相较水泥土扩体桩提高了 60%，因此水泥砂浆扩体桩可应用在位移控制相对严格的基坑工程。

（3）水泥土和水泥砂浆扩体材料均能显著减小管桩桩身位移、桩身弯矩，从而提升管桩的水平临界荷载和极限荷载。模拟条件下，水泥土扩体桩和水泥砂浆扩体桩水平极限承载力较单一管桩分别提高了 83%和 117%。相同荷载作用下，相较单一管桩，水泥土扩体桩和水泥砂浆扩体桩桩身最大弯矩分别降低了 29%和 53%，桩顶位移分别减少了 75%和 91%。

（4）对于水泥砂浆扩体桩，芯桩不变，增加水泥砂浆扩体桩的外桩径能显著提高水平承载力。

5.2 建议

（1）在计算扩体桩水平承载力时，考虑扩体材料强度，计算宽度取外桩径，能更准确地计算扩体桩水平临界荷载值，水泥土扩体桩水平承载力特征值计算系数可取 1.0，水泥砂浆扩体桩水平承载力特征值计算系数可取 0.625。

（2）可用水泥土或水泥砂浆扩体桩来提高桩基的抗震性能。

参考文献：

[1] 张振，窦远明，吴迈，等. 水泥土组合桩的发展及设计方法[J]. 低温建筑技术，2002(1)：54-55.

[2] 王安辉，章定文，刘松玉，等. 水平荷载下劲性复合管桩的承载特性研究[J]. 中国矿业大学学报，2018，47(4)：853-861.

[3] 丁勇，俞设，王平，等. 水泥土强度对型钢水泥土组合梁的影响研究[J]. 地下空间与工程学报，2017，13(3)：698-702.

[4] 高文生，梅国雄，周同和，等. 基础工程技术创新与发展[J]. 土木工程学报，2020，53(6)：97-121.

[5] 陈文华，王群敏，张永永. 分布式光纤传感技术在桩基水平载荷试验中的应用[J]. 科技通报，2016，32(8)：73-76.

[6] 张孟环. 劲性复合桩的水平承载特性及其实用计算方法[D]. 南京：东南大学，2019.

[7] JAMSAWANG P，BERGADO D T. VOOTTIPUEX P. Field behaviour of stiffened deep cement mixing piles[J]. Proceedings of the Institution of Civil Engineers-Ground Improvement，2011，164(1)：33-49.

[8] WERASAK RAONGJANT，MENG JING. Field testing of stiffened deep cement mixing piles under lateral cyclic loading[J]. Earthquake Engineering and Engineering Vibration，2013，12(2).

[9] 万征，秋仁东. 桩侧桩端后注浆灌注桩水平静载特性研究[J]. 岩石力学与工程学报，2015，34(S1)：3588-3596.

[10] 宋义仲，程海涛，卜发东，等. PPC 桩水平承载机理现场试验研究[J]. 工程勘察，2017，45(7)：14-19.

[11] 中华人民共和国住房和城乡建设部. 建筑基桩检测技术规范：JGJ 106—2014[S]. 北京：中国建筑工业出版社，2014.

[12] 中华人民共和国国家质量监督检验检疫总局. 通用硅酸盐水泥：GB 175—2007[S]. 北京：中国标准出版社，2007.

[13] 隋海波，施斌，张丹，等. 基坑工程 BOTDR 分布式光纤监测技术研究[J]. 防灾减灾工程学报，2008(2)：184-191.

[14] 魏广庆，施斌，贾建勋，等. 分布式光纤传感技术在预制桩基桩内力测试中的应用[J]. 岩土工程学报，2009，31

（6）：911-916.

［15］ 陈志彬，肖朝昀，高世雄，等. PHC管桩受弯承载力非线性分析[J]. 华侨大学学报(自然科学版)，2016，37(3)：358-362.

［16］ 蔡忠祥，刘陕南，高承勇，等. 基于混凝土损伤模型的灌注桩水平承载性状分析[J]. 岩石力学与工程学报，2014，33(S2)：4032-4040.

［17］ 熊进刚，丁利，田钦. 混凝土损伤塑性模型参数计算方法及试验验证[J]. 南昌大学学报(工科版)，2019，41(1)：21-26.

［18］ 方自虎，周海俊，赖少颖. 等. ABAQUS混凝土应力-应变关系选择[J]. 建筑结构，2013，43(S2)：559-561.

［19］ 中华人民共和国住房和城乡建设部. 混凝土结构设计规范(2015年版)：GB 50010—2010[S]. 北京：中国建筑工业出版社，2015.

［20］ 中华人民共和国国家质量监督检验检疫总局. 先张法预应力混凝土管桩：GB 13476—2009[S]. 北京：中国标准出版社，2009.

［21］ 中华人民共和国住房和城乡建设部. 水泥土复合管桩基础技术规程：JGJ/T 330—2014[S]. 北京：中国建筑工业出版社，2014.

砂土中竖向荷载对单桩水平承载特性影响分析

木林隆[1,2]，孙建国[1,2]，李　婉[1,2]
（1. 同济大学地下建筑与工程系，上海 200092；2. 同济大学岩土及地下工程教育部重点实验室，上海 200092）

摘　要：大直径单桩作为海上风电常用的基础形式常受到组合荷载的共同作用。研究表明竖向荷载对单桩的水平承载特性具有重要影响。利用组合荷载下单桩分析方法研究 p-y 曲线中 p_u 值随竖向荷载改变而发生变化、P-Δ 效应和侧摩阻力引起的抗弯矩效应 M_R 对砂土中单桩水平承载特性的影响，并分析长径比 L/D 和内摩擦角 φ 对这三者的“耦合效应”的影响。对砂土中大直径短桩，竖向荷载对水平承载力的提高较为显著，随着桩长不断增加，P-Δ 效应的不利影响不断增大，竖向荷载对水平承载力的提高减弱。随着内摩擦角 φ 的不断增大，竖向荷载对单桩水平承载性能的影响逐渐减小。

关键词：单桩；组合荷载；抗弯矩效应；P-Δ 效应；修正桩侧土体抗力

作者简介：木林隆，男，1984 年生，副教授。主要从事岩土力学和岩土工程的研究。E-mail：mulinlong@tongji. edu. cn。

Analysis of influence factors of vertical load on lateral bearing behavior of single pile in sand

MU Lin-long[1,2]，SUN Jian-guo[1,2]，LI Wan[1,2]
（1. Department of Geotechnical Engineering，Tongji University，Shanghai 200092，China；2. Key Laboratory of Geotechnical and Underground Engineering of Ministry of Education，Tongji University，Shanghai 200092，China）

Abstract：Large-diameter monopile，as a common foundation form for offshore wind turbines，is always subjected to multidirectional loads. Many studies have shown that the vertical load has a substantial influence on the lateral bearing behavior of the single pile. Using the analytical method for single pile under combined loads to study the effect of the variation of ultimate resistance p_u of p-y curve caused by vertical load，P-Δ effect and resisting bending moment M_R caused by the uneven distribution of vertical skin friction on the lateral bearing behavior of the single pile in sand. Analyzing the influence of aspect ratio L/D and friction angle φ on the “coupling effect” . For the monopiles inserted with large diameter and short length in sand，the vertical load has a tendency to improve the horizontal bearing behavior. With the increase of aspect ratio L/D，the unfavorable influence of P-Δ effect increases continuously，and the increase of vertical load on the horizontal bearing capacity decreases. With the increase of friction angle φ，the influence of vertical load on lateral bearing behavior of the monopile gradually decreases.

Key words：single pile；combined load；resisting bending moment M_R；P-Δ effect；corrected ultimate resistance

1　引言

大直径单桩基础凭借结构简单、成本较低的优势成了目前最常用的海上风电基础形式，截至 2020 年底，欧洲已建的海上风电涡轮发电机的基础中 81.2%为单桩基础[1]。海上风机桩基础在工作状态下常受到多种荷载的组合作用，包括竖向荷载、水平荷载和弯矩等。

为考虑多种荷载共同作用的影响，国内外学者针对受组合荷载桩基础做了大量的实验研究[2-4]和有限元分析[5-6]，结果表明竖向荷载的存在对桩基础的水平承载效应有明显的影响。竖向荷载对单桩水平承载性能的影响因素较多，如土体性质、桩的长径比等，各学者研究结论并不一致，存在较大的争议。通过总结既有研究成果，张静[7]结合有限元计算结果，得出竖向荷载对桩基础水平承载性能的影响效应可分为三部分：p-y 曲线中 p_u 值随竖向荷载改变而发生变化、P-Δ 效应和侧摩阻力引起的抗弯矩效应。目前水平受荷桩的理论分析主要利用“m 法”或 p-y 曲线法进行，研究重点主要针对 p-y 曲线形式和土体极限抗力[8]，这些方法均未考虑竖向荷载对 p-y 曲线的影响。同时，桩侧剪应力引起的抗弯矩 M_R 效应对桩侧土体抗力的影响不可忽视[9]。针对以上问题木林隆等[10]考虑竖向荷载的影响对传统双曲线 p-y 模型的 p_u 值进行修正，并引入 P-Δ 效应、桩侧摩阻力及土体抗力，建立了均质砂土中组合受荷桩的差分计算方法。

本文基于木林隆等[10]提出的砂土中组合荷载下单桩理论分析方法，研究并分析 p-y 曲线中 p_u 值随竖向荷载改变而发生变化、P-Δ 效应和侧摩阻引起的抗弯矩效应三部分对单桩水平承载特性的“耦合效应”（以下简称为“耦合效应”）的贡献，并分析了砂土中长径比、土体强度对“耦合效应”的影响。

2　分析方法简介[10]

采用弹性地基梁法求解在地面处受水平荷载 H_0，弯矩 M_0 和竖向力 P_{z0} 组合作用的单桩，桩身单元的平衡方

基金项目：国家自然科学基金（41572260）、国家重点基础研究发展规划项目（973 项目）（2013CBO36304）。

程如下

$$EI\frac{d^4y}{dz^4}-V_V\frac{dy}{dz}+P_Z\frac{d^2y}{dz^2}+p(z)+\frac{dM_R}{dz}=0 \quad (1)$$

其中，第一项代表桩身弯矩，第二项代表桩侧摩阻力，第三项代表桩身轴力。$p(z)$ 采用式（2）计算，单位长度上桩侧极限土抗力值 p_u 在 Reese 等[11] 楔形体理论上考虑竖向荷载引起的桩侧摩阻力影响，浅层土体由式（3）计算，深层土体由式（4）计算。M_R 为桩侧摩阻力引起的弯矩。

$$p=\frac{y}{\dfrac{1}{k_{ini}}+\dfrac{y}{p_u}} \quad (2)$$

式中，$k_{ini}=n_h\cdot z$ 为 p-y 曲线的地基反力初始模量，n_h 为初始地基反力系数。

$$\begin{aligned}p_{us}=&\eta_1K_0\gamma H^2\tan\varphi\tan\beta\left[\sin\beta+\frac{\dfrac{\cos\beta}{\cos\alpha}}{\tan(\beta-\varphi)}\right]+\\&\frac{\gamma H\tan\beta(D+H\tan\beta\tan\alpha)}{\tan(\beta-\varphi)}+\\&\frac{\sigma'_{v0}\tan\beta(D+2H\tan\beta\tan\alpha)}{\tan(\beta-\varphi)}+\\&\frac{\pi D\tau}{2\tan(\beta-\varphi)}-\gamma H(K_0H\tan\beta\tan\alpha-K_aD)\end{aligned} \quad (3)$$

式中，γ 为土体重度；φ 为砂土内摩擦角；β 为楔形体破裂面与水平面夹角的补角，取 $\beta=45°+\varphi/2$；α 为楔形体扇形角，取 $\alpha=\varphi/5$；H 为楔形体的高度；D 为桩径；K_0 为静止土压力系数；K_a 为主动土压力系数；η_1 为经验系数；σ'_{v0}为上覆土体的有效应力；τ 为桩侧摩阻力。

$$p_{ud}=K_a\gamma HD(\tan^8\beta-1)+K_0\gamma HD\tan\varphi\tan^4\beta \quad (4)$$

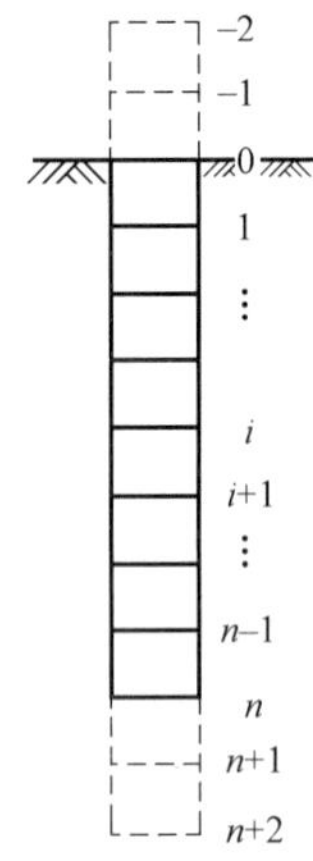

图 1　桩体差分示意图

Fig. 1　Differential analysis of pile shaft

假设桩顶自由，弯矩 M_0，水平荷载 H_0；桩端处（节点 $i=n$）边界条件为 $\begin{Bmatrix}V_b\\M_b\end{Bmatrix}=[k_b]\begin{Bmatrix}y_b\\\theta_b\end{Bmatrix}$

采用有限差分法对式（1）进行求解，可得单桩侧移量为

$$\{y\}=[K]^{-1}\{F\} \quad (5)$$

式中，$\{y\}$ 为桩身节点水平向位移列向量；$\{F\}$ 为荷载列向量；$[K]$ 为桩身水平向刚度矩阵。

3　耦合效应组成分析

该分析方法将竖向荷载对桩基水平承载性能的影响分为 P-Δ 效应、抗弯矩效应、土体极限抗力 p_u 值随竖向荷载变化三部分。为研究该三部分对耦合效应的贡献，通过以下算例进行讨论。假设大直径单桩，桩径 $D=8$m，壁厚 96mm，弹性模量为 210GPa，泊松比为 0.2。保持桩径不变，L/D 取 5。土体的重度 $\gamma=18$kN/m^3，弹性模量为 50MPa，泊松比为 0.3，内摩擦角 $\varphi=25°$，相对密实度为 0.55。初始地基反力系数 n_h 按太沙基[12] 提出的相对密实度与地基反力系数关系曲线选取，$n_h=8.074$MN/m^3，p_u 公式中 $\eta_1=0.5$。

根据木林隆等[10] 提出的单桩分析方法，仅考虑水平荷载作用绘制桩顶水平荷载位移曲线，按照 0.1D 的桩顶位移所对应的水平荷载来确定水平承载力极限值，得 $H_{ult,0}=118.25$MN。桩基竖向极限承载力按桩侧最大摩阻力提供的抗力计算，$V_{ult}=120$MN。

图 2 为单桩在竖向力（0.9V_{ult}）和水平力（$H_{ult,0}=118.25$MN）组合作用下，仅考虑水平荷载作用（不考虑竖向荷载影响）、仅考虑 P-Δ 效应、仅考虑抗弯矩效应、仅考虑土体极限抗力 p_u 值随竖向荷载变化的影响及综合考虑三者共同作用，5 种不同工况下的桩身侧移和桩身弯矩。

由图 2 可见，对该大直径单桩，竖向荷载作用时，

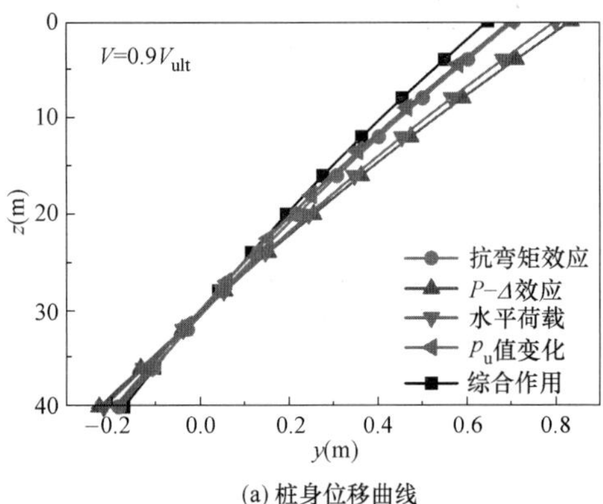

(a) 桩身位移曲线

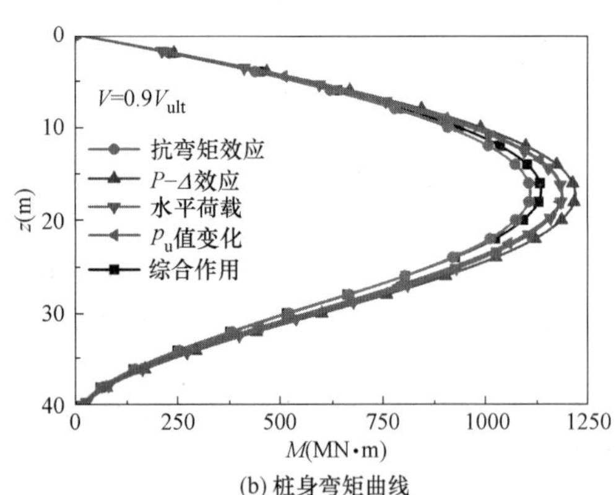

(b) 桩身弯矩曲线

图 2　$L/D=5$ 时，考虑不同因素的桩身力学特性图

Fig. 2　When $L/D=5$, mechanical properties of the pile under different factors

抗弯矩效应、竖向荷载对 p_u 值的影响两个因素减小了单桩的水平变形及内力，而 P-Δ 效应会增大桩基大水平变形及最大弯矩。三种效应叠加后，桩基最大变形与弯矩呈现减小的趋势。考虑桩侧摩阻力产生的抗弯矩效应 M_R，相比于仅考虑水平荷载，桩顶位移量减少 11.5%，桩身弯矩最大值减少 6.5%；考虑 P-Δ 效应，相比于只考虑水平荷载，桩顶位移增加 4.3%，桩身弯矩最大值增加 2.7%；考虑 p_u 值随竖向荷载变化，桩顶位移减小 12.6%，而该因素对弯矩几乎没有影响。综合考虑各因素的计算结果，桩顶位移量相对减小 19%，弯矩相对减小 4.3%。

4 长径比 L/D 对耦合效应的影响

以基本算例，选定长径比 L/D 分别取 5、7.5、10、12.5，土体强度参数取 $\varphi=25°$，考虑三种因素的耦合作用，研究不同长径比下竖向荷载对大直径单桩的水平承载效应的影响。

不同长径比下仅考虑水平荷载作用和仅考虑竖向荷载作用单桩的荷载极限值见表 1。

$\varphi=25°$，单桩极限承载力　　表 1

When $\varphi=25°$, ultimate bearing capacity of pile　Table 1

L/D	5	7.5	10	12.5
H_{ult}(MN)	118.25	209.71	222.90	223.06
V_{ult}(MN)	120	255	470	737

图 3、图 4 分别为不同长径比下，桩顶水平荷载为 H_{ult}，竖向荷载由 0 增加到极限荷载 V_{ul} 过程中，单桩的桩顶水平位移和桩身最大弯矩变化图。其中，y 为竖向荷载和水平荷载共同作用时桩顶的水平位移，y_0 为仅水平荷载作用下的桩顶水平位移；M 为竖向荷载和水平荷载共同作用时的桩身最大弯矩，M_0 为仅水平荷载作用下的桩身最大弯矩。

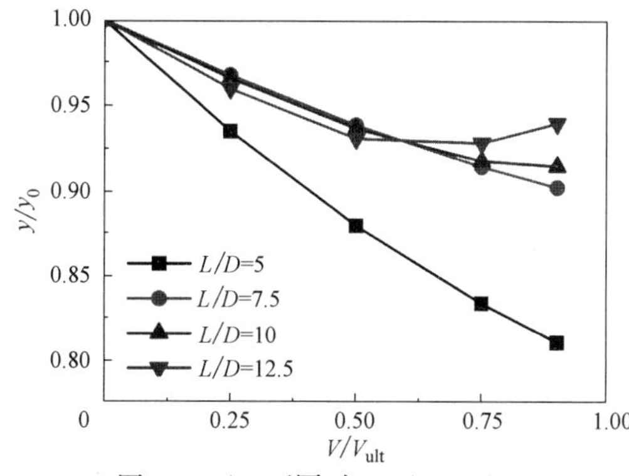

图 3　L/D 不同时，y/y_0-V/V_{ul}

Fig. 3　y/y_0-V/V_{ult} curves under different L/D

由位移变化图可知，当长径比为 5 时，耦合效应作用最明显，桩顶水平位移受竖向荷载影响最大，随着竖向荷载的增大，位移明显减小，当竖向荷载增大到极限荷载的 0.9 倍时，位移减小 18.9%；竖向荷载为 0～0.5V_{ult}，长

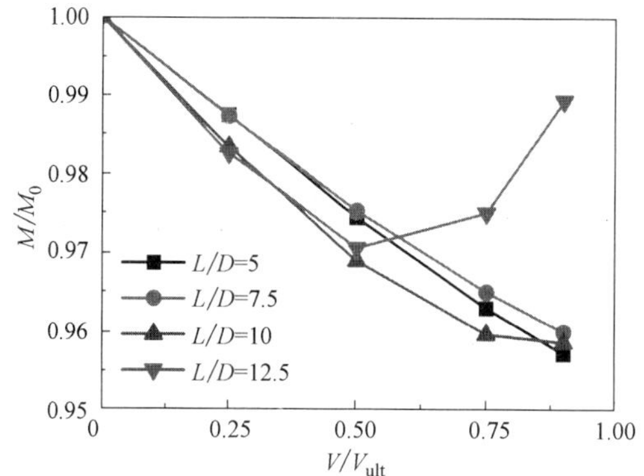

图 4　L/D 不同时，M/M_0-V/V_{ult}

Fig. 4　M/M_0-V/V_{ult} curves under different L/D

径比从 7.5 到 12.5 范围变化时，位移变化受长径比影响很小，当竖向荷载超过 0.75V_{ult} 时，三种因素的耦合效应对位移的影响随着长径比的增大而减小，这主要是因为 P-Δ 效应对耦合效应的影响随着长径比的增大明显提高。

由弯矩变化图可知，长径比为 5 和 7.5 时，最大弯矩随竖向荷载基本呈线性变化，随长径比增大出现非线性变化；对长径比为 12.5 的大直径单桩，竖向荷载为 0.5 倍极限值时，最大弯矩值受耦合效应影响最大为 2.9%，并随着竖向荷载继续增大，影响逐渐减小至 1.1%，呈现非单调变化，原因同样是 P-Δ 效应对耦合效应的影响随着长径比的增大明显提高。

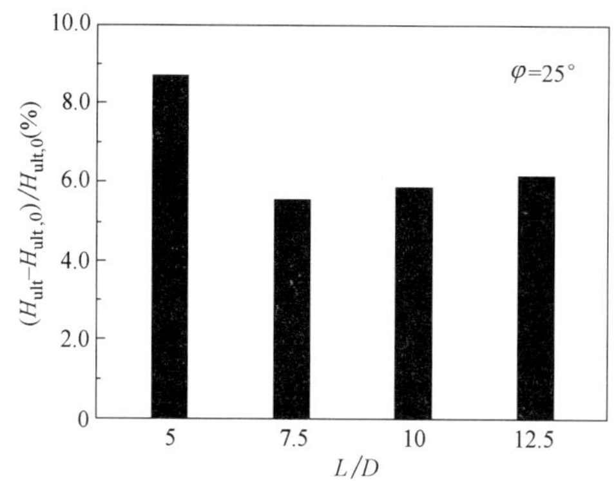

图 5　$V=0.5V_{ult}$，不同长径比单桩水平承载力相对变化

Fig. 5　When $V=0.5V_{ult}$, percentage change in lateral bearing capacity of pile with different aspect ratios

按照《建筑桩基技术规范》[13] 中取安全系数为 2，即桩基竖向设计荷载为 1/2 极限荷载，$V=0.5V_{ult}$。不同长径比下，考虑耦合效应时单桩的水平极限承载力相对于无竖向荷载下的水平承载力相对变化如图 5 所示。H_{ult} 为竖向荷载时考虑耦合效应的单桩水平极限承载力；$H_{ult,0}$ 为无竖向荷载时单桩的水平极限承载力。

当 $\varphi=25°$时，随着长径比从 5 增大到 12.5，单桩水平承载力先减小后增大。当 $L/D=5$ 时，水平承载力受竖向荷载影响最大，受竖向荷载作用时相比于仅受水平荷载单桩的水平极限承载力提升了 8.7%。可见对软土中的短桩设计时，考虑竖向荷载对水平承载性能影响最为必要。

5 内摩擦角 φ 对耦合效应的影响

以基本算例，选定强度参数 φ 分别取 25°、30°、35°、40°、45°，长径比 $L/D=7.5$，考虑三种因素的耦合作用，研究不同砂土内摩擦角下竖向荷载对大直径单桩的水平承载效应的影响。

为了便于比较，不同内摩擦角下的竖向极限荷载均取 $\varphi=25°$时的计算值 255MN。水平荷载大小为单桩仅受水平力作用时的极限承载力值，见表 2。图 6、图 7 分别为不同内摩擦角下，桩顶竖向荷载由 0 增加到极限荷载 V_{ul} 过程中，单桩的桩顶水平位移和桩身最大弯矩变化图。

$L/D=7.5$ 时，单桩水平极限承载力　表 2

When $L/D=7.5$, the ultimate lateral bearing capacity of pile　Table 2

φ(°)	25	30	35	40	45
H_{ult}(MN)	209.71	223.37	234.20	244.48	249.29

由图 6、图 7 可见，在砂土中，当长径比为 7.5 时，随着竖向荷载的增大，桩顶侧移越来越小，桩身弯矩越来越小，竖向荷载对砂土中的单桩水平承载性能呈提高趋势。以竖向荷载达到竖向极限承载力 0.9 倍作为影响效应最大值，讨论各内摩擦角对耦合效应的影响。随着内摩擦角 φ 从 25°变化到 45°，耦合效应对桩顶位移减少的贡献不断降低，桩顶位移减小比例由 9.8%降至 4.1%；对桩身最大弯矩减少的贡献不断降低，桩身最大弯矩减小比例由 4.0%降至 2.9%。位移受竖向荷载影响的幅度大于弯矩变幅。

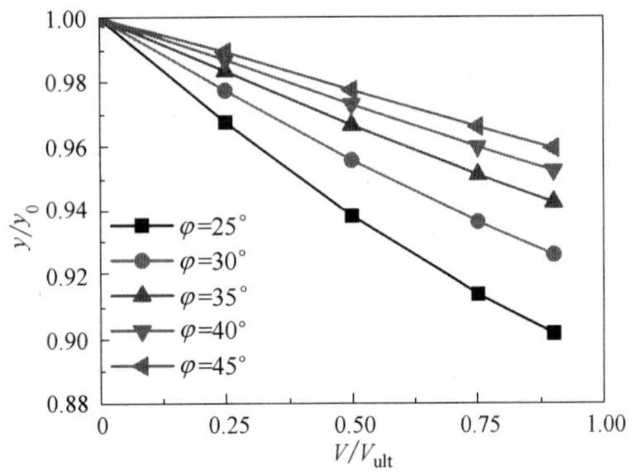

图 6　φ 角不同时，y/y_0-V/V_{ult}

Fig. 6　y/y_0-V/V_{ult} curves under different φ

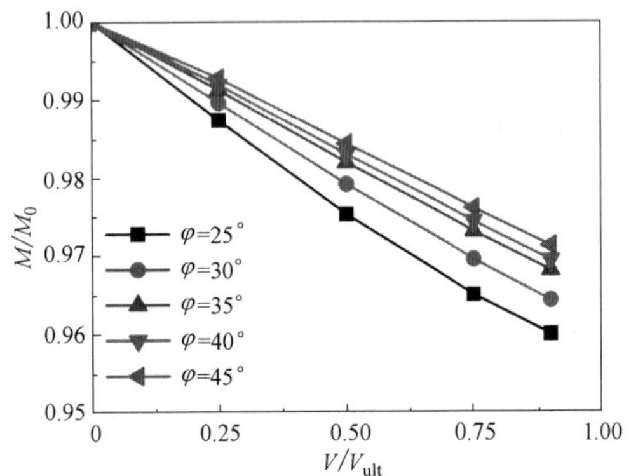

图 7　φ 角不同时，M/M_0-V/V_{ult}

Fig. 7　M/M_0-V/V_{ult} curves under different φ

取竖向荷载为极限荷载的 1/2，不同内摩擦角下，考虑耦合效应单桩的水平极限承载力相对于无竖向荷载时的水平承载力相对变化如图 8 所示。

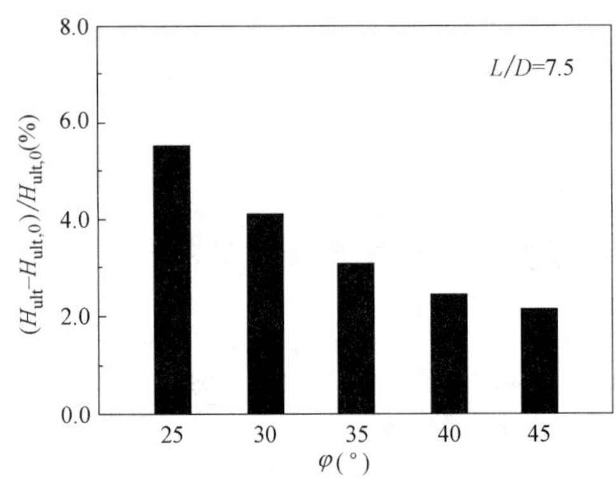

图 8　$V=0.5V_{ult}$，不同内摩擦角单桩水平承载力相对变化

Fig. 8　When $V=0.5V_{ult}$, percentage change in lateral bearing capacity of pile under different friction angles

长径比为 7.5 时，随着 φ 角从 25°增大至 45°，水平极限承载力提升比值逐渐从 5.52%减小至 2.15%。由此可见随着砂土内摩擦角的增大，考虑耦合效应竖向荷载的存在对水平承载能力的增幅逐渐减弱，内摩擦角越大，极限承载力提高越不明显，即土体强度越大，竖向荷载对水平承载性能影响越小。

6 结语

本文采用砂土中竖向、水平荷载耦合作用下单桩简化分析方法探讨了抗弯矩效应、P-Δ 效应及桩侧土抗力极限值 p_u 随竖向荷载改变、竖向荷载对大直径单桩水平向承载特性影响的贡献，随后探究长径比、砂土的内摩擦角对耦合效应的影响。得到以下结论：

（1）对砂土中组合受荷桩，抗弯矩效应、竖向荷载引起的桩侧土体水平极限抗力 p_u 变化可以提高单桩的水平承载性能，P-Δ 效应会增加其水平变形及桩身弯矩，对于大直径单桩综合考虑该三个影响因素呈现出提高桩基水平承载性能的现象。

（2）从变形控制要求而言，对于大直径短桩，竖向荷载对水平承载能力的提高较为显著，随着长径比增加，P-Δ 效应的不利影响不断增大，竖向荷载对水平承载力的提高减弱。

（3）随着内摩擦角 φ 的不断增大，竖向荷载对桩身水平承载性能的影响逐渐减小。当 $\varphi=25°$时，其水平承载力提高值最显著。对于内摩擦角较小的砂土，竖向荷载对桩基水平承载性能的影响较为显著。

参考文献：

[1] Wind Europe. Offshore wind in Europe key trends and statis-

tics 2020[R]. WindEurope，2021.

[2] 王卫中. 砂土中组合荷载下柔性单桩承载机理研究[D]. 上海：同济大学，2013.

[3] DAS B M，RAGHU D，SEELEY G R. Uplift capacity of model piles under oblique loads[J]. Journal of the Geotechnical Engineering Division，1976，102(9)：1009-1013.

[4] ANAGNOSTOPOULOS C，GEORGIADIS M. Interaction of axial and lateral pile responses[J]. Journal of Geotechnical Engineering，1993，119(4)：793-798.

[5] KARTHIGEYAN S，RAMAKRISHNA V，RAJAGOPAI K. Numerical investigation of the effect of vertical load on the lateral response of piles[J]. Journal of Geotechnical and Geoenvironmental Engineering，2007，133(5)：512-521.

[6] 郑刚，王丽. 成层土中倾斜荷载作用下桩承载力有限元分析[J]. 岩土力学，2009，30(3)：680-687.

[7] 张静. 竖向荷载对大直径管桩水平承载特性影响的数值模拟和模型试验[D]. 上海：同济大学，2014.

[8] ZHANG L，SILVA F，GRISMALA R. Ultimate lateral resistance to piles in cohesionless soils[J]. Journal of Geotechnical and Geoenvironmental Engineering，2005，131(1)：78-83.

[9] MCVAY M，NIRAULA L. Development of PY curves for large diameter piles/drilled shafts in limestone for FBPIER [R]. 2004.

[10] 木林隆，康兴宇，李婉. 砂土地基中 V-H-M 组合荷载下单桩分析方法研究[J]. 岩土工程学报，2017，39(S2)：153-156.

[11] REESE L C，COX W R，KOOP F D. Analysis of laterally loaded piles in sand [C]. Offshore Technology Conference，1974.

[12] TERZAGHI K. Evalution of conefficients of subgrade reaction[J]. Geotechnique，1955，5(4)：297-326.

[13] 中华人民共和国住房和城乡建设部. 建筑桩基技术规范：JGJ 94—2008[S]. 北京：中国建筑工业出版社，2008.

泥岩地区大直径嵌岩桩竖向承载力特性研究

蒋志军，陈昱成
（四川省建筑科学研究院有限公司，四川 成都 610081）

摘 要：以成都某超高层建筑桩基础为例，采用现场静载荷试验，探究泥岩地区大直径旋挖灌注嵌岩桩在竖向荷载作用下承载特性。测试结果表明，在大荷载作用下桩身上部及中部侧摩阻力发挥较大，对应轴力递减明显。桩顶下 18.0～25.0m 桩侧摩阻力未完全发挥，可视为上部荷载绝大部分由 0.0～18.0m 桩侧阻力承担，即桩深达一定深度时，侧阻力基本可完全承担上部荷载，桩端阻力几乎未发挥。中风化泥岩及中风化砂质泥岩侧摩阻力实测值均达 400kPa，说明该地区岩层的侧摩阻力取值可相应提高。泥岩地区嵌岩桩上部及中部桩侧摩阻力发挥能力远高于其理论计算值，在未来同类工程中，可结合现场试验结果优化桩身长度。

关键词：嵌岩桩；承载特性；侧阻力

作者简介：蒋志军，男，1974 年生，教授级高工，四川省建筑科学研究院有限公司地基基础研究院院长，主要从事地基基础与岩土工程领域研究工作。

Study on vertical bearing capacity characteristics of large diameter rock socketed pile in Mudstone Area

JIANG Zhi-jun，CHEN Yu-cheng
（Sichuan Institute of Building Research，Chengdu Sichuan 610081，China）

Abstract：Taking the pile foundation of a super high-rise building in Chengdu as an example，the bearing capacity of large-diameter rotary excavation cast-in-place rock socketed pile in mudstone area under vertical load is studied by field static load test. The test results show that under the action of large load，the side friction in the upper and middle part of the pile body plays a larger role，and the corresponding axial force decreases significantly. The side friction resistance of 18.0～25.0m pile under the pile top is not fully exerted，which can be regarded as that most of the upper load is borne by the side resistance of 0.0～18.0m pile，that is，when the pile reaches a certain depth，the side resistance can basically fully bear the upper load，and the pile end resistance is hardly exerted. The measured values of side friction of moderately weathered mudstone and moderately weathered sandy mudstone both reach 400kPa，indicating that the value of side friction of rock strata in this area can be increased accordingly. The exerting capacity of the upper and middle pile side friction of rock socketed pile in mudstone area is much higher than its theoretical calculation value. In similar projects in the future，the pile length can be optimized in combination with the field test results.

Key words：rock socketed pile；bearing characteristics；side resistance

1 引言

桩基础在民用建筑中已广泛使用，其主要作为竖向受力构件，通常通过桩周岩土层的桩侧摩阻力及桩端持力层的桩端阻力来支承上部结构荷载。近年来，高层及超高层建筑大量兴建，对建筑桩基础承载力要求也越来越高。嵌岩桩作为一种特殊的桩基形式，其具有承载力高、沉降小、稳定性良好、地层适用性强、便于机械化施工等特点，目前在超高层建筑工程中得到广泛应用[1-3]。对于嵌岩桩承载特征的理论研究已较为成熟，雷孝章等[4] 提出了嵌岩桩极限侧阻力的研究方法；刘兴远等[5] 对嵌岩桩嵌岩段承载特性进行了研究；陈斌等[6] 通过有限单元法分析基岩强度与嵌岩桩竖直方向上的承载力的关系；王卫东等[7] 将现场试验与理论经验比对发现，对于软质岩层地区的嵌岩桩在设计规范中普遍过于保守，成本较大。目前通过大承载力试验的实际工程对泥岩地区嵌岩桩承载特性的研究较少。随着地下空间的开拓，往往桩身嵌岩深度较大甚至存在全段嵌岩的桩基础，本文结合成都某超高层建筑工程，基于现场大吨位静载荷试验数据分析得到全段嵌岩桩在中风化泥质岩中发挥的单桩承载力及侧阻力值，研究其沿深度方向受力特性，为嵌岩桩优化设计提供帮助，同时可为泥质岩地区嵌岩桩的实践与理论研究提供参考。

2 工程概况

拟建工程位于成都市天府新区，为超高层建筑，地下 4 层，地上 55 层，建筑高度近 290.0m，基础形式为桩筏基础，桩采用机械旋挖灌注施工工艺，桩径为 1.2m，其设计单桩竖向抗压承载力特征值为 14 000kN。试验桩（记为 SZ1、SZ2）所处地层为侏罗系蓬莱镇组（J_3^P）中风化泥岩及中风化砂质泥岩。各试桩桩侧岩层分布情况如表 1 所示，各岩层主要物理力学参数如表 2 所示。

试验桩设计竖向抗压极限荷载标准值为 28000kN，桩身采用 C45 水下浇筑混凝土。桩身混凝土在达到养护龄期后进行单桩竖向抗压静载试验。

试验采用慢速维持载荷法进行加载，按照相关规范执行。

各试验桩桩侧岩层分布情况　　表 1

Distribution of rock strata on the pile side of each test pile　Table 1

试桩编号	岩层号	岩层分布	分层厚度(m)
SZ1	1	中风化泥岩	10.4
	2	中风化砂质泥岩	14.6
SZ2	1	中风化砂质泥岩	22.0
	2	中风化泥岩	3.0

各岩层主要物理力学参数　　表 2

Main physical and mechanical parameters of each rock stratum　Table 2

土层	侧阻力标准值 q_{sik}(kPa)	端阻力标准值 q_{sik}(kPa)	单轴抗压强度 f_{rk}(MPa)
中风化泥岩	200	1600	2.0
中风化砂质泥岩	220	2400	2.9

3 试验方案

SZ1、SZ2 试桩长度为 25.0m，桩径 1.2m，全段嵌入中风化基岩。试验采用锚桩横梁反力装置（锚桩法），其主要由试桩、锚桩、主梁、次梁、拉杆等传力部件组成。该项目静载试验采用"六锚一"锚桩反力架法、"丰"字形加载结构，如图 1、图 2 所示，加载现场图片见图 3。

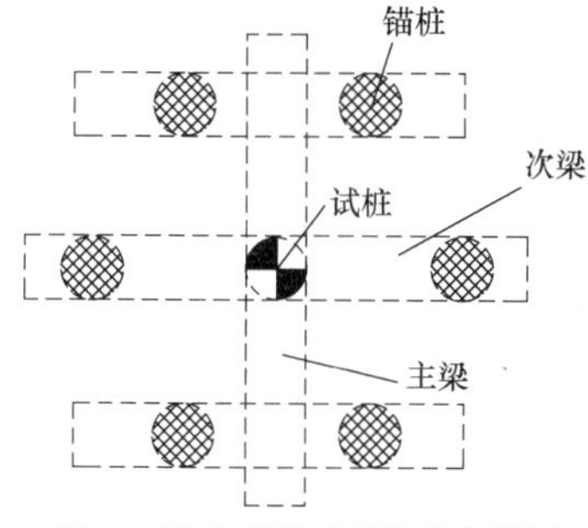

图 1　反力架装置平面示意图

Fig. 1　Plan of reaction frame device

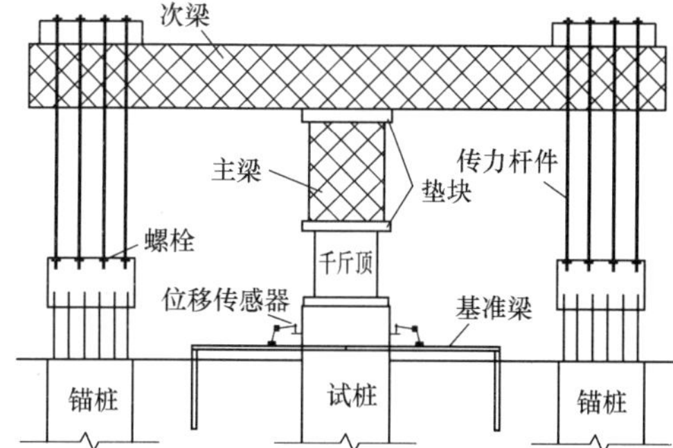

图 2　"六锚一"锚桩反力架装置示意图

Fig. 2　Schematic diagram of reaction frame device of "six anchors and one anchor pile"

图 3　试桩现场测试

Fig. 3　Pile testing

6 根锚桩桩径均为 1.2m，桩长为 23.0m，每根锚桩可提供 5000～6000kN 最大拉力。试桩现场测试照片见图 3。为测试桩身各深度范围的受力情况，在桩顶下 5.0m，12.0m，18.0m，25.0m 四个不同位置埋设钢筋应力计，钢筋计埋设位置如图 4 所示。

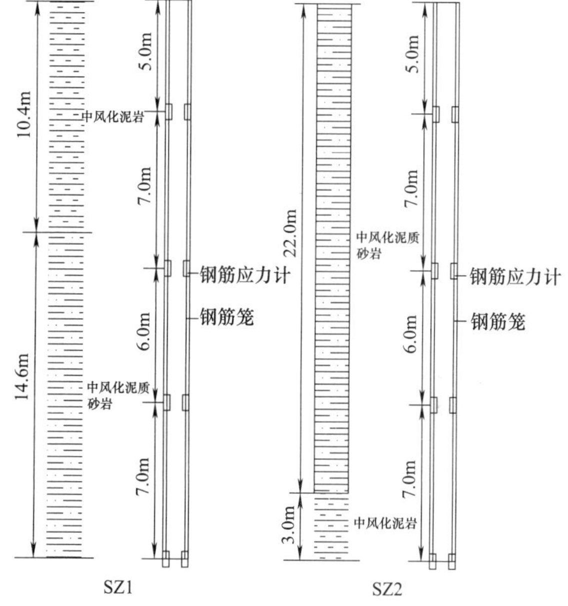

图 4　岩层分布及钢筋应力布置位置

Fig. 4　Distribution of rock strata and arrangement position of reinforcement stress

试验采用并联液压千斤顶对试验分 9 级施加荷载。最大施加荷载为 28000kN，桩基实际加载情况如表 3 所示。

SZ1、SZ2 加载分级表　　表 3

Load classification table　Table 3

荷载分级	加载值 Q(kN)
1	5600
2	8400
3	11200
4	14000
5	16800
6	19600
7	22400
8	25200
9	28000

4 结果分析

4.1 荷载沉降关系曲线（*Q-s* 曲线）

根据结果，荷载沉降关系曲线（*Q-s* 曲线）如图 5 所示。2 根试验桩在加载至设计极限荷载 28000kN 时开始卸载，卸载分 4 次进行。SZ1 及 SZ2 桩的 *Q-s* 曲线加载段基本呈线性变化，未出现明显陡降。SZ1 及 SZ2 在最大加载量 28 000kN 作用下对应的总沉降量分别为 8.21mm 及 6.39mm，说明实测加载未到极限，试验桩承载性能良好。

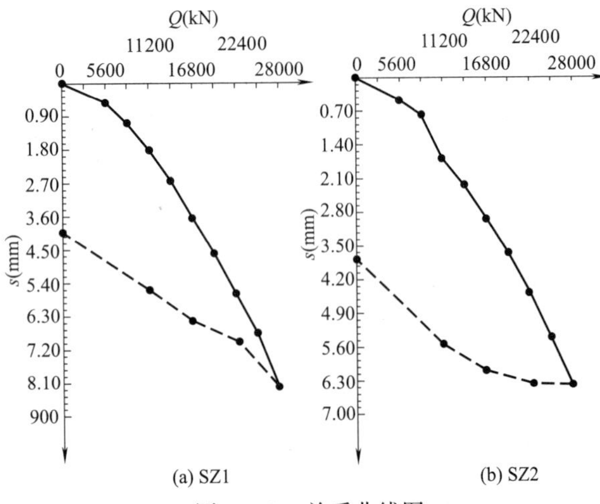

图 5 *Q-s* 关系曲线图

Fig. 5 *Q-s* Relation curve

4.2 桩身轴力分析

通过量测荷载作用下焊接在钢筋笼主筋上的钢筋计频率，依据频率与应变的关系，计算钢筋应力，再将钢筋应力通过计算换算为混凝土桩截面的轴力。通过桩身轴力数据，可进一步得到试验桩桩侧摩阻力和桩端阻力。根据桩顶荷载不断增加及桩身轴力在不同深度范围测算分析，可得试验桩桩身轴力与深度变化关系，如图 6 所示。

在竖向荷载作用下桩身材料首先会发生轴向压缩，桩与桩侧岩体发生相对位移，在桩侧形成摩阻力。随着摩阻力沿桩身深度不断发挥，桩身轴力则逐渐递减。同时可见，随桩顶荷载增大，桩身轴力衰减趋势越明显[8]。

由表 4 及表 5 可见，桩深 0.0～5.0m 轴力衰减率 21%～33.1%，桩深 5.0～12.0m 轴力衰减率 40.7%～48.1%，随荷载增加而减小；桩深 12.0～18.0m 轴力衰减率 18.8%～36.5%，随荷载增加而增大。即桩身承载力先由桩身上部侧摩阻力承担，随荷载增加，桩身中部侧阻力逐渐发挥。

2 根试验桩轴力曲线沿桩身方向减弱趋势相同，桩深 0.0～18.0m 为侧阻发挥段更加明显，由图 6 可知，该范围衰减速率最大，即桩侧摩阻力发挥性最佳，处于峰值范围，即最佳发挥段。由表 4 和表 5 可见，桩深 0.0～18.0m 轴力衰减率达 99%，桩身中上部在大荷载下侧摩阻力发挥更明显，对应轴力递减越剧烈。桩深 18.0～25.0m 桩侧摩阻力未完全发挥，可视为上部荷载基本由 0.0～18.0m 桩侧阻力承担。分析整个轴力衰减过程，对于全段嵌固于泥岩或砂质泥岩（软岩）的大直径旋挖桩在加载初始，桩周岩侧阻力充分发挥，随着桩顶荷载进一步增加，其侧阻力发挥水平依然较高，轴力衰减近似成线性，其表现出摩擦桩承载特性。加载过程中，桩端轴力几乎为零，可见桩端阻力基本未发挥。

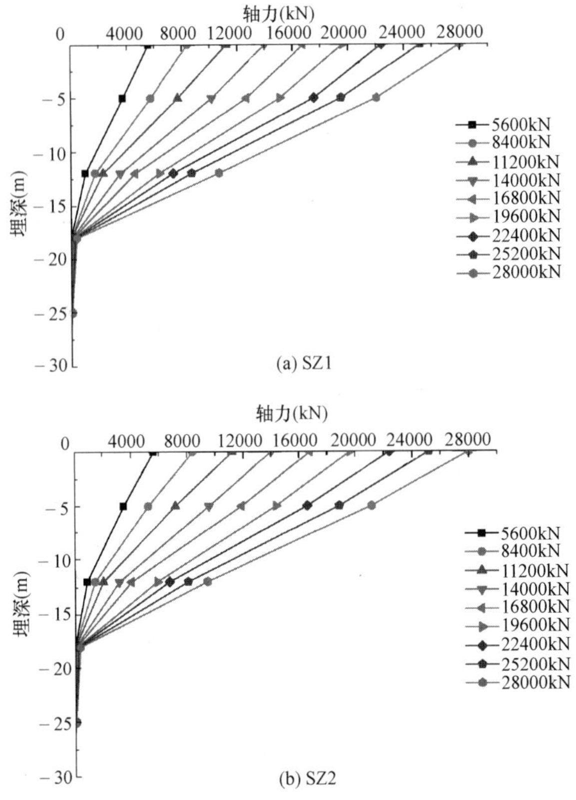

图 6 试验桩桩身轴力与深度变化关系图

Fig. 6 Relationship between axial force and depth of test pile

SZ1 桩身轴力在不同加载值下随桩深度衰减率

表 4

Attenuation rate of SZ1 pile shaft axial force with pile depth under different loading values

Table 4

加载值 Q(kN)	桩深 z(m)			
	0.0～5.0	5.0～12.0	12.0～18.0	18.0～25.0
5600	33.1%	47.9%	18.8%	0.1%
8400	31.7%	47.4%	20.7%	0.2%
11200	31.3%	48.1%	20.2%	0.3%
14000	27.5%	47.2%	24.7%	0.5%
16800	24.5%	48.0%	26.8%	0.7%
19600	23.0%	44.7%	31.3%	0.9%
22400	21.7%	45.5%	31.6%	1.1%
25200	22.6%	42.9%	33.2%	1.2%
28000	21.3%	40.7%	36.5%	1.3%

SZ2 桩身轴力在不同加载值下随桩深度衰减率

表 5

Attenuation rate of SZ2 pile shaft axial force with pile depth under different loading values

Table 5

加载值 Q(kN)	桩深 z(m) 0.0～5.0	5.0～12.0	12.0～18.0	18.0～25.0
5600	38.2%	46.0%	15.6%	0.2%
8400	37.9%	44.9%	17.0%	0.2%
11200	36.2%	45.8%	17.7%	0.3%
14000	31.8%	45.7%	22.0%	0.4%
16800	29.2%	46.9%	23.3%	0.5%
19600	26.9%	43.3%	29.0%	0.8%
22400	26.0%	44.0%	29.0%	0.8%
25200	25.2%	42.8%	30.8%	1.0%
28000	24.5%	41.8%	32.3%	1.2%

4.3 桩侧阻力分析

通过指定深度截面的桩身轴力差值，计算得到各试验桩桩侧阻力随深度变化曲线如图 7 所示。

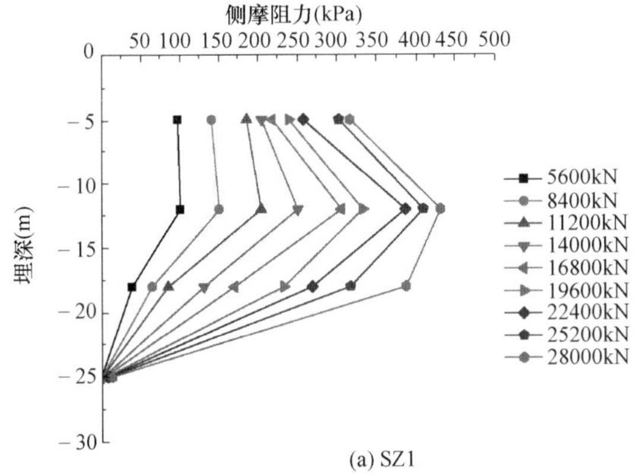

(a) SZ1

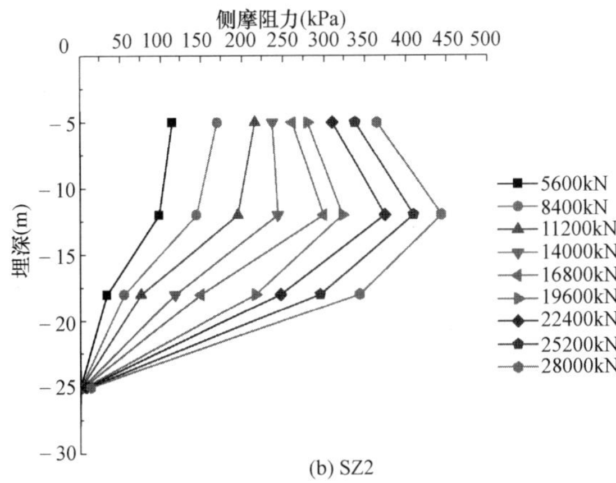

(b) SZ2

图 7　侧阻力与深度关系曲线

Fig. 7　Curve of relationship between side resistance and depth

根据侧摩阻力变化曲线分析：

(1) 随着加载等级的增加，桩身压缩变形，桩身与土体发生相对位移产生桩侧摩阻力，其由上至下逐渐发挥作用，局部桩周岩体摩阻力达到一定极限时侧阻存在一定程度的下降，下段岩体侧阻力未完全发挥，侧阻沿桩身长度作用曲线近似于抛物线状。

(2) 以表 5 中桩深度与轴力衰减关系为例，桩深 0.0～5.0m 范围内，侧阻力发挥占竖向总荷载的 24%～38%；桩深 0.0～12.0m 范围内，侧阻力发挥占竖向总荷载的 66%～84%；桩深 0.0～18.0m 范围内，侧阻力发挥占竖向总荷载的 99%～100%。由图 7 的变化曲线亦可明显地观测出桩体侧摩阻力发挥趋势，在桩顶以下 12.0m 处测得最大侧摩阻力，在桩长范围 0.0～18.0m 为曲线最凸出部位，即该段岩层侧摩阻力发挥了主要作用，实际最大加载量未达极限破坏标准，故部分岩层的侧摩阻力及桩端阻力未完全发挥。

(3) 根据表 1 试桩桩侧岩层的分布情况，SZ1 侧摩阻力主要由中风化泥岩分担，在峰值处中风化泥岩侧摩阻力达到 431kPa；SZ2 侧摩阻力主要由中风化砂质泥岩分担，在峰值处中风化砂质泥岩侧摩阻力达到 443kPa，实测的岩层侧摩阻力均大于表 2 中对应侧阻力标准值的 2 倍。对于泥岩等软岩，取样制样过程中极易受到扰动且实际岩层处于三向应力状态，岩石单轴抗压强度试验值难以反映其实际承载能力，按桩基规范方法计算总侧阻力会低估其承载力，在该地区同类工程中考虑相应岩层力学参数时可根据工程实际情况相应提高。

5 结论

(1) 根据静载试验结果，2 根试桩荷载位移曲线缓变型，在一定范围内基本上呈线性分布，极限承载力不小于 28000kN，对应总沉降分别为 8.21mm 及 6.39mm，表现出良好的承载与变形控制能力，验证了大直径嵌岩桩在该项目中应用的可行性。

(2) 软岩的侧阻力分析整个轴力衰减过程，对于全段嵌固于泥岩或砂质泥岩（软岩）的大直径旋挖桩在加载初始，桩周岩侧阻力在桩身中上部迅速发挥，随着桩顶荷载进一步增加，其侧阻力逐渐往下部传递，发挥水平依然较高，轴力衰减近似呈线性。桩身中上部在大荷载下侧摩阻力发挥更明显，对应轴力递减越剧烈。桩深 18.0～25.0m 桩侧摩阻力未完全发挥，可视为上部荷载几乎由 0.0～18.0m 桩侧阻力承担，即桩顶下 18.0m 时，侧阻力基本可完全承担上部荷载，桩端阻力几乎未发挥，存在较大富余度。

(3) 中风化泥岩及中风化砂质泥岩在试验中测得侧摩阻力峰值分别接近 431kPa 及 443kPa，其均大于地勘取值的 2 倍，在类似工程中考虑中风化泥岩及中风化砂质泥岩侧摩阻力取值可根据实际情况相应提高 1.5～2 倍。成都地区嵌岩桩桩侧软岩摩阻力发挥能力远高于其理论计算值。对于泥岩等软岩，因取样制样过程中极易受到扰动且实际岩层处于三向应力状态，岩石单轴抗压强度试验值难以反映其实际承载能力，按桩基规范方法计算总侧阻力会低估其承载力。在未来同类工程中，建议根据现场试验结果优化桩身长度。

参考文献：

[1] 杨克己，等．实用桩基工程[M]．北京：人民交通出版社，2004.

[2] 刘惠珊．地基基础工程283问[M]．北京：中国计划出版社，2002.

[3] 段新胜，顾湘．桩基工程[M]．武汉：中国地质大学出版社，2005.

[4] 雷孝章，何思明．嵌岩桩极限侧阻力研究[J]．四川大学学报(工程科学版)，2005，37(4)：7-10.

[5] 刘兴远，郑颖人．影响嵌岩桩嵌岩段特性的特征参数分析[J]．岩石力学与工程学报，2000，19(3)：383-386.

[6] 陈斌，卓家寿，吴天寿．嵌岩桩承载性状的有限元分析[J]．岩土工程学报，2002，24(1)：51-55.

[7] 王卫东，吴江斌，聂书博．武汉绿地中心大厦大直径嵌岩桩现场试验研究[J]．岩土工程学报，2015，37(11)：1945-1954.

[8] 罗升彩，罗华．桩基静载试验及承载特性分析[J]．施工技术，2018，47(9)：19-21.

复杂周边环境下超高层建筑桩基优化设计研究

闫 娜，葛 虹，于 玮，沈 滨
（北京市勘察设计研究院有限公司，北京 100038）

摘 要： 当建筑高低层荷载差异较大且位于同一基础底板上时，差异沉降问题较突出；而同时建筑周边场地条件复杂，如邻近轨道交通的情况下，建筑的变形控制显得更为重要。采用 PSFIA 分析软件对北京某超高层工程进行了地基与基础变形分析，根据沉降分析的初步结果，对超高层桩基提出变刚度调平的优化建议，并建议对基础设计优化。最终计算结果表明，桩基方案优化后，超高层建筑的变形、高低层之间的差异沉降以及建筑施工过程中对轨道交通的影响均满足结构要求。长期沉降监测结果证明了协同分析预测的变形分析结果以及优化方案的可靠性。协同分析在超高层项目中的应用，保障了工程安全，创造了较大的经济效益，提供了关键技术支撑。

关键词： 沉降；桩基；优化

作者简介： 闫娜，女，1982 年生，高级工程师，注册岩土工程师。主要从事岩土工程勘察、设计咨询方面的工作。

Optimum design of pile foundation for super high-rise buildings in complex peripheral environment

YAN Na，GE Hong，YU Wei，SHEN Bin
（BGI engineering consultans Ltd.，Beijing 100038）

Abstract： When the load difference between the high and low stories is large and is located on the same foundation floor，the differential settlement problem is particularly prominent. At the same time，when the surrounding site conditions of the building are complex，such as near the rail transit，the deformation control of the building becomes more important. In this paper，PSFIA analysis software is used to analyze the deformation of foundation and foundation of a certain project in Beijing. The rationality of pile foundation is mainly judged，and the optimization suggestion of variable stiffness leveling is put forward. The final deformation monitoring results show that the deformation analysis results predicted by the software are reliable. After the optimization of pile foundation scheme，the deformation of super high-rise building，differential settlement between high and low-rise buildings，and the construction implementation of the building. The influence of construction process on rail transit meets the structural requirements. On the basis of guaranteeing the safety of the project，the project saves a lot of engineering cost and creates greater economic benefits.

Key words： settlement；pile foundation；optimization

1 引言

随着近年来中国经济的腾飞，城市迎来大规模的土地开发，高层、超高层建筑亦随着城市建设的潮流如雨后春笋般遍地崛起。这些建筑或建筑群普遍具有体型复杂多变、高低层错落、埋深较大、荷载不均匀等特点[1]。当高低层位于同一基础底板上，差异沉降问题会非常突出。

另一方面，城市轨道交通发展迅速，多个城市已形成了错综复杂的轨道交通网络，围绕着地铁沿线的房地产开发也随之而起，地铁轨道对变形的敏感性导致邻近施工引起的变形往往被限制在毫米级。

因此，当体型复杂的超高层建筑物邻近轨道交通时，建筑的变形控制显得更为重要。此时地基基础方案的合理选择就至关重要，直接影响到工程安全。而在保证工程安全的前提下，尽可能节约工程造价是建设单位及设计单位共同关注的问题。

本文采用 PSFIA 分析软件，对北京邻近地铁的某超高层建筑工程进行地基与基础变形分析，并在此基础上对建筑物的桩基进行优化设计，提出变刚度调平的优化建议，较大程度地节约了工程造价，创造了较大的经济效益。

2 工程概况

拟建工程位于北京市通州区，建筑体形较复杂，在同一整体大面积基础上建有多栋超高层办公楼、公寓楼和商业用房以及纯地下车库，建筑荷载相差悬殊，可能产生较大的沉降和差异沉降，且紧邻轨道交通，需考虑地铁线路与拟建建筑物之间的相互影响，对建筑物变形控制提出了更高的要求。

2.1 建筑结构条件

拟建项目包括两个地块的 4 栋超高层建筑、与其相邻的周边地库部分以及地铁 R1 线区间。

项目平面位置参见图 1，在超高层办公楼、公寓楼与综合商业裙房及纯地下车库之间设有沉降后浇带，拟公寓楼结构封顶后浇筑。各建筑物设计条件参见表 1。

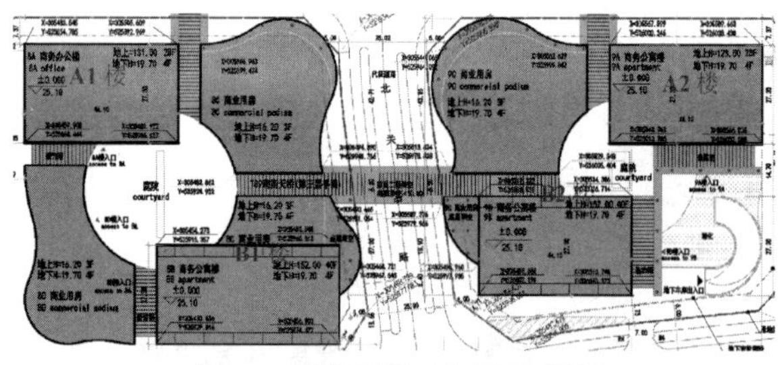

图1 建筑物平面布置示意图

Fig. 1 Schematic plan of building layout

建筑物设计条件一览表　　表1

List of Building Design Conditions Table 1

建筑部位名称		建筑层数	高度(m)	结构形式	基础埋深(m)	平均荷载(kPa)
1地块	1A楼	28F/B4F	139.00	框架-核心筒	19.04	640
	1B楼	40F/B4F	163.00	框架-核心筒	19.84	774
	商业及车库	0F～4F/B4F	0～23.60	框架	17.84	140
2地块	2A楼	28F/B4F	131.50	框架-核心筒	19.04	619
	2B楼	40F/B4F	163.00	框架-核心筒	19.84	792
	商业及车库	0F～4F/B4F	0～23.60	框架	17.84	151
地铁区间		0F/ B4F	—	框架	16.14	151

2.2 项目周边环境

项目为超高层建筑，建筑荷载较大，周围环境非常复杂，紧邻多条在建的隧道工程和地铁车站：项目北侧邻近地铁线，东侧邻近另一条地铁线，且有环隧在项目场地穿过。

项目周边轨道交通分布情况参见图2。

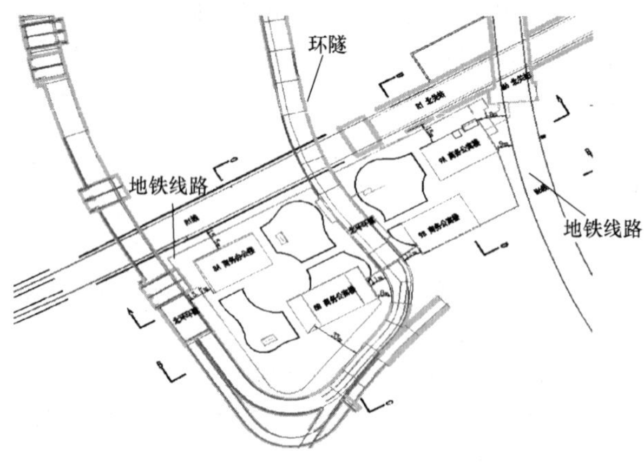

图2 项目周边轨道交通分布平面示意图

Fig. 2 Plane sketch of rail transit distribution around the project

2.3 工程地质条件

拟建场地自然地面标高约22.38m（21.41～23.18m），地勘期间测得三层地下水：第一层为上层滞水，静止水位标高为15.67～17.20m；第二层为潜水层压水，静止水位标高为10.71～12.79m；第三层为承压水，静止水位标高为5.41～7.20m。

基底以下典型地质剖面示意、地层分布及主要计算参数详细情况见图3及表2。

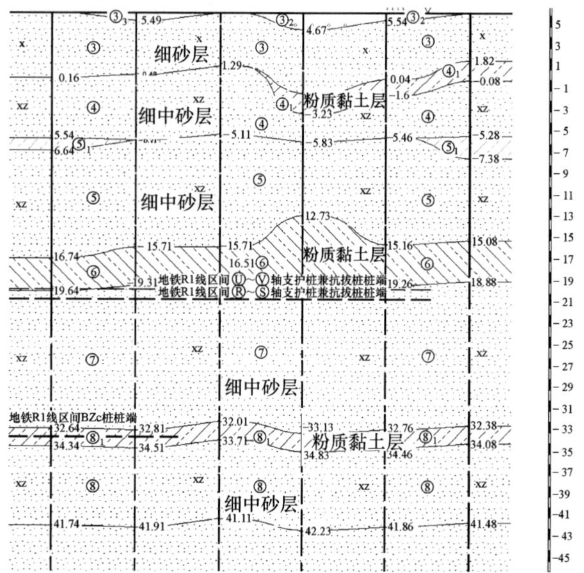

图3 基底以下地层岩性分布图

Fig. 3 Distribution of strata below basement

基底以下地层岩性及分布表　　表2

Lithology and distribution of strata below basement Table 2

成因年代	土层序号	土层编号	岩性	压缩模量(MPa)	层厚(m)
第四纪沉积层	3	③	细砂含圆砾	(70.0)	0.33～7.57
		③$_2$	圆砾夹细中砂	(80.0)	
	4	④	细中砂	(85.0)	1.96～10.90
		④$_1$	粉质黏土、黏质粉土	10.8	
	5	⑤	细中砂	(120.0)	4.60～12.80
		⑤$_1$	粉质黏土、黏质粉土	11.1	
	6	⑥	粉质黏土、黏质粉土	14.5	1.70～10.00
	7	⑦	细中砂	(180.0)	9.70～15.70
	8	⑧	细中砂	(220.0)	7.40～12.00
		⑧$_1$	粉质黏土	23.7	
	9	⑨	细中砂	(250.0)	23.30～26.80
	10	⑩	细中砂	(300.0)	最大厚度在12.30m以上
		⑩$_1$	粉质黏土、黏质粉土	22.7	

3 桩基设计方案

3.1 1A、2A建筑部位

1A、2A建筑部位为28F/B4F，建筑高度为130m以上，设置后压浆钻孔灌注桩，桩长31m，以⑦层细砂、中砂作为桩端持力层，桩径 800mm。

灌注桩混凝土强度为 C40，单桩竖向抗压极限承载力标准值为 14000kN。

3.2 1B、2B 建筑部位

1B、2B 建筑部位为 40F/B4F，高 163m，设置后压浆钻孔灌注桩，桩长 48m，桩径 1000mm，⑨层细砂、中砂作为桩端持力层，桩径 800mm。

灌注桩混凝土强度为 C45，单桩竖向抗压极限承载力标准值为 24000kN。

1B 共布桩 76 根，2B 共布桩 68 根。1B 楼布桩示意图详见图 4。

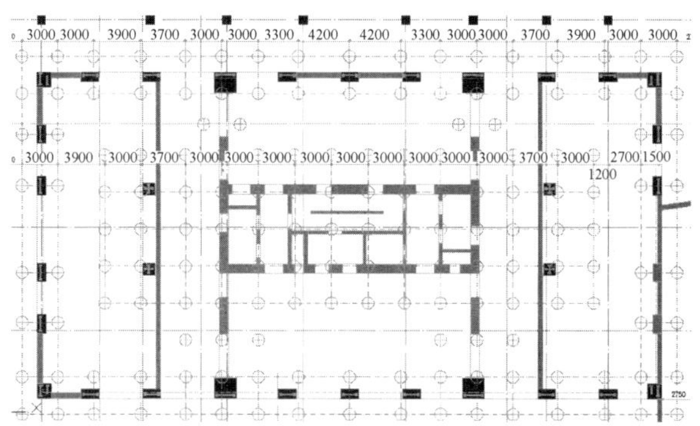

图 4　1B 楼布桩示意图

Fig. 4　Pile Diagram of 1B building

3.3 商业用房及纯地下车库部位

商业用房及纯地下车库部位柱下设置抗拔桩，桩长 18m，桩径 600mm。混凝土强度为 C40，单桩竖向抗压极限承载力标准值为 2680kN，桩端为⑤层细中砂，⑥层粉质黏土、黏质粉土。

4 桩基优化设计计算模型

本文采用 PSFIA 方法对建筑物采用桩基情况下的地基基础协同沉降进行分析。

4.1 优化设计方法

PSFIA 方法是以大量实测资料为背景，采用桩-土-基础共同作用原理，引入桩端刺入变形概念，并提供定量计算刺入变形的参数经验公式，是一种既有先进理论为基础，又融进了地区经验的实用分析方法。该方法不仅可用于天然地基工程沉降分析、桩基工程沉降分析，还可用来分析部分采用桩基、部分采用天然地基的高低层建筑的沉降和差异沉降分布情况[4]。

4.2 计算模型

（1）计算网格

在建筑物范围内按平面轴网布置计算节点，设置计算节点共计 433 个。

（2）单元划分

为了反映基础的结构情况，采用 4 节点矩形和 3 节点的三角形板单元模拟基础底板。在划分单元时，根据基础平面形状、结构构件的状况以及柱网的分布选取单元类型，并遵循单元节点与计算节点相一致的原则。设置板单元 414 个，梁单元 420 个。

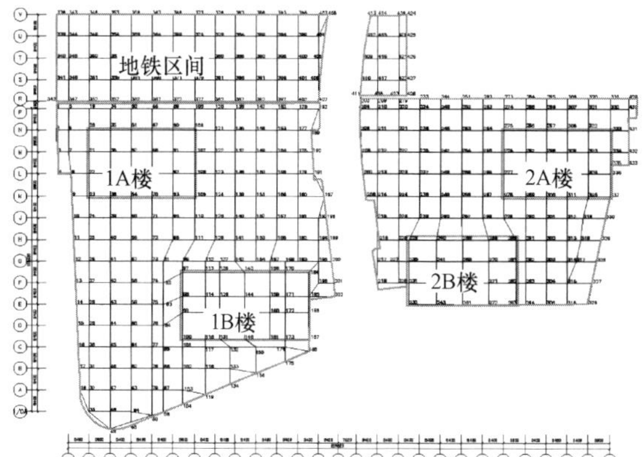

图 5　计算网格示意图

Fig. 5　Computing grid schematic

（3）地层划分

考虑地基的不均匀性，在建筑物范围内按勘察钻孔的布置划分 44 区，每区根据土质随深度变化的情况，将基底以下的土层分为 20 层，每层土质参数按勘察报告提供的土试指标及经验确定。

（4）荷载依据

以各计算点作为加荷块的标志点（即加荷点），一般按计算网格的跨中至跨中划分加荷块，局部主楼邻近地库的节点按跨中至基础边缘划分加荷块。共设 433 个加荷块，各部位加荷块的基底荷载为柱底竖向荷载标准值除以加荷块的面积值，加上基础底板重量。

计算中不考虑柱底水平力和弯矩的影响。

（5）分阶段计算

模拟施工状态，考虑沉降后浇带浇筑前后建筑荷载、基础刚度的变化，本工程采用逐级加荷，分为两个阶段进行计算：

第一加荷阶段：沉降后浇带尚未浇筑，两侧结构相互脱离，经核算，塔楼、裙房及地下车库结构到顶时荷载约为总荷载的 70%，以此作为计算荷载。

第二加荷阶段：沉降后浇带浇筑完成，两侧的结构连在一起，塔楼、裙房及地下车库取剩余 30% 的总荷载作为计算荷载计算沉降。

将第一和第二加荷阶段计算所得的沉降累加，获得最后结果。

5 桩基优化设计分析

5.1 初始桩基设计方案变形计算结果及分析

根据初始桩基设计方案及结构设计条件，协同沉降分析结果表明，1A、2A 平均沉降 27mm 左右，最大沉降量小于 37mm；1B、2B 平均沉降 32mm 左右，最大沉降量小于 41mm；差异沉降均满足要求。

对建筑各部位的变形细致分析，本文认为 1B、2B 外框部位的变形较小，与地库之间的差异变形适当放大后仍能满足设计要求，因此，以此为主要突破口对桩基设计方案优化设计[5]。

5.2 桩基优化方向

对高层塔楼内部的变刚度调平，主导原则是强化中央、弱化外围[1]。对主裙连体建筑高低层之间的变刚度调平，主导原则是增强主体、弱化裙房的变刚度调平设计方法[3]。

为使设计结果更加合理、可靠，应采用上部结构—基础—地基（桩土）共同作用分析，通过试算，对桩基进行有针对性的优化。

此外，由于周边地铁的影响，对建筑物本身的沉降量控制也是桩基优化设计应该考虑的主要因素。

（1）超高层部分桩基优化

1B、2B楼（40F）桩基方案主要考虑外框部位荷载较小，为了调节高低层差异变形，在满足主楼挠曲的基础上，对外框部位的布桩进行调整。

桩基设计方案由原来的长桩方案变为长短桩结合方案：核心筒区域保持长桩不变；核心筒周边调整为短桩，桩长由48m优化为31m，桩径由1000mm优化为800mm。

优化后的桩基方案如图6所示。

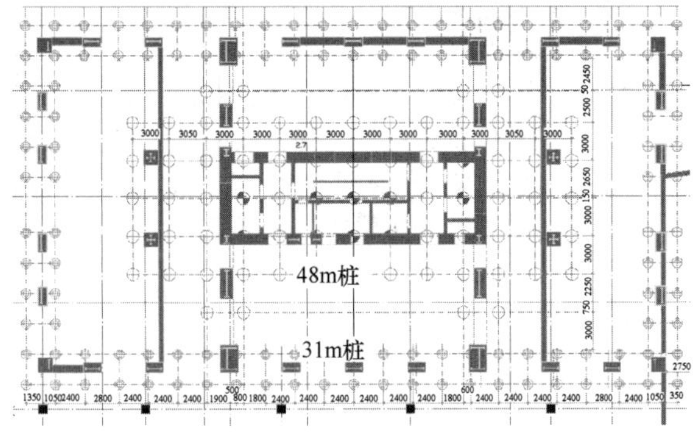

图6　1B楼优化布桩示意图

Fig. 6　Optimum pile arrangement of 1B

（2）商业及地库部分桩基优化

商业及地库部分与超高层部分相比，荷载较小，控制高低层差异变形很困难。而抗拔桩的存在，使得商业及地库变形进一步减小，加剧了高低层变形的差异，因此，控制抗拔桩的数量是调整差异沉降的有效方法。

在抗拔承载力满足要求的条件下，对不同桩长、桩间距的方案进行试算，并兼顾施工方便与经济，根据多方案的变形分析比较，建议商业用房及纯地下车库部位的抗拔桩平面布置优化、数量减少，由原来的1091根减少为826根，桩长、桩径等其他设计参数基本不变。

（3）基础底板优化方向

以变形控制为前提，在桩基优化的基础上，对商业和车库部分筏板厚度的优化：平板式筏基变为梁板式筏基，筏板厚度由1.0m减小为0.60m。

5.3 桩基优化后建筑物变形预测

针对优化后的桩基及基础方案，采用PSFIA方法预测的建筑物各部位变形如表3所示。

计算成果汇总表　　表3

Calculate settlements of the buildings

Table 3

建筑部位		基底平均荷载(kPa)	平均沉降量(mm)	最大沉降量(mm)
1地块	1A楼	640.13	27.40	37.70
	1B楼	774.06	34.72	41.46
	商业及车库	140.56	16.14	36.65
2地块	2A楼	619.19	26.37	33.52
	2B楼	792.26	35.11	42.60
	商业及车库	151.84	18.20	35.58
地铁区间		151.20	7.81	13.54

计算预测结果表明：

（1）1A、2A的平均沉降为27mm左右，最大沉降量小于37mm；

（2）1B、2B的平均沉降量为36mm左右，最大沉降量小于43mm；

（3）高低层之间的差异沉降满足设计要求；

（4）项目北侧地铁区间平均变形7.8mm，最大变形不大于14mm，满足轨道交通运营要求。

5.4 桩基优化前后经济对比分析

1B楼优化前布桩76根（长桩方案），混凝土量2863.68m^3；优化后布桩124根（长短桩方案），计算混凝土量为1931.23m^3；2B楼优化前布桩68根（长桩方案），混凝土量2562.24m^3；优化后布桩112根（长短桩方案），计算混凝土量为1744.33m^3。

原设计方案共设置抗拔桩1091根，混凝土量为5549.70m^3；优化后布桩826根，计算混凝土量为4201.70m^3。

项目节省钢筋混凝土量3098.36m^3，如果按每1800元计算，共节省造价557.7万元。

此外，对商业裙房及纯地下车库筏板厚度进行优化，由1m变为0.6m，进一步节约工程造价。

6 变形观测结果

基础沉降观测工作从建筑物底板浇筑完成后开始，从第一次开始，共历时1259d。最后一次沉降观测时主楼已经竣工满1年，根据相关规范要求，沉降已经稳定。

6.1 超高层变形监测结果与本文变形预测值对比

以1A楼、1B楼为例，对现场实际的沉降观测结果与预测结果相比较。

从图7、图8可看出，对于超高层建筑物（40F、28F）的变形预测，最大值与平均值均与实测沉降基本相符，本文对于超高层的桩基优化方案以及建筑物的变形预测方法是合理可靠的。

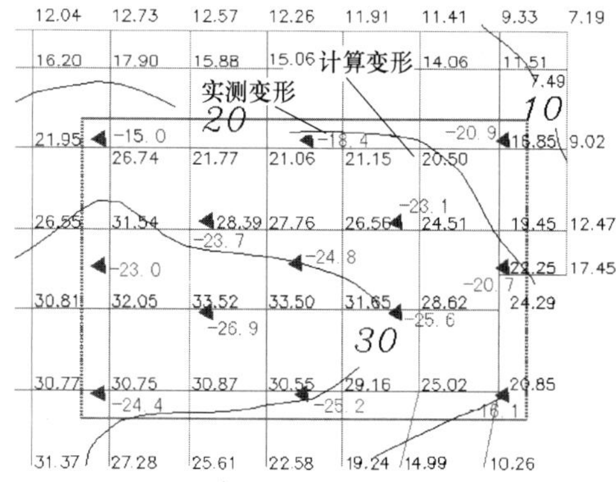

图 7　1A 楼（28F）沉降预测与实测值对比（mm）

Fig. 7　Comparison of settlement prediction and measured value of 1A building (28F) (mm)

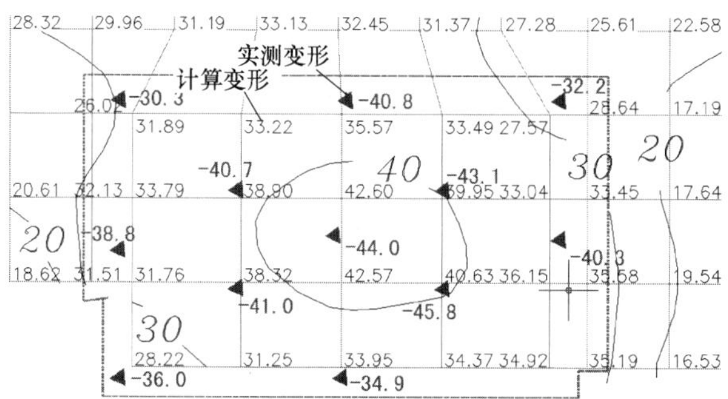

图 8　1B 楼（40F）沉降预测与实测值对比（mm）

Fig 8　Comparison of settlement prediction and measured value of 1B building (40F) (mm)

从图 9 可以看出，建筑物随着时间的推移，建筑物的增高，基础变形为对应发展关系。从总体看，沉降曲线光滑，说明建筑物沉降变化比较均匀、稳定、未出现异常现象，建筑物结构特征点间没有明显的差异沉降，结构封顶 1 年后，变形已进入稳定阶段。

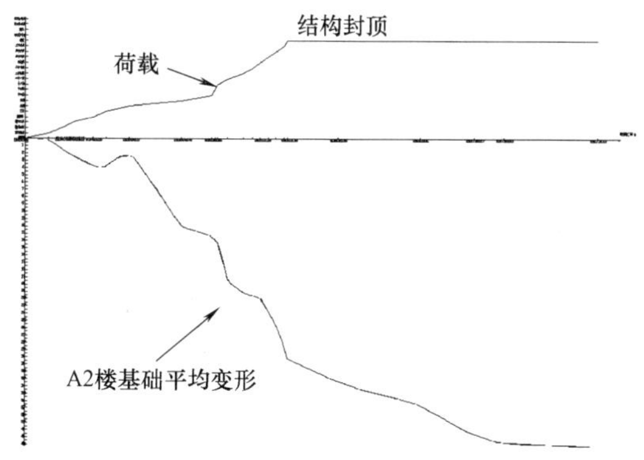

图 9　1B 楼（40F）结构荷载与基础变形分析

Fig. 9　Relations of load and foundation deformation of 1B building

通过对主楼和裙房邻近部位差异沉降分析，优化后的桩基方案对于控制差异沉降效果明显，各部分差异沉降与变形预测结构基本相符，均满足结构设计要求。

6.2　建筑施工期间周边地铁变形监测结果

项目超高层部分结构封顶 3 个月后，邻近地铁线及车站在该项目的建筑结构施工期间既有线内现场巡视未发现结构裂缝，结构沉降均未超过变形控制指标。

地铁道床与结构的剥离在建筑结构施工前已经形成，道床与结构最大剥离值为 1.33mm。截至项目竣工，道床与结构的最大剥离值也未超过控制指标。

因此，建筑沉降对邻近地铁的影响在允许范围内，对地铁结构不会产生明显不利影响。

7　结论

（1）本文 PSFIA 方法采用上部结构—基础—地基（桩土）共同作用分析，对于采用桩基的超高层建筑物的变形预测是合理可靠的。

（2）本文提出的桩基及基础优化的方案，保证了建筑物各部分的变形均能满足设计要求的同时，节约了工程的工期与造价，创造了良好的经济效益。

（3）对建筑物地基基础变形进行了可靠分析，为超高层建筑施工对地铁变形影响的风险控制提供了关键技术支撑。

参考文献：

[1]　唐建华，沈滨，等. 桩、土与基础共同作用分析方法的研究与应用[C]//第二届全国岩土与工程学术大会论文集. 北京：科学出版社，2006.

[2]　刘金砺. 高层建筑地基基础概念设计的思考[J]. 土木工程学报，2006，39(6)：100-105.

[3]　钟建敏. 苏州中心广场项目南区桩基设计与优化[J]. 建筑结构，2018，48(18)：101-106.

[4]　于玮，张乃瑞. 北京丰联广场大厦高低层差异沉降分析[C]//第五届全国岩土工程实录交流会岩土工程实录集. 北京：兵器工业出版社，1999.

[5]　顾国荣，张剑锋，桂业琨，等. 桩基优化设计与施工新技术[M]. 北京：人民交通出版社，2011.

某岩石地基桩（墩）基础方案比选

孟　磊，耿鹤良，刘毛方，杨成斌
（安徽省金田建筑设计咨询有限责任公司，安徽 合肥 230051）

摘　要：现行设计方法中对桩、墩基础的设计按不同计算方法进行设计，墩基础的地基承载力特征值一般按天然基础宽度和深度修正并且不计墩身侧阻力，而桩基础同时考虑侧阻和端阻。本文从深浅基础的不同地基承载力特性和建造方法的差别对承载机理的影响进行分析，并结合一个实际工程案例的地质条件分析、基础选型及静载试验结果来阐述墩基础的设计，在进行嵌岩桩承载力计算时，不需要根据总桩长和长径比来区分桩和墩，不论总桩长和长径比均可直接按嵌岩桩公式进行计算单桩承载力。
关键词：人工挖孔桩；墩基础；裂隙；岩溶发育；嵌岩桩

Comparison and selection of pile (pier) for a rock foundation

MENG Lei, GENG He-liang, LIU Mao-fang, YANG Cheng-bin
(Anhui Jintian Architectural Design Consulting Co., Ltd., Hefei Anhai, 230051)

Abstract: In the current design method, the design of pile and pier foundation is carried out according to different calculation methods. The characteristic value of foundation bearing capacity of pier foundation is generally modified according to the width and depth of natural foundation and the side resistance of pier body is not considered, while the side resistance and end resistance of pile foundation are considered simultaneously. This paper analyzes the influence of different bearing capacity characteristics and construction methods of shallow and deep foundations on bearing mechanism, and analyzes geological conditions of a practical engineering case. When calculating the bearing capacity of rock-socketed pile, it is not necessary to distinguish pile and pier according to the total pile length and length-diameter ratio. Regardless of the total pile length and length-diameter ratio, the bearing capacity of single pile can be directly calculated according to the formula of rock-socketed pile.
Key words: artificial dig-hole pile; pier foundation; fracture; karst development; socketed pile

1　引言

在工程设计中，当有效桩长较长时按桩（深基础）进行设计，有效桩长较短时一般按墩（浅基础）进行设计，这似乎是一种惯例。墩基础的地基承载力特征值一般按天然基础宽度和深度修正并且不计墩身侧阻力，但对于地基的天然地基承载力特征值地勘报告给出的值往往偏小。现行行业标准《大直径扩底灌注桩技术规程》JGJ/T 225—2010 第 2.1.1 条对大直径扩底灌注桩给出的定义为桩身直径不小于 800mm，桩长不小于 5.0m 的桩。如果按有效长度 5.0m 的桩和墩分别进行计算，最终计算出来的单桩（墩）承载力特征值将会有比较大的差别，而实际上它是一样的，只是我们人为地将其划分了不同的计算方法。实际工程中如何取值值得商榷，本文以一个具体工程为例，探讨岩石地基的桩（墩）设计。

2　工程概况

项目 12 号楼位于萧县，地上 27F，地下 1F，剪力墙结构。原主体基础类型为筏板基础，板厚 1.1m，后因地勘报告反馈地基有“岩溶发育”等情况，基础类型调整为钻孔灌注桩基础，桩径 800mm。原设计桩共计 80 根，其中未施工桩 32 根，目前已施工 48 根桩，已施工桩长在 2.48～22.57m 之间，桩长变化太大，施工进度缓慢。桩基施工和地质勘察发现有大面积土石相夹情况，经现场勘察所做桩基一桩一孔情况见表 1，现场桩基施工平面图见图 1。

一桩一孔表

钻孔中溶洞分布一览表　　　　表 1

孔号	溶洞深度(m)	洞顶标高(m)	洞底标高(m)	洞高(m)	数量(个)	充填情况
2	4.8～5.9	49.9	48.8	1.1	1	碎石块全充填
4	2.8～6.3	52.76	49.26	3.5	1	黏土夹碎石块全填充
5	8.6～9.0	46.9	46.5	0.4	1	黏土填充
15	10.1～10.5	45.1	44.7	0.4	1	空洞
16	4.5～4.8	50.7	50.4	0.3	1	黏土夹碎石块全填充
20	3.5～5.0	51.71	50.21	1.5	1	黏土夹碎石全填充
	6.0～7.0	49.21	48.21	1	1	碎石块全填充
	9.0～10.0	46.21	45.21	1	1	碎石块全填充
23	17.0～18.0	37.88	36.88	1	1	黏土夹碎石块全充填
24	7.0～7.2	48.25	48.05	0.2	1	空洞
	7.8～8.2	47.45	47.05	0.4	1	黏土填充
	8.1～8.3	46.86	46.66	0.2	1	空洞
	9.6～10.4	45.36	44.56	0.8	1	空洞
	11.2～12.7	43.76	42.26	1.5	1	空洞
60	7.3～7.9	47.73	47.13	0.3	1	空洞
63	6.5～8.3	48.69	46.89	1.8	1	黏土夹碎石全填充
	9.4～12.7	45.79	42.49	3.3	1	黏土夹碎石全填充
	13.5～16.9	41.69	38.29	3.4	1	黏土夹碎石全填充
64	9.0～9.9	46.08	45.18	0.9	1	黏土填充
68	9.8～10.5	45.29	44.59	0.7	1	黏土夹碎石全填充
69	3.7～7.8	51.47	47.37	4.1	1	黏土夹碎石全填充
	10.3～12.9	44.87	42.27	2.6	1	黏土夹碎石全填充
71	9.7～9.9	45.04	44.84	0.2	1	黏土夹碎石全填充
	10.4～10.9	44.34	43.84	0.5	1	黏土夹碎石全填充
	11.3～12.0	43.44	42.74	0.7	1	黏土夹碎石全填充
72	8.5～8.8	46.27	45.97	0.3	1	黏土夹碎石全填充
	12.5～12.9	42.27	41.87	0.4	1	黏土夹碎石全填充
73	2.3～3.0	52.3	51.6	0.7	1	黏土夹碎石全填充
	8.8～12.5	45.8	42.1	3.7	1	黏土夹碎石全填充
78	4.3～5.5	50.81	49.61	1.2	1	黏土夹碎石全填充
	7.7～8.2	47.41	46.91	0.5	1	黏土夹碎石全填充
	10.8～13.5	44.31	41.61	2.7	1	黏土夹碎石全填充
范围		33.15～52.76	32.45～51.66	0.2～4.1	53	

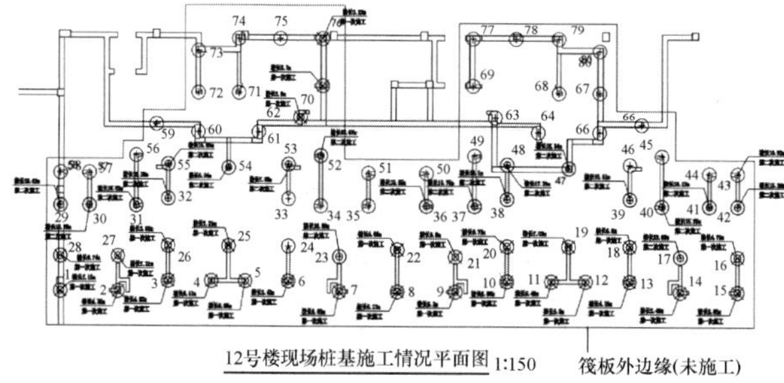

图 1　现场桩基施工平面图

3　场地工程地质条件评价

对于现场东侧基岩出露部位进行踏勘观测；对于西侧基岩未出露部位，现场利用动力机械（挖掘机）挖机在12号楼筏板外缘挖取2～3处探槽。踏勘和槽探用于直接观察地质情况，详细了解和描述地层岩性、构造线、破碎带宽度、岩脉宽度及其延伸方向等。

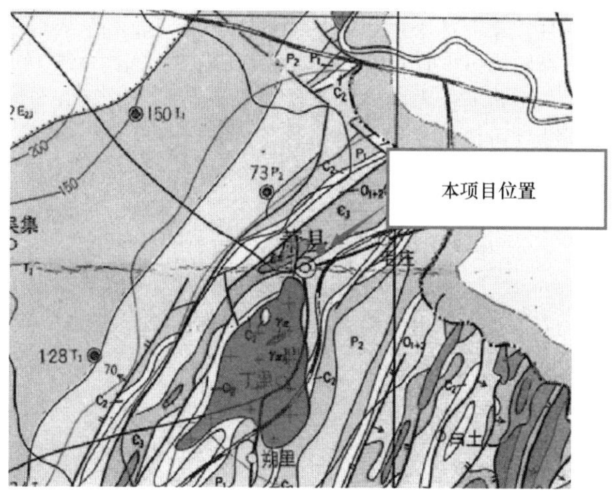

图 2　萧县区域地质图

3.1　区域地质

萧县由于黄泛冲击原因，形成了西南平原、故黄河高地和东南浅山区三个不同自然区域的结合体，主属黄淮冲积平原（图2）。西南平原区面积约1179m^2，地面高程由西北向东南缓倾，介于33～39m，地面坡降约为1/7000。部分区域等地为寒武系上统、奥陶纪下统之灰质白云岩、灰岩等地层。新构造运动中，成层岩石向上隆起的部分，有县境东南部的皇藏峪复背斜；中部的凤凰山背斜和西南部的延伸于胡楼至郝集一带的曲里铺复背斜。这种折皱变形构成了境内北东、南西向两列平行的低山丘陵，其下降部分形成了西北部的黄口向斜和中部朔里附近的闸河向斜，构造线同黄口至青龙集的北东、南西断裂线一致。

3.2　地形地貌

拟建东高西低，局部基岩出露。“一桩一孔”勘探点孔口标高54.56～55.56m，勘察场地地貌属于黄淮冲积平原，微地貌单元为剥蚀残丘。

3.3　地基岩土构成

拟建场地钻探所达深度范围内为土体、基岩，主要为第四系全新统人工填土和寒武系中风化泥灰岩。勘探深度范围内土层共分为两个主要工程地质层，三个亚工程地质层，场地地层层序如下（图3）：

①层杂填土：杂色，湿，松散，含植物根，夹碎石。

②、③层泥灰岩：根据现场判断，本场地基岩主要为泥灰岩，泥灰岩是一种界于碳酸盐岩与黏土岩之间的过渡类型岩石。由黏土质点与碳酸盐质点组成，呈微粒或泥状结构，一般粒径在0.01mm以下。

根据岩层的完整程度，将泥灰岩分为两个工程地质层如下：

②层较完整泥灰岩（∈）：灰色、青灰色，中风化。层状构造，节理、裂隙较发育，黏土、方解石填充，岩芯较完整，呈柱状、短柱状、碎块，RQD＝80%～95%，为较硬岩，是较好的桩端持力层。

③较破碎状泥灰岩（∈）：灰色、白色，中风化。较破碎状构造，岩层主要为薄层，节理、裂隙极为发育，黏土、方解石填充，岩芯主要呈短柱状、碎块状，RQD＝40%～80%，为较硬岩。

基岩裂隙：原判定为溶洞的构造物，应为基岩裂隙，基岩裂隙内大多为残积土（硬可塑状黏性土、碎石块）。

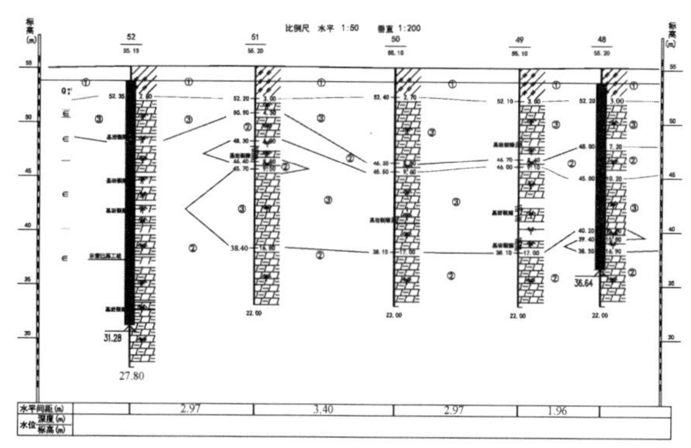

图 3　典型地质剖面图

4　场地岩土工程综合评价

（1）裂隙（节理）：根据本次勘探揭露的地层和区域地质资料分析，本项目基岩裂隙主要为剪裂隙和张裂隙。剪裂隙产状较稳定，沿走向和倾向延伸较远，裂隙面平直、光滑；裂隙面常有擦痕和摩擦镜面，裂隙多呈闭合状；由于发育较密，常形成裂隙密集带。张裂隙产状不稳定，往往延伸不远即消失；裂隙面粗糙不平，呈弯曲状或锯齿状；裂隙呈开口状或楔形；由于发育系数，很少形成裂隙密集带。

（2）岩溶发育分析：岩溶发育一般需具备三个条件：①可溶性的岩层；②具有溶解能力（含CO_2）和足够流量的水；③具有地表水下渗、地下水流动的途径。

本场地的基岩主要为泥灰岩，可溶性不强；地下水水量少，虽然现场发现一定量的节理裂隙，但综合起来，该区域岩溶发育可能性不高，发育较为缓慢，对工程影响不大。

（3）根据本次钻探揭露及区域地质资料，结合本项目工程特点综合分析，该场地无构造断裂带通过，属稳定的建筑场地，适宜该项目的建设。萧县抗震设防烈度为7度，根据勘察报告数据，设计地震分组为第三组，设计基本地震加速度值为0.10g。本场地土属于中硬场地土——岩石类，建筑场地类别为Ⅰ～Ⅱ类场地。建筑场地为抗震有利地段。按最不利因素考虑，场地特征周期为T_g=0.45s。

（4）该建筑场地地基承载力特征值f_{ak}、压缩模量E_s、基床系数K等地基设计参数推荐值见表2。

地基设计参数推荐值　　表2

层号	土名	地基承载力特征值 f_a(kPa)	压缩模量 E_s(MPa)	基床系数 K (MPa/m^3)
①	杂填土	该层需清除		
②	较完整状泥灰岩	12302.5	压缩量微小	300
③	较破碎状泥灰岩	5272.0	压缩量微小	250

以上考虑到较完整状泥灰岩是与完整状泥灰岩相比较而言的，根据已提供的勘察成果，本场地完整状泥灰岩f_{rk}为35.15MPa，较完整f_{rk}的折减系数ψ_r取0.35，故当挖至较完整泥灰岩时，承载力是有保证的；较破碎状泥灰岩是与完整状泥灰岩相比较而言的，较破碎f_{rk}的折减系数ψ_r取0.15，故当挖至较破碎状泥灰岩时，承载力是有保证的。人工挖孔墩施工完毕后应对其进行静载试验，检测其承载力，对于不同扩底直径的墩基础需要静载试验检测2根。

（5）拟建场地各土层的桩极限侧阻力标准值q_{sik}和桩极限端阻力标准值q_{pk}可按表3取值。

桩基设计参数　　表3

层号	岩土名称	干作业挖孔墩		
		桩极限侧阻力标准值 q_{sik}(kPa)	饱和单轴抗压强度 f_{rk}(MPa)	折减系数
①	杂填土	22	—	—
②	较完整状泥灰岩	260	35.15	0.35
③	较破碎状泥灰岩			0.15

（6）单桩（墩）承载力标准值依据《建筑桩基技术规范》JGJ 94—2008中嵌岩桩公式计算：

$$Q_{uk}=Q_{sk}+Q_{rk}=u\sum q_{si}k_{li}+\zeta_r f_{rk}A_p$$

式中，ζ_r为嵌岩段侧阻和端阻综合系数，可按表4取值。

嵌岩段侧阻和端阻综合系数　　表4

嵌岩深径比 h_r/d	0	0.5	1.0	2.0	3.0	4.0
硬质岩	0.45	0.65	0.81	0.90	1.00	1.04

（7）地基土的变形特性预测

整栋楼采用桩（墩）筏基础，下部有稳定的基础持力层，则由上部荷载引起的差异沉降较小，因此建筑物发生倾斜及局部倾斜的可能性较小。

5　深浅基础之辨

何为深基础？史佩栋在《深基础工程特殊技术问题》中一开始就讨论了这个问题，认为：“若单纯以某一相对深度或绝对深度来界定深基础或浅基础，常徒然造成计算结果的混乱。”那么，怎样区分浅基础和深基础呢？这实际上不是单纯按照基础埋置的深浅，而是按照基础结构的主要特征和对施工技术的不同要求而作出的比较明确的分类。与浅基础相比，深基础的地基承载力具有下面两个主要特点：一是滑动面不穿出地面，而止于基础的侧壁（需要有一定的相对埋置深度）；二是土体作用于基础侧壁的法向压力形成侧壁摩阻力（与基础建造方法有关）。梅耶霍夫指出了深基础和浅基础建造方法的差别对承载机理的影响，浅基础采用敞开开挖基坑的方法，浇筑基础后再回填侧面的土，因此不能考虑侧向原状土层对基础侧面的摩阻力，不考虑对地基承载力的贡献；深基础采用挤压成孔或成槽的方法，然后浇筑混凝土或者采用挤压的方法将深基础直接置入土中，深基础周围的土体可视为原状土体或者比原状土的强度更强一些的土体，可以发挥对承载力的贡献，因此深基础的侧面可以传递剪应力，而浅基础则不能考虑侧向摩阻力的作用，这是深基础的设计计算方法不同于浅基础的最主要原因，深基础的侧面摩阻力可以有效抑止滑动面穿出地面，提高承载力。

根据梅耶霍夫的地基承载力理论，在基础侧面与四周的土体可以传递剪力的条件下，在达到极限状态时形成了如图4所示的梨形头。

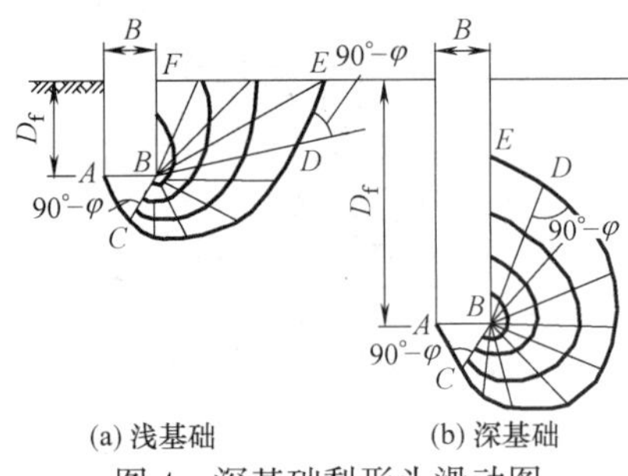

图4　深基础梨形头滑动图

形成梨形头所必需的埋置深度成为深基础的最小埋置深度，其值按下式计算：

$$D_{fmin}=\overline{BC}_e{}^{\theta\tan\varphi}=\frac{B}{2\sin\left(\frac{\pi}{4}-\frac{\varphi}{2}\right)}e^{\left(\frac{5\pi}{4}-\frac{\varphi}{2}\right)}\tan\varphi$$

深基础的最小埋置深度和基础宽度的比值与土的内摩擦角有关，数值见表5。

内摩擦角数值　　表5

φ(°)	0	10	20	30	40	45
D_{fmin}/B	0.707	1.53	3.42	8.53	23.8	44.4

《建筑桩基技术规范》JGJ 94—2008中对嵌岩段侧阻力系数、端阻力系数及侧阻和端阻综合系数都是在基岩面成孔做的试验和计算得出的，试验和计算的入岩深径比即为工程桩长径比，也就是说，在进行嵌岩桩承载力计算时，不需要根据总桩长和长径比来区分桩和墩，不论总桩长和长径比均可直接按嵌岩桩公式计算单桩承载力。

刘金砺等编著的《建筑桩基技术规范应用手册》第10.1节同样有关于嵌岩桩的长径比释义，明确嵌岩桩嵌岩段承载力计算不受桩长径比影响。

6 基础选型

原钻孔灌注桩基础方案施工难度较大，后经我司勘察和设计人员反复商讨决定由原先的灌注桩修改为人工挖孔桩（墩）基础。拟建 12 号楼，已施工 48 根桩，剩余未施工桩基采用扩底墩基础代替，挖孔墩应结合施工情况和超前钻资料，墩底采用风镐施工，进入稳定的基岩面。整栋楼采用桩（墩）筏基础。墩基础要求长度不小于 3m，由于基础采用墙下布桩方式，筏板厚度可相应减小为 700mm。

成墩可行性分析及注意事项：（1）人工挖孔桩（墩）设备简单，施工进度快，施工现场干净，对周边环境影响小，易清除桩端虚土，能直接观察地质变化，确保桩端持力层的稳定性。施工过程中，应采取有效措施进行护壁（如混凝土护壁、随挖随护等），以保证挖孔施工安全。挖桩施工时应及时排水、通风，灌注桩身混凝土，封底。（2）桩（墩）基施工对周围环境影响评价：本场地施工场地开阔，桩（墩）基施工采用人工挖孔，对周边环境影响较小，但应考虑避免桩基施工给周围施工的道路、管线带来的不利影响。

结合地勘报告建议分析：拟建场地基岩为泥灰岩矿床，受岩溶发育影响较小，岩溶发生概率小，场地地下水不丰富，岩溶发育的水环境差，未来岩溶发育不大。基岩裂隙（图 5）大部分位于浅层，可考虑采用扩底墩基础，穿越基岩裂隙后进行扩底。通过缩减桩长，来节约工期和工程造价。基岩裂隙填充大部分较好，填充物为硬塑的黏土和碎石，可考虑与基岩共同作为墩基础底部的持力层（图 6、图 7）。目前已施工过的钻孔桩，桩长 2.48～22.57m，设计时对实际桩长进行整体协同计算，确保筏板基础稳定性。

图 5 基岩裂隙

图 6 墩基开挖

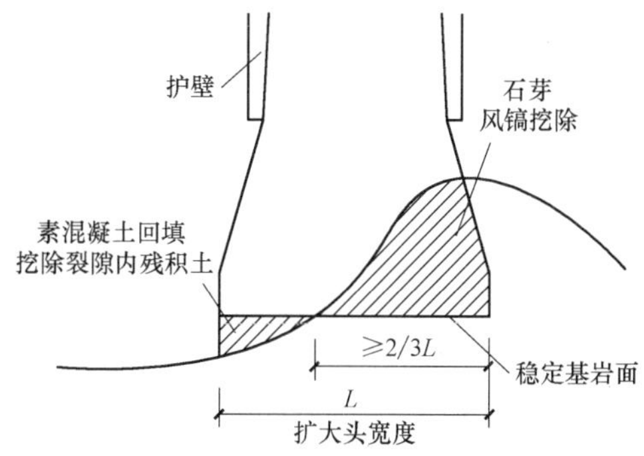

图 7 半岩半土位置扩底方法

7 现场静载试验

桩基施工完毕后分别对不同长度的机械钻孔灌注桩、人工挖孔桩（墩）进行单桩抗压承载力检测，检测结果如下：

（1）本工程施工基桩共 88 根（其中机械钻孔灌注桩 52 根、人工挖孔桩（墩）36 根），本次单桩抗压承载力检测基桩 6 根，桩身完整性检测基桩 88 根，检测数量均满足设计和规范要求。

（2）受检测的机械钻孔灌注桩 13 号（4.15m）、27 号（7.31m）和人工挖孔桩（墩）63 号（8.67m）、68 号（4.52m）的单桩竖向抗压极限承载力均可取 8600kN，特征值均可取 4300kN；受检测的人工挖孔桩（墩）59 号（4.91m）、73 号（11.5m）的单桩竖向抗压极限承载力均可取 8200kN，特征值均可取 4100kN；满足设计和规范要求。

（3）低应变检测 88 根工程桩，经分析：Ⅰ类桩 83 根，Ⅱ类桩 5 根，被测基桩桩身混凝土波速在 3600～3990m/s 之间，桩身平均波速 3723m/s，桩身完整性符合设计和规范要求。

8 结语

（1）对于一般土层地基，因深基础和浅基础破坏机理不同，单桩或单墩承载力计算时应根据总桩长和长径比等有所区分，但是，按墩基础方法进行计算时，应该考虑墩身的侧摩阻力，因为侧阻力总是比端阻力优先发挥作用。

（2）对于一般土层地基，因为墩身侧阻力还可以在桩底部周边土层产生竖向压应力，此应力可以提高单墩承载力（相对于天然地基），这也是区别于一般天然地基的重要特点。

（3）对于岩石地基的嵌岩桩，单桩承载力计算时不需要考虑总桩长和长径比等进行区分，直接按规范中嵌岩桩公式进行承载力计算即可。

（4）对于岩石地基天然地基设计参数取值可根据《建筑地基基础设计规范》GB 50007—2011 第 5.2.6 条的折减公式进行计算，计算结果可采用岩石地基载荷试验方法或单桩抗压承载力检测进行验证，总体上承载力宜相差不大。

参考文献：

[1] 史佩栋．深基础工程特殊技术问题［M］．北京：人民交通出版社，2004.

[2] 刘金砺，高文生，邱明生．建筑桩基技术规范应用手册［M］．北京：中国建筑工业出版社，2010.

[3] 中华人民共和国住房和城乡建设部．建筑地基基础设计规范：GB 50007—2011［S］．北京：中国计划出版社，2012.

[4] 中华人民共和国住房和建设部．建筑桩基技术规范：JGJ 94—2008［S］．北京：中国建筑工业出版社，2008.

[5] 中华人民共和国住房和城乡建设部．大直径扩底灌注桩技术规程：JGJ/T 225—2010［S］．北京：中国建筑工业出版社，2011.

[6] 中华人民共和国住房和城乡建设部．建筑抗震设计规范：GB 50011—2010［S］．北京：中国建筑工业出版社，2010.

某工程灌注桩钻孔缩径原因分析与处治措施

王　伟[1]，宋宗杰[2]，支伟群[2]，祖志明[1]
（1. 中冀建勘集团有限公司，河北 石家庄 050227；2. 国家管网集团北海液化天然气有限责任公司，广西 北海 536000）

摘　要：孟加拉国某燃煤电厂工程场址地貌成因类型为恒河冲积平原，厂区采用人工冲填方式回填，回填料为粉细砂，回填时间较短，地层岩性主要为粉砂、粉土，浅部砂层存在严重的液化现象，建筑场地类别为 Ⅳ 类，地基处理方式为无填料振冲＋钻孔灌注桩的联合方法。在灌注桩试成孔时，发现地面下 20～40m 范围内土层存在严重的缩径现象，通过对勘察数据的分析及现场试验，探讨了土层特性、无填料振冲施工、钻孔工艺等因素对孔壁稳定性的影响，并综合采取了优化泥浆指标、优化泥浆净化系统、优化钻头结构、确定合理钻进参数及方式等措施，解决了缩径的问题。该项目的成功实施，可为类似工程项目提供一定的经验借鉴。

关键词：无填料振冲法；钻孔灌注桩；超孔隙水压力；缩径；旋挖钻机；钻头

作者简介：王伟，男，1982 年生，博士，教授级高级工程师，现任中冀建勘集团有限公司首席工程师，主要从事岩土工程设计、施工、管理等方面的研究，E-mail：wangweizgyt@163. com。

Cause analysis and treatment measures of hole shrinkage of cast-in-situ piles in a project

WANG Wei[1]，SONG Zong-jie[2]，ZHI Wei-qun[2]，ZU Zhi-ming[1]
（1. China Hebei Construction and Geotechnical Investigation Group Ltd.，Shijiazhuang Hebei，050227；2. State Pipeline Group Beihai Liquefied Natural Gas Co.，Ltd.，Beihai Guangxi，536000）

Abstract：The geomorphologic type of the construction site of a coal-fired power plant in Bangladesh is the alluvial plain of the Ganges River. The plant area is backfilled by artificial flushing，and the backfill is fine sand，and the backfilling time is short. The stratum lithology is mainly silty sand and silt. The shallow sand layer has serious liquefaction phenomenon. The construction site is classified as Ⅳ class. The integrated foundation treatment method of the non-filler vibrating method and the cast-in-situ piles is adopted. During the hole-forming test operation，it was found that the hole shrinkage of the cast-in-place pile is serious in the range of 20m to 40m below the ground. Based on survey data and field tests，we analyzed the influence of soil characteristics，large-area vibroflotation construction and drilling technology on the stability of borehole. For solving the hole shrinkage problem，we adopted comprehensive measures such as optimizing mud index，optimizing mud purification system，optimizing drill bit structure，and determining reasonable drilling parameters and methods. The successful implementation of this project can provide a certain reference experience for similar engineering projects.

Key words：the non-filler vibrating method；cast-in-situ piles；excess pore pressure；hole shrinkage；rotary drilling rig；drilling bit

1　引言

钻孔灌注桩以适应性强，桩长、桩径选择范围大，单桩承载力高，施工速度快，施工精度高，施工噪声小，成本低等优点，广泛应用于工业与民用建筑、港口码头、铁路桥梁、高速公路、水利工程等领域，在经济建设中发挥了重要作用[1]。

钻孔灌注桩施工的难点之一为孔壁的稳定性，稍有不慎，极易发生缩径、塌孔等质量事故[2]。尤其在滨海软土地层中，钻孔灌注桩的缩径、塌孔问题一直是困扰工程技术人员的难题之一。许多学者和工程技术人员尝试从不同角度分析不同因素对孔壁稳定性的影响及其解决措施。王云岗[3]采用有限元数值模拟与有限元强度折减法，研究了土体性质、泥浆相对密度、孔深、孔径等因素对钻孔灌注桩孔壁稳定性的影响，研究结果表明：黏性土地基中，土质越差、孔径越大或孔越深，缩径量越大，提高泥浆相对密度能有效减小缩径量；砂土地基中，孔壁土体产生一定的塑性区后，很容易发生破坏，同时这种破坏会向四周蔓延扩散，最终形成塌孔，影响砂土地基孔壁稳定性的主要因素是泥浆相对密度，为保证孔壁稳定，砂土地基中最小泥浆相对密度应使得泥浆侧压力不小于土体静止侧压力。赵鹏涛[4]通过桩孔孔壁土体稳定性力学平衡方程及吹填土层流变特征，从力学、变形两方面阐述了沿海地区吹填土层内桩孔缩径的原因，并结合工程实例探讨了吹填土层内桩孔缩径量随时间的变化规律，同时提出了相关减小桩孔缩径的措施及建议。邹明[5]根据现场桩基成孔缩径的情况和成孔检测资料，分析了沿海厚吹填土地层钻孔灌注桩缩径原因，以及缩径时间与缩径量之间的对应关系，提出了解决厚层吹填土缩径的方法：一是通过添加膨润土或添加剂，增加泥浆的密度等技术指标，以改善泥浆的固壁性能；二是扩径也是一种行之有效的手段，准确控制扩径量尤为重要，通过现场成孔试验及施工资料，对比分析了缩径量与时间的对应关系，找出缩径的规律，相对准确地得出需要扩径量。王文明[6]针对旋挖钻机在软土层钻进中发生的孔口坍塌、缩径、钻头打滑、孔底沉渣厚度大等情况，进行了原因分析，并采取了加长护筒、改进钻头结构、优化钻进工艺、气举反循环清孔、泥浆净化等针对性措施，取得了良好的效果。朱栋文[7]等对成桩过程中泥浆相对密度的不同对各个土层下钻孔孔径以及总孔径平均值和孔壁粗糙度的影响进行了对比研究，结果表明：上海软土地区，在一定范围内钻孔孔径平均值以及孔壁粗糙度平均值均随着泥浆相对密度的增大而减小，且深度越大对孔径的影响越明显；同时，泥浆相对密度增大加大了孔壁泥皮厚度，不利于桩身侧摩阻力的发挥。

上述学者或工程技术人员大多采用数值计算、理论解析、现场试验的方法对孔壁的稳定性及其变形规律进行了分析，其结论具有一定的现实指导意义。然而，对于预防和解决缩径措施的研究，涉及的相对较少，多数措施仍为常规、单一施工方法的改进，且部分措施在解决缩径问题的同时，可能还会引起其他问题的产生，例如：无缩径桩孔段的扩径、塌孔问题等。本文以孟加拉国某燃煤电厂工程为例，通过现场试验，查明土层特性、无填料振冲施工等是造成桩孔缩径的主要因素，基于此，在优化泥浆性能、钻孔效率、钻进方式的基础上，研制并采用了预防软土地层桩孔缩径的旋挖钻机钻具，从“人、机、法、料、环”五个方面综合施策，解决了孔壁缩径的难题。

2 工程概况

2.1 工程简介

孟加拉国某燃煤电厂是孟加拉特大电站之一，是中国“一带一路”沿线的重点项目，规划建设4座660MW超超临界燃煤机组。项目位于孟加拉国南部恒河入海口，厂址区地貌成因类型为冲积平原，原始地貌为平地，因电厂建设需要，厂区已采用冲填方式回填，冲填材料主要为粉砂。

2.2 工程地质条件

详细勘测揭露地层为第四系人工填土（Q_4^s）与第四系全新统冲积层（Q_4^{al}），其中第四系人工填土（Q_4^s）岩性主要为冲填土，第四系全新统冲积层（Q_4^{al}）岩性为粉质黏土、粉土、粉砂。各土层的主要物理力学性质指标如表1所示，地层结构如图1所示。

地震液化分析成果表明：在地震烈度达7度时，场地的①层冲填土、③层粉砂、③$_1$层粉土、④层粉砂、④$_1$层粉土，将产生地震液化，液化等级为严重，最大液化层深度为20m。为加速冲填土层的固结，并消除20m范围内砂层的液化，采用无填料振冲法对地基进行了预处理。详细勘测期间，勘察数据表明：振冲施工引起的超孔隙水压力尚未完全消散，且消散较慢，仍处于加固土体强度恢复期。

地下水类型主要为上层滞水和第四系孔隙潜水，地下水位埋深一般为0.80～1.50m。上层滞水主要赋存于新近吹填的粉砂层中，第四系孔隙潜水主要赋存于第四系砂土、粉土层中。受冲填施工所筑黏土坝及无填料振冲振动的影响，考虑冲填土层下又为透水性较差的②层粉质黏土，冲填土层内上层滞水排泄条件较差，从而导致局部地段地下水位埋深较浅，约为0.30～0.50m。

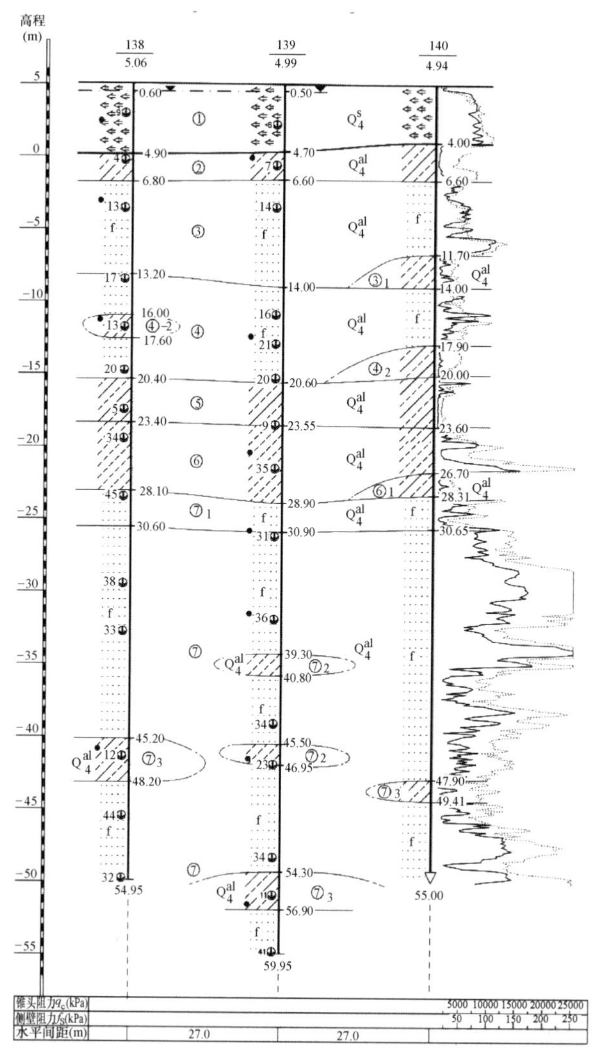

图1 工程地质剖面图

Fig. 1 Engineering geological profile

2.3 地基处理形式

根据土层特性及工程设计要求，采用无填料振冲法+钻孔灌注桩的地基处理方式。

（1）无填料振冲法

地基预处理采用无填料振冲方式，双点振冲法进行施工，振冲器功率180kW，振冲点间距2.8m，呈三角形布置，预处理深度为地面下20m，采用两遍无填料振冲加固处理工艺。

（2）钻孔灌注桩

钻孔灌注桩直径为600mm、800mm和1000mm三种，对应有效桩长分别为35m、45m和45m，桩端进入持力层⑦粉砂，采用泥浆护壁旋挖钻机成孔施工工艺。桩身混凝土强度等级为C30。

表 1

Table 1

各土层主要物理力学性质指标

Main physical and mechanical properties index of each soil layer

层序	含水率 w(%)	重力密度 γ (kN/m³)	天然孔隙比 e_0	饱和度 S_r (%)	液限 w_L (%)	塑限 w_P (%)	塑性指数 I_P	液性指数 I_L	直接剪切试验		压缩系数 $a_{1\text{-}2}$ (MPa^{-1})	压缩模量 E_s (MPa)	先期固结压力 P_c (kPa)	压缩指数 C_c	垂直渗透系数 K_V (cm/s)	水平渗透系数 K_H (cm/s)	标贯试验实测值（击）	静力触探试验指标	
									黏聚力 c(kPa)	内摩擦角 φ(°)								锥尖阻力 q_c (MPa)	侧壁摩阻力 f_s (kPa)
①冲填土	24.8	18.9	0.756	87	—	—	—	—	4.4	34.2	0.18	9.7	—	—	—	—	19	—	—
②粉质黏土	33.6	18.0	1.000	91	40.2	23.3	16.8	0.66	29	3.0	0.43	4.8	119	0.228	1.98×10^{-7}	2.60×10^{-7}	2.7	0.719	31.2
③粉砂	—	—	—	—	—	—	—	—	—	—	—	6.0	—	—	—	—	11.0	3.141	35.5
③$_1$ 粉土	34.1	17.8	0.991	93	29.1	21.8	7.3	1.64	15	22.4	0.33	5.9	133	0.198	6.61×10^{-6}	1.72×10^{-5}	6.9	1.888	28.3
③$_2$ 粉质黏土	33.8	18.0	0.981	93	31.5	20.9	10.6	1.22	—	—	0.50	4.0	—	—	1.68×10^{-6}	3.96×10^{-6}	2.3	0.701	16.9
④粉砂	27.8	18.4	0.820	91	28.2	22.3	5.9	1.15	0	30.5		8.8	219	0.125	—	—	19.6	5.033	61.1
④$_1$粉土	33.7	17.1	1.127	90	29.9	22.6	7.3	2.05	—	—	0.71	6.8	—	—	—	—	13.4	2.004	42.5
④$_2$粉质黏土	—	—	—	—	—	—	—	—	—	—	—	4.1	—	—	—	—	12.2	0.789	21.0
⑤粉质黏土	40.2	17.4	1.156	95	38.4	23.6	14.8	1.12	13	4.9	0.62	3.7	165	0.314	5.33×10^{-8}	6.36×10^{-8}	5.1	1.179	28.5
⑥粉土	29.0	18.5	0.839	94	29.6	22.1	7.5	0.94	15	22.2	0.26	7.5	257	0.171	9.10×10^{-6}	2.75×10^{-5}	26.0	5.768	96.6
⑥$_1$粉质黏土	37.0	17.9	1.065	96	37.5	22.5	15.0	0.97	17	5.0	0.53	4.1	167	0.278	—	—	8.0	1.796	47.0
⑦粉砂	30.4	18.4	0.854	94	—	—	—	—	0	26.4	0.13	14.3	385	0.108	—	—	35.4	9.221	154.1
⑦$_1$粉砂	25.0	19.5	0.673	99	—	—	—	—	0	32.5	0.13	12.8	384	0.107	—	—	22.1	7.527	102.7
⑦$_2$粉土	29.1	18.6	0.825	94	28.5	22.1	6.4	1.06	12	22.8	0.20	10.2	412	0.169	—	—	21.3	4.532	102.1
⑦$_3$粉质黏土	37.2	18.3	0.930	97	37.3	22.7	14.6	0.98	15	7.3	0.38	5.1	270	0.213	—	—	12.0	2.627	75.2

3 缩径情况及原因分析

3.1 缩径情况

钻孔灌注桩现场试成孔施工时，发现钻孔深度 20～40m 范围内存在严重的缩径现象，钢筋笼下放至该区段时存在较大阻力，且个别钢筋笼无法下放至设计标高。混凝土浇筑时，灌注特征曲线表明该区段混凝土充盈系数小于 1.0，图 2 为直径 800mm 的 NF057 号桩混凝土灌注特征曲线。针对该情况，随即采取了增大钻头直径、多次扫孔的措施，取得了一定效果，但耗时较长，单桩成孔耗时不小于 6.5h，且采取该措施后，大部分桩孔未缩径段出现了不同程度的扩径现象，个别出现了塌孔。

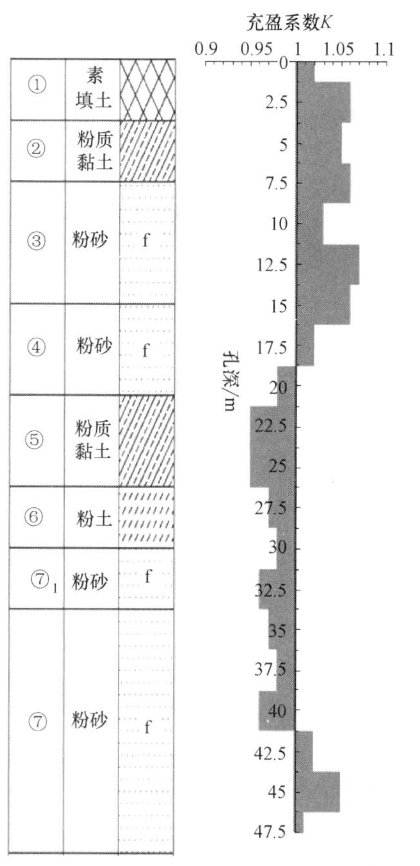

图 2 NF057 号桩混凝土灌注特征曲线

Fig. 2 Concrete pouring characteristic curve of NF057 pile

3.2 原因分析

（1）土层特性的原因

据勘察资料统计，以 NF057 号桩为例，桩孔深度范围内冲填土、粉砂、粉土累计厚度占钻孔深度的 85.1%，粉质黏土累计厚度约占 14.9%，属砂性地层。根据类似工程经验，该类地层中钻孔灌注桩施工时，极易发生缩径现象，亦称为黏附性缩径。与浅部砂层相比，深部砂层的黏附性缩径现象会更加严重。就产生黏附性缩径的原因而言，砂性地层对护壁泥浆黏度的要求相对较高，从而导致泥浆的含砂率也会比较高，最高者可达 20%左右；钻进过程中，泥浆在钻杆回转作用的影响下，绕钻杆旋流，从而产生回转惯性力，悬浮于泥浆中的砂粒在惯性力的作用下向孔壁沉淀，部分会与孔壁碰撞后沿孔壁下沉，部分则会黏附在孔壁上，经过一定时间的积累，积聚后形成较厚的泥皮，从而形成缩径。对大直径长桩而言，其施工时间会相对较长，因此泥皮的厚度就会比较大，薄的为 1～2cm，厚的可达 10cm 以上[8]。

除此之外，由表 1 可知，本工程②层粉质黏土，孔隙比 1.000，饱和度 91%，软塑—可塑，饱和，属中—高压缩性土；③$_2$ 层粉质黏土，孔隙比 0.981，饱和度 93%，软塑，饱和，属高压缩性土；④$_2$ 层粉质黏土，可塑，饱和，属高压缩性土；⑤层粉质黏土，孔隙比 1.156，饱和度 95%，软塑—可塑，饱和，属高压缩性土；⑥$_1$ 层粉质黏土，孔隙比 1.065，饱和度 96%，可塑，属高压缩性土，以上粉质黏土的孔隙比均比较大，属软土。软土地层土体具有内摩擦角小、土体抗剪强度随深度增加的速率慢、侧压力系数大的特点，灌注桩钻进施工时，原有平衡的地应力被破坏，孔壁土体侧向卸荷量、孔壁土体竖向应力与侧向应力差均较大，导致土体容易产生较大的变形，且随着软土埋深的增加，变形量更加明显，严重时即为孔壁变形缩径的现象。但是，受黏聚力的影响，孔壁土体通过水平向变形可以达到新的应力平衡，从而仍可以保证孔壁的稳定性[1]。

（2）无填料振冲的原因

详勘资料表明：无填料振冲施工完成 30d 后详勘工作开始，测期间振冲处理后主要建筑区域地面高程仍在缓慢下降，说明受振动应力影响，土体中存在超孔隙水压力，土体固结仍在进行。为查明钻孔灌注桩施工期间，土层中超孔隙水压力的存在情况，现场进行了孔压静力触探（CPTU）试验，试验设备为 WYSB 型双缸液压静探设备，最大贯入能力为 20t，记录系统为 LMC-D310 型静探微机，试验使用双桥探头和 WJUT 型孔压静探探头，其中双桥探头的锥底面积 15cm^2，侧壁面积 300cm^2；由于受孟加拉现场施工条件、试验设备等因素的制约，未进行孔压消散试验，为将探头贯入时产生的超孔隙水压力的影响降到最小，采取了放慢贯入速率，并适当延长读数时间的措施。试验结果表明：无填料振冲加固完成 70 余天后，地面下 20m 范围内超孔隙水压力较小，个别位置最大为 76.05kPa；20m 以下地层中仍存在较高的超孔隙水压力，其中⑤层粉质黏土中超孔隙水压力最大为 438.00kPa，⑥层粉土中超孔隙水压力最大为 120.37kPa，⑥$_1$ 层粉质黏土中超孔隙水压力最大为 246.05kPa，⑦$_1$ 层粉砂中超孔隙水压力最大为 410.9kPa，⑦层粉砂中超孔隙水压力最大为 203.02kPa。

综合考虑孔压静力触探试验数据、无填料振冲加固机理及地层情况可知，多设备、大面积无填料振冲施工振动引起了土层中的超孔隙水压力，同时，强烈的振动施工在地面下 20m 范围内粉砂层中形成了很好的排水通道，因此加固范围内超孔隙水压力消散较快；随着地下 20m 范围内土体的进一步固结，导致土体中有效应力的增加，在新增有效应力的作用下，20m 以下地层中会产生超孔隙水压力，同时，20m 以下的⑤层、⑥$_1$ 层粉质黏土透水系数低，具有一定的隔水功能，不利于超孔隙水压力消散，致使深层土体的固结速度非常缓慢。

钻孔灌注桩施工时，旋挖钻孔无疑给超孔隙水力压力的消散提供了一个良好的通道，泥浆的自重无法完全抵消掉孔壁的土水侧向压力，加剧了深层土体缩径的现象。同时，在无预处理区域桩基施工过程中，个别桩孔仅存在轻微缩径的情况，由此也验证了这一说法。

（3）钻进工艺的原因

根据旋挖钻机成孔施工工艺自身的特点，泥浆指标、孔内泥浆面的高度、提/放钻的速度、钻进方式等是预防缩径的关键控制点[9]。

平衡孔壁侧向压力、保证孔壁的稳定性是泥浆的作用之一。同时，旋挖钻机提钻、放钻过程中，为保持孔内泥浆面位于合适高度，常常在孔口设置一定容积的泥浆缓存池，其作用是保证提钻、放钻过程中孔内泥浆能够自动得到回收和补充，从而保证孔内泥浆对孔壁压力的最大化。由此可见，合理的泥浆相对密度、泥浆缓存池容积是预防孔壁缩径的关键因素之一[3,9]。不同地层旋挖钻机提/放钻头的速度、钻进方式存在一定差异，是影响孔壁稳定性的关键。例如，旋挖钻机钻进采用的常规筒状钻头，其与孔壁之间的径向间隙仅为10～30mm，且软土地层钻进时钻头外壁常会黏附部分黏性土，使得该间隙过流面积减小，钻头在提升过程中，上、下腔之间泥浆的流动受阻，钻头底部将形成“负压区”，在钻头反复的抽吸作用下孔壁会产生严重的缩径现象[6]。

4　预防及处理技术措施

根据上文的分析可知，本场地地层条件复杂、稳定性差、地下水位较高，且受限于工程工期，前序地基处理方法对后续钻孔灌注桩孔壁稳定性的影响较大，为此采用了综合方法预防孔壁缩径现象。

4.1　泥浆指标的选取与净化处理

文献［3］指出，黏性土地基中提高泥浆相对密度能减小深层孔壁土体的缩径量；砂土地基中，孔壁变形量均较小，当泥浆相对密度使得泥浆侧压力不小于土体静止侧压力时，孔壁土体没有侧向卸荷，孔壁土体几乎没有变形。根据现场多次试验及新制备膨润土泥浆相对密度的极限，选取印度产的优质膨润土作为泥浆制备材料，泥浆中掺加火碱调解泥浆的黏度和pH值，膨润土掺量为水质量的6%～10%，火碱掺量为水质量的0.3%～0.5%，钻孔时泥浆相对密度可达1.12～1.14，泥浆黏度不小于22s，孔壁缩径量有一定程度的改观。新制备的膨润土泥浆需在机械搅拌情况下浸泡至少17h，其性能指标方可达到最优。

钻孔过程中，本工程泥浆的含砂率比较高，最高可达21%，为降低泥浆的含砂率，尽可能降低黏附性缩径发生的概率，利用旋流除砂器对气举反循环清孔及混凝土灌注时回收的泥浆进行至少两遍的除砂净化处理，解决了泥浆含砂率高的问题。

4.2　钻具结构的改进

本工程钻孔灌注桩施工前，对钻头结构进行了改进，目的是在保证桩孔满足设计孔径要求的前提下，尽可能增大钻头与孔壁之间的过流面积，保证上下泥浆能及时顺利流通，以防止反复提放钻头导致钻头底部“负压区”的形成，避免在钻头的反复抽吸作用下孔壁产生严重的缩径。

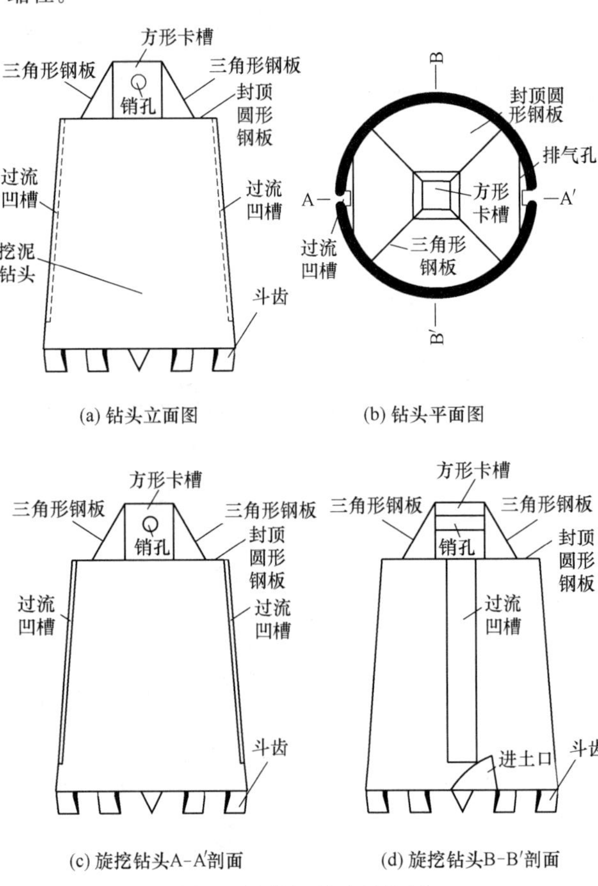

图3　旋钻机钻头结构图

Fig. 3　Drill bit structure drawing of rotary drill

由图3可知，该钻头是在常规挖泥钻头的基础上改进的，挖泥钻头外径大小根据设计桩径选用，一般比设计桩径小10～30mm，在挖泥钻头侧壁两个进土口位置对称镶嵌两个过流凹槽，凹槽顶部、底部分别与钻头透气孔、进土口相通；凹槽深度不小于50mm、宽度不小于100mm、槽钢壁厚不小于10mm，具体尺寸可根据槽钢规格进行调整。

采用结构改进的钻头后，软土地层成孔提钻过程中，加快了泥浆回流至钻头底部的速度，防止了钻头底部“真空区域”的产生，有效解决了缩径问题。

4.3　钻进工艺的优化

孔口泥浆缓存池容积的大小应能满足提钻、放钻过程中孔内泥浆能够自动得到回收和补充的要求，是保证孔内泥浆对孔壁压力最大化的关键。泥浆缓存池的容积需根据孔深、孔径、孔内钻杆和装满泥后钻头的体积综合确定，经计算并考虑到泥浆的损耗，本工程孔口泥浆缓存池的容积不小 2.0m^3。同时，钻孔过程中采用自动加浆装置适时向孔内补充泥浆，并确保孔内泥浆面高度不低于施工作业面 30cm。

综合考虑孔壁土层稳定性差，且地下孔隙水压力较高，通过现场多次试验及对比，要求提、放钻速度不宜大于 0.55m/s，钻孔上部适当放慢速度，减轻泥浆对孔壁和护筒底部的冲刷，从而避免扩径或塌孔的形成；钻进过程中，每回次进尺深度不宜大于 50cm，每回次钻进完毕提钻前，钻头应先慢速转动 2～3 周，再慢慢提升钻杆，以便泥浆及时回流至钻头底部；同时，根据对多根桩的钻孔耗时及混凝土充盈系数的观察，直径 800mm、孔深 47.5m 的灌注桩，成孔耗时不小于 4.0h 为最佳。

5 结论

（1）钻孔灌注桩孔壁缩径一直以来是工程技术人员比较关心和关注的难点问题之一，导致该现象发生的原因也是多方面的，因此应从“人、机、法、料、环”五个方面综合施策，才能有效解决缩径问题。

（2）在分析土层特性、灌注桩钻进工艺等常规因素对桩孔缩径影响的基础上，探讨了大面积、多设备无填料振冲施工对缩径的影响，建议采用无填料振冲法预固结处理时，应加强对深层土体超孔隙水压力消散规律的监测，以便为后续桩基础施工提供指导。

（3）本文依据孔壁缩径特点和原因，综合采用了选用合理泥浆指标、优化泥浆净化系统、优化钻进参数、改进钻头结构等措施，解决了孔壁缩径问题，统计数据表明桩身各断面的充盈系数在 1.05～1.23 之间。

参考文献：

[1] 化建新，郑建国．工程地质手册[M]．5 版．北京：中国建筑工业出版社，2018.

[2] 石得权，刘刚．钻孔孔壁坍塌掉块现象的分析研究及处理[J]．西部探矿工程，2004，16(7)：124-125.

[3] 王云岗，章光，胡琦．钻孔灌注桩孔壁稳定性分析[J]．岩石力学与工程学报，2011，30(S1)：3281 - 3287.

[4] 赵鹏涛，焦永伟，葛玉祥，等．吹填土层中钻孔灌注桩缩径问题治理研究[J]．勘察科学技术，2017(S1)：4-6.

[5] 邹明．沿海厚吹填土地层桩基缩径的控制研究[J]．探矿工程，2015，42(4)：68-71.

[6] 王文明．软土地区提高旋挖钻机成孔质量的措施[J]．探矿工程，2013，40(9)：68-71.

[7] 朱栋文，赵春风，赵程，等．泥浆比重对钻孔灌注桩孔径变化规律的影响[J]．水力学报，2015，46(S1)：349-353.

[8] 黄永中．钻孔灌注桩施工中黏附性缩径的防治[J]．探矿工程，1999(S1)：378-379.

[9] 王伟，丁伟，聂庆科．钻孔灌注桩混凝土充盈系数控制的分析研究[J]．勘察科学技术，2017(S1)：22-26.

旋挖植入桩在工程中的应用

熊志斌[1]，黄卓夫[1]，罗　晶[1]，黄志广[1]，郑小青[2]
（1. 江西省建筑设计研究总院集团有限公司，江西 南昌 330034；2. 建华建材（江西）有限公司，江西 南昌 330225）

摘　要：旋挖植入桩是一种新型成桩工艺，结合了灌注桩和预制桩的优点，规避了两种桩的缺点和不足，具有广泛的应用前景，本文对旋挖植入桩在工程中的应用进行探讨。

关键词：旋挖植入桩；成桩工艺；应用前景

作者简介：熊志斌（1983—），男，江西抚州人，硕士研究生，高级工程师，国家一级注册结构工程师，国家注册监理工程师，主要从事结构设计工作。邮箱：1600954657@qq.com。

Application of rotary digging pile in engineering

XIONG Zhi-Bin[1]，HUANG Zhuo-Fu[1]，LUO Jing[1]，HUANG Zhi-Guang[1]，ZHENG Xiao-Qing[2]
（1. Jiangxi Architectural Design and Research Institute Group Co.，Ltd.，Nanchang Jiangxi 330034；2. Jianhua Building Materials（Jiangxi）Co.，Ltd.，Nanchang Jiangxi 330225）

Abstract：Rotary digging planting pile is a new pile forming process，which combines the advantages of cast-in-place pile and precast pile，avoids the shortcomings and shortcomings of the two kinds of piles，and has a wide development prospect. This paper discusses the application of rotary digging planting pile in engineering.

Key words：rotary digging pile；pile forming process；the application prospect

1　引言

随着我国经济的快速增长，建筑行业发展迅猛，各种高、重、大型建筑如雨后春笋，遍布各地，随之桩基工程的应用也越来越广泛。以旋挖，长螺旋，正、反循环等机械成孔的灌注桩和以静压、锤击为主的预应力混凝土空心桩等作为目前主要的桩基形式，一直占据着市场的主导地位。

经多年的工程实践，在使用中发现上述两种桩基形式也存在着各自的优、缺点。灌注桩几乎不受土质条件的影响，易成孔，相对施工噪声较小，但桩身混凝土质量难以控制，养护时间较长且检测要求高而繁琐；而预应力混凝土空心桩则在土质条件尚可的情况下，沉桩速度快，桩身质量易保证，节能环保、养护时间较短，且检测要求相对简捷，但由于其挤土效应，当遇有较厚砂层或岩层浅露时，难以沉桩，特别是当高层建筑需满足一定的埋置深度时，则会出现桩长较短，承载力不足等现象。

为发挥两种不同成桩工艺的优势，扬长避短，旋挖植入桩技术作为一种新型的桩基形式，结合了灌注桩和预制桩不同的成桩工艺特点，具有机械化程度高，受力机理清晰，桩身质量可靠，节能环保，施工速度较快等优点。本文综述旋挖植入桩相较于传统成桩施工的优势，并对其应用前景在技术方面进行探讨。

2　旋挖植入桩的特点

旋挖植入桩：预先采用机械设备在桩位处旋挖成孔至设计深度或设计要求的持力层，在孔内灌注适量水泥砂浆或细石混凝土等填充料，在填充料初凝前，用沉桩设备将预应力混凝土空心桩压入或打入孔底。旋挖植入桩具备如下特点：

（1）施工时无挤土效应、振动小、沉渣厚度可控、桩身完整无损伤，施工全程可视可控，质量有保证。

打桩、压桩施工，对桩身混凝土或多或少有损伤，有的工程因地质条件或设计施工不当，造成桩身损伤断裂，而旋挖植入桩桩身混凝土完整无损伤。

（2）通过旋挖成孔可穿透硬夹层或厚砂层，使预制桩桩端容易进入中风化、微风化岩层。可充分发挥高强管桩桩身强度和基岩承载力大的优势，提高桩的承载力，使C105、C125 高强度管桩在建筑工程中得以应用。

（3）钻孔灌注桩桩身一般是在桩孔泥浆中用水下混凝土浇筑成型，因此容易出现桩身缩颈、夹泥甚至蜂窝、空洞、断桩、沉渣过厚等弊病。而旋挖植入桩是将预应力混凝土空心桩沉入孔中，桩端与持力层接触完好，植入过程中填充料与土充分挤压、接触，增加了桩侧阻力，提高了桩的承载力。克服了灌注桩的短处、发扬了预制桩长处，旋挖成孔速度快，节约成本，加快施工速度。

（4）检测时间短

一般灌注桩需施工完成后 28d 检测，旋挖植桩桩检测仅需 15d。

采用旋挖植入桩的桩基，消除了预制桩和灌注桩工艺中存在的缺陷，集合了两种桩型的优点，基桩质量好，是一种具有经济、高效、节能、环保的新型桩。

3 工程实例

3.1 工程概况

江西南昌市某住宅项目 27 层，剪力墙结构，采用桩基础，以④强风化千枚岩为持力层。自上而下分布土层分别为①素填土、②粉质黏土、③全风化千枚岩、④强风化千枚岩，各层土物理力学指标如表 1 所示。

岩土层主要参数建议值一览表　　表 1

层号	各土层厚度（m）	钻孔灌注桩		混凝土预制桩	
		极限侧阻力标准值 q_{sik}（kPa）	极限端阻力标准值 q_{pk}（kPa）	极限侧阻力标准值 q_{sik}（kPa）	极限端阻力标准值 q_{pk}（kPa）
①素填土	0.6	0		0	
②粉质黏土	8	80		90	
③全风化千枚岩	8.4	90		110	5000
④强风化千枚岩	5	180	2500	210	7500

3.2 桩基方案

考虑项目实际情况并根据地质勘察报告提供的土层参数，以④强风化千枚岩为桩端持力层，采用旋挖灌注桩和旋挖植入桩两种方案进行试桩，并对两种桩型进行经济性比较，确定最优方案，以供建设方参考。

① 旋挖灌注桩方案：直径 D＝800mm，混凝土强度 C30，桩端进入持力层 1.6m，桩长约 18m，计算估算值 R_a＝2700kN。

② 旋挖植入桩方案：旋挖成 800mm 的钻孔，灌入 M15 砂浆，植入直径 D＝600mm 的预制空心桩（PHC 600 AB 130-18），桩端进入持力层 1.0m，桩长约 18m，计算估算值 R_a＝3200kN。

（1）旋挖灌注桩试桩

为检测旋挖灌注桩的承载力，进行了试桩，具体试桩情况及结果如表 2、图 1 所示。

旋挖灌注桩试桩结果一览表　　表 2

桩号	桩径	桩回弹率（%）	竖向抗压极限承载力（kN）	计算承载力特征值 R_a（kN）	试桩承载力特征值 R_a（kN）
1 号桩	800	22	7630	2700	3923
2 号桩		20	7810		
3 号桩		16	8100		

1 号桩：一类桩，单桩竖向抗压极限承载力 7630kN，最大沉降量 52.5mm，卸载后最大回弹量 11.6mm，回弹率 22%。

2 号桩：一类桩，单桩竖向抗压极限承载力 7810kN，最大沉降量 53.4mm，卸载后最大回弹量 10.7mm，回弹率 20%。

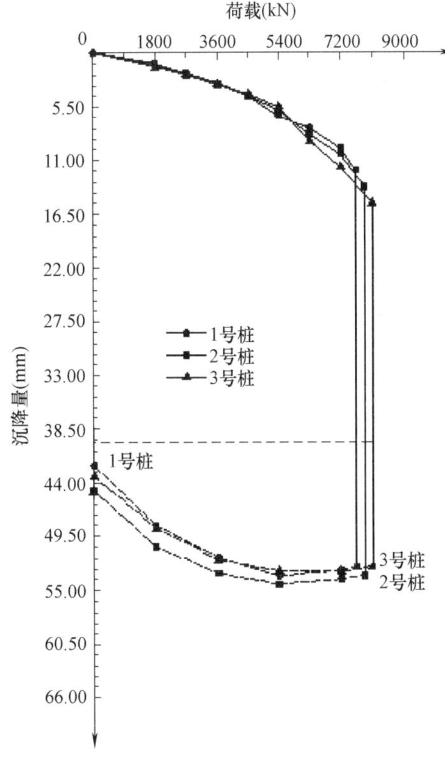

图 1　旋挖灌注桩试桩 Q-s 曲线

3 号桩：一类桩，单桩竖向抗压极限承载力 8100kN，最大沉降量 52.6mm，卸载后最大回弹量 8.4mm，回弹率 16%。

注：单桩竖向抗压极限承载力取总沉降量 s＝40mm 所对应的荷载值。

（2）旋挖植入桩试桩

为了解旋挖植入桩的可行性并与旋挖灌注桩进行经济技术对比分析，于本地块再次进行了旋挖植入桩的试桩，具体试桩情况及结果如表 3、图 2 所示。

旋挖植入桩试桩结果一览表　　表 3

桩号	桩型	桩回弹率（%）	竖向抗压极限承载力（kN）	计算承载力特征值 R_a（kN）	试桩承载力特征值 R_a（kN）
1 号桩	PHC 600 AB 130-18	37	9209	3200	4405
2 号桩		44	8812		
3 号桩		35	8406		

1 号桩：一类桩，单桩竖向抗压极限承载力 9209kN，最大沉降量 51.84mm，卸载后最大回弹量 19.21mm，回弹率 37%。

2 号桩：一类桩，单桩竖向抗压极限承载力 8812kN，最大沉降量 54.70mm，卸载后最大回弹量 24.19mm，回弹率 44%。

3 号桩：一类桩，单桩竖向抗压极限承载力 8406kN，最大沉降量 56.89mm，卸载后最大回弹量 19.7mm，回弹率 35%。

注：单桩竖向抗压极限承载力取总沉降量 s＝40mm

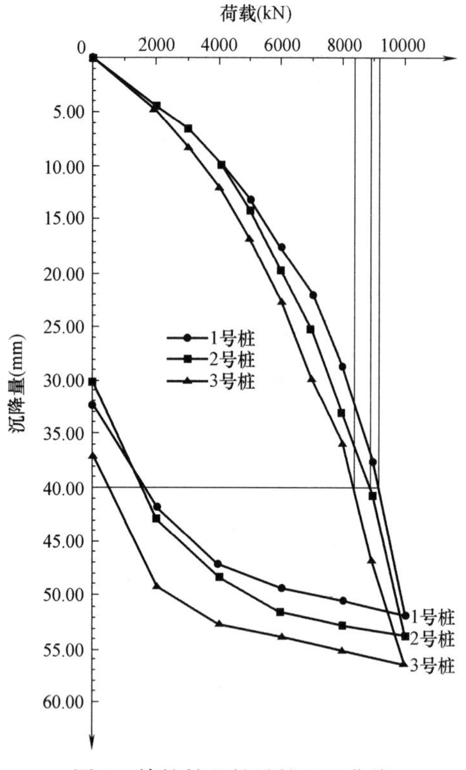

图 2　旋挖植入桩试桩 Q-s 曲线

所对应的荷载值。

3.3　旋挖植入桩和旋挖灌注桩经济技术分析

旋挖植入桩与旋挖灌注桩经济技术对比分析一览表

表 4

名称	旋挖灌注桩	旋挖植入桩
桩径(mm)	800	800(600)
桩长(m)	18	18
估算承载力特征值(kN)	2700	3200
试桩承载力特征值(kN)	3923	4405
单桩成桩时间(h)	3	2
桩基检测时间(d)	28	15
单价(元/m)	700	525
单桩总价(元)	12600	9450

通过试桩结果比较并进行经济技术分析发现，旋挖植入桩施工速度快、工期短、检测时间短、承载力高、综合造价低。旋挖植入桩方案经济，具备良好的经济效益，最终建设方采用旋挖植入桩方案。

4　设计及施工质量控制要点

4.1　设计质量控制要点

设计时应收集岩土工程勘察报告和水文地质条件、了解施工场地及其周边管线分布情况，根据规范计算桩的承载力并进行试桩，通过试桩复核设计的合理性并指导后续施工。

4.2　施工质量控制要点

施工时注意机械设备的选择，植入桩的起吊、运输、堆放；植入桩的垂直度；植入桩中心与钻孔中心重合；清孔；植入桩的植入时机；如何接桩等。

5　结语

旋挖植入桩是为解决灌注桩与预制桩沉桩过程中诸多问题而提出的一种全新成桩工艺，在施工过程中结合了灌注桩和预制桩的优势，有效规避了两者的缺陷和不足。旋挖植入桩质量可控、施工速度快、工期短、承载力高、造价低、经济优势显著，具备广阔的应用前景。

参考文献：

[1]　黄晟，周佳锦，等．静钻根植桩抗压抗拔承载性能试验研究[J]．湖南大学学报(自然科学版)，2021，48(1)：30-36.

[2]　陶鑫波．分析静钻根植桩的施工技术要点[J]．建筑技术，2020(5)：2.

[3]　何福渤．长螺旋钻孔植桩工法竹节桩承载力试验研究[J]．建筑科学，2021，37(1)：50-55.

[4]　孙广利，赵炳瑄．植入式复合桩应用前景探讨[J]．四川建材，2021，47(1)：79-80+84.

[5]　周星中．旋挖成孔后植 PHC 竹节桩复合基础施工技术[J]．城市住宅，2020，27(8)：243-244+247.

[6]　中华人民共和国住房和城乡建设建设部．建筑桩基技术规范：JGJ 94—2008［S］．北京：中国建筑工业出版社，2008.

[7]　中华人民共和国住房和城乡建设部．建筑地基基础设计规范：GB 50007—2011[S]．北京：中国计划出版社，2012.

[8]　建华建材(中国)有限公司．旋挖植桩技术标准：Q/JHJC 00 3001—2020[S]．2020.

[9]　广西壮族自治区住房和城乡建设厅．植入法预制桩技术规程：DBJ/T 45-110-2020[S]．2020.

基于 *m* 值的动力设备基础基桩选型及承载力研究

白丽丽，冯知夏，李世成，潘抒冰，张　虎
（中国航空规划设计研究总院有限公司，北京 100120）

摘　要：某大型旋转设备基础工作状态受水平承载力控制，同时需要承受扭转、共振等复杂工况，沉降变形要求严格。通过基于地基土水平抗力比例系数 *m* 值的计算分析，确定采用大块式基础＋复合地基＋后注浆大直径钻孔灌注桩的技术方案。根据推算的 *m* 值，制定相应的地基处理方案；通过地基处理和后注浆，提高桩侧土体 *m* 值、桩的水平承载力及竖向承载力，同时开展现场试验。试验结果表明各项指标均满足设计要求，说明方案合理可行，可为类似工程设计提供参考。

关键词：大推力动力设备基础基桩选型；地基土水平抗力系数的比例系数 *m* 值；桩水平承载力；地基处理；试验研究

作者简介：白丽丽，女，1984 年生，高级工程师。主要从事结构设计工作。

Research on pile selection and bearing capacity of dynamic equipment foundation based on *m* value

BAI Li-li, FENG Zhi-xia, LI Shi-cheng, PAN Shu-bing, ZHANG Hu
(China Aviation Planning and Design Institute Co., Ltd., Beijing 100120, China)

Abstract: A large rotating equipment foundation controlled by the horizontal bearing capacity bears complex working conditions such as torsion, resonance and so on. The foundation needs to meet strict settlement and deformation requirements. Through the calculation and ananlysis based on proportional coefficient of ground horizontal resistant coefficient m value, the technical scheme of using block foundation＋composite foundation＋post grouting for large-diameter cast-in-situ pile is determined. According to the calculated m value, formulate the corresponding foundation treatment scheme. Through foundation treatment and post grouting, the m value of soil around the pile, the horizontal and vertical bearing capacity of the pile are improved. At the same time, field tests shall be carried out. The test results show that all indexes meet the design requirements, indicating that the scheme is reasonable and feasible, which can provide reference for the similar projects.

Key words: pile selection of dynamic equipment foundation bearing high thrust; proportional coefficient of ground horizontal resistant coefficient *m* value; horizontal bearing capacity of piles; ground treatment; test research

1　工程概况

某大功率宽频域低转速动力设备自重 1160t，功率 60MW，转速 96～946r/min，设备基础承受 700t 的超大推力，同时需要承受扭转、共振等复杂工况。基础平面尺寸 11.4m×41.035m，埋深 6m（图 1）。基础沉降控制严格，最大沉降量≤3mm，基础倾斜值≤0.02%，远高于规范要求。

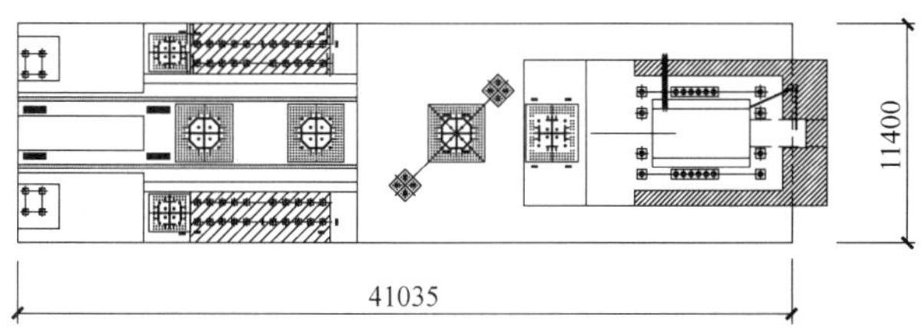

图 1　基础平面布置图

Fig. 1　Layout plan of foundation

根据地勘报告，建设场地经开山整平，设备基础坐落在低洼处，回填土厚度约 6m，填土以下是不均匀分布的软弱黏性土与强风化泥岩。场地基岩埋藏较浅，对竖向承载有利，基底软弱夹层对振动及水平承载不利。基底土层分布如图 2 所示。

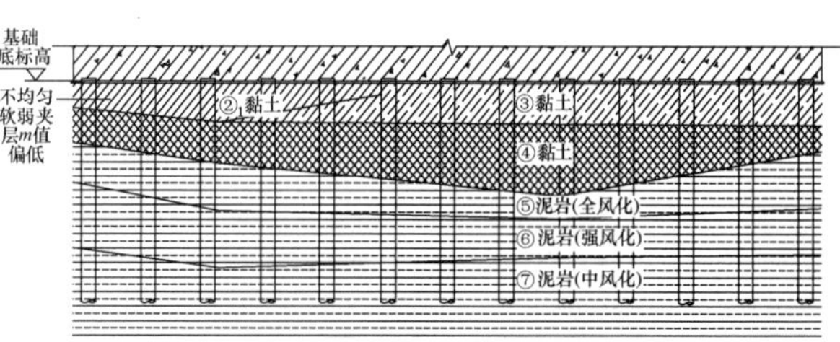

图 2　基底土层分布示意图

Fig. 2　Distribution diagram of base soil layer

2　地基基础方案

动力设备基础水平承载力及沉降变形要求严格，根据地质情况及相关工程经验，确定采用大块式混凝土＋大直径灌注桩方案。桩长 15m，桩径 800mm，桩数 52 根，桩距 3.2m，桩端持力层为⑦层中风化泥岩。布桩方案如图 3 所示。

3　基于 *m* 值的基桩选型及承载力研究

设备基础长期承受水平力，推力最大设计标准值约

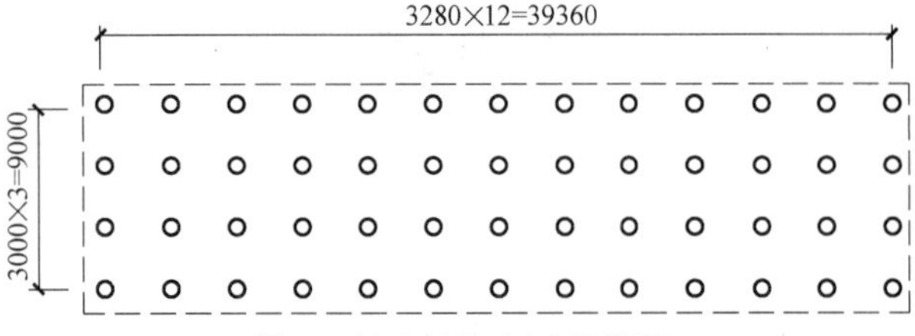

图 3　基础基桩布置示意图

Fig. 3　Schematic diagram of foundation pile layout

700t。根据土层参数初步测算，正常使用工况以桩顶水平位移 3mm 控制，单桩水平承载力特征值 $R_h \geqslant 170$kN；偶然作用工况以桩顶水平位移 6mm 控制，单桩水平承载力特征值 $R_h \geqslant 240$kN，方能满足设计要求。本文采用《建筑桩基技术规范》JGJ 94—2008[1] 推荐的 m 值法计算单桩水平承载力，当地基土水平抗力系数的比例系数 m 及桩顶水平位移已知时，按下列公式计算单桩水平承载力：

$$\alpha=\left(\frac{mb_0}{EI}\right)^{1/5} \tag{1}$$

$$R_{ha}=0.75\frac{\alpha^3 EI}{v_x}\chi_{0a} \tag{2}$$

$$R_h=\eta_h R_{ha} \tag{3}$$

式中，α 为桩的水平变形系数（m^{-1}）；m 为地基土水平抗力系数的比例系数（kN/m^4）；b_0 为桩身的计算宽度（m）；EI 为桩身抗弯刚度（$kN \cdot m^2$）；R_{ha} 为单桩水平承载力特征值（kN）；v_x 为桩顶水平位移系数（m^{-1}）；χ_{0a} 为桩顶允许水平位移（mm）；R_h 为考虑群桩效应的基桩水平承载力特征值（kN）；η_h 为群桩效应综合系数。

当作用于桩顶水平力及水平位移已知时，可按式（4）反推需要的桩侧土体 m 值，用以指导地基处理方案及基桩选型。m 值与桩型及桩周土质有关，影响深度约为（$2d+1$）m。

$$m=\frac{(v_x H)^{\frac{5}{3}}}{b_0 Y_0^{\frac{5}{3}}(EI)^{\frac{2}{3}}} \tag{4}$$

式中，H 为作用于地面的水平力（kN）；Y_0 为水平力作用点的水平位移（m）。

本文将根据基础需要的单桩水平承载力及桩顶位移限值推定 m 值，再以现场试验进行验证，技术路径如图 4 所示。

3.1　推算原状土 *m* 值

项目前期采用 800mm 桩径人工挖孔灌注桩试桩。桩顶标高 −4.7m，桩长 8.2m，桩顶自由。桩头附近为②$_1$层黏土，桩端持力层为⑦层中风化泥岩，入岩深度 1.6m，桩身配筋率为 0.71%。

桩水平静载试验中，桩顶自由，假定 $\alpha h \geqslant 4.0$，将 $v_x=2.441$ 代入式（4），

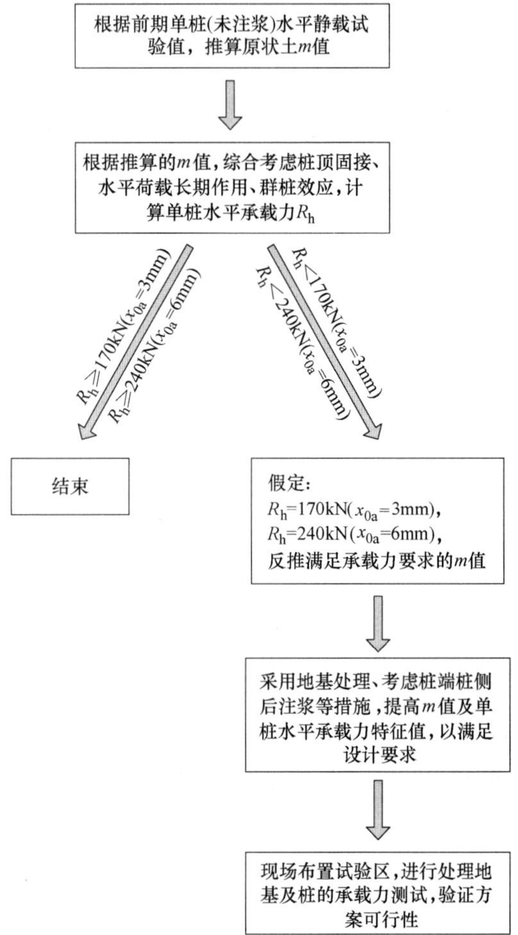

图 4　m 法分析单桩水平承载力技术路径

Fig. 4　Technical path of analyzing horizontal bearing capacity of a single pile by m method

前期单桩水平静载试验结果　　表 1

Preliminary horizontal static load test results of a single pile　　Table 1

桩顶水平位 Y_0 (mm)	水平承载力实测值 H (kN)
2	103
3	118
4	141
6	163
9	179

当桩顶位移 $Y_0=3$mm 时，$m=21.5\ MN/m^4$；

当桩顶位移 $Y_0=6$mm 时，$m=11.6MN/m^4$；

将 m 值代入式（1），求出：

当桩顶位移 $Y_0=3$mm 时，$\alpha=0.586$，$\alpha h=4.8>4.0$；

当桩顶位移 $Y_0=6$mm 时，$\alpha=0.518$，$\alpha h=4.24>4.0$；

综上，假定成立。由上述分析可知：桩顶位移 3～6mm 时，m 值为 11.6～21.5 MN/m^4，偏低。

3.2 方案一：大直径人工挖孔桩

按项目前期采用的大直径人工挖孔灌注桩进行布桩，桩径 800mm，桩距 3～3.2m。根据规范[1]，当桩的水平承载力由水平位移控制，可按式（2）估算桩身配筋率不小于 0.65%的灌注桩单桩水平承载力特征值。基础埋深 4.8m，桩顶按固接考虑。当水平荷载长期或经常出现时，m 值乘以 0.4 折减系数。

综合考虑桩顶固接、水平荷载长期作用，由式（2）求出：

当桩顶水平位移 $Y_0=3$mm 时，$m=21.5$MN/m^4，单桩水平承载力特征值 $R_{ha}=132$kN<170kN；

当桩顶水平位移 $Y_0=6$mm 时，$m=11.6$MN/m^4，单桩水平承载力特征值 $R_{ha}=180$kN<240kN。

不满足设计要求。

本工程还应考虑承台、桩群、土相互作用的群桩效应。群桩效应综合系数可按下式确定：

考虑地震作用且 $s_a/d\leqslant 6$ 时，

$$\eta_h=\eta_i\eta_r+\eta_l \tag{5}$$

其他情况：

$$\eta_h=\eta_i\eta_r+\eta_l+\eta_b \tag{6}$$

式中，η_h 为群桩效应综合系数；η_i 为桩的相互影响效应系数；η_r 为桩顶约束效应系数；η_l 为承台侧向土水平抗力效应系数；η_b 为承台底摩阻效应系数。

$$\eta_i=\frac{(s_a/d)^{0.015n_2+0.45}}{0.15n_1+0.10n_2+1.9} \tag{7}$$

式中，s_a/d 为沿水平荷载方向的距径比；n_1、n_2 分别为沿水平荷载方向与垂直水平荷载方向每排桩的桩数。

本文假定 $\alpha h\geqslant 4.0$，$\eta_r=2.05$；

基础四周设有隔振沟，$\eta_l=0$；

长期振动下桩土可能脱空，$\eta_b=0$。

按式（5）～式（7）进行计算，当水平力方向平行于基础短轴时，群桩效应综合系数 $\eta_h=1.265$；当水平力方向平行于基础长轴时，群桩效应综合系数 $\eta_h=1.0$。故 $\eta_h=\min(1.265，1.0)=1.0$。

综上，考虑群桩效应的单桩水平承载力特征值：

$Y_0=3$mm 时，

$R_h=\eta_h R_{ha}=1.0\times132=132$kN<170kN；

$Y_0=6$mm 时，

$R_h=\eta_h R_{ha}=1.0\times180=180$kN<240kN；

仍不满足设计要求。

3.3 方案二：大直径钻孔灌注桩

由于设备有振动及大推力要求，经过综合比选，施工图设计阶段基桩改为直径 800mm 钻孔灌注桩。桩距 3～3.28m，桩长 15m，桩端持力层为⑦层中风化泥岩，桩身配筋率为 0.71%。桩侧土体为②$_1$ 层软塑黏性土。设备基础平面尺寸 11.4m×41m，基础埋深 6m，桩顶按固接考虑。

综合考虑桩顶固接、水平荷载长期作用、群桩效应，由式（2）、式（5）、式（6）求出：

桩顶水平位移 $Y_0=3$mm 时，$m=21.5$MN/m^4，单桩水平承载力特征值 $R_h=132$kN<170kN；

当桩顶水平位移 $Y_0=6$mm 时，$m=11.6$MN/m^4，单桩水平承载力特征值 $R_h=180$kN<240kN。

不满足设计要求。

3.4 方案三：后注浆大直径钻孔灌注桩＋地基处理方案

根据规范，桩型、桩径、布桩参数等确定的情况下，m 值对单桩水平承载力影响较大。

本工程影响 m 值的土层深度约 2.6m，为②$_1$ 层软塑黏土层，m 值偏低，单桩水平承载力不满足要求。考虑采用基桩后注浆＋水泥土换填的地基处理方法提高桩侧土体的 m 值，进而提高单桩水平承载力。基础-基桩-复合土层的相对关系如图 5 所示。水泥土土灰比为 8∶2，压实系数≥0.95，处理土层的地基承载力特征值≥150kPa。

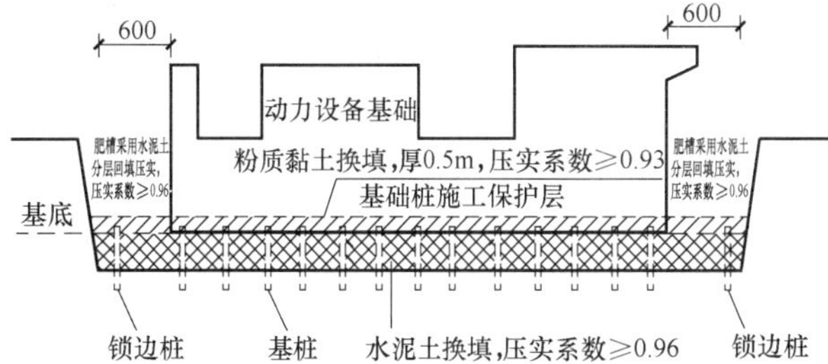

图 5 基础-基桩-复合土层相对关系示意图

Fig. 5 Schematic diagram of foundation-pile-compostie soil layer relative relationship

参照以往工程经验，假定后注浆＋地基处理后单桩水平承载力提高 30%，综合考虑桩顶固接、水平荷载长期作用、群桩效应等，反推 m 值及单桩水平承载力，计算结果如下：

$Y_0=3$mm 时，$m=35$MN/m^4，$R_h=170$kN；

$Y_0=6$mm 时，$m=18.3$MN/m^4，$R_h=240$kN。

满足设计要求。

综合以上分析，本工程选用方案三，基桩选用后注浆大直径钻孔灌注桩，同时采用水泥土换填的地基处理方法。

3.5 根据满足设计要求的 m 值，推算现场试验单桩水平承载力实测值 H_0

由第 3.4 节计算分析可知，$Y_0=3$mm 时，$m=35$MN/m^4；$Y_0=6$mm 时，$m=18.3$MN/m^4，可满足设计要求。将 m 值代入式（2），考虑桩顶自由，得出：

$Y_0=3$mm 时，$R_{ha}=120$kN；

$Y_0=6$mm 时，$R_{ha}=165$kN。

根据规范，对于桩身配筋率不小于 0.65%的灌注桩，可根据静载试验结果取地面处水平位移所对应荷载的 75%为单桩水平承载力特征值，故现场试验单桩水平承载力实测值 H_0 需满足以下要求：

$Y_0=3$mm 时，$H_0=R_{ha}/0.75=160$kN；

$Y_0=6$mm 时，$H_0=R_{ha}/0.75=220$kN。

4 单桩竖向承载力计算

设备+基础总重约 13400t，基础沉降量<3mm，倾斜值≤2%，单桩竖向承载力特征值需 3000kN 以上，方可满足设计要求。

根据地勘报告，设备基础区域桩身范围②～⑤层分布不均，局部孔点缺失，⑥层强风化泥岩和⑦层中风化泥岩较完整，仅考虑⑥⑦层侧阻力。单桩竖向承载力按摩擦端承桩和嵌岩桩包络计算。

4.1 按土层参数计算

按摩擦端承桩计算的单桩竖向承载力特征值 R_a = 3165kN。按嵌岩桩计算的单桩竖向承载力特征值 R_a = 3182kN。参考《动力机器基础设计规范》GB 50040—2020[2] 第 3.2.2 条，对旋转式机器基础，单桩竖向承载力的折减系数取 0.8。修正后的单桩竖向承载力特征值：R_a = 0.8×min(3165，3182) = 2532kN<3000kN，不满足要求。

4.2 考虑后注浆的计算结果

按摩擦端承桩计算：参考《建筑桩基技术规范》JGJ 94—2008[1]，后注浆侧阻力增强系数 β_{si} 取 1.4，端阻力增强系数 β_p 取 2.0。单桩竖向承载力特征值 R_a = 4940kN。

按嵌岩桩计算：⑥层后注浆侧阻力提高系数 β_{si} = 1.4，嵌岩段侧阻和端阻综合系数 ζ_r = 1.2。单桩竖向承载力特征值 R_a = 3900kN。

修正后的单桩竖向承载力特征值：R_a = 0.8×min(4940，3900) = 3120kN>3000kN，满足要求。

5 现场试验结果

本工程布置了试验区，在试验区内进行处理地基及试验桩承载力测试（图 6～图 8），具体测试内容如下：

图 6 处理后的复合土层地基承载力试验现场

Fig. 6 Site photo of bearing capacity test of treated composite soil foundation

（1）地基处理指标检测

① 地基承载力特征值 f_{ak} ≥ 150kPa。

② 地基土水平抗力系数的比例系数 m：

图 7 单桩竖向抗压静载试验现场

Fig. 7 Site photo of vertical compressive static load test of a single pile

桩顶水平位移为 3mm 时，$m \geq 35\text{MN/m}^4$；

桩顶水平位移为 6mm 时，$m \geq 18.3\text{MN/m}^4$。

（2）试验桩承载力检测

① 后注浆钻孔灌注桩的单桩竖向承载力特征值 R_a ≥ 4000kN；

② 后注浆钻孔灌注桩的单桩水平承载力实测值 H_0（桩顶自由）：

桩顶水平位移 Y_0 为 3mm 时，H_0 ≥ 160kN；

桩顶水平位移 Y_0 为 6mm 时，H_0 ≥ 220kN。

图 8 单桩水平静载试验现场

Fig. 8 Site photo of horizontal static load test of a single pile

现场试验检测结果如下：

（1）处理后的复合土层地基承载力特征值 f_{ak} 为 150kPa，满足设计要求；

（2）单桩竖向抗压承载力特征值 R_a 为 4000kN，满足设计要求；

（3）单桩水平承载力实测值 H_0 及地基土水平抗力的比例系数 m 值：

Y_0 = 3mm 时，H_0 = 913kN>160kN，

$m = 635\text{MN/m}^4 > 35\text{MN/m}^4$；

Y_0 = 6mm 时，H_0 = 1104kN>220kN，

$m = 274\text{MN/m}^4 > 18.3\text{MN/m}^4$。

满足设计要求。

根据单桩水平承载力、m 值的现场实测值，考虑桩顶固接、水平荷载长期作用、群桩效应，采用 m 法计算

单桩水平承载力特征值：

Y_0 =3mm 时，R_h =1060kN>170kN；

Y_0 =6mm 时，R_h =1200kN>240kN。

满足设计要求。

6 结语

针对水平承载力控制的大型动力设备基础，本文采用规范推荐的 m 值法，对人工挖孔桩、钻孔灌注桩、复合地基+后注浆钻孔灌注桩方案进行了比选，推算出满足设计需要的桩侧土体 m 值，用以指导地基处理方案的确定。经现场实测证明：桩的水平承载力、竖向承载力、桩顶位移、桩侧土体 m 值等指标均满足设计要求，研究方法可为类似工程提供参考。

参考文献：

[1] 中华人民共和国住房和城乡建设部. 建筑桩基技术规范：JGJ 94—2008 [S]. 北京：中国建筑工业出版社，2008.

[2] 中华人民共和国住房和城乡建设部. 动力机器基础设计标准：GB 50040—2020 [S]. 北京：中国计划出版社，2020.

光伏螺旋短桩抗冻拔融沉特性试验研究

陈　强[1,2]，李　驰[1,2]，高利平[1,2]，郑　利[3]
（1. 内蒙古工业大学土木工程学院，内蒙古 呼和浩特 010051；2. 沙旱区地质灾害与岩土工程防御自治区高等学校重点实验室，内蒙古 呼和浩特 010051；3. 内蒙古公路工程咨询监理有限责任公司，内蒙古 呼和浩特 010050）

摘　要：螺旋桩凭借其桩身螺旋叶片与土的相互作用大大提高了基础的稳定性，已经在一些光伏项目中投入使用，但是，季节性冻害对螺旋桩基础产生的影响仍然不可忽视。目前，如何通过改良螺旋桩基础的设计来减缓冻害这一问题仍没有定论。为此，通过一维冻结系统，以差异桩型及不同桩长、桩径的螺旋桩为研究对象，对桩体的抗冻融沉性能进行模型试验研究，结果表明当桩长与桩径一定时，7 种不同桩型的桩体在 22%与 17%两种含水率土体中表现出的抗冻拔融沉性能相一致，下半叶片螺旋桩的抗冻拔融沉效果最好，且增大螺旋叶片也会提高桩体的抗冻拔融沉特性；增加桩长会提升桩体的抗冻拔融沉能力，但将桩长设计为桩径的 10 倍更具有经济性和适用性，此外，将桩体内外径之比设计为 2∶5 时抗冻拔融沉效果最佳。研究结果为寒区光伏螺旋桩的设计提供基础试验依据。

关键词：光伏螺旋桩；冻拔融沉；一维封闭冻结系统；季节性冻土；冻拔恢复率

第一作者简介：陈强，男，1997 年生，硕士在读。主要从事冻土工程灾害防控等方面的研究。E-mail：arnemy@foxmail. com。
通讯作者简介：李驰，女，1973 年生，博士，教授。主要从事环境岩土工程及环境灾害防控等方面的研究。E-mail：tjdxlch2003@126. com。

Experimental study on anti-freeze-pull-thaw-settlement characteristics of photovoltaic helical short piles

CHEN Qiang[1,2]，LI Chi[1,2]，GAO Li-ping[1,2]，ZHENG Li[3]
（1. The College of Civil Engineering，Inner Mongolia University of Technology，Hohhot Neimenggu 010051，China；2. Key Lab. of University of Geological Hazards and Geotechnical Engineering Defense in Sandy，Drought and Cold Regions，Inner Mongolia Autonomous Region，Hohhot Neimenggu 010051，China；3. Inner Mongolia highway engineering consulting and Supervision Co.，Ltd.，Hohhot Neimenggu 010050，China）

Abstract：The screw pile has greatly improved the stability of the foundation by virtue of the interaction between the screw blade of the pile body and the soil. It has been put into use in some photovoltaic projects，However，the impact of seasonal freezing damage on the screw pile foundation cannot be ignored. At present，the issue of how to mitigate frost damage by improving the design of screw pile foundations has not been finalized. Therefore，through the one-dimensional freezing system，the model test was carried out on the effects of different pile types，different pile lengths and pile diameters on the frost-pulling resistance of spiral piles. The anti-freeze-thaw-settlement performance of different pile types in soils with 22% and 17% moisture content is consistent. The anti-freeze-thaw-sinking ability of the pile body，but it is more economical and applicable to design the length of the pile to be 10 times the diameter of the pile. In addition，the anti-freeze-thaw-sinking effect when the ratio between the inner and outer diameters of the pile is designed to be 2∶5 optimal. The research results provide a basic test basis for the design of photovoltaic screw piles in cold regions.

Key words：photovoltaic screw pile；freeze-thaw settlement；one-dimensional closed freezing system；seasonal frozen soil；freeze-thaw recovery rate

1　引言

随着工业社会的不断发展，煤炭、石油、天然气等不可再生能源已逐步走向枯竭，亟待发展新能源来代替传统不可再生能源已经成为全球共识[1]。

我国西北部自然海拔高，紫外线强，光照时间长，对于光伏产业的蓬勃发展有着得天独厚的天然优势，但因为地处寒旱区，同样也会遭受冻害所带来的影响。桩基础作为竖向增强体，具有刚度大、变形小、加固深度灵活、地质条件适应性强等优点，倍受光伏工程的青睐，而螺旋桩作为一种新型异形桩基础，桩身叶片与土体的挤压使桩体的承载力得到大幅提升，已经在许多光伏工程中广泛使用，虽能减缓一定的冻害问题，但仍然无法根治，每年土体经历冬夏的冻结与融化，引起光伏支架下部桩基础产生不均匀抬升，甚至造成上部光伏板的开裂或破坏。

对于实际工程中如何通过设计螺旋桩可以最大程度减小冻害带来的影响，理论与工程实践并不完善。董天文等[2-5]对螺旋桩在土体中的破坏模式、螺旋桩的形状设计、螺旋桩群的极限荷载计算、螺旋板直径与螺距的合理比值等作了系统研究，提出了求解螺旋桩极限承载力的方法，解释了群螺旋桩几何参数对桩端阻力和桩侧摩阻力的影响，文献［6］通过有限元法确定了螺旋桩受冻拔的机理，分析了螺旋桩体各个参数对其抗冻拔性能的影响。赵华刚等[7]通过室内模型试验与数值模拟，得出双螺旋大叶片钢桩抗冻拔性能最好的结论。田彦德等[8]对比分析了螺旋叶片不同的设计位置与桩顶冻胀力的关系。

基金项目：山地城镇建设与新技术教育部重点实验室开放课题（0902071812102/011）。

王腾飞等[9] 总结了土体温度分布与螺旋桩体冻拔位移的变化规律。

以上学者利用有限元和室内模型试验的方法对螺旋桩的力学性能以及冻土中螺旋桩所遭受的冻拔问题开展了一定研究。本文基于前人研究基础，深入探讨不同桩型、桩长及桩径对螺旋桩抗冻拔、融沉能力的影响，为减轻螺旋桩在寒旱区所受冻灾问题的影响提出设计建议。

2 试验概况与方案设计

2.1 试验用土

本试验所用土体取自乌兰察布化德县 1GW 光伏项目施工现场，土样物理性质指标见表 1，土体中粒径<0.075mm 的颗粒占总质量的 78.24%。根据《公路土工试验规程》JTG 3430—2020，将土样定名为粉土，且属于冻胀敏感性土。

土的基本物理指标　　表 1

Basic physical indexes of soil　Table 1

最大干密度 (g/cm^3)	最优含水率 (%)	液限	塑限	塑性指数	相对密度
1.83	17.6	26.0	17.2	8.8	2.68

2.2 试验装置及材料

试验设备包括高低温试验箱和自制试样持土容器以及百分表和温度传感器。百分表为量程 0～10mm，分度值 0.01mm 的日本三量百分表，用以对桩体冻拔和土体位移的量测；温度传感器为 PT100 温度传感器，精度为±0.1℃，经数据采集仪输出后对土体温度变化进行实时测定；试验箱为 BPHS-400A 型高低温湿热试验箱，温度范围为－20～＋150℃，温度波动度≤±0.5℃；持土容器为有机玻璃制成，高 30cm，外径 20cm，壁厚 1cm，导热系数 0.192W/(m・℃）的桶形装土容器，能有效减少试样侧壁温度变化对土温造成的扰动，见图 1。

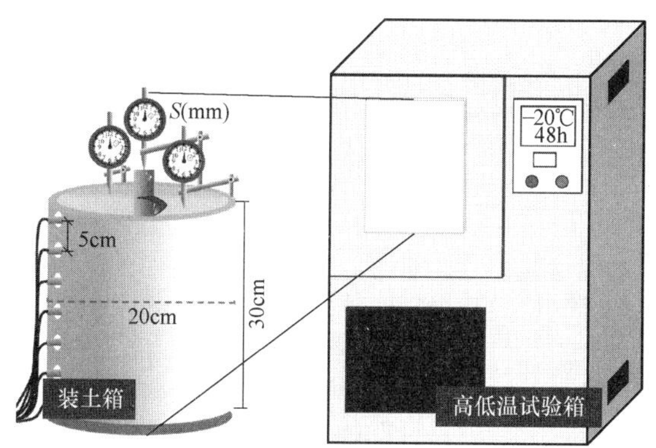

图 1　模型装置示意图

Fig. 1　Schematic diagram of model device

试验所用螺旋桩为实地光伏短桩按 18∶1 比例缩小的 3D 打印桩（图 2），桩体各参数含义如下：H 为螺距，h 为叶片厚度，r 为桩体内径，D 为桩体外径，β 为叶片角度，S 为叶片数量。为保证试验本身的价值，引用文献[10]中给出的工程实例一，某华北地区光伏工程项目所用螺旋钢桩参数为桩长 1.8m，标准冻深 1.8m，参照实例本试验将桩体长度缩放了 18 倍设置为 100mm，桩底距装土箱底部预留桶高的 2/3 作为桩体应力释放。考虑到桩体的长度比较特殊，需要通过 3D 打印来专门制作，所以选取螺旋桩材质为未来 R4600 树脂，与工程实际中的螺旋钢桩相比，两者与土体之间的摩擦系数比较接近，均在 0.5 左右，这一点保证了桩-土体间侧摩阻力的相似性，不同的是钢桩的密度更大，相应的质量也会更大，产生的冻拔量与树脂桩会有所差异，但桩体的质量作为一个定值，对反应桩体抗冻拔融沉特性没有影响。

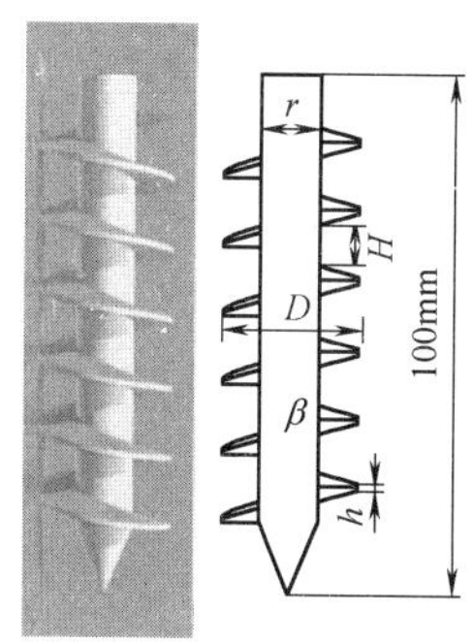

图 2　3D 打印螺旋桩及剖面图

Fig. 2　Spiral pile 3D printing and section view

2.3 制备试样

参照《公路土工试验规程》JTG 3430—2020 中土样制备方法，分别制备 17%含水率和 22%含水率两种土样，密封并静置 24h 待土中水分布均匀后，进行分层装样。装样时先将装土桶内壁薄涂一层凡士林，减少侧壁与土体之间的摩擦，在底部铺上湿润的滤纸，之后从桶底起每装 5cm 厚土样，静力夯实并对表面作刮花处理，接着将温度传感器固定于此高度处土表中心，重复以上方法进行下一层土的装填，直至土样装至高度 22cm 左右，手动将螺旋桩固定垂直于土表，继续装填土，并保证桩体紧密埋在土中。装样完成时理论上桩体会露出土表 2cm，但桩体的埋深会因土体的夯实而产生一定的沉降，最终露出土表的高度约为 7mm，与所计算的设计值几乎相符，装样完成。之后将量测土体位移的两个百分表分别安装在桩体两侧，测桩体位移的百分表安在桩顶。最后，装土桶外用 5cm 后的保温棉进行包裹，确保对试样进行由土表到土体内部的单向冻结。

2.4 试验方案

本文试验主要包含两部分，首先验证不同桩型螺旋桩的抗冻拔融沉性能，以含水率为 17%和 22%两种土体作为对照，对长 100mm，桩型不同的 7 支螺旋桩分别进行 48h 冻结和 24h 融沉试验，具体桩型参数见表 2，其桩型见图 3。除了桩型以外，桩径和桩长作为螺旋桩设计时另外两个重要的几何参数，直接影响桩体的体量和入土深度，对桩体的抗冻拔融沉能力也有重要影响，所以在进行完桩型冻拔融沉试验之后将抗冻拔融沉效果突出的下半叶片螺旋桩重新设计为不同的桩长和桩径，参数见表 3 和表 4，分析桩长、桩径对下半螺旋桩在冻土中抗冻拔融沉性能的影响。

不同桩型螺旋桩及参数　　表 2

Different pile type spiral piles and their parameters　　Table 2

桩号	螺旋桩型	H (mm)	h (mm)	r (mm)	D (mm)	β (°)	S
Ⅰ	基准全	10	3	10	7	15	6
Ⅱ	光滑桩	—	—		—	—	—
Ⅲ	上半叶片	10	3	10	7	15	3
Ⅳ	下半叶片	10	3	10	7	15	3
Ⅴ	大叶片全	10	3	10	10	15	6
Ⅵ	厚叶片全	10	5	10	7	15	6
Ⅶ	大螺距全	15	3	10	7	15	5

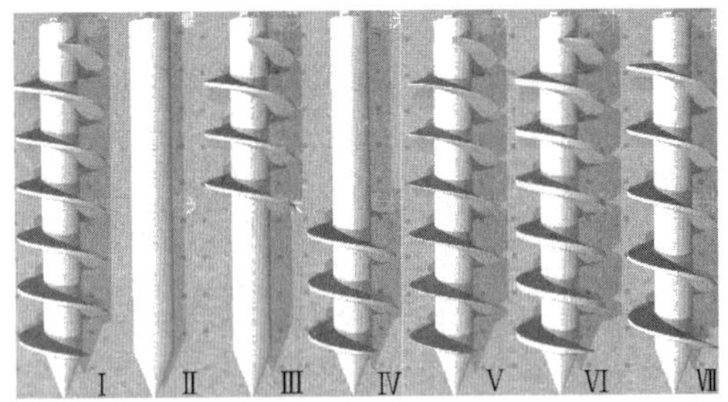

图 3　不同桩型螺旋桩 3D 打印图

Fig. 3　Different pile types of screw piles by 3D printing

桩长不同的下半螺旋桩参数表　　表 3

Parameter table of lower half helical piles with different pile lengths　　Table 3

桩号	桩型	H (mm)	h (mm)	r (mm)	D (mm)	β (°)	S	L (cm)
a b c d e	下半叶片	10	3	10	7	15	3	6 8 10 12 14

桩径不同的下半螺旋桩参数表　　表 4

Parameter table of lower half helical piles with different pile diameters　　Table 4

桩号	桩型	H (mm)	h (mm)	r (mm)	D (mm)	β (°)	S	L (cm)
1 2 3	下半叶片	10	3	7 10 13	22 25 28	7	15	10

进行正式的低温试验前，先进行土样内部温度的恒定，保证土样不同高度处温度相同。将试样置于温度设置为20℃的高低温箱中 12h，待温度传感器显示桩侧温度恒为20℃左右时调整高低温箱温度为－20℃，正式开始为期48h的低温试验，期间每隔一段时间记录桩体与土体的冻胀量。经过 48h 低温冻结后，调整高低温箱温度为 20℃进行融化试验，继续记录数据，待融化 24h 后试验结束。

3　试验结果与分析

3.1　差异桩型冻拔融沉试验

图 4 为螺旋桩在含水率为 22%土体中经历 48h 的冻结之后桩体的冻拔量曲线。由图可知，光滑桩的冻拔主要分为两个阶段，试验初期便发生明显冻拔，且冻拔速率在整个冻结过程中呈逐渐下降的趋势，25h 以后冻拔量变得稳定，之后仅产生微小的冻拔，则以 25h 为分界点，之前为快速冻拔阶段，之后为冻拔稳定阶段。与之不同的是，所有螺旋桩在初期产生的冻拔量都较小，且冻拔速率呈先逐渐增大，后减少至 0 的趋势，约在 30h 以后冻拔量才变得稳定，所以将螺旋桩的冻拔分为冻拔发展、快速冻拔以及冻拔稳定 3 个阶段，之所以螺旋桩比光滑桩多一个冻拔发展阶段，是因为在冻结初期土体的冻胀会带动桩体进行上拔，所以光滑桩在试验初期便发生明显的冻拔，而螺旋桩本身叶片与土体紧密咬合在一起，自上而下的单向冻结会使螺旋桩下部的螺旋叶片充分发挥其锚固作用，此时螺旋桩的上拔力其实是总冻拔力减去桩侧摩阻力与下部未冻结区叶片与土体的锚固力，所以总的上拔力比光滑桩要小，进而产生的冻拔位移也较小，如图 5（b）所示。而最终部分螺旋桩体产生的冻拔量大于光滑桩，是因为螺旋桩发生冻拔时快速冻拔阶段持续时间更长，这一阶段桩体的叶片与土体不仅锚固在一起，土中自由水的冻结会将桩-土完全冻结为一个整体，土体的冻胀更大程度上影响了桩体的冻拔，如图 5（c）所示，这也说明了并不是全部桩型的螺旋桩会因螺旋叶片的锚固作用减轻桩体在土中所受到的冻害。

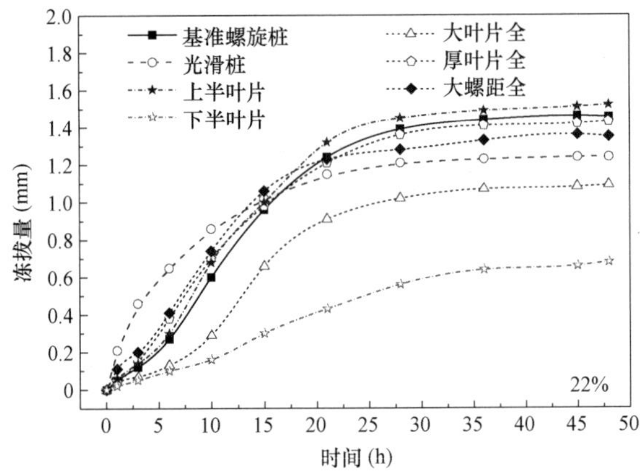

图 4　$w=22\%$，桩体冻拔量监测曲线

Fig. 4　$w=22\%$, Monitoring curve of pile freeze-out

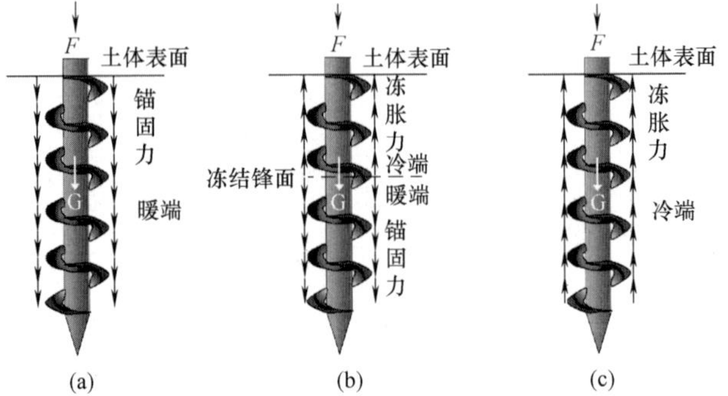

图 5　随冻深的发展螺旋桩受力图

Fig. 5　Force diagram of spiral pile with the development of freezing depth

下面对6种螺旋桩型的抗冻拔效果进行评价。图4显示在冻拔阶段下半叶片螺旋桩的抗冻拔效果最佳，经过48h的冻结最终冻拔量仅为0.68mm，而上半叶片螺旋桩的抗冻拔效果最差，最终冻拔量达到1.52mm，约是下半叶片螺旋桩的2.23倍，土体冻胀量的82%。之所以会产生如此大的冻拔量，是因为冻结系统施加的低温都是自上而下的，在一维冻结条件下桩顶螺旋叶片与土体锚固在一起，经冻结后形成一个整体，跟随土体的冻胀发生冻拔，而下部未设螺旋叶片的桩身与土体之间的摩阻力相对冻拔力来说微乎其微，起不到抗冻拔的效果，进而这一桩体产生的总冻拔量更大，快速冻拔阶段持续的时间更长，说明此种桩体并不适用于寒区中的工程实践。其他四种桩体的最终冻拔量由小到大依次是大叶片全螺旋桩、大螺距全螺旋桩、厚叶片全螺旋桩、基准全螺旋桩，并且除了大叶片螺旋桩以外，其他三种桩的最终冻拔量差距不大，而大叶片全螺旋桩的初始冻拔发展阶段持续时间更长，最终冻拔量也仅次于下半叶片螺旋桩，抗冻拔能力要远高于其他3种，是因为叶片越大所能锚固的土体范围越大，相应的锚固力就越强，其他3种桩体的抗冻拔能力差距较小说明增大叶片厚度和增大螺旋叶片的距离对桩体的抗冻拔效果影响不大。

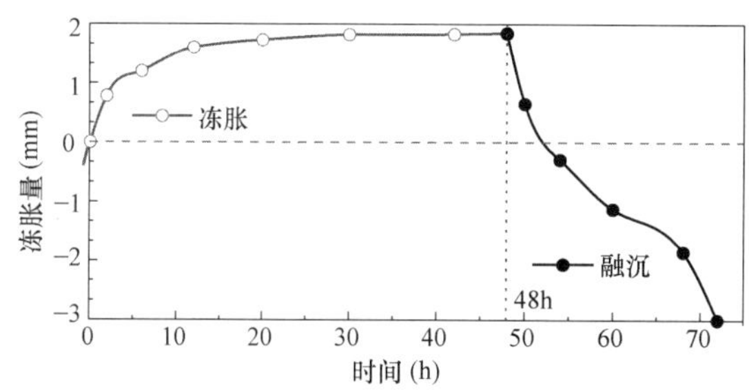

图6 $w=22\%$，土体冻胀、融沉曲线

Fig. 6 $w=22\%$, Soil frost heave and thaw settlement curve

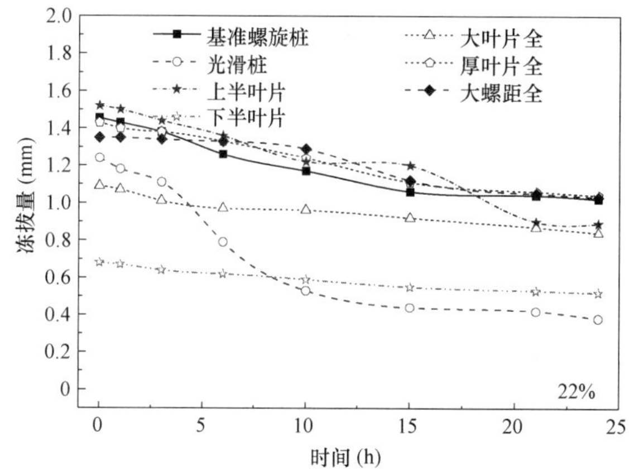

图7 $w=22\%$，桩体融沉量监测曲线

Fig. 7 $w=22\%$, Monitoring curve of pile thawing settlement

由图7可以发现光滑桩随土体的融沉主要分为3个阶段，融沉初期融沉速率较小，但约在3h左右融沉量会发生骤降，一直到10h左右才变得稳定，之后便进入融沉稳定阶段。与之相比，所有螺旋桩中除了上半叶片螺旋桩在15h时会跟随土体的融沉发生融沉量骤减的现象以外，其余螺旋桩融沉时发展的速率均不同，但趋势都较平稳，主要分为快速融沉和融沉稳定两个阶段。对于上半叶片螺旋桩，发生融沉时整个过程与光滑桩一样可以分为3个阶段，只不过发生融沉骤降的时间滞后于光滑桩，分析其原因，土体自上而下的融化会使螺旋叶片在融化初期发挥其锚固作用，当融沉深度大于设置叶片的深度时，上部叶片只能控制桩体的融沉量不会太大，但桩体还是会随土体的塌陷而发生融沉量突然增大的现象，在实际工程中桩体的体量要比试验中大得多，进而可能发生桩体倾倒等破坏形式。

对比各桩体的冻拔量和融沉量可以发现，桩体发生冻拔时部分螺旋桩的最终冻拔量会大于光滑桩，表明此时螺旋叶片并没有对冻拔起到有效的遏制作用，但在融沉时所有螺旋桩的融沉量会远远小于光滑桩，说明螺旋叶片在抵抗桩体的融沉时充分发挥了作用。

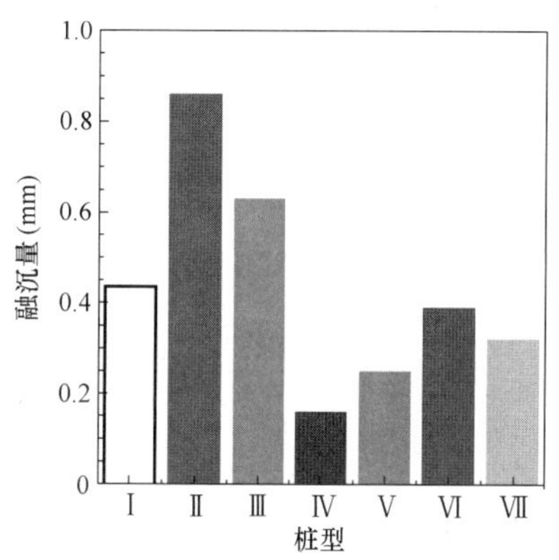

图8 $w=22\%$，桩体最终融沉量

Fig. 8 $w=22\%$, Pile final melt settlement

从图8桩体融沉时的融沉量可以看出除光滑桩外，其余7种桩体的抗融沉能力从强到弱依次是下半叶片螺旋桩、大叶片全螺旋桩、大螺距全螺旋桩、厚叶片全螺旋桩、基准全螺旋桩、上半叶片螺旋桩。

桩体在$w=17\%$土体中总冻拔量、融沉量结果如图9～图11所示。

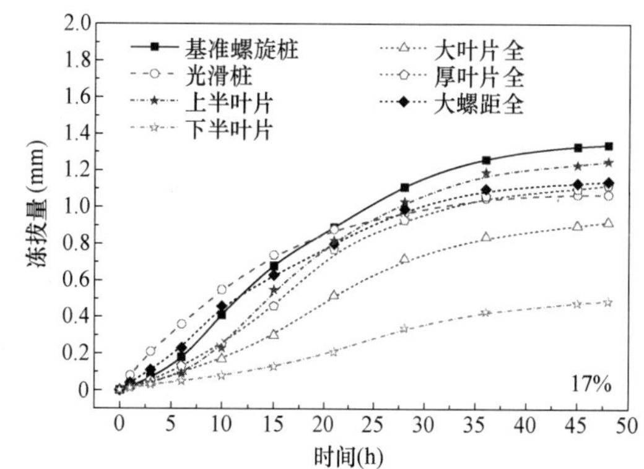

图9 $w=17\%$，桩体冻拔量监测曲线

Fig. 9 $w=17\%$, Monitoring curve of pile freeze-out

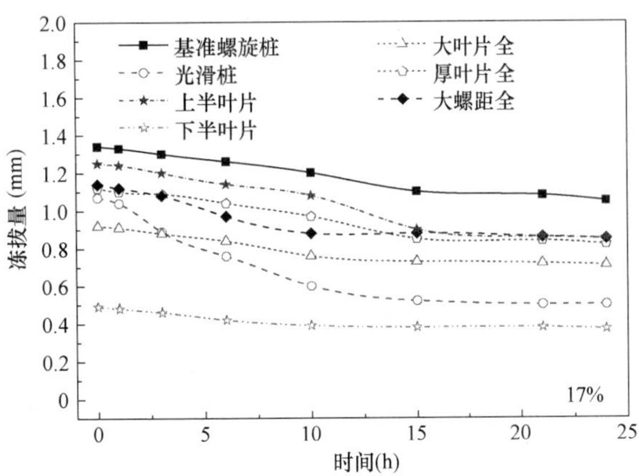

图 10 $w=17\%$，桩体融沉量监测曲线

Fig. 10 $w=17\%$, Monitoring curve of pile thawing settlement

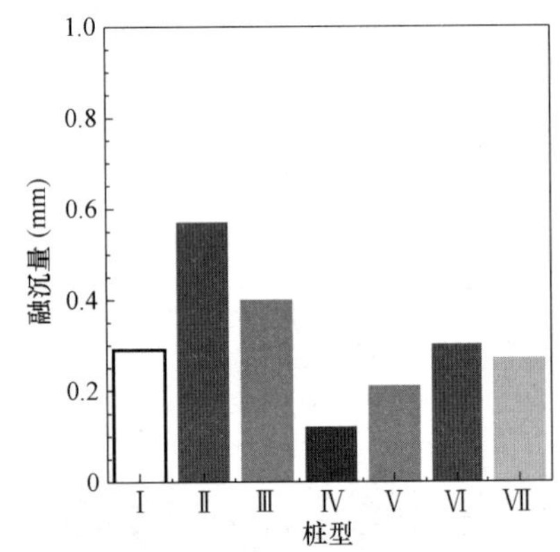

图 11 $w=17\%$，桩体最终融沉量

Fig. 11 $w=17\%$, Pile final melt settlement

与桩体在 $w=22\%$ 土体中的最终冻拔、融沉曲线相比，随着土体冻胀作用的减小，各桩体的冻拔量和融沉量都有所下降，但整体抗冻拔、融沉的能力没有发生变化。结果显示下半螺旋桩和大叶片螺旋桩依旧能够充分发挥其抗冻拔性能，其他螺旋桩体则稍差一些，通过最终融沉量看出各桩体在两种不同含水率土体中抵抗土体融沉的能力几乎一致。

综上所述，将各桩体在两种含水率土中的抗冻、拔融沉结果总结如表 5 所示。

桩体最终试验结果　　表 5

Final test results of each pile　　Table 5

螺旋桩型	$w=22\%$ 桩体冻拔量	$w=22\%$ 桩体融沉量	$w=17\%$ 桩体冻拔量	$w=17\%$ 桩体融沉量
基准全	1.45	0.43	1.34	0.29
光滑桩	1.24	0.86	1.07	0.57
上半叶片	1.52	0.63	1.25	0.4
下半叶片	0.68	0.14	0.49	0.12
大叶片全	1.09	0.32	0.92	0.21
厚叶片全	1.43	0.39	1.12	0.27
大螺距全	1.35	0.27	1.14	0.27

桩径和桩长一定的条件下，各桩体综合抗冻拔、融沉能力依次为：下半叶片螺旋桩＞大叶片全螺旋桩＞大螺距全螺旋桩≈厚叶片全螺旋桩＞基准全螺旋桩＞光滑桩＞上半叶片螺旋桩。

3.2 桩长对下半螺旋桩抗冻拔融沉稳定性影响

通过对不同桩长的下半螺旋桩进行冻拔融沉试验，各桩体的冻拔融沉量监测曲线如图 12、图 13 所示，因为本试验所用桩型都为下半螺旋桩，所以下文中的描述将用螺旋桩或桩体来代替下半螺旋桩。

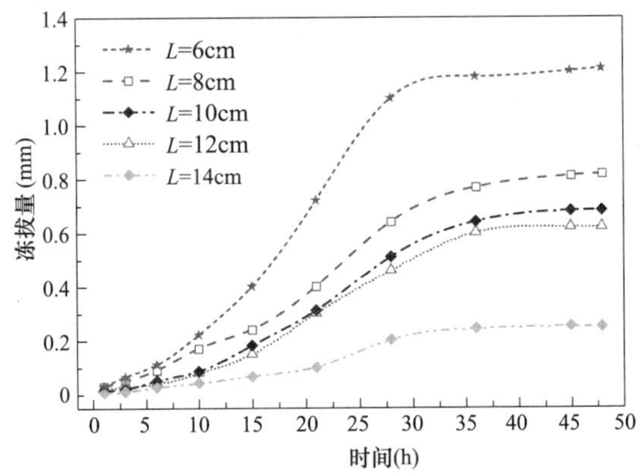

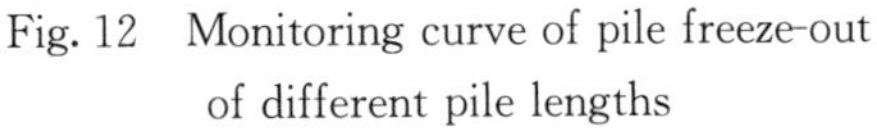

图 12 不同桩长桩体冻拔量监测曲线

Fig. 12 Monitoring curve of pile freeze-out of different pile lengths

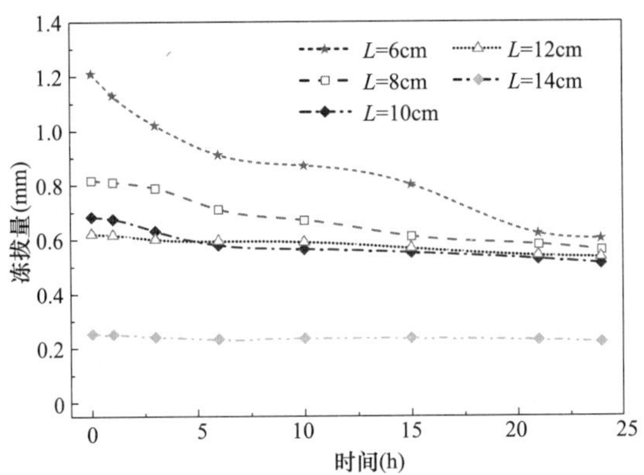

图 13 不同桩长桩体融沉量监测曲线

Fig. 13 Monitoring curve of pile thawing settlement of different pile lengths

首先对比 5 种不同桩长的桩体在冻土中冻拔效应，从图 12 可以发现，各个桩体的冻拔量发展情况依旧分为 3 个阶段，分别为：冻拔发展阶段、快速冻拔阶段、冻拔稳定阶段，与上一节所描述各个桩型的螺旋桩所经历的 3 个阶段相同，所以认为螺旋桩桩长的改变并不影响桩体在冻土中冻拔发展趋势。但显而易见，不同桩体的最终冻拔量和冻拔的开始时间大相径庭，下面就各桩体在冻土中的抗冻拔性能进行分析。

$L=6$cm 的桩体于试验开始时便发生冻拔，$L=14$cm 的桩体却在试验进行约 5h 后冻拔量才有明显的变化，并且桩体初始发生冻拔的时间随着桩长的增加而增加。究其原因，桩长越短的桩体本身体量越小，通过前文对桩体在冻土中的受力分析，初始时桩体发生冻拔主要是因为受到的切向冻拔力大于桩体自身重量、桩土之间的摩阻力和螺旋叶片与土体之间的锚固力，这里叶片与土体的锚固力主要是叶片上部的覆土对叶片的压力，桩土之间的单位摩阻力主要与土质、桩身的摩擦系数有关，而总的摩阻力则由单位摩阻力与桩身面积相乘所得，桩体的桩长越短，意味着桩身的侧摩阻力越小，桩体自身的重量越小，越容易发生冻拔。

此外，通过各桩体的冻拔发展趋势可以发现，$L=6$cm的桩体在快速冻拔阶段的冻拔速率明显大于其他桩体，$L=8$cm、10cm、12cm的桩体冻拔速率相差不大，而$L=14$cm的桩体要小得多，是因为随着冻深的发展，桩长越小的桩体最先进入完全冻结状态，此时叶片与土体完全冻结以后便失去了锚固能力，桩体会随着土体的冻胀进行冻拔，致使最终冻拔量也会很大，$L=14$ cm的桩体因其入土深度较大，螺旋叶片始终会发挥其锚固能力，所以在快速冻拔阶段冻拔速率小，最终冻拔量也小很多，与此同时桩体自身成本却大得多。对比$L=8$cm、10cm、12cm三种桩体，在快速冻拔阶段冻拔速率相差不大，$L=6$cm的桩体最终冻拔量稍大一些，而$L=10$cm、12cm两根桩体的最终冻拔量则相差更小。

从桩体随冻土融化而发生融沉的曲线中发现，$L=6$cm的桩体因其体量小、入土深度较浅，同冻拔时一样，融沉速率相较于其他桩体要大得多，并且在10 h后还发生了二次融沉。$L=8$cm、10cm、12cm三根桩体几乎都是在试验初期发生一定程度的融沉，当融化深度大于叶片的锚固深度以后，叶片开始发挥作用，经历了一段时间后融沉速率逐渐下降至零，融沉量不再有明显变化，$L=14$cm的桩体则仅在融沉的初始阶段发生微小沉降。

定义桩体发生融沉时最终的融沉量与冻拔量之比为冻拔恢复率，如图14所示，发现与桩体受冻拔时一样，桩长越大的桩体最终冻拔量越小且冻拔恢复率也越小，越容易抵御土体融沉引起桩体的沉降。但通过进一步对比5根桩体的冻拔恢复率，发现$L=6$cm桩体的冻拔恢复率为50.4%，$L=10$cm桩体的冻拔恢复率为24.2%，$L=14$cm桩体的冻拔恢复率为12.3%，相比之下$L=6$cm冻拔恢复率要大得多，也意味着与$L=10$cm相比，桩长减少40%但冻拔恢复率增加了约25%，同样将桩长增加了40%以后，$L=14$cm与$L=10$cm桩体的冻拔恢复率相差约12%，则说明桩长从10cm增加到14cm对桩体抗冻拔性能的提高要远小于桩长从6cm增加到10cm，所以从经济与实用性出发，应选用$L=10$cm的下半螺旋桩体。

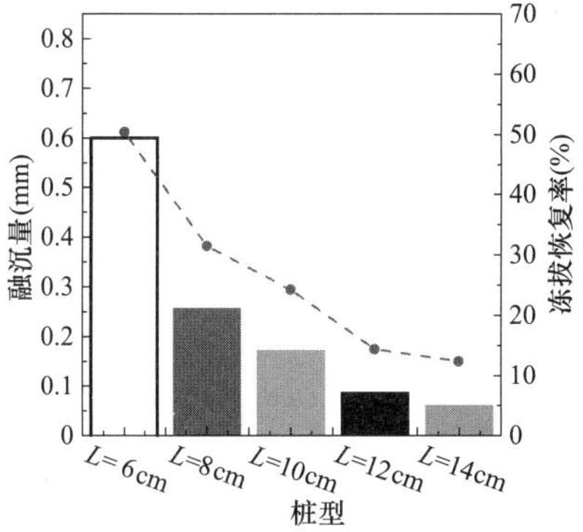

图14 融沉量与冻拔恢复率

Fig. 14 Pile final melt settlement and Freezing recovery rate

3.3 桩径对下半螺旋桩抗冻拔融沉稳定性影响

螺旋桩由光滑桩与外设叶片组成，光滑桩的桩径为螺旋桩的内径，加上其外部螺旋叶片总的直径为桩体的外径，桩体内径的大小直接影响桩体自身的体量，且内径越大桩身的受力面积越大，对应的桩侧摩阻力也越大，所以理论上桩体内径越大，抗冻拔能力越强，同时前一节已通过试验得出螺旋桩叶片越大，下部覆土就越多，也会提高桩体的抗冻拔能力。因此，若直接增加螺旋桩体的内径与叶片宽度，其抗冻拔能力一定会得到改善，但所需成本将大大增加；若螺旋桩的外径一定，叶片宽度与桩体内径会相互限制，所以通过模型试验来寻求二者最优尺寸比，最大限度发挥螺旋桩在土中的抗冻拔能力。

对于桩体内径与叶片宽度相互限制的试验，选取桩体外径恒为25mm，内径分别为7mm、10mm和13mm，对应的叶片宽度为9mm、7.5mm、6mm，试验结果如图15、图16所示。

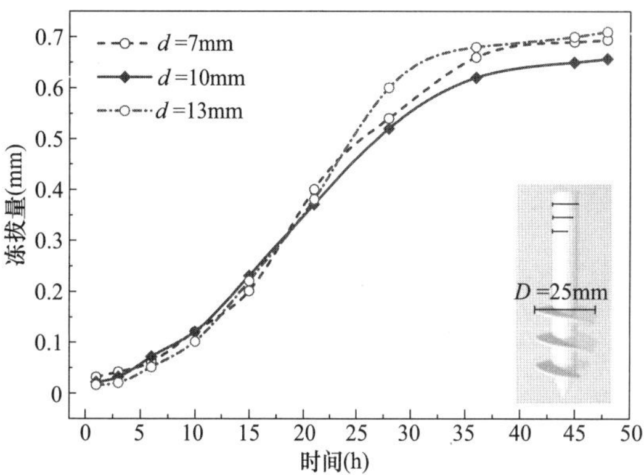

图15 $D=25$mm，不同内径桩体融沉量监测曲线

Fig. 15 $D=25$mm, Monitoring curve of thawing settlement of piles with different internal diameters

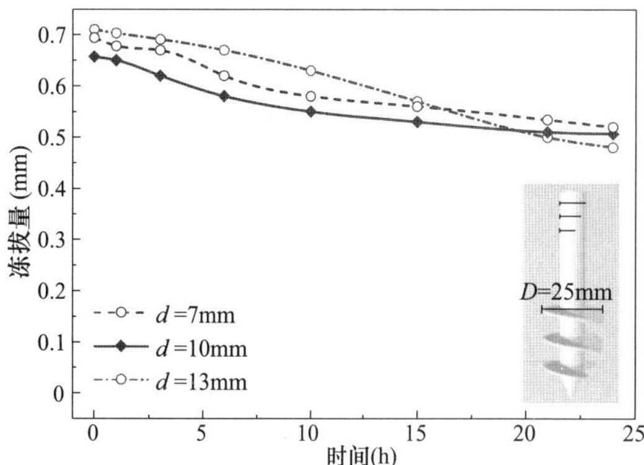

图16 $D=25$mm，不同内径桩体冻拔量监测曲线

Fig. 16 $D=25$mm, Monitoring curve of freeze-out of piles with different internal diameters

在冻拔阶段，$d=7$mm桩体的初始冻拔量最大，$d=13$mm的初始冻拔量最小，说明在外径一定时，桩体的体量是影响桩体发生初始冻拔的主要因素，而随着冻拔的发展，$d=13$mm的冻拔速率要大于其他两者，因为桩体

在发生一定冻拔后叶片会与土体更紧密地咬合，充分发挥了自身的锚固能力，将土体更紧密地锚固在一起，所以在快速冻拔阶段，螺旋叶片直径大的桩体冻拔速率更小，抗冻拔性能越好，但最终两者的冻拔量差异不大。反观 $d=10$mm 桩体开始时冻拔量介于两者之间，但限于叶片与桩径相互促进发生作用，所以在快速冻拔阶段冻拔速率要小于其他两根而且更早进入冻拔稳定阶段，最终冻拔量也最小。

在融沉阶段，从图 16 可以看出，$d=7$mm 与 $d=10$mm 桩体融沉量的发展趋势相近，试验初期仅土表消融，桩体并没有发生明显融沉，之后随着土体的融沉，桩体的沉降速率逐渐变大，约在 10h 后速率达到最大后开始减小，融沉趋势也变得平稳。而 $d=13$mm 桩体随土体发生融沉后融沉速率并没有减小，是因为桩体自身质量比较大，且叶片直径又小于其他两根桩，所以土体融化以后桩体的叶片并不能发挥其约束土体的作用，反而因为体量大加剧了土体对桩的融沉作用。

综上所述，由 3 根桩在冻拔、融沉阶段冻拔量发展曲线可以得到结论：$d=10$mm 桩体的抗冻拔、融沉性能要强于其他两根桩体，此时桩体的内外径之比为 2∶5，所以在固定外径的情况下，考虑将螺旋桩的内外径之比设置为 2∶5，使螺旋桩更好地发挥自身性能。

4 结论

本文通过自主设计冻结试验系统，对差异桩型、桩长以及桩径的螺旋桩进行了冻拔融沉试验，分析了各桩体的冻拔特性，研究了不同桩型螺旋桩的冻拔特性及桩长与桩径对螺旋桩抗冻拔性能的影响，得到的主要结论如下：

(1) 试验发现各桩体的抗冻拔、融沉能力依次为：下半叶片螺旋桩＞大叶片全螺旋桩＞大螺距全螺旋桩≈厚叶片全螺旋桩＞全叶片螺旋桩＞光滑桩＞上半叶片螺旋桩。上半叶片螺旋桩的抗冻拔融沉效果最差，下半叶片螺旋桩的抗冻拔融沉效果要比其他桩型显著，此外，增大螺旋叶片也对提高桩体抗冻拔融沉的能力有所提升。

(2) 下半螺旋桩的抗冻拔、融沉性能会随桩长的增加而增加。但桩长从 10cm 增加到 14cm 对桩体抗冻拔性能的提高要远小于桩长从 6cm 增加到 10cm，所以从经济性和实用性出发，应将桩长设计为 10cm（10r）。

(3) 当下半叶片螺旋桩的外径一定时，将内外径之比设计为 2∶5 时桩体的抗冻拔融沉效果最佳。

参考文献：

[1] 王源．中国绿色电力发展综述[J]．绿色中国，2018(4)：32-35.

[2] 董天文，梁力，黄连壮，等．螺旋桩基础抗拔试验研究[J]．岩土力学，2009，30(1)：186-190.

[3] 董天文，梁力，黄连壮，等．螺旋群桩基础承载性状试验研究[J]．岩土力学，2008(4)：893-896＋900.

[4] 董天文，梁力，王明恕，等．极限荷载条件下螺旋桩的螺距设计与承载力计算[J]．岩土工程学报，2006(11)：2031-2034.

[5] 董天文，梁力，王炜，等．抗拔螺旋桩叶片与地基相互作用试验研究[J]．工程力学，2008(8)：150-155＋163.

[6] 陈然．螺旋桩在季节性冻土场地抗冻拔性能分析[D]．哈尔滨：哈尔滨工业大学，2010.

[7] 赵华刚．季节性冻土区光伏支架螺旋桩抗冻拔试验研究[D]．北京：北京交通大学，2016.

[8] 田彦德．螺旋钢桩冻胀融沉特性试验研究[D]．北京：北京交通大学，2017.

[9] 王腾飞，刘建坤，邰博文，等．螺旋桩冻拔特性的模型试验研究[J]．岩土工程学报，2018，40(6)：1084-1092.

[10] 王丽筠，李炅．光伏支架桩基的防冻胀设计研究[J]．住宅与房地产，2019，526(4)：72-72.

长螺旋臂式钻扩底压灌桩施工技术创新及应用

徐升才[1]，梁海安[2]，曹开伟[1]，吴丹蕾[1]，吴　赞[1]，孙旭辉[1]，吕　阳[2]

（1. 江西中恒地下空间科技有限公司，江西 南昌 330052；2. 东华理工大学土木与建筑工程学院，江西 南昌 330013）

摘　要：长螺旋臂式钻扩底压灌桩是采用长螺旋压灌桩施工工艺和臂式钻扩底复钻复搅压灌工艺形成的一种新型扩底灌注桩。本文系统地对长螺旋臂式钻扩底压灌桩创新施工工艺及与配套的新型臂式钻扩张设备、扩底施工可视化控制设备、混凝土压灌泵送自动化设备进行了介绍。通过典型工程应用效果分析表明，该创新技术具有技术先进、施工效率高，安全可靠，经济环保等突出优势，具有广阔的推广应用前景。

关键词：长螺旋臂式钻扩底压灌桩；臂式钻扩钻头；施工工艺；可视化；承载力

作者简介：徐升才，男，1944 年生，教授级高工。

梁海安，男，1980 年生，博士，副教授，主要从事岩土及地下空间工程领域的研究，E-mail：lianghaian@foxmail.com。

Innovation and application of construction technology for under-reamed continuous flight auger arm drilling pile

XU Sheng-cai[1]，LIANG Hai-an[2]，CAO Kai-wei[1]，WU Dan-lei[1]，WU Zan[1]，SUN Xu-hui[1]，LV Yang[2]

（1. Jiangxi Zhongheng Underground Space Technology Co.，Ltd.，Nanchang 330052，Nanchang Jiangxi，China；2. East China University of Technology，Nanchang 330013，Nanchang Jiangxi，China）

Abstract：The Under-reamed Continuous Flight Auger Arm Drilling pile is a new type of expanding bottom cast-in-place pile formed by the construction technology of under-reamed continuous pressure-in-placed and expanding bottom re-drilling and stirring pressure grouting process. This paper systematically introduces the innovative construction technology of the under-reamed continuous pressure-in-placed piles and these new construction equipment for the under-reamed continuous pressure-in-placed piles，such as boom-type drilling expansion equipment，visual control equipment for bottom-expanding construction，and automation of concrete pressure irrigation and pumping. Analysis of typical engineering application effects shows that this innovative technology has outstanding advantages such as advanced technology，high construction efficiency，safety and reliability，economical and environmental protection，and has broad application prospects.

Key words：under-reamed continuous flight auger arm drilling pile；arm drill bit；construction technology；visualization；bearing capacity

1　引言

长螺旋臂式钻扩底压灌桩是采用带臂式钻扩张器的长螺旋打桩机施工的一种新型桩。长螺旋臂式钻扩底压灌桩施工工艺创新主要表现在采用带臂式钻头的长螺旋钻杆进行扩成孔和混凝土灌注一体化成桩工艺、扩大头复钻复搅施工工艺和泵送混凝土自动控制工艺。长螺旋臂式钻扩底桩施工设备创新主要有自主研制的臂式钻扩张设备、扩底施工可视化控制设备和混凝土压灌泵送自动化设备。长螺旋臂式钻扩底压灌桩是通过液压缸给扩张组件提供动力实现扩底施工[1]，具有施工作业效率高、无泥浆排放、渣土少等优点，且施工噪声低、振动小、设备行走灵活、成桩速度快，广泛适用于中、低压缩性的黏性土、粉土、砂土、碎石土和残积等地层，在江西省等地区基础工程的施工中得到了大量工程应用[2-3]。长螺旋臂式钻扩底压灌桩的桩底扩大头形成过程是通过混凝土置换桩底扰动土体、改变了桩周及桩底土体物理力学特性，充分发挥了土体潜力，因而具有更高的单桩竖向抗压和抗拔承载力[4-9,13]。本文对该桩的施工工艺流程、可视化施工监控平台、扩底桩复搅工艺技术及其长螺旋臂式钻扩张设备和技术特点进行说明。通过长螺旋臂式钻扩底压灌桩典型案例的介绍，对于其社会经济效益及环保特点的分析，以期为该桩基的设计施工和推广应用提供一定的参考。

2　长螺旋臂式钻扩底压灌桩施工工艺

2.1　成桩施工工艺流程

与现有常规扩底桩施工工艺相比，长螺旋臂式钻扩底压灌桩基于长螺旋压灌桩，采用长螺旋钻杆加臂式扩底钻头进行等径部分与扩底部分施工，扩径部分不需要更换设备，仅需要张开长螺旋臂式扩底钻头扩张叶片，完成扩底区域施工，因此可以一次成孔，直接钻孔至设计桩底标高。其具体施工步骤可分为：施工准备、钻孔、扩底钻孔、提钻压灌混凝土、复钻复搅扩体、上部桩体混凝土压灌、安放钢筋笼等 9 个步骤，其施工工艺流程示意见图 1。

长螺旋臂式钻扩底压灌桩扩底钻孔施工工艺是采用自主研发的长螺旋臂式钻头，在钻孔达到设计扩底顶部标高上约 2 倍桩径处时，放慢钻杆的转速，低速钻进并缓慢逐级分次打开臂式钻扩孔器的液压供油阀，直到扩孔器长臂完全张开，继续往下钻至桩底设计标高，从而实现

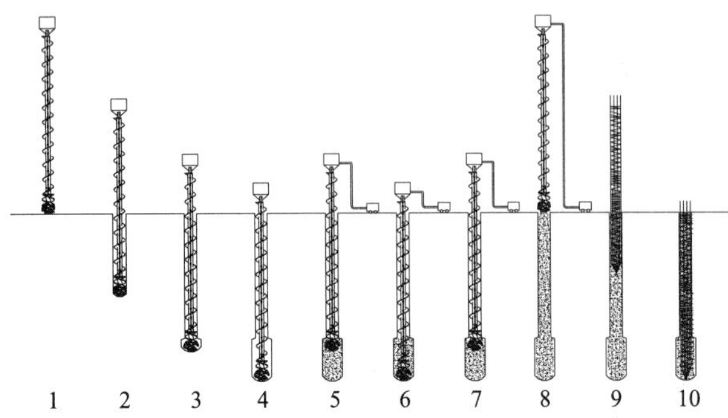

1—钻机就位；2—压钻桩孔；3—到达扩大头设计标高时，打开臂式钻臂；4—继续进行扩底钻孔直至设计深度；5—开始压灌混凝土；6、7—进行复搅；8—压灌桩身混凝土，完成桩体施工；9—振插钢筋笼；10—成桩

图 1　长螺旋臂式钻扩底压灌桩施工流程示意图

桩孔直径的扩大。当完成桩体扩径后，扩孔器长臂保持扩孔状态，一边向钻杆中心的管道内压灌混凝土，一边缓慢上提钻杆，提钻至 2 倍桩径的高度，期间混凝土泵送次数应与上提钻杆的速度协调一致，以满足扩大头混凝土的用量要求，同时扩孔器把混凝土与持力层原土进行搅拌混合。停止压灌混凝土，向下复钻至设计桩底标高处，然后缓慢上提钻杆同时压灌混凝土，并使混凝土和原土再次得到充分拌和。复钻复搅完成后，采用液压装置使臂式钻扩孔器收缩回到钻杆螺旋片内，再依照长螺旋压灌工艺上提钻杆压灌桩身混凝土至地面。清理桩顶的泥土及混凝土浮浆后，采用钻机自备吊钩将振动器和钢筋笼放入导向套内，再振动插入钢筋笼，完成单桩施工。

目前的扩底技术多是在等截面桩基设备的基础上，更换伞状钻头等设备或工艺，采用机械掏土、爆破、人工挖孔等方式实现桩径的扩大[8-10]。与常规扩径桩比较，长螺旋臂式钻扩底压灌桩的成孔扩底、混凝土压灌及钢筋笼安插施工一体化工艺，保证了整体施工的高效快速；钻孔完成后，根据设计要求，灌注施工中压灌混凝土始终处于压力状态，避免了因钻杆提升形成钻孔负压或者空孔变形、掉渣，因此能够减少桩底沉渣，确保扩体完整和成桩质量，并具有更高竖向抗压和抗拔承载力。长螺旋臂式钻扩底压灌桩现场开挖照片如图 2 所示。

图 2　长螺旋臂式钻扩底压灌桩开挖现场照片

Fig. 2　Photo of excavation site of under-reamed continuous flight auger arm drilling pile

2.2　施工过程的可视化监控

扩底桩扩大端施工的质量控制一直都是建设单位和监理单位关心的重要问题。长螺旋臂式钻扩底压灌桩打桩机配备有可视化监控平台，使该问题得到解决，如图 3 所示。

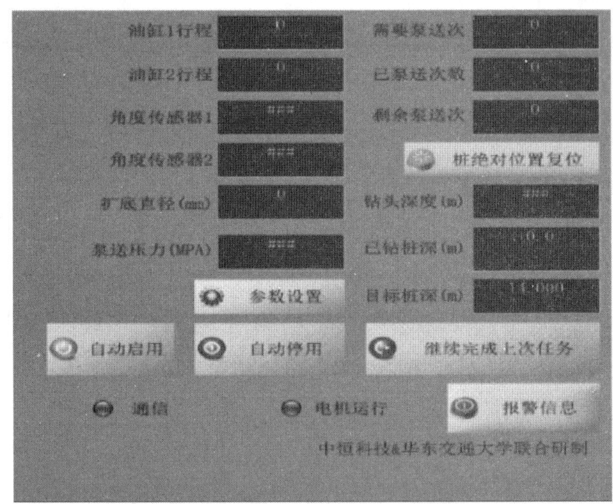

图 3　长螺旋臂式钻扩底压灌桩施工可视化监控台图表

Fig. 3　Visualized monitoring console diagram of Under-reamed continuous flight auger arm drilling pile

该平台由 2 个 PLC 可编程逻辑控制器，2 个无线路由器和 1 台触摸屏组成。PLC1 可编程逻辑控制器用于采集打桩机的施工数据包括有桩径、打桩深度、扩底高度等，并将这些数据利用网络通讯传输到触摸屏上。同时 PLC2 还可编程逻辑控制器安装在泵车上，用于采集泵送数据，包括泵送次数、泵送压力、泵送混凝土量，将采集到的数据运用无线传输的方式将其传送到 PLC1 上，然后由触摸屏接收数据。该系统可进行实时分析计算并发送响应的指令给 PLC2，PLC2 对泵送量进行控制，从而实现混凝土泵送的自动化；同时工控机根据这些数据实时显示打桩和泵送过程的动画，从而实现打桩和泵送的可视化显示。

3　长螺旋臂式钻扩底钻头结构

对于钻孔扩底桩而言，扩底钻头是成桩技术的核心关键设备。长螺旋臂式钻扩底压灌桩通过液压装置驱动油缸控制摆臂运动的原理进行长螺旋臂式钻头设计，如图 4 所示。

长螺旋臂式钻头与螺旋钻杆采用法兰连接。钻头整体结构注浆盖采用高强度合金钢制作，摆臂和截齿耐磨性好，使用寿命长，注浆盖开启自如、密封性好，坚固耐用，可防止堵管现象发生。钻头液压装置采用自主专利油缸，由国内专业厂家定制，使用寿命长。其摆臂幅度及时间可以人为控制，可通过传感器和显示屏等副驾操作手清晰看到摆臂运动状态。因此实现摆臂松土、旋转挤土成孔和混凝土搅拌成扩大头施工功能，从而有效解决了钻头在地下施工无法观测和控制其扩大程度的问题。长螺

图 4 长螺旋臂式钻头结构图
Fig. 4 Structure diagram of Under-reamed continuous flight auger arm drill

旋臂式钻头的主要技术参数如表 1 所示。

长螺旋臂式钻头参主要技术数 表 1
Parameters of Under-reamed continuous flight auger arm drill Table 1

规格型号(mm)	可扩最大直径(mm)	油缸行程(mm)	芯管直径(mm)	叶片厚度(mm)
600	900	70	180	25
700	1050	90	180	25
800	1200	110	219	30

4 长螺旋臂式钻扩底压灌桩工程应用

长螺旋臂式钻扩底压灌桩目前已被广泛应用于江西省内各类基础工程。以南昌美的云筑住宅小区项目、南昌春江天境项目 7 号住宅楼两个项目为例，说明其工程特性和应用效果。

4.1 美的云筑住宅小区项目

美的云筑住宅小区项目位于江西省南昌市青云谱区，该项目 1～9 号楼（不含 4 号楼）为 18 层框剪结构高层住宅楼，均采用长螺旋臂式钻扩底压灌桩桩基础。塔楼采用桩径为 600mm（扩底直径为 900mm）的桩；地下室均采用桩径为 800mm（扩底直径为 1200mm）和桩径为 600mm（扩底直径为 900mm）有效桩长≥9m 的桩，该工程地质剖面图如图 5 所示。桩基底持力层为砾砂层，设计要求单桩竖向抗压承载力特征值为 2700kN。每栋楼总桩数为 78 根或 83 根。

该项目施工前工程现场低应变及静力载荷试桩表明，桩身完整性均为Ⅰ类桩，单桩竖向抗压极限承载力均不小于 5838kN。项目于 2020 年 4 月 2 日开工，同年 7 月 28 日竣工。施工完成后由建设、设计、监理等 5 方质量主体对工程桩开展了低应变、钻芯及单桩竖向抗压静载试验检测。检测结果表明：桩身完整性质量满足设计要求；桩体芯样均连续完整、表面光滑、胶结好、骨料分布均匀、

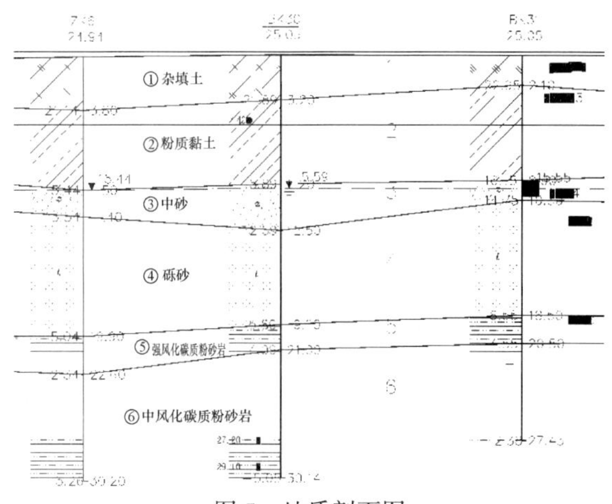

图 5 地质剖面图

呈长柱状；自平衡测试法对三根工程桩桩承载力试验表明：其竖向极限承载力均≥5400kN，单桩承载力检验 Q-s 图均呈缓变型。各桩混凝土强度、桩底沉渣厚度、桩端持力层岩土性状均满足设计要求，验收合格。该项目由江西恒信检测集团有限公司进行沉降观测表明：累计沉降量为 6.73mm，沉降速率最大值为 0.011mm/d，完全符合设计要求。在施工过程中，该桩型单桩完成时间平均≤1h，比旋挖桩可缩短工期约 50%，比钻孔混凝土灌注桩可缩短工期 80%以上。以 8 号住宅楼为例，长螺旋臂式钻扩底压灌桩造价仅为旋挖桩造价的 75.14%，钻孔混凝土灌注桩造价的 77%。施工中不需泥浆护壁、废弃土量少、噪声低、振动小、不扰民，具有绿色环保的优点，与同条件钻孔混凝土灌注桩比较，可节省混凝土、水泥、钢筋等建材的用量，具有节能减排作用和功效。该项目工程主要施工参数和质量指标如表 2 所示。

主要施工参数与质量检验指标 表 2
Main construction parameters and quality inspection indicators Table 2

名称	美的云筑 1 号楼	龙湖天镜 7 号楼	备注
桩径(扩底直径)(mm)	600(900)	700(1050)	
桩长(m)	约 9	约 19	比原设计节约 1/3 的桩长
持力层	砾砂层	中砂层	
设计强度等级	C40	C35	
基桩总数(根)	83	94	
静载(根)	3	3	
低应变(根)	83(全部Ⅰ类桩)	94(全部Ⅰ类桩)	
钻孔取芯(根)	10	10	
单桩竖向极限承载力检测值(kN)	均大于 5400	均大于 7000	均满足设计要求

4.2 龙湖春江天境项目

该项目位于江西省南昌县。项目 7 号住宅楼为 26F 框剪结构高层的建筑，设计整体 1F 地下室。该工程桩基选用了 700mm 桩径，扩底直径为 1050mm，扩大端高度为 1400mm，有效桩长不小于 18m 的长螺旋臂式钻扩底压灌

桩桩基础。持力层为中砂层，桩端进入持力层深度不小于1500mm。设计要求单桩抗压承载力特征值不小于3500kN。桩身混凝土强度等级为C35，总桩数为96根。

该项目施工前进行了工程试桩施工。试桩检测表明：桩身完整性和单桩承载力特征值均符合设计要求。该工程于2021年5月18日完成首桩现场静力载荷试验，试验表明工程桩单桩承载力极限值为7000kN。完成首桩工程验收后，该项目于2021年5月18正式开工，同年5月28日竣工。2021年7月3日由第三方工程质量检测单位对工程桩进行基桩质量验收检测。检测结论表明：所检测的94根工程桩中全部为Ⅰ类桩。其桩身完整性均满足设计要求；采用自平衡法对三根工程桩（16号，45号，62号）进行了单桩竖向抗压极限承载力试验，其极限承载力均大于7000kN，满足设计承载力特征值3500kN的要求。施工全过程无污染、噪声低、振动小、不扰民。龙湖春江天境项目7号住宅楼工程主要施工参数和质量指标如表2所示。

5 长螺旋臂式钻扩底压灌桩的社会效益和环保效益

5.1 环保效益和节能减排

同持力层、等承载力、等桩长、不同桩径的钻孔混凝土灌注桩和长螺旋臂式钻扩底桩相比，按桩长16m，桩径800mm的单桩水泥和钢筋用量计算，长螺旋臂式钻扩底桩打桩机与正反循环钻孔桩打桩机的机械能耗分析对比详见表3。

长螺旋臂式钻扩底桩机与正反循环钻孔桩械能耗对比表　　表3

Comparison table of mechanical energy consumption between of Under-reamed continuous flight auger arm piles machine and reverse circulation drilling pile machine　Table 3

序号	项目名称	正反循环钻孔桩	长螺旋臂式钻扩底压灌桩
1	施工机械总称	回旋钻机	长螺旋钻机
2	单桩动力(kW)	70	250
3	单桩成孔时间(h)	12	1
4	单桩清孔时间(h)	2～3	0
5	单桩总耗电量(kW·h)	600	600

以当前建材价格为基准，根据2022版碳排放核算方法[14]，对同持力层、不同桩径的等效长螺旋臂式钻扩底压灌桩与正反循环钻孔桩的建材用量进行对比和碳排放核算，其节碳对比具体见表4。

等承载力嵌岩桩与长螺旋臂式钻扩底压灌桩相比较，按每根桩的水泥和钢筋用量计算，单桩节省碳能为28.7%。具体详见表5。根据统计，长螺旋臂式钻扩底压灌桩与等承载力的钻孔混凝土灌注桩相比，同样可大量节省混凝土、水泥和钢筋的用量，具有节能减排的社会效益，对早日在我国实现碳中和和碳达峰，具有重大意义。

同持力层、不同桩径的等效桩节碳对比表　　表4

Comparison of equivalent pile carbon section of the same bearing layer and different pile diameters　Table 4

序号	项目名称	钻孔混凝土灌注桩	长螺旋臂式钻扩底压灌桩
1	水泥(t)	3.863	2.375
2	钢筋(t)	0.282	0.181
3	水泥折算成碳能(t)	2.233	1.373
4	钢筋折算成碳能(t)	0.515	0.331
5	单桩节约碳能量(t)	2.748	1.704
6	占总碳能的百分数(%)	100	62.0

等效嵌岩桩与长螺旋臂式钻扩底压灌桩节碳对比表　　表5

Comparison of carbon savings between equivalent rock-socketed pile and Under-reamed continuous flight auger arm drilling pile　Table 5

序号	项目名称	钻孔嵌岩混凝土灌注桩	长螺旋臂式钻扩底压灌桩
1	水泥(t)	6.036	4.403
2	钢筋(t)	0.440	0.282
3	水泥折算成碳能(t)	3.489	2.545
4	钢筋折算成碳能(t)	0.805	0.515
5	单桩节约碳能量(t)	4.294	3.061
6	占总碳能的百分数(%)	100	71.3

注：按桩径为0.8m，桩长分别为25m和16m的两种桩型测算。

5.2 经济社会效益

参照《建筑桩基技术规范》JGJ 94—2008，以中风化泥质粉砂层作为桩端持力层，极限端阻力标准值取5MPa。扩底桩承载力特征值以圆砾层作为桩端持力层，以极限端阻力标准值取4MPa为例，其扩底面积和承载力对比详见表6。

长螺旋臂式钻扩底桩扩底面积和承载力对比表　　表6

Table of comparison of enlarged area and bearing capacity of Under-reamed continuous flight auger arm drilling pile　Table 6

序号	项目名称	600型桩	700型桩	800型桩	900型桩
1	普通桩直径(mm)	600	700	800	900
2	扩底桩直径(mm)	600/900	700/1050	800/1200	900/1350
3	普通桩面积(mm)	0.2827	0.3848	0.5026	0.6362
4	扩底桩面积(mm)	0.6362	0.8659	1.1310	1.4314
5	普通桩承载力特征值(kPa)	1145.1	1558.6	2035.8	2576.5
6	扩底桩承载力特征值(kPa)	1272.3	1731.8	2261.9	2862.8
7	面积提高率(%)	125	125	125	125
8	承载力特征值提高率(%)	11.1	11.1	11.1	11.1

注：表中“承载力特征值”为“桩端极限承载力特征值”。

长螺旋臂式钻扩底压灌桩与等桩径混凝土灌注桩相比其扩底面积可提高 1.25 倍；承载力特征值可提高 1.2 倍。长螺旋臂式钻扩底压灌桩等效替代钻孔混凝土嵌岩桩时，可以大幅度地减少桩长，降低桩机的能耗和缩短施工工期。据统计分析，等承载力的长螺旋臂式钻扩底压灌桩与钻孔混凝土嵌岩桩及旋挖桩相比，可减少桩长 1/3，可节省混凝土 1/4 左右，可节省钢筋 1/3 左右。从而可以达到降低工程造价、缩短工期的经济效益，如表 7 所示。

同等承载力不同桩型的桩长和建材用量对比表　表 7

Comparison table of pile length and building material consumption of different pile types with the same bearing capacity　Table 7

序号	项目名称	旋挖桩	长螺旋嵌岩桩	长螺旋臂式钻扩底压灌桩
1	承载力特征值(kPa)	4000	4400	4400
2	桩径/扩底直径(mm)	800	800	800/1200
3	桩长(m)	25	25	16
4	混凝土用量(m^3)	12.57	12.57	9.17
5	钢筋用量(t)	0.44	0.44	0.28
6	桩长比(%)	100	100	64
7	混凝土用量比(%)	100	100	73
8	钢筋用量比(%)	100	100	64

以联发美的云筑项目 8 号住宅楼为例，长螺旋臂式钻扩底压灌桩与同等承载力条件的预应力管桩、旋挖桩和普通长螺旋压灌桩相比，可节省工程造价 20%～30%，具有明显的经济优势，具体详见表 8。

. 工程造价对比表　表 8

Project cost comparison table　Table 8

序号	施工区域	桩基础形式/施工工艺	金额(元)	对比(%)
1	8 号楼	预应力管桩	1000524.61	127.7
2		旋挖桩	1042112.57	133
3		长螺旋压灌桩	1016240.02	129.7
4		长螺旋臂式钻扩底压灌桩	782293.72	100

6 结论

(1) 长螺旋臂式钻扩底压灌桩的施工机具和施工工艺完全不同于普通的长螺旋钻孔压灌混凝土桩的施工技术。该桩的施工工艺技术和扩底技术与国内外同类技术相比较具有显著的技术优势。

(2) 该桩采用了扩底可视化自动监控设备及技术和混凝土泵送自动化新工艺，不仅保证了工程的施工质量，而且促进了桩基行业的自动化水平及远程可视化技术的向前发展。

(3) 通过实际工程应用检验，证明长螺旋臂式钻扩底压灌桩施工易操作、施工工艺流畅、成桩速度快、施工质量好、桩身完整性和工程桩单桩承载力特征值均能满足设计要求。

(4) 长螺旋臂式钻扩底压灌桩施工可以实现工程地基基础施工安全和使用安全的目标，该桩型具有工程造价低、工期短的经济效益和工程施工绿色环保、节能减排的社会效益，值得推广使用。

参考文献：

[1] 曹开伟，刘建文，聂恺，等. 一种长螺旋钻孔压灌混凝土扩底桩施工方法：111535301B[P]. 2021-08-10.

[2] 孙旭辉，曹开伟，顾红久，等. 一种可测桩径的长螺旋扩底钻头：212105756U[P]. 2020-12-08.

[3] 曹开伟，聂恺，孙旭辉，等. 一种长螺旋扩底钻头：212105757U[P]. 2020-12-08.

[4] 何砚川. 长螺旋臂式钻扩底桩沉降规律及计算方法研究[D]. 南昌：东华理工大学，2020.

[5] 张尚根，陈志龙，尹峰，等. 等截面抗拔桩的变形分析[J]. 解放军理工大学学报(自然科学版)，2002(5)：71-73.

[6] Ahmed Shlash Alawneh and Abdallah I. Husein Malkawi. Tension tests on smooth and rough Model piles in dry sand[J]. Canadian Getechnical Journal，1999，36：746-751.

[7] DASH B K，PISE P J. Effect of compressive load on uplift capacity of model piles[J]. Journal of Geotechnical and Geo-environmental Engineering，2003，129(11)：987-992.

[8] 张亚军. 螺旋桩基础在斜向荷载作用下的力学特性与承载机理研究[D]. 沈阳：东北大学，2010.

[9] 孙鸣. 钢筋混凝土螺旋桩可行性分析[J]. 天津城市建设学院学报，2001(3)：187-190.

[10] 罗丽荷. 扩底桩设计施工优化及其稳定性的研究[D]. 昆明：昆明理工大学，2018.

[11] 文松霖. 扩底桩桩端承载机制初探[J]. 岩土力学，2011，32(7)：1970-1974.

[12] 范丽超，高杰，李悦，等. 扩底桩专利技术分析[J]. 河南科技，2016，590(12)：58-60.

[13] 钱建固，陈宏伟，贾鹏，等. 注浆成型螺纹桩接触面特性试验研究[J]. 岩石力学与工程学报，2013，32(9)：1744-1749.

[14] 蒋旭东，王丹，杨庆. 碳排放核算方法学[M]. 北京：中国社会科学出版社，2022.

堆载下软土蠕变对邻桩变形的三维数值分析

李婷婷，杨　敏，李卫超
（同济大学 土木工程学院，上海　200092）

摘　要： 针对软土地基上的桥台桩基在邻近路堤荷载作用的影响，采用软土蠕变模型进行三维数值模拟，基于已公布的离心机试验数据，研究了软土层中的超孔隙水压力和水平位移，前桩水平位移，前后桩弯矩的变化规律。有限元模拟的计算结果和离心机试验结果吻合较好，表明现有的数值模型可用于研究软土地基上路堤荷载对邻近桥台桩基性能的影响。同时也分析了不同路堤高度下，桥台水平位移、沉降、倾角的变化。可以合理地认为路堤高度、固结程度、路堤与桩基础的距离由桥台的水平位移来控制。

关键词： 软土；数值模拟；桥台桩基；路堤堆载

作者简介： 李婷婷，女，1991 年生，博士，主要从事被动桩的研究和岩土工程数值分析。E-mail：litingting@tongji. edu. cn。

3D numerical analysis of pile foundation subjected to adjacent surcharge loads considering creep behavior

LI Ting-ting，YANG Min，LI Wei-chao
（College of Civil Engineering，Tongji University，Shanghai 200092，China）

Abstract： Numerical modelling of piled bridge abutments constructed on soft clay was conducted to investigate the response of piles under adjacent embankment loads. By using the soft soil creep（SSC）elasto-viscoplastic model for the soft clay was examined. Details of analyses carried out using three-dimensional finite element model and the results were discussed as reference with a well published centrifuge model test data，excess pore pressure in the clay layer，clay layer displacements，pile displacements and bending moments were chosen for comparison. A good agreement between the results of the numerical model and the centrifuge test is obtained suggesting that the current numerical model can be used for investigating the response of piled bridge abutment adjacent to embankment in clay. Moreover，the lateral displacement，settlement and inclination of the pile cap under different distance between embankment and pile foundation are also needed for analysis of the piled bridge abutments. It is reasonable to assume that the embankment height，degree of consolidation，distance between embankment and pile foundation can be controlled by the lateral displacement of pile cap.

Key words： soft clay；numerical modelling；piled bridge abutments；embankment loads

1　引言

工业厂房、港口码头、路堤等经常出现堆载甚至超载的情况。地面堆载对邻近桩基的影响是一个不容忽视的问题，一方面堆载使软土地基产生侧向变形而挤压桩，使得桩发生挠曲甚至断裂；另一方面引起地基土体固结沉降，桩身产生的负摩阻力增加了桩的竖向荷载并产生不均匀沉降。在软土地基上的上海某工业厂房屋顶系统的坍塌，杨敏和朱碧堂[1,2] 认为主要原因在于长期堆载导致土体和邻近桩基较大的侧移和变形累积。

有限元是研究堆载作用对邻近桩基影响的较理想的方法。Ellis 和 Springman（2001）[11] 运用了平面应变有限元模型来研究土-桩的相互作用。杨敏[1,2,4] 采用二维方法从不同角度研究堆载条件下对邻近桩基的影响。杨敏和上官士青[5] 基于桩基课题组的程序 PPILE 的基础上继续开发，提出可用于计算的固结和重复堆载共同作用的双边界面本构模型。而被动桩的问题实际上是三维问题，桩受到的荷载是土体侧移造成的，将具有一定间距的桩简化为桩墙并不能真正反映被动桩的内在规律。Springman（1989）[6] 提出了基于弹性模型的三维有限元研究，取得了一些成功，但在小荷载作用下高估了桩的位移。李忠诚和杨敏（2006）[3]，Kelesoglu 和 Springman（2011）[7]，Abo-Youssef（2021）[8] 等对桩基都进行了三维有限元分析。

对于堆载作用下土体与邻近桩基的相互作用进行分析，合理的有限元模型的选取，对确定土体变形和桩荷载传递具有重要意义。在长期堆载作用下，软土蠕变引起的土体位移的累积也应受重视。软土蠕变模型（SSC）[9] 基于剑桥模型并考虑软土的次固结（蠕变）特性的黏弹塑性模型，但也存在一定的局限性。进行堆载作用下软土地基与邻近桩基的相互作用分析时，相对于模型试验和原位试验，有限元以容易调节参数进行不同因素分析和耗时短的优点，是进行堆载作用下软土地基与邻近桩基的相互作用研究的强有力工具。

基于已公布的离心机试验数据 Ellis（1997）[10] 为参考，本文采用软土蠕变模型进行三维数值模拟，对路堤堆载作用下软土地基与邻近桩基的相互作用进行分析，研究

基金项目：国家自然科学基金项目（41877236，41972275）。

了软土层中的超孔隙水压力和水平位移，前桩水平位移，前后桩弯矩的变化规律；并讨论了不同路堤高度下，桥台水平位移、沉降、倾角的变化，得出一些有益的结论。

2 有限元模型

离心机模型试验 Ellis (1997)[10] 是以 1/100 的比例进行堆载作用下软土地基与邻近桩基的相互作用分析（图 1），有限元模型尺寸按比例放大 100 倍表示原型尺寸。以 EAE6 的离心机试验为依据，数值模拟软土层深度 10m，四个阶段共 21d 的路堤快速堆载，每个阶段路堤的堆载高度分别为 2.3m、4.6m、6.3m 和 8m。

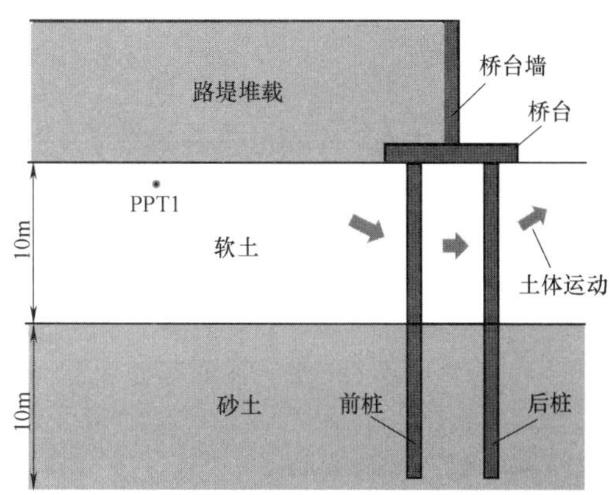

图 1 离心机试验分布图（源自 Ellis (1997)）

Fig. 1 General configuration of centrifuge tests (from Ellis (1997))

2.1 几何尺寸和边界条件

采用三维有限元软件 PLAXIS-3D V2017 对离心机试验 EAE6 进行了数值模拟。由 Ellis (1997)[10]、Ellis 和 Springman (2011)[11] 讨论了土体和结构的几何材料特性，提出了 PLAXIS 软件特有的建模问题。因此，三维模型中的土体和结构单元如图 2 所示。

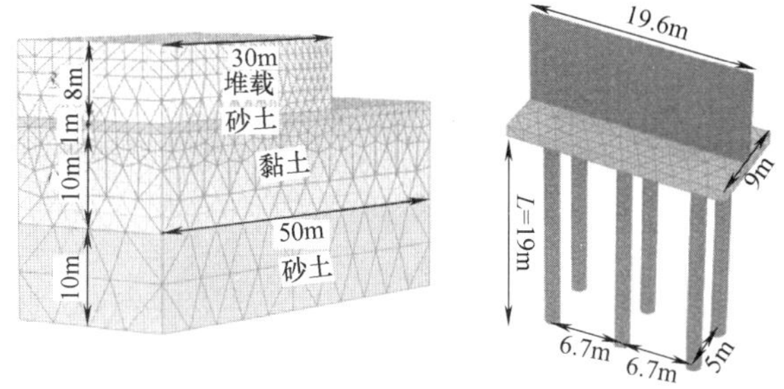

图 2 三维有限元网格

Fig. 2 Three-dimensional finite element mesh

图 2 为离心机试验土样和桩基础的三维有限元网格，其值代表原型尺寸。在 PLAXIS 3D 中采用 10 节点四面体单元建立有限元网格。确定了土样上表面为地下水位线。在分析过程中，垂直于外边界和基底边界的位移和水力条件均受到限制。

2.2 模型及其参数

在数值模拟过程中，将离心机试验中软土层模拟为黏弹塑性的 SSC 模型，并引入相应的流动法则。而路堤堆载、砂土层则采用摩尔-库仑（M-C）准则的弹塑性模型。软土层、路堤堆载、砂土层的土体参数（表 1）大部分可以通过 Ellis (1997)[10]、Ellis 和 Springman (2001)[11]。中离心机试验反分析获得，除了次压缩指数 C_a。Wang 和 Xu (2007)[11] 通过考虑不同固结压力下孔隙大小，提出高岭土的次固结双重孔隙假设，认为 C_a/C_c 的值在 0.012～0.015。通过在数值模拟与离心机试验结果对比下，次压缩指数 C_a 的值取 0.006。

土体材料参数 表 1

Material parameters for soil Table 1

土体类型	软土	路堤堆载	砂土
土体模型	软土蠕变模型(SSC)	摩尔-库仑模型(M-C)	摩尔-库仑模型(M-C)
排水类型	不排水(A)	排水	排水
重度(kN/m^3)	14	17	19
饱和重度(kN/m^3)	16.5	17.5	19.5
e_{int}	1.33	0.5	0.67
C_c	0.43	—	—
C_s	0.07	—	—
C_a	0.006	—	—
E(MPa)	—	10.4+1.3z	26+7.8z
c(kPa)	1	1	1
φ(°)	23	35	35
v_{ur}	0.15	0.3	0.3
K_0^{nc}	0.69	—	—
k_x(m/d)	2.29×10^{-4}	0.86	0.86
k_y(m/d)	2.29×10^{-4}	0.86	0.86
k_z(m/d)	1.149×10^{-4}	0.86	0.86
OCR	1	—	—
POP(kPa)	30.5	—	—
R_{inter}	1	1	1

其中，z 为土体上表面。

离心机试验中桥台桩基（桩、桥台和桥台墙）运用线弹性模型来模拟。桩土相互作用采用围绕桩身的界面单元进行模拟，并运用强度折减系数 R_{inter} 表示（表 2）。

桩基础材料参数 表 2

Material parameters for pile foundation Table 2

桩基础	桩	桥台	桥台墙
连续性模型	线弹性模型	线弹性模型	线弹性模型
排水类型	非多孔	非多孔	非多孔
重度(kN/m^3)	27	27	27
饱和重度(kN/m^3)	27	27	27
E(MPa)	70×10^3	70×10^3	70×10^3
v	0.15	0.15	0.15
R_{inter}	1	1	1

2.3 数值模拟过程

通过模拟不同阶段的路堤堆载来研究软土地基上桥台桩基的性状。加载阶段与原型一致，如图 3 所示，4 个加载阶段的最终路堤高度为 8m。图中黑色虚线代表固结阶段，在此阶段产生了软土层中超孔隙水压力的消散。基于太沙基理论[13]和Biot方程[14]的固结分析，数值模拟了路堤施工结束时21d的短期荷载工况和路堤施工后1000d的长期固结荷载工况下土体位移和桩基础位移的变化。

第一阶段采用正常固结状态下土压力系数 K_0 的经验公式计算初始应力。第二阶段激活桩基。第三阶段将砂土层置于黏土层之上，并激活桥台和桥台墙，此阶段不产生超孔隙压力。最后，在砂土层顶部施加路堤荷载，并进行1000d的固结分析。加载阶段中的维持阶段（图3）采用PLAXIS 3D中的塑性固结类型进行建模分析。

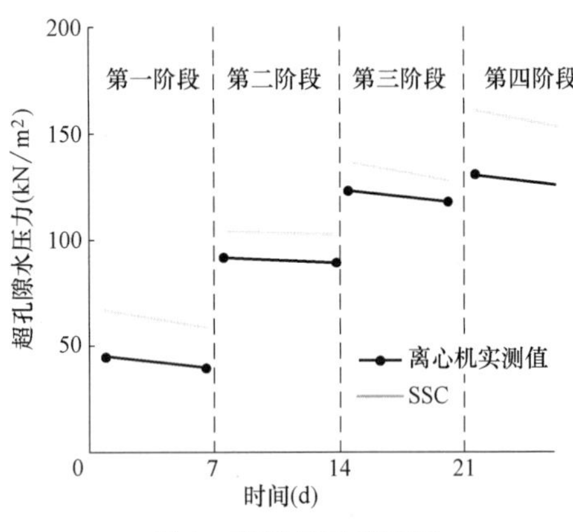

图3 路堤施工进度图

Fig. 3 construction rate of embankment.

3 有限元模拟结果分析

3.1 软土层中超孔隙水压力

超孔隙水压力的变化可作为反映饱和土在受外力作用下变形的综合指标。图4反映了快速堆载的EAE6离心机试验在PPT1（在路堤下10m、桥台墙后20m处的黏土层中）的超孔隙水压力的变化。对于10m的软土层，数值分析结果与离心试验结果吻合较好。在21d的路堤堆载施工过程中，堆载的维持期内土体几乎认为没有发生固结，此时软土的行为是不排水的。在施工结束后的长期固结分析中，超孔隙水压力消散的趋势非常吻合。离心机实测结果与数值模拟结果的这种近似一致性可以认为是对软土层渗透性的较好预测的具体体现。

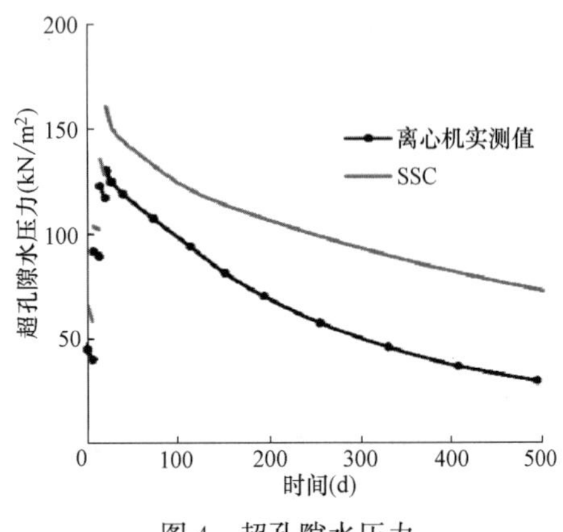

图4 超孔隙水压力

Fig. 4 Excess pore pressure

3.2 软土层中水平位移

软土层中最大水平位移发生在桥台边缘，深度在40%黏土层厚度的位置附近（图5）。由于固结作用，软土的水平位移具有时间依赖性。离心机试验的最大水平位移在21d为23cm，1000d为37cm；数值模拟获得的最大水平位移在21d为23cm，1000d为49cm。与离心试验结果相比，在1000d时数值模拟的最大水平位移高28.9%。从图5中可以发现，数值模拟与离心机试验的结果差异约为30%。这种差异产生的主要原因是由于固结过程中形成的软土各向异性，忽略各向异性而采用各向同性的本构模型将导致堆载作用下软土地基与邻近桩基相互作用的数值模拟结果不准确[15]。

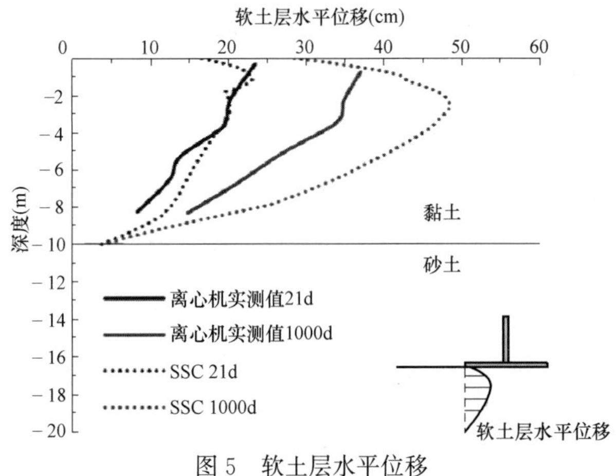

图5 软土层水平位移

Fig. 5 Lateral displacement of clay layer

3.3 前桩水平位移

桩基变形通常与路堤荷载作用下土体的特性有关。图6为离心机试验结果和数值模拟结果中关于堆载结束时第21d和堆载结束后1000d时的前桩水平位移情况。离心试验结果显示，前桩的水平位移在21d时为16cm，1000d为25cm，分别比数值模拟的结果高7.69%（14.77cm，21d）和11.36%（22.16cm，1000d）。前桩水平位移的数值分析结果与实测结果相差8%～11%，这与土体水平位移的差异（30%）密切相关，同样是由于各向同性数值模

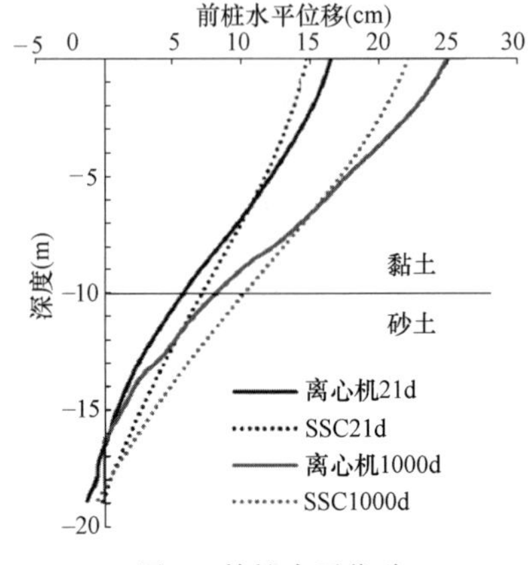

图6 前桩水平位移

Fig. 6 Lateral displacement of front pile

型模拟软土在固结作用下产生的各向异性行为导致。

3.4 前桩和后桩的弯矩

图 7 为堆载结束时第 21d 和堆载结束后 1000d 时的前后桩弯矩图。与之前结果（超孔隙水压力，软土水平位移和桩身水平位移）不同的是，数值模拟中弯矩分布呈现出相似的形状，而弯矩大小与固结时间有明显的关系。桩身最大弯矩出现在桩头，在软土层与砂土层界面处减小为 0。后桩的最大弯矩大于前桩，这是由于后桩比前桩承受更大的剪切荷载。施工结束时的第 21d，离心试验结果显示后桩最大弯矩（11.11MN·m）高于前桩（8.06MN·m）。将数值模拟结果与离心试验结果进行比较，采用数值模型得到的前桩最大弯矩（7.7MN·m）比离心机试验结果低 4.47%。另一方面，数值模拟得到的后桩最大弯矩（10.3MN·m）比离心机试验结果低 7.29%。

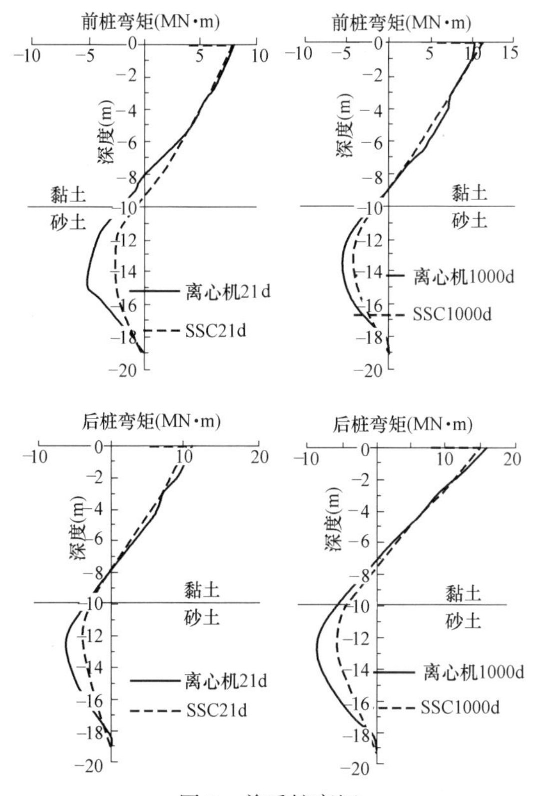

图 7 前后桩弯矩

Fig. 7 Bending moment of front and rear piles

在堆载结束后 1000d 长期固结阶段，离心试验结果获得的后桩最大弯矩（16.25MN·m）比 21d 时提高了 46.26%，前桩最大弯矩（10.3MN·m）比 21d 时提高了 27.79%。因此，由固结作用使桩的最大弯矩增加了 28%～46%。采用数值模拟得到的前桩最大弯矩（11.19MN·m）比离心机试验结果高 8.64%。另一方面，采用数值模拟得到的后桩最大弯矩（15.04MN·m）比离心机试验结果低 7.5%。

虽然软土水平位移和桩身水平位移的数值模拟结果与离心机试验结果的一致性一般，但是前后桩的弯矩图与离心机结果吻合较好。

3.5 桥台桩基的位移

软土地基上路堤堆载对邻近桩基的影响，使得土体不仅会发生水平位移，还会有沉降的产生。由于堆载引起地基土体固结沉降，桩身产生的负摩阻力增加了桩的竖向荷载并产生不均匀沉降。此外，由于竖向位移和桥台远离路堤荷载方向倾斜的存在，使得后桩沉降较大。同时，桥台上的桥台墙也向远离路堤荷载方向倾斜。因此，桥台桩基的水平位移包括桥台的水平位移和桥台墙倾斜引起的水平位移（图 8）。

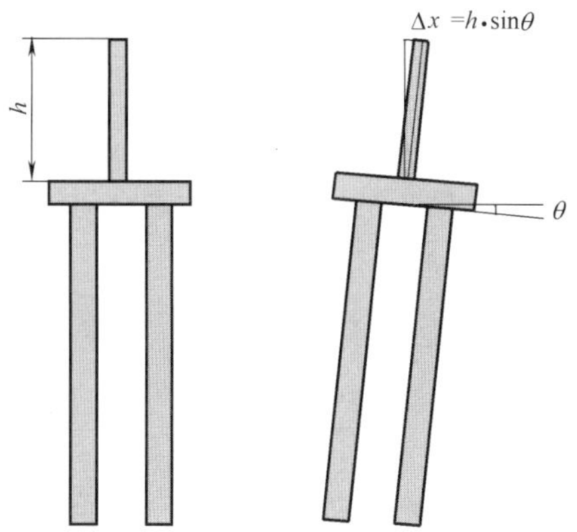

图 8 桥台墙倾斜引起的水平位移

Fig. 8 abutment lateral displacement caused by inclination of pile cap

桥台桩基的水平位移受路堤荷载、软土、桩基础和上部结构等多种因素的影响。为了评价软土地基上桥台桩基的水平位移，Hong 和 Lee（2008）[16]，《公路桥涵地基与基础设计规范》JTG 3363—2019 和《高速铁路设计规范》TB 10621—2014 中，提出了小于 10mm 容许横向移动的测量标准；当相邻桥墩间距为 32.6m 时，高桩桥台的总水平位移极限为 16.3mm。而桥台的倾斜极限不超过 1‰rad（即 0.057°），并假定与桥台墙的倾斜极限相似。

在实际工程中，当桩基受到邻近的堆载荷载时，有必要制定科学的监测方案来保护桥台结构的安全。基于上述的研究表明，桥台的水平位移、倾角和沉降、固结时间是决定桥台桩基性能的主要因素。

基于 SSC 模型和数值模拟参数，对几种工况进行分析并模拟了堆载高度变化（0.5m，1m，1.5m，2m，2.5m 和 3m），路堤和桩基础之间的距离（1m，3m，5m 和 10m）和固结时间（0，21d，500d 和 1000d）对桥台桩基的影响。以离心试验原型桩为例，计算了不同因素下的桥台水平位移、沉降和倾角。

图 9 为路堤与桩基的不同距离所对应的桥台水平位移，沉降和倾角的等势线，图中红线为极限值。从图 9 中可以看出，相对于桥台的沉降和倾角，桥台水平位移控制极限值。此外，桥台沉降和倾角对路堤与桩基础的距离不太敏感，这与 Bian 等（2020）[17]。提出以水为超载荷载的观测结果相吻合。因此，在实际工程中，可以合理地认为路堤高度、固结程度、路堤与桩基础的距离可以由桥台的水平位移来控制。

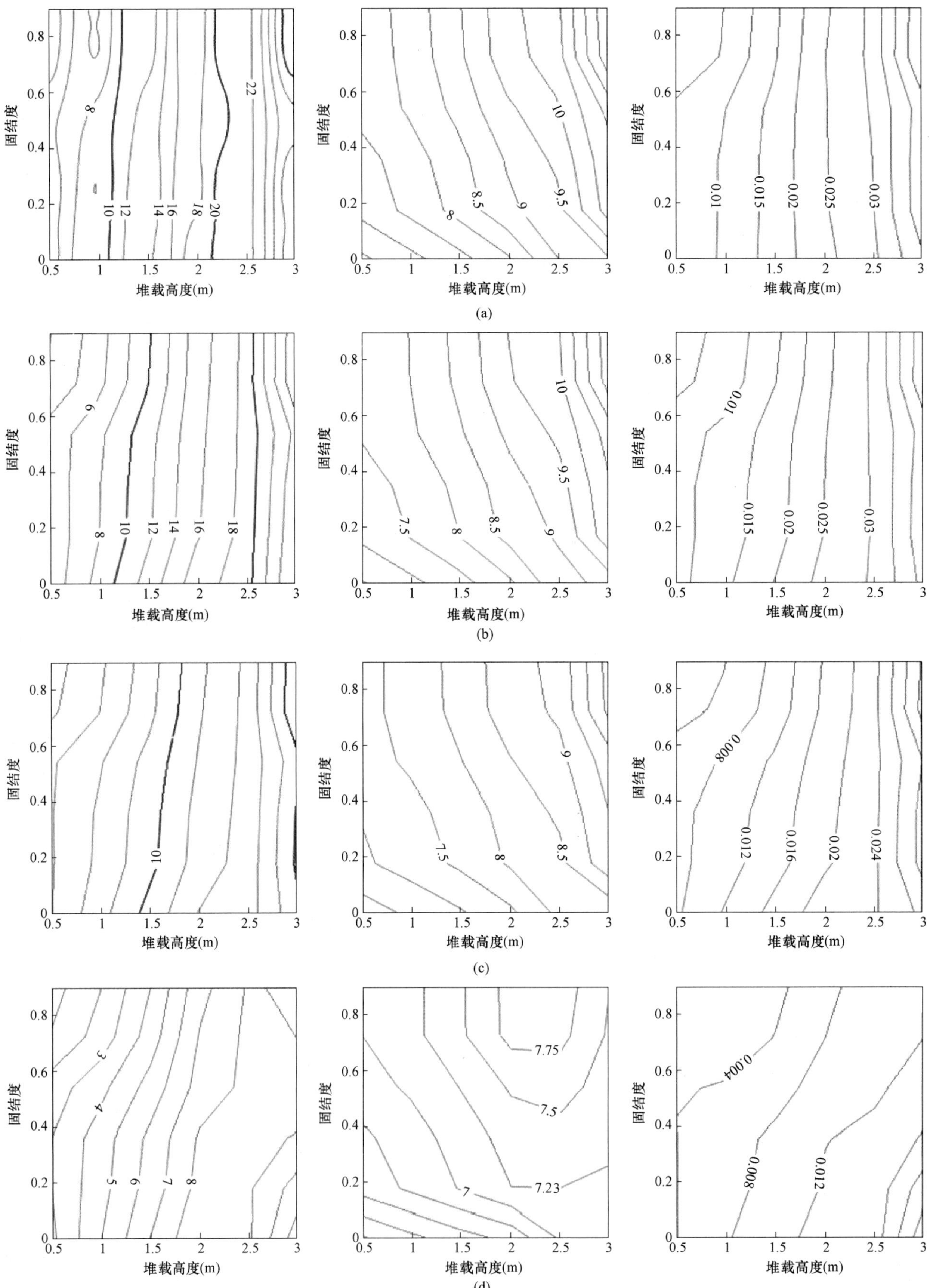

图 9　不同路堤与桩基的距离所对应的桥台水平位移，沉降和倾角

(a) 1m；(b) 3m；(c) 5m；(d) 10m

Fig. 9　The abutment lateral displacement, settlement and inclination angle corresponding to the distance between embankment and pile foundation ((a) 1m, (b) 3m, (c) 5m, (d) 10m)

4 结论

本文主要针对软土地基上的桥台桩基在邻近路堤堆载作用的影响，选用 PLAXIS 3D 有限元软件进行数值模拟，采用 SSC 模型模拟软土的性状，将有限元模拟结果和已公布的离心机试验结果进行对比和讨论。研究了软土层中的超孔隙水压力和水平位移，前桩水平位移，前后桩弯矩和桥台桩基位移的影响。同时也分析了不同路堤高度下，桥台水平位移、沉降、倾角随时间的变化规律。根据所得结果，得出以下结论：

（1）无论路堤堆载的施工期还是堆载结束后的固结期，超孔隙水压力的数值模拟结果与离心机试验结果的吻合性较好。有理由认为这种一致性是对软土层渗透性较好预测的具体体现。

（2）软土层的水平位移和前桩的水平位移，数值模拟的结果都比离心机试验结果低。这是由于各向同性的数值模型模拟软土在固结作用下产生的各向异性行为导致的。

（3）数值模拟的前后桩弯矩结果与离心机试验结果吻合很好。后桩弯矩始终高于前桩是由于后桩比前桩承受更大的剪切载荷。

（4）桥台桩基的水平位移包括桥台的水平位移和桥台墙倾斜引起的水平位移。相对于桥台的沉降和倾角，桥台的水平位移控制极限值。可以合理地认为路堤高度、固结程度、路堤与桩基础的距离可以由桥台的水平位移来控制。

参考文献：

[1] 杨敏，朱碧堂，陈福全. 堆载引起某厂房坍塌事故的初步分析[J]. 岩土工程学报，2002，24(4)：446-450.

[2] 杨敏，朱碧堂. 堆载下土体侧移及对邻桩作用的有限元分析[J]. 同济大学学报，2003，31(7)：772-777.

[3] 李忠诚，杨敏. 被动受荷桩成拱效应及三维数值分析[J]. 土木工程学报，2006，39(3)：114-117.

[4] 杨敏，周洪波. 长重复荷载作用下土体与邻近桩基相互作用下研究[J]. 岩土力学，2007，28(6)：1084-1090.

[5] YANG M，SHANGGUAN S，LI W，ZHU B. Numerical study of consolidation effect on the response of passive piles adjacent to surcharge load[J]. International Journal of Geomechanics，2017，**17**(11)：04017093.

[6] SPRINGMAN S M. Lateral loading on piles due to simulated embankment construction[D]. Cambridge：University of Cambridge，1989.

[7] KELESOGLU M，SPRINGMAN S M. Analytical and 3D numerical modelling of full-height bridge abutments constructed on pile foundations through soft soils[J]. Computer Geotech，2011，38(8)：934-48.

[8] ABO-YOUSSEF，A，MORSY M S. ELASHAAL A. *et al.* Numerical modelling of passive loaded pile group in multilayered soil[J]. *Innov. Infrastruct. Solut.* 2021，**6**，101.

[9] VERMEER P A，NEHER H P. A soft soil model that accounts for creep. Beyond 2000 in computational geotechnics：ten years of PLAXIS international；proceedings of the international symposium beyond 2000 in computational geotechnics，Amsterdam，the Netherlands，1999，249-261.

[10] ELLIS E A. Soil-structure interaction for full-height piled bridge abutments constructed on soft clay[D]. PhD thesis，the University of Cambridge，1997.

[11] ELLIS E，SPRINGMAN S. Full-height piled bridge abutments constructed on soft clay[J]. Geotechnique，2001，51(1)：3-14.

[12] WANG YH，XU D. Dual porosity and secondary consolidation[J]. J Geotech Geoenviron Eng，2007，133(7)：793-801.

[13] TERZAGHI K. Soil mechanics in engineering practice，3rd edn[M]. John Wiley & Sons，NewYork，1943.

[14] BIOT M A. General solutions of the equations of elasticity and consolidation for a porous material[J]. J Appl Mech，1956，23(1)：91-96.

[15] KARSTUNEN M，WILTAFSKY C，KRENN H，SCHARINGER F，SCHWEIGER H F. Modelling the behaviour of an embankment on soft clay with different constitutive models. International Journal for Numerical and Analytical Methods in Geomechanics，2006，30(10)，953-982.

[16] HONG WON-PYO，LEE KWANG-WU. Evaluation of Lateral Movement of Piled Bridge Abutment Undergoing Lateral Soil Movement in Soft Ground [J]. Marine Georesources& Geotechnology，2009，27(3)：177-189.

[17] BIAN XUECHENG，LIANG YUWEI，ZHAO CHUANG，DONG LIANG，CAI DEGOU. Centrifuge testing and numerical modeling of single pile and long-pile groups adjacent to surcharge loads in silt soil，Transportation Geotechnics，2020(25).

潮间带填土预固结场地中桩基负摩阻力研究

姚钧天[1]，沈侃敏[2]，王宽君[2]，俞　剑[1]，黄茂松[1]

（1. 同济大学地下建筑与工程系，上海 200092；2. 中国电建集团华东勘测设计研究院有限公司，浙江 杭州 310058）

摘　要：大型风电站的集控中心通常建造于潮间带。为确保建筑的设计标高保持在水位以上，需要对原本的区域做填土处理。填土会导致地基长期沉降，在沉降过程中土体强度提高，但同时也会造成集控中心建筑物的桩基上产生负摩阻力。因此，在场地处于不同固结度进行桩基施工及在桩基施工后不同时间段桩基的极限承载力均会有所区别。为此，本研究结合试验以及流固耦合数值模拟，探究桩基在场地不同固结度下沉桩及其后继承载力随时间的演化规律，提出了一种简化确定桩基础中性点位置的方法，可以用于计算工程在不同固结度下沉桩桩基的极限承载力。

关键词：固结；桩基；负摩阻力；现场试验

第一作者简介：姚钧天，男，1998 年生，研究生硕士，江西南昌人。

通讯作者简介：俞剑，男，1987 年生，副研究员，上海市松江人，主要从事土力学与基础工程方面的教学与研究工作。

Negative skin friction of a pile due to consolidation of fill on the coastal tidal flat

YAO Jun-tian[1], SHEN Kan-min[2], WANG Kuan-jun[2], YU Jian[1], HUANG Mao-song [1]

(1. Department of Geotechnical Engineering, Tongji University, Shanghai 200092, China; 2. PowerChina Huadong Engineering Corporation Limited, Hangzhou Zhejiang 311122, China)

Abstract: The control centers of wind power plants are usually located in coastal tidal flat areas. To ensure the design elevation of the control centres is maintained above the water table, a thick fill will be placed on the original ground level. However, the filling would cause a long-term ground settlement and further lead to the development of the NSF (negative skin friction) of the pile foundations for the control centers. Therefore, pile bearing capacity will be different in different consolidation degrees of pile foundation construction and in different periods after pile foundation construction. Combined with experiments and fluid-solid coupling numerical simulation, this study explores the evolution law of pile bearing capacity during the whole consolidation period, A simplified method for determining the position of the neutral point of pile foundation is proposed, which can be used to calculate the ultimate bearing capacity of pile foundation under different consolidation degrees.

Key words: consolidation; pile; negative skin friction; field testing

1　引言

大型风电站的集控中心通常建造于潮间带。为确保建筑的设计标高保持在水位以上，需要对原本的区域填土 1～1.5m，以便于后期施工。

场地固结效应是在填土后的潮间带进行各项施工需要考虑的重要问题。大量工程项目和工程试验表明，在填土覆盖层的影响下，地基中的孔隙水逐渐排出，从而使土体中的有效竖向应力增大，土体抗剪强度提高，地基承载力提高。另一方面，桩基础被广泛应用于填筑场地，在新填土场地固结尚未完成时，会使得土体继续向下位移在桩身产生负摩阻力，对结构安全带来风险隐患。

对于土体的强度在固结过程中的变化，有很多学者通过试验及理论方法进行研究。在工程应用中，Peck 等提出了土体不排水强度随着固结的增长公式[1]。沈珠江考虑了土体压缩引起的强度增加，将黏土假定为纯黏性材料，提出了基于总强度理论的固结对地基承载力增加的计算公式[2]。

较多学者关注固结作用下土体的沉降引发桩基的负摩阻力问题。对于该问题一般定义中性点桩土相对位移为零，桩的摩擦力通过中性点由负向正变化。数值模拟是求解复杂地质条件下桩身受力影响的有效方法。Lee 等采用弹性桩-土界面有限元计算了群桩在拉拔荷载作用下负摩阻力的分布[3]。Liu 等考虑了土体固结对桩身承载性能的影响，研究了桩土强度比、填土厚度等影响因素下的桩身摩阻力分布规律[4]。

目前，关于固结作用下桩基承载力在桩基负摩阻力影响下变化规律的研究大多缺乏工程数据和试验的对比，同时少有研究针对负摩阻力的影响提出适用于实际工程的桩基设计方法。本文通过对风电场集控中心工程进行工程试验和流固耦合数值模拟，研究了土体强度随固结过程的变化规律。结合理论方法以及有限元计算的方法，提出了一种简化确定桩基础中性点位置的方法，可以用

基金项目：国家自然科学基金青年项目（No. 52101334 和 No. 51908420）。

于工程简化计算不同固结度下桩基极限承载力。

2 土性试验及桩基静荷载试验

2.1 CPTU 试验

在本项目中主要通过室内试验以及现场试验获取项目区域的土性参数。项目共计有 22 个钻孔取样点进行实验室土体取样，以及 2 个 CPTU 钻孔进行原位试验。实验室试验方法及数据处理均采取标准方案，在此不做赘述。室内试验在取样过程中对土体存在扰动，与土体的原位特性存在较大的差异，在大型工程中通常需要进行原位测试来进一步确定场地土层的划分以及参数。CPTU 现场试验中可以通过定义和归一化的压电锥参数相关的变量土壤行为参数（I_c）来对土体进行分层[5]。试验归一化数据如图 1 所示，在试验中两个 CPTU 钻孔的位置相隔较远，但获得的测试数据结果较为一致。说明土层均匀性较好，土体分层结果可靠。然后利用工程总结的经验公式来计算土体参数[5]。综合 CPTU 试验和室内试验结果，实际应用于本项目分析的基本土层单元性质如表 1 所示。

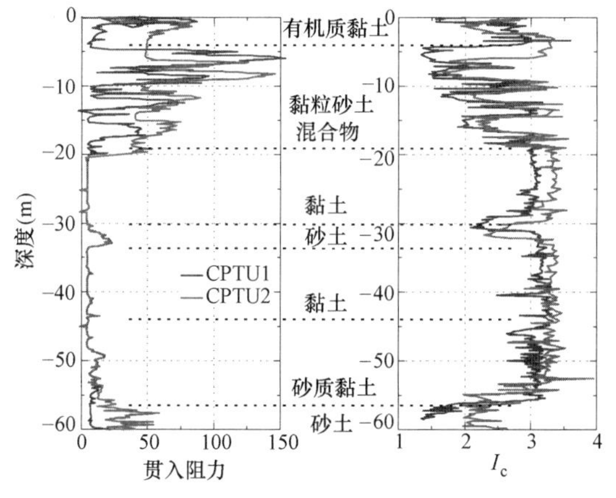

图 1 土层情况

Fig. 1 Soil layer classification

土体参数　　表 1

Soil Geotechnical parameters　　Table 1

土体	h (m)	γ (kg/m^3)	φ' (°)	c' (kPa)	c_u (kPa)	k (m/s)	E (MPa)
有机质黏土	0～6	16	20	10	20	10^{-8}	4
黏粒砂土混合	6～19	19	33	0	—	10^{-9}	13
黏土	19～45	18	25	10	25～60	10^{-10}	30
砂质黏土	45～60	20	30	10	100	10^{-9}	45
砂土	>60	—	—	—	—	10^{-3}	—

2.2 桩基静荷载试验

在设计阶段 α 法和 β 法广泛用于计算桩基极限承载力。β 法基于有效应力原理，更适用于本文研究的桩基在固结作用影响的情况。对于黏土和砂土中桩基的摩阻力可以分别通过式（1）、式（2）来计算，相关参数取值见表 2。

$$q_s = \beta\sigma'_v \tag{1}$$

$$q_s = K_\delta C_F \sigma'_v \frac{\sin(\delta+\omega)}{\cos\omega} \tag{2}$$

式中，σ'_v 为土体竖向有效应力；K_δ 为土层中点的侧向土压力系数；C_F 为土压力系数校正因子；δ 为桩土间摩擦角；ω 为桩身和垂向的夹角。

β 法分层土体参数趋势　　表 2

Geotechnical parameter for β-method

Table 2

	c_u(kPa)	τ_s(kPa)	q_p(kPa)
有机质黏土	20	$\beta=0.33$	$9\cdot c_u$
黏粒砂土混合		$C_F=0.93, \delta=27.73$ $K_\delta=1.56, \omega=0$	2500
黏土	25～60	$\beta=0.34$	$9\cdot c_u$
砂质黏土	100	$\beta=0.38$	$9\cdot c_u$

工程上可通过载荷试验来确定桩基础的极限承载力。本项目在填土完成 6 个月之后进行了两次桩基轴向静荷载压桩试验，试验桩长为 41.5m，桩径 0.4m。测试结果绘制在图 2 中，可看到两次桩基础荷载试验结果基本一致。在试验设计的最大轴向荷载（2618kN）作用下的最大沉降在 17～19mm 范围内。所有试验过程中均未出现坍塌或破坏的情况。为了保证工程场地的安全性以及试验桩的可再利用性，试验中并未加载至理论上的最大荷载，对试验结果采用双曲线外推的方法可得到最后的桩基础极限承载力。对比试验及理论方法的结果（表 3），二者差值极小，验证了试验及理论计算的准确性。

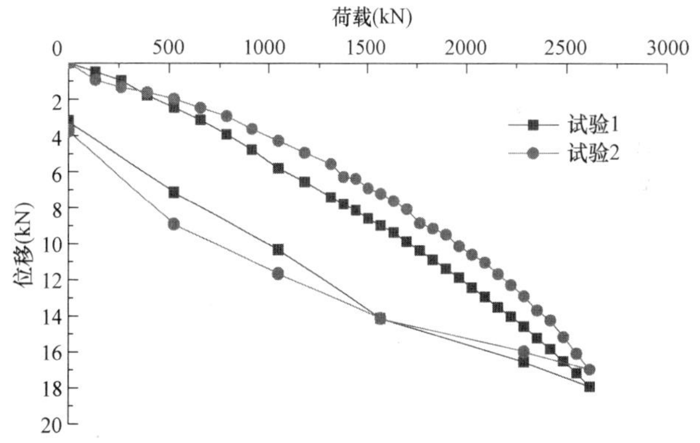

图 2 桩基静荷载试验结果

Fig. 2 Axial pile load test result

理论及试验结果对比（kN）　　表 3

Comparison of theoretical and test results

Table 3

桩号	试验外推结果	理论结果
PTP01	4485	4257
PTP02	4520	

3 桩基承载力的流固耦合有限元模拟

3.1 有限元模型

有限元方法可模拟复杂地质条件下桩基的摩阻力分

布以及承载力特性。为了简化分析流程，该项目建立如图3所示的轴对称计算模型。以左侧边界为对称线。在计算中采用流固耦合的分析方法来模拟土体的固结过程，由于土体渗透性参数（表1），设定模型为双面排水。在接触面上用库仑摩擦模型来表示桩土接触关系，理论计算中采用参数β来描述桩土相互作用的接触特性，而在数值分析中，桩土相互作用受界面摩擦系数μ的影响，可通过关系式$\beta=k\mu$进行转换，其中k为侧向土压力系数。桩基采用各向同性线弹性材料，土体采用弹塑性莫尔-库仑本构模型。

3.2 沉桩前固结效应影响

定义$P_{u,t}$来表示在固结t天时打桩，桩基此刻的承载力；$P_{NSF,t}$表示在固结t天后打桩，直至固结完成后桩基在负摩阻力影响下最终的承载力。

若不考虑桩基负摩阻力的影响，仅研究不同固结度下施工时桩基的极限承载力，通过数值模拟的方法可先模拟无桩场地进行一定时间的固结，然后加入桩基模拟桩基静载荷试验，记录加载过程中荷载位移对应关系并取破坏时强度为最终极限承载力，结果如图4（a）所示。可看到在固结后6个月左右布置的桩基，当桩顶荷载为2618kN，桩顶位移为19～22mm，与之前试验结果吻合较好。图4（b）反映不同固结时间下桩基极限承载力，在固结时间由10d增长到730d的过程中，$P_{u,t}$由4210kN增加到4550kN，当固结度达到66%（填土后约130d），$P_{u,t}$的增长明显减缓。可看出填土引起的强度变化对桩基承载力影响较小，同时，随着固结度的提高此影响逐渐减弱。

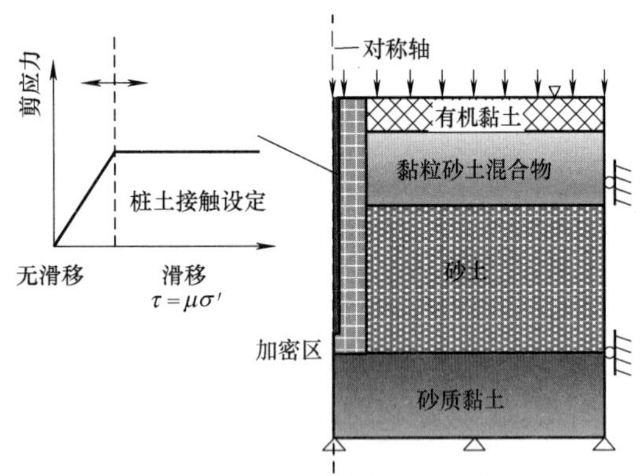

图3 有限元模型及接触面模型

Fig. 3 Finite element model and contact relationship

3.3 负摩阻力的影响

前文已简述固结作用下桩基负摩阻力的作用机理。为进一步研究固结度与桩身摩阻力的关系，采用有限元方法模拟负摩阻力情况。按本项目最大设计工作荷载966kN作为桩顶荷载。模拟在填土后立即打桩的情况，在不同固结度下提取桩身摩擦力，结果如图5（a）所示。可看到在固结过程中，桩基础中性点逐渐下移。图5（b）中模拟了在前期固结到不同固结度后打桩，继续固结直至固结完成时桩基础最终的摩阻力分布。在固结度较高

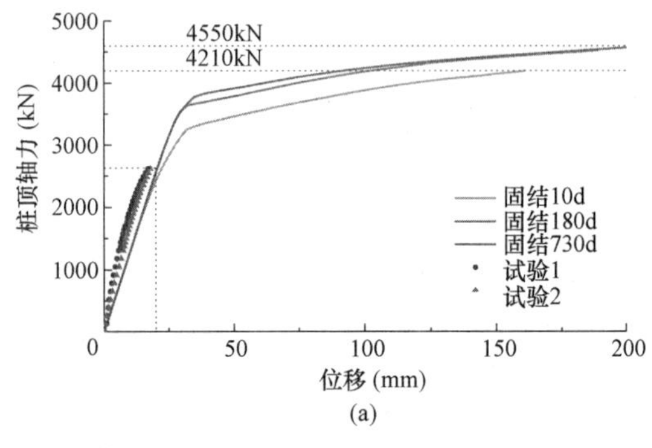

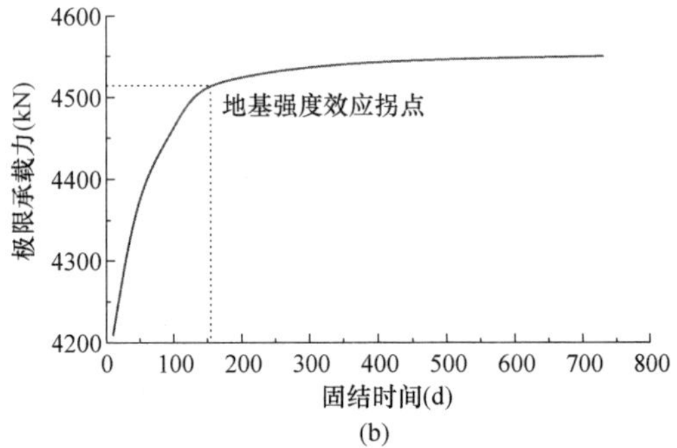

图4 不同固结时间下桩基极限承载力

Fig. 4 Pile bearing capacity under different consolidation degree

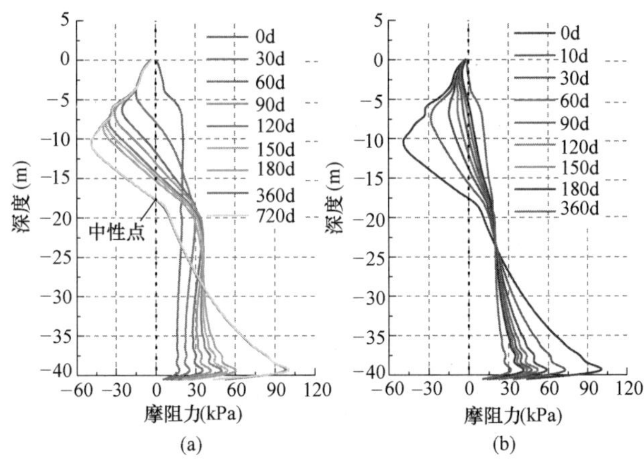

图5 固结效应下桩基摩阻力分布

Fig. 5 Pile friction curve under consolidation effect

时打桩，最终桩身的中性点位置升高。

目前针对负摩阻力影响的工程计算方法较少且无法考虑在不同固结度下的负摩阻力的影响。本文结合有限元方法确定在负摩阻力影响下桩基的极限承载力。步骤如下：

（1）建立有限元模型，模拟填土后td无桩土层的固结情况。

（2）添加桩体，对桩身轴压试验进行了模拟，得到了桩身的$P_{u,t}$。将50%的$P_{u,t}$作为试算桩顶荷载P_s。

（3）继续完成固结过程，得到在P_s作用下桩基的摩阻力曲线和中性点位置。

（4）假设在中性点位置桩土界面塑性力充分发展，可以根据理论方法用中性点以下的正摩阻力减去中性点以上的负摩阻力得到$P_{NSF,t}$[6]。

(5) 将持续负荷 P_s 与 $P_{NSF,t}$ 进行比较。如果 P_s 等于理论计算的 $P_{NSF,t}$，则可认为 P_s 代表了真正的 $P_{NSF,t}$。否则根据二分法调整持续负荷 P_s，回到第 (3) 步。

采用本方法计算结果如图 6 (a) 所示。填土后直接打桩 $P_{NSF,t}$ 为 3462kN，远低于 $P_{u,t}$。$P_{NSF,t}$ 在前 3 个月有快速增长，同时增长速度逐渐变缓。最后，当固结完成时 $P_{NSF,t}=P_{u,t}$。为了更好地反映打桩前固结时间对桩最终承载力的影响。将固结完成时的 $P_{u,t}$ 设为 P_{MAX}，$P_{NSF,t}/P_{MAX}$ 的值可以更好地反映固结的影响效果，结果如图 6 (b) 所示。$P_{NSF,t}/P_{MAX}$ 在前 3 个月迅速从 76% 上升到 92%。而在 3 个月后增长出现明显拐点，之后直至完全固结 $P_{NSF,t}/P_{MAX}$ 仅增加 7%。这表明在达到一定固结度后打桩负摩阻力对桩身承载力的影响迅速减小。由此计算曲线可以对应施工承载力的需要安排施工时间，同时在负摩阻力影响达到拐点时再进行沉桩可以有效提高桩基极限承载力并且降低负摩阻力的潜在危害。

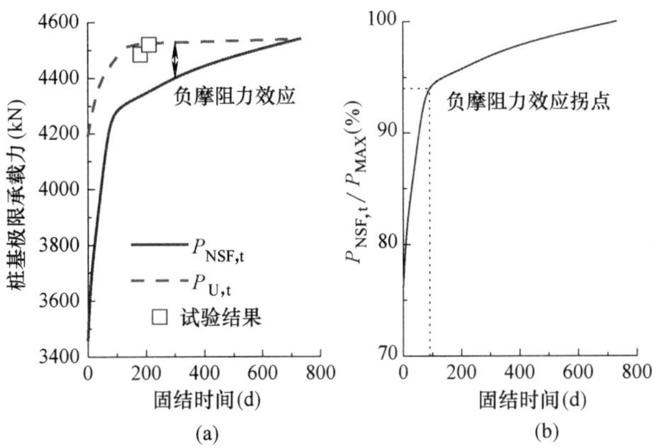

图 6 负摩阻力影响下桩基极限承载力变化规律

Fig. 6 Pile bearing capacity affected by negative friction

4 结论

本文基于某风电场工程中进行的现场试验以及数值模拟，研究了吹填场固结作用下桩基础极限承载力的变化。发现在固结度较高时进行桩基施工能在提高土体强度以及减弱负摩阻力两方面提高桩基最终的极限承载力，这样的强化效果随固结度提高逐渐减弱并存在明显拐点。同时本文结合有限元方法提出桩基在固结效应下极限承载力计算流程，在实际工程中可以采用此方法安排工期。

参考文献

[1] TERZAGHI K, PECK R B, MESRI G. **Soil mechanics in engineering practice**[M]. John Wiley & Sons, 1996.

[2] 沈珠江. 软土工程特性和软土地基设计[J]. 岩土工程学报, 1998(1): 100-111.

[3] LEE C J, BOLTON M D, AL-TABBAA A. Numerical modelling of group effects on the distribution of dragloads in pile foundations[J]. **Geotechnique**, 2002, 52(5): 325-335.

[4] LIU J, GAO H, LIU H. Finite element analyses of negative skin friction on a single pile[J]. **Acta** Geotechnica, 2012, 7(3): 239-252.

[5] ROBERTSON P K. Interpretation of cone penetration tests—a unified approach[J]. **Canadian geotechnical journal**, 2009, 46(11): 1337-1355.

[6] ALONSO E E, JOSA A, LEDESMA A. Negative skin friction on piles: a simplified analysis and prediction procedure[J]. **Geotechnique**, 1984, 34(3): 341-357.

基于三维有限元的水平受荷桩土作用力研究

鞠佳妤，李卫超*，杨　敏
（同济大学 土木工程学院 地下建筑与工程系，上海 200092）

摘　要：大直径单桩基础广泛应用于海上风电项目，其直径通常为 3.5～8m，长径比为 5～12，传统 p-y 曲线适用性存在质疑。桩土作用力的组成和分布反映了单桩的水平抗力，本文采用有限元分析方法得到了硬黏土中大直径单桩基础桩土作用力的分布情况，并通过力（矩）的平衡验证了数值计算结果的准确性。此外，本文将桩土作用力分为 4 个组分（沿桩轴向分布的横向土阻力、力矩，桩端的剪力和弯矩）并进行分析，得到如下主要结论：（1）桩土作用力各分量的大小受单桩尺寸的影响，当长径比大于 9 时，可仅考虑横向土阻力的作用，即使用传统的 p-y 曲线；（2）基底剪力、分布力矩、基底弯矩占外荷载的比值在桩径相同的情况下随着长径比的减小显著增加，相比于长径比为 12 时，长径比为 3 时上述 3 个比值分别增长了 50%、5%和 1.5%；（3）长径比小于 6 时，基底剪力占外荷载比例在 10%～50%；长径比为 3～12 时，分布力矩和基底弯矩占比均在 5%以下。

关键词：桩土作用力；水平受荷桩；三维数值模拟；硬黏土地基

第一作者：鞠佳妤，女，硕士研究生，主要从事桩基础的研究。
作者简介：李卫超，男，1983 年生，副教授，博导。主要从事软土与桩基础方面的教学与研究工作。E-mail：WeichaoLi@tongji.edu.cn。

Study on the pile-soil interaction force under horizontal load based on three-dimensional finite element

JU Jia-yu，LI Wei-chao*，YANG Min
（Department of Geotechnical Engineering，College of Civil Engineering，Tongji University，Shanghai 200092，China）

Abstract：Large diameter monopile foundation is widely used in offshore wind power projects. Its diameter is usually 3.5～8m and the slenderness ratio is 5～12. The applicability of the traditional p-y curve is questioned. The composition and distribution of pile-soil interaction force reflect the horizontal resistance of a monopile. In view of this，the distribution of pile-soil interaction force is deduced by finite element analysis method for large-diameter monopile foundation in stiff clay，and the accuracy of this method is verified by the balance of force（moment）. The pile-soil interaction force is divided into four components（transverse soil resistance，distribution moment，base shear and base moment）and analyzed. The main conclusions are as follows：（1）the component of pile-soil interaction force is affected by the size of monopile. When the length diameter ratio is greater than 9，only the effect of transverse soil resistance can be considered，that is，the traditional p-y curve can be used；（2）The ratio of base shear，distributed moment and base moment to external load increases significantly with the decrease of slenderness ratio when the pile diameter is the same，since compared with the slenderness ratio of 12，the above three ratios increased by 50%，5% and 1.5% respectively at the slenderness ratio of 3；（3）When the slenderness ratio is less than 6，he proportion of base shear force to external load is 10%～50%；When the aspect ratio is 3～12，the proportion of distribution moment and base moment is less than 5%.

Key words：pile-soil interaction force；laterally loaded monopile；three-dimensional finite element；stiff clay foundation

1　引言

目前，大直径单桩基础（Monopile）是一种被广泛应用的海洋发电机组基础形式[1]。此类型桩由开口薄壁钢管构成，其直径通常在 3.5～8m 范围内，其长径比（埋深 L_{em} 与桩外径 D 之比）通常为 5～12 [2]。p-y 曲线法被公认为是计算桩基水平非线性变形的有效分析方法，并被美国石油工程协会（API）采用。然而，API 规范建议的 p-y 模型是基于桩径不超过 1.2m 且长径比大于 20 的柔性长桩试验结果推导而来的，不适用于大直径刚性桩的水平受荷设计[1]。

针对这一问题，许多研究人员通过模型试验[3] 或数值模拟[2] 对水平受荷大直径单桩分析方法进行了探究。如 Li 等[3] 发现大直径刚性桩在水平受荷过程中受桩端位移的影响产生了基底剪力，而且对于刚性短桩这一影响不可忽略，基于此提出了考虑基底剪力的修正 p-y 模型。较早在沉井基础[4] 的水平受荷研究中提出了四弹簧模型，除了考虑横向土阻力和基底剪力 Q_b 的作用外，还考虑了桩身分布力矩 M_{shaft} 和基底弯矩 M_{base}，且这些作用力分量的影响随着长径比的减小而增大。Byrne 等[5] 针对大直径刚性桩的水平受荷分析提出四弹簧模型。也有学者在四弹簧的基础上进行简化，提出三弹簧[6] 或两弹簧模型[3,7]。

试验中，p-y 曲线通常通过分析桩身弯矩随深度的分布来评估，但无法获得桩土接触面上所有部位的作用力，

基金项目：国家自然科学基金资助项目（41877236，419772275）。

采用有限元分析则可以克服这一缺点。Fan 等[8] 提出了在有限元模型中通过桩土相互作用力计算 p-y 曲线的方法。Yang 等[9] 介绍了一种从有限元模型推导桩土相互作用力的方法，通过桩周接触单元的接触力得到桩土作用力，从中可以得出上述四个土反力分量。采用该方法分析了黏土[10] 和砂土[9] 中桩土作用力的分布，并通过力的平衡验证了其有效性，但由于数据提取的复杂性，只基于单个模型进行了分析；对于作用力分量，只分析了基底剪力的大小，没有分析大直径桩的尺寸（桩径和长径比）对各分量大小的影响。

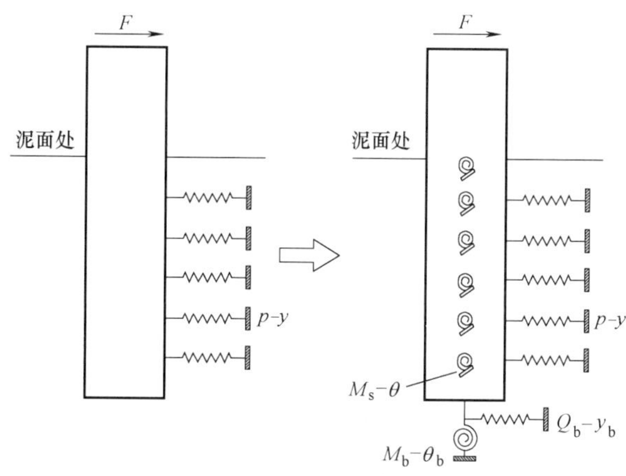

图 1 单弹簧模型和四弹簧模型（摘自葛斌[11]）

Fig. 1 Single spring model and four spring model

本文将在 Yang 等[9] 的研究基础上，完善从有限元模型推导桩-土作用力的方法，分析硬黏土中水平受荷单桩的桩土作用力，并与软黏土、砂土进行比较；然后通过分析桩土作用力得到土抗力分量，并分析除横向土阻力外的三个作用力（包括桩身分布力矩、基底剪力、基底弯矩）分量受长径比和桩径的影响。

2 有限元模型

在本研究中，使用 ABAQUS 进行有限元建模，通过模拟 PISA 项目中标号为"CL2"水平受荷试验桩[12] 进行模型验证，试验在 Cowden 的黏土场地进行[13]。采用摩尔-库仑（MC）模型模拟黏土的不排水行为。试验桩"CL2"直径为 2m，壁厚为 $D/80$，根据质量等效和抗弯刚度等效为实心圆柱体，等效前单桩弹性模量 E 为 200GPa、密度为 7400kg/m^3；等效后参数如表 1 所示。桩和土体均采用三维 8 节点缩减积分单元（C3D8R），模型单元总数为 11761。本研究中涉及的桩土参数汇总后如表 1 所示。

分别在桩侧和桩端设置接触面模拟桩土间的摩擦行为。其中，法向采用硬接触；切向通过库仑摩擦定律定义。摩擦系数的范围为 0.2～0.4，根据该场地黏土的塑性指数 37%，取摩擦系数为 0.3[14]。

土体的摩擦角和剪胀角设为 0°，泊松比取为 0.49，模拟不排水状态[15-17]。土体的有效重度 γ'=11.6kN/m^3。

土体和单桩的模型参数 表 1

Model parameters of monopile Table 1

土体		钢管桩		
			CL2	参数研究
有效重度 γ (kN/m^3)	11.6	密度 ρ(kg/m^3)	1416	1416
内摩擦角 φ(°)	0	桩径 D(m)	2	8
不排水抗剪强度 s_u(kPa)	图 2	嵌固长度 L (m)	10.6	6D
杨氏模量 E_s(kPa)	500s_u	悬臂长度 L (m)	10.1	5D
泊松比 ν	0.49	等效杨氏模量 E(GPa)	19.3	19.3
		泊松比 ν	0.3	0.3

不排水抗剪强度随深度的分布如图 2 所示，图中包括三轴压缩试验（TXC）结果[13] 和其他学者（Zhang 等[16]、Zdravković 等[18]）对该场地进行分析时采用的数据。本文采用的不排水强度与 Zhang[16] 采用的一致，分布如图 2 所示。E_s 为土体的弹性模量，取 E_s/s_u=500[19]。

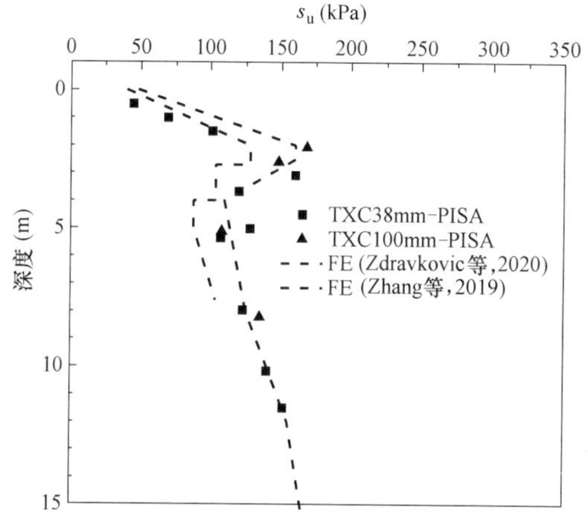

图 2 Cowden 场地不排水抗剪强度分布

Fig. 2 Undrained strength profile at Cowden

采用上述参数建立了 PISA 项目中的大直径水平受荷试验桩"CL2"的有限元模型。为了消除边界效应，土体半径设为桩径的 20 倍，土体深度设为桩长（L_{em}）的两倍；在土体底面约束 x、y、z 方向的位移，土体远场边界约束 x、y 方向的位移。模型示意图及网格划分如图 3

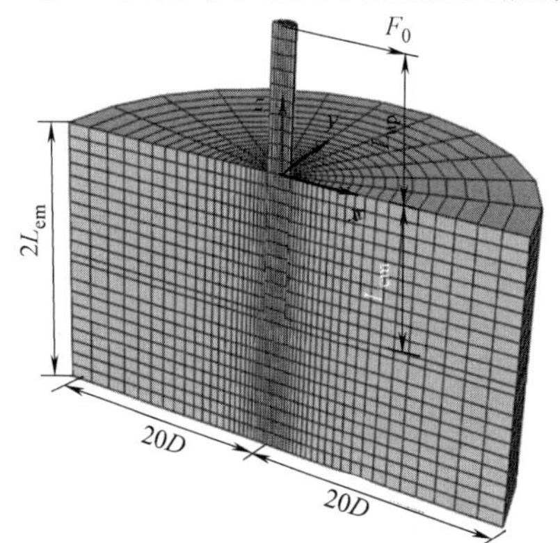

图 3 模型及网格划分示意图

Fig. 3 Model and meshing diagram

所示。测量结果与有限元计算结果如图 4 所示，二者呈现出较好的一致性。

在验证过的基准模型的基础上，对直径为 8m 的单桩受力行为进行模拟，土体改为 $s_u=100\text{kPa}$ 的均质土，E_s/s_u 仍为 500，以研究单桩与桩周土体之间的相互作用力。在桩顶逐级（每级 10MN）施加水平荷载，当荷载增加至 70MN 时，泥面水平位移（y_m）急剧增加，如图 5 所示。后面分析中只涉及前 6 个加载步（以 load1～6 表示）的结果。

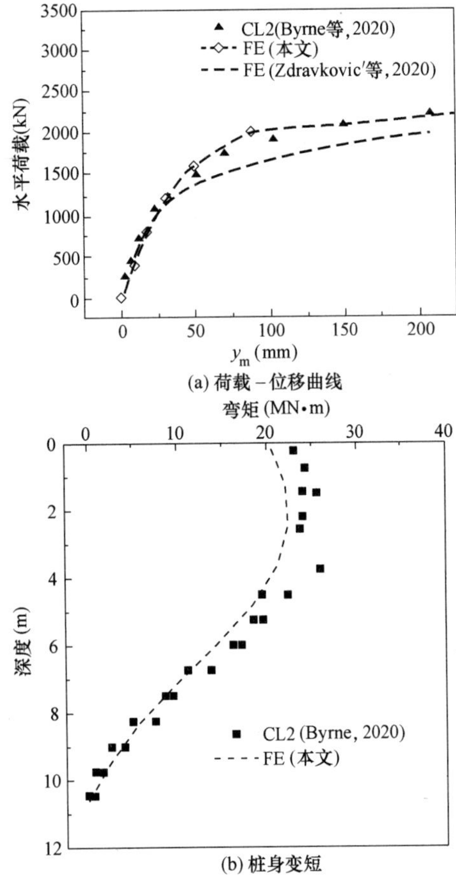

图 4 位移、弯矩有限元计算结果与实测值的比较

Fig. 4 Comparison of displacement and moment response between FE modelling and measured result.

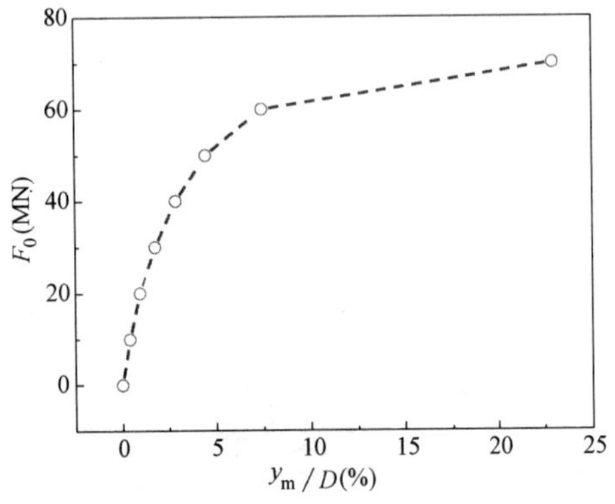

图 5 参数分析中单桩荷载-位移曲线

Fig. 5 Load displacement curve of single pile in parametric analysis

3 桩-土相互作用力

3.1 桩-土相互作用力的提取

如图 6 所示，对于竖直单桩，在侧向荷载作用下，桩侧和桩端的接触面上会产生抵抗水平荷载的相互作用力（CF），作用力包括两部分：沿圆周法向分布的压力 CNF、沿桩周切向分布的剪力 CSF。CNF 与 CSF 都可沿 x、y、z 方向分解成三个分量，例如，CNF1 是 CNF 在 x 方向上的分量。加载过程中，单桩绕旋转点发生转动，根据土体受到的土压力区别，将埋深范围内的土体分为 4 个区域，分别是被动区 ZP1、ZP2 和主动区 ZA1、ZA2。

本文采用的全局坐标系为：加载方向沿 x 轴正向，深度增加方向沿 z 轴负向。计算采用有限元软件 ABAQUS 进行。采用 Yang 等[9] 提出的方法进行桩土作用力的提取，但在其基础上进行完善，提取步骤如下：

（1）场输出设置。在前处理中将桩土接触面（包括桩端、桩侧）设为集合；然后在场输出中设置输出位置为接触面集合，并添加输出变量 CFORCE。

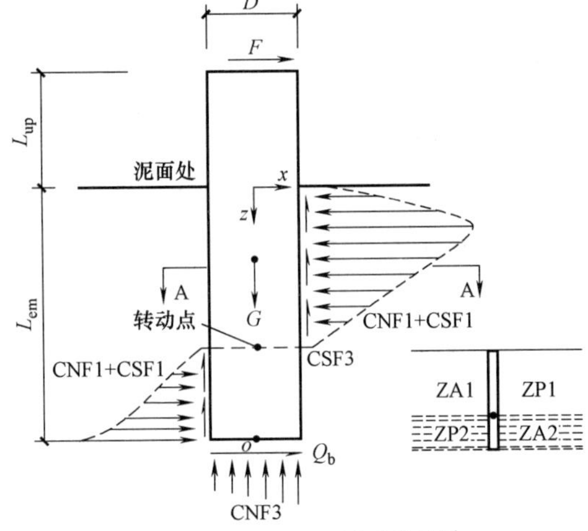

图 6 桩土作用力的组成（摘自 Yang 等[9]）

Fig. 6 The composition of contact forces between monopile and soil (from Yang, et al[9])

（2）计算完成后，从 .odb 文件中提取接触力。输出方式为场输出，输出位置为接触单元节点（Element Nodal），输出变量包括各级荷载下桩-土接触力、节点编号、坐标。其中，提取的接触力包括沿桩周各截面上的 CNF、CSF。

(3) 处理数据。①在桩土接触面上，每个节点与四个单元相连，在边界处与两个单元相连，因此每个节点将输出四个/两个接触力的数值，取其平均值作为节点接触力。②沿桩轴线方向划分不同深度处的桩截面。③每个截面上，通过节点 x、y 坐标计算节点与截面中心连线形成的夹角 ω，如图 7 所示。然后按角度从 $-180°$～$180°$ 将节点排列，从而方便根据角度绘制接触力的分布图。

以上的数据提取及处理均通过 python 实现。

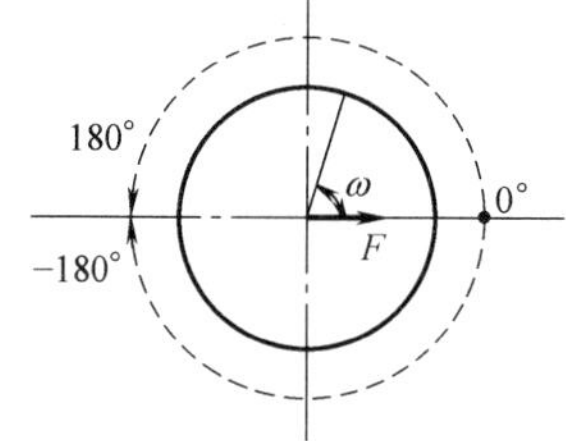

图 7　截面接触节点的角度计算示意图

Fig. 7　Schematic diagram of angle calculation of section contact nodes

3.2　水平方向的力

(1) x 方向水平力

分析黏土中单桩在 x 方向的接触力，如表 2 所示绘制了 CNF1 和 CSF1 在 load3（泥面处截面转角 $\theta_{ml}=0.54°$）和 load6（$\theta_{ml}=1.7°$）两级荷载下，$z/D=1$、5 处截面的分布图。CNF1 沿桩周呈抛物线形分布，峰值位于 $\omega=0°$ 或 180°处。在浅层处随着荷载的增加，桩后与土体脱开，CNF1 只存在桩前被动区，且其数值逐渐增加；$z/D=5$ 处位于旋转点之下，桩后被动区 ZP2 出现压力值，且随着荷载增加，被动区数值增加，主动区 ZA2 数值减小。这与 Yang 等[9] 和葛斌等[10] 的研究结果一致。随着荷载的增加，CSF1 的发展趋势与 CNF1 相似，但 CSF1 沿桩中心 x 方向轴线对称分布，与砂土[9] 和软黏土[10] 中一致；峰值角度约位于 $\omega=\pm60°$处。

(2) y 方向的力

y 轴与荷载施加方向垂直，接触力分量 CNF2、CSF2 沿桩周的分布均沿 x 轴对称，其在 $\theta_{ml}=0.54°$时分布如表 3 所示，抵消后合力为 0，因此对 y 方向接触力不做过多分析。

3.3　竖直方向的力

桩侧竖向接触力包括 CNF3 和 CSF3，其在 $\theta_{ml}=0.54°$时的分布如图 8 所示。二者方向与重力方向相反，其分布均近似呈现抛物线形式，但比较二者数值大小可知竖向抗力主要由 CSF3 组成。浅层处由于桩后与土体脱开，只分布桩前被动区存在；在 z/D 为 5 处，CSF3 的数值相对 $z/D=1$ 处较小。黏土中竖向接触力的分布形式与砂土[9] 和软黏土[10] 的一致。

水平接触力（CSF1 和 CNF1）沿桩周分布（单位：kN）　表 2

Interaction force (CSF1 and CNF1) distribution on cross-section of a monopile (units: kN)　Table 2

$z/D=1$	$\theta_{ml}=0.54°$	$\theta_{ml}=1.7°$
CSF1	115.9	169.1
CNF1	546.4	670.3
$z/D=5$	$\theta_{ml}=0.54°$	$\theta_{ml}=1.7°$
CSF1	65.8	204.0
CNF1	983.0　808.3	1260.7　522.6

y 方向接触力（CNF2、CSF2）的分布（单位：kN）　表 3

Interaction force (CNF2、CSF2) distribution on cross-section of a monopile (units: kN)　Table 3

CNF2	CSF2
321	85

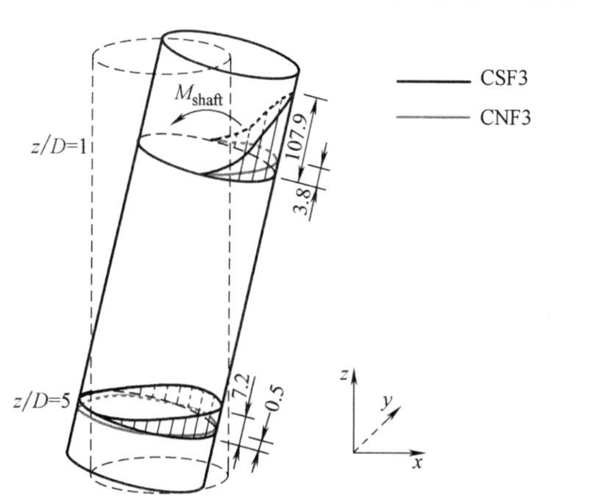

图 8　竖向接触力 CSF3、CNF3 沿桩周的分布（单位：kN）

Fig. 8　Distribution of CSF3 and CNF3 along the monopile circumference (units: kN)

4 桩土作用力平衡验证

为了验证所推导的桩-土相互作用力的有效性，对模型的受力进行平衡验证[9]。验证分以下三步进行：(1) 建立桩土切片模型，在桩的对称面上施加水平力，验证桩的横向受力平衡；(2) 建立全模型，在桩顶施加竖向力，验证桩的竖向受力平衡；(3) 建立全模型，在桩顶施加水平力，验证桩在三个方向的受力平衡和 y 方向的弯矩平衡。土体均采用 Cowden 场地参数；除具体说明外，单桩参数均如表 1 中“参数分析”所示。

4.1 水平加载方向受力平衡验证

建立厚度为 $2D$ 的桩土切片模型[16]，如图 9 所示，假设桩土无重力，只承受对称面上施加的水平荷载 F_0，分析桩在水平向的受力。水平抗力由桩侧接触面的 $CNF1_1$ 和 $CSF1_1$ 组成，其计算如式 (1) 所示。ΔF 表示未平衡的力。由计算结果表 4 可知平衡误差为 0。证明了桩在水平方向的平衡。

$$CF1_T=\sum_{i=1}^{n}(CNF1_1+CSF1_1)_{zi} \tag{1}$$

$$\Delta F_1=F_0+CF1_T \tag{2}$$

其中，i 为节点序列；n 为截面分布的节点数。

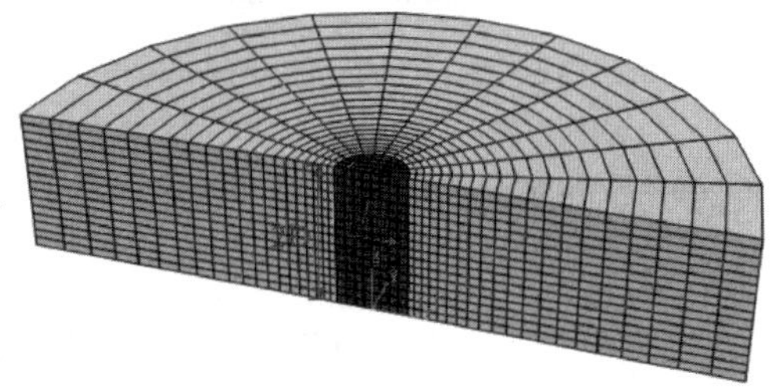

图 9　桩土切片模型示意图

Fig. 9　Illustration of the soil-pile slice FE model

切片桩土模型水平分量组成（单位：kN）　表 4

The composition of the horizontal force on the pile slice (units: kN)　Table 4

F_0	桩侧		合计	误差(%)
	$CNF1_T$	$CSF1_1$	CFL_1	$\Delta F/F$
20000	−15777.3	−4222.5	−19999.8	0

4.2 竖直方向受力平衡验证

建立全模型，桩头施加竖向荷载 P，分析桩在竖向的受力。竖直方向的力主要包括桩的自重、桩侧接触力在 z 方向的分量，桩端接触力在 z 方向的分量。分别为：

(1) 桩的重力

$$G=\rho_p g\times\frac{\pi}{4}D^2L \tag{3}$$

(2) 桩侧竖向接触力

$$CNF3_1+CSF3_1=\sum_{z=0}^{L_{em}}\sum_{i=1}^{n}(CNF3+CSF3)_{zi} \tag{4}$$

(3) 桩端竖向接触力

$$CNF3_b+CSF3_b=\sum_{j=1}^{m}(CNF3+CSF3)_{bj} \tag{5}$$

其中，m 表示桩端截面上的节点数。

ΔF 为上述三个力之和。计算后结果如表 5 所示，误差为 0.9%，可证明在桩身竖向受力满足平衡。

单桩竖向分量组成（单位：kN）　表 5

The composition of the vertical force on the monopile (units: kN)　Table 5

$P+G$	桩侧		桩端		合计	误差(%)
	$CNF3_1$	$CSF3_1$	$CNF3_b$	$CSF3_b$	$CF3_T$	$\Delta F_2/(P+G)$
−(15000+65704)	−0.1	42862.3	37093.1	0.0	79955.3	0.9

4.3 弯矩平衡验证

在桩头承受水平荷载时，验证桩在 x、y、z 方向的受力平衡和 y 方向的弯矩平衡，桩的受力如图 6 (a) 所示。

x 方向的受力在第 4.1 节的基础上，还需考虑桩端接触力在 x 方向的分量 Q_b，按式 (6) 进行计算。水平方向未平衡的力为 ΔF_2；y 方向的受力计算与 x 方向一致，计算发现接触力在 y 方向的分量互相抵消，因此合力为零；z 方向的受力计算同第 4.2 节所述一致。计算结果如表 6 所示，误差小于 2%，可证明桩在水平、竖直方向的受力是平衡的。

$$Q_b=\sum_{j=1}^{m}(CNF1_b+CSF1_b)_j \tag{6}$$

$$\Delta F_2=F_0+CF1_T+Q_b \tag{7}$$

单桩在 x、y、z 方向所受的接触力分量（单位：kN）　表 6

The composition of Interaction force in x、y、z directions on the pile (units: kN)　Table 6

外荷载		桩侧		桩端		合计	误差(%)
方向	大小	CNF	CSF	CNF	CSF	CF_T	$\Delta F/F$
x	$F_0=30000$	−34212	306	30	3877	−30000	0
y	0	−0.2	0.04	0	0.2	0.04	0
z	$G=65704$	376	12364	52218	−2	64955	1.1

进行弯矩的平衡验证需要分别计算外荷载和土反力对桩端中心 O 点产生的弯矩。桩头施加的水平荷载产生的弯矩为 M_0。土反力形成的抵抗弯矩有三部分：

(1) 桩侧横向接触力产生的弯矩 M_{CF1}：每个截面（距泥面距离为 z）上产生的弯矩为水平接触力乘上截面距桩端的距离（式 (9)），然后沿桩长积分；(2) 桩侧竖向接触力产生的弯矩 M_{shaft}：截面上每个节点力的竖向分量乘上变形后距离 y 轴的距离 x_i，然后沿桩长积分（式 (10)）。(3) 桩端水平接触力不产生抵抗弯矩；桩端竖向接触力产生的抵抗弯矩 M_{base} 计算方法与桩侧一致（式(11)）。未平衡的弯矩为 ΔM（式(12)），计算后各级荷载下的弯矩分量及误差如图 10 所示。由图可知误差在 2%以内，满足力矩的平衡。

$$M_{CF1}=\sum_{z=0}^{L_{em}}\sum_{i=1}^{n}(CNF1+CSF1)_{zi}\cdot(L_{cm}-z) \quad (8)$$

$$M_{shaft}=\sum_{z=0}^{L_{em}}\sum_{i=1}^{n}x_i(CNF3+CSF3)_{zi} \quad (9)$$

$$M_{base}=\sum_{i=1}^{m}x_i(CNF3+CSF3)_{bi} \quad (10)$$

$$\Delta M=M_0+M_{CF1}+M_{shaft}+M_{base} \quad (11)$$

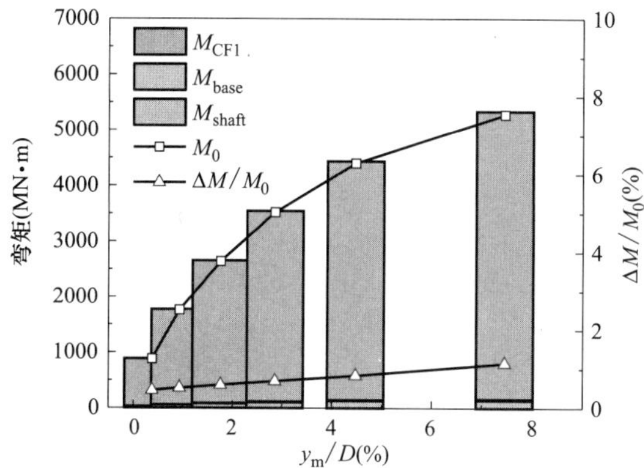

图 10　弯矩分量大小及平衡误差

Fig. 10　Moment component and balance error

5　参数分析

5.1　桩径的影响

为了分析桩土作用力分量（基底剪力 Q_b、桩身分布力矩 M_{shaft} 和基底弯矩 M_{base}）的大小受桩径的影响，建立了长径比 L_{em}/D 为 6、加载点高度 L_{up}/D 为 5，桩径分别为 2m、8m、12m 的有限元模型。

图 11 给出了加载过程中，基底剪力 Q_b、桩身分布力矩 M_{shaft} 和基底弯矩 M_{base} 的大小占外荷载的比值变化。x 轴为桩在泥面处水平位移与桩径的比值 y/D。

由图 11 (a) 可以看出中长径比为 6 的刚性桩随着加载的进行，Q_b/F_0 均呈现出先增大后减小的趋势，峰值出现在 y/D 为 2%左右。桩径为 8m、12m 的单桩，Q_b/F_0 峰值约为 13%；D 为 2m 时，峰值略小为 9%。随着加载的进行，残余强度保持在 10%左右。根据上述结果认为在长径比为 6 时，桩端剪力占水平荷载的比值较大，在水平受荷分析中不可忽视，这一点与砂土中水平受荷刚性桩基的研究结论一致[9]。

图 11 (b)、图 11 (c) 展示了加载过程中，两个作用力分量桩身分布力矩 M_{shaft} 和基底弯矩 M_{base} 的大小占外荷载的比值。其中，M_{shaft}/M_0 在 3%左右，M_{base}/M 则不到 1%。对比不同桩径的计算结果，认为在长径比相同的情况下 Q_b/F_0、M_{shaft}/M_0、M_{base}/M_0 受桩径影响很小。

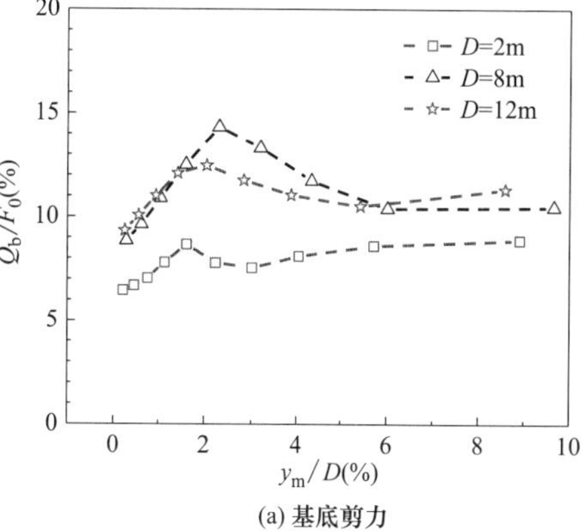

(a) 基底剪力

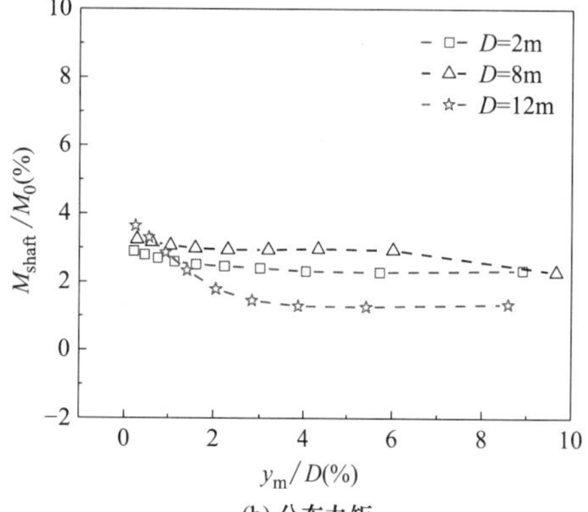

(b) 分布力矩

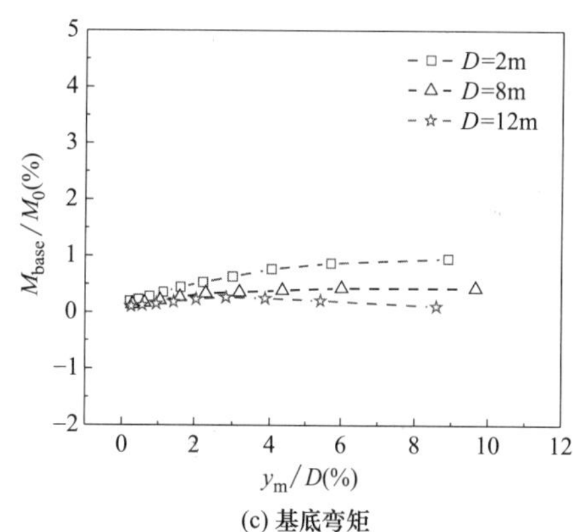

(c) 基底弯矩

图 11　不同桩径单桩的作用力分量占外荷载的比值

Fig. 11　Ratio of soil reaction component to external load with different D

5.2　长径比的影响

在上述结果的基础上，继续研究在桩径相同的情况下，长径比对 Q_b/F_0、M_{shaft}/M_0 和 M_{base}/M_0 的影响。建立如表 7 所示尺寸的有限元模型，加载点高度 L_{up}/D 均为 5。

参数分析尺寸　　表 7

Dimensions of monopiles in the parameterized FE modelling　Table 7

桩径 D(m)	8			
长径比 L_{em}/D	3	6	9	12

计算结果如图 12 所示。在长径比为 3 时，Q_b/F_0 达

到了50%左右，随着长径比的增加，该值迅速减小，至长径比为9时，Q_b/F_0 不到5%；长径比为3时，桩身分布力矩贡献为5%左右，当长径比增至6时，M_{shaft} 占比不到2%；长径比在3～12的范围内，基底弯矩占 M_0 的比值均不到1%。通过以上计算发现，Q_b/F_0、M_{shaft}/M_0 和 M_{base}/M_0 均随着长径比的减小而增大，这为单桩水平受荷分析提供了选择依据，进行单桩设计时可以根据长径比结合上述计算结果的比值选择需要考虑的作用力分量。

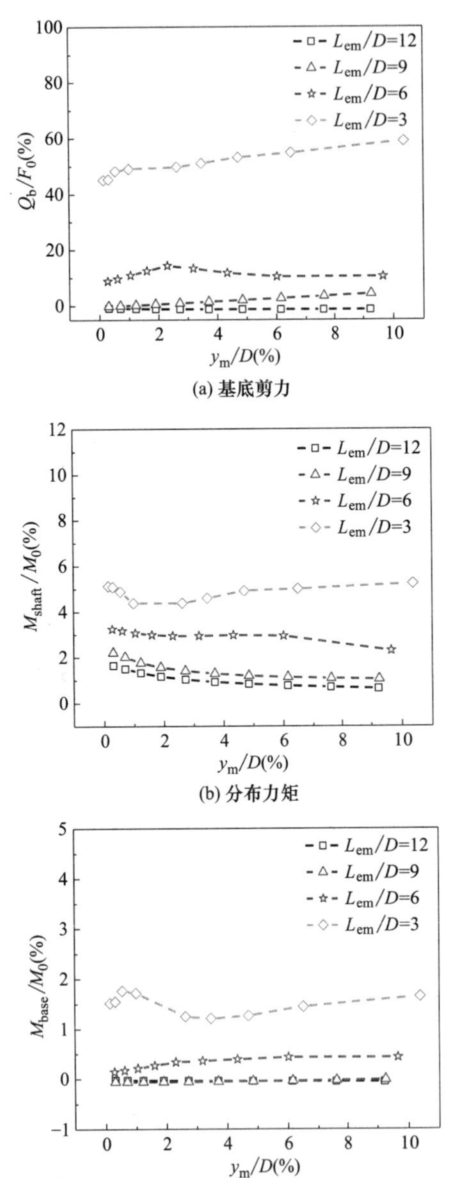

图12　不同长径比的单桩作用力分量占外荷载的比值

Fig. 12　Ratio of soil reaction component to external load with different L_{em}/D

6　结论

本文基于有限元方法，在水平受荷桩模型验证的基础上，分析桩土作用力。同时，完善了Yang等[9]提出的提取桩土作用力的方法，能够提取各级荷载下所有桩土接触节点的作用力，并通过力的平衡验证该方法的合理性。

此外，将桩土作用力分解成不同组分，并对各组分的分布形式及特征进行分析，主要得出以下结论：

（1）桩土作用力分量的大小受单桩尺寸的影响。长径比大于9时，基底剪力 Q_b、桩身分布力矩 M_{shaft} 和基底弯矩 M_{base} 占外荷载的比值均在5%以下，可以直接采用传统的 p-y 模型分析水平受荷桩。

（2）作用力分量占外荷载的比值 Q_b/F_0、M_{shaft}/M_0 和 M_{base}/M_0 均随着长径比的减小而增大。相比于 L_{em}/D 为12时，L_{em}/D 为3时，上述三个比值分别增长了50%、5%、1.5%。

（3）长径比相同时，Q_b/F_0、M_{shaft}/M_0 和 M_{base}/M_0 受桩径影响不大。

参考文献：

[1] 李卫超，杨敏，朱碧堂．砂土中刚性短桩的 p-y 模型案例研究[J]．岩土力学，2015，36(10)：2989-2995.

[2] YANG M，GE B．LI W，et al. Dimension effect on p-y model used for design of laterany loaded piles[J]．Procedia engineering，2016，143：598-606.

[3] LI W，ZHU B，YANG M. Static response of monopile to lateral load in overconsolidated dense sand[J]．Journal of Geotechnical and Geoenvironmental Engineering，2017，143(7)：04017026.

[4] GEROLYMOS N，Gazetas G. Development of Winkler model for static and dynamic response of caisson foundations with soil and interface nonlinearities[J]．Soil Dynamics and Earthquake Engineering，2006，26(5)：363-376.

[5] BYRNE B W，McAdam R，Burd H J，et al. New design methods for large diameter piles under lateral loading for offshore wind applications[C]//Proceedings of 3rd International Symposium on Frontiers in Offshore Geotechnics. Oslo：CRC Press. 2015：1-6.

[6] CAO G，Ding X，Yin Z，et al. A new soil reaction model for large-diameter monopiles in clay[J]．Computers and Geotechnics，2021，137：104311.

[7] WANG L，Lai Y，Hong Y，et al. A unified lateral soil reaction model for monopiles in soft clay considering various length-to-diameter (L/D) ratios[J]．Ocean Engineering，2020，212：107492.

[8] FAN C C，Long J H. Assessment of existing methods for predicting soil response of laterally loaded piles in sand[J]．Computers and Geotechnics，2005，32(4)：274-289.

[9] YANG M，Ge B，Li W. Force on the laterally loaded monopile in sandy soil[J]．European Journal of Environmental and Civil Engineering，2020，24(10)：1623-1642.

[10] 葛斌，李卫超，罗如平，等．黏土中水平受荷大直径单桩-土相互作用力[J]．建筑科学．2018，34(S1)：73-80.

[11] 葛斌．水平受荷超大直径桩的尺寸效应研究[D]．上海：同济大学，2018.

[12] BURD H J，Beuckelaers W J A P，Byrne B W，et al. New data analysis methods for instrumented medium-scale monopile field tests[J]．Géotechnique，2020，70(11)：961-969.

[13] ZDRAVKOVIĆ L，Jardine R J，Taborda D M G，et al. Ground characterisation for PISA pile testing and analysis [J]. Géotechnique，2020，70(11)：945-960.

[14] Lehane B M，Chow F C，McCabe B A，et al. Relationships between shaft capacity of driven piles and CPT end resistance[J]. Proceedings of the Institution of Civil Engineers-Geotechnical Engineering，2000，143(2)：93-101.

[15] Wang T，Zhang Y，Bao X，et al. Mechanisms of soil plug formation of open-ended jacked pipe pile in clay[J]. Computers and Geotechnics，2020，118：103334.

[16] Zhang Y，Andersen K H. Soil reaction curves for monopiles in clay[J]. Marine Structures，2019，65：94-113.

[17] Qiu G，Henke S. Controlled installation of spudcan foundations on loose sand overlying weak clay [J]. Marine structures，2011，24(4)：528-550.

[18] Zdravković L，Taborda D M G，Potts D M，et al. Finite-element modelling of laterally loaded piles in a stiff glacial clay till at Cowden [J]. Géotechnique，2020，70 (11)：999-1013.

[19] Hossain M S，Hu Y，Randolph M F，et al. Limiting cavity depth for spudcan foundations penetrating clay [J]. Géotechnique，2005，55(9)：679-690.

基坑开挖前灌注桩抗拔静载试验及数值分析

杨　立[1]，柯锡群[1]，李衍航[1]，温振统[2]

（1. 深圳市房屋安全和工程质量检测鉴定中心，深圳 518052；2. 广东省建筑科学研究院集团股份有限公司，广东 广州 510500）

摘　要： 抗拔（浮）灌注桩承载力离散现象比较普遍，应提倡先试后用。单桩抗拔静载试验时的工况应尽可能保持和设计工况一致，否则应合理修正非设计工况因素对承载力检测的影响，避免安全系数低于规范要求。基坑开挖前在施工面高程做基桩静载试验，桩顶标高以上未采取诸如双套筒隔离等方式，而是仅对空孔回填砂土的，试验得到的承载力明显高于在坑底标高试验获得的承载力。对坑顶高程处的试验，可利用数值分析手段模拟在坑底试验的抗拔承载力。利用数值分析可以模拟现实中未加载至极限的试验获得极限承载力和位移。可以模拟等变形加载方式获得更为精确的荷载-位移曲线。

关键词： 灌注桩抗拔；数值分析；上承载力；空孔填砂

作者简介： 杨立，男，1965 年生，硕士，教授级高级工程师，主要从事岩土工程试验研究等工作。E-mail：1085710101@qq. com。

Uplift static load test and numerical analysis of bored piles before foundations pit excavation

YANG Li[1]，KE Xi-qun[1]，LI Yan-hang[1]，WEN Zhen-tong[2]

（1. Shenzhen Building Safety and Construction Quality Testing and Appraisal Center，Shenzhen 518031；2. Guangdong Provincial Academy of Building Resaerch Group Co.，Ltd.，Guangdong Guangzhou 510500）

Abstract: Bearing capacity dispersion of uplift bored piles is relatively common，so the piles need to be tested before being used. The working conditions of the single pile uplift static load test should be consistent with the design conditions. Otherwise the influence of non-design working conditions on the bearing capacity should be corrected to avoid the safety factor being lower than that of the specification requirement. For the static load test at construction surface before foundations pit excavation，if only backfilling empty holes with sand instead of taking some measures such as double sleeve isolation，the bearing capacity obtained from the test would be significantly higher than that obtained from the static load test at the bottom surface of foundation pit. Consequently，for the static load test at the pit head，it is available to simulate the uplift bearing capacity in the test at the bottom of foundation pit. Further，based on numerical analysis，the static load test could be simulated to obtain the ultimate bearing capacity and displacement results. And more accurate load-displacement curves could also be obtained by simulating constant deformation loading.

Key words: uplift bored piles；numerical analysis；uplift bearing capacity；backfilling empty holes with sand

1　引言

深埋地下结构中抗浮构件必不可少。随着结构物埋置深度不断加大，抗拔（浮）桩的使用渐成主流。为了适应埋置深、跨度大的空间要求，需要采用大直径灌注桩提供抗拔力，设计承载力动辄数千千牛，高者上万千牛。不论是验证设计计算还是验收检测，单桩竖向抗拔静载试验不可或缺。试验方法除了自平衡外，就是地基反力法（含反力桩法）。现实中灌注桩因场地岩土性状、工艺、施工技术水平等众多因素的影响，实测抗拔承载力存在明显离散的现象，设计阶段和验收阶段的静载试验显得尤为重要。

由于埋置深、基坑有支撑构件的原因，试验工作多不能在开挖至坑底桩顶标高处实施，经常是在开挖前、在桩基施工作业面高程实施。对高于设计桩顶标高桩（孔）段，惯用双套筒法隔离措施或实时监测轴力修正等方式。还有则是对高于设计桩顶标高的孔段，在空孔中充填砂土，该方式因施工费用少、节省工期，普遍受到欢迎，但试验的技术措施和桩顶无埋深的小荷载抗拔桩试验没有太多区别，通常也不对试验结果修正。考虑到该情况受力状况不太明确，加之荷载量级高，有必要对桩承载力的影响因素重新审视。

国内外学者对类似问题采用实测、理论分析、数值模拟的方法做了大量研究。何呈程[1] 对实测的单桩竖向抗压静载试验，用数值模拟分析了桩基极限承载力和桩土挤压效应。孙玉辉等[2] 在桩基试验监测数据的基础上，采用数值模拟分析桩基的破坏荷载，模型计算结果和现场实测结果相符，能正确反映出地层、桩应力应变的变化规律，评价桩基设计参数的合理性。刘自由等[3] 利用数值方法建立桩土计算模型，研究桩土之间的相互作用机理，受桩侧摩阻力的作用，位于地表的桩周土体沉降受到一定影响。Fahharian 等[4] 通过建立三维数值模型，分析了桩侧堆载对土体及试桩受荷变形性状的影响，认为堆载法对于评估试桩的极限承载力影响不大，但会高估工作荷载作用下的试桩刚度。曹文昭等[5] 结合静载试验工程实例，建立三维数值模型，分析了桩侧堆载和加/卸载方式对试桩受荷性状及测试结果的影响，研究表明堆载法静载试验中，桩侧堆载的加/卸载过程对试桩极限承载力和承载特性的影响可以忽略；对试桩桩顶沉降真实值的影响明显。

本文结合单桩竖向抗拔静载试验工程实例，通过建立数值分析模型，模拟深埋空孔填砂旋挖灌注桩在上拔荷载及地表反力作用下的性状，供设计、施工和验收参考。对于由于地面沉降对变形监测系统的影响，业界已有共识，本文不再赘述。

2 工程实例

2.1 工程概况

某综合体项目位于深圳市坪山区，基坑采用内支撑形式，设有4层地下室，采用旋挖灌注桩基础，其中抗浮桩的设计单桩抗拔承载力特征值2300～3200kN。施工地面标高和桩顶设计标高相差20m。

场地各岩土层的岩性特征自上而下如表1所示。

场地工程地质概况表　　表1

Geology summary of site engineering construction　　Table 1

地层名称及成因代号	岩土状态	揭露层厚(m)平均(m)	标贯(击)/平均值(击)标准值(击)
①$_1$ 杂填土(Q^{ml})	松散	0.30～6.50/2.34	3.0～8.9/5.7/5.4(重探)
⑤$_1$ 粉质黏土(Q_4^{al+pl})	可塑	1.00～11.8/4.34	6～14/8.6/7.1
⑤$_2$ 粉、细砂(Q_4^{al+pl})	稍密	0.40～13.8/3.71	10～16/13/12.4
⑥$_1$ 粉质黏土(Q_3^{al+pl})	可塑—硬塑	0.60～15.8/4.86	7～31/17.9/16.9
⑥$_2$ 砾砂(Q_3^{al+pl})	稍密—中密	0.70～13.2/4.98	12～47/19.6/18.6
⑧$_3$ 粉质黏土(Q^{el})	可塑—硬塑	5.3～64.50/20.19	14～38/29.6/28.6
⑨$_1$ 黏性土(Q^{pr})	流塑—软塑	0.60～14.3/4.91	—
全风化粉砂岩	极软岩，岩体极破碎	2.40～48.3/19.93	—
微风化大理岩	较硬岩，较破碎—较完整	0.40～18.3/6.22	—

2.2 试验情况

试桩TP4设计桩径1000mm，有效桩长20m，桩端岩土层为⑧$_3$粉质黏土（Q^{el}），桩顶标高以上空孔用砂填充，深度20m。成桩日期2020年8月7日，试验日期2020年9月29日。应静载抗拔试验之需，预先将主筋全部延伸至地面，试验前焊接、加长、锚固在反力梁架上。另留有4根主钢筋用于引测桩顶位移。试验时桩顶两边对称装设4个位移传感器，监测引出的非受力钢筋的向上位移。

试验采用地基横梁反力架装置[6]，加载系统由油泵和千斤顶组成，采用慢速维持荷载法，最大试验荷载4600kN，每级加载量为预定最大加载量的1/10，每级荷载下桩顶相对稳定标准按每小时的上拔量小于0.1mm控制。最终试验结果：最大荷载4600kN时桩顶上拔量19.64mm，卸荷后残余上拔量6.82mm。荷载-位移曲线（U-δ曲线）见图3（实测）。

3 抗拔力计算

以桩身为隔离体，桩身共受到6个力的作用。

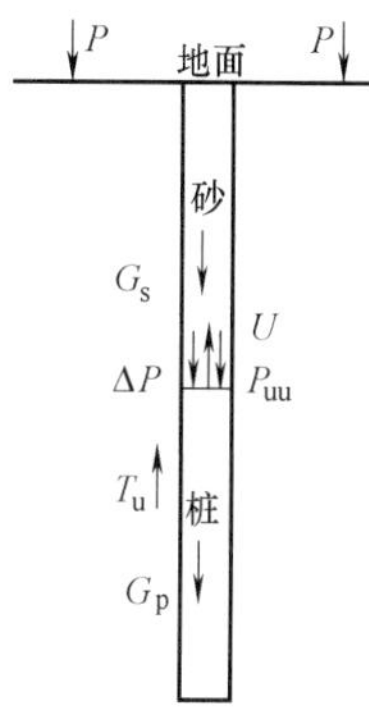

图1　桩受力简图

Fig. 1　Stress diagram of single pile

（1）试验施加的上拔荷载U=4600kN。

（2）空孔填砂重力G_s

孔径1000mm、深度20m，取填砂重度20kN/m^3，重力G_s=314kN。由于成孔采用泥浆护壁工艺，可认为填砂柱的重力全部作用在桩顶面。

（3）上承载力P_{uu}

桩受荷向上位移时，桩顶表面对其上的岩土产生压力，这个压力的反力作用在桩顶表面以抵抗施加在桩顶面的上拔荷载，本文暂且称之为"上承载力"。其受力模型较接近于竖直荷载作用下地基的破坏模式，借鉴普朗特尔-瑞纳斯公式：

$$p_{uu}=cN_c+qN_q \tag{1}$$

考虑不存在边载，故不计入第二项边载产生的抗力，则$p_{uu}=cN_c$。取$c=23.1$kPa，$\varphi=20°$，计算得N_c=14.8kPa，p_{uu}=341.5kPa。上承载力为：

$$P_{uu}=p_{uu}\times3.14\times d^2/4 \tag{2}$$

考虑灌注桩身混凝土的充盈系数（1.2）后，取计算桩径d为1.1m，计算得上承载力P_{uu}为324kN。

（4）桩顶表面附加压力ΔP

试验所需反力由布置于桩侧的两块钢垫板下的地基提供。千斤顶出力（2P）作用在钢垫板上，通过钢垫板施加给土体，土体中产生附加应力。该附加应力向深部传递，有作用在桩侧使桩侧所受法向应力加大的附加力、同时也有扩散到桩顶表面的竖向附加压力。由于通常的桩基承载力设计计算经验值多来自静载荷试验，作用在桩侧面的附加法向应力最终体现在总侧阻力中，即该作用已经包含在经验值里，本文也不单独考虑。对作用在桩顶部位的附加应力可采用布辛内斯克（Boussinesq）解计算：

$$\sigma_z=\int_0^l\int_0^b \frac{3p}{2\pi}\frac{z^3}{(x^2+y^2+z^2)^{5/2}} \tag{3}$$

试验用反力钢垫板和试验桩的相对位置和尺寸如图2所示，计算点（桩顶）埋深 $z=20$m。

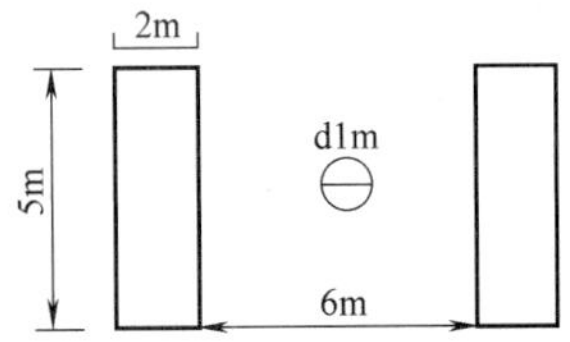

图2 桩顶附加应力计算简图

Fig. 2 Calculation diagram of superimposed stresses of pile head

按国家标准《建筑地基基础设计规范》GB 50007—2011，先用角点法计算半块钢垫板下的附加应力。按规范附录K提供的附加应力系数值，计算桩顶承受的附加应力系数 $\alpha=0.014-0.009=0.005$。假设桩顶面受力均匀，作用在全部圆形截面（考虑充盈系数计算桩径取1.1m）上的压力为：

$$\Delta p=0.005\times230\text{kPa}\times3.14\times1.1^2/4=1.1\text{kN} \tag{4}$$

2块反力钢板总压力 $\Delta P=4\times\Delta p=4.4$kN。由于本试验桩顶埋深较大，该项附加应力影响很小。

（5）桩身自重 G_p

桩身自重包含在抗拔力中，不需要对试验所得最大上拔荷载进行该项修正。

（6）桩侧摩阻力 T_u

该力是桩抗拔承载力的最主要来源，也是抗拔静载试验要获得的数据。

由上，最大上拔荷载4600kN时，按静力平衡条件可得本试验桩抗拔承载力 R_t：

$$\begin{aligned}R_t&=U-G_s-P_{uu}-\Delta P\\&=4600-314-324-4\\&=3958\text{ kN}\end{aligned} \tag{5}$$

即试验桩在符合设计工况条件下的抗拔力是3958kN、是坑顶试验最大荷载的86%。该值和用广东省标准《建筑地基基础设计规范》DBJ 15—31—2016提供的经验值计算所得3595kN相当。

以上分析仅考虑了填砂重力、向上的地基承载力和桩顶附加压力。除此之外，还有一较大影响因素，即桩顶标高以上覆土压力，其沿法向作用在桩侧表面加大了桩侧摩阻力。国内学者对该问题做了大量研究。比如黄茂松[7]推导出开挖条件下抗拔桩承载力的简化计算公式，胡琦[8]建立了受深基坑开挖影响的桩土界面荷载传递模型，分析了基坑开挖对桩周侧摩阻力的分布、基桩刚度与承载力的影响。王卫东[9]利用基于Mindlin解的简化分析方法计算了抗拔桩承载力的损失随开挖深度、半径和有效桩长变化的关系。胡琦[10]对埋深略小于桩长的缩尺模型离心机试验结果和有效应力原理计算结果作对比，理论计算的开挖后抗拔极限承载力仅为开挖前的42%。由于本地水下灌注桩承载力离散现象明显，而且原因复杂，本文暂不对该影响做理论计算，将其影响都归入试验误差以内考虑。

4 数值模拟

4.1 建立模型

采用Madis GTS NX岩土与隧道有限元分析软件建立桩土模型，模型尺寸20m×20m×45m（长×宽×高）。上表面有两块反力钢垫板5m×2m×0.05m（长×宽×厚），板内边距桩中心3m。模型共有6层土，中心位置设空孔（直径1m、深度20m），孔内填砂。模型参数取值见表2。

土层参数　　表2

physical properties of soil layers　Table 2

土层	厚度(m)	重度(kN/m³)	黏聚力(kPa)	内摩擦角 φ(°)	弹性模量(MPa)	泊松比
①$_4$ 杂填土	2	20	20	15.0	15.0	0.3
⑤$_1$ 粉质黏土	1	19	19.0	13.6	10.2	0.3
⑤$_2$ 粉、细砂	2	20	23.5	29.6	15.6	0.3
⑤$_1$ 粉质黏土	6	19	19.0	13.6	10.2	0.3
⑤$_2$ 粉、细砂	7	20	23.5	29.6	15.6	0.3
⑧$_3$ 粉质黏土	22	20	23.1	20.0	16.5	0.3
空孔填砂	20	23	0	32.0	30.0	0.25

桩采用梁单元模拟，考虑充盈系数后实设桩径1.1m，长度20m，桩全长均处于⑧$_3$粉质黏土层中，取桩身弹性模量31.5GPa、泊松比0.2。桩和桩侧土界面用软件提供的“桩/桩端”单元模拟，桩顶、桩端和上下土体共节点连接，取桩土界面的法向刚度模量 $1.5\times10^6\text{kN/m}^3$、切向刚度模量 $1.5\times10^5\text{kN/m}^3$、最终剪力66kPa。各层土均使用Mohr-Coulomb弹塑性本构模型。模型四周和底部采用固定边界。

上拔荷载4600kN按集中力施加在桩顶节点处。反力按均布荷载230kPa施加在钢垫板顶面。反力钢垫板采用弹性板单元模拟，取钢板弹性模量200GPa、泊松比0.4。分析计算用施工阶段分析，荷载步骤数取10。

4.2 计算结果

实测和模拟的结果对比如图3所示，模型中心剖面位移云图如图4所示。

由图3见两曲线非常接近，前4级荷载桩土完全处于弹性阶段，从第5级开始表现出变化加快的趋势。由于桩土作用机理复杂，实测曲线和模拟曲线不完全重合原因

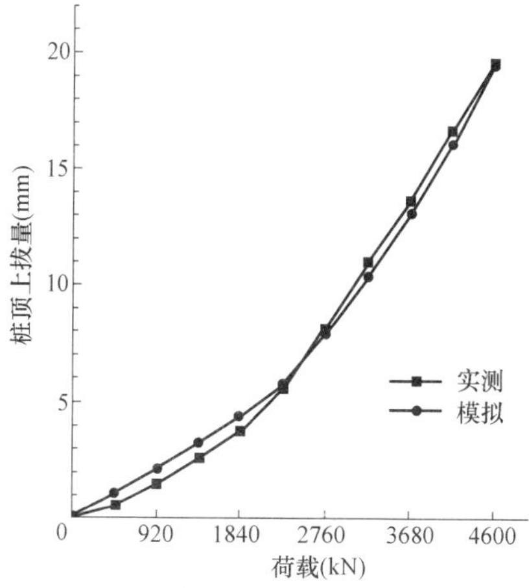

图 3　实测和模拟的 U-δ 曲线

Fig. 3　U-δ curves obtained from experimental piles and numerical simulations

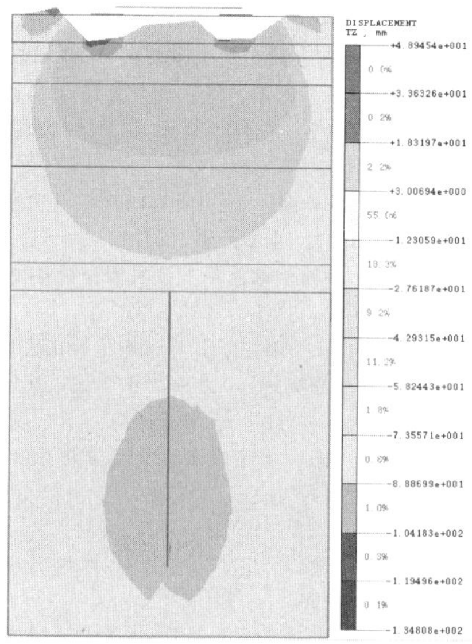

图 4　最大试验荷载下竖向位移云图（坑顶）

Fig. 4　Vertical displacement distribution under maximum testing load (Pit head)

主要是模型误差，其次还有参数取值误差、原试验的测试误差等导致。

4.3　模拟在桩顶设计标高处的试验

将第 4.1 节中的模型上部 20m 土层去除，建立坑底标高同桩顶设计标高的模型。该模型中桩顶标高在原⑧$_3$ 粉质黏土层顶以下 2m 位置，即全部桩侧均是⑧$_3$ 粉质黏土层。模拟的位移云图如图 5，U-δ 曲线如图 6 所示。

当桩顶上拔量为 19.64mm 时，模拟计算得上拔荷载 3440kN。该值和由坑顶试验值扣除 3 项理论计算的附加力后的修正值 3958kN 相比，是其值的 87%；和开挖前在坑顶施工地面试验结果 4600kN 相比，是其值的 75%。误差中包含了桩顶标高以上 20m 厚土层的上覆土压力对桩侧摩阻力的影响。

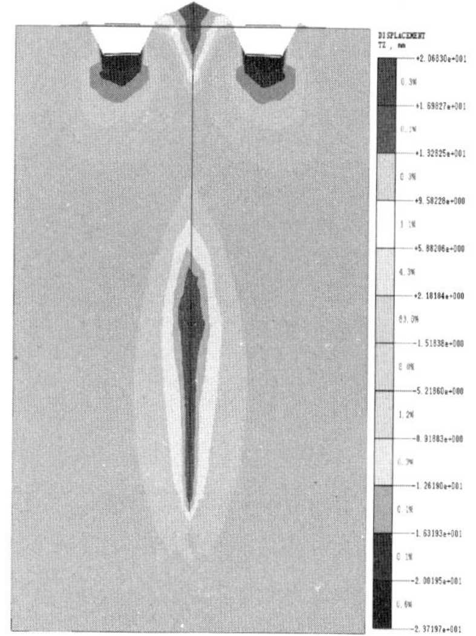

图 5　最大试验荷载下竖向位移云图（坑底）

Fig. 5　Vertical displacement distribution under maximum testing load (Pit bottom)

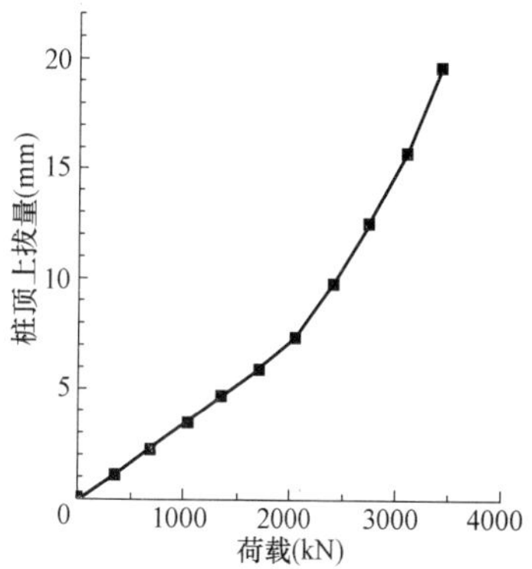

图 6　模拟坑底试验的 U-δ 曲线

Fig. 6　U-δ curves obtained from numerical simulations of pit bottom test

4.4　模拟等变形加载方式

由于现行检测规范在基桩静载试验中均规定采用等荷载逐级加载方式，在试验临近极限时不能准确测得荷载值及上拔量。特别是嵌岩抗拔桩，极限状态时呈脆性破坏特征，测得的数据明显失实。采用数值分析模拟等变形加载方式，能够得到更为准确的 U-δ 曲线，能更精确地估算极限状态下的荷载和位移。对第 4.1 节中的模型采用等变形加载方式，对最大桩顶上拔量分别是 19mm、21mm、25mm、30mm 和 35mm 的情形进行模拟，其 U-δ 曲线见图 7。25mm、30mm 和 35mm 的曲线符合理想弹塑性模型的特征，弹性段和塑性段分界明显，不同荷载下分界点稳定。由 U-δ 曲线判定极限承载力是 4818kN，对应桩顶上拔量 21mm。由深圳地区灌注桩抗拔试验长期经验[11]，灌注桩抗拔试验达到极限状态时的最大位移多在 20～30mm，按模拟的桩顶上拔量 21mm 判断，该试验桩的极限抗拔承载力 4818kN 符合本地实际。

可以推断，本次试验荷载 4600kN 时，桩土基本进入极限状态。

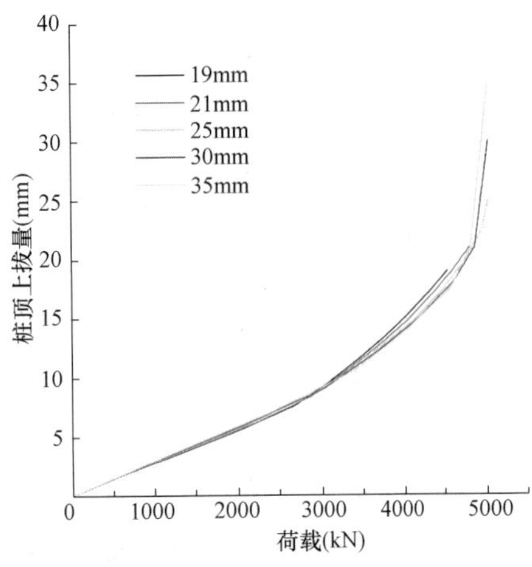

图7　模拟坑顶试验等变形加载的U-δ曲线
Fig. 7　U-δ curves obtained from numerical simulations of pit head test

5　结论

（1）鉴于抗拔灌注桩承载力有明显离散现象，应对其进行抗拔力静载试验。试验尽可能在桩顶标高处进行。

（2）开挖前空孔填砂后试验得到的抗拔承载力明显高于开挖后在坑底试验的承载力。可采用扣除填砂重力、向上的地基承载力和桩顶附加压力方式予以修正，并适当考虑桩顶标高以上覆土压力影响，或采用数值分析方法模拟坑底试验的抗拔承载力。

（3）对未达到极限状态的试验，可采用数值分析模拟极限状态，结合变形控制经验提供一个“极限抗拔承载力参考值”。

（4）对达到极限状态的试验结果，可采用数值模拟等变形加载方式获得比较精确的荷载-位移曲线。

参考文献：

[1] 何呈程．高层建筑单桩竖向抗压静载试验分析[J]．广东土木与建筑，2018，25(3)：4-7.

[2] 孙玉辉，张辉，陈昌彦，等．桩基竖向承载力测试及桩土作用数值模拟分析[J]．岩土工程技术，2020，34(6)：311-315.

[3] 刘自由，林杭，江学良．桩顶竖向荷载作用下桩土响应的数值分析[J]．中南大学学报(自然科学版)，2011，42(2)：508-513.

[4] FAKHARIAN K，MESKAR M，MOHAMMADLOU A S. Effect of Surcharge Pressure on Pile Static Axial Load Test Results[J]. **International Journal of Geomechanics**，2013，14(6)：04014024.

[5] 曹文昭，杨志银，蔡巧灵，等．软土地基超长桩静载试验中桩侧堆载影响分析[J]．建筑科学与工程学报，2021，38(6)：1-10.

[6] 深圳市住房和建设局．大直径灌注桩静载试验标准：SJG 87—2021[S]．北京：中国建筑工业出版社，2021.

[7] 黄茂松，郦建俊，王卫东，等．开挖条件下抗拔桩的承载力损失比分析[J]．岩土工程学报，2008，30(9)：1291-1297.

[8] 胡琦，凌道盛，陈云敏，等．深基坑开挖对坑内基桩受力特性的影响分析[J]．岩土力学，2008，29(7)：1965-1970.

[9] 王卫东，吴江斌．深开挖条件下抗拔桩分析与设计[J]．建筑结构学报，2010，31(5)：202-208.

[10] 胡琦，凌道盛，孔令刚，等．超深开挖对抗拔桩承载力影响的离心机试验研究[J]．岩土工程学报，2013，35(6)：1076-1083.

[11] 杨立，张译天．深圳地区灌注桩抗拔性状分析[J]．广东土木与建筑，2017，24(1)：34-37.

大厚度自重湿陷性黄土场地某桩基工程设计优化

邢纪咏，邹 宏，高 扬

（中国航空规划设计研究总院有限公司，北京 100000）

摘 要： 对于大厚度自重湿陷性黄土场地上的甲类、乙类建筑，采用传统的强夯、挤密桩等地基处理方法往往由于处理深度有限，无法全部处理基底下湿陷性黄土层，而采用桩基础。鉴于目前根据地质报告提供的各土层桩侧、桩端极限承载力经验参数值，按照有关经验公式估算单桩竖向承载力时，桩基竖向承载力往往较低，与实际存在较大差别，偏于保守，因此需要通过试桩优化桩型或减少桩数；本文以陇西地区兰州医美产业化基地桩基工程为例，论述了在大厚度自重湿陷性黄土场地采用自平衡法测定大直径、高承载力基桩承载力的特点及规律，提供了天然状态下土层桩侧、桩端承载力极限值，本文的研究成果可供后续大厚度自重湿陷性黄土地区桩基工程提供借鉴和指导，为兰州类似地质条件下的工程建设提供技术支撑。

关键词： 大厚度自重湿陷性黄土；试桩；自平衡法；设计优化

Optimization of pile foundation in large thickness dead-weight collapsible loess site

XING Ji-yong，ZOU Hong，GAO Yang

（China Aviation Planning And Design Institute（Group）Co.，Ltd.，Beijing 100010，China）

Abstract： For class A and B buildings in large thickness dead-weight collapsible loess site，the traditional foundation treatment methods such as strong ram compaction and compaction pile are often unadopted due to the limited treatment depth，and the pile foundation is used. In view of the empirical parameter value of the ultimate bearing capacity of the pile side and pile end of each soil layer provided by the geological report，the vertical bearing capacity of pile foundation is often low，which is quite different from the actual situation and is more conservative，so it is necessary to optimize through pile test ；Taking the pile foundation of Lanzhou Yimei as an example，this paper discusses the characteristics and rules of Self-balance method ，which provides the bearing capacity of the pile side and pile end of the soil layer under the natural state. The research results of this paper can provide reference for the subsequent pile foundation in the large-thickness collapsible loess site，and provide technical support for the construction under similar geological conditions in Lanzhou.

Key words： large-thickness dead-weight collapsible loess site；test pile；self-balance method；design optimization

1 引言

湿陷性黄土场地，桩周黄土浸水后发生软化导致桩侧极限摩阻力减小；自重湿陷性黄土场地[1]，浸水后桩周黄土层会自重湿陷，产生负摩阻力，桩基承载力往往不计中性点深度以上黄土层正侧摩阻力，并需扣除桩侧负摩阻力；大厚度自重湿陷性黄土场地，湿陷性黄土层下限深度一般不低于 20m，中性点深度较深，大部分桩侧正摩阻力无法利用，且需考虑负摩阻力，根据地质报告提供的各土层桩侧、桩端极限承载力经验参数值[2]，按照有关经验公式估算单桩竖向承载力时，桩基竖向承载力往往较低，与实际存在较大差别，因此需要通过试桩优化桩型或减少桩数。本文结合兰州医美产业化基地桩基工程，通过自平衡静载试验[3] 确定了天然状态下单桩承载力极限值，用于桩基设计优化，并总结了兰州市及周边地区采用基桩承载力自平衡法检测技术的特点及规律，为西北地区大厚度自重湿陷性黄土场地桩基工程提供借鉴和指导。

2 工程概况

兰州医美产业化基地项目位于兰州市国家高新技术开发区中生科技健康产业园区内，总用地面积约 293.1 亩，一期建筑面积约 15 万 m^2，主要包括胶原蛋白生产大楼、肉毒素生产大楼、质检、仓储中心等 9 个单体。该项目采用机械成孔灌注桩，桩端穿透湿陷性黄土层，以角砾层作为桩端持力层。

依据地质资料，拟建场地位于榆中盆地西北部的连达一定远平原中部，盆地内地层由全新世的黄土、上更新世的碎石土、粉质黏土交互沉积构成。根据场地钻孔地层揭露来看，场地内地层主要为素填土（局部为耕土）、黄土状粉土、角砾、粉土、角砾（局部为粉质黏土），各土层主要物理力学指标见表 1。

其中②层黄土状粉土，该层土具自重湿陷性，湿陷等级为Ⅳ级（很严重），湿陷下限深度为 15.3～22.8m，且湿陷性在平面及垂直方向上均差异较大，属大厚度自重湿陷性黄土地基。为了确定桩基天然状态下单桩承载力极限值，试桩采用桩基自平衡加载法进行静载试验。

土层主要物理力学指标　　表 1

层号	岩土名称	层厚(m)	岩 性 描 述	钻(冲)孔灌注桩		
				极限侧阻力标准值(kPa)	极限端阻力标准值(kPa)	负摩阻力标准值(kPa)
①	素填土	0.2～5.0	褐黄色，主要成分为黄土状粉土，含少量的植物根系和腐殖物，均匀性一般，稍湿，稍密	—	—	−30
②	黄土状粉土	17.2～26.0	浅黄色，成分均匀性较好，混有少量的粉砂，局部夹粉砂团块或薄层，具肉眼可见的小孔隙，具层理特征，干强度低，韧性低，无光泽，浸水后摇振反应迅速，稍湿，稍密—中密，以稍密为主	55（天然状态）	—	−30(浸水湿陷时)
③	角砾	0.3～7.9	青灰色，粗颗粒母岩成分以中—微风化的花岗岩、砂岩及变质岩等为主，稍密—中密，以中密为主	120	—	
④	粉质黏土	0.6～9.8	黄褐色，成分均匀性一般，含少量的粉砂，局部可见砾石颗粒，干强度低，韧性低，无光泽，湿，中密为主，钻探中局部有轻微的缩孔现象	60	—	
⑤	角砾	最大揭露厚度 18.9	青灰色，颗粒级配较好，磨圆度一般，多呈亚圆形或次棱角形，颗粒间无胶结，细中砂及少量粉土充填，中密	140	4800	
$⑤_1$	粉质黏土	0.2～13.0	红褐色，干强度中等，韧性中等，稍有光泽，硬塑为主。呈透镜体状分布于⑤角砾层中	75	1900	

3 自平衡法试验分析

3.1 自平衡法检测基桩承载力原理[4]

自平衡试桩法是接近于竖向抗压桩实际工作条件的一种试验方法，其加载设备采用专利产品——荷载箱，它与钢筋笼连接后安装在桩身下部，并将高压油管和位移棒一起引到地面。试验时，从桩顶通过高压油管对荷载箱内腔施加压力，箱顶与箱底被推开，产生向上与向下的推力，从而调动桩周土的侧阻力与端阻力的发挥，直至最后破坏。将桩侧土摩阻力与桩端土阻力叠加而得到单桩抗压极限承载力。荷载箱的埋设位置是根据地质报告进行计算后确定的，原则是荷载箱放在桩身平衡点处，使上、下段桩的承载力相等以维持加载，见图 1、图 2。

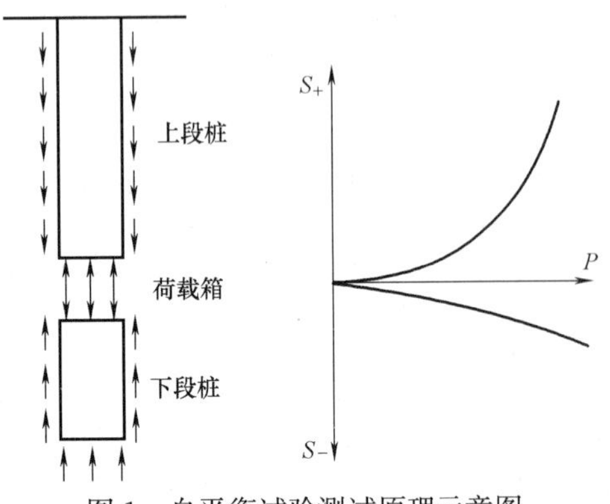

图 1　自平衡试验测试原理示意图

3.2 试验桩设计参数

由于大厚度自重湿陷性黄土场地，中性点深度较深，大部分桩侧正摩阻力无法利用，为有效提高桩基承载力，减小桩长，试桩过程中采用了桩端后注浆技术，同时考虑到地下水位较深，本工程采用干作业旋挖成孔混凝土灌注桩。试桩分别对直径 800mm、1000mm、1200mm 桩型依据荷载箱位置分 3 组分别检测，得出 3 组检测数据相互验证，综合考虑，见表 2，荷载箱位置如下：

荷载箱安装

仪器设备安装

检测

上段桩破坏

图 2　自平衡法现场试验

（1）荷载箱放置于黄土状粉土层湿陷下限位置处，测出上段桩湿陷性土层与下段桩非湿陷性土层的综合侧摩阻力（空底桩，可不考虑端阻力）。

（2）荷载箱放在桩端持力层（⑤层角砾）界面处，测出桩底后注浆工况下桩端极限端阻力。

检测桩的设计施工参数　　表 2

检测桩编号	参照钻孔	桩长(m)	设计桩径(mm)	荷载箱距桩端(m)	桩端持力层	桩端后注浆	桩身完整性	最大双向加载值(kN)
SZ1	ZK59	32.24	800	8.1	空底桩	否	Ⅰ类	4500
SZ2	ZK59	33.93	800	2	角砾层	是	Ⅰ类	4500
SZ3	ZK59	33.93	800	6	角砾层	是	Ⅰ类	7200
SZ4	ZK64	30.87	1000	10.5	空底桩	否	Ⅰ类	4800
SZ5	ZK64	32.63	1000	2	角砾层	是	Ⅰ类	6000
SZ6	ZK64	32.49	1000	6	角砾层	是	Ⅰ类	8000
SZ7	ZK69	34.07	1200	9.4	空底桩	否	Ⅰ类	7200
SZ8	ZK69	35.45	1200	2	角砾层	是	Ⅰ类	8800
SZ9	ZK69	34.88	1200	5	角砾层	是	Ⅰ类	10000

(3) 荷载箱放置于计算桩身平衡点位置，测出桩底后注浆工况下单桩极限承载力值。

3.3 检测结果及数据分析[6]

由于本工程选用800mm直径灌注桩，本文选择SZ1、SZ2、SZ3进行自平衡试验数据分析如下，其上下段桩位移量-荷载（Q-s）曲线、位移量-时间对数（s-lg$t$）曲线见图3。

SZ1的荷载箱加载分级按最大双向加载值5000kN来分级，分成10级，每级500kN，当加载至第9级荷载

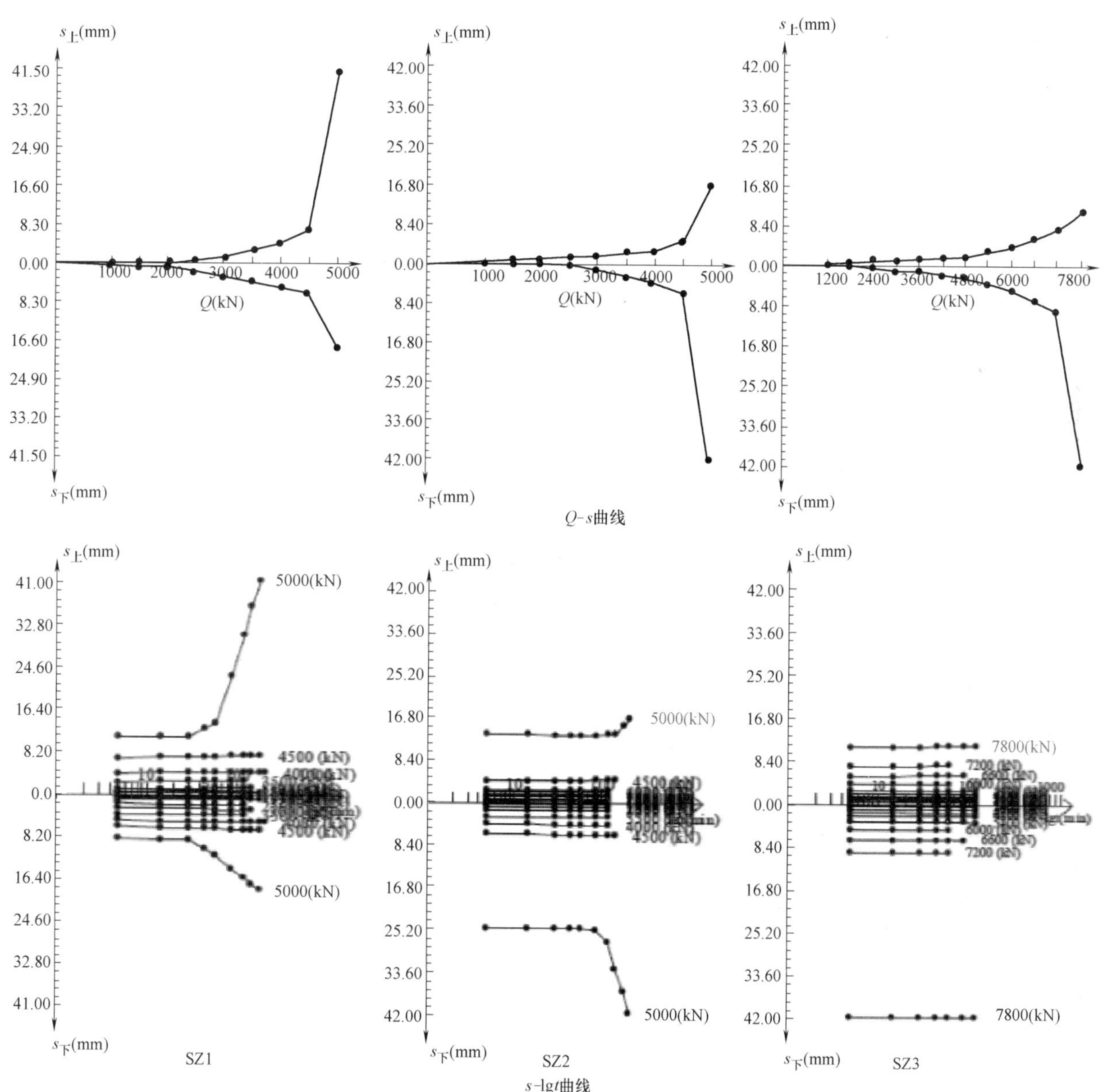

图3　上下段桩位移量-荷载（Q-s）、位移量-时间对数（s-lg$t$）曲线

5000kN 时，荷载箱上段位移 41.07mm，下段位移 18.44mm，上段桩总位移量大于 40mm，上段桩发生破坏；依据该数据得出上段桩（湿陷性土层）侧摩阻力 74kPa，下段桩（非湿陷性土层）综合侧摩阻力不小于 221kPa。

SZ2 每级加载 500kN，当加载至第 9 级荷载 5000kN 时，荷载箱上段位移 16.65mm，下段位移 41.80mm，下段桩总位移量大于 40mm，下段桩发生破坏，取下段桩极限端阻力为 4500kN，得出桩底后注浆桩端极限端阻力计算值为 8957kPa。

SZ3 每级加载 600kN，当加载至第 12 级荷载 7800kN 时，荷载箱上段位移 11.33mm，下段位移 41.90mm，下段桩发生破坏，桩底后注浆在天然状态下单桩竖向抗压极限承载力依据《建筑基桩自平衡静载试验技术规程》取上段桩侧极限摩阻力与下段桩侧极限摩阻力之和，计算过程如下：

$$Q_u = \frac{Q_{uu} - W}{r} + Q_{ud}$$

式中，Q_u 为天然状态下单桩承载力极限值；W 为荷载箱上部桩自重；r 为系数（对于粉土、黏土取 0.8）；Q_{uu}、Q_{ud} 为荷载箱上、下段桩极限承载力。

经计算取 15762kN，不计湿陷土层正摩阻力并扣除湿陷性土层负摩阻力，计算得出直径 800mm 桩基础在桩底后注浆后单桩承载力特征值取 4720kN。

4 桩基优化经济效益

通过试桩，各土层参数均较地质报告有显著提高，湿陷性土层正摩阻力为 75kPa，与地质报告中②黄土状粉土层极限侧阻力 55kPa 相比，提高了 36%；非湿陷性土层的综合正摩阻力为 221kPa，与地质报告中③角砾层极限侧阻力 120kPa 相比，提高了 84%；⑤角砾层极限端阻力，通过桩端后注浆，由 4800kPa 提高到了 8957kPa，提高了约 86%。以下以胶原蛋白生产大楼为例，根据地质报告原设计桩基采用 800mm、1000mm 两种直径，桩长分别为 35m、40m，总桩数 313 根，优化后桩基 309 根，桩基优化前后对比如表 3、表 4 所示。

通过优化前后对比分析，桩径、桩长均得到了优化，降低了成桩难度，提高了成桩质量，加快了施工速度，缩短了施工周期，该项目通过桩基优化桩基工程混凝土用量节省近 1050m^3，节约成本近 150 万元，取得了良好的经济效果。在工期可控的前提下，做试桩大有必要，可以充分挖掘各土层的极限承载力。

桩基优化前工程量 **表 3**

桩型	设计桩径(mm)	桩长(m)	纵向配筋	单桩承载力估算值(kN)	根数	钢筋用量(t)	混凝土用量(m^3)
ZH1	800	35	12ϕ16	2850	83	55.1	1452.5
ZH2	800	40	14ϕ18	3700	193	216.2	3860
ZH3	1000	40	14ϕ18	4350	37	41.5	1161.5

桩基优化后工程量 **表 4**

桩型	设计桩径(mm)	桩长(m)	纵向配筋	单桩承载力估算值(kN)	根数	钢筋用量(t)	混凝土用量(m^3)
ZH1	800	35	16ϕ18	4720	309	346.1	5425

5 结论

在大厚度自重湿陷性黄土场地，桩基工程正式施工前，进行试桩是非常有必要的。通过试桩可以了解湿陷性黄土地区的地质情况、确定各土层极限桩侧、桩端阻力以及穿透硬夹层的可能性。设计阶段可将其检测数据与地质报告进行比较，相互验证，综合考虑。由于大厚度自重湿陷性黄土场地，湿陷性黄土层下限深度一般不低于 20m，中性点深度较大，大部分桩侧正摩阻力无法利用，地质报告提供的经验参数值又往往与实际存在较大差别，偏于保守，造成桩长较长，桩基竖向承载力又往往较低，可以根据试桩报告挖掘各土层极限承载力，从而达到优化桩型和减少桩数的目的。

自平衡法试桩，作为近年来发展非常迅速的基桩承载力检测技术，对环境的要求低、场地的适应性强，加载能力可根据试桩要求进行专门设计，基本不受限制，整个试验持续的时间短，将成为我国西北地区大厚度湿陷性黄土场地基桩承载力检测的重要手段。该工程的桩基设计与检测经验可为后续大厚度自重湿陷性黄土地区桩基工程提供借鉴和指导。

参考文献：

[1] 中华人民共和国住房和城乡建设部. 湿陷性黄土地区建筑标准：GB 50025—2018[S]. 北京：中国建筑工业出版社，2019.

[2] 甘肃省住房和城乡建设厅. 湿陷性黄土地区建筑灌注桩基技术规程：DB62/T25—3084—2014[S]. 北京：中国建材工业出版社，2015.

[3] 中华人民共和国住房和城乡建设部. 建筑基桩检测技术规范：JGJ 06—2014 [S]. 北京：中国建筑工业出版社，2014.

[4] 中华人民共和国住房和城乡建设部. 建筑基桩自平衡静载试验技术规程：JGJ/T 403—2017[S]. 北京：中国建筑工业出版社，2017.

[5] 张广彬，姬同庚，李志斌. 超大吨位自平衡法与静压法荷载试验结果比对研究 [J]. 岩土工程学报，2011，33(S2)：471-474.

[6] 甘肃土木工程科学研究院有限公司. 中国生物西北（兰州）生物医药产业园医美产业化基地项目试验桩自平衡法检测报告[R].

基 坑 工 程

无降水抗浮锚杆-旋喷体封底深基坑工程的设计与逆作法施工

王家伟
（中冶沈勘工程技术有限公司，辽宁 沈阳 110000）

摘　要：深基坑、超深基坑工程是土木工程领域的高风险工程，其降水作业常常引起地表、管线、周边建筑的不均匀沉降，进而引发工程事故。随着各级政府相继出台环境保护和地下水资源限制开采的政策，基坑工程的降水作业受到了限制，促进了环境友好型基坑体系和施工方法的研究。依托某超深基坑工程的建设任务，探索了一种无降水作业的抗浮锚杆-旋喷体封底深基坑支护体系，提出了抗浮锚杆-旋喷体封底设计方法以及其逆作法施工工艺，并成功应用于该深基坑工程的建设。

关键词：深基坑；无降水作业；抗浮锚杆-旋喷体封底；逆作法

作者简介：王家伟，男，1964 年生，正高级工程师，国家注册岩土工程师，从事岩土工程方面的设计与施工。E-mail：2270878726@qq. com。

Design and reverse building method for the deep foundation pit of anti-floatage anchor-jetting seal body in no-dewatering construction

WANG Jia-wei
（Shen Kan Engineering & Technology Corporation，Shenyang Liaoning 110167，China）

Abstract：The deep and super-deep foundation pit engineering is the high risk engineering in the civil engineering field. Its dewatering is usually the cause of the nonuniform displacement for earth surface，pipe line and surrounding building. Along some policies on environmental protection and groundwater resources restriction are issued，the dewatering works of foundation pit have been limited，and the environment-friendly pit is promoted to study. On the construction of foundation pit，the deep foundation pit of anti-floatage anchor-jetting seal body in no dewatering construction was explored. Its designing method and reverse building method were put out，and they were successfully used in this foundation pit construction.

Key words：deep foundation pit；no dewatering；anti-floatage anchor-jetting seal body；reverse building method

1　引言

深基坑工程的施工一直都遵循着“场地平整、支护结构施工、降水、土方开挖”的施工顺序，而降水作业破坏了场地地下水平衡，出现了地表、建筑、地下管线的不均匀沉降等较为严重的工程事故[1-3]。随着各级政府相继出台环境保护和地下水资源限制开采的政策[4-6]，开发环境友好型深基坑建设方案成为当前土木工程建设领域的重要课题。因此新型结构体系、新的设计理论、新的施工工法等得到了政府部门、专家学者的高度重视。

为消除深基坑工程降水作业引起的水资源破坏问题，作者探索了一种无降水作业的深基坑支护体系的设计方法和逆作法施工工艺[7]，并在工程建设中得以成功应用。

2　工程背景与场地地质条件

2.1　工程背景

某旋流沉淀池基坑面积约 211.14m^2，周长约 56m，槽深为 21.00m（相对标高－21.5m）。±0.000 位置相当于绝对标高 36.450m。该旋流沉淀池基坑工程的设计等级为一级[8]。

2.2　工程地质与水文地质条件

（1）场地地层结构组成

钻探所揭露地层自上而下依次为：

①层素填土：主要由黏性土组成，稍湿，松散。该层分布不连续，层厚 0.2～2.8m。

②$_1$ 层耕土：主要由黏性土组成，含少量植物根系，稍湿，松散。该层分布连续，层厚 0.4～0.8m，局部被素填土覆盖。

②层粉质黏土：黄褐色，含铁质结核，可塑。摇振反应无，稍有光泽，干强度中等，韧性中等，局部含细砂夹层。该层分布连续，层厚 1.9～7.1m。

③层粉质黏土：灰黑色、黄褐色，软塑，局部可塑。含有少量植物残骸。摇振反应无，稍有光泽，干强度中等，韧性中等。该层分布基本连续，层厚 0.7～6.2m。

④层粗砂：黄褐色、灰褐色，石英—长石质，棱角形，级配差，混粒结构，充填大量黏性土，局部含中砂、砾砂、圆砾夹层。饱和，中密状态。该层分布不连续，层厚 0.2～4.9m。

④$_1$层细砂：黄褐色、灰褐色，石英—长石质，均粒结

构，饱和，中密状态。该层分布不连续，层厚0.4～4.9m。

⑤层砾砂：黄褐色、灰褐色，石英—长石质，次棱角形，级配较好，混粒结构，充填少量黏性土，夹大量粗砂和圆砾夹层。饱和，中密。本次钻探未穿透该层，最大揭露厚度为26.8m。

⑤$_1$层粉质黏土：灰黑色、黄褐色，可塑。摇振反应无，稍有光泽，干强度中等，韧性中等。该层分布不连续，层厚0.1～4.2m。

⑤$_2$层粉质黏土：黄褐色，含铁质结核，可塑。摇振反应无，稍有光泽，干强度中等，韧性中等。该层仅在TJ2号钻孔遇见，层厚0.8m。

（2）场地土的物理力学性质

根据野外原位测试及室内土工试验结果，将场地各层土的主要物理力学性质指标进行了统计，结果见表1。

岩土材料物理力学参数　　表1

Physical and mechanical parameters of geotechnical materials　　Table 1

土层	w (%)	ρ (g/cm^3)	e	I_L	$a_{1\text{-}2}$ (MPa^{-1})	E_s (MPa)	c (kPa)	φ (°)	N (击)	$N_{63.5}$ (击)
②粉质黏土	28.4	1.92	0.828	0.51	0.41	4.4	38.2	15.3	6	—
③粉质黏土	35.4	1.86	1.007	0.9	0.51	3.8	33.2	13.1	3.1	—
④粗砂	—	—	—	—	—	—	—	—	21.4	8.7
④$_1$细砂	—	—	—	—	—	—	—	—	19.5	7.2
⑤砾砂	—	—	—	—	—	—	—	—	41.5	12.6
⑤$_1$粉质黏土	26.8	1.91	0.8	0.42	0.39	4.3	26.1	13.3	6.1	—
⑤$_2$粉质黏土	24.7	1.9	0.7	0.4	0.3	5.5	45.5	15.2	—	—

注：w为含水率；ρ为天然密度；e为孔隙比；I_L为液性指数；$a_{1\text{-}2}$为压缩系数；E_s为压缩模量；c为黏聚力；φ为内摩擦角；N为标贯试验击数；$N_{63.5}$为重型动触试验击数；标记为"—"的情况为未进行勘察项目。

统计结果表明：②层粉质黏土呈可塑状态，具有中压缩性；③层粉质黏土呈软塑状态，具有中—高压缩性；④层粗砂呈中密状态；④$_1$层细砂、⑤层砾砂呈中密状态；⑤$_1$层粉质黏土、⑤$_2$层粉质黏土呈可塑状态，具有中压缩性。

（3）场地水文地质条件

勘察期间，所有钻孔均见地下水，地下水类型为第四系孔隙潜水。稳定水位埋深为7.5～10.6m；相应标高为27.44～28.01m。地下水位年变化幅度约为1.0～2.0m，该地下水主要以大气降水为补给来源。根据勘察所取的三件水样水质分析结果，该地下水对混凝土结构有微腐蚀性，对钢筋混凝土结构中钢筋具有微腐蚀性。根据现行《混凝土结构设计规范》GB 50010从混凝土耐久性方面判定本场区混凝土环境类别为Ⅱb类[9]。

3 抗浮锚杆、封底底板的荷载叠加设计方法

无降水抗浮锚杆-旋喷体封底深基坑工程的关键控制点是发挥止水作用的抗浮锚杆-旋喷体封底组合结构。旋流沉淀池基坑支护体系为筒型构造，抗浮设计采用止水底板设置85根抗浮锚杆，其产生的抗拔力与止水底板自身重力共同作用抵消地下水的浮力，即抗浮锚杆按照抗浮桩进行设计，而后将抗浮锚杆的承载力与封底底板抗浮承载力进行叠加。

（1）整体受力验算：

$$N_{kb}+G_d\geqslant pA \qquad (1)$$

式中，N_{kb}为抗浮锚杆提供的抗浮力；G_d为底板自身重力；p为底板底面水压强；A为底板面积。

地下水位稳定标高为−8.5m，底板底标高为−26.5m，底板厚度5m，计算底板底面的地下水压力为41970.95kN。从式（1）计算，G_d为22687.42kN，所以抗浮锚杆承担的总抗拔力$N_{kb}\geqslant$19283.53kN。

单根抗浮锚杆抗拔力为：

$$N_k=\pi dq\lambda \qquad (2)$$

式中，d为锚固体直径取0.15m；q为锚杆粘结强度特征值取100kPa；λ为安全系数取0.7。

选择锚杆直径0.15m，长度12m，单根锚杆的抗拔力为230.79kN，因此锚杆根数$N\geqslant N_{kb}/N_k=83.55$，设计布置85根锚杆。

（2）锚杆体材料验算：

$$N_k<N_y=f_yA_y \qquad (3)$$

锚杆采用3根HRB400 ⌀18钢筋，抗拉强度设计值f_y=360N/mm^2，锚杆截面积A_y=763mm^2，杆体轴力274.68kN，锚杆体材料强度满足要求。

4 无降水抗浮锚杆-旋喷体封底深基坑工程的逆作法施工与监测

4.1 逆作法施工

基坑侧壁采用桩-梁支护体系（图1）。围护桩（支护桩）为C25混凝土，桩径1.2m，桩长24m。

基坑侧壁采用高压旋喷桩结合围护桩帷幕；669根ϕ1000三重管高压旋喷桩封底，厚度5m/9.6m；85根、长12m的3ϕ18抗浮锚杆。施工流程为：施工准备→围护桩施工→侧壁止水帷幕施工→旋喷桩封底施工→抗浮锚杆施工→基坑开挖。下面就旋喷桩封底施工、抗浮锚杆施工两个关键环节介绍如下：

（1）旋喷桩封底施工

基坑封底为高压旋喷桩，设计桩径1m，桩间搭接≥

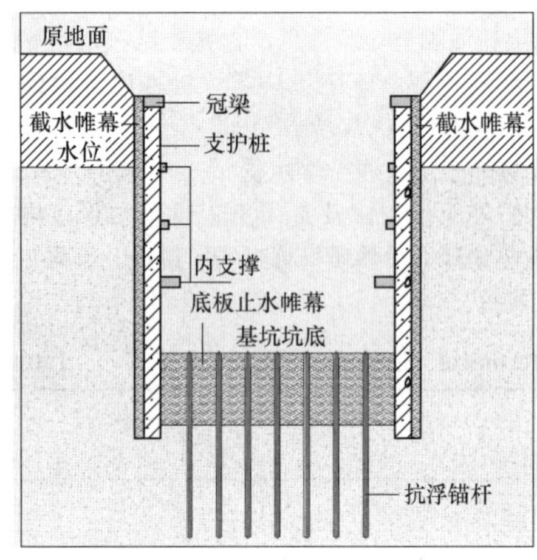

图 1　抗浮锚杆-旋喷体无降水基坑剖面图

Fig. 1　Cross section of the foundation pit of anti-floatage anchor-jetting seal body in no dewatering construction

0.35m，封底底板厚度 5m，布满整个坑底，其中：一种桩的桩顶标高－21.5m，桩长 5m，施工 185 根桩；另一种桩的桩顶标高－16.9m，桩长 9.6m，施工 484 根桩。

施工过程的关键控制点是旋喷桩定位和注浆参数。使用三重管高压旋喷桩引孔，钻孔偏差应在 10mm 以内，钻孔垂直度误差＜0.3%（图 2）。使用 DN110 PVC 管进行护壁，引孔至设计深度后，拔出钻管，并换上旋喷桩机，接通泥浆泵，边射水泥浆边插管，插入设计深度，孔位误差＜50mm，孔深误差＜100mm，垂直度偏差＜1%；水泥浆液水灰质量比为 1，水泥掺量 40%。设定射水压力 35～40MPa，流量大于 70L/min，气流压力 0.6～0.8MPa，注浆压力 0.2～1.0MPa，旋喷转速 8～10r/min，在原位置旋喷 10～20s，由下向上旋喷，待孔口冒浆正常后再旋喷提升，提管速度不大于 100mm/min，钻杆的旋转和提升应连续进行；旋喷提升到设计桩顶标高时停止旋喷，提升钻头出孔口，清洗注浆泵及输送管道，然后将钻机移位，直至所有桩位施工完成。最终成桩桩径≤1m，桩位偏差≤50mm，成桩垂直度≤1%，相邻桩搭接不小于 0.35m。

图 2　高压旋喷桩引孔

Fig. 2　Drill hole by high pressure jet grouting pile

（2）抗浮锚杆施工

抗浮锚杆设计在－21.5～－33.5m，锚杆长度 12m，旋喷桩封底范围（5m）视为锚杆外锚固段，有效锚固长度 5m，锚固体直径 0.15m，采用 3 根直径 18mmHRB400 钢筋，注浆材料的水灰质量比为 0.6～0.8，其设计强度等级为 M30，抗浮锚杆的钢筋杆体（图 3），沿杆体轴线方向每隔 1～1.5m 设对中支架[10]，对中支架由一段钢管和钢管外的“耳”状钢筋组成，对中支架将锚杆钢筋固定，用以保证锚杆钢筋杆体的垂直安放。

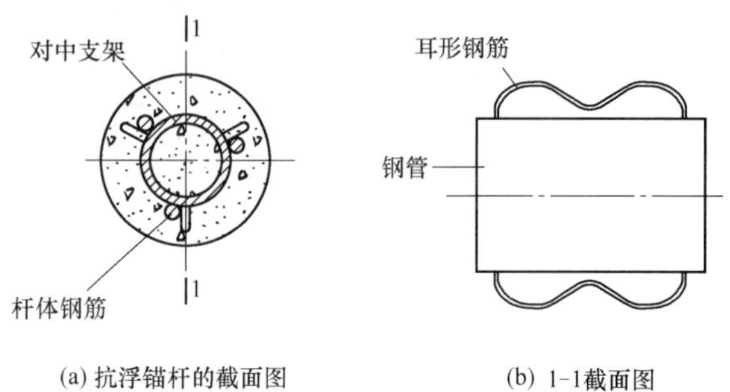

图 3　抗浮锚杆示意图

Fig. 3　Schematic of anti floating anchor

旋喷桩封底施工后，用全站仪测定锚杆的控制点，放线锚杆轴线，经过复测验线合格后，用钢尺和测线实地布设钻孔点。XY-100 型地质勘察钻机就位后，对桩机进行调平、对中，调整桩机的垂直度，偏差应在 10mm 以内，钻孔垂直度误差＜0.3%，调试泥浆泵，使设备运转正常，校验钻杆长度，引孔至设计深度后，注入注浆材料，注浆管的出浆口应插入距孔底 300mm，自下而上进行连续压力注浆。注浆过程中出浆口随浆面的升高而提升，且始终在距浆面以下 300mm 处，且应确保从孔内排水、排气，注浆完成后，更换钻头、牵引钢筋杆体达到锚杆设计标高，提升钻杆，直至所有抗浮锚杆施工完成，此时基坑侧壁高压旋喷桩止水帷幕施工与旋喷桩封底相连接，抗浮锚杆与旋喷桩封底相连接。

4.2　施工监测

该基坑工程的现场监测依据现行《建筑基坑工程监测技术规范》GB 50497 规定[11]，设计、布设监测系统，并对基坑工程实施现场监测。基坑监测布置围护桩桩顶水平监测点、竖直位移监测点 6 个，Z01～Z06；深层水平位移监测点 6 个，CX1～CX6。周边厂房布置沉降观测点 9 个，L01～L09。

该工程基坑开挖施工过程中，围护桩桩顶监测点、深层水平位移监测点的位移情况见表 2、表 3。厂房布置沉降观测点 L01～L09 的累计沉降量分别是 0.7mm、0.6mm、0.4mm、0.6mm、0.5mm、0.8mm、0.4mm、0.5mm 和 0.8mm。从监测数据和开挖现象分析，该基坑逆作法施工

坑顶变形监测数据　　表 2

Deformation monitoring data on the top surface of foundation pit　　Table 2

项目	Z01	Z02	Z03	Z04	Z05	Z06
s_1(mm)	3	4	3	5	4	4
s_2(mm)	0.6	0.7	0.9	0.5	0.6	0.5

注：s_1 为坑顶水平位移，s_2 为坑顶沉降。

深部水平位移监测数据　　表 3

Monitoring data of deep horizontal deformation of foundation pit　　Table 3

测站	测点编号	h(m)	s_3(mm)
CX1	CX1-1	0	5
	CX1-2	6	4
	CX1-3	13	2
	CX1-4	18	3
CX2	CX2-1	0	5
	CX2-2	6	4
	CX2-3	13	3
	CX2-4	18	2
CX3	CX3-1	0	4
	CX3-2	6	3
	CX3-3	13	1
	CX3-4	18	2
CX4	CX4-1	0	2
	CX4-2	6	2
	CX4-3	13	1
	CX4-4	18	2
CX5	CX5-1	0	2
	CX5-2	6	3
	CX5-3	13	2
	CX5-4	18	1
CX6	CX6-1	0	4
	CX6-2	6	3
	CX6-3	13	3
	CX6-4	18	2

注：h 为基坑深度位置，s_3 为水平位移。

过程中，坑内未出现涌水现象（图 4），少量侧壁渗水和天然降水由明排法排出坑外，基坑表现出良好的稳定性，侧壁止水帷幕、旋喷桩封底-抗浮锚杆结构均未发生破坏，周边既有厂房结构也未发生破坏，说明无降水作业抗浮锚杆-旋喷体封底深基坑的支护体系设计可行。

图 4　基坑土方开挖

Fig. 4　Excavation of foundation pit

5　结论

受到环境保护和地下水资源限制开采的政策以及工程建设要求的限制，无降水作业的深基坑工程建设已经成为今后一段时间需要迫切解决的问题。作者根据某深基坑建设的需要，探索了一种抗浮锚杆-旋喷体封底深基坑工程的设计与逆作法施工。按照静力平衡条件，设计封底板自重、锚杆抗拔力平衡封底板下的地下水压力及抗拔锚杆的杆体钢筋。在施工中，按照“施工准备→围护桩施工→侧壁止水帷幕施工→旋喷桩封底施工→抗浮锚杆施工→基坑开挖”进行逆作法施工。该基坑施工监测表明，所采用的设计方法和施工方法可以满足设计基坑的安全要求。

参考文献：

[1] Quanchen Gao, Zhuo Yang, Hongbo Wang, Hanlu Fu, Rongbin Zhou, Dachong Feng. Application of water-proof curtain with high-pressure injection concrete piles in foundation pit[J]. Applied Mechanics and Materials, 2015, 744, 447-450.

[2] 陈勇超，何忠明，王利军，等. 复杂环境下超大深基坑开挖变形演化规律研究[J]. 矿冶工程，2020，40(2)：33-36+42.

[3] 王新新，张学进，蔡永生. 超深基坑承压水降排引起的深层土体变形规律研究[J]. 建筑施工. 2021，43(12)：2615-2617，2622.

[4] 中华人民共和国国务院. 实行最严格水资源管理制度考核办法[R]. 2013.

[5] 辽宁省人民政府. 辽宁省禁止提取地下水规定[R]. 2011.

[6] 山东省人民政府. 山东省用水总量控制管理办法[R]. 2011.

[7] 中冶沈勘工程技术有限公司. 一种无降水作业的锚杆旋喷封底深基坑逆作施工方法：CN201410234064.8 [P]. 2014-8-20.

[8] 中华人民共和国住房和城乡建设部. 建筑边坡支护技术规范：GB 50330—2012 [S]. 北京：中国建筑工业出版社，2013.

[9] 中华人民共和国住房和城乡建设部. 混凝土结构设计规范：GB 50010—2010 [S]. 北京：中国建筑工业出版社，2011.

[10] 中冶沈勘工程技术有限公司. 一种抗浮锚杆连接器：CN201520659540.0 [P]. 2015-8-29.

[11] 中华人民共和国住房和城乡建设部. 建筑基坑工程监测技术规范：GB 50497—2009 [S]. 北京：中国计划出版社，2009.

成都某深基坑受力与变形实测分析

岳大昌， 唐延贵， 闫北京
（成都四海岩土工程有限公司，四川 成都 610041）

摘 要：以成都市北二环一邻地铁站点深基坑工程为研究对象，该基坑采用排桩＋钢筋混凝土内支撑和排桩＋预应力锚索两种支护形式，通过对基坑顶位移、地表沉降、周边建筑沉降、土体深层位移、周边地铁结构位移、支撑立柱沉降、钢筋混凝土内支撑轴力、锚索轴力、地下水位等进行监测。监测结果表明：基坑顶位移、基坑周边沉降、地铁及附属结构等变形均小于规范允许值及计算结果；钢筋混凝土内支撑轴力与锚索轴力均仅为计算分析的45％左右，根据监测情况及变化规律和场地条件，分析了各项差异产生原因，为后期同类工程设计提供数据参考。

关键词：基坑；位移；沉降；支撑轴力；锚索轴力；卵石地层

作者简介：岳大昌(1973—)，男，四川巴中人，教授级高级工程师，总工程师，主要从事岩土工程勘察设计及施工技术研发工作，E-mail：670585944@qq. com。

Analysis of stress and deformation of a deep foundation pit based on field measurement in Chengdu

YUE Da-chang，TANG Yan-gui，YAN Bei-jing
(Chengdu Sihai Geotechnical Engineering Co.，Ltd.，Chengdu Sichuan 610041)

Abstract：Taking the deep foundation pit project of the first subway station near the North Second Ring Road of Chengdu as the research object，the foundation pit adopts two special support types：row pile ＋ reinforced concrete internal support and row pile ＋ prestressed anchor cable. Through monitoring the top displacement of the foundation pit，surface settlement，surrounding building settlement，deep soil displacement，peripheral subway structure displacement，support column settlement，reinforced concrete internal support axial force，Anchor Cable axial force，groundwater level，etc. The monitoring results show that the displacement of the top of the foundation pit，the settlement around the foundation pit，the deformation of subway and auxiliary structures are less than the allowable value of the code and the calculation results；The axial force of reinforced concrete inner support and anchor cable are only about 45％ of the calculation and analysis. According to the monitoring situation，change law and site conditions，the causes of various differences are analyzed to provide data reference for the design of similar projects in the later stage.

Key words：foundation pit；displacement；settlement；supporting axial force；axial force of anchor cable；pebble stratum

1 引言

近年来，成都作为新一线城市，建设工程得到了蓬勃发展，在城市的中心区域，由于土地资源稀缺，基坑越来越深，红线内土地利用也尽可能最大化，基坑周边环境复杂，基坑变形对周边影响较大。而邻地铁基坑，支护结构不允许进入地铁控制线内，当基坑较深时，需要采用内支撑作为支护主要受力构件，支撑体系的布置方式和支撑截面大小对基坑稳定性和工程造价有较大影响，基坑变形过大将影响地铁营运，而设计过于保守则造成浪费。

目前，国内对基坑受力和变形研究已取得较为丰硕的成果，如张家国[1] 依托四川某圆形深基坑工程，分析了排桩框架结构的内力和变形特征及桩径、桩侧地层、基坑直径等因素对其的影响规律；童建军[2] 等对成都地铁车站深基坑周围地表沉降规律进行了研究；王峰[3] 等分析了砂卵石地层条件下基坑围护桩水平位移的时空变化规律；于丽[4] 研究了基坑周边地面和建筑的沉降规律；叶帅华[5] 对兰州某地铁车站深基坑监测与模拟分析对比分析；冯春蕾[6] 结合北京地区18个地铁车站基坑工程的大量变形实测数据，建立以内支撑施加预应力为主的地铁车站基坑动态变形控制流程；李明[7] 对成都某桩锚支护的基坑变形控制进行了分析；刘念武[8] 对内支撑结构基坑的空间效应及影响因素进行了分析。

由于成都砂卵石地层深基坑采用钢筋混凝土内支撑作为支护体系较少，尤其是当基坑深度较深时，地铁变形要求较严的情况下，支撑体系受力特征和变形规律尚不清楚，而基坑工程设计往往需要参考成功经验和吸取失败教训，在没有当地经验作参考时，设计往往较保守，造成浪费。本文以成都二环北路某深基坑工程为背景，对砂卵石地层深基坑采用排桩＋钢筋混凝土内支撑和排桩＋预应力锚索两种支护体系进行受力和变形监测，同时采用实测和二维单元计算结果对比，分析了基坑支护结构变形、受力特性及周边环境沉降，为同类工程设计提供数据参考。

基金项目：成都四海岩土工程有限公司科研项目(SHKY201902)。

2 工程简介

2.1 工程概况

基坑工程位于成都市金牛区二环路北侧，规划为高层建筑、多层建筑及配套商业裙房，整个地块设5层地下室。基坑近似呈长方形，长176.0m，宽48.0～66.0m，基坑周边自然地面标高为507.2m，开挖深度23.1m。基坑周边环境复杂，南侧距地铁出入口8.7m，距高架桥墩14.9m，基坑西侧距商业住宅楼18.0m，北侧距市政道路7.0m，东侧为市政道路施工临时设施。因此，基坑变形对周边环影响较大。基坑平面布置详见图1。

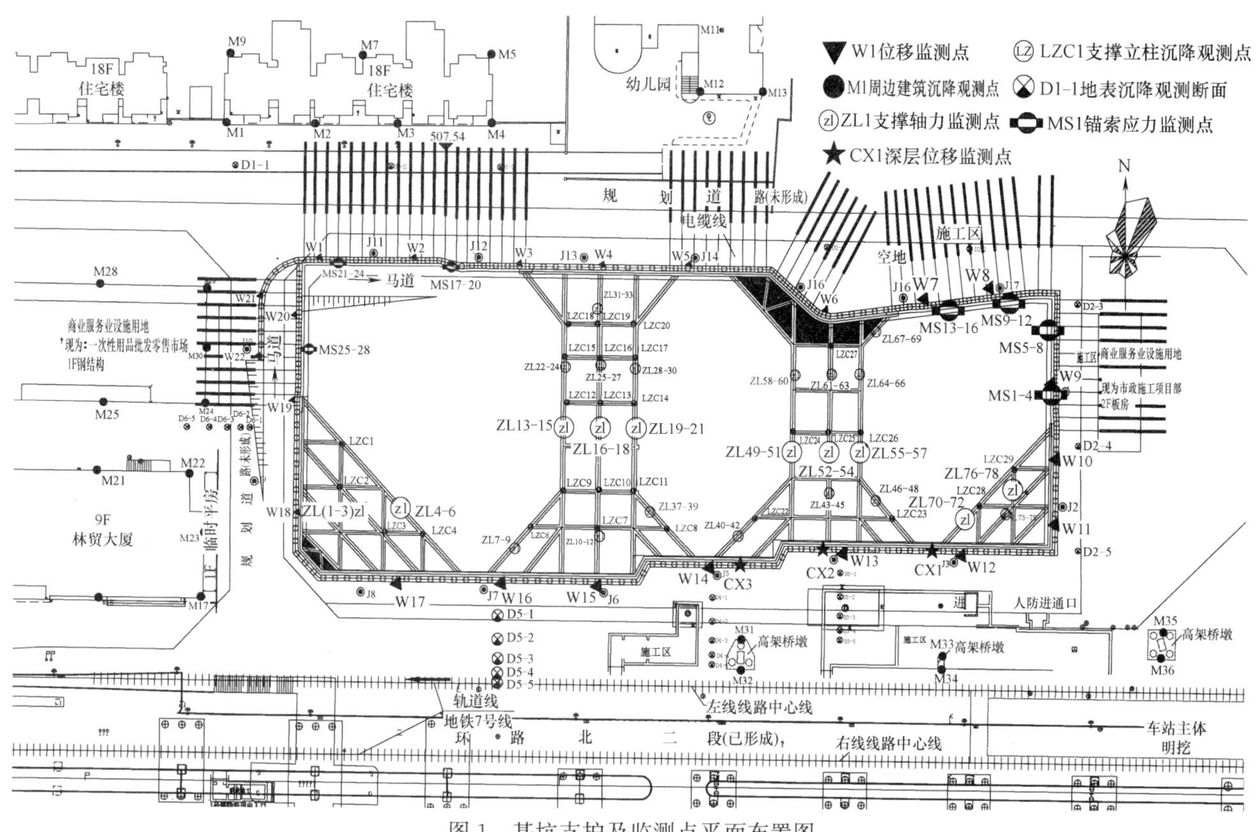

图1　基坑支护及监测点平面布置图

Fig. 1　Layout plan of foundation pit support and monitoring points1

2.2 地质条件

场地地貌单元为岷江Ⅰ级阶地，根据地勘资料，场地开挖深度影响范围内主要地层为：第四系全新统人工填土层（Q_4^{ml}）；第四系全新统冲、洪积层（Q_4^{al+pl}）。地层由上到下分别为：杂填土，杂色，干—稍湿，结构松散，厚0.5～2.1m；素填土，褐色、黄褐色，稍湿，以粉土、砂土为主，厚0.7～1.5m；粉质黏土，褐色、灰褐色，可塑状，厚1.2～5.6m；粉土，褐色、灰褐色，稍密，稍湿—湿，厚0.7～4.7m；细砂，青色、黄褐色，松散，稍湿—湿，厚0.5～3.3m，主要分布于卵石层顶和卵石层中透镜体；卵石，灰色、灰褐色、黄褐色，按密实程度分为松散、稍密、中密和密实4个亚层，层顶埋深3.5～6.4m，卵石层底面埋深38.0～40.0m，其下为泥岩。各土层的物理力学参数详见表1。

场地地下水类型主要为孔隙潜水，卵石层为主要含水层，受周边在建工地降水影响，勘察期间测得地下水埋深9.0～10.3m，砂卵石地层赋水性强，渗透性好，砂卵石层综合渗透系数K值为25m/d。

土体物理力学参数　　表1

Physical and mechanical parameters of soil　　Table 1

岩土名称	重度 γ(kN/m³)	压缩模量 E_s(MPa)	黏聚力 c(kPa)	内摩擦角 φ(°)
杂填土	17.5	—	5	15
素填土	18.0	—	10	12
粉质黏土	19.5	5.5	20	16
粉土	18.5	4.0	12	21
细砂	17.5	8.0	0	18
松散卵石	20.0	18.0	0	25
稍密卵石	21.0	27.0	0	35
中密卵石	22.0	39.0	0	40
密实卵石	23.0	47.0	0	45

2.3 围护结构设计

基坑南侧邻地铁，禁止支护结构进入地铁控制线，因此只能采用内支撑，本工程采用排桩＋钢筋混凝土内支撑，根据基坑形状特点，采用对撑＋“八”字支撑和阴角水平支撑，布置在基坑南北面、东南角和西南角区域，南北方向中间段为 3 根主撑，两端设“八”字形撑以增加支撑范围，东南角和西南角采用水平支撑，竖向共设置 3 道支撑，支撑主梁截面为 1000mm×800mm，连系梁截面为 800mm×600mm，支护剖面详见图 2。基坑东北角和西北角不受周边地下空间限制，为节省造价，为主体结构施工提供更大的工作空间，同时考虑西北角设置出土马道，采用排桩＋预应力锚索的支护形式，预应力锚索设置 4 道，长度 15～27m，支护剖面详见图 3。基坑北侧中段，基坑

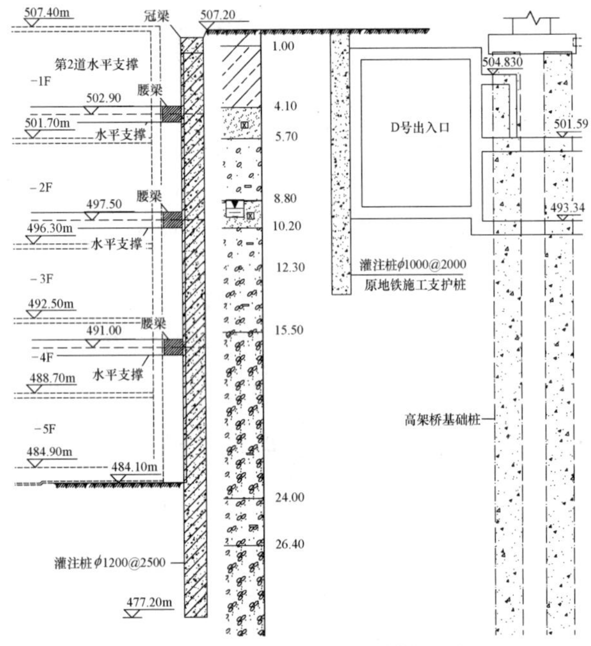

图 2　排桩＋内支撑支护剖面图

Fig. 2　section of row pile＋internal support

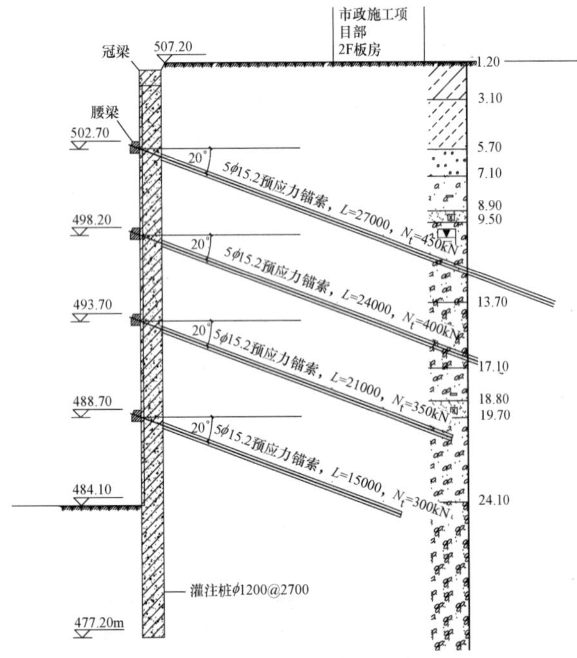

图 3　排桩＋预应力锚索支护剖面图

Fig. 3　section of row piles＋prestressed anchor cable support

边向内侧凸出呈阳角，存在垂直于主支撑的分力，受力较复杂，因此在该区域增加预应力锚索。为增加支撑体系的整体性，在该区域的支撑梁和连系梁之间采用钢筋混凝土板带连接。

排桩采用旋挖成孔灌注桩，桩径 1.2m，桩长 29.6m，嵌固深度 6.9m，内支撑段桩间距 2.5m，预应力锚索段间距 2.7m。支撑立柱采用型钢格构，间距 8m 左右，截面为 480mm×480mm，立柱桩采用旋挖成孔灌注桩，桩径 1.0m，桩长 6.0mm。

2.4　降水设计

本场地砂卵石渗透性较强，并且深度越大，卵石粒径越大，渗透性越大，根据成都地区降水经验，本项目采用管井降水，降水井间距 25m，井深 40m，井径 600mm，降水滤管内径 300mm，根据勘察报告显示，本场卵石层之下的泥岩顶板埋深 38～40m，降水井类型为完整井。

2.5　监测布置

为全面掌握在基坑开挖过程中支护结构自身变形和受力情况、基坑变形对周边环境的影响程度，本工程从以下几个方面布置了监测点：(1) 基坑顶水平位移：共设置 20 个监测点，W1～W20，监测点间距 20m；(2) 基坑周边地面沉降：在靠近地铁侧共设置 4 个垂直于基坑边的监测剖面，西侧布置 1 个，南侧布置 3 个，最远距基坑 22m，点间距 2～8m；(3) 周边建筑和地铁结构沉降监测：共布置 36 个点，M1～M36；(4) 混凝土支撑轴力：在混凝土支撑梁上布置 26 个监测剖面，每个剖面 3 个点，从上至下编号连续，如 ZL1～ZL3 分别代表第 1～3 层支撑轴力监测点；(5) 锚索轴力：共布置 7 个监测剖面，每个剖面 4 个监测点，从上至下编号连续，如 MS1～MS4 分别代表第 1～4 道锚索轴力监测点；(6) 深层水平位移：在靠近地铁侧支护桩上布置了 3 个监测点 CX1～CX3。基坑监测点平面布置详见图 1。

3　监测结果

3.1　坑顶位移

根据监测结果，基坑开挖到位时，基坑南侧 W14 号点位移最大，为 9.3mm；基坑东侧 W10 号点变形最小，为 5.7mm。总的来看，整个基坑顶累计位移均较小，最大值与最小值差异不大。

为展示基坑水平位移随时间的变化，选择有代表性位置的监测点进行统计，W7～W9 为锚索支护段，W10～W17 为内支撑支护段。由于施工和监测周期较长，监测数据较多，监测数据整理按 10d/次提取数据，水平位移随时间变化曲线见图 4。

从图 4 曲线也可以看出，随基坑深度加深，基坑顶水平位移逐渐加大，开挖深度至 5m 过程中，基坑顶变形量较大，占该点总变形量的 25%～60%，平均 41%，支撑支护段在第 1 层支撑设置后，部分监测点位移数值有一定减小，锚索支护段变形持续增加。主要原因为第 1 层支撑设置在地面下 4.3m，以上为悬臂段，因此该部分位移占

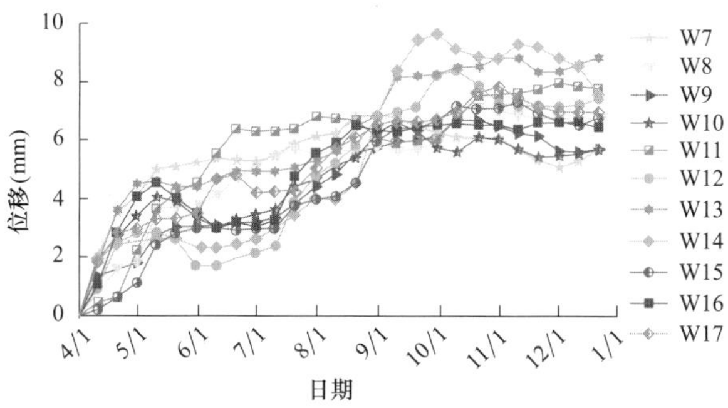

图 4 基坑水平位移随时间变化曲线

Fig. 4 Variation curve of horizontal displacement of foundation pit with time

整体的比例较大，第 1 层支撑设置后，基坑深度相对减小。第 3 层开挖期间基坑变形较大，基坑开挖到位后，变形逐步趋于稳定。

监测数据显示水平位移累计量与支护结构类型关联性不大，与基坑空间位置关系也不明显。分析原因：监测点按 20m 间距布置，而基坑边长较小，基坑累计位移较小，加上监测精度的原因，因此监测数据未能反映出与支护结构类型和空间位置相关性。

3.2 土体深层水平位移

在基坑南侧支撑支护段的东段支护排桩上布置位移监测点，测斜管埋在支护桩身上，长度同桩长，选取 CX1 和 CX2 两个监测点监测数据，两个点分别在对撑和“八”字支撑位置，具有代表性，根据开挖工况，各点的深层水平位移情况见图 5。

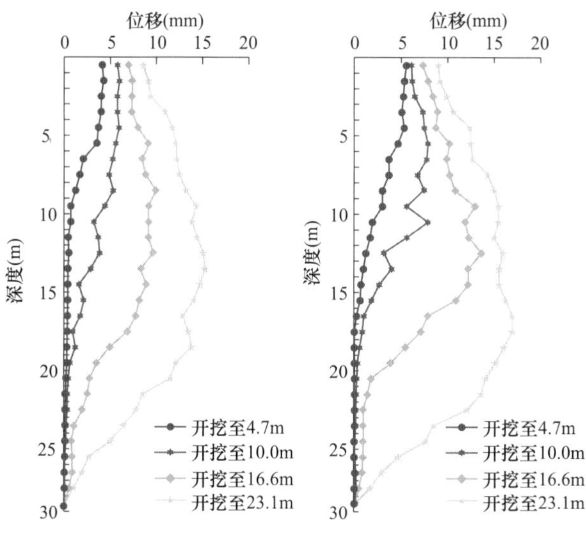

图 5 基坑深层位移曲线

Fig. 5 displacement curve of deep foundation pit

从图 5 可以看出，基坑中下部水平位移最大，位移最大位置在基坑开挖深度的 3/4 左右。

3.3 基坑周边沉降

基坑开挖到基底标高时，基坑外侧地表各区域沉降分别为：北侧 1.8～5.3mm，平均 4.5mm；东侧 3.8～5.7mm，平均 4.5mm；南侧 2.1～5.6mm，平均 4.4mm；西侧 4.1～6.1mm，平均 4.9mm。各区域沉降差异较小，由于西侧设置马道，过重型车辆，变形稍大。

基坑周边各建筑监测结果为：西侧 9 层林贸大厦距基坑边线 17m，沉降 1.8～5.0mm，平均 3.3mm；北侧 18 层住宅距基坑边线 29m，沉降 0.9～4.4mm，平均 2.8mm；北侧幼儿园距基坑边线 36m，沉降 2.1～4.8mm，平均 2.4mm。总体来说，总沉降量较小，沉降差异不大，基坑变形对周边建筑影响较小。

本工程共设置了 4 个监测剖面，用于分析地面沉降与基坑开挖深度的关系。选取有代表性的基坑南侧西段靠地铁的监测剖面，在垂直于基坑处布置 5 个沉降监测点，间距 2～6m，最远点距基坑边 21m，监测点位置、监测时间及各点沉降量见图 6。

图 6 显示靠近基坑的点沉降量较大，远离基坑点沉降量较小，沉降最大在距基坑边 10～16m 范围。

从总体看，基坑周边地面和建筑沉降总量和差异沉降均较小，基坑周边地表进行了硬化处理，对监测结果有一定的影响，小范围内沉降差异不明显。

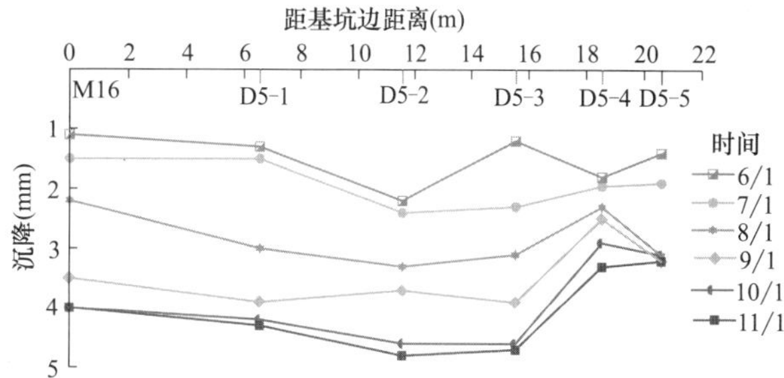

图 6 基坑周边沉降监测点沉降量

Fig. 6 settlement of settlement monitoring points around foundation pit

3.4 混凝土支撑轴力

基坑开挖到位的最后工况，各区域各层主要支撑最大轴力情况见表 2。

支撑监测最大轴力表　　表 2

Maximum axial force of support monitoring　Table 2

位置	1 层轴力(kN)	2 层轴力(kN)	3 层轴力(kN)
ZL1～ZL3	1305	1579	1798
ZL4～ZL6	1295	1567	1716
ZL13～ZL15	1285	1676	1637
ZL16～ZL18	1467	1768	1720
ZL19～ZL21	1463	1730	1619
ZL49～ZL51	1294	1645	1691
ZL52～ZL54	1513	1662	1643
ZL55～ZL57	1286	1652	1652
ZL70～ZL72	1338	1574	1656
ZL73～ZL75	1278	1607	1651

从表 2 中数据可以发现如下规律：

（1）同一层支撑梁，支撑梁轴力差异不大，第 1～3 层变异系数分别为：0.0674；0.0408；0.0321；

（2）各层最大支撑力平均值分别为：第 1 层 1352kN；第 2 层 1646kN；第 3 层 1678kN；总体看，第 1 层最大轴力小于第 2、3 层，约占 75%～90%；

（3）对撑中 3 个支撑主梁受力差异较小。

选取基坑西侧对撑的左支撑梁（ZL13～ZL15）对开挖过程中的受力变化进行分析，在轴力变化较大期间，按 1d/次监测数据统计，轴力相对稳定后，按 10d/次的监测数据统计，轴力随时间变化曲线见图 7。其中 ZL13 为第 1 层、ZL14 为第 2 层、ZL15 为第 3 层，该曲线可以发现如下规律：

（1）随着基坑深度的加深，支撑轴力逐渐加大，在基坑开挖到位后轴力达到峰值；

（2）支撑轴力达到峰值后，轴力均有一定幅度下降，最大降幅达 10%～20%，其他点监测数据中，最大达 50%；

（3）支撑轴力在短时间内有一定幅度的波动。

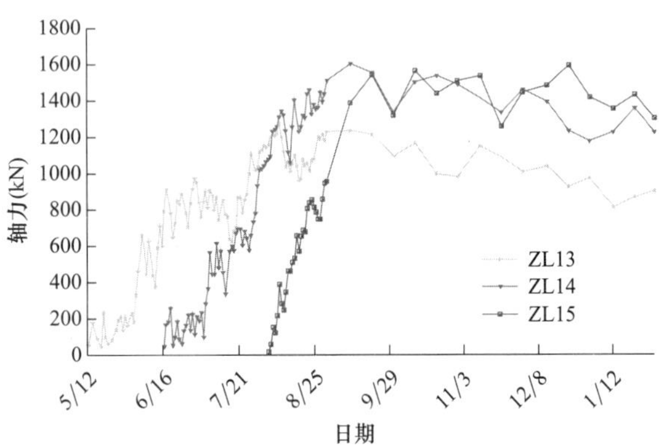

图 7　内支撑轴力曲线

Fig. 7　Axial force curve of inner support

对撑中 3 个支撑主梁的轴力差异不大，主要是因为支撑梁和连系梁的截面均较大，截面刚度较大，整体性较好，轴力较为均匀地分布在每根主撑梁上。支撑轴力在短时间内有一定波动可能是受温度影响。

3.5　锚索轴力

各段锚索最大轴力统计见表 3，从表中可以看出：第 1 排锚索轴力较大，平均为 449kN；其余 3 排受力稍小，其中第 2 排平均 349kN，第 3 排平均 372kN，第 4 排平均 348kN。由于锚索监测点与基坑阴角或支撑位置距离相近，空间效果不明显。

各段锚索最大轴力　　　　表 3

Maximum axial force of anchor cable

Table 3

锚索位置	第 1 排轴力 (kN)	第 2 排轴力 (kN)	第 3 排轴力 (kN)	第 4 排轴力 (kN)
东侧(1～4 号)	449	361	457	352
东侧(5～8 号)	446	358	337	361
北侧(9～12 号)	442	338	334	332
北侧(13～16 号)	459	339	363	347

由于西北角设置马道，开挖较滞后，因此选取场地东北角 1 个剖面上的锚索数据进行分析，锚索轴力随时间变化曲线如图 8 所示。

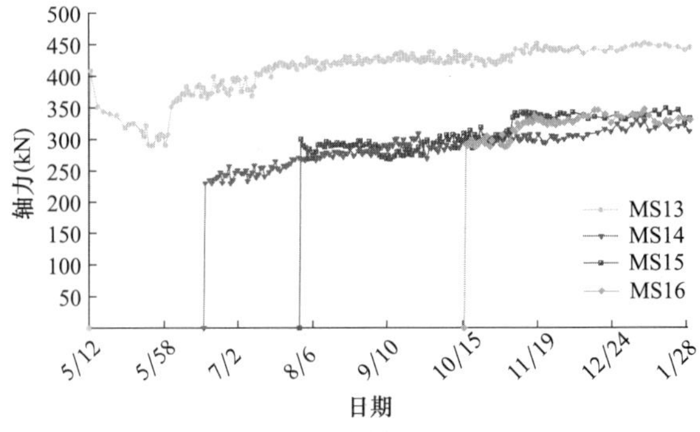

图 8　锚索轴力曲线

Fig. 8　Axial force curve of anchor cable

从该曲线可以发现如下规律：

（1）第 1 排锚索受力较大，其余 3 排轴力稍小，下部 3 排锚索轴力相当，但从整体来看，轴力差异不大；

（2）锚索轴力随基坑开挖深度增加而增大，但增大幅度不大，大约增加 10%～20%，总体来说开挖深度影响不大；

（3）锚索张拉后，监测的轴力立即达到张拉锁定值，但会有一定降低，随后又继续增加；

（4）轴力在短时间内有一定波动，一般上下幅度约为 1%～3%，个别时候达到 5%；

（5）锚索实测轴力略小于张拉锁定值。

从各排轴力大小分布来看，实测第 1 排轴力较大，主要原因为锚索施加预应力锁定后，锚索应力计就受到该压力，当锚索的夹片不发生松弛和锚固体与土体不产生蠕变时，锚索应力就不会下降，本次设计锚索张拉锁定值从上至下分别为 450kN、400kN、350kN 和 300kN，因此，后期监测轴力与张拉力锁定值相关；另外，从地层上看，第 1 排锚索以上地层相对较软弱，地层抗剪强度相对较低，可能造成第 1 排锚索轴力较大。从时间轴力曲线上看，部分锚索应力有一定下降，尤其是第一排锚索张拉后，轴力下降较多，根据了解，是由于施工原因造成夹片与钢绞线间滑动。锚索实测轴力略小于张拉锁定值主要原因为张拉时，未考虑钢绞线与夹片的松弛效应，张拉锁定后，锚索应力有一定下降。

3.6　立柱沉降

监测结果显示立柱最大沉降为 4.4mm，最小沉降为 0.4mm，沉降最大点在中间对撑处，两阴角支撑处竖向沉降较小，但总体沉降量较小。立柱沉降量主要受混凝土支撑自重和坑底土体隆起影响，根据成都地区经验，卵石地层基底隆起量非常小，立柱沉降主要受自重影响，基坑中部立柱自重较大，因此中部沉降较大。

3.7　地铁及附属结构变形

监测结果显示地铁车站主体结构最大位移为 1.2mm，沉降 1.6mm；2 号新风亭结构最大位移为 2.8mm，沉降

3.2mm；D 号出入口结构最大位移为 1.8mm，沉降 2.9mm；盾构区间结构最大位移为 0.9mm，沉降 1.6mm。由于总位移量小，未能明显反映位移随开挖工况变化关系。基坑位移和沉降较小的主要原因为实际地层抗剪强度与勘察报告建议值有一定差异，另外，原地铁基坑支护桩有一定的隔离作用，从而使地铁及其附属结构变形较小。

3.8 地下水位监测

基坑降水对基坑支护结构的稳定性有重要影响，由于基坑紧邻地铁，因此，降水时先对远离地铁的降水井进行降水，当水位稳定后，再对地铁侧进行降水，以减少地铁侧的水力坡度，减少砂粒流失。本项目采用水位计逐日连续监测，以稳定后水位作为初始值，选取 J4、J7、J12、J15 四口井的监测数据，结果整理成水位时间曲线见图 9。

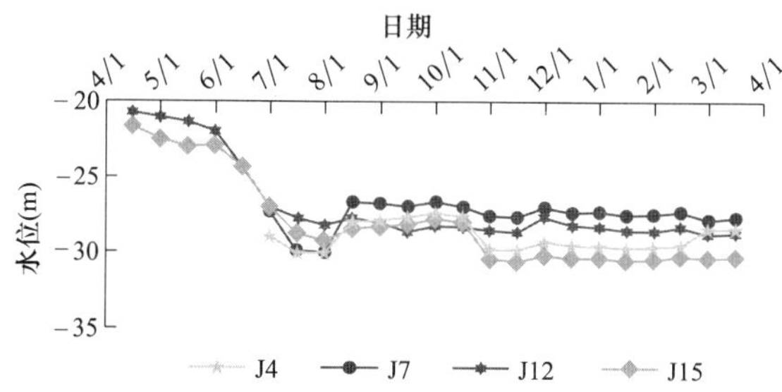

图 9 地下水位变化曲线

Fig. 9 Groundwater level variation curve

从图 9 可以看出，开始降水后，水位逐渐下降，基坑开挖到底标高时，水位均在基底标高以下，但在过程中，水位有一定波动，可能影响水位的因素较多，如降雨、停电等。

4 计算与监测对比

4.1 计算原则

基坑支护设计计算中，较多的采用二维单元计算，因此二维计算结果与实测值的对比对同类工程具有参考意义。

本项目设计计算参数依据地勘报告提供的建议值，设计开挖工况为按每层 2m 进行开挖，开挖至锚索或支撑设置标高以下 0.5m。

4.2 沉降位移对比

根据计算，锚索支护段基坑顶位移最大为 14mm，而实测最大位移为 9.3mm，为计算值的 66%。支撑支护段基坑顶最大位移为 11mm，而实测值为 8.2mm，为计算值的 75%。深层位移计算最大为 17.7mm，实测为 15.2mm，为计算值的 86%，沿深度方向的深层位移规律一致。支撑支护段地面用抛物线法计算出的最大沉降为 35mm，在距基坑边 6～9m，实测最大沉降为 4.8mm，仅为计算值的 14%，计算最大沉降位置在 10～16m 基坑深度。

4.3 锚索轴力对比

按施工工况进行分析，各工况下预应力锚索轴力的计算值与基坑北侧东段实测数据对比见图 10。

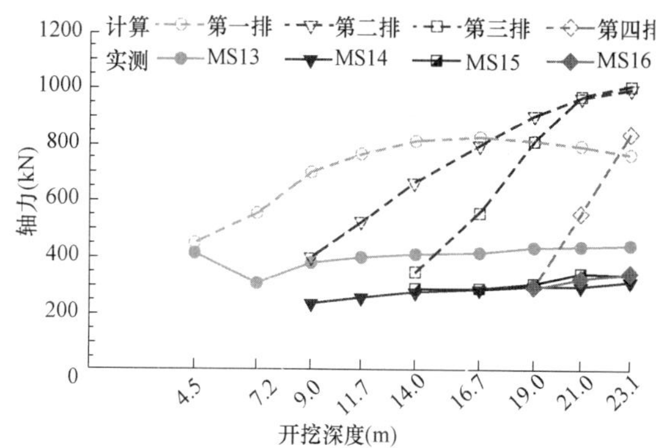

图 10 锚索轴力计算与实测对比图

Fig. 10 Comparison between anchor cable axial force calculation and actual measurement

计算中，在锚索施工后，锚索轴力为预加应力。随开挖深度增加，四道锚索轴力均有所增加，但越向下，轴力增长速率越快，第二、三排轴力最后工况轴力最大。从对比分析来看，锚索实测轴力小于计算值，基坑开挖到位时第一至四排锚索实测轴力与计算轴力比分别为 58%、32%、33%、40%，平均 40%。在施工过程中，由于第二、三排锚索张拉未达到设计锁定值，造成实测轴力与计算差异较大。根据范文军[9] 对成都某基坑锚索的监测结果，锚索拉力值基本小于设计值的 25%左右，说明成都地区卵石地层的计算轴力偏大。

4.4 支撑轴力对比

按工况进行分析，各工况下钢筋混凝土内支撑轴力计算值与实测值（靠西侧对撑）对比见图 11。

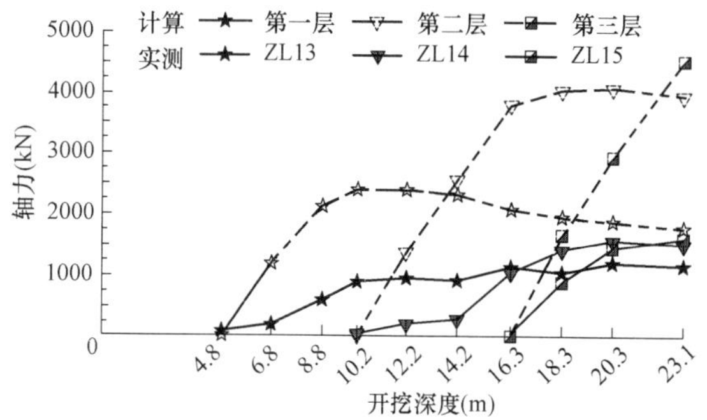

图 11 支撑轴力计算与实测对比图

Fig. 11 Comparison diagram of support axial force calculation and actual measurement

计算中，第一层支撑在开挖至第二层支撑位置时，轴力最大，其后有少量下降；第二层支撑在开挖至第三层支撑位置时轴力最大，其后基本保持不变；第三层支撑轴力最大，开挖到底时最大。从对比分析看，支撑实测轴力小于计算值，基坑开挖到位时第一至三层支撑实测轴力与计算轴力比分别为 64%、38%、35%，平均 46%。

从总体受力看，锚索和支撑实测轴力均小于计算分析值，主要原因为卵石地层在降水后，实际抗剪强度与地勘报告建议值有一定的差异，成都地区卵石地层的黏聚力取 0kPa，内摩擦角根据地层的密实程度取 30°～45°。但根据赵兵[10] 和张玲玲[11] 的研究成果，卵石地层存在咬合力，咬合力达 20～100kPa，内摩擦角 33°～40°。当抗剪强度提高后，土压力相应减小，支撑轴力也相应减小。

5 结论

通过多项监测数据分析本项目基坑变形和受力规律，同时与计算结果对比，得到如下结论：

（1）卵石地层深基坑采用排桩＋混凝土内支撑和排桩＋预应力锚索两种支护方式均能较好地控制基坑变形，确保周边环境安全。两种支护形式组合支护不同位置是可行的，两种方式的变形差异不大。排桩＋预应力锚索的水平位移小于计算值，排桩＋混凝土内支撑的水平位移与计算值相当。

（2）基坑周边沉降最大位置在距离基坑顶外侧 3/4 基坑开挖深度的位置，土体深层位移最大在基坑深度 3/4 左右。

（3）成都卵石地层深基坑锚索和混凝土支撑轴力均小于计算值，支撑轴力实测值仅为计算值的 35％～64％，锚索轴力实测值仅为计算值的 32％～58％，锚索实际轴力与张拉锁定值有关，当锁定越大时，后期锚索轴力也越大。

（4）卵石地层深基坑采用排桩＋混凝土内支撑支护，基坑变形对相邻地铁影响较小，能满足规范及地铁运营要求。

参考文献：

[1] 张家国，肖世国，等．砂卵石地层圆形深基坑排桩支护结构受力特征[J]．地下空间与工程学报，2015（11）：1603-1610.

[2] 童建军，王明年，等．成都地铁车站深基坑周围地表沉降规律研究[J]．水文地质工程地质，2015，42：97-101.

[3] 王峰，高月新，等．砂卵石地层深基坑围护结构变形监测与模拟[J]．科技通报，2020(36)：74-79.

[4] 于丽，王明年．成都卵石土深基坑施工降水对地表变形的影响[J]．四川建筑科学研究，2016(42)：51-54.

[5] 叶帅华，丁盛环．兰州某地铁车站深基坑监测与数值模拟分析[J]．岩土工程学报，2018，40(S1)：177-182.

[6] 冯春蕾，张顶立，等．砂卵石地区地铁车站基坑整体变形模式及其应用[J]．岩石力学与工程学报，2018，37(S2)：4395-4405.

[7] 李明，陈启春，赵欣，等．桩锚支护技术在深基坑工程中的应用[J]．建筑结构，2020，12(S1)：789-792.

[8] 刘念武，龚晓南，俞峰，等．内支撑结构基坑的空间效应及影响因素分析[J]．岩土力学，2014(8)：2293-2306.

[9] 范文军，冯世清，等．成都卵石土地区基坑开挖变形特征现场试验研究[J]．四川建筑，2016，36(4)：95-98.

[10] 赵兵，黄荣．成都地区砂卵石的抗剪强度探讨[J]．价值工程，2011，30(18)：60-61.

[11] 张玲玲，姚勇．四川西北地区砂卵石土的直剪试验研究[J]．路基工程，2010(3)：162-164.

两道预应力鱼腹式钢支撑在软土地区深大基坑的应用研究

梁志荣，魏　祥，罗玉珊*
（上海申元岩土工程有限公司，上海 200011）

摘　要：作为一项绿色支护技术，预应力鱼腹式钢支撑（IPS）技术在基坑工程中的应用越来越广泛。而在软土地区特别是上海地区，受限于软弱土层和敏感环境，IPS的基坑应用通常限制在挖深 8m 以内。本文详细介绍了两道预应力鱼腹式钢支撑在上海环境敏感区域的首次应用，从施工工效、支撑受力（含预应力钢绞线）、周边变形等方面进行了分析研究。结果表明：采用两道 IPS 方案可缩短约 40%的工期，节约造价、绿色环保；IPS 系统中型钢和钢绞线轴力可控；软土地区环境敏感基坑设计中建议增加大跨度多道鱼腹梁的备用钢绞线数量。本项目两道预应力鱼腹式钢支撑的成功应用，期待可为软土地区相似基坑工程实践提供参考。

关键词：软土地区；两道预应力鱼腹式钢支撑；支撑轴力；备用钢绞线；环境影响

作者简介：梁志荣，男，1966 年生，教授级高级工程师，主要从事岩土工程、地下工程等领域的设计与科研工作。E-mail：llq009@vip.sina.com。

通讯作者简介：罗玉珊，女，1987 年生，博士，主要从事加筋结构、基坑工程、边坡加固等岩土工程方面研究。邮箱：shaluoyushan@126.com。

Application and analysis of two layers of Innovative Prestressed Support(IPS) in deep excavations in soft soil area

LIANG Zhi-rong，WEI Xiang，LUO Yu-shan*
（Shanghai Shen Yuan Geotechnical Engineering Co.，Ltd.，Shanghai 200011，China）

Abstract：As a green support technology，Innovative Prestressed Support（IPS）has been widely used in excavations. However，in soft soil area，especially in Shanghai，limited by soft soil and sensitive environment，the application of IPS is generally limited to the excavation depth of 8 m. Based on the first application of two layers of IPSs with sensitive environment in Shanghai area，the construction efficiency，measured axial force（including prestressed steel strands）in IPS system and deformation of surroundings were introduced and analyzed in detail. The results show that the two layers of IPSs design could shorten the construction period by about 40%，saving cost and environmental friendly. The field monitoring data of axial force in H-Beam steel and steel strand of the IPS system could meet the requirements of relevant specifications，indicating the technology performed safely on whole. In the design of deep excavations in soft soil area，it is suggested to increase the number of spare steel strands of IPS system，especially within sensitive environment. The successful application of two layers of IPSs in this project is expected to provide reference for similar deep excavation practice in soft soil area.

Key words：soft soil areas；two layers of Innovative Prestressed Support（IPS）；axial force in IPS system；spare steel strand；environmental effect

1　引言

在地下空间开发相对较为密集的城市，深大基坑支护的安全实施一直备受国内外岩土工程研究者的关注，特别是在城市中心区域，基坑工程常常面临着周边道路市政管线密布，邻近建筑物众多，紧邻重要建（构）筑物或地铁车站等严苛的环境因素。逐渐地，城市中心区的基坑工程设计理念已逐渐完成从“强度稳定控制”向“变形位移控制”的方向转变[1-3]，这对设计施工都是很大的挑战。

预应力鱼腹式钢支撑（Innovative Prestressed Support，简称 IPS 支撑）是一种近年来新兴的装配式组合内支撑形式。该技术通过国外引进、消化吸收和再创新，已在全国多地区的基坑工程中得到了广泛应用，积累了较丰富的设计和施工经验[3-9]。预应力鱼腹式钢支撑体系由水平支撑系统和竖向支承系统组成，其中水平支撑系统包括对撑、角撑、预应力鱼腹梁、腰梁和连接件等，竖向支承系统包括立柱（立柱桩）和连接件等[10]。IPS 工法通过于基坑开挖前施加预应力，并以预应力充分激发被动土压力，以实现大幅限制围护结构位移、降低基坑工程环境影响的目标。同时采用下弦为预应力钢绞线的鱼腹梁大跨度构件，将它水平支顶在基坑围护墙上，形成支撑之间的巨大空间，可大大减少土方开挖的工期和费用。

近年来，城市地下工程施工对周边环境影响的控制标准日趋严格，尤其对基坑位移控制的要求越来越高[5]。特别是在软土地区，工程地质条件复杂，多赋存灵敏度较

基金项目：上海市青年科技启明星计划资助 20QB1404500、21QB1404400(Sponsored by Shanghai Rising-Star Program)。

高的淤泥质软土，易引起基坑支护系统变形、内力增大，对安全性及位移控制均不利。在上海地区的基坑工程实践中，环境保护要求高且开挖深度 8m（含 8m）以上的基坑工程，其内支撑一般不少于两道，且第一道为钢筋混凝土支撑。目前预应力鱼腹式钢支撑技术在上海地区基坑工程实践中，基坑开挖深度普遍不超过 8m。

鱼腹梁预应力的合理设计、控制和监测等一直是预应力鱼腹式设计中考虑的重要问题。由于鱼腹梁本身刚度小，只有通过施加预应力才能体现出鱼腹梁控制变形的优势。根据工程经验，预应力不应该太大，太大的话会增加鱼腹梁钢围檩和钢绞线的轴力，造成结构上的不经济；而预应力过小时，又起不到有效控制基坑变形的效果，阻碍敏感基坑预应力鱼腹式钢支撑的实践效果[3,9]。对于在软土地区敏感环境中，采用多道预应力鱼腹梁支撑的应用及讨论分析尚不多见，这也一定程度上制约了 IPS 技术的推广和应用。本文以国航上海浦东工作区倒班用房建设项目为背景，详细介绍了两道预应力鱼腹式钢支撑在上海地区环境敏感区域的首次应用实践。从施工工效、支撑受力（含预应力钢绞线）、周边变形等方面分析讨论了两道预应力鱼腹式钢支撑在软土地区实施的可行性、可靠性，并结合实践数据对预应力变形控制设计提出了建议，以期为 IPS 技术在软土地区深大基坑中的进一步推广提供参考和借鉴。

2 工程概况

本项目位于上海市浦东新区，基地二路以南、基地三路以北、河浜西路以东、航安路以西。主体建筑分别是 C 形倒班楼和 L 形倒班楼，用于空勤准备、航医、派遣、客舱派遣、情报、放行、食堂及倒班住宿和相关配套用房等。项目总建筑面积 49665m^2，地上设置 6 层，地下设置 2 层地下室。基坑形状较规则，呈长方形，开挖信息如表 1 所示，C 形与 L 形倒班楼基坑围护、支撑设计施工方案相似，限于篇幅下文主要介绍 L 形倒班楼的实践分析。

基坑开挖信息表　　表 1

Main information of the excavations　Table 1

名称	开挖面积（m^2）	普遍开挖深度（m）	周边延长米（m）
C 形倒班楼	7028	8.60	335
L 形倒班楼	7073	10.20～11.70	342

2.1 周边环境概况

本项目 L 形倒班楼北侧邻近 6F 倒班宿舍楼（浅基础），西侧邻近室外篮球场和 3F 运动中心，南侧、北侧和东侧邻近道路，道路下均有管线，距离 6F 宿舍楼仅 18.7m，距离燃气管仅 15.1m，周边环境较复杂，保护要求较高，周边环境如图 1 所示。

2.2 水文地质概况

本工程场地属河口、砂嘴、砂岛地貌类型，沉积年代为全新世—上更新世，为滨海—河口、滨海—浅海、滨海、沼泽、河口—湖泽及河口—滨海相沉积，各土层物理力学指标见表 2。

场地内的不良地质条件主要有：

（1）场地内第④、⑤层土属高压缩性土，含水量高、孔隙比大、压缩模量小，呈饱和、流塑状态，抗剪强度低，灵敏度中—高，具有触变性和流变性特点，属于软弱土层。L 形倒班楼基坑场地处第④、⑤层，软土厚达 21m，对围护结构受力及变形控制不利。

（2）场地浅层均布②$_3$ 层粉砂，透水性较好，渗透系数较大，基坑开挖极易产生流砂、管涌等不良地质现象。

（3）场地内有多处暗浜分布，暗浜深约 2.1～3.6m，浜内以回填灰色黏性土为主，土质极差，局部浜底为淤泥，夹少量腐殖质、有机质暗浜对围护桩的施工质量有较大影响。

L 形楼区域土层物理力学性质综合成果表　　表 2

Physico-mechanical parameters of soils for L-shape Building　　Table 2

项目		层序 ②$_2$ 灰黄色粉质黏土	②$_{3\text{-}1}$ 灰色砂质粉土	②$_{3\text{-}2}$ 灰色粉砂	④$_{1\text{-}1}$ 灰色淤泥质黏土	⑤$_1$ 灰色黏土	⑦$_1$ 砂质粉土
土层厚度(m)		0.9	2.8	3.3	9.7	10.30	3.0
重度	γ (kN/m^3)	18.8	19.0	19.3	16.8	17.6	18.9
直剪固快（峰值）	c(kPa)	25.0	5.0	4.0	13.0	20.0	4.0
	φ(°)	23.0	34.5	35.5	10.0	12.0	35.0
渗透系数	k(cm/s)	3.0×10^{-6}	6.0×10^{-5}	1.0×10^{-4}	7.0×10^{-7}	8.0×10^{-7}	

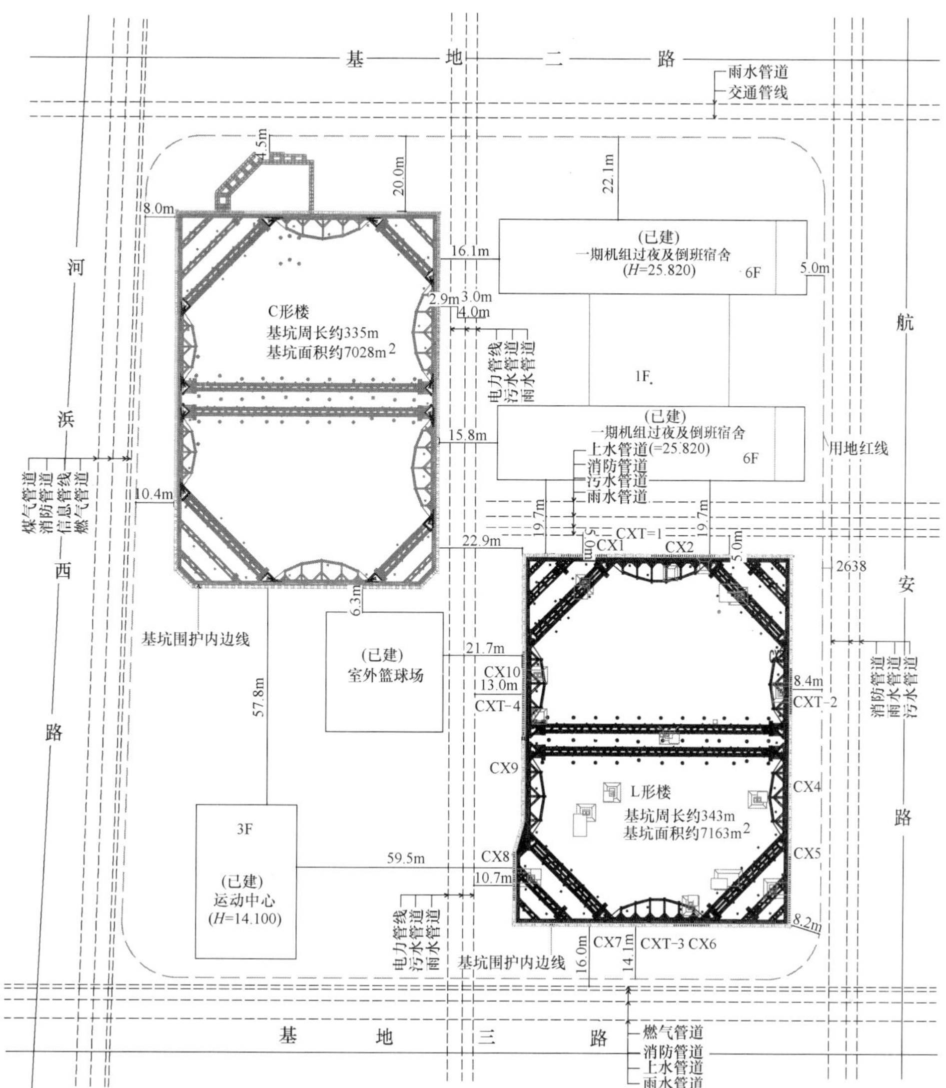

图 1　基坑周边环境及部分监测点平面布置图

Fig. 1　Plan view of environment and monitoring of excavation

3　基坑围护设计概况

本项目基坑开挖面积约 1.4 万 m^2，基坑挖深 8.6～11.7m，基坑规模较大，施工周期长，且周边环境较复杂，项目工期紧、造价控制严格，L 形与 C 形倒班楼基坑要求同时开挖施工，而两楼基坑间距仅 22.9 m，基坑变形控制和环境保护要求高，设计挑战严峻。

3.1　基坑围护结构设计

根据上海市相关规范[11,12]，本项目基坑安全等级为二级，环境保护等级为二级。

在综合考虑本次基坑工程情况、周边环境条件及基坑开挖深度、面积，并对各种围护结构进行比较分析的基础上，L 形倒班楼基坑采用六轴水泥土搅拌桩内插 H 型钢作为周边围护结构。

根据相关部门及规范[11-13] 规定，基坑施工期间围护桩深层水平变形累计值不超过 30.6mm。为加强被动区土体抗力同时减少基坑施工产生的变形，在基坑邻近环境敏感建（构）筑物、道路管线区域设置宽 4.2m 的双轴水泥土搅拌桩裙边/墩式加固。典型基坑支护结构剖面图参见图 2。

3.2　两道预应力鱼腹式钢支撑设计

因采用混凝土支撑结构造价偏高，施工过程及后续拆除不便利；而若采用钢管支撑，布置较密，挖土空间大大受限。综合考虑，本项目首次在上海环境保护等级二级项目中引入两道预应力鱼腹式钢支撑系统。

L 形倒班楼基坑内设计两道预应力鱼腹式钢支撑，支撑平面布置如图 3 所示。其中第一道支撑局部对撑采用钢筋混凝土支撑，并结合第一道支撑设置了东西贯通的栈桥，以便土方开挖、流水施工、交叉作业。第一道 IPS 钢支撑中，钢围檩采用双拼 H400×400×13×21 型钢，鱼腹梁选用 SS400-34m 及 SS400-20m；第二道 IPS 钢支撑中，钢围檩采用双拼 H428×407×20×35 型钢，鱼腹梁采用 SS400-34m 及 SS400-29m 型。

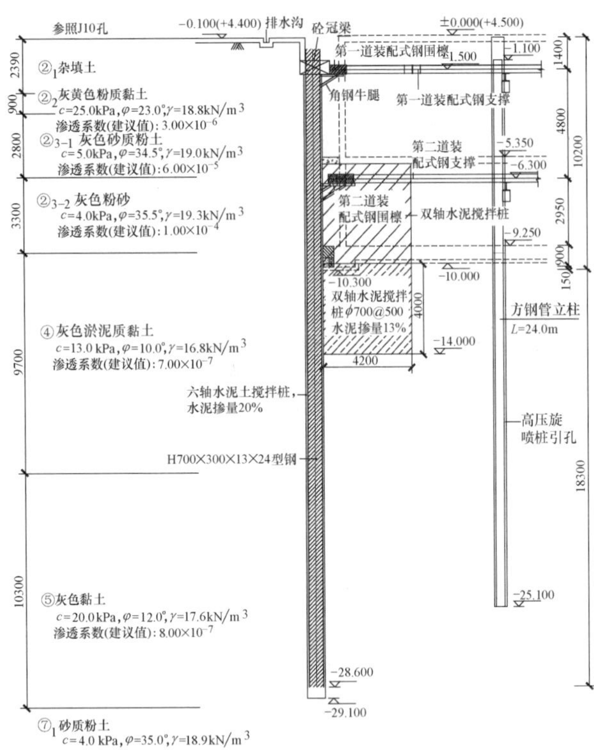

图 2　基坑支护典型剖面图

Fig. 2　Typical section of retaining structures

IPS 系统预应力施加及拆除顺序至关重要，本项目设计要求预应力施加及拆除均分 4 级，具体如下：

（1）钢支撑预应力施加顺序：角撑、对撑→鱼腹梁。钢支撑预应力施加原则：分区、分级、循环加压。预应力施加的施工流程如图 4 所示，图中 A、B、C 代指对撑、角撑加载，a、b、c 代指钢绞线张拉。

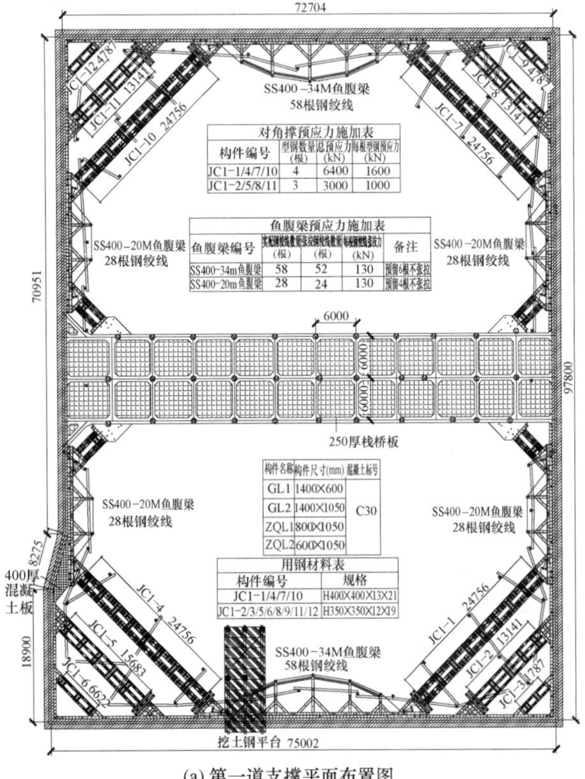

对角撑预应力施加表

构件编号	型钢数量(根)	总预应力(kN)	每根型钢预应力(kN)
JC1-1/4/7/10	4	6400	1600
JC1-2/5/8/11	3	3000	1000

鱼腹梁预应力施加表

鱼腹梁编号	实配钢绞线数量(根)	张拉钢绞线数量(根)	每根钢绞线张拉力(kN)	备注
SS400-34m鱼腹梁	58	52	130	预留6根不张拉
SS400-20m鱼腹梁	28	24	130	预留4根不张拉

构件名称	构件尺寸(mm)	混凝土标号
GL1	1400×600	C30
GL2	1400×1050	
ZQL1	800×1050	
ZQL2	600×1050	

用钢材料表

构件编号	规格
JC1-1/4/7/10	H400×400×13×21
JC1-2/3/5/6/8/9/11/12	H350×350×12×19

(a) 第一道支撑平面布置图

对角撑预应力施加表

构件编号	型钢数量(根)	总预应力(kN)	每根型钢预应力(kN)
JC1-1/4/7/10	5	11000	2200
JC2-2/8/11	3	4500	1500
JC2-5	4	5600	1400
DC2-1/2	4	6800	1700

鱼腹梁预应力施加表

鱼腹梁编号	实配钢绞线数量(根)	张拉钢绞线数量(根)	每根钢绞线张拉力(kN)	备注
SS400-34m鱼腹梁	86	74	130	预留12根不张拉
SS428-29m鱼腹梁	64	56	130	预留8根不张拉

用钢材料表

构件编号	规格
JC2-1/4/7/10 DC2-1/2	H400×400×13×21
JC2-2/3/5/6 JC2-8/9/11/12	H350×350×12×19

(b) 第二道支撑平面布置图

图 3　预应力鱼腹式钢支撑平面布置图

Fig. 3　Plan of Innovative Prestressed Supports (IPSs)

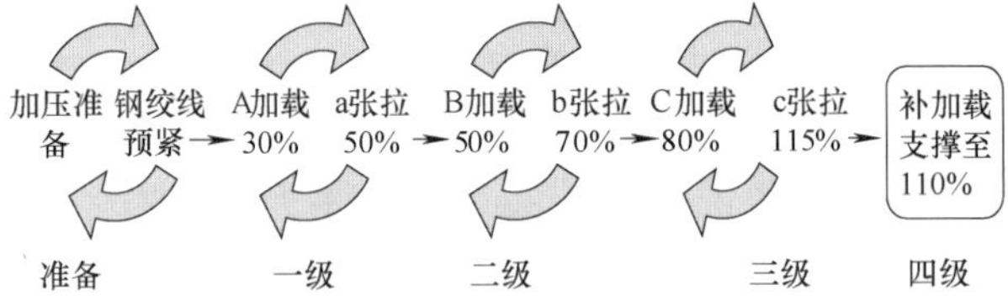

图 4　预应力鱼腹式钢支撑预应力施加流程图

Fig. 4　Prestress application technology in IPS system

（2）钢支撑拆除前必须对拆除区域的鱼腹梁和钢支撑进行预应力释放，其单次预应力释放顺序：鱼腹梁→对撑、角撑。对拆除区域的预应力释放遵循分级循环释放的原则，采用 4 级（均匀）进行预应力释放。

4　基坑实施及监测情况分析

4.1　施工工效分析

本项目各道支撑施工和拆除时间统计如表 3 所示。支撑施工有效作业时间共计 47d，其中，第一道支撑局部对撑和栈桥因采用钢筋混凝土，故工期略长；而在第二道预应力鱼腹式钢支撑施工时，得益于 IPS 体系现场拼接、安装、拆除方便快速和挖土空间大等优势，工期大幅缩短。总体看来，本设计比初期拟采用两道钢筋混凝土支撑方案工期约缩短 24d，施工时间节约了 43%。对于软土地区深大基坑而言，将施工工期缩短，最大限度地减小基坑暴露时间，可大大降低基坑隆起、突涌等稳定性问题的风险，将基坑开挖造成的周围建筑物、设施的变形控制在允许范围内，同时也节约了人员、机械等的成本投入。

各道支撑施工有效作业时间情况表　表 3

Table of effective construction time of each layer of support　Table 3

支撑作业部位	施工(d)	预应力施加(d)	养护(d)	拆除(d)
第一道支撑（局部对撑为混凝土支撑）	20	3	8	4
第二道支撑	7	3	—	2

同时，预应力鱼腹式钢支撑拆除后能直接分类退场，不额外占用施工场地，加之大部分支撑构件可回收重复利用，拆撑阶段无噪声、粉尘等污染，绿色环保，社会效益和环境效益显著。

4.2 支撑轴力分析

本项目于 2019 年 12 月 23 日第一道支撑施工完毕，开始第二层土方开挖，穿插挖土和第二道预应力鱼腹式钢支撑施工，于 2020 年 1 月 13 日完成第二道支撑；春节及疫情（受其影响，施工暂停 1 个月）过后于 2020 年 3 月 23 日开始第三层土方开挖，并于 4 月 5 日开挖至坑底，4 月 14 日垫层浇筑完毕，开始底板钢筋绑扎工作。2020 年 5 月 6 日起分区拆除第二道支撑。图 5 为预应力鱼腹式钢支撑轴力监测值随时间变化曲线，由图可知：(1) 当第二/三层土方开挖时支撑轴力明显增加，随后支撑/底板钢筋绑扎完毕后，轴力增速减缓，趋于平缓；(2) 开挖第二层土及第二道支撑施工、施加预应力时，对第一道支撑的轴力影响较小，说明第一道钢支撑预应力几乎无松弛，受力及变形控制水平稳定；(3) 开挖前钢支撑预先施加较大预应力，根据经验预应力会有一定的损失，而监测得的初始轴力偏小，未能采集到准确初值，宜进行修正或改良监测元件。

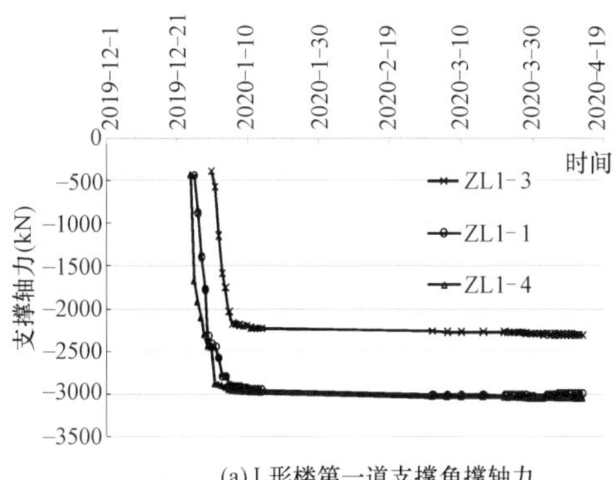

(a) L形楼第一道支撑角撑轴力

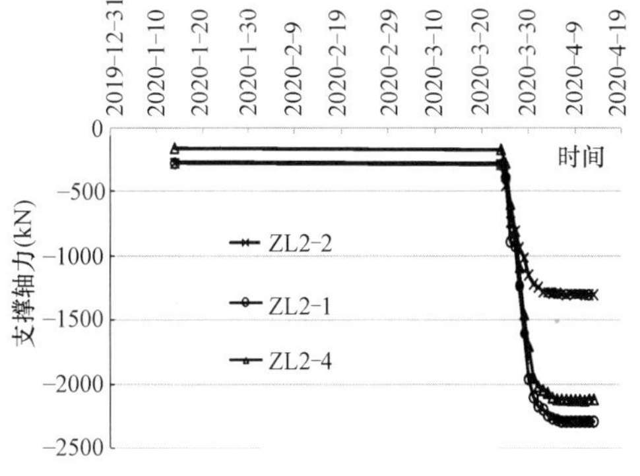

(b) L形楼第二道支撑角撑轴力

图 5　预应力鱼腹式钢支撑轴力监测值随时间变化曲线

Fig. 5　Variation of measured axial force with time in IPS system

表 4 为开挖至坑底时预应力鱼腹式钢支撑几处重点监测点位实测轴力与设计值对比情况表。对比可见：(1) 第一道支撑两处角撑（JC1-1 和 JC1-4）单根型钢监测值比设计值大 13%～15%，这与该处钢角撑预应力施加偏小和桩顶位移增大有关。经验算该轴力小于单根型钢承载力，仍满足规范要求。(2) 第二道支撑中鱼腹梁钢绞线（SS428-34m）实测轴力比设计值偏大 15%，分析其原因可能为鱼腹梁处初始预应力施加偏小（设计合理预应力值需张拉 82 根，实际张拉 74 根，预应力偏小 9.8%，即偏小 1045 kN)，该处鱼腹梁结构表观刚度小于原剖面设计。经验算，因设计预留了 5%的备用钢绞线，若启用张拉备用钢绞线，则该处鱼腹梁仍有一定安全度，满足相关规范要求[10]。

预应力鱼腹式钢支撑轴力实测值与设计值对比表　表 4

Comparison of measured and design value of axial force in IPS system　Table 4

类别	支撑点位	设计轴力(kN)	预加应力(kN)	实测轴力(kN)	实测与设计之比
第一道（单根）	JC1-1	2652	1600	2997	1.13
	JC1-4	2652	1600	3063	1.16
	SS400-34m	143×52=7436	130×52=6760	109×52=5668	0.74
第二道（单根）	JC2-1	3536	2200	2293	0.65
	JC2-4	3536	3536	元件破坏	—
	DC2-1	2344	1700	2177	0.93
	SS428-34m	146×82=11991	130×74=9620	186×74=13764	1.15

4.3 环境影响分析

预应力鱼腹式钢支撑在现场安装完毕后，对撑、角撑、鱼腹梁等主要受力构件上都可施加预应力并根据周边位移情况及时补偿，以有效控制位移[5,9]。本项目自基坑开挖至底板浇筑完成一直采用信息化施工和动态控制相结合的手段，及时根据监测数据调整预应力情况，从而有效地控制基坑位移，减小对周边环境的影响。根据深层水平位移监测数据可知，虽然受疫情影响，第二道支撑施工完毕后基坑暂停了 40 多天，但整体测斜数据增加不大，且至底板浇筑完成围护桩水平位移最大值在 24～30mm 之间。南侧局部变形较大的测点 CX7 数据如图 6 所示，深层水平位移最大值出现在坑底附近，达到 31.12mm，推测其变形偏大与预应力鱼腹梁（SS428-34m）跨中位置位移控制能力偏弱、南侧该处初期布置挖土临时钢栈桥重车荷载较大等因素有关。经复核，此处变形偏大趋势与该处附近支撑轴力、土体深层水平位移测值偏大相吻合。故可得出，考虑到深基坑大跨度鱼腹梁跨中支撑抗弯刚度偏小，变形控制设计时应酌情加强考虑，如深大基坑多道 IPS 基坑应用中设计宜增大钢绞线的安全储备数量，可提高鱼腹梁强度，同时也能增加钢绞线范围的局部支撑刚度[10]。

竖向沉降监测数据显示，周边地表沉降最大值为 7.76mm，管线变形最大值为 7.95mm，均满足相关规范要求。整体看来，各个测点的监测数据无异常突变情况，与围护设计计算时预测的变形规律及变形值基本相吻合[14]，两道预应力鱼腹式钢支撑的位移控制效果较好。

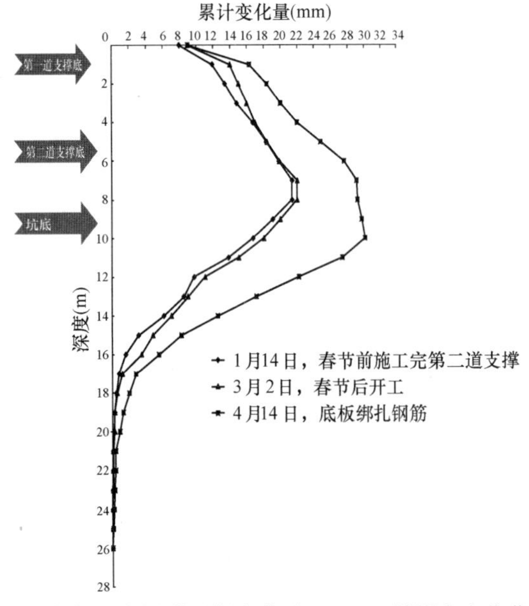

图 6 南侧鱼腹梁附近侧向位移（CX7）随深度变化曲线

Fig. 6 Curve of measured deep displacement (CX7) with depth in Southern IPS system

5 结语

作为一项绿色支护技术，预应力鱼腹式钢支撑（IPS）技术在基坑工程中的应用越来越广泛。而在软土地区特别是上海地区，受限于软弱土层和敏感环境，IPS 的基坑应用通常限制在挖深 8m 以内。本文详细介绍了两道预应力鱼腹式钢支撑在上海环境敏感区域的首次应用，为 IPS 技术在软土地区深大基坑中的进一步推广提供了良好的案例参考。本文主要结论如下：

（1）针对本项目场地周边环境复杂、水文地质情况复杂、工期紧、造价控制严格等不利因素，经综合比选和计算，采用六轴水泥土搅拌桩内插型钢＋两道预应力鱼腹式钢支撑的围护形式，通过一系列安全可靠的技术措施，保证了本项目的顺利实施和周边环境的安全。

（2）根据基坑实施情况，本项目采用两道预应力鱼腹式钢支撑方案可较两道钢筋混凝土支撑方案缩短约 40% 的工期，最大限度地减小基坑暴露时间，降低基坑风险。IPS 钢支撑可重复利用率高，节约造价，绿色环保。监测数据显示，IPS 系统中型钢和钢绞线轴力可控，并可根据周边位移情况及时补偿以控制变形，位移控制效果满足相关规范要求。

（3）鱼腹梁钢绞线预应力的设计、施工和监测是 IPS 技术的关键。通过合理预应力设计和加强预应力施工质量控制，可确保两道预应力钢支撑施工时预应力相互影响较小，受力及变形控制水平稳定。

（4）本项目中跨度较大的鱼腹梁钢绞线实测内力较大，与其连接的支撑轴力监测值亦大于设计值。故考虑到大跨度鱼腹梁跨中支撑抗弯刚度偏小，建议深大多道 IPS 基坑应用中设计宜增大钢绞线的安全储备数量，以提高鱼腹梁强度，同时也能增加钢绞线范围的局部支撑刚度，并复核与该跨鱼腹梁连接的钢支撑轴力及稳定性。

参考文献：

[1] 赵锡宏，龚剑，陈志明. 上海的特深特大基坑工程设计与实践[J]. 岩土工程学报，1999，21(1)：104-107.

[2] 刘国斌，王卫东. 基坑工程手册[M]. 2 版. 北京：中国建筑工业出版社，2009.

[3] 许绮炎. 鱼腹梁结构受力变形的解析解及合理预应力值的确定[J]. 建筑结构，2020，50(S2)：783-788.

[4] 余旭，刘成，秦文明，等. IPS 预应力鱼腹梁体系受力机理和有限元分析[J]. 安徽建筑大学学报，2017，25(2)：1-5.

[5] 郭亮，胡卸文，钱德良，等. 基于位移控制的装配式预应力鱼腹梁深基坑应用研究[J]. 工程地质学报，2016，24(5)：1016-1021.

[6] 裴捷，赵元一，李建清，等. 预应力控制大基坑中的水平位移[J]. 地下空间与工程学报，2015，11(7)：103-107.

[7] 刘翰林，孙华，董培鑫. 基于鱼腹梁钢支撑技术的基坑优化[J]. 低温建筑技术，2015，5 (5)：114-116.

[8] 刘发前，卢永成. 预应力装配式鱼腹梁内支撑的刚度分析[J]. 城市道桥与防洪，2016，2 (2)：154-156＋168＋17.

[9] 叶蓉. 预应力鱼腹梁支撑系统在轨交工程中的适用性分析[J]. 地下工程与隧道，2014(2)：12-15＋21＋60.

[10] 中国土木工程学会. 预应力鱼腹式基坑钢支撑技术规程：T/CCES 3—2017[S]. 北京：中国建筑工业出版社，2017.

[11] 上海市住房和城乡建设管理委员会. 基坑工程技术规范规程：DG/T J 08—61—2018[S]. 上海：同济大学出版社，2018.

[12] 上海市工程建设规范. 基坑工程施工监测规范：DG/TJ 08—2016 [S]. 上海：同济大学出版社，2016.

[13] 中华人民共和国住房和城乡建设部. 建筑基坑支护技术规程：JGJ 120—2012 [S]. 北京：中国建筑工业出版社，2012.

[14] QiMSTAR. 深基坑支挡结构设计计算 FRWS 软件，V 8.2 使用指南[R]. 同济大学启明星发展有限公司，2018.

考虑相邻工程施工影响与建筑保护的深基坑工程设计实践——以上海前滩某项目为例

陈尚荣[1]，谷　雪[2]

（1. 同济大学地下建筑与工程系，上海 200092；2. 上海市地矿工程勘察（集团）有限公司，上海 200072）

摘　要：上海前滩 54-01 地块项目包含两个紧邻新建地下室，深度不一，在协调围护施工的基础上，需考虑对先行建设完成的建筑的保护，因此工程具有一定复杂性。经对围护方案进行比选，两个基坑分别采用排桩结合两道水平钢筋混凝土支撑以及钢板桩结合一道型钢支撑的围护形式。两个基坑采用非常规相对工序，主基坑靠近幼儿园一侧具有一定特殊保护需求，通过对重要区域的基坑围护结构、坑内加固等采取加强措施，对施工工况进行针对性调整，方案可以满足整体施工进度最优化的需求，且实际工程中监测结果显示，地下施工期间基坑维持较为安全、稳定的状态，周边环境对象受到的不利影响程度较小。

关键词：深基坑；土方开挖；基坑变形；软土地区

作者简介：陈尚荣(1982—)，男，高级工程师，博士生，主要研究方向为软土基坑工程。

Design practice of a deep foundation pit engineering considering the influence of adjacent engineering construction and building protection ——taking a deep foundation project in the new bund，Shanghai as an example

CHEN Shang-rong[1]，GU Xue[2]

（1. Department of Geotechnical Engineering，Tongji University，Shanghai，20092；2. Shanghai Geological Engineering & Geology Institute(Group)Co.，Ltd.，Shanghai 200072，China）

Abstract：The New Bund 54-01 block project includes two adjacent new basements with different depths. On the basis of coordinated enclosure construction，it was also necessary to consider the protection of the building completed in advance. The project was of a certain complexity. After comparison and selection of different supporting forms，two supporting plans were adopted，which consisted of the row pile combined with two reinforced concrete supports and the steel sheet pile combined with one steel support. The construction sequence of two pits was unconventional，and the protection requirement of the support wall of the main pit near the kindergarten side was of certain particularly. By taking measures to strengthening the foundation supporting structure and the ground reinforcement of the pit adjacent to critical areas，and making targeted adjustment to the construction conditions，the plan could meet the demand of optimizing the overall construction progress. Moreover，the monitoring results in the actual project reflected that the foundation pit maintained a relatively safe and stable state during the underground construction，and the adverse impact on the environment was minimized.

Key words：deep foundation pit；earth excavation；foundation pit deformation；soft soil area

1　引言

随着当前城市乡村的快速建设，建筑分布模式呈现集群式发展，地下空间大量的开发利用，且建设工期要求越来越苛刻，导致多个相邻地下工程同期施工的情况愈加常见。相比于单基坑工程，此类工程中的复杂性可体现在：（1）实际工程条件往往千差万别，如基坑的深度规模、坑间土体的间隔距离、围护支撑体系的选型类别、相邻基坑的开挖顺序及工况步骤等，会带来不同的工程问题。其中开挖顺序与工况步骤是确立方案框架的关键前置条件，在此基础上又需进一步结合工程特点进行针对性设计，以尽量协调基坑安全与工程进度需求。（2）各相邻地下室为独立基坑的同时，相互之间仍可能存在影响：如工况近于同步进行，则需主要考虑开挖过程中存在地应力的二次分配可能加剧围护结构的变形以及地面的叠加沉降等，对工程安全不利；如工况先后间隔较久，则需主要考虑后开挖基坑的土体卸荷过程对相邻已施工的建筑基础结构产生的不利影响。（3）当前主流的学术理论大多仍针对常规的单一基坑工程，多基坑工程的相关研究尚不深入，主要局限性包括传统土力学一般假定的无限或半无限空间土体与有限土体条件相差较大、未考虑相邻工程施工相互影响下复杂的应力传递、应力变化和结构变形等缺乏针对理论揭示等。因此在实际工程中，工程经验规律仍是较关键的设计依据，但当前相关案例的积累尚不足够，较为完整的经验规律体系尚未建立。

本工程为位于上海软土地区的包含两个新建地下室的大型深基坑工程。基坑相互距离较近，规模差异较大，围护方案选型、施工工况设计等不仅需满足各独立基坑的自身需求，还需协同考虑整体安全性与工期造价最优化等问题。通过采取合理的方案设计与施工控制，最终实际效果较为合理，符合预期，工程不利影响达到最小，本项目的相关经验可为类似工程提供一定的借鉴参考。

2 工程概况及周边环境

2.1 工程概况

前滩 54-01 地块项目位于上海市浦东新区三林镇，北至高青西路、东至耀龙路、南至春眺路、西至晴雪路。工程包含两部分建设内容，主地块包括一幢 12F 高层办公楼、6 幢 17～20F 高层住宅及其他配套用房，整体设二层地下室；采用桩筏基础，地下室及主楼工程桩均采用 ϕ600 钻孔灌注桩；底板厚 600mm，承台厚 900～1500mm。主地块西南侧新建一幢 3F 幼儿园，局部设置一层地下室，工程桩采用 ϕ400 预应力混凝土管桩。

主基坑普遍开挖深度为 10.05～10.75m，基坑面积为 19125m^2，总延长米为 613m。幼儿园基坑开挖深度为 2.05～3.70m，基坑面积为 2376m^2，延长米为 329m。主基坑规模较大，深度较深，工程风险性较高；幼儿园基坑自身条件相对简单。但由于幼儿园与主地下室位置贴近，需具体分析二者施工可能存在的相互影响。

2.2 周边环境

场地红线外紧邻市政道路，红线处四面建有砖砌围墙使得内外隔开；北侧、东侧存在已有河道小黄浦江环绕场地，西侧邻近已建学校建筑，均距离基坑 4 倍挖深范围以内；道路近本地块侧地下管线分布密集，种类较多，包含电力、给水、雨水等重要类别及大直径管线，均距离基坑 2 倍挖深范围内，保护要求较高。拟建工程场地位置见图 1，周边地下管线概况见表 1、表 2。

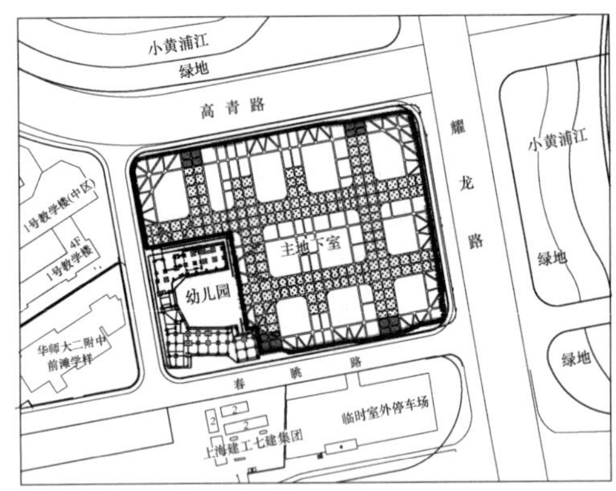

图 1　拟建工程场地位置平面图

周边管线分布一览表（东侧、南侧）　表 1

方向	管线信息	距离基坑(m)
东侧	电力 1 线 铜	9.0
	给水 300 铸铁	10.8
	信息 15 孔光纤	13.6
	雨水 1350 混凝土	24.1
南侧	给水 300 铸铁	5.7
	信息 16 孔光纤	7.7
	污水 800 塑料	9.7
	天然气 300 钢	15.7

周边管线分布一览表（西侧、北侧）　表 2

方向	管线信息	距离基坑(m)
西侧	电力 14 孔铜	3.0
	天然气 200 钢	5.4
	污水 800 塑料	7.8
	雨水 800 混凝土	11.7
北侧	给水 300 铸铁	6.3
	天然气 200 钢	6.8
	信息 16 孔光纤	11.4

2.3 基坑等级

根据本工程场地的环境、地质等条件，参照上海市工程建设规范《基坑工程技术标准》DG/TJ 08—61—2018，主基坑安全等级为二级，环境保护等级为二级；幼儿园地下室区域基坑安全等级为三级，环境保护等级为三级[1,2]。

3 工程地质条件

3.1 工程地质概况

本工程场地属于滨海平原地貌类型。场地地面实测平均标高约为 4.89m，地势较平坦，平整前为空旷的空地，但结合工程勘察结果，场地原有建筑拆除后残留较多老旧基础、碎石、砖块等，地下浅层填土广泛分布，厚度约为 2.0～4.6m，土质松散不均匀，且②层粉质黏土局部缺失。厚填土、地下障碍物等对围护施工以及成桩质量较为不利。场地地表下 75.00m 深度范围内勘察揭露的土层主要由软弱黏性土、粉土及砂土组成，可划分为 7 层，其中①、⑤、⑦及⑨层又可分若干亚层。本基坑工程涉及土层的物理力学性质参数见表 3。

土层物理力学性质参数表　表 3

土层名称	天然重度 γ_0 (kN/m^3)	C_q 黏聚力 c(kPa)	C_q 内摩擦角 φ(°)	渗透系数 k(cm/s)
②粉质黏土	18.4	17	19.0	3.0×10^{-6}
③淤泥质粉质黏土夹砂质粉土	17.5	12	18.0	4.0×10^{-6}
④淤泥质黏土	16.7	10	11.0	2.0×10^{-7}
⑤$_1$ 粉质黏土夹砂质粉土	17.8	14	19.5	4.0×10^{-5}
⑤$_2$ 砂质粉土夹粉质黏土	18.5	5.1	26.4	3.0×10^{-4}

3.2 水文地质概况

本工程场地地下水主要考虑浅层潜水以及深层（微）承压水的影响。潜水实测稳定水位平均埋深约 1.024m，水位较高。场地中⑤$_2$ 层砂质粉土夹粉质黏土层广泛分布，厚度约 9～10m，距离地面埋深约 18～20m，为微承压含水层，基坑开挖至普遍区域基底及局部落深区域深度时，计算⑤$_2$ 层微承压水稳定系数不能够满足规范要求，因此⑤$_2$ 层微承压水减压为本次降水工作中的重点；⑦层、⑨层承压含水层埋深较深，⑦层层顶最浅埋深约为 29m，经计算分析，以上两层承压含水层对本基坑工程应无影响。

4 基坑围护方案

4.1 基坑特点与难点

（1）本工程基坑轮廓呈不规则多边形，围护延长米较长，其中北侧单边长度达到 180m，东侧单边长度为 130m，但西南侧存在较大内凹的阳角，将西侧围护边划分为两段，长度分别为 52m、78m。支撑布置形式受各条边的长度大小影响较大，且需考虑水平支撑能够对西南侧阳角这一围护薄弱区域有效制约。

（2）对于本类深大型基坑工程，其自身风险性较高，伴随开挖过程中坑内土体卸载，围护体的变形控制非常关键。基坑开挖深度范围内涉及的围护坑壁土主要为③层淤泥质黏土夹砂质粉土，坑底土为④层淤泥质黏土，均为具有含水量高，孔隙比大，压缩模量小等特性的软弱土层，基坑开挖过程中极易发生围护的侧向变形以及坑底的回弹隆起[3]。

（3）除西南侧以外，基坑开挖边界外红线退界空间较小，且红线外紧邻市政道路与地下管线等重要环境保护对象，距离基坑均在 1 倍开挖深度范围内；此外，根据建设单位的开发进度安排，坐落于场地内西南角的幼儿园区域需最快完成封顶，但主地下室工期同样紧张，因此按计划要求，幼儿园上部结构建成时主基坑处于开挖状态。幼儿园工程桩距离地下室的基坑边界最近处仅有 2.5m，工程桩采用 PHC 管桩，如何避免基坑开挖过程中存在较大土体位移，并对幼儿园基础产生附加应力破坏至关重要；且基坑其余侧的道路、管线等均易因地面沉降产生剧烈影响，这就对方案中围护选型刚度、坑底加固覆盖范围、土方开挖工况合理性等有较高要求。

4.2 围护选型分析及设计方案

结合本工程的基坑特点与环境条件等，在上海地区常规可选择的围护选型主要有 SMW 工法桩（型钢水泥土搅拌墙）、钻孔灌注桩结合三轴水泥土搅拌桩止水帷幕等板式支护形式。本工程基坑深度较深，且周边靠近建筑、管线等保护对象，如采用 SMW 工法桩的围护形式，该工艺的围护刚度较难满足本工程对围护变形控制的极高需求，基坑风险性相对较大[4]；且⑤层透水性好，在场地中分布范围广，距离坑底埋深浅，若基坑降水和止水措施不当，易产生流砂、管涌等不良地质现象，而 SMW 工法的止水可靠性受施工质量影响较大。综合比选，本工程采用钻孔灌注桩结合三轴水泥土搅拌桩止水帷幕的围护选型。

基坑普遍深度为 10.05～10.55m，东侧、南侧均采用 ϕ900@1100 钻孔灌注桩，插入基底以下 12.45～13.05m；西侧围墙位于红线内部，基坑近道路紧邻围墙以及外侧的电力管线，且距离对面地块的学校教学楼较近；西南侧贴近幼儿园区域，因此西侧的整体环境保护要求高，围护设计需适当加强。西侧普遍深度区域围护灌注桩桩径加大至 ϕ950，以进一步加强围护变形控制能力。对于延边局部落深 1.50～2.90m 的深坑区域，围护桩规格为 ϕ1000/ϕ1100，桩长适当加长至插入基底以下 15.25～16.35m。由于坑底以下⑤$_1$ 层、⑤$_2$ 层透水性强，且⑤$_2$ 层为微承压含水层，止水帷幕长度适当加长，隔断⑤$_2$ 层进入⑤$_{3-1}$ 层相对不透水层 1m 以上[5]。对于紧邻围墙区域，由于围护可用空间以及施工操作空间过于狭小，止水帷幕采用双排三轴水泥土搅拌桩止水帷幕套打钻孔灌注桩的形式，并在外侧采用单排 ϕ1000@700 高压旋喷桩保证止水帷幕厚度。典型围护结构剖面图见图 2。

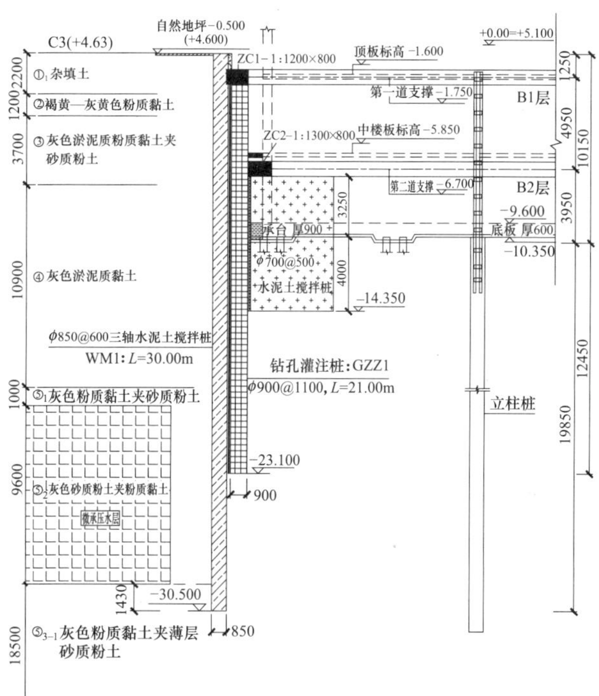

图 2 主基坑典型围护结构剖面图

4.3 支撑选型分析及设计方案

本工程采用整体开挖的方案，内部支撑方案则最终采用常规的钢筋混凝土支撑体系，采取对撑、角撑结合边桁架的布置形式，既能保证支撑体系整体结构刚度，有效控制围护位移，又可突破基坑形状的限制，减少支撑杆件密度，便于土方开挖，且可以结合施工栈桥的布置，解决施工场地不足的问题[6]。

根据基坑深度，坑内水平向共设置两道钢筋混凝土支撑。西南侧阳角处南北及东西向通过设置主对撑，对薄弱区域土压力传递进行有效约束。根据场地施工部署条件，土方出入口在北侧、南侧各设置两处，主对撑布置结合出入口及挖土、拆撑等工况中的施工部署需求对栈桥布置进行设计，栈桥限制施工荷载按照运行土方车辆满载 60t 考虑。竖向支承构件采用临时钢立柱及柱下钻孔灌注桩的形式，钢立柱采用由等边角钢和缀板焊接而成的角钢格构柱。立柱桩全部为加打立柱桩。主基坑水平支撑杆件信息见表4，支撑及栈桥平面布置见图3、图4。

支撑杆件信息一览表　　表4

支撑杆件	围檩（m）	主撑（m）	八字撑（m）	联系杆（m）
第一道	1.2×0.8	0.9×0.8	0.8×0.8	0.7×0.8
第二道	1.3×0.8	1.0×0.8	0.9×0.8	0.8×0.8

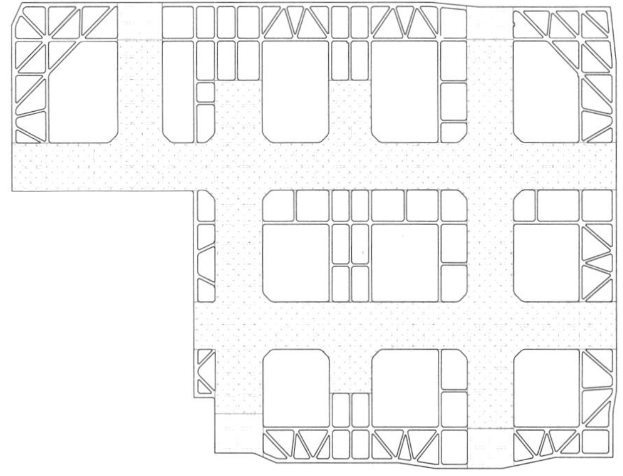

图3　主基坑第一道支撑与栈桥平面布置图

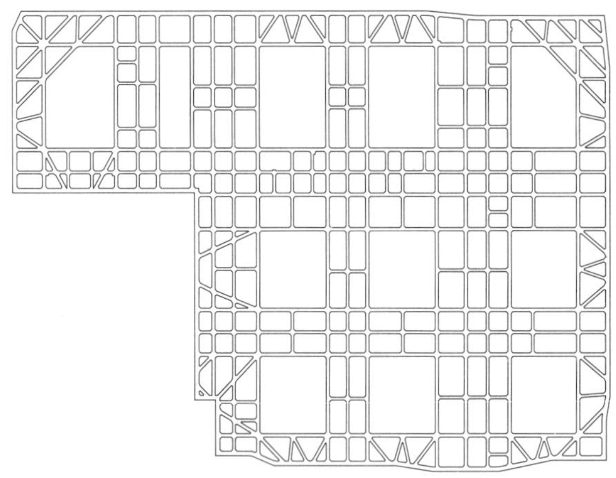

图4　主基坑第二道支撑平面布置图

4.4　地基加固处理措施

本场地④层淤泥质黏土较为深厚，平均厚度约为10m以上，本工程普遍深度及局部深坑深度区域均位于该层。该层工程力学性质较差，如基坑开挖过程中被动区抗力不足，围护墙体易发生滑移等破坏形式[7]。基坑延边存在较多集水井、电梯井等落深区域，且西南角幼儿园易伴随开挖过程中的土体位移产生基础及结构损伤，对于以上区域，坑内设置一定加固，采用 ϕ700@500双轴水泥土搅拌桩，加固深度为坑底下4m以上，坝体宽度为4.7m[8]。位于基坑内部的深坑则采用双轴水泥土搅拌桩围护并结合坑内高压旋喷桩封底，加固坝体宽度、加固深度等均根据坑深确定，其计算得出稳定性、抗倾覆等安全系数均能满足规范要求。

4.5　地下水处理措施

本工程潜水采用真空深井进行疏干降水，待土方开挖期间，疏干降水应保证水位降至开挖面以下1m。按照单口井降水范围200m^{2}考虑，坑内共布置95口疏干井。

场地⑤$_2$层为对本工程影响的微承压含水层，层顶位于普遍区域坑底以下平均深度约9m，经承压水稳定性验算，待开挖至普遍区域深度时，承压水稳定性已不满足稳定性需求，需采取措施预先降低承压水位。为尽量减小坑内承压水减压降水可能对坑外道路、幼儿园建筑等产生的不利影响，结合勘察资料对场地⑤$_2$层埋深起伏及土层厚度进行查明，确保围护止水帷幕长度能够隔断该层，进入下部相对不透水层1m以上，以切断坑内外该层的水力联系。坑内共布置有20口减压井，减压降水遵循按需降水的原则，结合预抽水试验确定实际承压水水头，来确定减压井的开启。

此外，坑外另布置有一定数量的潜水观测井与承压水观测井，以便实时观测施工期间地下水的水位情况，如有水位上升或下降的异常，应及时分析原因并采取解决措施。

4.6　土方开挖工况设计

土方开挖整体遵循分块、分层、间隔开挖的原则进行工况设计[9-11]。基坑北侧单边较长，西南角保护要求较高，开挖分区着重考虑减小北侧与西侧的单次开挖暴露面积，延边分段长度不超过50m。第二层土土方开挖基坑共计划分为15个分块，共分为4个开挖批次。开挖顺序参照盆式开挖模式，由内至外进行开挖，且优先形成南北及东西向整体的主对撑，各贴边分块均在浇筑完成支撑并达到设计强度的80%后再开挖相邻分块。第三层土土方开挖结合后浇带分布，共划分为19个分块，分批次间隔开挖。北侧、东侧存在贴边电梯井，深度较大，开挖局部深坑时风险性较大，深坑边至围护边区域垫层采用300mm厚配筋垫层，采用二次开挖的顺序，即待配筋垫层施工完成并达到设计强度后，开挖电梯井区域。底板钢筋绑扎及浇筑均应与开挖进度及时衔接，尽量减小基坑变形发展空间。

第二层土土方开挖工况分区与开挖顺序见图5。

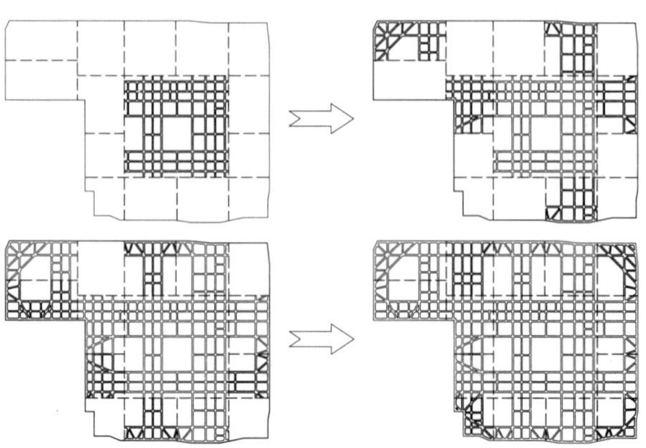

图5　第二层土土方开挖工况示意图

4.7 邻近幼儿园的基坑围护方案与保护措施

幼儿园主体结构独立于地下室之外，基坑挖深较浅，需单独制定围护方案；但其距离主基坑较近，二者工期、工况及相互影响需综合考虑。

幼儿园可分为北侧1层地下室区域与南侧无地下室区域，开挖深度和围护方案有所差别。北侧1层地下室区域开挖深度为3.70～4.10m，采用FSP-Ⅳ拉森钢板桩结合一道水平型钢支撑的围护形式，钢板桩桩长为9.00m/12.00m，围檩、水平支撑及竖向支撑立柱均采用H400×400×13×21型钢。南侧挖深2.05m区域采用9.00m拉森钢板桩悬臂形式进行围护。

根据建设单位对于开发进度的要求，在整体工期尽量短的基础上，幼儿园需尽早封顶。如按照常规不同深度的相邻基坑工程需采取“先深后浅”的工况思路，则无法满足本工程中的时间节点要求[12]。最终确定需采用以下先后关系：工程桩、围护桩均同时施工，幼儿园地上主体结构施工完成后主基坑进行开挖。为保证幼儿园与主地下室区域均能顺利施工，且相互不利影响达到最小，在以下方面采取措施：

（1）主基坑围护桩与幼儿园钢板桩围护桩之间设置单排隔离桩，采用ϕ700钻孔灌注桩，间距1.5m，在主基坑与幼儿园已有基础之间的土体中形成屏障，阻挡基坑开挖与施工过程中土体的变形传递[13]。

（2）围绕幼儿园的主基坑区域，坑内合理设置连续的被动区裙边坑底加固，充分覆盖距离幼儿园工程桩较近区域、基坑阳角等关键区域。

（3）邻近幼儿园一侧主基坑土方开挖分区进一步细划，缩短单次开挖边长，注意各分块土方开挖与支撑施工、结构施工的相互配合，对于开挖至基底的工况应保证待各分块底板浇筑完成并达到设计强度的80%后才可继续相邻分块的开挖[14-15]。

幼儿园围护结构剖面图见图6。

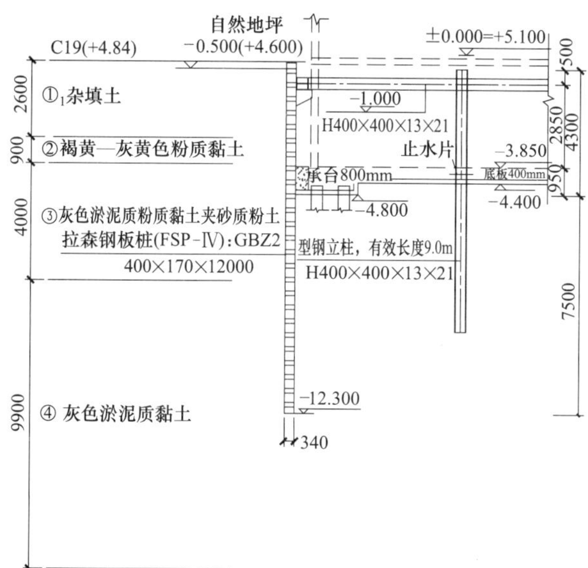

图6　幼儿园围护结构剖面图

5 基坑支护施工及监测结果

自本工程围护施工至地下结构施工完成，对围护墙体位移、地面沉降、支撑轴力及立柱沉降、地下水水位等项目均采取全过程信息化监测。工程于2021年7月初开始第二层土的土方开挖，至2021年8月25日左右第二道支撑全部浇筑完成，围护墙顶水平位移累计值最大为5.1mm，竖向位移累计值最大为14.5mm；各围护深层水平位移测点测得累计值最大在25mm以内，与土体测斜监测数据较为一致。地表沉降有两个点位累计竖向位移达到约−20mm，其余点位沉降值为−2.4～−16.8mm。

伴随第三层土的土方开挖，围护墙顶及深层水平位移继续增大，且各点位实测数据均显示刚开挖至基底、垫层尚未浇筑之时，围护墙体变形速率最大。而实际施工期间，由于当地对土方消纳及运输的管制等外界因素，第三层土开挖进度较为缓慢，截至2021年10月3日，西侧先行开挖区域底板浇筑完成。尽管单日变化值均未达到报警值，但由于基坑开挖时间较长，围护墙顶位移累计值均为25mm以上，最大为29.4mm；围护深层水平位移累计较大，西侧测点测得最大值可达59mm，已超过报警值，但单日变量均维持较低水平，且底板浇筑完成后实测位移数据发展明显收敛，基坑状态趋于稳定。各测点显示的围护体垂向位移变化特征较为一致，即累计位移最大处基本位于地面以下10m，即开挖坑底深度。典型点位深层水平位移纵向特征图见图7。

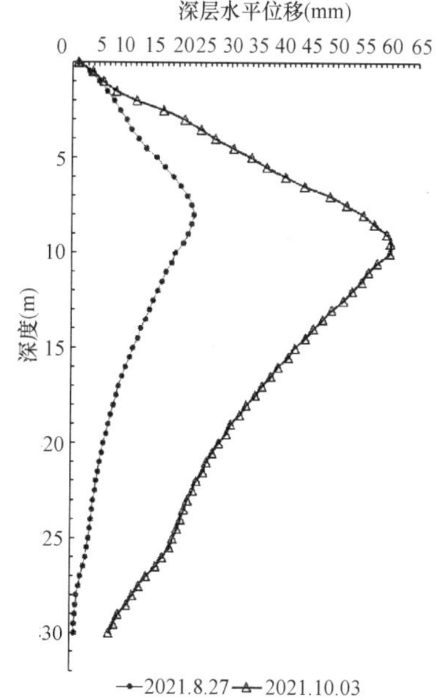

图7　典型点位围护深层水平位移纵向特征图

周边管线、地表沉降及建筑物沉降等的监测结果显示，除了部分点位在对应基坑区域开挖至基底期间偶有较大单日变化，监测数据基本较为平稳。对幼儿园区域地面沉降数据分析，自7月初主基坑开始第二层土方开挖，初始阶段地表沉降约为−1.36mm，沉降速率逐渐加大，至8月15日左右累计沉降值达到−13.05mm，此时对应的附近区域土方开挖基本完成至第二道支撑底标高，随着支撑杆件的施工，支撑体系形成传力，至8月25日左右第二道支撑全面形成，此期幼儿园侧的地面沉降速率有所减小。伴随第三层土的土方开挖，地面沉降持续增大，至9月中旬达到－14.50mm，至10月3日左右底板浇筑完成，该区域地面沉降累计值为－21.55mm。后续在支撑拆除等关键施工阶段内，幼儿园侧的地表沉降速率有较小的波动，但整体发展已较为平稳。结合幼儿园以外区域的周边道路、管线等的位移发展情况，可以得出，基坑周边重要的环境对象均得到了有效保护。近幼儿园区域的累计地表沉降变化见图8。

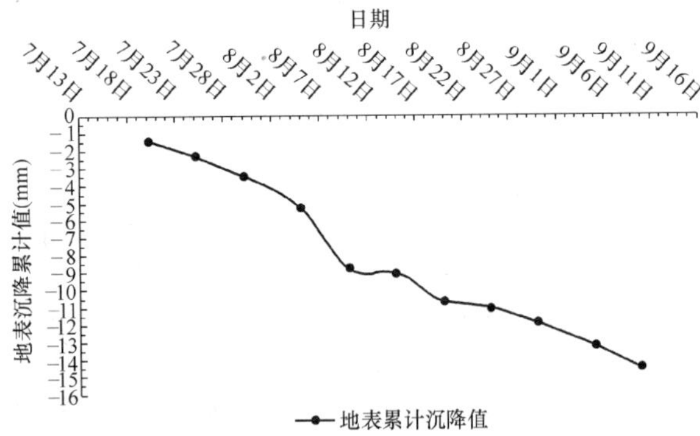

图8　近幼儿园区域累计地表沉降变化图

整体上看，地下施工期间，基坑自身变形发展仍较为符合理论规律特征，对周边的不利影响有限可控，基坑与环境处于安全稳定的状态。

6　总结

（1）对于包含多个新建地下室的基坑工程，不同的建设工序将引导围护方案设计进入不同的关注方向。对于同时开展建设周期相差较大的相邻基坑工程，需在前期桩基施工、围护施工协同考虑的基础上，在后期基坑降水、土方开挖、结构施工等多个环节中转而着重考虑对相邻已建工程的保护。

（2）针对邻近建筑建设完成的阶段，可从围护设计、开挖工况两个大方面采取保护措施，前者包括围护结构加强、坑底加固加强、支撑合理布置、增设隔离桩等；后者主要需结合不同开挖阶段，设计合理分区，缩短单次开挖面积，优化开挖顺序，加快支撑或结构施工等。

（3）实际监测数据显示，通过多手段的综合把控之下，整个地下施工过程中，围护墙体位移发展始终保持低速、缓慢的状态，周边地表及建筑沉降等均处于有效控制范围内，基坑与环境的安全稳定能够实现，取得较理想的施工效果。

参考文献：

［1］上海市住房和城乡建设管理委员会．基坑工程技术标准：DG/TJ 08—61—2018［S］．上海：上海市建筑建材业市场管理总站，2018.

［2］刘国彬，王卫东．基坑工程手册［M］．2版．北京：中国建筑工业出版社，2009.

［3］黄天荣，卢耀如，王寿生．不同地下水位变化模式下淤泥质黏土变形特性与微观结构分析［J］．工程勘察，2021，49(9)：7-6

［4］谢秀栋，方建瑞，李志高．基于遗传算法的SMW围护结构水泥土刚度系数计算［J］．岩土工程学报，2006，11(28)：1422-1444.

［5］宫全美，许凯，周顺华．承压水隔层对某地铁车站基坑降水效果的影响［J］．城市轨道交通研究，2006(4)：22-26.

［6］邱黎，黄健．旋挖灌注桩＋钢筋混凝土内支撑深基坑支护体系在软土地质中的应用［J］．施工技术，2012，41(S1)：15-17.

［7］熊春宝，高鹏，田力耘，等．不同坑底加固方式对深基坑变形影响的研究［J］．建筑技术，2015，46(6)：486-490.

［8］罗战友，刘薇，夏建中．基坑内土体加固对围护结构变形的影响分析［J］．岩土工程学报，2006，28(S1)：1838-1540.

［9］LONG M. Database for retaining wall and ground movements due to deep excavations［J］. Journal of Geotechnical and Geoenvironmental Engineering，ASCE，2001，127(3)：203-204.

［10］WANG Z W，NG C W W，LIU G B. Characteristics of wall deflections and ground surface settlements in Shanghai［J］. Canadian Geotechnical Journal，2005，42(5)：1243-1254.

［11］OSMAN A S，BOLTON M D. Ground movement predictions for braced excavations in the undrained clay［J］. Journal of Geotechnical and Geoenvironmental Engineering，2006，132(4)：465-477.

［12］陶勇，吕所章，杨平，等．南京江北新区相邻深浅基坑开挖时序优化研究［J］．建筑科学与工程学报，2021，38(6)：108-118.

［13］成怡冲，龚迪快，叶俊能，等．基坑外设置隔离桩对土体水平位移的隔断效果分析［J］．防灾减灾工程学报，2019，39(3)：478-486.

［14］韩高孝，余绍锋．分块开挖基坑和上部结构相互作用研究［J］．施工技术，2013，42(S2)：83-87.

［15］应宏伟，谢康和，潘秋元，等．软黏土深基坑开挖时间效应的有限元分析［J］．计算力学学报，2000，17(3)：349-354.

既有围护对基坑围护变形控制的影响分析

顾承雄，　李忠诚
（上海山南勘测设计有限公司，上海 200120）

摘　要：基于既有地下室增层的闸北广场重建城市更新项目，模拟分析了既有围护桩与新增围护桩的相对关系、分布位置和桩长对新增围护变形控制的影响。数值模拟结果表明：既有围护桩位于坑外对围护变形控制更为有利；既有围护桩桩长越长围护变形控制效果越好，但当其长度大于新增围护桩桩长时效果不再明显；新旧围护桩间距离处于一半挖深左右时对变形控制效果最好；既有围护桩在贯穿坑外土体位移滑动面时，变形控制效果收益最大。研究结论可作为类似工程及分隔桩的设计参考。

关键词：基坑工程；既有围护桩；变形控制；数值分析

作者简介：顾承雄，1996 年生，男，江苏泰州人，助理工程师，硕士研究生，岩土工程基坑设计。E-mail：1223936651@qq. com。

Analysis of influence of existing enclosure pile on deformation control of foundation pit

GU Cheng-xiong, LI Zhong-cheng
(Shanghai Shannan Investigation and Design Co., Ltd., Shanghai 200120)

Abstract: Based on the urban renewal project of Zhabei Square merged and reconstructed with the existing basement, the relative relationship between the existing enclosure piles and the newly added enclosure piles, the influence of the distribution position and the length of the piles on the deformation control of the newly added enclosures are simulated and analyzed. The numerical simulation results show that the existing enclosure piles are located outside the pit, which is more favorable for enclosure deformation control; the longer the existing enclosure piles are, the better the enclosure deformation control effect is. The long-term effect is no longer obvious; when the distance between the old and new fencing piles is about half of the excavation depth, the deformation control effect is the best; when the existing fencing piles penetrate the soil displacement sliding surface outside the pit, the deformation control benefits are the largest. The research conclusions can be used as a reference for the design of similar projects and separation piles.

Key words: foundation pit engineering; existing enclosure piles; deformation control; numerical analysis

1　引言

随着城市化进程，城市空间拥挤、用地紧张、现有地下空间不足已成为制约城市发展的“瓶颈”之一[1]。近 20 年来，全国各地兴建了大批无地下室或单层地下室的桩基建筑，这批建筑物正处于服役青壮期，然而却被日益凸显的停车难问题所困扰，目前城区很多地方暴露出空间拥挤、停车难、建设用地不足等问题。城区内很多区域对停车位的需求已超出了早年的规划，若这批无地下室或单层地下室建筑拆除重建则代价过大，在既有建筑下增层开挖地下空间是最佳的解决办法。在平面空间扩展越来越受限的当下，加强城市的空间立体性，对既有地下空间进行二次开发利用成为必然趋势。

目前既有建筑进行加固改造在全国不同地区、不同土质条件下取得了不少成功经验，但学术界和工程界对面向增层下挖的特殊支挡结构的工作性状仍不明了，尚未形成完善理论体系。其中，对既有建筑地下增层原有支护结构的承载性能如何，要不要增设新增围护桩，新增围护桩打入到什么位置和深度，增层开挖后原有支护和新增围护桩的协同工作性状如何，构成的双排支护体系破坏机理等认识目前并不明晰。

在上海市标准《既有地下建筑改扩建技术规范》DG/TJ 08—2235—2017 中，增层下挖工程支挡结构设计仅按外围新增支护考虑，未将既有支挡结构纳入支挡体系中计算，对于采用既有-新增双层支挡结构的计算与分析也未做出相关规定，缺乏关于该特殊支挡结构的承载性状与安全性分析。

本文基于闸北广场合并重建城市更新项目[2]，通过有限元数值模拟分析法，研究既有地下室增层改造基坑工程中原有围护桩对新增围护桩性状的影响，在此基础上探索对原有围护桩最佳的利用方案，以获取更好的经济效益，为之后类似工程提供参考。

2　工程概况

本项目位于上海市静安区天目西路 99 号，总用地面积约 10327m^2，拟新建地上主楼 37 层、裙房 4～5 层、地下室 3 层。项目原址为原闸北广场一期、二期项目，一期项目已建有二层地下室，二期项目已完成桩基及围护施工，现需予以清除，重建整体 3 层地下室。场地周边环境如图 1 所示。

工程场地内土层以软黏土为主，土层指标见表 1。

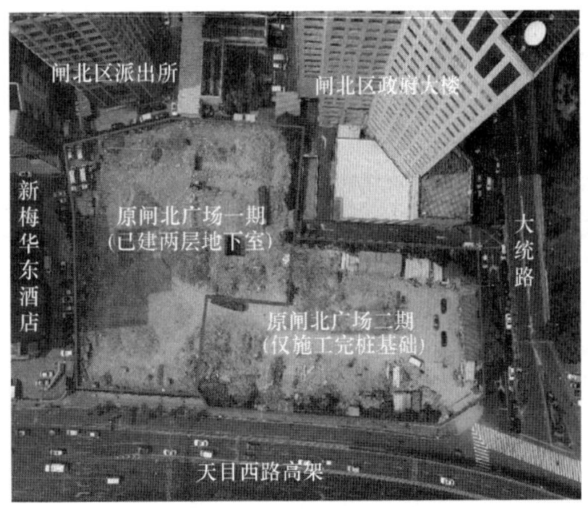

图 1　场地周边环境图

Fig. 1　Site surrounding environment map

土层物理力学性质表　　表 1

Table of soil physical and mechanical properties　　Table 1

土层编号	土层	层厚 H (m)	重度 γ (kN/m^3)	φ (°)	c (MPa)	$E_{s0.1\text{-}0.2}$ (MPa)
①	填土	5.0	18.0	10.0	10.0	—
$②_{3\text{-}2}$	砂质粉土	9.1	18.8	29.0	5.0	10.8
$⑤_{1\text{-}1}$	灰色黏土	5.8	17.5	12.5	13.0	3.1
$⑤_{1\text{-}2}$	粉质黏土	5.0	18.3	19.5	16.0	4.1
⑥	粉质黏土	4.1	19.8	19.0	42.0	7.5
$⑦_1$	砂质粉土	6.5	18.9	34.0	4.0	10.2
$⑦_2$	粉砂	7.5	19.0	35.5	2.0	13.1
$⑧_2$	灰色黏土	10.5	18.2	25.0	13	4.8

本工程基坑开挖面积约 8200m^2，开挖深度 15.7m；基坑采用顺作法施工，采用 0.8m 厚地下连续墙+3 道钢筋混凝土支撑的支护形式，其中原一期区域地墙采用两墙分离形式，原二期区域地墙采用两墙合一形式，典型剖面如图 2 所示。

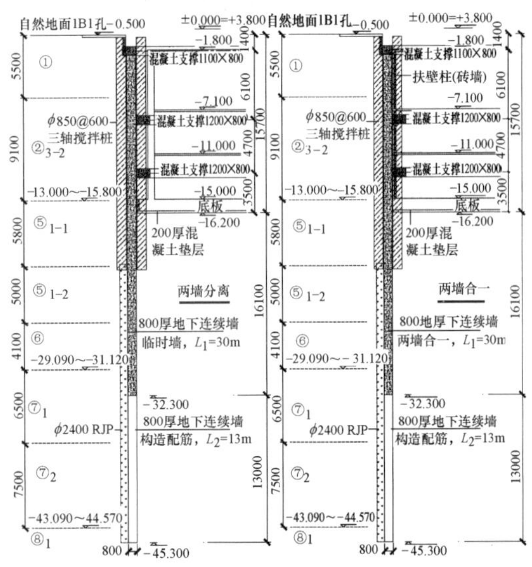

图 2　典型围护剖面图

Fig. 2　Typical enclosure profile

3　既有围护桩

原闸北广场一期、二期项目已完成围护桩施工，场地内保留原有围护桩。新建地下室与原一期、二期地下室大致重合，原有地下室与新建地下室、新建围护桩相对关系如图 3、图 4 所示。

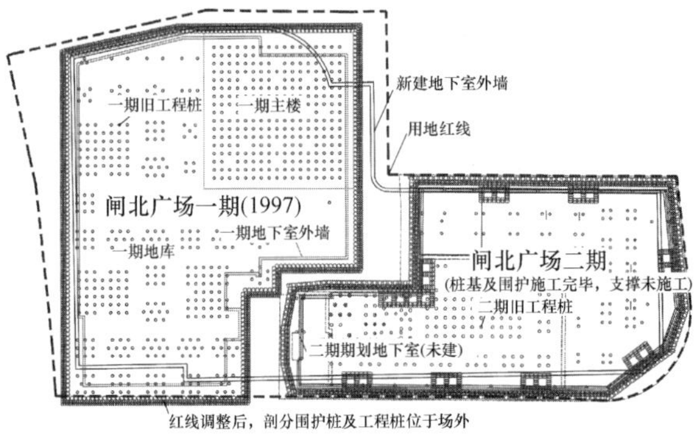

图 3　原有地下室与新建地下室平面相对关系图

Fig. 3　The relative relationship between the original basement and the new basement

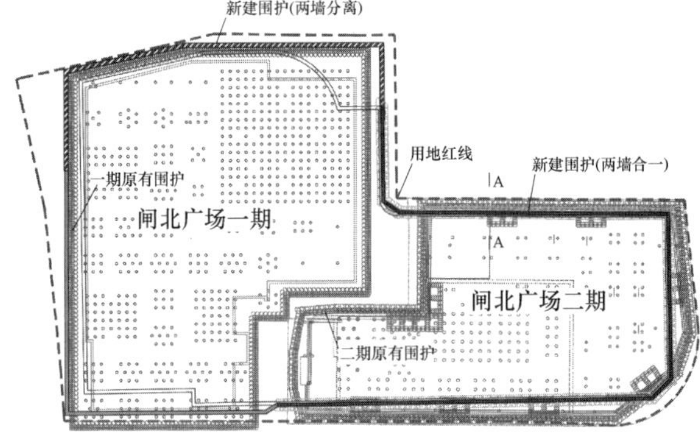

图 4　既有围护桩与新建围护桩平面相对关系图

Fig. 4　The relative relationship between the existing enclosure piles and the new enclosure piles

由图 5 可知，新增围护桩与既有围护桩之间相对位置

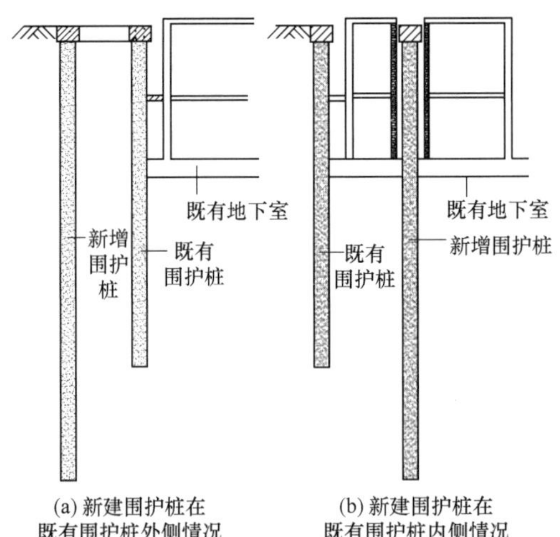

图 5　既有围护桩与新建围护桩剖面相对关系图

Fig. 5　The relative relationship between the existing enclosure piles and the newly built enclosure piles

关系及处理原则可分为三种：

（1）先拆再建：新增围护与既有围护重合，该情况下施工新增围护前既有围护桩应予以清障；

（2）先建再拆：新增围护位于既有围护外侧，该情况下既有围护桩随基坑开挖过程中逐步凿除；

（3）新建不拆：新增围护位于既有围护内侧，该情况下既有围护桩予以保留。

4 有限元数值模拟

4.1 模型简介

为研究既有围护桩在基坑开挖过程中对新增围护桩的影响，建立数值模型中不考虑既有地下室、既有桩基等因素。

选取图 2 中典型剖面为模拟对象，基坑挖深为 15.7m，围护桩设置 31.8m 长、0.8m 宽的板单元，分别在−1.4m、−7.5m 和−12.2m 处设置一道水平混凝土支撑。模型尺寸选取 100m×50m，保证坑外土体大于 3 倍基坑开挖深度，模型两侧边界取固定水平位移，底部边界选取为固定水平及竖向位移。模拟计算单元选取较为精确的 15 节点三角形平面单元。

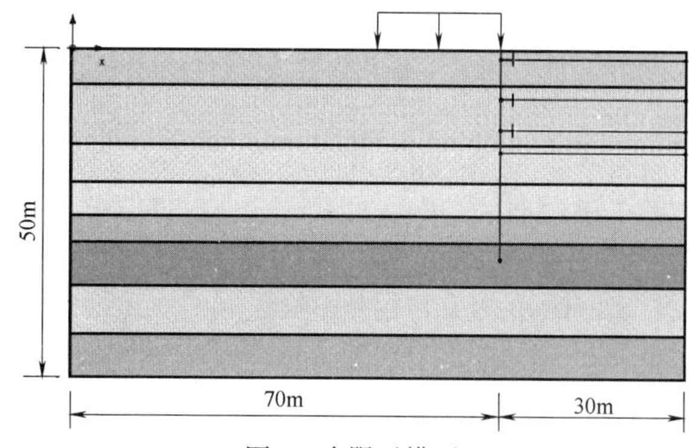

图 6 有限元模型

Fig. 6 Finite Element Model

4.2 参数选取

小应变硬化土（HSS）模型是 2007 年 Benz[3] 在 HS 土硬化模型[4] 基础上修缮所得，在 11 个 HS 模型参数基础上，HSS 模型增加了 2 个小应变参数 G_0^{ref} 和 $\gamma_{0.7}$[5]。王卫东等[6-8] 研究表明软土地区基坑开挖数值模拟中 HSS 模型较 HS 模型更为合适，并进行试验分析，获取了上海典型土层模型参数，较为符合上海地区软土土性，本次数值模拟予以借鉴，相关参数如表 2 所示。

土体 HS-Small 模型参数 表 2

Parameters of HS-Small model of soil layers Table 2

土层号	重度 (kN/m³)	渗透性 (cm/s)	E_{oed}^{ref} (MPa)	E_{50}^{ref} (MPa)	E_{ur}^{ref} (MPa)	G_0^{ref} (MPa)	m	c (MPa)	φ (°)	ψ (°)	$\gamma_{0.7}$	v_{ur}	P^{ref} (MPa)	K_0	R_f
①	18.0	—	3.6	4.3	25.2	100	0.8	10.0	10.0	0	2×10^{-4}	0.2	100	0.5	0.9
$②_{3-2}$	18.8	2.0×10^{-4}	10.8	13.0	91.0	320	0.8	5.0	29.0	0	2×10^{-4}	0.2	100	0.5	0.9
$⑤_{1-1}$	17.5	3.0×10^{-7}	3.1	3.7	21.7	86.8	0.8	13.0	12.5	0	2×10^{-4}	0.2	100	0.5	0.9
$⑤_{1-2}$	18.3	3.0×10^{-6}	4.1	4.9	28.7	115	0.8	16.0	19.5	0	2×10^{-4}	0.2	100	0.5	0.9
⑥	19.8	5.0×10^{-7}	7.5	9.0	52.5	210	0.8	42.0	19.0	0	2×10^{-4}	0.2	100	0.5	0.9
$⑦_1$	18.9	5.0×10^{-4}	10.2	10.2	40.8	204	0.5	4.0	34.0	4.0	2×10^{-4}	0.2	100	0.44	0.9
$⑦_2$	19.0	6.0×10^{-4}	13.1	13.1	52.4	262	0.5	2.0	35.5	5.5	2×10^{-4}	0.2	100	0.42	0.9

4.3 模型验证

为了确保有限元计算参数选取的合理性，根据工程实际进度，设置相应模拟工况（表 3）开展有限元数值模拟计算，并将计算结果与实际监测结果（图 4 中 A-A 剖面处实测数据）进行对比。

模拟工况表 表 3

Simulation condition table Table 3

序号	工况	备注
1	生成初始地应力场	地下水水位跟随施工进展，保持在开挖面以下 1.0m 处
2	施加坑外施工荷载，施工围护桩	
3	开挖土方至第一道支撑	
4	施工第一道支撑	
5	开挖土方至第二道支撑	
6	施工第二道支撑	
7	开挖土方至第三道支撑	
8	施工第三道支撑	
9	开挖至坑底	

图 7 给出了各阶段围护结构侧向位移的计算值与监测

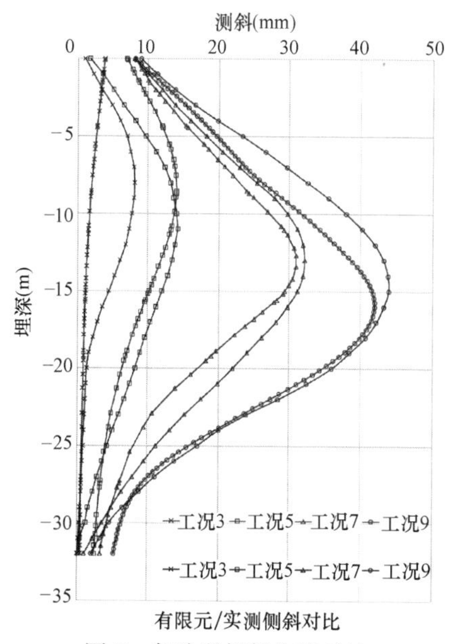

图 7 各阶段侧斜位移对比

Fig. 7 Comparison of side tilt displacement at each stage

值的对比情况。从图7可以看出，各阶段有限元计算值与现场监测值较为接近，采用该模型进行后续计算分析较为合理。

5 计算分析

5.1 既有围护桩在坑内外影响分析

以本工程项目为原型，分别建立无既有围护桩、既有围护桩在坑内、既有围护桩在坑外三个有限元数值计算模型如图6、图8所示。

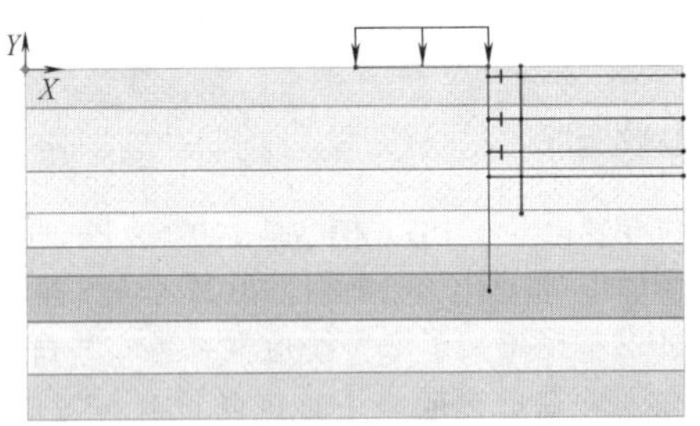

(a) 既有围护桩在抗内
(a) Existing enclosure piles in the pit

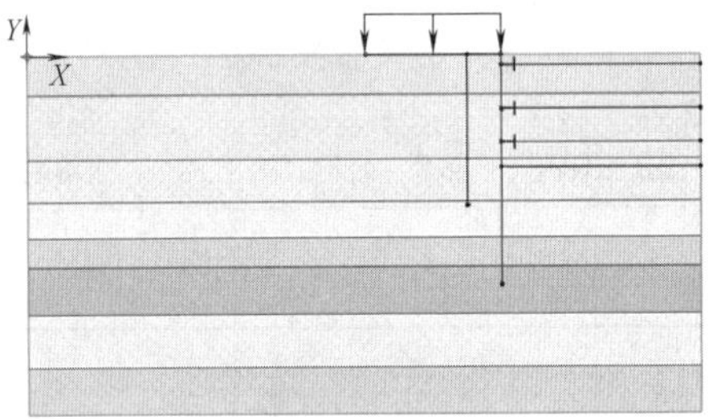

(b) 既有围护桩在抗外
(b) Existing enclosure piles outside the pit

图8 既有围护桩有限元模型
Fig. 8 Finite element model of existing enclosure piles

图9为三种情况下基坑开挖至坑底时，新增围护结构侧向位移计算值的对比情况。由图9可以看出：无论既有围护桩位于坑内外，都有利于新增围护桩的侧斜变形控制；既有围护桩位于坑内时，对新增围护桩变形控制有一定帮助，但效果一般，围护桩最大侧斜值减小约3.3%，而位于坑外时效果较为明显，最大变形值减小约13.0%。

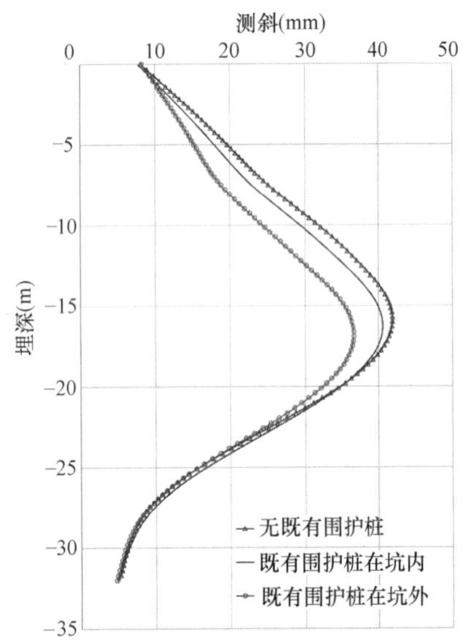

图9 侧斜位移对比
Fig. 9 Side tilt displacement comparison

图10为土体总位移变形云图，除了与图9相似的结论，从中还能观察到：既有围护桩位于坑内时，基坑开挖至坑底时土体位移形态与无既有围护桩情况下基本一致；而当既有围护桩位于坑外时，既有围护桩对新增围护桩的变形起到了隔离和抑制作用。

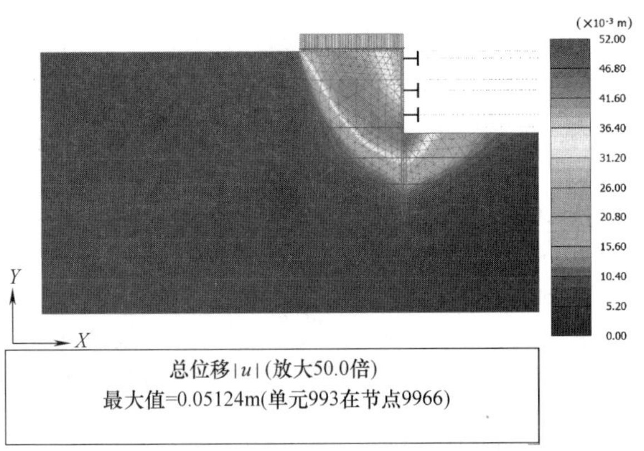

(a) 无既有围护桩
(a) Without existing enclosure piles

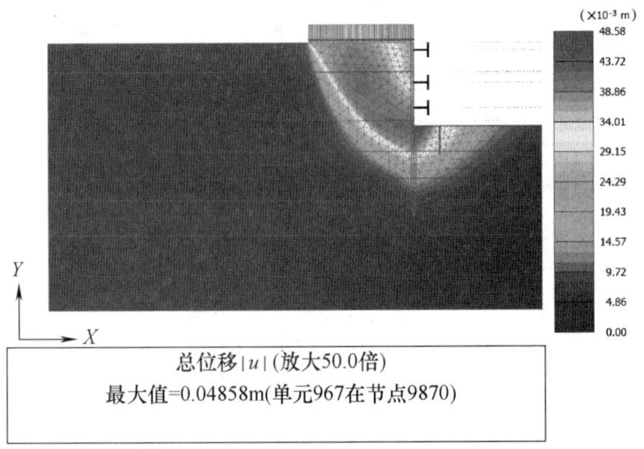

(b) 既有围护桩位于坑内
(b) The existing enclosure piles in the pit

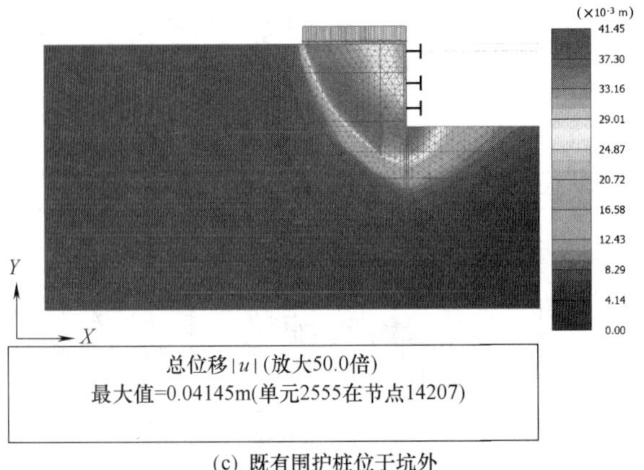

(c) 既有围护桩位于坑外
(c) The pit with existing enclosure piles

图10 土体总位移云图
Fig. 10 Cloud map of total soil displacement

5.2 坑外既有围护桩桩长、桩间距影响分析

由第5.1节可知，既有围护在位于坑外时对基坑变形控制帮助较大，在此基础上进一步研究既有围护桩长 L，以及与新增围护桩之间距离 D 对基坑变形的影响。采用数值模拟方法，以本工程基坑为原型建立模型，研究 D、L 对基坑变形（新增围护桩侧斜 Δx）的影响（图11）。

通过控制变量法，改变两桩间距 D 和既有围护桩桩长 L 的大小，模拟计算开挖结束后的围护桩最大侧斜位移（Δx-max），从而研究 D、L 对围护桩变形影响，模拟方案如表4所示，模拟结果如表5所示。

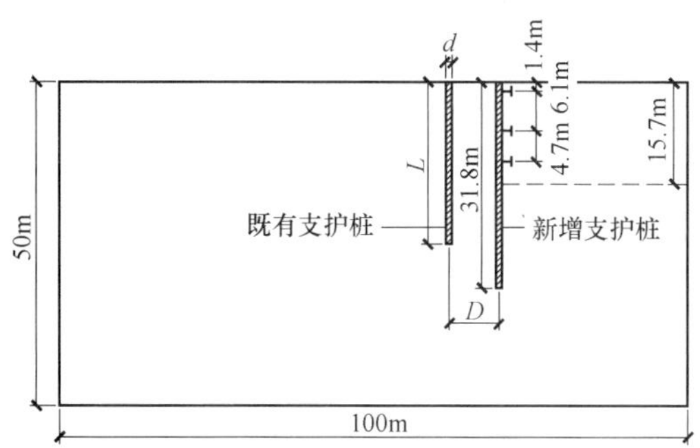

图11 计算模拟模型

Fig. 11 Computational Simulation Model

模拟参数选取表 表4

Simulation parameter selection table Table 4

编号	D(m)	L(m)	d(m)
M1	3	20	0.8
M2	6	20	0.8
M3	9	20	0.8
M4	12	20	0.8
M5	3	24	0.8
M6	6	24	0.8
M7	9	24	0.8
M8	12	24	0.8
M9	3	28	0.8
M10	6	28	0.8
M11	9	28	0.8
M12	12	28	0.8
M13	3	32	0.8
M14	6	32	0.8
M15	9	32	0.8
M16	12	32	0.8

数值模拟结果表 表5

Numerical Simulation Results Table Table 5

Δx-max(mm) / L(m) \ D(m)	3	6	9	12
20	37.33	36.43	33.60	35.2
24	35.72	32.68	30.93	31.56
28	33.42	27.73	28.05	30.79
32	32.12	25.53	27.46	30.27
35	31.93	24.97	26.63	29.94

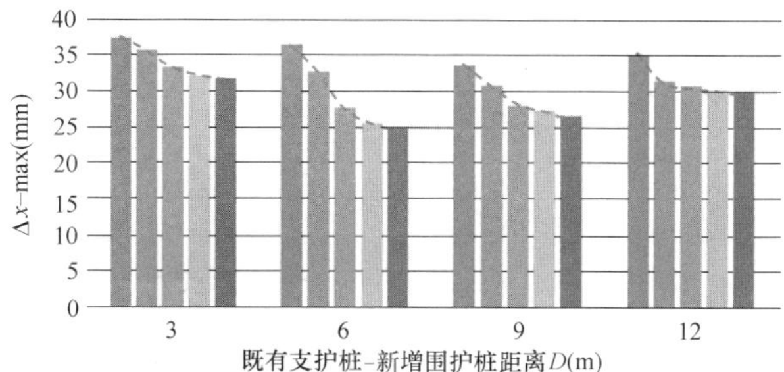

图12 桩间距 D 与新增围护桩侧斜的关系

Fig. 12 Relationship between pile spacing and side slope of newly added enclosure piles

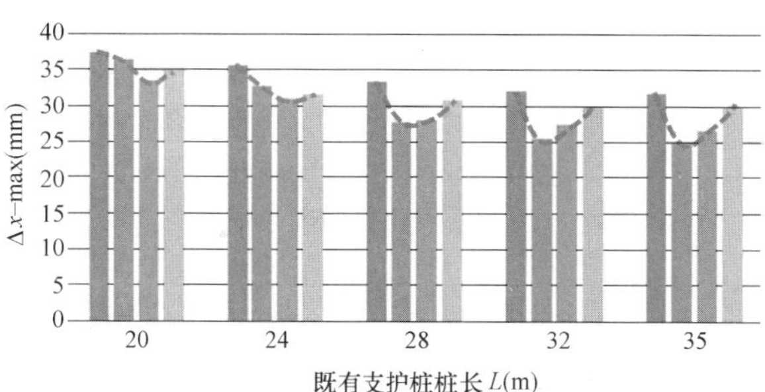

图13 桩长 L 与新增围护桩侧斜的关系

Fig. 13 Relationship between pile length and side slope of newly added enclosure piles

由表5和图12可以观察到：D 数值一定时，围护最大侧斜 Δx-max 都随着 L 数值增大而相应减小，但同时减小的速率也在降低；当 L 与新增围护桩桩长接近时 Δx-max 减小速率几乎为零，表明增加坑外既有围护桩桩长 L 对新增围护桩变形控制有利，但当 L 接近新增围护桩桩长时再加长 L 收益不大。

由表5和图13可以观察到：当 L 数值一定时，随着 D 的增大，Δx-max 数值先减小后增大，呈现"抛物线"形态，且"抛物线"的最低点随着 L 数值增大而前移，表明 D 过大或过小对改善侧斜变形控制效果都不是十分理想，D 处于约在 $H/2$ 时，最有利于对新增围护桩变形的控制，D 的最佳距离也与 L 大小相关。

结合表5、图12、图13，可以发现当 $D=6.0$m，L 由24～28m时，Δx-max 降幅最大（M6-M10）；当 $D=9.0$m，L 由20～24m时，Δx-max 降幅最大（M3-M7）；该阶段 Δx-max 发生了一定的跃变，结合有限元数值模拟结果，尝试进行合理解释。

从图14可以观察到M6、M3模型中，既有围护桩桩底位于坑外土体滑动面附近，整个基坑坑外土体变形形态由于坑外既有支护的存在发生了些许变化；而M10、M7模型中既有围护桩桩底已经穿越了坑外土体滑动面，且整个基坑坑外土体变形形态由于坑外既有支护的存在发生了较大变化。由此可以判断，当既有围护桩能够贯穿坑外土体滑动面，改变坑外土体变形形态时，对围护桩变形控制效果较好。

结合前文，当两桩间距 D 为 $H/2$，且既有围护桩能够贯穿坑外土体滑动面时，对围护变形控制效果最佳。

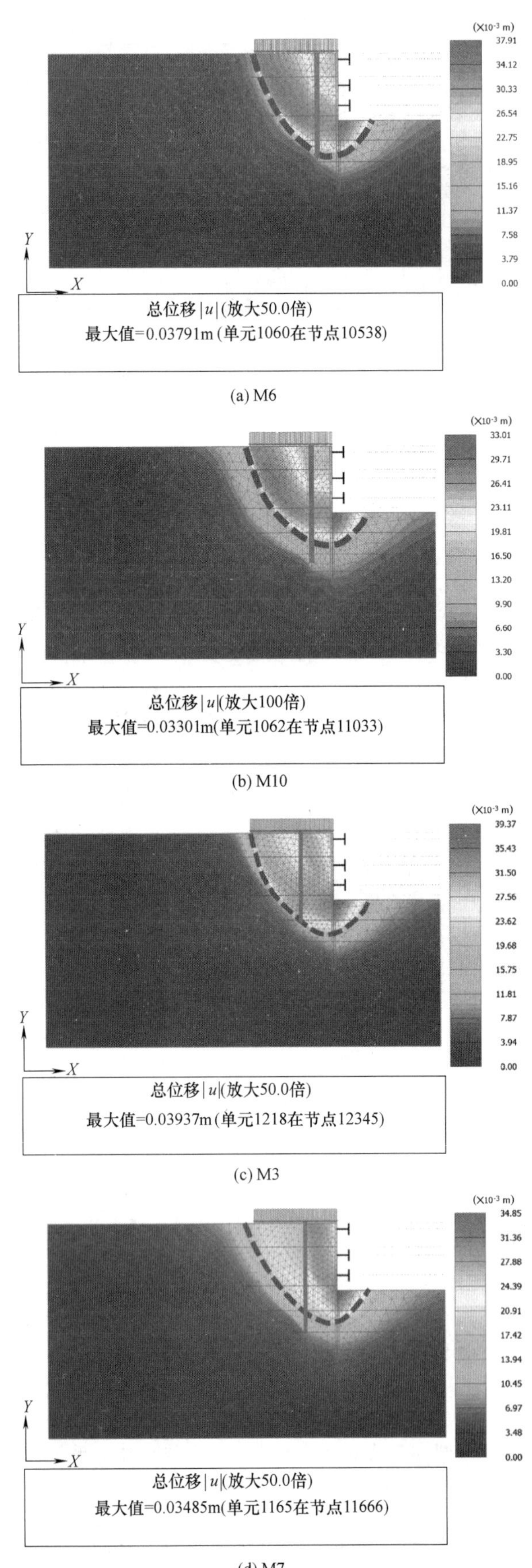

图 14　土体总位移云图

Fig. 14　Cloud map of total soil displacement

6　结论

本文阐述了既有围护桩与新增围护桩相对关系、分布位置及桩长对基坑变形控制的影响，总体上既有围护桩的存在对基坑变形控制有利，类似工程岩土设计中予以考虑，能获取一定的经济效应，同时所得规律也可作为复杂环境基坑分隔桩的设计参考。

（1）既有围护桩位于坑内、坑外都有利于围护桩的变形控制，位于坑内时变形控制帮助较小，位于坑外时效果相对显著。

（2）既有围护桩位于坑外，新老围护桩桩间距 D 一定时，既有围护桩桩长 L 越长，对围护桩变形控制效果越好，但当 L 接近新增围护桩桩长时再加长 L 收益不大。

（3）既有围护桩位于坑外、桩长一定时，既有围护桩距离新增围护桩太远或太近，对围护变形控制效果都不理想，两桩间距处于 $H/2$ 附近时效果较好。

（4）既有围护桩能够贯穿坑外土体位移滑移面，改变坑外土体位移形态，对围护变形控制收益最佳。

参考文献：

[1] 龚晓南．关于基坑工程的几点思考[J]．土木工程学报，2005，38(9)：99-108

[2] 李忠诚，姜昊，陈梦，等．上海市闸北广场合并重建城市更新项目基坑工程[C]//基坑工程实例8(第十一届基坑工程大会)，2020.

[3] BENZ T. Small-strain stiffness of soils and its numerical consequences[D]. Stuttgart：Institute of Geotechnical Engineering，University of Stuttgart，2007.

[4] SCHANZ T，VERMEER P A，BONNIER P G. The hardening soil model-formulation and verification[C]// Proceedings of Beyond 2000 in Computational Geotechnics. Amsterdam：Balkema，1999：281-296.

[5] 王卫东，李青，徐中华．软土地层邻近隧道深基坑变形控制设计分析与实践[J]．隧道建设，2022，42(2)：163-175.

[6] 王卫东，王浩然，徐中华．基坑开挖数值分析中土体硬化模型参数的试验研究[J]．岩土力学，2012，33(8)：2283-2290.

[7] 王卫东，王浩然，徐中华．上海地区基坑开挖数值分析中土体 HS-Small 模型参数的研究[J]．岩土力学，2013，34(6)：1766.

[8] 李青，徐中华，王卫东，等．上海典型黏土小应变剪切模量现场和室内试验研究[J]．岩土力学，2016，37(11)：3263-3269.

考虑土体小应变特性的基坑挡墙位移计算方法

木林隆[1, 2]， 王 玮[1, 2]， 康兴宇[1, 2]
（1. 同济大学地下建筑与工程系，上海 200092；2. 同济大学岩土及地下工程教育部重点实验室，上海 200092）

摘 要： 基坑开挖诱发挡墙位移的计算是基坑工程建设中需要考虑的众多问题之一。基于 Winkler 弹性地基梁模型提出了一种改进的计算基坑挡墙位移的简化方法，该方法能够考虑基坑主动区和被动区的土压力随挡墙位移的变化。该方法将朗肯土压力理论所提出的基坑开挖引起的土体滑移区域作为地基梁的影响范围，利用 Melan 解来计算土体的附加剪应变，再结合土体在小应变阶段的刚度衰减曲线来计算土体刚度从而近似考虑土体的小应变特性。最后，将该方法应用于实际的基坑挡墙位移预测中，通过与有限元计算结果和现场实测比较，验证了本方法的合理性。

关键词： 基坑开挖；挡墙位移；弹性地基梁法；Melan 解；土体小应变

作者简介： 木林隆，男，1984 年生，副教授。主要从事岩土力学和岩土工程的研究。E-mail：mulinlong@tongji. edu. cn。

Calculation method for deformation of foundation pit retaining wall considering small strain of soil

MU Lin-long[1,2]，WANG Wei[1,2]，KANG Xing-yu[1,2]
（1. Department of Geotechnical Engineering，Tongji University，Shanghai 200092，China；2. Key Laboratory of Geotechnical and Underground Engineering of Ministry of Education，Tongji University，Shanghai 200092，China）

Abstract：The calculation of retaining wall deformation induced by foundation pit excavation is one of the many problems which need to be considered in the construction of foundation pit projects. It's proposed a modified simplified method for the calculation of retaining wall deformation based on the the Winkler elastic foundation beam model，which is able to consider the variation of earth pressure in the active and passive zones of the foundation pit with the deformation of the retaining wall. This method takes the soil slip region induced by foundation pit excavation presented by Rankine's earth pressure theory as the influence region of the foundation beam. And the Melan's solution is used to calculate the additional shear strain in soil. So small strain of soil is approximately considered by combining the stiffness decay curve of the soil in the small strain phase with the average shear stress to calculate the stiffness of soil. Finally，this method is applied to predict the foundation retaining wall deformation and to compare with the finite element calculation results and actual field measurements. The results shows that this method is reasonable and effective.

Key words：foundation pit excavation；retaining wall deformation；Winkler elastic foundation beam model；Melan's solution；small strain of soil

1 引言

随着我国城市化进程的不断加深，建筑物越来越密集，城市中心在建设基坑工程时遇到的变形控制问题日益突出，此类基坑工程的设计也由传统的强度控制原则转变为变形控制原则。

挡墙位移计算是基坑变形控制中的重要一环。国内外学者对基坑开挖诱发挡墙位移展开了大量研究。Goldberg 和 Jaworski[1] 统计了 63 组基坑工程的变形数据，得出土层和支护条件与支护结构变形之间的经验曲线。王建华等[2] 统计了上海 50 个软深基坑的实测变形规律，得到了支撑刚度、开挖深度、软土特性等对基坑变形的影响。经验方法应用起来简便，但缺乏理论依据，有较大的局限性。相比经验方法，数值模拟能使用不同的本构模型来考虑复杂的土体特性[3-4]。有限元计算方法虽然适应性较强，但较为复杂且时间成本高。弹性地基梁法因参数易于获取、模型简单、受力明晰，被广泛用于基坑挡墙位移的计算分析，如陈燕宾和王凡俊[5] 利用有限差分法求解了基于 Winkler 地基梁模型的基坑挡墙的内力与变形。但该方法无法考虑复杂的土体特性，如土体小应变等，同时弹性地基模型使用极限土压力计算也会使得计算得到的变形偏大。

在基坑开挖过程中，周边土体的剪切模量会随着剪应变的增大而产生衰减，木林隆等[6] 通过比较有限元结果与实测结果发现如忽略土体的小应变特性会使得土体刚度被高估从而导致计算挡墙变形时产生较大的计算误差，众多研究也表明合理考虑土体小应变特性能够提高基坑变形预测的准确性[7-8]。

本文基于弹性地基梁模型，将挡墙前后的土体等效

基金项目：上海市启明星计划项目(19QC1400500)。

成弹簧作用在地基梁上，建立挡墙位移计算的双弹簧地基梁方法，该方法考虑了主动区和被动区土压力随着挡墙位移变化而发展的过程。同时，利用 Melan 解计算出了土体的平均剪应变，结合土体小应变范围内的刚度衰减曲线来计算弹簧系数，进而建立了能够考虑土体小应变特性的基坑挡墙位移计算方法。

2 理论方法

如图 1 所示，将挡墙简化为地基梁，将挡墙前后的土体等效为弹簧，使挡墙的受力变形计算得到简化。

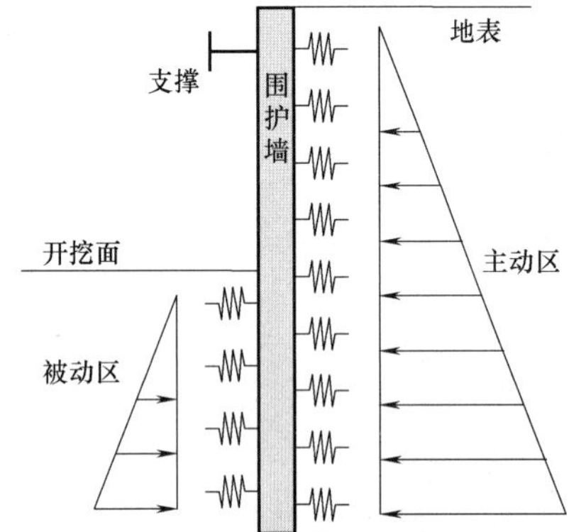

图 1　双弹簧弹性地基梁模型示意图

Fig. 1　Schematic diagram of double-spring elastic foundation beam model

对图 2 的微元分析可得，围护墙控制方程为：

$$EI\frac{\mathrm{d}^4y}{\mathrm{d}z^4}+(k_1+k_T+k_2)y-k_Ty'=p_0(z) \tag{1}$$

式中，k_1、k_2 分别为主动区和被动区的地基水平抗力系数，本文采用广泛使用的 Vesic 模量[9] 计算，如式（2）所示；k_T 为内支撑的等效弹性模量，在支撑结点为 k_T，其余结点为 0；EI 为挡墙的等效抗弯刚度；y，z 分别表示挡墙位移和挡墙深度；y' 为在支撑施工前挡墙位移；$p_0(z)$ 为作用在围护墙上的附加荷载，由式（3）计算。

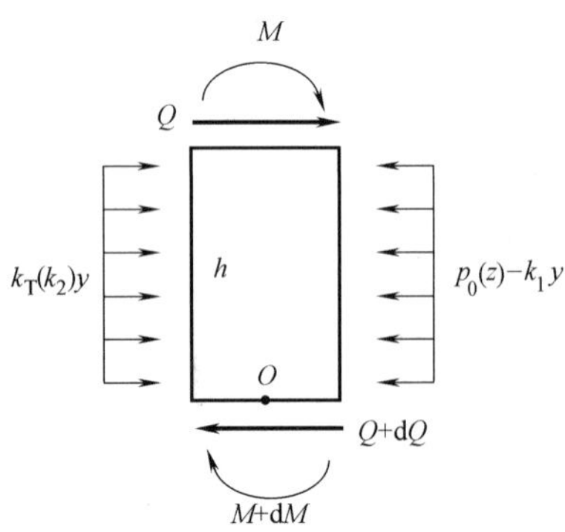

图 2　微段受力分析示意图

Fig. 2　Schematic diagram of micro-segment force analysis

$$k_s=0.65\frac{E_s}{B(1-v_s^{\ 2})}\sqrt[12]{\frac{E_sB^4}{EI}}b \tag{2}$$

式中，E_s 为土体弹性模量；v_s 为土体泊松比；E 为围护结构弹性模量；I 为围护结构的惯性矩；B 为围护结构的宽度，对于挡墙计算宽度取 $B=1\text{m}$；b 为采用弹性地基梁法时计算宽度，对于挡墙计算宽度取 $b=1\text{m}$。

$$p_0(z)=\begin{cases}(\sigma_0^a-\sigma_0^p)b & (\sigma_{as}\geqslant\sigma_a,\sigma_{ps}\leqslant\sigma_p)\\(\sigma_a-\sigma_0^p)b & (\sigma_{as}<\sigma_a,\sigma_{ps}\leqslant\sigma_p)\\(\sigma_0^a-\sigma_p)b & (\sigma_{as}\geqslant\sigma_a,\sigma_{ps}>\sigma_p)\\(\sigma_a-\sigma_p)b & (\sigma_{as}<\sigma_a,\sigma_{ps}>\sigma_p)\end{cases} \tag{3}$$

式中，σ_0^a、σ_0^p 分别为主动区和被动区静止土压力；σ_a、σ_p 分别为主动土压力和被动土压力；σ_{as}、σ_{ps} 分别为主动区土压力和被动区土压力；b 为支护结构计算宽度，一般取桩基的中心间距或者围护墙的单位计算宽度。

基坑开挖前挡墙前后都为静止土压力，随着基坑的开挖，墙前土反力 σ_{ps} 随着位移的增长逐渐增大至被动土压力，而墙后土反力 σ_{as} 随着位移的增长逐渐衰减至主动土压力，假设在此过程中土反力随位移线性变化，变化至极限土压力后便保持不变，如图 3 所示，σ_{as}、σ_{ps} 由式（4）和式（5）计算。

$$\sigma_{as}=\begin{cases}\sigma_0^a-k_sy & (\sigma_{as}\geqslant\sigma_a)\\\sigma_a & (\sigma_{as}<\sigma_a)\end{cases} \tag{4}$$

$$\sigma_{ps}=\begin{cases}\sigma_0^p+k_sy & (\sigma_{ps}\leqslant\sigma_p)\\\sigma_p & (\sigma_{ps}>\sigma_p)\end{cases} \tag{5}$$

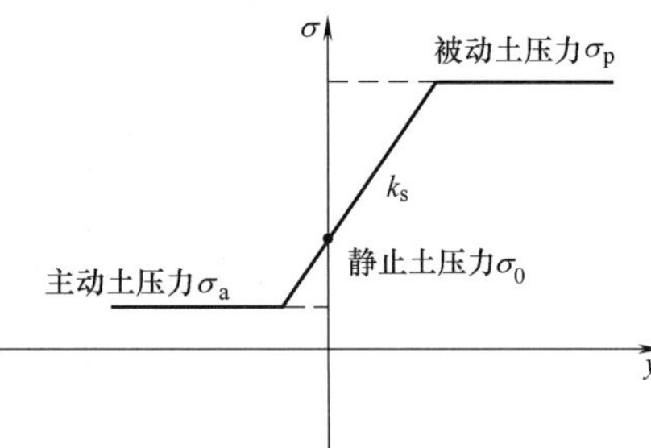

图 3　挡墙前后土压力随位移变化示意图

Fig. 3　Schematic diagram of earth pressure before and after the retaining wall with displacement

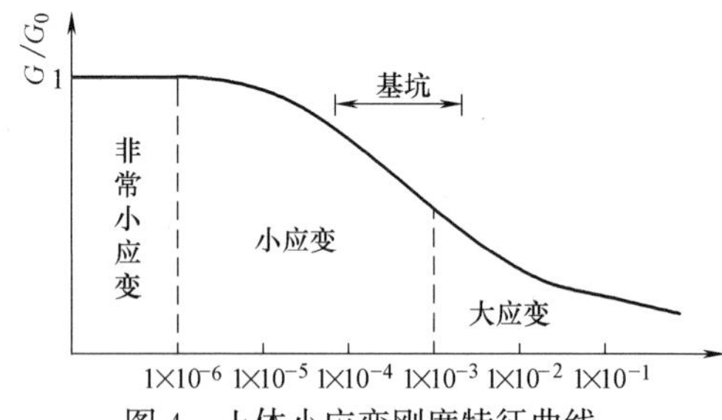

图 4　土体小应变刚度特征曲线

Fig. 4　Curve of small strain stiffness characteristic of soil

在基坑变形发展过程中，土体的剪切模量会随着剪应变的增大而衰减（图 4），使土体的等效弹性模量发生变化。从式（1）可以看出，在这个过程中，地基的水平抗力系数也会随之改变，进而影响挡墙的变形。本文采用 Santos 等（2001）[10] 所提出土体割线剪切模量 G_s 衰减公式：

$$\frac{G_s}{G_0}=\frac{1}{1+0.385\left|\dfrac{\gamma}{\gamma_{0.7}}\right|} \tag{6}$$

式中，$\gamma_{0.7}$ 为土体剪切应变在 $G_s=0.722G_0$ 的剪应变；G_0 为土体的初始剪切模量；γ 为土体的剪应变。

基坑开挖后，土体附加应力如图 5 所示，即将基坑开挖前后挡墙两侧土压力的变化（开挖后的主动、被动土压力与开挖前的静止土压力之差 $\Delta\sigma_1$、$\Delta\sigma_2$）和开挖面处的自重应力变化 $\Delta\sigma_3$ 作用在原均质土层中，再利用 Melan 解[11-12] 求解土体的剪应力 τ。

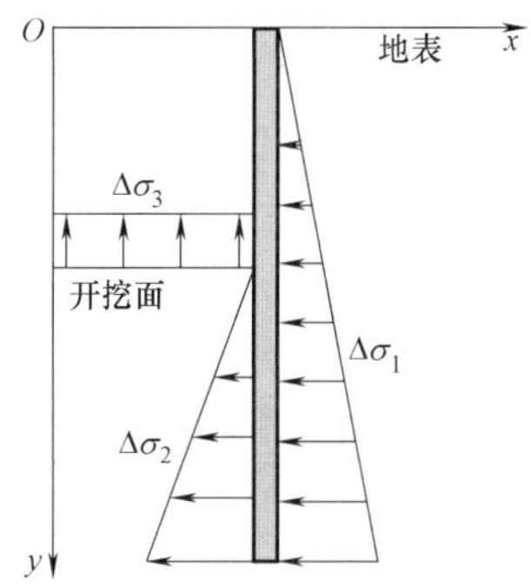

图 5　基坑开挖引起土体附加应力示意图

Fig. 5　Schematic diagram of additional stress in soil induced by foundation pit excavation

假设土体模量的应变衰减仅受如图 6 所示朗肯土压力理论所假设的土体滑移区域范围内的土体应变影响。将影响范围内土层分为 n 层，影响范围内主动区和被动区第 i 层的平均剪应力分别为：

$$\tau_{ar}=\frac{\int_{a}^{a+\frac{(n-i)h}{\tan\left(45°+\frac{\varphi}{2}\right)}}\tau_{af}(x,ih)\mathrm{d}y}{\dfrac{(n-i)h}{\tan\left(45°+\dfrac{\varphi}{2}\right)}} \tag{7}$$

$$\tau_{pr}=\frac{\int_{a-\frac{(n-i)h}{\tan\left(45°-\frac{\varphi}{2}\right)}}^{a}\tau_{pf}(x,ih)\mathrm{d}y}{\dfrac{(n-i)h}{\tan\left(45°-\dfrac{\varphi}{2}\right)}} \tag{8}$$

式中，h 为土体分成 n 层的层高，φ 为土体内摩擦角，a 为基坑宽度的一半。

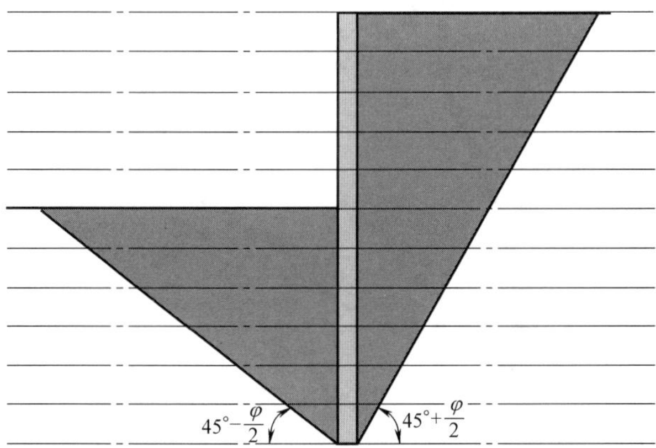

图 6　基于朗肯土压力理论的土体滑移区域示意图

Fig. 6　Schematic diagram of soil slip region based on Rankine' s earth pressure theory

$$\gamma=\begin{cases}\dfrac{200\gamma_{0.7}\tau}{200G_0\gamma_{0.7}-77\tau} & \tau\geqslant0\\[2ex]\dfrac{200\gamma_{0.7}\tau}{200G_0\gamma_{0.7}+77\tau} & \tau<0\\[2ex]\gamma=\dfrac{\tau}{G_{\text{cut-off}}} & \left|\dfrac{\tau}{\gamma}\right|\leqslant G_{\text{cut-off}}\end{cases} \tag{9}$$

由式（9）计算每层土对应的剪切模量 G_s，则其对应的水平地基反力模量为：

$$k_s=0.65\frac{2G_s(1+v_s)}{B(1-v_s{}^2)}\sqrt[12]{\frac{2G_s(Hv_s)B^4}{EI}}b \tag{10}$$

采用有限差分法结合迭代方法对式（1）进行求解可得到围护墙的变形值。

3　方法验证

为了验证方法的准确性，选取了三个基坑案例对方法进行验证。第一个基坑为假设基坑案例，分别利用简化方法和有限元方法计算挡墙位移；第二和第三个基坑为实际基坑案例，将本文方法计算结果与实测值进行对比验证。

3.1　某多层基坑验证

模拟基坑的基本情况如图 7 所示，取基坑的一半进行分析，基坑宽度为 60m，开挖深度为 15m，围护墙厚 1m，插入深度为 30m。

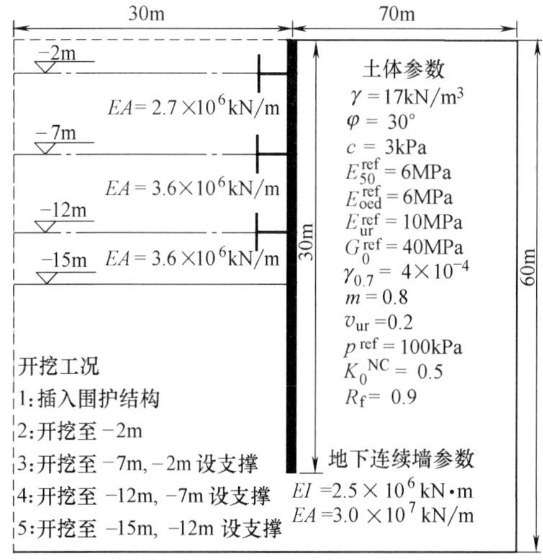

图 7　模拟多层基坑示意图

Fig. 7　Schematic diagram of simulated multilayer foundation pit

有限元计算和简化理论计算得到的挡墙位移结果如图 8 所示，从图中可以看出，简化理论的计算方法在挡墙位移模式和数值上都与有限元方法较为接近，这说明了该理论方法在计算挡墙位移上的合理性。

3.2　高雄某基坑验证

高雄市某基坑长 70m，宽 20m，采用逆作法施工，最大开挖深度为 16.8m，分 5 次开挖，采用 4 道钢支撑，土层分布及开挖情况如图 9 所示，详细情况可查看文献［13］。

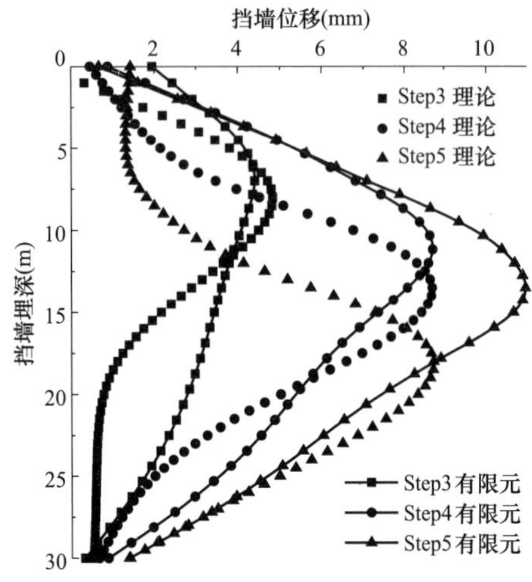

图 8 模拟多层基坑挡墙位移对比

Fig. 8 Comparison of retaining wall deformation in simulated multilayer foundation pit

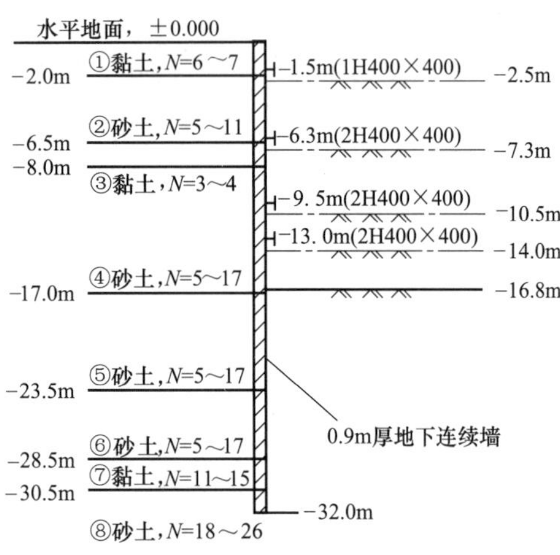

图 9 高雄基坑示意图

Fig. 9 Schematic diagram of foundation pit in Taipei

图 10 为基坑长边中点 SID3 处测斜管测得的实际挡墙位移与采用本文的简化理论计算公式比较，从图中可以看

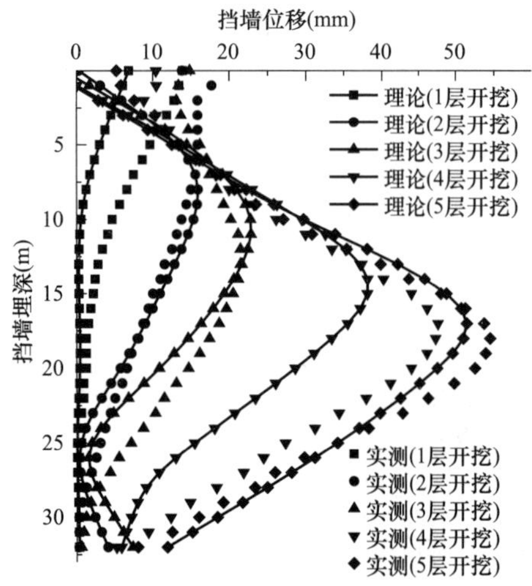

图 10 高雄基坑挡墙位移对比

Fig. 10 Comparison of retaining wall deformation of foundation pit in Taipei

出一层基坑开挖诱发的挡墙位移模式为悬臂式位移模式，二至五层基坑开挖诱发的挡墙位移模式为中间大两边小的抛物线形位移模式，在变形模式上该理论能较好地反映基坑开挖过程中的挡墙位移。在实测数据中，第二层开挖后围护墙变形类似于悬臂式模式，原因可能在于支撑本身的压缩，而理论方法无法考虑。在变形数值上，实测值与理论计算值也比较接近，实测的挡墙最大位移为 55mm，理论公式计算得到的挡墙最大位移为 52mm，两者之间较为吻合。

3.3 上海银行大厦基坑验证

上海银行大厦基坑平面近似方形，长 88.9m，宽 92.2m，裙楼部分开挖深度为 14.95m，采用地下连续墙作为围护结构，围护结构宽 0.8m，插入深度为 28.6m，土层分布及支护结构布置如图 11 所示，详细情况可查看文献 [14]。

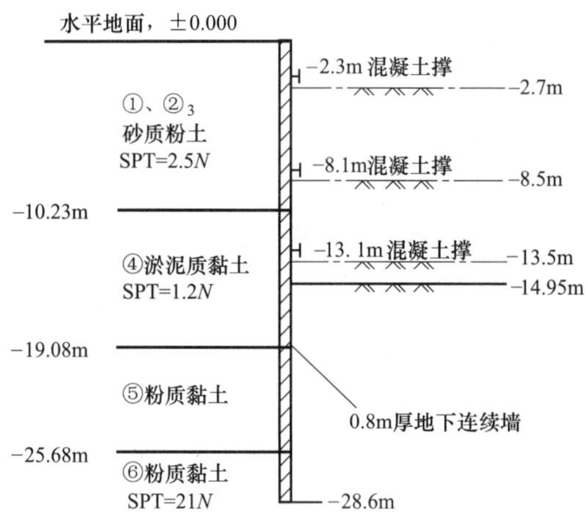

图 11 上海银行大厦基坑示意图

Fig. 11 Schematic diagram of foundation pit in Shanghai Bank Building

图 12 为基坑地下连续墙中心点处测得的实际挡墙位移与采用本文简化理论计算公式的比较，从图中可以看出，

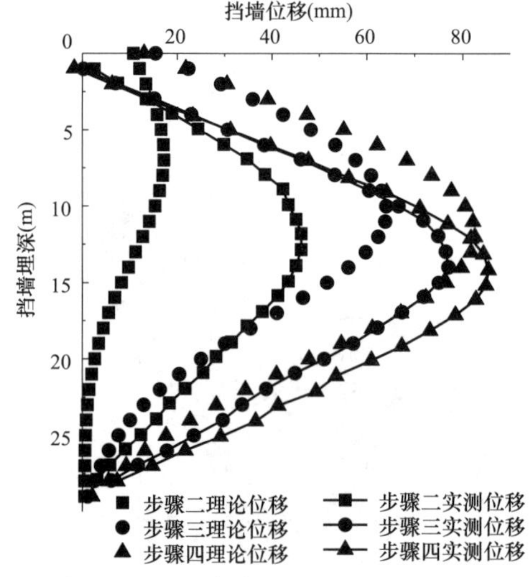

图 12 上海银行大厦基坑挡墙位移对比

Fig. 12 Comparison of retaining wall deformation of foundation pit in Shanghai Bank Building

实测中步骤二、三、四的基坑位移模式为抛物线形，理论公式算得的变形模式与实测一致。在变形数值上，实测的最大挡墙位移为 85mm，计算得到的最大挡墙位移为 82mm，两者之间吻合得较好。

4 结论

本文改进了基坑开挖诱发挡墙位移计算的弹性地基梁法，考虑了墙体前后土压力的变化和土体的小应变特性，并通过有限差分法求出了挡墙位移的解析解。通过案例分析，将理论计算结果与有限元结果和实测结果进行对比，可以发现简化方法不仅能反映挡墙的位移模式，还能较准确地预测挡墙的最大位移，从而验证了该方法的合理性。该方法能快速计算挡墙位移，尤其适用于需要快速获取挡墙位移的分析情况。

参考文献：

[1] GOLDBERG D T, JAWORSKI W E, GORDON M D. Lateral Support Systems and Underpinning. Volume Ⅲ: Construction Methods[R]. 1976.

[2] 王建华，徐中华，陈锦剑，等. 上海软土地区深基坑连续墙的变形特性浅析[J]. 地下空间与工程学报，2005(4)：485-489.

[3] BORJA R I. Analysis of incremental excavation based on critical state theory[J]. Journal of Geotechnical Engineering, 1990, 116(6): 964-985.

[4] 帅红岩，陈少平，曾执. 深基坑支护结构变形特征的数值模拟分析[J]. 岩土工程学报，2014，36(S2)：374-380.

[5] 陈燕宾，王凡俊. 基于 Winkler 弹性地基梁模型的基坑支护结构内力与变形数值分析方法[J]. 土木工程与管理学报，2013，30(3)：50-54.

[6] 木林隆，黄茂松，吴世明. 基于反分析法的基坑开挖引起的土体位移分析[J]. 岩土工程学报，2012，34(S1)：60-64.

[7] WHITTLE A J, HASHASH Y M A, WHITMAN R V. Analysis of deep excavation in Boston[J]. Journal of geotechnical engineering, 1993, 119(1): 69-90.

[8] KUNG G T, JUANG C H, HSIAO E C, HASHASH Y M. Simplified model for wall deflection and ground-surface settlement caused by braced excavation in clays[J]. Journal of Geotechnical and Geoenvironmental Engineering, 2007, 133(6): 731-747.

[9] VESIC A B. Beams on elastic subgrade and the Winkler's hypothesis[C]//5th International Conference on Soil Mechanics and Foundation Engineering. 1961, 845-850.

[10] DOS Santos J A, CORREIA A G. Reference threshold shear strain of soil. Its application to obtain an unique strain-dependent shear modulus curve for soil[C]//Proceeding of the Fifteenth Znternational Conference on Soil Mechanics and Geotechnical Engineering, Turkey, 2001: 267-270.

[11] POULOUS H G, DAVIS E H. Elastic solution for soil rock mechanics [M]. New York: John Wiley & Sons. Inc.

[12] POULOS H G, DAVIS E H. Pile foundation analysis and design[M]. New York: John Wiley and Sons. Inc.

[13] HSIUNG B B, YANG K H, AILA W, HUANG C. Three-dimensional effects of a deep excavation on wall deflections in loose to medium dense sands[J]. Computers and Geotechnics, 2016, 80: 138-151.

[14] 周恩平. 考虑小应变的硬化土本构模型在基坑变形分析中的应用[D]. 哈尔滨：哈尔滨工业大学，2010.

城区敏感复杂环境条件下深基坑设计与实测分析

戴斌， 周延， 徐中华
（华东建筑设计研究院有限公司上海地下空间与工程设计研究院，上海 200011）

摘　要：本文以上海核心区域某项目地下空间开发为背景，探索在城市复杂环境条件下超大面积深基坑设计关键技术和环境保护措施。该工程基坑面积5.5万m^2，基坑四周除邻近地铁、高压变电站、电缆隧道以及上海市标志性建筑“上海体育馆”等之外，基坑中部需保留一幢三层砖木建筑“小白楼”，基坑在其四周开挖将使小白楼及下部地基土台成为“孤岛”。这在上海软土地区未有工程先例可资借鉴，工程建设面临新的技术问题。现场变形监测结果表明，本基坑工程采用的一系列技术措施确保了基坑自身和包括“小白楼”在内的众多敏感周边环境保护对象的安全，但“孤岛”建筑物仍产生了相当可观的总体沉降，实践经验可为软土地区类似环境条件下的基坑工程提供参考。
关键词：复杂环境；深基坑开挖；建筑物四周分块开挖；既有建筑保护

Design and practice of deep foundation pit excavation under urban sensitive environmental conditions

DAI Bin，ZHOU Yan，XU Zhong-hua
（Shanghai Underground Space Engineering Design & Research Institute，East China Architecture Design & Research Institute Co.，Ltd.，Shanghai 200011）

Abstract：This paper is based on a Shanghai core area construction project. Starting at a point of environmental protection which introduced design ideas of deep foundation pit excavation under unban sensitive environmental conditions and proposed methods of environmental protection. The surrounding environment is extremely complicated of the project. The pit is adjacent to cable tunnel，transformer station and shanghai stadium. Furthermore an existing Xiao-Bai building is located at the center of the foundation pit which is the key protection object of the project. Foundation pit excavation is proceeded around the building. Very few example of such case have been implemented in Shanghai so as to facing new technical problems. Monitoring results indicate that the adoption of technical measures have effectively protected the surrounding structures and controlled the retaining structure deformation. However a considerable sedimentation generated for Xiao-Bai building. This case has given a reference to the feasibility of excavation under similar environmental conditions.
Key words：complexed environmental conditions；deep foundation pit excavation；excavation around a building；measures of surrounding structures protection

1 引言

随着城市建设的日新月异，为了满足地下空间的开发需求，基坑工程规模不断提升而对城市场地的周边环境保护要求愈加严格，城市中心的大规模基坑工程实施面临越来越多的技术挑战。基坑设计保证基坑工程自身安全是最基本标准，当前基坑工程的难点和焦点问题主要集中于对周边建（构）筑物的变形影响控制方面，这要求岩土工程师们从基坑分区实施、围护结构选型、降水控制、考虑时空效应原理的开挖等角度，合理采取环境保护的技术对策。另外，对于邻近基坑的既有建筑物，还可以采取主动加固措施，如基础托换、上部结构加固等。大多数地下空间开发紧邻既有建筑物的某一侧，少数在建筑物的两侧，而在既有建筑四周进行开挖的案例在上海软土地区尚属首次[1-7]。本文以上海核心区域某项目为背景，介绍了城区敏感复杂环境条件下深基坑设计的思路，并对基坑内部“孤岛”建筑物的保护措施和现场实施进行了全新的探讨和总结。

2 工程概况

本项目位于徐家汇地区的零陵路、漕溪北路、中山南二路和天钥桥路围合区域，包括上海体育馆新增地下室和新建体育综合体。上海体育馆新增地下室为地下二层训练用房和西侧地下一层环形通道，新建体育综合体中部为二层地下室，其他区域设置一层地下室。地下结构基础形式采用桩-筏基础。基坑总面积约55000m^2，总延长约2270米，地下一层6.30～8.25m，地下二层为12.30～12.80m。

3 环境概况

该项目位于徐家汇核心，需充分发挥公共资源的优势，与轨道交通站厅、上体馆、游泳馆、跳水队训练房等连通，因此本工程周边环境条件相当复杂。基坑位于地铁1号线和11号线50m保护区范围之内，西侧、南侧位于高架30m保护区范围之内。基坑东南侧变电所、武警用房、跳水队陆上训练房和上海游泳馆均在1倍开挖深度范

基金项目：上海市优秀技术带头人计划资助（课题编号20XD1430300）。

围之内。基坑东北侧紧邻东亚大厦，基坑南侧局部有地铁主变站及电缆通道，其保护要求同地铁区间隧道，基坑北侧紧邻上海体育馆。基坑内部保留一幢砖木结构的“小白楼”，“小白楼”及其约 12m 高的地基土共同形成“孤岛”。场地环境总平面图如图 1 所示。

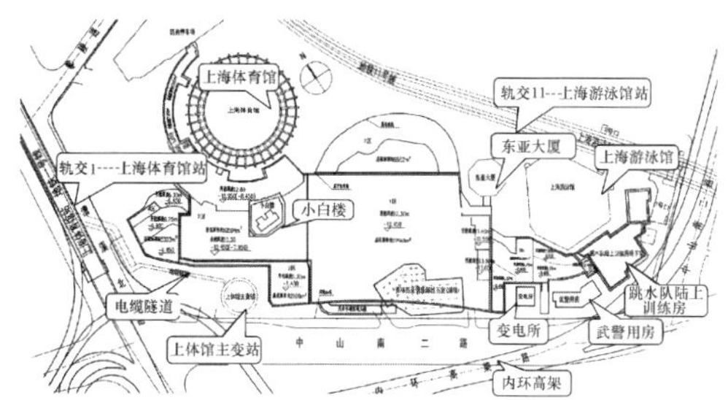

图 1　场地环境总平面图

Fig. 1　Environmental conditions around the pit

上海体育馆为直径 110m 的大跨度网架结构，主馆顶高 33.62m，基底埋深约 3.7m，基础采用 ϕ600 钻孔灌注桩基础，有效桩长为 16.1m，基础距离基坑最近仅 3.4m。地铁主变电站为直径 31m 圆形地下结构，埋深约 15～16m，筏板基础厚度 2m；原围护结构为 650mm 厚地下连续墙，插入深度为 9.2m，在地下连续墙内侧设置 600mm 厚结构内衬墙，距离 2 区基坑约 17.1m。电缆隧道埋深约 5.3～7.2m，距离 2 区基坑约 13m。小白楼位于基坑内部，为一幢三层砖木建筑，无圈梁构造柱，基础为砖基础大放脚，埋深约 0.68m。上述建（构）筑物尤其地铁和“小白楼”是基坑开挖需重点保护的对象；另外，基坑周边的市政道路及煤气、上水、下水、电力、信息市政管线亦是基坑施工阶段需严格保护的对象。

4　地质条件

本场地地质条件复杂，其地基土主要由黏性土、粉性土及砂土组成。填土层普遍较厚，②层黏土层呈硬塑—可塑状态，属中等—高等压缩性，③层淤泥质黏土、$④_1$ 层灰色淤泥质黏土、$④_{2\text{-}1}$ 层灰色粉质黏土夹黏质粉土均较厚，属流塑　软塑的高压缩性的软土。场地中部分布有上海市区不常见的$④_{2\text{-}2}$ 层砂质粉土，属微承压含水层，开挖阶段要进行减压降水，在围护体设计时考虑将该微承压含水层隔断。其下为⑤层粉质黏土及⑦层粉砂，基坑开挖面位于$④_1$ 层中。各土层参数如表 1 所示。

场地土层参数　　表 1

Parameters of soil layers　　Table 1

层序	土层名称	重度	直剪固快峰值强度		渗透系数
		γ	c	φ	K
		kN/m³	kPa	°	cm/s
②	黏土	18.7	21	14.5	1×10^{-7}
③	淤泥质粉质黏土	17.4	12	13.5	5×10^{-6}
$④_1$	淤泥质黏土	16.8	13	10.0	2×10^{-7}
$④_{2\text{-}1}$	粉质黏土夹黏质粉土	18.2	12	18.0	5×10^{-6}
$④_{2\text{-}2}$	砂质粉土	18.5	2	30.5	6×10^{-4}
$⑤_1$	粉质黏土	18.0	14	16.5	2×10^{-7}
$⑤_3$	粉质黏土	18.2	16	17.5	5×10^{-6}

5　基坑支护设计

5.1　总体分区方案

对城区敏感环境下超大面积的基坑进行分区设计，以尽可能地减少对周边环境的影响，是上海软土地区基坑设计成功经验。通过对运营的地铁 1 号线和 11 号线地铁车站、区间隧道和地铁主变站及电缆隧道的影响分析，结合建筑设计方案和基坑开挖深度，并与地铁主管部门充分沟通，施工顺序采取“先深后浅”“先一般区域后地铁保护区域”的原则，将本工程分为 7 个区域如图 2 所示。

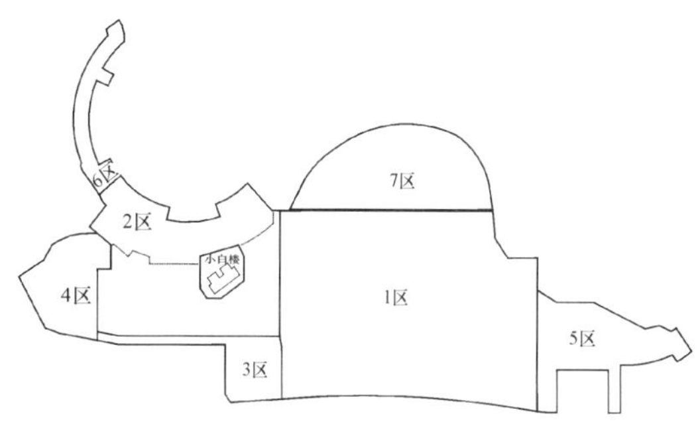

图 2　基坑分区示意图

Fig. 2　Partition diagram of the pit

5.2　分区围护方案

本项目根据基坑挖深及周边环境条件的不同要求，采用多种支护体系相结合的基坑支护设计原则。考虑到对周边及内部既有建筑物的保护，基坑 2 区北侧邻上海体育场、南侧邻上体馆主变站和坑内小白楼四周区域采用地下连续墙作为围护体；考虑经济及施工效率因素，基坑北侧 6 区采用 SMW 工法桩作为围护体；基坑其他区域采用钻孔灌注桩排桩作为围护体（图 3）。

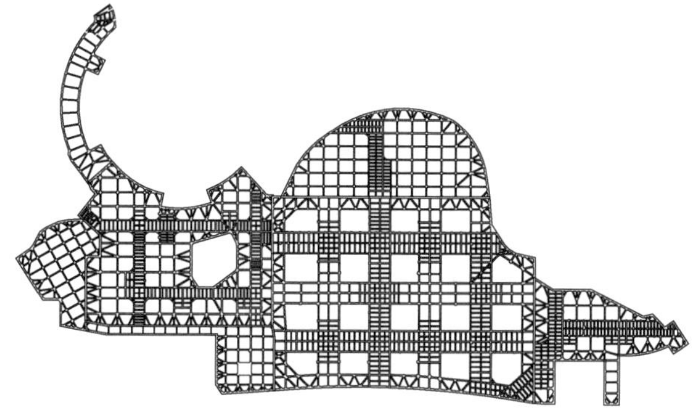

图 3　支撑平面布置图

Fig. 3　Layout plan for strut system

5.3　环境保护措施

为确保施工不影响地铁结构安全及附属设施正常运行，邻近主变站及电缆隧道区域划分出窄条基坑 3 区作为缓冲区（图 2），并采用结构刚度更大的地下连续墙作为围护体，减小基坑的大面积开挖对周边环境的影响。

考虑到对周边既有建筑物的保护，1 区基坑围护结构采用大直径钻孔灌注桩结合三轴水泥土搅拌桩止水帷幕，竖向整体设置两道水平混凝土支撑。2 区基坑围护结构在保护要求高的北侧邻上海体育场、南侧邻上体馆主变站和坑内小白楼四周区域采用 1000mm 厚地下连续墙作为围护体，其他区域采用钻孔灌注桩排桩作为围护体。2 区竖向设置两道水平混凝土支撑，支撑布置形式采用水平刚度较大的十字对撑。由于北侧邻边集水井较为密集，2 区北侧整体最深处开挖至 15.5m，增加设置第三道型钢支撑，在大面积底板施工完成后，通过混凝土牛腿撑于先行施工完成的底板上。

为加强对上海体育馆和小白楼的保护，除常规被动区加固外，对于 2 区南侧和北侧及小白楼的四周进行了三轴搅拌桩裙边加固和局部抽条加固，以增加坑底软弱土层的强度，控制围护体变形。

1 区、2 区的基坑围护结构剖面图如图 4 所示，1 区先行开挖施工，考虑到 1 区顶板的缺失，在 1 区中楼板浇筑完成后，通过设置斜抛撑换撑与 2 区首道支撑传力。在斜抛撑设置完成后再进行 2 区的开挖施工。

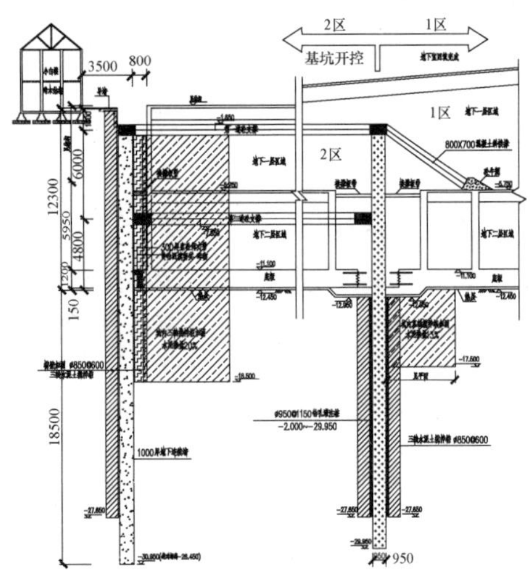

图 4　1、2 分区交界剖面图

Fig. 4　Sectional drawing of partition 1 and 2 junction

5.4　降水设计

基坑开挖深度范围内主要为潜水含水层，基坑降水采用坑内真空降水管井的降水方案，疏干坑内地下水，使地下水位降至开挖面以下 0.5～1.0m。在小白楼附近设置观测井，并在基坑降水实施过程中，加强对小白楼水位监测。由于 1、2 区④$_{2-2}$ 层微承压水抗突涌稳定性不满足要求，采用止水帷幕加深隔断该含水层，同时结合坑内按需减压降水。

5.5　2 区土方分区设计

2 区周边环境极为复杂，北侧紧邻地标建筑上海体育馆，南侧邻近地铁主变站和电缆隧道，且基坑中间的小白楼四周均需开挖，因此合理的土方分区开挖设计是保护周边环境的有效措施。结合结构后浇带、不同单体分界线，对 2 区进行了分块开挖设计，如图 5 所示，整体施工顺序为①→②$_1$、②$_2$→③$_1$、③$_2$→④$_1$、④$_2$→⑤$_1$、⑤$_2$。总体采用分块、对称、盆式开挖的原则，南侧盆边区域留土，减小对电缆隧道的影响，第三皮土方首先开挖距离小白楼较远的 1 号块，再对小白楼进行对角、均匀、平衡、对称的开挖，最后进行窄条区域的开挖。实施效果总体控制了小白楼的不均匀沉降。

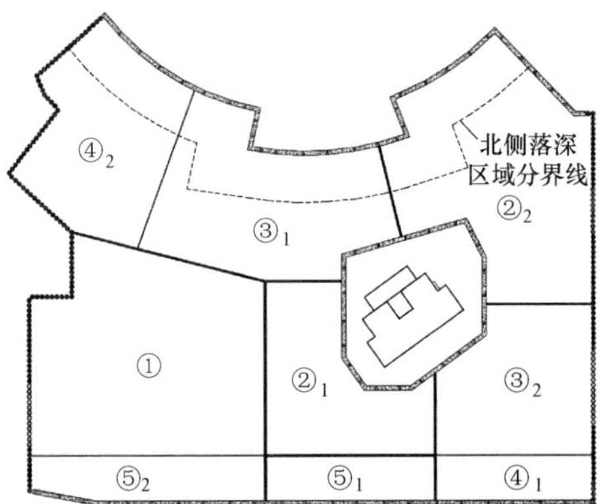

图 5　2 区施工第三皮土方分块开挖图

Fig. 5　The 3rd layer block excavation of partition 2

6　现场实施与监测

6.1　实施工况及监测点布置

本文重点分析 1 区、2 区基坑开挖对上海体育馆、主变站及电缆隧道和小白楼的影响，从 1 区基坑开挖至结构回筑直到 2 区基坑开挖到底阶段，共历时一年半的时间，施工共划分为 14 个工况，如表 2 所示。

1 区 2 区工况实施一览表　　表 2

Implementation conditions of partition 1 and 2　Table 2

工况	施工内容	完成时间
Stage1	三轴水泥土搅拌桩、钻孔灌注排桩施工、双轴水泥土搅拌桩、高压旋喷桩施工	2018.10.13
Stage2	1 区开挖至－2.050m 标高，形成第一道支撑	2018.10.29
Stage3	1 区降水施工（成井，降水标高满足二层土方开挖条件）	2018.11.27
Stage4	1 区开挖至－8.100m 标高，形成第二道支撑、2 区围护体施工	2019.01.26
Stage5	1 区开挖至坑底，施工底板	2019.06.06
Stage6	1 区拆除第二道支撑，地下二层结构施工	2019.09.07
Stage7	1 区、2 区之间混凝土斜撑施工	2019.09.27
Stage8	2 区开挖至－2.050m 标高，形成第一道支撑	2019.09.30
Stage9	2 区开挖至－8.100m 标高，形成第二道支撑	2019.11.09
Stage10	2 区开挖并施工①块底板	2020.12.10
Stage11	2 区开挖并施工②$_1$、②$_2$ 块底板	2020.12.21
Stage12	2 区开挖并施工③$_1$、③$_2$ 块底板	2020.12.28
Stage13	2 区底板施工完成，北侧第三道支撑完成	2020.01.09
Stage14	2 区开挖至－15.650 标高，局部深坑施工	2020.04.07

1区、2区监测点布置如图6所示，筛选出部分典型监测数据进行分析。

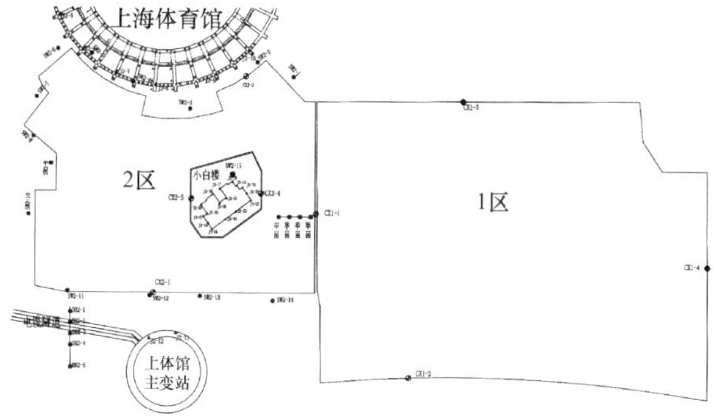

图6 1区、2区监测点平面布置图

Fig. 6 The monitoring points layout plan of partition 1&2

6.2 主要监测结果分析

(1) 围护结构侧向位移

stage1～6工况为先行施工的1区。1区施工期间基坑围护体侧移如图7所示，1区施工完成第二道撑后，围护体灌注桩排桩最大侧向位移约20mm，底板施工完成后围护体最大侧向位移约40mm，从第二道撑施工完成至底板浇筑完成期间围护体最大变形增加约20mm；根据监测结果可知，施工期间围护体及周边建筑物变形均在控制范围内，有效地保证了周边环境的安全。

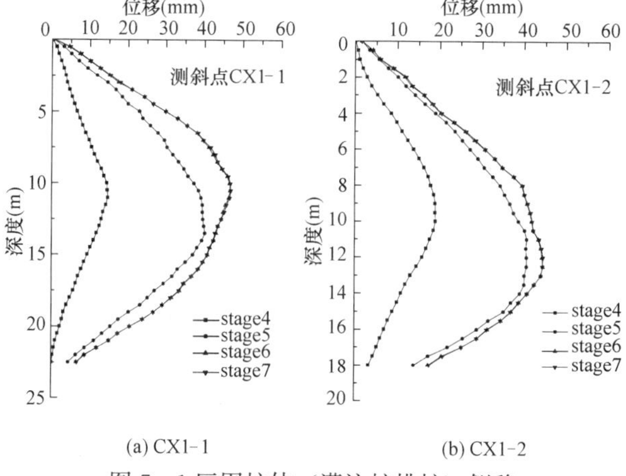

图7 1区围护体（灌注桩排桩）侧移

Fig. 7 The displacement of envelop enclosure for partitioning 1

2区在1区施工完成两区交界处的斜换撑后，开挖第一道支撑下土方，图8表示2区围护体在stage9～11工况下的位移情况，位移变化主要发生在stage10第三皮土方开挖浇筑底板阶段和stage11开挖北侧第四皮土方阶段。在基坑开挖到底，大面积底板浇筑完成，北侧邻近上海体育馆区域设置好第三道支撑后，围护体地下连续墙变形累计值为15～30mm，最大变形位于开挖面位置。在stage10～stage11经历了长假约3个月的时间，由变形监测情况来看，此阶段2区基坑外侧地墙变形的累计值增加较为明显，增量约为15mm左右，基坑南侧邻近主变站测点CX10累计变形较大约为50mm，坑外土体测斜TX1的变形规律和最大变形发生位置与CX10相近，说明土体与围护体的测斜规律相互协调。

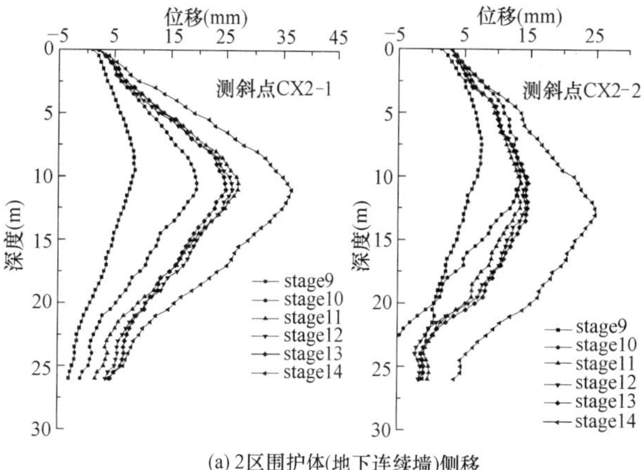

(a) 2区围护体(地下连续墙)侧移

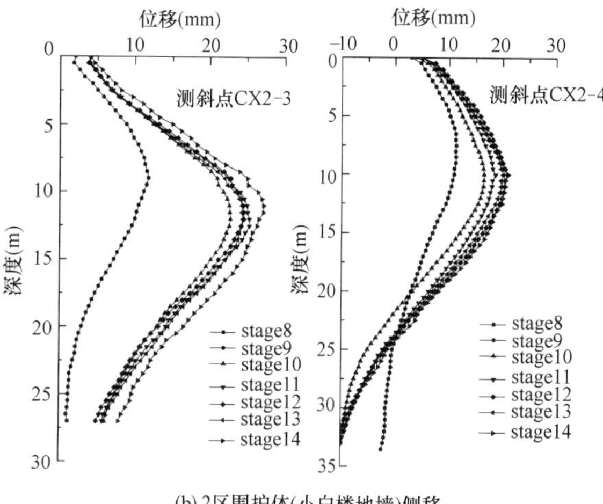

(b) 2区围护体(小白楼地墙)侧移

图8 2区围护体侧移

Fig. 8 The displacement of envelop enclosure for partitioning 2

(2) 基坑周边土体沉降

stage7工况时，两区分隔桩区域地表沉降如图9所示

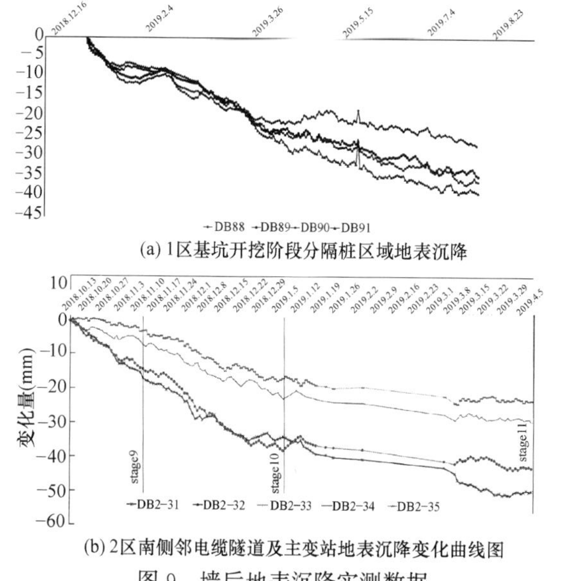

图9 墙后地表沉降实测数据

Fig. 9 Observed data of ground settlement behind the wall

示，墙后地表沉降最大值约为 31.5～39.5mm，处于（0.26%～0.32%）H 之间，低于王卫东[8] 等统计的上海地区深基坑工程地表变形平均值。stage14 工况时，在 2 区整体底板形成后 2 区南侧墙后地表沉降最大值约为 40～50mm，处于（0.31%～0.39%）H 之间，与王卫东[8] 等统计的上海地区深基坑工程地表变形平均值 0.38%H 数值相近。

（3）上海体育馆沉降

上海体育馆的沉降变形如图 10 所示，在 stage10 基坑第三皮土方开挖过程中，上海体育馆基础隆起约 3.5mm，由于 stage11 经历的时间较久，且北侧大面积落深约 3m，时间效应导致土体产生蠕变效应，坑底回弹隆起相对较大，上海体育馆的基础沉降约 8mm，最大差异沉降仅 2mm。实施结果表明本方案对上海体育馆的保护效果显著。

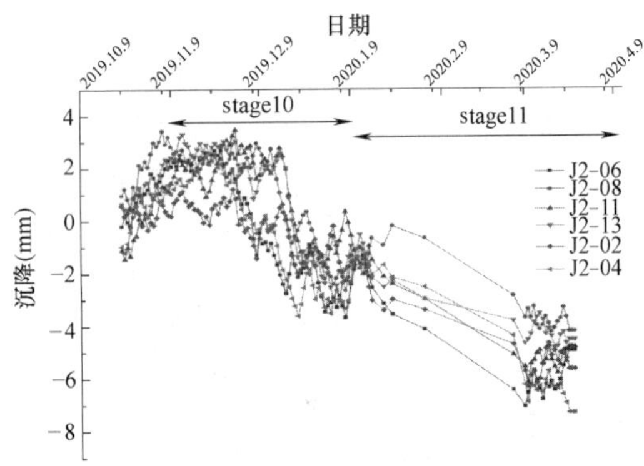

图 10　上海体育馆沉降变形图

Fig. 10　The sedimentation of Shanghai stadium

（4）电缆隧道及主变站沉降

电缆隧道的沉降变形如图 11 所示，在第二、三皮土方开挖过程中，沉降变化速率较快，在 2 区大面积底板施工完成后，电缆隧道累计沉降约 40mm，在后续施工过程中，电缆隧道沉降趋于稳定，总累计沉降约 50mm。主变站埋深较深，结构整体性较好，在 2 区基坑开挖过程中沉降最大仅 3.9mm。

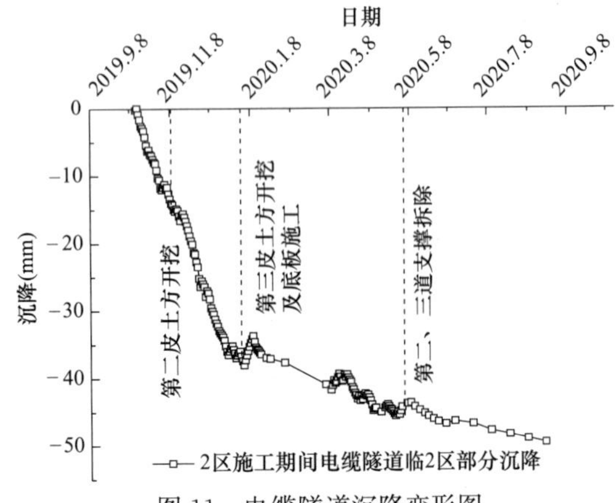

图 11　电缆隧道沉降变形图

Fig. 11　The sedimentation of cable tunnel

（5）坑外地下水位变化

在 1 区、2 区基坑开挖期间坑外潜水位变化曲线如图 12 所示，南侧靠近主变站位置 SW2-12 和小白楼区域水位观测点 SW2-15 坑外水位变化幅度较大约为 190cm，超过坑外水位变化累计报警值，2 区其他区域水位在常规范围之内。根据坑外水位变化幅度，推测止水帷幕具有存在渗水的问题。

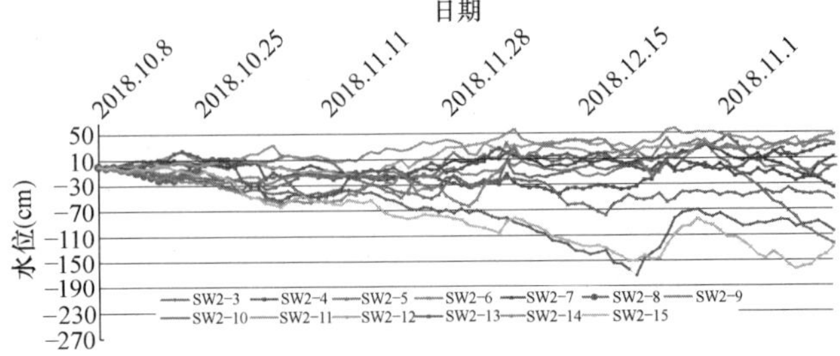

图 12　坑外潜水位变化曲线图

Fig. 12　Variation curve of phreatic level outside pit

（6）基坑内部“孤岛”小白楼沉降

图 13 给出小白楼四边不同测点的沉降与时间的关系，包括 1 区基坑和 2 区基坑施工的全过程影响。其中 1 区围护桩施工引起小白楼沉降约 1～1.5mm；1 区基坑土方开挖引起的沉降约 53mm；1 区地下结构回筑引起的沉降约 10mm。因此，1 区施工对小白楼沉降的累计影响近 70mm。2 区地下连续墙围护桩施工引起小白楼沉降约 40mm；2 区基坑第二皮土方开挖和基坑降水引起的沉降约 40～50mm；2 区基坑第三皮土方开挖和基坑降水引起的沉降约 110～120mm；2 区底板浇筑完成后因春节放假停工引起的沉降约 60～70mm；2 区地下结构回筑引起的沉降约 30～35mm。2 区施工对小白楼沉降的累计影响近 70mm。2 区施工完成后，小白楼最终累计沉降最大约 300mm。如图 14 所示，小白楼沉降最大发生在其基础中部形心的位置，基础最大差异沉降约 80mm。

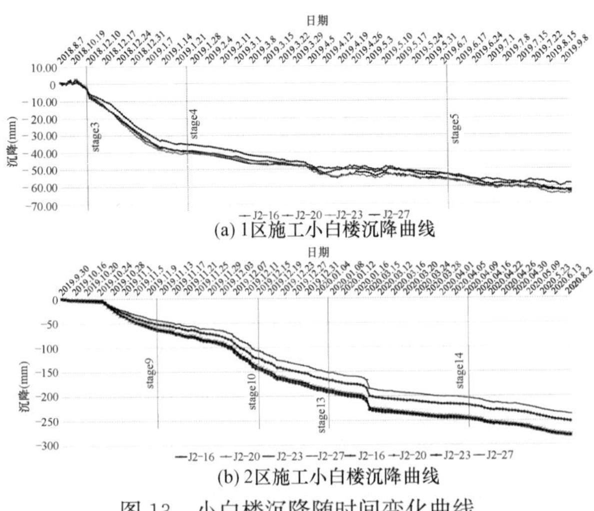

图 13　小白楼沉降随时间变化曲线

Fig. 13　The sedimentation of Xiaobai building changes over time

引起小白楼不均匀沉降的因素主要是 1 区基坑开挖，1 区基坑位于既有建筑东面，导致既有建筑东面沉降大，西面沉降小。小白楼总体沉降量较大的主要因素是以下两方面：（1）尽管小白楼下方的“孤岛”地基土采用

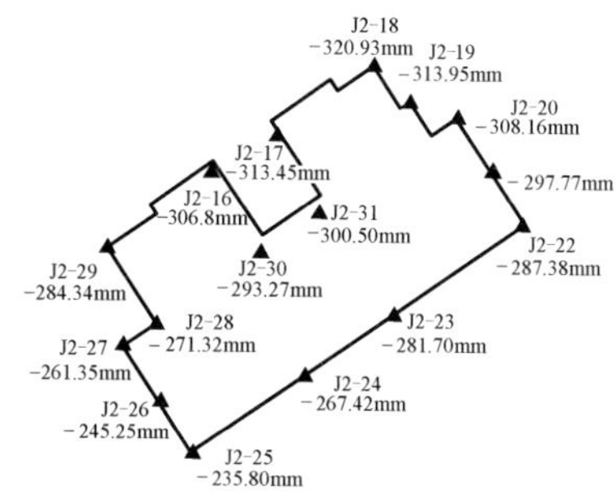

图 14　小白楼沉降变形图

Fig. 14　The sedimentation of Xiaobai building

1000mm 厚的地下连续墙围护，具备一定的刚度，但是相比常规基坑对周边保护对象的单侧变形影响，“孤岛”四周围护体的变形影响可以认为有“四倍”的叠加效应；(2) 既有建筑物下的地下水没有补给来源，尽管设计采用双道止水帷幕防止渗漏，观测到的地下水位仍不可避免的发生了 1.9m 的下降，导致土体有效应力增加和深厚的低压缩模量软弱地基土层发生固结沉降，按理论公式计算值接近 200mm，这是不同于常规基坑单侧邻近保护对象时的特殊影响因素。

针对“孤岛”建筑物受影响沉降较大的情况，若有条件，最理想的控制手段是采用桩基础进行托换，主动增加建筑物的变形抵抗能力；对建筑物合理进行结构加固也是提高安全度的有效技术手段。

7　结论

对于城区敏感复杂环境条件下深基坑设计，基坑支护结构设计充分考虑基坑特点，结合建筑功能、基坑挖深和环境保护要求，通过合理分区，减少大范围土体卸载对周边环境的影响；针对不同保护对象选取合理围护方案。最终情况表明，本基坑开挖引起的上海体育馆、主变站和电缆隧道的变形均得到了有效的控制。对四周土方开挖的“孤岛”小白楼，采用增加围护体刚度、加强止水帷幕、合理分块开挖等一系列手段，确保了建筑物沉降总量可控和结构安全，并研究影响的主要因素、提出了进一步的加强保护技术措施。

参考文献：

[1]　王建华，徐中华，陈锦剑，等. 上海软土地区深基坑连续墙的变形特性浅析[J]. 地下空间与工程学报，2005，1(4)：485-489.

[2]　翟杰群，贾坚，谢小林，等. 隔离桩深基坑开挖保护相邻建筑中的应用[J]. 地下空间与工程学报，2010，6(1)：162-166.

[3]　李青. 软土深基坑变形性状的现场试验研究[D]. 上海：同济大学，2008.

[4]　唐海峰，李蓓. 软土地区基坑工程环境影响及其保护实例分析[J]，岩土力学，2004，25(Z2)：553-558.

[5]　上海市住房和城乡建设管理委员会. 基坑工程技术标准：DG/TJ 08—61—2018[S]. 上海：同济大学出版社，2018.

[6]　钱建固，王伟奇. 刚性挡墙变位诱发墙后地表沉降的理论解析[J]. 岩石力学与工程学报，2013，32(S1)：2698-2703.

[7]　WANG J H，XU Z H，WANG W D. Wall and ground movements due to deep excavations in Shanghai soft soils [J]. Journal of Geotechnical and Geo-environmental Engineering，2009，136(7)：985-994.

[8]　王卫东，徐中华，王建华. 上海地区深基坑周边地表变形性状实测统计分析[J]. 岩土工程学报，2011，33(11)：1659-1666.

内支撑局部破坏对基坑支护体系影响的研究

魏焕卫[1, 2]， 王介鲲[1, 2]， 郑晓[1, 2]

(1. 山东建筑大学地铁保护研究所，山东 济南 250100；2. 山东建筑大学建筑结构加固改造与地下空间工程教育部重点实验室，山东 济南 250100)

摘　要：内支撑支护基坑中支撑的局部破坏具有较大风险性，容易引起基坑连续性倒塌。针对此问题，采用 PLAXIS3D 有限元软件建立典型的三维内支撑支护模型，通过拆除构件法研究内支撑局部破坏后的荷载传递机理，并建立了不同支撑间距以及不同角度的异形基坑模型进行对比，根据内支撑局部破坏后周围构件内力及安全系数的变化情况，初步确定了内支撑局部破坏对基坑支护体系的影响范围。研究结果表明：对于规则的对撑式排桩支护基坑，支撑局部破坏所释放的荷载主要由邻近构件承担，存在明显的就近现象，破坏影响范围大致为以破坏部位为中心向两侧扩散(1.2～1.5)s(s 为支撑的水平间距)；对于含有阴角、阳角不规则的对撑式排桩支护基坑，当支撑在坑角附近发生破坏所释放的荷载进行传递时，阴角部位能够限制荷载的传递，阳角部位能够加剧荷载的传递。

关键词：内支撑；局部破坏；安全系数

作者简介：魏焕卫，1974 年生，男，山东莘县人，博士，教授，从事岩土工程变形控制设计和共同作用的研究。

Influence of local failure of inner support on foundation pit support system

WEI Huan-wei[1,2]，WANG Jie-kun[1,2]，ZHENG Xiao[1,2]

(1. Metro Protection Research Institute of Shandong Jianzhu，University，Jinan Shandong 250101，China)

(2. Key Laboratory of Building Structural Retrofitting and Underground Space Engineering(Shandong Jianzhu University)，Ministry of Education，Jinan Shandong 250101，China)

Abstract: The local failure of the internal support in the foundation pit with internal support has great risk，which is easy to cause the continuous collapse of the foundation pit. In order to solve this problem，PLAXIS 3D finite element software is used to establish a typical three-dimensional internal support model. The load transfer mechanism of internal support after local failure is studied by the method of removing components. The special-shaped foundation pit models with different support spacing and different angles are established for comparison. According to the changes of internal force and safety factor of surrounding components after local failure of internal support，the internal support is preliminarily determined The influence scope of local failure of bracing on the supporting system of foundation pit. The research results show that: for the regular braced row pile supporting foundation pit，when the local failure of the internal support，the released load is mainly borne by the adjacent components，there is a nearby phenomenon，and the influence range spreads (1.2～1.5)s (s is the horizontal spacing of the support) from the center of the failure part to both sides; for the irregular braced row pile supporting foundation pit with internal and external corners，when the internal support is in the irregular area，the influence range is (1.2～1.5)s (s is the horizontal spacing of the support) The internal corner can limit the load transfer，while the external corner can promote the load transfer.

Key words: inner support structures; partial failure; safety factor

1　引言

内支撑支护结构因其具备支撑力强、布置灵活等优势[1]，广泛地应用于各种深基坑工程建设项目中，因基坑工程具有复杂性及不确定性，支护结构又属临时结构，导致基坑倒塌事故时有发生。据可靠信息统计显示[2,3]，采用内支撑支护结构形式的工程建设项目中，由于施工过程中局部构件安全性不足所引发的基坑倒塌事故占多数，其中，2008 年发生在杭州市萧山区地铁 1 号线湘湖站的地铁事故[4] 就是支撑失效引发基坑坍塌的典型案例，因此，对于内支撑支护结构局部构件破坏所引发的结构安全性问题的研究具有重大意义。

截至目前，不少学者已经对基坑安全和支护结构重要性开展了一系列相关的研究：程雪松等[5,6] 针对结构安全性问题，将冗余度概念引入到支护结构设计中，提出了基坑支护体系冗余度设计的目的和方法，并将支护结构冗余度的计算方法进行了量化；郑刚[7-9] 利用模型试验、有限差分法及离散单元法对局部破坏导致的悬臂排桩支护基坑的变形及受力进行了研究，并初步揭示了连续破坏在基坑长度方向上的传递机理，提出了荷载传递系数的概念。顾家诚[10] 等采用 ABAQUS 有限元软件建立典型的三维基坑模型，并与同济大学启明星软件计算结果对比，利用拆除构件法对基坑模型进行分析，初步揭示了内支撑体系基坑破坏传递机理；Lu 等[11] 将确定性指标和可靠性指标引入结构连续垮塌的鲁棒性的定量评估中，确定了对结构整体性能至关重要的待拆除关键构件；Felipe[12] 提出了一种基于可靠性的系统方法，用于分析渐进式坍塌，其主要目标是识别冗余结构中的关键要素；陈泰等[13] 通过将形状不规则的异形基坑规则化，分别研究了支撑体系每一部分的受力性状，并提出了一种异形基坑桁架支撑体系等效刚度简便算法；张飞等[14]设计实施了狭长深基坑的抗隆起离心模型试验，分析了不同工况下基坑变形、内力及稳定性的破坏机制。

可见内支撑构件局部失效等结构安全性问题已经引起一定的重视，但相关方法与理论还急需深入研究，尤其是支撑构件局部失效的影响范围的确定，对内支撑支护结构在拆撑换撑或预防支撑破坏进行加固处理等方面具有指导意义。本文通过建立 PLAXIS 3D 有限元软件三维内支撑支护模型，通过拆除构件法研究内支撑局部破坏后荷载传递机理，并建立了不同支撑间距以及不同角度的异形基坑模型进行对比，根据内支撑局部破坏后周围构件内力及安全系数变化情况，初步确定了内支撑局部破坏对基坑支护体系的影响范围。

2 数值模型及参数选取

2.1 数值模型的选取

采用 PLAXIS 3D 有限元软件建立三维模型，基坑模型在长（x）×宽（y）×高（z）三方向的尺寸为 110m×88m×50m，基准模型的网格及结构布置如图 1 所示。为保证基坑模型尺寸具有实际工程意义，在确定基坑模型尺寸时参考《建筑基坑支护技术规程》JGJ 120—2012 中的相关规定。模型 x 方向尺寸为基坑宽度的 11 倍，有效减小了模型的边界效应。

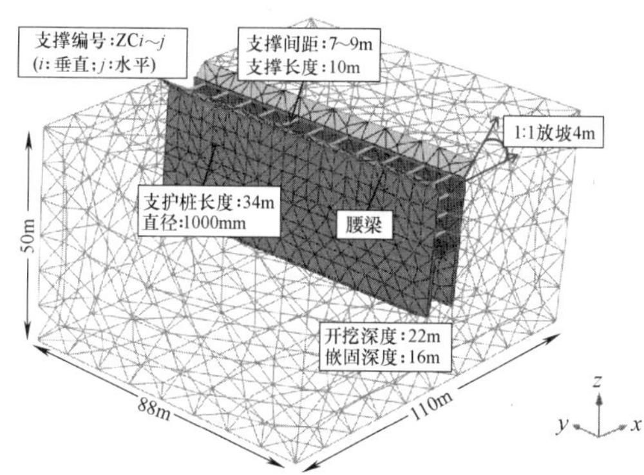

图 1 Plaxis 3D 网格划分及基坑模型

Fig. 1 Plaxis 3D mesh generation and foundation pit model

2.2 土体和结构参数

2.2.1 土体参数

本次模拟采用粉质黏土层，土层的物理指标参数采取 $\gamma=18.5\text{kN/m}^3$，$\varphi=20°$，$c=8\text{kPa}$，土体本构采用 HS（土体硬化模型），由于 HS 模型能够较好地模拟基坑开挖过程中卸载/再加载过程，对于土体硬化模型刚度参数的选取，包括割线模量 E_{50}^{ref}、卸载/加载模量 $E_{\text{ur}}^{\text{ref}}$ 与切线模量 $E_{\text{oed}}^{\text{ref}}$，王卫东等[15] 通过试验确定了三者之间的关系，一般取 $E_{50}^{\text{ref}}=E_{\text{oed}}^{\text{ref}}$，$E_{\text{ur}}^{\text{ref}}=3\sim5E_{50}^{\text{ref}}$，因此，选取割线模量 7000kPa，其余两个参数按照所述文献的经验取值，分别取 7000kPa、35000kPa。

2.2.2 支护结构参数

支护结构采用排桩＋混凝土内支撑，支护桩采用板桩墙单元进行模拟，根据等效刚度理论计算方法，将桩体等效为板进行计算。支护桩直径取 1000mm，弹性模量 E 取 30GPa，同时对支护桩底部 x、y、z 三个方向的位移进行固定约束；内支撑沿垂直方向布置四道，水平方向的间距取 7m、8m、9m 进行对比，对撑与腰梁采用梁单元模拟，弹性模量 E 取 30GPa；采用正负界面单元模拟支护结构与土体的相互作用。

2.3 模拟方法

本文将通过拆除构件的方法来模拟内支撑的破坏失效，通过建立不同工况、不同支撑间距、不同角度的对比模型进一步研究局部内支撑失效对支护结构的影响。如图 1 所示，内支撑沿 z 轴负方向、y 轴正方向进行顺次编号（例如：ZC1-6 表示沿 z 轴负向第一道、沿 y 轴负向第六根支撑）。本次模拟基准工况基坑开挖深度为 22m，分 5 次开挖，分别是：第一次为放坡开挖 4m，放坡开挖后激活面层及支护桩，第二至第四次每次开挖 5m，挖至下一道支撑处，并激活相应的围护结构，第五次开挖 3m 至基坑底部。

3 局部支撑破坏前后荷载传递情况

3.1 构件拆除及编号

为更直观地介绍模型中拆去支撑的具体位置以及支撑拆除后各构件内力的变化情况，对各构件编号进行详细说明，由于基准模型为对称结构，选基坑一侧整体立面进行标注，如图 2 所示，支撑按上一章节介绍的方式进行规律编号，支护桩则根据提取模型计算结果的支护桩沿 y 轴负方向进行编号（P1～P29）。

在内支撑支护体系中，主要的受力构件为支撑、腰梁、支护桩，三者共同相互作用为一整体，当拆去局部支撑后整个支护体系将进行内力重分布，此过程中荷载将沿受力构件进行传递，各构件内力发生变化。本文所建立的模型为对撑式排桩支护模型，且基准模型为规则的矩形对称基坑，所以仅考虑拆除模型中的对撑进行研究。首先沿基坑竖直方向拆除 ZC1-6 号、ZC2-6 号、ZC3-6 号、ZC4-6 号 4 根内支撑，分析内支撑局部破坏后周围主要受力构件内力及桩后土压力的变化情况。

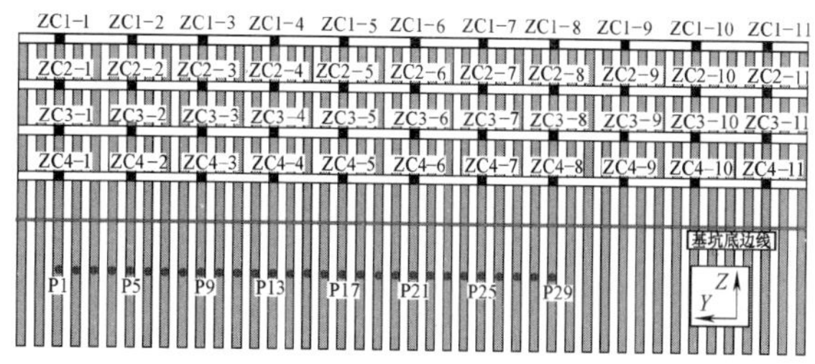

图 2 各构件编号示意图

Fig. 2 Schematic diagram of each component number

3.2 支撑拆除前后主要构件内力变化情况

如图 3 所示，随着开挖深度增加以及支撑浇筑完成，内支撑所受轴力逐渐趋于稳定，且第二、三道支撑所受轴力明显大于第一、四道支撑，ZC1-5号、ZC2-5号、ZC3-5号、ZC4-5号4根内支撑的临近一侧支撑全部拆去后支撑轴力明显增大，其中轴力最大值由9804.33kN变为13118.64kN，说明支撑破坏导致临近支撑的轴力显著增加。

如图4所示，四层腰梁的弯矩分配与支撑轴力相对应，第二、三层腰梁所受弯矩明显大于第一、四层腰梁，腰梁弯矩形式呈规律性分布，极值主要出现在与支撑连接部位以及分段腰梁的中部，当拆除ZC1-6号、ZC2-6号、ZC3-6号、ZC4-6号4根内支撑时，腰梁弯矩变化较为明显的范围为拆除部位临近两侧支撑的范围内，距离拆除部位较远的腰梁弯矩并未出现改变，且拆除部位由于支撑构件的退出，腰梁在该部位失去支座约束产生了明显负弯矩，由1435.2kN·m变为−1527.26kN·m。

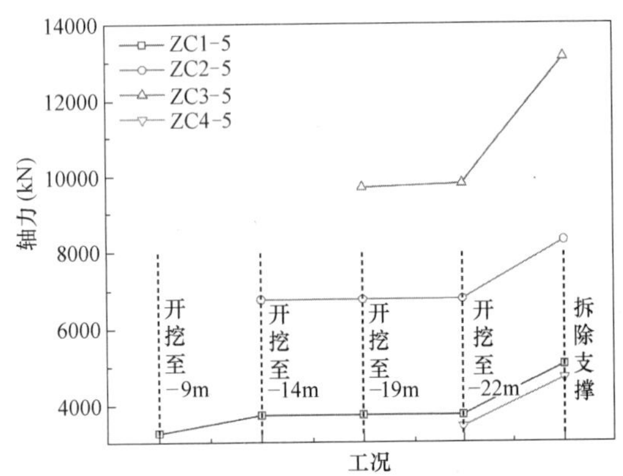

图3 支撑拆除前后ZC*i*-5号支撑的轴力

Fig. 3 Axial force of ZC*i*-5号 inner support

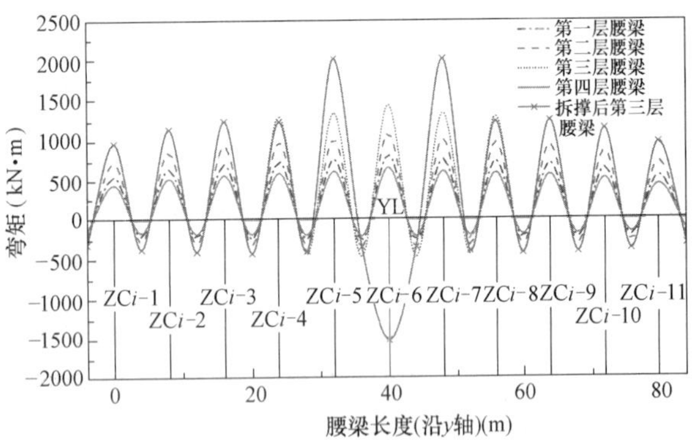

图4 支撑拆除前后腰梁的弯矩变化

Fig. 4 Bending moment of waist beam

如图5所示，P17号支护桩随着开挖深度的不断增加支护桩所受弯矩增大，弯矩明显为支撑式构件的受力形式，与悬臂式受力构件不同的是，在内支撑作用的影响下，支护桩弯矩极值主要集中在内支撑附近以及开挖面附近；当临近四根支撑破坏时，在开挖面以上的弯矩均出现了较为明显的增长，其中弯矩最大值由484.64kN·m变为872.92kN·m，但弯矩分布形势并未出现明显改变，说明支撑破坏导致其临近支撑内力增加进而使支护桩内力增大。

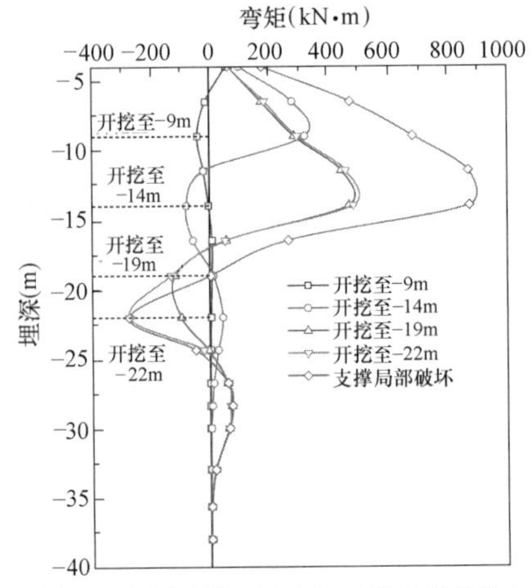

图5 支撑拆除前后P17号桩的弯矩

Fig. 5 Bending moment of 17号 support pile

3.3 桩后土压力及桩后土体侧移变化情况

如图6所示，当基坑开挖至−22m基底处时，基坑的侧向变形呈“鼓肚子”形，最大侧向变形发生在开挖面以上附近位置，最大侧向变形值为39.89mm；当支撑拆除后，21号支护桩桩后主动区开挖面以上的土压力减小，最大减小量为30.3kPa，被动区接近开挖面深度范围的土压力出现增大，最大增大量为32kPa，结合支护桩侧向变形图可知，当拆除支撑后由于支护桩向坑内产生侧向变形使桩后土体产生卸荷效应，从而使桩后主动土压力减小，同样由于支护桩向坑内侧向移动导致支护桩被动区所受的被动土压力增大。

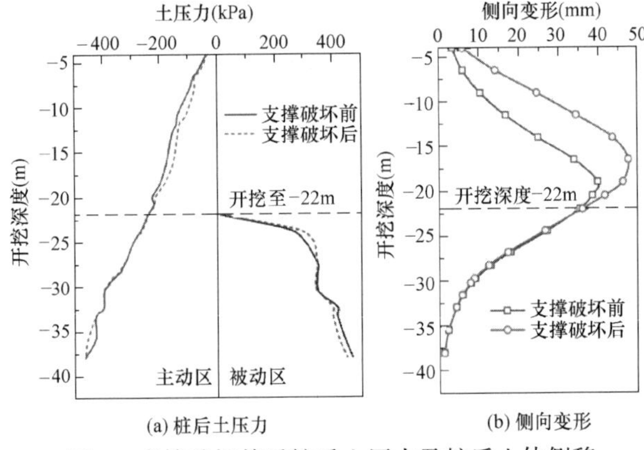

图6 支撑破坏前后桩后土压力及桩后土体侧移

Fig. 6 Soil pressure and lateral displacement of soil behind pile

4 坑角附近处局部支撑破坏

4.1 对比模型的建立

上述数值模型计算结果表明，拆除单道支撑后在支撑拆除的临近范围内，支撑、腰梁、支护桩内力均出现了不同程度的增大，为确定局部支撑破坏对支护体系的影响范围，同时为进一步研究在基坑坑角附近处局部支撑破坏的荷载传递情况，对基准模型进行改进，建立3个带有不同角度阴角、阳角的对比模型，坑角位置位于图2中的P17与P23两支护桩的中间位置，如图7所示。对于上述3组带有特殊坑角的对比模型，坑角处基坑外伸长度为2m，各构件编号仍然按照图2的原则进行。

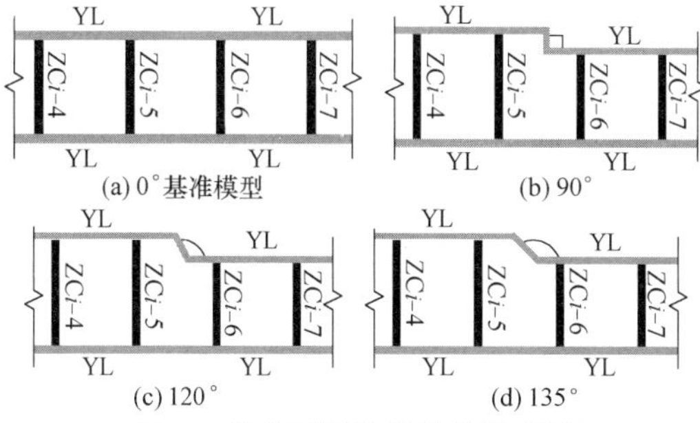

图7 带有不同坑角的对比模型

Fig. 7 Comparison model with different pit angles

4.2 坑角效应

首先对基坑带有不同坑角的部位在开挖至基底处的变形情况进行分析，提取坑角阴角、阳角角心处的支护桩侧向变形值进行对比。

如图8所示，当开挖至−22m基底处时，基坑的侧向变形呈“鼓肚子”的趋势，基坑最大的侧向变形值出现在开挖面以上基坑的中下部位；基坑的坑角效应明显，阴角处的侧向变形小于平角处的侧向变形，阳角处的侧向变形大于平角处的侧向变形；阴角度数越小对于基坑侧向变形的约束效果越明显，而阳角度数越大越不利于基坑侧向变形的约束。

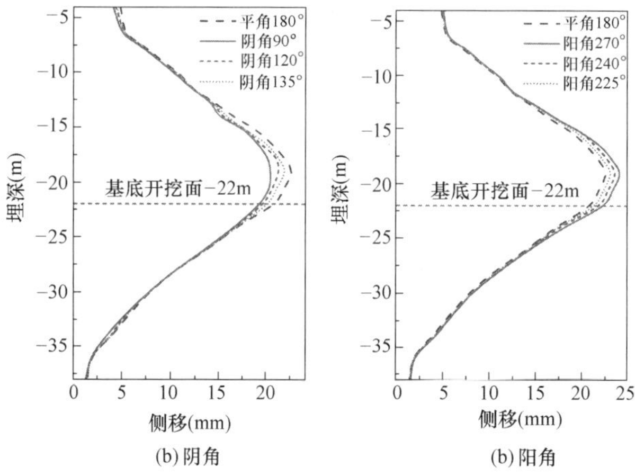

图8 基坑在不同角度处的侧向变形值

Fig. 8 Lateral deformation of foundation pit at different angles

4.3 坑角附近处局部支撑破坏

在第3.1节所描述的对比模型中选取90°坑角的对比模型，建立两个不同的工况，分别拆除坑角左侧、右侧的支撑，由于当单道支撑拆除后，荷载主要向临近两侧的构件传递，这样便可以观察基坑坑角对由于附近局部支撑破坏所引起的来自不同方向的荷载的传递影响情况，基于PLAXIS 3D有限元软件能够快速生成基坑变形等值线图的优点，绘制坑角处的侧向变形等值线图。

如图9所示，当拆除坑角左侧的支撑时，荷载的传递方向为从左向右，此时坑角的最大侧移集中在阴角附近，当拆除坑角右侧的支撑时，荷载的传递方向为从右向左，此时坑角的最大侧移集中在阳角附近；但是，无论荷载的传递方向如何，最大侧移量在坑角处都未形成连贯的等值线，而是被坑角隔断，而侧移量往往能够反映支护桩的受力情况，这就说明坑角对荷载的传递有明显影响；从等值线图的分布情况来看，当荷载向阳角方向传递时，坑角处的变形接近25mm要比荷载向阴角方向传递的情况危险。

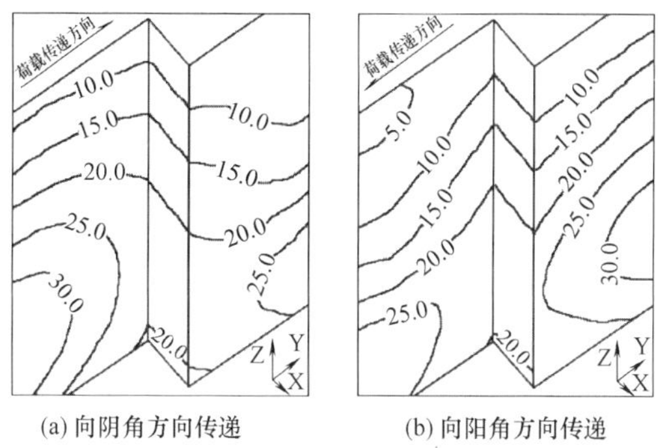

图9 坑角处的侧向变形等值线图

Fig. 9 Contour map of lateral deformation at pit corner

4.4 坑角对局部支撑破坏影响范围的影响

提取坑角临近范围内支护桩（P13～P25）全截面所受弯矩绝对值的最大值，分析其在坑角左右两侧支撑分别拆除后的变化情况。

如图10所示，当坑角左侧连接于P17号支护桩的支撑拆除时，荷载分别向邻近两侧传递，坑角位于支撑拆除部位的右侧，此时P13号和P21号支护桩弯矩出现峰值，分别达到822.46kN·m和864.35kN·m，同时在坑角处的P19号支护桩弯矩由543.65kN·m增加为897.76kN·m；当坑角右侧连接于P21号支护桩的支撑拆除时，荷载分别向邻近两侧传递，坑角位于支撑拆除部位的左侧，此时P17号和P25号支护桩弯矩出现峰值，分别达到858.16kN·m和902.24kN·m，同时在坑角处的P19号支护桩弯矩由543.65kN·m增加为790.74kN·m；通过坑角附近支护桩弯矩变化情况的分析可知，在支撑拆除后荷载传递影响的范围内经过基坑坑角特殊部位时，荷载会在坑角处出现明显的应力集中现象，坑角处的支护桩会对坑角处的变形起到一定控制作用，但支护桩可能由于承受较大的内力达到极限状态，进而会引起支护桩的破坏。

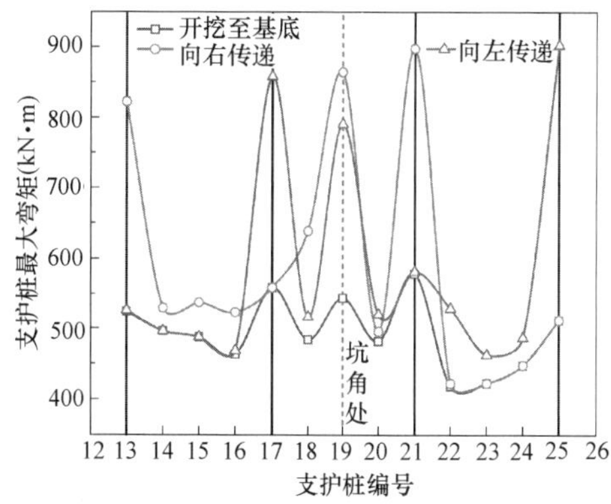

图10 坑角附近支护桩弯矩变化情况

Fig. 10 Contour map of lateral deformation at pit corner

5 局部支撑破坏时的影响范围

5.1 安全系数计算

根据《建筑基坑支护技术规程》JGJ 120—2012 在计算结构承载能力极限状态时取安全系数[14] 为 1.25，结构重要性系数取 1.0，通过式（1）对拆撑后各构件安全系数进行计算：

$$K_{\mathrm{r}}=\frac{1.25|M|}{|M_{\mathrm{r}}|} \tag{1}$$

式中，K_{r} 为拆去支撑后各构件的安全系数；M 为各构件在正常开完工况下弯矩最值（kN·m）；M_{r} 为拆去支撑后各构件弯矩最值（kN·m）。提取图 2 中 P1～P29 在全工况下的弯矩值绝对值最大值，进行安全系数计算。为探究安全系数分布情况是否随着拆撑位置的改变而发生变化，改变支撑拆除的位置，从而确定局部支撑破坏时的影响范围。

5.2 局部支撑破坏的影响范围规律探究

为进一步研究局部支撑破坏的影响范围规律，首先，改变拆除支撑的位置即在模型施工步建立中增加 3 个工况（分别为：工况 a—拆除支撑 ZC1-3 号、ZC2-3 号、ZC3-3 号、ZC4-3 号；工况 b—拆除支撑 ZC1-4 号、ZC2-4 号、ZC3-4 号、ZC4-4 号；工况 c—拆除支撑 ZC1-5 号、ZC2-5 号、ZC3-5 号、ZC4-5 号；工况 d 即为第 2 章所述工况），通过拆除不同位置的支撑进一步验证支撑拆除后荷载传递的就近现象。

由图 11 可以得出，当拆去支撑后，整个支护结构体系处于危险状态（安全系数<1）的范围是拆撑位置至相邻两支撑方向（1.2～1.5）s（s 为两支撑之间的间距）左右的范围内。对于支撑式排桩支护基坑，因相邻支撑之间相互独立，因此，局部支撑破坏释放的荷载无法相对均衡地转移至邻近多根未失效支撑上，而是将大部分荷载传递给两侧最近的两个支撑，即支撑失效荷载传递存在就近现象。

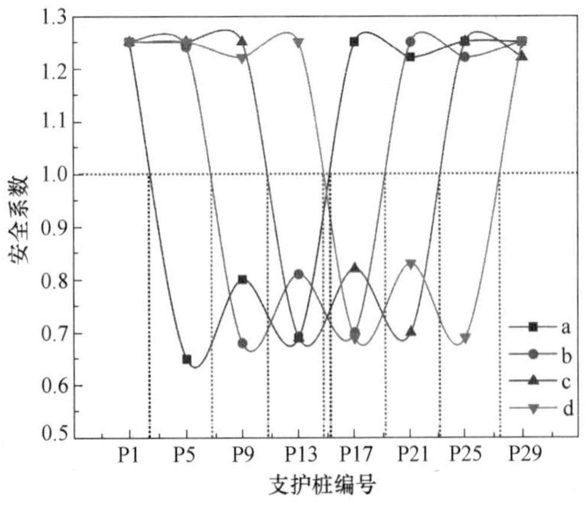

图 11 不同位置支撑失效后安全系数分布图

其次，在基准模型的基础上改变支撑布置的间距，将支撑间距分别设置为 7m、8m、9m，在 3 种不同布置间距的对比模型中，拆除 ZC1-6 号、ZC2-6 号、ZC3-6 号、ZC4-6 号 4 根内支撑，进一步验证在不同支撑间距下，支撑破坏影响范围规律的适用性。

6 结论

（1）在内支撑体系中，支护桩、支撑、腰梁等主要受力构件为一相互作用体系，在基坑开挖过程中，支护桩和腰梁的弯矩极值通常会出现在与支撑的连接处以及跨中的位置。

（2）对于规则的对撑式排桩支护基坑，内支撑局部破坏所释放的荷载主要由邻近构件承担，存在就近现象，沿基坑长度方向的影响范围大致为以破坏部位为中心向两侧扩散（1.2～1.5）s（s 为支撑的水平间距）。

（3）对于含有坑角的对撑式排桩支护基坑，在支撑拆除后荷载的传递路径经过坑角特殊部位时，阴角部位能够限制荷载的传递，阳角部位能够加剧荷载的传递。

（4）PLAXIS 3D 能够以土体硬化本构模型较为接近实际的模拟基坑分步开挖支护，其中包括割线模量、卸载/加载模量与切线模量的选取是模拟数据精确与否的关键，通过合理的土体模量参数选取可以更好地反映土体变形情况，在工程运用中有一定的参考和指导意义。

参考文献：

[1] 李忠超，陈仁朋，陈云敏，等．软黏土中某内支撑式深基坑稳定性安全系数分析[J]．岩土工程学报，2015(5)：769-775.

[2] 肖晓春，袁金荣，朱雁飞．新加坡地铁环线 C824 标段失事原因分析(一)——工程总体情况及事故发生过程[J]．现代隧道技术，2009，46(5)：66-72.

[3] 肖晓春，袁金荣，朱雁飞．新加坡地铁环线 C824 标段失事原因分析(二)——围护体系设计中的错误[J]．现代隧道技术，2009，46(6)：28-34.

[4] 张旷成，李继民．杭州地铁湘湖站"08．11．15"基坑坍塌事故分析[J]．岩土工程学报，2010，32(S1)：338-342.

[5] 程雪松，郑刚，刁钰．基坑垮塌的离散元模拟及冗余度分析[J]．岩土力学，2014，35(2)：573-583.

[6] 程雪松，郑刚，黄天明，等．悬臂排桩支护基坑沿长度方向连续破坏的机理试验研究[J]．岩土工程学报，2016，38(9)：1640-1649.

[7] 郑刚，雷亚伟，程雪松，等．局部锚杆失效对桩锚基坑支护体系的影响及其机理研究[J]．岩土工程学报，2020，42(3)：421-429.

[8] 郑刚，赵璟璋，程雪松，等．多道撑深基坑支撑竖向连续破坏机理及控制研究[J]．天津大学学报，2021，54(10)：1025-1038.

[9] 郑刚，朱晓蔚，程雪松，等．悬臂排桩支护基坑连续破坏控制理论及设计方法研究[J]．岩土工程学报，2021：1-10.

[10] 顾家诚，夏建中．内支撑体系基坑连续破坏机理研究[J]．科技通报，2010，10：54-67.

[11] Lu D G，Cui S S，Song P Y，et al. Robustness assessment for progressive collapse of framed structures using pushdown analysis methods[J]. International Journal of Reliability & Safety，2012，6(1/2/3)：15.

[12] Felipe T R C，Haach V G，Beck A T. Systematic Reliability-Based Approach to Progressive Collapse[J]. ASCE-ASME Journal of Risk and Uncertainty in Engineering Systems，Part A：Civil Engineering，2018，4(4)：04018039.

[13] 陈焘，张茜珍，周顺华，等．异形基坑支撑体系刚度及受力分析[J]．地下空间与工程学，2011，7(S1)：1384-1389.

[14] 张飞，李镜培，孙长安，等．软土狭长深基坑抗隆起破坏模式试验研究[J]．岩土力学，2016，37(10)：2825-2832.

[15] 王卫东，王浩然，徐中华．基坑开挖数值分析中土体硬化模型参数的试验研究[J]．岩土力学，2012，33(8)：2283-2290.

结合既有地下结构清障的基坑支护技术分析

刘侃， 魏祥， 刘静德
（上海申元岩土工程有限公司，上海 200011）

摘　要：本文以上海市“闸北广场合并重建城市更新项目”为背景，主要探讨了既有地下室增层开挖过程中清障与基坑工程的施工协调问题；分析了该项目基坑工程结合地下结构清障的详细情况，以及项目围护桩结合清障施工的重难点；分析了项目两种围护结合清障方案的关键工况，从理论及工程实施角度对比了两种方案的优缺点。分别开展工程设计计算及数值模拟计算分析，计算结果显示墙身变形趋势与对两方案的分析规律相近，验证了对两方案的变形等分析规律。探讨的围护结合清障协调施工的技术解决途径，为今后类似项目提供借鉴。

关键词：基坑围护结构；地下结构清障；协调施工；计算分析

作者简介：刘侃，男，1987 年生，博士，高级工程师，主要从事土体基本性质、桩基及深基坑工程等的研究与设计工作。E-mail：csuliukan@vip.qq.com。

Analysis of foundation pit supporting technology subjected to basement supplement beneath existing building and clearing obstacles

LIU Kan，WEI Xiang，LIU Jing-de
(Shanghai Shenyuan Geotechnical Engineering Co.，Ltd.，Shanghai 200011，China)

Abstract: Based on the “Urban Renewal Project of Zhabei Square Merger and Reconstruction” in Shanghai, this paper mainly discusses the construction coordination problems of barrier removing and foundation pit engineering during the basement supplement beneath existing building. The detailed situation of the foundation pit engineering combined with the removal of existing underground structure, as well as the major and difficult points of the projects are analyzed. Analyzed the key working conditions of two kinds of schemes for foundation pit engineering combined with the removal of existing underground structure, and compared the advantages and disadvantages of the two schemes from the perspective of theory and engineering implementation. The engineering design calculation and numerical simulation calculation analysis were carried out respectively. The calculation results showed that the wall deformation trend was similar to the analysis rules of the two schemes, which verified the analysis rules of the deformation for two schemes. The discussed technical solutions of foundation pit engineering combined with the removal of existing underground structure can provide a reference for similar projects in the future.

Key words: foundation pit retaining structure; underground structure clearance; coordinated construction; calculation analysis

1　引言

随着城市化发展，城市空间拥挤、用地紧张、现有地下空间不足已成为制约城市发展的“瓶颈”之一。近 20 年来，全国各地兴建了大批无地下室或单层地下室的桩基建筑，这批建筑物正处于服役青壮年期，然而却被日益凸显的停车难问题所困扰，目前城区很多地方暴露出空间拥挤、停车难、建设用地不足等问题。城区内很多区域对停车位的需求已超出了早年的规划，若这批无地下室或单层地下室建筑拆除重建则代价过大，所以在既有建筑下增层开挖地下空间是最佳的解决办法。在平面空间扩展越来越受限的当下，加强城市的空间立体性，对既有地下空间进行二次开发利用成为必然趋势。对既有地下空间实施改造作为一种地下空间开发的新思路、新方法，对支护结构的安全性有了更高要求。

既有建筑地下空间开发工程中涉及一系列新的问题，包括基坑围护工程问题、清障问题、工程桩的承载力及变形问题、基础托换及施工问题等。其中，在基坑围护设计及施工中，面临着一系列新的技术难题，且随着城市化发展，该类型的基坑工程会越来越多，非常需要进一步地深入研究，总结相应的工程经验。

本文基于上海市“闸北广场合并重建城市更新项目”，探讨了既有地下室增层开挖引起的基坑工程关键问题，特别是清障与围护桩、工程桩、立柱桩等施工协调问题。主要对比分析了该项目两种不同的围护结合清障方案，探讨了两种方案的优缺点，并结合工程设计计算及数值模拟计算进行了详细分析。针对上述问题，探讨了技术解决途径，为今后的类似项目提供借鉴。

2　工程概况及障碍物情况

2.1　工程概况

本项目场地位于天目西路街道，地处上海市闸北区火车站附近，东至大统路，南至天目西路，西与新梅华东

基金项目：上海市科学技术委员会项目：软土地区深大基坑群开挖相互影响分析与风险控制技术研究(No. 20QB1404500)。

酒店相邻，北与闸北区人民政府、派出所相邻。场地周边环境如图 1 所示。

图 1 基地周边环境图（红线内为本工程场地）

Fig. 1 The surrounding environment of the site

项目总用地面积约 10327m²，拟建地上主楼 37 层（总高约 180m）、裙房 4～5 层、地下 3 层地下室，采用桩筏基础。场地内为原闸北广场一期商厦，设有地下两层地下室，需予以清除重建。

基坑开挖面积 8167m²，周边延长 420.7m。基坑开挖深度：普遍地库区域 15.7m，主楼区域 17.5m。基坑安全等级一级。

基坑东侧为大统路及其地下管线；基坑南侧为天目西路高架引桥及其地下管线；基坑西侧为 20F 新梅华东酒店，该建筑为框架剪力墙结构，桩基础，地下一层，基础埋深约 4m；基坑北侧邻近建筑物自西向东依次为：上海站地区治安派出所、办公楼及机械车库、闸北区人民政府大楼。20F 上海站地区治安派出所为钢筋混凝土剪力墙结构，地下一层，桩基础，基础埋深约 3m。2F 办公楼及机械车库为砖混结构，墙下条形基础，基础埋深约 1.8m。28F 闸北区人民政府办公楼为钢筋混凝土剪力墙结构，地下一层，桩基础，基础埋深约 4m。

本工程周边环境条件较为复杂，基坑东侧、南侧道路下管线众多；南侧高架引桥；西北角、北侧较多邻近建筑物为本工程需要重点保护的对象。本基坑四周环境保护等级为二级。

2.2 工程地质和水文地质

根据勘察资料，场地地基土在勘察深度范围内均为第四系松散沉积物，主要由饱和黏性土、粉性土和砂土组成。拟建场地揭示土层 9 层，共 14 个亚层，②、⑤层土为 Q4 沉积物，⑥、⑦、⑧、⑨层土为 Q3 沉积物。与基坑围护结构有关的典型地质剖面如图 2 所示。

本场地地下水类型主要有浅部土层的潜水和深部粉（砂）土层中的承压水，两者均与本工程密切相关。各种类型含水层的分布特征详述如下。

潜水：勘察期间测得浅部土层潜水水位标高 1.66～2.42m，平均水位标高 2.04m。

承压水：拟建场地分布有⑦$_1$ 层粉性土，系上更新世

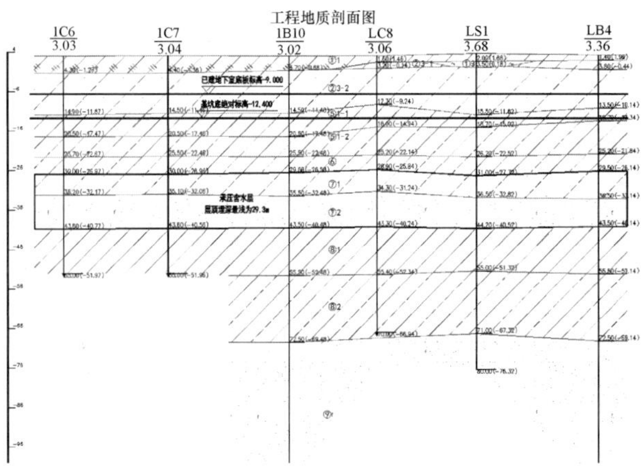

图 2 典型地质剖面图

Fig. 2 The typical geological section

河口-滨海相沉积层，是上海地区第一承压含水层，承压水位埋深一般为 3～12m，一般呈周期性变化。经过验算地库、主楼区域开挖至坑底时抗突涌验算均不满足规范要求。

2.3 地下障碍物概况

本项目最大特点为建设单位在自有土地上进行的城市更新项目。场地内的地下障碍物众多，情况复杂，简述如下。

原闸北广场一期工程于 1997 年建设完成，设地下两层整体地下室，地下室埋深约 10m。地上结构已基本拆除完毕。地下残留旧地下室、旧基础和旧围护桩。

原闸北广场二期工程仅施工了工程桩、围护桩、坑内加固、立柱桩等后即停工，这些围护桩均成为地下障碍物，地面以上为闲置空地。

地下障碍物平面分布示意如图 3 所示。

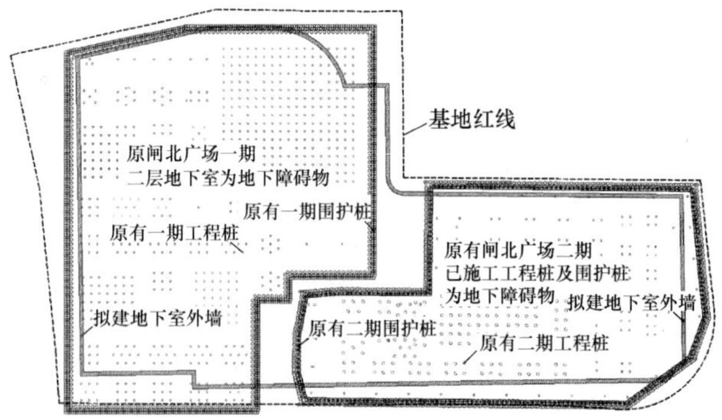

图 3 地下障碍物平面分布示意图

Fig. 3 The plane distribution of underground obstacles

3 围护结合清障方案分析

3.1 设计施工难点

（1）基坑开挖深度 15.7～17.5m，基坑安全等级为一级，周边建筑物、道路及管线众多，环境保护等级二级，清障及基坑工程需要严格控制变形。

（2）本项目先清除场地内既有地下两层地下室，同时扩展新建地下三层地下室。既有地下室形成的障碍物为本基坑工程的实施带来了很大难处。如何在清障的同时不对周边环境产生太大影响，同时又统一协调基坑施工，是本基坑工程的重难点。

（3）本项目存在承压水突涌的风险，需要采取降承压水措施，但需结合止水帷幕减少降承压水对周边环境影响。

本工程工况特殊复杂，清障过程需要与桩基施工、基坑施工相结合。其中最大难点是需要解决清障与首道支撑协调施工的问题，经过参建各方多次讨论、分析计算，本工程部分关键工况可采用以下两种方案。

3.2 围护结合清障方案一

工况一：清除地墙及槽壁加固范围内旧结构底板、旧工程桩等地下障碍物，并施工本工程槽壁加固、地墙。一期工程底板以外区域可同步施工新增工程桩（图4）。

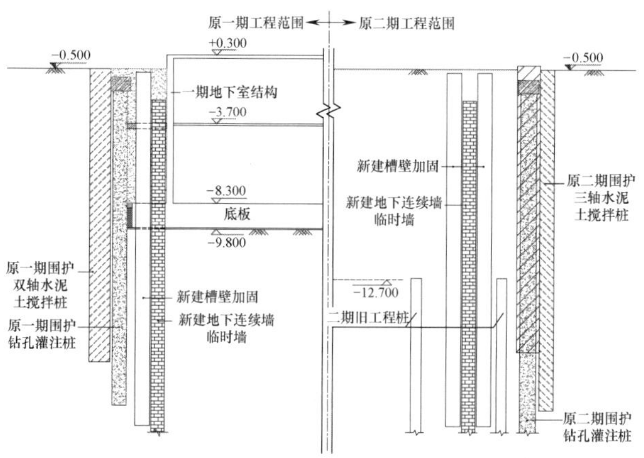

图4　方案一的工况一

Fig. 4　The working condition one of scheme one

工况二：施工围护结构地墙和冠梁，待地墙和冠梁达到设计强度后，凿除原一期地下室顶板及地下一层外墙至B1板以上500mm处；并在原一期B1板位置开孔施工钢斜撑（图5）。

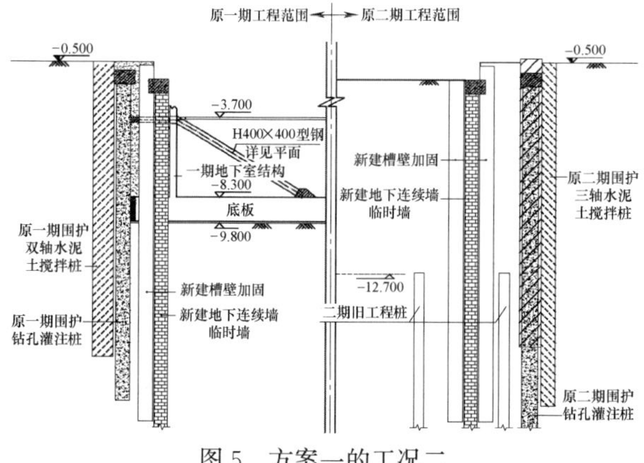

图5　方案一的工况二

Fig. 5　The working condition two of scheme one

工况三：旧地下室周边斜撑全部施工完成后，凿除旧地下室B1板及梁、柱、内墙。在旧底板上开孔施工新增工程桩和立柱桩。原一期底板范围内格构柱可暂时施工至旧结构底板面（图6）。

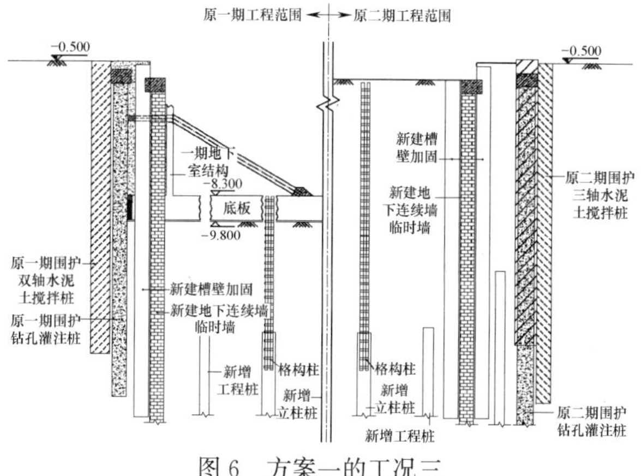

图6　方案一的工况三

Fig. 6　The working condition three of scheme one

工况四：旧地下室区域内格构柱采用可靠连接措施接长至设计标高后，整体施工第一道混凝土支撑。原一期旧地下室区域内搭排架支模施工混凝土支撑，原二期区域正常支模施工混凝土支撑（图7）。

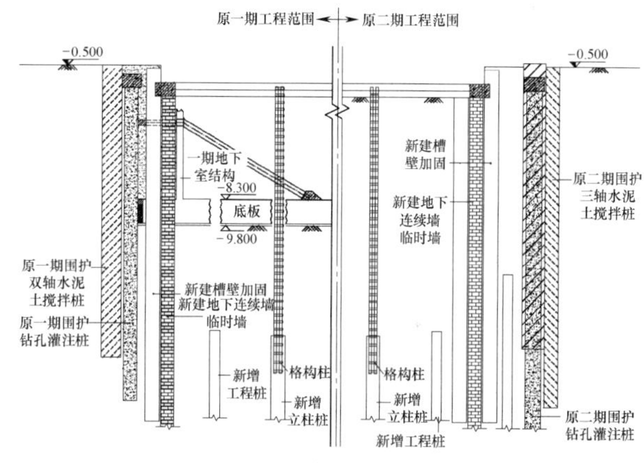

图7　方案一的工况四

Fig. 7　The working condition four of scheme one

工况五：待第一道混凝土支撑达到设计强度后，原一期区域拆除钢斜撑、旧地下室外墙和地墙内侧的旧围护桩至旧底板面标高，原二期区域盆式开挖至第二道支撑标高；整体施工第二道混凝土支撑（图8）。

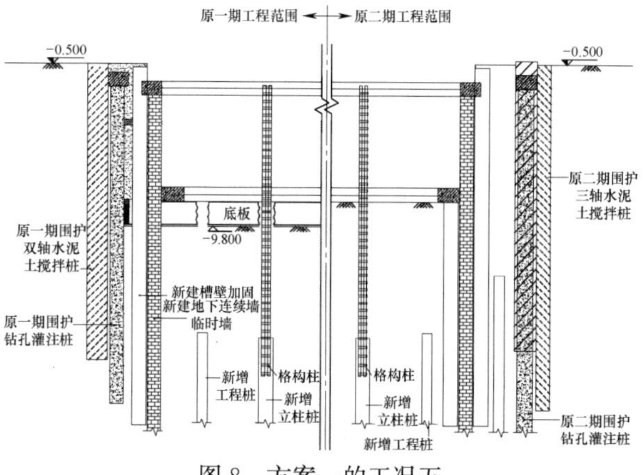

图8　方案一的工况五

Fig. 8　The working condition five of scheme one

3.3 围护结合清障方案二

工况一：施工本工程槽壁加固、地墙。原一期地下室以内区域在地下室顶板、中楼板及底板上开洞施工新增立柱桩和与支撑位置冲突的新增工程桩；一期工程地下室以外区域可同步施工新增工程桩及支撑立柱桩（图9）。

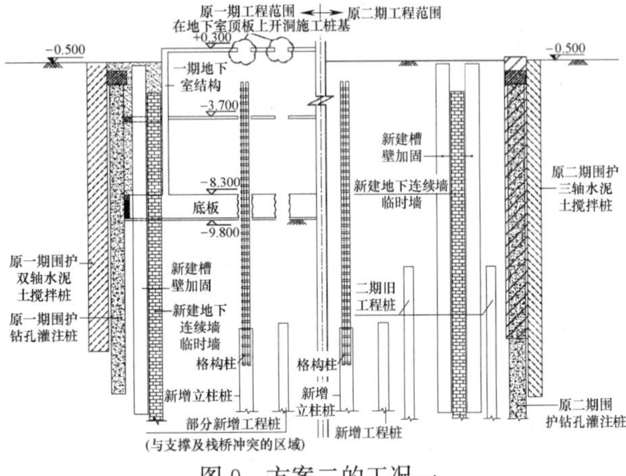

图9 方案二的工况一

Fig. 9 The working condition one of scheme two

工况二：破除原一期旧地下室顶板，整体施工第一道混凝土支撑。原一期旧地下室区域内搭排架支模施工混凝土支撑，原二期区域正常支模施工混凝土支撑（图10）。

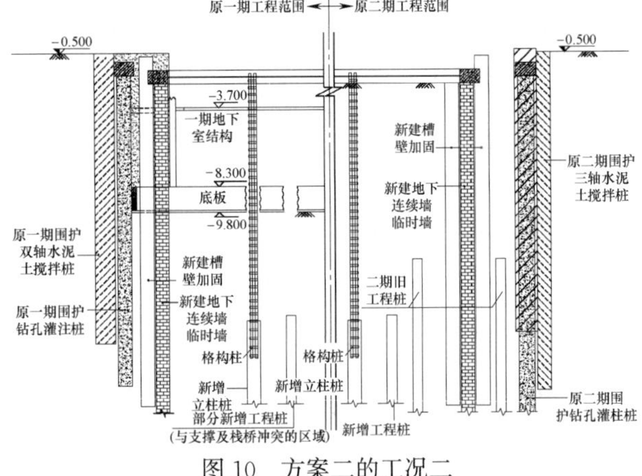

图10 方案二的工况二

Fig. 10 The working condition two of scheme two

工况三：待第一道支撑强度达到设计要求后，原一期区域拆除地下室底板以上外墙、中楼板等结构至旧底板面标高，原二期区域盆式开挖至第二道支撑标高；整体施工第二道混凝土支撑。同时，原一期旧地下室区域内新增工程桩在底板上开洞施工（图11）。

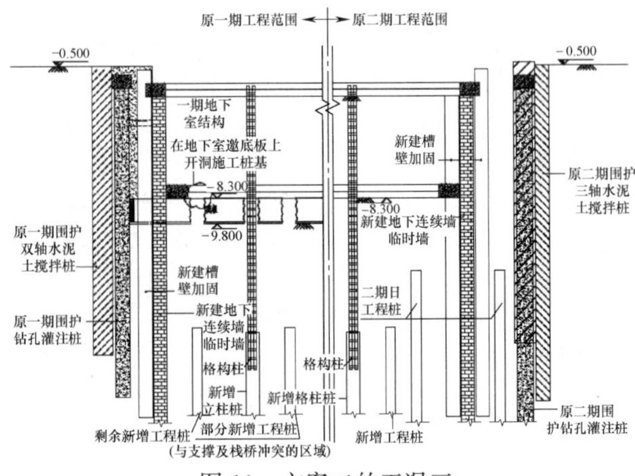

图11 方案二的工况三

Fig. 11 The working condition three of scheme two

待第二道支撑形成后，2种方案接下来工况相同，便是将地下障碍物完全清除后，按照正常顺作基坑施工顺序施工至基坑回填。

3.4 方案对比分析

2种方案的主要区别是旧地下结构清除及首道支撑施工时机的不同。方案一先拆除旧地下室顶板、设置斜撑、拆中楼板，而后才在底板上施工第一道混凝土支撑；方案二先仅拆除旧地下室顶板，再在中楼板上搭排架施工第一道混凝土支撑。两种方案优缺点对比分析如表1所示。

两种方案优缺点对比　　表1

The advantages and disadvantages comparation of two schemes　Table 1

	方案一	方案二
优点	1. 底板施工工程桩敞开施工，相对较为便利。 2. 清障期间工作量较少，相对施工进度较快	1. 首道支撑先行施工，对基坑受力体系明显有利。 2. 无斜撑，且支撑排架仅需搭设一层，施工便利，工程造价降低。 3. 支撑栈桥尽早形成后，解决施工材料运输和车辆通行问题，且与后续工况及时衔接，工程总体施工连续性较好
缺点	1. 将旧地下室顶板和中楼板先行破除，整个基坑处于敞开状态，仅依靠钢斜撑控制变形，安全可靠性相对较低。 2. 斜撑形成后，影响到部分工程桩无法施工，需要多次移位换撑，会造成地墙变形加大。 3. 现场场地紧张，前期没有栈桥可作为施工场地；前期很多设备材料吊运工程量较大。 4. 后续施工支撑栈桥，需要从底板搭设排架支撑，工作量及成本相对较大	1. 前期需在地下室顶板上开洞施工部分工程桩及立柱桩，施工较为困难，难度较大。清障阶段的工期需要延长，但相对工程总体工期影响较小。 2. 栈桥下方空间较为狭小，常规灌注桩施工设备不能施工，施工难度大

考虑到工程诸多不利因素，斜撑状态下基坑需至少敞开6个月施工工程桩，不可预见的情况较多。该工程地处上海火车站中心区域，周边环境非常复杂，基坑安全风险较大，周边环境非常敏感。

总结分析，实际设计施工以方案二实施。尽管方案二需要克服个别施工困难，包括旧地下室顶板上开洞施工部分工程桩及立柱桩、栈桥下方空间狭小等，但方案二首道支撑、栈桥尽早形成，变形控制有利、施工便利。

4 方案计算分析

结合前述分析，分别基于两种方案开展工程设计计算和平面有限元分析。

计算中简单模拟两种方案的实际工况，旧地下结构拆除和新支撑结构施作相结合，各关键工况顺序在计算中均有所反应。计算主要关注关键工况节点，即：(1) 旧结构顶板和中楼板拆除，第二道支撑完成待开挖时；(2) 开挖至坑底时的情况。

计算结果如图 12 和图 13 所示，变形趋势与前文对两方案的分析规律相近。

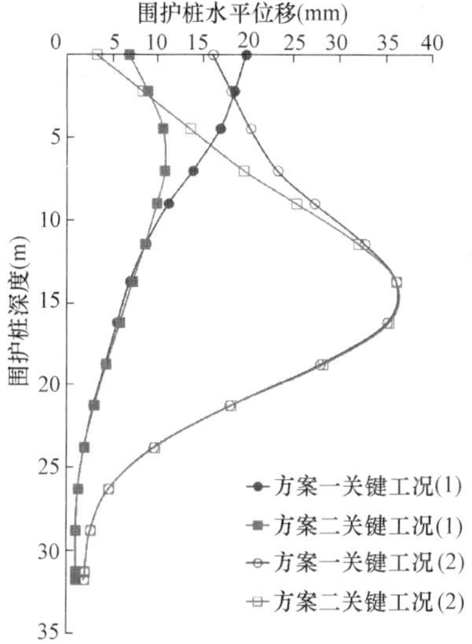

图 12 两方案关键工况变形规律

Fig. 12 The displacements of key working conditions for two schemes

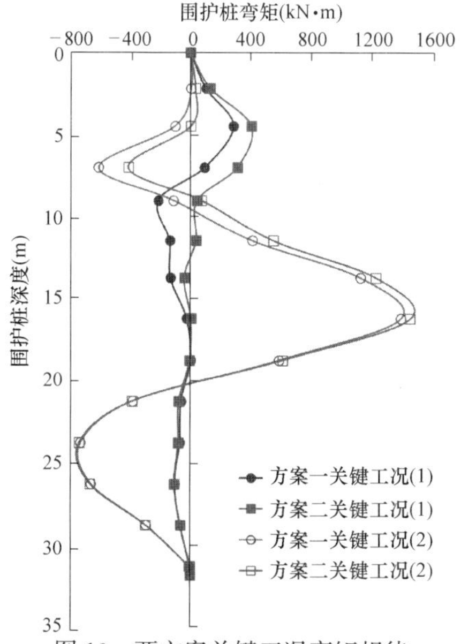

图 13 两方案关键工况弯矩规律

Fig. 13 The moments of key working conditions for two schemes

(1) 到旧结构顶板和中楼板拆除，第二道支撑完成工况时，做斜撑的方案一墙身位移较方案二大，且最大变形接近于墙顶位置，形成原因是方案一较早拆除旧结构顶板和中楼板，未形成首道支撑前，整个基坑处于敞开状态，仅依靠钢斜撑控制变形，支撑刚度偏小。而方案二首道支撑较早形成，变形总体不大，包络线与常规基坑施工工况相近。总体变形趋势与前述分析相吻合。

(2) 开挖至坑底工况时，两种方案墙身最大变形较为接近，位移包络线主要不同在于前面清障、首道和二道支撑形成过程中产生的位移。两方案桩身弯矩值也较为接近，方案一的弯矩最大值较方案二略小，与斜撑支撑刚度偏弱有一定关系。

同时，也采用平面有限元模拟进行了验证分析。开挖至坑底工况时的有限元模型如图 14 所示。有限元模拟计算结果分别如图 15 和图 16 所示，其位移和弯矩变化趋势与前述结果相似，具体数值存在差异，这主要是由于两种计算机理有所不同，工程设计软件基于国家或地方规范计算，仅模拟简单工况；而有限元网格通过数值计算方法，更能简单模拟各工况之间的变形过程。

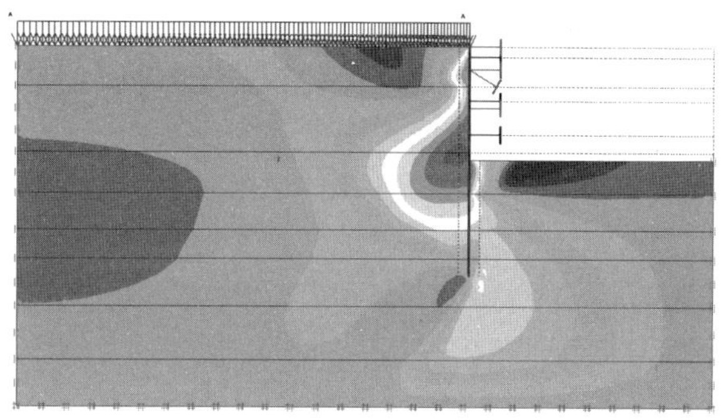

图 14 数值模拟计算模型

Fig. 14 The numerical simulation model

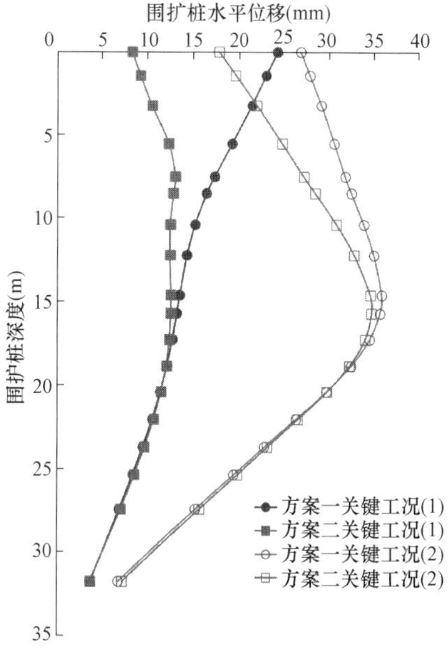

图 15 两方案数值计算关键工况变形规律

Fig. 15 The displacements of key working conditions for two schemes under numerical simulation

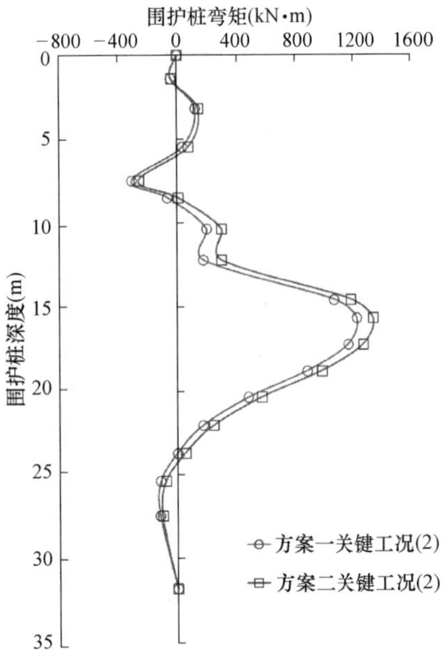

图 16　两方案数值计算关键工况弯矩规律

Fig. 16　The moments of key working conditions for two schemes under numerical simulation

5　结论与建议

本文围绕上海市“闸北广场合并重建城市更新项目”，主要探讨了既有地下室增层开挖过程中清障与基坑工程的施工协调问题，对项目两种围护结合清障方案进行了分析。结论及建议如下：

（1）分析了该项目基坑工程主要特点，地下障碍物的详细情况，以及项目围护桩结合清障施工的重难点。

（2）介绍了项目实施过程中提出的两种围护结合清障方案，详细对比了两种方案的关键工况，从理论及工程实施角度对比了两种方案的优缺点。两方案各有优缺点，适用于周边环境敏感程度和变形控制要求不同的工程中，该项目结合实际情况以第二种方案实施。

（3）分别开展工程设计计算及数值模拟计算分析，计算结果显示墙身变形趋势与对两方案的分析规律相近，计算结果是对两方案分析的具体量化。

通过分析和计算，本文探讨了围护结合清障协调施工的技术解决途径，为今后类似项目提供借鉴，上海市中心区域多项类似的围护结合清障工程目前也在实施中。

参考文献：

[1]　龚晓南. 关于基坑工程的几点思考[J]. 土木工程学报，2005，38(9)：99-108.

[2]　唐德琪，俞峰，陈奕天，等. 既有-新增排桩双层支挡结构开挖模型试验研究[J]. 岩土力学，2019，44(3)：1039-1048.

[3]　唐德琪，俞峰，黄祥国，等. 既有建筑地下增层双层悬臂排桩承载性状及优化分析[J]. 土木工程学报，2019，52(S1)：182-192.

[4]　崔勇前，徐磊. 地下工程增层改造钻孔灌注桩施工关键技术[J]. 建筑施工，2020，42(9)：1610-1611.

[5]　龚晓南，伍程杰，俞峰，等. 既有地下室增层开挖引起的桩基侧摩阻力损失分析[J]. 岩土工程学报，2013，35(11)：1957-1964.

[6]　王卫东，王浩然，徐中华. 基坑开挖数值分析中土体硬化模型参数的试验研究[J]. 岩土力学，2012，33(8)：2283-2290.

[7]　王卫东，王浩然，徐中华. 上海地区基坑开挖数值分析中土体 HS-small 模型参数的研究[J]. 岩土力学，2013，34(6)：1766-1774.

水泥土＋微型桩复合支护结构在复杂条件深基坑中的研究与应用

张启军[1,4]，王永洪[2,4]，白晓宇[2,4]，冯 强[3]，翟夕广[3]，巨尊钰[3]，汤 赛[3]
（1. 青岛慧睿科技有限公司，山东 青岛 266042；2. 青岛理工大学，山东 青岛 266001；3. 青岛业高建设工程有限公司，山东 青岛 266042；4. 青岛市智慧城市绿色岩土工程研究中心，山东 青岛 266001）

摘 要：在紧邻软弱浅基建筑物条件下，深基坑开挖的支护一般采用内支撑方案安全可靠，但造价高、工期长。在青岛某深基坑中采用了新颖的双排旋喷桩＋钢管桩复合支护模式，在施工过程中对锚杆施工工艺进行了大胆创新，获得了极大成功，为该类地质条件及环境条件下探索了一种新的支护模式。

关键词：双排旋喷桩＋钢管桩；注浆加固；双套管锚杆；旋喷自进式锚杆

作者简介：张启军（1974—），男，正高级工程师。主要从事岩土工程施工技术研究。

Research and application of cement soil ＋ micro pile composite support structure in deep foundation pit under complex conditions

ZHANG Qi-jun[1,4]，WANG Yong-hong[2,4]，BAI Xiao-yu[2,4]，FENG Qiang[3]，ZHAI Xi-guang[3]，JU Zun-yu[3]，TANG sai[3]
（1. Qingdao Huirui Technology Co.，Ltd.，Qingdao Shandong 266042；2. Qingdao University of technology，Qingdao Shandong 266001；3. Qingdao Yegao Construction Engineering Co.，Ltd.，Qingdao Shandong 266042；4. Qingdao smart city green Geotechnical Engineering Research Center，Qingdao Shandong 266001）

Abstract：Under the condition of close proximity to weak shallow foundation buildings，the internal support scheme is generally adopted for the support of deep foundation pit excavation，which is safe and reliable，but the cost is high and the construction period is long. A novel double row jet grouting pile＋steel pipe pile composite support mode was adopted in a deep foundation pit in Qingdao. During the construction process，the bolt construction technology was boldly innovated and achieved great success. A new support mode was explored for this kind of geological and environmental conditions.

Key words：double row jet grouting pile＋steel pipe pile；grouting reinforcement；double casing bolt；jet grouting self-propelled bolt

1 前言

由于城市化进程的加快，市区拟开挖基坑不可避免对邻近建（构）筑物及地下管线造成影响，对于既有软弱浅基建筑物的保护难度尤其大。青岛市南区某基坑东侧位于旧河道位置，地层以淤泥流砂为主，地下水位高，由于城市化的需要河道上修建了暗渠和上部建筑，该基坑开挖必须要保证暗渠和该建筑物的安全运行，基坑的支护难度在青岛市业内是公认支护难度最大的。为确保安全，该基坑部分专家建议采用内支撑方案，但内支撑方案造价高、工期长，缺点明显。

经多方咨询、分析，该项目决定采用双排旋喷桩＋微型钢管桩方案，水泥土结合微型钢管桩的支护模式具有抗弯刚度大、变形量小的优点，黄凯等[1] 通过现场试验研究表明，水泥土结合微型钢管桩的支护结构借用桩锚支护模式对微型钢管桩设计计算是基本合理的，注浆后的微型钢管桩植入水泥土桩中，能够显著提高水泥土桩的抗弯刚度，达到限制基坑变形的目的。单颖涛[2] 在收集工程实测数据的基础上，对大直径水泥土桩内置微型钢管桩的支护形式进行了分析研究，明确了钢管注浆后的刚度增大效应，为该种支护方式的定量计算提供了数据。

双排旋喷桩＋微型钢管桩作为竖向支护结构，结合基础注浆加固、双套管锚杆、劈裂注浆、旋喷自进式锚杆组合支护技术的应用，该基坑施工及运行期间周边位移均控制得非常小，周边建（构）筑物及管线安全运行，与内支撑方案相比较，该方案工期大大缩短，造价大大降低，取得了良好的经济效益及社会效益。

2 工程概况

本项目场区北邻漳平路，南邻香港中路，西邻南京路与市南家乐福相望，西北侧紧邻已建成的老干部高层住宅，东邻美食街，周边比较重要的建筑物主要是老干部高层住宅为筏板基础，该项目拟建一座综合型商场，两座商务写字楼。

工程建筑设计室内地坪标高±0.000＝4.600m，地下3层，现状地面标高4.600m，基底标高－13.600m，基坑开挖支护深度约18.2m。

场区东侧距离美食街3层酒店用房约4 m，该楼房为柱下独立基础，基础埋深约3.4m，以细砂—中砂为持力层，酒店下方为21m×2.8m暗渠，距离地下室外墙7.1m，详见图1。

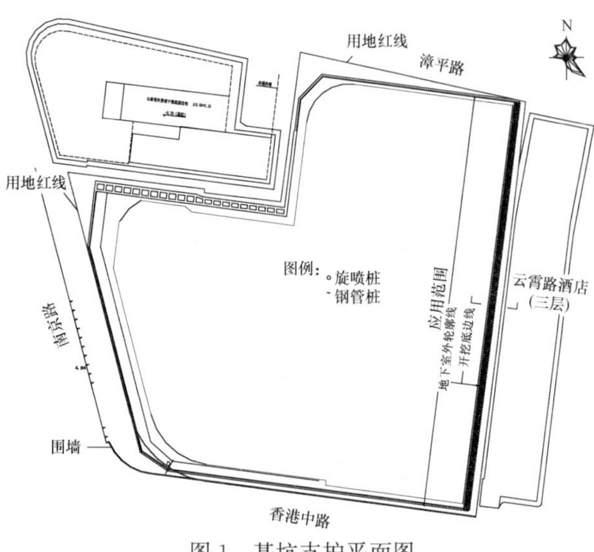

图1 基坑支护平面图

3 工程地质与水文地质

3.1 工程地质条件

场区地层第四系厚度约5.9～14.5m，基岩为花岗岩及各种岩脉，岩体构造受区域断裂构造控制，各地层描述如下：

①层素填土：该层广泛分布于场区，层厚0.50～4.10m，稍湿，松散—稍密。

②层细砂—中砂：该层分布较广泛，厚度0.50～4.60m，湿—饱和，中密—密实。

$②_1$层含黏性土细砂—粗砂：厚度0.40～3.50m，湿—饱和，松散—稍密，以细砂为主。

⑤层粗砂—砾砂：该层广泛分布于场区，层厚0.60～0.90m，饱和，中密—密实。

$⑤_1$层含淤泥质土中粗砂：分布于⑤层上部，层厚0.30～2.10m，饱和，松散—稍密，以中粗砂为主，含约10%～30%淤泥质黏性土。

⑩层含有机质粉质黏土：该层分布较广泛，层厚0.40～2.40m，软塑—可塑。

⑪层粉质黏土：该层分布较广泛，层厚0.30～3.80m，可塑，具中等压缩性。

⑫层粗砂—砾砂：该层分布较广泛，层厚0.40～3.60m，含少量黏性土。

$⑫_1$层含黏土砾砂—角砾：主要分布于场区东部，层厚0.40～2.90m，湿，密实。

⑯层强风化带：揭露厚度0.70～8.50m，中粗粒结构，块状构造，为极破碎的极软岩，岩体基本质量等级Ⅴ级。

⑰层中等风化带：揭露垂直厚度0.70～8.50m，构造节理及风化裂隙较发育。

⑱层微风化带：揭露垂直厚度0.60～0.70m，节理不发育，岩芯完整，坚硬。

3.2 水文地质条件

场区地下水较丰富，主要为第四系孔隙潜水及承压水和基岩裂隙水，潜水主要赋存于②层细砂—中砂及⑤层粗砂—砾砂中，承压水主要赋存于⑫层粗砂—砾砂中，该层的承压水与基岩裂隙水水力联系明显，受季节影响，地下水水位年变幅1.0～2.0m。

4 基坑支护设计

4.1 方案论证与变更

该基坑方案讨论阶段有多套方案供选择，多次组织专家对方案进行了论证，代表性方案及论证意见如下：

(1) 内支撑方案。该方案安全性高，但造价高，土石方开挖运输困难，施工工期长，青岛本地设计施工经验几乎没有，因此该方案初期比选时即未被选用，且后期冲击成孔工艺不允许采用该方案。

(2) 灌注桩桩锚支护方案。灌注桩采用冲击嵌岩桩，桩间旋喷止水，二次高压注浆锚杆锚固。该方案造价适中，土石方开挖方便，施工周期短，青岛本市设计施工经验丰富，初期选用该方案，但由于灌注桩施工过程中采用冲击工艺，振动大，邻近的云霄路酒店阻挠不让施工，无法实施。

(3) 采用有嵌固深度的复合桩锚支护技术和双排旋喷桩砂土层加固止水、打设双排钢管桩入岩嵌入基底弥补旋喷桩抗剪强度不足的弱点，采用花管注浆对云霄路酒店基础及暗渠基础进行加固，土层采用扩大头锚杆提供足够锚固力。冲击钻灌注桩无法实施后提出了该方案，该类型的方案（单排旋喷桩+单排钢管桩）在浅坑及周边条件简单的情况下有非常多的成功案例，对于该工程地质条件较差、环境条件恶劣的情况下采用常规加倍的支护桩身厚度，专家认为该方案切实可行，最终的工程实施采用了该方案。

4.2 支护设计参数

钢管桩设计两排，矩形布置，间距0.75m，排距1.0m，等效为间距1.5m的混凝土灌注桩，桩径1.0m，旋喷桩及钢管桩布置详见图2、图3。

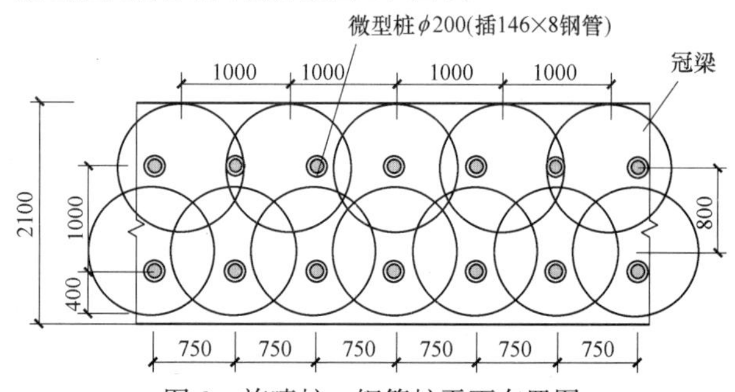

图2 旋喷桩、钢管桩平面布置图

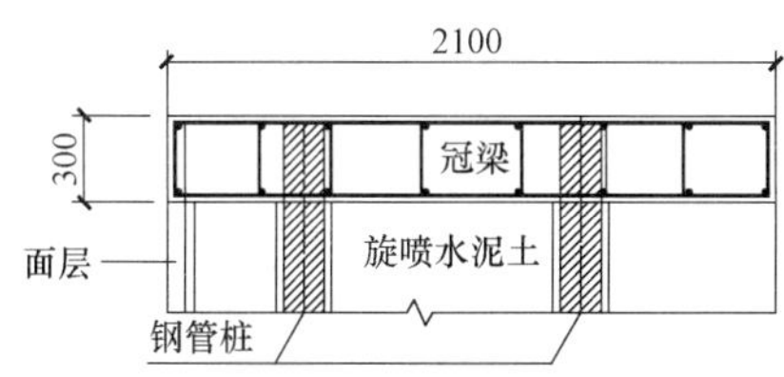

图3 桩顶剖面图

预应力锚杆设计层距2.0m，依据《建筑基坑支护技术规程》JGJ 120—2012按桩锚进行计算，计算桩身内力见表1，等效钢管配筋见表2。

桩身内力取值　　　　表1

内力类型	内力设计值
基坑内侧最大弯矩(kN·m)	783.33
基坑外侧最大弯矩(kN·m)	1034.09
最大剪力(kN)	1020.33

桩身配筋表　　　　表2

实配值	实配(计算)面积(mm^2或mm^2/m)
4根ϕ146×8钢管	13866(12897)

双排钢管桩受剪承载力验算：$3468mm^2 \times 4 \times 125N/mm^2/1000 = 1732kN > 1020.33kN$，满足要求。

整体稳定安全系数：2.728，满足要求。

根据等效计算支护设计剖面图见图4。

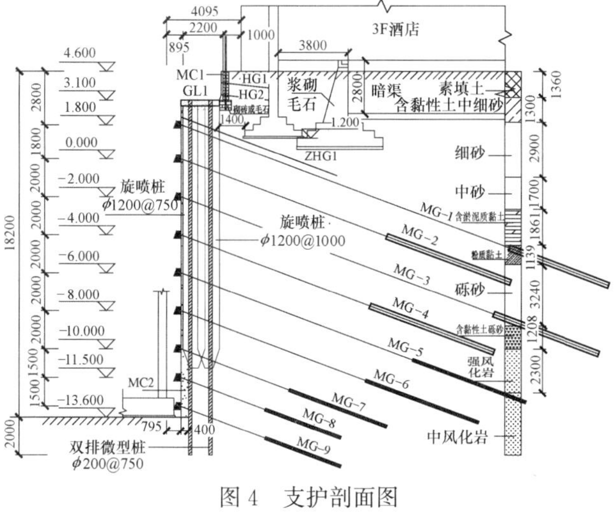

图4 支护剖面图

5 工艺流程及技术要点

5.1 工艺流程

双排旋喷桩→双排钢管桩→冠梁→花管注浆→第1层锚杆锚拉→第2层锚杆锚拉→ …… →最底一层锚杆锚拉→结束

5.2 旋喷桩质量控制要点

垂直度控制在1.0%以内，控制关键阶段就在引孔钻机就位时，首先要选择稳定性好的钻机，实践表明应采用300型以上工程钻机，钻机就位应采用水平尺调整垂直度，在钻进过程中亦应随时检查调整。

旋喷工艺选用两管法，对于含淤泥地层，两管法的强度明显优于三管法。

由于对旋喷桩桩身强度要求高，通常淤泥层强度较差，施工时要求对淤泥层采取复喷工艺。

5.3 微型桩

微型桩在旋喷桩施工7d后开始进行，开始工艺采用潜孔钻成孔，该工艺在砂层与岩层交界处出现渣土越吹越多难以成孔的问题，后改用地质钻取芯工艺，成孔效果好，实施顺利。

5.4 建筑物基础花管注浆加固

微型桩施工的同时，在基坑内打斜管至建筑物基础底部，采用压力渗透注浆对其基础进行加固。采用钻孔置入或击入方式，压力注水泥浆，水灰比0.6～0.8，注浆压力不大于0.5MPa。注浆前，注浆部位的围墙要做临时支撑避免突发围墙倒塌，施工时密切观测坡顶及围墙变形，一旦发现地面、侧壁等部位裂缝偏移或冒浆，立即停止注浆。

5.5 双套管锚杆

冠梁施工完毕后即可开挖第一层锚杆工作面，场区地层淤泥及砂层厚度大，地下水位高，环境条件又不允许锚杆钻孔大量流砂导致建筑物下沉，锚杆施工采用国内最先进的双套管成孔技术，套管内出渣，成孔完毕在套管内放索、注浆后再拔套管。锚杆逐层进行，每层锁定后再开挖下一层。

5.6 旋喷自进式锚杆

由于地下水位高，水量丰富，在双套管锚杆机施工第4、5层锚杆时，换钻杆时流砂充满套管无法钻进，遇到了施工技术难题。为此，经施工技术人员研发，采用了旋喷自进式锚杆工艺，前段设置自行制作的逆止阀装置，可以阻止卸钻杆时外侧砂土的进入，确保了建筑物不因流砂而下沉。

6 钢管桩内力测试

由于是新工艺技术，张明义[3]团队对微型桩的钢管进行了应力应变测试，前后两排深度自0～16m，每隔2m设一个监测点，用所得测试结果计算出水泥土桩内钢管桩的弯矩，如表3所示，桩身弯矩随基坑开挖深度的变化如图5所示。

由图5可以看出，随着基坑开挖深度的增加，桩身应力不断增大，在8～10m范围处桩身应力达到最大。随着基坑开挖的进一步进行，桩身应力逐渐变小。在基坑10m范围内土质主要以砂土和黏性土为主，桩身应力一直呈上升趋势，随着深度的增加即到达强风化岩，由于钢管桩有一定的入岩深度，充分发挥了其支护作用，使得弯矩逐渐变小。以 1 号桩为例，8m 处弯矩为 15.2kN·m，8m 以下弯矩一直呈下降趋势。由此可知，在土岩结合地层，钢管桩深入到坚硬的岩石层，其一定的入岩深度对基坑支护工程具有一定的效果。

钢管桩弯矩表　　　　表 3

应变片号	深度(m)	1 号桩弯矩(kN·m)	2 号桩弯矩(kN·m)	3 号桩弯矩(kN·m)	4 号桩弯矩(kN·m)
1	0.00	1.01	3.25	2.11	2.95
2	2.00	8.35	3.77	2.65	1.13
3	4.00	11.25	7.46	2.86	3.00
4	6.00	13.14	7.92	4.25	3.39
5	8.00	15.20	8.84	3.71	4.65
6	10.00	6.91	10.17	3.17	4.13
7	12.00	7.66	9.22	3.34	3.10
8	14.00	3.04	8.86	1.31	1.92
9	16.00	2.04	8.56	1.45	0.14

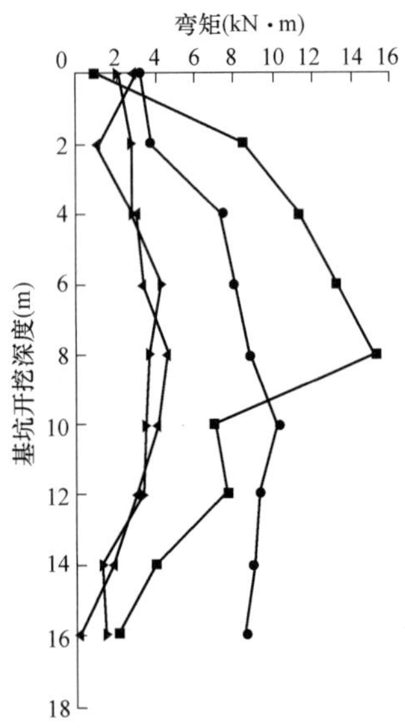

图 5　桩身弯矩随开挖深度变化图

7　基坑监测情况

7.1　监测内容及布置

本工程按基坑监测等级一级进行监测，监测内容包括基坑坡顶水平位移、垂直沉降、地下水位观测、周边地下管线监测、周边建（构）筑物沉降观测、锚索应力观测监测，基坑监测点布置见图 6。

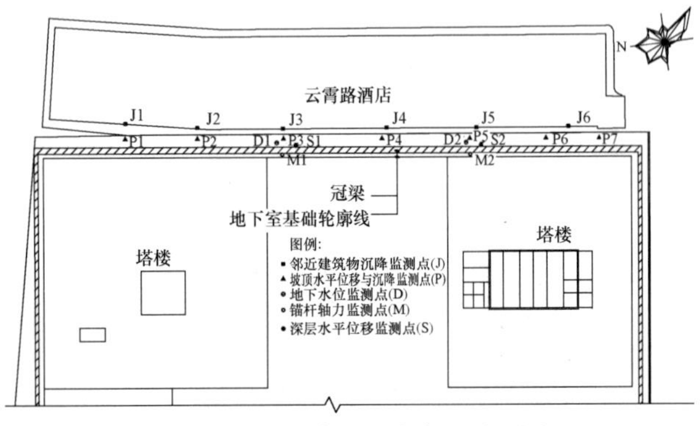

图 6　周边沉降监测点布置平面图

7.2　监测数据分析

基坑监测结果详见图 7～图 11。

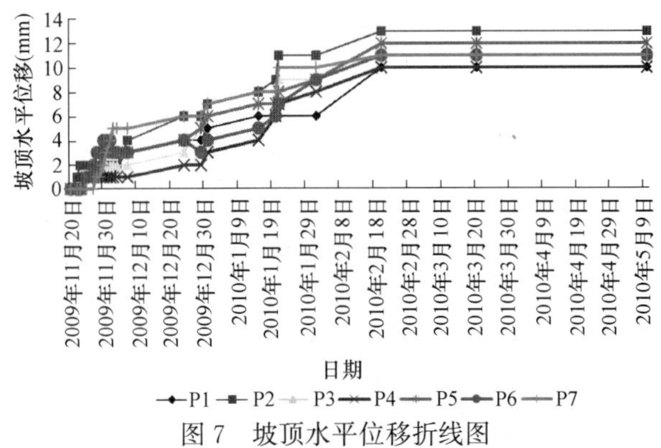

图 7　坡顶水平位移折线图

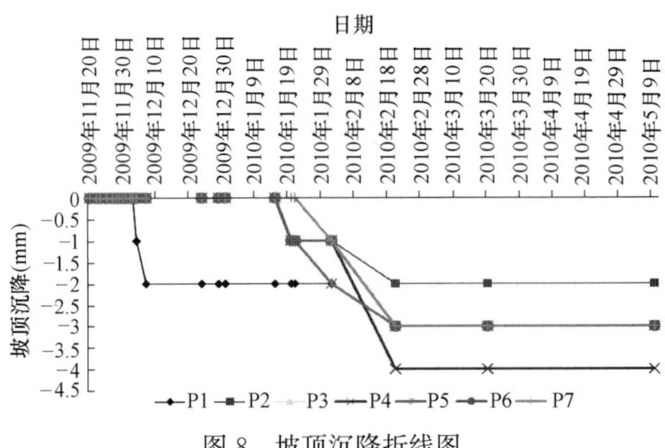

图 8　坡顶沉降折线图

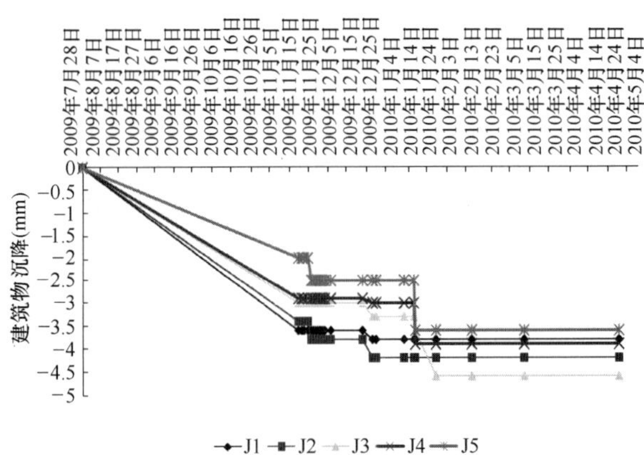

图 9　建筑物沉降折线图

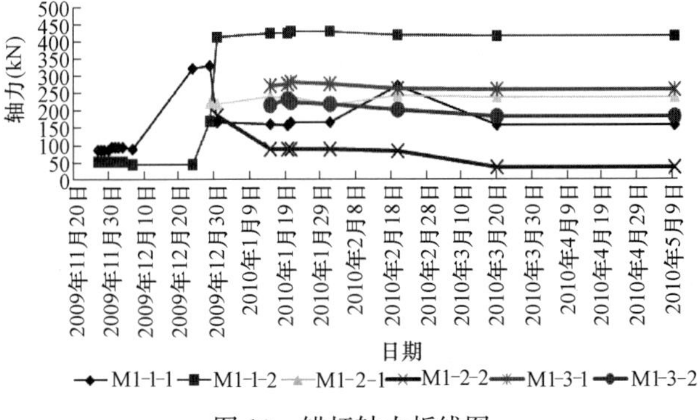

图 10　锚杆轴力折线图

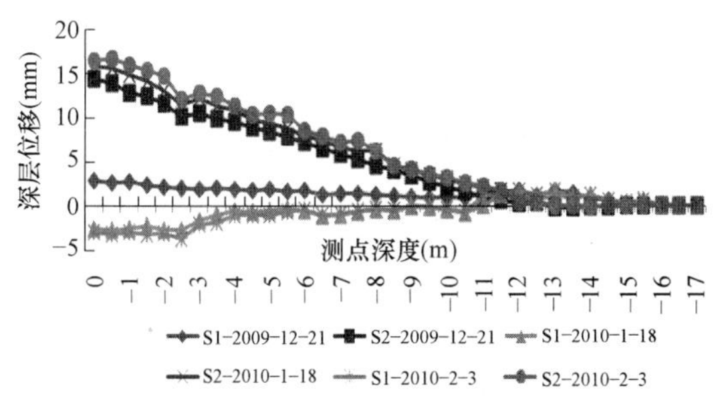

图 11　深层水平位移折线图

分析监测数据：

（1）坡顶水平位移及沉降在基坑开挖期间基本成比例增加，但增加量控制很好，最终坡顶水平位移最大13mm，最大沉降量 4mm，均控制在基坑深度的 1‰。

（2）坡顶建筑物在支护桩施工期间既有下沉，下沉量最大 3.6mm，开挖期间控制理想，最终最大下沉量仅有 4.6mm。

（3）锚杆轴力监测除初始阶段因二次补偿张拉引起监测轴力变化幅度很大外，均较平缓，说明锚杆预应力与土压力基本处于平衡状态。

（4）深层水平位移顶部最大，越向深部越趋于 0，顶部最大位移 16.4mm，亦在基坑深度的 1‰以内。

监测表明，支护体系整体稳定，监测各项指标均控制良好，满足国家规范及青岛地方性标准要求。

8　总结与体会

（1）针对复杂的环境条件和极差的地层条件，青岛市首次在深大基坑内采用双排旋喷桩＋双排钢管桩代替大直径灌注桩，取得了极大成功，该方法最大的优点是无振动，施工时对邻近建筑物无影响，同时基坑变形更小。该工程的成功，扩展了桩锚支护适用的条件。

（2）对于流砂严重的地层其锚杆成孔施工是支护成败的关键，一旦不能控制流砂将造成严重问题，一般采用双套管钻进技术即可解决，但由于本项目水位高、水量大，双套管钻进技术仍不能全部解决。经试验，采用旋喷自进式锚杆完全可以达到无流砂作业，确保基坑安全。

（3）双排微型桩支护按等效桩锚支护模型进行桩芯配置验算，经项目实例验证基本能达到基坑稳定性要求，针对该支护形式还需要通过大量试验研究获得更合适的计算模型。

（4）该项目底部均为岩石，为控制基坑变形，中风化以下花岗岩未采用普通爆破方法，均采用液动锤破碎开挖，确保了该项目变形控制的巨大成功。

参考文献：

[1]　黄凯，张明义，杨淑娟，等．基坑水泥土墙内微型钢管桩承载特性试验研究[J]．工业建筑，2018，48(2)：134-138.

[2]　单颖涛．水泥土桩内设置微型钢管桩的支护型式试验研究[D]．青岛：青岛理工大学，2010.

[3]　张宗强，张明义，贺晓明．微型钢管桩在青岛地区基坑支护中的应用研究[J]．青岛理工大学学报，2012，33(3)：22-25.

紧邻深基坑的历史建筑保护设计与实践

苏银君，徐中华，吴江斌，翁其平，沈　健
（华东建筑设计研究院有限公司上海地下空间与工程设计研究院，上海 200011）

摘　要：随着城市更新进程的不断深入，在历史建筑周边进行改扩建的项目越来越多，往往涉及地下空间的开发和深基坑工程。对于保护要求高的优秀历史建筑，以往仅以控制基坑变形的被动保护方式已满足不了高标准的保护需要。文章以上海某邻近深基坑的优秀历史建筑为例，介绍了其综合采用的基坑微扰动被动保护技术和历史建筑的主动托换加固保护技术，包括分坑实施及钢支撑轴力自动补偿系统、隔离桩技术、历史建筑基础主动托换技术、上部结构整体加固技术等。工程实践证明，虽然工程环境条件极为复杂，各种不利因素相互制约，但通过上述保护技术的综合应用，有效地减少了基坑变形并保护了历史建筑的安全，可为类似工程提供有价值的参考。

关键词：优秀历史建筑；托换保护；深基坑；隔离桩；分坑技术；钢支撑轴力自动补偿系统

作者简介：苏银君，男，1984 年生，工程师，主要从事建筑结构和基坑工程新技术的研究。Email：yinjun _ su@arcplus. com. cn。

Protection design and practice of historic building adjacent to deep excavations

SU Yin-jun，XU Zhong-hua，WU Jiang-bin，WENG Qi-ping，SHENG-Jian
（Shanghai Underground Space Engineering Design & Research Institute，East China Architecture Design & Research Institute Co.，Ltd.，Shanghai，China 200011）

Abstract：With the development of urban renewal，there are more and more reconstruction and expansion projects around or under historic buildings. These projects often involve construction of underground space and deep excavation engineering. For excellent historic buildings with high protection requirements，the passive protection method of controlling excavation deformation is hard to meet the protection needs of high standards. Taking an excellent historic building near deep excavations in Shanghai as an example，this paper introduces combined measures of passive deformation control of adjacent deep excavations and active underpinning reinforcement protection techniques of the historic building itself. These control measures include pit division implementation and steel struts using automatic axial force compensation system，isolation pile technology，active underpinning of historic building foundation，and integral reinforcement of superstructure. Engineering practice has proved that although the engineering environmental conditions are extremely complex and various adverse factors restrict each other，the comprehensive application of the above protection techniques can effectively reduce the deformation of excavation and protect the safety of the historic building. The successful practice of this project can provide a valuable reference for similar projects.

Key words：historic building；underpinning protection；deep excavation；isolation pile；excavation dividing technology；steel struts using automatic axial force compensation system

1　引言

随着城市更新的不断发展，在历史建筑及周边进行改扩建的项目越来越多，往往涉及地下空间的开发和深基坑工程。历史建筑一般建成年代久远，在长期经历了风化、地震、不正当改造、周边施工等影响后，常常会产生开裂、倾斜等状况，难以继续承受较大的不均匀沉降。对于软土而言，土体固结时间长且具有流变特性，建筑物对不均匀沉降的适应能力更差，因此，当软土深基坑邻近历史建筑施工时，历史建筑的保护难度更大。

针对邻近深基坑的历史建筑的保护，大多是从基坑角度进行变形控制[1-4]，比如上海半岛酒店项目[5]，基坑挖深 13.9m，周边有众多优秀历史建筑，其中保护建筑光大银行距离基坑最近约 5m，该项目采用了增加地下连续墙和支撑刚度、设置大范围坑内土体裙边加固、地下连续墙两侧设置三轴搅拌桩护壁、根据时空效应理论分块施工等技术措施，重点保护的光大银行大部分点最终累计沉降在 50mm 左右，差异沉降基本在 20mm 以内。除个别点原有裂缝略有发展，整体建筑可正常使用。

随着时代的发展，基坑越来越深，对历史建筑的保护意识越来越强，仅以控制基坑变形的被动保护方式已满足不了更高保护要求的需要，需要进一步针对历史建筑本身采取更直接的主动加固式保护。比如上海长宁来福士广场项目[6]，基坑挖深 19.1m，距离历史建筑圣玛利亚女中大礼堂仅 3.4m，在基坑采用 13 个分区顺作的基础上，对历史建筑采用了锚杆静压桩加固，建筑物累计沉降约为 13～21mm，达到了较好的保护效果。

本文以上海某邻近深基坑的优秀历史建筑为例，在总结类似工程经验的基础上，综合采用了分坑实施及钢支撑轴力自动补偿系统、隔离桩技术、历史建筑基础主动托换技术、上部结构整体加固技术等，将基坑微扰动被动保护技术和历史建筑的主动托换保护技术相结合，实现了对历史建筑的高标准保护。

基金项目：上海市科委重点研发计划资助（20dz1202400）、上海市优秀技术带头人计划资助（课题编号 20XD1430300）。

2 历史建筑概况及保护思路

2.1 建筑及结构概况

某历史建筑建于1911年，1994年被列入上海市优秀历史建筑第二批保护单位名单，保护类别为二类。建筑层数为3层，屋顶中部有穹顶，建筑物原外观如图1所示。该建筑平面大致为矩形，东西向总长约37.8m，南北向总宽约23.6m，总建筑面积约2676m^2。采用砖木结构体系，纵、横墙承重，内外墙均由烧结黏土红砖和黏土石灰砂浆砌筑而成。建筑物的基础为砖砌条形基础。

2.2 周边环境条件

历史建筑周边在建及待建工程密集，具体环境条件如图2所示。历史建筑南侧为已施工防汛墙，距历史建筑约为7.8m。历史建筑东侧为待建北外滩贯通和综合改造提升工程一期项目（简称“北外滩项目”）基坑，基坑挖深约16m，开挖面距离历史建筑的距离约为8.6m。历史建筑西侧为待建海鸥饭店项目基坑，基坑挖深约11.3m，开挖面距离历史建筑的距离约为12.7m。其中南侧防汛墙已先行施工，历史建筑的加固保护和东侧基坑基本同步施工，西侧海鸥饭店基坑在后施工。

图1 历史建筑外观

Fig.1 Appearance of historic building

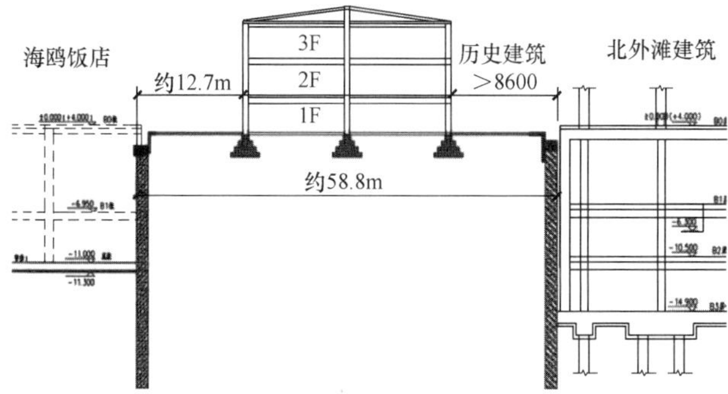

图2 历史建筑周围环境剖面图

Fig.2 Profile of surrounding environment of historic building

2.3 地层概况

项目场地属于上海地区“滨海平原”地貌类型。场地内较为平整，场地标高3.33～3.54m。自地表至50m深度范围内所揭露的土层，主要由软弱黏性土、粉性土及砂土组成，具有成层分布的特点。其中①$_1$层为杂填土，以黏性土为主，混杂大量石子、碎砖、石块等建筑垃圾，状态较松散；①$_3$层为灰色黏质粉土夹淤泥质粉质黏土（江滩土），饱和，状态松散，为中等压缩性土；②$_3$层灰色砂质粉土，饱和，稍密，中等压缩性土；⑤$_{1\text{-}1}$层灰色黏土，软塑，高等压缩性土；⑤$_{1\text{-}2}$层灰色粉质黏土，软塑，中等—高等压缩性土；⑤$_{3\text{-}1}$层灰色粉质黏土夹黏质粉土，软塑，中等—高等压缩性土。典型土层剖面如图3所示，土层参数如表1所示。

2.4 历史建筑保护的必要性

(1) 作为上海市优秀历史建筑，保护要求高，重点保护部位众多。该历史建筑建造年代久远，上部结构为砖木结构，基础形式为墙下砖砌大放脚条形基础，未设基础梁，现状结构整体性差，抗变形能力有限，难以承受周边基坑开挖及土体扰动引起的变形。

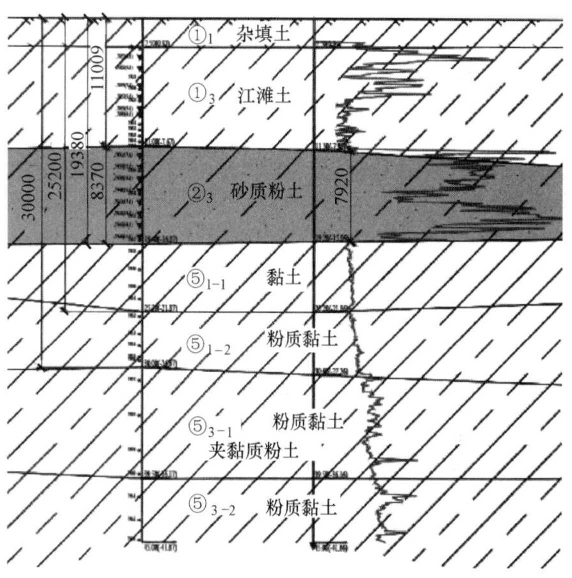

图3 地层剖面示意图

Fig.3 Stratigraphic profile

土层主要物理力学指标　表1

Main physical and mechanical indexes of soil layer　Table 1

土层层号	土层名称	直剪固快(峰值) 黏聚力(kPa)	内摩擦角(°)	比贯入阻力(MPa)
①$_1$	杂填土			0.04
①$_3$	灰色黏质粉土夹淤泥质粉质黏土(江滩土)	9	24.5	1.35
②$_3$	灰色砂质粉土	6	30.5	3.45
⑤$_{1\text{-}1}$	灰色黏土	12	12.5	0.88
⑤$_{1\text{-}2}$	灰色粉质黏土	14	18.5	1.08
⑤$_{3\text{-}1}$	灰色粉质黏土夹黏质粉土	14	19.5	1.90
⑤$_{3\text{-}2}$	灰绿色粉质黏土	15	18.0	1.97
⑤$_4$	黏质粉土	37	18.0	

（2）在南侧防汛墙先期施工期间，该建筑便受到了较大影响，主体结构沉降，尤其是不均匀沉降发展较大，部分测点达到报警值；部分测点倾斜率大于国家标准的允许值；且在多个部位出现裂缝活动、发展的情况。

（3）历史建筑东侧待施工的北外滩项目基坑挖深为16m，西侧待施工海鸥饭店项目基坑挖深为11.3m，基坑规模及开挖深度均大大超过防汛墙基坑，且历史建筑均位于两侧基坑一倍挖深范围内，后续两侧深基坑开挖会对历史建筑造成更大影响。

2.5 历史建筑保护总体思路

综合上述不利条件，有必要对该历史建筑进行加固，确保其在东、西两侧深基坑施工过程中的结构安全。根据研究，从基坑角度采用隔离桩技术、分坑实施技术、钢支撑轴力自动补偿系统、坑内加固技术等微扰动被动保护措施。从历史建筑本身，采用了锚杆静压桩基础托换、主动调平系统、上部结构整体加固、实时监测等主动保护技术。

3 基坑微扰动保护技术

3.1 分坑实施及钢支撑轴力自动补偿系统

北外滩项目基坑总面积约14000m^2，基坑周边总延米约616m。地下三层区域基坑挖深16.0m，局部18.0m。基坑的安全等级和环境保护等级均为一级。考虑到本基坑工程面积大、周围环境条件复杂，且项目工期要求十分严格，同时基坑周边可用场地十分狭小，充分利用时空效应原理，在靠近优秀历史建筑一侧分出来一个窄条形小基坑，然后采用分区顺逆结合设计方案。具体方案如下：

（1）邻近历史建筑的1号窄条形小基坑围护方案：地下连续墙围护＋四道水平支撑＋顺作法实施；（2）中部2号基坑围护方案：地下连续墙围护＋三层水平结构楼板代支撑＋上下同步逆作实施；（3）基坑东侧地下二层区3号基坑围护方案：地下连续墙围护＋三道水平混凝土支撑＋顺作法实施，基坑平面分区和支护剖面分别如图4和图5所示。

1号窄条形小基坑支撑采用1道混凝土支撑＋3道带轴力伺服系统的钢支撑，可结合监测数据自动调整轴力，控制基坑开挖过程中围护结构的变形，实现基坑变形毫米级控制。支撑截面详见表2。

1号基坑支撑信息　　表2

Excavation 1 support information　Table 2

项目	中心标高（m）	压顶梁（mm）	主撑	预加力（kN）
第一道混凝土支撑	－1.650	1500×850、1100×800	1000×800	—
第二道钢管支撑	－5.200	—	ϕ609×16	1200
第三道钢管支撑	－9.000	—	ϕ800×20	1200
第四道钢管支撑	－12.800	—	ϕ800×20	1500

北外滩项目基坑面积较大，开挖深度较深，且环境保护要求高。为了增加被动区土体抗力，减小基坑变形，在1号基坑内部采用ϕ2000@1500大直径高压旋喷桩（RJP）进行满堂加固，加固体深入基底以下5m，地下二层楼板以上水泥掺量为15%，地下二层楼板以下水泥掺量不小于40%。

海鸥饭店基坑总面积约3628m^2，基坑周边总延米约265m。基坑周边普遍区域挖深11.3m。基坑的安全等级和环境保护等级也均为一级。海鸥饭店基坑施工的同时，东侧历史建筑将进行顶升施工。为避免相互干扰，将基坑分为A、B两区实施，其中A区为顺作区域，其基坑退让历史建筑一定安全距离后与历史建筑施工互不干涉；而B区为逆作区域，待A区地下结构完成后，B区再进行地下开挖并同步向上逆作施工（图4、图5）。

海鸥饭店远离历史建筑的A区基坑支护方案：采用地下连续墙围护＋两道水平钢筋混凝土支撑＋顺作法实施；邻近历史建筑的B区基坑支护方案：地下连续墙围护＋两层水平结构楼板代支撑＋一道水平支撑＋上下同步逆作实施。

3.2 设置隔离桩保护

在基坑与优秀历史建筑之间增设隔离桩系统，隔离桩主要有两个作用：（1）减小桩基围护施工和基坑开挖施工对邻近历史建筑的扰动影响；（2）预防基坑开挖阶段发生局部渗漏水对历史建筑的直接影响。

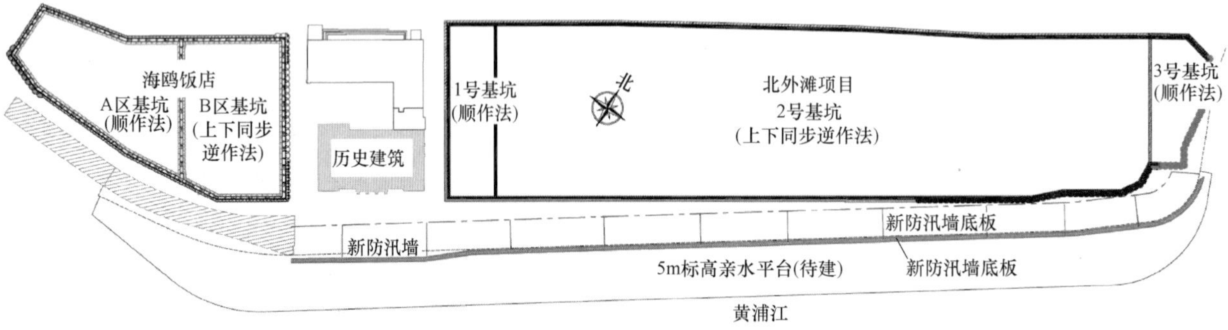

图4　历史建筑周边基坑平面图

Fig. 4　Plan of excavation around historic building

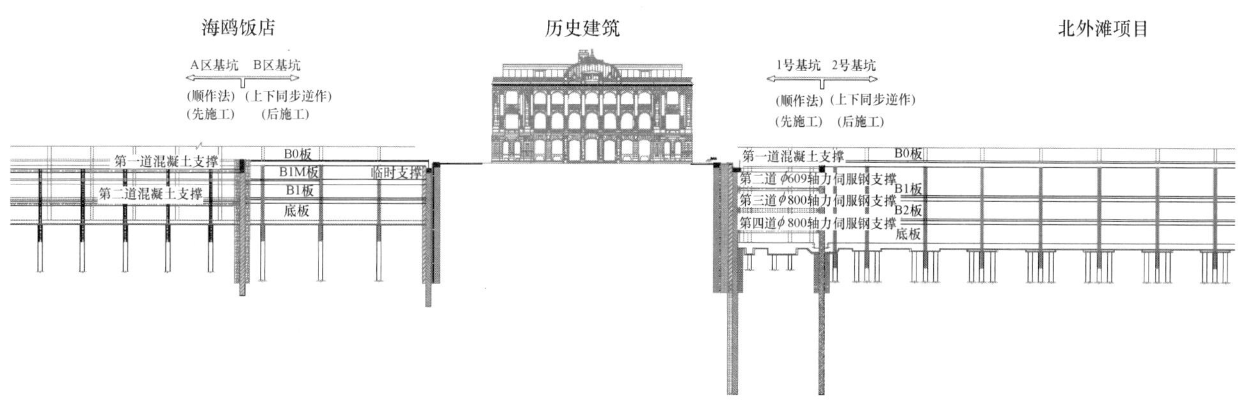

图 5 历史建筑周边基坑剖面图

Fig. 5 Profile of excavation around historic building

由于基坑与历史建筑距离较近，为减小隔离桩施工对历史建筑的不利影响，采用 MJS 大直径高压旋喷桩内套打钻孔灌注桩。充分利用 MJS 大直径高压旋喷桩微扰动的性能，先施工 MJS，待 MJS 有一定强度后，再在 MJS 桩体内套打施工钻孔灌注桩，避免钻孔灌注桩施工过程中塌孔对邻近优秀历史建筑的影响。

定角度大直径高压旋喷桩 MJS 直径 2800mm，桩间搭接 400mm，呈圆形布置。钻孔灌注桩直径 800mm，每根 MJS 内套打两根钻孔灌注桩，灌注桩间距 1100mm，两根 MJS 之间的钻孔灌注桩间距 1300mm。MJS 套打灌注桩节点如图 6 所示，隔离桩与北外滩项目基坑的剖面关系如图 7 所示。海鸥饭店邻近历史建筑侧也同样设置了隔离桩系统。

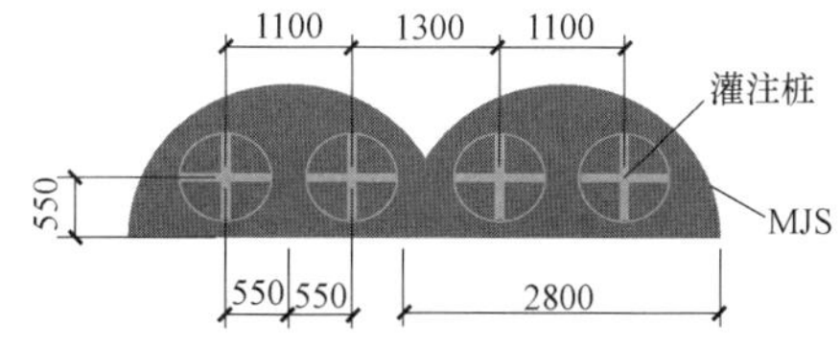

图 6 MJS 套打灌注桩节点

Fig. 6 MJS jacketed cast-in-situ pile joint

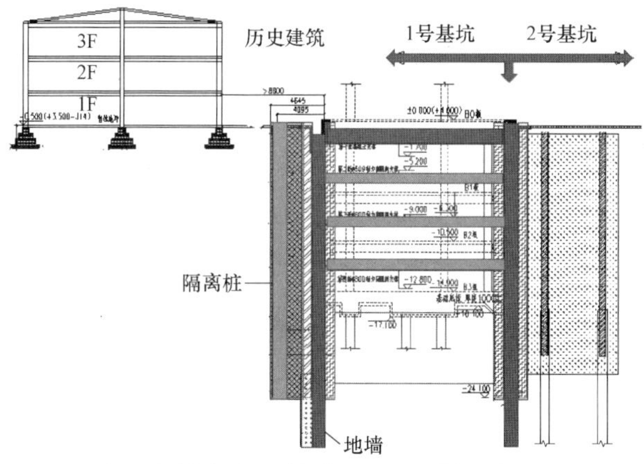

图 7 隔离桩与北外滩项目基坑剖面关系图

Fig. 7 Isolation pile and excavation section

4 历史建筑主动加固技术

历史建筑采用锚杆静压桩技术结合主动调平系统、上部结构整体性加固技术进行主动托换保护，历史建筑主动托换保护的总体流程如下：

（1）一层地坪、门窗等保护性卸解，重点保护部位做好临时防护。

（2）对已形成的裂缝进行修补，恢复结构、构件的完整性和承载力。

（3）上部结构采用砌块和钢结构整体性加固。

（4）采用锚杆静压桩对既有结构基础进行托换。同时配合可调平液压系统，在邻近基坑施工过程中进行实时调整，消除基坑开挖引起的建筑物沉降。

4.1 基础托换梁体系

基础托换梁体系由墙体两侧的双夹墙梁及贯穿墙体的连系梁组成，墙体荷载通过双夹墙梁与墙体之间的摩擦力及连系梁传递给托换体系。连系梁同时起到拉紧两侧双夹墙梁的作用[7]。

双夹墙梁沿现有墙体两侧布设，尺寸为 800mm×800mm（图 8）。沿双夹墙梁纵向每隔 0.5～1.5m 设置一道贯穿墙体的钢管连系梁，尺寸为 ϕ203×12，钢管内外灌注高强灌浆料。连系梁之外区域，在距离托盘梁上下面 100mm 附近砖缝内植入 ϕ16@480mm 构造箍筋，贯穿墙体，锚入夹墙梁内不小于 500mm。

基础托换梁体系施工时预留压桩孔，并预埋锚栓及精轧螺纹钢筋。压桩孔尺寸为 350mm×350mm 的正方形，每个压桩孔周围埋设 6 根锚杆，锚杆规格为 M30，

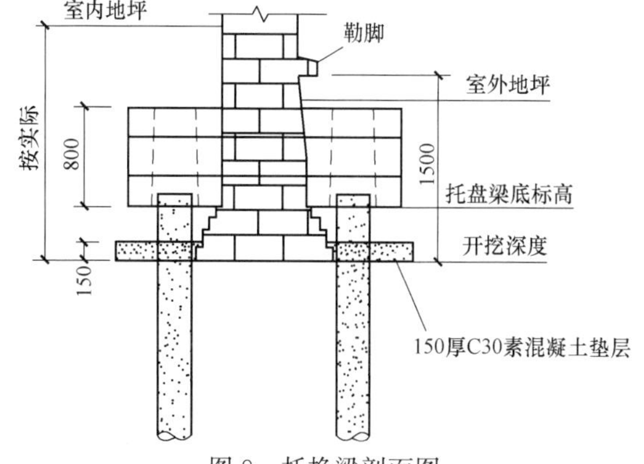

图 8 托换梁剖面图

Fig. 8 Section of underpinning beam

锚杆插入夹墙梁内深度不小于 $15d$。

4.2 锚杆静压桩主动托换技术

采用锚杆静压桩对建筑物进行主动托换，采用的钢管桩直径为 299mm，有效桩长为 30m，以⑤$_{3\text{-}1}$ 层粉质黏土夹黏质粉土层为持力层，单桩承载力特征值为 430kN。

钢管桩土塞高度约 3～5m，桩内灌注 C30 微膨胀细石混凝土，顶部 5m 范围内填充高强灌浆料，以提高桩的承载力、刚度、防水性能和耐久性。

考虑新增钢管桩完全承担建筑物的上部结构荷载，因此桩基的承载力与建筑物荷载及新增托换梁体系荷载完全匹配。在布桩原则上，按荷载最不利组合进行布桩。桩基布置于夹墙梁上，通过托换梁体系支承上部结构荷载，从荷载传递的角度，新增桩基离墙体越近越好，但在桩位布置中还要考虑钢管桩锚杆静压的施工空间。因此，本工程新增钢管桩的间距皆大于 3 倍桩径，桩与基础梁的净距不小于 200mm。

在锚杆静压托换桩成对施工完成之后，利用其作为反力基础，通过变形补偿系统对与历史建筑形成整体连接的托盘梁施加荷载，分级分步将历史建筑荷载转移至托换桩上，从而实现对历史建筑沉降与倾斜的主动调平。

4.3 上部结构整体性加固

为了进一步增强历史建筑上部结构的整体性，对上部结构进行整体性加固。整体性加固为临时加固、可逆加固，以最大限度减少对重点保护部位的影响。

首先采用“内撑外拉”的思路，每层沿外墙内外一圈设置两道钢系梁，结合现场竖向接近三等分布置，外墙角部设置贯通钢柱，四角钢柱之间设置剪刀撑，外墙门窗洞处设置对拉螺栓拉结，纵横向对应钢系梁标高设置预应力拉索。一层外墙门窗洞口等薄弱处采用 200mm 厚砌体墙进行临时封堵，二层门窗洞口采用钢支撑加固（图 9）。

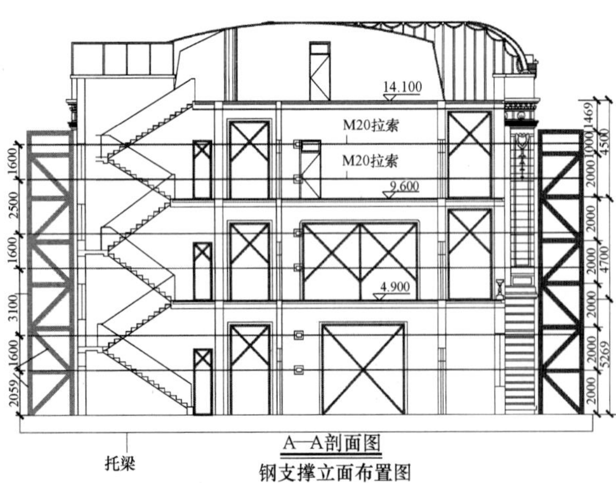

图 9　历史建筑地上结构整体加固剖面图

Fig. 9　Overall reinforcement section of aboveground structure of historic building

5　施工监测与实施效果

对历史建筑托换加固、基坑开挖的全过程进行自动化实时监测，监控的内容包括基坑围护、历史建筑结构、下部托换体系、临时结构及设备的变形和受力监控等。根据实时监测，历史建筑在多重保护下，邻近两侧的基坑开挖以及建筑本身的加固所导致的建筑物附加沉降一直控制在 20mm 以内（图 10），确保了历史建筑的安全。

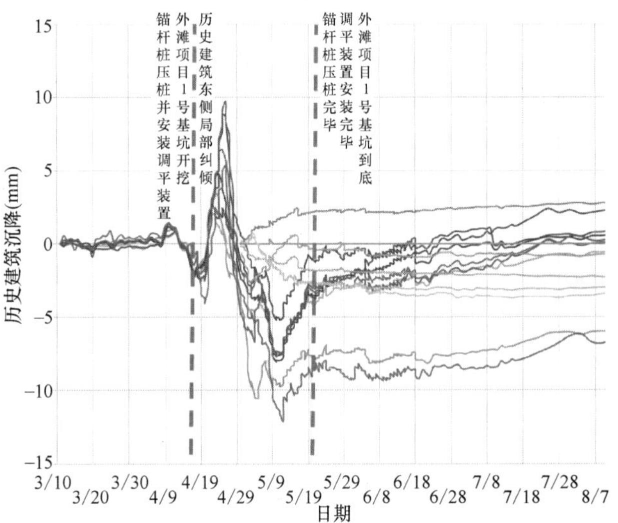

图 10　历史建筑沉降监测数据

Fig. 10　Settlement monitoring data of historic building

6　结语

本工程以紧邻深基坑的优秀历史建筑为背景，从基坑角度采用一系列微扰动被动保护技术（包括隔离桩技术、分坑实施技术、钢支撑轴力自动补偿系统等），从建筑物自身的角度采用了一系列建筑主动托换保护技术（包含上部结构整体加固技术、锚杆静压桩基础托换技术、主动调平技术、实时监测技术等），实现了对优秀历史建筑的全方位高标准保护，同时也保证了基坑工程的顺利推进。根据工程实践总结出以下关键设计和施工经验供参考：

（1）由于历史建筑的保护和加固是实践性很强的跨专业工程，设计与施工需加强配合，跟踪了解施工全过程，以便进行动态设计，及时发现问题并解决问题。

（2）压桩之前应先进行压桩试验，并开展相关压桩机理和实际承载力研究，压桩时不宜集中压桩。压桩过程中会产生拖带沉降，如基坑同时开挖，必定会产生叠加影响。建议在基坑开挖前要先完成历史建筑基础托换，并及时安装调平装置。

（3）施工全过程存在多次力的转换，实施过程中需进行全过程受力和变形的监测。监测仪器应避开墙脚等施工活动最密集处，否则容易被踩踏和破坏，进而影响数据可靠性和连续性。建议监测单位提前介入，在充分理解设计思路和施工流程的基础上，及早布设监测点，做好对监测设备的保护，并考虑可能断电的备用措施。

参考文献：

[1] 徐中华，王卫东，王建华. 逆作法深基坑对周边保护建筑影响的实测分析[J]. 土木工程学报，2009，42(10)：88-96.

[2] 刘征. 临近历史保护建筑的深基坑设计与施工[J]. 地下空间与工程学报，2009，5(S2)：1653-1659.

[3] 翟杰群，贾坚，谢小林. 隔离桩在深基坑开挖保护相邻建筑中的应用[J]. 地下空间与工程学报，2010，6(1)：162-166.

[4] 梁志荣，陈颍，黄开勇. 紧邻历史保护建筑深基坑设计实践及监测分析[J]. 岩土工程学报，2014，36(S2)：483-488.

[5] 吴锴. 紧邻历史保护建筑的深基坑施工[J]. 上海建设科技，2010(5)：36-38.

[6] 刘冬. 锚杆静压桩在某邻近深基坑历史保护建筑基础加固中的应用[J]. 建筑结构，2017，47(S1)：1078-1081.

[7] 北京交通大学. 建筑物移位纠倾增层与改造技术标准：T/CECS 225—2020[S]. 北京：中国计划出版社，2020.

斜抛撑在紧邻既有建筑物基坑支护工程中的应用

吕彦菲
（北京市勘察设计研究院有限公司，北京 100038）

摘　要：随着城市建设的不断发展，基坑工程紧邻既有建筑和地下管线的情况越来越多。在支护形式受限的情况下，斜抛撑作为一种布置灵活的内支撑体系，在需要局部加强支护的基坑中使用时优势明显。以北京市海淀区西北部的某实际工程为依托，采用常规计算与数值模拟方法相结合的方式，对斜抛撑在基坑局部加固时的应用进行了分析研究，在保证基坑与既有建筑物安全的同时，可以为类似工程提供借鉴。
关键词：斜抛撑；既有建筑；数值模拟

Application of oblique bracing in deep foundation pit immediately adjacent to existing buildings

LV Yan-fei
（BGI Engineering Consultants Co.，Ltd.，Beijing 100038）

Abstract: With the continuous development of urban construction，more and more foundation pit is adjacent to the existing buildings and pipeline. With flexible arrangement，the advantages of Oblique Bracing are obvious in Deep Foundation Pit need Local reinforcement，where the form of support is limited. Relying on a project located in the northwest of HaiDian，the author Studied the application of Oblique Bracing in local reinforcement with the method of normal and numerical simulation，these ensure the safety of foundation pits and existing buildings.，and prodive a reference for similar projects.
Key words: oblique bracing；existing buildings；numerical simulation

1　引言

在城市基坑工程中，位于基坑周围的建筑物或地下管线，特别是年代相对久远的，抵抗不均匀变形的能力一般较差。目前的基坑围护结构设计中通常仅以保证基坑稳定性为目的，设计时较少考虑其对邻近建筑等的影响。但实际工程中经常发生由于地下工程施工引起地层变形从而损坏地面邻近已有建筑或地下管线的现象，因此基坑的支护结构不仅要满足强度的要求，还应满足土体变形的要求，在周围环境要求较高的工程更应以防止土体变形为设计的主要控制指标[1]。另外，传统的桩+锚索技术工艺在施工空间上受到限制，而斜抛撑结构布置灵活，可局部应用于基坑支护体系[2]。

本文以北京市海淀区某紧邻既有建筑的基坑工程为依托，采用常规计算与数值模拟方法相结合的方案，对斜抛撑在基坑局部加固时的应用进行了分析。

2　工程概况

2.1　工程概述

本工程位于北京市海淀区上庄镇。基坑长约 240m，宽约 65m，占地面积约 1.56 万 m^2。结构±0.000＝45.00m，自然地面绝对标高按照 44.0m 考虑，基坑支护深度 5.73～19.48m。

2.2　项目周边环境条件

本工程周边环境条件较复杂：基坑东侧、西侧和南侧无既有结构和管线，北侧紧邻一期既有结构，距离本项目结构外墙最小仅 3.2m。

根据设计条件，一期既有支护桩外皮距离一期和二期的筏板边分别为 0.9m 和 0.3m，一期既有支护桩桩径 800mm，桩间距 1.5m（一期既有结构、支护桩与二期结构的相对位置关系如图 1 所示）。由于场地狭小，重新施

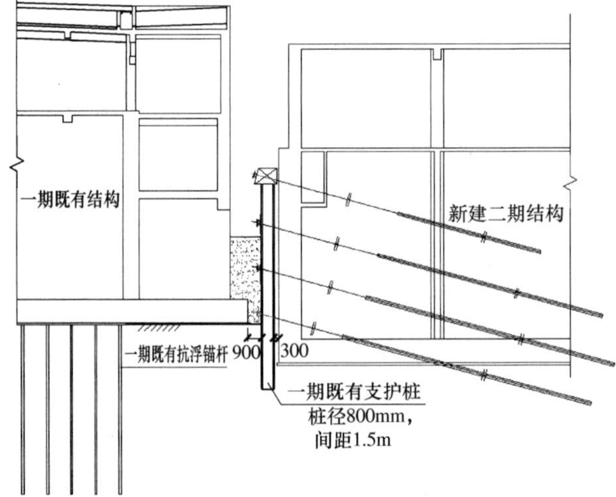

图 1　一期既有结构、支护桩与二期结构的相对位置关系
Fig. 1　Relative relationship between the existing building，pile and the building of the phase Ⅱ

工护坡桩的条件受限，设计时应尽量利用既有支护桩。

2.3 工程地质条件

根据勘察报告，场地内 50.0m 范围内的地层划分为人工填土层、新近沉积层和一般第四系沉积层 3 大类，各地层大致划分为 7 个大层及若干亚层。场区主要地基土岩性从上至下依次描述如下：

（1）人工填土层：①素填土、$①_1$ 杂填土。

（2）新近沉积层：②黏质粉土/砂质粉土、$②_1$ 粉质黏土。

（3）一般第四系沉积层：③粉质黏土、$③_1$ 黏质粉土/砂质粉土、$③_2$ 重粉质黏土/黏土；④粉质黏土、$④_1$ 黏质粉土/砂质粉土、$④_2$ 重粉质黏土/黏土、$④_3$ 粉砂/细砂；⑤粉质黏土、$⑤_1$ 黏质粉土/砂质粉土、$⑤_2$ 重粉质黏土/黏土；⑥粉质黏土、$⑥_1$ 黏质粉土/砂质粉土、$⑥_2$ 重粉质黏土/黏土、$⑥_3$ 粉砂/细砂；⑦粉质黏土、$⑦_1$ 黏质粉土/砂质粉土、$⑦_2$ 重粉质黏土/黏土、$⑦_3$ 粉砂/细砂。

场区概化地层剖面如图 2 所示，各层土的基本物理力学参数见表 1。

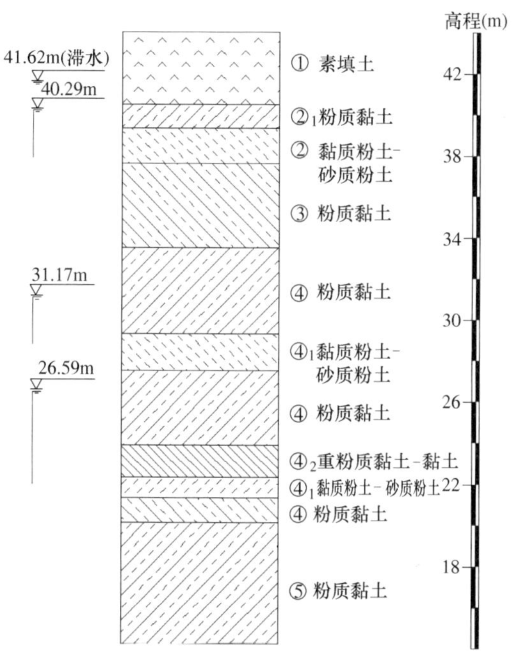

图 2 概化地层剖面图（注：图中高程为绝对高程）

Fig. 2 Generalized stratigraphic profiles (notes: Elevation in Figure is absolute elevation)

土层物理力学参数　　表 1

Physical and mechanical parameters of soil　　Table 1

序号	土层名称	重度 (kN/m³)	压缩模量 (MPa)	c (kPa)	φ (°)
1	①素填土	18.5		10	15
2	②黏粉—砂质粉土	21.0	9	16	23
3	$②_1$ 粉质黏土	20.0	5.5	22	12
4	③粉黏	20.0	6	23	13
5	$③_1$ 黏粉-砂质粉土	20.5	12	16	25
6	④粉黏	20.0	9	25	14
7	$④_1$ 黏粉-砂质粉土	20.3	15	16	26
8	$④_2$ 重粉粘-黏土	19.5	6.5	24	15
9	⑤粉质黏土	20.5	12.5	25	17
10	$⑤_1$ 黏质粉土-砂质粉土	21	19	15	25

2.4 水文地质条件

勘察期间（2020 年 4 月），场地钻孔 50m 深度范围内共观测到 4 层地下水，地下水类型为上层滞水、潜水和承压水，各层地下水情况详见表 2。

地下水位情况一览表　　表 2

List of groundwater conditions　　Table 2

序号	地下水类型	地下水稳定水位（承压水测压水头）	含水层
1	上层滞水	40.15～41.62	—
2	承压水	38.90～40.29	$③_1$ 黏质粉土/砂质粉土
3	层间水（具微承压性）	29.80～31.17	$④_1$ 黏质粉土/砂质粉土
4	承压水	25.45～26.59	$④_1$ 黏质粉土/砂质粉土、$⑤_1$ 黏质粉土/砂质粉土

3 基坑支护设计方案

3.1 基坑支护方案概述

（1）基坑支护方案

基坑北侧、与既有一期结构交界位置，利用既有支护桩作为支护体系，并根据两侧结构高低差的不同分别采用锚杆和竖向斜抛撑作为拉锚体系；其余三侧采用悬臂桩、桩锚和分级放坡挂网喷射混凝土支护体系；基坑内部高低差部位，采用土钉墙、悬臂桩和桩锚支护体系。

（2）地下水控制方案

勘察报告显示基坑开挖范围内涉及 4 层地下水，采用止水帷幕＋疏干井＋应急井的方式进行地下水控制，止水帷幕采用直径 800mm/850mm/1100mm 的高压旋喷桩，桩间距 450mm/500mm/1400mm。为了保证一期既有建筑物的安全，在一期结构外侧布置应急井，与拟建建筑物基坑形成封闭的地下水控制体系。

3.2 一、二期交界位置基坑支护方案

（1）一、二期交界位置支护方案选型分析

基坑北侧与一期基坑交界位置基坑开挖过程中，可能会对一期既有结构产生较大影响，主要体现在两方面：一是由于一期结构存在多条变形缝、整体刚度较差，结构正常使用期间变形缝位置已出现过漏水并进行了修补，可见变形缝位置抵抗不均匀变形的能力差，结构变形缝两侧的不均匀变形可能会引起一期结构再次漏水，进而影响一期结构的正常使用；二是由于地下水位高、结构本身及其覆土重量小（一期为地下三层/二层结构，无地上结构），不平衡卸载可能会导致一期结构产生整体滑移。

由于一、二期交界位置结构之间距离小，两者中间既有支护桩桩长较短，且大部分位置不具备重新施工护坡桩的条件，二期支护结构及一期结构存在较大安全隐患，而采用外拉锚杆可能会对一期既有抗浮锚杆产生较大影

响。综合考虑以上因素，考虑在一、二期之间的围护桩上设置竖向斜抛撑为较稳妥的方案。对于护坡桩嵌固深度较小的3b-3b支护段，则考虑同时增加一道锚杆；4a-4a、7-7和8-8支护段可重新施工护坡桩，且除4a-4a支护段外，基坑外侧无既有抗浮锚杆，可考虑常规的桩锚支护方案。

（2）一、二期交界位置支护方案

根据一、二期结构之间高低差及其相对位置关系，交界位置共划分为6个支护段，各支护段基本情况如表3所示，基坑支护平面及典型剖面如图3、图4所示。

一、二期交界位置基坑设计情况一览表 表3

List of foundation pit designs at the junction of Phase Ⅰ and Ⅱ Table 3

支护段	剖面长度(m)	二期基底标高(m)	一期基底标高(m)	一期与二期高低差(m)	支护方式
2a-2a	32.7	37.22/38.27	24.9	−12.32/−13.37	不支护
3a-3a	58.5	30.22	27.15	−3.07	既有桩＋竖向斜抛撑
3b-3b	79.6	24.52	27.15	2.63	既有桩＋竖向斜抛撑＋锚杆
4a-4a	27.5	24.52	33.10	8.58	新桩＋3道锚杆
7-7	12.5	24.52	40.65	16.13	新桩＋5道锚杆
8-8	28.5	32.17/31.92	40.65	8.48/8.73	新桩＋2道锚杆

注：表中“一期与二期高低差”=“一期基底标高”−“二期基底标高”。

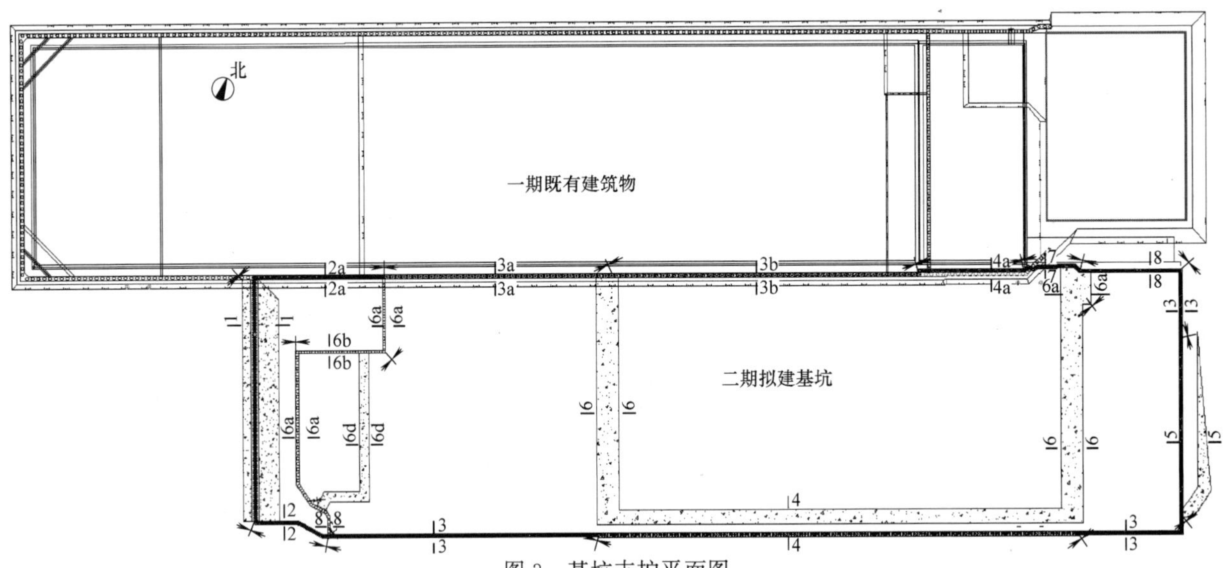

图3 基坑支护平面图

Fig. 3 Plan of the deep pit

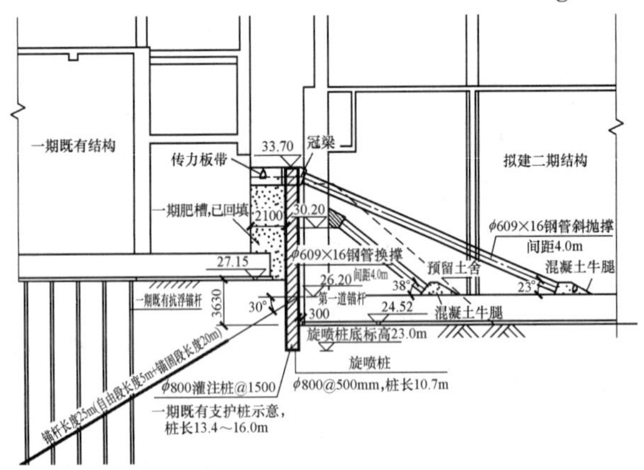

图4 3b-3b支护段剖面图

Fig. 4 Section 3b-3b

4 一、二期交界位置一期结构变形及稳定性分析

4.1 分析方法

经查阅相关规范，一期既有结构对水平位移要求限值为10mm。为研究二期基坑开挖过程中能否保证一期结构的正常使用，针对各个剖面情况建立概化模型，采用同济启明星、有限元软件及规范法相结合的方式，对一、二期交界位置各支护段分别进行了基坑开挖对一期结构影响分析。

目前常规的基坑设计软件是将邻近建筑物作为竖向荷载作用在基坑支护结构上，验算支护结构变形和整体稳定性。对于结构的整体滑移问题可采用规范法进行计算。经初步分析，2a-2a、7-7和8-8支护段受力状态明确，采用常规的设计方法即可判断基坑本身安全，进而推断基坑开挖对一期结构的影响，不再赘述。从目前设计条件看，安全风险较大的3a-3a、3b-3b和4a-4a支护段需采用有限元软件进行分析。本文仅以3b-3b支护段为例对一期结构抗滑移稳定性和变形进行分析。

4.2 一期既有结构抗滑移稳定性验算[3]

采用规范法计算水土压力，并验算一期结构整体稳定性。

（1）基本设计条件（表4）

（2）滑移力及抗滑移力计算过程

相对于一期结构，滑移力来自经一期结构北侧支护桩传递到一期结构上的水土压力，抗滑移力包括一期结构与基底之间的摩擦力和一期南侧支护桩的抗力两部分。滑移力和抗滑移力的计算过程分别如表5和表6所示。

基本设计条件　　表4

Basic design parameters　　Table 4

一期结构自重(kPa)	一期基底标高(m)	一期结构垂直于基坑方向的宽度(m)	地下水位标高(m)	基底摩擦系数
160	27.15	57.2	41.62	0.3

一期结构滑移力计算　　表5

Calculation of slip force　　Table 5

一期结构北侧土压力(kN/m)	一期结构北侧支护桩抗剪力(kN/m)	滑移力(kN/m)
1425	177	1248

注：表中土压力采用朗肯土压力计算。

一期结构抗滑移力计算　　表6

Calculation of anti-slip force　　Table 6

一期结构单位宽度自重(kN/m)	一期结构基底浮力(kN/m)	一期结构与地基间的摩擦力(kN/m)	一期南侧支护抗力(kN/m)	抗滑移力(kN/m)
9152	4138.42	1504.07	450	1921.47

(3) 抗滑移稳定性验算结果

综上所述，一期结构抗滑移系数=抗滑移力/滑移力=1.5，大于1.3，满足抗滑移要求。

4.3 一期既有结构变形计算

(1) 有限元模型建立

计算模型采用四边形单元模拟土体，梁单元模拟一期既有结构、护坡桩、传力板带及斜抛撑，植入式桁架单元模拟锚杆。一期支护结构下设置抗浮锚杆，但由于其刚度较小，本次模拟时未考虑。模型取二期基坑一半进行计算，通过模拟基坑开挖步骤分析土体应力应变及结构位移情况，数值分析模型如图5所示。本次计算共分7个施工步进行，土方开挖每步约3m，有限元计算分析工况如表7所示。

有限元计算分析工况　　表7

Calculation and analysis phase　　Table 7

施工阶段	内容
施工工况1	初始应力场
施工工况2	开挖第一步土方
施工工况3	开挖第二步土方
施工工况4	开挖第三步土方
施工工况5	开挖第四步土方，并设置斜抛撑
施工工况6	开挖第五步土方
施工工况7	开挖至基底，并设置锚杆

(2) 参数设定

① 支护结构参数

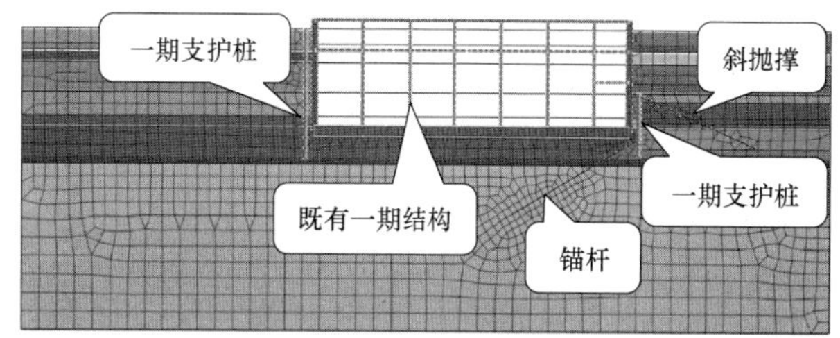

图5　数值计算分析模型

Fig. 5　Numerical calculation analysis model

支护结构本构关系采用弹性模型，设计参数如表8所示。

支护结构参数　　表8

supporting structure parameters　Table 8

支护名称	重度(kN/m^3)	弹性模量(MPa)	泊松比
支护桩	25	25000	0.2
斜抛撑	78.5	206000	0.2
锚杆	78.5	206000	0.3

② 岩土参数

土体本构关系采用修正摩尔库仑模型，各层土参数详见表1。

(3) 有限元计算结果

通过有限元软件计算可得出，一期既有结构向基坑方向的最大水平变形为9.5mm，小于10mm，可满足结构使用要求，最不利工况的计算结果如图6所示。

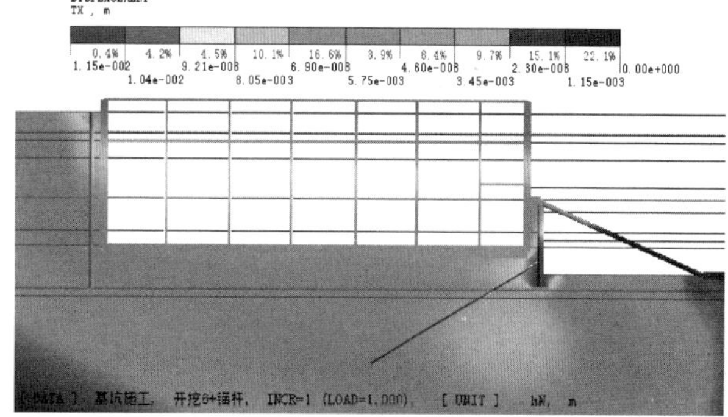

图6　工况7水平位移云图

Fig. 6　Horizontal displacement of phase 7

5　一、二期交界位置结构安全的保证措施

由于该项目北侧既有一期结构为正在运营的污水处理厂，结构一旦发生变形渗漏，就有可能会影响一期的正常运营，对周边居民的生活产生重大影响。为了保证该项目基坑及一期结构安全，针对性地提出了如下措施：

(1) 一期和二期周边同时设置应急井，形成封闭的地下水控制体系，若一期结构变形监测数据出现异常情况，立即启用应急井，降低地下水位，以减小一期北侧水土压力和一期基底浮力，有效解决一期既有结构抗滑移问题，控制一期既有结构向基坑方向的最大水平变形，满足其使用要求。

(2) 合理安排施工工序，保证结构安全，加快施工进度：

① 土方开挖至标高 36m，拆除上部既有支护结构，施工旋喷桩和部分工程桩。工程桩实施后预留土台位置如有空孔，对土台坡面以下的空孔采用级配碎石回填后注浆处理；

② 在标高 36m 处分段挖沟槽，探明一期结构肥槽土层密实度后现场确定分段开挖长度，同时，分段进行冠梁及支撑板的施工；

③ 由一侧向另一侧分段开挖保留土台，台顶标高 33.7m，对应施工这段范围内土台以外底板和牛腿；

④ 分段加斜抛撑，并挖除相应位置的土体；

⑤ 完成剩余结构及换撑的施工。

（3）位于一期建筑物下的锚杆施工时建议钻进前采用洛阳铲等方式进行探查，以对原抗浮锚杆进行避让及保护；钻进过程中采用双套管钻机钻进，以最大程度减小对地基土的扰动。

（4）基坑监测是基坑工程施工中的一个重要环节，开挖过程中应有完善的监测方案对一期既有结构及周边环境进行变形监测，做到信息化施工。在斜抛撑施工之前，适当增加基坑监测点位及频次，以及时掌握基坑及邻近建筑物的变形情况[4]。

6 结论与建议

本文分析了斜抛撑在紧邻既有建筑物的基坑支护工程中的应用，计算结果表明增加斜抛撑可有效抵挡基坑外侧水土压力、控制结构变形，主要结论如下，可供类似项目参考。

（1）对于大面积基坑工程，在邻近既有地下室地段，锚索施工空间受到限制时，斜抛撑结构布置灵活，可应用于基坑局部支护体系加强。相对于整体内支撑结构而言，该支撑体系简单、土方开挖方便、工期较短、造价低，具有良好的经济效益。

（2）目前市面上常规基坑设计软件是将基坑外侧建筑物作为竖向荷载作用在基坑支护结构上，通过基坑的变形和稳定来间接反映外侧结构的稳定。对于一般建（构）筑物，这种设计方式可保证基坑及邻近建筑物的安全，但对于变形敏感的建筑物，直接分析其变形情况是非常必要的，一般可采用有限元方法分析其变形和稳定性。

（3）对于紧邻基坑的建筑物，若结构重量较小、基底水浮力较大，则结构可能存在整体抗滑移问题；若同时结构整体刚度较小、抵抗不均匀变形的能力较差，工程会存在较大风险。因此，在分析基坑周边紧邻建筑物问题时，应结合外侧建筑物的整体刚度及其受力情况综合考虑，保证基坑及外侧紧邻既有建筑物的安全。

参考文献：

[1] 潘久荣. 地铁车站施工基坑开挖对邻近建筑物的影响研究[D]南昌：华东交通大学，2012.

[2] 曹笑颦. 排桩加斜抛撑支护体系在深基坑中的应用[J]. 土木工程与管理学报，2013，30(1)：39-44.

[3] 中华人民共和国住房和城乡建设部. 建筑基坑支护技术规程：JGJ 120—2012［S］. 北京：中国建筑工业出版社，2012.

[4] 中华人民共和国住房和城乡建设部. 建筑基坑工程监测技术标准：GB 50497—2019［S］. 北京：中国计划出版社，2019.

双排高低桩＋拉锚支护在深基坑中的应用研究

张新涛，闫凤磊，王　鑫，马庆迅
（北京市勘察设计研究院有限公司，北京 100038）

摘　要：以城市绿心三大公共建筑及共享配套设施工程小圣庙遗址基坑工程为依托，利用 PLAXIS 数值分析软件建立双排高低桩＋拉锚支护计算分析模型，并结合现场实测数据，对双排高低桩＋拉锚支护体系的受力变形规律进行了系统研究。研究表明，当前后排桩间的平台宽度小于低桩的支护深度时，在平台标高位置处设置拉梁，前后排桩桩身受力和桩顶位移得到明显改善；当平台宽度≥低桩支护深度时，拉梁的设置与否，对支护结构的受力变形影响不大。

关键词：深基坑；高低桩支护结构；数值模拟分析；拉梁

作者简介：张新涛，男，1986 年生，注册土木（岩土）工程师，二级注册结构工程师。主要从事基坑支护、地基处理、工程咨询等方面的研究。

Double row height of pile ＋ for the application of anchor support in deep foundation pit

ZHANG Xin-tao，YAN Feng-lei，WANG Xin，MA Qing-xun
（BGI Engineering Consultants Co.，Ltd.，Beijing 100038）

Abstract：Relying on the urban green heart of three public construction and sharing facilities of the Confucian temple site of foundation pit engineering，the double row high and low supporting piles ＋anchor analysis model was established based on numerical analysis software PLAXIS，and combined with statistical analysis of field measured data，studied the stress and deformation law of double row high and low supporting piles ＋anchor systematically. The results show that when the width of the platform between the front and back piles is smaller than the support depth of the low pile，the stress of the front and back piles and the displacement of the pile top are obviously improved by setting the tension beam at the elevation of the platform. When the width of platform is greater than or equal to the depth of low pile support，has little influence on the deformation of support structure whether the tension beam is set or not .

Key words：deep foundation pit ；high and low pile retaining structure ；numerical simulation analysis；pull beam

1　引言

随着中国城市化建设进程的不断加速，城市中涌现大量的高层和超高层建筑，复杂的周边环境，严格的变形要求，也给所对应的基坑工程带来极大的挑战，致使基坑工程面临的问题呈现出复杂性和多样性。双排桩是由前排桩、连梁、后排桩组成的一个整体的门式框架结构，相较于单排桩，其具有更大的刚度、可支护深度更深，更好的控制变形，无需设置内支撑、不受建筑红线的限制[1]等优点。

目前，国内学者已经对双排桩支护结构进行了大量的研究，蔡袁强等[2]研究分析了双排桩排距的变化对双排桩支护结构的影响，得出了双排桩排距为 4 倍桩径时，其支护效果最佳的结论；杨德建等[3]对桩顶连梁铰接情况下的双排桩与单排桩有限元进行对比分析，结果显示，连梁能够较好地促进前后排桩及其桩间土协同作用，提升支护结构整体刚度；李立军等[4]依托工程案例，通过有限差分法分析了双排桩支护结构受力和变形规律；李松等[5]以具体工程为背景，建立数值分析模型，对双排桩与单排桩多级支护结构进行系统的研究，分析了基坑开挖时支护结构的受力变形特性；欧孝夺等[6]研究了设计基坑支护中设计参数对双排桩支护结构的影响，得出了双排桩支护中，排距为 4～6 倍桩径时，支护效果达到最佳；在一定范围内增加桩径和冠梁高度能提升支护效果，但是当桩径和冠梁高度超过 1m 时，继续增大其尺寸支护效果提升不明显。史海莹等[7]采用 ABAQUS 通过有限元分析手段，研究了影响双排桩桩顶位移的因素，经对比分析得出了被动区土体模量对桩顶位移影响最大这一结论。

双排桩支护结构在城市建设深基坑中的应用越来越广泛，相关的研究也越来越多。但是对于高低双排桩＋拉锚支护体系相关的研究尚显不足。本文以某深基坑工程为例，通过有限元软件 PLAXIS 进行数值模拟，并将数值计算结果与现场实测数据对比，分析了双排桩支护结构的受力变形特性，研究了高低桩间设置连梁对基坑结构受力特性的影响。

2　工程概况

2.1　工程地质条件

拟建场区位于北京市通州区小圣庙村，项目北侧为北运河，西侧为东六环，东南侧为东方化工厂旧址，西北侧为原北京造纸七厂旧址。本项目包括剧院、图书馆、博物馆东馆及共享设施（含地铁车站及地铁线路区间、小圣庙及运河古道古遗迹、剧院南侧的下穿道路）4个部分，本次涉及小圣庙遗址部分。

本项目勘探深度范围内（最深33.00m）的地层，按岩性及工程特性划分为6个大层及亚层（图1）。现分述如下：

（1）人工堆积层

表层一般为人工堆积①层房渣土、$①_1$层黏质粉土素填土、粉质黏土素填土及$①_2$层细砂素填土；

（2）新近沉积层

人工堆积层以下为新近沉积②层黏质粉土、砂质粉土；

（3）第四纪沉积层

新近沉积层之下为第四纪沉积③层细砂、粉砂及$③_1$层黏质粉土、粉质黏土；④层细砂、中砂；⑤层黏质粉土、粉质黏土及$⑤_1$层重粉质黏土、黏土；⑥层细砂、中砂及$⑥_1$层黏质粉土、砂质粉土。

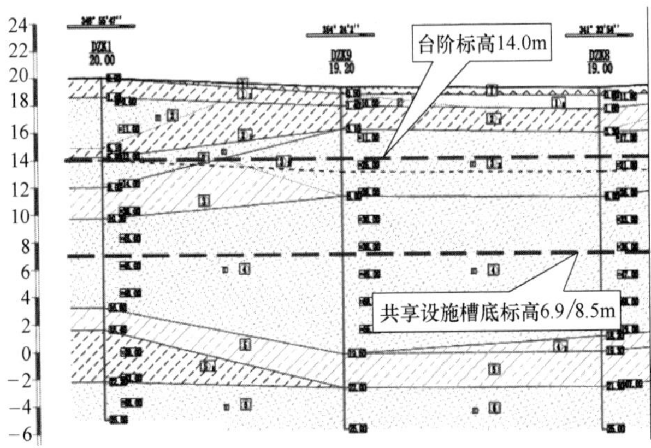

图1 工程场区典型地质剖面图

Fig. 1 Typical geological section of engineering site

城市绿心三大公共建筑及共享配套设施工程基坑开挖范围内涉及2层地下水，各层地下水水位情况及类型参见表1。

地下水情况一览表 表1

List of groundwater conditions Table 1

序号	区域地下水类型	地下水稳定水位标高(m)	赋存地层
1	上层滞水	13.55～15.14	—
2	潜水	13.098～14.921	④层细砂、中砂

注：城市绿心三大公共建筑及共享配套设施工程外围采用止水方案，本项目为止水帷幕范围内其中一部分，故本项目基坑开挖不涉及地下水问题。

2.2 基坑支护方案

基坑支护深度为15.60m，其中，前排桩采用“悬臂桩”支护形式，支护深度6.60m，嵌固长度7.4m，总长14.0m；后排桩采用“桩锚”支护形式，支护深度15.6m，桩间设置3道预应力锚索，一桩一锚。前后排桩径均为0.8m，桩间距均为1.5m，平台宽度3.2～8.4m。支护剖面和拉梁与支护桩连接大样图如图2、图3所示。

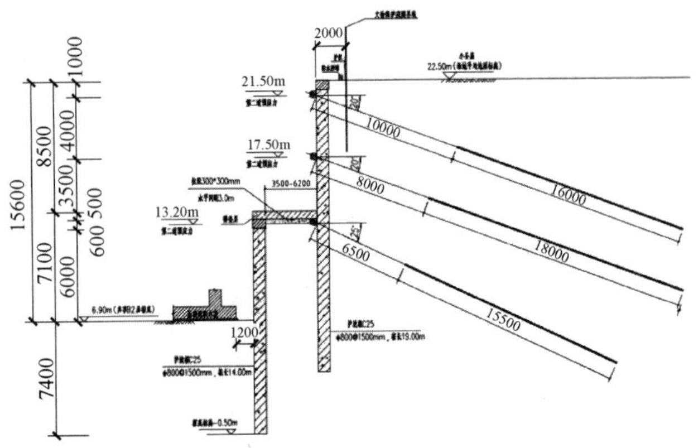

图2 基坑支护剖面示意图

Fig. 2 Typical geological section of engineering site

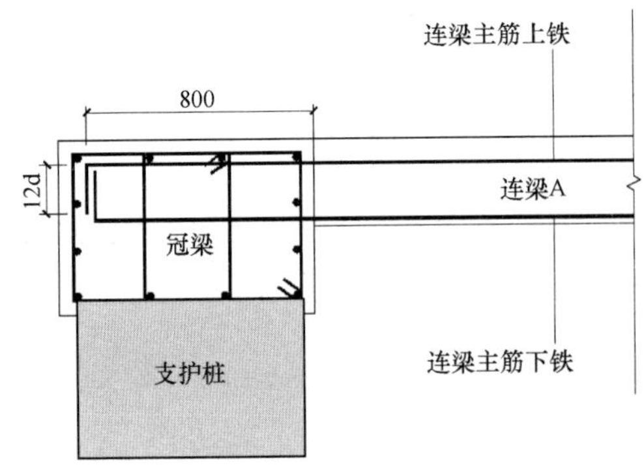

图3 拉梁与支护桩连接大样图

Fig. 3 Large sample drawing of connection between pull beam and retaining pile

3 双排桩＋拉锚支护结构数值模拟

3.1 基本假定

（1）假设前、后排桩与拉梁的连接为铰接。

（2）双排桩间的拉梁仅能产生平移，不会发生拉伸或压缩变形情况。

（3）在设置拉梁部位，前后排桩产生水平位移相等。

（4）假设本项目基坑开挖过程中止水效果良好，不考虑地下水渗流作用对土体的影响。

3.2 模型建立

基坑开挖深度为15.60m，宽度约70m，计算模型模拟范围为150m×60m，依据结构设计院提供小圣庙作用支护桩桩顶上的永久荷载为线荷载，分别为竖向荷载600kN/m，水平荷载100kN/m。剖面模型建立如图4所示。

3.3 参数设定

（1）双排桩参数

双排桩采用板单元模拟。除方案描述参数外，其余参数详见表2。

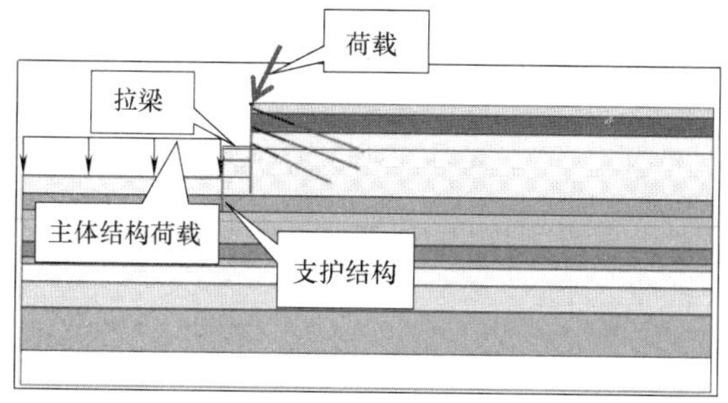

图 4 数值计算分析模型

Fig. 4 Numerical calculation analysis model

双排桩参数 表 2

Double row pile parameters Table 2

重度(kN/m³)	弹性模量(MPa)	泊松比
25	25000	0.2

(2) 拉梁参数(表 3)

拉梁参数 表 3

Pull beam parameters Table 3

重度(kN/m³)	弹性模量(MPa)	泊松比	截面尺寸(m)	拉梁刚度(MN/m²)
25	25000	0.2	0.3×0.3	16.875

(3) 岩土参数

土体本构关系采用小应变硬化模型，依据工程勘察资料，双排桩支护断面各层岩土参数见表 4。

岩土基本参数 表 4

Basic rock and soil parameters Table 4

土体类别	压缩模量 E_s(MPa)	天然重度 γ(kN/m³)	c (kPa)	φ (°)
①层素填土	4.5	17.5	10.0	12.0
②层粉砂、细砂	12.5	19.5	5.0	25.0
③层黏质粉土	6.7	19.8	13.0	28.2
④层细砂、中砂	32.5	20.0	5.0	30.0
⑤层重粉质黏土	9.6	19.6	39.0	13.9
⑥层细砂、中砂	45.0	20.5	5.0	32.0
⑥$_1$层黏质粉土	21.7	21.1	21.0	30.0
⑥层细砂、中砂	45.0	20.5	5.0	32.0
⑦层粉质黏土	13.8	20.6	37.0	17.1
⑧层细砂、中砂	70.0	20.5	5.0	33.0
⑨层重粉质黏土	17.5	20.5	40.0	10.0
⑩层粉质黏土	20.0	20.1	47.0	17.2

4 现场监测成果与数值模拟的对比分析

4.1 数值分析结果

双排高低桩+拉锚支护数值模拟计算的结果如图 5～图 10、表 5～表 7 所示。

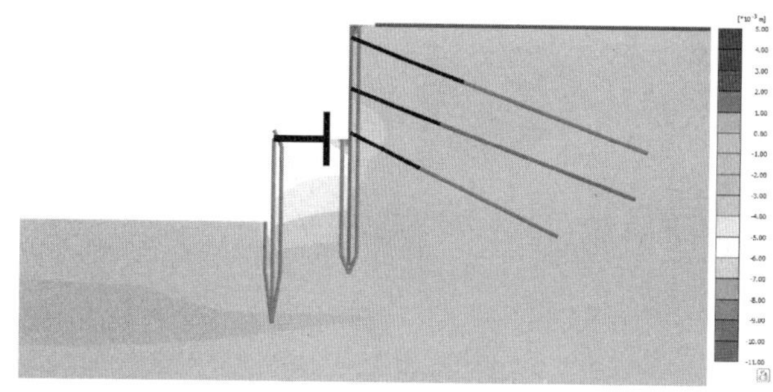

图 5 有拉梁位移云图

Fig. 5 Displacement cloud diagram of girder

图 6 无拉梁位移云图

Fig. 6 Cloud diagram of girder displacement without tension

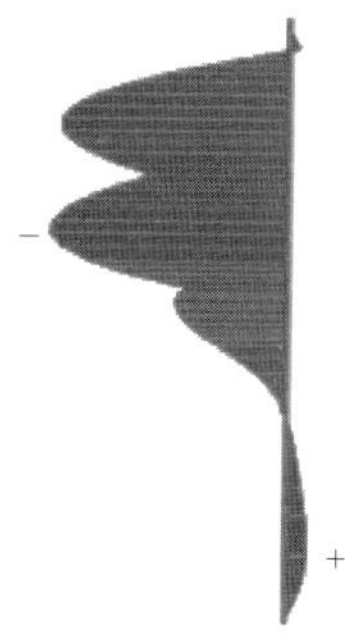

弯矩M(放大0.0500倍)(Time 100.0 day)
最大值=13.67kN m/m(单元42在节点6044)
最小值=−153.9kN m/m(单元31在节点3814)

图 7 有拉梁后排桩弯矩图

Fig. 7 The bending moment diagram of the back pile of the pull beam

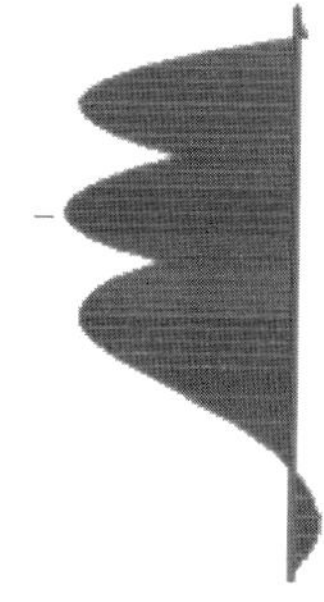

弯矩M(放大0.0500倍)(Time 99.99 day)
最大值=18.01kN m/m(单元42在节点6044)
最小值=−157.3kN m/m(单元31在节点3814)

图 8 无拉梁后排桩弯矩图

Fig. 8 Bending moment diagram of back pile without tension beam

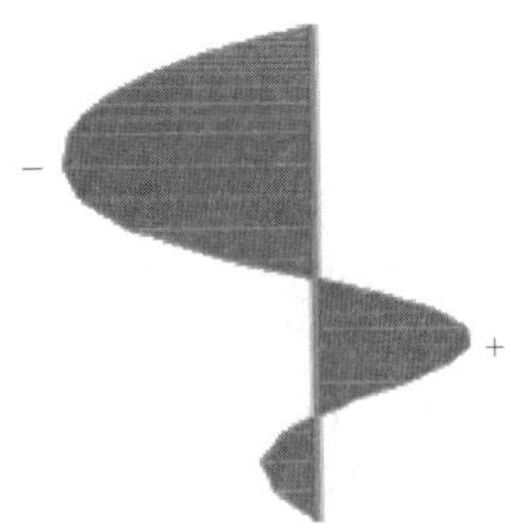

弯矩M(放大0.0500倍)(Time 100.0 day)
最大值=89.14kN·m/m(单元45在节点6013)
最小值=−144.1kN·m/m(单元40在节点5445)

图 9　有拉梁前排桩弯矩图

Fig. 9　Bending moment diagram of front pile of girder

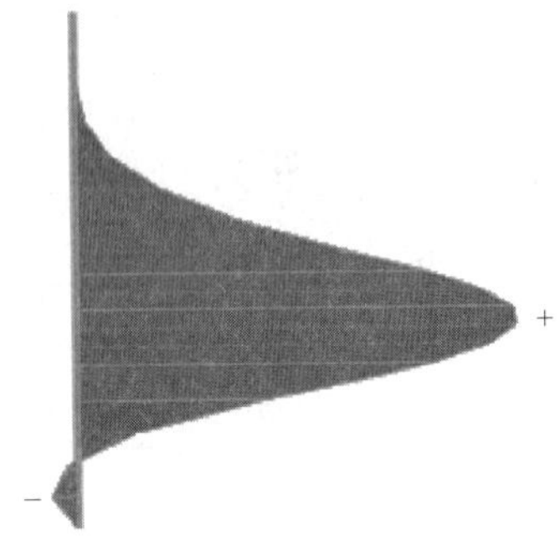

弯矩M(放大0.0500倍)(Time 99.99 day)
最大值=246.2kN·m/m(单元44在节点6012)
最小值=−14.49kN·m/m(单元46在节点6401)

图 10　无拉梁前排桩弯矩

Fig. 10　Bending moment of front pile without tension beam

开挖到底设置拉梁桩身内力及变形　表 5

The internal force and deformation of pull beam pile body are set after excavation　Table 5

平台宽度(m)	前排桩最大弯矩(kN·m/m)	后排桩最大弯矩(kN·m/m)	前排桩最大剪力(kN/m)	后排桩最大剪力(kN/m)	前排桩最大位移(mm)	后排桩最大位移(mm)
3.2	184.8	148.5	120.9	−123.9	16.40	5.94
6.2	128.3	152.6	−95.3	−118.0	6.96	5.24
8.4	135.0	157.0	−94.4	−117.9	5.30	3.90

开挖到底未设置拉梁桩身内力及变形　表 6

The internal force and deformation of the pull beam pile are not set after excavation

Table 6

平台宽度(m)	前排桩最大弯矩(kN·m/m)	后排桩最大弯矩(kN·m/m)	前排桩最大剪力(kN/m)	后排桩最大剪力(kN/m)	前排桩最大位移(mm)	后排桩最大位移(mm)
3.2	−310.0	343.3	−117.0	−152.6	64.0	30.9
6.2	−246.4	153.2	−107.1	−122.1	32.3	11.6
8.4	−233.6	155.0	−99.78	−118.0	25.9	5.6

开挖到底拉梁内力　表 7

The internal force of the pull beam after excavation

Table 7

平台宽度(m)	拉梁最大弯矩(kN·m)	拉梁最大剪力(kN)	拉梁最大轴力(kN)
3.2	285	—	—
6.2	290	—	—
8.4	286	—	—

4.2　桩顶位移监测结果分析

基坑监测工作伴随开挖的整个过程直至前排桩支护深度范围内主体结构施工完成。考虑为避免空间作用效应和土层变化对基坑支护的影响，选取基坑中间部位及靠近已有勘察钻孔部位的监测点。

平台宽度 6.2m，高低桩间设置拉梁时，双排桩支护结构顶水平位移监测结果如图 11、图 12 所示，至监测结束时，后排桩桩顶最大水平位移为 17.8mm，前排桩桩顶最大水平位移为 9.1mm。由于中间连梁的设置，增加前后排桩的整体性，随着主体结构施工、基坑被动区荷载的不断增大，前后排桩桩顶的水平位移均出现明显的下降。表明拉梁发挥了变形协调的作用。

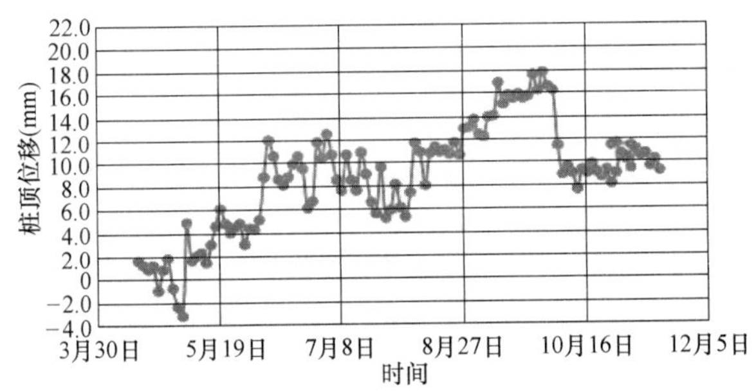

图 11　后排长桩桩顶水平位移

Fig. 11　Horizontal displacement of pile top of rear row pile

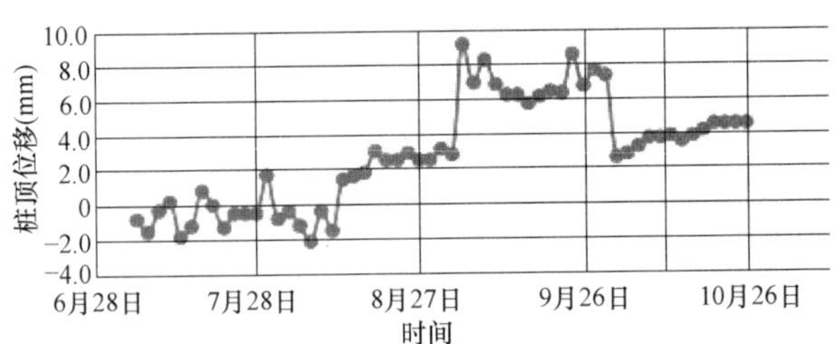

图 12　前排短桩桩顶水平位移

Fig. 12　Horizontal displacement of front short pile top

平台宽度 8.4m（大于高低差），高低桩间未设置拉梁时，双排桩支护结构顶水平位移监测结果如图 13、图 14 所示，至监测结束时，由于桩间锚杆的影响，后排桩桩顶水平位移主要以负值为主（向坑外偏移），最大可达 −6.3mm，前排桩桩顶最大水平位移为 9.7mm，并且由于双排桩间未设置拉梁，随着主体结构施工，基坑被动区的不断加荷，前排桩桩顶水平位移有较为明显的下降趋势；但其对后排桩桩顶水平位移变化微乎其微。表明平台宽度大于前排桩支护深度时，被动区主体施工荷载增大，高低桩桩顶水平位移变化不大。

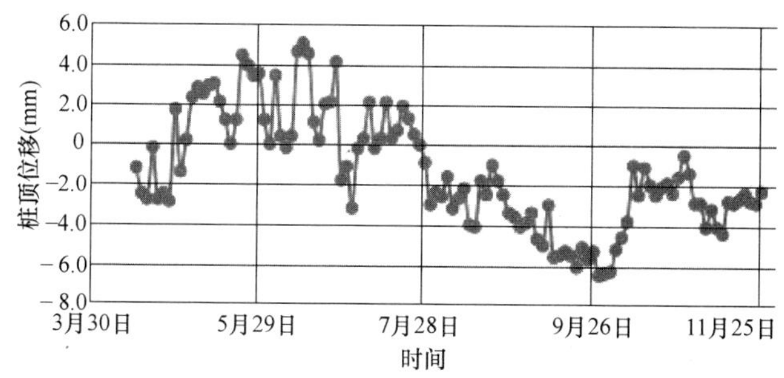

图 13 后排长桩桩顶水平位移

Fig. 13 Horizontal displacement of pile top of rear row pile

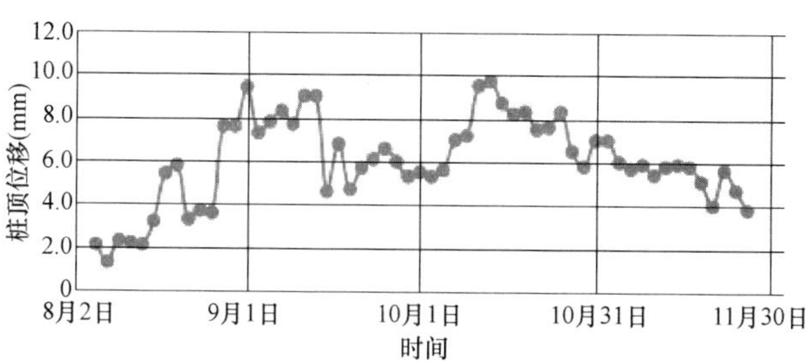

图 14 前排短桩桩顶水平位移

Fig. 14 Horizontal displacement of front short pile top

4.3 桩身受力变形规律分析

为研究双排桩之间的拉梁对双排桩支护效果的影响，平台宽度 6.2m，仅把设置拉梁与否作为变量，分析对比双排桩支护效果，进一步探索双排高低桩受力变形规律，为高低桩支护设计与工程应用提供参考。

前后排桩桩身位移监测与数值模拟结果见图 15。前后排桩桩身位移变化趋势大致相同，说明数值模拟的结果与工程实际情况是相符的。

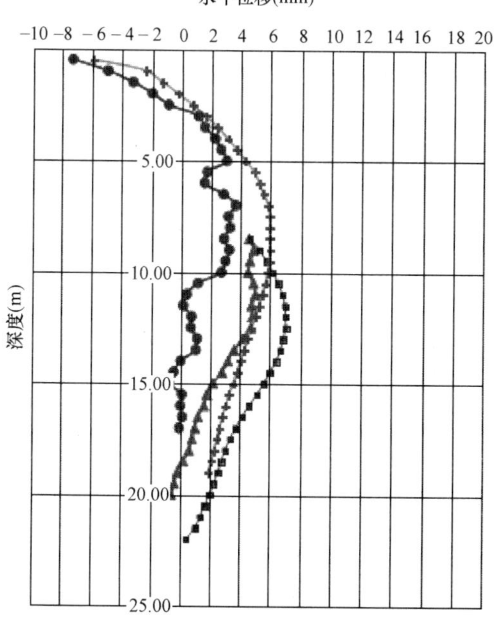

图 15 监测与数值模拟桩身位移曲线

Fig. 15 Monitoring and numerical simulation of pile displacement curve

由图 15 可知，在拉梁连接部位，前后排桩位移几乎相同，这是由于前后排桩通过连梁连接，形成一个整体支护结构，连梁起到协调位移的作用。因为后排桩拉梁以下部位受到桩间土约束作用，而前排桩桩前因基坑开挖形成临空面，受到高低桩间土体与坑底土的作用，桩身位移相较后排桩更大。

对前后排桩间有无拉梁进行桩身位移数值模拟，模拟结果详见图 16。由图 16 可知，拉梁的设置能有效减小前排桩桩顶和后排桩桩身位移，设置拉梁时，前排桩桩顶位移为 8.5mm，相较于不设置拉梁减小了 76%，且其出现最大位移位置明显下移；同时由于拉梁的作用，后排桩拉梁以下部分桩身位移也有明显减小，且在设置拉梁部位减小 35%。

对前后排桩间有无拉梁进行弯矩数值模拟。其结果详见图 17，当设置拉梁时，前排桩的弯矩和后排桩（拉梁位置以下）弯矩均呈现为S形；由于拉梁的整体协调作用，前后排桩的反弯点位置明显上移，且前排桩的反弯点相对于后排桩更低；同时，前后排桩最大弯矩均有大幅度下降，且前排桩的最大弯矩位置由基坑开挖面以下上升至基坑开挖面以上。

综上所述，拉梁将前后排桩连接在一起，形成门式框架超静定结构，使得支护结构整体刚度得到明显提高，抵抗变形能力明显增强，支护结构本身受力特性得到明显改善。

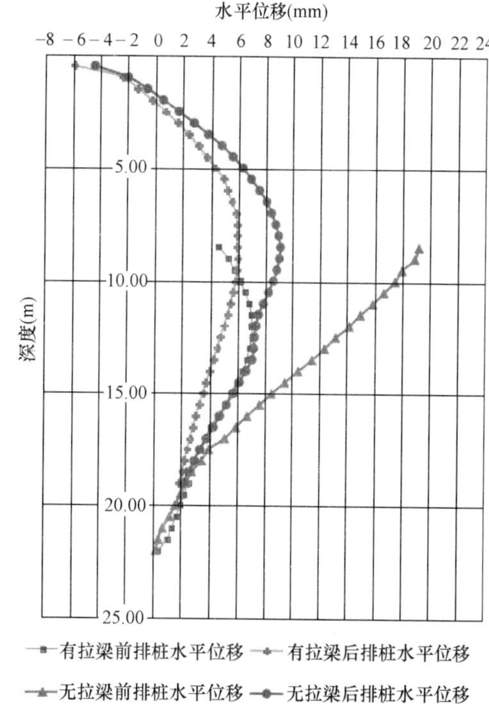

图 16 双排桩桩身位移图

Fig. 16 Displacement diagram of double row piles

4.4 平台宽度对双排桩支护结构的影响

仅将平台宽度作为唯一变量，研究平台宽度的变化对高低桩双排桩+拉锚支护体系的影响。

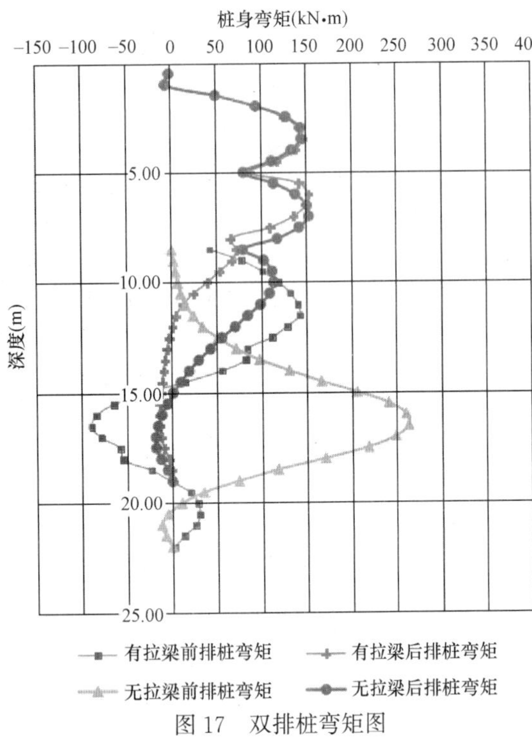

图 17　双排桩弯矩图

Fig. 17　Bending moment diagram of double row pile

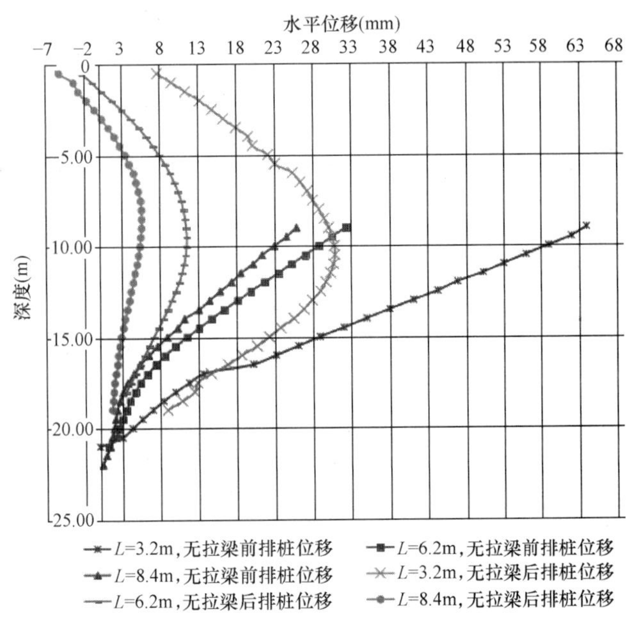

图 19　无拉梁双排桩桩身位移图

Fig. 19　Displacement diagram of double row pile without tension beam

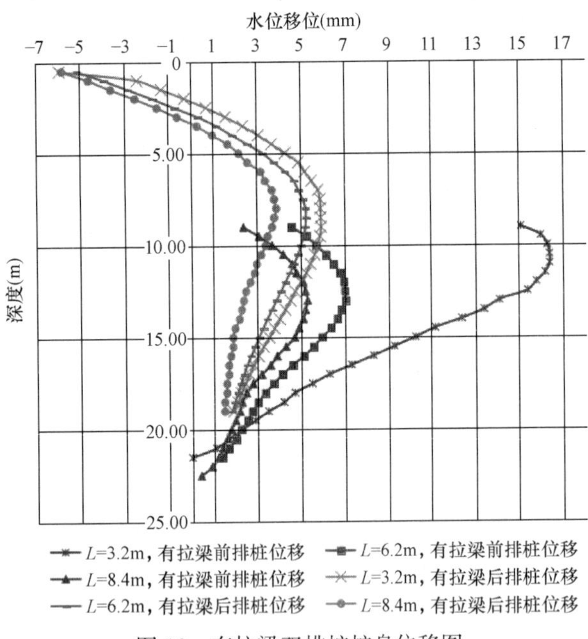

图 18　有拉梁双排桩桩身位移图

Fig. 18 Displacement diagram of double row pile with pull beam

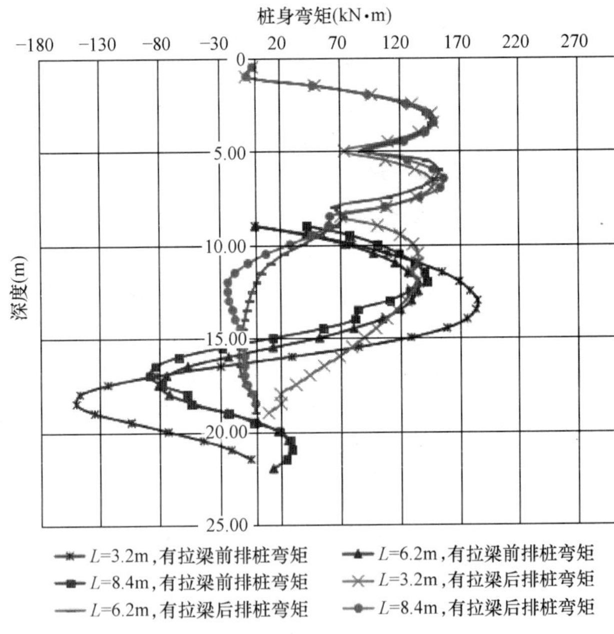

图 20　有拉梁桩身桩弯矩图

Fig. 20　The bending moment diagram of the pull beam pile body

由图 18 和图 19 可知，随着平台宽度不断增大，前后排桩身位移呈现逐渐减小的趋势。当平台宽度在低桩支护深度范围内不断增大时，前后排桩桩身位移减小的幅度较大；当平台宽度在低桩支护深度以外变化时，前后排桩身位移减小的幅度相对较小，即平台宽度的增大在一定程度上影响前后排桩身位移，但当平台宽度大于低桩的支护深度时，其对桩身位移的影响较小。

由图 20 和图 21 可知，随着平台宽度不断增大，前后排桩身弯矩和反弯点位置分别有逐渐减小和上移的趋势。当平台宽度在低桩支护深度范围内不断增大时，前后排桩桩身弯矩和反弯点位置变化幅度较大；当平台宽度超过低桩支护深度时，桩身弯矩和反弯点的位置变化幅度相对较小，即平台宽度的增大在一定程度上改善桩身的受力特性，但是当平台宽度大于低桩支护深度时，其改善效果越来越小。

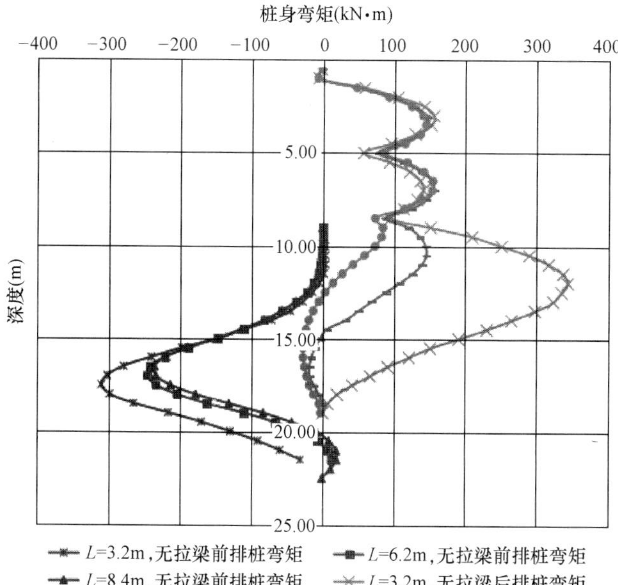

图 21　无拉梁桩身弯矩图

Fig. 21　Bending moment diagram of non-tension beam pile

5　结论

本文以城市绿心三大公共建筑及共享配套设施工程小圣庙遗址基坑工程为依托，通过数值模拟与现场实测数据的对比，分析了双排高低桩+锚拉支护结构的受力与变形规律，得到以下结论。

（1）平台宽度在一定范围内的增大能明显影响前后排桩身位移和受力特性。但是当平台宽度大于前排桩支护深度时，其影响效果越来越小。

（2）当高低桩间的平台宽度小于前排桩支护深度时，拉梁的设置能有效减小前后排桩位移，其中，前排桩桩顶位移减小了 76%，后排桩拉梁部位桩身位移减小了 35%。

（3）当高低桩间的平台宽度小于前排桩支护深度时，拉梁的设置可有效改变双排桩的受力特性：

① 前排桩的弯矩和后排桩（拉梁位置以下）弯矩均呈现为 S 形；

② 前后排桩的反弯点位置明显上移，且前排桩的反弯点相对于后排桩更低；

③ 前排桩的最大弯矩位置由基坑开挖面以下上升至基坑开挖面以上，且前排桩和后排桩拉梁以下部位最大弯矩均有大幅度减小。

综上所述，双排桩通过拉梁连接形成超静定结构，使得支护结构整体刚度得到明显提高，抵抗变形能力明显增强，支护结构本身受力特性得到明显改善。

参考文献：

[1]　朱庆科. 深基坑双排桩支护结构体系若干问题分析和研究[D]. 广州：华南理工大学，2013.

[2]　蔡袁强，赵永倩，吴世明，等. 软土地基深基坑中双排桩式围护结构有限元分析[J]. 浙江大学学报(自然科学版)，1997，31(4)：442.

[3]　杨德健，王铁成，李新华. 双排桩支护结构变形特点与土压力有限元分析[J]. 华中科技大学学报(城市科学版)，2008(3)：10-12.

[4]　李立军，梁仁旺. 排距对双排桩结构体系性状影响的数值分析[J]. 太原理工大学学报，2012，43(2)：216-218+223.

[5]　李松，马郧，郭运，等. 双排桩与单排桩组合多级支护结构在深大基坑中的应用[J]. 长江科学院院报，2018，35(5)：103-109.

[6]　欧孝夺，谭智杰，罗方正，等. 设计参数对设计坑双排桩支护结构影响的数值分析[J]. 科学技术与工程，2021，21(4)：2873-2878.

[7]　史海莹，龚晓南. 深基坑悬臂双排桩支护的受力性状研究[J]. 工业建筑，2009，39(10)：67-71.

京西大粒径卵砾石地层深基坑止水工艺研究

马庆迅
（北京市勘察设计研究院有限公司，北京 100038）

摘　要：依托于北京丽泽金融商务区某超深基坑工程，针对京西典型大粒径卵砾石地层深基坑工程止水方式进行系统研究，通过资料搜集、现场试验、数据分析及工程验证等方式，分析京西大粒径卵砾石地层不同止水工艺的可行性，并总结形成一套止水有效、成本低廉、工期可控的地下水控制措施，为类似地层条件下深基坑工程地下水控制设计及施工提供经验参考。

关键词：大粒径卵石；深基坑工程；现场试验；止水工艺

作者简介：马庆迅，男，1985 年生，高级工程师。主要从事深基坑工程、地基处理及地灾治理的研究。

Research on water-stopping technology of deep foundation pit in large-size gravel in west Beijing

MA Qing-xun
（BGI Engineering Consultants Ltd.，Beijing 100038 ）

Abstract：Based on an ultra-deep foundation pit project in Lize Financial and Business District of Beijing，a systematic study was carried out on the water-stopping methods of deep foundation pit works in typical large-size Gravel stratum in West Beijing. The feasibility of different water-stopping technologies for large-diameter cobble stratum in West Beijing was analyzed by means of data collection，field test，data analysis and engineering verification. A set of groundwater control measures with effective water stopping，low cost and controllable time limit are summarized to provide experience reference for groundwater control design and construction of deep foundation pit engineering under similar stratum conditions.

Key words：large-size gravel ；deep foundation pit engineering ；field investigation ；water-stopping technology

1　引言

深基坑工程是风险、难度和投资最大的项目组成部分之一，基坑安全性及其对周围环境的影响问题异常重要。其中，地下水控制方案是基坑工程设计中重要组成部分，对于像京西地区地下水赋存、渗透性较强的砂卵石地层下对地下水的处理往往成为基坑围护成败的关键，如未采取合理有效的降止水措施，将会导致严重的水资源浪费，亦或直接影响整个工程的顺利开展。

目前，帷幕隔水技术已经有多种成熟方法，但其应用受到地质条件、周边环境、基坑深度及施工工法等多方面限制。对于京西大粒径卵砾石地层的深基坑工程，常规地下水控制方式为管井降水或地下连续墙止水。管井降水抽水量较大，排水困难且存在较大工程风险，水资源浪费严重，对社会影响较大，同时考虑税收政策，工程造价极高；而对于地连墙止水，效果相对较好，但大粒径卵砾石地层，成槽有一定难度，存在卡钻风险，同时现场需要较大机械作业面，工程造价也比较高。现阶段，对于大粒径卵砾石地层，其他止水工艺研究及实践较少，因此，研究比选大粒径卵砾石地层不同止水工艺的可行性，对于深基坑工程的顺利实施及水资源的保护是极为必要的，尤其在北京这种缺水严重的城市，具有较高的社会价值。

2　工程概况

2.1　项目概况

某项目位于北京市丰台区丽泽金融商务区，由 1 栋地上 7 层文化娱乐用房及地下 4 层结构组成，结构形式为框架剪力墙结构，基础形式为筏板基础。项目正负零为 44.80m，基坑开挖深度约 30m。

2.2　工程地质及水文地质条件

场区地层按成因年代划分为人工堆积层、新近沉积层、第四纪沉积层及古近纪沉积岩层四大类。地面以下 45m 范围内以卵石地层为主，向下为基岩。场区典型地层剖面如图 1 所示。

场区自然地面以下 40m 深度范围内主要分布一层潜水，稳定水位标高 22m（埋深约 22m），含水层主要为大粒径卵石地层，渗透系数约为 450m/d，影响半径约 800m。

2.3　周边环境情况

场区周边环境比较复杂，基坑南侧紧邻 D13 地块，现有建筑埋深约 10.5m；西侧临近金中都西路，北侧临近骆驼湾南路，道路下设有市政综合管廊，管廊高低起伏差

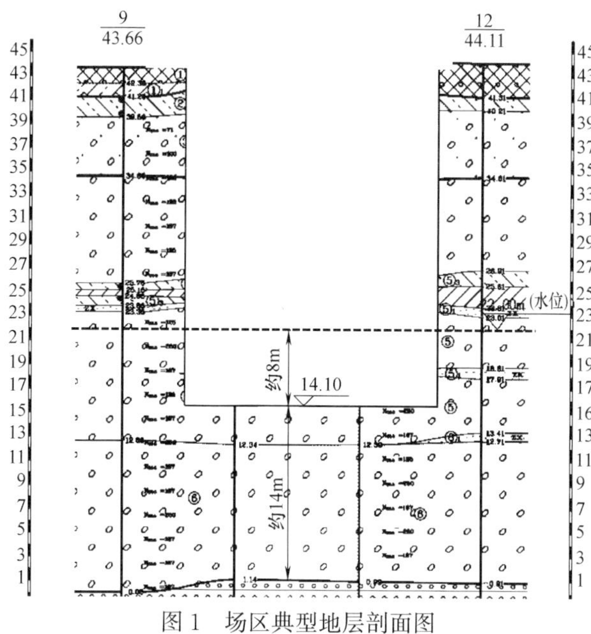
图 1　场区典型地层剖面图

Fig. 1　Typical stratigraphic section of the field area

异较大，埋深 3.8～12.9m。详见图 2。

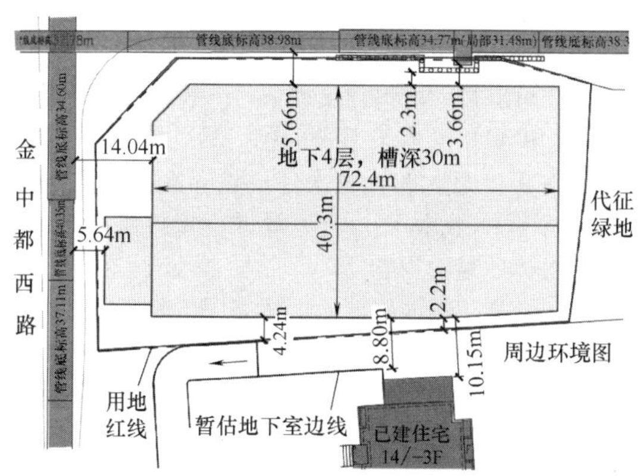

图 2　场区周边环境图

Fig. 2　The surrounding environment map of the site

3　现场试验及效果检验

本次共进行了注浆止水、高压旋喷桩、双轮铣搅拌帷幕墙、冲击反循环工法和超能超高压喷射灌浆帷幕 5 种止水技术的现场试验。

3.1　注浆止水

试验平面尺寸 2m×2m 的范围四周布置 8 根钻孔灌注桩，桩间及外侧布置两排注浆孔，孔深 12.5m。注浆结束且达到一定强度后进行土方开挖，并向坑内进行注水，根据水位下降速度判断止水效果。具体详见图 3。

根据浅层注水试验成果分析，袖阀管注浆在浅部大粒径卵砾石地层能够有效降低其渗透性，起到较好的止水效果。但对于深部地层注浆（深度 44m），经现场抽水试验，水位下降 2m 后保持稳定状态，止水效果有限，不能达到预期目标。

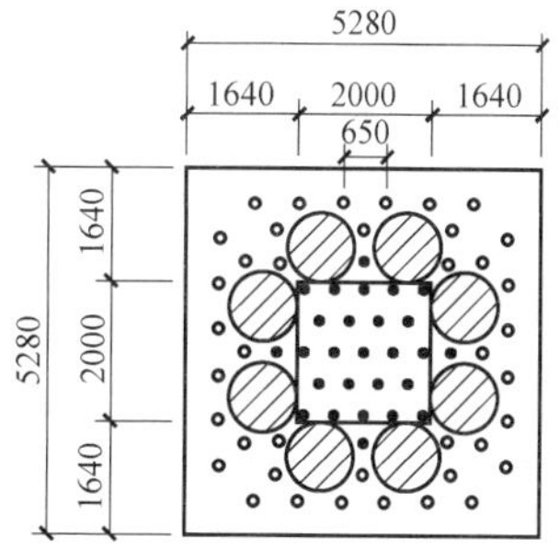

图 3　注浆平面图及现场试验

Fig. 3　Grouting plan and field test

3.2　高压旋喷桩

场区内东北角作为桩间高压旋喷桩试验区域，护坡桩桩径 1.0m，桩间距 1.3m，桩长 44m；桩间设置高压旋喷桩，要求旋喷桩直径≥1.1m。试验区域有效内径为 2.5m，现场试验情况如图 4 所示。

图 4　高压旋喷桩现场试验

Fig. 4　Field test of high pressure jet grouting pile

经分析，大粒径卵砾石地层中高压旋喷桩有效桩径约 40～50cm，止水效果较差。主要原因是护坡桩及高压旋喷桩成孔垂直度偏差较大，无法形成有效搭接；同时，由于卵石硬度较大，高压旋喷桩工艺无法有效切割土体，喷射桩径不满足要求。

3.3　双轮铣搅拌帷幕墙

基坑周边支护桩外侧采用 SMC 双轮铣搅拌下铣、提升复铣复喷的施工工艺，详见图 5。试验止水帷幕墙厚 0.85m（铣轮一幅墙宽 2.8m，搭接 300mm），墙深 45m，垂直偏差不大于 1/250。材料主要采用 P·O 42.5 普通硅酸盐水泥，水泥掺量不少于 30%，施工时下铣速度不宜大于 0.5～0.6m/min，提升速度不宜大于 0.5～0.8m/min。由于场区卵石粒径较大，在双轮铣施工前先采用 850 旋挖钻机进行引孔。

试验期间，最初旋挖钻机引孔深度 45m，间距 1.3m，双轮铣下至－13m 位置后，继续钻进极为缓慢甚至无法钻进；后将旋挖引孔调整为全引孔，引孔直径由 850mm 调整为 1000mm，双轮铣施工至－18m 位置后无法继续向下钻进。

图 5　双轮铣搅拌帷幕现场试验

Fig. 5　Field test of double wheel milling agitation curtain

经分析，主要由于旋挖钻机的垂直度与双轮铣的垂直度不匹配，且场区地层卵石粒径较大、硬度较大，而双轮铣扭矩小对土体不能形成有效切削，无法满足本地层施工需求。

3.4　冲击反循环工法

在基坑周边支护桩外侧采用冲击反循环成槽工艺进行现场试验，待施工至设计标高后，再安装导管、浇筑混凝土，形成帷幕墙。止水帷幕墙设计厚度 0.85m，深度 45m，混凝土浇筑至水位以上约 2m，上部采用级配回填处理。现场试验情况详见图 6。

图 6　冲击反循环工法现场试验

Fig. 6　Field test of impact reverse circulation method

根据现场试验分析，冲击反循环钻机成孔速度约 0.5～1.0m/h，成孔过程中，因机械设备检修、堵管等原因，实际平均进尺为 3.5m/d，且施工至 30m 深度后，随着卵石粒径增大、强度提高，进尺更加缓慢。因此，此工艺无法保障本项目进度要求，不适宜该地层止水帷幕施工。

3.5　超能超高压喷射灌浆帷幕

考虑工期影响，本项目仅对超能超高压喷射灌浆帷幕进行了单桩工艺性试验，用以检验各设备运行状态能否达到设计要求、施工工艺流程是否可行、确定合理的施工参数。试验桩参数：桩顶标高 41.0m，桩底标高 −0.5m，桩径 1100mm。现场试验详见图 7。

根据试验结果，自然地面下挖 3.8～5.3m 位置，可见喷射灌浆桩体；桩体色泽均匀，水泥掺量较高；桩体直径大于 1.6m，桩体与卵石粘结良好。由此可初步判断，超能超高压喷射灌浆帷幕在卵石层中能够形成较大桩径，满足设计要求。

图 7　超能超高压喷射灌浆帷幕单桩试验

Fig. 7　Single pile test of super energy and super high pressure jet grouting

4　超能超高压灌浆帷幕关键技术分析

4.1　工艺原理

超能超高压喷射灌浆工艺基本思路和特点：

（1）在卵砾石等坚硬地层中，采用高风压、高风量的特殊空压机配合潜孔冲击动力头破碎卵石成孔，同时考虑到塌孔问题，成孔时必须全程钢套管跟进；预钻孔的施工工艺同时对周边一定范围的卵砾石地层造成坍塌扰动，为后续高压喷射灌浆创造有利的条件。

（2）在可靠护壁材料的支撑下，下放高塔架旋喷台车喷射钻杆，确保排气排浆通道顺畅，尽可能一次性成桩。当灌浆桩体深度过大时，一次性成桩存在钻机稳定性风险，可接拆 1～3 次钻杆，但尽量减少接拆钻杆的次数，避免其对桩体质量的影响。

（3）后台高压泵能持续输出超高压、远超常规流量的水泥浆体，喷嘴直径及其携带能量和功率远大于常规旋喷工艺。

4.2　工艺流程

超能超高压喷射灌浆止水帷幕正式施工前，应进行必要的施工工艺校核试验，以确定最优的引孔和喷射灌浆参数，优化施工分序安排、加快施工进度和提高效率，保障帷幕注浆桩搭接的可靠度。主要工艺流程：测放桩位→引孔施工→安装护壁管→起拔外套管→喷射钻机就位下放钻杆→超能超高压喷射灌浆。

4.3　关键技术参数

结合地质条件，引孔直径不小于 273mm，采取可靠措施护壁防止塌孔、抱钻，确保喷射施工安全，并应满足成孔孔位、角度偏差等相关规范要求。超能超高压喷射灌浆扩散半径不小于 550mm，其搭接长度不小于 300mm；帷幕底绝对标高 −0.5m（嵌入全风化—强风化砾岩层不少于 0.5m），帷幕顶绝对标高 23.0m（成孔过程中，帷幕以上空孔也需进行喷浆灌注）。隔水帷幕桩体渗透系数不宜大于 1×10^{-6}cm/s，28d 龄期无侧限抗压强度不小于 0.8MPa。采用 P·O42.5 水泥，掺入比为 25%～30%，浆液的水灰比宜取 1.0～1.2。

根据工艺性试验结果，注浆压力不小于 35～38MPa，气压宜为 1.3MPa，注浆速度为 200L/min，提升速度为 10～12cm/min，旋转速度为 8～12r/min。若出现地下水流速较大处根据现场情况添加水玻璃或其他速凝材料，并提前通过配比试验确定外加剂的掺量。

4.4 质量控制指标

结合单桩工艺性试验及相关规范要求，总结、分析超能超高压喷射灌浆帷幕技术主控项目及一般项目质量控制指标，具体详见表 1。

帷幕质量控制指标汇总表　　表 1

Curtain quality control index summary table

Table 1

项	序	检查项目	允许值或允许片偏差
主控项目	1	水泥用量	不小于设计值 427～513kg/m
	2	桩长(孔深)	≥23.5m 标高 23～－0.5m
	3	钻孔垂直度	倾斜度≤1/100
	4	桩身强度	28d 单轴无侧限抗压强度 ≥0.8MPa
	5	桩体渗透系数	$\leqslant 1\times10^{-6}$cm/s
一般项目	1	水灰比	设计值(1.0～1.2)
	2	提升速度	8～12cm/min
	3	旋转速度	8～12r/min
	4	桩顶标高	±200mm
	5	桩位	±20mm
	6	注浆压力	≥35MPa
	7	施工间歇	≤24h

5 工程验证

5.1 帷幕试验桩

本工程对不同深度处的帷幕试验桩效果进行了跟踪查验，如图 8 所示。由图可知，超能超高压喷射灌浆止水帷幕工法可以在较深且密实卵砾石地层成桩，卵石与水泥浆固结成块，效果良好。经现场量测，成桩直径基本均大于 1.1m，可满足设计要求。

(a) 埋深2m位置

(b) 埋深10m位置

(c) 埋深16m位置

(d) 埋深23m位置

(e) 埋深25m位置

(f) 埋深28m位置

图 8　超能超高压喷射灌浆帷幕试验桩

Fig. 8　Super energy super high pressure jet grouting curtain test pile

5.2 现场开挖

施工期间，帷幕外侧地下水位观测数据显示，地下水位埋深持续为 22m（并未随着土方开挖或坑内抽水而下降），最终基坑开挖深度为 30m。地下水位以下深基坑开挖情况如图 9 所示。由图可知，水下深基坑开挖过程中，虽然局部存在渗漏点，但通过采取及时有效的堵漏措施，能够保证整个帷幕体系的止水效果。施工期间，坑内降水井日均抽排水量约 4500m^3/d，远小于纯降水方案的 10 万 m^3/d，为保障项目顺利开展的同时，极大地节约了水资源。

5.3 基坑监测

根据基坑工程设计要求，现场对深基坑支护结构水平位移、竖直位移、周边地表沉降、管线沉降、建筑物沉降、锚杆拉力、地下水位变化等事项进行了监测。通过监测数据反馈，整个基坑开挖过程中，支护、止水体系及周边环境均处于安全稳定状态。

（1）地下水位监测

本项目共布设 4 口水位观测井，分别为 SW1、SW2、SW3 和 SW4（4 号井后期损坏），经现场实际监测，2020 年 4 月～2020 年 11 月基坑外侧地下水位增高约 1～2m，如图 10 所示，地下水位标高 22.3～22.8m。

(a) 开挖至24m(水位以下2m)

(b) 开挖至29m(水位以下7m)

(c) 开挖至30m(水位以下8m)

(d) 基底清槽

(e) 主体结构施工

图 9　地下水位以下深基坑开挖情况

Fig. 9　Excavation of deep foundation pit below ground water level

(2) 周边环境变形

目前，项目已竣工，支护桩桩顶水平变形在 8～36mm，平均小于 20mm；桩顶竖向沉降值均小于 10mm；基坑开挖引起周边建筑物沉降值为 4～6mm；基坑开挖引起的地表沉降为 4～10mm。具体详见表 2～表 5。

累积水位变化(m)
2.00
1.50
1.00
0.50
0
−0.50
SW1
2020/4/29　2020/6/18　2020/8/7　2020/9/26　2020/11/15
监测日期

(a) SW1观测数据

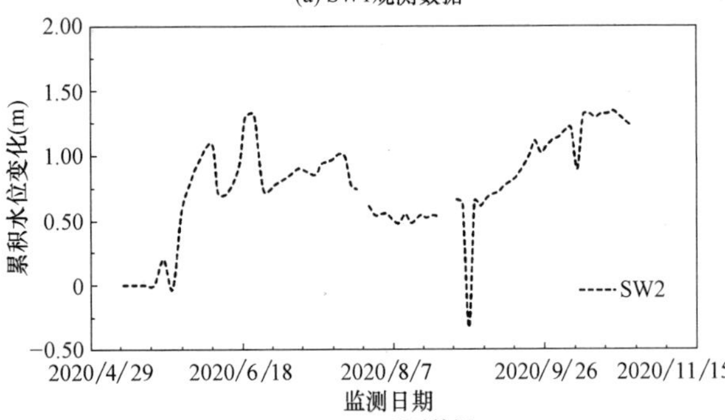

(b) SW2观测数据

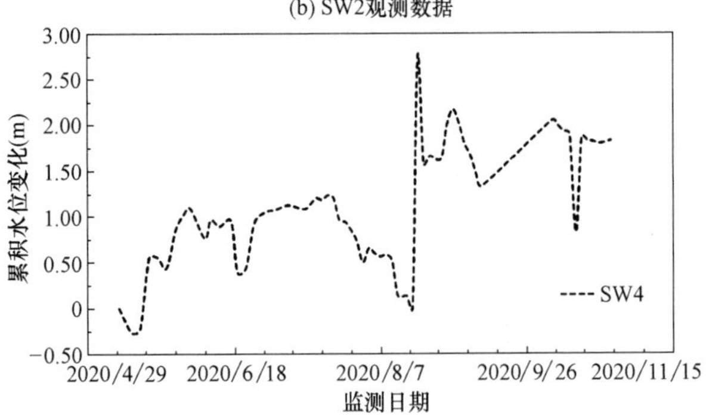

(c) SW3观测数据

图 10　地下水位监测变化值

Fig. 10　Groundwater table monitoring changesl

桩顶水平位移监测值　　**表 2**

Horizontal displacement monitoring value of pile top　　**Table 2**

监测点号	ZS1	ZS2	ZS3	ZS4	ZS5	ZS6	ZS7	ZS8
监测值(mm)	20.35	27.3	19.65	13.85	14	13.55	11	36.3
监测点号	ZS10	ZS11	ZS12	ZS13	ZS14	ZS15	ZS16	ZS15A
监测值(mm)	29.75	24.5	9.55	13.15	18.2	8.4	22.15	14.35

桩顶竖向沉降监测值　　**表 3**

Monitoring value of vertical settlement of pile top　　**Table 3**

监测点号	ZC1	ZC2	ZC3	ZC4	ZC5	ZC6	ZC7	ZC8
监测值(mm)	−7.94	−7.83	−4.97	−8.02	−5.00	−7.74	−6.26	−4.58
监测点号	ZC9	ZC10	ZC11	ZC12	ZC13	ZC14	ZC15	ZC16
监测值(mm)	−4.97	−6.50	−7.68	−7.20	−5.53	−5.35	−9.93	−8.77

周边建筑物沉降监测值　　**表 4**

Monitoring value of surrounding buildings settlement　　**Table 4**

监测点号	JC1	JC2	JC3	JC4	JC5	JC6	JC7
监测值(mm)	−4.98	−5.02	−3.98	−5.53	−5.25	−5.69	−4.45
监测点号	JC8	JC9	JC10	JC11	JC12	JC13	
监测值(mm)	−4.06	−4.08	−4.83	−5.81	−5.33	−4.90	

地表沉降监测值　　表 5

Surface subsidence monitoring value　　Table 5

监测点号	DB1-1	DB1-4	DB3-1	DB5-1	DB5-2	DB5-3	DB5-4
监测值(mm)	−11.87	−5.57	−5.78	−7.04	−8.70	−10.59	−7.78
监测点号	DB9-1	DB9-2	DB12-1	DB12-2	DB13-1	DB13-2	
监测值(mm)	−5.91	−5.60	−16.16	−4.63	−9.44	−6.26	

(3) 桩体深层水平位移

根据设计条件，本工程共布设 6 个深层水平位移观测点。监测数据显示，桩身最大变形基本位于顶部，且最大变形均小于 10mm。典型桩体深层水平位移如图 11 所示。

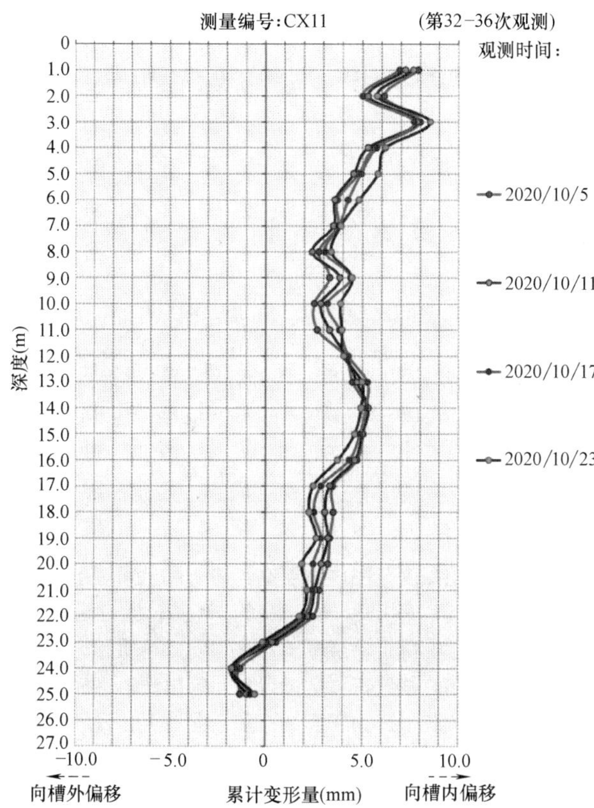

图 11　典型桩体深层水平位移

Fig. 11　Typical horizontal displacement of deep pile

6　结论

本文依托于北京丽泽金融商务区某项目，对京西典型大粒径卵砾石地层深基坑工程止水方式进行系统研究，通过资料搜集、现场试验、数据分析及工程验证等方式，分析京西大粒径卵砾石地层不同止水工艺的可行性，并得出如下结论：

(1) 对于京西大粒径卵砾石地层，地下连续墙止水方案能够有效控制地下水，但其施工工期较长，造价高，并且机械设备需要较大的操作空间，总体不利于工期、成本控制，场地狭小部位不易施工。

(2) 袖阀管注浆、深孔复合注浆等工艺在明挖深基坑大粒径卵砾石地层中，成孔质量、注浆参数等不易控制，无法有效保证工期及止水效果。

(3) 高压旋喷桩在大粒径卵砾石地层中，无法有效切割土体，形成桩体直径一般较小，不满足设计要求；并且由于卵砾石层较密实，成孔设备垂直度偏差也较大，桩体之间不能形成有效搭接，止水效果无法保证。

(4) 双轮铣（SMC 工法）、冲击反循环等墙式帷幕，在密实大粒径卵砾石地层中，成槽比较困难。即使引孔作业，因不同机械设备垂直度不匹配或偏差较大，成槽难度也较大。

(5) 超能超高压喷射灌浆技术在大粒径卵砾石地层中能够形成较大直径的帷幕桩，同时采取相应的疏排水、堵漏等辅助措施，可有效保证其止水效果，在一定程度上极大节约工期及造价，且对周边环境影响可控，可为类似地质条件下的深基坑工程提供参考。

参考文献：

[1] 刘国彬，王卫东. 基坑工程手册[M]. 2 版. 北京：中国建筑工业出版社，2009.

[2] 龚晓南，沈小克. 地下水控制理论、技术及工程实践[M]. 北京：中国建筑工业出版社，2020.

[3] 张永成. 注浆技术[M]. 北京：煤炭工业出版社，2012.

[4] 徐至钧. 高压喷射注浆法处理地基[M]. 北京：机械工业出版社，2004.

[5] 王卫东. 超深等厚度水泥土搅拌墙技术与工程应用实例[M]. 北京：中国建筑工业出版社，2017.

[6] 杨文华，李江. 确保 CSM 工法施工质量的措施[J]. 探矿工程(岩土钻掘工程)，2014，41(6)：63-65+71.

超期使用深基坑支护结构变形规律分析

孙锦锦
（北京市勘察设计研究院有限公司，北京 100038）

摘　要：目前大部分桩锚支护体系的深基坑支护结构使用期限为一年，但工程实施过程中由于种种原因使得深基坑支护结构的使用期限超出一年的设计使用年限，基坑支护结构随着使用年限增加，支护体系由于长期受力且预应力锚索受力衰减，致使支护体系发生较大变形，通过对两个超期使用基坑的监测数据进行分析，归纳总结超期使用深基坑支护结构的变形特征，为类似工程设计和使用提供参考经验。
关键词：超期使用深基坑；支护结构；变形特征
作者简介：孙锦锦，女，1992 年生，学士，主要从事基坑监测工作。

Analysis of the deformation law about extended use of deep foundation pit supporting structure

SUN Jin-jin
(BIG Engineering Consultants Ltd., Beijing 100038)

Abstract: At present, most pile anchor support system of the deep foundation pit supporting structures have a service life of one year, However, during the implementation of the project, due to many reasons, service life of deep foundation pit support structure more than one year. The foundation pit support structure increases with the service life, Due to the long-term stress of the support system and force attenuation of prestressed anchor cables, lead to large deformation of the support system. This paper analyzes the monitoring data of two overdue foundation pits, In conclusion deformation characteristics of deep foundation pit supporting structures used overdue, provide reference experience for similar engineering design and use.
Key words: excessive use of deep foundation pits; support structure; deformation characteristics

1　引言

通常情况下，根据相关规范及安全要求深基坑支护结构正常使用年限为一年，然而在工程实施过程中，因种种因素[1,2]，使得深基坑支护结构存在超期使用的情况。超期基坑支护结构的安全评价难度较大，且超期使用的基坑存在很大的风险，基坑监测是评价基坑安全的重要手段[3]，本文通过对目前在施工的 2 个超期使用基坑支护结构的桩顶沉降、水平位移和周边地表的监测数据进行分析对比，总结超期使用基坑支护结构在各个阶段的变形情况，总结变形规律，为类似工程设计和使用提供参考经验，为超期使用基坑在使用时间和加固节点提供重要依据。

2　超期使用基坑概况

2.1　项目 1 概况

项目 1 拟建建筑物由地上 6～13 层老年公寓、康复护理中心及地下车库组成，均设 2 层地下室，±0.000＝32.500m。本项目的总用地面积为 40082.38m^2，总建筑面积为 139205.95m^2（其中地上建筑面积为 100205.95m^2，地下建筑面积为 39000m^2）。

本次开挖深度范围内地层有：粉质黏土素填土，杂填土，黏质粉土—砂质粉土，褐黄，密实，湿；云母、石英，夹粉质黏土薄层，层厚 4.0～7.5m。粉质黏土—重粉质黏土，黄褐，很湿，可塑；云母、氧化铁、有机质。细砂—粉砂，黄灰—灰，密实，饱和；含石英、云母，层厚 6.4～10.5m。黏质粉土，黄灰—灰，密实，湿；云母、氧化铁。

本工程潜水 8.3～9.2（m）赋存于细砂—粉砂、黏质粉土—砂质粉土内，地下水的主要补给来源为大气降水，主要以蒸发和地下水侧向径流的方式排泄。其年动态变化规律为：6 ～9 月水位较高，其他月份水位相对较低，年变化幅度一般为 1～2m。

基坑采用护坡桩＋预应力锚杆的支护形式。肥槽宽度 1000mm，护坡桩径为 800mm，护坡桩桩身混凝土强度等级 C25，保护层厚度 50mm。基坑护坡桩桩间距 1.6m。钢筋笼主筋为 ϕ22（HRB400，桩径 800mm），加劲箍筋为 ϕ18@2000，螺旋箍筋采用 HPB300ϕ8@200，每 3m 设置一道定位筋，定位筋采用 HPB300。主筋锚入冠梁不小于 500mm。桩长 10.87～11.57m，嵌固端长 4.6～5.6m。

预应力锚杆垂直方向在标高 4.34m 和 7.84m 处设置 2 排，水平间距一般为 1.6m，局部有所调整。预应力锚杆采用 2～3 束 ϕ^s15.2 钢绞线，抗拉强度标准值 1860MPa。锚杆孔径 150mm，每 1.5m 设一个定位环，前部设导向帽。材料采用水灰比 0.45～0.55 水泥浆，水泥采用 P·O42.5。锚杆注浆管开孔段不少于 3.0m，典型支护剖面如图 1 所示。

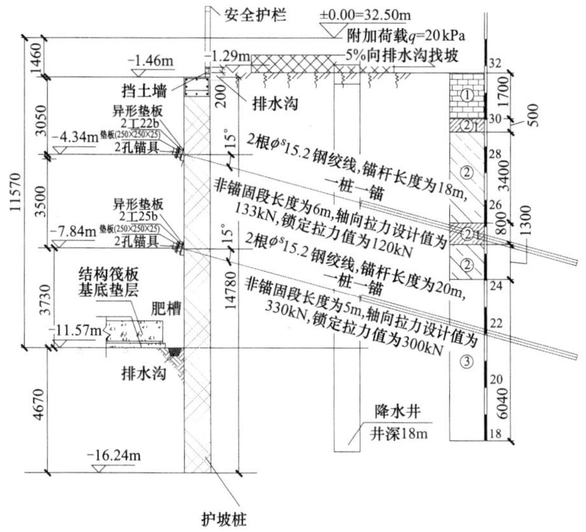

图 1　项目 1 典型支护剖面图

Fig. 1　Typical support profile of project 1

2.2　项目 2 概况

项目 2 总用地面积约 27917.958m^2，建设用地面积约 17564.752 m^2，总建筑面积约 31.04 万 m^2，其中地上建筑面积约 23.27 万 m^2，地下建筑面积约 7.77 万 m^2。

场区初步勘察勘探深度范围内（最深 50.00m）的地层，地层划分为人工堆积层、新近沉积层及第四纪沉积层三大类，场区地层在垂直方向上呈现较稳定的由黏性土、粉土、砂、卵石层的交互沉积规律；在水平方向上，人工堆积层和新近沉积层的分布厚度、岩性有变化，第四纪沉积层变化不大，场区内典型工程地质剖面图见图 2。

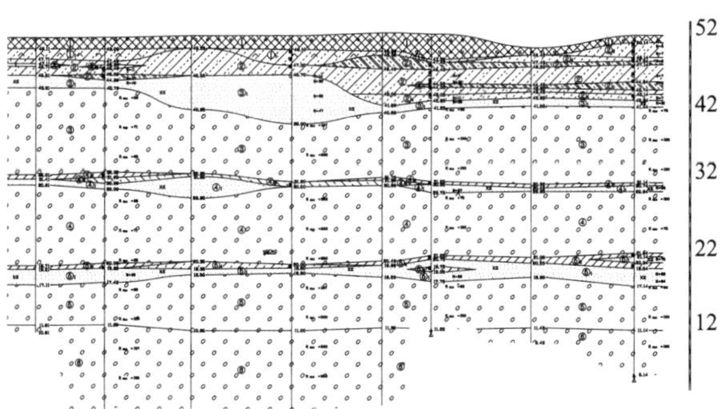

图 2　项目 2 典型工程地质剖面图

Fig. 2　Typical engineering geological profile of project 2

工程场区 1959 年潜水水位埋深为 26.40m 左右，近 3～5 年最高地下水位标高为 26.00m 左右（不含上层滞水）。

本工程已施工区域采用桩锚支护体系。1-1 支护段：挡土墙＋桩锚支护，上部 2.0m 采用挡土墙支护，下部 24.5m 采用 ϕ800@1600 的钻孔灌注桩，桩长 30.5m，嵌固深度 6.0m，设置 6 道预应力锚杆。2-2 支护段：桩锚支护，支护深度 26.5m，采用 ϕ1000@1800 的钻孔灌注桩，桩长 32.5m，嵌固深度 6.0m，设置 6 道预应力锚杆。3-3 支护段：桩锚支护，支护深度 26.5m，采用 ϕ1000@1600 的钻孔灌注桩，桩长 32.5m，嵌固深度 6.0m，设置 5 道预应力锚杆，上部 2～10m 桩间采用注浆花管加固土体。4-4 支护段：土钉墙＋桩锚支护，上部 6.5m 采用 1∶0.4 放坡土钉墙支护，下部 20.0m 采用 ϕ800@1600 的钻孔灌注桩，桩长 26.0m，嵌固深度 6.0m，设置 5 道预应力锚杆，典型支护剖面图如图 3 所示。

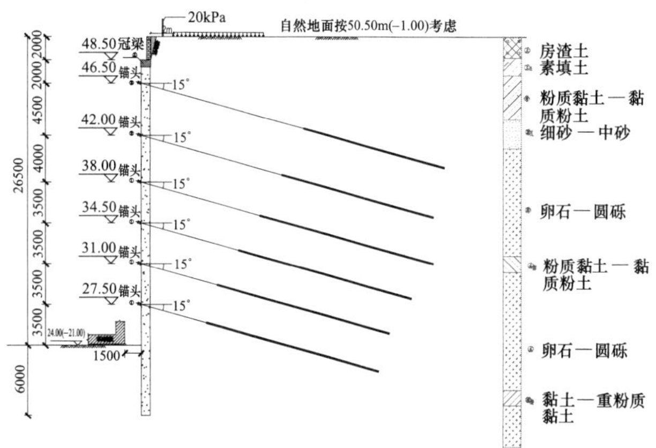

图 3　项目 2 典型支护剖面图

Fig. 3　Typical support profile of project 1

3　监测情况

3.1　项目 1 基坑监测情况

该工程于 2015 年 6 月 16 日开挖，2015 年 11 月 10 日开挖到底，之后一直处于停工状态，于 2017 年 6 月对基坑四周进行加固处理，基坑四周回填至第二道锚杆处，截至目前一直处于停工状态，基坑监测点布置情况见图 4。

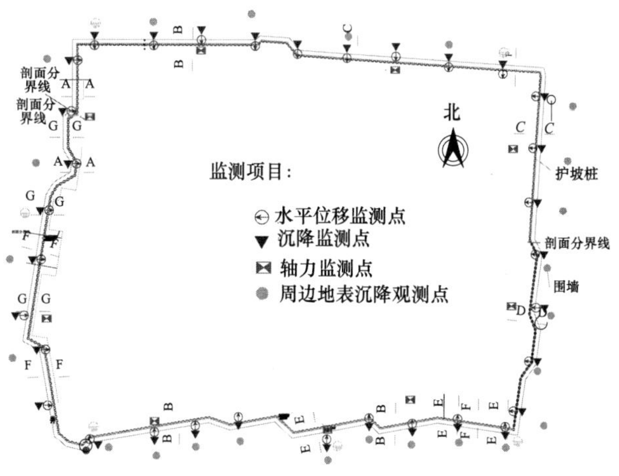

图 4　项目 1 监测点平面布置图

Fig. 4　Layout plan of monitoring points of project 1

基坑支护结构顶沉降和位移阶段监测成果见表 1，结合图 5～图 7 可以看出：

（1）项目 1 桩顶沉降在开挖期间和使用第一年期间受卸荷影响出现较大的上升，累计平均上升量为＋20.82mm，在超期使用期间因项目场地地下水位不断上升等原因，基坑支护结构整体也均匀上升，累计变形量分别为＋24.00mm、＋28.56mm和＋32.09mm。最后监测时累计变化最小点为26号，位于基坑西南角，变形量为22.64mm，该处处于基坑角部且周边紧邻既有建筑物上升量较小。累计变化最大点为22号，位于基坑南侧中部，变形量为41.83mm，因此位于基坑中部且该处基坑内长期有积水，产生变形量较大。

（2）桩顶水平位移在开挖期间变形量较小累积平均值为0.83mm，使用2年后变化量出现逐步增大趋势，第1～4年平均变形量分别6.39mm、9.03mm、14.00mm、23.12mm，最后监测时累计变形量最小点为17号，位于基坑东南角，变形量为6.10mm，该处位于基坑角部故较为稳定。累计变化最大点为15号，位于基坑东侧靠南，变形量为35.25mm，因此处邻近道路且处于基坑阳角位置变形量稍大。

（3）本工程周边地表沉降自开挖到目前表现出持续上升的特征，变化量比较均匀，此外由于地面出现大规模裂缝渗入降水出现比较明显的冻胀融沉的规律。

项目1基坑变形量统计表（mm）　　表1

Foundation pit deformation statistics table of project 1　　Table1

监测项目	开挖期间	使用1年	使用2年	使用3年	使用4年
桩顶沉降	＋9.58	＋20.82	＋24.00	＋28.56	＋32.09
桩顶位移	0.83	6.39	9.03	14.00	23.12
周边地表	＋8.93	＋14.49	＋19.00	＋15.78	＋19.41

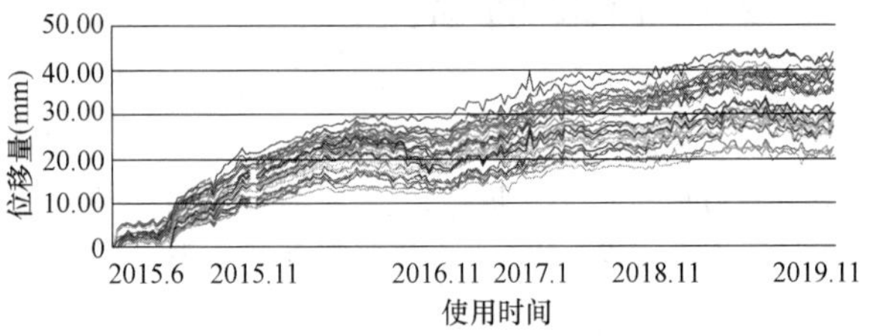

图5　项目1桩顶沉降量曲线图

Fig. 5　Pile top settlement curve of project 1

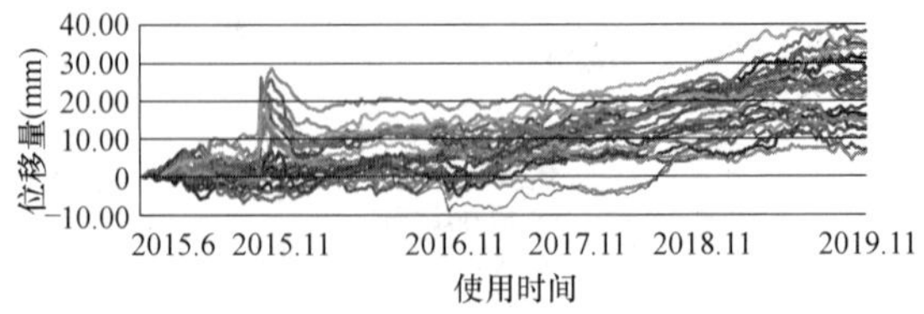

图6　项目1桩顶水平位移曲线图

Fig. 6　Pile top horizontal displacement of project 1

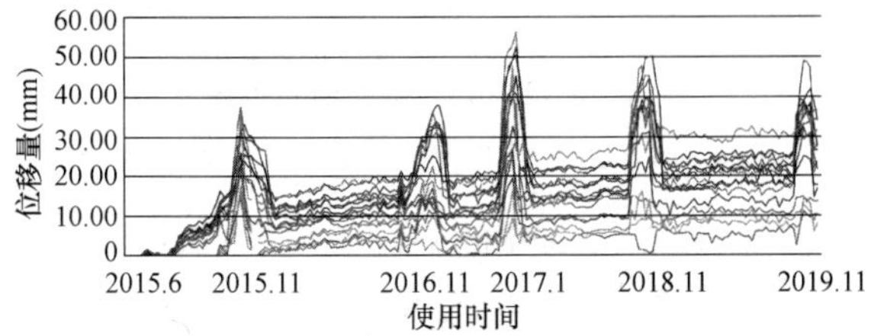

图7　项目1周边地表沉降曲线图

Fig. 7　Subsidence of the surrounding surface of project 1

本工程轴力计在使用两年后陆续出现轴力计失灵或被破坏的情况，监测值难以反映真实变形情况。通过巡视发现有一定比例的锚头有锈蚀现象，致使预应力锚索处于不受力状态。

3.2　项目2基坑监测情况

该工程于2015年4月11日开挖，2015年11月17日最大深处开挖到第三道锚杆（约12m），之后一直处于停工状态，于2016年12月16日南侧护坡桩处回填至冠梁顶标高，回填方案：将基坑东南侧（已经开挖约14m深）回填，回填至桩顶标高（绝对标高48.5m），回填深度为11.0m；回填后的坡面比例为1∶0.5，坡面挂设置ϕ6@150×150mm钢筋网，喷射C20混凝土，并设横向及竖向ϕ14加强筋；回填时预埋钢管土钉，土钉采用ϕ42×3.5的普通焊管制作；在坡面全部喷射完混凝土后将钢管土钉进行统一注浆回填施工设计见图8，截至目前一直处于停工状态。

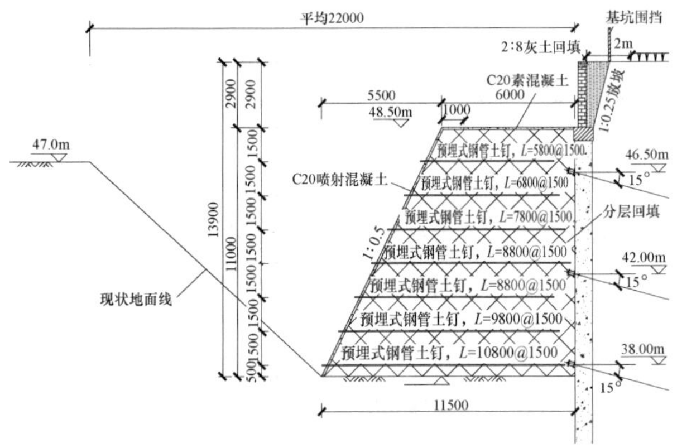

图8　项目2回填设计图

Fig. 8　Backfill design drawing of project 2

基坑监测点布置平面图如图9所示。

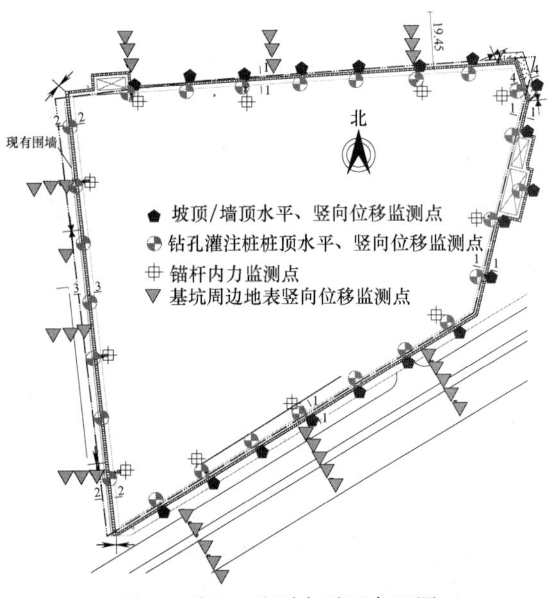

图9　项目2监测点平面布置图

Fig. 9　Layout plan of monitoring points of project 2

基坑护结构顶沉降和位移阶段监测成果见表2，结合图10～图12可以看出：

（1）项目2桩顶沉降累计平均上升量为+2.39mm；最后监测时变形量在0.22～4.04mm，整体变形量较为稳定，且变化量较小，说明采取及时回填的措施效果较好。

（2）桩顶水平位移在开挖期间和使用2年后变形量较小、累计平均值为3.23mm，使用3～4年后变形量出现逐步增大趋势，每年的变形量分别8.91mm和12.29mm。最后监测时累计变化最大点为15号，位于基坑南侧中部，变形量为18.72mm，因处于基坑中部位移量偏大；累计变化最大点为18号，位于基坑南侧靠西，变形量为6.32mm，因处于基坑接近角部位置，变形量较小。整体上基坑南侧位移变形较为波动，与该处紧邻地铁施工有一定关系。

（3）本工程周边地表沉降自开挖到目前表现出持续上升的特征，变形量比较均匀，目前累计平均变形量为+9.38mm，累计变形量最小点为48号，位于基坑南侧靠近基坑处，变形量为5.30mm；累计变形量最大点为52号，位于基坑南侧靠近南侧公路，变形量为19.91mm，周边地表变化量较大，跟基坑南侧紧邻地铁施工有关，靠近地铁车站上方的地表点上升量较靠近基坑侧地表点沉降量较小，与地铁施工引起上部地表沉降有一定关联。

项目2基坑变形量统计表（mm）　表2

Foundation pit deformation statistics table of project 2　Table2

监测项目	开挖期间	使用1年	使用2年	使用3年	使用4年
桩顶沉降	0.58	0.47	0.96	1.53	2.39
桩顶位移	0.75	2.48	3.23	8.91	12.29
周边地表	2.26	3.57	6.72	7.47	9.38

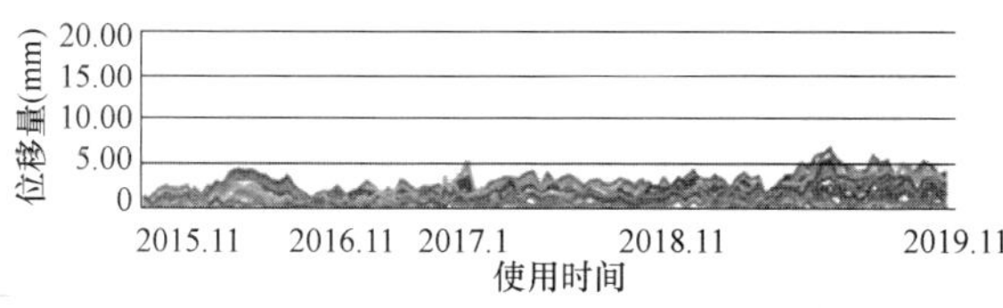

图10　项目2桩顶沉降量曲线图

Fig. 10　Pile top settlement curve of project 2

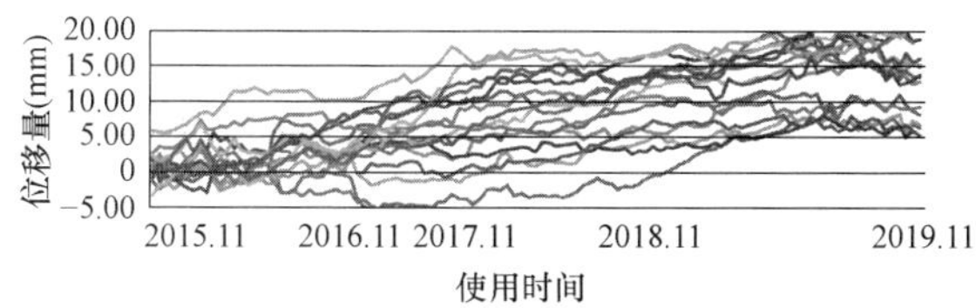

图11　项目2桩顶水平位移曲线图

Fig. 11　Pile top horizontal displacement of project 2

本工程轴力计在使用两年后陆续出现轴力计失灵或被破坏的情况，监测值难以反映真实变形情况。

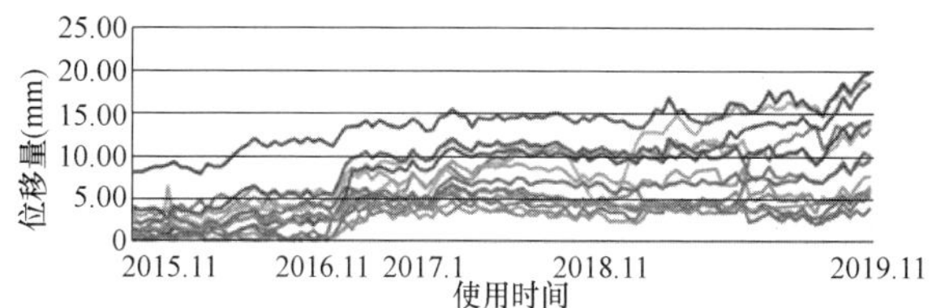

图12　项目2周边地表沉降曲线图

Fig. 12 Subsidence of the surrounding surface of project 2

4　变形规律

4.1　桩顶沉降变形规律

基坑开挖过程中支护结构沉降均变现为上升趋势[4]见图13，使用超过1年后仍然有持续上升的特点，项目1基坑的变形量较项目2基坑较大，可能原因为：（1）项目1基坑开挖规模比项目2基坑大；（2）项目1地质条件为细砂、粉砂土，在停工后现场降水滞后，使得地下水位持续上升至坑底之上，而项目2基坑地质条件为较稳定的黏性土、粉土、砂、卵石层交互，且不受地下水的影响[5]。

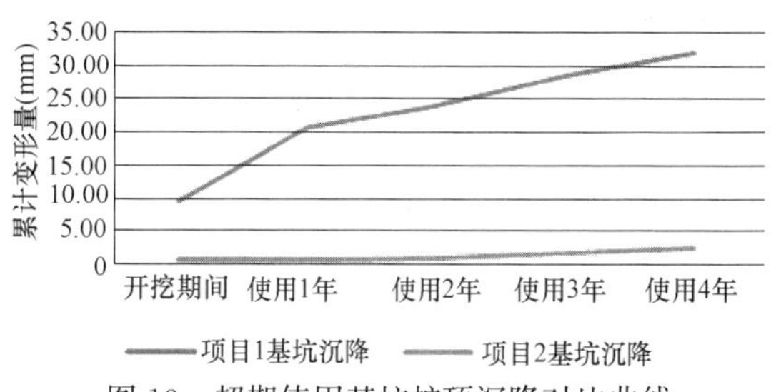

图13　超期使用基坑桩顶沉降对比曲线

Fig. 13　Contrast curve of settlement of pile top of foundation pit for overdue use

4.2　桩顶水平位移变形规律

基坑开挖到使用期间基坑水平位移表现为向坑内偏移的特征，从图14可以看出基坑在开挖到使用2年水平位移较为稳定，在2年以后变形速率有增大的趋势。两个基坑平均累计变形量存在差异与基坑施工情况和地质条件有密切关系。

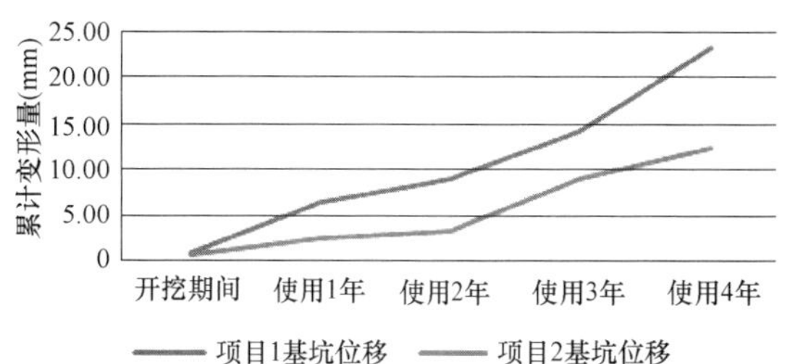

图14　超期使用基坑桩顶水平位移对比曲线

Fig. 14　Contrast curve of horizontal displacement of pile top of foundation pit for overdue use

4.3　周边地表沉降变形规律

基坑周边地表沉降在整个使用过程中表现为上升的

规律，变形趋势见图 15，项目 1 周边地表渗入降水使得周边地表监测点冻胀融沉现象明显。

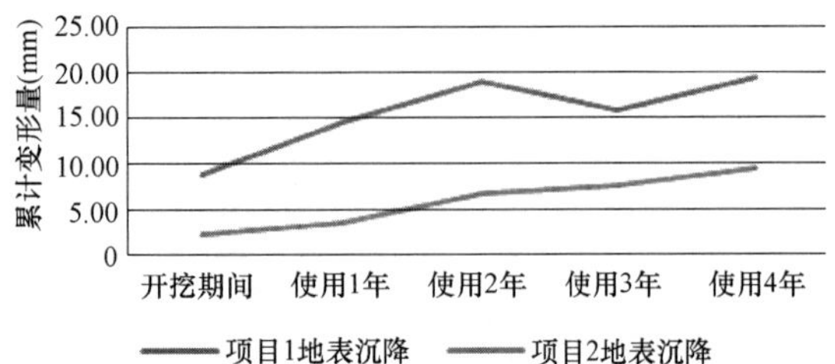

图 15　超期使用基坑周边地表沉降对比曲线

Fig. 15　Contrast curve of surface settlement and settlement around the foundation pit for overdue use

5　结论

（1）基坑开挖过程中由于卸荷，桩顶及地表沉降整体表现为上升趋势，上升量因开挖规模、地质条件不同而异；超期使用期间与停工后现场加固及维护条件有关，地质条件和水文地质条件也是影响沉降的主要因素。

（2）基坑水平位移持续表现为向坑内偏移的趋势，整体上开挖期和使用 1 年后变形量较小，使用 2 年后变形量表现出逐渐增大的趋势，此时应及时对基坑采取措施以降低支护结构变形速率，提高基坑稳定性。

（3）基坑锚索拉力监测因使用时间较长，出现轴力计失灵或引线被破坏情况，难以真实反映锚索拉力的实际情况，建议对长期使用的基坑锚索、锚具等器材进行防锈处置。

（4）建议对长期使用基坑的周边地表裂缝进行及时修复，防止地表水进入桩后土体，造成冻胀融沉现象，给基坑支护结构及周边环境带来风险。

（5）总体上随着使用年限的增加基坑的变形量也在持续发展，对超期使用基坑进行回填处置后，可减慢基坑支护结构的变形，适当延长基坑使用年限。

参考文献：

[1]　张钦喜，吴浩，晁哲．超期服役基坑的监测及数值分析[J]．岩土工程技术，2017，31(4)：186-191.

[2]　成守泽，汪振峰，吴燕泉．某超期基坑工程安全性分析及处理措施[J]．福建建设科技，2019(5)：42-43+69.

[3]　张鑫全．超期服役基坑再开挖的监测分析[J]．铁道建筑技术，2019(12)：111-116.

[4]　张兆龙．超期服役深基坑的变形特性分析及稳定性评估[J]．水利与建筑工程学报，2019，17(2)：74-78+90.

[5]　何建雄．关于深基坑延期使用安全管理问题的探讨[J]．企业科技与发展，2009(8)：94-96.

某基坑支护桩锚结构局部失效原因分析

苏　奇[1]，许培智[2]，齐　阳[2]，张长城[2]，魏晓军[2]

（1. 乌鲁木齐市政府投资城市基础设施建设中心，新疆　乌鲁木齐 830092；2. 新疆建筑设计研究院有限公司，新疆　乌鲁木齐 830002）

摘　要：建筑基坑支护是保证周边环境和基础施工而采取的临时措施，地下结构施工完毕回填基坑，基坑支护随之完成其功能。某建筑基坑采用桩锚结构和坡率法支护，因规划和投资调整，土方工程开挖至基础设计标高后至今未进行后续施工，基坑放置两年时间，未进行回填或其他措施，支护结构局部变形超过变形控制值。通过对基坑施工、监测、养护等方面的分析，分析查明支护结构局部失效原因，保障后续工程建设安全。

关键词：基坑；地下水；支护桩；锚索；失效

作者简介：苏奇，男，1978 年生，高级工程师。主要从事市政基础设施和房屋建筑地基基础研究。

Analysis of local failure of foundation pit supporting pile-anchor structure

Su qi[1]，Xu Pei-zhi[2]，QI Yang[2]，ZHANG Chang-cheng[2]，WEI Xiao-jun[2]

(1. Urumqi Urban Infrastructure Construction Invested Center，Wulumuqi Xinjiang 830092，China；2. Xinjiang Architectural Design Institute Co.，Ltd.，Wulumuqi Xinjiang 830002，China)

Abstract：Building foundation pit support is a temporary measure taken to ensure the surrounding environment and foundation construction. After the construction of the underground structure is completed，the foundation pit is backfilled，and the foundation pit support completes its function. The foundation pit of a building is supported by the pile-anchor structure and the slope rate method. Due to planning and investment adjustments，no follow-up construction has been carried out since the earthwork was excavated to the foundation design elevation. The foundation pit has been placed for two years without backfilling or other measures. The local deformation of the support structure exceeds the deformation control value. Through the analysis of foundation pit construction，monitoring，maintenance and other aspects，the cause of local failure of the supporting structure is analyzed and identified，to ensure the safety of subsequent engineering construction.

Key words：foundation pit；groundwater；support pile；anchor cable；failure

1　工程概况

1.1　项目概况

某建设项目场地位于乌鲁木齐经济技术开发区（头屯河区），规划用地面积约 14796m^2。原规划为公寓、办公、酒店，层数 17～22 层，地下两层，基础埋深 11.50～12.50m，基底高程 874.700m/875.200m。

1.2　场地概况

地貌单元属于山前冲洪积扇中部，场地整体地势西南高东北低。场地水文地质：地下水为潜水，含水层为卵石，水位高程 873.40～876.80m。工程地质条件如表 1 所示。

工程地质条件　　表 1

层号	岩性	厚度 (m)	c (kPa)	φ (°)	f (kN/m^3)
①	杂填土	0.5～1.2	5	35	18
②	卵石	12.0～16.3	6	45	22
②$_1$	细(砾)砂	0.8～1.5	4	32	19
③	含土粉细砂	0.6～4.8	4	25	18
④	粉质黏土	2.1～6.7	22	25	18
⑤	粉质黏土	2.5～5.9	22	28	19
⑥	强风化基岩	2.0～4.0	22	35	22
⑦	中风化基岩	4.5～5.7	30	50	23

图 1　工程地质剖面（局部）

2　基坑支护设计与施工

2.1　周边环境

基坑开挖深度 8.4～12.8m。本段基坑北侧、西侧为已建建筑物地下车库，两者基地高程一致；南侧场地空旷；东侧紧邻道路。

2.2　基坑支护设计

基坑支护设计 2017 年 12 月完成，支护结构设计使用期限为1年。支护结构体系根据设计基底标高和场地自然地面高程现状，基坑深度、周边环境条件和要求，采用桩锚结构和坡率法支护形式[1,2]。基坑分段支护体系如表2所示。

分段支护形式　　　　表2

基坑分段	基坑长度（m）	平均地面高程（m）	基底标高（m）	基坑深度（m）	支护体系	安全等级
南侧	74.00	883.10	−19.80	8.4	放坡＋挂网喷浆护面	三级
东侧	81.70	888.40	−19.80	13.7	放坡＋排桩＋锚索	二级

基坑支护设计平面图如图2所示。

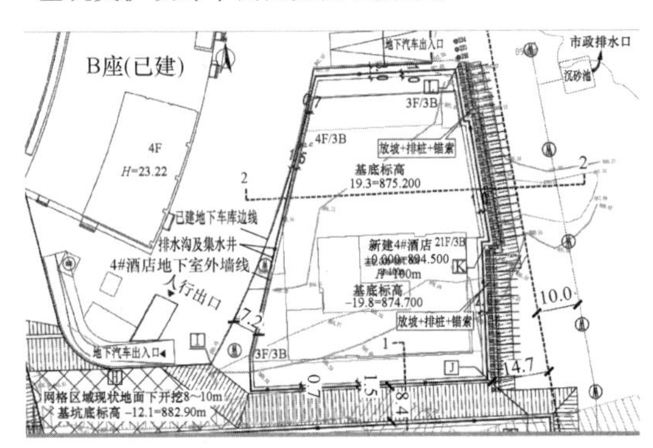

图2　基坑支护平面图

（1）桩锚结构主要设计参数（表3、表4）

支护桩主要设计参数　　　　表3

编号	桩直径（mm）	间距（mm）	长度（m）	主筋	箍筋	强度等级
ZHZ1	1000	2000	19.5	$22\phi22$	$\phi10@100$	C30

锚索主要设计参数　　　　表4

编号	成孔直径（mm）	锚索长度（m）	倾角（°）	锚固段长度（m）	配筋	锁定值（kN）	注浆强度
MS13	150	18	15	12	$3\phi^{s}15.2$	180	M20

基坑支护桩和冠梁如图3、图4所示。

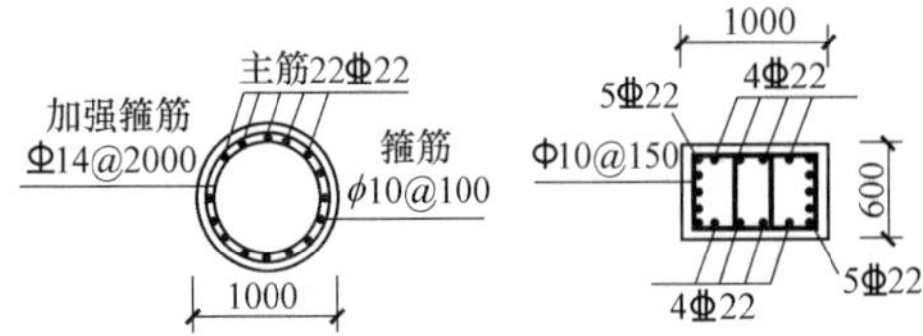

图3　支护桩、冠梁截面图

（2）放坡段（坡率法）主要设计参数（图5）

2.3　基坑工程施工

基坑工程施工包括：基坑支护施工、土方工程、降水工程三项工作。基坑支护桩施工于2018年7月完成；8月底基坑土方开挖至基础设计底标高，土方开挖完毕；基坑降水采用管井和明沟排水结合的方法。因建筑规划、规模发生调整，至今（2020年7月）未进行后续建筑基础、主体施工。

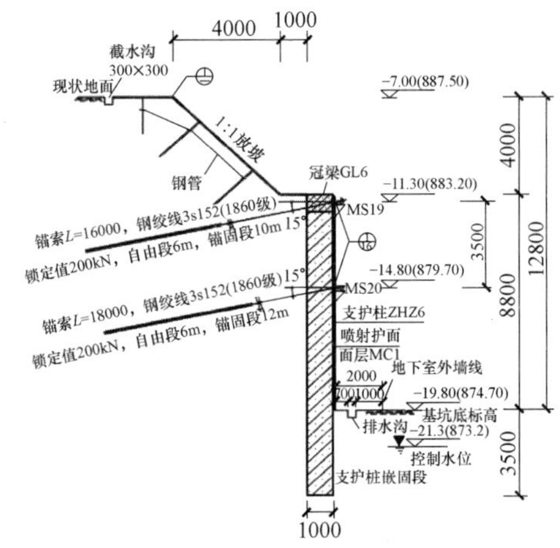

图4　桩锚支护结构立面图

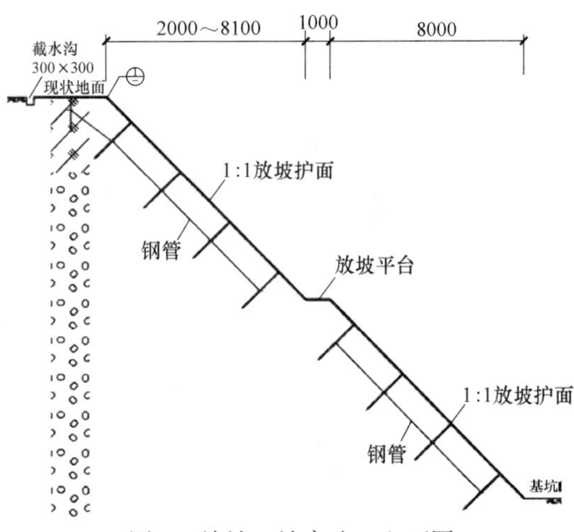

图5　放坡（坡率法）立面图

3　基坑监测

3.1　监测工作

根据基坑设计文件和业主要求要求，对基坑支护桩、锚索、边坡和周边地面变形进行监测，确定变形报警值和监测频率。监测工作由第三方监测单位监测，从基坑土方开挖开始监测至今。

3.2　监测数据

基坑监测数据从2018年3月初开始急剧变化，至4月中旬达到变形峰值，4月17日J28监测点水平位移108.4mm，J29监测点水平位移60.3mm（图6）。

2018年4月15日采取回填措施（图7），因资金、工期计划等原因，仅回填了基坑东侧的南段部分段，未整体回填，回填高度约3～5m。其后，监测数据收敛，变形值趋于稳定。

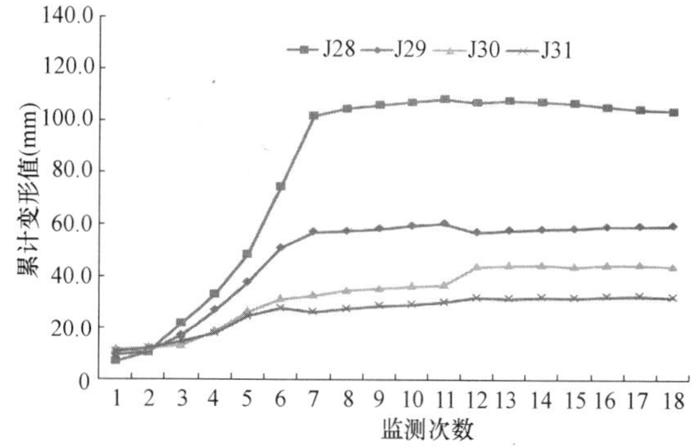

图 6　监测点 J28～J30 监测数据（时段）

监测点 J29～J31 变形曲线（时段）　表 5

时间	J28		J29		J30	
（2019年月日）	单次变化（mm）	累计变化（mm）	单次变化（mm）	累计变化（mm）	单次变化（mm）	累计变化（mm）
3.7	0.2	7.0	0.2	9.5	0.8	11.6
3.14	3.6	10.6	1.4	10.9	0.6	12.2
3.21	11.3	21.9	6.2	17.1	1.0	13.2
3.28	11.2	33.1	9.7	26.8	5.5	18.7
3.30	15.3	48.4	10.6	37.4	7.6	26.3
4.1	26.1	74.5	13.5	50.9	4.9	31.2
4.3	27.4	101.9	6.0	56.9	1.3	32.5
4.5	2.7	104.6	0.4	57.3	2.0	34.5
4.8	1.4	106.0	1.0	58.3	0.8	35.3
4.12	1.2	107.2	1.1	59.4	0.9	36.2
4.17	1.2	108.4	0.9	60.3	0.5	36.7
4.20	−1.3	107.1	−3.3	57.0	7.0	43.7
4.23	0.8	107.9	0.7	57.7	0.5	44.2
4.30	−0.6	107.3	0.4	58.1	0.2	44.4
5.6	−0.4	106.9	0.3	58.4	−0.7	43.7
5.13	−1.5	105.4	0.8	59.2	0.6	44.3
5.18	−0.9	104.5	0.1	59.3	0.2	44.5
5.25	−0.6	103.9	0.3	59.6	−0.7	43.8

图 7　基坑局部回填

4　原因分析

4.1　桩间土

桩间土为碎石土（圆砾），其稳定的极限坡脚相当于碎石土的内摩擦角，该碎石土的内摩擦角为 42°，因为该碎石土层中密状态、级配较好、轻微胶结、两根桩之间的拱效应等[3-5]有利于稳定的因素，桩间土在开挖后的短时间内保持稳定状态，因本项目停工，未对桩间土进行封闭加固，桩间土临空面直立、暴露，其自身发生碎落、坍塌（图 8）。

图 8　桩间土坍塌

4.2　地下水

地下水水位高程 873.4～876.8m，变化幅度约 1.0m，随基坑开挖，地下水在基坑侧壁土体内和基坑形成水位差，产生水力梯度，地下水渗流，动水压力作用于土颗粒，造成桩间土被冲出（图 9）。随着桩间土流失，逐步形成桩间空洞，桩间土塌落。

图 9　地下水影响

4.3　砂浆强度

桩间土采用 C20 砂浆护面，厚度 10cm。因砂浆拌和

图 10　桩间土面层碎落

水量过大，导致砂浆出现离析、和易性太差、粘结力太低，砂浆强度不够，出现易掉落、粘不住现象（图10）。

4.4 面层养护

砂浆喷射后不久，未及时喷水养护，养护不到位，水分散失快而产生收缩应力，收缩应力大于砂浆自身的粘结强度，表面产生裂缝，长期导致面层碎裂（图11）。

图11 桩间土面层裂缝、碎落

4.5 冻融作用

基坑开挖后，基坑侧壁作为新的临空面，其受水平向的大气影响。进入冬季，地下水位线以下（包括变幅范围内）土层形成冻土，冻结过程中产生体积膨胀（图12）。开春后，冻土融化，圆砾中冰屑的骨架支撑、粘结作用消失，导致体积缩小，强度降低，圆砾层局部发生下沉陷落，桩间土坍塌、土颗粒随化雪水流出。

图12 冻土

4.6 局部锚索失效

锚索的锚固力由锚索的拉力、锚索和浆体的握裹力、浆体和岩土体的摩擦力等实现，本项目局部锚杆失效，通过现场查勘，锚索杆体完好且保持持力状态。检测点J28～J31位移32.5～108.4mm，位移超过工作状态，判断位移发生于锚索注浆体和圆砾地层之间，摩擦力基本退出工作，仅剩残余强度（图13、图14）。

图13 锚索失效，腰梁下坠

图14 预应力锚索自由段

5 结语

建设工程为保证基坑周边建（构）筑物、地下管线、道路的安全和正常使用，保证主体地下结构的施工空间，而采取基坑支护措施。基坑工程应从项目管理、基坑设计、施工质量、成品保护、基坑监测（监测）、养护和维护等多方面控制，严禁产生支护结构破坏和影响支护结构正常使用的状态，保障本项目施工安全、基坑周边环境和建（构）筑物的使用安全。

参考文献：

[1] 中华人民共和国住房和城乡建设部．建筑地基基础设计规范：GB 50007—2011［S］．北京：中国建筑工业出版社，2012.

[2] 张长城，董昆．卵石层基床系数原位载荷试验与取值分析［J］．工程技术，2016(4)：335-337.

[3] 张启月，司洪洋．粗颗粒土大型三轴压缩试验的强度与应力应变特性[J]．水利学报，1982(9)：22-31.

[4] 陈希哲．粗粒土的强度与咬合力的试验研究[J]．工程力学，1994(4)：56-63.

[5] 卢宁，William J. Likos．非饱和土力学[M]．韦昌富，侯龙，简文星，译．北京：高等教育出版社，2012.

季冻区越冬深基坑支护体系受力及变形特性研究

郭浩天，李向群，孙　超，陈军君
（吉林建筑大学 测绘与勘查工程学院，吉林 长春 130118）

摘　要： 采用现场监测与 Midas GTS 软件数值模拟相结合的方法，对季冻区排桩内支撑支护体系深基坑在越冬阶段的变形规律及受力特性进行分析研究。结果表明：深基坑在越冬过程中，坑外地表沉降位移随温度降低而减小、随温度升高而增加。基坑坑底隆起位移、支护桩桩体水平位移，随基坑的冻结、融化过程，呈现出先增大后回缩的变化趋势。内支撑轴力在基坑越冬阶段呈现先增后减小趋势。数值模拟结果与越冬深基坑实际监测数据整体反映出的变化规律基本一致，验证模型的合理性与可靠性，从而为越冬工程设计及施工提供参考与指导。

关键词： 季冻区；越冬深基坑；支护体系；力学特性；变形特征

作者简介： 郭浩天，男，1991 年生，博士，讲师，主要从事季节性冻土工程及深基坑工程研究。

Study on stress and deformation characteristics of winter deep foundation pit support system in seasonal freezing area

GUO Hao-tian，LI Xiang-qun，SUN Chao，CHEN Jun-jun
（School of Geomatics and Prospecting Engineering，Jilin Jianzhu University，Changchun Jilin 130118，China）

Abstract： The deformation law and stress characteristics of deep foundation pit of row pile internal support system in seasonally frozen area in the overwintering stage are analyzed and studied by using the method of field monitoring and numerical simulation of MIDAS GTS software. The results show that during the winter of deep foundation pit，the surface settlement displacement outside the pit decreases with the decrease of temperature and increases with the increase of temperature. With the freezing and melting process of the foundation pit，the uplift displacement at the bottom of the foundation pit and the horizontal displacement of the supporting pile show the change trend of first increasing and then retracting. The axial force of inner support increases first and then decreases in the overwintering stage of foundation pit. The numerical simulation results are basically consistent with the change law reflected by the actual monitoring data of wintering deep foundation pit，which verifies the rationality and reliability of the model，so as to provide reference and guidance for wintering engineering design and construction.

Key words： seasonal freezing area；wintering deep foundation pit；support system；mechanical properties；deformation characteristics

1　引言

季节性冻土区在我国分布广泛[1]，随着国家“十四五”规划的推进及“一带一路”建设规划的高质量推动，这些区域不可避免地会有大量地下、地上等新建、改建、扩建项目的产生。随着工程规模和技术手段的不断提高[2]，像新型城镇化建设、地标性建筑建造等大规模工程的实施，使得基坑向“宽大深”方向发展成为必然趋势[3-7]。由于深大基坑周边环境较为复杂、工程量较大、注意事项较多，导致开挖速度缓慢、施工工期延长，从而使季节性冻土地区的深基坑越冬成为必然。基坑越冬过程中由于温度等因素影响，产生的一系列变形与稳定性等工程问题亟待解决。

温度变化会对深基坑支撑系统及基坑周围环境产生重大影响已成为共识[8-12]，因此诸多专家学者对深基坑支护结构受温度影响进行大量研究[13-17]，并得出许多建设性的建议，但对排桩内支撑支护体系研究的较少，也未能结合实际工程监测数据进行对比分析。故采用现场监测与 Midas GTS 软件数值模拟相结合的方法，对季冻区排桩内支撑支护体系深基坑在越冬阶段的变形规律及受力特性进行分析研究，以期为此类越冬工程设计及施工提供参考与指导。

2　越冬深基坑工程监测实例

2.1　工程概况

该深基坑工程位于长春市，开挖深度范围为 21～26m，其平面示意图如图 1 所示。基坑东南角靠近地铁通风口，开挖深度为 21m，由于其所处的地理位置特殊，故选用排桩＋角撑支护，支护桩桩身材料选用 C25 混凝土，桩长 26m，桩径为 800mm，桩中心间距为 1.2m，桩体嵌入土体深度为 5m。如图 2 所示，该剖面共设置 5 道钢筋混凝土角撑，第一层混凝土支撑的尺寸为 800mm × 1000mm，第二至五层的支撑尺寸为 800mm × 800mm，

基金项目：青年人才托举工程（2021QNRC001）。

主筋保护层厚度为 50mm。支撑系统中通长支撑为主撑，短杆件为次撑（600mm×800mm 混凝土截面），节点处次撑钢筋位于主撑钢筋内部。桩顶设有 1000mm×1000mm 钢筋混凝土冠梁，1000mm×800mm 的钢筋混凝土围檩。主撑、次撑、冠梁以及围檩均选用 C30 混凝土。各层支撑和其对应高度的冠梁、围檩，通过纵向钢筋焊接连接。跨度最长主撑的跨中设有格构式立柱。

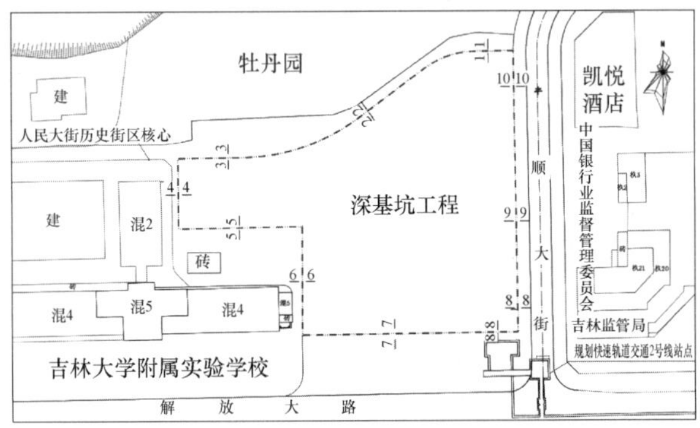

图 1　基坑现场平面示意图

Fig. 1　Site plan of foundation pit

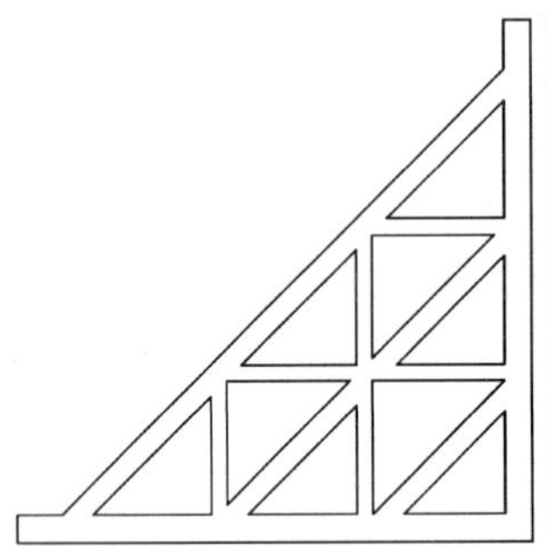

图 2　支撑体系现场立面图及俯视图

Fig. 2　Site elevation and top view of support system

2.2　工程地质条件

基于工程详勘报告，所得支护区域工程地质剖面图如图 3 所示，各层土体力学参数如表 1 所示。

各层土体参数　　表 1

Soil Parameters of each layer　　Table 1

序号	标高	土名	重度 γ (kN/m^3)	黏聚力 c(kPa)	内摩擦角 φ(°)	压缩模量 E_s (MPa)
1	0.0～−1.8	杂填土	19.7	10.1	12.3	5.3
2	−1.8～−3.5	粉质黏土	19.4	48.8	14.5	6.0
3	−3.5～−7.5	粉质黏土	19.0	25.5	15.8	4.8
4	−7.5～−15.7	粉质黏土	19.7	60.9	17.0	10.4
5	−15.7～−17.7	粗砂	19.8	10.0	35.0	28.0
6	−17.7～−21.1	全风化泥岩	20.5	40.0	23.0	13.0
7	−21.1～−26.6	强风化泥岩	21.0	60.0	30.0	34.0
8	−26.6以下	中风化泥岩	22.0	70.0	35.0	55.0

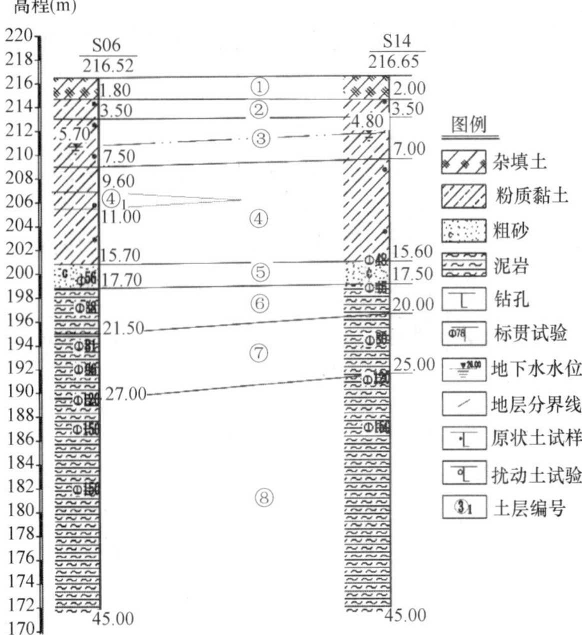

图 3　支护结构工程地质剖面图

Fig. 3　Engineering geological profile of support structure

2.3　基坑监测

根据基坑开挖深度由规范[18] 可知，该基坑安全等级为一级，由规程[19] 可知，该基坑侧壁安全等级为一级。按照设计要求，对坑外地表及坑底位移、支护桩桩顶水平位移、深层土体位移、内支撑轴力进行监测。

1. 基坑竖向位移及支护桩桩顶水平位移监测

按照设计要求，基坑周边地表和基坑底部的竖向位移是监测项目中的重要工作，需对二者的竖向位移进行监测并与控制值对比，一旦超出，及时采取相应的应急措施和补救方案。如图 4 所示，通过电子水准仪对事先埋设的地表监测点及观测墩进行观测，由此监测竖向位移。支护桩作为该基坑工程中最主要的围护结构，其水平位移通过全站仪进行监测。

图 4　地表监测点及观测墩

Fig. 4　Surface monitoring points and observation piers

2. 深层土体位移监测

通常情况下，围护结构和基坑侧壁紧密相接，二者受支挡结构背后土体的主动土压力作用，会产生背离土体方向的水平位移，若位移过大，会威胁到基坑及周边建筑物的稳定和安全，故通过深层土体位移监测掌握基坑坑壁实时的变形情况。通过活动式测斜仪和圆形测斜管对深层土体位移进行监测，测斜仪、侧斜管及现场测斜工作如图5所示。

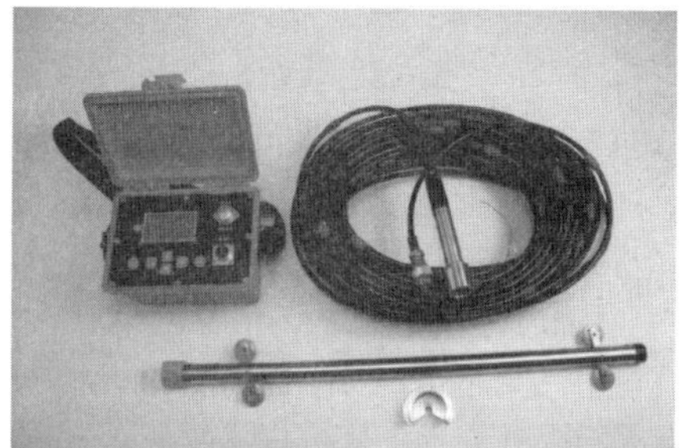

图5 测斜仪、测斜管及现场测斜图示

Fig. 5 Diagram of inclinometer, inclinometer tube and field inclinometer

3. 内支撑轴力监测

内支撑可以有效地控制基坑侧壁朝向基坑临空面的变形位移，保证基坑的稳定和周围环境的安全。施工过程中通过对内支撑轴力进行监测，判断其稳定状态，为安全施工提供保障。通过钢筋计及测读仪对内支撑轴力进行测读监测，钢筋应力计通常安设在轴力最大处或较为关键的部位，本工程将其焊接在各层主撑的受力钢筋上。钢筋计安装及内支撑轴力监测点布置如图6所示。

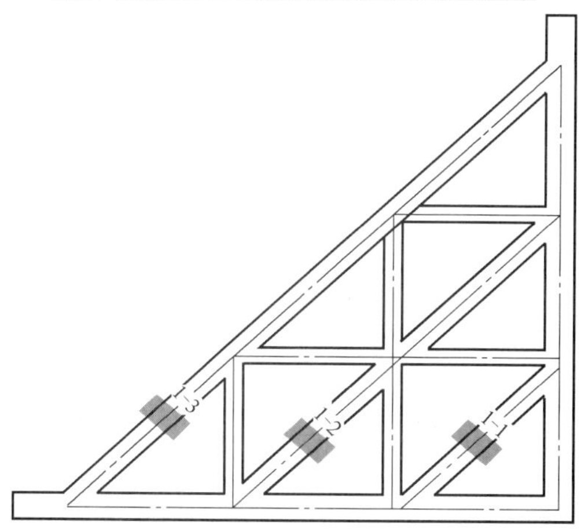

图6 钢筋计安装及内支撑轴力监测点布置图

Fig. 6 Layout of reinforcement meter installation and internal support axial force monitoring points

4. 监测频率及监测报警值

各个监测项目的报警值，根据其所处的具体环境、选用构件的材料特性等，并结合相关规范及当地的工程经验进行确定。该基坑监测工程的各项目监测精度及报警值如表2所示，基坑的监测频率如表3所示。

监测精度及报警值　　表2

Monitoring accuracy and alarm value　　Table 2

监测项目	监测精度	报警值	
		绝对值(mm)	变化速率(mm/d)
周围地表竖向位移	0.3mm	25～35	2～3
基坑底部隆起位移	0.3mm	25～35	2～3
桩顶水平位移	1.5mm	30	2～3
内支撑轴力	1.0kN	70%F	

监测频率　　表3

Monitoring frequency　　Table 3

施工进度		基坑开挖深度			
		≤5m	5～10m	10～15m	>15m
开挖深度(m)	≤5	1次/1d	1次/2d	1次/2d	1次/2d
	5～10	—	1次/1d	1次/1d	1次/1d
	>10	—	—	2次/1d	2次/1d
地板浇筑后的时间(d)	≤7	1次/1d	1次/1d	2次/1d	2次/1d
	7～14	1次/3d	1次/2d	1次/1d	1次/1d
	14～28	1次/5d	1次/3d	1次/2d	1次/1d
	>28	1次/7d	1次/5d	1次/3d	1次/3d

依据表2中各监测项目报警值，严格执行表3中各阶段监测频率，并参考该基坑工程现场的实际施工情况和本地工程经验对基坑进行监测。当基坑某种变形或应力的监测值超出报警值或连续3d均达到报警值的70%时，进行项目预警。监测数据具体所反映出的基坑变形规律和受力特性，将在现场监测数据与数值模拟计算结果对比分析中进行详述。

3 越冬深基坑支护体系数值模拟分析

3.1 模型建立与网格划分

通过Midas GTS软件，选择修正摩尔-库仑（Modified Mohr-Coulomb）模型和弹性（Elastic）模型，对三维深基坑模型以及排桩、内支撑、冠梁、围檩、立柱等支护结构进行模拟研究。

排桩+内支撑支护体系基坑模型以工程实际工况为依托，建立实际支护情况的三维基坑模型。基坑开挖的平面尺寸为17m×17m，坑深21m，支护桩桩长26m，桩体嵌入土体深度为5m。模型的平面边界尺寸大致按照基坑平面开挖尺寸的3.2倍取值，模型高度取支护桩桩底下1倍的基坑开挖深度，因此，模型的整体边界尺寸为55m×55m×47m（长×宽×高）。对于网格划分，基坑开挖的土层和坑底土层（至支护桩桩底）取0.5m的网格尺寸，其余部分的土层按照距离基坑边界的距离大小进行相应的网格划分，距离基坑边界最远的网格尺寸最大，最大网格尺寸为3.0m。内支撑和立柱分别按0.5m的尺寸进行网格划分，冠梁和围檩按照实际工况中所对应的高度在已有模型中进行析取。

根据大量的实际建模经验发现，在支护桩的建模过程中，如果按照实际的排桩支护体系进行建模，不仅加大工程计算量，而且极易出现模型不耦合的情况，因此为避免计算量过大或模型不收敛情况的发生，建模过程中，利用等效刚度原理通过式（1）对模型进行优化，将排桩等效成地下连续墙，等效原理如图7所示。

$$\frac{(t+d)h^3}{12}=\frac{\pi d^4}{64} \tag{1}$$

式中，d 为支护桩的直径；t 为排桩径距；h 为地下连续墙厚度。

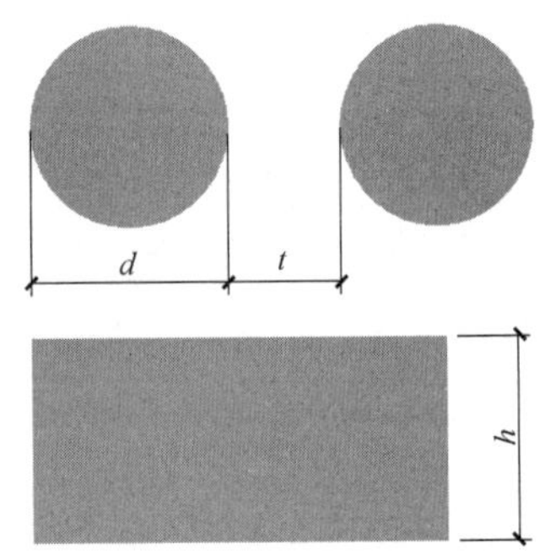

图7　排桩等效为地下连续墙原理图

Fig. 7　Schematic diagram of row pile equivalent to diaphragm wall

3.2　边界约束与荷载设置

依据现场的实际工况，对已完成网格划分的三维基坑模型施加自重荷载并确定位移边界约束条件，同时对立柱施加 z 方向的转动约束，对基坑外15m范围内的地层表面施加15kPa的等效均布荷载。网格划分完成及建立边界与荷载条件后的3D深基坑模型及其支护结构体系如图8所示。

3.3　定义施工阶段

通过Midas GTS软件中“激活”和“钝化”代表土层、支护结构的网格单元来依次模拟基坑不同的开挖工况，直至基坑开挖完成。三维基坑附近外地层的超载施工在基坑开始开挖前已经完成。基坑开挖完成后，通过对冻结土层的网格单元施加大小不同的温度荷载，以此模拟基坑在冬季冻结、次年春季融化的整个基坑越冬过程。结合基坑实际的施工和越冬工况，定义本次数值模拟的具体施工阶段，施工工况如表4所示。

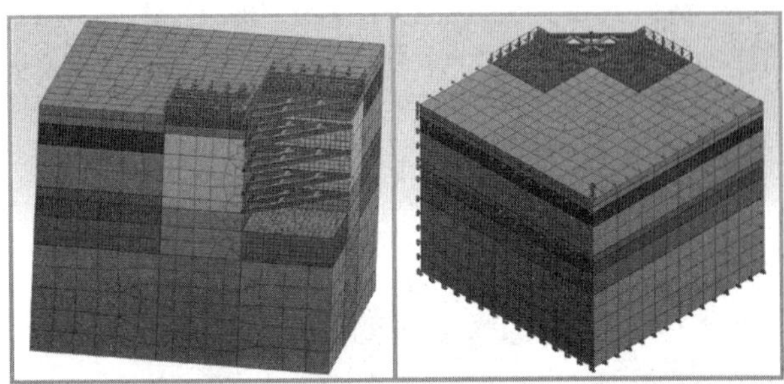

(a) 基坑模型(西北方向视角与东南视角方向)

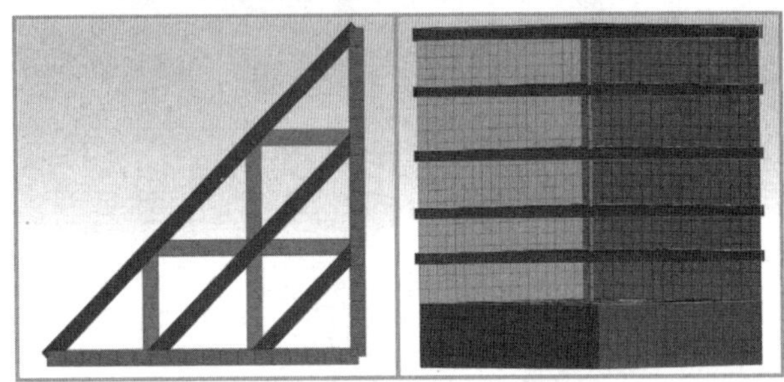

(b) 支护结构模型俯视图及立面图

图8　基坑模型及其支护结构的建立

Fig. 8　Foundation pit model and its supporting structure

基坑施工工况　　表4

Construction condition of foundation pit　　Table 4

工况	施工内容	备注
1	初始应力分析、地面超载施工、地下连续墙和立柱施工、设置第一道内支撑和冠梁	
2	第一步土体开挖并设置第二道内支撑和第一道围檩	开挖至−4.5m标高
3	第二步土体开挖并设置第三道内支撑和第二道围檩	开挖至−9.5m标高
4	第三步土体开挖并设置第四道内支撑和第三道围檩	开挖至−14.0m标高
5	第四步土体开挖并设置第五道内支撑和第四道围檩	开挖至−17.5m标高
6	开挖土体至坑底	开挖至−21.0m标高
7	负温下基坑冻结(−15℃)	
8	基坑土体融化(10℃)越冬完成	

3.4　基坑越冬阶段的模拟结果分析

对排桩+内支撑支护体系下，已开挖完成的基坑外地表、基坑侧壁以及基坑坑底施加同样冻深的温度荷载（−15℃、10℃），通过基坑在不同温度工况下的模拟计算结果，研究分析排桩+内支撑支护体系下的基坑，在越冬过程中的变形规律及围护结构受力特性的变化规律。图9为对已开挖完成的基坑坑壁和坑底施加温度荷载的情况。

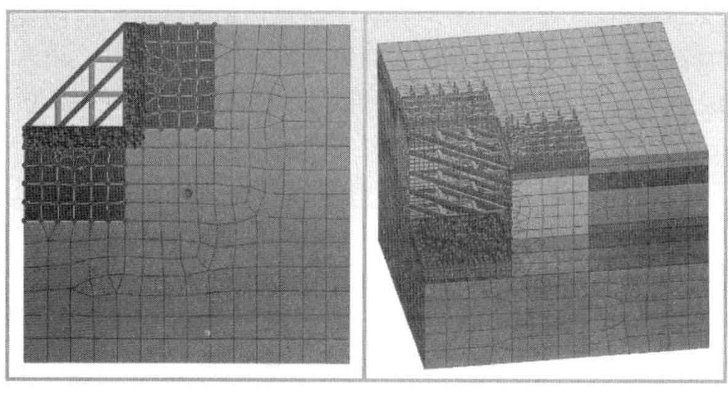

图 9　基坑模型坑壁（左）及坑底施加温度荷载

Fig. 9　Temperature load applied on pit wall (left) and pit bottom of foundation pit model

1. 基坑周边及坑底竖向位移分析

开挖并支护完成的基坑，在经历先冻结后融化的越冬过程中，基坑周边及坑底的竖向位移与常温状态时相对比会有所不同，－15℃和 10℃时的基坑竖向位移云图如图 10 所示。

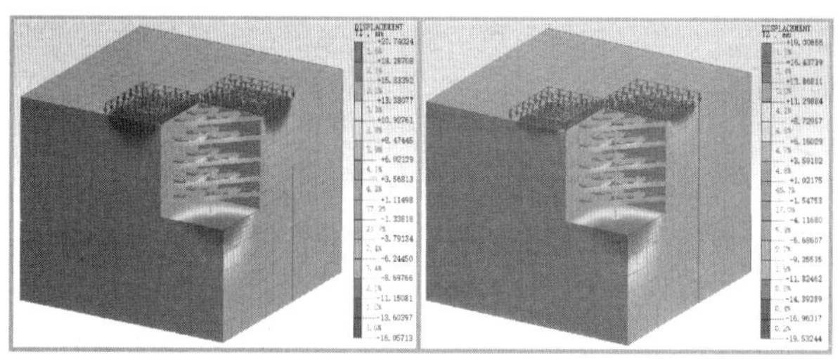

图 10　－15℃（左）及 10℃（右）时基坑竖向位移云图

Fig. 10　Cloud diagram of vertical displacement of foundation pit at －15 ℃ (left) and 10℃ (right)

由位移云图 10 可以看出，坑外地表以及基坑底部区域的竖向位移分布趋势与常温下开挖完成的竖向位移分布趋势大体一致，只是在数值上存在差异。

坑外地表一直处在均布荷载的作用下，因此在不同的温度下，坑外地表的沉降区域主要集中在均布荷载的作用范围内。先后经历－15℃和 10℃时的坑外地表最大沉降位移分别为 16.06mm 和 19.53mm，相比常温下基坑开挖结束时的最大沉降位移 17.21mm，－15℃时的坑外地表受冻胀作用，土体自身膨胀，抵消一部分均布荷载作用下所产生的沉降位移，最大沉降位移较常温时减少 1.15mm，即减少 6.7%；而 10℃时的土体融化，坑外地表沉降位移不仅相比－15℃时增大 3.47mm，即增大 21.6%，且比基坑刚开挖结束时增加 2.32mm。

对于坑底隆起位移而言，－15℃时，处于冻结状态下的基坑底部较开挖完成时有更大的隆起位移，最大隆起值为 20.74mm，比常温下基坑刚开挖结束时的最大隆起位移 13.96mm 增大 6.78mm，即增加 48.6%。10℃时，已经完全融化的基坑，其底部隆起位移稍有减少，最大隆起位置仍在坑底中心附近，其值为 19.01mm，相比冻结状态时，回缩 1.73mm，即回缩 8.3%，但仍大于常温下基坑刚开挖结束时的最大隆起位移。

2. 支护结构水平位移分析

基坑围护结构在－15℃和 10℃温度下的水平位移云图如图 11 所示，取地下连续墙上同一条竖直方向的直线作为研究对象，竖直向下每间隔 2m 取一个点，由此，－15℃时、10℃时和基坑刚开挖结束时的支护桩水平位移曲线如图 12 所示。

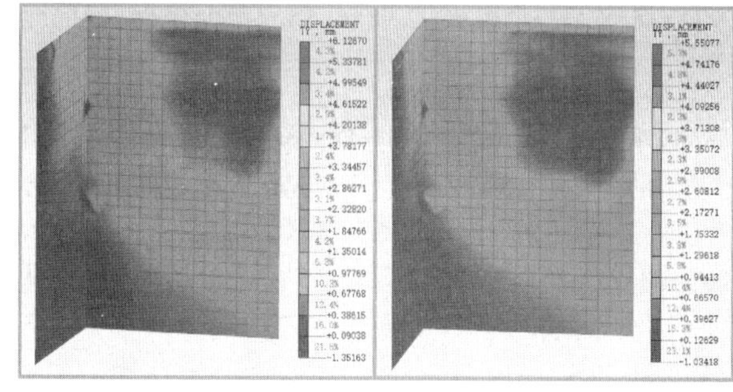

图 11　－15℃（左）及 10℃（右）时地下连续墙水平位移云图

Fig. 11　Cloud diagram of horizontal displacement of diaphragm wall at －15℃ (left) and 10℃ (right)

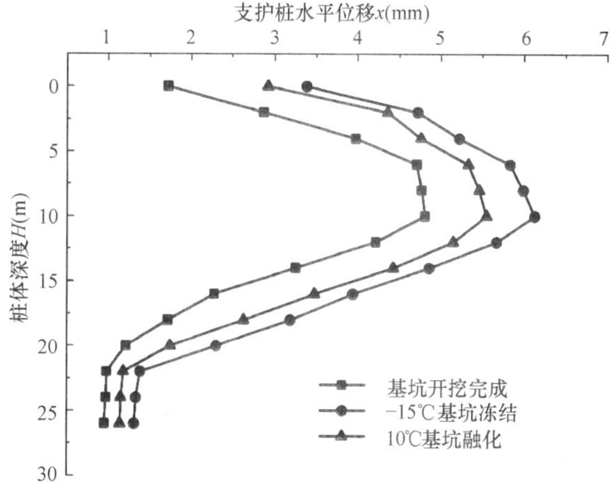

图 12　越冬阶段支护桩桩身水平位移变化曲线

Fig. 12　Horizontal displacement curve of supporting pile in overwintering stage

从以上云图以及不同温度下的桩体水平位移曲线对比图可以看出：

(1) 不同温度下的支护桩水平位移沿桩身的曲线分布形式基本一致，呈现“鱼腹”状；当桩体深度超过 21m 时，即嵌入土体后的桩体，侧移范围极小，几乎呈竖直的直线型。

(2) －15℃时的基坑受冻胀作用，支护桩桩体的水平位移较常温下基坑开挖结束时的桩体水平位移有明显的增加，此时的桩顶水平位移 3.38mm，相比常温时的桩顶水平位移 1.72mm 增加 1.66mm，扩大将近一倍；最大水平位移处仍在距桩顶向下 10.5m（一半的基坑开挖深度）附近，最大水平位移由常温下的 4.81mm 增至 6.13mm，增加 1.32mm，即增大 27.4%；1.31mm 的桩底水平位移依然较小，比常温时 0.96mm 的桩顶水平位移增加 0.35mm，即增大 36.5%。

(3) 10℃时基坑土体已经完全融化，支护桩桩体的水平位移相比－15℃冻结状态下稍有回缩，但依然大于基坑开挖完成时的水平位移。此时的桩顶水平位移 2.92mm

较－15℃时回缩 0.46mm，即回缩 13.6%，较常温时仍增大 1.20mm；桩体水平位移最大值是 5.55mm，比－15℃时回缩 0.58mm，即回缩 9.5%，仍比常温时增大 0.74mm；桩底水平位移最小，最小值为 1.15mm，与－15℃时的桩底水平位移相比，减小 0.16mm，即回缩 12.2%，但仍比常温下基坑刚开挖结束时增大 0.19mm。

3. 内支撑轴力分析

越冬过程中，基坑侧壁土层的冻结和融化势必会引起基坑的进一步变形，角撑为抵抗基坑变形，轴力必然会发生改变。图 13 为内支撑在－15℃和 10℃下的轴力云图，提取各层支撑轴力的模拟计算结果，总结出不同温度下各层内支撑轴力的最大值如表 5 所示，表中负值表示支撑受压。

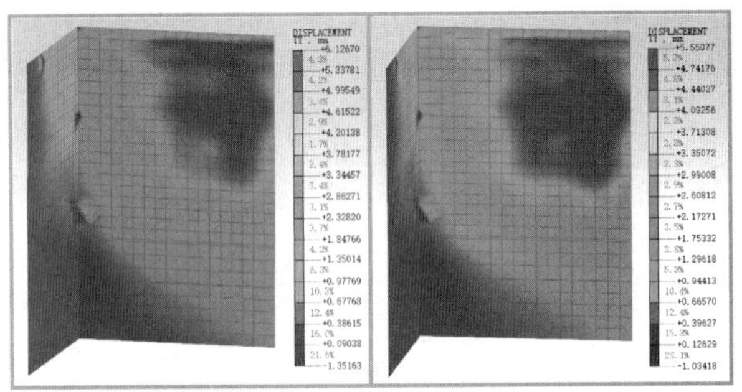

图 13　－15℃（左）及 10℃（右）时内支撑轴力云图

Fig. 13　Cloud diagram of axial force of inner support at －15℃ (left) and 10℃ (right)

越冬阶段各层角撑轴力最大值　　表 5

The maximum value of axial force of gusset in each layer in overwintering stage Table 5

最大轴力值(kN)	常温下基坑开挖完成	－15℃基坑冻结	10℃基坑融化
第一层角撑	－525.15	－739.79	－605.23
第二层角撑	－2741.75	－3270.85	－2982.94
第三层角撑	－4847.72	－5301.31	－5083.42
第四层角撑	－4508.62	－5148.82	－5018.59
第五层角撑	－633.89	－659.42	－642.57

由以上云图及表格中的结果数据分析可知：

(1) 从角撑的轴力云图可以看出，－15℃和 10℃温度工况下的各层内支撑轴力分布趋势与常温时基本一致，轴力只在数值大小上存在差异。各层的主撑轴力普遍大于次撑轴力，一部分次撑呈受拉状态（轴力云图中，正值表示受拉力作用，负值表示受压力作用），可见主撑在维护基坑稳定的过程中仍然对基坑侧壁起到主要的约束作用，次撑主要为结构构件，起到传递荷载的作用。

(2) 基坑在不同温度下的内支撑轴力最大值对于保证基坑安全越冬以及合理设计围护结构都具有重要的指导意义。－15℃时，基坑处在冻结状态下，各层角撑的轴力均出现不同程度的上涨，其中，第四层内支撑轴力最大值的增长量最多，增加 640.2kN，即增长 14.2%；第五层内支撑轴力最大值的变化量最少，最大值为 659.42kN（受压），仅比常温时增加 25.53kN，即增大 4%；－15℃时的所有支撑中，轴力最大的仍是第三层的内支撑，最大值为 5301.31kN，比常温时增加 453.59kN，即增长 9.4%。

(3) 10℃时，随着基坑的融化，各层角撑轴力相比－15℃时有一定程度的回缩，但仍然大于常温下的内支撑轴力。第二层内支撑最大值的回缩量最多，与－15℃时相比回缩 287.91kN，即回缩 8.8%；此时所有支撑中的最大轴力值仍出现在第三层内支撑，最大值为 5083.42kN，比－15℃时回缩 217.89kN，即回缩 4.1%，但与常温体条件相比，仍增大 235.7kN。

4　数值模拟与监测数据对比分析

4.1　基坑周边竖向位移对比分析

提取监测点的沉降位移监测数据，并与该监测点在不同工况下的模拟进行对比，结果如图 14 所示。由图可知，二者在越冬阶段有所区别，实测值在－15℃时，坑外地表沉降位移较基坑刚开挖结束时持续增大，模拟值在－15℃时的坑外地表沉降位移相比基坑刚开挖结束时有所回缩。考虑到施工现场周围环境的复杂性及基坑变形的时间效应，模拟结果依然具有合理性。模拟与实测在竖直方向的沉降最大值分别为 16.03mm 和 15.34mm，均在控制值 25mm 以下，模拟值偏大于监测值，二者总体变化趋势基本一致，结果可为实际工程周边地表沉降位移的监测和控制方面提供指导与参考。

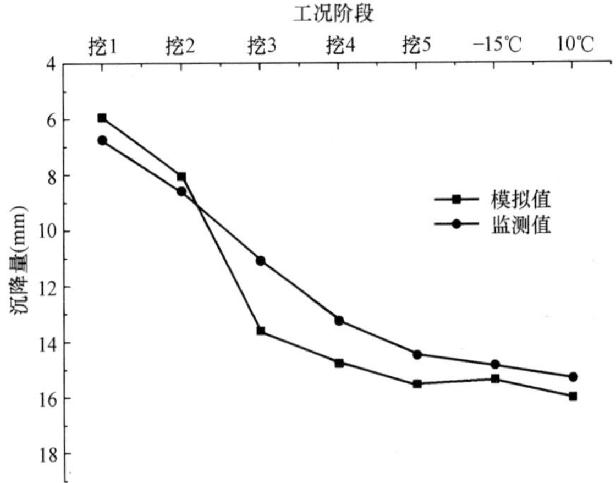

图 14　周边地表沉降模拟值与监测值对比

Fig. 14　Comparison of simulated value and monitoring value of surrounding surface subsidence

4.2　支护结构水平位移对比分析

提取监测点处的桩顶水平位移数据和测斜孔里的深层土体水平位移数据，对不同工况阶段下的桩体水平位移模拟结果值进行对比，如图 15 (a)～图 15 (c) 所示。

由图 15 可知，模拟结果和监测数据均呈现出桩体水平位移先增大后减小的变化趋势，曲线分布均类似“鱼腹”状，桩体最大水平位移均位于距桩顶 10.5m 上下，基本为一半的基坑开挖深度。已知支护桩桩长为 26m，桩

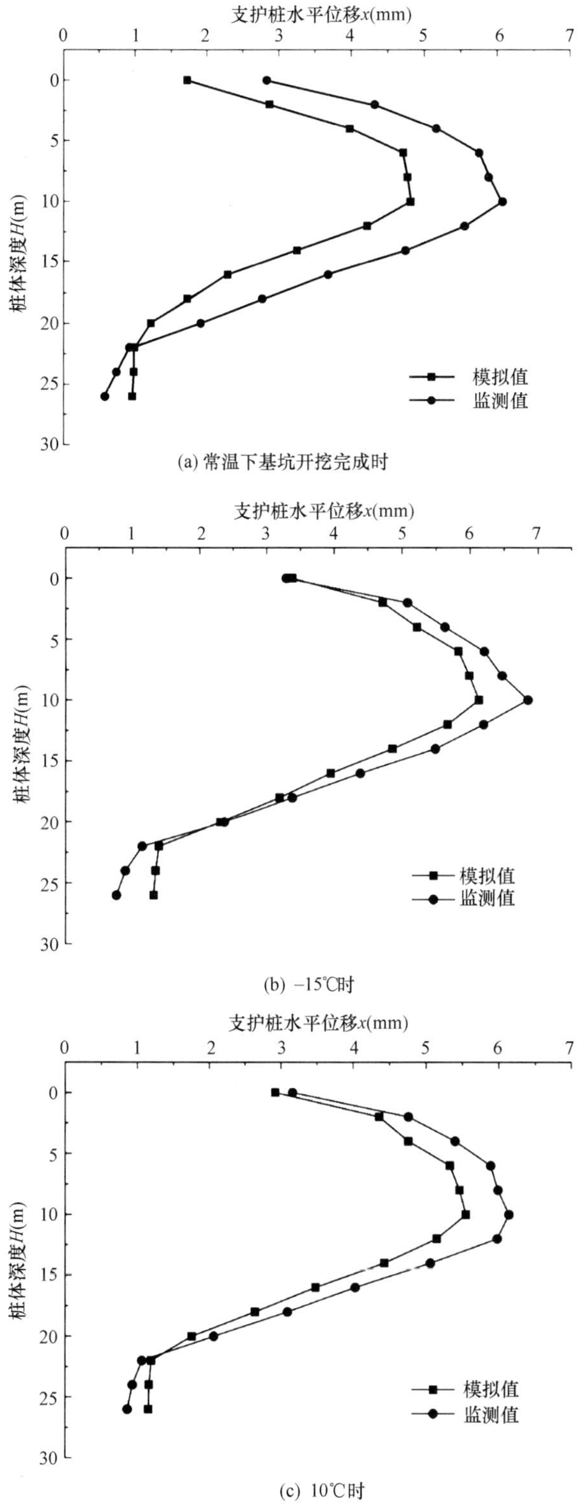

(a) 常温下基坑开挖完成时

(b) −15℃时

(c) 10℃时

图 15 不同工况下支护桩桩体侧移模拟值与监测值对比

Fig. 15 Comparison of simulation value and monitoring value of lateral displacement of retaining pile under different working conditions

嵌入土体的深度为 5m。由图可知，基坑底部以上桩体水平位移的模拟值普遍低于监测值。经分析可知，模型建立过程中，将排桩的围护结构等效成地下连续墙后，各层的主撑和次撑之间，包括与各层冠梁、围檩间的耦合效果较为理想，然而实际工程中，这些接头部位均采用焊接连接。其次，建模时对基坑模型中的立柱施加 z 方向"转动约束"的限制，使得原本自身刚度较大的支撑在结构上更加立体，抵抗基坑坑壁变形的效果更加明显。

对于嵌入土体中的桩体部分，其水平位移的模拟值大于监测值。由于 Midas GTS 软件是一种以连续介质有限元理论为基础而开发出来的数值模拟程序，因此嵌入土体中的桩体部分与土层协调变形及桩土间的摩擦作用，在模型中并未很好体现，导致支护桩的嵌固部分产生的位移大于实际工程。

综上，各工况阶段桩体水平位移的模拟值与监测值虽有一定的差距，但整体变化趋势基本相同，且在支护桩侧移最明显的−15℃温度工况时，模拟结果与监测数据显示达到的最大水平位移 6.13mm 和 6.85mm 均小于预警值，证明内支撑在控制基坑坑壁侧移上效果明显，模型建立较为成功。

4.3 内支撑轴力对比分析

将基坑开挖完成、−15℃及 10℃时，三种不同工况各层内支撑最大轴力的监测数据与数值模拟结果进行对比，如表 6 所示。

不同阶段各层角撑最大轴力的模拟值和监测值 表 6

Simulation and monitoring values of the maximum axial force of each layer in different stages Table 6

角撑最大轴力值(kN)		第一层	第二层	第三层	第四层	第五层
开挖完成	模拟值	−525	−2742	−4848	−4509	−634
	监测值	−3047	−3463	−5904	−5575	−1792
−15℃	模拟值	−740	−3271	−5301	−5149	−659
	监测值	−3530	−3810	−6842	−6484	−2332
10℃	模拟值	−605	−2983	−5083	−5019	−643
	监测值	−3228	−3501	−6246	−6023	−2084

由表 6 可知，在基坑越冬阶段，−15℃时内支撑轴力值比基坑开挖完成时的轴力值更大，而 10℃时的内支撑轴力值相比−15℃时存在一定程度的回缩，但仍大于基坑开挖阶段的轴力值。内支撑模拟与实测轴力的变化趋势类似，但监测数据的数值普遍高于模拟结果。其中，第一层内支撑模拟与实测的对比结果差异最大，三种温度工况下，第一层角撑所受压力最大值的模拟值仅为实测值的 1/5 左右，第二至五层角撑在不同温度下的监测值比模拟值高出 518～1673kN 不等。经分析可知，基坑模型在建立过程中，土层划分均匀、工况设置较为理想，而实际的施工环境较为复杂，诸多外界因素给支撑造成更大的压力，尤其是与地面平齐的第一层角撑，同时施工过程中机械、材料等的堆载、冬季雪荷载的沉积等因素，进一步造成实际与模拟结果之间的误差。故 Midas GTS 软件对内支撑轴力的计算结果，主要用于变化趋势的定性分析。

5 结论

基于深基坑工程监测实例，应用 Midas GTS 软件建立 3D 排桩＋内支撑支护体系下的深基坑模型，对深基坑在越冬阶段的基坑变形规律及围护结构受力特性进行模拟分析，并与监测数据进行对比研究，所得结论如下：

（1）季冻区深基坑越冬时，周边地表的沉降曲线、坑底隆起位移曲线、支护桩桩体水平位移曲线的分布形式仍与基坑开挖结束时相类似，但数值大小会因基坑越冬而有所变化。

（2）－15℃时的基坑周边地表沉降位移较常温条件下基坑刚开挖结束时有所减小，而 10℃时则比－15℃时和常温开挖结束时的沉降值大。

（3）基坑坑底隆起位移和支护桩桩体水平位移，随基坑的冻结、融化过程，呈现出先增大后回缩的变化趋势，且 10℃时上述两种变形仍大于其在基坑刚开挖结束时的变形程度。

（4）内支撑的内力值在基坑越冬阶段呈现出先增大后减小的变化趋势，且－15℃冻结时所增加的内力值多于其在 10℃已经融化后的减少值。各层主撑起到主要的支撑作用，支护桩侧向位移最大处所对应的内支撑轴力也最大。

（5）越冬深基坑实际监测数据整体反映出的变化规律与有限元数值模拟结果基本一致，验证了 Midas GTS 软件建立模型的合理性与可靠性，可为越冬工程设计及施工提供参考与指导。

参考文献：

[1] 马巍，王大雁．中国冻土力学研究 50a 回顾与展望[J]．岩土工程学报，2012(4)：625-640.

[2] 苏永波，张志娜，张志慧．密集建筑区深基坑支护方案选择[J]．辽宁工程技术大学学报(自然科学版)，2014，33(11)：1475-1479.

[3] NISHA J J，MUTTHARAM M，VINOTH M，PRASAD CRE. Design，Construction and Uncertainties of a Deep Excavation Adjacent to the High-Rise Building. Indian Geotechnical Journal. 2019；49(5)：580-94.

[4] LIM A，OU C，HSIEH P. A novel strut-free retaining wall system for deep excavation in soft clay：numerical study. Acta geotechnica. 2020，15(6)：1557-76.

[5] LEE P，ZHENG L，LO T，LONG D. A Risk Management System for Deep Excavation Based on BIM-3DGIS Framework and Optimized Grey Verhulst Model. KSCE journal of civil engineering. 2020，24(3)：715-26.

[6] OZTOPRAK S，CINICIOGLU SF，OZTORUN NK，ALHAN C. Impact of neighbouring deep excavation on high-rise sun plaza building and its surrounding. Engineering failure analysis. 2020，111：104495.

[7] HSIUNG B B. Observations of the ground and structural behaviours induced by a deep excavation in loose sands. Acta geotechnica. 2020，15(6)：1577-93.

[8] BOONE S J，CRAWFORD A M. Braced Excavations：Temperature，Elastic Modulus，and Strut Loads. Journal of Geotechnical and Geoenvironmental Engineering. 2000，126(10)：870-81.

[9] 陆培毅，韩丽君，于勇．基坑支护支撑温度应力的有限元分析[J]．岩土力学，2008(5)：1290-1294.

[10] 向艳．温度应力对深基坑支护结构内力与变形的影响研究[J]．岩土工程学报，2014，36(S2)：64-69.

[11] CHAMBERS P，AUGARDE C，REED S，DOBBINS A. Temporary propping at Crossrail Paddington station. Geotechnical research. 2016，3(1)：3-16.

[12] CHAO G，LU Z. Frost heaving of foundation pit for seasonal permafrost areas. Magazine of Civil Engineering. 2019，86(2)：61-71.

[13] YANG P，KE J，WANG J G，CHOW Y K，ZHU F. Numerical simulation of frost heave with coupled water freezing，temperature and stress fields in tunnel excavation. Computers and geotechnics. 2006，33（6-7）：330-40.

[14] MASSOUDI N. Temperature effect on tieback loads[C]// 2009 International Foundation Congress and Equipment Expo. Orlando：ASCE，2009：49-56.

[15] 刘畅，张亚龙，郑刚，等．季节性温度变化对某深大基坑工程的影响分析[J]．岩土工程学报，2016，38(4)：627-635.

[16] LIU C，LIU Y，ZHENG G，ZHANG Y. Studies of the effect of seasonal temperature change on a circle beam supporting excavation. Transportation Research Congress 2016：Innovations in Transportation Research Infrastructure-Proceedings of the Transportation Research Congress 2016. 2018：446-462.

[17] WU M，DU C，YANG K，GENG X，LIU X，XIA T. A new empirical approach to estimate temperature effects on strut loads in braced excavation. Tunnelling and underground space technology. 2019，94：103115.

[18] 中华人民共和国住房和城乡建设部．建筑地基基础工程施工质量验收标准：GB 50202—2018[S]．北京：中国计划出版社，2018.

[19] 中华人民共和国住房和城乡建设部．建筑基坑支护技术规程：JGJ 120—2012[S]．北京：中国建筑工业出版社，2012.

旋喷可回收锚杆在软土深基坑中的应用

吴梦龙，王宏民
（北京中岩大地科技股份有限公司，北京 100041 ）

摘　要：在软土基坑支护工程中，锚杆支护形式一方面影响后续地下空间的开发，另一方面提供的承载力常常达不到设计要求，为此锚杆支护形式越来越被限制使用，业内人士更认可混凝土内支撑。基于此，旋喷可回收锚杆技术应运而生。文章依托天津一实际案例，并结合有限元分析，将混凝土支撑方案优化为旋喷可回收锚杆方案。实际表明：通过采用旋喷可回收锚杆支护体系，保证了基坑安全可靠，变形可控，同时可实现节约工期，降低造价，方便施工，节能环保，可为类似项目的方案优化提供借鉴。

关键词：旋喷可回收锚杆；有限元分析；控制变形；节省工期；节省造价；方便施工；节能环保；优化

第一作者简介：吴梦龙（1989—），男，工程师，主要从事基坑、地基处理和桩基的设计和施工工作。E-mail：1540993457@qq. com。
通讯作者简介：王宏民（1990—），男，工程师，主要从事基坑、地基处理和桩基的设计和施工工作。E-mail：1257101358@qq. com 。

Application of rotary recoverable anchor rod in deep foundation pit in soft soil

WU Meng-long，WANG Hong-min
（Zhongyan Technology Co.，Ltd.，Beijing 100041，China）

Abstract：In the soft soil foundation pit support engineering，on the one hand，the bolt support type affects the subsequent development of underground space，on the other hand，the bearing capacity provided often fails to meet the design requirements. Therefore，the bolt support type is more and more restricted，and the insiders recognize the concrete internal support. Based on this，the rotary recoverable anchor rod technology came into being. Based on a practical case in Tianjin and combined with finite element analysis，this paper optimizes the concrete support scheme into the rotary jet recyclable bolt scheme. The practice shows that by adopting the rotary recoverable anchor rod support system，the foundation pit is safe，reliable and the deformation is controllable. At the same time，it can save the construction period，reduce the cost，facilitate the construction，save energy and protect the environment，which can provide reference for the scheme optimization of similar projects.

Key words：rotary recoverable anchor rod；finite element analysis；control deformation；save the construction period；reduce the cost；facilitate the construction；green and environmentally friendly；optimization

1　引言

对于软土地区的深基坑，因土层较差，常规锚杆无法提供足够的承载力；另外，常规锚杆通常会超出红线，其施工后将永埋在地下，会给临近地下空间的开发使用造成不利影响[1-3]，为此通常采用灌注桩＋混凝土支撑的支护形式，而不采用灌注桩＋锚杆的支护形式。当基坑面积比较大时，传统的混凝土内支撑，造价高，施工周期长，土方作业难度大，并且后期需要破除内支撑，将会产生大量的建筑垃圾和噪声污染[4]。

旋喷可回收锚杆是压力型锚杆，其全长为自由段，与水泥土隔离，其承载力通常取决于端部承载板与水泥土间的局部受压破坏。通过增大承载板尺寸、增加承载板个数或增强端部水泥土强度，可实现承载力的有效提高。另外因该锚杆可实现回收，将不再影响后续地下空间的开发，因而其实用性大大提高[5]。相比于混凝土内支撑方案，旋喷可回收锚杆技术，施工速度快，造价低，便于施工，节能环保。

2　工程概况

天津中新生态城某新建项目，基坑占地面积约为 65000m^2，局部为地下二层地下室，整体为一层地下室。地下二层区域基坑深度为 9.6m，基坑面积为 18000m^2；地下一层区域基坑深度为 5.45m，基坑面积为 47000m^2。基坑安全等级为二级。

场地原为浅海滩涂，2010 年左右吹填成陆，之后进行真空预压，施工之前场地为荒地。地下室外墙距离红线距离约为 5～7m。基坑周边存在三条市政道路，其中东西两侧用地红线外约有 20m 的绿化带，北侧用地红线距离市政道路较远，南侧相对距离市政道路较近，约为 15.5m。基坑周边存在污水管线、给水管线、电力管线等其他市政管线，埋深在 1.9～3.1m 之间。

地基土层为第四纪松散堆积物，主要由人工填土、海相、陆相交互冲、沉积物组成。土层从上至下顺序为：①$_{3-1}$ 层冲填土（粉砂土质）、①$_3$ 层冲填土（淤泥质黏土土质）、⑥$_2$ 层淤泥质黏土、⑥$_{3-1}$ 层粉质黏土、⑥$_3$ 层粉土、⑥$_4$ 层粉质黏土、⑥$_5$ 层粉土、⑦层粉质黏土、⑧$_{1-1}$ 层粉土、⑧$_1$ 层粉质黏土。典型的工程地质剖面见图 1，土层参数见表 1。

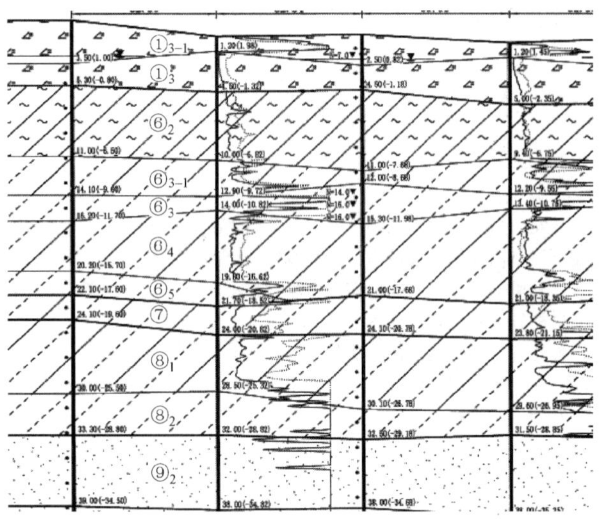

图 1　工程地质剖面

Fig. 1　Engineering geological profile

土层参数　　表 1

Soil parameters　　Table 1

土层编号	土层名称	γ (kN/m³)	c (kPa)	φ (°)
①$_{3\text{-}1}$	冲填土（粉砂土质）	19.2	8.98	30.00
①$_3$	冲填土（淤泥质黏土质）	17.3	12.78	7.72
⑥$_2$	淤泥质黏土	18.0	14.82	7.98
⑥$_{3\text{-}1}$	粉质黏土	19.2	21.15	18.81
⑥$_3$	粉土	19.4	12.38	31.85
⑥$_4$	粉质黏土	18.7	23.03	14.81
⑥$_5$	粉土	19.7	7.00	30.00
⑦	粉质黏土	19.7	24.55	16.95
⑧$_{1\text{-}1}$	粉土	19.7	9.87	30.35

3　基坑支护设计

3.1　原方案

基坑整体土质较差，其中①$_3$ 为冲填淤泥质黏土、⑥$_2$ 为淤泥质黏土，两层土的总厚度普遍在 10m 左右，整个基坑开挖侧壁均位于淤泥质土中。基坑周边环境也较为紧张，地下室外墙距离用地红线多在 5～6m 左右。

分析场地周边环境及工程和水文地质条件，考虑基坑整体安全性，最初采用支护方案如下：深区采用一道内支撑支护、浅区采用双排桩支护，深浅区交界处设置隔离桩，负二层顶板施工完成并换撑结束后整体拆除内支撑。对于深浅交界处，浅区部分留土进行开挖，拆撑结束后破除深浅区交界的隔离桩，整体开挖结束。深区内支撑支护方案平面布置如图 2 所示。

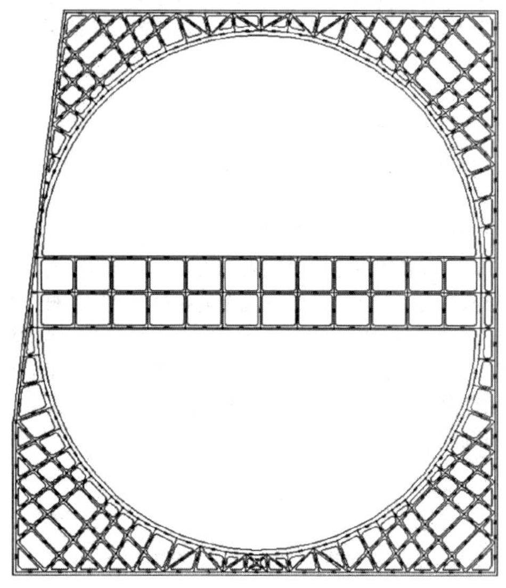

图 2　基坑支撑平面布置

Fig. 2　Layout plan of foundation pit support

地下二层基坑围护采用 ϕ900@1100mm 的灌注桩加一道混凝土内支撑的支护形式，灌注桩外侧设置一排 ϕ650@900mm 三轴搅拌桩止水帷幕，地下一层采用 ϕ700@1200（2400）mm 双排桩支护形式；双排灌注桩之间设置一排 ϕ650@900mm 三轴搅拌桩止水帷幕。支护剖面如图 3、图 4 所示。

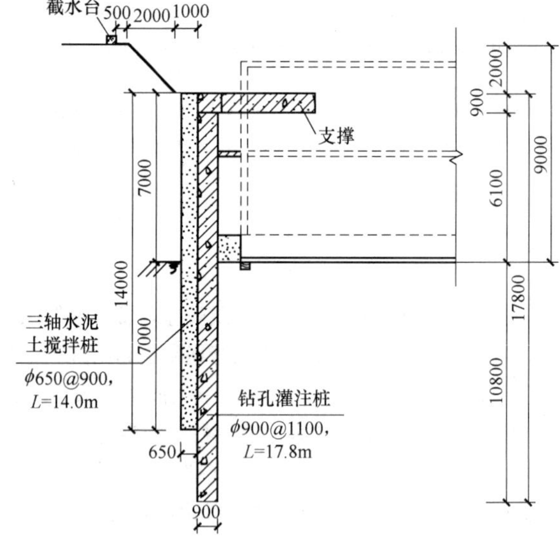

图 3　地下二层支护剖面

Fig. 3　Supporting section of underground second floor

3.2　优化方案

根据业主开发节奏需求，以及相应的成本控制，混凝土内支撑方案明显不能满足业主要求。为此，北京中岩大地科技股份有限公司采用灌注桩＋压力分散型旋喷扩体可回收锚索支护形式对原方案进行优化。

地下二层基坑围护采用 ϕ800@1100mm 的灌注桩加三道旋喷扩体可回收锚杆的支护形式，旋喷扩体锚杆普通段直径为 300mm，扩体段为 600mm；灌注桩外侧设置

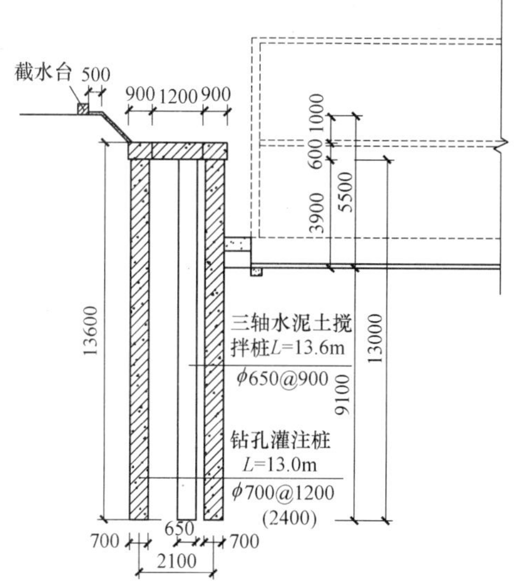

图 4 地下一层支护剖面

Fig. 4 Supporting section of the first basement

一排 φ850@1200mm 三轴搅拌桩止水帷幕。地下一层采用 φ800@1100mm 的灌注桩加一道旋喷扩体可回收锚杆的支护形式，旋喷扩体锚杆普通段直径为 300mm，扩体段为 600mm；灌注桩外侧设置一排 φ850@1200mm 三轴搅拌桩止水帷幕。高低跨采用 φ800@1100mm 的灌注桩加一道旋喷扩体可回收锚杆的支护形式，旋喷扩体锚杆普通段直径为 300mm，扩体段为 600mm；灌注桩外侧设置一排 φ850@1200mm 三轴搅拌桩止水帷幕。支护剖面如图 5～图 7 所示。

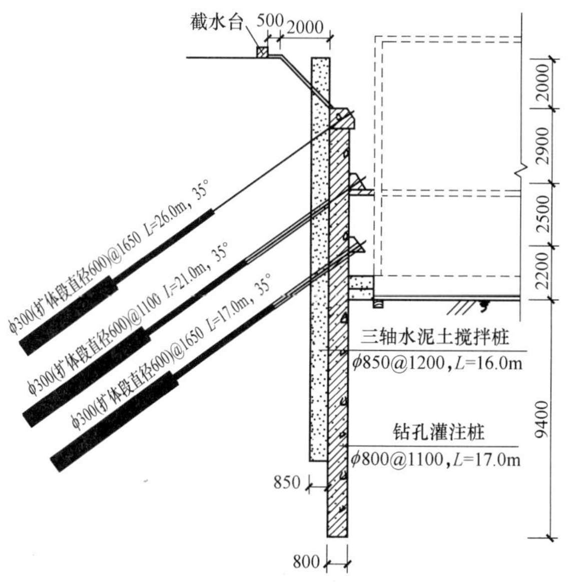

图 5 地下二层支护剖面

Fig. 5 Supporting section of underground second floor

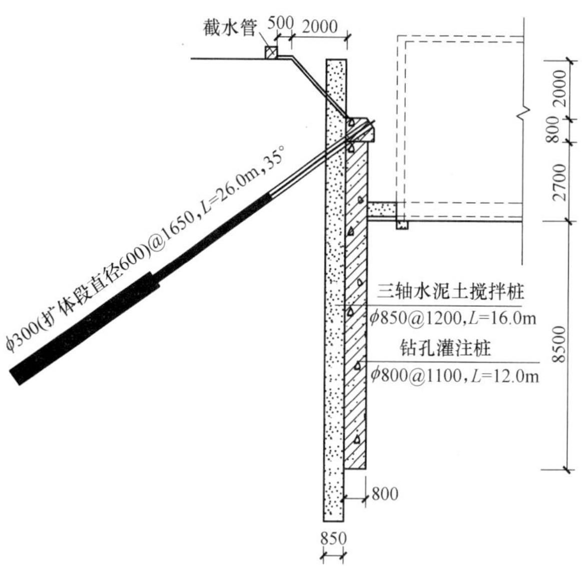

图 6 地下一层支护剖面

Fig. 6 Supporting section of the first basement

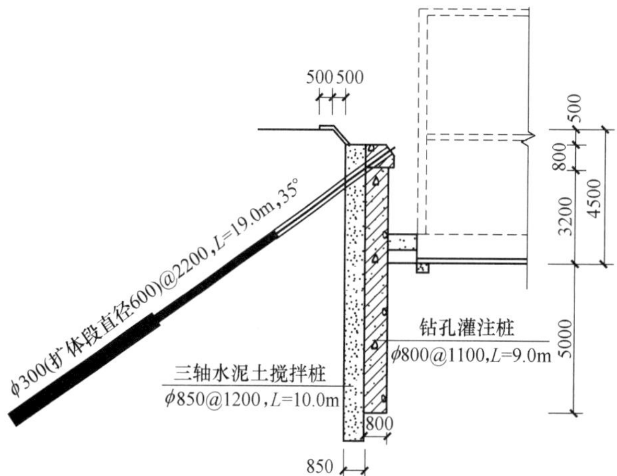

图 7 高低跨支护剖面

Fig. 7 High and low span support section

4 旋喷可回收锚杆设计验算

旋喷锚杆设计验算主要包括：杆体设计、非锚固段设计、锚固段设计三个方面。

4.1 杆体设计

$$T_d \leqslant f_{py} \cdot A_s \cdot \eta \tag{1}$$

式中，T_d 为锚杆拉力设计值（N）；f_{py} 为钢绞线或预应力螺纹钢筋抗拉强度设计值（N/mm^2）；A_s 为预应力筋的截面面积（mm^2）；η 为锚杆效率系数（%），回收装置和钢绞线连接件的静载锚固性能，采用可拆芯锚杆时，由试验确定，试件须同时满足静载锚固性能和可回收性能。

4.2 非锚固段设计

普通压力型锚杆非锚固段长度不应小于 5m，穿过潜在滑裂面不应小于 1.5m；压应力分散型旋喷扩大头锚杆的非锚固段长度不应小于 7m，且应穿过潜在滑裂面不小于 5m。

4.3 锚固段设计

（1）锚固段抗拔力计算

$$K \cdot T_d \leqslant q_{pk} \cdot \frac{\pi(D^2-d^2)}{4} + \pi \cdot L_D \cdot f_{mg} \tag{2}$$

式中，K 为锚杆抗拔安全系数；T_d 为锚杆抗拔承载力设计值（N）；D 为扩大头锚固段直径（mm）；d 为非扩大头锚固段直径（mm）；L_d 为扩大头锚固段长度（mm）；f_{mg} 为锚固段注浆体与地层间极限粘结强度标准值（MPa 或 kPa）；q_{pk} 为极限端阻力标准值。

（2）锚固段局部抗压计算

$$K_L \cdot T_d \leqslant 1.35A_p\left(\frac{A_m}{A_p}\right)^{0.5} \cdot \zeta f_c \tag{3}$$

式中，K_L 为锚固段水泥土体的局部抗压安全系数，取 2.0；A_p 为锚杆承载体与锚固段水泥土体横截面的接触面积（mm^2）；A_m 为锚杆锚固段水泥土体横截面面积（mm^2）；ζ 为有侧限的锚固段水泥土体的强度增大系数，由试验确定；黏土层可取 9.0，砂性土可取 10～20；f_c 为锚固段水泥土体的轴心抗压强度标准值（N/mm^2）。

5 有限元分析

5.1 计算模型

为进一步研究桩锚方案的可行性，现采用 PLAXIS 对地下二层的桩锚支护方案进行模拟，以观察桩锚支护方案对基坑变形的控制能力和锚杆承载力是否满足设计要求。

本项目地下二层开挖深度为 9.6m，支护桩成桩深度为 19m，等效板厚为 0.6m。因此考虑边界效应，计算模型宽度设为 60m，深为 30m。

5.2 土体本构模型和计算参数

由于基坑工程土体发生的变形通常为小应变，因此本文选用小应变土体硬化模型 HSS，该模型计算结果更符合实际工程[6-8]。

土体计算所用参数见表 2。c、φ 值采用三轴固结排水或直剪固结快剪强度指标；E_{50}^{ref}、E_{oed}^{ref}、E_{ur}^{ref}、R_f、m 的确定可参考王卫东等[9] 试验结果；G_0^{ref}、$\gamma^{0.7}$ 分别根据现场波速实验和室内小应变试验得到。

有限元模拟土层参数　　表 2

Finite element simulation of soil parameters　　Table 2

土层编号	E_{50}^{ref} (MPa)	E_{oed}^{ref} (MPa)	E_{ur}^{ref} (MPa)	幂值 m	$\gamma^{0.7}$ (10^{-4})	G_0^{ref} (MPa)	R_f
①$_{3-1}$	14.7	14.7	102.9	0.5	4.8	250.0	0.9
①$_3$	2.3	2.76	16.1	0.8	2.7	35.2	0.6
⑥$_2$	3.0	3.6	21.0	0.8	2.7	45.9	0.6
⑥$_{3-1}$	4.9	5.88	34.3	0.8	2.7	116.4	0.9
⑥$_3$	11.5	13.8	80.5	0.5	3.4	123.8	0.9
⑥$_4$	4.2	5.04	29.4	0.8	2.7	99.8	0.9
⑥$_5$	12.0	14.4	84.0	0.5	3.4	129.2	0.9
⑦	5.3	6.36	37.1	0.8	2.7	125.9	0.9
⑧$_{1-1}$	13.4	13.4	93.8	0.5	3.4	144.3	0.9

本工程支护桩采用板单元模拟，其参数详见表 3；锚杆自由段采用点对点锚杆单元模拟，锚杆锚固段采用嵌入式排梁单元模拟，其参数详见表 4。数值模型如图 8 所示。

板单元参数　　表 3

Plate element parameters　　Table 3

材料名称	单元类型	材料类型	EA (kN/m)	EI (kN/m)	等效厚度 d (m)
灌注桩	板	弹性	1.8×10^7	5.4×10^5	0.6

点对点锚杆、嵌入式排梁单元参数　　表 4

Plate element parameters　　Table 4

	钢绞线数量	锚杆间距 (m)	自由段 EA (kN/m)	锚固段 E (kN/m^2)
第一、三道锚索	4	1.65	1.09×10^5	1.56×10^6
第二道锚索	4	1.1	1.09×10^5	1.56×10^6

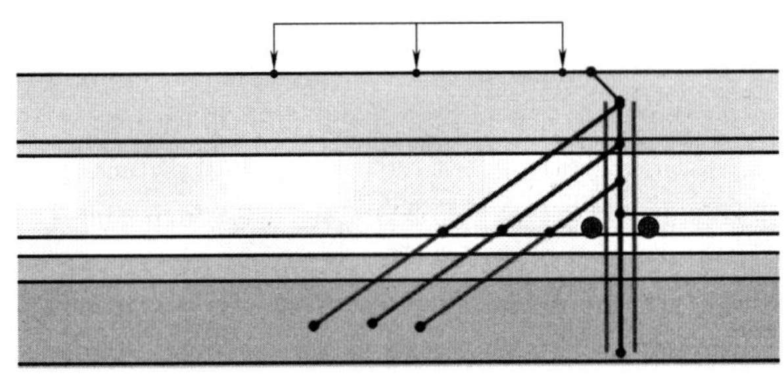

图 8　桩锚方案数值模型

Fig. 8　Numerical model of pile anchor scheme

5.3 施工过程模拟

本次模拟共分为 8 个步骤。

（1）设置灌注桩，自相对标高 −2.85m 至相对标高 −19.85m；

（2）基坑开挖至相对标高 −3.85m；

（3）在相对标高 −3.05m 处设置第一道锚杆，并施加预加力 300kN；

（4）基坑开挖至相对标高 −6.85m；

（5）在相对标高 −5.75m 处设置第二道锚杆，并施加预加力 250kN；

（6）基坑开挖至相对标高 −9.35m；

（7）在相对标高 −8.25m 处设置第三道锚杆，并施加预加力 230kN；

（8）基坑开挖至相对标高 −10.45m。

5.4 计算结果及分析

基坑变形结果见图 9，坡顶水平位移计算值为 12.36mm，而实际监测最大值为 12.0mm，因此计算值与实测值较为吻合，并且整体控制效果较为理想。经分析，因锚杆可施加预加力，通过调节预加力大小，并且在施工过程中可随时进行补偿张拉，从而可以有效控制基坑变形。

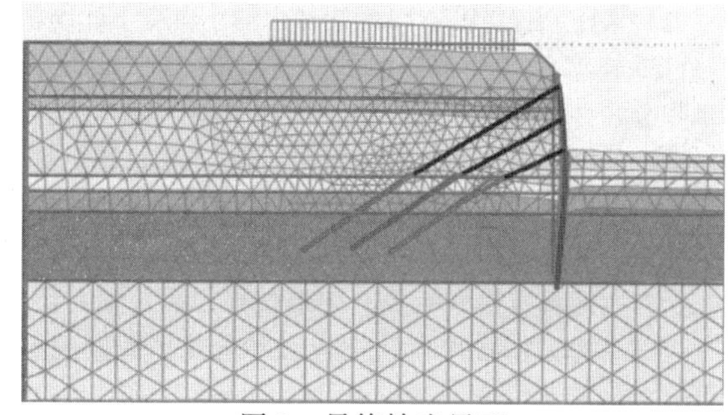

图 9 最终输出界面

Fig. 9 Final output interface

图 10 为桩身水平位移图。由图可知，计算值与实际值变化趋势相同，基本吻合，并且实际值略小于计算值。桩身水平最大位移发生在槽底附近，计算值为 17.64mm，实际值为 16.20mm，桩身水平位移较小。

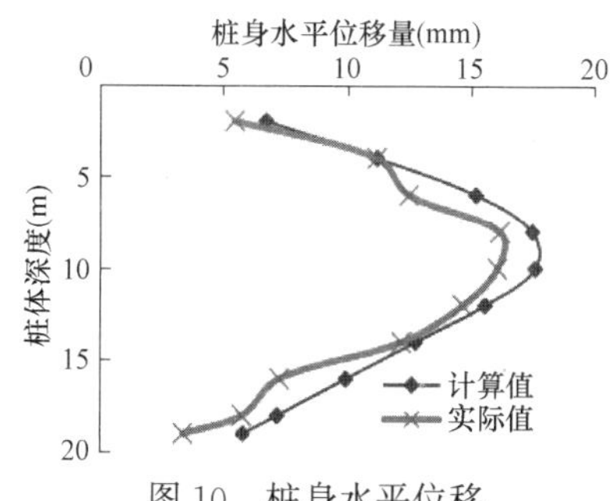

图 10 桩身水平位移

Fig. 10 Horizontal displacement of pile body

图 11 为基坑周边地面沉降图。由图可知，除坑边较近位置处地面沉降实际值小于计算值，计算值与实际值变化趋势相同，基本吻合。坡顶地面沉降计算值为 11.0mm，实际值为 9.0mm；3 倍坑深位置以外地面沉降计算值为 3.0mm，实际值为 2.8mm。周边地面控制效果较为良好。

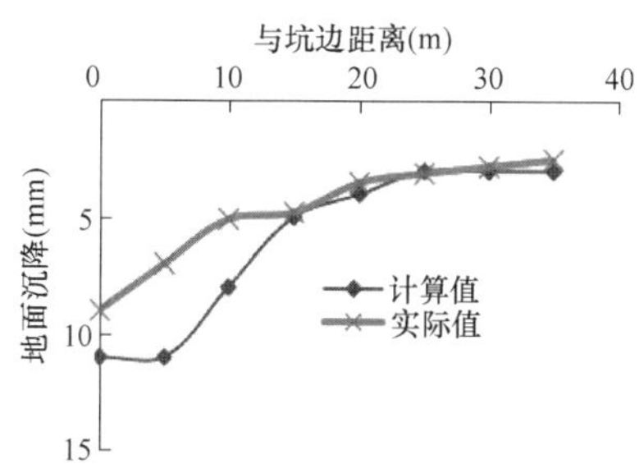

图 11 基坑周边地面沉降

Fig. 11 Ground settlement around foundation pit

图 12 为锚杆轴力图。如图所示，锚杆轴力计算值与实际值基本吻合，变化趋势一致，且轴力基本稳定。当锚杆预加力损失较大时，可及时对锚杆进行补张拉，施工方便，安全可靠。

6 支护施工

6.1 施工顺序

支护总体施工次序如下：施工止水帷幕→施工灌注

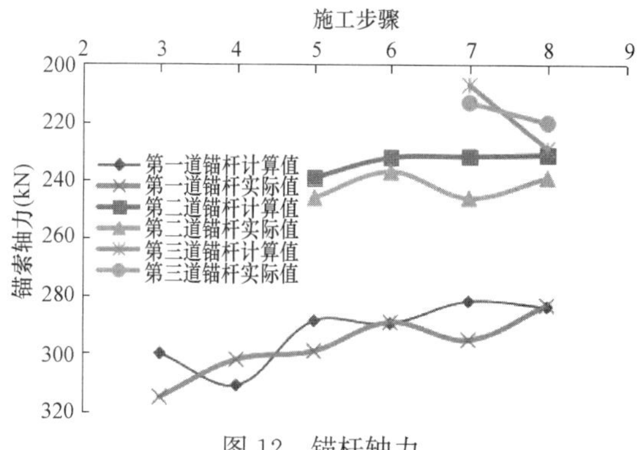

图 12 锚杆轴力

Fig. 12 Axial force of anchor rod

桩→第一步土方开挖→施工第一道锚杆→浇筑冠梁→第一道锚杆张拉锁定→依次施工第二道和第三道锚杆，并张拉锁定→将土方开挖至槽底→浇筑地下室基础垫层→浇筑基础底板和底板传力带→回收第三道锚杆→施工地下二层至顶板并浇筑中楼板传力带→回收第二道锚杆→完成地下室结构，回填肥槽→回收第一道锚杆。

6.2 旋喷可回收锚杆施工流程

现场使用的回收锚杆类型为热熔解锁可回收锚杆，其施工流程为：

钢绞线通电检查→钻机就位→带套管用清水引孔非锚固段部位→锚固段水泥浆旋喷扩孔→套管钻至孔底并注浆→钻杆带钢绞线入孔→施工完成后拔出钻机套管→施工完成后钢绞线通电检查→养护→张拉→锁定→满足换撑条件后进行锚杆回收。

6.3 旋喷可回收锚杆回收流程

现场使用的回收锚杆类型为热熔解锁可回收锚杆，其回收流程为：

（1）将锚头外的钢绞线和导线按规定要求梳理整齐。

（2）电压转换器与钢绞线上导线相连接，电源采用 36V 电压，热熔时间不宜低于 60min。

（3）待通电时间超过规定所需时间后用千斤顶对锚索加载，使热熔式锚头与钢绞线脱离开来，在千斤顶卸载后用手动或借助机器设备（自动回收机、卷扬机等）可将钢绞线拔出，完成钢绞线回收。

6.4 旋喷可回收锚杆技术要点

（1）保证锚索顺利回收

① 施工前应对每一根锚索杆体进行通电情况验收，不合格严禁使用；

② 施工完成后，需对每一根锚索进行通电测量，对于施工后不通电的锚索及时拔出，重新施工，避免后期锚索无法回收，保证整个项目锚索的回收率。

③ 对于冠梁部位的锚索，需在浇筑冠梁时预留线槽，防止后续张拉过程中造成导线的破损。

④ 导线外露长度不宜小于 30cm。

（2）保证旋喷锚索能提供足够的承载力

① 施工过程中，应严格控制注浆压力和钻进速率，

保证旋喷段直径和水泥掺量能够满足设计要求。

② 施工中应对承载板位置增加喷射水泥浆量，当钻至底部时，应保证持续喷浆 5min 后再上提钻杆；必要时可在杆体上预留注浆管进行二次高压注浆，以保证承载板处的水泥土能提供足够的抗压强度；当所需承载力较大时，可采用压力分散型锚杆，设置多个承载板。

7 施工效益

以下通过表 5 和表 6 对灌注桩＋混凝土内支撑方案与灌注桩＋旋喷可回收锚杆方案进行造价、工期对比分析。

混凝土支撑与锚杆方案造价对比　表 5

Cost comparison of concrete support and anchor bolt schemes　Table 5

支护方案	总造价(万元)
混凝土内支撑方案	5300
可回收锚杆方案	4500

混凝土支撑与锚杆方案工期对比　表 6

Comparison of construction period between concrete support and anchor bolt schemes　Table 6

支护方案	总工期(d)
混凝土内支撑方案	175
可回收锚杆方案	130

通过表 5 可知，旋喷可回收锚杆方案较混凝土内支撑方案直接造价可节省 800 万元，约占总造价的 15%；旋喷可回收锚杆方案较混凝土内支撑方案的土方开挖造价可节省 400 万元，约占总造价的 7.5%。因此方案优化后，累计可节省 1200 万元，约占总造价的 22.5%。

通过表 6 可知，旋喷可回收锚杆方案较混凝土内支撑方案工期可节省 45d，约占总工期的 25%。

8 结论

以天津某基坑项目为例，介绍了排桩加压力分散型旋喷扩体可回收锚索在软土深基坑工程中的应用，同时采用有限元数值模拟，将计算得出的变形值和锚杆轴力值与实际监测值进行对比分析，得出如下结论：

（1）采用 PLAXIS 有限元软件中的小应变土体硬化模型（HSS 模型），其计算得出的位移和锚杆轴力与实测值基本吻合，并且变化趋势一致。因此采用 HSS 模型可以较为准确地模拟深基坑开挖过程。

（2）采用灌注桩＋压力分散型旋喷扩体可回收锚索的支护体系，其通过预加力的施加，并结合施工过程中的补偿张拉，因此具有很好的控制变形效果，并且轴力稳定、安全可靠，为锚杆技术在软土地区基坑支护的应用提供了可靠案例。

（3）与常规混凝土内支撑方案相比，可回收锚杆支护方案在降低支护直接成本的同时，降低了挖土成本以及地下结构施工成本，并且可有效节省工期，减小甲方融资成本；另外，锚索方案便于现场土方开挖和主体结构施工；且锚索的可回收也避免了对地下环境的污染，不会影响后续地下空间的开发。因此可回收锚杆方案可以产生良好的经济和社会效益，具有推广应用价值。

参考文献：

[1] 赵启嘉，刘正根．可回收锚索在基坑支护工程中的技术研究及应用探讨[J]．岩土工程学报，2012，34(S1)：480-483.

[2] 罗来兵，童寅，叶子剑，等．可回收锚杆在深基坑工程中的应用[J]．市政技术，2016，6(34)：146-149.

[3] 王鹏，罗文云，黄俊杰，等．可回收锚索在基坑工程中的应用[J]．江苏建筑，2017，186(S1)：90-97.

[4] 付文光，邹俊峰，黄凯．可回收锚杆技术研究综述[J]．地下空间与工程学报，2021，17(S1)：512-522.

[5] 龚晓南，俞建霖．可回收锚杆技术发展与展望[J]．土木工程学报，2021，54(10)：90-96.

[6] 刘红军，李东，孙涛，等．二元结构岩土基坑“吊脚桩”支护设计数值分析[J]．土木建筑与环境工程，2009，31(5)：43-48.

[7] 林陈安攀，孙艺．基于 PLAXIS3D 的钢板桩围堰空间数值模拟研究[J]．港工技术，2018，55(3)：40-44.

[8] 何平，徐中华，王卫东，等．基于土体小应变本构模型的 TRD 工法成墙试验数值模拟[J]．岩土力学，2015，36(S1)：597-663.

[9] 王卫东，王浩然，徐中华．上海地区基坑开挖数值分析中土体 HS-Small 模型参数的研究[J]．岩土力学，2013，34(6)：1767-1774.

紧邻地铁车站的超深基坑支护工程实践

郑　虹，邓　旭，宋昭煌，王　静
（天津市建筑设计研究院有限公司，天津 300074）

摘　要：以紧邻天津地铁5、6号线肿瘤医院站的天津医科大学肿瘤医院新建门诊医技楼基坑工程为背景，说明如何选择合理的支护形式、支撑体系和针对地铁站的保护措施，并采用通用有限元软件ABAQUS建立三维连续介质有限元模型，分析基坑开挖对地铁站和盾构区间的影响，从而在确保地铁安全和基坑顺利开挖的前提下，尽可能做到节约投资、方便施工，为同类工程的设计与施工提供了有益的参考。
关键词：基坑支护；地铁保护措施；数值分析；方案比选
作者简介：郑虹（1974—），女，正高级工程师，国家注册土木工程师（岩土），主要从事基坑支护和地基处理方面的设计与研究。

Practice of retaining and protecting for super deep foundation excavation neighboring the subway station

ZHENG Hong, DENG Xu, SONG Zhao-huang, WANG Jing
(Tianjin Architecture Design Institute Co., Ltd., Tianjin 300074, China)

Abstract: Based on the engineering of retaining and protection for foundation excavation in Tianjin cancer hospital neighboring the subway station of Line 5 & 6, ABAQUS was used to develop a three dimensional FEM model to simulate the effects of deep excavation on the neighboring subway station and shield interval. And it is present that how to use the logical styles of retaining structures, support systems and protection measures for the subway to ensure safety, economization and convenience. It can provide reference for the other similar engineering design and construction.
Key words: retaining and protection for excavation; protection measures for the subway; numerical analysis; scheme comparison and selection

1　引言

近年来，根据经济建设和城市发展规划的要求，在地铁车站或线路旁兴建大面积带有多层地下结构的公共建筑或住宅建筑已经十分普遍。而天津作为沿海城市，土质条件软弱，地下水位高，大面积的土方开挖和降水施工势必引起周围土体的变形，对基坑周边的既有建筑物、道路、市政设施等产生影响。因此，紧邻对变形要求严苛的地铁站或盾构区间进行基坑支护，成为岩土工程设计人员必须慎重对待和深入研究的课题。

对于紧邻地铁的深基坑工程，应因地制宜，有针对性地制定切实有效的保护措施，同时也应尽可能节约投资、方便施工。天津医科大学肿瘤医院新建门诊医技楼基坑支护工程即是这样一个较为成功的实例。

2　工程概况

2.1　主体建筑简介

天津医科大学肿瘤医院新建门诊医技楼位于天津市河西区卫津南路与宾水道交口东北角肿瘤医院内。地上建筑为1栋10层框架结构的门诊医技楼，地下向南、西、北三个方向外扩，形成4层地下室。

2.2　基坑概况

该工程基坑形状规整，呈东西长约112.65m、南北宽约88.1m的矩形。基坑普遍深度为20.7m，局部电梯井深度超过23m，属于超深基坑。

2.3　周边环境条件

该项目位于现有的天津医科大学肿瘤医院院内，周边条件严苛。基坑西侧距离既有的单层放射楼（天然地基）最近处约8.0m；北侧西部距离既有的19层住院楼（1层地下室，常规桩基础）最近处约7.4m，北侧东部距离既有的7层肿瘤科学研究中心医技楼（3层地下室，常规桩基础）6.7m；东侧距离既有的14层乳腺中心（1层地下室，常规桩基础）约13.0m；南侧毗邻宾水道，宾水道下有当时正在建设、现已运营的地铁5、6号线肿瘤医院站（站体宽约24.8m，基础下垫层下皮大沽高程−23.670m，比本基坑大面积深度加深5.97m，站体采用1.0m厚55.0m深地下连续墙作围护结构），基坑距离地铁站地下连续墙10.0～16.0m。本工程基坑开挖时，地铁站站体结构已经建成，正在进行盾构推进。基坑周边环境条件如图1所示。

2.4　工程地质条件

本场地埋深80.0m以上从上至下依次分布人工填土层、坑底新近淤积层、新近冲积层、全新统海陆交互沉积地层及上更新统海陆交互沉积地层，土性主要由黏土、粉

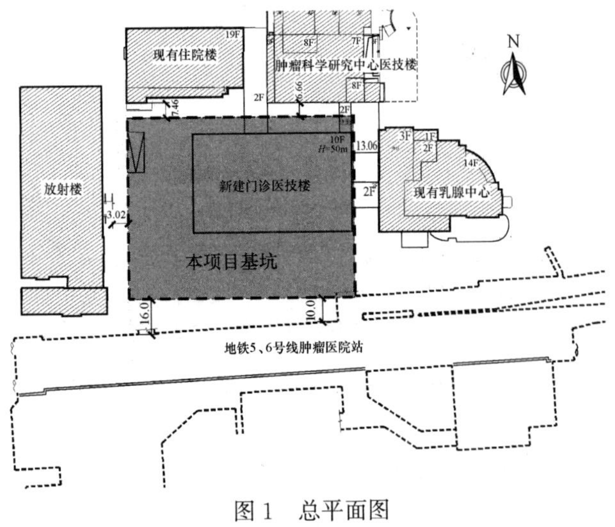

图1　总平面图

Fig. 1　General plan

质黏土、粉土、粉砂构成。各土层主要物理、力学指标如表1所示。

2.5　水文地质条件

根据地基土的岩性分层、室内渗透试验结果，场地埋深65.0m以上可划分为3个水文地质岩组。

(1) 潜水含水岩组

主要指埋深约13.50m以上人工填土（Q^{ml}）、上部陆相冲积层（Q_4^{3al}）、海相沉积层（Q_4^{2m}）。潜水主要由大气降水补给，以蒸发形式排泄，水位随季节有所变化。一般年变幅在0.50～1.00m。

潜水静止水位埋深0.80～1.10m，相当于大沽标高2.03～1.73m。

(2) 相对隔水层

埋深约13.50～29.00m段⑦粉质黏土、$⑧_1$粉质黏土、$⑨_1$粉质黏土可视为潜水与下部微承压含水层$⑨_2$粉土的相对隔水层；埋深约31.50～40.00m段$⑩_1$黏土、$⑪_1$粉质黏土可视为微承压含水层$⑨_2$粉土与$⑪_2$粉砂的相对隔水层。

(3) 承压含水层

各土层主要物理力学指标　　表1

Physical and mechanical parameters of soil　　Table 1

土层	重度（kN/m³）	固结快剪		直接快剪		垂直渗透系数 K_V（cm/s）	水平渗透系数 K_H（cm/s）	渗透性
		c_{cq}(kPa)	φ_{cq}（°）	c_q（kPa）	φ_q（°）			
$①_1$杂填土	—	—	—	—	—	—	—	—
$①_2$素填土	19.2	19.2	(12.00)	(17.00)	(11.00)	1.00×10^{-7}	1.00×10^{-7}	不透水
$④_1$粉质黏土	19.6	19.6	13.50	19.37	11.46	5.99×10^{-6}	2.45×10^{-6}	微透水
$④_2$粉土	19.9	19.9	28.50	11.09	27.34	1.84×10^{-4}	3.97×10^{-4}	弱透水
$⑥_3$粉土	19.3	19.3	28.90	10.05	27.32	3.09×10^{-4}	2.12×10^{-4}	弱透水
$⑥_4$粉质黏土	18.9	18.9	20.31	12.57	19.94	1.68×10^{-6}	6.25×10^{-6}	微透水
⑦粉质黏土	20.1	20.1	22.87	12.67	18.80	1.90×10^{-7}	1.49×10^{-7}	微透水
$⑧_1$粉质黏土	20.4	20.4	21.02	16.00	19.30	9.17×10^{-6}	1.48×10^{-6}	不透水
$⑨_1$粉质黏土	20.0	20.0	22.38	18.16	19.74	7.55×10^{-7}	1.45×10^{-6}	微透水
$⑨_2$粉土	20.7	20.7	30.87	7.49	29.72	3.55×10^{-4}	8.55×10^{-4}	弱透水
$⑩_1$粉质黏土及黏土	20.0	20.0	15.20	29.76	10.00	1.00×10^{-8}	3.70×10^{-7}	不透水
$⑪_1$粉质黏土	20.1	20.1	18.31	21.03	17.60	3.06×10^{-6}	6.85×10^{-6}	微透水
$⑪_2$粉砂	20.2	20.2	33.52	8.03	30.64	2.32×10^{-4}	3.12×10^{-4}	弱透水
$⑪_3$粉质黏土	20.0	20.0	(20.00)	(18.00)	(19.00)	5.28×10^{-6}	8.49×10^{-6}	微透水
$⑪_4$粉砂	20.0	20.0	33.91	7.10	34.00	—	—	—

埋深28.50～30.50m段粉土$⑨_2$透水性强，其上覆相对隔水层，为第一承压含水层；埋深40.00～53.00m段粉砂$⑪_2$、$⑪_4$透水性强，上覆相对隔水层将其与其他含水层隔断，为第二承压含水层；埋深55.00～65.00m段粉砂$⑫_2$透水性强，为第三承压含水层，因第二承压含水层隔水底板局部厚度较小，其与第三承压含水层有较明显的水力联系。

因场地条件限制本工程抽水试验未能开展，根据场地南侧地铁5号线肿瘤医院站的抽水试验报告提供承压含水层水头如下：第一承压含水层承压水水头可按大沽标高−1.86m考虑；第二承压含水层承压水水头可按大沽标高−1.98m考虑；第三承压含水层承压水水头可按大沽标高−2.82m考虑。

各土层渗透性系数如表1所示。

3 基坑支护设计

3.1 围护结构设计

对于深度已达到20.7m的基坑，地下连续墙既挡土又挡水，还能作为地下室主体结构的一部分，是经济、可行的选择。除宾水道侧（紧邻地铁站）地下连续墙厚度为1200mm外，其余均为1000mm。墙体坑底以下嵌固20.8m，可满足各项稳定性验算要求。此时墙底已完全穿过第一微承压水层，墙端位于第二微承压含水层的⑪$_2$粉砂层中。

由于第二微承压含水层埋深较浅，水头压力较高，其基坑底抗突涌稳定性安全系数不满足规范要求。考虑到周边环境的复杂性和重要性，需要将第二微承压含水层隔断。为此先后比较了两种不同的方案：方案一，在地下连续墙的有效嵌固深度下增加14m的素混凝土墙体，使其完全隔断第二微承压含水层；方案二，在地下连续墙成槽前施工一圈700mm厚、端部位于地表以下55.5m深的TRD水泥土连续墙。由于本工程地下连续墙厚度较大，第二微承压含水层的相对隔水层埋藏较深，因此在对两方案进行经济性比较后发现，方案二比方案一更为经济。而且在地下连续墙成槽前施工一圈TRD水泥土连续墙，不仅隔断了第二微承压含水层，而且对成槽保护有利，对弥补地下连续墙接头部位的渗漏有利。因此最终确定采用TRD水泥土连续墙隔断第二微承压含水层，地下连续墙保留有效嵌固深度的方案。

除此之外需要特别说明的是，10层框架结构的东侧边柱坐落在地下连续墙上，需要以地下连续墙代替工程桩提供竖向承载力。因此该侧局部地下连续墙有效墙体加深16m，墙端以⑫$_2$粉砂层作为持力层。

各侧围护结构剖面如图2、图3所示。

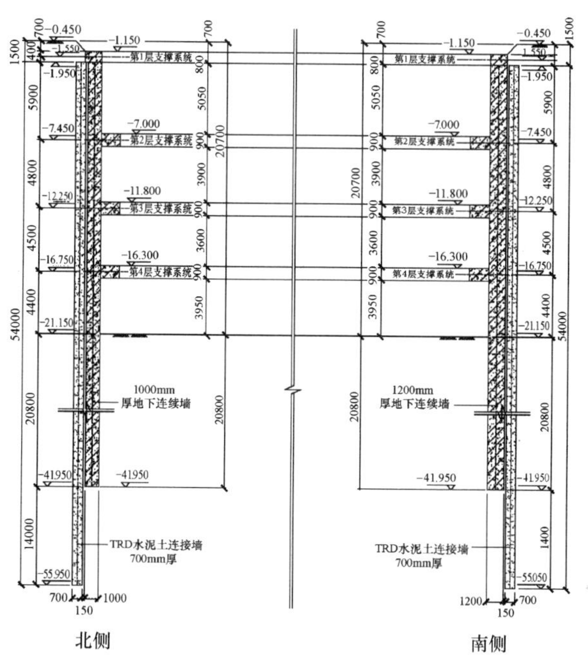

图2 南、北两侧基坑支护剖面

Fig. 2 Section of foundation pit support at South and North sides

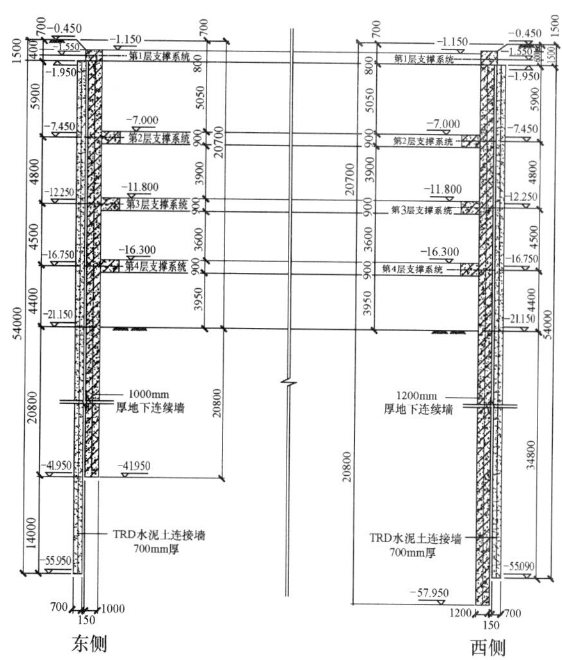

图3 东、西两侧基坑支护剖面

Fig. 3 S ection of foundation pit support at East and West sides

3.2 内支撑形式设计

根据基坑深度、主体结构特点和周边环境的要求，该基坑支护需设四层水平支撑系统。为使支撑系统更加经济合理，对两种不同的支撑形式——以“眼镜形”环梁为主的支撑形式（图4）和以桁架式对撑+桁架式角撑为主的支撑形式（图5）进行比较。在这两种支撑形式对控制基坑变形能力基本相当的前提下，以“眼镜形”环梁为主的支撑形式能够节约近20%的混凝土用量，并且开场空间更大，因此最终确定采用以“眼镜形”环梁为主的支撑形式。该支撑系统可以为土方开挖和主体结构施工提供尽可能开阔的工作面，有效地控制基坑平面中易产生较大水平变形的位置，充分发挥环梁混凝土结构抗压性能优异的材料特性，从而使支撑系统经济、合理、简洁。

设计中本着尽量减小围护结构变形和配筋的原则来确定每一层水平支撑的垂直位置，同时也须配合施工步骤，满足主体结构施工甩筋的要求。4层支撑系统轴线在

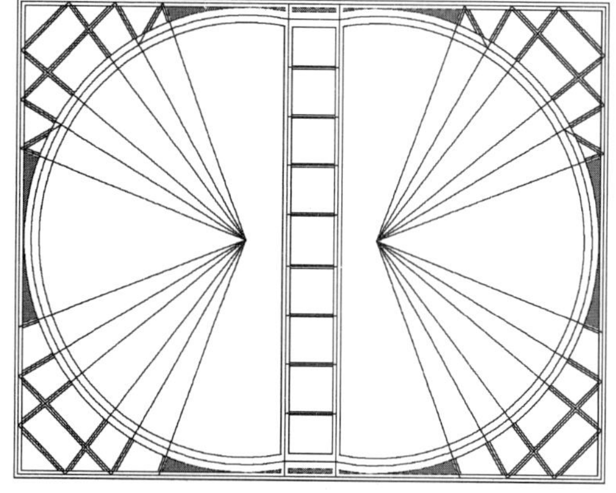

图4 “眼镜形”环梁支撑系统平面

Fig. 4 Plan of eyeglass ring beam support system

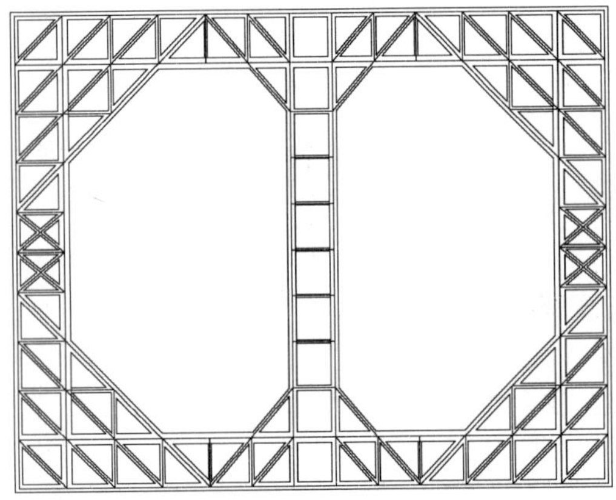

图5　桁架式对撑+桁架式角撑系统平面

Fig. 5　Plan of truss support system

水平面上的投影重合，以使每根支承柱同时贯穿4层支撑，既方便土方开挖，又能节省造价。

此外，应施工单位要求，在基坑的东南角、西南角设计了挖土栈桥；在第一层支撑系统的桁架式对撑上局部加板，作为施工平台使用。

3.3　降排水设计

由于采用TRD水泥土连续墙完全隔断第一、二微承压含水层，因此基坑内仅需设置大口井降水。为避免地下连续墙在悬臂状态下由于坑内降水而产生较大位移，要求在第一层支撑系统完成且强度达到要求后方可开始进行降水工作。降水井采用ϕ273mm桥式滤水管，外围多层土工布及等粒径碎石，其透水直径不小于700mm。降水井大部分深度为26m，仅在主楼的局部深坑位置将降水井加深至28m。降水应协同土方开挖进度分步进行，避免过度降水对周边环境造成影响。

基坑周围设观测井，大部分观测井井深25m，用以观测坑外潜水层的水头变化。此外增设几口专门观测坑外第二微承压水层水头高度的观测井，井深45m。为确保宾水道下地铁5、6号线的安全，南侧的各种观测井的密度较其余各边有所增加。

3.4　地铁保护措施

针对宾水道下地铁5、6号线肿瘤医院站和盾构区间，在基坑支护方面采取若干措施以确保地铁的安全：

(1) 采用TRD水泥土连续墙完全穿透第一、二微承压含水层，进入（或穿越）相对隔水层，尽可能降低坑内降水对地铁的影响。

(2) 为减小地下连续墙变形对地铁的影响，增加紧邻地铁侧地下连续墙的刚度，将其厚度增大至1200mm。

(3) 为进一步控制变形，要求完成第一层水平支撑系统后再开始降水。

(4) 增加紧邻地铁侧的潜水观测井和承压水层观测井的数量（必要时采取回灌措施），要求监测单位增加对该侧地下连续墙和支撑系统的监测密度和频率。

(5) 严格控制紧邻地铁侧的地下连续墙、坑外观测井以及地铁主体结构监测预警值。

(6) 采用有限元软件ABAQUS建立三维连续介质有限元模型，分析基坑开挖对地铁站和盾构区间的影响，并以此优化设计和指导施工。

4　影响分析

设计过程中，采用通用有限元软件ABAQUS，建立考虑基坑支护、新建地铁车站、土体耦合作用的三维连续介质有限元模型，分析基坑开挖对新建地铁车站的影响，评估本工程支护设计的有效性与合理性。

4.1　模型建立

计算模型中包括地铁站及其支护结构，盾构区间隧道，本工程基坑支护结构以及周围土体。地铁站体、盾构区间均采用壳单元模拟，地铁车站站体下工程桩与基坑水平支撑体系均采用梁单元，地铁车站站体支护结构、基坑地下连续墙与土体则采用实体单元模拟，换撑过程中基坑底板及各层楼板采用弹簧单元模拟，地应力场按自重应力场考虑。有限元模型如图6所示。

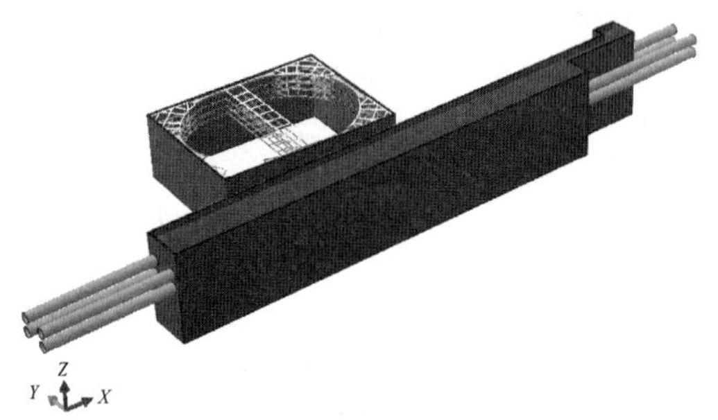

图6　有限元模型

Fig. 6　Schematic diagram of finite element model

计算模型中采用修正剑桥模型模拟各土层；采用线弹性本构模型模拟新建地铁站体及支护结构、盾构区间、基坑围护结构以及地下主体结构层板和底板；采用ABAQUS提供的面-面接触模拟围护结构与土体、地铁车站与地下连续墙的接触问题，切向接触本构采用有限滑动的库仑摩擦模型来模拟围护结构与土体之间的摩擦行为，法向采用硬接触方式模拟接触对的法向接触行为，以此实现不同介质界面间的力的传递。

4.2　施工过程模拟

为准确模型基坑开挖对新建地铁的影响，计算采用动态模拟实际施工过程的分析方法，共设置20个计算分析步，如表2所示。

4.3　计算结果及安全评估

计算结果给出了各个工况下基坑内、外土体的各向位移、作为围护结构的地下连续墙的各向位移、地铁车站和盾构区间的各向位移，以及由于本工程基坑开挖对地铁车站和盾构区间造成的附加内力等内容。图7所示为最后一步工况完成（即拆除首层支撑系统）后，地铁车站Y向水平位移场。

计算分析步 表 2

Calculation and analysis steps Table 2

序号	内容	序号	内容
1	初始地应力平衡	11	施工第四道支撑
2	生成地铁车站结构及其工程桩、盾构区间、站体地下连续墙	12	基坑开挖至坑底深度－20.7m
3	生成基坑围护结构，施加基坑周围地面超载	13	施作地下主体结构基础底板
4	基坑开挖至第一层坑底深度－1.5m	14	拆除第四道混凝土水平支撑
5	施工第一道支撑	15	施作地下主体结构地下四层顶板
6	基坑开挖至第二层坑底深度－7.45m	16	拆除第三道混凝土水平支撑
7	施工第二道支撑	17	施作地下主体结构地下三层顶板
8	基坑开挖至第三层坑底深度－12.25 m	18	拆除第二道混凝土水平支撑
9	施工第三道支撑	19	施作地下主体结构地下二层顶板
10	基坑开挖至第四层坑底深度－16.75m	20	拆除首道混凝土水平支撑

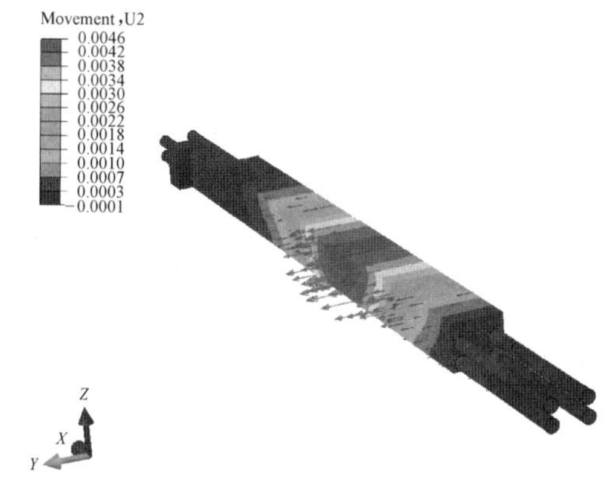

图 7　拆除首层支撑后地铁车站 Y 向水平位移场

Fig. 7　Horizontal displacement field in Y direction of metro station after first floor support removal

将地铁车站及盾构区间变形计算值（最大值）及安全控制值列于表 3 中。根据施工进度安排，在地下室结构全部完成时车站尚未铺轨，且地铁车站主体结构内也未设置变形缝，因此轨道差异沉降、纵向轨道高差及变形缝处差异沉降等控制指标均不在本次安全评估范围之内。经比较可知，地铁车站及盾构区间变形均处于变形控制标准之内，满足地铁管理部门对邻近基坑的在建、新建地铁车站及盾构区间的保护要求。基坑围护结构和支撑系统的设计是合理的。

地铁车站及盾构区间变形计算值与控制值比较 表 3

Comparison between calculated and controlled deformation values of metro station and shield section Table 3

项目	计算值 (mm)	控制值 (mm)	是否满足控制要求
车站结构竖向位移	2.5	+5 －10	满足
车站结构水平位移	4.6	10	满足
车站侧墙水平位移	0.49mm/10m	2.5mm/10m	满足
盾构区间竖向位移	－0.3	+5 －10	满足
盾构区间水平位移	0.4	6	满足
盾构区间差异沉降	<0.1mm/10m	2mm/10m	满足

5　简要实测资料分析

5.1　监测内容和预警值

基坑监测对象包括基坑支护结构和周边环境。对基坑支护结构的监测内容包括地下连续墙顶部水平及竖向位移、地下连续墙深层水平位移、支撑内力、支承柱竖向位移、观测井水位；对周边环境监测内容包括既有建筑、道路、管线的竖向位移，地铁车站和盾构区间的竖向位移、水平位移等。各项预警值如表 4 所示。

各监测项目的预警值 表 4

Early warning value of each monitoring item Table 4

监测项目	速率 (mm/d)	累计值 (mm)
宾水道侧墙顶水平、竖向位移	3	15
其余各侧墙顶水平、竖向位移	4	20
宾水道侧地下连续墙深层水平位移	3	35
其余各侧地下连续墙深层水平位移	4	40
支承柱竖向位移	±3	±30
支撑系统内力		80%构件设计值
坑外地下水位	－500	－1000
道路和建筑物沉降	±5	±40
地铁站体竖向位移	±1	－8，+4
地铁站体水平位移	1	8
地铁区间竖向位移	±1	－8，+4
地铁区间水平位移	1	4.8

5.2　监测结果

从现场各个阶段的监测结果来看，地下连续墙的测斜曲线与计算结果接近。由于场地条件限制，各层土方开挖施工单位均采用自北向南退挖的方式，因而造成北侧地下连续墙水平位移实测值略大于计算值，而南侧地下连续墙水平位移实测值略小于计算值（图 8 为拆除首层水平支撑系统后，北侧与南侧地下连续墙深层位移监测结果对比）。基坑和周边环境监测项目的实测值均在可控范围之内，特别是紧邻地铁站的南侧，由于采取了多种保护措施，该侧地下连续墙变形明显小于其他各侧。地铁站体、区间的监测过程中也未出现超出预警值的情况。结果表明，基坑开挖和降水过程中，天津地铁 5、6 号线肿瘤医院站始终处于安全状态。

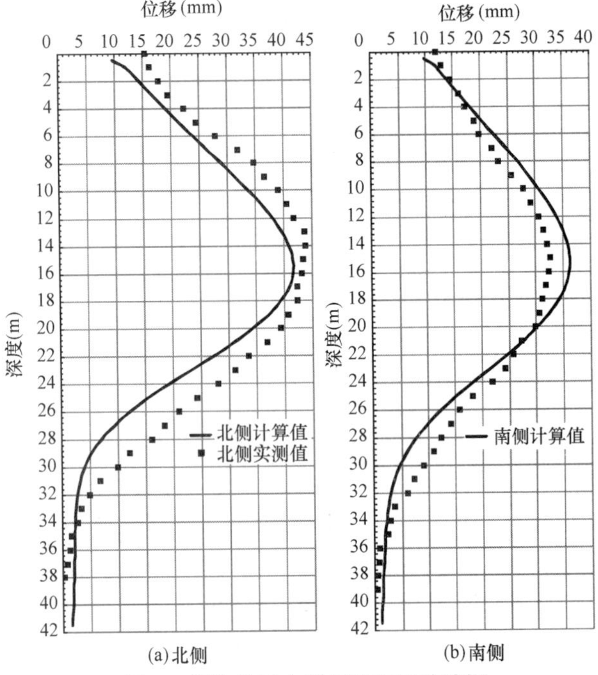

图 8　拆除首层支撑后地下连续墙深层水平位移监测结果对比

Fig. 8　Comarison of monitoring results of deep horizontal displacement of diaphragm wall after first floor support

6　结语

拟建物位于肿瘤医院院内，周边既有建筑物众多，特别是南侧紧邻主体结构已经完工的地铁 5、6 号线肿瘤医院站，环境要求相当苛刻。为此，设计根据相关国家规范确定了支护结构、周边建筑物、道路、地铁站体与区间等的变形允许值，以变形控制为主要设计依据，并采用有限元软件 ABAQUS 建立三维连续介质有限元模型，分析基坑开挖对地铁站和盾构区间的影响，严格设计与计算。

由于采用了 TRD 水泥土连续墙完全穿透第一、二微承压含水层、增大南侧地下连续墙刚度、采用带有南北向对撑的“眼镜形”环梁支撑系统、要求完成第一层水平支撑系统后再开始降水等一系列地铁保护措施，有效地控制了基坑和周边环境的变形，确保了基坑工程的顺利实施和地铁站与盾构区间的安全。图 9 为天津肿瘤医院新建门诊医技楼基坑支护工程实景。

在确保基坑工程和周边环境安全的前提下，设计人员尽可能地选择更为经济和便于施工的围护结构体系和水平支撑系统，为建设单位赢得了经济与社会效益的双丰收，也为紧邻地铁的深基坑工程积累了宝贵的实践经验。

图 9　基坑支护工程实景

Fig. 9　Picture of foundation pit support project

参考文献：

[1] 刘国彬，王卫东．基坑工程手册[M]．2 版．北京：中国建筑工业出版社，2009.

[2] 中华人民共和国行业标准．建筑基坑支护技术规程：JGJ 120—2012[S]．北京：中国建筑工业出版社，2012.

[3] 中华人民共和国住房和城乡建设部．城市轨道交通工程监测技术规范：GB 50911—2013[S]．北京：中国建筑工业出版社，2014.

边 坡 工 程

玄武岩纤维复合筋边坡支护设计与应用研究

刘　康[1]，崔同建[2]，胡　熠[2]，颜光辉[2]，康景文[2]

（1. 上海交通大学船舶海洋与建筑工程学院，上海 200240；2. 中国建筑西南勘察设计研究院有限公司，四川 成都 610052）

摘　要：玄武岩纤维复合筋以玄武岩纤维为增强材料，以合成树脂为基体材料，通过拉扭、胶结、糙面等工艺形成的一种新型非金属复合筋材，具有轻质、高强、耐腐等特性。本文在准确掌握玄武岩纤维复合筋工程性能的基础上，利用玄武岩纤维复合筋材替换钢筋对边坡进行锚杆结构支护，并对支护效果进行长期监测，验证玄武岩纤维复合筋在岩土工程中作为锚杆及网筋的可行性。研究成果可以为今后玄武岩纤维复合筋材在土木工程建设中的推广应用提供可借鉴的依据。

关键词：玄武岩纤维筋材；现场试验；设计方法；原位监测

作者简介：刘康，男，博士，主要从事本构理论方面研究。

Study on the design and application of basalt fiber Composite reinforced slope

LIU Kang[1], CUI Tong-jian[2], HU Yu[2], YAN Guang-hui[2], KANG Jing-wen[2]

(1. School of Naval Architecture and Ocean Engineering, Shanghai Jiao tong University, Shanghai 200030, China; 2. China Southwest Geotechnical lnvestigation & Design lnstitute Co., Ltd., Chengdu Sichuan 610052, China)

Abstract: Basalt fiber reinforced plastics is a new type of nonmetallic composite bar, which is made of basalt fiber as reinforcement material and synthetic resin as matrix material through the process of tension and torsion, cementation and rough surface. It has the characteristics of light weight, high strength and corrosion resistance. On the basis of accurately grasping the engineering performance of Basalt fiber reinforced plastics, this paper uses basalt fiber reinforced plastics to replace steel bar to support the rock bolt structure of slope, and monitors the supporting effect for a long time, then verifies the feasibility of basalt fiber reinforced plastics as anchor and net reinforcement in geotechnical engineering. The research results can provide reference for the application of basalt fiber reinforced plastics in civil engineering construction in the future.

Key words: basalt fiber reinforced plastics; field test; design method; in-situ monitoring

1　引言

随着国家对生态环境的重视和对工程建设污染控制力度的加大，新型绿色环保材料的应用必将成为一种发展新趋势。玄武岩纤维复合筋（简称 BFRP）是以玄武岩纤维为增强材料，以合成树脂为基体材料，经拉扭、胶结、糙面等工艺形成的一种新型非金属复合材料，其应用已先后被列为国家“863”计划和国家级火炬计划。与普通钢筋相比具有强度高、质量轻、绝缘性好和抗腐蚀等绿色环保优点，非常适合替换工程建设中使用的普通钢筋，尤其具有一定腐蚀性场地，拥有巨大的推广应用前景。本文以室内试验成果为依据，以工程边坡为依托，开展 BFRP 筋替代普通钢筋在建筑边坡支护工程中的应用研究[1]。在准确掌握 BFRP 筋各项工程性能的基础上，利用 BFRP 筋替换普通钢筋对边坡进行锚杆支护，并对其支护效果进行了长期观测和监测，结果表明 BFRP 筋在边坡工程中作为锚杆及网筋的具有可行性和可靠性，为今后 BFRP 筋在工程建设中的推广应用提供可借鉴的工程经验。

2　玄武岩纤维筋工程性能试验研究

为了 BFRP 筋作为边坡支护结构应用，对玄武岩纤维复合筋工程性能进行了包括抗拉强度、弹性模量、抗腐蚀性以及与砂浆粘结性能等室内和现场试验，试验照片如图 1 所示。

室内试验结果表明，BFRP 筋密度 1.9～2.1g/cm^3，不同直径 BFRP 筋抗拉强度平均值 916.7～1139.4MPa，拉伸弹性模量平均值 46.3～54.3GPa，耐碱强度保留率平均值 96.0%，耐酸强度保留率平均值 92.6%；对于工程常用尺寸锚杆杆筋（ϕ10mm 以上），BFRP 筋与 M20、M30 砂浆粘结强度约为 5MPa，与 C30 混凝土粘结强度约为 8MPa，且试验筋材直径越大则粘结强度越小。BFRP 筋与普通钢筋物理力学性能对比和水泥砂浆强度等级为 M30 的粘结强度试验结果见表 1、表 2。从表中可以看出玄武岩纤维复合筋抗拉强度、粘结强度和耐腐蚀性均优于普通钢筋[2,3]。

基金项目：CSCEC-2020-Z-25。

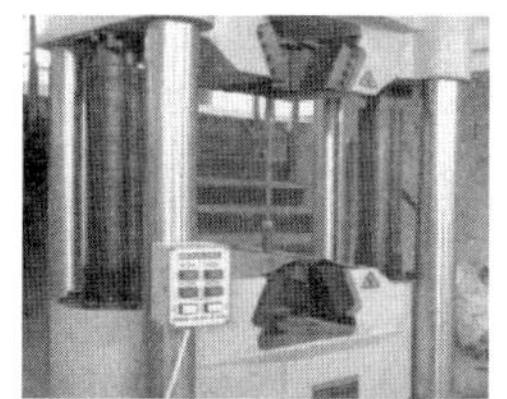

(a) 张拉试验　　(b) 剪切试验

(c) 蠕变试验　　(d) 腐蚀试验

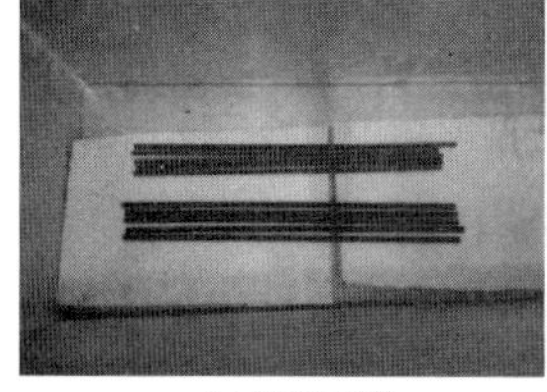

(e) 冻融试验　　(f) 粘结试验

(g) 拉拔试验　　(h) 土钉墙现场试验

图 1　BFRP 筋工程性能及应用试验

Fig. 1　Engineering performance and application test of BFRP bars

BFRP 筋与普通钢筋力学特性对比表　表 1

The comparison table of mechanical properties between BFRP bars and ordinary steel bars　Table 1

名称	玄武岩筋材	普通钢筋
拉伸强度(MPa)	≥1000	≥500
屈服强度(MPa)	≥600	≥300
弹性模量(GPa)	≥50	≥200
相对密度(g/cm^3)	1.9～2.1	7.9
砂浆粘结强度(MPa)	≥5.0	≥2.4

钢筋、BFRP 筋与水泥砂浆间的粘结强度标准值　表 2

The standard value of bond strength between steel bar, BFRP bar and cement morta　Table 2

类型	粘结强度标准值(MPa)
水泥结石体与螺纹钢筋之间	2.0～3.0
砂浆与 BFRP 筋材之间	2.0～4.0

3　BFRP 筋锚杆支护设计方法

边坡的稳定性取决于边坡的高度、岩层结构、土体孔隙或裂隙中的水压力，以及各种外力作用。边坡锚固设计一般包括潜在滑移体的位置确定、滑动力大小计算、加固滑移体锚固力的计算以及锚固参数与施工工艺的确定。

3.1　锚固力计算

对于土质边坡，最常见的破坏面呈圆弧或螺旋状。但当土质中有潜在软弱面时，部分滑面可能沿着软弱面出现；对于岩质边坡，边坡内部的断层、节理等不连续结构面控制着边坡形的稳定，而潜在的滑移体一般为这些结构面作为边界而成的楔体。

以岩质边坡发生平面滑动为例（图 2），通过施加锚固力 T 提高边坡的稳定性系数，使之满足稳定要求。

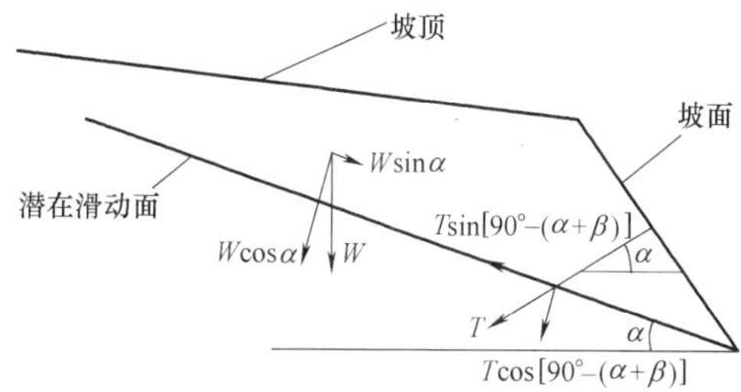

图 2　锚固受力分析图

Fig. 2　The diagram of anchorage force analysis

当施加与水平面成夹角 β 的锚固力 T，与滑移面法向的夹角为 $90°-(\alpha+\beta)$，稳定性系数可按下式计算。

$$K_s=\frac{W\cos\alpha\tan\varphi+cl+T\cos[90°-(\alpha+\beta)]\tan\alpha}{W\sin\alpha-T\sin[90°-(\alpha+\beta)]} \quad (1)$$

式中，K_s 为稳定性系数；W 为单位宽度滑动体的重力（N）；c 为滑动体的黏聚力（kPa）；l 为潜在滑动面的长度（m）；α 为滑动面的倾角（°）；φ 为滑动体的内摩擦角（°）。

对于给定的稳定安全系数值 K_s，由式（2.1）可求得单位宽度需施加的锚固力。

3.2　锚杆布置与角度

（1）锚杆间距

锚杆支护设计中，间距的选择非常重要，间距过大，锚杆拉力较大，甚至影响锚固效果；间距过小，易引起“群锚”，同样影响锚固效果。通常认为，锚杆上下排间距不宜小于 2.5m，水平间距不宜小于 2m。当计算锚杆间距过小或锚固段岩土稳定性较差时，锚杆应采用长短相间的方式布置，且最顶排锚杆锚固体的上覆土层厚度不宜小于 4m、岩层的厚度不宜小于 2m。最顶锚固点位置宜设于坡顶下 1.5～2m 处。锚杆布设方向应与坡面走向垂直。

（2）锚固角度

锚杆的安设角度，对于注浆式倾角一般不大于 10°，否则应增设止浆环进行压力注浆；倾角愈大，锚杆提供的锚固力沿滑移面的分力愈小，抵抗滑体滑移的能力相应减弱，所以，锚杆安设角宜为 15°～30°。

3.3 锚固体设计

（1）锚固体形式

目前国内外使用的锚杆种类已有数百种之多，但在工程中常用的锚杆种类还是有限。根据锚固段长度一般划分为端部锚固和全长锚固；按其锚固方式可分为机械锚固、粘结锚固、摩擦式锚固等。

（2）安全系数的确定

边坡所用安全系数大小直接关系到边坡工程的安全性和经济性，所以，合理地选用是锚固工程设计首先需要解决的问题。边坡安全系数可采用工程类比法或按有关技术标准确定。

文献[4] 规定，新建边坡，Ⅰ级边坡工程安全系数为 1.30～1.50，Ⅱ级边坡工程安全系数为 1.15～1.30，Ⅲ级边坡工程安全系数为 1.05～1.15；验算既有边坡稳定时，根据工程的重要性，安全系数可采用 1.10～1.25；当需对既有边坡进行加载、增大边坡角度或开挖坡脚时，应按新建边坡选用安全系数。

（3）锚固体的直径

锚固体的直径一般微大于钻孔直径（注浆扩散），两者一般可视为相等，在数值计算时往往取相同值。根据文献[6]，锚杆成孔直径宜取 100～150mm。

（4）锚筋的直径

采用 BFRP 筋替代钢筋作为锚杆材料，根据试验得到 BFRP 筋材的极限抗拉强度，取其抗拉强度标准值 f_{yk} 为 750MPa。锚筋的直径 A_s 可由下式确定：

$$A_s \geqslant K_t N_t / f_{yk} \tag{2}$$

式中，K_t 为 BFRP 锚杆杆体的抗拉安全系数；按表 3 取值；N_t 为 BFRP 锚杆轴向拉力设计值（kN）。

BFRP 锚杆安全系数 K_t　　表 3

The safety factor K_t of BFRP bolt Table 3

锚杆破坏后危险程度	永久锚杆安全系数
危害轻微，不会构成公共安全问题	1.8
危害较大，但公共安全无问题	2.0
危害大，会出现公共安全问题	2.2

3.4 锚杆长度的确定

锚杆长度是锚固段长度、自由段长度以及锚头长度之和。

（1）锚固段长度

锚杆锚固段承受土压力从传力结构分配的力，采用圆柱形表面喷砂处理的 BFRP 筋时，其锚固段长度可由式（2.3）、式（2.4）确定。

$$L_a \geqslant KN_t / (\pi D f_{mg} \psi) \tag{3}$$

$$L_a \geqslant KN_t / (n \pi d \xi f_{ms} \psi) \tag{4}$$

式中，K 为锚杆锚固体抗拔安全系数；N_t 为锚杆或单元锚杆轴向拉力设计值（kN）；L_a 为锚固段长度（m）；f_{mg} 为锚固段注浆体与地层间粘结强度标准值（kPa）；f_{ms} 为锚固段注浆体与筋体间粘结强度标准值（MPa），按表 2 取值；D 为锚杆锚固段钻孔直径（mm）；d 为筋材直径（mm）；ξ 为界面粘结强度降低系数，采用 2 根或 2 根以上筋材时，取 0.6～0.85；ψ 为锚固长度对粘结强度的影响系数，宜取 0.70～0.90；n 为筋材根数。

（2）自由段长度

锚杆自由段长度主要应根据被锚固坡体潜在滑移面的产状、深度和锚杆位置来确定，同时应穿过潜在滑移面不小于 1.5m[6]。

（3）锚头长度

鉴于 BFRP 筋为脆性材料，锚头需用钢管和钢筋做特殊处理，故锚头长度可取为零。BFRP 筋锚杆长度大于 4m，并应采取杆体居中的构造措施。

3.5 BFRP 筋替换钢筋设计

某工程边坡原设计采用 3 道 HRB335 钢筋锚杆＋挂网喷射面层支护结构，采用 ϕ25mm 钢筋、孔径 120mm、间距 1.5m 的锚杆，采用 ϕ8mm、间距 150mm 的钢筋网。边坡上部两排锚杆长度为 9m，坡脚最下部锚杆长度为 8m。在考虑安全性和不修改原边坡形态的前提下选取采用 BFRP 筋锚杆。

由于 BFRP 筋尚未有可执行的技术计规范，因此在设计中引用了普通钢筋锚杆的设计方法，按等强度原则换算 BFRP 筋替换钢筋，然后再对 BFRP 筋的粘结强度进行验算，同时保证满足锚杆自身强度和锚固力的要求。仅计算，最终采用 ϕ14mm 的 BFRP 筋替换原设计中 ϕ25mm 钢筋杆体，采用 ϕ4mm 的 BFRP 筋替换 ϕ8mm 的面网钢筋。

为了对比分析 BFRP 筋和普通钢筋在边坡支护中的差异性，在试验边坡中留出了 20m 宽边坡采用原设计钢筋锚杆支护方案进行施工。

4 玄武岩纤维筋材锚杆施工方法

相比普通钢筋，BFRP 筋无法通过焊接的方式进行加长或连接，因此在施工中采用了钢筒管＋胶粘剂的方式实现了筋材相互间的连接问题[3]，根据对粘结强度试验结果，采用工程中常用的喜利得植筋胶作为胶粘剂时，筋材与钢筒管间的抗剪强度约为 3.56MPa。按此粘结强度，采用钢筒管进行 BFRP 筋连接，依据 BFRP 筋的极限抗拉强度，计算得到采用内径 ϕ15mm 的钢筒管，在无任何钳夹处理的条件下，满足抗拉强度需要的套管长度如表 4 所示。

筋材筒管长度表　　表 4

The Sheet of ribbed bobbin length Table 4

筋材直径(mm)	最小筒管长度(m)
6	0.186
8	0.341
10	0.521
12	0.601
14	0.841

由于 BFRP 筋锚杆无法与面网焊接，因此锚具也需要

进行特别的加工处理[3]。锚具由钢筒管和4根“L”形钢筋对称焊接而成，与BFRP筋通过胶粘剂固定，加工完成带锚具的BFRP筋锚杆如图3所示。

图3　BFRP筋锚杆加工
Fig. 3　The process of BFRP bar bolt

为了对比BFRP筋锚杆和钢筋锚杆的受力特性，在BFRP筋和钢筋锚杆中分别安装了应力测试元件，测试元件间距2m，如图4所示。

图4　应力测试元件安装
Fig. 4　The stress test element installation

图5　BFRP筋锚杆锚具
Fig. 5　The anchorage device of BFRP bar bolt

BFRP筋锚杆安装完成后，锚具上的“L”形钢筋将裸露并卡在孔口外侧。将锚具上的“L”形钢筋与面网筋材绑扎粘结固定，最后在坡面喷射混凝土硬化表面，完成边坡支护施工。BFRP筋锚杆锚具与面网连接如图3所示。BFRP筋锚杆现场试验边坡现场施工期间和施工完成后的照片如图5～图7所示。

图6　试验边坡完成
Fig. 6　The slope test section finished

图7　边坡施工过程对比监测
Fig. 7　The comparative monitoring of slope construction process

5　锚杆受力及边坡变形特征分析

在边坡使用期间对BFRP筋锚杆和钢筋锚杆拉力进行了长期监测，两种材料锚杆不同位置处的拉力随时间变化曲线如图8、图9所示。

从图中可以看出，两种材料锚杆在使用初期拉力都比较小，但随时间的增长锚杆拉力逐渐增大，其中钢筋锚杆最大拉力约为14.8kN，BFRP筋锚杆最大拉力约为13.4kN，锚杆的拉力均小于设计值，处于安全范围，在近两年的监测时间内，锚杆拉力仍在变化，且未有趋于稳定的迹象。

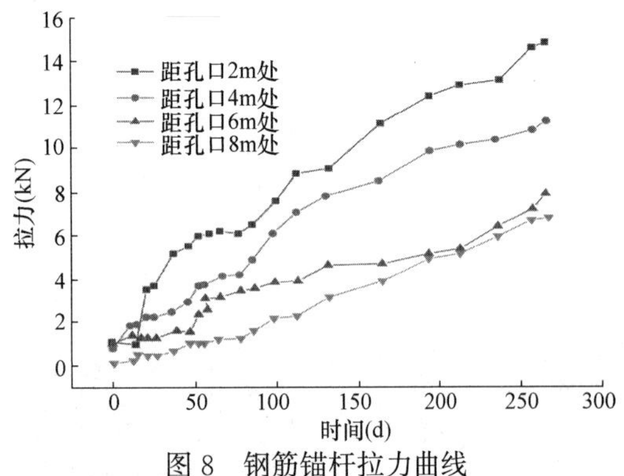

图 8　钢筋锚杆拉力曲线

Fig. 8　The tension curve of reinforced bolt

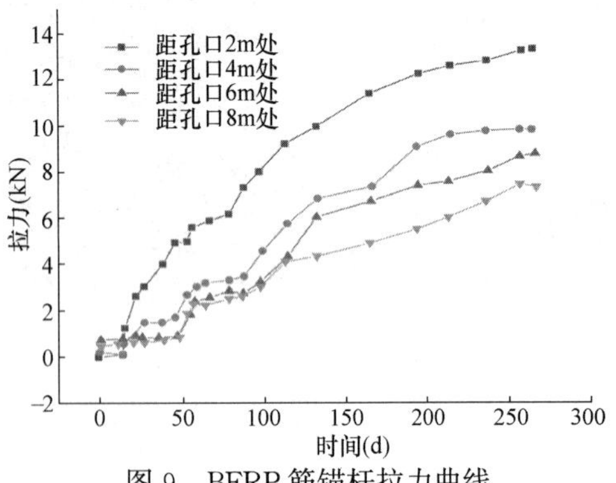

图 9　BFRP 筋锚杆拉力曲线

Fig. 9　The The tension curve of BFRP bar bolt

在测试边坡中埋设测斜管，对边坡变形进行长期测量，两种材料锚杆边坡变形如图 10、图 11 所示。

从图中可以看出，钢筋锚杆边坡最大水平位移约为 1.7mm，BFRP 筋锚杆边坡最大水平位移约为 1.2mm，两种材料锚杆支护边坡位移量均较小，但 BFRP 筋锚杆与钢筋锚杆支护变形上部变形较钢筋锚杆稍大、下部相同，缘于两者弹性模量差异。

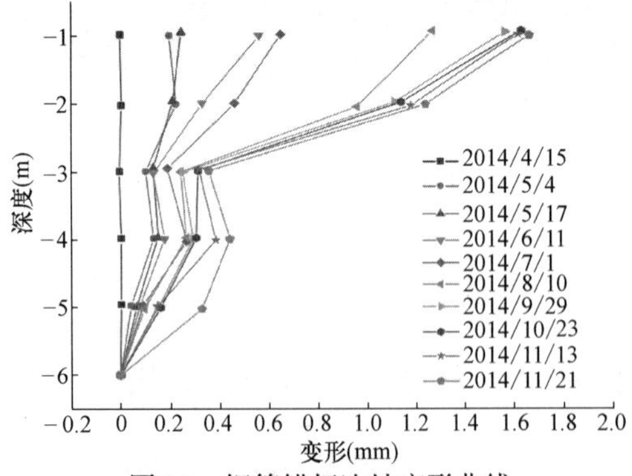

图 10　钢筋锚杆边坡变形曲线

Fig. 10　The deformation curve of reinforced anchor slope

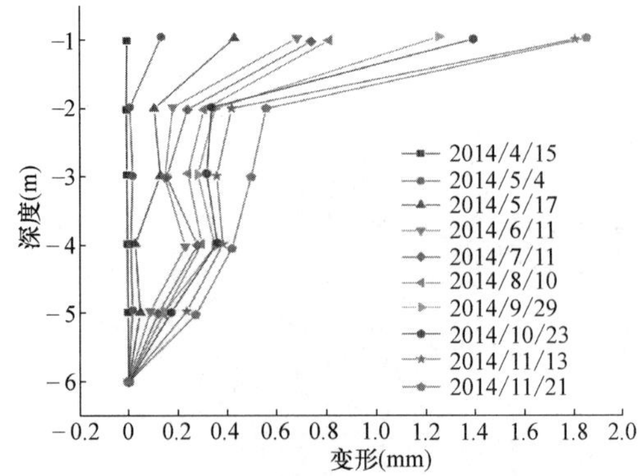

图 11　BFRP 筋锚杆边坡变形曲线

Fig. 11　The deformation curve of BFRP bar anchor slope

6　结论

根据玄武岩纤维筋锚杆应用及锚杆受力、边坡变形的长期监测结果，可以得出以下结论：

（1）变形要求不严格时，可采用等强度原则进行 BFRP 筋替换普通钢筋设计，变形要求较高时，宜采用等刚度原则进行替代设计。

（2）BFRP 筋锚杆与钢筋锚杆拉力变化特征基本一致且均较小、大小相当，远低于筋材设计强度。

（3）BFRP 筋锚杆与钢筋锚杆支护变形变化特征基本一致，且上部变形较钢筋锚杆稍大、下部相同。

（4）采用 BFRP 筋替换普通钢筋对边坡进行支护，施工操作简捷，同样能够有效保障边坡的安全。

参考文献：

[1] 郭成鹏，林学军，李涛，等. 玄武岩纤维筋用作锚杆的适宜性研究[J]. 洛阳理工学院学报(自然科学版)，2012，22 (4)：24-27.

[2] 霍宝荣，张向东. BFRP 筋的力学性能试验[J]. 沈阳建筑大学学报(自然科学版)，2011，27 (4)：626-630.

[3] 康景文，赵文，胡熠，等. 玄武岩纤维复合筋材在岩土工程中应用研究[M]. 北京：中国建筑工业出版社，2020.

[4] 陈良奎，李象范. 岩土锚固、土钉、喷射混凝土——原理、设计与应用[M]. 北京：中国建筑工业出版社，2008.

[5] 中华人民共和国住房和城乡建设部. 建筑边坡工程技术规范：GB 50330—2013 [S]. 北京：中国建筑工业出版社，2014.

[6] 中国工程建设标准化协会. 岩土锚杆(索)技术规程：CECS 22：2005 [S]. 北京：中国建筑工业出版社，2005.

黄土高填方边坡稳定性研究进展与工程实践

杨校辉[1]，李治乾[1]，郭　楠[1]，朱彦鹏[1]，丁保艳[2]
（1. 兰州理工大学 土木工程学院，甘肃 兰州 730050；2. 甘肃地质灾害防治工程勘查设计院，甘肃 兰州 730050）

摘　要：随着黄土地区低丘缓坡造地、高填方机场、山区高速公路等工程的大量修建，相应的高填方边坡稳定性研究成了高填方工程的重点问题。针对黄土填料特性及高填方边坡稳定性计算，本文收集整理了近年来部分学者在此方面的研究成果，主要得出以下结论：（1）准确掌握压实土的物理力学特性是进行高填方边坡稳定性分析的前提，应从以下6个方面进行考虑：填料的选择与配比、填料变形特性、填料强度特性、填料持水特性、填料密实特性、填料压缩变形特性；（2）目前对填方形成的高边坡稳定性算法主要有以下3种计算方法：极限平衡法、传统强度折减法、双强度折减法；（3）以兰州某高填方边坡为例，对其进行填筑设计并进行了稳定性计算。本文研究可为高填方工程的填料选择和高填方边坡稳定性分析及工程设计提供参考。

关键词：黄土高填方；填料特性；边坡稳定性分析；工程实践

作者简介：杨校辉，男，1986年生，博士，副教授，主要从事非饱和土与特殊土、支挡结构等方面的研究与教学工作。E-mail：yxhui86@126.com。

Research progress and engineering practice on slope stability of loess high fill

YANG Xiao-hui[1], LI Zhi-qian[1], GUO Nan[1], ZHU Yan-Peng[1], DING Bao-yan[2]
(1. School of Civil Engineering, Lanzhou University of Technology, Lanzhou Gansu 730050, China; 2. Gansu Geological Disaster Prevention Engineering Exploration and Design Institute, Lanzhou Gansu 730050, China)

Abstract: With the construction of a large number of projects such as low-hill gentle slope land reclamation, high-fill airports, and mountainous highways in the loess area, the stability study of the corresponding high-fill slope has become a key problem in the high-fill project. In view of the calculation of the characteristics of loess filler and the stability calculation of the slope of high fill, this paper collects and sorts out the research results of some scholars in this regard in recent years, mainly drawing the following conclusions: 1) Accurately grasping the physical and mechanical properties of compacted soil is the premise of high fill slope stability analysis, which should be considered from the following six aspects: the selection and proportion of filler, the deformation characteristics of filler, the strength characteristics of filler, the water holding characteristics of filler, the compacting characteristics of filler and the compression and deformation characteristics of filler; 2) The current high slope stability algorithm formed by the filler mainly has the following three calculation methods: limit balance method, The traditional strength reduction method and double strength reduction method; 3) Taking a high fill slope in Lanzhou as an example, the filling design and stability calculation are carried out. This study can provide a reference for the selection of fillers for high filler projects and the stability analysis and engineering design of high fill slopes.

Key words: loess high fill; filler characteristics; slope stability analysis; engineering practice

1　引言

随着城镇化建设的加快和"一带一路"倡议的实施，山区城镇化建设、能源、机场、公路、铁路等项目新建或改扩建力度逐步加大。其中西南和西北地区的新建或改扩建项目大多位于丘陵沟壑区，受山区地形地貌条件限制，可利用土地资源日益紧缺，项目建设与当地城乡发展用地需求的矛盾日益突出，因此"削山填沟造地"战略应运而生。

相对于水利水电、公路、铁路等方面，当前国内丘陵沟壑区填沟造地工程及机场高填方领域的系统研究明显偏少，因此，许多问题尚处于边实践边探索阶段。高填方建设过程中遇到的主要岩土工程问题可总结为"三面两体两水"，其中的核心难题就是高填方地基变形计算和高填方边坡稳定性分析，即经过地基处理后应最大限度地保证变形均匀、填筑密实和地基稳定。遵循认识客观事物的一般规律，首先应全面揭示高填方土体强度、变形和持水等基本特性及其变化规律，进而对地基变形和稳定性进行科学预测和评价。但是目前对于该类山区高填方最基本问题的处理，大多没有抓住压实填土属于非饱和土的本质特性[1-2]，部分学者甚至建议将其当作饱和土或干土处理，很显然，这种假设的误差较大；正是由于对该类非饱和土质高填方的系统认识不足、理论研究不到位，故而高填方因失稳而造成的事故或因差异沉降造成工程寿命短暂的现象时有发生。因此，通过系统研究来解决高填方工程重大技术难题和减少工程事故是必要的。

本文重点搜集了近年来学者们在黄土高填方边坡稳定性研究领域做出的研究成果，归纳总结了高填方边坡稳定性分析中的常用方法，同时以兰州某人工填方边坡

基金项目：甘肃省青年科技基金计划项目（20JR10RA200，20JR5RA434）；甘肃省高校创新基金项目（2020A-031）；甘肃省建设科技攻关计划项目（JK2021-46，JK2021-55）。

为例进行边坡稳定性分析，分析得出的结果可为今后类似工程提供参考。

2　填料物理力学特性研究

高填方工程填料特性直接关系到高填方地基工后沉降与差异沉降，边坡区填料特性则对高填方边坡的稳定性影响较大；这些压实土理论上是处于非饱和状态的，非饱和土土力学主要研究土的强度、变形和持水特性等，但是，准确掌握压实土的物理力学特性是进行高填方地基变形计算和稳定性分析的前提。

2.1　填料选择与配比研究

高填方工程一般要求所用填料强度高、压缩性小、稳定性好；实际工程中由于填方量大，填料通常就地取材，大多形成土石混合料。在填筑施工方法、填料粒径、级配和施工参数相同的条件下，地基处理效果一般差别不大；但若填料中土石比例不同，其地基处理效果往往差异较明显。由此表明，依据对地基处理后土体的强度和变形要求，进行填料搭配（粒径、级配）设计是非常必要的；然而目前不同混合比填料的力学特性系统研究相对较少，结合现场实际挖填方情况选取合适的土石混合比是大面积施工前必须回答的问题[3-4]。

首先有必要回顾实际工程中这类问题的初步经验：陶庆东[5]研究了 5 种含石量土石混合体的力学特性，揭示了土石混合体在标准重型击实试验 II-1 下的颗粒破碎特性、在粗粒土直剪试验下土石混合体的剪切破坏特性与力学特性变化规律。聂超[6]以石灰岩作为试验研究对象，对贵州龙洞堡机场填料级配进行了三次缩尺，形成了三组最大粒径不同的相似级配，通过击实试验确定三种级配试样的最大干密度，研究总结了缩尺效应与级配最大干密度之间的关系。曹光栩[4]详细叙述了福建三明机场填方施工中不同土石比填筑后的测试结果，利用特制的大型侧限固结仪比较分析了不同土石料的力学特性，在此基础上探讨了最优土石混合比的计算方法，为类似工程土石混合比研究开拓了思路。此外，郭庆国[7]、刘宏[8]等均较早地对粗粒土（混合料）进行系统研究，提出了许多有价值的成果。周立新等[9]根据颗粒分析试验，采用超粒径处理方法，分析了粗粒料含量不同对最大干密度指标的影响。戴北冰等[10]通过室内直剪试验，研究了不同含水量工况下颗粒大小对材料力学特性的影响，建立了颗粒滑动功能模型。

另外，对于土、石（或粗、细）分界粒径，各行业根据工程应用的角度和要求不同，分类和命名的方法种类繁杂，不便于高填方工程使用；部分学者曾尝试探寻级配的测定方法。肖建章[11]整理了重庆、九寨黄龙、攀枝花、康定、龙洞堡、福建三明、昆明新机场等 13 个机场的 31 个料场 145 条填筑料颗分曲线和 319 条场地地基土料，发现大面积填筑材料的颗粒粒径变化较为宽泛，不良级配颗分曲线约占总数 59%，各个机场基本上均有不良级配填筑料存在。

因此，结合高填方工程实际工程地质条件和挖填方量，通过系统的室内外试验，对不同土石比例填筑体的物理力学特性进行分析，选定合理的土石比，进而开展压实工艺研究，这是高填方工程变形和稳定性控制的基础。

2.2　填料变形特性

从非饱和土的三相特性出发来揭示非饱和土的基本特性，是认识非饱和土最正确的途径和必备基础。土的变形特性研究作用应力下土最终发生稳定变形和某一时刻发生的固结变形[2]。一般在山区高填方工程的重要部位，如高填方机场道槽区通常以碎石土为主，黏性土的成分较少；根据既有工程实测资料发现，少量的工后沉降在工后的数年内甚至整个运营期均有发生。这种变形主要是土体中的水在外力作用下沿孔隙排出，土体体积相应减小而发生压缩变形，变形量随时间增长的过程（也称固结），同时还有附加变形，由此可见，非饱和土固结要比饱和土复杂得多[12]。在此仅就有关填料变形的压缩试验和三轴试验研究成果进行简要回顾，为填筑体本构关系或高填方地基变形分析奠定基础。

关于以压缩试验为主研究土体变形特性的成果在相关专著中较丰富，且在高填方中的研究也较深入。这方面代表性成果有：杨壮[13]采用大型压缩试验研究土石混合料的压缩特性。研究表明，含石量和含水率都会对土石混合料的压缩特性产生较大影响。程海涛[14]等认为重塑黄土在侧限条件下应力-应变关系可以用双曲线拟合。陈开圣[15]等认为压实黄土应力-应变关系更符合幂函数模型。胡长明[16]等依据割线模量法理论，提出了压实 Q_3 黄土地基变形估算方法。Gurtug[17]通过对现有文献数据分析处理，发现 e/e_{100} 与 $\lg p$ 或 $1/\sqrt{p}$ 之间的关系适用于预测高压缩性黏土在高压力作用下的压缩性。刘宏通过砂砾石高压压缩蠕变试验，初步分析了加载过程中压缩量随时间的发展过程和压缩量与荷载的关系。这些方法虽然适用性有所增强，但有些参数本身带有测试误差，且换算中又会产生计算误差，在计算土体变形时，若能与压缩变形的影响因素（含水量、压实度等）之间建立联系，则可实现地基变形快速评估[18]。

关于三轴试验研究方面，宋焕宇[19]从微小应变水平、小应变水平到破坏应变阶段、压缩特性及其影响因素 4 个方面系统回顾了粗粒土变形特性，并通过室内大型三轴试验对粗粒土压缩性进行研究。曹光栩[4]等用特制的大型侧限固结仪对不同土石混合比的填料进行试验，结果表明应力水平较高时，混合料遇水之后湿化变形明显产生，最终湿化变形量受细粒土含量影响较大，对工后沉降敏感或要求严格的高填方工程应高度重视填料湿化变形产生的工后沉降。毛雪松等[20]对十天高速安康东段路基进行现场测试，发现路基改良对回弹模量、湿化变形等指标的影响。杜秦文等[21]对变质软岩路堤对两种密度的填料湿化变形规律研究，分别建立了填料湿化变形发展规律的公式。王江营[22]进行了常规路径、等应力比路径和等 p 路径大型三轴试验，发现含石量和压实度是影响试样体变的主要因素。郭楠等[23]依托延安新区高填方工程，研究了延安 Q_3 原状黄土及其重塑土在控制吸力条件下的卸载-再加载特性，发现其卸载-再加载模量不仅与围压有关，而且与吸力有关，依据试验资料修正 Duncan-Chang 模型的卸载-再加载模量表达式；基于各向同性假设，为符合天然成层沉积地基的实际，最近构建了非饱和土的增量非线性横观各向同性本构模型[24]，共 10 个参数(其中，土骨架的应力-应变有 7 个参数，描述水分变化的参数有 3 个)，均有明确的物理意义，可用 6 种非饱和土的试验确定。这些工作使陈正汉等提出的非饱和土的非线性模型得以完善，可供混合料高填方填料变形研究参考。

对于大面积混合料填筑工程，施工初期大家一般并不关心湿化或蠕变变形，特别是对于挖方区而言这种变形较小，而对于填方区来讲，这种变形往往较为明显。另外，岩土材料流变的研究最早集中于软土领域，但这并不说明粗粒料土、坚硬黏土或土石混合料没有流变性。因此，高填方工程中填料即使以风化岩为主，当填筑高度较高时，混合料填筑体变形沿用传统单一土质的变形规律是无法解决的，系统研究填料变形特性是进行填筑体的变形计算和稳定性分析的基础，也直接关系到其工后运营安全。

2.3 填料强度特性

非饱和土强度理论在 Mohr-Coulomb 准则的基础上，研究发展水平不断深入，当前业内认可的有 Bishop 理论、Fredlund 双变量理论、卢肇钧吸附强度理论等，然而 Bishop 理论中 χ 不是常数、难于测定，导致其应用受到了很大限制；Fredlund 考虑了吸力对强度的贡献，参数测定简便，应用范围较广；但是这二者都是在饱和强度的基础上增加了一个吸附强度项，并未反映出吸附强度的非线性。卢肇钧强度理论中的吸附强度 $mp_s\tan\varphi'$ 随含水量而变化，与 Fredlund 抗剪强度公式基本相同，但准确测定膨胀压力并非易事。后续研究在这一方面作了新的补充，提出了许多新的表达式[2]。

部分代表性成果有：徐永福[25] 根据安康三类膨胀土的结构性强度参数与初始含水量的关系，建立了结构性非饱和土抗剪强度公式。陈正汉[26] 在国内外成果的基础上，依据不同应力路径的三轴试验，系统研究了非饱和重塑黄土的三大力学特性，揭示了一系列新的认识；之后，研制出国内第一台非饱和土固结仪和第一台非饱和土直剪仪等一系列非饱和土试验设备，有力地促进了非饱和土的理论与实践研究。张常光等[27] 在尝试把双剪强度理论推广到非饱和土方面取得了有益认识。高登辉等[28] 对 3 种初始干密度下重塑黄土进行三轴剪切试验，给出了考虑初始干密度和吸力影响的重塑黄土的抗剪强度参数及其变化规律，可为黄土高填方变形计算提供参考，但是对于混合料高填方却并不适用。郭楠等[29-30] 对延安新区原状 Q_3、Q_2 黄土及其填土在不同吸力、围压和偏应力作用下进行了系列三轴试验，发现：基质吸力和净围压均对原状黄土试样的强度及变形特性有显著影响；干密度、净围压、基质吸力和偏应力均对重塑土试样的湿化变形有显著影响，提高干密度可有效减小湿化变形量和降低发生湿剪破坏的风险。杨校辉[31] 等采用非饱和土三轴仪进行了控制基质吸力和净围压的 36 个固结排水剪切试验，定量研究了压实度、基质吸力、配合比对非饱和重塑混合料强度变形特性的影响，建立了非饱和压实土抗剪强度、切线变形模量和切线体积模量修正算法表达式。

因此，对于大面积高填方工程，土体含水量和压实度无疑是决定其抗剪强度最重要的因素，而干密度又是压实度检测的直接度量尺度，故干密度与含水量就成了填料抗剪强度最主要的影响与评价因素。在实际填方施工中，通过直剪试验，直接研究土样的强度及强度指标随含水量与干密度的变化，建立考虑含水量、干密度的填土强度公式，比只考虑含水量的强度计算更为合理，这种方法虽然是近似的或者经验性的，但用于高填方边坡稳定性快速评估，较为简单实用。

2.4 填料持水特性

土水特征曲线是表示土水势随土饱和度变化的曲线(Soil-Water Characteristic Curve，简称 SWCC)[32]，实际上较为常见的表述形式为基质吸力与体积含水量之间的关系，对于土水特征曲线表达式的获取，通常有试验统计分析法（可采用含水量、体积含水量或饱和度等形式表示）和分形理论方法两种。在物理机制方面，土水特征曲线受土的初始结构、扰动情况、干密度、增减湿及加载历史等因素影响，另外在工程应用方面，因土水特征曲线既能反映土体物理属性（用于土的渗透性系数计算），又可以与所受外荷联系（可确定土的强度和变形参数）。

部分代表性成果有：赵俊宁[33] 等通过对重塑黄土进行反复干湿循环下的直剪、离心和核磁试验，综合分析了土样强度特性、持水特性及孔隙特性的相互影响规律，结果表明，干湿循环会增大持水曲线的初始饱和含水率与失水速率。张登飞[34] 等用非饱和土三轴剪切渗透仪，在不同等向压缩应力作用下对天然状态的原状黄土进行了分级浸水试验，分析了应力对吸湿持水曲线的影响，提出了可以直接考虑等向压缩应力影响，以饱和度及含水率与吸力关系表征的持水特性模型。王叶娇[35] 等依据所测定的总吸力率定曲线，研究了非饱和重塑黄土土样在不同温度下（0～40℃）的持水特性，结果表明，非饱和重塑黄土的持水性能随温度升高而降低，且随着温度的升高或者含水率的降低，该温度效应逐渐减弱。高登辉等[36] 对重塑黄土试样进行了 4 个控制净平均应力为常数的三轴收缩试验，采用 Van Genuchten 模型对试验获取的土-水特征曲线进行拟合，拟合的连续曲线可预测不同净平均应力下非饱和重塑黄土的渗水系数。郭楠等[37] 提出了制备各向同性及横观各向同性试样的方法，用改进的非饱和土三轴仪对制备的各向同性、横观各向同性及常规重塑试样进行了三轴固结排水剪切试验，研究成果可为不同初始状态下模型的建立及工程应用提供参考。李雪[38] 认为对于同种性质的土石混合体来说，其电阻率的大小主要取决于含水率的大小，并由此开展了基于电阻率测试的土石混合体土水特征研究，通过土石混合体的 SWCC 曲线描述了土体的大孔隙和小孔隙分别在边界效应段、过渡段和非饱和残余段的排水过程。

土的基质吸力与非饱和土本质特性之间关系密切，与含水率建立关系后反映了土体的持水特性。随着土中含水率增大，土的自重增大，基质吸力减小，抗剪强度发生改变，进而影响边坡的稳定性。

2.5 填料密实特性

填料的密实性是影响高填方地基沉降的重要因素之一。我们知道，土是由固、液、气组成的三相体，在一般情况下，土体中的固体和液体是不可压缩的，但是可以采用压实的方法将土体中的气体排出，从而提高土体强度，提高其稳定性。从已有研究成果来看[39]，土质类别、压实功以及含水率对压实效果影响最大。

部分代表性成果有：葛华康[40] 通过对砂岩块碎石料和砂泥岩混合料分别进行了单点夯实试验，从填筑体强夯曲线中可以看出，夯坑的竖向沉降量增长幅度随着夯击次数的增加而降低，且砂岩填料比砂泥岩混合填料夯击曲线收敛得更快。安明[41] 等将轻型和重型击实试验参数与单位土体压实功比较，得出强夯法施工质量、压实度可高于分层碾压一至数个等级。胡颖[42] 等通过室内击实试验，发现击实可以提高土的密实度，当在最优含水率时，土的干密度最大。

通过对土进行压实处理，可以使土颗粒克服粒间阻力而重新排列，相互挤压，孔隙变小，密实性增大，从而减小填筑体的沉降量。

2.6 填料压缩变形特性

土体的变形包括体积改变的压缩变形及颗粒和颗粒组成的结构单元相互滑移的剪切变形。具体体现在土体在压力、湿度、温度等条件发生变化时可引起土体缩。因此，土压缩性的主要影响因素为土体本身性状以及外界环境因素。

部分代表性成果有：梁煌超[43] 通过将氨基乙酸、腐植酸钠等作为孔隙液加入到去除原有有机质的天然土中，对各试样进行一维固结压缩试验得出以下结论：有机质土有相似于天然土的重塑屈服应力；随着竖向固结应力增大，不同有机质浓度的压缩曲线趋于一致；初始含水率对土的压缩曲线也有影响。温介邦[44] 建立了能考虑应力历史影响的一维线性方程，通过计算分析，得出了考虑应力历史影响比未考虑应力历史影响时的地基沉降小、固结发展快。另外，成果表明[45]：温度对有机质土的影响要比对无机质土的大；但是，不同温度对有机质土的影响效应不同。

综上，压缩特性的研究在高填方地基沉降中至关重要，土的压缩性受土体本身以及外部环境的影响，对填料压缩变形特性的研究是高填方工程中不可或缺的一部分。

3 高填方边坡稳定性分析方法

高填方边坡在施工期间与工后运营期间的稳定性是高填方工程中的核心问题之一。现有可参照规范均无法直接用于评定当前的高填方边坡，如《建筑边坡工程技术规范》GB 50330—2013 仅适用于高度在 15m 以下的挖填方边坡，然而目前，部分高填方边坡的高度甚至达到百米以上，远远超出了现行规范的适用范围。因此，目前对填方形成的高边坡稳定性尚没有成熟算法。目前设计过程中一般按以下内容控制：（1）原始边坡稳定性；（2）填筑过程中稳定性；（3）填筑完成后的稳定性；（4）不同坡比条件下稳定性；（5）不同地基处理方式和坡比条件下稳定性，见图 1。

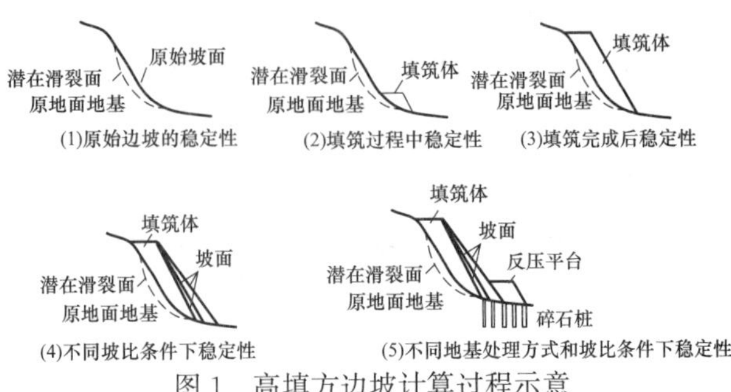

图 1 高填方边坡计算过程示意

Fig. 1 Illustration of the calculation process of the high fill slope

3.1 极限平衡法

极限平衡法（LEM 法）是目前在工程中应用最广泛的一种稳定性计算方法，极限平衡理论采用力和力矩平衡及 Mohr-Coulomb 准则建立平衡方程。1915 年，K. E. Peterson 提出了只考虑摩擦力而不考虑黏聚力的圆弧滑动面的分析方法。1927 年，Fellenius 提出了同时考虑黏聚力和内摩擦角的“瑞典法”。随后对于极限平衡法的研究主要集中在条间力（条间力函数）的研究上，20 世纪 60 年代，计算机技术有了一定程度地发展，使较为复杂的迭代计算有了实现的可能，出现了严格极限平衡法，如 Morgenstern-Price 法、Janbu 法、Spencer、Sarma 法，这几种计算方法，对于之前的几种极限平衡法有了较大的改进，可以同时满足力矩平衡和力的平衡，且考虑到了条块的竖向力和水平力的作用，Morgenstern-Price 法用条间力函数方程 $X=E\lambda f(x)$ 来表示竖向、水平向条间力之间的关系；当 $f(x)$ 取为常数 1 时，其就是 Spencer 法，条间力函数 $f(x)$ 多选择半正弦函数，该函数主要侧重于中间土条间切应力和减小顶部和底部的条块间剪应力，这主要依据的是经验以及直觉，并不是理论分析得出的结果。

极限平衡法经过国内外学者近百年的研究和发展，已取得了很好的发展。但这并不意味着该方法可以完美地解决所有问题，同时 LEM 法也有很多不足和先天缺陷。如土坡稳定的问题大多是静不定问题，极限平衡法为了使问题可以求解，引入了一些假定和简化，使问题变得可以求解，这对解决问题是有好处的，但同时所带来的缺陷也一直被学者们所关注，一般认为 LEM 主要存在以下缺点[46]：

（1）极限平衡法认为土体为理想刚塑性状态，而实际上土体是变形体，忽略了土体的变形，认为这只是力和强度的问题。如果仅是为了得到安全系数来说，或许可以接受，但是对于地基基础、支护结构、地下空间施工等工程对形变大小较为敏感，需要的是变形来控制，极限平衡法没有考虑到位移变形，并且没有考虑土体的本构关系，计算出的滑动面上的应力状态不真实。

（2）认为滑裂面上各点的土体具有相同的剪应力，土体具有相同的抗剪强度，这与实际情况也是不符合的。

（3）由于未考虑土体的本构关系，滑裂面上的正应力和剪应力是由土条的自重决定，导致剪应力在坡脚处最小，而实际情况却是位于坡脚处的剪应力最大，破坏一般先从坡脚开始。

（4）边坡的破坏实际上是个渐进的过程，极限平衡法未能体现出这个过程，不能考虑边坡的局部变形对稳定性的影响。

（5）在计算时，必须事先假定滑裂面，而对于未失稳的边坡来说，不可以准确地确定出潜在的滑动面，因此计算结果比较依赖于工程师的经验。

即使极限平衡法有诸多的缺陷，但因为其原理容易掌握，计算相对于数值计算更简洁，依然在工程中得到了广泛的应用。

3.2 传统强度折减法

该方法的雏形最早是 Zienkiewicz 于 1975 年提出的，受当时计算机技术的发展和普及的影响，以及没有稳定可靠的有限元分析软件，该方法当时未能在工程中被广泛地应用。后来的学者如 Matsui 和 San，Ugai 和 Leshchinsky 也对该方法做了研究，1999 年美国科罗拉多矿业学院的 Griffiths 使用有限元强度折减法计算出的安全系数与极限平衡法的计算结果较接近，引起了国内外学者的注意。有限元强度折减法相比于传统的极限平衡法有着诸多的优点。

（1）可以对地质条件、构造复杂的边坡进行计算。

（2）考虑了土体结构的本构关系，不再把土体当作刚性体来分析，更加贴近真实。

（3）边坡失稳是个渐进的过程，随着土体强度参数的衰减，边坡发生失稳，有限元强度折减法可以很好地体现出这种“衰减”。

（4）考虑到支护结构和边坡共同的作用。在加筋体和滑面交叉处的荷载分布更加接近真实应力的分布情况，而极限平衡法在该处的正应力增加不是很明显。

（5）避免了极限平衡计算时必须事先假定滑裂面的要求，使得计算结果更有说服力。传统强度折减法的计算核心思想是围绕式（1）和式（2）来进行的。

$$c'=c/F_s \tag{1}$$

$$\varphi'=\arctan(\tan\varphi/F_s) \tag{2}$$

从初始时刻的边坡强度参数开始，每折减一次，就做一次有限元弹塑性分析，若是未达到预先设定的失稳判断准则，则继续进行折减，重复有限元弹塑性分析，直到折减到临界强度参数时，达到了预先设定的失稳判断准则，此时的折减系数就是边坡安全系数。

在国内众多学者的努力下，该方法被广泛地应用到稳定性分析中去。郑颖人、赵尚毅[47] 等学者对屈服准则的选择、安全系数的定义、网格密度的影响、模型边界范围的影响等问题做了大量细致、系统的研究，初步推动了强度折减法在国内的发展。与此同时，也有许多学者对于该方法失稳判断依据的选择产生了很大的争论，裴利剑等[48]认为强度折减法的失稳判断依据可分为三大类四种。

（1）以有限元软件的计算不收敛为失稳判据，称为判据Ⅰ。

（2）以边坡特征点的位移（水平、竖直）发生突变作为判断依据，称为判据Ⅱ。

（3）用塑性应变从坡脚到坡顶贯通作为判据Ⅲ-1；以某一幅值的塑性应变贯通作为判断依据，称为判据Ⅲ-2。

大部分学者认为判据Ⅰ或判据Ⅱ是比较合理的。对于判据Ⅰ来说，主要争论点在于迭代次数和收敛容差的大小、收敛准则的确定，认为该判据人为因素太大。作者认为该种判据计算稳定性好、波动小，所争论的人为影响过大也只是计算精度的问题，并不代表其不能作为失稳判据，且使用方便、真实可靠，易于实现编程。

判据Ⅱ也被许多学者使用，就单个简单的模型来说，该种判据确实很具有说服力，排除了人为的因素，但是操作比较烦琐，需要绘制安全系数-位移（F-s）曲线，而且对于复杂的边坡来说，边坡的特征点如何确定是个难以回避的问题。

判据Ⅲ-1，根据目前的研究表明，网格的密度大小会影响塑性区，网格密度越细，塑性区越规则，网格密度越粗，塑性区并不是很规则，则会难以判断。对于塑性区来说，其实就是强度折减法的滑带区域，弹性模量 E 和泊松比 ν 若不同步折减的话，对于安全系数的结果影响不大，但是郑宏、李焯芬[49] 等认为弹性模量和泊松比若不进行折减，塑性区在边坡内部会有较大范围的发展，而不会出现在坡面附近，这样导致滑带的确定是个问题，位移的突变不稳定性会增加。

对于判据Ⅲ-2，裴利剑在文献[48] 作了比较精准的分析和论证，无法以定量的方式确定幅值大小，人为性太大，缺少理论支持。

对于失稳判据的研究，很多学者在分析后发现，三类判据是具有统一性的，计算误差不是很大。但陈力华[50] 等学者所计算出的结果与上述具有统一性的观点相悖。

有限元强度折减法的计算，塑性区对计算结果有着很大的影响，若在边坡模型的底部或者是基础层出现塑性区的贯通，虽然也意味着有限元计算的不收敛，但是这不是稳定性分析所需要的，对于边坡的稳定性分析，塑性区的贯通应是滑裂面处的贯通，若是在地基层出现，那么计算结果则不可靠。事实上，岩土材料强度参数不断衰减的同时，也伴随着弹性模量 E 和泊松比 ν 的变化。岩土体的 c、φ 越大，其弹性模量也是越大的，且泊松比 ν 越低，考虑这种效应本身是比较符合真实情况的。仅对土体的 c、φ 进行折减，很多情况下，塑性区将首先在边坡的底部出现，当 c、φ 折减到一个比较低的程度时，可能会出现底部塑性区先贯通，而潜在的滑裂面的塑性区还尚未贯通的情况，使得计算结果偏小[49]。

因此，郑宏等学者提出应考虑 E-ν 的折减，即岩土材料若是满足 Mohr-Coulomb 准则，则其内摩擦角 φ 和泊松比 ν 应满足下式：

$$\sin\varphi \geqslant 1-2\nu \tag{3}$$

在折减的同时，时刻满足该公式成立。对于 E 值，郑宏等人针对 E 值越高，ν 越低这个概念，提出了 E-ν 满足于双曲线关系，虽然这缺乏必要的力学基础，但表达简洁，即使计算时不考虑 E 值变化的影响，仅满足上式，计算结果也是可以令人满意的。

3.3 双强度折减法

传统强度折减法（Strength Reduction Method，简称SRM）虽然得到较为广泛地推广和使用，但是其不足和缺陷一直被许多学者所关注，并致力于对缺点的研究和改进。由于传统强度折减法对黏聚力 c 和内摩擦角 φ 采用了相同的折减系数，这就意味着，在边坡逐渐失稳的这个过程中，c、φ 的折减程度或衰减程度是一样的，这明显不符合实际情况，所以一些学者如唐芬、赵炼恒、陈冉、李海平、白冰、袁维等都认为强度折减法中应对 c、φ 采用不同的折减系数，即提出了双强度折减法（Double Reduction Method，简称 DRM）。

国内最早唐芬[51] 提出了该种思路和方法。考虑不同折减系数是有必要的，且是合理的。边坡的失稳是一个渐进的过程，破坏的发生并非是瞬间发生和完成的，而在这个渐进的过程中，土体的强度参数黏聚力 c、内摩擦角 φ 衰减的速度并非是相同的，那么 c、φ 各自的安全储备必然也是不同的。从力学的破坏机制来看，c、φ 对于边坡维持自身稳定所起的作用、发挥程度、发挥顺序亦是不同的，因此考虑对土体强度参数采取不同的折减系数是较为符合实际情况的一种做法，这也是双强度折减法合理性的存在依据。唐芬所采用的 c、φ 折减配套 $K=SRF_{\varphi}/SRF_{c}$，在共同折减 c、φ 时，始终保持它们的折减系数比例关系满足 K，此时的 K 是一个定值，已经由之前单独折减 c、φ 所得的折减系数 SRF_{c}、SRF_{φ} 的比值所确定。工程中对于边坡的安全系数取值是唯一的，而 DRM 中由于折减策略的不同，产生了两个最终的折减系数，那么如何确定边坡安全系数成为一个棘手的问题。既有双强度折减法的安全系数是基于平均值来定义的，见下式：

$$F_{s}=\frac{SRF_{1}+SRF_{2}}{2} \tag{4}$$

式中：SRF_{1}——c、φ 共同折减时，内摩擦角 φ 的折减系数；

SRF_{2}——c、φ 共同折减时，黏聚力 c 的折减系数。

白冰、袁维[52] 等采取了不同的研究方法，白冰提出了“参照边坡”的概念，用来定义边坡的安全系数，建立了双强度折减法存在的理论依据，认为传统的强度折减法是双强度折减法的一个特例，即当 $K=1$ 时的双强度折减法。根据传统强度折减法的实施过程，强度折减法是以土体初始的强度 τ 为基础值，不断地对其进行折减，直到某一次折减所得参数使得边坡处于临界状态，即下一刻的状态为失稳破坏，则这时对应的折减系数就是边坡的安全系数，安全系数为边坡初始的强度参数 τ 与临界状态时刻的强度参数 τ' 的比值。白冰等认为，临界强度 τ' 其实并不真实的存在，尤其对于未失稳的边坡而言，本身并不属于最初所研究的那个边坡（即初始强度 τ 所对应的边坡），是一个虚拟的值。利用“参照边坡”的概念，A 边坡为初始强度参数 τ 的边坡，B 边坡为临界状态时刻的边坡，强度参数对应为 τ'，除了强度参数不同外，其余条件全部相同。那么安全系数可以定义为：

$$F_{s}=\frac{\text{边坡}A\text{的属性}}{\text{边坡}B\text{的属性}}\times\text{边坡}B\text{的安全系数} \tag{5}$$

由于边坡 B 处于临界状态，那么它的安全系数就是 1，即：

$$F_{s}=\frac{\tau}{\tau'}\times 1.0 \tag{6}$$

基于“参照边坡”的这一思路，B 边坡其实是 A 边坡以某种特定的方式变换得到的，而这种变换途径在理论上并不只有传统折减法所采取的同步衰减的方式。说明了双强度折减法的存在，在理论上是可行的。

白冰等所采取的变换途径认为传统强度折减法（SRM）是根据初始 Mohr-Coulomb 强度曲线，去寻找一条切线使其达到临界状态。如图 2 所示，在 τ-6 坐标中这个寻找的过程，在几何上就是一个不断移动摇摆的搜寻过程。以临界最大公切线的概念去计算双强度折减法的安全系数，较为复杂，不利于该方法的广泛使用。

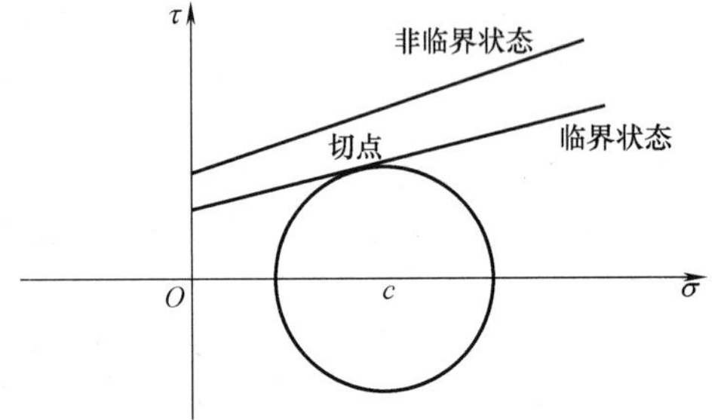

图 2 边坡 M-C 强度线和应力圆

Fig. 2 Slope M-C strength lines and stress circles

袁维等[53] 计算了不同坡脚情况下，基于折减比 K 实现的双强度折减法，利用位移-折减系数曲线的拟合来确定 DRM 安全系数，确定该函数关系式 $Fos=f(SRF_{1}, SRF_{2})$ 为下式：

$$F_{s}=\frac{\sqrt{2}F_{c}\cdot F_{\varphi}}{\sqrt{F_{c}^{2}+F_{\varphi}^{2}}} \tag{7}$$

该计算方法仍是基于折减比的概念实现的双强度折减法，从理论上解决了安全系数的取值问题，相比于之前取平均值和最小值的做法有了较大的进步，理论依据更加充实。

赵炼恒、曹景源[54] 等在前人研究的基础上，针对两个基本问题进行了研究：（1）折减比的确定，并非对于所有边坡折减比 K 的值都是相同的；（2）如何组合两者的折减系数去作为评价边坡稳定的评价标准，即边坡安全系数如何确定。认为岩土体材料强度特征的差异性较大，且边坡稳定性的影响因素也较为复杂，c 和 φ 并不存在唯一确定的关系式。根据理论上更严格的能耗分析理论，以对数螺旋线的滑裂面形态为基础，同时考虑双强度折减，运用虚功原理定义了安全系数。

双强度折减法仍是基于折减技术的计算方法，不同的是对土体强度参数折减的比例或程度是不同的，这是它与传统强度折减法本质的区别，正因为强度参数衰减程度不同更加符合真实情况，所以这也是双强度折减法的存在性依据。

黏聚力 c 指土体的连接力，具体可以分为胶结物的连接、结合水连接。当土体受外部因素影响，随着含水率的增加，则土颗粒周围的水膜厚度亦在增加，使土体内的毛细水与结合水连接力降低，导致黏聚力值的衰减。另一方面，含水率的增大，使土颗粒间距也在增大，这样就降低了土颗粒间的相对滑动和相互咬合力，从而使内摩擦角下降。由此可知，黏聚力和内摩擦角的物理意义是不同的，其衰减的特性也是不一样的，在边坡逐渐失稳的这个过程中，随着外界条件的变化，其衰减程度必定不会完全相同。滑带土体的颗粒成分也是影响土体强度参数的一个重要因素，滑带土中细颗粒成分越高，则黏聚力的值越大，黏聚力和土中细颗粒成分呈正比例关系，而内摩擦角与细颗粒成分呈反比例关系。其原因在于，细颗粒的比表面积大，即颗粒间的接触面也就越大，所以黏聚力值就大；而内摩擦角是摩擦系数的反映，与颗粒的粗糙程度有关，颗粒越大，则内摩擦角越大。

黏聚力和内摩擦角影响不同，导致其在渐变的过程中，各自衰减的速度、程度都应是不同的，因而这种真实的情况是具有理论依据的，双强度折减法提出的考虑不同黏聚力和内摩擦角折减系数的折减策略是合理的，同时，也表明提出双强度折减法是具有意义的。随着研究问题的逐步深入，杨光华等[55]提出了变模量弹塑性强度折减法，即在对强度参数折减的同时对变形模量也进行相应的配套折减，由此建立了变形与安全系数的关系，并率先在土钉支护结构中进行了有益尝试。

综上所述，虽然在高填方边坡稳定性分析方面有初步成果，但是鉴于山区机场的复杂性，这些研究结论或认识尚未统一，目前国内没有针对机场高填方设计方面的规范，就土石混合填筑的高填方地基和高填方边坡而言，采用较先进的手段来探索高填方变形时空规律与稳定性之间的关系也是值得关注的问题。

3.4 多级高填方边坡稳定性分析

目前，关于简单边坡的稳定性分析研究较为成熟，但针对高填方多级边坡而言，其稳定性分析有待进一步完善。对高填方多级边坡稳定性的研究不仅有着重要的理论意义，同时对类似多级高填方边坡工程实践也有很好的参考价值。

张琦[56]以兰州某多级高填方边坡为依托，通过建立灰色模型，对边坡的位移进行预测，同时研究了各个参数对位移和稳定性系数的影响，得出以下结论：对于安全系数来说，内摩擦角 φ＞黏聚力 c＞弹性模量 E；针对位移，弹性模量 E＞内摩擦角 φ＞黏聚力 c。李亚圣[57]利用 $FALC^{3D}$ 求取了边坡稳定性系数，以反映边坡稳定性系数和边坡支护结构位移与边坡施工顺序之间的关系：多种带有预应力锚索的支护结构联合支护下的多级高填方边坡，不同的施工顺序将会对施工完成的边坡稳定性系数产生影响；利用 $FLAC^{3D}$ 求取边坡稳定性系数的方法对于支护体系中存在大量钢筋混凝土的情况不太适用。叶帅华[58]通过有限元软件建立模型，对坡面和挖填交界面处的位移、速度及加速度响应等和边坡稳定性在水平地震作用下进行分析，得出：随着震动持续时间的增加，引起边坡变形和破坏的可能性越大；对于永久性边坡工程，应根据不同地区抗震设防烈度要求对地震作用下的边坡稳定性进行计算。朱彦鹏[59]等以某黄土高填方多级边坡为依托，采用蒙特卡罗模拟方法对边坡的可靠度进行分析，结果表明：坡率在 1∶0.5～1∶1.0 间、平台宽度在 0.5～1.5m 间时，改变两者会对多级高填方边坡的可靠度产生较大影响。

高填方多级边坡的边坡稳定性分析作为填方工程的热点问题，值得学者们对其进行更加深入的研究。

4 工程实践

4.1 工程概况

该工程位于兰州市榆中县，属人工边坡，边坡高 22～25m，水平长度 430m，走向为近南北向。基线里程 0＋000～0＋160、0＋230～0＋340 段坡度较陡，约 40°～60°，局部可达 65°；0＋160～0＋230、0＋340～0＋430 段坡度稍缓，约 25°～45°。

4.2 地质构造

工程所在区为侵蚀堆积河谷台地区与黄土梁区交汇部位。场地地形起伏较大。整体地势西高东低，海拔在 1710～1744m 之间，相对高差约 34m。新构造运动在本区表现为垂直升降为主，测区内属于强烈上升区。据区域地质资料，测区内无隐伏断裂，无活动断裂，地质构造对本工程无影响。

4.3 水文地质条件

边坡场地范围内地表水和地下水不发育，但根据边坡坡顶、坡面黄土陷穴发育的情况分析，在强降雨条件下，拟处理边坡处黄土状粉土浸水容易发生湿陷。因此，边坡支挡工程设计及施工中，应加强防排水措施，确保边坡顶部场地和边坡底部场地排水通畅，并做好边坡坡面封面措施，防止大气降水下渗进入边坡土体，确保边坡长期安全稳定。

4.4 设计参数

边坡不稳定斜坡稳定性较差，一旦失稳后威胁坡顶高层住宅和坡脚建筑物，威胁人员生命财产安全。边坡失稳可能造成人员伤亡或财产损失，破坏后果为很严重，边坡工程安全等级为一级，边坡自重工况下稳定安全系数为 1.35，地震工况下边坡稳定安全系数为 1.15。本次稳定性分析共选取 8 个计算剖面，其中 1 剖面填方量为 86.4m^3，2 剖面填方量为 4903.2m^3，3 剖面填方量为 5346.0m^3，4 剖面填方量为 18969.6m^3，5 剖面填方量为 16101.0m^3，6 剖面填方量为 10862.5m^3，7 剖面填方量 27871.8m^3，8 剖面填方量为 36317.6m^3。抗震设防烈度为 8 度，工程区地震动峰值加速度为 $k=0.2g$。具体岩土物理力学参数取值见表 1。场地平面图及每个剖面位置如图 3 所示。

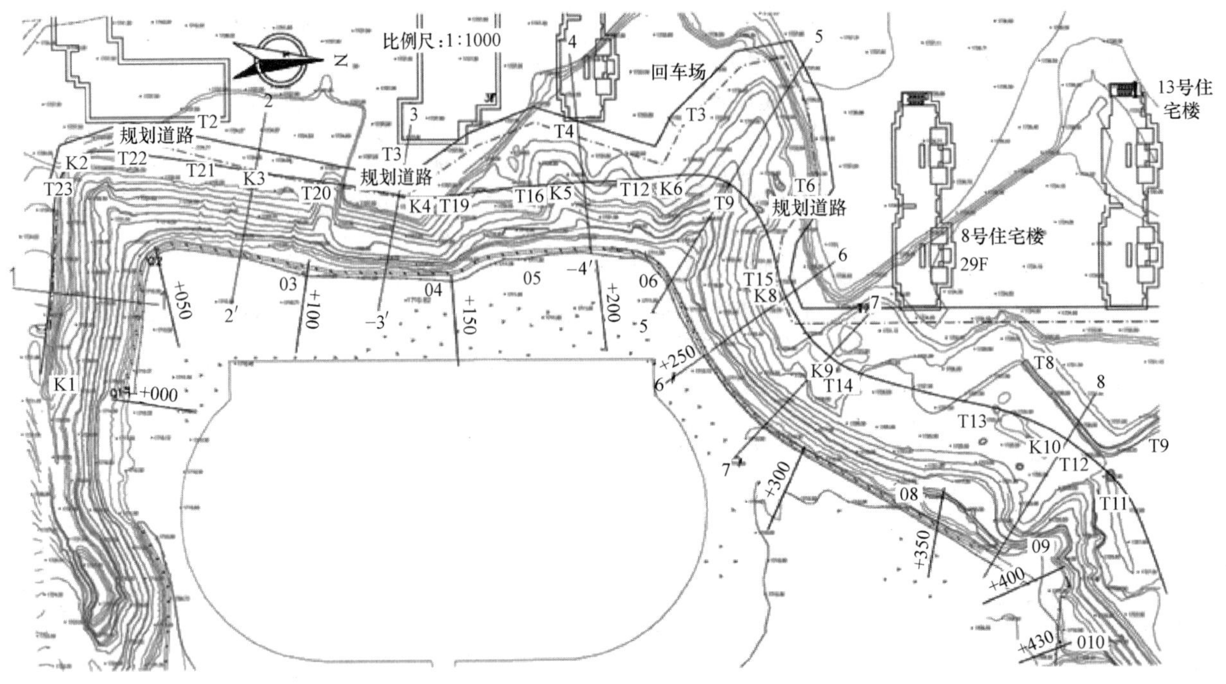

图 3　边坡平面示意图

Fig. 3　Schematic diagram of a slope plan

岩土体物理力学参数　　表 1

Physical and mechanical parameters of rock and soil Table 1

重度(kN/m³)		黏聚力(kPa)	内摩擦角(°)	含水率(%)	孔隙比
天然	干燥				
15.84	14.01	22	28	9.8	0.96

4.5　边坡稳定性计算

根据勘察报告，不稳定斜坡物质组成较单一，潜在滑面近似圆弧状，稳定性计算共取 8 个计算剖面，工况分为自重、地震 2 个工况，计算公式采用圆弧形滑面的边坡稳定性计算公式进行计算，计算简图如图 4 所示。

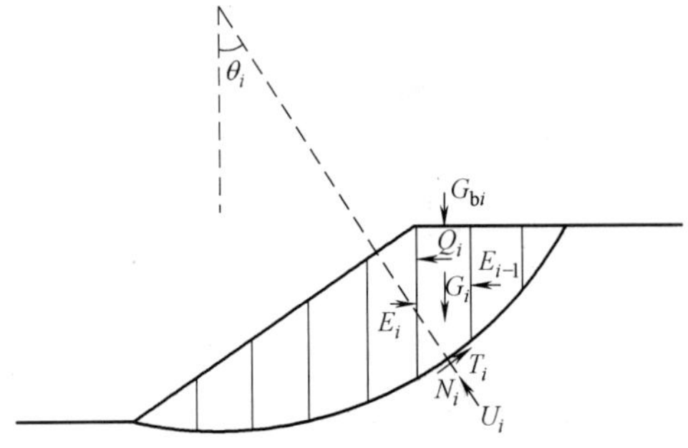

图 4　圆弧形滑面边坡计算示意

Fig. 4　Illustration of the calculation of the slope of a circular sliding surface

$$F_s=\frac{\sum_{i=1}^{n}\frac{1}{m_{\theta i}}\left[c_iL_i\cos\theta_i+(G_i+G_{bi}-U_i\cos\theta_i)\tan\varphi_i\right]}{\sum_{i=1}^{n}\left[(G_i+G_{bi})\sin\theta_i+Q_i\cos\theta_i\right]} \tag{8}$$

$$m_{\theta i}=\cos\theta_i+\frac{\tan\varphi_i\sin\theta_i}{F_s} \tag{9}$$

$$U_i=\frac{1}{2}\gamma_w(h_{wi}+h_{w,i-1})L_i \tag{10}$$

式中：F_s——边坡稳定性系数；

c_i——第 i 计算条块滑面黏聚力（kPa）；

φ_i——第 i 计算条块滑面内摩擦角（°）；

L_i——第 i 计算条块滑面长度（m）；

θ_i——第 i 计算条块滑面倾角（°），滑面倾向与滑动方向相同时取正值，底面倾向与滑动方向相反时取负值；

U_i——第 i 计算条块滑面单位宽度总水压力（kN/m）；

G_i——第 i 计算条块单位宽度自重（kN/m）；

G_{bi}——第 i 计算条块单位宽度竖向附加荷载（kN/m）；方向指向下方时取正值，指向上方时取负值；

Q_i——第 i 计算条块单位宽度水平荷载（kN/m）；方向指向坡外时取正值，指向坡内时取负值；

h_{wi}，$h_{w,i-1}$——第 i 及第 $i-1$ 计算条块滑面前端水头高度（m）；

γ_w——水重度，取 10kN/m³；

i——计算条块号，从后方起编；

n——条块数量。

地震作用：

$$Q_{ci}=\alpha_w G_i \tag{11}$$

式中：Q_{ci}——作用于第 i 个土条的水平地震作用（kN）；

α_w——水平地震系数，本区抗震设防烈度为 8 度，第二组，地震峰值加速度为 0.2g，对应为 0.050；

G_i——第 i 个土条的重力（kN），有地下水时，包括地下水的重力。

计算不稳定斜坡剩余下滑力如下：

$$P_i=P_{i-1}\psi_{i-1}+T_i-R_i/F_s \tag{12}$$

$$\psi_{i-1}=\cos(\theta_{i-1}-\theta_i)-\sin(\theta_{i-1}-\theta_i)\tan\varphi_i/F_s \tag{13}$$

$$T_i=(G_i+G_{bi})\sin\theta_i+Q_i\cos\theta_i \tag{14}$$

$$R_i=c_iL_i+[(G_i+G_{bi})\cos\theta_i-Q_i\sin\theta_i-U_i]\tan\varphi_i \tag{15}$$

式中：P_n——第 n 条块单位宽度剩余下滑力（kN/m）；

P_i——第 i 计算条块与第 $i+1$ 计算条块单位宽度剩余下滑力（kN/m）；当 $P_i<0$（$i<n$）时取 $P_i=0$；

T_i——第 i 计算条块单位宽度重力及其他外力引起的下滑力（kN/m）；

R_i——第 i 计算条块单位宽度重力及其他外力引起的抗滑力（kN/m）。

ψ_{i-1}——第 $i-1$ 计算条块对第 i 计算条块的传递系数；

其他符号同前。

自重工况边坡稳定性计算结果 表 2

Calculation result of slope stability for self-weighting conditions Table 2

计算剖面	填方前		填方后		
	稳定性系数	稳定性	稳定性系数	稳定性	剩余下滑力
1-1′	1.07	基本稳定	1.09	基本稳定	279.71
2-2′	1.13	基本稳定	1.07	基本稳定	424.81
3-3′	1.06	基本稳定	1.05	基本稳定	477.38
4-4′	1.82	稳定	1.04	欠稳定	659.96
5-5′	2.47	稳定	1.33	稳定	0
6-6′	1.26	基本稳定	0.99	不稳定	701.84
7-7′	1.40	稳定	1.12	基本稳定	506.04
8-8′	1.35	稳定	1.14	基本稳定	482.53

地震工况边坡稳定性计算结果 表 3

Calculation of slope stability in seismic conditions Table 3

计算剖面	填方前		填方后		
	稳定性系数	稳定性	稳定性系数	稳定性	剩余下滑力
1-1′	1.00	欠稳定	1.00	欠稳定	190.83
2-2′	1.05	基本稳定	0.98	不稳定	309.78
3-3′	0.99	不稳定	0.96	不稳定	358.84
4-4′	1.63	稳定	0.95	不稳定	505.46
5-5′	2.12	稳定	1.20	稳定	0
6-6′	1.17	稳定	0.91	不稳定	515.35
7-7′	1.31	稳定	1.03	欠稳定	327.12
8-8′	1.26	稳定	1.04	欠稳定	296.96

由表 2、表 3 可知，填方后该边坡在自重工况下有 1 个剖面（剖面 6）不能保持稳定，在地震工况下有 2 个剖面（剖面 4、剖面 6）不能保持稳定，其中剖面 5 稳定性下降幅度最多。

4.6 联合支护设计

经过边坡方案比选，同时考虑安全与经济性原则，最终决定采用以下方案即：预应力锚索框架＋加筋土挡墙＋挡墙。方案中不同部位联合支护布置如下：在坡脚布设挡墙进行防护；坡面布设预应力锚索框架加固；在坡顶布设加筋土挡墙；坡面格构内进行绿化美化环境。其中土力学参数见表 1，材料参数见表 4，计算结果以剖面 4 为例（图 5）。

材料参数　　表 4

Material parameters　　Table 4

材料类型	弹性模量（MPa）	重度（kN/m^3）	泊松比
C30	30000	23.50	0.20
锚杆	210000	76.98	0.26
土工格栅	30000	17.0	0.32

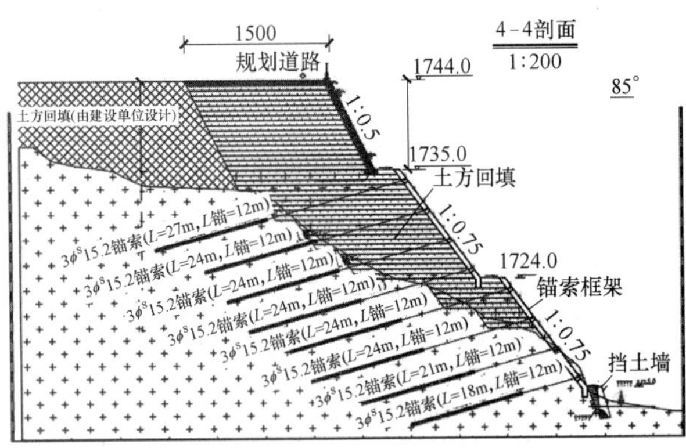

图 5　边坡稳定性计算简图及支护布置

Fig. 5　Slope stability calculation diagram and support arrangement

5　结论

(1) 填料特性对高填方边坡的稳定性影响较大，准确掌握压实土的物理力学特性是进行高填方边坡稳定性分析的前提。应考虑以下 6 个方面的影响：填料的选择与配比、填料变形特性、填料强度特性、填料持水特性、填料密实特性、填料压缩变形特性。

(2) 高填方边坡稳定性计算方法主要有以下 3 种：极限平衡法、传统强度折减法、双强度折减法。其中双强度折减法中 c、φ 采用不同折减系数，这种考虑对土体强度参数采取不同折减系数的双强度折减法是较为符合实际情况的一种研究方法。

(3) 采用圆弧形滑面的边坡稳定性计算公式对兰州某高填方边坡稳定性进行计算，计算方法可为相关高填方边坡稳定性研究提供参考。

参考文献：

[1] 陈正汉，郭楠．非饱和土与特殊土力学及工程应用研究的新进展[J]．岩土力学，2019，40(1)：1-54.

[2] 谢定义．非饱和土土力学[M]．北京：高等教育出版社，2015.

[3] 中华人民共和国住房和城乡建设部．高填方地基技术规范：GB 51254—2017[S]．北京：中国建筑工业出版社，2017.

[4] 曹光栩．山区机场高填方工后沉降变形研究[D]．北京：清华大学，2011.

[5] 陶庆东．高填方土石混合体路堤涵洞土拱效应与减载特性研究[D]．重庆：重庆交通大学，2020.

[6] 聂超．机场高填方粗颗粒填料蠕变的缩尺效应试验研究[D]．成都：成都理工大学，2018.

[7] 郭庆国．粗粒土的工程特性及应用[M]．郑州：黄河水利出版社，1998.

[8] 刘宏，张倬元．四川九寨黄龙机场高填方地基变形与稳定性系统研究[M]．成都：西南交通大学出版社，2006.

[9] 周立新，黄晓波，周虎鑫，等．机场高填方工程中填料试验研究[J]．施工技术，2008，(10)：81-83+94.

[10] 戴北冰，杨峻，周翠英．颗粒大小对颗粒材料力学行为影响初探[J]．岩土力学，2014，35(7)：1878-1884.

[11] 肖建章．机场高填方土石混合料剪切机理及强度特性研究[R]．北京：中国水利水电科院研究院，2016.

[12] 殷宗泽．土工原理[M]．北京：中国水利水电出版社，2007.

[13] 杨壮．山区高填方土石混填路基变形及稳定性研究[D]．西安：长安大学，2021.

[14] 程海涛，刘保健，谢永利．重塑黄土变形特性[J]．长安大学学报(自然科学版)，2008(5)：31-34.

[15] 陈开圣，沙爱民．压实黄土变形特性[J]．岩土力学，2010，31(4)：1023-1029.

[16] 胡长明，梅源，王雪艳．吕梁地区压实马兰黄土变形与抗剪强度特性[J]．工程力学，2013，30(10)：108-114.

[17] GURTUG Y. Prediction of the compressibility behavior of highly plastic clays under high stresses[J]. Applied Clay Science，2011，51(3)：295-299.

[18] 杨校辉，朱彦鹏，郭楠．高填方土石混合料强度与变形特性及沉降预测研究[J]．岩石力学与工程学报，2017，36(7)：1780-1790.

[19] 宋焕宇．粗粒土斜坡高路堤变形性状与稳定性研究[D]．武汉：华中科技大学，2007.

[20] 毛雪松，郑小忠，马骉，等．风化千枚岩填筑路基湿化变形现场试验分析[J]．岩土力学，2011，32(8)：2300-2306.

[21] 杜秦文，刘永军，曹周阳．变质软岩路堤填料湿化变形规律研究[J]．岩土力学，2015，36(1)：41-46.

[22] 王江营．土石混填体变形力学特性及其地基稳定性分析方法[D]．长沙：湖南大学，2014.

[23] 郭楠，陈正汉，高登辉，等．加卸载条件下吸力对黄土变形特性影响的试验研究[J]．岩土工程学报，2016，40(3)：735-742.

[24] 郭楠．非饱和的增量非线性横观各向同性本构模型研究[D]．兰州：兰州理工大学，2018.

[25] 徐永福．非饱和膨胀土结构性强度的研究[J]．河海大学学报(自然科学版)，1999，27(2)：86-89.

[26] 陈正汉．重塑非饱和黄土的变形、强度、屈服和水量变化特性[J]．岩土工程学报，1999，21(1)：82-90.

[27] 张常光，胡云世，赵均海．平面应变条件下非饱和土抗剪强度统一解及应用[J]．岩土工程学报，2011，33(1)：32-37.

[28] 高登辉，陈正汉，郭楠，等．干密度和基质吸力对重塑非饱和黄土变形与强度特性的影响[J]．岩石力学与工程学报，2017，36(3)：736-744.

[29] 郭楠，杨校辉，陈正汉，等．基质吸力对原状非饱和黄土强度与变形特性的影响[J]．兰州理工大学学报，2017，43(6)：120-125.

[30] 郭楠，陈正汉，杨校辉，等．重塑黄土的湿化变形规律及细观结构演化特性[J]．西南交通大学学报，2019，54(1)：73-81+90.

[31] 杨校辉，朱彦鹏，郭楠，等．压实度和基质吸力对土石混合填料强度变形特性的影响研究[J]．岩土力学，2017，38(11)：3205-3214.

[32] Fredlund D. G.，Rahardio H.．Soil mechanics for unsaturated soils [M]. New York：John Wiley & Sons

Inc.，1993.

[33] 赵俊宇，许增光，柴军瑞，等. 干湿循环条件下重塑黄土强度与持水特性的试验研究[J]. 水电能源科学，2021，39(9)：169-172+139.

[34] 张登飞，陈存礼，张洁，等. 等向压缩应力条件下原状黄土的吸湿持水特性[J]. 岩土工程学报，2018，40(7)：1344-1349.

[35] 王叶娇，靳奉雨，孙德安，等. 非饱和黄土持水特性的温度效应研究[J]. 地下空间与工程学报，2021，17(1)：189-194.

[36] 高登辉，陈正汉，邢义川，等. 净平均应力对非饱和重塑黄土渗水系数的影响[J]. 岩土工程学报，2018，40(S1)：51-56.

[37] 郭楠，陈正汉，杨校辉，等. 各向同性土与横观各向同性土的力学特性和持水特性[J]. 西南交通大学学报，2019，54(6)：1235-1243.

[38] 李雪. 基于电阻率测试的土石混合体土水特征研究[D]. 重庆：重庆交通大学，2021.

[39] 来春景. 黄土丘陵沟壑区高填方建设场地变形与稳定性研究[D]. 兰州：兰州理工大学，2020.

[40] 葛华康. 高含石量土石混合体高填方边坡稳定性与变形研究[D]. 重庆：重庆大学，2016.

[41] 安明，韩云山. 强夯法与分层碾压法处理高填方地基稳定性分析[J]. 施工技术，2011，40(10)：71-73.

[42] 胡颖，巨玉文，王文正，等. 高填方路堤顶部沉降及黄土填料试验研究[J]. 科学技术与工程，2015，15(10)：226-229.

[43] 梁煌超. 有机质孔隙液对土体物理力学性状影响试验研究[D]. 福州：福州大学，2018.

[44] 温介邦. 考虑应力历史影响的成层地基一维固结理论研究[D]. 杭州：浙江大学，2007.

[45] 李广信. 高等土力学[M]. 北京：清华大学出版社，2016.

[46] 杨晓宇. 双强度折减法的研究与实现[D]. 兰州：兰州理工大学，2016.

[47] 郑颖人，赵尚毅. 岩土工程极限分析有限元法及其应用[J]. 土木工程学报，2005，38(1)：91-99.

[48] 裴利剑，屈本宁，钱闪光. 有限元强度折减法边坡失稳判据的统一性[J]. 岩土力学，2010，31(10)：3337-3341.

[49] 郑宏，李春光，李焯芬，等. 求解安全系数的有限元法[J]. 岩土工程学报，2002，24(5)：626-628.

[50] 陈力华，靳晓光. 有限元强度折减法中边坡三种失效判据的适用性研究[J]. 土木工程学报，2012，45(9)：136-146.

[51] 唐芬，郑颖人，赵尚毅. 土坡渐进破坏的双安全系数讨论[J]. 岩石力学与工程学报，2007，26(7)：1402-1407.

[52] 白冰，袁维，石露，等. 一种双折减法与经典强度折减法的关系[J]. 岩土力学，2015，36(5)：1275-1281.

[53] Yuan Wei，Bai Bing，Li Xiao Chun，et al. A strength reduction method based on double reduction parameters and its application [J]. Journal of Central South University，2013，20(9)：2555-2562.

[54] 赵炼恒，曹景源，唐高朋，等. 基于双强度折减策略的边坡稳定性分析方法探讨[J]. 岩土力学，2014，35(10)：2977-2984.

[55] 杨光华，张玉成，张有祥. 变模量弹塑性强度折减法及其在边坡稳定分析中的应用[J]. 岩石力学与工程学报，2009，28(7)：1506-1512.

[56] 张琦. 黄土地区多级高填方边坡变形预测及稳定性分析[D]. 兰州：兰州理工大学，2021.

[57] 李亚胜. 黄土地区多级填方高边坡施工顺序对支护结构位移及边坡稳定性影响研究[D]. 兰州：兰州理工大学，2019.

[58] 叶帅华，黄安平，房光文. 水平地震作用下黄土多级高填方边坡动力响应规律及稳定性分析[J]. 震灾防御技术，2020，15(1)：1-10.

[59] 朱彦鹏，房光文，叶帅华，等. 黄土高填方多级边坡可靠度分析[J]. 地震工程学报，2022，44(2)：251-257.

红河综合交通枢纽项目膨胀土边坡支护设计实践

罗　岚
（华东建筑设计研究院有限公司，上海 200002）

摘　要：红河综合交通枢纽项目是国家级大型项目，涉及的边坡支护工程量大，面临膨胀土的不利影响，设计难度高。本文综合考虑膨胀土特性及项目特点，对边坡支护设计进行分析研究。针对膨胀土遇水强度降低的特点，通过室内试验对膨胀土抗剪强度设计参数取值进行研究，综合考虑试验结果及规范建议，采用黏聚力作 0.7 倍折减使用，内摩擦角作 0.6 倍折减使用。针对膨胀力随膨胀变形衰减的特点，采用室内试验实测水平膨胀力的 0.8 倍作为设计值。针对膨胀土受含水量变化影响较大的特点采取了防排水相结合的坡面防护措施。对于初步设计锚索计算长度较长的情况，通过锚索基本试验对锚索长度进行了优化。结合分析研究成果、项目场地条件及建（构）筑物关系，采用了坡脚矮挡墙、锚拉式桩板挡墙、锚杆框架梁等多种支护形式相结合的膨胀土高边坡支护方案。多种膨胀土针对性处理方式相结合，充分满足了安全性及使用要求，且兼顾了工期与经济合理。

关键词：红河综合交通枢纽；边坡支护设计；膨胀土

作者简介：罗岚，男，1991 年生，工程师。主要从事边坡支护工程、地基处理工程方面的设计研究。

Design and practice of expansive soil slope support in the project of honghe comprehensive transportation hub

LUO Lan
（East China Architecture Design & Research Institute Co.，Ltd.，Shanghai 200002）

Abstract：Honghe comprehensive transportation hub is a national large-scale project. This project involves a large amount of slope support works and faces the adverse impact of expansive soil，which bring difficulties to design. Based on the strength reduction of expansive soil in water，this paper analyses the shear strength design parameters of expansive soil through the indoor test，and considers the test results and the code recommendations. The cohesion is used as 70% of the original value，and the internal friction angle is used as 60% of the original value. Based on the attenuation of expansion force with the expansion deformation，the design value of horizontal expansion force is used as 80% of the original value. Because the expansive soil is greatly affected by the change of water content，both waterproof and drainage are taken into slope protection measures. For the case that the calculation seems to be long in the preliminary design，the length of the anchor cable is optimized based on the basic test. Considering the characteristics of expansive soil，project site conditions，and the relationship between buildings and structures，the support design of expansive soil high slope is analyzed，and various support forms are adopted in this project，including low retaining wall at slope toe，anchor pull pile plate retaining wall，anchor frame beam，etc. The combination of various targeted treatment methods of expansive soil fully meets the safety and use requirements，and takes into account the construction period and economic rationality.

Key words：honghe comprehensive transportation hub；slope support design；expansive soil

1　引言

随着国家“一带一路”倡议的不断推进，沿线地区的交通基础设施建设发展迅速。经我国西南、中南半岛至印度洋的走向作为丝绸之路经济带三大走向之一，其战略意义突出。而云南作为面向西南开放的桥头堡，沿线关键节点发挥着承内启外作用，其交通设施建设迎来机遇与挑战。2017 年云南省人民政府办公室发布《云南省十三五综合交通发展规划》，提出全力推动路网、航空网、能源保障网、水网、互联网建设，建成昆明国际性综合交通枢纽，曲靖、大理、红河全国性综合交通枢纽 3 个，以及一批地区性和口岸综合交通枢纽，形成互联互通、功能完备、高效安全、保障有力的现代基础设施，进一步拓展云南对外发展的新空间，为云南国民经济与社会发展带来新的腾飞。

作为红河州首府，蒙自历来是中国西南出海的最便捷陆上通道，航空、铁路、公路现代综合交通体系齐全，是云南省乃至国家通道网络上的重要节点，发挥着承内启外的重要作用。未来以综合交通枢纽建设为契机，将继续发挥地缘优势，内联外通，构建云南乃至大西南全方位的通江达海大通道。

虽然蒙自的战略位置十分重要，但其建设条件较为复杂。首先，蒙自地处华南褶皱系西缘之滇东南褶皱带，地貌上处于蒙自断陷盆地，地形起伏较大，而大型交通枢纽项目往往需要进行大面积的场地整平，与外围现状地形的衔接势必会带来较多边坡支护工程。同时，蒙自又是我国膨胀土最为发育的地区之一[1]，膨胀土吸水膨胀、失水收缩的变形特性以及吸水膨胀后产生膨胀力、抗剪强度指标大幅度降低的特性对边坡工程的建设及安全运营带来极大的不利影响。因此在边坡支护设计中，需要针对膨胀土地层的特点及不利影响采取针对性的措施。

对于膨胀土地区的大规模边坡支护工程，如何在经济性与安全性上找到平衡点，采取合理的设计方案是关键。本文介绍了红河综合交通枢纽项目边坡工程设计，因地制宜采用了多类型边坡支护组合设计思路，充分满足了使用要求，且兼顾了工期与经济性。

2 项目概况

2.1 总体概况

红河综合交通枢纽项目位于蒙自市城区西北部的雨过铺镇，总用地面积约 20 万 m^2。项目主要功能为连接北侧拟建蒙自机场以及南侧拟建蒙自高铁站，拟建北侧蒙自机场设计完成面标高为 1332m，拟建南侧蒙自高铁站设计完成面标高为 1312m。本项目平面布置图如图 1 所示。

项目场地地形总体西高东低，场地标高为 1301～1344m，相对高差达到 43m，平均地形坡度约 7.5°，属缓坡地形。由于现状场地本身高差较大，且本项目连接的北侧蒙自机场与南侧高铁站设计完成面存在 20m 的高差，为了满足连接机场、高铁站的使用要求，并与外围交通规划衔接，交通枢纽场地地势设计方案采用西侧 1321m 和东侧 1312m 的双台地方案（图 2），与现状地形以及周围功能区形成了大面积边坡工程。其中填方边坡长度约为 1100m，最大填方高度约 12m；挖方边坡长度约为 830m，挖方边坡最大高度约 16m。

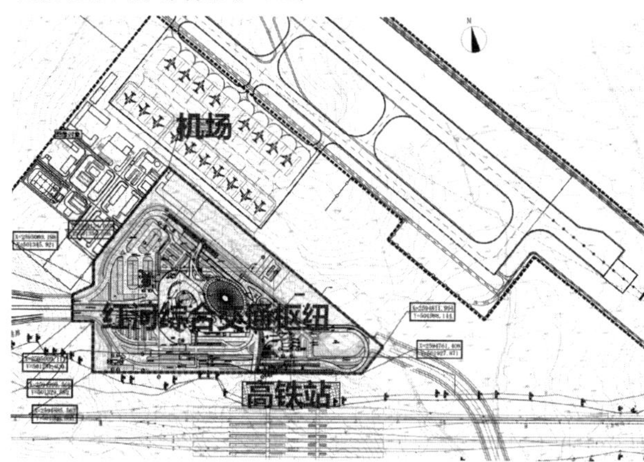

图 1　红河综合交通枢纽项目平面布置图

Fig. 1　Plan of Honghe comprehensive transportation hub

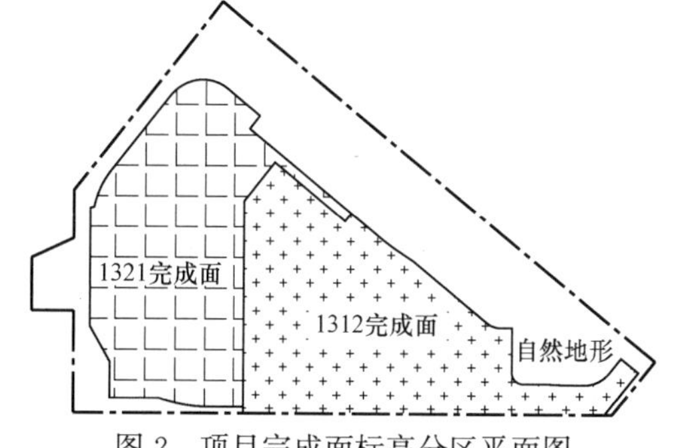

图 2　项目完成面标高分区平面图

Fig. 2　Project finished surface elevation zoning plan

2.2 工程地质条件

本项目场地主要出露地层由第四系人工堆积层、第四系坡积及新第三系泥灰岩组成，主要地层从上至下依次为②层黏土、③层黏土、④层全风化泥灰岩、⑤层强风化泥灰岩。典型工程地质剖面如图 3 所示。其中②层黏土、③层黏土、④层全风化泥灰岩三层为膨胀土。②层黏土大部分具弱—中膨胀潜势，局部具强膨胀潜势；③层黏土大部分具中—强膨胀潜势，局部具弱膨胀潜势；④层全风化泥灰岩大部分具中—强膨胀潜势，局部具弱膨胀潜势。膨胀土边坡支护设计的主要物理力学指标如表 1 所示。

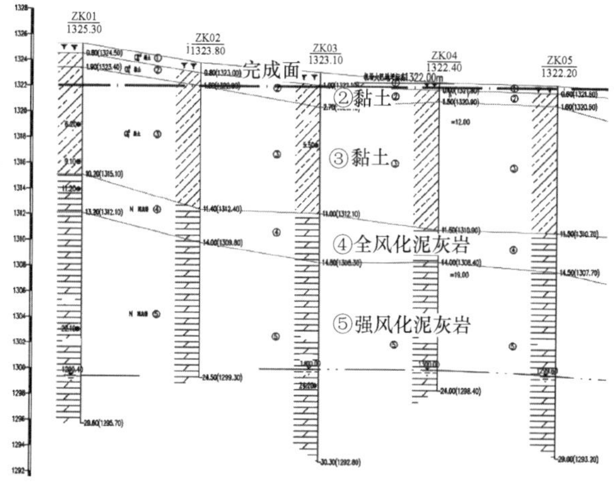

图 3　典型工程地质剖面图

Fig. 3　Typical soil profile

膨胀土边坡支护设计物理力学参数　表 1

Physical and mechanical parameters of expansive soil slope support design　Table 1

土层名称	重度 γ (kN/m³)	黏聚力 c (kPa)	内摩擦角 φ (°)	地基承载力特征值 f_{ak} (kPa)	自由膨胀率 δ (%)	水平膨胀力 (kPa)
②黏土	17.7	35	7.5	160	7.71	35
③黏土	18.2	44	9	180	10.05	44
④全风化泥灰岩	18.1	42	8.5	200	9.57	42
⑤强风化泥灰岩	18.4	51	10	250		

场地地基胀缩等级为Ⅲ级，膨胀土类型为甲类，大气影响深度 5m，急剧影响深度 2.4m。场地内地下水位未随地形起伏有剧烈变化，静止水位标高在 1298.0～1301.1m 之间，相对于现状地形埋深在 2.9～29.00m 之间。

2.3 边坡支护设计难点

本工程边坡支护设计条件复杂，面临一系列设计难点。场地上部主要岩土层均为膨胀性岩土，膨胀潜势能为弱—强，大气影响深度 5m，急剧影响深度 2.4m。膨胀土具有显著的吸水膨胀和失水收缩的变形特性，同时膨胀土吸水膨胀后将产生膨胀力，抗剪强度指标大幅度降低。如处理不当，膨胀土地基将产生不均匀的胀缩变形，膨胀土边坡将出现失稳情况。因此控制水对膨胀土边坡的影响至关重要，需要针对膨胀土地层的特点及不利影响，对边坡支护设计等采取针对性的措施。

此外，本项目场地与建（构）筑物关系条件复杂，原始地形高差达到43m，为了满足枢纽的功能使用要求，本项目场地设计标高为1321m及1312m，两个不同标高交界处坡顶、坡脚均存在建筑主体结构，还存在跨越边坡支挡高差的山地建筑结构。因此，在考虑膨胀土对边坡支护影响的同时，还需要考虑边坡支护工程与建（构）筑物的相互影响，这又增加了本项目膨胀土边坡的设计难度。

3 膨胀土强度指标设计参数取值分析

由于膨胀土吸水膨胀后土体密度增大，抗剪强度指标降低，因此挡土墙结构土压力计算时需考虑土体膨胀后抗剪强度衰减的影响。《云南省膨胀土地区建筑技术规程》DBJ 53/T—83—2017[2] 建议对膨胀土黏聚力作0.5～0.8倍折减使用，内摩擦角作0.4～0.6倍折减使用，折减倍数范围较大。也有铁路路堑支挡工程[3] 采用了弱—中膨胀土力学指标按照1/3进行折减，中—强膨胀土力学指标按照2/3进行折减的参数取值策略。实际上抗剪强度指标的降低幅度与膨胀土特性、初始含水量及含水量的增量有关。为了分析膨胀土抗剪强度指标取值对本项目边坡支护结构的影响，选取典型剖面进行计算分析，如图4所示。该剖面采用锚拉式装板挡墙，挡墙高8m，桩径1.2m，桩间距2.2m，沿桩身竖向设置3道预应力锚索。在计算分析中考虑三种取值条件：(1) 膨胀土抗剪强度指标不折减；(2) 急剧影响深度范围内膨胀土按接近规范[2] 推荐的上限取值，黏聚力作0.7倍折减使用，内摩擦角作0.6倍折减使用；(3) 急剧影响深度范围内膨胀土按接近规范[2] 推荐的下限取值，黏聚力作0.5倍折减使用，内摩擦角作0.4倍折减使用。三种取值条件下的支护结构内力及变形计算结果如表2所示。

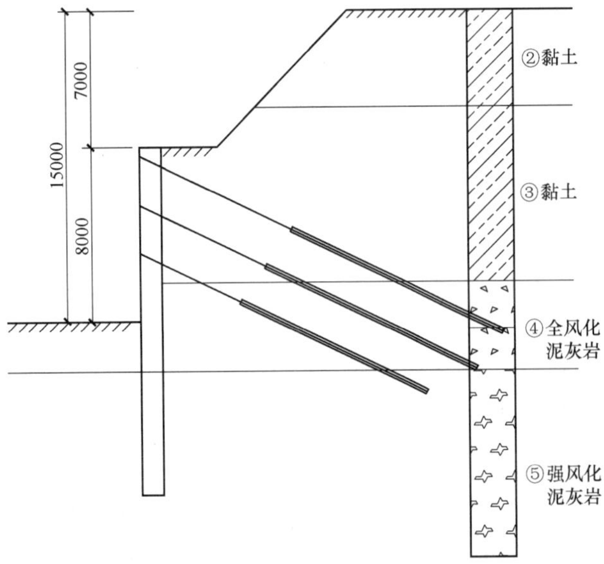

图4 膨胀土强度指标设计参数取值分析剖面

Fig. 4 Analysis section of design parameter values of expansive soil strength index

不同参数取值条件下剖面计算结果 表2

Calculation results of different parameter values Table 2

强度参数取值条件	支护桩最大位移(mm)	支护桩最大弯矩(kN·m)	支护桩最小嵌固深度(m)	最大锚索拉力(kN)
$1c, 1\varphi$	11	1070	9	404
$0.7c, 0.6\varphi$	20	1470	10	488
$0.5c, 0.4\varphi$	29	1874	12	566

从计算结果可以看出，膨胀土抗剪强度指标折减后对边坡支护的内力、变形及工程量有显著影响，表现为支护桩最大位移、最大弯矩大幅度增加，满足嵌固端承载力及稳定性要求的支护桩最小嵌固深度增大，最大锚索拉力增大，支护结构工程量明显增大。对于两组考虑折减的计算条件，当黏聚力从$0.7c$减小至$0.5c$，内摩擦角从0.6φ减小至0.4φ时，支护桩最大位移增加了约50%，最大弯矩增加了约30%，可见膨胀土抗剪强度的折减幅度取值对支护结构的安全性及经济性有显著影响。

为了确定合理的膨胀土设计抗剪强度指标，本项目对部分膨胀土层开展了吸水饱和膨胀后的抗剪强度专项试验研究，实测膨胀土吸水膨胀后的强度衰减情况，试验结果如表3所示。在浸水饱和后，②层黏土的黏聚力由35kPa降低至28kPa，降低约20%；内摩擦角由7.5°降低至6°，降低约20%。③层黏土的黏聚力由44kPa降低至31.5kPa，降低约28%；内摩擦角由9°降低至7°，降低约23%。从试验结果可以看出，本项目膨胀土的抗剪强度折减更接近规范[2] 推荐的上限取值。

膨胀土浸水强度试验结果表 表3

Test results of water immersion strength of expansive soil Table 3

土层名称	孔隙比	天然含水量(%)	天然状态		浸水饱和状态			
			黏聚力 c (kPa)	内摩擦角 φ (°)	黏聚力 c (kPa)	折减系数	内摩擦角 φ (°)	折减系数
②黏土	1.18	37.11	35	7.5	28	0.8	6	0.8
③黏土	1.07	34.85	44	9	31.5	0.72	7	0.78

经过对试验结果的分析，最终确定本项目对膨胀土黏聚力作0.7倍折减使用，内摩擦角作0.6倍折减使用，靠近规范[2] 推荐的折减上限，在确保工程安全的情况下提高了支护结构设计的经济性。

4 膨胀力设计参数取值分析

不同于常规边坡设计计算分析，膨胀土边坡需要考虑膨胀土吸水后产生的膨胀力及抗剪强度指标降低的情况。

本项目勘察单位进行了室内试验，提供了不同土层的水平膨胀力为35～44kPa。经计算复核，水平膨胀力占到了支挡结构侧向压力的50%～75%，可见膨胀力的取值对本工程支挡结构设计的安全性、经济性及合理性有着至关重要的影响。膨胀土水平膨胀力室内测试值是在土体完全侧限条件下进行测试，测得值为峰值膨胀力。实际上膨胀力随着膨胀变形的发生将产生大幅度降低，当支挡结构在土压力计膨胀力的共同作用下，即使发生很小的水平变形，水平膨胀力都会大幅度降低。苏联学者索洛昌[4] 建议取 0.8 倍测试的水平膨胀力进行设计计算。而变形与水平膨胀力的衰减受多种因素影响，规律性较差，建议根据地区经验结合试验资料综合确定水平膨胀力的设计取值。张颖均[5] 通过现场挡墙后土压力实测分析以及室内试验对比分析指出，由于支挡结构的位移、膨胀土中的裂隙雨水闭合，以及水分渗入充分程度等原因，实际作用在支挡结构上的膨胀力约为室内试验实测值的20%～60%，设计时可取 75%进行折减计算。

为了分析膨胀土膨胀力设计参数取值对本项目边坡支护结构的影响，选取 4m 高重力式挡墙进行计算分析。分别分析不考虑膨胀力、考虑 80%膨胀力及考虑 100%膨胀力 3 种条件，在保持重力式挡墙形状不变的情况下，通过改变重力式挡墙的宽度来满足抗滑移、抗倾覆稳定性的要求，计算分析结果如表 4 所示。当考虑膨胀力后，满足设计要求的重力式挡墙尺寸明显增大。对比两组考虑膨胀力的计算条件，当膨胀力由试验值的 80%增大至 100%时，所需重力式挡墙的圬工量提高了约 37%，可见即使膨胀力有小幅度的折减，也可大大降低工程量，节约工程造价。

膨胀力取值计算分析结果表　　表 4

Calculation results of expansion force value　Table 4

重力式挡墙形状	膨胀力取值 (%)	墙顶宽度 (m)	圬工量 (m^3/m)
	0	1.15	6.8
	80	2.5	13.0
	100	3.5	17.8

结合本项目的实际情况，综合安全性及经济性等多方面因素，最终采用水平膨胀力室内试验值的 80%作为支挡结构设计计算参数，在确保膨胀土边坡安全的情况下获得了更好的经济性。

当支挡结构高度较小时，在挡墙后采用缓冲层，也可以利用膨胀力随膨胀变形大幅度衰减的特性来降低膨胀力对支挡结构的影响。对于高度较小的重力式挡墙，本项目采用了墙后膨胀力消减技术，如图 5 所示。具体为：在泄水孔后设置厚度不小于 500mm 的级配碎石反滤层，在疏导排水的同时作为缓冲层减小水平膨胀力对挡土墙的影响；墙背泄水孔口下方设置黏土隔水层，厚度不小于300mm；上方设置 300mm 厚封闭面层。经过上述处理后，挡土墙尺寸大幅度减小，同时减小挡墙施工时的土方开挖量，工程造价显著降低。

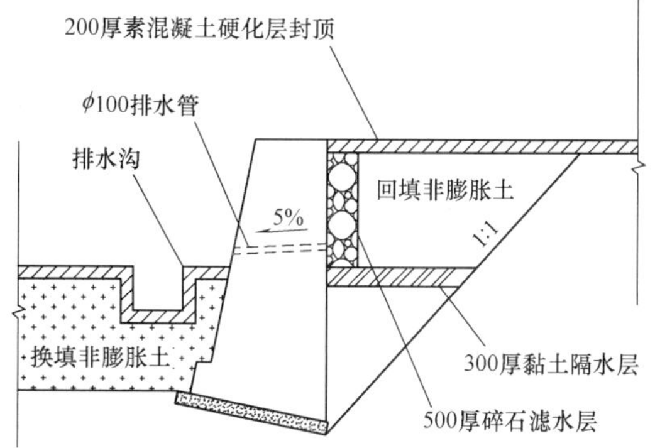

图 5　重力式挡墙膨胀土消减设计剖面图

Fig. 5　Design section of expansive soil reduction of gravity retaining wall

5　膨胀土防排水坡面防护措施

本工程上部主要岩土层均为膨胀性岩土，边坡设计时需重点考虑膨胀土的不利影响。膨胀土遇水之后体积增大，产生膨胀力，同时抗剪强度指标会极具降低甚至出现崩解，而失水干缩产生大量裂隙。因此膨胀土挖方边坡的破坏类型与膨胀土的应力及含水率状态变化关系密切。对于强膨胀土边坡，即使边坡坡率缓于 1∶8，也有可能由降雨及地表径流引起浅层溜塌，在干湿循环作用下产生的裂隙经雨水浸入后出现浅坍滑。因此较难通过放缓坡率的方法对膨胀土挖方边坡进行处置，必须对其采取有效的工程防护措施。

膨胀土边坡防护需要同时从防止冲刷[7] 以及保持坡体内含水率稳定两方面考虑，确保边坡稳定。由于全场未采用膨胀土作为填料，膨胀土对填方边坡的影响主要考虑边坡基底原地基膨胀土的处理。考虑到膨胀土大气影响深度为 5m，急剧影响深度为 2.4m，对挡墙基底以及填方厚度较薄的区域进行换填处理，换填深度与膨胀土急剧影响深度相同。同时在原地基上设置水平排水层，及时将填筑体上部渗水排出。

对于膨胀土挖方边坡，根据膨胀土边坡的特点，采用了防排水相结合膨胀土挖方边坡处置措施（典型剖面如图 6 所示），具体为：

（1）在锚杆框架梁内设置两布一膜，防止雨水渗入；

（2）框架梁内两布一膜上方放置生态袋，起到坡面绿化、防护作用；

（3）框格梁中心设置仰斜式排水管，及时排出坡面下渗水，保持坡体的含水率稳定；

（4）坡顶后方设置截水沟，坡脚设置排水沟，形成完善的截排水体系，减小坡面径流对膨胀土挖方边坡的影响。

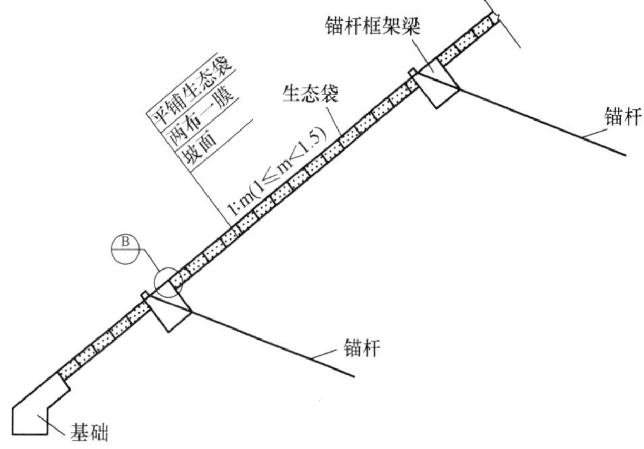

图 6　膨胀土坡面防护示意图

Fig. 6　Schematic diagram of expansive soil slope protection

6 膨胀土高边坡支护设计与研究

根据膨胀土边坡的特点，《公路土工合成材料应用技术规范》JTG/T D32—2012[8] 推荐采用土工格栅加筋柔性支护结构对膨胀土挖方边坡进行支护。该支护形式充分结合了膨胀土的基本特点，前部柔性结构可以在膨胀土遇水膨胀时适应变形，减小膨胀力，工程造价低，已在多个项目中得到成功应用[9]。但该支护形式所需用地范围较大，同时支护高度受到一定的限制，在本工程最大高度16m、用地条件受限的前提下具有一定的局限性。因此当边坡高度较低时，主要采用锚杆框架梁的支护形式，同时考虑到膨胀土的超固结特性，边坡开挖后的应力释放及卸荷膨胀容易在坡脚形成应力集中区及较大的塑性区，因此在坡脚设置重力式护脚挡墙，提高膨胀土挖方边坡的稳定性。对于高度较高的区域，受到空间条件的限制，主要采用上级锚杆框架梁结合下级锚拉式桩板挡墙的支护形式。挖方边坡典型剖面图如图7所示。

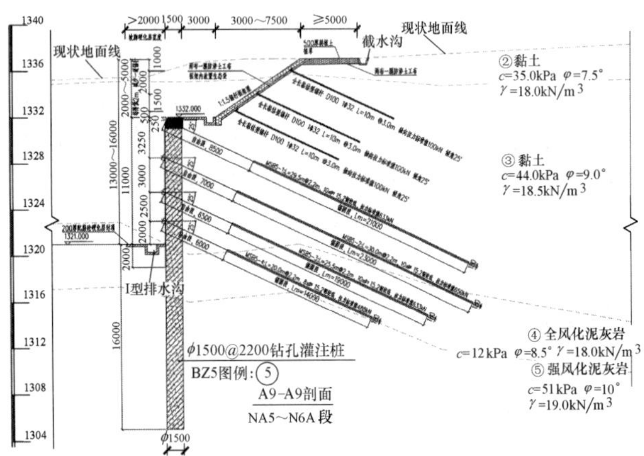

图7 膨胀土边坡支护典型剖面图

Fig. 7 Typical section of expansive soil slope support

由于勘察报告提供的锚杆（索）锚固体在土层中的承载力较低，同时需考虑膨胀土的不利影响，本项目初步设计计算时所需的锚索长度较长，锚固段最长超过30m。正式施工前进行锚杆（索）基本试验及蠕变试验[10]，杆体类型包括全长粘结型锚杆、拉力型锚索、拉力分散型锚索，锚固土层包括③层黏土、④层全风化泥灰岩及⑤层强风化泥灰岩，并采用了二次注浆工艺。主要试验结果如表5所示。

锚索基本试验结果 表5

Basic test results of anchor cable Table 5

试验组	地层	极限承载力(kN)	极限粘结强度(kPa)	
			测试值	地勘提供值
1	③黏土	360	109.1	60
2		720	109.1	
3	④全风化泥灰岩	840	254.6	100
4		1908	241.0	
5	⑤强风化泥灰岩	960	291.0	120
6		1900	240.0	

试验结果表明锚索锚固段主要土层实际极限承载力超过勘察提供值的2倍，可对锚索长度进行优化。桩锚高边坡支护锚索锚固段最大长度由30m优化至20m左右。考虑到锚索锚固段长度仍然较长，采用了拉力分散型锚索，在减小锚索工程量的同时可以获得更好的锚索受力性能。考虑到大气影响深度范围内膨胀土遇水强度降低将导致锚索锚固力减小，锚索设计时自由段最小长度需超过大气影响深度不小于1.5m，同时锚索成孔采用干成孔工艺，避免施工过程中水对锚固段原状膨胀土的扰动。

7 结语

红河综合交通枢纽项目边坡支护设计面临膨胀土地基的不利影响，场地与建（构）筑物关系复杂，涉及的边坡支护类型多，边坡支护工程量大，设计难度高。

对膨胀土边坡关键设计计算参数取值进行分析，结合项目实际情况以及室内试验结果，最终采用黏聚力作0.7倍折减使用，内摩擦角作0.6倍折减使用，水平膨胀力作0.8倍折减使用，在确保工程安全的情况下提高了支护结构设计的经济性。

在膨胀土边坡坡面防护方面，针对膨胀土边坡易受降雨和地下水影响引起浅层溜塌和深层坍滑的问题，采用了一系列防排水相结合膨胀土边坡处置措施，经济合理地解决了膨胀土边坡的稳定性问题。

针对膨胀土高边坡支护设计进行研究，开展锚索基本试验及蠕变试验，优化了锚索长度，同时采用拉力分散性锚索，在确保支挡结构安全的前提下减小了施工难度及施工工期，降低了工程造价。

参考文献：

[1] 李志清，余文龙，付乐，等. 膨胀土胀缩变形规律与灾害机制研究[J]. 岩土力学，2010，31(S2)：270-275.

[2] 云南省住房和城乡建设厅. 云南省膨胀土地区建筑技术规程：DBJ 53/T—83—2017[S]. 昆明：云南出版集团公司云南科技出版社，2017.

[3] 王飞，王志伟. 云南地区强膨胀土路堑高边坡工程设计方案研究[J]. 路基工程，2019，2：135-138.

[4] 索洛昌. 膨胀土建筑物的设计与施工[M]. 徐祖森等，译. 北京：中国建筑工业出版社，1982.

[5] 张颖钧. 裂土挡土墙土压力分布，实测和对比计算[J]. 大坝观测与土工测试，1995，19(1)：20-26.

[6] 殷宗泽，袁俊平，韦杰，等. 论裂隙对膨胀土边坡稳定的影响[J]. 岩土工程学报，2012，34(12)：2155-2161.

[7] 彭义峰，江好，方平，等. 膨胀土地区临时边坡破坏特征及主要影响因素研究[J]. 资源环境与工程，2017，31(4)：436-441.

[8] 中华人民共和国交通运输部. 公路土工合成材料应用技术规范：JTG/T D32—2012 [S]. 北京：人民交通出版社，2012.

[9] 赵文建. 柔性支护技术在膨胀土边坡处治中的应用[J]. 工程建设与设计，2017(21)：80-82.

[10] 刘威. 红河综合交通枢纽项目预应力锚杆(索)承载力试验与设计优化[J]. 建筑结构，2021，51(S1)：1970-1974.

山区高填方建筑开裂原因分析及边坡稳定性计算

张　松[1,2,3]，刘克明[1]，余再西[1]
（1. 建研地基基础工程有限责任公司，北京 10013；2. 建筑安全与环境国家重点实验室，北京 100013；3. 国家建筑工程技术研究中心，北京 100013）

摘　要：深厚填土上建（构）筑物开裂和形成的永久边坡的变形控制是山区工程新建工程难题，如何正确评价高填方上建（构）筑开裂原因是深厚填土引起的滑坡还是不均匀沉降造成的结果对既有建筑加固有着至关重要的意义，调查区坡顶建（构）筑物中出现一系列的拉裂缝及下错裂缝[1]，采用工程补勘和现场调查的方法，查明了填土的分布的情况，原有深大冲沟堆填的大量弃渣（土）形成的人工填土边坡系边坡变形成为不稳定边坡的主要原因，水是引起边坡变形成为不稳定边坡的主要诱发因素。通过边坡稳定性计算可知，天然工况下处于基本稳定—稳定状态，发生失稳并产生滑坡的可能性较小，而在暴雨和地震工况下则处于欠稳定状态，边坡土体可能加速变形甚至失稳而形成滑坡。本文通过详细分析计算，对类似深厚填土边坡工程设计具有一定的借鉴意义。

关键词：填土边坡；开裂原因；稳定性计算

作者简介：张　松（1990—），男，硕士，注册土木工程师（岩土），注册一级建造师，主要从事岩土工程咨询、设计、检测和施工。E-mail：1223600298@qq. com。

Analysis of cracking causes of high-filled buildings in mountainous area and calculation of slope stability

ZHANG Song[1、2、3]，LIU Ke-ming[1]，YU Zai-xi[1]
（1. CABR Foundation Engineering Co.，Ltd.，Beijing 100013，China；2. State Key Laboratory of Building Safety and Built Environment，Beijing 100013，China；3. National Engineering Research Center Of Building Technology，Beijing 100013）

Abstract：Deformation control of building（structure）cracking on deep fill and the permanent slope formed is a difficult problem for new construction in mountainous areas. How to correctly evaluate whether the cracking of high-fill building（structure）is caused by landsilde caused by deep fill or whether it is caused by deep fill The results caused by uneven settlement are of great significance to the reinforcement of existing buildings. There are a series of tensile cracks and staggered cracks in the top buildings（structures）in the survey area[1]. The distribution of the fill was found out. The artificial fill slope system formed by a large amount of spoil（soil）filled in the original deep gullies became the main reason for the unstable slope. The deformaton of the slope becomes the main inducing factor of the unstable slope. Through the calculation of slope stability，it can be seen that under natural conditions，it is in a basically stable to stable state，and the possibility of instability and landsildes is small. Accelerated deformation or even instability and the formation of landslides. Through detailed analysis and calculation，this paper has certain reference significance for the engineering design of similar deep fill slopes.

Key words：filled slope；cracking causes；stability calculation

1　工程概况

某不稳定边坡系新城建设时对箐沟回填而形成的人工填方边坡。其中边坡位于小区建设场地之西侧，系工程建设场地整平时对原始冲沟进行回填而成，该边坡总体呈 NW～SE 向展布的带状，见图 1，沿坡向分布宽度约 20～70m，横坡向总长约 480m，坡脚已建抗滑桩桩顶以上斜坡坡高约 6～12m，坡面平均坡度在 20°～30°；因边坡区人工填土蠕滑与不均匀沉降，在边坡坡顶边缘宽约 10～20m 的范围内出现了与坡沿近于平行的拉裂缝，建筑物之间亦有断续分布的裂缝，场区道路出现明显凹凸不平的现象；由于边坡坡顶边缘区已出现明显变形，对场地内邻坡 20 幢和 21 幢建筑物产生直接危害，见图 2，同时影响结构的正常使用。

图 1　边坡区地形地貌
Fig. 1　Topography of the slope area

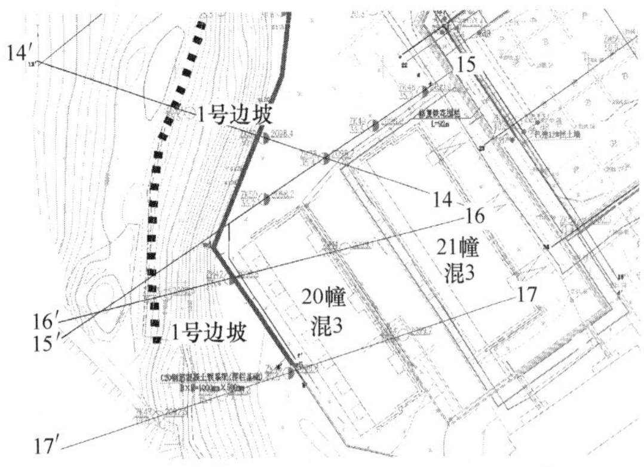

图 2　出现开裂 20 幢和 21 幢建筑物与边坡关系

Fig. 2　The relationship between 20 and 21 buildings and slopes appeared to be cracked

2　工程地质及水文条件

边坡区及其邻近区域分布的人工填土主要为新城区建设产生的大量弃渣（土）沿原有冲沟堆填而成，填土色杂，以褐黄、棕红色为主，结构松散，干燥；主要由全风化、强风化与中风化粉质黏土、泥质粉砂岩碎块石混杂而组成，据室内颗粒分析，填土层含粒径≥20mm 的碎块石、含量在 32.2%～65%，含粒径 2～20mm 砾石 13.7%～39.5%，余下则为砂粒与粉黏粒。据钻探揭露资料并结合原始地形资料综合分析，边坡区现状地形条件下人工填土层厚度在 2.00～41.60m，下部为碎屑岩，灰黄、棕红、紫红色薄层—中层状砂质页岩、泥质粉砂岩、砂岩、泥岩等，产状为 132°∠21°。受风化作用影响，岩体较破碎，风化强烈。据其风化程度不同，划分为强风化与中风化两个风化层。据钻探揭露结果，强风化层 3.30～11.40m（局部未揭穿该层），中风化层揭露厚度 0.60～12.10m（未揭穿该层），见图 3。

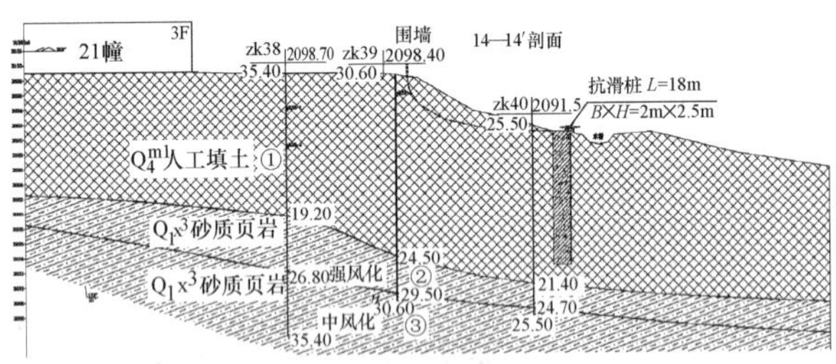

图 3　14-14′典型工程地质剖面图

Fig. 3　14-14′Typical engineering geological profile

边坡区内地下水主要有松散岩类孔隙水与基岩裂隙水两大类型。该边坡形成后，坡脚采用抗滑挡进行了抗滑支挡。抗滑桩桩顶以上斜坡区为公共绿化地带，种植了部分树林与草本植物，常进行人为浇水灌溉。

3　事故发生经过

边坡原始地形即为一宽缓且深大的冲沟（已回填整平冲沟被暗埋），20 与 21 幢住宅楼建设场地原始地形即为该冲沟左岸斜坡。该坡段主要为拉裂变形，表现为 20、21 幢住宅楼西北端山墙散水拉裂、散水与墙体脱离及围栏基础下沉，同时围墙基础梁发生强烈拉裂破坏（图 4 和图 5）。

图 4　20 幢西北侧散水与围墙基础拉裂

Fig. 4　Scattered water on the northwest side of 20 buildings and the foundation of the fence

图 5　围墙基础梁拉裂变形

Fig. 5　Tension crack deformation of the foundation beam of the fence

根据变形特征综合分析，该坡段坡顶平台（尤其是 20、21 幢住宅楼西北侧）变形主要由坡面临空填土应力重分布产生蠕滑与填土不均匀沉降（自重固结或临时荷载压缩下密实）共同作用而引起，裂缝力学属性既表现出水平的张拉特点，同时表现出竖向的下沉。

4　原因分析

建筑物开裂及边坡发生变形主要为边坡由弃渣（土）组成，结构松散，抗剪强度低，力学性质差，属于性质不良的岩土体，为边坡变形甚至失稳提供了物质条件，同时斜坡地形为边坡变形提供了地形条件，因此，工程建设沿边坡区原有深大冲沟堆填的大量弃渣（土）形成的人工填土边坡系边坡变形成为不稳定边坡的主要原因。

水是引起边坡变形成为不稳定边坡的主要诱发因素。引起边坡变形的水来源于三个方面：第一来源于大气降水（强降雨），第二为绿化工程灌溉水（人类工程活动），第三则为场地内排水管（沟）因填土不均匀沉降而损坏后渗漏入渗水。当水（强降雨形成的地表径流、绿化工程灌溉用水、排水管（沟）渗漏水）沿边坡松散土体孔隙下渗，不仅使原本松散、力学性能极差的填土饱水重度增大，同时使饱水的松散填土层抗剪强度降低，渗入到松散土体中的水沿土体孔隙径流，从而使边坡土体下滑力增大，由于边坡处于高临空状态，随着地下水对土体的进一步软化，土体抗剪强度进一步降低，松散土体向斜坡下方产生滑移而使斜坡区中下部土体逐渐挤压密实，后而坡顶区则遭受牵引而拉裂，进而加剧了边坡的变形破坏，二者形成一个恶性循环过程。受水入渗影响，该边坡稳定性将进一步降低，变形将进一步加剧。水的作用是边坡发生强烈变形的主要诱发因素，随着时间的推移，在水的作用下边坡变形将进一步加剧，可能发生失稳而产生滑坡，进而对坡顶建筑物的安全造成威胁和危害。

5 不稳定边坡稳定性计算与评价

5.1 潜在滑动面确定

根据本次勘查结果，边坡范围内分布地层均为第四系全新统人工堆积填土（弃渣（土）），边坡所控制的坡段变形明显受填土边坡土体蠕滑而引起，因此，本次根据边坡区地层结构并结合钻探揭露结果综合确定潜在滑动面，潜在滑动面为折线形滑动面。

5.2 计算方法

（1）计算模型的确定

评价边坡稳定性的方法很多，对应不同的力学模型有不同的评价方法。一般说来，边坡稳定性分析有极限平衡法、有限单元法、离散单元法及概率分析法，其中极限平衡分析法在工程实践中使用最多，而在对边坡应力应变特征及变形破坏机理进行评价分析时，有限单元法和离散单元法应用较多。

（2）计算方法

确定潜在滑动面后，根据潜在滑动面的形态利用以下公式计算潜在滑动面稳定性：

折线形滑动面稳定系数采用下列公式计算：

$$K_{\mathrm{f}}=\frac{\sum_{i=1}^{n-1}\{[(w_i((1-r_{\mathrm{U}})\cos\alpha_i-A\sin\alpha_i)-R_{Di})\tan\varphi_i+C_iL_i]\prod_{j=i}^{n-1}\psi_i\}+R_n}{\sum_{i=1}^{n-1}\{[w_i(\sin\alpha_i+A\cos\alpha_i)+T_{\mathrm{D}i}]\prod_{j=i}^{n-1}\psi_i\}+T_n}$$

$$R_{\mathrm{n}}=\{W_{\mathrm{n}}[(1-r_{\mathrm{U}})\cos\alpha_{\mathrm{n}}-A\sin\alpha_{\mathrm{n}}]-R_{\mathrm{Dn}}\}\tan\varphi_{\mathrm{n}}+C_{\mathrm{n}}L_{\mathrm{n}}$$

$$T_{\mathrm{n}}=W_{\mathrm{n}}(\sin\alpha_{\mathrm{n}}+A\cos\alpha_{\mathrm{n}})+T_{\mathrm{Dn}}$$

$$\prod_{j=i}^{n-1}\psi_j=\psi_i\psi_{i+1}\psi_{i+2}\cdots\cdots\psi_{n-1}$$

$$\psi_j=\cos(\alpha_{\mathrm{i}}-\alpha_{\mathrm{i+1}})-\sin(\alpha_{\mathrm{i}}-\alpha_{\mathrm{i+1}})\tan\varphi_{\mathrm{i+1}}$$

$$r_{\mathrm{U}}=\frac{\text{滑坡水下面积}}{\text{滑坡总面积}\times2}$$

$$T_{\mathrm{D}i}=\gamma_{\mathrm{w}}h_{i\mathrm{w}}L_i\sin\beta_i\cos(\alpha_i-\beta_i)$$

$$R_{\mathrm{D}i}=\gamma_{\mathrm{w}}h_{i\mathrm{w}}L_i\sin\beta_i\sin(\alpha_i-\beta_i)$$

式中：K_{f}——滑坡稳定系数；

W_i——第 i 条块重量（kN/m）；

r_{U}——孔隙压力比；

ψ_j——第 i 块滑体剩余下滑力传递至第 $i+1$ 块滑体时的传递系数（$j=i$）；

$T_{\mathrm{D}i}$——渗透压力平行滑面的分力；

$R_{\mathrm{D}i}$——渗透压力垂直滑面的分力；

α_i——第 i 条块滑面倾角（°）；

β_i——第 i 块滑体地下水流向（°）；

A——地震加速度（单位：重力加速度 g）；

C_i——第 i 块滑体黏聚力；

L_i——第 i 块滑体滑面长度（m）；

φ_i——第 i 块滑体内摩擦角（°）。

5.3 计算数据准备

（1）计算工况选取

边坡稳定性计算的目的，重点是对边坡目前的稳定现状进行评价，并对今后边坡赋存的外部地质环境条件发生变化时的稳定状态演变进行预测，为边坡是否需要实施工程治理提供依据。根据本次勘查结果，依据《滑坡防治工程勘查规范》[2] GB/T 32864—2016、《滑坡治理工程设计与施工技术规范》DZ/T 0219—2006 等规范的规定，本次稳定性计算主要考虑以下三种工况组合。

① 工况Ⅰ：自重（天然状况）；

② 工况Ⅲ：自重+暴雨（暴雨状态）；

③ 工况Ⅳ：自重+地震（地震状况）。

（2）计算参数的选定

① 边坡岩土体重度

边坡区为第四系全新统（Q_4）人工堆积填土层。根据本次勘查室内物性试验结果，并结合工程区邻近场地工程经验综合取边坡区潜在滑体（人工填土）天然重度 19.60kN/m^3，饱和重度 20.00kN/m^3。

② c、φ 值确定

对于抗剪强度参数取值来说，个别取样点上试样的物理力学参数仅具有参照意义，不论在室内试验或现场试验，其所得的结果都不能直接用于分析滑坡的稳定性。本次依据《滑坡防治工程勘查规范》GB/T 32864—2016 的规定，滑带抗剪强度参数可采用试验、经验数据类比等方法相结合进行确定。

A. 试验参数值

本次在边坡范围内勘查钻孔内采集样品进行室内试验，根据试验结果进行统计作为确定计算参数的依据之一。根据本次勘查采集样品试验成果统计，结果详见表 1。

B. 经验参数

根据勘察单位提供的建设工程岩土工程详细勘察，据提交的勘察成果，该场地岩土体物理力学性质指标见表 2。

根据上述分析结果综合确定土体 c、φ 值，确定结果见表 3。

边坡区岩土体抗剪强度指标统计结果一览表　　表 1

List of Statistical Results of Shear Strength Index of Rock and Soil Mass in Slope Area　　Table 1

地层时代	岩土体名称	试验方法	参数	平均值	标准差	变异系数	修正系数	修正值
Q_4^{ml}	人工填土	天然快剪	c(kPa)	17.495	1.747	0.100	0.961	16.809
			φ(°)	14.569	1.737	0.119	0.953	13.886
		饱和快剪	c(kPa)	9.585	1.357	0.142	0.917	8.79
			φ(°)	13.006	1.876	0.144	0.916	11.907

勘察报告场地试验成果统计表　　表 2

Statistical table of site test results in survey report　　Table 2

岩土名称	天然重度（kN/m^3）	天然抗剪强度（快剪）		饱和抗剪强度（现场浸水直剪）	
		c(kPa)	φ(°)	c(kPa)	φ(°)
人工填土	18.50	16.00	22.00	12.00	17.00
强风化砂质页岩	20.50	35.00	17.00	26.00	13.60
中风化砂质页岩	20.50	78.00	28.00	65.00	23.00

边坡岩土体 c、φ 取值表　　表 3

Slope rock and soil mass c, φ value table　　Table 3

土体抗剪强度参数		试验值		经验值		计算采用值	
		天然	饱和	天然	饱和	天然	饱和
填土	c(kPa)	16.809	8.79	16.00	12.00	15.00	8.50
	φ(°)	13.886	11.907	22.00	17.00	11.00	10.00
强风化砂质页岩	c(kPa)	无	无	35.00	26.00	30.00	20.00
	φ(°)	无	无	17.00	13.60	15.00	12.00
中风化砂质页岩	c(kPa)	无	无	78.00	65.00	50.00	35.00
	ϕ(°)	无	无	28.00	23.00	25.00	20.00

注：表中所列各岩土层抗剪强度经验值均引自建设工程岩土工程勘察报告书。

（3）地震参数取值

据《中国地震动参数区划图》GB 110386—2015 及《建筑抗震设计规范》GB 50011—2010，（2016 年版），不稳定边坡区地震烈度为Ⅷ度，地震动峰值加速度为 0.20g，地震动反应谱特征周期为 0.40s。

5.4 稳定性计算结果

5.4.1 计算剖面

根据潜在滑动面确定结果，本次选择 20 和 21 栋所处的 14-14′剖面～17-17′剖面共计 4 条剖面对边坡变形坡段稳定性进行计算。根据上述确定的计算模型、计算工况和参数选取原则，计算模型见图 6，各计算剖面稳定性系数计算结果及对应稳定状态见表 4。

5.4.2 边坡稳定性综合评价

20、21 幢旁的（14-14′剖面～16-16′剖面）在暴雨工况与地震工况下处于欠稳定状态，稳定性差，发生局部失稳产生滑坡的可能性较大。根据边坡稳定性计算结果并结果其变形特征综合分析，边坡变形坡段（尤其是东南段）目前处于蠕滑拉裂变形阶段，首先为坡体中上部填土层向斜坡下方产生蠕滑而导致坡顶平台土体被牵引，进而引起坡顶平台发生拉裂变形而产生裂缝。该结果与边坡变形特征及稳定性宏观判定结论一致。

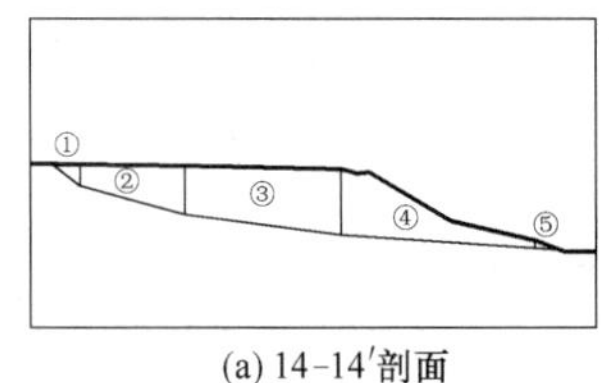

(a) 14-14′剖面

(b) 15-15′剖面

(c) 16-16′剖面

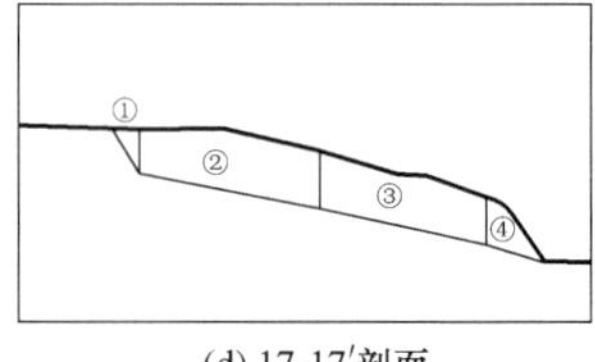

(d) 17-17′剖面

图 6　边坡稳定计算模型

Fig. 6　Slope stability calculation model

边坡稳定性计算成果表 表 4

Slope stability calculation results table Table 4

滑动面形态	计算坡段	计算剖面	稳定性	天然工况	暴雨工况	地震工况
折线段	20 和 21 幢	14-14′剖面	稳定系数 F_s	1.08	1.02	1.01
			稳定状态	基本稳定	欠稳定	欠稳定
		15-15′剖面	稳定系数 F_s	1.21	1.01	1.05
			稳定状态	稳定	欠稳定	欠稳定
		16-16′剖面	稳定系数 F_s	1.15	1.03	1.04
			稳定状态	稳定	欠稳定	欠稳定
		17-17′剖面	稳定系数 F_s	1.32	1.20	1.14
			稳定状态	稳定	稳定	基本稳定

5.4.3 边坡稳定性发展趋势

通过以上稳定性综合分析可知，20、21 幢旁的（14-14′剖面～16-16′剖面）边坡在暴雨工况与地震工况下处于欠稳定状态，稳定性差。但随着时间的推移，斜坡土体在水的作用下，地表水流将向松散土体入渗而软化坡面土体，使其抗剪强度急剧下降而产生滑坡。因此，根据稳定性发展趋势评价结果，应对不稳定边坡采取防治工程进行治理。

6 结论与建议

边坡坡顶边建筑物开裂是主要由坡面临空填土应力重分布产生蠕滑与填土不均匀沉降（自重固结或临时荷载压缩下密实）共同作用而引起，该坡段 20、21 幢住宅楼（即 14～16 剖面控制的坡段）在天然工况下处于基本稳定—稳定状态，发生失稳并产生滑坡的可能性较小，而在暴雨和地震工况下则处于欠稳定状态，边坡土体可能加速变形甚至失稳而形成滑坡。

参考文献：

[1] 张健，张立伟. 某深厚填土边坡变形特征及防治分析[J]. 岩土工程技术，2020，34(6)：344-348.

[2] 中华人民共和国土资源部. 滑坡防治工程勘查规范：GB/T 32864—2016[S]. 北京：中国建筑工业出版社，2017.

妙岭变电站黄土高边坡的变形与稳定性分析

张广招[1]，王红雨[1]，亢文涛[2]，李其星[2]

（1. 宁夏大学土木水利工程学院，宁夏 银川 750021；2. 宁夏送变电工程有限公司，宁夏 银川 750001）

摘　要：为探究开挖卸荷施工过程中黄土高边坡的变形与稳定性，以宁夏中南部黄土丘陵山区妙岭变电站新建边坡工程为研究对象，根据施工现场踏勘、地质雷达探测和室内三轴试验并结合地勘报告获取相关计算参数，利用PLAXIS有限元软件建立数值模型，模拟分析了该黄土高边坡在开挖卸荷施工过程中位移、偏应变增量和安全系数的变化特征。结果表明：开挖卸荷作用对边坡土体变形的影响范围呈现“U”形分布，边坡总位移、水平位移以及竖向位移均随开挖时步的推进逐渐增大，但水平位移占总位移之比逐渐减小，开挖对土体变形的影响主要表现在竖向位移上；开挖时的最大偏应变增量均出现在开挖新形成的边坡坡脚处，坡脚位置为最易失稳部位，边坡的偏应变增量随着开挖时步的进行先增大后减小，在第8级开挖时达到最大值，且后半段开挖时边坡的偏应变增量明显高于前半段开挖时的偏应变增量；开挖卸荷施工过程中，边坡安全系数先略微增大后逐渐减小，并呈现一定的滞后性；按该变电站设计方案计算得到的各工况下的边坡安全系数均大于1，边坡处于稳定状态。研究结果可为西北黄土地区高边坡治理工程的设计和预警预报提供参考依据。

关键词：开挖卸荷；黄土高边坡；稳定性分析；数值模拟；黄土丘陵山区

作者简介：张广招（1999—），男，硕士研究生，主要从事边坡稳定性研究。

通讯作者：王红雨，男，教授，主要从事岩土工程的教学与科研工作。

Deformation and stability analysis of loess high slope of Miaoling substation

ZHANG Guang-zhao[1], WANG Hong-yu[1], KANG Wen-tao[2], LI Qi-xing[2]

(1. School of Civil and Hydraulic Engineering, Ningxia University, Yinchuan Ningxia 750021, China; 2. Ningxia Power Transmission and Transformation Engineering Co. Ltd, Yinchuan Ningxia 750001, China)

Abstract: In order to investigate the deformation and stability of loess high slope during excavation and unloading construction, the new slope project of Miaoling substation in the loess hilly mountainous area of south central Ningxia is taken as the research object, according to the construction site survey, geological radar detection and indoor triaxial test and combined with the ground survey report to obtain relevant calculation parameters, the PLAXIS finite element software is used to establish a numerical model to simulate and analyze the variation characteristics of displacement, deflection strain increment and safety factor of this loess high slope during the excavation and unloading construction process. The results show that the influence of excavation and unloading on the soil deformation of the slope has a "U" -shaped distribution, and the total displacement, horizontal displacement and vertical displacement of the slope increase gradually with the progress of excavation, but the ratio of horizontal displacement to total displacement decreases gradually, and the influence of excavation on the soil deformation is mainly in the vertical displacement. The maximum increment of partial strain during excavation appears at the toe of the newly formed slope, and the toe of the slope is the most easily destabilized part; the increment of partial strain of the slope increases firstly and then decreases with the excavation time step, and reaches the maximum value at the 8th excavation stage, and the increment of partial strain of the slope in the second half of excavation is obviously higher than that in the first half of excavation; during the excavation and unloading construction, the safety coefficient of the slope increases slightly and then decreases gradually, and shows a certain hysteresis; the slope safety coefficient under each working condition calculated according to the design scheme of the substation is greater than 1, and the slope is in a stable state. The results of the study can provide a reference basis for the design and early warning forecast of high slope management projects in the northwest loess area.

Key words: excavation and unloading; high loess slope; stability analysis; numerical simulation; loess hilly and mountainous area

1　引言

输变电工程为典型的线形工程。国家西电东送输变电线路在宁夏境内所经区域多为地形复杂的黄土丘陵山地，其枢纽工程变电站建筑场地需要平山造地，由此形成大量的黄土高边坡。

国内外许多学者通过模型试验和数值模拟方法对开挖卸荷施工过程中岩土高边坡的变形与稳定性问题做了大量研究工作，其中物理模型试验具有试验现象直观、可以综合考虑模拟原位试验边界条件等优点，基本可以反映出边坡土体内外各种因素的相互作用[1]。许旭堂等[2]基于相似比理论，建立了残积土坡的地质力学模型，研究了开挖效应对残积土坡坡体内部变形特征及边坡失稳机理的影响；Katsuo Sasahara 等[3]采用物理模型试验方法，探究了在坡脚进行多级开挖对土坡表面位移产生的影响。与普通物理模型试验相比，离心模型试验通过再现自重应力场，可以更真实地重现土体和土工结构物变形破坏特征[4]。李明等[5,6]开发了一种边坡开挖模拟技术，并进行了土坡开挖的离心模型试验，测量了开挖过程中边坡的位移场变化；Zhang 等[7]采用岩土离心机模拟了坡脚开挖条件下黄土边坡的变形和破坏过程，研究了坡

基金项目：国家自然科学基金项目（41962016）；妙岭750kV变电站科技进步项目（SGNXSB00BDJS2100567）。

脚开挖前后的变形特征及边坡内土压力的响应特征。虽然模型试验方法能较直观反映所研究对象的原位边界条件及其各因素相互作用，但其一般需要耗费大量的人力物力，且不可控因素较多，开展模型试验的难度较大。随着计算机技术的发展，数值模拟方法被广泛应用于边坡稳定性分析中[8,9]。Antonello Troncone 等[10] 基于 PLAXIS 软件，采用黏弹塑性应变软化模型的有限元方法，分析了在坡脚进行深挖对边坡产生的影响；李志清等[11] 针对东露天煤矿槽仓黄土高边坡，采用有限元方法，进行了边坡开挖前后变形规律的数值分析；闫强等[12] 依托柳州至南宁高速公路某黏性土边坡改扩建工程，通过数值模拟分析了边坡开挖时的稳定性变化特征；Ayberk Kaya 等[13] 对土耳其东北部某学校附近的边坡进行了开挖前后的稳定性分析，以确定边坡开挖对该高中及附近建筑物产生的影响。这些研究成果多针对天然边坡或已竣工建筑场地高边坡，且主要集中于坡脚开挖过程中的位移及应力变化分析，而针对分层开挖施工过程中高边坡，特别是多级黄土高边坡变形与稳定性问题还有待深入研究[14,15]。

本文以宁夏中南部黄土丘陵山区妙岭变电站新建边坡工程为研究对象，根据施工现场踏勘、地质雷达探测和室内三轴试验并结合地勘报告获取相关计算参数，利用 PLAXIS 有限元软件建立边坡开挖的数值模型，通过对比分析各开挖阶段边坡的位移、安全系数、偏应变增量等相关物理量的变化特征，探究开挖卸荷施工过程中黄土高边坡的变形与稳定性。

2 工程概况

妙岭变电站平山造地建筑场地位于宁夏回族自治区吴忠市同心县，拟建站址地貌单元属于黄土丘陵边缘区，站区地势开阔，地形起伏大，整体地形呈北高、南低，由北向南倾斜态势（图 1）。根据钻孔揭露情况，场地地层自上而下如表 1 所示。依据《中国地震动参数区划图》GB 18306—2015，场地类别为Ⅱ类场地，抗震设防烈度为Ⅷ度，设计地震分组为第三组，特征周期 0.45s，动峰值加速度为 0.20g。

图 1 妙岭变电站工程场地全貌

Fig. 1 The overall picture of the Miaoling substation project site

妙岭变电站场地地层分布 表 1

Strata distribution of Miaoling substation site Table 1

序号	名称	成因	颜色	描述
②	黄土状粉土	Q_4^{al+pl}	浅黄—褐黄色	上部土质较松散，土质不均匀，见针状孔隙及植物根孔，混砂粒，粉粒含量高。层底高程：1416.89～1430.43m
③	黄土状粉质黏土	Q_3^{al+pl}	褐黄—黄褐色	土质较均匀，部分成微胶结状，可见层理，混砂粒、砾石颗粒，开挖不易。层底高程：1405.61～1443.77m
④	粉质黏土	N	颜色较杂	土质较均匀，部分呈微胶结状，可见层理，混砂粒、砾石颗粒，开挖不易。层顶高程：1405.61～1443.77m
④$_1$	粉砂	N	褐黄—黄褐色	主要矿物成分以石英、长石为主，具层理，部分呈微胶结状，局部砂粒颗粒富集。层底高程：1405.62～1418.87m

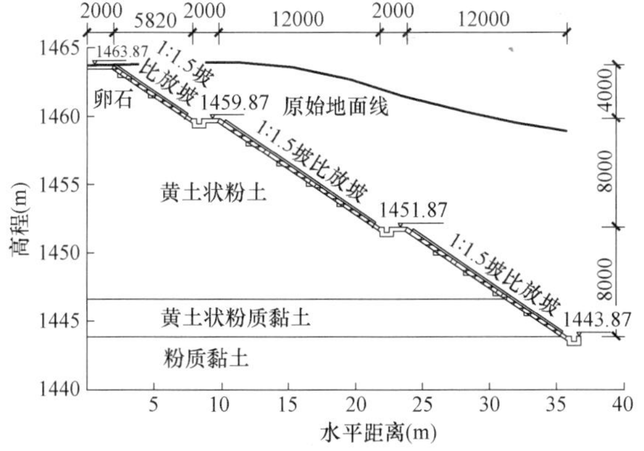

图 2 计算剖面高边坡支护设计

Fig. 2 Design drawing of high slope support with calculation section

选取北侧挖方区 2-2 剖面为计算剖面，分十级进行开挖，每层开挖深度为 2m，开挖后形成三级边坡，其中一级边坡高 4m，二级边坡和三级边坡高度均为 8m，坡比均为 1∶1.5，站区高边坡支护设计如图 2 所示。由区域地质资料和工程地质勘察报告可知，拟建站址区域内地下水位埋深一般大于 40m，故计算时未考虑地下水对边坡工程的影响。

3 基本物理力学试验

3.1 相关物理力学参数

岩土体模型选用小应变土体硬化（HSS）模型，相较于摩尔库仑模型，该模型可以考虑土体在开挖卸荷作用下的循环剪切特性、不可逆特性以及能量耗散特性，同时可以考虑小应变范围内土体剪切模量随应变增大而衰减的特点。HSS模型包含土的有效黏聚力 c'、土的有效内摩擦角 φ'、正常固结条件下静止侧压力系数 K_0、土的剪胀角 ψ、参考应力 p^{ref}、加卸载泊松比 ν_{ur}、三轴固结不排水剪切试验的参考割线模量 E_{50}^{ref}、三轴固结不排水剪切试验的参考加卸载模量 E_{ur}^{ref} 和标准固结试验中的参考切线模量 E_{oed}^{ref} 9 个参数[16]。其中 c'、φ'、E_{50}^{ref}、E_{ur}^{ref} 和 E_{oed}^{ref} 5 个参数分别采用三轴固结不排水剪切试验、固结不排水加卸载试验和标准固结试验确定，其余 4 个参数则参照已有研究成果选取（表 2）。

HSS 部分模型参数取值　　表 2

Values of some model parameters of HSS　Table 2

参数	取值
K_0	$(1-\sin\varphi^1)$[17]
φ	$0°$[18]
p^{ref}	100kPa[18]
ν_{ur}	0.2[18]

3.2 土样制备与试验仪器

试验土样取自妙岭变电站北侧挖方区，取样深度约为地面以下 3～3.5m，各层土样的基本物理力学指标见表 3。试验采用重塑土试样，土样制备时含水率和密度的期望值根据原状土的均值确定。三轴试验试样尺寸为直径 39.1mm，高度 80mm；固结试验试样尺寸为直径 61.8mm，高度 20mm。

试验仪器为 TCK-1 型应变控制式三轴仪和普通固结仪。试验按照《土工试验方法标准》GB/T 50123—2019 的要求进行。

土层基本性质　　表 3

Basic properties of soil layers　Table 3

项目	重度 γ (N/cm^3)	渗透系数 K(m/d)	孔隙比 e	含水量 w(%)	饱和度 S(%)
黄土状粉土	15.1	0.041	0.795	11.5	40.0
黄土状粉质黏土	16.1	0.038	0.702	17.3	68.2
粉质黏土	16.3	0.038	0.673	20.8	85.3

3.3 试验结果

1）三轴固结不排水剪切试验结果

（1）土体参考割线模量 E_{50}^{ref}

通过三轴固结不排水剪切试验可以获得土体参考割线模量 E_{50}^{ref} 和土体强度参数 c'、φ' 值。在围压 $\sigma_3=100$kPa 下，各层土样的偏应力 q（$q=\sigma_1-\sigma_3$）与轴向应变 ε_1 的关系如图 3 所示。由图 3 可知，围压 $\sigma_3=100$kPa 下，各层土样的偏应力与轴向应变关系比较类似，轴向应变较小时，偏应力随着轴向应变的增加而增加，当轴向应变超过一定范围时，偏应力不再随着轴向应变的增加而增加，而是保持不变或者略有下降。取曲线峰值应力值或者轴向应变为 15%的点所对应的偏应力值作为破坏值 q_f。黄土状粉土、黄土状粉质黏土以及粉质黏土的 q_f 值分别为 279.9kPa、286.7kPa、351.1kPa，参考模量 E_{50}^{ref} 对应于极限荷载 q_f 的 50%时的割线模量，连接原点和 $0.5q_f$ 所对应的点的直线斜率即为参考模量 E_{50}^{ref}。由此可以得到黄土状粉土、黄土状粉质黏土以及粉质黏土的参考割线模量 E_{50}^{ref} 分别为 5.34MPa、4.93MPa、12.59MPa。

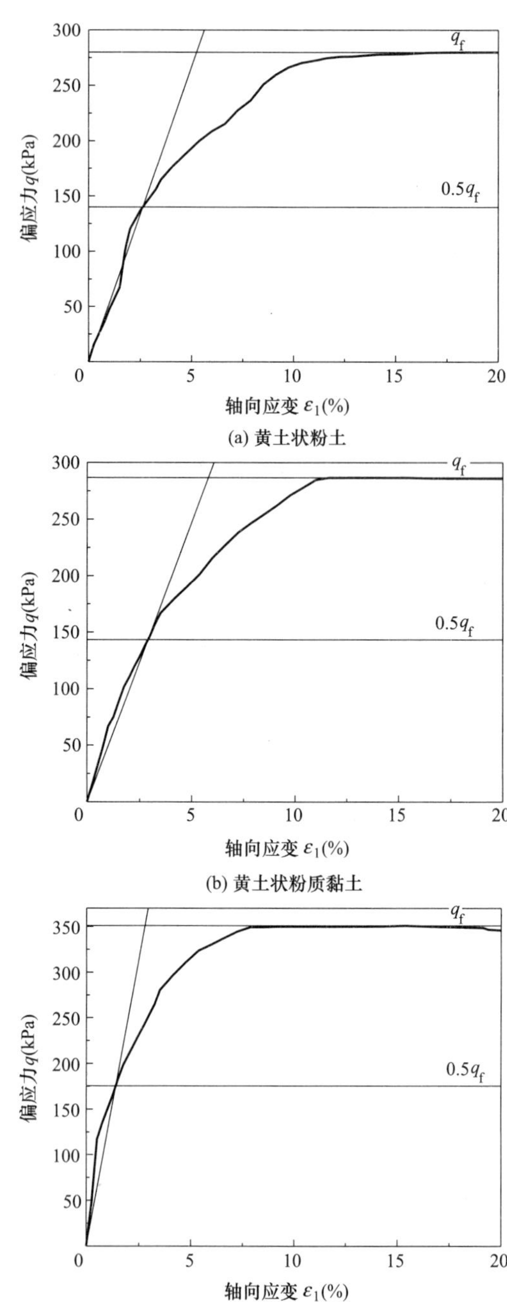

图 3　各层土样三轴试验应力应变曲线

Fig. 3　The stress-strain curve of the triaxial test of the soil samples of each layer

（2）土体强度参数 c'、φ' 值

为了获得各层土体的 c' 和 φ' 值，试验时对每一层土均取 3 种不同围压。3 个围压下的摩尔应力圆如图 4 所示，通过绘制 3 个圆的公切线可以得到每层土体的 c' 和 φ' 值。这样各土层的有效黏聚力 c' 分别为 31.51kPa、

37.73kPa、57.25kPa，有效内摩擦角 φ' 分别为 20.40°、30.00°、31.59°。

2）三轴固结不排水加卸载剪切试验结果

取各层土样进行三轴固结不排水加卸载剪切试验，所取围压为参考围压 p^{ref}（100kPa）。各层土样的偏应力与轴向应变的关系曲线如图 5 所示。从图中可以看出，卸载初期轴向应变略微增大，当卸载到一定程度，轴向应变又略微减小，但整体表现为一定的卸载回弹。再加载过程中，初期应力应变曲线非常陡，后期变得比较缓，加卸载过程中各层土样的试验曲线均表现为一个滞回圈。连接滞回圈两个端点，该直线的斜率即为 E_{ur}^{ref}。各层土样的 E_{ur}^{ref} 值为 46.26MPa、49.05MPa、58.08MPa。

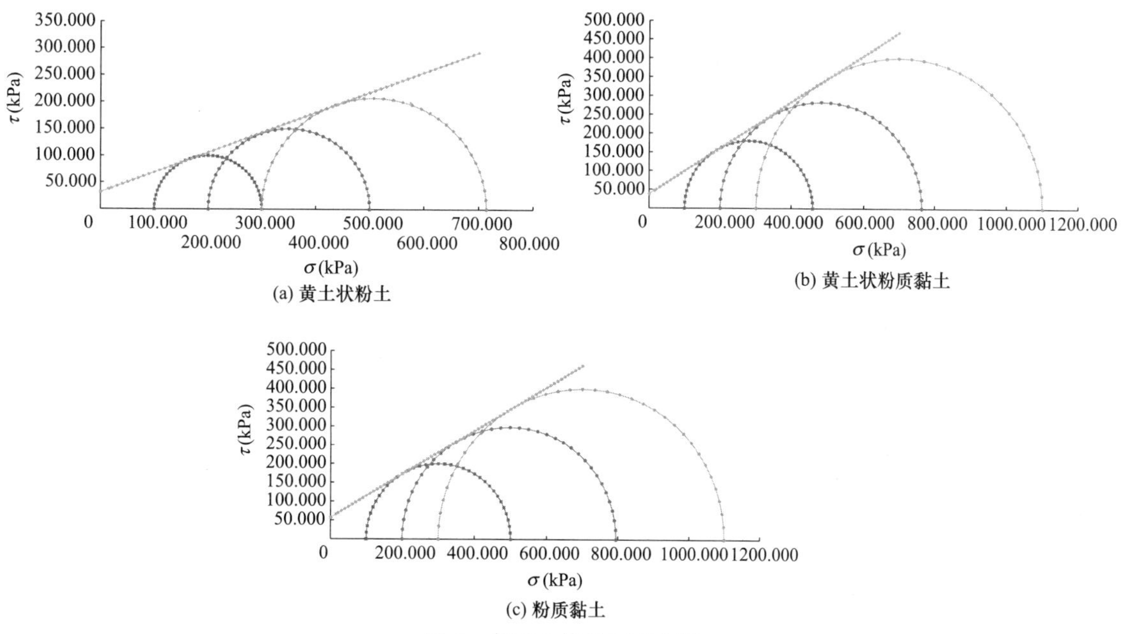

图 4　各层土体摩尔应力圆

Fig. 4　Molar stress circle of soil in each layer

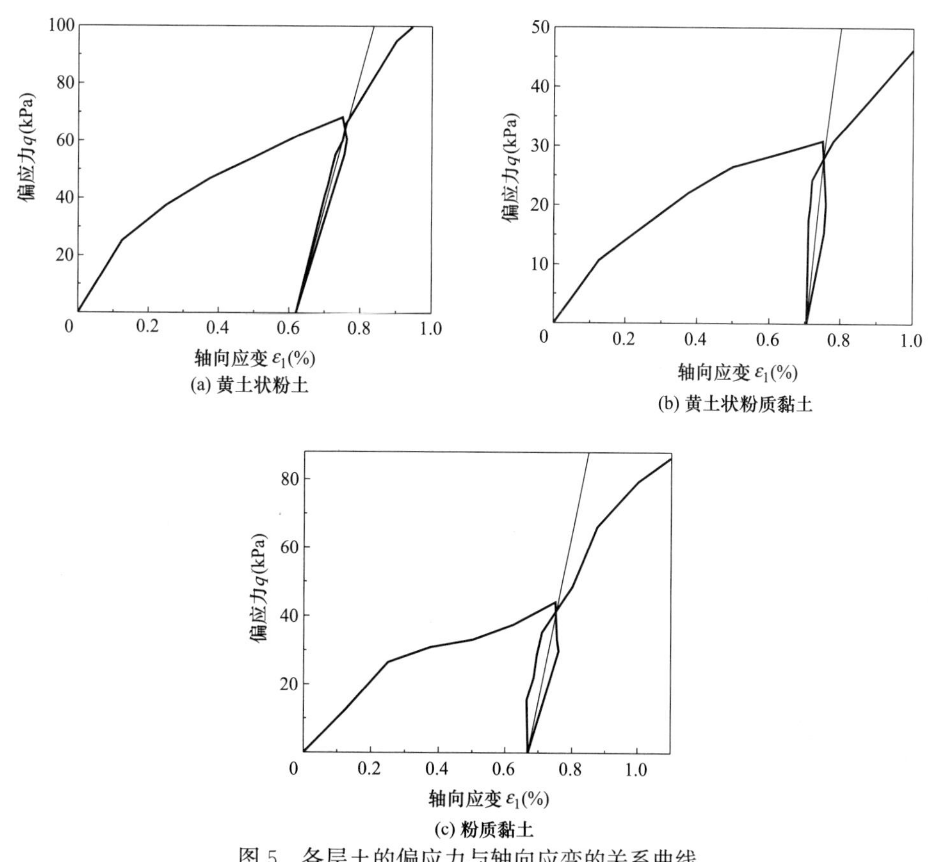

图 5　各层土的偏应力与轴向应变的关系曲线

Fig. 5　Relationship between deviatoric stress and axial strain of each layer of soil

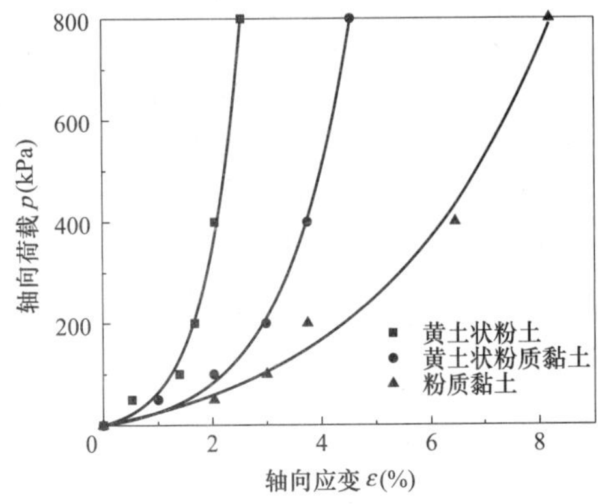

图 6　固结试验轴向荷载应变关系

Fig. 6　Axial load-strain relationship diagram of consolidation test

试验参数汇总　　表 4

Summary of test parameters　　Table 4

项目	黏聚力 c'(kPa)	内摩擦角 φ(°)	加载切线模量 E_{50}^{ref}(MPa)	参考加卸载模量 E_{ur}^{ref}(MPa)	参考切线模量 E_{oed}^{ref}(MPa)
黄土状粉土	31.51	20.40	5.34	46.26	16.02
黄土状粉质黏土	37.73	30.00	4.93	49.05	12.53
粉质黏土	57.25	31.59	12.59	58.08	10.11

4　数值计算模型建立

4.1　有限元计算模型建立

采用 PLAXIS 软件中的“塑性”计算类型，逐步挖去相应土层，模拟真实施工过程。底部采用固定约束，左右两侧水平约束，上部为自由边界。为有效减弱边界影响，坡顶到左端边界的距离为坡高的 2.5 倍，坡脚到右端边界的距离为坡高的 1.5 倍，坡顶到下端边界的距离为坡高的 2 倍[19]。模型中土层从上到下依次为黄土状粉土、黄土状粉质黏土、粉质黏土，各层土体物理力学参数见表 2、表 3 和表 4。由于工程所在地区地下水位埋深较深，模拟过程中不考虑地下水对边坡工程的影响。网格划分程度为“细”，开挖区域及坡体表面进行网格加密处理，有限元模型图及网格剖分见图 7 和图 8。在模型边坡表面设置监测点（图 9），以便于验证有限元模型的精确性和分析数值模拟计算结果。

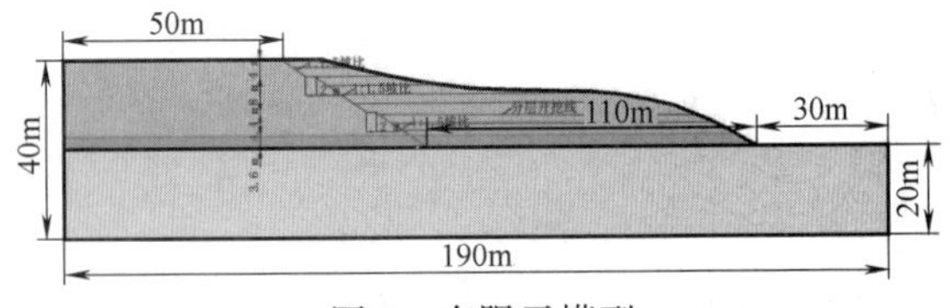

图 7　有限元模型

Fig. 7　Finite element model diagram

4.2　有限元计算模型验证

图 10 为开挖卸荷施工过程中坡脚监测点 S4 的超孔隙水压力变化。在开挖施工阶段，超孔隙水压力随时间的增加而下降，而在开挖施工完成后，超孔隙压力随时间逐渐消散，这与已有理论相符[20]，说明边坡开挖施工过程的模拟是合理的。

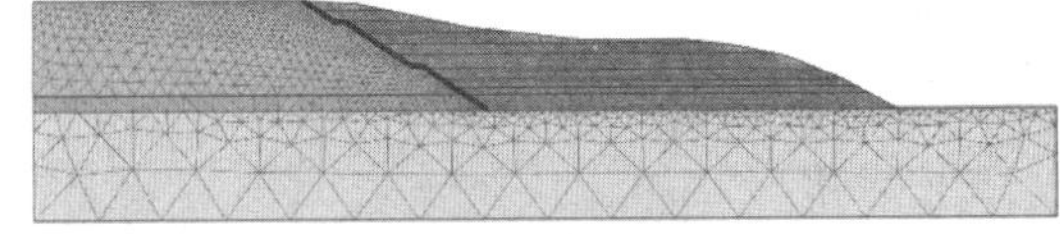

图 8　网格剖分

Fig. 8　Mesh profile

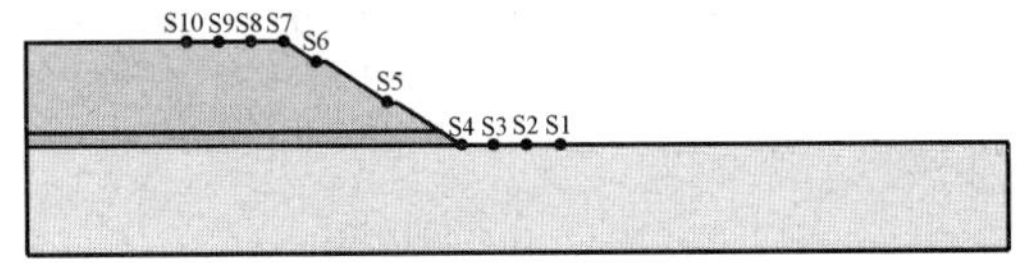

图 9　监测点分布

Fig. 9　Distribution map of monitoring points

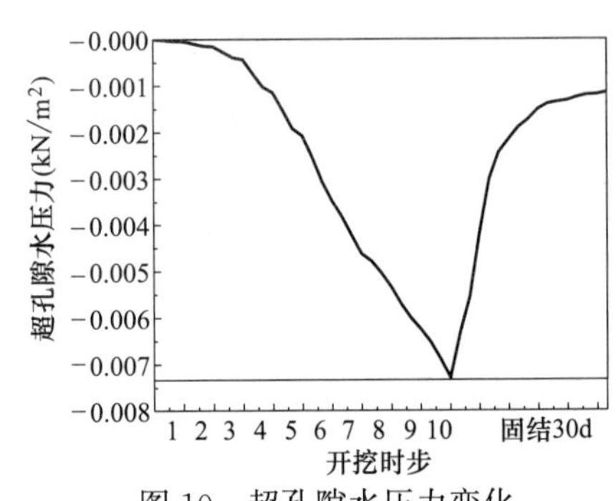

图 10　超孔隙水压力变化

Fig. 10　Variation of excess pore water pressure

5　数值计算结果分析

5.1　施工过程中边坡位移变化分析

不同施工阶段边坡的位移对分析和评价边坡安全状况有一定参考价值[21]。图 11 为开挖过程中边坡的总位移云图，在这里仅列举具有代表性的第 1、4、8、10 级云图（下文亦同）。由图 11 可知，黄土高边坡在开挖过程中，对边坡土体变形的影响呈现为“U”形分布特征，对坡顶土体变形最大的影响范围为 10.39m，对坡底土体变形影响的最大范围为 78.54m，故在该黄土高边坡进行开挖卸荷时，应加强在此范围内坡底及坡顶既有建筑物或边坡工程的位移监测，防止由于土体变形过大导致既有建筑物的开裂倒塌或边坡工程的失稳滑坡；开挖卸荷施工过程中，总位移、水平位移以及竖向位移均随着开挖时步的推进逐渐增大（图 12），但水平位移占总位移之比逐渐减小，第一级开挖时水平位移占比最大为 44.9%，第 10 级开挖时水平位移占比最小为 3.7%（图 13），开挖对土体变形的影响主要表现在竖向回弹上；边坡体总体呈回弹趋势，回弹程度随开挖时步的进行逐渐增大，每级开挖完成后回弹程度最大的部位均位于开挖新形成的边坡坡底处，最大回弹量位于第 10 级开挖形成的边坡坡底处，回弹量为 13.93mm。

5.2 施工过程中边坡偏应变增量变化分析

边坡一般在偏应变增量最大的部位发生失稳，通过监测最大偏应变增量可以初步定位可能的失稳部位，同时结合变形特征能够对边坡整体稳定性作出评价[22]。图 14 为开挖卸荷过程中边坡的偏应变增量变化图，图 15 为开挖卸荷过程中边坡的偏应变增量云图。由图可知，黄土高边坡开挖时，坡体的最大偏应变增量均出现在开挖新形成的边坡坡脚处，说明开挖卸荷过程中黄土边坡的坡脚位置为最可能的失稳部位，故开挖时应注意对坡脚土体变形的监测，防止开挖卸荷产生的土体变形过大造成失稳滑坡；第 3 至第 8 级开挖时，坡体的最大偏应变增量出现在开挖新形成的边坡坡脚处，但在已形成的一级和二级边坡坡脚处也有偏应变增量的分布；边坡的偏应变增量最大值伴随开挖卸荷的进程，先增大后减小，在第 8 级开挖时达到最大值，且后半段开挖时边坡的偏应变增量最大值明显高于前半段开挖时的偏应变增量最大值，说明边坡的后半段施工较前半段施工更容易发生失稳。

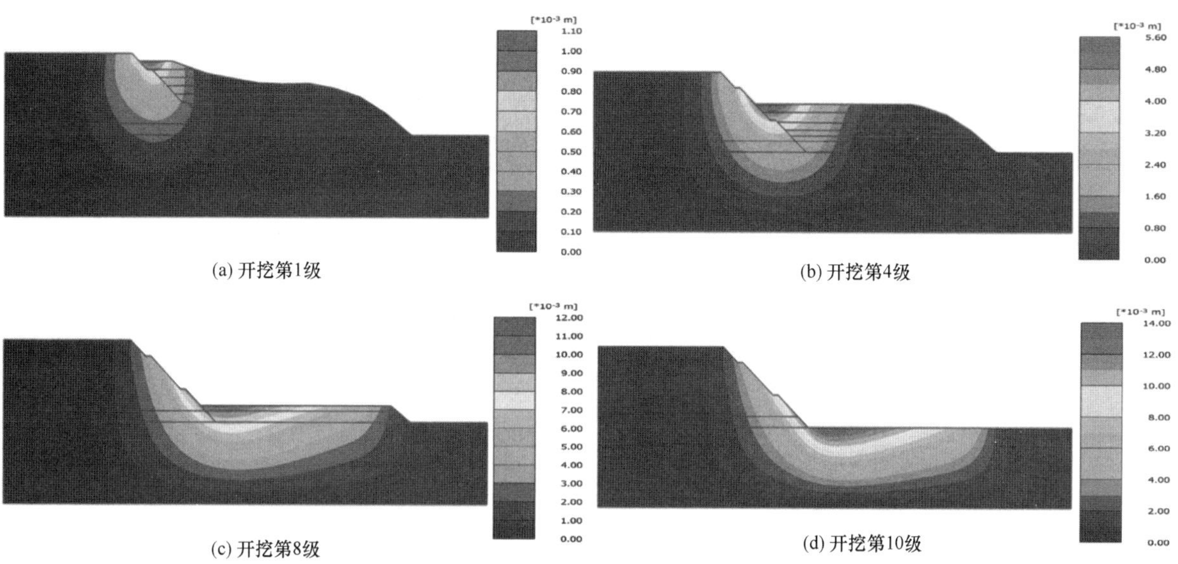

图 11　总位移云图

Fig. 11　Cloud map of total displacement

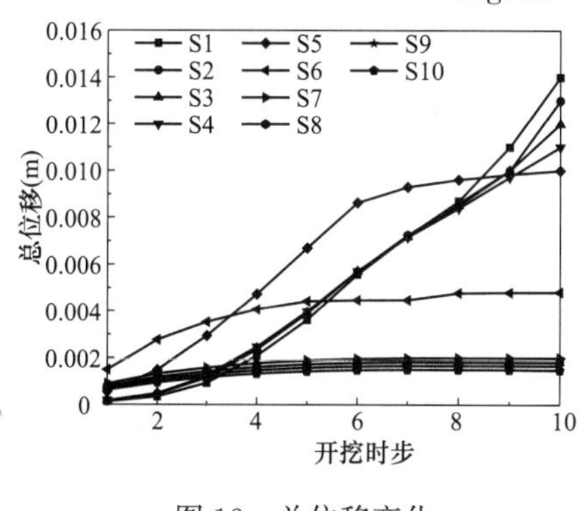

图 12　总位移变化

Fig. 12　Graph of total displacement change

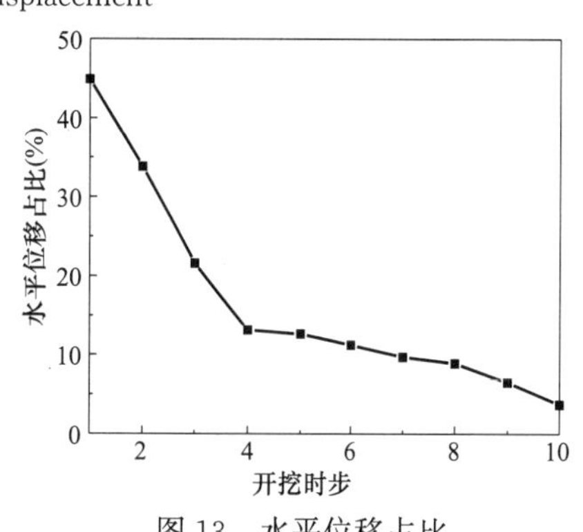

图 13　水平位移占比

Fig. 13　Horizontal displacement ratio diagram

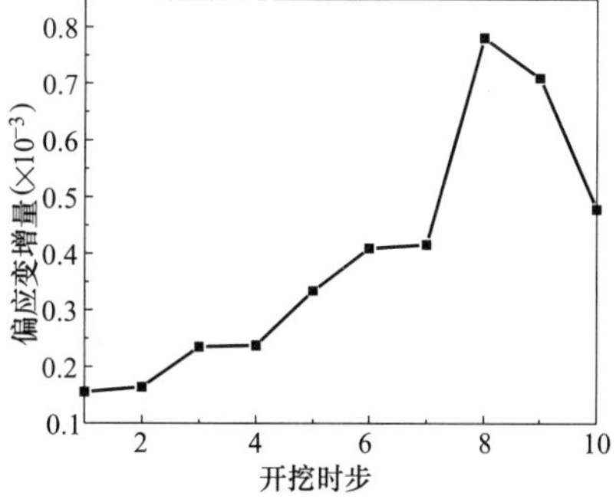

图 14　偏应变增量变化

Fig. 14　Incremental change diagram of deviatoric strain

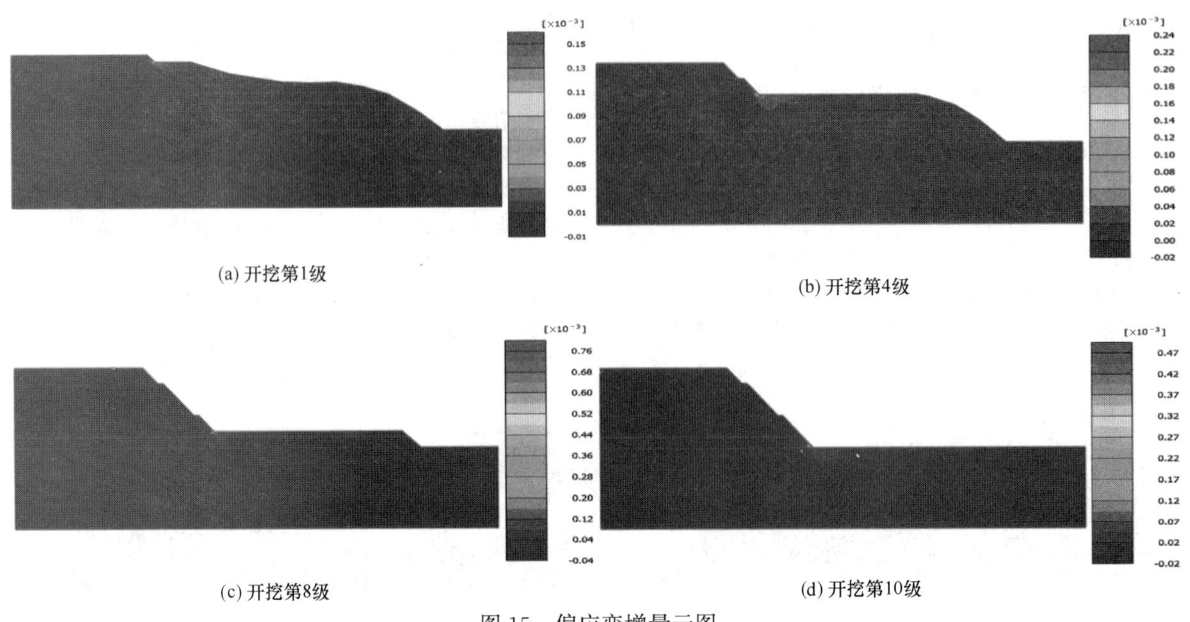

图 15　偏应变增量云图

Fig. 15　Cloud map of deviatoric strain increments

5.3　施工过程中边坡安全系数及滑移面变化分析

边坡安全系数可直观地反映边坡的稳定状况[23]。PLAXIS 2D 有限元软件采用其内置的强度折减法进行边坡的安全性计算，并可以通过查看安全性分析阶段的增量位移云图，判断开挖卸荷过程中边坡潜在滑移面的位置[24]。图 16 为开挖卸荷过程中边坡的安全系数变化图，图 17 为开挖卸荷过程中边坡的增量位移云图。由图可知，开挖卸荷过程中边坡的安全系数先略微增大后逐渐减小，稳定性变化呈现一定的滞后性，究其原因为前三级开挖边坡的潜在滑移面位于原始自然边坡，且通过自然边坡坡脚，第四级开挖完成后，边坡的潜在滑移面通过开挖新形成的边坡坡脚，由于开挖形成的边坡坡率大于原始自然边坡坡率，且开挖卸荷会对土体产生扰动，显著降低了边坡的稳定性，第四级开挖往后各级开挖阶段均有类似规律，在这里不再赘述。开挖过程中及开挖完成后边坡的安全系数均大于 1，边坡处于稳定状态，说明该黄土高边坡支护设计是合理的。

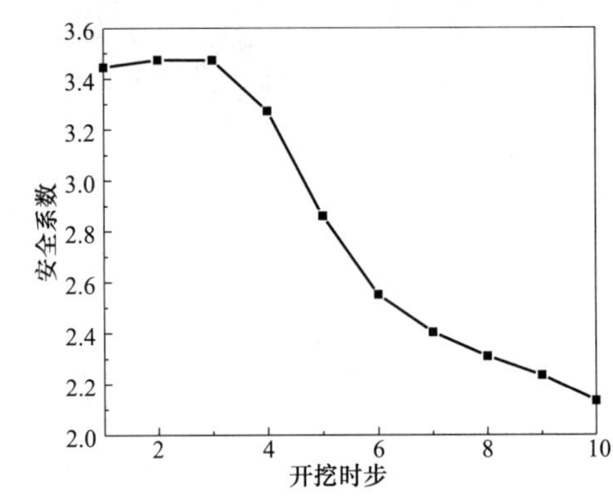

图 16　安全系数变化

Fig. 16　Variation diagram of safety factor

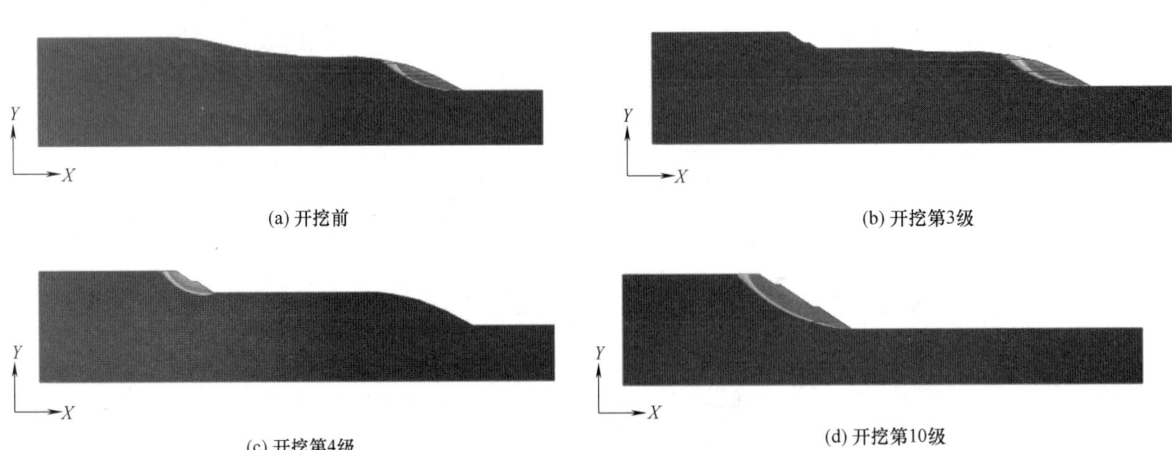

图 17　增量位移云图

Fig. 17　Incremental displacement cloud map

5.4 模拟值与实际监测值的对比分析

选取 S1、S2、S3 三个沉降观测点，将模型工后沉降的数值模拟结果与该工程工后半年内的实际监测数据（工程现场边坡沉降观测点的布设见图 18）进行了对比分析（见图 19，正位移表示沉降变形，负位移表示回弹变形）。由图 19 可知，施工完成后，土体呈回弹趋势，回弹量随距坡脚距离的增大而增大，最大回弹量为 5.5mm，位于 S1 监测点。沉降量监测数据与数值模拟结果基本一致，表明所建有限元模型比较准确。

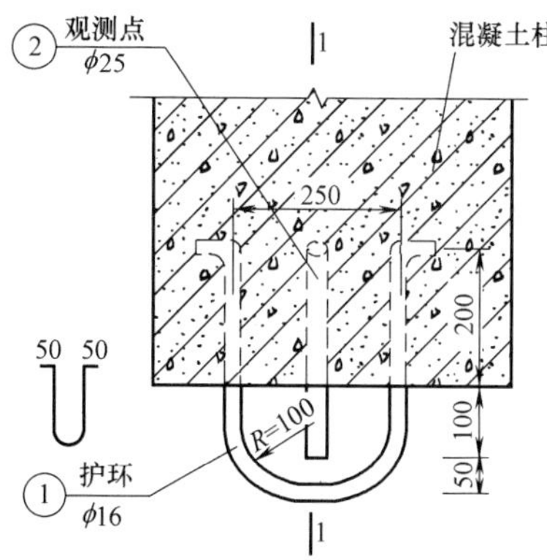

(a) GIS沉降观测点设置

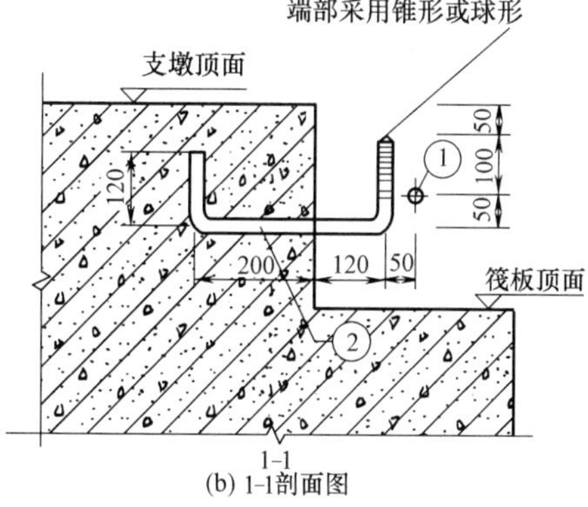

(b) 1-1剖面图

图 18 GIS 沉降观测点设置示意图

Fig. 18 Schematic diagram of the setting of GIS settlement observation points

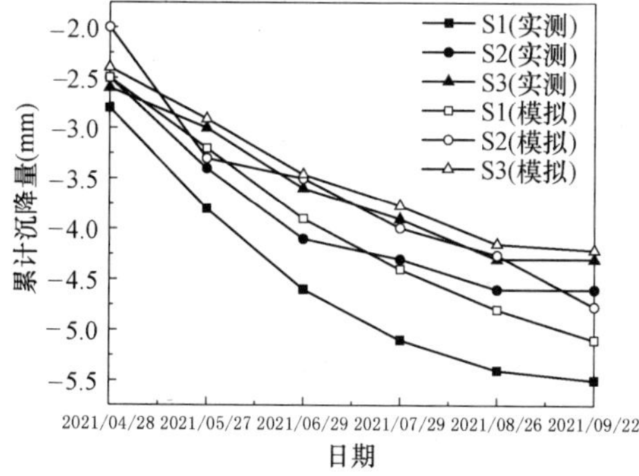

图 19 工后沉降量的模拟值和实测值

Fig. 19 The simulated and measured values of post-construction settlement

6 结论

利用 PLAXIS 软件建立数值模型，通过对位移、偏应变增量、安全系数以及潜在滑移面等相关物理量变化规律的分析，探究了开挖卸荷施工过程中黄土高边坡的变形与稳定性，得到以下结论：

（1）开挖卸荷作用对边坡土体变形的影响范围呈现“U”形，总位移、水平位移、竖向位移均随开挖时步的推进逐渐增大，但水平位移占总位移之比逐渐减小，开挖对边坡土体变形的影响主要表现在竖向位移上；边坡体位移总体呈现回弹趋势，回弹程度随开挖时步的进程逐渐增大，每级开挖完成后回弹最大的部位均位于开挖新形成的边坡坡底处。

（2）开挖过程中，最大偏应变增量均出现在开挖新形成的边坡坡脚处，坡脚位置为最可能的失稳部位；边坡的偏应变增量最大值随开挖时步进程先增大后减小，在第 8 级开挖时达到最大值，后半段开挖时边坡的偏应变增量明显高于前半段开挖时的偏应变增量最大值。

（3）开挖施工过程中，边坡的安全系数先略微增大后逐渐减小，呈现一定的滞后性；开挖过程中及开挖完成后边坡的安全系数均大于 1，按支护设计方案计算表明，边坡处于稳定状态。

参考文献：

[1] 陈从新，黄平路，卢增木．岩层倾角影响顺层岩石边坡稳定性的模型试验研究[J]．岩土力学，2007(3)：476-481.

[2] 许旭堂，简文彬，张少波，等．基于 PhotoInfor 的边坡开挖效应模型试验[J]．长安大学学报(自然科学版)，2019，39(3)：36-44.

[3] Sasahara K，Hiraoka N，Kikkawa N，et al．Development of the surface displacement velocity in a full-scale loamy model slope under multistep excavation[J]．Bulletin of Engineering Geology and the Environment，2021，80(6)：4389-4403.

[4] 任洋，李天斌，杨玲，等．基于离心模型试验与数值计算的超高陡加筋土填方边坡稳定性分析[J]．岩土工程学报，2021：1-9.

[5] Li M，Zhang G，Zhang J，et al．Centrifuge model tests on a cohesive soil slope under excavation conditions[J]．Soils and Foundations，2011，51(5)：801-812.

[6] 李明，张嘎，胡耘，等．边坡开挖破坏过程的离心模型试验研究[J]．岩土力学，2010，31(2)：366-370.

[7] Zhang S，Pei X，Wang S，et al．Centrifuge model testing of loess landslides induced by excavation in Northwest China[J]．International Journal of Geomechanics，2020，20(4)：4020022.

[8] Damiano E，Olivares L．The role of infiltration processes in steep slope stability of pyroclastic granular soils：laboratory and numerical investigation[J]．Natural Hazards，2010，52(2)：329-350.

[9] 吴志轩，张大峰，孔郁斐，等．基-填界面开挖台阶对顺坡填筑高边坡稳定性影响研究[J]．工程力学，2019，36(12)：90-97.

[10] Troncone A，Conte E，Donato A．Two and three-dimensional numerical analysis of the progressive failure that oc-

curred in an excavation-induced landslide[J]. Engineering Geology, 2014, 183: 265-275.

[11] 李志清，林杜军，岳锐强，等. 东露天槽仓黄土高边坡开挖支护变形分析[J]. 工程地质学报，2013，21(4)：634-640.

[12] 闫强，廉向东，凌建明. 边坡开挖支护时序有限元分析[J]. 交通运输工程学报，2020，20(3)：61-71.

[13] Kaya A, Alemdağ S, DağS, et al. Stability assessment of high-steep cut slope debris on a landslide (gumushane, ne turkey)[J]. Bulletin of Engineering Geology and the Environment, 2016, 75(1): 89-99.

[14] [1]Hiraoka N , Kikkawa N , Sasahara K , et al. A Full-Scale Model Test for Predicting Collapse Time Using Displacement of Slope Surface During Slope Cutting Work [C]// Workshop on World Landslide Forum. Springer, Cham, 2017.

[15] Wang Z, Gu D, Zhang W. Influence of excavation schemes on slope stability: a dem study[J]. Journal of Mountain Science, 2020, 17(6): 1509-1522.

[16] 梁发云，贾亚杰，丁钰津，等. 上海地区软土HSS模型参数的试验研究[J]. 岩土工程学报，2017，39(2)：269-278.

[17] Gao D, Hu Z X, Wei D D. Geotechnical properties of shanghai soils and engineering applications[M]. Astm International, 1986.

[18] Brinkgreve R, Kumarswamy S, Swolfs W M, et al. PLAXIS 2016[J]. Plaxis BV, The Netherlands, 2016.

[19] 张鲁渝，郑颖人，赵尚毅，等. 有限元强度折减系数法计算土坡稳定安全系数的精度研究[J]. 水利学报，2003(1)：21-27.

[20] 董建国，沈锡英，钟才根. 土力学与地基基础[M]. 上海：同济大学出版社，2005.

[21] 涂义亮，刘新荣，钟祖良，等. 机场高填方边坡填筑过程的变形演化规律分析[J]. 地下空间与工程学报，2019，15(5)：1442-1450.

[22] 李剑，陈善雄，余飞. 基于最大剪应变增量的边坡潜在滑动面搜索[J]. 岩土力学，2013，34(S1)：371-378.

[23] 叶帅华，时轶磊. 降雨入渗条件下多级黄土高边坡稳定性分析[J]. 工程地质学报，2018，26(6)：1648-1656.

[24] 孔郁斐，周梦佳，宋二祥，等. 利用PLAXIS软件计算考虑降雨的边坡稳定性[J]. 水利水运工程学报，2014(3)：70-76.

地 下 结 构

新型装配整体式综合管廊足尺模型静载试验研究

张季超[1]，张　岩[1]，彭超恒[2]
（1. 广州大学 土木工程学院，广东 广州 510006；2. 广东省建筑科学研究院集团股份有限公司，广东 广州 510006）

摘　要：以某拟建现浇式综合管廊项目为背景，将原整体现浇式结构进行构件划分，采用预制叠合板式以及榫式接头的连接方式，完成了新型预制装配式综合管廊设计及足尺模型静载试验。为验证拼装后管廊的整体结构受力性能，建造完成了新型装配式综合管廊双仓足尺模型，试验采用穿心千斤顶张拉钢绞线的方法进行单调静力双向加载，分析了管廊整体结构的裂缝、变形曲线以及钢筋和混凝土的受力应变，验证了新型预制装配整体式综合管廊的可行性。

关键词：城市地下综合管廊；装配整体式；力学加载试验；受力性能

Research on static load test of full-scale model of new assembled integrated municipal tunnel

ZHANG Ji-chao[1], ZHANG Yan[1], PENG Chao-heng[2]
(1. School of Civil Engineering, Guangzhou University, Guangzhou Guangdong 510006, China; 2. Guangdong Provincial Academy Of Building Research Group Co., Ltd., Guangzhou Guangdong 510006, China)

Abstract: This paper takes a proposed cast-in-situ integrated municipal tunnel project as the background, divides the original integral cast-in-place structure into components, adopts the connection method of prefabricated laminated plate and tenon joints, and completes the design and construction of a new type of prefabricated integrated municipal tunnel. Full-scale model static load test. In order to verify the mechanical performance of the overall structure of the municipal tunnel after assembly, a full-scale model of a new type of prefabricated integrated municipal tunnel with double warehouses was constructed. The cracks and deformation curves of the overall structure of the gallery, as well as the stress and strain of steel bars and concrete, verify the feasibility of the new prefabricated integrated municipal tunnel.

Key words: urban underground municipal tunnel; assembly integral; mechanical loading test; mechanical behavior

1　引言

为响应国家大力推进城市地下综合管廊以及节能低碳建筑的号召，本文探索了一种新型装配整体式综合管廊[1]。该管廊由数个预制构件组成，实现工厂预制生产，通过道路运输，在工地吊装拼装，最终形成装配整体式综合管廊，具有建造速度快、产能大、成本低等优点。

预制拼装综合管廊常见的拼装形式有全预制整仓拼装、叠合板式拼装、预制板拼装等[2]。但国内外对于装配整体式综合管廊进行足尺模型静载试验的研究较少。

本文研究了装配整体式综合管廊的受力机理，完成了足尺模型静载试验，试验结果表明新型装配整体式综合管廊拥有良好的正常使用性能。

2　新型装配整体式综合管廊设计

2.1　工程概况

本设计以深圳市前海某明挖现浇式地下综合管廊项目为研究背景，以原有现浇式综合管廊标准段为研究对象，在此基础上进行装配整体化的设计研究[2]。原设计的现浇综合管廊双仓标准面如图 1 所示。

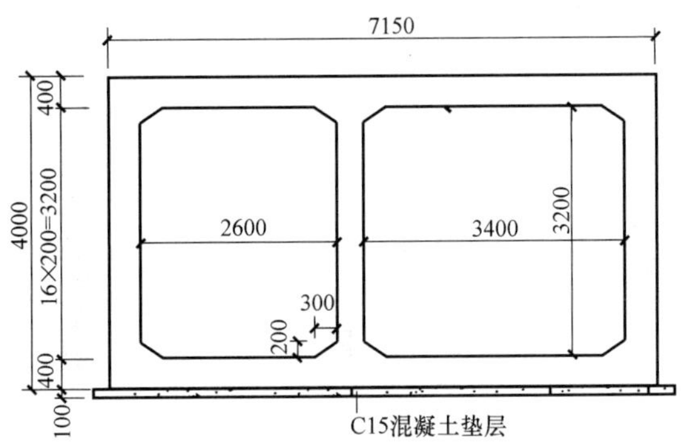

图 1　原综合管廊标准面

Fig. 1　The standard surface of the original municipal tunnel

2.2　装配构件划分

新型装配整体式综合管廊采用预制叠合板，墙和底座采用榫式接头连接，底座之间采用后浇带等连接方式。装配整体式综合管廊构件划分示意图如图 2 所示。

2.3　模拟分析

实际工程应用中地下管廊四周均受荷载作用，顶部受顶板上部覆土及活荷载，左右两侧受不均匀的土压力，简化后的足尺模型受力情况如图 3 所示。

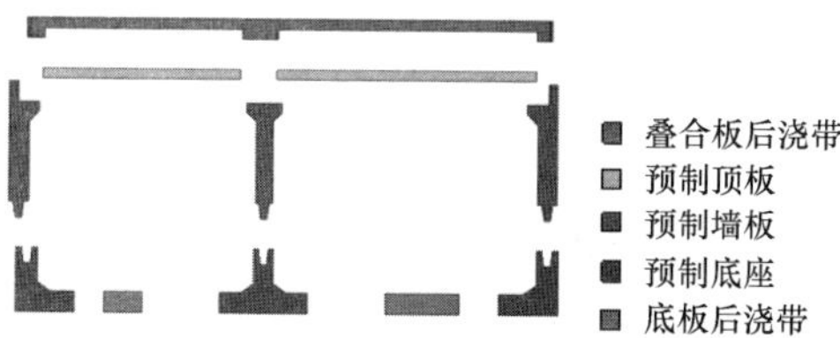

图 2 装配整体式综合管廊构件示意图

Fig. 2 Schematic diagram of the components of the assembled municipal tunnel

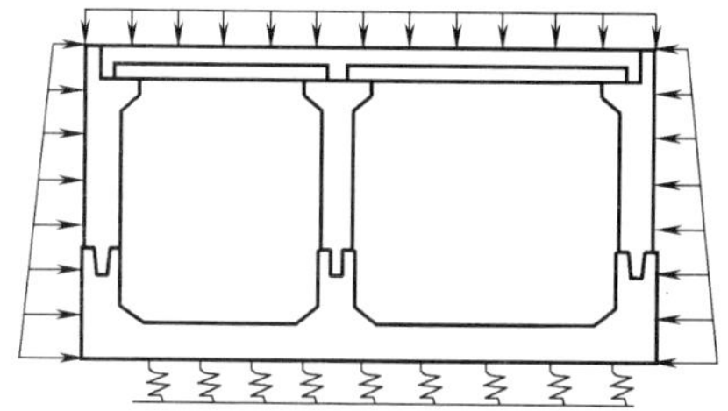

图 3 模型荷载示意图

Fig. 3 Model Load Schematic

为分析装配整体式综合管廊在各设计荷载作用下的内力及位移，采用 ABAQUS 软件，对其进行建模分析。

建模过程中，混凝土采用 C3D8R 减缩积分、沙漏控制的八节点线性六面体单元，并辅以采用网格细化的方式来解决"沙漏模式"。钢筋模型包括水平向受力钢筋、纵向钢筋及腋角加强筋，钢筋采用 T3D2 两节点线性三维桁架单元进行计算。

通过有限元分析得到位移图如图 4 所示，应力图如图 5 所示。

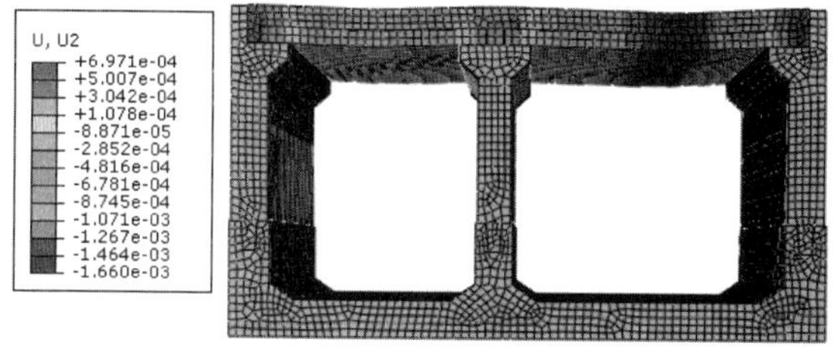

图 4 装配式管廊位移图

Fig. 4 Displacement diagram of prefabricated municipal tunnel

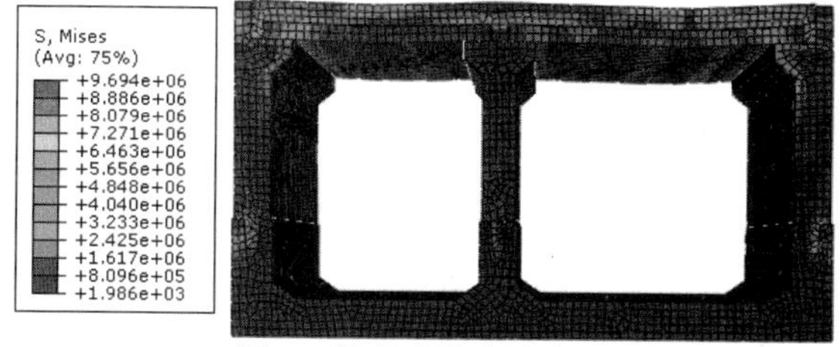

图 5 装配式管廊应力图

Fig. 5 Stress diagram of fabricated municipal tunnel

2.4 结构设计

在对原有现浇结构受力性能分析以及截面复核的基础上，对装配整体式综合管廊结构进行了整体结构计算与设计，同时对预制构件、关键节点进行计算与设计，如榫式接头、牛腿连接及叠合板的设计等。并结合现场施工条件，最终形成了装配整体式综合管廊横截面的结构设计示意图，如图 6 所示。

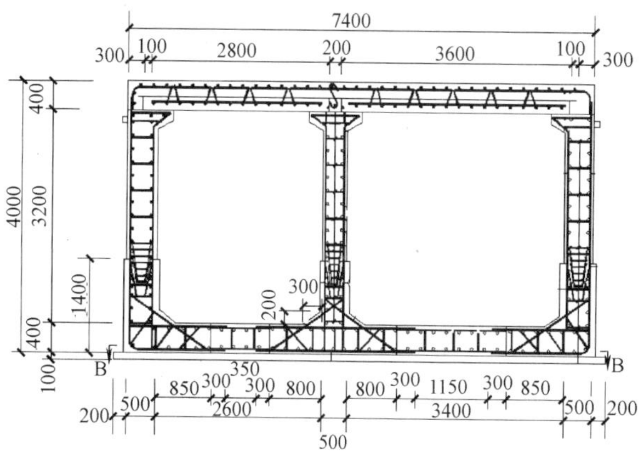

图 6 结构设计示意图

Fig. 6 Schematic diagram of structural design

3 足尺模型试验

3.1 足尺模型制作

为了研究新型装配整体式综合管廊的承载能力、内力分布等力学性能，及管廊整体变形、内力分布、裂缝发展等结构特点，评价管廊整体性能并验证榫式接头等连接节点是否满足正常使用要求等，选取了双仓装配整体式综合管廊的节段进行足尺模型试验研究。

足尺模型构件按照设计图纸，在工厂制作完成。由 3 个底座、2 个边板、1 个中板、2 个叠合板等 8 个预制模块组成。

吊装前要确定各构件的尺寸与重量，通过室内小模型制作进行吊装演练，制定合适的吊装运输方案，最终吊装成型，吊装成型见图 7。

图 7 足尺模型吊装成型图

Fig. 7 Full-scale model hoisting forming drawing

足尺模型后期统一采用强度等级 C40 混凝土，完成叠合顶板和后浇底座的浇筑成型。足尺模型长 7.4m、宽 4.0m、高 4.0m。

3.2 试验加载准备

实际现场中由于条件限制，不能完全模拟侧壁上随埋深增大的面荷载。为尽量满足试验中的集中荷载与真实中均布荷载的受力相当，在试验荷载加载方式设计时，通过采用两种荷载作用下的弯矩图高度相似的等效原则，将真实均布荷载转化等效为集中荷载[3]。

现场加载设计方式为在二级分配梁的铺垫下利用液压穿心千斤顶张拉钢绞线给叠合顶板施加作用力的方式进行加载，试验加载装置示意图如图 8 所示。

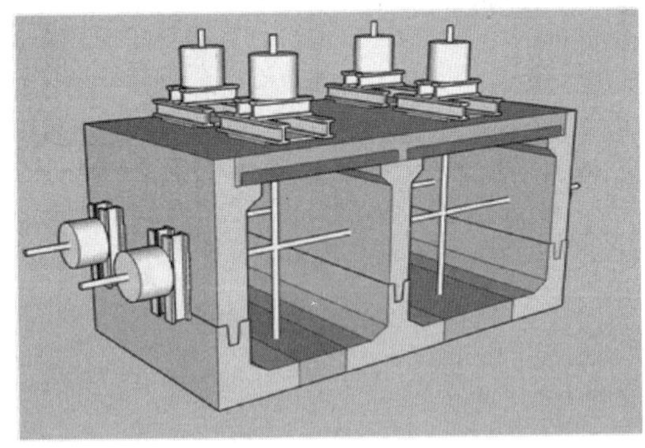

图 8　试验加载装置示意图

Fig. 8　Schematic diagram of the test loading device

顶板左右两仓及侧壁加载均采用 300t 液压千斤顶，总共放置了 8 个千斤顶，通过数控装置控制加载速率及荷载大小。实际操作中为减小局压影响，在顶板采用两块 3cm 厚、Q235 材质、平面尺寸为 1m×1m 或 0.6m×0.6m 的钢垫板，而未采取二级分配梁。试验装置包括顶板、侧墙加载装置、试验数据采集系统等。现场加载装置布置见图 9。

图 9　现场试验加载布置

Fig. 9　Field test loading arrangement

3.3 测量内容及装置

试验主要测量仪器和设备包括钢筋和混凝土应变片、带信号数显千分表、电子裂缝宽度测试仪、数据采集仪器[6]。

所有的应变数据及应力数据均可通过应变测试分析系统采集。可根据相应的测试回路进行多桥路静态测试。位移数据通过千分表读数、荷载通过传感器读数[7]。

3.4 试验现象及结果

（1）裂缝

在顶板加荷达到标准值组合及设计组合值时进行 30min 的持续加荷并进行了裂缝观测。试验发现，当荷载加到标准组合值时，在顶板预制板底部并未发现微裂缝。加载至设计组合值时，在沿着纵向侧墙榫头连接处出现轻微裂缝，大仓外墙牛腿支撑区域发现数条很难分辨得清的微裂缝。当继续加载到最终阶段，裂缝宽度最小为 0.02mm，最大为 0.17mm，数条裂缝在 0.09mm 左右。这些表面裂缝对管廊的受力性能和防水性能影响不大。

（2）变形

把所测得的各部位变形数据集中在用一张图上表示就可以得到装配式综合管廊的整体位移图，如图 10 所示。图中黑框线代表管廊的实际边界大小，对应位置的挠度变形代表挠度变化趋势。管廊大仓顶的变化位移是最大的，而大小仓外侧墙都是向内的趋势，大仓侧墙位移比小仓大。

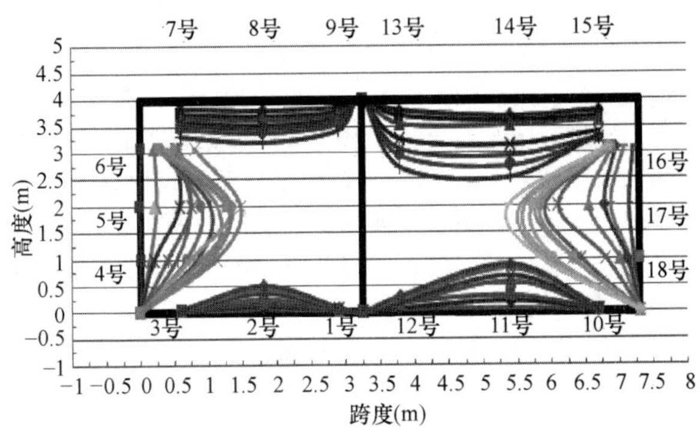

图 10　管廊加载变形曲线

Fig. 10　Municipal tunnel loading deformation curve

以中支座中线为界，小仓顶板净跨为 2800mm，大仓净跨为 3600mm。随着逐级增大荷载作用下大仓顶板位移明显要比小仓位移挠度增长速度快，且最终大仓位移要比小仓大。加载到设计值时，大仓顶板最大挠度仅为 1.075mm 左右；加载到最终，大仓顶板位移仅为 1.46mm，满足规范中小于 2mm 的要求。而小仓顶板变形仅为 0.8mm 左右，占小仓净跨的 1/3500 左右，板的变形极其小，说明选用叠合顶板的综合管廊整体性较强且有很好的受力性能。

在对叠合顶板进行加载至最终，其叠合楼板的挠度最大值发生在顶板跨中仅为 1.465mm，远未达到规范破坏限值（取净跨度为 3600mm），说明顶板刚度足够大，有富余承载力，可进一步优化设计。

（3）应变及内力分析

管廊顶板采用叠合板，加载试验主要测得了叠合式连续板跨中截面、支座截面等控制截面在单调荷载作用下的应力、应变，分析了楼板截面的应力-应变关系，考察了该设计顶板的受力性能和协同工作性能。

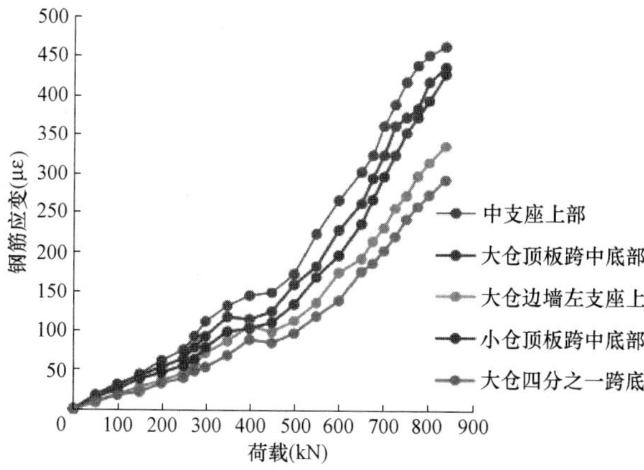

图 11　顶板钢筋应变图

Fig. 11　Roof Reinforcement Strain Diagram

从图 11 叠合板荷载-应变曲线可以看到，在达到标准组合荷载值前跨中截面应变发展较慢，支座处的钢筋应变增量为 16.11με；大仓跨中平均增量为 14.75με；达到标准组合荷载值荷载作用下整个顶板监测的钢筋应变平均应变增量为 13.04με。达到设计荷载后钢筋应变发展较快，平均应变增量为 25.55με，说明叠合楼板在达到设计荷载以后出现塑性变化。

从叠合板跨中荷载-应变曲线和叠合板支座处的荷载-应变曲线可见，单调荷载作用阶段板跨中的钢筋荷载-应变曲线与混凝土荷载-应变曲线这两个曲线的发展趋势上下相差不大。

如图 12 所示，最终加载值为 837kN，达到试验荷载设计组合值的 1.47 倍，此时钢筋最大拉应变为 463με，其对应截面的混凝土压应变为 423με。说明至加载结束，叠合楼板表现出良好的承载能力和整体工作性能。

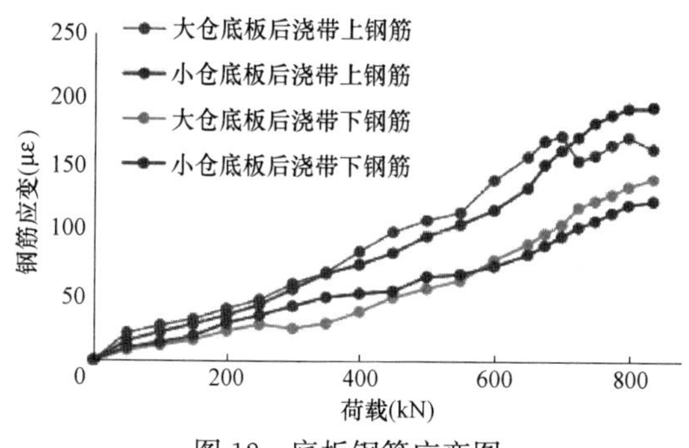

图 12　底板钢筋应变图

Fig. 12　Strain diagram of bottom plate reinforcement

从叠合板小仓跨中截面应变分布图得出，截面的中和轴位置不在中间位置，而在叠合面位置以上，使用阶段受压区高度小于后浇层高度，预制部分完全承受拉力这与理论结果是相吻合的。

顶板关键位置的混凝土应变图如图 13 可知，跨中及两端的弯矩较大。直至加载到最后，两板端的受力支座均未发生剪切破坏，从图中可知两仓跨中弯矩为最大，各位置混凝土应变变化均呈现线性趋势，此时板正处于弹性阶段，表明仍有富余承载力。板端支座处混凝土也满足正常使用要求未发生剪切破坏，整个廊体未发生弯曲破坏。

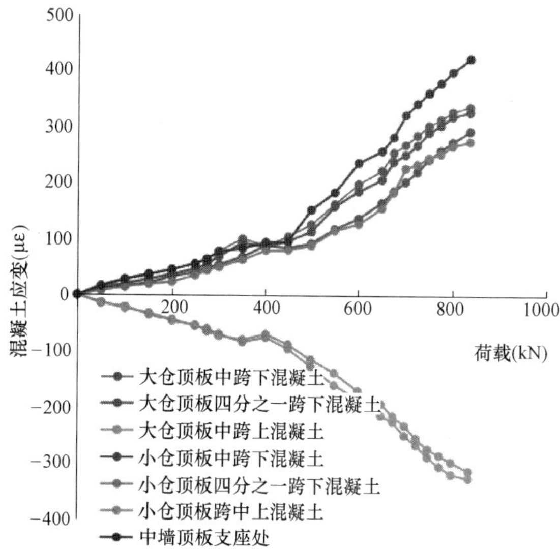

图 13　顶板重要部位混凝土应变

Fig. 13　Concrete strain in important parts of roof

4　荷载-挠度对比分析

将足尺模型试验结果与模拟实验值、有限元模拟结果的顶板挠度值进行比较。从表中可知，在各阶段叠合顶板试验挠度值大于有限元模拟值结果，两者的相对差值维持在 0.85 左右，如表 1 所示。

叠合顶板跨中挠度值对比　　表 1

Comparison of mid-span deflection values of superimposed roofs　　Table 1

位置	荷载(kN)	试验值(10^{-2}mm)	模拟值(10^{-2}mm)	理论值(10^{-2}mm)	试验值/模拟值	试验值/理论值
大仓跨中	311	38.60	41.25	60.60	0.94	0.64
	503	83.90	93.75	119.14	0.89	0.70
	837	146.50	166.0	193.38	0.88	0.76
小仓跨中	311	30.60	31.74	44.98	0.93	0.68
	503	48.50	60.09	66.93	0.80	0.72

将实测数据形成曲线图如图 14、图 15 所示。试验结果与有限元模拟情况均小于计算的理论结果。

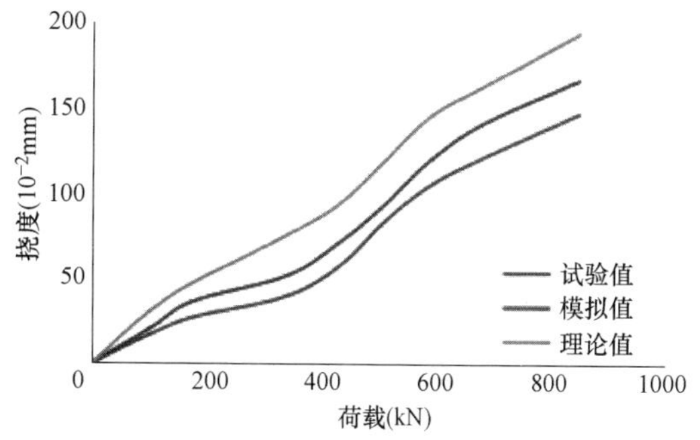

图 14　管廊大仓跨中荷载-挠度曲线图

Fig. 14　The mid-span load-deflection curve of the large

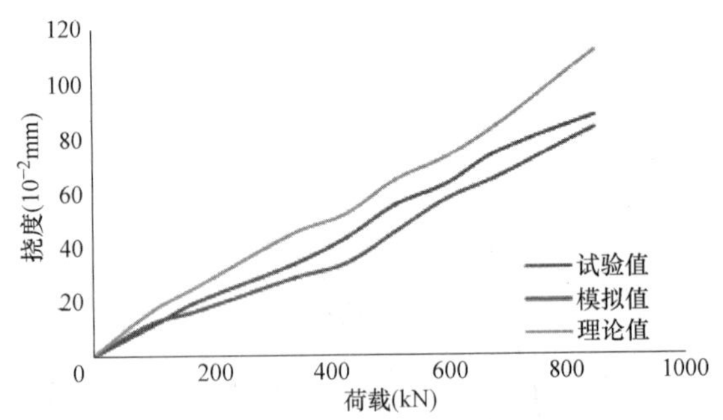

图 15　管廊小仓跨中荷载-挠度曲线图

Fig. 15　The mid-span load-deflection curve of the small

5　小结

本文以深圳某市政工程地下综合管廊建设工程为背景，在已有现浇式综合管廊设计的基础上，进行了新型装配整体式综合管廊构件拆分、结构设计、构件工厂制作、运输及吊装，制作了双仓装配整体式综合管廊节段的足尺模型，完成了新型装配整体式综合管廊足尺模型静载试验研究，基于试验及分析对比结果可得到以下结论：

（1）该装配式管廊加载到荷载标准值时未发现裂缝。当加载至设计荷载时，在侧墙沿着榫头连接处出现轻微裂缝。顶板在超过荷载设计值的最终值作用下，顶板处没有发现裂缝。

（2）顶板加载至设计荷载时，预制叠合板的大仓跨中最大位移为 1.075mm，加载至最终荷载时大仓顶板跨中的位移为 1.465mm。表明管廊的整体受力性能较好，采用叠合装配式设计具有很好的受力性能和可靠性。

（3）在标准组合荷载值前跨中截面应变发展较慢。达到设计荷载后钢筋应变发展较快，平均应变增量为 25.55$\mu\varepsilon$，达到最终加载值，此时钢筋最大拉应变为 463$\mu\varepsilon$。两板端的受力支座均未发生剪切破坏，各位置混凝土应变变化均呈现线性趋势，叠合板处于弹性阶段，仍具有富余承载力。

参考文献：

[1]　丁晓敏，张季超，庞永师，等．广州大学城共同沟建设与管理探讨[J]．地下空间与工程学报，2010，6（1）：1385-1389.

[2]　张岩．某预制装配整体式地下综合管廊的设计与研究[D]．广州：广州大学，2017.

[3]　田子玄．装配叠合式混凝土地下综合管廊受力性能试验研究[D]．哈尔滨：哈尔滨工业大学，2016.

[4]　中华人民共和国住房和城乡建设部．城市综合管廊工程技术规范：GB 50838—2015[S]．北京：中国计划出版社，2015.

[5]　刘杨．珠海市横琴新区城市地下综合管廊建设运营管理研究[J]．城市道桥与防洪，2017(2)：166-169+20.

[6]　彭真．综合管廊节段模型足尺寸试验与有限元模拟[D]．长沙：湖南大学，2017.

[7]　彭超恒．新型装配整体式地下综合管廊力学实验研究与有限元分析[D]．广州：广州大学，2019.

炭质板岩隧洞围岩及衬砌结构变形及应力研究

夏玉云[1, 2]，柳　旻[1, 2]，刘争宏[1, 2]，王　冉[1, 2]，张　超[1, 2]

(1. 机械工业勘察设计研究院有限公司，陕西 西安 710043；2. 陕西省特殊岩土性质与处理重点实验室，陕西 西安 710043)

摘　要：炭质板岩是东南亚地区普遍存在的一种典型软岩，具有强度极低、遇水软化、流变属性明显等特点，隧道开挖过程中主要灾变表现为挤压流变破坏，其变形持续时间长、累计变形量大、较大侵占二次衬砌断面，隧道在穿越该类地层时极易发生施工灾害。本文以老挝某在建水电站引水隧洞典型炭质板岩大变形段为工程背景，通过对典型二次衬砌断面进行变形、应力、渗透压力等的长周期监测，介绍炭质板岩隧道变形、受力特征，可为类似隧道工程的设计、施工等提供参考。

关键词：炭质板岩隧洞；长周期监测；围岩变形

作者简介：夏玉云（1968—），男，陕西定边人，教授级高级工程师，长期从事特殊岩土工程性质与环境效应研究工作。E-mail：xiayy@. com. cn。

通讯作者简介：柳旻（1988—），男，宁夏固原人，工程师，主要从事岩土体稳定性及其工程环境效应方面的研究。E-mail：778738205@qq. com。

Study on the deformation and stress of the surrounding rock and lining structure in carbonaceous slate tunnel

XIA Yu-yun[1, 2]，LIU Min[1, 2]，LIU Zheng-hong[1, 2]，Wang Ran[1, 2]，ZHANG Chao[1, 2]

(1. China Jikan Research Institute of Engineering Investigations and Design，Co.，Ltd.，Shaanxi xi' an 710043；2. Key Laboratory of Special Geotechnical Properties and Treatment of Shaanxi Province，Shaanxi xi' an 710043)

Abstract: Carbonaceous slate is a typical soft rock prevalent in Southeast Asia，with characteristics of extremely low strength，softening in water，obvious rheological properties，etc. The main catastrophe during tunnel excavation is mainly manifested as extrusion rheological damage，its deformation duration，cumulative deformation，larger encroachment on the secondary lining section and other undesirable engineering characteristics，the tunnel is very vulnerable to construction disasters when crossing this type of strata. In this paper，a typical carbonaceous slate section of the diversion tunnel of a hydropower station under construction in Laos is taken as the engineering background，and the deformation，stress and infiltration pressure of the typical secondary lining section are monitored for a long period of time to introduce the deformation and stress characteristics of the carbonaceous slate tunnel，which can provide reference for the design and construction of similar tunnel projects.

Key words: carbonaceous slate tunnels；long-period monitoring；surrounding rock deformation

1　引言

随着“一带一路”倡议的纵深推进，中国对外总承包工程高速发展，中资企业近年在东南亚新签合同高速增长。在东南亚陌生国家开展工程建设，尤其是水利水电、公路、铁路等大型工程建设，经常会遇到国内未见或少见的特殊软岩如广泛发育的炭质板岩。该类软岩的特点是强度极低、遇水软化、流变属性明显，在该种软岩环境中建设时，围岩及支护结构的稳定性差，主要表现为挤压流变破坏，其变形持续时间长、累计变形量大、较大侵占二次衬砌断面，隧道在穿越该类地层时极易发生施工灾害[1-2]，如：开挖过程中发生掉块、坍塌，遇水产生大面积塌方，初期支护施作后，硐室仍出现变形快、变形大、变形持续时间长等现象[3-4]，随着时间推移，支护结构最终出现变形严重、拱顶下沉、底板隆起、钢拱架扭曲等问题[5]，处理不当会造成严重的经济损失和人员伤亡，是设计及施工技术人员亟需解决的难题。因此，研究炭质板岩地层隧道大变形机理、大变形衬砌受力特征等仍是炭质板岩地层隧道设计施工中面临的重要课题。

目前，软岩、极软岩类隧洞的现场测试与研究取得了一定的成果。郭健等[6]测得炭质板岩隧洞初期支护钢拱架应力以压应力为主、二衬混凝土大多数处于受压状态；段伟等[7]通过小地震折射波法、多点位移计等方法，获取了某隧洞第三系泥岩极软岩的松动圈厚度和围岩变形规律；余作民[8]对顶山第三系半胶结状态的砂岩、砂砾岩和泥岩互层隧洞初期支护后的隧洞变形特性进行了研究；郭益等[9]通过现场监测资料反演了炭质板岩隧洞地应力场，通过数值模拟提出了围岩稳定加固措施；李鸿博

基金项目：CMEC 专项科技孵化项目（CMEC-KJFH-2018-02）；陕西省科技统筹创新工程计划项（2016KTZDSF04-05-01）；陕西省“三秦学者”创新团队支持计划资助（2013KCT-13）。

等[10] 通过地应力测试、收敛变形监测等方法对峡口软岩隧洞进行研究，并提出支护措施；吴秋军等[11]针对不同级别的围岩，通过现场位移监测数据进行统计分析方法建立围岩稳定性的判别基准。综上，现阶段对炭质板岩围岩中衬砌受力特征研究多集中在一期支护和数值模拟方面，针对炭质板岩中二次衬砌受力特征长时间跟踪监测和隧道围岩变形与衬砌受力两者关系的研究很少，现有结果很难指导实际工作，甚至对二次衬砌设计造成误导。本文以老挝在建某水电站引水隧洞典型炭质板岩大变形段为工程背景，在一期施工开挖支护阶段，通过衬砌结构试验，对典型断面进行长周期监测，研究隧洞围岩与衬砌结构变形、应力规律，以期指导工程实践。

2 工程概况

某在建水电站位于老挝川圹省，属“一带一路”倡议两优项目，是目前采用中国进出口银行优惠贷款在东南亚建设的最大水电工程。本工程为引水式发电，引水隧洞长约 17km，埋深 50～290m，设计开挖洞径 7.2m，钢筋混凝土衬砌后净洞径 6.4m。隧址区地质构造复杂，主要岩性为砾岩、砂岩、粉砂质板岩、泥质板岩、炭质板岩、炭质灰岩和灰岩，开挖后累计揭露炭质板岩总长度 4.1km。隧洞走向近 EW，岩层产状为 N20°～30°E，NW∠65°～80°，岩层走向与隧洞走向小角度相交。炭质板岩均为薄层状结构（图 1），单层厚度小于 1cm，层间结合差，遇水极易软化崩解，饱和单轴抗压强度小于 1MPa，为Ⅴ类围岩。在开挖过程中出现多处坍塌、掉块，一期喷护混凝土多处产生裂缝（图 2）。

图 1 炭质板岩

Fig. 1 Carbonaceous slate

图 2 一期喷护混凝土产生裂缝

Fig. 2 Cracks in the first phase of sprayed concrete

3 试验方案

3.1 衬砌方案设计

H12＋827～863m 洞段位于下游，一期支护已完成，试验前该洞段大变形已进入收敛状态，变形速率约 0.1mm/d。取其中靠近下游端 H12＋851～863m 进行全洞段浇筑混凝土，并进行回填灌浆（不做固结灌浆），在 H12＋857m 处设置监测断面。

该试验段衬砌采用圆形断面，衬厚 0.5m，衬砌内层配置钢筋⏀ 32@100，外层配置钢筋⏀ 32@100。隧洞衬砌断面及配筋设计见图 3、图 4。

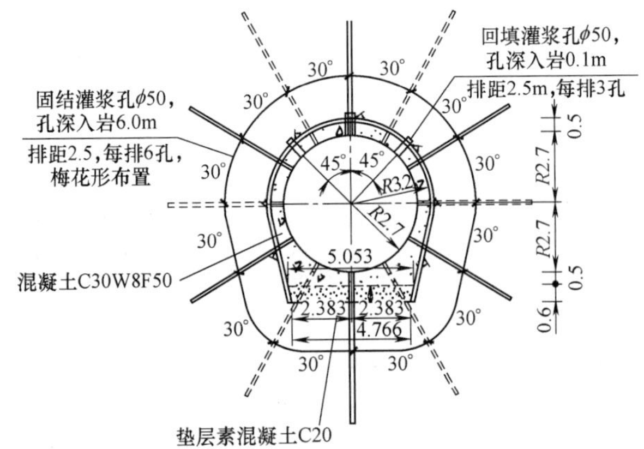

图 3 试验段衬砌结构

Fig. 3 Lining structure of test section

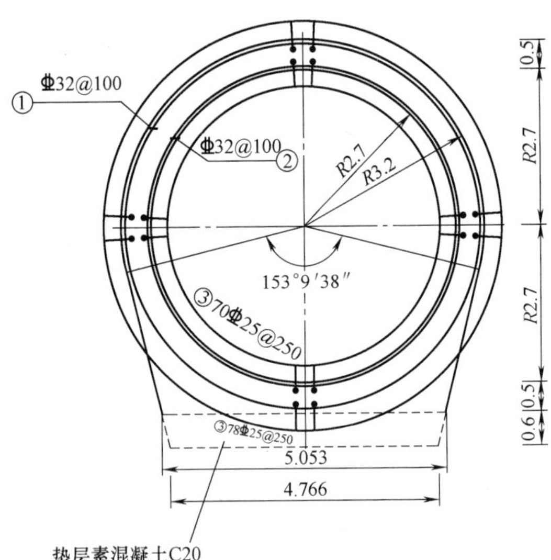

图 4 试验段衬砌结构钢筋布置

Fig. 4 Lining reinforcement arrangement of test section

3.2 围岩位移监测

先行对监测断面上顶拱及左右边墙腰线位置多点位移计钻孔开展声波物探检测，初步确定围岩松弛圈范围，并指导多点位移计测点布设。

在监测断面顶拱、拱座及左右边墙各布置一套 5 测点式多点位移计，监测围岩不同深部变形。

3.3 衬砌结构位移及受力监测

在拱顶及左右边墙埋设反射膜片，测量衬砌变形。

在衬砌结构与围岩接触面埋设压应力计，监测作用在衬砌上的围岩应力；在衬砌内布置钢筋计，监测衬砌钢筋的应力变化情况。

3.4 接缝开合度及渗透压力监测

经巡视检查，H12＋851m 段衬砌混凝土未发现有裂缝，左侧边墙有 3 处渗水点；H12＋863m 段只浇筑了底拱、未浇筑的上部，岩壁外观未发现异常；H12＋857m 段衬砌混凝土右侧边墙有 3 处渗水。

在监测断面衬砌结构与围岩接触面埋设测缝计，监测接缝开合度；同时埋设渗压计，监测渗透压力。

典型的监测断面见图 5。

监测仪器代号、监测物理量单位及方向规定见表 1。

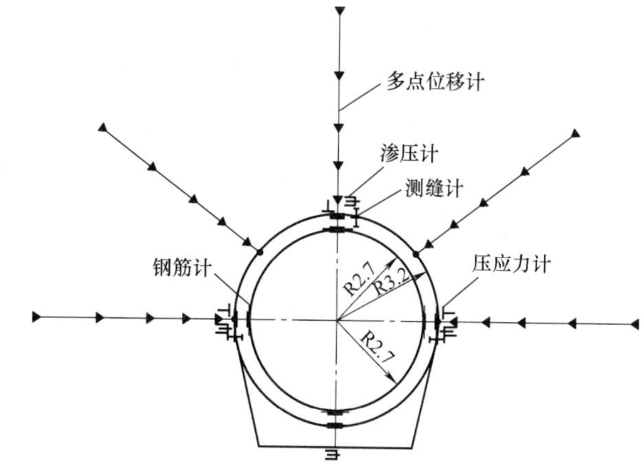

图 5 监测断面的仪器布置示意图

Fig. 5 Schematic arrangement of instruments for monitoring section

监测仪器代号、监测物理量单位及方向表 表 1

Monitoring instrument code, monitoring physical quantity unit and direction Table 1

仪器名称	仪器代号	单位	仪器精度	仪器量程	方向规定
压应力计	C	kPa	0.1%F.S	0～1000kPa	压应力为正
测缝计	J	mm	0.3%F.S	0～50mm	张开为正，闭合为负
多点位移计	M	mm	0.1%F.S	0～100mm	拉伸为正，压缩为负
渗压计	P	kPa	±0.1%F.S	0～2000kPa	有压为正
钢筋计	R	MPa	0.3%F.S	−200～300MPa	拉为正，压为负

4 监测成果与分析

4.1 围岩松动圈

绘制波速-孔深曲线（图 6），以波速明显变化处为开挖松弛圈与正常围岩的分界点。

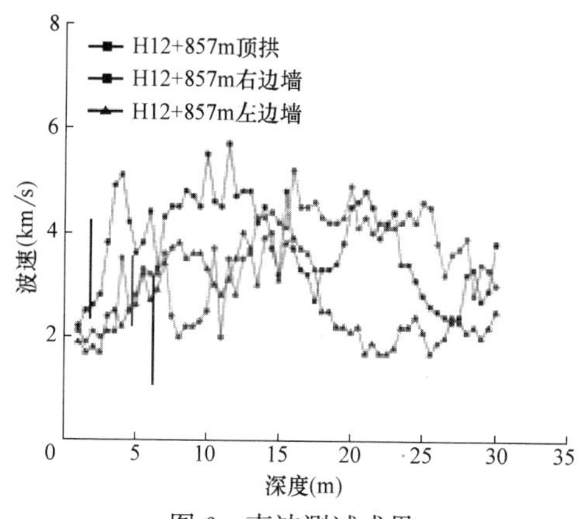

图 6 声波测试成果

Fig. 6 Results of wave velocity test

声波测试结果显示，顶拱围岩松弛深度 2～3m、边墙围岩松弛深度 4～6m。

4.2 围岩位移

多点位移计可测得各深度测点相对孔口即围岩表面的位移。图 7 分别给出了监测断面上 5 个不同位置的绝对位移-时间曲线（正值表示位移指向洞外，负值表示位移指向洞内），主要有以下特点：

（1）顶拱、右边拱座、右边墙主要为压缩变形，其位移方向指向洞内。

（2）左侧拱座、左边墙为拉伸变形，其位移指向洞外。

（3）三处 21.5m 深度监测点的数据均基本在 0 值附近波动，即围岩产生位移最大深度不超过 21.5m。

出现上述特点的原因是：围岩走向近平行于洞轴线，倾向隧洞右侧（倾向北），层理发育，层间胶结差。开挖后支护不及时，炭质板岩在垂直应力和水平构造应力作用下，叠加本身的蠕变时间效应，发生了较大的层间错动，大于开挖卸荷造成的侧向变形，即表现为左边墙围岩向洞外移动，右边墙围岩向洞内移动。

同时，表 2 给出了测量时间超过 700d 时不同部位在孔口处绝对位移的结果，呈现“右边墙＞左边墙＞顶拱”的规律，这是岩体结构、岩层产状与隧道走向的特定组合共同作用的结果：对右边墙而言，层面临空卸荷，叠加由垂直荷载引起的水平侧压力，造成层间剪切错动，形成向临空面（向左）增大的水平位移；对拱顶而言，开挖后形成临空，塌落拱厚度增大，形成向下分布的增大的垂直位移；对左边墙而言，水平侧压力、临空卸荷为相反的位移分量，叠加后产生减少的水平位移。

最后，利用 SC.PATRAN 软件构建三维有限元模型，考虑支护不及时和炭质板岩蠕变作用，采用弹性-塑性-黏

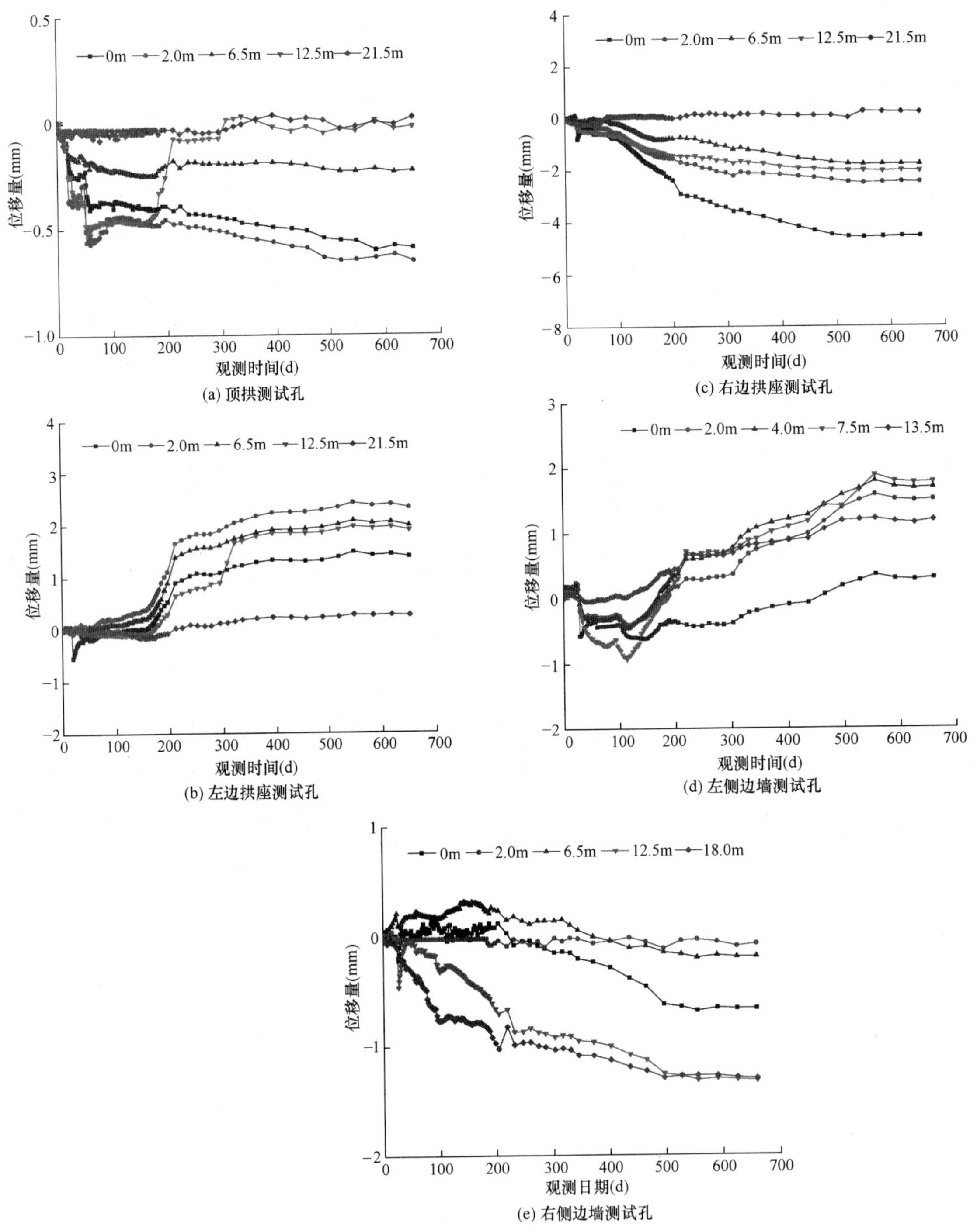

(a) 顶拱测试孔

(c) 右边拱座测试孔

(b) 左边拱座测试孔

(d) 左侧边墙测试孔

(e) 右侧边墙测试孔

图 7　围岩绝对位移-时间曲线

Fig. 7　Absolute displacement-time curve of surrounding rock

性模型（图 8），计算隧洞位移矢量，与实际监测成果基本一致[12]。

不同部位孔口位移量　　表 2

Orifice displacement in different parts

Table 2

部位	测量位置	绝对位移量(mm)
顶拱	孔口	0.59
左边拱座		1.39
右边拱座		4.56

4.3　渗流压力

监测时间超过 700d 时成果见图 9 和表 3，渗流压力总体为“底板>有渗水点边墙>无渗水点边墙”，渗流场的改变主要集中在底板。

具体来说，顶拱处基本干燥；右侧边墙渗压计测值大于左侧边墙，与右侧边墙存在渗水点呈正相关；底板处测值逐渐增加，为渗水逐渐向低水头底板处汇聚所致，最大渗流压力达到 25.11kPa。

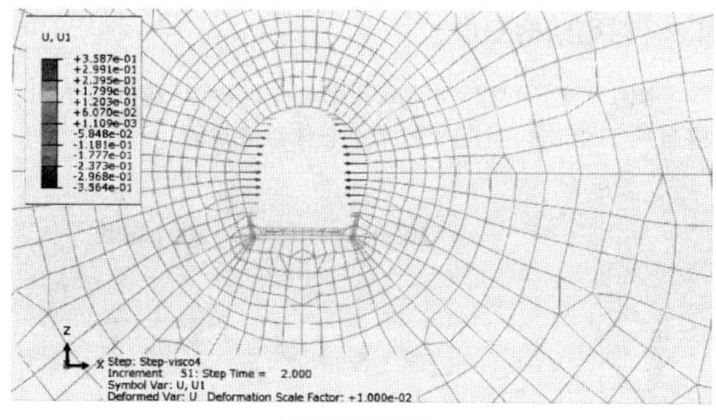

(a) 全部位移矢量

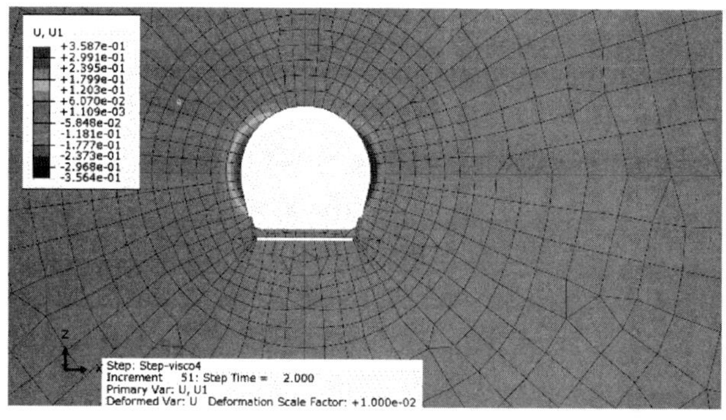

(b) 水平向位移矢量

图 8 隧洞围岩位移矢量

Fig. 8 Displacement vector of tunnel surrounding rock

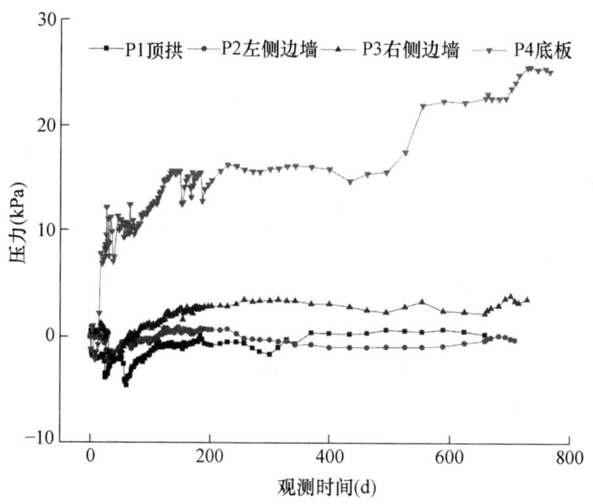

图 9 不同部位渗透压力-时间关系图

Fig. 9 Diagram of seepage pressure-time relationship at different positions

不同部位渗透压力 表 3

Seepage pressure in different parts Table 3

测点	工程部位	压力(kPa)
P1	H12+857m 顶拱	0.10
P2	H12+857m 左侧边墙	−0.27
P3	H12+857m 右侧边墙	3.57
P4	H12+857m 底板	25.11

4.4 衬砌结构上压应力

监测时间超过 600d 时成果见图 10 和表 4，压应力计测值为 17.51～42.11kPa，呈现“右边墙>左边墙>顶拱”的规律。最大应力出现在右侧边墙，顶拱应力处于稳定状态，两侧边墙应力处于缓慢增加状态。

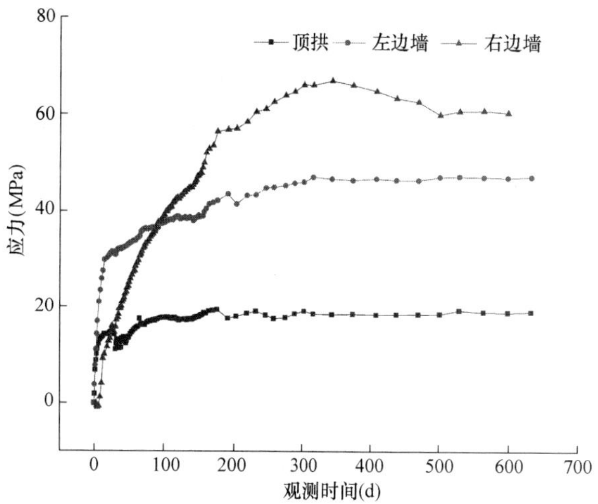

图 10 不同部位压应力-时间关系图

Fig. 10 Diagram of compressive stress-time relationship at different positions

不同部位压应力 表 4

Statistical table of compressive stress in different parts Table 4

测点	工程部位	压应力测值(kPa)
C1	H12+857m 顶拱	17.51
C2	H12+857m 左侧边墙	38.73
C3	H12+857m 右侧边墙	42.11

4.5 衬砌钢筋应力

监测时间超过 200d 时结果见图 11 和表 5，主要呈现如下特点（正号为拉应力、负号为压应力）：

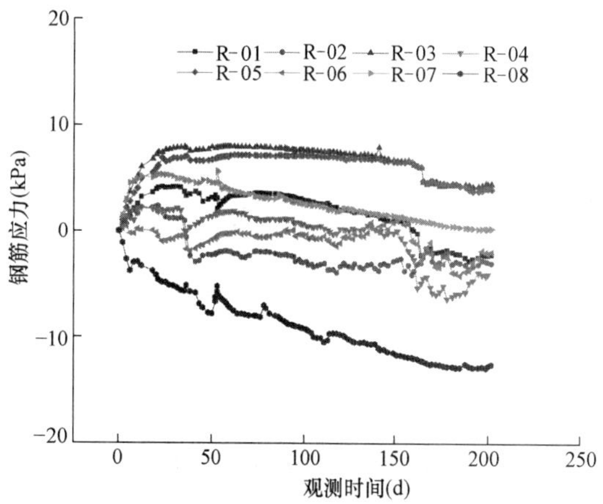

图 11 不同部位钢筋应力-时间关系图

Fig. 11 Diagram of stress-time relationship at different parts

(1) 最大拉应力出现在左侧边墙外层 R-03，达到 7.95MPa。

(2) 最大压应力出现在底板内层 R-08，达到−12.2MPa，且随时间变化幅度较大。

（3）外层钢筋以拉应力为主，内层钢筋以压应力为主。

（4）除底板钢筋处于受压增大状态外，其余钢筋应力处于稳定状态。

不同部位钢筋应力　　表 5

Statistic table of reinforcement stress in different parts

Table 5

测点	工程部位	最大值（kPa）	最小值（kPa）
R-01(外层)	H12＋857 m 顶拱	4.14	−3.28
R-02(内层)	H12＋857m 顶拱	2.35	−3.66
R-03(外层)	H12＋857m 左侧边墙	7.95	0
R-04(内层)	H12＋857m 左侧边墙	2.18	−0.10
R-05(外层)	H12＋857m 左边拱座	7.16	0
R-06(内层)	H12＋857m 右侧边墙	0.44	−1.91
R-07(外层)	H12＋857m 底板	5.56	0
R-08(内层)	H12＋857m 底板	0	−12.20

4.6 测缝计开合度

监测时间超过 600d 时的结果见图 12 和表 6，不同部位的开合度均很小。最大变形位于顶拱（1.17mm）、右侧边墙变形小于左侧边墙，与多点位移计监测成果具有一致性。

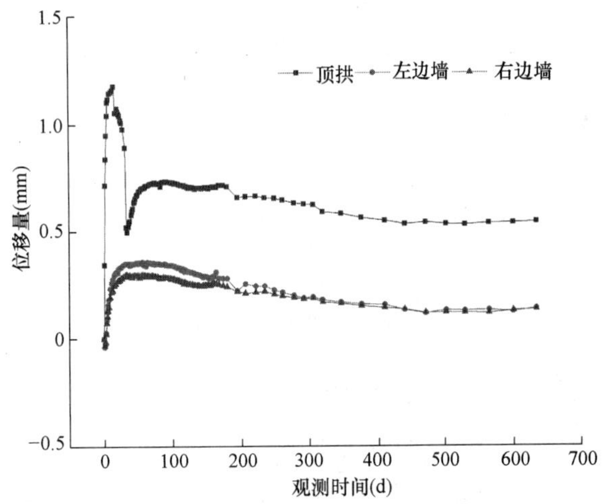

图 12　不同部位测缝开合度-时间关系图

Fig. 12　Diagram of seam opening and closing degree-time relationship at different parts

不同部位测缝计监测成果　　表 6

Statistic table of results of fissure meter in different parts

Table 6

测点	工程部位	最大值（mm）	最小值（mm）
J1	H12＋857m 顶拱	1.17	0
J2	H12＋857 m 左侧边墙	0.36	−0.04
J3	H12＋857 m 右侧边墙	0.30	−0.03

4.7 衬砌结构变形

图 13 显示 H12＋853m 和 H12＋861m 顶拱处最大沉降量约 1.2mm，且趋于收敛，总体沉降量较小。

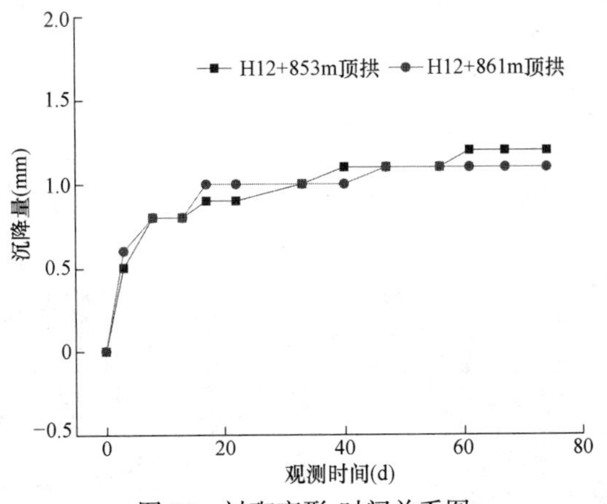

图 13　衬砌变形-时间关系图

Fig. 13　Lining deformation-time relationship diagram

5 结论

（1）该炭质板岩隧洞埋深 50～290m，开挖洞径 7.2m，声波测试成果显示，顶拱部位围岩松弛深度约 2～3m，边墙围岩松弛深度约 4～6m。边墙松弛深度总体大于顶拱。

（2）在该隧洞特定的岩体结构以及岩层产状与隧洞走向特定关系的组合影响下，通过在同一断面不同位置、不同深度处埋设多点位移计，得到顶拱、右边拱座、右边墙主要为压缩变形，位移方向指向洞内；左侧拱座、左边墙为拉伸变形，位移指向洞外。总体呈现为位移“右边墙＞左边墙＞顶拱”。

（3）渗透压力总体呈现出“底板＞有渗水的边墙＞无渗水点边墙”，渗流压力与渗水点分布呈正相关，且底板由于渗水积累会逐渐累积较大的渗透压力。

（4）衬砌结构上压应力分布呈“右边墙＞左边墙＞顶拱”的规律，与测缝计左侧边墙开合度大于右侧边墙的特点相印证。顶拱应力处于稳定状态，两侧边墙应力处于缓慢增加状态。

（5）衬砌结构内钢筋最大拉应力出现在左侧边墙外层；最大压应力出现在底板内层；除底板钢筋处于受压增大状态外，其余钢筋应力处于稳定状态。

（6）测缝计监测成果显示最大变形位于顶拱，右侧边墙测缝计开合度小于左侧边墙的变形特征，与多点位移计监测成果具有一致性。

（7）衬砌沉降变形显示，二次衬砌后沉降量约 1.2mm，且趋于收敛，总体沉降量较小。

参考文献：

[1]　徐志英. 岩石力学[M]. 北京：中国水利水电出版社，1986.

[2]　何满潮，景海河，孙晓明. 软岩工程力学[M]. 北京：科学出版社，2002.

[3] 王一鸣，任登富，王立川，等. 三联隧道穿越煤系地层软岩大变形控制研究[J]. 地下空间与工程学报，2013(9)：1613-1619.

[4] 纳启财，郭鸿雁，胡居义，等. 炭质页岩隧道围岩力学参数测试与反分析[J]. 地下空间与工程学报，2016(12)：504-509.

[5] 孙欢欢. 炭质板岩隧洞围岩变形特性与支护参数研究[D]. 长沙：中南大学，2012.

[6] 郭健，阳军生，陈维，等. 基于现场实测的炭质板岩隧道围岩大变形与衬砌受力特征研究[J]. 岩石力学与工程学报，2019，38(3)：1-10.

[7] 段伟，王杰，刘康和. 某隧洞软弱围岩变形特性测试与分析[J]. 人民黄河，2015，37(10)：134-137.

[8] 佘作民. 项山隧洞初期支护监测及围岩变形特性分析[J]. 铁道建筑，2007，29(7)：46-48.

[9] 郭益，陈洋，蒋裕飞，等. 固增水电站引水隧洞炭质板岩大变形段稳定控制措施研究[J]. 人民珠江，2020，41(12)：58-64.

[10] 李鸿博，戴永浩，宋继宏，等. 峡口高地应力软岩隧道施工监测及支护对策研究[J]. 岩土力学，2011，32(2)：496-501.

[11] 吴秋军，王明年，刘大刚. 基于现场位移监测数据统计分析的隧道围岩稳定性研究[J]. 岩土力学，2012，33(2)：359-364.

[12] 东南亚炭质板岩工程特性研究与围岩稳定安全控制技术[R]. 北京：中国重型机械有限公司，2019.

暗挖车站洞内地下连续墙防渗性能分析

吕清硕[1]，薛洪松[2]，张志红[1]，姚爱军[1]，刘希胜[2]，杜昌隆[2]
(1. 北京工业大学 城市与工程安全减灾教育部重点实验室，北京 100124；2. 北京建工集团有限责任公司，北京 100055)

摘　要：工程建设中地下水资源保护问题尤为突出。北京地铁16号线看丹站工程在暗挖车站局促空间内首次施作边导洞内地下连续墙实现其承重和止水的双重作用，达到非降水施工的目的，因此进行其防渗性能的评估对于该工法的推广应用具有重要意义。依托北京地铁16号线看丹站工程，采用MIDAS/GTS NX软件开展了车站整体施工过程中的应力-渗流数值模拟，对洞内地下连续墙的防渗性能进行了详细研究。模拟结果显示，地下连续墙超过17.5m后底部出现明显的地下水绕流现象，地下水渗流路径延长，渗流区域减小；本次工程中采用高度为18.5m的地下连续墙，单日涌水量为1.5m³/d，其防渗性能最好，是比较合理的地下连续墙高度设计值；此类工程推荐落地式地下连续墙进行止水施工以满足地下水资源保护要求。

关键词：地下连续墙；PBA工法；边导洞；防渗性能

作者简介：吕清硕，山东菏泽人，硕士研究生。研究方向：地下工程设计。E-mail：lvqkuo2022@163.com。

Impermeability analysis of pilot tunnel for diaphragm wall construction in excavated stations

LV Qing-shuo[1]，XUE Hong-song[2]，ZHANG Zhi-hong[1]，YAO Ai-jun[1]，LIU Xi-sheng[2]，DU Chang-long[2]
(1. The Key Laboratory of Urban Security and Disaster Engineering，Ministry of Education，Beijing University of Technology，Beijing 100124，China；2. Beijing Construction Engineering Group，Beijing 100055，China)

Abstract：The protection of groundwater resources in engineering construction is particularly prominent. The Kandan station of Beijing metro line 16 is the first time to use the underground diaphragm wall in the side pilot tunnel to realize the double functions：load-bearing and water-stopping. Therefore，the evaluation of its impermeability is of great significance for the popularization and application of this method. Based on the Kandan station project，MIDAS/GTS NX was used to carry out numerical simulation of stress-seepage in the whole construction process of the station，studied the impermeability of underground diaphragm wall in tunnel. The result show：When the diaphragm wall exceeds 17.5m，the water appear flow around the bottom，groundwater seepage path extended，the seepage area decreased；This project used 18.5m underground diaphragm wall is the reasonable design value，the water inflow in 1 day is 1.5m³/d；In such projects，land-based underground diaphragm wall is recommended in such projects to meet the requirements of groundwater resource protection.

Key words：diaphragm wall；pile-beam-arch method；pilot tunnel；impermeability

1　引言

随着我国城市化进程的不断加快，为缓解建筑空间拥挤、交通阻塞等问题，地铁工程建设迅猛发展，相应也遇到了一系列工程问题，其中工程建设中的地下水资源保护问题尤为突出。在富水地层中传统PBA工法地铁车站施工时需要进行大面积抽降水，造成水资源污染和浪费的同时，引起地表沉降，建（构）筑物破坏等一系列问题。为加强水资源管理和保护，2017年12月北京市人民政府印发了《北京市水资源税改革试点实施办法》，该办法指出，在城市工程建设过程中，对于破坏地下水层、出现地下涌水的建设活动需要缴纳相应的水资源税。因此，在地铁车站施工建设过程中，寻求合适的施工方法已经迫在眉睫，目前一般采用止水帷幕作为挡水结构尽可能减小基坑涌水量，以实现地下水资源保护。靳高明等[1]在相邻两根灌注桩间采用三重管旋喷桩与灌注桩进行咬合，形成深基坑的止水帷幕，抵抗深基坑侧壁土应力及减小周边地下水尤其是承压水的异常变化。张志红、郭晏辰等[2]根据渗流场和应力场的部分耦合关系，提出了不同止水帷幕插入深度下潜水含水层中因基坑降水引起坑外地面沉降量的计算方法，为合理设计止水帷幕插入深度提供了参考。杨艳霞[3]采用基坑四周并未闭合的悬挂式止水帷幕结合管井来进行深基坑降水，以减少基坑周边土体固结沉降，并一定程度上减小基坑涌水量。范增国[4]在无降水条件下，通过洞内深孔预注浆固土的止水措施，取代传统的地铁车站降水，消除了因降水工程造成地层中水土流失而引起周边地层不均匀沉降。潘林有[5]、钱铭[6]等以某深基坑地下连续墙支护工程为依托，通过室内模型试验，结合现场实测数据，分析得出地下连续墙的变形规律及施工中引起的环境效应。鲁庆涛等[7]车站主体采用导洞洞桩法，竖井横通道采用台阶法且均采用

基金项目：国家自然科学基金重点项目（51538001）。

止水施工，通过对富水地层暗挖车站的堵水体系技术方法进行研究，分析了暗挖车站止水施工在地铁施工过程中的适用性。周天豪等[8] 在暗挖工程洞内将小型潜水泵接入轻型井点作为暗挖隧道止水措施，根据隧道的最大涌水量确定了轻型井的各项参数，采用倾斜成孔等施工工艺，取得了良好的止水效果。

北京地铁16号线看丹站在原有PBA工法的基础上进行技术创新，将边导洞内的边桩改为地下连续墙，保证洞内地下连续墙承载作用的同时，实现止水帷幕的效果，此种在局促空间内施工地下连续墙的工法在国内尚属首例，因此对于该工程中地下连续墙防渗性能的分析和评估对于该类施工方法的推广和应用具有重要意义。本文依托北京地铁16号线看丹站工程，对车站整体施工过程进行渗流-应力耦合数值模拟，旨在对PBA工法地铁车站施工过程中洞内地下连续墙的防渗性能进行评估，从而为地铁车站洞内地下连续墙的推广应用奠定基础。

2 工程概况

2.1 工程简介

北京地铁16号线看丹站位于北京市富丰桥站到榆树庄站之间，看丹南路和看杨路交叉路口处，车站沿看丹南路呈东西向布置，跨路口设置，工程所在位置如图1所示。

看丹站总长271.2m，有效站台中心里程右K20+698.600，车站有效站台中心处轨面高程29.15m。看丹站为双层三跨岛式车站，车站有效站台宽12m，结构宽21.3m，高16.04m，拱顶覆土约7.2m，车站东西两端均为矿山法区间隧道。采用三导洞PBA工法（Pile-Beam-Arc）施工，边导洞高5.6m，宽4.6m，相邻导洞间距3.75m，洞内地下连续墙在边导洞内施作。

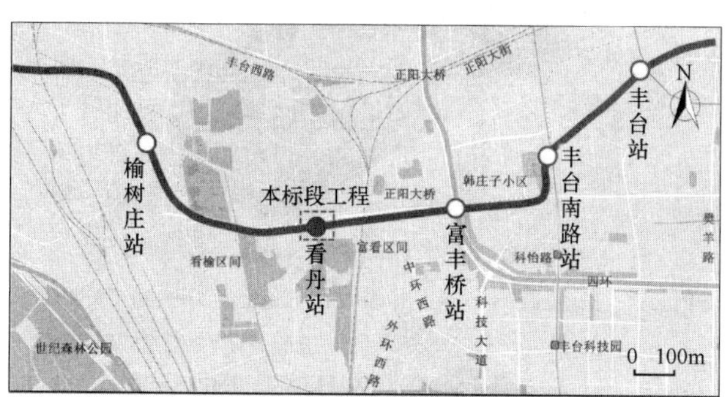

图1 工程位置

Fig. 1 Engineering location

2.2 工程地质及水文地质条件

看丹站底板埋深约为23.6m，开挖深度范围内主要包括：①层杂填土、$①_3$层粉质粉土素填土、$②_1$层细砂—粉砂、②层圆砾—卵石、③层卵石、④层卵石、⑤层卵石、⑦层黏土岩。影响本工程的地下水为潜水，勘察地下水位稳定标高约28.5m，埋深约22m（现状地下水位稳定标高约29.5m，埋深约21m）。车站底板标高27.5～26.8m，埋深23.5～24.1m，车站底板进入地下水2.6～3.1m。工程地质剖面及地下水分布如图2所示。

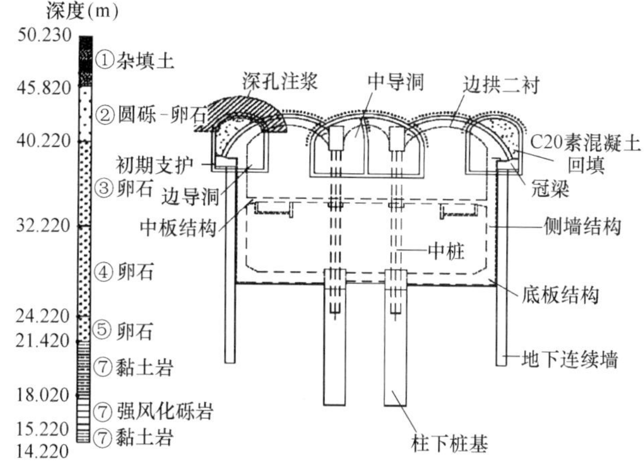

图2 看丹站地层及地下水分布

Fig. 2 Strata and groundwater distribution of Kandan station

3 数值计算模型

3.1 模型边界条件及相关假定

模型除顶面设为自由面外，其余5面施加法向约束，约束其法向位移。实际工程中现场周边环境及材料变形机理相当复杂，为有效进行数值模拟，作如下假设：

（1）施工场地表面及各土层均呈水平状分布；

（2）土体开挖时，简化实际工况，依照施工设计分层连续开挖；

（3）所有土层均假设为各向同性、连续的弹塑性材料，并采用修正Mohr-Coulomb本构模型描述其力学性能；

（4）地层和材料的应力-应变均在弹塑性范围内变化，地应力场由重力自动生成；

（5）模型考虑了地下水渗流在开挖中的影响。

3.2 模型建立

模型计算参数根据看丹站车站工程的实际参数进行选定，车站模型的尺寸按照实际工程结构尺寸建立，模型高度为50m，即垂直向Z轴；模型宽度为120m，即水平向X轴，约为5倍车站跨径；线路纵向取为40m，即车站纵深方向Y轴。

本工程采用PBA工法施工，划分网格时，考虑到此工法对隧道周围较近的土体扰动更为剧烈，故对这部分网格划分更密集。整体模型网格剖分如图3所示，支护结构网格剖分如图4所示。

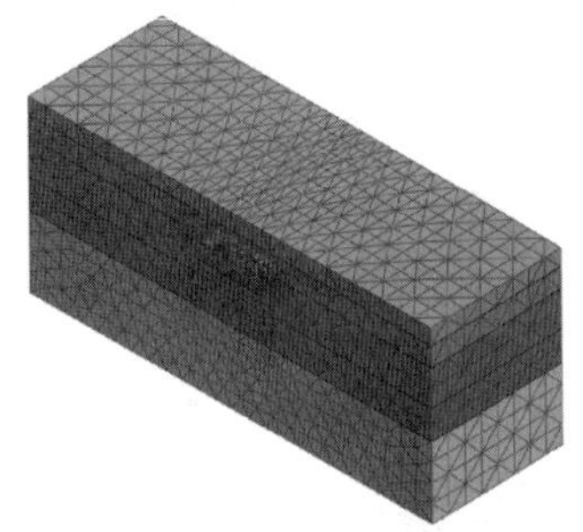

图 3　整体模型网格剖分

Fig. 3　Grid subdivision of the model

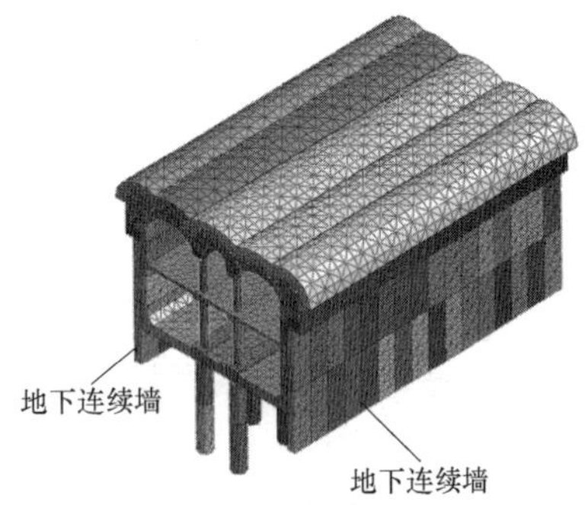

图 4　支护结构网格划分

Fig. 4　Grid division of support structure

3.3　模型参数

根据岩土工程勘察报告提供的土体物理力学参数及简化计算的需要，假定各层土体相互平行叠加，土体共分为 5 层。由于修正 Mohr-Coulomb 本构模型可以分别设定土体的加、卸载模量，能有效地控制大断面土体开挖时由于应力释放引起的回弹隆起现象，对不同土体具有较强的适用性[9,10]，因此模型中地基土体选用修正 Mohr-Coulomb 本构模型模拟，以实体单元建立。车站支护结构采用弹性本构模型，注浆土体采用修正 Mohr-Coulomb 本构模型。模型参数各取值与岩土工程勘察报告数据相同，见表 1，支护结构力学参数见表 2。

岩土物理力学参数值表　　　　表 1

Geotechnical Physical and Mechanical Parameters

Table 1

土层编号	土层名称	天然重度 γ (kN/m^3)	黏聚力 c (kPa)	内摩擦角 φ(°)	压缩模量 E (MPa)	泊松比 ν	渗透系数 k(cm/s)
①	杂填土	16.5	5	10	6	0.32	0.08
②	圆砾-卵石	20.5	0	34	40	0.3	0.2
③	卵石	22	0	38	70	0.3	0.5
④	卵石	22.5	0	40	95	0.3	0.5
⑤	卵石	22.5	0	42	105	0.3	0.5
⑦	黏土岩	22.5	50	30	30	0.28	1×10^{-6}

支护结构物理力学参数　　　　表 2

Physical and mechanical parameters of supporting structure

Table 2

结构构件	泊松比 ν	重度 γ(kN/m^3)	黏聚力 c(kPa)	内摩擦角 φ(°)
初期支护	0.25	23	—	—
地下连续墙	0.25	25	—	—
二衬	0.25	25	—	—
钢管桩	0.25	25	—	—
注浆加固	0.3	21.5	30	60

3.4　施工工序模拟

看丹地铁车站采用 PBA 工法进行施工，创新地将洞内边桩优化为洞内地下连续墙以达到施工中止水的目的。看丹车站 PBA 工法施工步骤如下，模型中车站施工工序设置根据实际施工工况进行简化，基本保持一致：

（1）小导洞注浆加固，开挖与支护；

（2）中导洞梁及中桩施作；

（3）地下连续墙施作；

（4）边导洞内混凝土回填，冠梁与一次衬砌施作；

（5）车站扣拱施工；

（6）站厅层开挖支护；

（7）中隔板施工；

（8）车站降水施工；

（9）站台层开挖支护。

考虑到地下水的影响，利用渗流-应力分析模块模拟车站抽降水。水头边界条件由软件渗流分析模块“节点水头”设置。模型由下到上为 50m，以此 50m 为参照，车站外初始水头为 29.4m，车站内降水水头为 25.3m，如图 5、图 6 所示。

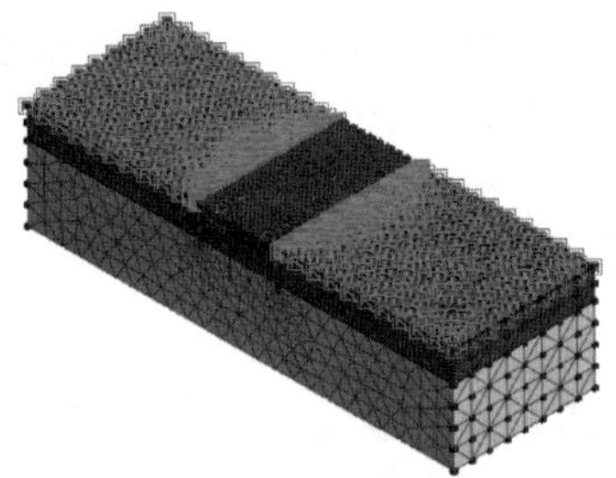

图 5　车站外初始水头 29.4m

Fig. 5　Initial hydraulic head outside the station 29.4m

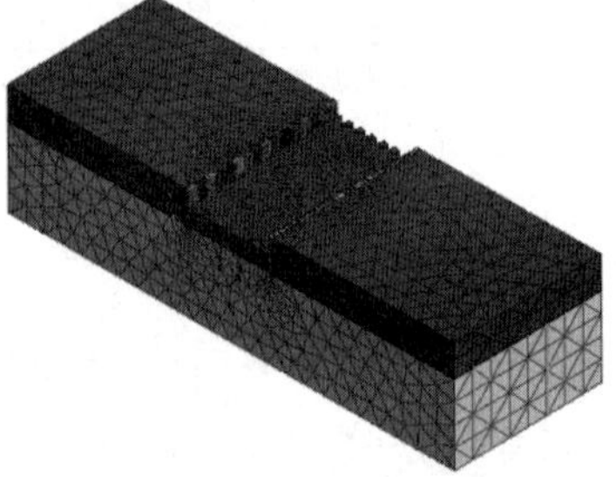

图 6　车站内降水水头 25.3m

Fig. 6　Precipitation hydraulic head in the station 25.3m

地下连续墙单幅宽为 2.5m，高为 18.5m，厚度为 1m。单侧地下连续墙共 16 幅。地下连续墙施工与实际工况保持一致，采用跳槽（跳三打一）工法施工，先施作右侧地下连续墙后施作左侧地下连续墙。为探究地铁车站施工洞内地下连续墙的防渗性能，模型建立地下连续墙的高度分别为 16.5m、17.5m 和实际工况 18.5m。16.5m 地下连续墙底端距离黏土岩（隔水层）上方 1m，17.5m 地下连续墙底端插入黏土岩下方 1m，实际工况 18.5m 地下连续墙底端插入黏土岩下方 2m。洞内地下连续墙不同勘岩深度布置如图 7 所示。

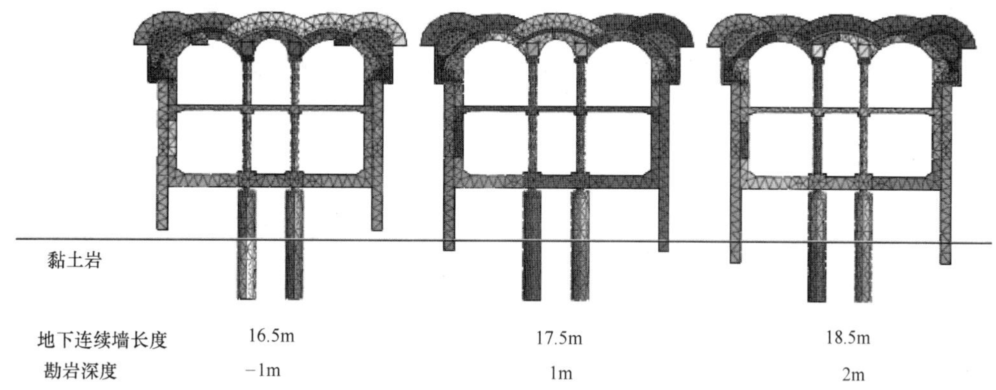

图 7　地下连续墙不同勘岩深度布置图

Fig. 7　Different rock prospecting depth of underground continuous wall

4　地下连续墙防渗性能分析

4.1　地下连续墙不同勘岩深度围岩流网分布

3 种地下连续墙勘岩深度条件下，车站周围渗流场流网分布如图 8～图 10 所示。分析图 8 可知，地下连续墙高度为 16.5m 时，即距离黏土岩上方 1m，此时为悬挂式止水帷幕形式，基坑内外的水力联系未完全切断，地下水绕流现象并不明显，地下水的渗流路径未发生显著变化。分析图 9 和图 10 可知，当地下连续墙高度为 17.5m 和 18.5m，即插入黏土岩 1m 和 2m，呈现落地式止水帷幕的

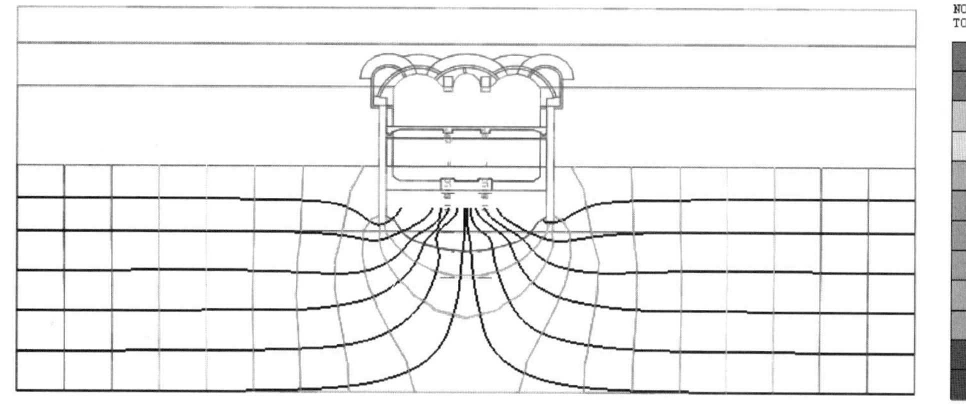

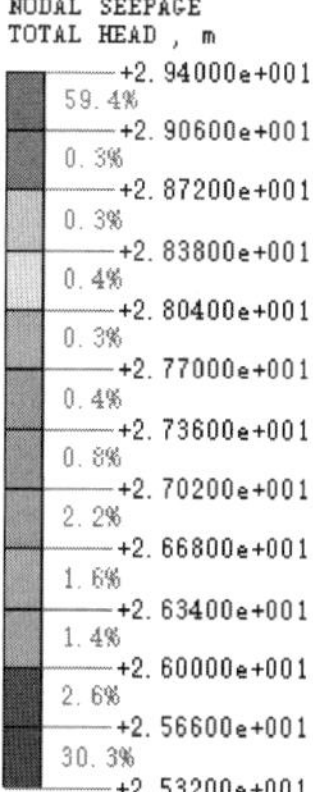

图 8　车站周围渗流场流网分布图（16.5m）

Fig. 8　Seepage field distribution around the station (16.5m)

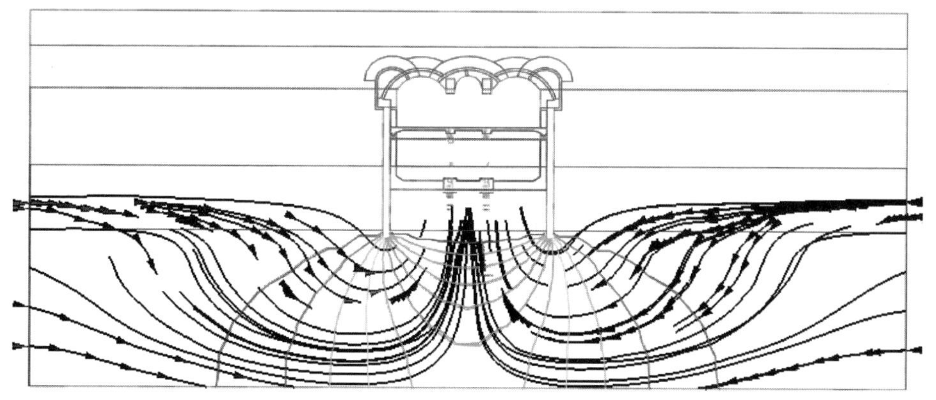

图 9　车站周围渗流场流网分布图（17.5m）

Fig. 9　Seepage field distribution around the station (17.5m)

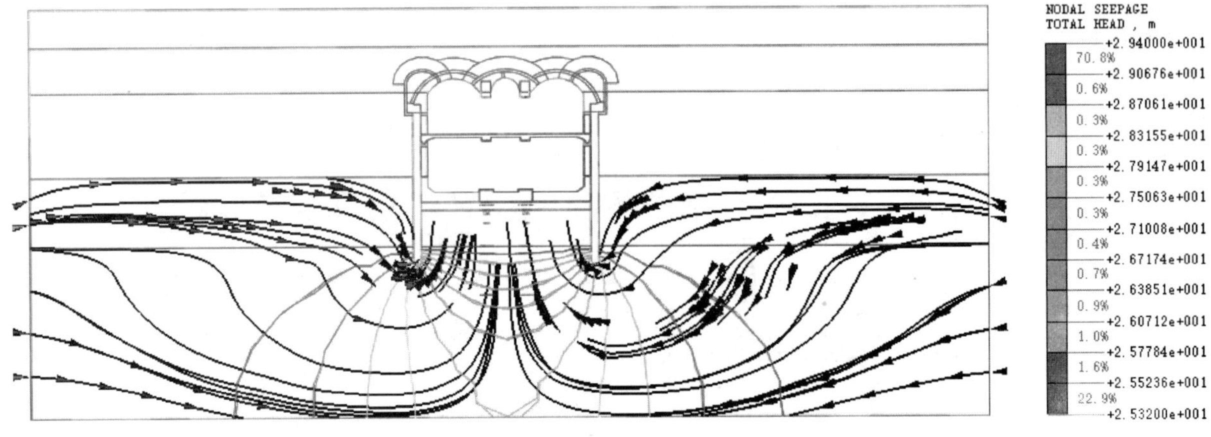

图 10　车站周围渗流场流网分布图（18.5m）

Fig. 10　Seepage field distribution around the station（18.5m）

形式，基本完全切断了基坑内外的水力联系，地下连续墙底部出现明显的地下水绕流现象，地下水渗流路径延长，渗流区域减小。

由上面分析可知，16.5m 地下连续墙防渗效果尚不显著，17.5m 和 18.5m 地下连续墙在地铁车站施工过程中，防渗性能较好，因此在类似车站工程施工中，推荐落地式地下连续墙进行止水施工。

4.2　单日涌水量计算

在地下连续墙作为止水帷幕的工程施工中，基坑内涌水量的多少是评价地下连续墙防渗性能的重要指标。运用流量计算模块计算车站基坑底部 1m 以下地下水单日的涌水量，涌水量计算公式如下[11]：

$$Q=\pi k\frac{(2H-s_{\mathrm{d}})s_{\mathrm{d}}}{\ln\left(1+\frac{R}{r_0}\right)} \tag{1}$$

式中，Q 为基坑降水总涌水量（m^3/d）；k 为渗透系数（m/d）；H 为潜水含水层厚度（m）；s_d 为基坑地下水位的设计降深（m）；R 为降水影响半径（m）；r_0 为基坑等效半径（m）。

图 11　车站基坑内涌水量监测点布置图

Fig. 11　Water inflow monitoring points in station

单日涌水量计算结果　　表 3

Results of water inflow per day　Table 3

地下连续墙高度(m)	16.5	17.5	18.5
单日涌水量(m^3/d)	363.0	2.7	1.5

车站基坑内涌水量监测点的选取如图 11 所示，3 种勘岩深度地下连续墙条件下车站基坑内涌水量计算结果如表 3 所示。分析表 3 可知，地下连续墙高度为 16.5m 时单日涌水量高达 363.0m^3/d；当地下连续墙高度超过 17.5m 后，即插入隔水层 1m，单日涌水量大幅降低；本工程中所采用的高度为 18.5m 的地下连续墙，即插入隔水层 2m，车站基坑底部的涌水量最小，止水效果最优，当前的设计最为合理。同时类似工程施工时，地下连续墙最少应插入隔水层 1m 以上，以保证较好的止水效果。

5　结论

依托北京地铁 16 号线看丹站工程，对车站整体施工过程进行渗流-应力耦合数值模拟，分析了 PBA 工法地铁车站施工过程中洞内地下连续墙的防渗性能，得到结论如下：

（1）地下连续墙高度大于 17.5m 后其防渗效果明显提高，地下水渗流路径大大延长，渗透难度增加。

（2）地下连续墙高度为 16.5m，距离隔水层上方 1m 时，仍有 363m^3/d 的涌水量，不宜采用该种设计高度。

（3）实际工程中采用的地下连续墙高度为 18.5m 时，即插入隔水层 2m，单日涌水量降低至 1.5m^3/d，地下连续墙止水效果十分显著。类似车站工程施工中，推荐采用落地式地下连续墙进行止水施工，以满足地下水资源保护要求。

参考文献：

[1]　靳高明，章海刚．灌注桩与高压旋喷桩咬合止水帷幕在复杂地质深基坑支护中的应用[J]．中国建材科技，2021，30(6)：123-125.

[2]　张志红，郭晏辰，凡琪辉，等．悬挂式止水帷幕基坑降水引起坑外地面沉降计算方法[J]．东北大学学报(自然科学

版），2021，42(9)：1329-1334.

[3] 杨艳霞，刘卫斌. 开放悬挂式止水帷幕在黄土地区深基坑的应用[J]. 建筑安全，2022，37(2)：11-14.

[4] 范增国. 无降水条件下地铁暗挖车站下穿大型老化市政管道施工技术[J]. 施工技术，2017，46(15)：117-119.

[5] 潘林有，钱铭，朱云辉，等. 温州深厚软土地层城市轨道明挖深基坑施工环境效应实测[J]. 科学技术与工程，2019，19(14)：300-308.

[6] 钱铭. 温州深厚软土地层市域铁路明挖深基坑施工环境效应研究[D]. 温州：温州大学，2019.

[7] 鲁庆涛，沙振. 暗挖PBA车站深孔注浆堵水体系技术研究与实践[J]. 市政技术，2019，37(6)：126-129.

[8] 周天豪，吴昊. 无降水条件下crd暗挖工程洞内轻型井点止水措施的应用[J]. 建筑技术，2021，52(8)：973-975.

[9] 孙松. 城市超浅埋暗挖大断面矩形地下通道支护技术研究[D]. 北京：中国建筑科学研究院，2018.

[10] 张瑞金，胡奇凡. 摩尔-库仑和修正摩尔-库仑本构有限元模拟结果对比分析[J]. 中国房地产业，2015(8)：256-258.

[11] 王海涛. MIDAS/GTS岩土工程数值分析与设计[M]. 大连：大连理工大学出版社，2013.

近管廊卸载-再加载全过程施工数值仿真

刘冠博[1]，李立云[1]，李　豪[1]，吴浩瀚[1]，张海伟[2]
（1. 北京工业大学城市与工程安全减灾教育部重点实验室，北京 100124；2. 北京市勘察设计研究院有限公司，北京 100038）

摘　要： 近管廊卸荷-再加载作用将会削弱管廊结构稳定性，存在潜在经济损失风险。为了更好地揭示近接施工下管廊响应规律，依托北京市某近管廊地块开发工程，对该工程施工全过程进行了数值重现。考虑管廊变形缝的存在，基于 ABAQUS 软件平台建立了场地-基坑-综合管廊系统三维数值模型；通过对比现场监测数据与数值计算结果，验证了建模方法的合理性；进而，分析了卸载-再加载全过程中基坑支护结构、管廊位移、管廊轴线弯曲、管廊横截面转动等变形规律。研究结果表明，基坑支护结构变形呈“?”形状；由基坑中部位置向坑外，管廊位移反应逐渐变小；开挖卸荷使管廊上浮并向基坑内部水平移动，再加载对管廊的作用与开挖卸荷相反；管廊变形主要呈现在水平方向。

关键词： 地下综合管廊；基坑工程；近接施工；数值建模

作者简介： 刘冠博，男，1997 年生，硕士研究生。主要从事地下工程方面的研究。Email：m18511069989@163. com。

Numerical study on the influence of the unloading-reloading on the adjacent existing utility tunnel

LIU Guan-bo[1]，LI Li-yun[1]，LI Hao[1]，WU Hao-han[1]，ZHANG Hai-wei[2]
（1. Key Laboratory of Urban Security and Disaster Engineering of Ministry of Education，Beijing University of Technology，Beijing 100124，China；2. BGI Engineering Consultants Co.，Ltd.，Beijing 100038）

Abstract： Adjacent unloading-reloading construction threatens the structural stability of utility tunnel and causes potential economic loss risk. In order to better reveal the response law of utility tunnel under adjacent construction，based on a development project adjacent to utility tunnel in Beijing，the whole construction process of the project was accomplished numerically. Considering the deformation joints of utility tunnels，a three-dimensional numerical model of site-foundation pit-utility tunnel system was established based on ABAQUS software platform. The rationality and correctness of numerical model was verified by comparing the field monitoring data and the numerical calculation results. The deformation law of foundation pit supporting structure，utility tunnel displacement and its axis bending and cross section rotation during unloading-loading process were analyzed. The results show that the deformation of supporting structure of foundation pit is “?” shape. From the central position of the foundation pit to the outside of the pit，the utility tunnel displacement response gradually decreases. The excavation unloading makes the utility tunnel float up and move horizontally towards the interior of foundation pit，and the effect of loading is opposite to excavation unloading. The deformation of utility tunnel is mainly in horizontal direction.

Key words： utility tunnel；foundation pit engineering；adjacent construction；numerical modeling

1　引言

城市地下综合管廊是电力、水信、热力等城市运行基本功能所需管线的集中运营空间，近年来已得到快速增长[1]。综合管廊作为基础设施一般先于两侧地块建设，随着城市建设进一步推进，综合管廊受到邻近基坑卸荷-加载作用日渐频繁。已有研究[2-3] 表明，基坑开挖卸荷可能致使邻近地下结构变形超过安全值。李结全等[4] 采用三维有限元模拟方法，分析了南宁某基坑开挖时邻近地铁隧道的受力与变形。Sharma 等[5] 通过有限元模拟和现场监测结合的手段研究了邻近基坑开挖对地铁隧道位移的影响，发现衬砌刚度对隧道位移和变形影响较大，场地土体变形集中在靠近开挖区域处，隧道距离开挖区域越远受到的影响越小；数值计算得到的隧道衬砌位移一般大于实测值，但两者变形趋势相近。

地块施工全过程包括卸载过程和再加载过程，完整的卸荷-再加载作用下场地-管廊的力学行为更为复杂，研究卸载-再加载施工全过程中管廊结构的位移响应对保障城市基础设施的安全运营有重要意义。北京市通州区某工程场地西侧存在已建成的综合管廊，本文针对该工程施工，基于 ABAQUS 软件平台建立了场地-基坑-综合管廊系统三维数值模型，数值模拟了卸荷-再加载作用下场地-基坑-综合管廊的变形模式，为类似工程提供参考。

2　工程概况

北京市通州区某场地拟建办公楼，地下室 3 层，上部

基金项目：北京市科技计划项目（Z181100009018001）。

结构8层，均为钢结构。地下结构采用明挖顺作施工，基坑东西方向长约128m，南北方向长约100m，开挖深度在13.88～14.44m之间。场地西侧10m处近接既有地下综合管廊（图1），管廊为现浇框架结构，截面尺寸12.0m×13.5m，顶板埋深约4m，如图2所示。由于场地条件和设计深度的不同，该工程采用分段双排桩支护方式。特别地，该基坑支护结构的后排桩为原管廊基槽围护桩。新基坑开挖前剔凿了原桩顶冠梁之后进行重新浇筑，将前排桩和后排桩连接成整体。

工程场地处于城市中心地带，地势自西北向东南倾斜。场地内地层主要包括3类：地表分布人工堆积杂填土，其下为新近沉积层和第四纪沉积层，主要为黏性土和砂土。勘察期间，该场地潜水含水层埋深为13.10～15.30m，在场地范围内分布较为普遍。受城区大量在建工程降水影响，稳定水位持续大幅度下降，但场地北侧为运潮减河，该层潜水可通过地下径流和大气降水方式补充。潜水层下方存在承压水，主要赋存于埋深32.00m以下的细砂、中砂层中。

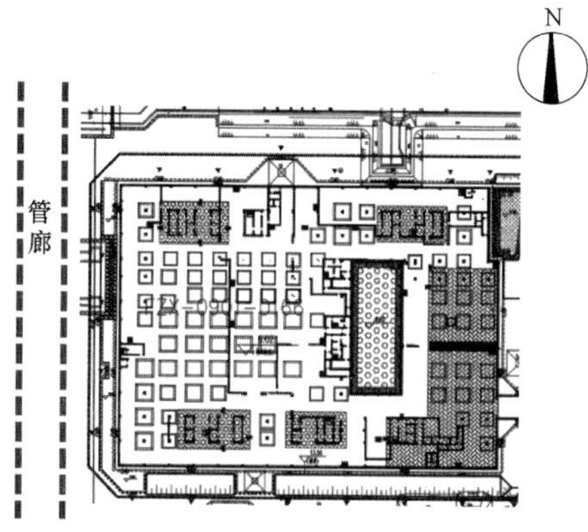

图1　场地平面图

Fig. 1　Site plan

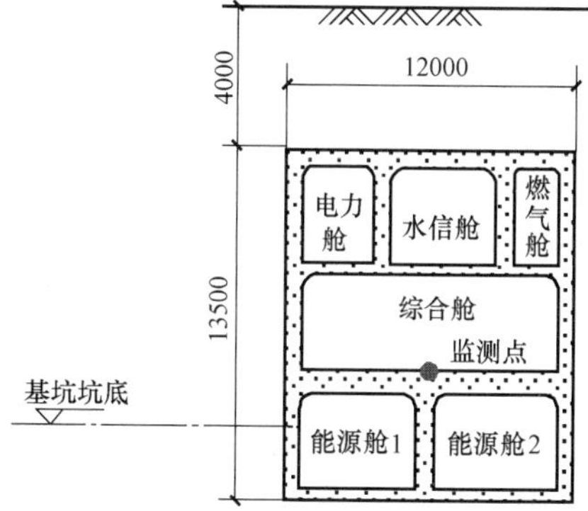

图2　管廊标准段剖面图

Fig. 2　Section of standard section of utility tunnel

3　数值模型

取矩形基坑南北向宽度的一半范围计算，其范围为128m×50m，开挖深度取14.2m。为有效减小边界效应，基坑外侧土体范围及模型厚度在基坑深度的3倍以上，模型尺寸取为280m×100m×60m（长×宽×高），模型整体见图3。

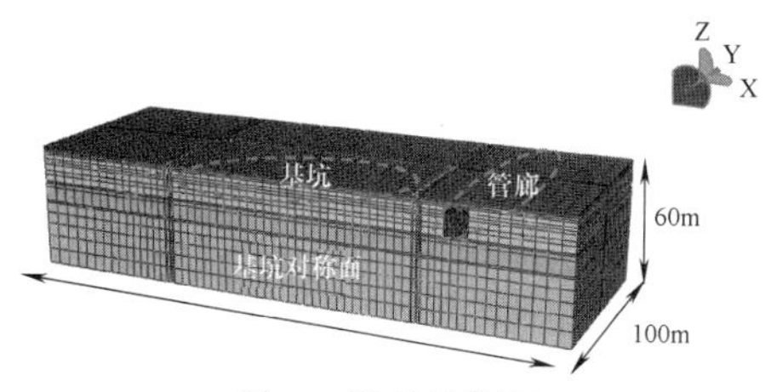

图3　模型整体图

Fig. 3　Overall model diagram

为提高计算效率且聚焦分析场地-基坑-综合管廊系统变形规律，充分考虑工程施工特点，本文计算中进行了如下假定和处理：

（1）不建立具体结构，用激活土体单元的方法模拟回填加载作用，将8层上部钢结构等效为力加载在顶部土体模拟上部结构加载；场地地层取为水平成层，开挖及回填过程均取整层土体一次性完成；根据实际施工确定数值模拟中的施工进度，如表1所示；数值模拟中土体应力-应变关系采用摩尔-库仑本构模型，所需土体力学参数取自本场地勘察报告，列于表2。

施工进度说明　　表1

Construction schedule Description　　Table 1

施工进度（%）	说明	施工进度（%）	说明
6.67	开挖至3m	66.67	回填至地表
13.33	开挖至6m	70.84	上部第1层加载8kPa
20.00	开挖至9m	75.00	上部第2层加载8kPa
26.66	开挖至12m	79.17	上部第3层加载8kPa
33.33	开挖至14.2m	83.34	上部第4层加载8kPa
40.00	回填至12m	87.50	上部第5层加载8kPa
46.66	回填至9m	91.67	上部第6层加载8kPa
53.33	回填至6m	95.83	上部第7层加载8kPa
59.99	回填至3m	100.00	上部第8层加载8kPa

土体力学参数表　　表2

Table of soil mechanical parameters　　Table 2

土层	层厚（m）	重度（kN/m³）	黏聚力（kPa）	内摩擦角（°）	压缩模量（MPa）	泊松比
杂填土	2.0	1880	10	15	7.0	0.3
粉质黏土	5.0	2160	21	20.7	7.7	0.3
砂层	15.0	2070	0	30	30	0.24
粉质黏土	1.0	2060	28.7	20.6	18.7	0.3
砂层	3.0	2100	0	30	30	0.22
细中砂	9.5	2100	0	30	26	0.3
粉质黏土	—	2200	30	21	26	0.3

（2）在场地基坑开挖施工前，地下综合管廊已投入运营使用，且基坑支护结构的完工距基坑开挖开始有足够的养护时间，故认为开挖之前地下管廊、支护结构和土体已经形成了稳定的应力场，模拟施工前对三者整体进行地应力平衡。

（3）由于施工前已通过降水使场地内地下水位降至基

坑坑底以下，本文计算不考虑地下水的影响。

（4）管廊截面在各位置处均保持一致，且在轴向处于同一标高。

（5）管廊变形缝处为承插式接头连接，其力学性能通过材料强度折减模拟，管廊节段及基坑位置关系如图4所示。

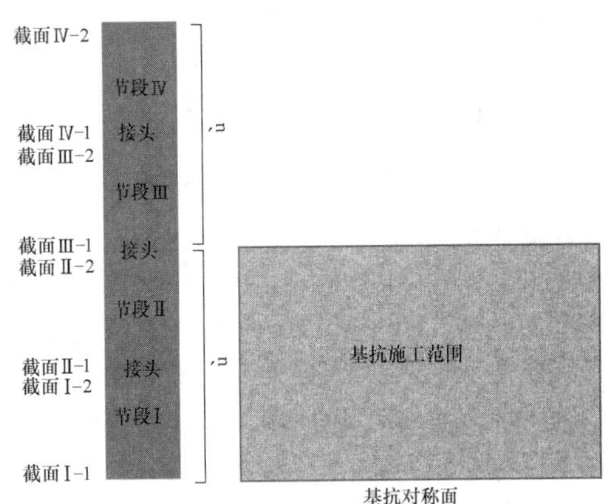

图4　管廊节段分布图

Fig. 4　Section distribution of utility tunnel

（6）取近接管廊基坑“门”形双排桩加连梁作为计算模型的支护结构，前排桩长28.5m，后排桩长22m，桩体混凝土强度等级均为C25，桩径为1000mm，桩距为1.4m，如图5所示。采用刚度等效原则将离散分布的排桩等效为地下连续墙；由于前后两排桩的桩径、桩距和平行于基坑边缘方向上的布置位置均相同，只存在垂直于基坑边缘方向的位置差异，并且每一对前排桩和后排桩之间均用连梁连接，因此在将排桩等效为地下连续墙后，采用相同的原则将连梁等效为地下连续墙之间连续板。管廊及支护结构均假定为弹性材料，结构参数见表3。

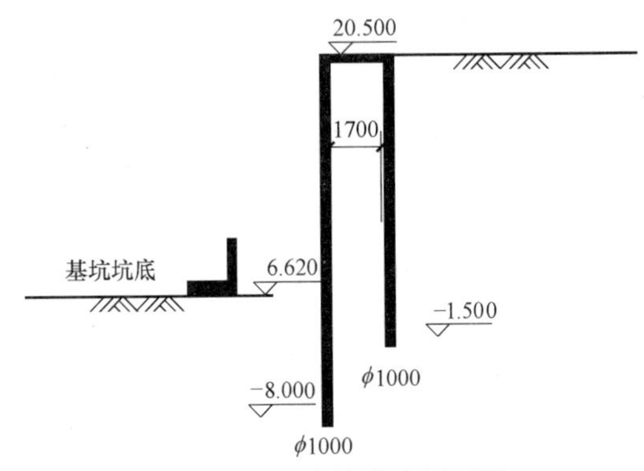

图5　基坑支护形式剖面图

Fig. 5　Sectional drawing of foundation pit support form

结构模型力学参数　　表3

Mechanical parameters of model structure　Table 3

结构名称	重度 (kN/m^3)	弹性模量 (GPa)	泊松比
围护桩	25	28	0.2
连梁	25	28	0.2
管廊主体	25	25.2	0.2
管廊接头	—	0.006	0.3

（7）除上部结构加载外，数值模型中只考虑土层和结构的自重荷载，未考虑外部堆载、人力等偶然荷载。模型底面采用固定约束，即约束 X、Y、Z 三个方向的位移；对称面采用对称约束；其他侧面分别约束其法向方向位移；顶面自由。

4　计算结果

4.1　模型验证

图6对比了开挖卸荷过程中近管廊侧的桩顶水平位移和地表沉降的监测结果与数值计算结果。可以看出，数值模拟较好地反映了桩顶水平位移和地表沉降随着开挖深度的增加而持续变大的规律，监测数据均匀地分布在模拟曲线的两侧，二者变化趋势一致，且开挖完成时刻较为接近：桩顶水平位移相对误差2%，地表沉降相对误差15%。表明本文数值建模及参数取值较为合理。

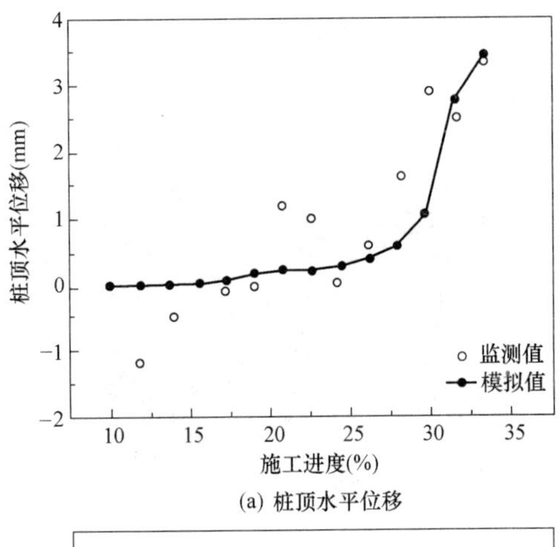

(a) 桩顶水平位移

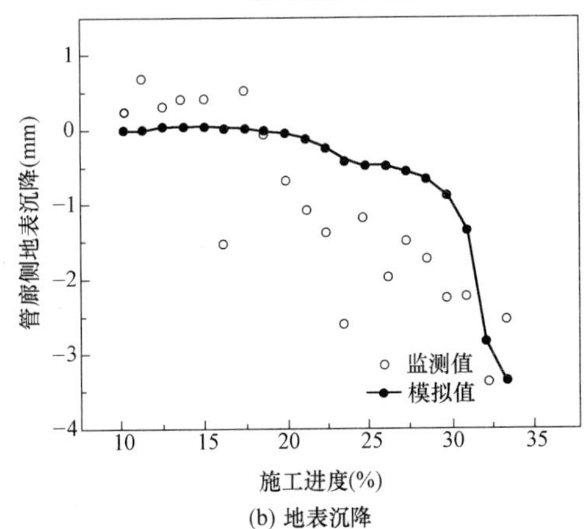

(b) 地表沉降

图6　数值结果与监测结果对比

Fig. 6　Comparison between numerical result and field monitoring data

4.2　支护结构变形

支护结构变形直接影响管廊周围土体的变形，本文首先分析其变形模式。图7给出了围护结构沿深度的变形曲线，可以看出，围护桩变形呈“?”形状，最大水平位移发生在基坑开挖深度的一半高度处；基坑开挖完成时刻，有管廊侧和无管廊侧桩身的最大位移分别为 38mm 和 30mm；在地下室回填完成后，有管廊侧和无管廊侧最大位移分别恢复至 23mm 和 18mm，恢复幅度分别为 39%和 40%；在工程完工后，有管廊侧和无管廊侧最大位移分别为 22mm 和 17mm，相对上一阶段变化很小；此规律符合基坑卸荷-再加载变形理论和实际工程特征。有管廊侧桩身最大水平位移比无管廊侧桩身最大水平位移大 27%，这是因为管廊的整体刚度相对土体来说很大，近接开挖导致管廊整体挤压支护结构，使其变形大于仅有土体作用时的变形。

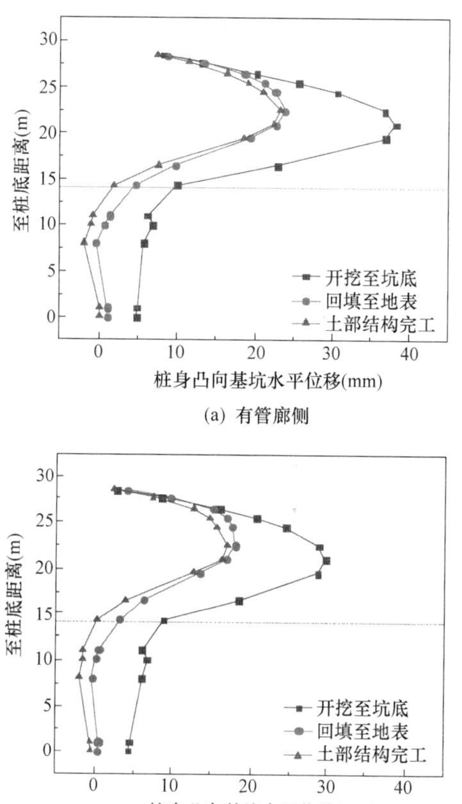

(b) 无管廊侧

图 7 前排桩深层水平位移

Fig. 7 Deep horizontal displacement of inner pile

4.3 管廊位移

图 8 为重要施工节点时刻管廊的位移云图，由于位移响应相对管廊结构尺寸很小，本文将位移尺寸放大 1000 倍以更明显地观察管廊位移特点。由图 8 可见，管廊存在不同节段之间的相对运动：(1) 开挖卸荷阶段，基坑内区间管廊节段存在竖直方向向上、水平方向向基坑的运动，即向开挖卸荷临空面发生了平动位移；开挖卸荷完成时，管廊底板仍近似保持水平面方向，说明该施工阶段管廊主要发生平动位移。(2) 回填加载阶段，管廊位移以开挖卸荷阶段的反方向位移为主，至回填加载完成时刻，管廊顶板已基本回到施工前的初始位置，但是侧墙和底板较初始位置有一定相对转动角度，说明回填加载阶段的施工作用和开挖卸荷阶段相反，且回填加载阶段管廊的不同节段之间发生了一定程度的刚体相对转动。(3) 上部结构加载阶段，较之回填加载阶段，管廊的相对转动角度进一步加大，发生了更加明显地相对刚体转动。

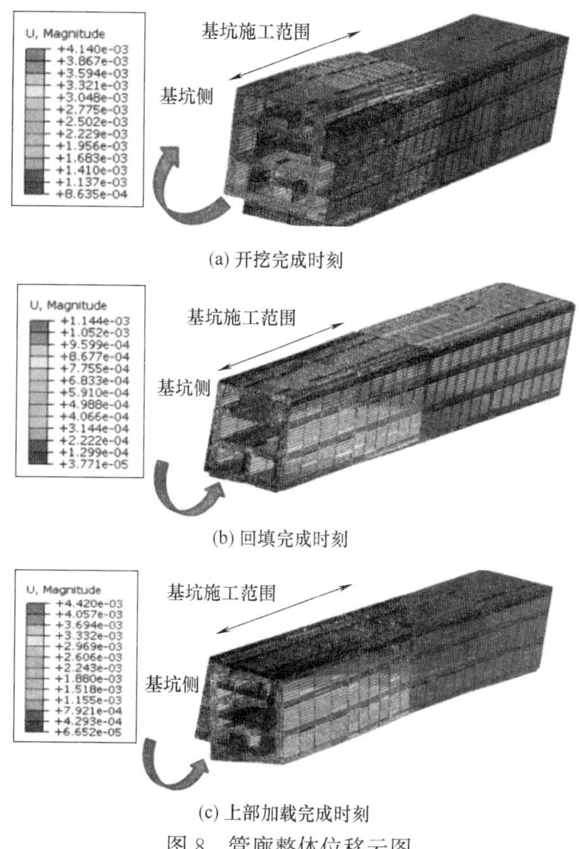

(c) 上部加载完成时刻

图 8 管廊整体位移云图

Fig. 8 Overall displacement cloud of utility tunnel

图 9 给出了管廊监测点处（即图 2 所示监测点）位移沿管廊轴向的分布图。轴向 0m 位置为基坑对称面处，水平位移为正表示远离基坑移动，竖向位移为正表示上浮。由图 9 可见，变形缝对位移有明显的分割作用，基坑边缘位置的变形缝处存在管廊位移突变现象：(1) 由于基坑坑底高度位于管廊综合舱底板位置处，开挖完成时刻，基坑坑底下方土体出现指向基坑开挖面的回弹，造成了管廊结构在竖直方向上的上浮，最大上浮 1.84mm，出现于基坑中部位置。在基坑边缘处，基坑开挖范围内管廊节段比基坑开挖范围外管廊节段的上浮量大 0.24mm。开挖过程中，管廊朝向基坑运动，最大水平位移 2.94mm。在基坑边缘处，基坑开挖范围内管廊节段比基坑开挖范围外管廊节段水平位移多 0.25mm。(2) 随着基坑回填，管廊出现前一阶段相反方向的位移，回填完成时刻管廊位移最大处位于基坑中部，竖向由上浮变为下沉，最大沉降 1.73mm；水平方向由向基坑方向移动变为远离基坑方向移动，最大水平位移 2.42mm。(3) 随着上部结构的继续加载，基坑周围土体下沉，管廊延续回填阶段的竖向沉降和水平方向远离基坑的位移规律，使沉降和远离基坑的程度进一步变大，管廊最大沉降 2.49mm，最大水平位移 3.42mm。

4.4 管廊形变

基坑卸荷-再加载作用的空间分布差异导致管廊结构

不再保持原本的长直线形态，而会出现轴线弯曲、横截面转动等形变位移。本文管廊结构整体刚度较大，经过上文对管廊位移的分析，可以认为管廊形变来源于由变形缝分割的多个节段的平动位移的相对差异，单个节段不发生形变，仍保持直线。

（1）轴线弯曲

管廊节段的轴向因节段两端平动位移的不同而发生变化。用截面监测点（图2）处的位移代表该截面的整体位移，用节段两端截面的相对位移差表示节段弯曲角，其中，水平弯曲角 $\theta_{弯h}=(X_{i-1}-X_{i-2})/l$，竖向弯曲角 $\theta_{弯v}=(Y_{i-1}-Y_{i-2})/l$，式中 X、Y 分别为对应截面监测点垂直于基坑的水平方向位移和竖向位移，l 为节段长度，图10为计算示意图。

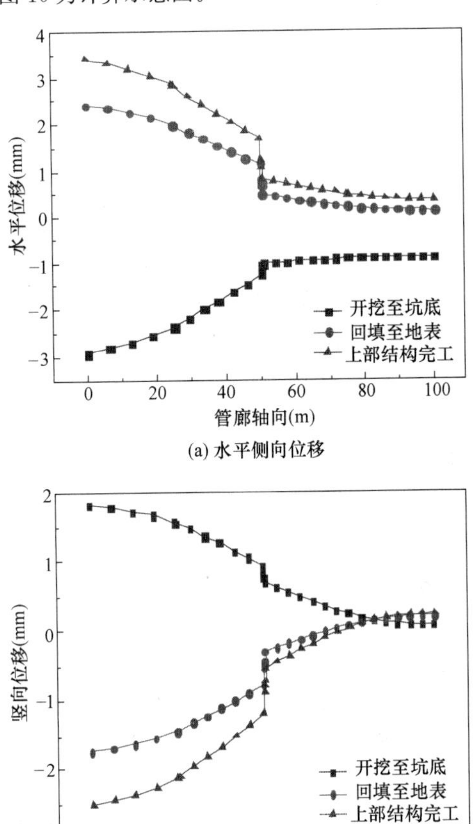

图9 管廊位移沿轴向曲线

Fig. 9 The utility tunnel displacement curves

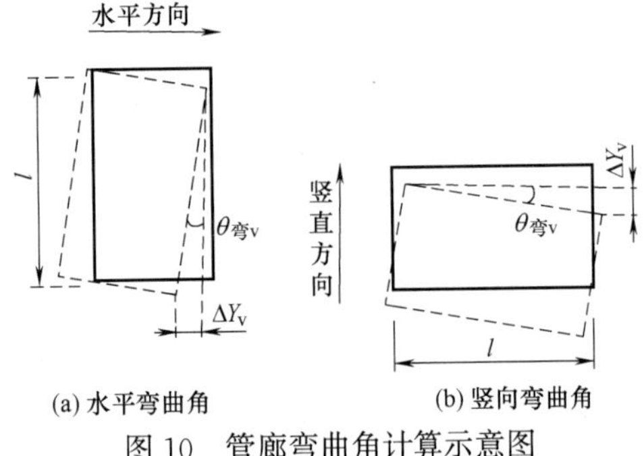

图10 管廊弯曲角计算示意图

Fig. 10 Calculation diagram of the bending angle

图11给出了卸载-再加载施工全过程中管廊4个节段轴线弯曲程度的变化规律曲线。水平方向弯曲角度为正表示节段1截面相对于2截面朝基坑方向移动；竖直方向弯曲角为正表示节段1截面相对于2截面朝上移动；记弯曲角度为正的弯曲方向为正向弯曲，反之为逆向弯曲。由图10可以看出，水平和竖直方向弯曲变化趋势具有相似性：所有节段均在施工初期正向弯曲程度持续变大，并于开挖卸荷完成时刻管廊弯曲形变达到局部极大值，但是在回填加载阶段管廊朝逆向弯曲的增长更快，上部结构加载阶段弯曲角变化程度较小；整体而言，逆向弯曲角度变化大于正向弯曲。

对于不同位置的节段，基坑开挖范围内管廊的水平弯曲明显大于基坑开挖范围外管廊的水平弯曲，而竖直方向弯曲的差异则相对较小，基坑范围外管廊的竖向弯曲角甚至会大于基坑开挖范围内管廊的竖向弯曲角。两种弯曲方向的最大弯曲节段均位于节段Ⅱ，水平方向最大弯曲角度为1.83/1000（正向弯曲），在开挖卸荷完成时达到；竖直方向最大弯曲角度为1.26/1000（逆向弯曲），在施工完成时达到，可见卸荷-再加载的水平方向作用强度大于竖直方向。基坑开挖范围外管廊水平弯曲不明显，说明该位置深层土体几乎没有水平位移，同理可知基坑开挖影响范围内的深层土体都发生了竖向位移，说明近接施工对管廊的竖直方向作用大于水平方向作用。

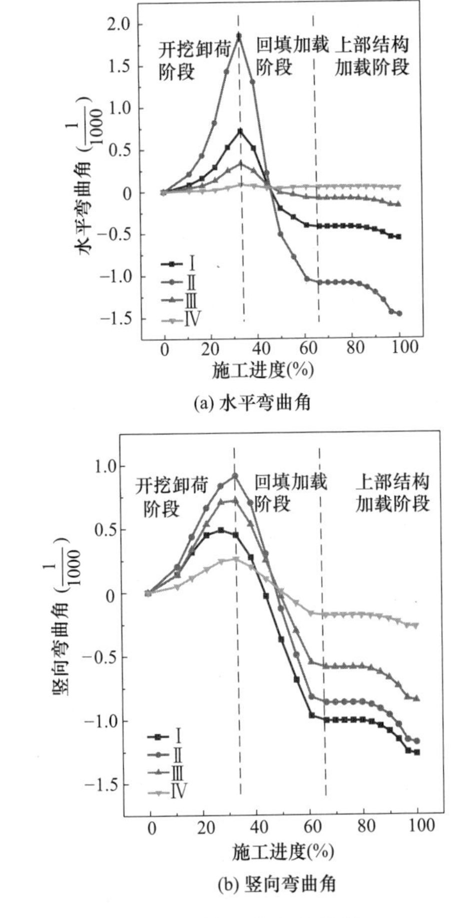

图11 管廊弯曲角曲线

Fig. 11 The utility tunnel bending angle curve

（2）横截面转动

对于垂直于轴线的某一管廊截面，卸荷-再加载作用会使该截面的不同位置产生位移差，造成该截面转动。本文以管廊两侧墙的竖向位移差计算截面转动角度，$\theta_{转}=\Delta Y_{转}/W$，式中 $\Delta Y_{转}$ 为截面左右侧墙竖向位移差，W 为截面宽度。以开挖完成时刻基坑中部截面为例，管廊近基坑侧墙比远离基坑侧墙上浮更多，将该方向上管廊结构平动位移的空间差异称为顺基坑转动效应；反之，将管廊靠近基坑侧比远离基坑侧下沉更多称为逆基坑转动效应。计算示意图如图 12 所示，该图为管廊逆基坑转动。

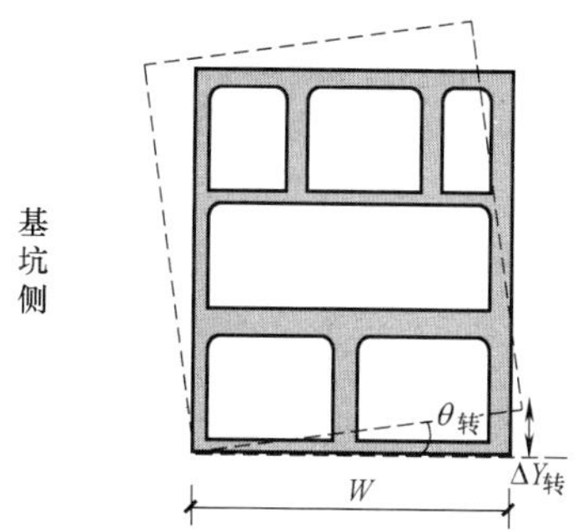

图 12　管廊横截面转动计算示意图

Fig. 12　Calculation diagram of cross section rotation

图 13 为近接施工全过程中管廊横截面转动角曲线，正值表示逆基坑转动。所有管廊截面在施工过程中转动方向的趋势一致：在开挖至 9m（施工进度 20%处）时顺基坑转动达到最大值，后转动值减小直至开挖卸荷结束；再加载施工造成管廊持续逆基坑转动至施工完成。对于同一截面，上部结构加载阶段逆基坑转动速度较前一阶段增幅较慢。各截面不同之处在于：由于Ⅱ-2 截面和Ⅲ-1 截面之间变形缝的存在，基坑开挖范围内管廊的转动角度随施工进度的变化幅度相对大于基坑开挖范围外，且基坑开挖范围内管廊的转动角大于基坑开挖范围外管廊的转动角。同一区间不同横截面的转动角差异在 0.57/1000 之内，而不同区间的转动角差异可达 11.16/1000。

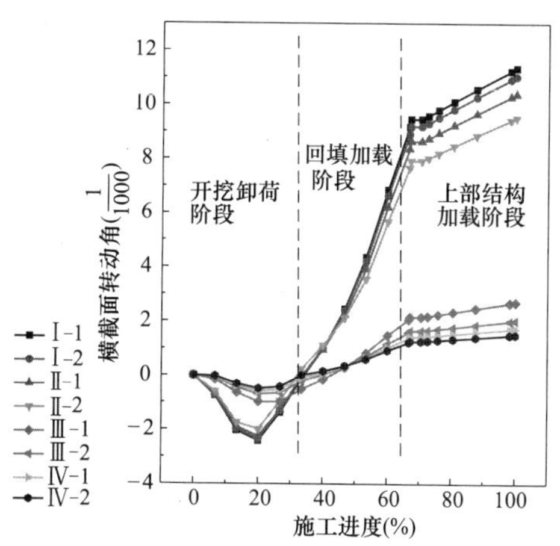

图 13　管廊横截面转动角曲线

Fig. 13　The utility tunnel cross section rotation

与管廊在各施工阶段内轴线弯曲变形单调变化不同，管廊横截面转动角在开挖卸荷阶段存在转动方向由顺基坑转动到逆基坑转动的转变。管廊横截面转动的原因在于，沿管廊横截面宽度方向土体的竖向位移有所差异，且开挖卸荷作用影响范围随着开挖深度加深逐渐扩大。基坑开挖初期，管廊近基坑侧土体先发生上浮，远离基坑侧土体受开挖扰动较小，横截面顺基坑转动；随着开挖卸荷作用影响范围的扩大，管廊远离基坑侧土体受扰动程度加大，与近基坑侧土体上浮值差异减小，管廊横截面顺基坑转动幅值减小；再加载造成基坑开挖范围内的场地地层发生沉降变形，在施工影响范围已经扩大至管廊区域的基础上，沿管廊横截面宽度方向土体变形形态呈近基坑侧土体沉降大于远离基坑侧土体沉降，从而诱发管廊持续逆基坑转动。

5　结论

（1）卸荷-再加载作用下支护结构最终状态为朝向基坑的水平位移，与卸荷作用单独作用的效果一致。对于单根灌注桩，桩身变形呈“?”形，最大水平位移发生在基坑最大开挖深度一半高度处，管廊的整体挤压使得桩身最大水平位移增加了 27%。

（2）开挖卸荷作用使管廊上浮并向基坑内部水平移动，回填再加载对管廊的作用与开挖卸荷作用相反，使管廊沉降并发生远离基坑的水平位移；回填完成时刻，管廊已基本回到初始位置。上部结构加载对管廊位移的影响与回填加载作用一致，但管廊响应程度有所不同。基坑中心部位的卸载-再加载对管廊的影响最为显著。

（3）管廊轴线弯曲变化规律为在卸荷阶段正向弯曲，再加载阶段逆向弯曲。管廊的水平弯曲角度大于竖向弯曲角度。基坑开挖范围内外管廊的水平弯曲差异较大，竖向弯曲差异相对较小。

（4）基坑开挖范围内外区域管廊的横截面转动差异明显，转动受施工进度、节段位置、距基坑水平距离的共同影响，在开挖卸载阶段顺基坑转动，再加载阶段管廊持续逆基坑转动至施工完成。

参考文献：

[1]　油新华. 城市综合管廊建设发展现状[J]. 建筑技术，2017，48(9)：902-906.

[2]　丁智，张霄，梁发云，等. 软土基坑开挖对邻近既有隧道影响研究及展望[J]. 中国公路学报，2021，34(3)：50-70.

[3]　Kog，Choong Y. Buried Pipeline Response to Braced Excavation Movements[J]. Journal of Performance of Constructed Facilities，2010，24(3)：235-241.

[4]　李结全，欧孝夺. 南宁第三系泥岩深基坑开挖对紧邻地铁隧道影响[J]. 桂林理工大学学报，2019，39(1)：128-133

[5]　Sharma J S，Hefny A M，Zhao J，et al. Effect of large excavation on deformation of adjacent MRT tunnels[J]. Tunnelling and underground space technology，2001，16(2)：93-98.

邻近地面建筑地铁车站地震响应机制分析

邱滟佳[1,2]，于仲洋[3]，张鸿儒[2]，张静堃[2]

（1. 长江勘测规划设计研究有限责任公司，湖北 武汉 430010；2. 北京交通大学城市地下工程教育部重点实验室，北京 100044；3. 中建二局第一建筑工程有限公司，北京 100176）

摘　要：基于子结构法对地铁车站-场地-地面建筑相互作用问题进行理论分析，并从运动相互作用和惯性相互作用角度揭示了邻近地面建筑地铁车站地震响应的产生机制；之后利用频域内的数值模拟验证理论分析结果，并系统地探究了各种因素对邻近地面建筑地铁车站地震响应的影响。结果表明：从产生机制上，邻近地面建筑地铁车站的地震响应可以分解为由场地运动引起的运动相互作用和地面建筑振动引起的惯性相互作用；不同因素对运动相互作用和惯性相互作用的影响各不相同，其中地面建筑动力特性和结构间水平间距会影响车站惯性相互作用但不会改变运动相互作用；而场地动力特性和车站覆土厚度对车站运动相互作用和惯性相互作用都有影响。

关键词：地下结构；土-结构相互作用；运动相互作用；惯性相互作用

作者简介：邱滟佳，1994 年生，男，博士，主要从事地下结构抗震方面研究。E-mail：17115316@bjtu. edu. cn。

The mechanism analysis on seismic response of the subway station adjacented to ground buildings

QIU Yan-jia[1,2]，YU Zhong-yang[3]，ZHANG Hong-ru[2]，ZHANG Jing-kun[2]

（1. Changjiang survey，planning，design and research Co.，Ltd.，Hubei Wuhan 430010；2. Key Laboratory of Urban Underground Engineering of Ministry of Education，Beijing Jiaotong University，Beijing 100044；3. The First Construction Engineering Company Ltd. of China Construction Second Engineering Bureau，Beijing 100176，China）

Abstract：A theoretical analysis on the dynamic interaction of subway station-soil-ground building is carried out based on substructure method，and the mechanism of seismic response of the subway station adjacented to ground building is revealed from the viewpoint of kinematic and inertia interactions. Then，the results obtained in theoretical analysis are verified by the numerical simulation and the effects of different factors on seismic responses of the subway station adjacented to ground building are parametric discussed，systematically. The results demonstrate that：The seismic responses of the subway stations adjacented to ground buildings can be distinguished as the kinematic interaction induced by the field movement and the inertial interaction induced by the vibration of ground building，according to generation mechanism；The influences of various factors on seismic response of the subway station adjacented to ground building are different. The dynamic characteristic of ground building and the horizontal spacing between structures would affect the inertia interaction but would not change the kinematic interaction of subway station. While，the dynamic characteristic of site，the burial depth of subway station have impacts on both interactions of subway station；Finally，due to the existence of inertial interaction.

Key words：underground structures；soil-structure interaction；kinematic interaction；inertial interaction

1　引言

近年来，中国城市轨道交通建设快速发展。由于地铁不占用城市地面空间，运营受环境和其他地面因素影响小，在目前运营和规划建设的城市轨道交通线路中，地铁线路占 78 %以上[1]。由于土地资源日益紧张，以及轨道交通网密度的不断加大，大量地铁车站需要修建在各种建筑结构密集的区域。

现有研究对一般地下结构地震响应特性的认识是基本一致的，即地震对地下结构的作用以场地动力变形为主，惯性作用不显著[2-4]。然而与单一车站不同，邻近地面建筑地铁车站除了会受到周围场地动力变形影响外，地面建筑在地震过程中产生的惯性力也会通过场地传递给地铁车站。

Glenda 和 Maria[5-6] 以完整的全耦合有限元模型探究了包括上部建筑的地铁网络上一个断面在预期地震作用下的动力响应特性；Wang 等[7-8] 研究了车站与周边桩基建筑物的动力相互作用；Yu[9-10] 和 Long 等[11] 利用振动台试验和三维数值模拟的方法探究了在软土地区周边建筑对车站地震响应的影响；而 Zhu 等[12-13] 则探究了在可液化场地中考虑周边建筑影响的地铁车站地震响应特性，他们的研究结果均表明邻近地面建筑地铁车站地震响应特性明显区别于单一车站。

显然，地面建筑的存在对地下结构地震响应的影响非常显著，其研究成果对改善地下结构的抗震设计理论有重要作用。然而现有研究更多针对个案的案例分析，而针对相互作用对地下结构地震响应影响机制的系统研究却很少。

基金项目：国家自然科学基金资助项目（NO. 52078033）。

鉴于此，本文基于小变形下的弹性假设对地铁车站-场地-地面建筑动力相互作用问题进行理论分析。之后利用频域内的数值模拟分析验证了理论分析的结果，并系统地探究了各种因素对邻近地面建筑地铁车站地震响应的影响。

2 基于子结构法的地震响应机制分析

子结构法是研究土-结构动力相互作用的一种常用方法[14]，该方法将结构与场地分为一个或多个子结构来单独分析，再根据各个子结构间交界面上的动力平衡与位移连续条件进行综合分析。

2.1 地铁车站地震响应的子结构分析

如图1所示，取地铁车站为子结构进行分析。此时分析模型受到的外力为场地土体对车站外围的动土压力 $\boldsymbol{Q}_{\mathrm{I}}$，子结构存在动态平衡如下：

$$\begin{Bmatrix} \boldsymbol{S}_{\mathrm{SS}} & \boldsymbol{S}_{\mathrm{SI}} \\ \boldsymbol{S}_{\mathrm{IS}} & \boldsymbol{S}_{\mathrm{II}} \end{Bmatrix} \begin{Bmatrix} \boldsymbol{u}_{\mathrm{S}} \\ \boldsymbol{u}_{\mathrm{I}} \end{Bmatrix} = \begin{Bmatrix} 0 \\ \boldsymbol{Q}_{\mathrm{I}} \end{Bmatrix} \tag{1}$$

式中，下标S表示地铁车站、I表示地铁车站和场地的接触面；$\boldsymbol{u}$ 表示变形响应；矩阵 $\boldsymbol{S}$ 为频域内的动刚度矩阵，计算公式为[15]：

$$\boldsymbol{S} = -\omega^2 \boldsymbol{M} + \mathrm{i}\omega \boldsymbol{C} + \boldsymbol{K} \tag{2}$$

式中，矩阵 $\boldsymbol{M}$、$\boldsymbol{C}$ 和 $\boldsymbol{K}$ 分别为质量矩阵、阻尼矩阵和刚度矩阵；ω 表示角频率；i是虚数单位。

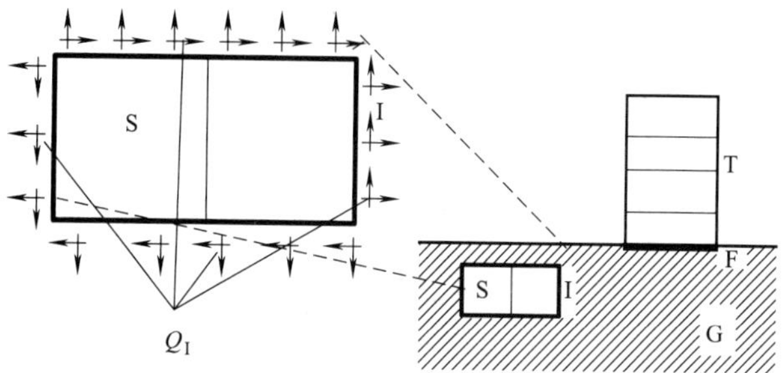

图1 地铁车站的子结构分析模型

Fig. 1 Substructure analysis model of subway station

根据子结构法可知，对于地铁车站这种置入土体的结构，场地对其外围的动土压力 $\boldsymbol{Q}_{\mathrm{I}}$ 可由如下公式[16]计算：

$$\boldsymbol{Q}_{\mathrm{I}} = -\boldsymbol{S}_{\mathrm{II}}^{\mathrm{g}}(\boldsymbol{u}_{\mathrm{I}} - \boldsymbol{u}_{\mathrm{I}}^{\mathrm{g}}) \tag{3}$$

式中，上标g表示除去地铁车站以后的空腔场；$\boldsymbol{S}_{\mathrm{II}}^{\mathrm{g}}$ 表示场地土体对地铁车站的阻抗，计算公式[17]为：

$$\boldsymbol{S}_{\mathrm{II}}^{\mathrm{g}}(\omega) = \boldsymbol{K}_{\mathrm{I0}}^{\mathrm{g}} + \mathrm{i}\omega \boldsymbol{C}_{\mathrm{I1}}^{\mathrm{g}} \tag{4}$$

将式（3）代入式（1）中可得：

$$\begin{Bmatrix} \boldsymbol{S}_{\mathrm{SS}} & \boldsymbol{S}_{\mathrm{SI}} \\ \boldsymbol{S}_{\mathrm{IS}} & \boldsymbol{S}_{\mathrm{II}} + \boldsymbol{S}_{\mathrm{II}}^{\mathrm{g}} \end{Bmatrix} \begin{Bmatrix} \boldsymbol{u}_{\mathrm{S}} \\ \boldsymbol{u}_{\mathrm{I}} \end{Bmatrix} = \begin{Bmatrix} 0 \\ \boldsymbol{S}_{\mathrm{II}}^{\mathrm{g}} \boldsymbol{u}_{\mathrm{I}}^{\mathrm{g}} \end{Bmatrix} \tag{5}$$

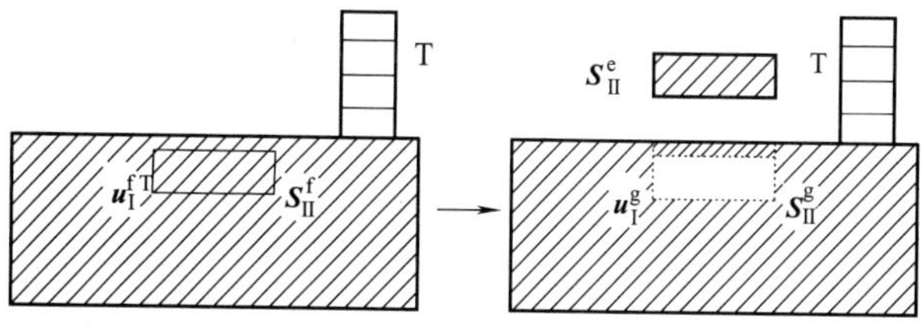

图2 土体系替换

Fig. 2 Soil replacement system

利用原场地土体e替换掉地铁车站以后，如图2所示，式（3）可以写成以下形式：

$$\boldsymbol{Q}_{\mathrm{I}} = \boldsymbol{S}_{\mathrm{II}}^{\mathrm{e}} \boldsymbol{u}_{\mathrm{I}}^{\mathrm{fT}} = -\boldsymbol{S}_{\mathrm{II}}^{\mathrm{g}}(\boldsymbol{u}_{\mathrm{I}}^{\mathrm{fT}} - \boldsymbol{u}_{\mathrm{I}}^{\mathrm{g}}) \tag{6}$$

式中，上标e表示与地铁车站同等大小的原场地土体；上标f表示自由场；$\boldsymbol{u}_{\mathrm{I}}^{\mathrm{fT}}$ 表示在自由场和地面建筑共同作用下场地与地铁车站边界面上的位移。在线弹性条件的假设下，有叠加公式：

$$\boldsymbol{u}_{\mathrm{I}}^{\mathrm{fT}} = \boldsymbol{u}_{\mathrm{I}}^{\mathrm{f}} + \boldsymbol{u}_{\mathrm{I}}^{\mathrm{T}} \tag{7}$$

式中，$\boldsymbol{u}_{\mathrm{I}}^{\mathrm{f}}$ 表示自由场下场地与车站边界面上的位移响应，而 $\boldsymbol{u}_{\mathrm{I}}^{\mathrm{T}}$ 表示在地面建筑作用下场地与车站边界面上的位移响应。联立式（6）和式（7）后可得：

$$\begin{aligned} \boldsymbol{S}_{\mathrm{II}}^{\mathrm{g}} \boldsymbol{u}_{\mathrm{I}}^{\mathrm{g}} &= \boldsymbol{S}_{\mathrm{II}}^{\mathrm{e}} \boldsymbol{u}_{\mathrm{I}}^{\mathrm{fT}} + \boldsymbol{S}_{\mathrm{II}}^{\mathrm{g}} \boldsymbol{u}_{\mathrm{I}}^{\mathrm{fT}} \\ &= (\boldsymbol{S}_{\mathrm{II}}^{\mathrm{e}} + \boldsymbol{S}_{\mathrm{II}}^{\mathrm{g}}) \boldsymbol{u}_{\mathrm{I}}^{\mathrm{fT}} \\ &= \boldsymbol{S}_{\mathrm{II}}^{\mathrm{f}}(\boldsymbol{u}_{\mathrm{I}}^{\mathrm{f}} + \boldsymbol{u}_{\mathrm{I}}^{\mathrm{T}}) \end{aligned} \tag{8}$$

地面建筑作用下场地与地铁车站边界面上的位移响应 $\boldsymbol{u}_{\mathrm{I}}^{\mathrm{T}}$ 为：

$$\boldsymbol{u}_{\mathrm{I}}^{\mathrm{T}} = \frac{\boldsymbol{S}_{\mathrm{IG}}}{\boldsymbol{S}_{\mathrm{II}}^{\mathrm{f}}} \boldsymbol{u}_{\mathrm{G}}^{\mathrm{T}} = \frac{\boldsymbol{S}_{\mathrm{IG}}}{\boldsymbol{S}_{\mathrm{II}}^{\mathrm{f}} \boldsymbol{S}_{\mathrm{GG}}} \boldsymbol{P}_{\mathrm{F}} = \frac{\boldsymbol{S}_{\mathrm{IG}} \boldsymbol{S}_{\mathrm{GF}}}{\boldsymbol{S}_{\mathrm{II}}^{\mathrm{f}} \boldsymbol{S}_{\mathrm{GG}} \boldsymbol{S}_{\mathrm{TF}}} \boldsymbol{S}_{\mathrm{TT}} \boldsymbol{u}_{\mathrm{T}} \tag{9}$$

式中，下标G、F和T分别表示近场场地、建筑基础和地面建筑，如图1所示；$\boldsymbol{P}_{\mathrm{F}}$ 表示地面建筑通过基础传递到场地的力。

将式（8）和式（9）一起代入式（5）中可得：

$$\begin{Bmatrix} \boldsymbol{S}_{\mathrm{SS}} & \boldsymbol{S}_{\mathrm{SI}} \\ \boldsymbol{S}_{\mathrm{IS}} & \boldsymbol{S}_{\mathrm{II}} + \boldsymbol{S}_{\mathrm{II}}^{\mathrm{g}} \end{Bmatrix} \begin{Bmatrix} \boldsymbol{u}_{\mathrm{S}} \\ \boldsymbol{u}_{\mathrm{I}} \end{Bmatrix} = \begin{Bmatrix} 0 \\ \boldsymbol{S}_{\mathrm{II}}^{\mathrm{f}}(\boldsymbol{u}_{\mathrm{I}}^{\mathrm{f}} + \boldsymbol{u}_{\mathrm{I}}^{\mathrm{T}}) \end{Bmatrix} = \begin{Bmatrix} 0 \\ \boldsymbol{S}_{\mathrm{II}}^{\mathrm{f}} \boldsymbol{u}_{\mathrm{I}}^{\mathrm{f}} + \boldsymbol{S}_{\mathrm{II}}^{\mathrm{f}} \dfrac{\boldsymbol{S}_{\mathrm{IG}}}{\boldsymbol{S}_{\mathrm{II}} \boldsymbol{S}_{\mathrm{GG}}} \boldsymbol{P}_{\mathrm{F}} \end{Bmatrix} \tag{10}$$

整理后可得：

$$\begin{Bmatrix} \boldsymbol{S}_{\mathrm{SS}} & \boldsymbol{S}_{\mathrm{SI}} \\ \boldsymbol{S}_{\mathrm{IS}} & \boldsymbol{S}_{\mathrm{II}} + \boldsymbol{S}_{\mathrm{II}}^{\mathrm{g}} \end{Bmatrix} \begin{Bmatrix} \boldsymbol{u}_{\mathrm{S}} \\ \boldsymbol{u}_{\mathrm{I}} \end{Bmatrix} = \begin{Bmatrix} 0 \\ \boldsymbol{S}_{\mathrm{II}}^{\mathrm{f}} \boldsymbol{u}_{\mathrm{I}}^{\mathrm{f}} \end{Bmatrix} + \begin{Bmatrix} 0 \\ \dfrac{\boldsymbol{S}_{\mathrm{IG}}}{\boldsymbol{S}_{\mathrm{GG}}} \boldsymbol{P}_{\mathrm{F}} \end{Bmatrix} \tag{11}$$

上式即为取地铁车站为子结构进行分析得到的邻近地面建筑地铁车站地震响应理论解。

2.2 邻近地面建筑地铁车站地震响应的产生机制

因为土与结构动力相互作用体系可以区分为运动相互作用和惯性相互作用两个方面，因此将车站在地震作用下的总运动分解为运动相互作用和惯性相互作用：

$$\begin{Bmatrix} \boldsymbol{u}_{\mathrm{S}} \\ \boldsymbol{u}_{\mathrm{I}} \end{Bmatrix} = \begin{Bmatrix} \boldsymbol{u}_{\mathrm{S}}^{\mathrm{k}} \\ \boldsymbol{u}_{\mathrm{I}}^{\mathrm{k}} \end{Bmatrix} + \begin{Bmatrix} \boldsymbol{u}_{\mathrm{S}}^{\mathrm{i}} \\ \boldsymbol{u}_{\mathrm{I}}^{\mathrm{i}} \end{Bmatrix} \tag{12}$$

式中，上标k为运动相互作用，i为惯性相互作用。首先令周边建筑动力刚度矩阵中的质量项为0，分析运动相互作用部分：

$$\begin{Bmatrix} \boldsymbol{S}_{\mathrm{SS}} & \boldsymbol{S}_{\mathrm{SI}} \\ \boldsymbol{S}_{\mathrm{IS}} & \boldsymbol{S}_{\mathrm{II}} + \boldsymbol{S}_{\mathrm{II}}^{\mathrm{g}} \end{Bmatrix} \begin{Bmatrix} \boldsymbol{u}_{\mathrm{S}}^{\mathrm{k}} \\ \boldsymbol{u}_{\mathrm{I}}^{\mathrm{k}} \end{Bmatrix} = \begin{Bmatrix} 0 \\ \boldsymbol{S}_{\mathrm{II}}^{\mathrm{f}} \boldsymbol{u}_{\mathrm{I}}^{\mathrm{f}} \end{Bmatrix}$$

$$+\begin{Bmatrix} 0 \\ \dfrac{\boldsymbol{S}_{\mathrm{IG}}\boldsymbol{S}_{\mathrm{GF}}}{\boldsymbol{S}_{\mathrm{GG}}\boldsymbol{S}_{\mathrm{TF}}}(\mathrm{i}\omega\boldsymbol{C}_{\mathrm{TT}}+\boldsymbol{K}_{\mathrm{TT}})\boldsymbol{u}_{\mathrm{T}} \end{Bmatrix} \tag{13}$$

惯性相互作用则为整体响应减去运动相互作用部分：

$$\begin{bmatrix} \boldsymbol{S}_{\mathrm{SS}} & \boldsymbol{S}_{\mathrm{SI}} \\ \boldsymbol{S}_{\mathrm{IS}} & \boldsymbol{S}_{\mathrm{II}}+\boldsymbol{S}_{\mathrm{II}}^{\mathrm{g}} \end{bmatrix}\begin{Bmatrix} \boldsymbol{u}_{\mathrm{S}}^{\mathrm{i}} \\ \boldsymbol{u}_{\mathrm{I}}^{\mathrm{i}} \end{Bmatrix}=\begin{Bmatrix} 0 \\ -\dfrac{\boldsymbol{S}_{\mathrm{IG}}\boldsymbol{S}_{\mathrm{GF}}}{\boldsymbol{S}_{\mathrm{GG}}\boldsymbol{S}_{\mathrm{TF}}}\omega^2\boldsymbol{M}_{\mathrm{SS}}\boldsymbol{u}_{\mathrm{T}} \end{Bmatrix} \tag{14}$$

以往的研究表明，地上结构在地震过程中产生的作用力主要为惯性力[18]。因此，式（13）和式（14）可简化为：

$$\begin{cases} \begin{bmatrix} \boldsymbol{S}_{\mathrm{SS}} & \boldsymbol{S}_{\mathrm{SI}} \\ \boldsymbol{S}_{\mathrm{IS}} & \boldsymbol{S}_{\mathrm{II}}+\boldsymbol{S}_{\mathrm{II}}^{\mathrm{g}} \end{bmatrix}\begin{Bmatrix} \boldsymbol{u}_{\mathrm{S}}^{\mathrm{k}} \\ \boldsymbol{u}_{\mathrm{I}}^{\mathrm{k}} \end{Bmatrix}\approx\begin{Bmatrix} 0 \\ \boldsymbol{S}_{\mathrm{II}}^{\mathrm{f}}\boldsymbol{u}_{\mathrm{I}}^{\mathrm{f}} \end{Bmatrix} \\ \begin{bmatrix} \boldsymbol{S}_{\mathrm{SS}} & \boldsymbol{S}_{\mathrm{SI}} \\ \boldsymbol{S}_{\mathrm{IS}} & \boldsymbol{S}_{\mathrm{II}}+\boldsymbol{S}_{\mathrm{II}}^{\mathrm{g}} \end{bmatrix}\begin{Bmatrix} \boldsymbol{u}_{\mathrm{S}}^{\mathrm{i}} \\ \boldsymbol{u}_{\mathrm{I}}^{\mathrm{i}} \end{Bmatrix}\approx\begin{Bmatrix} 0 \\ \dfrac{\boldsymbol{S}_{\mathrm{IG}}}{\boldsymbol{S}_{\mathrm{GG}}}\boldsymbol{P}_{\mathrm{F}} \end{Bmatrix} \end{cases} \tag{15}$$

因此，从产生机制上邻近地面建筑地铁车站的地震响应可以分为两部分（图 3）：场地运动 $\boldsymbol{u}_{\mathrm{I}}^{\mathrm{f}}$ 所引起的运动相互作用 $\boldsymbol{u}^{\mathrm{k}}$ 和周边建筑在地震过程中产生的作用力 $\boldsymbol{P}_{\mathrm{F}}$ 通过基础和场地传递到车站而产生的惯性相互作用 $\boldsymbol{u}^{\mathrm{i}}$。

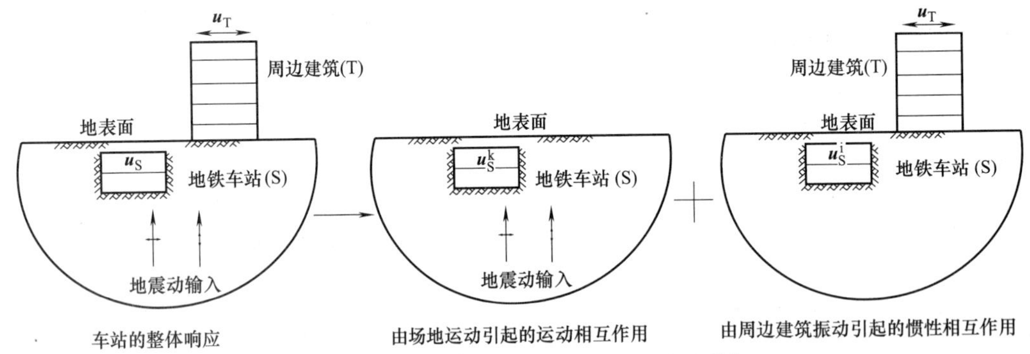

图 3　邻近地面建筑地铁车站地震响应的分解

Fig. 3　Decomposition of seismic response of the subway station adjacented to ground building

3　数值算例

为了验证上一节中通过理论分析得到的结论与规律，本节基于有限元软件 ABAQUS 中的稳态动力学（模态）模块对完整的地铁车站-场地-地面建筑模型进行频域内的谐反应分析。

3.1　地铁车站、地面建筑及场地的建模

本文选取实际工程中常见的 2 层 3 跨车站结构进行分析，详见图 4。地铁车站周边的地面建筑为典型的框架结构。此外，为分析地面建筑的影响，分别建立了多层（6 层）、中高层（9 层）、高层（15 层）和超高层（30 层）4 种地面建筑。4 种地面建筑的断面图及结构各构件的尺寸见图 5，其中中高层建筑的单层数据与多层建筑相同，而超高层建筑的单层数据与高层建筑相同。

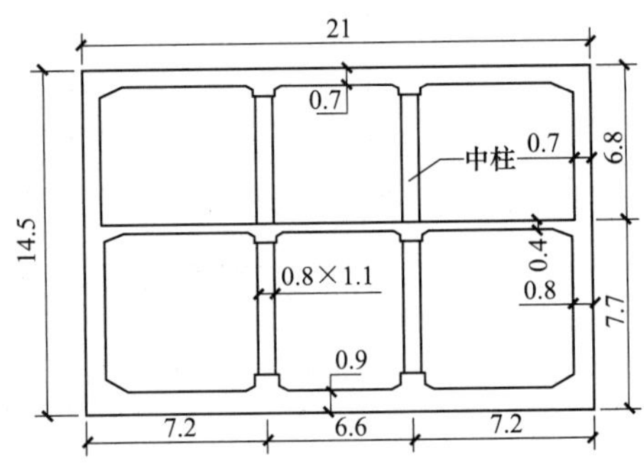

图 4　车站结构的断面图（单位：m）

Fig. 4　Section plans of subway stations (unit：m)

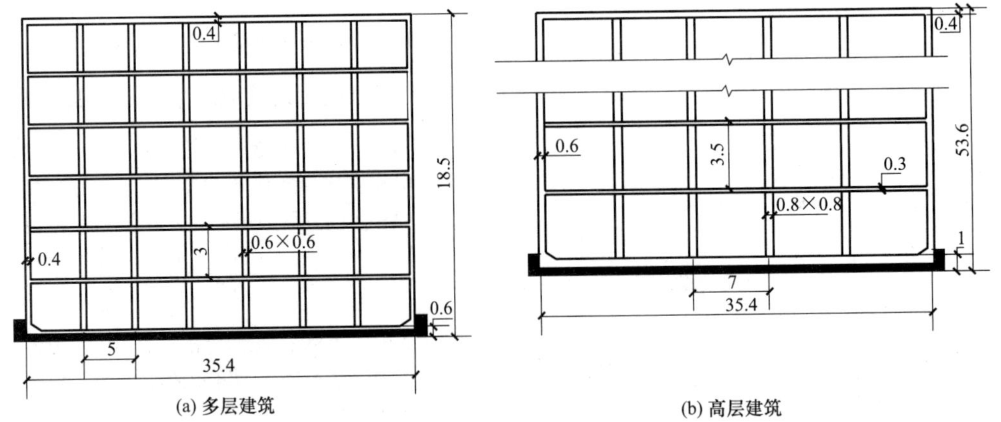

图 5　地面建筑断面图（单位：m）

Fig. 5　Section plans of ground buildings (unit：m)

采用线性梁单元（B21）对结构构件进行建模，梁单元的长度为0.1m，采用弹性本构来表征地面和地下结构的应力-应变关系。采用Rayleigh阻尼模型反映地铁车站和地面建筑在动力荷载作用下的能量耗散效应，地铁车站和地面建筑的相关物理参数见表1。

简化场地土体为单一连续的饱和黏性土。在分析中，通过改变土体的剪切波速来探究场地动力特性对邻近地面建筑地铁车站地震响应的影响。场地土体采用四结点的平面应变四边形单元（CPE4R）进行建模。土体的密度为2000kg/m^3，泊松比为0.35。采用Rayleigh阻尼模拟土体的能量耗散效应，土体Rayleigh系数的计算方法与前面地面结构的计算方法相同。此外，根据Kuhlemyer等[19]的研究，土体网格的尺寸应满足如下公式：

$$n \leqslant \frac{1}{8}\lambda_{\min} = \frac{1}{8}\frac{c_s}{f_{\max}} \tag{16}$$

式中，n即为网格大小；$\lambda_{\min}$是最小地震波波长；c_s是土体的剪切波速；$f_{\max}$表示最大分析频率。

3.2 模型范围、边界条件

模型边界采用水平滑移边界。根据楼梦麟等[20]的研究，应用水平滑移边界时有限元模型的计算范围应满足如下公式：

$$\frac{L}{H} \geqslant 5 \tag{17}$$

式中，L为结构到模型边界的距离；H为模型厚度。

有限元模型的整体大小为宽度650m，厚度50 m，如图6所示。土体与地铁车站以及地面建筑之间采用耦合连接。

地铁车站和地面建筑的物理参数　表1

Physical parameters of subway stations and ground buildings　Table 1

结构	构件	混凝土强度等级	密度(kg/m^3)	泊松比	弹性模量(MPa)	柱间距(m)
单层车站	中柱	C50	2600	0.2	34500	7
	其他	C35	2600	0.2	31500	
二、三层车站	中柱	C50	2600	0.2	34500	8
	其他	C35	2600	0.2	31500	
地面建筑	中柱	C40	2600	0.2	32500	6
	其他	C35	2600	0.2	31500	

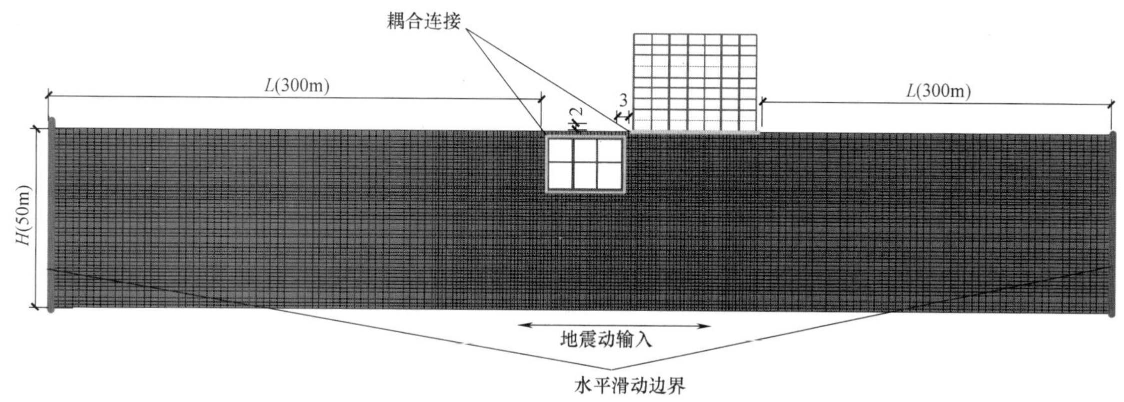

图6　有限元模型的设置

Fig. 6　Settings of finite element model

4　结果与讨论

以顶底相对变形为主要指标反映地铁车站在地震过程中的动力响应，车站顶底相对变形的计算公式如下：

$$\Delta u = u_r - u_f \tag{18}$$

式中，u_r和u_f分别是车站顶、底板的位移；Δu即为车站的顶底相对变形。

在进行参数化分析之前，先对数值分析中的主要模型进行模态分析。4种地面建筑在底部固定时的前5阶自振频率见表2；不同场地的前5阶自振频率见表3。

地面建筑的前5阶自振频率　表2

First 5 order natural frequencies of buildings　Table 2

结构	自振频率(Hz)				
	1阶	2阶	3阶	4阶	5阶
多层	1.904	6.056	11.014	14.058	14.75
中高层	1.271	3.923	6.885	10.013	10.228
高层	0.527	1.652	2.972	4.556	6.262
超高层	0.259	0.746	1.28	1.865	2.461

场地的前5阶自振频率　　表3

First 5 order natural frequencies of sites　　Table 3

场地剪切波速(m/s)	自振频率(Hz)				
	1阶	2阶	3阶	4阶	5阶
200	1.010	3.024	5.026	7.013	8.030
300	1.514	4.537	7.539	10.520	12.034
400	2.019	6.049	10.052	14.026	16.046

4.1　地面建筑的影响

本小节单独分析地面建筑动力特性的影响，分析中固定其他因素如下：场地剪切波速300m/s，车站覆土厚度2m；车站与地面建筑水平间距为3m；振幅为0.1g，频率范围在0～10Hz的正弦波施加在模型底部。

图7为单一车站（无周边建筑）和邻近不同地面建筑车站顶底相对变形随输入波频率的变化曲线，由图可以发现：

（1）场地中地面建筑的自振频率会略低于底部固定时的结果（表2），这是因为场地对建筑的约束能力比固定约束小，从而导致自振频率降低。

（2）当车站周边没有地面建筑时，地铁车站的变形响应会在1.528Hz和4.257Hz处有峰值，而这两个频率恰是场地的1、2阶自振频率，这说明单一车站地震响应主要由场地的动力特性决定（即运动相互作用）。

（3）邻近地面建筑车站的变形响应也会在场地的1、2阶自振频率有峰值，此外还会在地面建筑的1阶自振频率处有峰值（多层至超高层建筑对应的频率分别为1.822Hz、1.182Hz、0.505Hz和0.245Hz，见表5）。这说明邻近地面建筑地铁车站除了受场地的影响以外，还受地面建筑动力特性的影响，该影响即惯性相互作用，地面建筑对地铁车站运动相互作用的影响不大。

场地中地面建筑的前5阶自振频率　　表4

First 5 order natural frequencies of buildings in site　　Table 4

结构	自振频率(Hz)				
	1阶	2阶	3阶	4阶	5阶
多层	1.826	5.698	9.309	13.56	13.584
中高层	1.187	3.787	6.547	9.476	9.599
高层	0.505	1.63	2.905	4.182	4.425
超高层	0.245	0.741	1.28	1.853	2.435

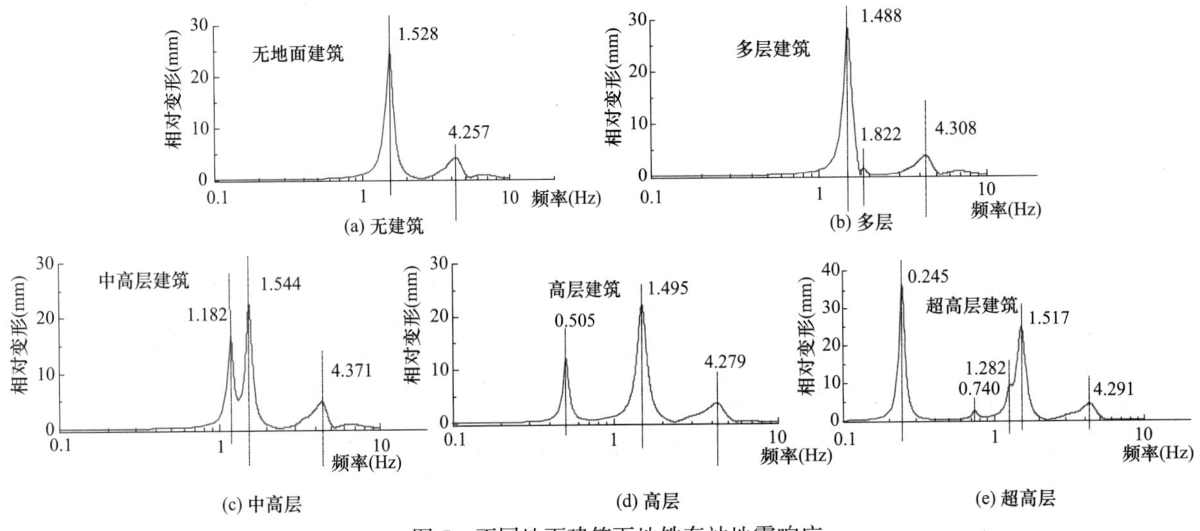

图7　不同地面建筑下地铁车站地震响应

Fig. 7　Seismic responses of subway stations under different ground buildings

4.2　场地动力特性的影响

图8为场地土体的剪切波速分别是200m/s、300m/s和400m/s时邻近地面建筑车站顶底相对变形随输入波频率的变化曲线，由图可以发现：

（1）相比于底部固定的情况，场地中地面建筑的自振频率略有下降，且当场地土体变软时地面建筑的自振频率下降得更多。

（2）无论场地土体的剪切波速为多少，邻近地面建筑地铁车站地震响应均会存在两个明显峰值，对应的频率分别是高层建筑自振频率（0.484Hz、0.505Hz和0.513Hz）和场地自振频率（1.013Hz、1.495Hz和2.03Hz）。场地动力特性对车站运动相互作用和惯性相互作用都有影响，随着场地土体剪切波速的增大，邻近地面建筑地铁车站地震响应的运动相互作用和惯性相互作用都在减小。

高层建筑在不同场地下的前5阶自振频率　　表5

First 5 order natural frequencies of buildings in various sites　　Table 5

场地剪切波速(m/s)	自振频率(Hz)				
	1阶	2阶	3阶	4阶	5阶
200	0.484	1.544	2.894	4.081	4.301
300	0.505	1.63	2.905	4.182	4.425
400	0.513	1.633	3.16	4.326	4.57

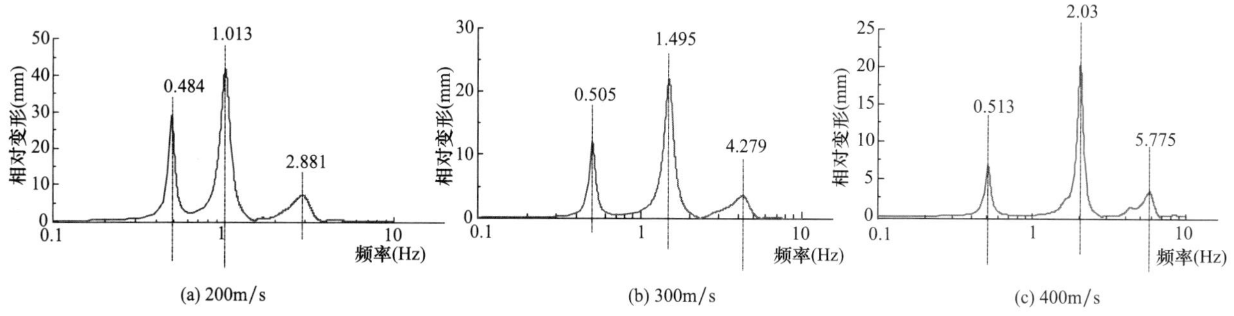

(a) 200m/s　(b) 300m/s　(c) 400m/s

图 8　不同场地动力特性下地铁车站地震响应

Fig. 8　Seismic responses of subway stations under different site dynamic characteristics

4.3　车站与地面建筑水平距离的影响

图 9 为不同结构水平间距下邻近地面建筑地铁车站地震响应随输入频率的变化。由图可以发现曲线均会在 0.505Hz 和 1.494Hz 处有明显的峰值，这说明结构水平距离的变化并不会改变邻近地面建筑车站地震响应的产生机制。

将曲线中第一个峰值区域进行放大得到图 9（b）。随着地面建筑与车站水平间距的增大，地铁车站的惯性相互作用会逐渐降低。这是因为惯性相互作用是由地面建筑地震作用力通过基础和场地传递到车站上而产生的，当建筑地震作用力不变时，结构水平距离越远，传递至车站的作用力就越小。

将曲线的第二个峰值区域进行放大得到图 9（c）。地面建筑与车站的水平间距对邻近地面建筑地铁车站的运动相互作用几乎无影响，这样的结果符合运动相互作用的机制（由场地动力特性控制）。

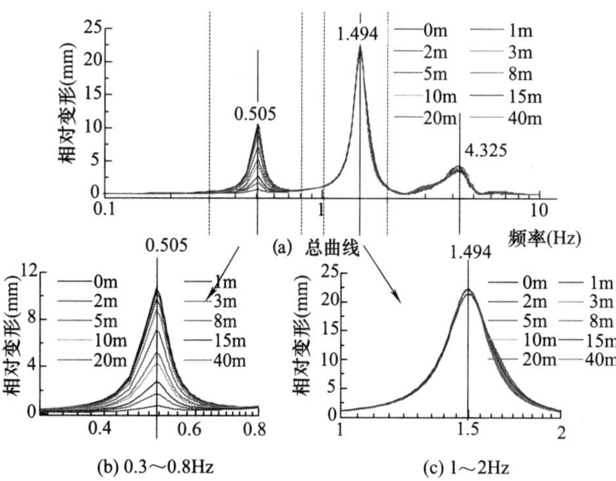

(b) 0.3～0.8Hz　(c) 1～2Hz

图 9　不同结构间水平距离地铁车站地震响应

Fig. 9　Seismic responses of stations under different horizontal distances between structures

将车站在 0.505Hz 处的地震响应总结于图 10 中，可以看出车站惯性相互作用随结构间水平距离的变化接近于反比例函数，即随结构水平距离的增大而减小，并最终趋近于 0。

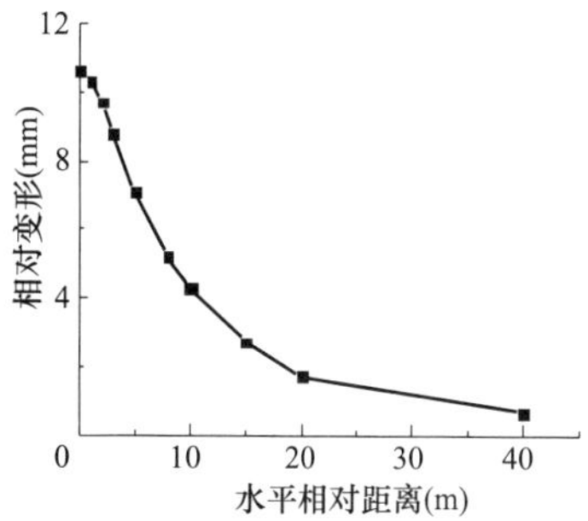

图 10　惯性相互作用随结构水平间距的变化

Fig. 10　Variation of inertial interaction with horizontal distances between structures

4.4　车站覆土厚度的影响

图 11 为不同覆土厚度下邻近地面建筑车站顶底相对变形随输入波频率的变化曲线。由图 11 可以发现车站均会在周边建筑自振频率（0.505Hz）和场地自振频率（1.494Hz）处有明显峰值。

同样将曲线中的两个峰值区域 0.3～0.8Hz 和 1～2Hz 进行放大得到图 11（b）、图 11（c）。不同于结构间水平距离的影响，车站覆土厚度对车站运动相互作用和惯性相互作用均有明显影响。

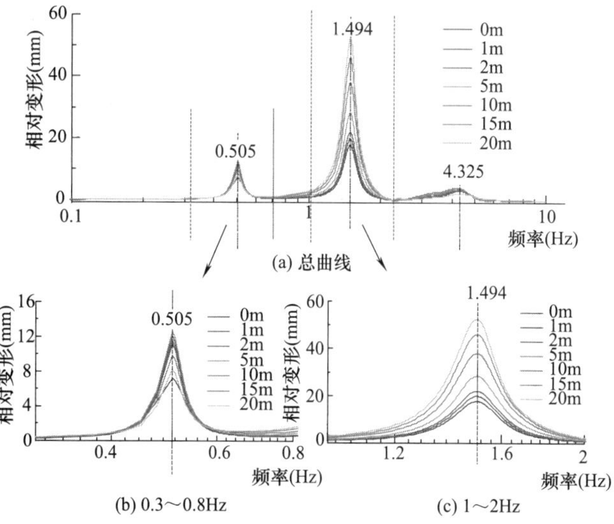

(b) 0.3～0.8Hz　(c) 1～2Hz

图 11　不同覆土厚度下地铁车站地震响应

Fig. 11　Seismic responses of subway stations under different thickness of covering soil

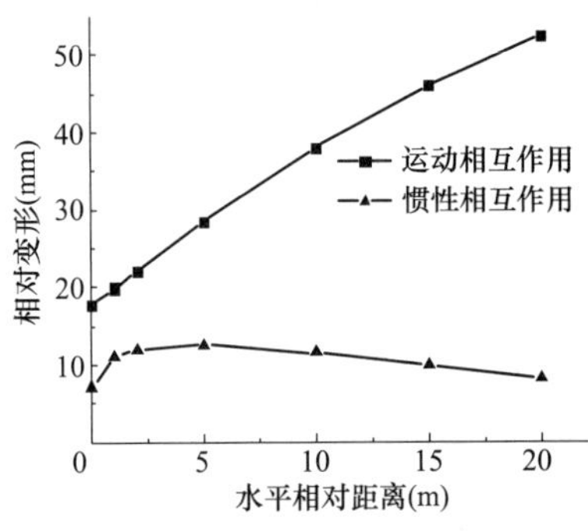

图 12　运动及惯性相互作用随覆土厚度的变化

Fig. 12　Variation of kinematic and inertial interactions with thickness of covering soil

将车站在 0.505Hz 和 1.494Hz 处的地震响应总结于图 12 中。首先对于车站的运动相互作用，其随着车站覆土厚度的增加而增大；而车站的惯性相互作用则是随着覆土厚度的增大先增大后减小，并在 5m 左右取到最大值。

覆土厚度增加后，车站所在位置的自由场响应 $\boldsymbol{u}_1^{\mathrm{f}}$ 就会发生变化，对于浅埋地铁车站，$\boldsymbol{u}_1^{\mathrm{f}}$ 随着覆土厚度的增加而增大，因此车站的运动相互作用会随着 $\boldsymbol{u}_1^{\mathrm{f}}$ 的增大而增大，可见式（15）。

此外，车站覆土厚度的变化也会改变地铁车站与地面建筑的纵向间距。由于地面建筑通过场地传递给车站的地震作用力沿纵向呈非线性分布，如图 13 所示，场地会在周边建筑与地表面交点位置有较大剪应力并沿 45°传递给地铁车站。这说明地面建筑通过场地传递给车站的地震作用力沿场地纵向先增大后减小，因此惯性相互作用随车站覆土厚度的增加也是先增大后减小。因此，惯性相互作用会在车站覆土厚度为 5m 时取到最大值。

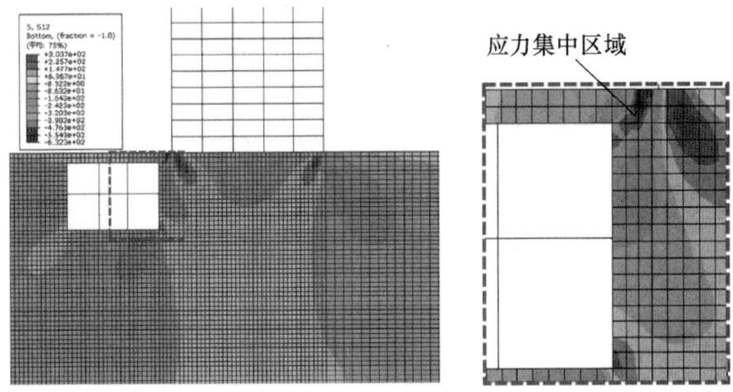

图 13　周边建筑地震作用力的传递

Fig. 13　Transmission of seismic force of ground building

5　结论

本文基于子结构法对地铁车站-场地-地面建筑动力相互作用问题进行理论分析，并从运动相互作用和惯性相互作用角度揭示了邻近地面建筑地铁车站地震响应的产生机制。之后利用频域内的数值模拟验证了理论分析的结果，并系统地探究了各种因素对邻近地面建筑地铁车站地震响应的影响，最终得到以下结论：

（1）从产生机制上，邻近地面建筑地铁车站的地震响应可以分解为由场地运动引起的运动相互作用和由地面建筑振动引起的惯性相互作用。

（2）不同分析条件下，单一车站的地震响应均会在场地自振频率处存在峰值，而邻近地面建筑地铁车站的地震响应在场地和地面建筑自振频率处均有明显峰值。

（3）外界因素虽然会影响邻近地面建筑地铁车站地震响应的大小，但并不会改变其产生机制。这其中，地面建筑动力特性和结构水平间距会影响车站惯性相互作用但不会改变车站运动相互作用的大小；场地动力特性、地铁车站结构形式和车站覆土厚度对两种相互作用大小都有影响。

参考文献：

[1]　王文晖. 地下结构实用抗震分析方法及性能指标研究[D]. 北京：清华大学，2013.

[2]　林皋，李志远，李建波. 复杂地基条件下土-结构动力相互作用分析[J]. 岩土工程学报，2021，43(9)：1573-1580.

[3]　林皋. 地下结构抗震分析综述(上)[J]. 世界地震工程，1990(2)：1-10.

[4]　林皋. 地下结构抗震分析综述(下)[J]. 世界地震工程，1990，(3)：1-10.

[5]　Glenda Abatel，Maria Rossella Massimino. Numerical modelling of the seismic response of a tunnel- soil- aboveground building system in Catania (Italy). Bulletin of Earthquake Engineering，2017，15：469-491.

[6]　Glenda Abate；Maria Rossella Massimino，Parametric analysis of the seismic response of coupled tunnel -soil - aboveground building systems by numerical modelling. Bulletin of Earthquake Engineering，2017，15：443-467.

[7]　Huai-feng Wang，Meng-lin Lou，Xi Chen，Yong-mei Zhai. Structure-soil-structure interaction between underground structure and groundstructure. Soil Dynamics and Earthquake Engineering，2013，54(11)31-38.

[8]　Huai-feng Wang，Meng-lin Lou，Ru-lin Zhang. Influence of presence of adjacent surface structure on seismic response of underground structure. Soil Dynamics and Earthquake Engineering，2017，100：131-143.

[9]　Miao Y，Zhong Y，Ruan B，et al. Seismic response of a subway station in soft soil considering the structure-soil-structure interaction[J]. Tunnelling and Underground Space Technology，2020，106：103629.

[10]　Wang G，Yuan M，Miao Y，et al. Experimental study on seismic response of underground tunnel-soil-surface structure interaction system[J]. Tunnelling and Underground Space Technology，2018，76：145-159.

[11]　Long H，Chen G X，Zhuang H Y. Influence of ground structure on the seismic response of underground subway station in soft site [C]//Advanced materials research. Transport Technology Publications of Ltd，2012，368：2769-2775.

[12]　Zhu T，Hu J，Zhang Z，et al. Centrifuge Shaking Table Tests on Precast Underground Structure-Superstructure System in Liquefiable Ground[J]. Journal of Geotechnical and Geoenvironmental Engineering，2021，147(8)：04021055.

[13]　Zhu T，Wang R，Zhang J M. Effect of nearby ground structures on the seismic response of underground structures in saturated sand[J]. Soil Dynamics and Earthquake Engi-

neering, 2021, 146: 106756.

[14] Wang Binbin, Liu Jingze, Cao Zhifu, Zhang Dahai, Jiang Dong. A Multiple and Multi-Level Substructure Method for the Dynamics of Complex Structures[J]. Applied Sciences, 2021, 11(12).

[15] Kausel E, Whitman R V, Morray J P, et al. The spring method for embedded foundations[J]. Nuclear Engineering and design, 1978, 48(2-3): 377-392.

[16] WOLF J P. Dynamic soil-structure interaction[M]. New Jersey: Prentice Hall Inc., 1985.

[17] Qiu Y J, Zhang H R, Yu Z Y, et al. A modified simplified analysis method to evaluate seismic responses of subway stations considering the inertial interaction effect of adjacent buildings[J]. Soil Dynamics and Earthquake Engineering, 2021, 150: 106896.

[18] Scarfone R, Morigi M, Conti R. Assessment of dynamic soil-structure interaction effects for tall buildings: a 3D numerical approach. Soil Dynamics and Earthquake Engineering, 2020, 128: 105864.

[19] Kuhlemeyer RL, Lysmer. J. Finite element method accuracy for wave propagation problems [J]. Journal of the Soil Dynamics Division, 1973, 99: 421-427.

[20] 楼梦麟，潘旦光，范立础. 土层地震反应分析中侧向人工边界的影响 [J]. 同济大学学报，2003，31(7)：757-761.

新建隧道下穿既有盾构隧道纵向响应分析

李　豪[1,2]，俞　剑[1,2]，黄茂松[1,2]
（1. 同济大学 地下建筑与工程系，上海 200092；2. 同济大学 岩土及地下工程教育部重点实验室，上海 200092）

摘　要： 盾构隧道的纵向变形包含弯曲变形和剪切变形两种模式，主要表现为接头的张开和错台。采用两阶段方法研究既有隧道对隧道下穿的纵向响应，将盾构隧道视为 Winkler 地基上的等效 Timoshenko 梁。为了克服 Timoshenko 梁的剪切自锁问题，采用了基于弯矩位移的 Timoshenko 梁的单变量解耦控制方程，并利用有限差分法推导了盾构隧道纵向响应的 Winkler 解。通过与弹性理论解对比，验证了 Winkler 解的正确性。为了说明 Timoshenko 梁模拟盾构隧道纵向变形，尤其是接头变形的能力，对一个工程案例进行了精细化的数值模拟。将 Winkler 解与精细化数值结果进行对比，说明了 Winkler 解在反映隧道纵向变形，尤其是接头的张开与错台的适用性，并探讨了地层损失对既有隧道张开量的影响。

关键词： 盾构隧道；Timoshenko 梁；Winkler 解；张开；错台

第一作者简介： 李豪，男，1994 年生，博士研究生，主要从事岩土与隧道工程方面的研究。E-mail：hao_li@tongji. edu. cn。
通讯作者简介： 黄茂松，男，1965 年生，博士，教授，主要从事岩土工程方面的教学与科研工作。E-mail：mshuang@tongji. edu. cn。

Analysis of longitudinal response of existing shield tunnel to new tunneling underneath

LI Hao[1,2]，YU Jian[1,2]，HUANG Mao-song[1,2]
（1. Department of Geotechnical Engineering，Tongji University，Shanghai 200092，China；2. Key Laboratory of Geotechnical and Underground Engineering of Ministry of Education，Tongji University，Shanghai 200092，China）

Abstract： The longitudinal deformation of shield tunnel contains both bending deformation and shear deformation modes，which is characterized by the opening and dislocation of the joints. A two-stage approach is used to study the longitudinal response of the existing tunnel to tunneling underneath，and the shield tunnel is considered as an equivalent Timoshenko beam on a Winkler foundation. To overcome the shear locking problem of Timoshenko beam，the Winkler solution of the longitudinal response of the shield tunnel is derived using the finite difference method based on a displacement-based single variable decoupled governing differential equation. By comparing with the elastic continuum solution，the applicability of the Winkler solution is initially verified. To illustrate the ability of Timoshenko beam to simulate the longitudinal deformation of shield tunnel，especially the joint deformation，a refined numerical simulation of a study case is carried out. The comparison between the Winkler solution and the refined numerical results shows that the Winkler solution is applicable to reflect the longitudinal deformation of the tunnel，especially the opening and dislocation of the joint. The influence of volume loss on the opening of existing tunnel is also discussed.

Key words： shield tunnel；Timoshenko beam；Winkler solution；opening；dislocation

1　引言

新隧道下穿既有盾构隧道的情况已十分普遍，不可避免地对既有隧道产生不良影响。为了保证既有隧道的安全性，需要对该问题进行全面了解。通常采取模型试验[1]、数值分析[2] 和理论分析方法[3]研究隧道开挖对既有隧道的影响。

理论分析方法因为相对高效受到广泛关注。为了体现隧道的弯曲和剪切变形，多将隧道视为 Winkler 地基上的 Timoshenko 梁[3]。但大多忽略对 Winkler 模量的合理选择以及对 Timoshenko 梁模拟盾构隧道真实变形能力的探讨。另外，Timoshenko 梁在数值求解时存在剪切自锁问题。为此，本文基于无剪切自锁的 Timoshenko 梁单变量控制方程，推导本问题的 Winkler 解。通过与弹性理论解对比，探讨 Winkler 模量的合理性和 Winkler 解的适用性。其次，以工程案例为背景，采用精细化有限元模拟，对比说明 Timoshenko 梁模拟盾构隧道真实变形的能力和 Winkler 解的适用性。此外，还探讨了地层损失对隧道纵向响应的影响。

基金项目：国家自然科学基金重点项目（No. 51738010）。

2　Timoshenko-Winkler 解的构建

2.1　Timoshenko 梁单变量控制方程

Timoshenko 梁的平衡方程、运动方程和力学关系分别为：

$$V=\frac{\mathrm{d}M}{\mathrm{d}x},\ q=-\frac{\mathrm{d}V}{\mathrm{d}x} \tag{1}$$

$$\varphi=\frac{\mathrm{d}w}{\mathrm{d}x}-\gamma,\ k_{\mathrm{c}}=-\frac{\mathrm{d}\varphi}{\mathrm{d}x}=-\frac{\mathrm{d}^2\varphi}{\mathrm{d}x^2}+\frac{\mathrm{d}\gamma}{\mathrm{d}x} \tag{2}$$

$$M=EIk_{\mathrm{c}},\ V=\kappa GA\gamma \tag{3}$$

其中，M 为弯矩；V 为剪力；q 为外荷载；w 为梁中性轴位移；γ 为剪切角；φ 为截面旋转角；k_{c} 为中性轴曲率；E 为梁的弹性模量；I 为梁截面二次矩；G 为梁剪切模量；A 为梁截面面积；κ 为剪切系数；EI 为弯曲刚度；κGA 为剪切刚度（κA 可表示为 A_{s}，即截面剪切面积）。

为了克服 Timoshenko 梁的剪切自锁问题，Kiendl 等[4] 推导了 Timoshenko 梁的单变量控制方程。梁中性轴的位移 w 由弯矩引起的弯矩位移 w_{b} 和剪力引起的剪切位移 w_{s} 组成：

$$w=w_{\mathrm{b}}+w_{\mathrm{s}} \tag{4}$$

用 w_{b} 表示的 Tomoshenko 梁的微分方程可写成：

$$EI\frac{\mathrm{d}^4w_{\mathrm{b}}}{\mathrm{d}x^4}=q \tag{5}$$

则，Timoshenko 梁所有变量可用 w_{b} 表示如下：

$$w_{\mathrm{s}}=-\frac{EI}{\kappa GA}\frac{\mathrm{d}^2w_{\mathrm{b}}}{\mathrm{d}x^2},\ w=w_{\mathrm{b}}-\frac{EI}{\kappa GA}\frac{\mathrm{d}^2w_{\mathrm{b}}}{\mathrm{d}x^2} \tag{6}$$

$$\varphi=\frac{\mathrm{d}w_{\mathrm{b}}}{\mathrm{d}x},\ \gamma=-\frac{EI}{\kappa GA}\frac{\mathrm{d}^3w_{\mathrm{b}}}{\mathrm{d}x^3} \tag{7}$$

$$M=-EI\frac{\mathrm{d}^2w_{\mathrm{b}}}{\mathrm{d}x^2},V=-EI\frac{\mathrm{d}^3w_{\mathrm{b}}}{\mathrm{d}x^3} \tag{8}$$

2.2 Timoshenko-Winkler 弹性地基梁解

采用两阶段法分析，首先估计隧道开挖引起既有隧道轴线处的土体自由位移 w_{g}，然后计算既有隧道对该位移荷载的响应。将隧道视作 Winkler 地基上的等效 Timoshenko 梁，假定隧道始终与周围土体接触，则隧道-土相互作用控制方程如下：

$$EI\frac{\mathrm{d}w_{\mathrm{b}}^4}{\mathrm{d}x^4}-k\frac{EI}{\kappa GA}\frac{\mathrm{d}w_{\mathrm{b}}^2}{\mathrm{d}x^2}+kw_{\mathrm{b}}=kw_{\mathrm{g}} \tag{9}$$

其中，k 为 Winkler 地基模量。

采用有限差分法对上式进行数值求解。如图 1 所示，Timoshenko 梁的长度为 L，被划分为 n 个单元（共 $n+5$ 个节点，包括两端的 4 个虚节点）。结合自由边界条件，即假定由公式（8）得到的弯矩和剪力为 0，可得如下求解矩阵：

$$([S]+[K_{\mathrm{s}}][S_{\mathrm{T}}]+[K_{\mathrm{s}}])\{w_{\mathrm{b}}\}=[K_{\mathrm{s}}]\{w_{\mathrm{g}}\} \tag{10}$$

其中，$[S]$ 为隧道弯曲刚度矩阵；$[K_{\mathrm{s}}]$ 为 Winkler 刚度矩阵；$[S_{\mathrm{T}}]$ 为有限差分刚度矩阵。

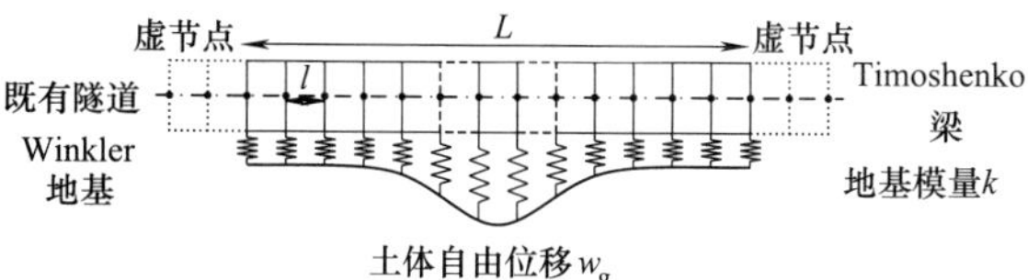

图 1　Winkler 方法的图示

Fig. 1　Schematic of Winkler method

本文采用 Peck[5] 提出的高斯曲线描述隧道开挖引起的土体自由位移：

$$w_{\mathrm{g}}=s_{\max}\exp\left[-\frac{1}{2}\left(\frac{x}{i}\right)^2\right] \tag{11}$$

其中，$s_{\max}$ 为最大沉降；x 为到隧道中心的距离；i 为反弯点到隧道中心的距离。

采用 Yu 等[6] 提出的 Winkler 模量公式来描述隧道与土的相互作用：

$$\begin{cases} k=\dfrac{3.08}{\eta}\dfrac{E_{\mathrm{s}}}{1-\nu^2}\sqrt[8]{\dfrac{E_{\mathrm{s}}D^4}{EI}} \\ \eta=\begin{cases} 2.18 & z/D\leqslant 0.5 \\ 1+\dfrac{1}{1.7z/D} & z/D>0.5 \end{cases} \end{cases} \tag{12}$$

其中，E_{s} 为土的模量；D 为既有隧道外径；z 为既有隧道埋深；ν 为土的泊松比。

等效抗弯刚度 $(EI)_{\mathrm{eq}}$ 和等效剪切刚度 $(\kappa GA)_{\mathrm{eq}}$ 由下式计算[3]：

$$\begin{cases} (EI)_{\mathrm{eq}}=E_{\mathrm{c}}I_{\mathrm{c}}\dfrac{l_{\mathrm{s}}}{l_{\mathrm{s}}-\lambda l_{\mathrm{b}}+\lambda l_{\mathrm{b}}\dfrac{\cos\theta+\left(\theta+\dfrac{\pi}{2}\right)\sin\theta}{\cos^3\theta}} \\ \theta+\cot\theta=\pi\left(\dfrac{1}{2}+\dfrac{n_{\mathrm{b}}E_{\mathrm{b}}A_{\mathrm{b}}}{E_{\mathrm{c}}A_{\mathrm{c}}}\right) \end{cases} \tag{13}$$

$$(\kappa GA)_{\mathrm{eq}}=\xi\frac{l_{\mathrm{s}}}{\dfrac{\lambda l_{\mathrm{b}}}{n_{\mathrm{b}}\kappa_{\mathrm{b}}G_{\mathrm{b}}A_{\mathrm{b}}}+\dfrac{l_{\mathrm{s}}-\lambda l_{\mathrm{b}}}{\kappa_{\mathrm{c}}G_{\mathrm{c}}A_{\mathrm{c}}}} \tag{14}$$

接头的张开 Δ 和错台 δ 为：

$$\Delta=\frac{M\lambda l_{\mathrm{b}}}{E_{\mathrm{c}}I_{\mathrm{c}}}\frac{\cos\theta+(\pi/2+\theta)\sin\theta}{\cos^3\theta}(r_0+r_0\sin\theta) \tag{15}$$

$$\delta=l_{\mathrm{s}}\tan\frac{V}{(\kappa GA)_{\mathrm{eq}}} \tag{16}$$

其中，l_{s} 为隧道管片宽度；l_{b} 为螺栓长度；λ 为螺栓影响系数；θ 中性轴角度；E_{c} 为混凝土弹性模量；I_{c} 隧道截面二次矩；n_{b} 为纵向螺栓数量；E_{b} 为螺栓弹性模量；A_{b} 螺栓截面积；A_{c} 为隧道截面面积；r_0 为隧道外半径。

以上推导基于弯矩位移 w_{b} 的概念，不直接使用位移 w，使得 Winkler 解的控制方程更加简洁，无须额外定义复杂的参数，且能克服剪切自锁问题。参数的确定需结合地质勘测和实际隧道的结构参数。

3 方法验证与探讨

3.1 弹性理论解对比

Franza 和 Viggiani[7] 曾给出本问题的弹性理论解，提出用剪切系数 $Q=EI/GA_{\mathrm{s}}i^2$ 反应剪切的影响。图 2 对比了本文与该文献的计算结果。从图中可知，本文结果与文献[7] 保持较好一致性，说明本文方法和所选 Winkler 模量的合理性。

3.2 工程案例和有限元模拟对比

以深圳地铁 9 号线下穿 4 号线工程为背景[8]，建立

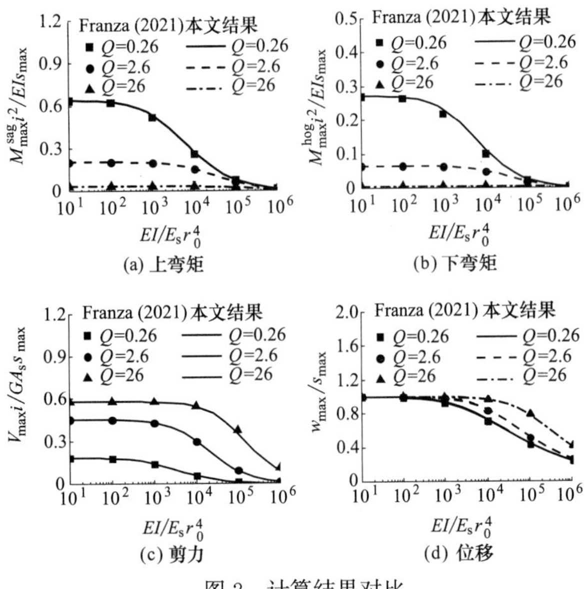
图 2　计算结果对比

Fig. 2　Comparison of results

精细化有限元模型，进一步验证本方法模拟隧道响应的能力。精细化有限元的建模方法参考文献［2］，其中，隧道-土相互作用采用 PSI 单元模拟。工程案例和有限元模型分别如图 3～图 5 所示，4 号线埋深 12m，9 号线埋深 20.5m。根据现场监测，地层损失为 0.42%，土体等效弹性模量为 62.5MPa[1]。既有隧道等效抗弯刚度为 7.78×10^{7} kN·m^{2}，等效剪切刚度为 2.61×10^{6} kN。

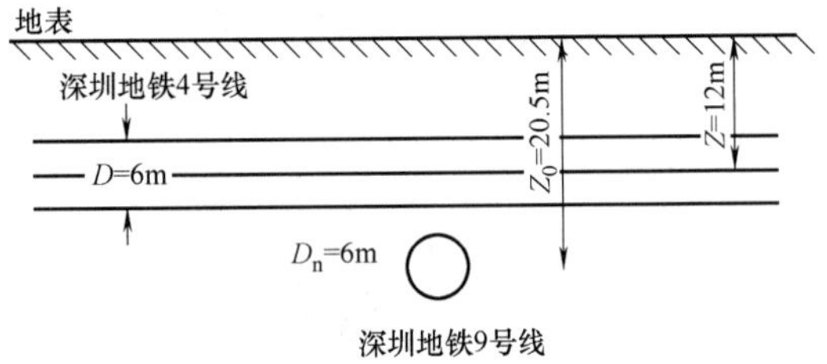

图 3　既有隧道与新建隧道图示

Fig. 3　Layout of existing tunnel and new tunnel

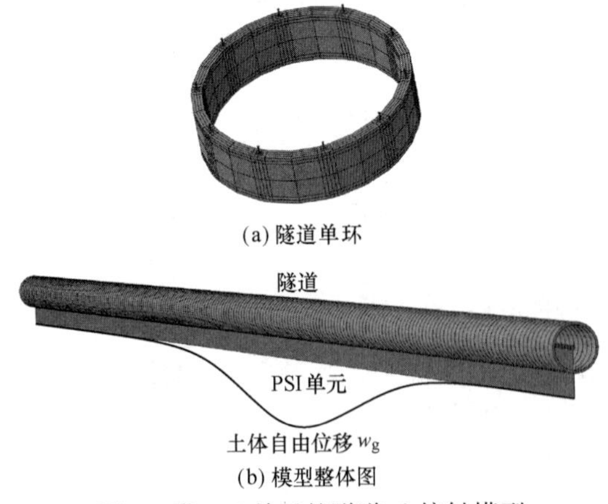

图 4　带 PSI 单元的隧道-土接触模型

Fig. 4　Tunnel-soil interaction model with PSI element

图 6 显示了有限元、Winkler 方法和现场实测的隧道沉降量。有限元与实测值基本吻合，表明本文建立的有限元模型能够对隧道接头进行合理的模拟。图 6 也证明 Winkler 方法的适用性。

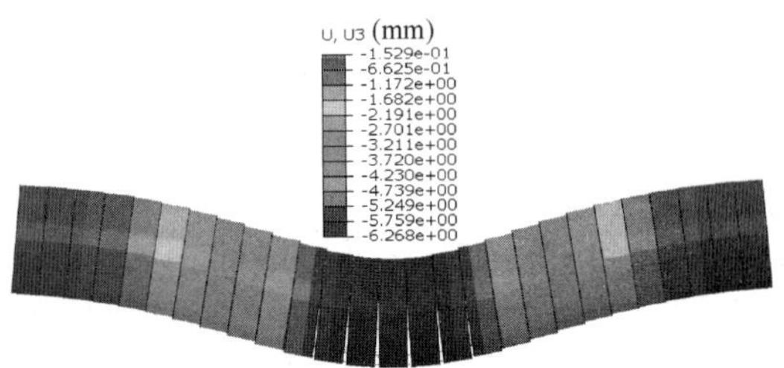
图 5　隧道变形云图

Fig. 5　Deformation contour of tunnel

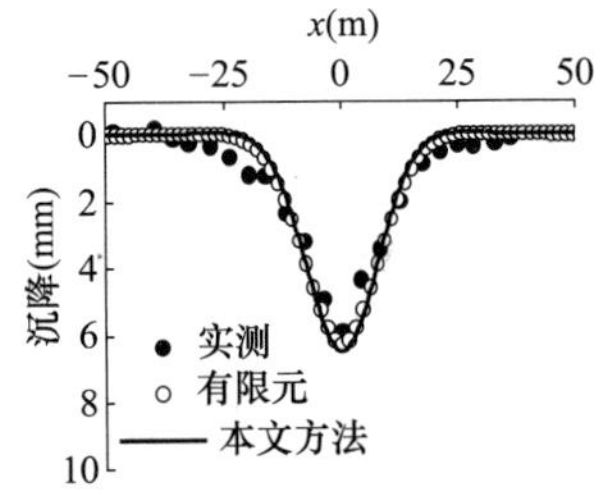

图 6　隧道沉降与数值和实测结果对比

Fig. 6　Tunnel settlements vs measured and numerical results

图 7 显示了从有限元和 Winkler 方法获得的接头张开量和错台量计算结果。Winkler 方法得到的错台量和张开量与有限元结果保持较好的一致性，略大于有限元。整体上，本文方法可获得较为合理的结果。

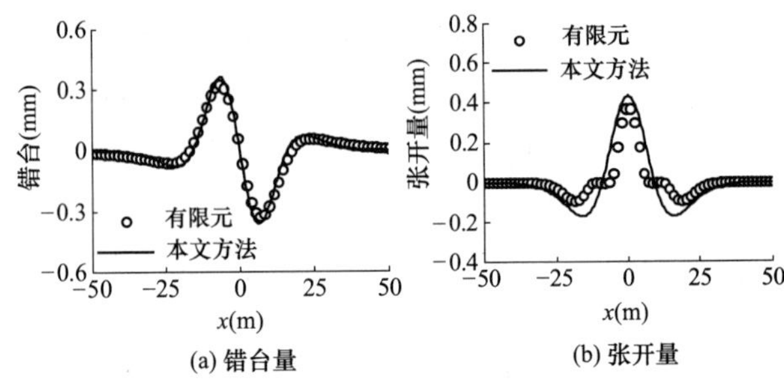

图 7　接头变形的计算值与数值结果对比

Fig. 7　Calculated joint deformations versus numerical results

为研究地层损失对隧道接头变形的影响，图 8 展示了隧道最大张开量随地层损失比的变化。参考 Vorster 等[1]的研究，考虑了土体刚度的非线性。随着地层损失的增大，最大张开量逐渐增大。根据盾构隧道工程设计标准[9]既有隧道附加张开量控制值为 2mm，当达到控制值

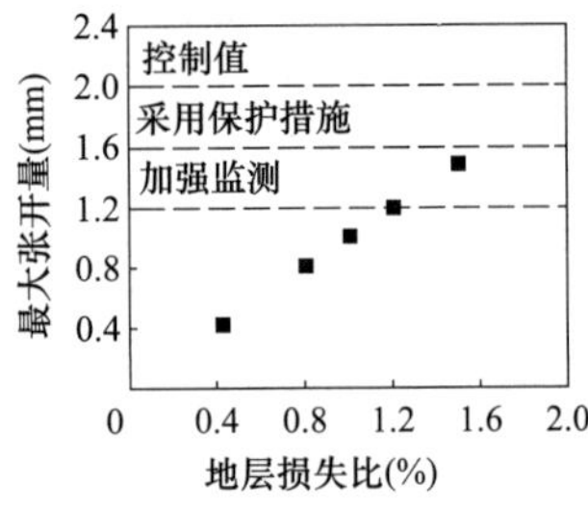

图 8　隧道最大张开量随地层损失的变化

Fig. 8　Maximum tunnel openings versus volume loss

60%时需加强监测，达到控制值80%时需采取保护措施。从图中可以看出，地层损失比宜控制在1%以内，保证地铁处于安全的运营状态。

4 结论

(1) 基于Timoshenko梁单变量控制方程推导了既有隧道对新建下穿隧道纵向响应的Winkler地基梁解，克服了Timoshenko梁的剪切自锁问题。

(2) 通过与弹性理论解对比，验证了本文方法的适用性，同时说明了Yu等[6]提出的Winkler地基模量的合理性。

(3) 利用精细化有限元对工程案例进行模拟。与实测对比，说明了精细化有限元能够有效反映盾构隧道纵向变形。对比Winkler方法和有限元计算的最大错台量和张开量，表明提出的Winkler方法能够合理地反映隧道纵向变形，尤其是接头变形。

(4) 参数研究表明，最大张开量随地层损失的增大而增大。为了保护既有盾构隧道，地层损失宜控制在1%以内。本文仅就一个工程分析，进一步可结合更多案例，考虑不同工程地质条件做广泛性研究。

参考文献：

[1] VORSTER T E, KLAR A, SOGA K, et al. Estimating the effects of tunneling on existing pipelines[J]. Journal of Geotechnical and Geoenvironmental Engineering, 2005, 131(11): 1399-1410.

[2] SHI C, CAO C, LEI M, et al. Effects of lateral unloading on the mechanical and deformation performance of shield tunnel segment joints[J]. Tunnelling and Underground Space Technology, 2016, 51: 175-188.

[3] CHENG H, CHEN R, WU H, et al. General solutions for the longitudinal deformation of shield tunnels with multiple discontinuities in strata[J]. Tunnelling and Underground Space Technology, 2021, 107: 103652.

[4] KIENDL J, AURICCHIO F, HUGHES T J R, et al. Single-variable formulations and isogeometric discretizations for shear deformable beams[J]. Computer Methods in Applied Mechanics and Engineering, 2015, 284: 988-1004.

[5] PECK R B. Deep excavations and tunneling in soft ground [C]//Proceedings of 7th International Conference of Soil Mechanics and Foundation Engineering. Mexico: State of the Art Report, 1969: 225-290.

[6] YU J, ZHANG C, HUANG M. Soil-pipe interaction due to tunnelling: Assessment of Winkler modulus for underground pipelines[J]. Computers and Geotechnics, 2013, 50: 17-28.

[7] FRANZA A, VIGGIANI G M B. Role of shear deformability on the response of tunnels and pipelines to single and twin tunneling[J]. Journal of Geotechnical and Geoenvironmental Engineering, 2021, 147(12): 04021145.

[8] JIN D, YUAN D, LI X, et al. An in-tunnel grouting protection method for excavating twin tunnels beneath an existing tunnel[J]. Tunnelling and Underground Space Technology, 2018, 71: 27-35.

[9] 中华人民共和国住房和城乡建设部盾构隧道工程设计标准：GB/T 51438—2021[S]. 北京：中国建筑工业出版社，2021.

预应力密排框架箱形结构优化设计及效益评估分析

郑文华[1, 2]，宫剑飞[3]，刘明保[3]
（1. 中国建筑科学研究院有限公司 地基基础研究所，北京 100013；2. 住房和城乡建设部防灾研究中心，北京 100013；3. 中国建筑科学研究院有限公司建筑机械化研究分院，北京 100007）

摘　要：从相同的使用空间及功能要求出发，对预应力密排框架箱形结构进行了系统的设计优化分析，进一步对框架梁宽度进行了优化。以普通钢筋混凝土框架箱形结构为基准，从经济、技术和环境效益的多维角度，对优化后的设计方案进行了对比。结果表明：在满足相同净宽、净高的使用功能要求前提下，预应力密排框架箱形结构的主材造价较普通钢筋混凝土框架箱形结构稍低或基本持平，但碳排放量降低约 10%。普通钢筋混凝土框架箱形结构和预应力密排框架箱形结构均能实现无柱大跨空间的要求，但预应力密排框架箱形结构一般不出现裂缝，耐久性较好，环境效益显著。

关键词：预应力；密排框架；大跨度；碳排放量；主材造价

作者简介：郑文华，女，1986，副研究员。主要从事地下结构性能研究。

Optimization analysis of prestressed and non-prestressed box structure with densified frame

ZHENG Wen-hua[1, 2]，GONG Jian-fei[3]，LIU Ming-bao[3]
（1. Institute of Foundation Engineering，China Academy of Building Research，Beijing 100013，China；2. Disaster Prevention Research Center，Ministry of Housing and Urban-Rural Development，Beijing 100013，China；3. Institute of Building Mechanization，China Academy of Building Research，Beijing 100007，China）

Abstract：Based on the same use space and functional requirements，the detailed design optimization analysis of prestressed box structure with densified frame and ordinary reinforced concrete box structure with densified frame is carried out. The width of the frame beam is optimized，and the comprehensive performance of the optimized design scheme is compared from the perspective of economic and environmental benefits. The results show that on the premise of satisfying the same net width and net height，the main material cost of prestressed box structure with densified frame is slightly lower than that of ordinary reinforced concrete box structure with densified frame，but the carbon emission is reduced by about 10%. Both ordinary reinforced concrete box structure with densified frame and prestressed box structure with densified frame can meet the requirements of long-span，column free and large space，but prestressed close packed frame box structure generally has no cracks，good durability and remarkable environmental benefits.

Key words：prestress；densified frame；large span；carbon emissions；cost of main materials

1　引言

随着双碳政策的提出，在进行建筑方案比较时，除考虑工程造价、施工难易程度、工期等因素外，还要考虑结构方案的碳排放量等。

前期作者所在研究团队已针对预应力密排框架箱形结构、预应力变截面板箱形结构、预应力筒壳结构、普通密排框架箱形结构 4 种方案，从裂缝宽度、施工难度、结构造价 3 个方面进行过比较分析[1-3]。本文将在此基础上，重点对预应力密排框架箱形结构进行细致的优化分析，并从经济、技术和环境效益的多维角度进行综合对比。

2　预应力和普通钢筋混凝土框架箱形结构

2.1　预应力密排框架箱形结构介绍

预应力密排框架箱形结构主要承重体系是由平行于区间断面，间距较密的框架组成。框架梁四角竖向加腋，纵向用板、墙和暗梁连系。框架结构采用预应力技术，板、墙构件采用非预应力钢筋混凝土。预应力筋束形为环形闭合曲线。平面图、剖面图及预应力束形见图 1。

2.2　普通钢筋混凝土框架箱形结构介绍

为分析预应力对密排框架箱形结构的影响，以及不同尺寸的优缺点，选取梁宽 500mm 的普通钢筋混凝土框架箱形结构作为对比依据。

普通钢筋混凝土框架箱形结构与预应力密排框架箱形结构形式一样，不同的是普通钢筋混凝土框架箱形结构中均为非预应力筋，截面尺寸较预应力密排框架箱形结构有所区别。框架梁四角竖向加腋，纵向用板、侧墙连系，形成箱形结构断面。其截面形式参见图 2。

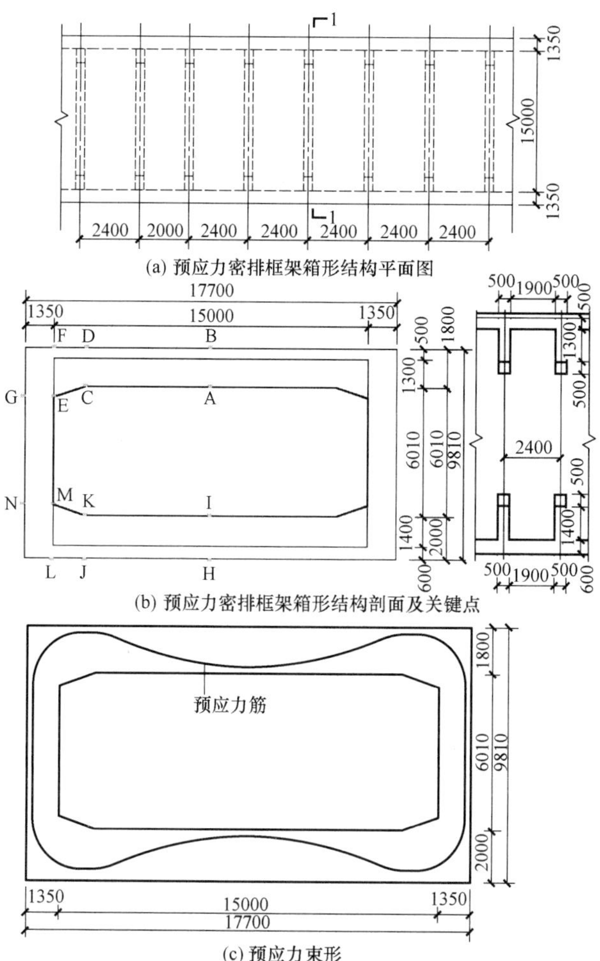

(a) 预应力密排框架箱形结构平面图

(b) 预应力密排框架箱形结构剖面及关键点

(c) 预应力束形

图 1　预应力密排框架箱形结构

Fig. 1　Prestressed box structure with densified frame

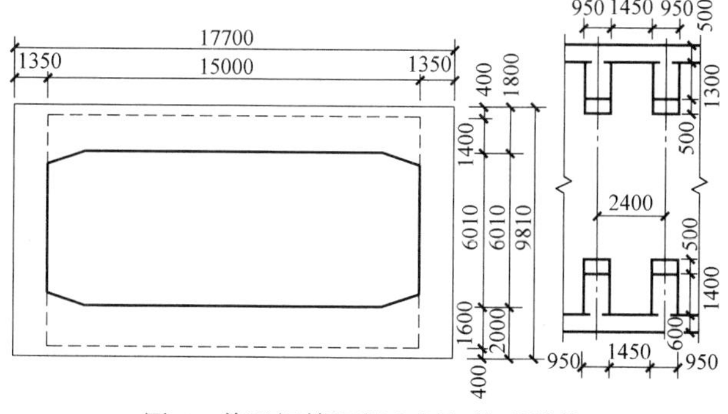

图 2　普通钢筋混凝土框架箱形结构

Fig. 2　Ordinary reinforced concrete frame box structure

3　尺寸优化分析

依据文克尔法有限元计算结果进行构件优化，并采用积分法根据应力自动计算弯矩。构件优化目标：暗柱/侧墙受力尽可能均匀；优化后的结构应满足使用要求；尽量降低施工难度，同时要尽量缩短工期；侧墙厚度尽可能薄，但在结构净宽一定的条件下要求最大拉应力不大于0，平均压应力与最大压应力分别不大于混凝土抗压强度的50%和80%，对C40抗压强度分别不大于9.55MPa和15.28MPa，以保证混凝土尽可能地接近弹性工作性能。即在满足各项功能要求的前提下，使得截面尺寸尽可能小。

前期已根据工程实际建设及使用要求进行了框架间距、侧墙厚度、顶梁高度、底梁高度和腋角尺寸的优化。初步确定结构净跨15m，净高6.01m，框架间距2.4m；顶框梁高1800mm，底框梁高2000mm，顶板厚400mm，底板厚400mm，侧墙厚1350mm。框架梁、板的竖向腋截面高×长为500mm×1500mm。因大模板施工需要，框架柱设计为暗柱，柱宽1000mm，预应力筋取$\phi^s15.2$。现进行框架梁宽度的尺寸优化，并根据不同的优化结果进行方案的配筋设计。

3.1　有限元模型简介

采用ANSYS软件建立1/2对称模型，对密排框架箱形结构进行弹性计算分析。其中，混凝土采用实体单元SOLID45模拟，钢筋采用link8单元模拟。在分析中采用实体力筋法中的约束方程法完成预应力钢筋的建模，预应力采用降温法进行模拟。计算模型如图3所示。

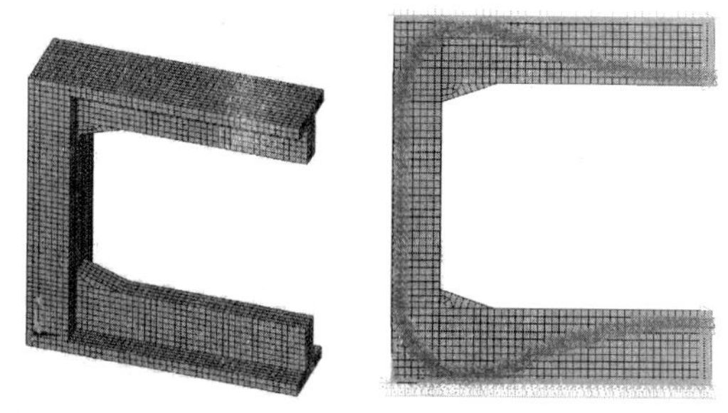

图 3　有限元分析模型

Fig. 3　Finite element analysis model

在进行荷载组合内力计算时仅考虑混凝土的作用，不考虑钢筋和预应力筋。

通过计算可知，地震作用参与的荷载组合对构件设计不起控制作用。在进行方案设计计算时，仅考虑以下几种组合：

标准组合1（DL1＋LL）——结构自重＋覆土自重＋地面超载；

标准组合2（DL2＋LL）——结构自重＋覆土自重＋水压力及浮力＋地面超载；

准永久组合1（DL1＋0.4＊LL）——结构自重＋覆土自重＋0.4×地面超载；

准永久组合2（DL2＋0.4＊LL）——结构自重＋覆土自重＋水压力及浮力＋0.4×地面超载；

基本组合1［1.1×（1.35×DL2＋1.4×0.7×LL）］—— 1.1×［1.35×（覆土自重＋抗浮水位侧土压力＋水压力＋结构自重）＋1.4×0.7×地面超载］；

基本组合2（1.2×DL2＋RF）——1.2×（覆土自重＋抗浮水位侧土压力＋水压力＋结构自重）＋1.0×人防荷载。

通过提取关键截面的内力值，进行配筋设计，要求截面满足承载力及正常使用的要求。以上6种组合方式下，基本组合2的结构内力最大，取该项组合作为承载力验算配筋设计的内力输入参数，而裂缝及挠度验算时选用准永久组合 2，截面设计由荷载效应准永久组合下迎土面抗裂控制，控制点位置在顶框梁上侧的 F 截面和侧墙上部外侧的 G 截面。计算完成后，提取关键截面内力。设计梁宽分别为 500mm、750mm、950mm 三种预应力密排框架箱形结构方案。

3.2 结构内力计算结果

梁宽 500mm 荷载组合弯矩（kN·m） 表 1

Load combination bending moment of 500mm wide beam（kN·m） Table 1

截面	标准组合 DL+LL		准永久组合		基本组合	
	DL1+LL	DL2+LL	DL1+0.4×LL	DL2+0.4×LL	1.1×(1.35×DL2+1.4×0.7×LL)	1.2×DL2+RF
顶梁跨中 A-B	4375.38	4902.42	3954.57	4481.61	6994.64	10266.26
顶梁支座 E-F	−3816.17	−4082.34	−3453.31	−3719.48	−5816.13	−8348.01
底梁跨中 H-I	−1284.59	−4153.12	−1169.02	−4037.55	−6088.99	−8962.72
底梁支座 L-M	229.55	2008.37	220.99	1999.81	2976.62	4560.21

梁宽 750mm 荷载组合弯矩（kN·m） 表 2

Load combination bending moment of 750mm wide beam（kN·m） Table 2

截面	标准组合 DL+LL		准永久组合		基本组合	
	DL1+LL	DL2+LL	DL1+0.4×LL	DL2+0.4×LL	1.1×(1.35×DL2+1.4×0.7×LL)	1.2×DL2+RF
顶梁跨中 A-B	4681.68	5220.85	4243.05	4782.22	7455.42	10891.55
顶梁支座 E-F	−3750.54	−3998.30	−3405.27	−3653.03	−5703.27	−8002.43
底梁跨中 H-I	−1484.58	−4231.99	−1347.23	−4094.64	−6191.33	−9342.91
底梁支座 L-M	118.53	1720.95	123.31	1725.73	2558.85	3916.70

梁宽 950mm 荷载组合弯矩（kN·m） 表 3

Load combination bending moment of 950mm wide beam（kN·m） Table 3

截面	标准组合 DL+LL		准永久组合		基本组合	
	DL1+LL	DL2+LL	DL1+0.4×LL	DL2+0.4×LL	1.1×(1.35×DL2+1.4×0.7×LL)	1.2×DL2+RF
顶梁跨中 A-B	4925.22	5450.56	4474.13	4999.47	7788.09	11310.20
顶梁支座 E-F	−3704.54	−3958.51	−3371.20	−3625.17	−5652.27	−7811.04
底梁跨中 H-I	−1760.61	−4300.15	−1602.79	−4142.33	−6278.67	−9587.25
底梁支座 L-M	144.24	1547.92	150.54	1554.22	2302.93	3519.78

4 配筋设计

预应力密排框架箱形结构配筋较普通钢筋混凝土结构复杂，需要进行预应力筋束形假定和张拉力假定，其具体设计流程如图 4 所示[5]。

首先通过名义拉应力法［式（1）］确定预应力筋的面积，然后根据平衡方程确定非预应力筋的面积，并经过承载能力验算、挠度验算、裂缝宽度验算，确定预应力密排框架箱形结构的配筋方案如表 4 所示。

$$A_p \geqslant \frac{\beta \frac{M_k}{W} - f_{tk}}{\left(\frac{1}{A} + \frac{e_p}{W}\right)\sigma_{pe}} \tag{1}$$

$$A_s \geqslant \frac{1}{3}\left(\frac{f_{py} h_p}{f_y h_s}\right) A_p \tag{2}$$

式中，A_p 为预应力筋截面面积；M_k 为荷载标准组合计算的弯矩；W 为构件截面受拉边缘的弹性抵抗矩；e_p 为预应力筋重心对构件截面重心的偏心距；A 为构件截面面积；σ_{pe} 为预应力筋有效预应力值；f_{tk} 为混凝土轴心抗拉强度标准值；β 为系数，对简支结构取为 1.0，对连续结构的负弯矩截面取为 0.9，对连续结构的正弯矩截面取为 1.2；A_s 为非预应力受拉钢筋面积；f_{py} 为预应力筋抗拉强度设计值；f_y 为非预应力筋抗拉强度设计值；h_p 为预应力筋合力点至截面受压边缘的距离；h_s 为非预应力受拉钢筋合力点至截面受压边缘的距离。

从表 4 可以看出，随着梁宽的增大，预应力筋的配筋面积逐渐增大。在相同梁宽的条件下，随着梁高的降低，预应力筋的配筋面积增大。

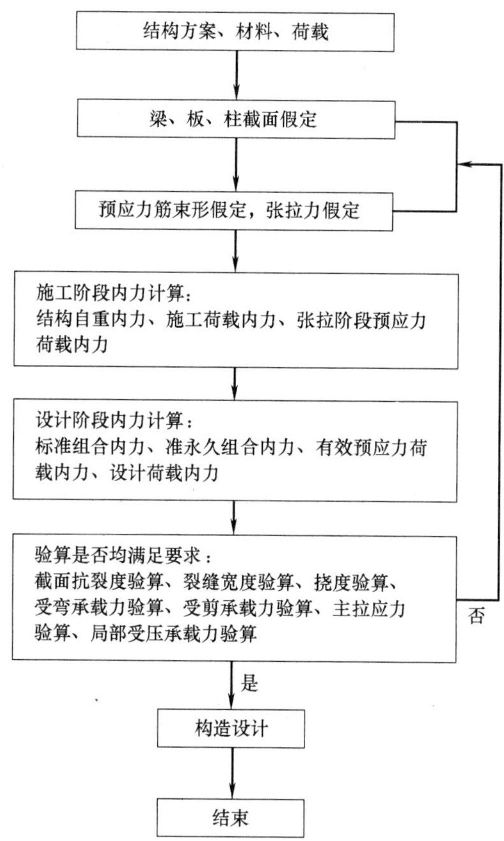

图 4　预应力密排框架箱形结构设计流程图

Fig. 4　Design flow chart of Prestressed box structure with densified frame

预应力方案构件主要配筋表　　表 4

Main reinforcement of prestressed structure　　Table 4

工况	顶梁配筋		底梁配筋		预应力筋配筋
	受压、受拉对称配筋	箍筋	受压、受拉对称配筋	箍筋	
梁宽 950mm，侧墙厚 1350mm	2,8ϕ32	5ϕ12@100/200	2,8ϕ32	5ϕ12@100/200	32ϕ15.2,A_p=4448
梁宽 750mm，侧墙厚 1350mm	2,8ϕ32	4ϕ12@100/200	2,8ϕ32	4ϕ12@100/200	31ϕ15.2,A_p=4309
梁宽 500mm，侧墙厚 1350mm	2,7ϕ32	4ϕ12@100/200	2,7ϕ32	4ϕ12@100/200	29ϕ15.2,A_p=4031
梁宽 500mm，侧墙厚 1350mm，顶梁高 1600mm，底梁高 1800mm	2,8ϕ32	4ϕ12@100/200	2,8ϕ32	4ϕ12@100/200	32ϕ15.2,A_p=4448

5　预应力方案控制截面应力

梁宽变化时应力的计算结果（MPa）　　表 5

Calculation results of stress with different beam width　　Table 5

	节点	A(X 向)	B(X 向)	C(X 向)	D(X 向)	E(X 向)	F(X 向)	E(Y 向)	G(Y 向)
梁宽 500mm	准永久组合	10.49	−6.19	−5.91	1.17	−11.14	3.05	−12.92	4.34
	预应力	−12.84	2.45	3.52	−6.48	1.91	−2.70	2.60	−5.07
	综合应力	−2.35	−3.74	−2.39	−5.31	−9.23	0.35	−10.32	−0.73
	节点	H(X 向)	I(X 向)	J(X 向)	K(X 向)	L(X 向)	M(X 向)	M(Y 向)	N(Y 向)
	准永久组合	−4.67	7.16	−0.17	−2.51	1.42	−7.19	−8.62	2.52
	预应力	2.53	−11.80	−6.14	3.12	−2.42	2.04	2.56	−4.39
	综合应力	−2.14	−4.64	−6.31	0.61	−1	−5.15	−6.06	−1.87

续表

	节点	A(X 向)	B(X 向)	C(X 向)	D(X 向)	E(X 向)	F(X 向)	E(Y 向)	G(Y 向)
梁宽 750mm	准永久组合	8.16	−5.71	−3.73	0.84	−8.91	2.30	−11.55	4.47
	预应力	−9.74	2.35	2.11	−5.34	1.23	−2.64	1.68	−4.49
	综合应力	−1.58	−3.36	−1.62	−4.5	−7.68	−0.34	−9.87	−0.02
	节点	H(X 向)	I(X 向)	J(X 向)	K(X 向)	L(X 向)	M(X 向)	M(Y 向)	N(Y 向)
	准永久组合	−4.10	5.36	−0.33	−1.08	0.88	−5.32	−7.28	2.14
	预应力	2.43	−8.86	−5.02	1.87	−2.39	1.30	1.56	−3.75
	综合应力	−1.67	−3.5	−5.35	0.79	−1.51	−4.02	−5.72	−1.61
梁宽 950mm	节点	A(X 向)	B(X 向)	C(X 向)	D(X 向)	E(X 向)	F(X 向)	E(Y 向)	G(Y 向)
	准永久组合	7.12	−5.79	−2.81	0.55	−7.84	1.95	−10.80	4.37
	预应力	−8.23	2.34	1.57	−4.65	0.96	−2.34	1.26	−4.12
	综合应力	−1.11	−3.45	−1.24	−4.1	−6.88	−0.39	−9.54	0.25
	节点	H(X 向)	I(X 向)	J(X 向)	K(X 向)	L(X 向)	M(X 向)	M(Y 向)	N(Y 向)
	准永久组合	−4.04	4.56	−0.60	−0.47	0.58	−4.49	−6.61	1.94
	预应力	2.42	−7.46	−4.34	1.40	−2.11	1.00	1.11	−3.39
	综合应力	−1.62	−2.9	−4.94	0.93	−1.53	−3.49	−5.5	−1.45

注：综合应力＝荷载准永久组合值＋预应力等效荷载值。表中应力的计算结果，拉应力为正值，压应力为负值。X 向为水平向，密排框架宽度方向；Y 向为竖直向，密排框架高度方向。

从控制截面应力可以看出，预应力方案各关键点应力均不超过混凝土的抗拉强度，结构在正常使用状况下一般不出现裂缝（表 5）。

在进行配筋设计时，普通钢筋混凝土框架箱形结构方案是采用裂缝宽度作为控制标准的，即在迎土面最大裂缝宽度限值为 0.2mm，在非迎土面最大裂缝宽度限值为 0.3mm。预应力密排框架箱形结构方案是采用拉应力作为控制标准的，即最大拉应力不超过混凝土抗拉强度，结构不产生裂缝。

6 经济、技术、环境效益等对比分析

从建材造价的角度进行普通钢筋混凝土框架箱形结构方案和预应力密排框架箱形结构方案经济效益的比较分析（表 6），并根据《建筑碳排放计算标准》GB/T 51366—2019[6] 附录 D 进行碳排放量估算（表 7），其中混凝土的碳排放量取 340kg CO_2 e/m^3，钢筋的碳排放量取 2340kg CO_2 e/t。

经济效益估算表 **表 6**

Economic benefit estimation **Table 6**

方案	顶梁钢筋用量(kg/榀)	底梁钢筋用量(kg/榀)	混凝土用量(m^3/榀)	预应力筋用量(kg/榀)	钢筋造价(元/榀)	混凝土造价(元/榀)	主材造价合计(元/榀)	主材相对造价比
普通方案梁宽 500mm，侧墙厚 1350mm	5336.35	4442.85	115.62	0.00	63564.77	72145.63	135710.41	1.00
预应力梁宽 950mm，侧墙厚 1350mm	3238.87	3238.87	136.54	1775.55	68028.33	85203.46	153231.78	1.13
预应力梁宽 750mm，侧墙厚 1350mm	2945.83	2945.83	127.24	1775.55	64218.81	79400.26	143619.06	1.06
预应力梁宽 500mm，侧墙厚 1350mm	2655.86	2655.86	115.62	1775.55	60449.14	72145.63	132594.78	0.98
预应力梁宽 500mm，侧墙厚 1350mm，顶梁高 1600mm，底梁高 1800mm	2772.67	2772.67	112.62	1768.32	61862.28	70273.63	132135.91	0.97

注：混凝土单价为 624 元/m^3，普通钢筋单价为 6.5 元/kg，预应力筋单价为 14.6 元/kg。

碳排放量估算表　　表7

Carbon emission estimation　　Table 7

工况	顶梁钢筋用量(kg/榀)	底梁钢筋用量(kg/榀)	混凝土用量(m^3/榀)	预应力筋用量(kg/榀)	钢筋碳排放(kg/榀)	混凝土碳排放(kg/榀)	碳排放合计(kg/榀)	相对碳排放
普通方案梁宽500mm，侧墙厚1350mm	5336.35	4442.85	115.62	0.00	22883.32	39310.12	62193.44	1.00
预应力梁宽950mm，侧墙厚1350mm	3238.87	3238.87	136.54	1775.55	19312.70	46424.96	65737.66	1.06
预应力梁宽750mm，侧墙厚1350mm	2945.83	2945.83	127.24	1775.55	17941.27	43262.96	61204.23	0.98
预应力梁宽500mm，侧墙厚1350mm	2655.86	2655.86	115.62	1775.55	16584.20	39310.12	55894.32	0.90
预应力梁宽500mm，侧墙厚1350mm，顶梁高1600mm，底梁高1800mm	2772.67	2772.67	112.62	1768.32	17113.98	38290.12	55404.10	0.89

通过主材造价的经济效益分析可以看出，普通钢筋混凝土结构和预应力结构两种方案的主材造价均随着梁宽的增加而增加；预应力密排框架箱形结构方案在梁宽不变的情况下，还可进行梁高的优化，进一步降低主材造价。相同截面尺寸的普通钢筋混凝土框架箱形结构较预应力结构方案造价稍高。在碳排放量的环境效益分析中可以看出，相同截面尺寸的预应力结构方案较普通钢筋混凝土框架箱形结构方案的碳排放量降低约10%，预应力结构方案具有较为显著的环境效益。

7 结论

(1) 对于本工程而言，在满足相同净宽、相同净高的使用功能要求前提下，预应力密排框架箱形结构的主材造价较普通钢筋混凝土框架箱形结构稍低，经济效益较好；且预应力密排框架箱形结构的碳排放量较普通钢筋混凝土框架箱形结构降低约10%，具有较显著的环境效益。

(2) 普通钢筋混凝土框架箱形结构为满足承载力及裂缝宽度的要求，截面配筋密度较大，施工难度稍大，且在正常使用的工况下结构出现裂缝，耐久性较差；预应力密排框架箱形结构采用的是拉应力控制标准，结构一般不产生裂缝，耐久性好。

(3) 普通钢筋混凝土框架箱形结构和预应力密排框架箱形结构均能实现无柱大跨空间的要求，预应力密排框架箱形结构的正常使用性能优于普通钢筋混凝土框架箱形结构。在实际方案选取时应综合考虑造价、环境影响、施工难易程度、工期等多种因素。

参考文献：

[1] 北京地铁地下结构预应力技术应用研究报告[R]. 北京：中国建筑科学研究院，2012.

[2] 聂永明，刘明保，李志文. 地铁明挖区间无柱大空间结构体系的研究[J]. 建筑科学，2012，28(7)：71-74.

[3] 刘明保，聂永明，乐贵平，等. 某区间预应力密排框架箱形结构与常规结构的性能对比[J]. 建筑科学，2012，28(S1)：312-315.

[4] 中华人民共和国住房和城乡建设部. 混凝土结构设计规范：GB 50010—2010[S]. 北京：中国建筑工业出版社，2011.

[5] 李东彬，代伟明. 预应力混凝土结构设计与施工[M]. 北京：中国建筑工业出版社，2020.

[6] 中华人民共和国住房和城乡建设部. 建筑碳排放计算标准：GB/T 51366—2019[S]. 北京：中国建筑工业出版社，2019.

岩土测试

支护工程智能化监测的应用与展望

施　峰，黄　阳
（福建省建筑科学研究院有限责任公司，福建 福州 350028）

摘　要： 以基坑支护工程和边坡支护工程为例，说明了支护工程智能化监测的必要性和优点，对智能化监测系统的三个核心环节：监测数据的采集、传输、分析与反馈进行了阐述和分析。重点探讨了支护工程智能化监测中体现"智能化"的采集和预测环节的核心问题。创新地提出了智能短期增频和基于时序的智能分段预测方法，为智能化监测的规范化提供了方案。文章还探讨了合理利用海量数据的伦理和方向。

关键词： 支护工程；智能化监测；智能化采集；智能化预测；增频采集；分段预测

作者简介： 施峰（1964—），男，总工，主要从事岩土工程方面的研究。

Application and prospect of intelligent monitoring in support engineering

SHI Feng，HUANG Yang
（Fujian Academy of Building Research Co. Ltd.，Fujian Fuzhou 350028，China）

Abstract： Taking foundation pit supporting engineering and slope supporting engineering as examples，the necessity and advantages of intelligent monitoring of supporting engineering are illustrated，and the key parts of monitoring data collection，transmission，analysis and feedback，which are the three core links of intelligent monitoring system，are expounded and analyzed. This paper focuses on the core problems of intelligent collection and prediction in the intelligent monitoring of support engineering，and creatively puts forward the intelligent short-term frequency increment method and the intelligent segmented prediction method based on time sequence，which provides a scheme for the standardization of intelligent monitoring. The paper also discusses the ethics and direction of rational use of mass data.

Key words： support engineering；intelligent monitoring；intelligent acquisition；intelligent prediction；enhance frequency acquisition；segment prediction

1　引言

支护工程是为保证主体结构施工、使用及周边环境的安全，对侧壁及周边环境采用的支挡、加固与保护措施。支护工程有许多细分领域，建筑工程中最常见的是边坡和基坑支护工程[1,2]，这些工程均需要进行设计和监测，有各自的监测规范[3,4]。

随着城市化进程不断推进，各种大型复杂的深基坑支护、高边坡支护工程不断增多，在施工和使用过程中往往需要对其进行高频、持续监测，一旦发现支护结构或周边环境变化异常，将迅速预警，为工程建设提供安全保障。

近年来，支护工程的监测已由传统的人工手动监测逐渐向远程监测发展，远程监测的最大优势是监测数据的实时性，同时，监测频率要求较高的监测项目和人工监测难以按要求实施的项目也是适合采用远程监测的。有些文献提到的自动化监测，比较难以界定，以至于出现所谓"半自动化监测"这样的模糊概念，本文对这个名词予以回避，但其主要方法和思路仍有许多可以借鉴之处。比如，金亚兵等对边坡与基坑的自动化监测进行了比较全面的总结，特别是在监测数据处理与预警方面，总结了多种适合于支护工程监测的数据处理与预测的算法[5]；吴刚等对桥梁智慧运维进行了总结，特别是总结了大数据计算方法、基于机器学习的评估与预警技术、智慧运维决策等[6]；广东省住房和城乡建设厅发布的《基坑工程自动化监测技术规范》对远程监测的细节进行了规定[7]。

随着监测方法的改进、优化及工程量的积累，获取了海量监测数据，而数据就是生产力，如何利用好这些数据，更好地为工程建设服务，支护工程的智能化监测就应运而生了。黄晓程等对深基坑工程的智能化监测发展现状与趋势进行了简要的叙述，提出了一些展望[8]。但以上参考文献均未实质性地指明智能化监测的核心在何处，智能化的边界能力能达到什么程度，算法的可靠性如何判断。

2　智能化监测的必要性和优点

支护工程的实际工作状态与设计工况往往存在一定的差异，所以在理论分析指导下有计划地进行支护工程监测十分必要。除设计、施工原因外，根据国内外典型的支护工程事故的原因分析，支护工程监测工作的不规范、不及时、数据判断不专业往往也是事故的原因之一，为保证支护工程的安全，这些问题都亟待解决。

人工监测在技术层面上，普遍存在监测频率低、数据提供不及时的缺点，岩土工程受外界条件影响很大，有些支护的坍塌发生在很短的时间内，但人工监测一天两次已是极限，这在很多情况下远远达不到技术要求；在经济层面上，不但人力成本过高，而且面临激烈的市场竞争，监测利润越来越低，很容易引发数据造假；在安全层面上，监测人员在一些危险的现场条件下，人身安全有很大的风险；在健康层面上，过于繁重的单调工作对监测人员生理、心理健康也不利，不符合 HSE 体系（健康、安全、环境体系）的要求。

自 20 世纪 90 年代起，我国开始研发远程监测，通过借助采集系统数字化及通过网络、卫星、通信系统的远程传输，逐步实现远程采集和信息传输，并可根据事先设定的阈值进行预警。从而达到了高频次安全采集的目的。

随着远程监测的广泛应用后，增加监测频率几乎不增加成本，高频监测产生了大量的数据，后续的人工数据分析的低效率也成为一个瓶颈，影响了报告及预警的及时性、准确性。因此，人工智能的引入是大势所趋。智能化就是要求通过积累的海量数据，配合计算机的算力，采用机器学习等算法，推荐最优的下一步行动选择。因此，智能化监测有助于支护变形等趋势的分析，以便提前做好准备，从容应对。智能化监测还有助于大数据的积累，对监测技术的提高乃至支护设计水平的提高有很好的指导、参考作用。

支护工程智能化监测的数据采集智能化、传输实时化、网络安全化、数据分析智能化，从而能很好地降低支护监测人力成本和强度、提高监测的抗风险能力（恶劣天气、疫情等的影响），保证支护工程及周边环境的安全，并为优化设计、施工方案，发展支护工程设计理论提供更好的手段。

3 智能化监测系统

支护工程智能化监测系统是综合人工智能技术、通信技术及传感器技术等构建的监测系统，实现监测数据的远程智能采集、传输、智能分析和预警。智能化数据采集子系统，现场采集后的数据应通过远程通信子系统传送到监测单位，当需要监管时，同时传送到监管单位。数据分析、反馈子系统的作用是对采集的数据进行规范化整理，合理地去除的噪点，并进行数据图表绘制，并结合人工智能技术进行趋势判读和预警。智能化监测系统还具有对设备、电源、通信等硬件的工作状态进行自动监控和诊断，对硬件异常状态自动报警的功能。

支护工程智能化监测系统构成如表 1 所示。

支护工程智能化监测系统中体现“智能化”的主要是智能化采集和智能化预测两个环节。

3.1 智能化的伦理和基本原则

人工智能高度发展，从实验室走入社会、走向应用，机器不再是单纯的工具，而有可能帮助甚至部分替代人进行决策，如驾驶汽车、诊断病情、教授知识、检验产品等。与此同时，人工智能对社会治理、伦理道德、隐私保护等方面的挑战也随之而来。与技术快速走在前面相比，相关的法律规范、社会公德、行为习惯、社会治理构建则相对滞后。习近平同志指出，“要整合多学科力量，加强人工智能相关法律、伦理、社会问题研究”。只有建立完

支护工程智能化监测系统的构成　表 1

Construction of intelligent monitoring system for supporting engineering　Table 1

子系统	设备、软件或服务
智能化采集子系统	传感器或测点埋设件 数据采集设备 智能数据采集、汇总
远程通信子系统	网络设备 通信协议
智能化分析反馈子系统	智能趋势分析 智能反馈(含监测数据预警、运行状况报警) 智能展示 监测报告
电源子系统	电源(自备电源或市电) 电缆

善的人工智能伦理规范，处理好机器与人的关系，我们才能更好、更多地获得人工智能红利，让技术造福人类。当前，我国在人工智能技术研发和应用方面走在国际前列，但关于人工智能伦理的探讨还刚刚起步。我们应为人工智能伦理确立一些“原则意识”，如：最高原则是安全可控；创新愿景是促进人类更平等地获取技术和能力；存在价值是教人学习、让人成长，而不是超越人、取代人；终极理想是为人类带来更多自由和可能。此外，在信息推荐、自动驾驶、虚拟现实等热点领域，设计主体在产品设计和业务运营中也应积极探索，让人工智能提供的信息和服务助人成长。我们应加快人工智能伦理研究步伐，积极参与全球人工智能伦理原则的研究和制定，及早识别禁区，让技术创新更好地造福人类，为全球人工智能伦理研究贡献中国智慧。

人工智能基础包括哲学、数学、经济学、神经科学、心理学、计算机工程、控制论，语言学等多门学科，但从根本上说，是一种统计学，必须以大数据分析作为根本，进行学习迭代。而这一切，都要符合各自学科的基本规律，都是有一定界限和可能性的。在支护工程监测的趋势分析上，就是要符合岩土工程的基本规律。

应该承认，一位合格的监测工程师，在正常状态下，是可以按时、准确地完成监测工作的。但人类都有一些体力、脑力极限，因此，人工智能的主要任务是减轻人类的工作量，而不是超越人类。

目前，已经有一些智能化预测算法，这些预测算法进行研究、判断，结合建筑基坑的实际特点，下列是其中一些较为成熟、可靠的算法：

回归分析（多元线性回归）算法；时间序列分析算法；灰色系统分析模型算法；Kalman 滤波模型算法；人工神经网络模型（前馈、反馈型）算法。其中，相对更加成熟和有发展前景的是人工神经网络模型，它是监测数据为样本，对其进行不断地训练，直到得到所期望的输出模式为止，也称误差反向传播神经网络。

这些算法都可以用来进行趋势预测软件的开发，也可以有新的算法，但基本原则都是要能符合岩土工程的基本规律。

人工智能对海量数据寻求规律是其优势所在，其目

的其实是精确化预警的阈值。即原本低频监测的比较“保守”的预警值能否在智能监测时采用更“精确”的预警值来预警？当然这是基于智能监测更高的监测频度和海量数据归纳的基础上，比如，结合工程实际要素（工程地质在某种黏土为主的地质在干旱季节可以适当放宽变形的预警值）。这也就是“先有鸡还是先有蛋”的问题，解决的方案也只能先按现有标准进行预警，但同时，现有标准多数数据来自低频的人工采集产生的经验数据，应当承认其局限性，逐步接纳智能化系统的“精确”数据。另外，海量数据中可以寻找到相关的关系，经过研究，可以找到替代方案，比如：采用多个成本低、便于安装、不易破坏的传感器，监测另一个参数代替原本不易或成本较高的参数。这些都是通过大数据的挖掘可以做到的。

3.2 智能化采集

3.2.1 监测数据的采集

智能化采集系统应具有将各种监测仪器及传感器所采集的信号，转换为监测结果物理量的功能；为满足各个系统平台之间的数据传输，不造成数据孤岛，系统平台应具备数据对接接口及数据采集装置与系统平台之间进行双向数据通信的功能；智能化监测采集端一般在室外，难免有破坏的可能，因此，应具有人工监测数据录入的功能，当发现损坏时，应当说明情况，并及时将人工监测数据录入系统。另外，有些监测仪器较为昂贵，不适合长期放置在现场，也需要由人工监测后将数据录入系统，保证数据的完整性，并有利于进行后期的智能化处理。

3.2.2 智能化采集常用的方法

支护工程智能化监测的项目繁多，但最常见的是形（位）变监测和力变监测。表 2 给出了智能化采集常用的方法。

3.2.3 采集的智能化

智能化监测系统所采集的数据，必须是真实、完整的，但由于传感器、采集设备、数据传输等环节上，无论是静态测量还是动态测量，由于测量设备本身、数据传输或者人工操作等原因，都可能产生某些错误监测数据，工程上称为异常数据，有些在量级上与正常监测量相差很大（明显异常值），有些虽然量级上没有显著差别，但其误差超越了该设备正常的测量误差范围（小异常值）。

在一般采集系统中，明显异常值也被采集并在后期进行筛除。而这种筛除，就会导致数据的缺失，给后期分析判断增加了难度。

工程上一般将绝对值大于 3 倍中误差的监测误差，认定为粗差。但现场突变数据也有可能是正常工序改变了工况造成的，因此，如果是持续的变化，也不能够直接剔除。这时，智能化采集就可以在突变数据出现后的一个时间段内暂时提高采集频率，采集更多数据，通过变化规律，系统可以智能区分粗差和正常数据变化；同时，短期提高采集频率也可以避免部分剔除粗差时产生的数据缺失。

在图 1 的示例中，第 4 时刻采集到突变数据，系统智能在紧接的短暂时刻内采集了 3 个数据，作为第 4 时刻数据的检验。

智能化采集方法 表 2

Intelligent collection method Table 2

监测大类	监测项目	数据采集设备	传感器或测点埋设件
位（形）变监测	水平位移	智能全站仪	测墩、棱镜
		激光位移计	接收标靶
		GNSS 接收机	测墩
	竖向位移	智能型全站仪	测墩、棱镜
		静力水准仪	传感器
		数字水准仪	铟钢尺
		GNSS 接收机	测墩
	土层分层竖向位移	读数仪	多点位移计
	深层水平位移	固定式测斜仪	测斜传感器
		绞盘式自动测斜仪	测斜传感器
	倾斜	智能型全站仪	测墩、棱镜
		倾斜数据采集仪	倾斜计
		静力水准仪	—
	裂缝	裂缝数据采集仪	裂缝计
力变监测	支护结构内力	应变数据采集仪	振弦式、电阻式、电容式或光纤式传感器
其他监测	土压力	电阻应变仪和钢弦频率计	应变片式或振弦式土压力计
	锚杆拉力	锚杆拉力采集仪	锚杆测力计、锚杆应力计
	孔隙水压力	孔隙水压力数据采集仪	孔隙水压力计
	地下水位	水位数据采集仪	渗压计、水位传感器
	振动	爆破测振仪	拾振传感器
	温度	温湿度采集仪	温度计、温度传感器
	湿度	温湿度采集仪	湿度计
	图像	图像采集系统	相机、摄像机
	视频	视频采集系统	摄像机

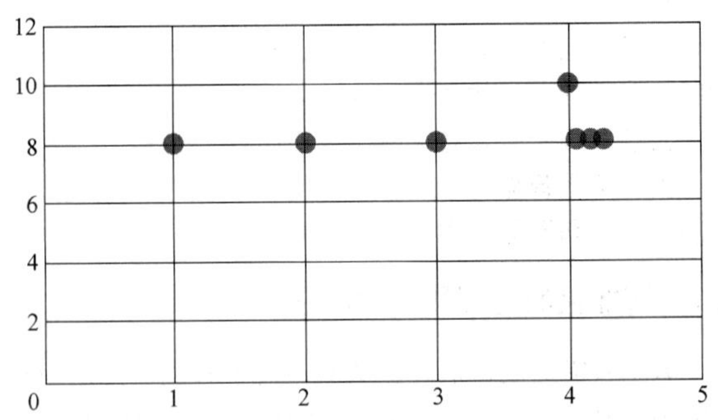

图 1 智能化增频采集示意图

Fig. 1 Schematic diagram of intelligent frequency increase acquisition

3.3 数据传输

智能化监测系统网络拓扑结构宜为星形（图 2），由监测中心、传输网络、采集系统、监测对象和客户端等组成。

智能化监测系统的远程通信体系宜基于“区块链”技术进行搭建。因为“区块链”技术有下列特点：

(1) 去中心化，分析和预警在云端自动进行，避免人为干涉；

(2) 不容篡改，监测原始数据实时上传，不容后期数据篡改；

(3) 高度自治，监测时间和地点多重印证，防止篡改数据；

(4) 开放共享，在允许范围内，可提供视频和图片等及各种终端的观察、监管。

现场情况复杂，施工中常有移动的机械设备和人员，容易损坏牵拉的线缆，因此，只要无线网络稳定，现场网络尽量无线方式，可以选择无线局域网或电信运营商的网络。如果条件限制，必须采用有线网络时，线缆布置一定要合理，避开机械设备和人员行走的通道，还要进行防水、防潮等保护。

网络通信速率宜综合考虑构建现场网络的通信方式、现场的网络环境状况等因素，以通信稳定可靠为原则选定。

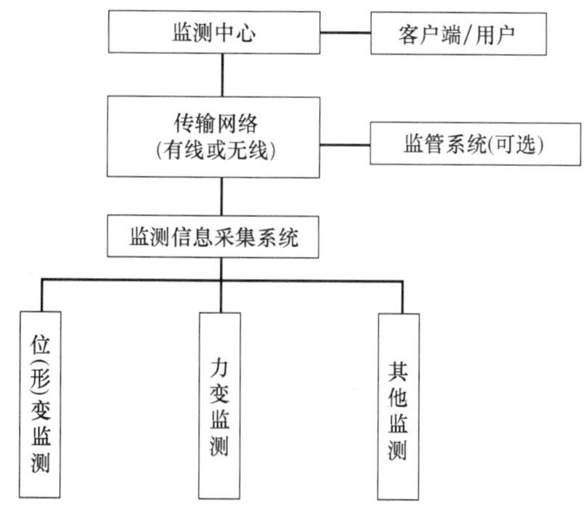

图 2　智能化监测系统网络拓扑结构

Fig. 2　Network topology of intelligent monitoring system

3.4　智能化趋势预测

智能化趋势预测，并非对原有预警机制的否定，而是在原有预警的基础上，增加预测，从而可以增加时间宽裕度，使得参建各方可以从容对应对可能出现的变化。

对于支护工程的预测，不可能天马行空地从大数据中寻找“规律”，因为部分关联度是无意义的，目前一般还是以时序为预测方向。而大数据寻找出来的“规律”也可以进一步进行筛查，寻找其中的价值。

趋势预测要建立在对历史监测资料进行科学分析的基础上才能得到比较合理的结果。科学的预测有：因果分析法（研究体系的变化原因来预测未来发展的结果）、类比法（类似体系结构和变化具有一定的相似变化规律）、统计分析法（以回归模型为主，通过分析已测数据的变化和外部因素之间的相关性，进行后续的预测。

各种预测算法尝试作为支护工程的预测算法时，应当进行应通过模拟样本测试。智能化监测测试样本应全面模拟不同支护结构形式、地质情况、水文情况、天气情况、施工进度、周边环境变化情况；其测试样本数据应准确、有效、连续、完整；测试样本数据还应包含有一定的极端情况，这样才能判断智能趋势分析算法的应变能力，保证算法的可靠。

趋势算法和实测数据偏离度突变时，有两种可能，一种是已知原因产生的，比如拆撑、大量降水等，这种情况下，工况性质已经变了，前一道工序的趋势预测算法不适用后一道工序，可以直接从这道工序开始新采集的数据上另寻规律进行预测，而寻找规律需要一定的数据量，因此在工序变化时应提高监测频率，在短时间内获取足够量的数据；另一种偏离是未知原因的，此时前期的数据依然有价值，不应舍弃，应调整趋势算法，连续预测。而当发生两次未知原因的偏离，则说明目前的算法不适合本工程的实际情况，趋势预测失效，应采取更严格的监测措施，比如长期提高监测频率及加强现场巡视。

4　展望

数据存储技术飞速发展，为智能化采集的海量数据存储提供了良好的技术支撑，将来，在数据存储上还将有提升，从而，对监测频率的限制会更小，可以进行更密集的采集。

同时，光伏技术、电池技术的提升，也为数据采集特别是高频度采集提供更好的支持。

随着 5G、物联网技术的提升，数据采集有望从复杂的多层次传输转变为直接传输，某一个采集点出现问题不影响其他数据的采集。

机器学习的实质是统计，通过学习相近土层条件、施工条件和支护形式的大数据的积累，使得针对支护工程的趋势预测算法的更加成熟，比如：某地区的典型地质条件是：填土、砂、深厚淤泥、黏土、风化岩等，其变形的数据，可以通过地理信息系统的整合，提供给类似工程参考。通过这些，可以更好地进行监测数据偶然误差的智能筛除和更合理的趋势预测。

5　结语

支护工程智能化监测不同于远程监测和“自动化监测”，它的高频率、可预测、可优化的特点非常适合支护工程的监测。同时，智能化预测，可以增加时间宽裕度，使得参建各方可以从容地应对可能出现的变化。

本文提出的创新思路主要是：

(1) 智能化采集可以在数据突变后的一个短暂时段内提高采集数据的频率，从而提高数据采集质量；

(2) 智能化预测需要通过样本测试，符合岩土工程的基本规律。本文提出比较合理的一种方案；根据已知工况，进行时序分段预测。

展望未来，在加强电力性能、通信性能的同时，通过相近土层、施工条件和支护形式的大数据的积累，针对支护工程的趋势预测算法的更加成熟，可以更好地进行偶然误差的智能筛除和更合理的趋势预测。

参考文献：

[1] 中华人民共和国住房和城乡建设部．建筑基坑技术规程：JGJ 120—2012[S]．北京：中国建筑工业出版社，2012.

[2] 中华人民共和国住房和城乡建设部．建筑边坡工程技术规范：GB 50330—2013[S]．北京：中国建筑工业出版社，2013.

[3] 中华人民共和国住房和城乡建设部．建筑变形测量规范：JGJ 8—2016[S]．北京：中国建筑工业出版社，2016.

[4] 中华人民共和国住房和城乡建设部．建筑基坑工程监测技术标准：GB 50497—2019[S]．北京：中国计划出版社，2019.

[5] 金亚兵，龚淑云．边坡与基坑自动化监测技术及实践[M]．北京：地质出版社，2019.

[6] 吴刚，陈志强，党纪．桥梁智慧运维[M]．北京：人民交通出版社，2022.

[7] 广东省住房和城乡建设厅．基坑工程自动化监测技术规范：DBJ/T 15—185—2020[S]．北京：中国城市出版社，2008.

[8] 黄晓程，余地华，赖国梁，等．深基坑工程智能化监测发展现状与趋势[C]//2019 年全国土木工程施工技术交流会暨《施工技术》2019 年理事会年会论文集．北京：中国建筑工业出版社，2019.

国内外岩土工程原位测试标准试验场概况

李　标[1,2]，蔡国军[1,2*]，刘松玉[1,2]，荣　琦[1,2]，邹海峰[1,2]，刘薛宁[1,2]
（1. 东南大学岩土工程研究所，江苏 南京 210096；2. 江苏省城市地下工程与环境安全重点实验室，江苏 南京 210096）

摘　要： 随着岩土工程技术的不断发展，使得相关研究人员对于试验场地标准化的需求日益增加，原位测试标准试验场的建立将为现场试验方面的研究带来便利，同时给出定性定量的精确化评估，具有较大的经济与研究价值。文章首先介绍了美国岩土工程原位测试试验场及建设情况，指出了我国岩土工程原位测试试验场建设的必要性；最后简要介绍了东南大学关于原位测试试验场研究的基本情况。

关键词： 岩土工程；原位测试；试验场；孔压静力触探；土层标准剖面；工程特性

作者简介： 李标，1997 年生，男，硕士研究生，主要从事原位测试试验场与 CPTU 测试技术等方面的研究工作。

Review of geotechnical in-situ testing standard experimentation sites in the world

LI Biao[1,2], CAI Guo-jun[1,2*], LIU Song-yu[1,2], RONG Qi[1,2], ZOU Hai-feng[1,2], LIU Xue-ning[1,2]
(1. Institute of Geotechnical Engineering, Southeast University, Nanjing 210096, China; 2. Jiangsu Key Laboratory of Urban Underground Engineering and Environmental Safety, Nanjing 210096, China)

Abstract: With the continuous development of geotechnical engineering technology, related researchers have increasingly demanded the standardization of test sites. The establishment of in-situ testing standard experimentation sites will bring convenience to field test research and provide qualitative and quantitative accuracy. The in-situ testing standard experimentation sites has great economic and research value. The article first introduces the geotechnical engineering in-situ test site and its construction in the United States, and points out the necessity of the construction of the geotechnical engineering in-situ test site in China. Finally, the basic situation of the construction and research of Southeast University in-situ testing experimentation site is briefly introduced.

Key words: geotechnical engineering; in-situ test; experimentation site; CPTU; standard soil profile; engineering characteristics

1　引言

近年来随着土体模型和原位测试等技术理论方法的迅速发展，有关岩土工程现场试验的需求日益增加。而在进行土体改良加固新技术、土工测试新设备、地基结构改造新技术等实际应用效果的检测评估研究试验前，常常为了获得试验场地的土体性状和土层情况而在试验前的准备工作上花费大量的时间、人力与经济成本，其甚者前期准备工作的成本耗费远超技术实际应用效果的检测评估研究试验所需的成本[1-2]。另外，许多技术检测评估试验所需要的现场场地条件是相同或相近的，所以完全可以在同一个标准试验场地内进行，但在不同研究人员在开展各自的现场试验研究工作前，由于没有可供试验的标准场地而不得不各自寻找试验场地，这就常常导致不同研究人员之间多次重复进行相同或相近的前期工作，使得研究的进展延缓，成本变高。因此，缺少可以方便地将新方法和旧方法的试验数据进行比较的标准试验场，已经阻碍了新的现场测试技术方法的发展。这些现状都充分表明了当下建立能够全面描述土体性状、便于进行原位测试及试验数据对比的试验场具有其必要性。

已经进行了大量的原位测试试验，探明了场地内土体各项性质参数，并能够建立各种试验的标准化结果，从而对场地内的后续原位测试试验及其相关研究的结果数据分析能进行定性定量精确化的对比评估，并为多种原位测试试验提供试验场地，这样的试验场称为原位测试标准试验场。原位测试试验场具有试验成本低，场地土层条件适宜，试验结果可定性定量对比分析，可进行的原位测试试验及其相关研究试验的种类多等优点。

美国 1988 年在美国科学基金委员会（NSF）和联邦公路管理局（FHWA）的联合资助下开始建立美国国家岩土工程试验场（NGES），并且基于这些试验场的试验数据资料，建立了以试验场中心数据库作为主要组成部分的 NGES 系统[1-3]。加拿大、巴西、英国、法国、意大利、日本和挪威等国也已经有了类似功能的岩土工程标准试验场，这些试验场能够经济有效地促进政府机构、大学和企业之间的研究合作和信息交流[1]。

在我国，东南大学岩土工程研究所于 2005 年年初从美国 Hogentogler 公司引进了国内首台多功能数字式 CPTU 测试系统，其作为国际先进的原位测试仪器已经广泛应用于场地的勘察等现场试验技术的研究中。在东南大学刘松玉教授、蔡国军教授等的牵头下，东南大学岩土工程研究所于 2018 年开始建设东南大学原位测试试验场。

基金项目：国家重点研发计划项目课题（2016YFC0800200）；国家自然科学基金项目（41672294、41877231）。

本文将对国内外岩土工程原位测试试验场的研究情况作出简要综述，并对东南大学岩土工程研究所建设的原位测试试验场的场地与研究情况作出简要介绍。

2 美国国家岩土工程试验场（NGES）

1988 年 9 月，美国国家科学基金会邀请了 45 位世界著名的岩土工程师参加了关于美国岩土试验场的研讨会。会议上提出了建立国家岩土试验场，并创建中心数据库的计划。这个中心数据库将使得研究人员能够便捷地查找到条件最适合自己的试验场地[1-2]。

美国将国家岩土试验场分为Ⅰ、Ⅱ和Ⅲ三个级别。级别Ⅰ的试验场是最适合作为标准的研究试验场地，为国家级的现场试验技术研究发挥重要作用。级别Ⅱ的试验场能满足大多数工程的需要，但是试验条件上存在一定的局限性，这些试验场有潜力升级为级别Ⅰ的试验场。级别Ⅲ的试验场难以满足工程的需要，但在未来进一步建设后能成为满足一些特定试验需要的试验场地。级别Ⅰ和级别Ⅱ的试验场，其现场试验和室内试验数据是中心数据库的主要组成部分，并且易于研究者使用，能提供土体性状和相关试验的数据资料进行有效的数据对比，或进行相关的数值模拟研究[1-2]。

在最初建立的 40 个试验场中有 2 个级别Ⅰ的试验场和 3 个级别Ⅱ的试验场，其余的为级别Ⅲ的试验场。这些试验场的级别、名称和位置见表 1。表 1 中还包括了 1996 年增加的两个Ⅲ级试验场和 1997 年增加的一个Ⅱ级试验场。表 2 为级别Ⅰ和级别Ⅱ的试验场的基本信息汇总。

NGES 的地理位置 **表 1**

级别	试验场名称	位置
Ⅰ	Treasure Island Naval Station，(Fire Station ＃1)	旧金山，加利福尼亚州
	Texas A&M University，Riverside Campus	大学城，德克萨斯州
Ⅱ	Northwestern University，Lake Fill Site	埃文斯顿，伊利诺伊州
	University of Massachusetts-Amherst	阿默斯特，马萨诸塞州
	University of Houston Foundation Test Facility	休斯敦，德克萨斯州
Ⅲ	Spring Villa [2]	奥本，亚拉巴马州
	EPRI/USGS Earthquake Soil Liquefaction Site	乔拉梅山谷，加利福尼亚州
	Hamilton Air Force Base	诺瓦托，加利福尼亚州
	Minor Creek Landslide，Redwood Creek Drainage Basin	加利福尼亚州西北部
	ERPI Seismic Array	帕克菲尔德，加利福尼亚州
	San Francisco Waterfront	旧金山，加利福尼亚州
	Wildlife Site	卡利帕特里亚，加利福尼亚州
	Expansive Clay Shale Test Site	科林斯堡，科罗拉多州
	CSU Explosives Test Site (AFOSR)	科林斯堡，科罗拉多州
	Platte River Test Site	科西，科罗拉多州
	Anacostia Naval Air Station	华盛顿特区
	University of Florida-Kanapa	盖恩斯维尔，佛罗里达州
	"American Bottoms" Mississippi River Floodplain	科林斯维尔，伊利诺伊州
	Massachusetts Military Reservation-Otis Air Force Base[1]	科德角，马萨诸塞州
	Old Route 95，Test Embankment	索格斯，马萨诸塞州
	University of Minnesota Underground Space Center，Foundation Test Facility	罗斯蒙特，明尼苏达州
	Minnesota Cold Regions Pavement Test Facility	阿尔伯维尔和蒙蒂塞洛，明尼苏达州
	Eaton Dam	利德伍德，密苏里州
	Nevada Test Site[1]	拉斯维加斯附近，内华达州
	Frost Effects Research Facility at U. S. Army Cold Regions Lab	汉诺威，新罕布什尔州
	I-87/I-90 Interchange	奥尔巴尼，纽约
	Lockport Expressway	伊利县，纽约
	Massena High School	马塞纳，纽约
	Route 37 over OBPA Railroad	奥格登斯堡，纽约
	State Fair Boulevard/Oswego Boulevard	锡拉丘兹，纽约
	6 miles west of Wagoner，OK on SH52	瓦格纳，俄克拉荷马州
	Chamberlain，South Dakota	张伯伦，南达科他州
	Family Hospital Center Site	阿马里洛，德克萨斯州
	Texas A&M University，College of Agriculture Equip. Compound	大学城，德克萨斯州
	State Highway 146 at Houston Ship Channel	海湾镇，德克萨斯州
	Arthur V. Watkins Dam	威拉德，犹他州
	Continuous Wave Electron Beam Accelerator Facility(CEBAF)	纽波特纽斯，弗吉尼亚州
	Kipp's Farm	布莱克斯堡，弗吉尼亚州
	Parking Lot of Schnabel Engineering Associates	里士满，弗吉尼亚州

续表

级别	试验场名称	位置
Ⅲ	Schnabel Engineering Site Manchester-Dorset U. S. Route 7 Brandon, Vermont-Route 73 Teays Valley	里士满，弗吉尼亚州 曼彻斯特，佛蒙特州 布兰登，佛蒙特州 内拉查尔斯顿，西弗吉尼亚州

注：[1]1996 年新增试验场；[2]1997 年新增试验场。

级别Ⅰ和Ⅱ的美国国家岩土试验场的基本信息　　表 2

级别	场地 ID	名称	位置	面积 (hm^2)	主要土体类别	地下水位 (m)	主要研究
Ⅰ	CATIFS	Treasure Island	San Francisco, California	162	粉砂、黏土	—	液化
	TXAMCLAY	Texas A&M University	College Station, Texas	0.7	黏土	6.0	沉降
	TXAMSAND	Texas A&M University	College Station, Texas	1	砂土	7.3	扩展基础
Ⅱ	TXHOUSTO	University of Houston	Houston, Texas	0.6	黏土、粉土	2.0	桩基
	MAUMASSA	Univ. Massachusetts-Amherst	Amherst, Massachusetts	1	黏土、粉土	1.5	—
	ILNWULAK	Northwestern University	Evanston Illinois	0.6	砂填土、黏土	4.6	桩基预测
	Spring Villa	Spring Villa	Opelika Alabama	129.5	彼得蒙残积土	3.0～4.0	路面测试

2.1 金银岛试验场（Treasure Island）

金银岛是一个 162hm^2 的人工岛，经过专家评估，认定岛内的测试点 Fire Station 1 为建立标准试验场的最佳位置。1992 年在美国国家科学基金会的支持下，此处安置了一个约 86m 深的感应仪器阵列，以监测地震运动时深层土层的运动情况。随着 NGES 计划的开展，该场地发展建立了两个子试验区，其中一个用于监测深层土体特征的变化；另一个试验区则主要用于液化方面的试验研究[4]。

该试验场的土层分布情况为：0～14m 为易于液化的粉砂层；14～29m 为中硬黏土层；29～41m 为细—中砂层；41～78m 为极硬黏土层，基岩约在 91m 深处。图 1 展现了该试验场 30m 以上的土层剖面图及 CPTU 结果。

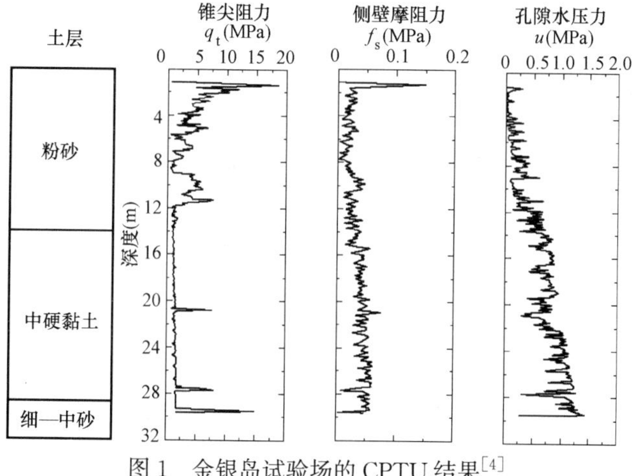

图 1　金银岛试验场的 CPTU 结果[4]

2.2 德克萨斯 A&M 大学试验场（Texas A&M University）

位于德克萨斯 A&M 大学的黏土试验场和砂土试验场早在 20 世纪 70 年代末就已经开始用于岩土工程方面的试验研究。其黏土试验场面积约 0.7hm^2，主要用于基础沉降的研究；砂土试验场面积约 1hm^2，主要用于地基基础方面的研究。

黏土试验场的土体主要为硬黏土。随着深度由浅而深，黏土的硬度逐渐增大，依据黏土硬度的不同对土层进行划分，其分层情况为：0～6.5m 为硬黏土层；6.5～12.5m 为坚硬黏土层；12.5～35m 为极硬黏土层。在 6.5m 处有一个约 0.3m 厚的夹砂黏土层，地下水位约 6m 深。

砂土试验场的土层分布情况为：0～4m 为中密粉砂层；4～8m 为砂土层；8～12.5m 为粉砂层；12.5～30m 为硬黏土层。地下水位约 7.3m 深[5-6]。图 2 和图 3 分别展现了黏土和砂土试验场 15m 以上的土层剖面图及 CPT 结果。

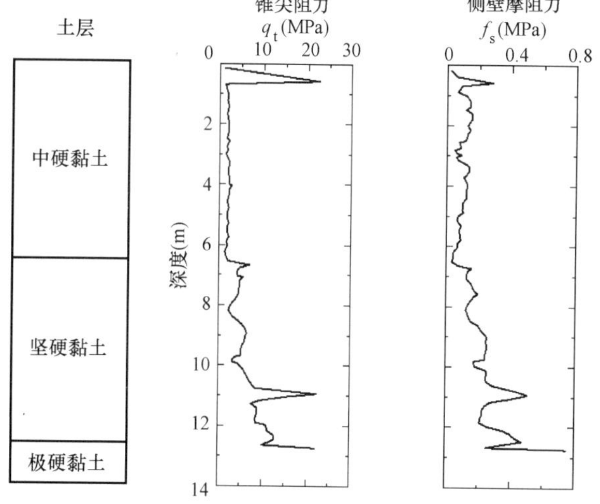

图 2　德州 A&M 大学黏土试验场的 CPT 结果[5-6]

2.3 休斯敦大学试验场（University of Houston）

休斯敦大学试验场主要用于测试研究超固结黏土和黏质粉土的地基特性，最早于 1979 年开始作为试验场地使用。其土层主要由硬黏土层和密实粉土层组成，场地面

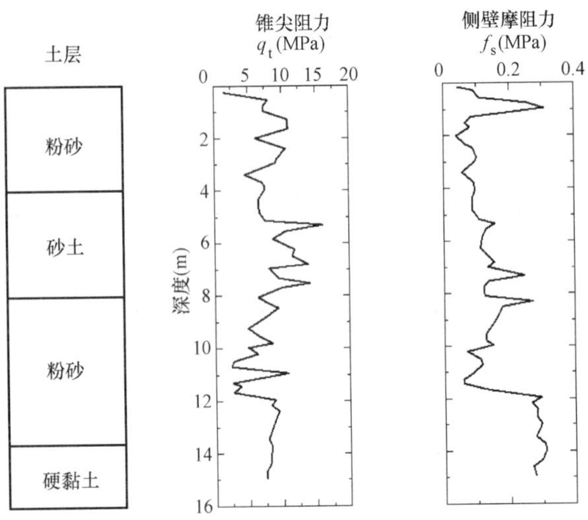

图 3 德州 A&M 大学砂土试验场的 CPT 结果[5]

积约 0.6hm^2。

该试验场的土层分布为：0～6.8m 为中硬黏土层；6.8～9m 为中硬黏质粉土层；9～13.8m 为硬砂质黏土层；13.8～17.5m 为粉土层；17.5～19.6m 为坚硬黏土层；19.6～22.4m 为砂质粉土层；22.4～24m 为极硬黏土层。

图 4 表示了该试验场 20m 以上的土层剖面图及 CPTU 的结果[7]。

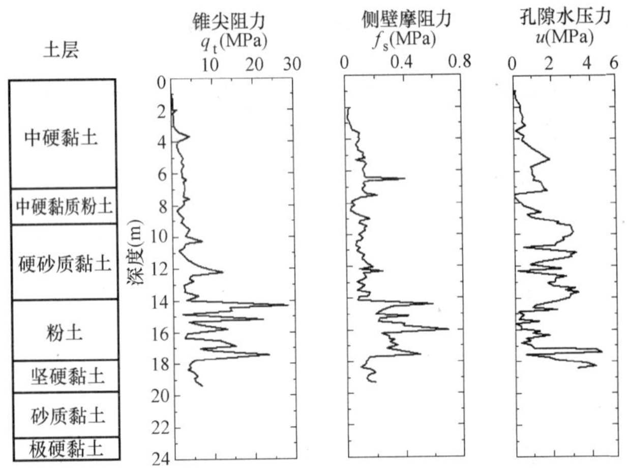

图 4 休斯敦大学试验场的 CPTU 结果[7]

2.4 马萨诸塞大学阿默斯特分校试验场（University of Massachusetts-Amherst）

马萨诸塞大学阿默斯特分校试验场位于该大学的主校区内，占地面积约 1hm^2。自 1988 年以来，该试验场主要用于评估各种原位测试结果、原型基础测试和教学场地，同时也为其他研究人员提供原位测试试验标准场地。

该试验场主要为湖相沉积土，由粉土和黏土土层组成。表层 0～1.5m 为松散填土层；1.5～4m 为棕灰杂色黏土层；4～25m 主要为康涅狄格河谷层状黏土（the Connecticut Valley Varved Clay）。图 5 表示了该试验场 22m 以上的土层剖面图及 CPTU 结果[8-10]，地下水位约 1.5m 深。

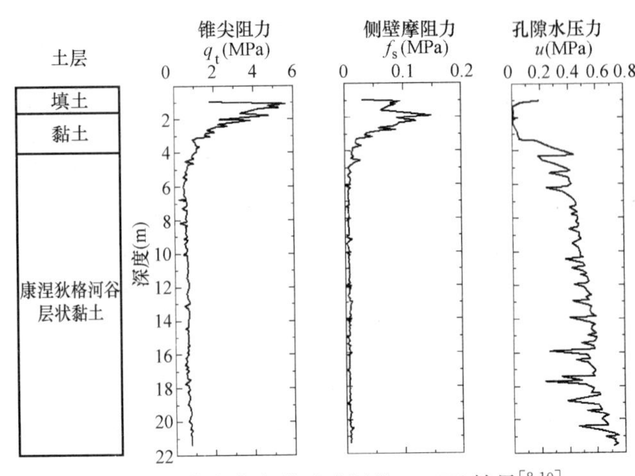

图 5 马萨诸塞大学试验场的 CPTU 结果[8-10]

2.5 西北大学试验场（Northwestern University）

西北大学试验场位于西北大学的东北角，占地面积约 0.6hm^2，1992 年该试验场被选为Ⅱ级美国国家岩土工程试验场后，进行了大量的室内试验和现场原位试验，研究了该试验场各土层的特性，从而建设出可为原位测试技术评估提供标准场地的试验场。其土层分布情况为：0～7m 为细砂填土层；7～17.8m 为软至中硬黏土层；17.8～21m 为坚硬黏土层；21～28m 为含砾黏土，底部为白云石基岩。地下水位约 4.6m 深。图 6 表示了该试验场 28m 以上的土层剖面图及 CPTU 结果[11-12]。

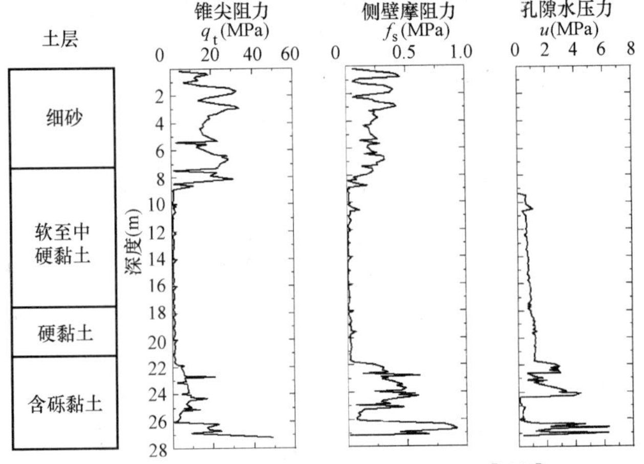

图 6 西北大学试验场的 CPTU 结果[11-12]

2.6 春墅试验场（Spring Villa）

春墅试验场是位于亚拉巴马州欧佩莱卡以南的一块面积达 129.5hm^2 的试验场地，隶属于奥本大学。该场地主要用于路面测试方面的试验研究，其中的两个小场地被选为了 NGES 场地。

该试验场的土层主要为云母片岩风化而成的彼德蒙特残积土（Piedmont Residuum）。该残积土主要分布于北美东部的山麓地区，由黏质粉土、砂质粉土和粉砂组成，其组成成分较为多变，随组成成分的变化，该残积土的排水特性会在不排水和排水之间发生变化[13-14]。该试验场地地下水约为 3～4m 深，随季节会发生变化。图 7 展示了该试验场 16m 以上的土层剖面图及 CPT 结果[15-16]。

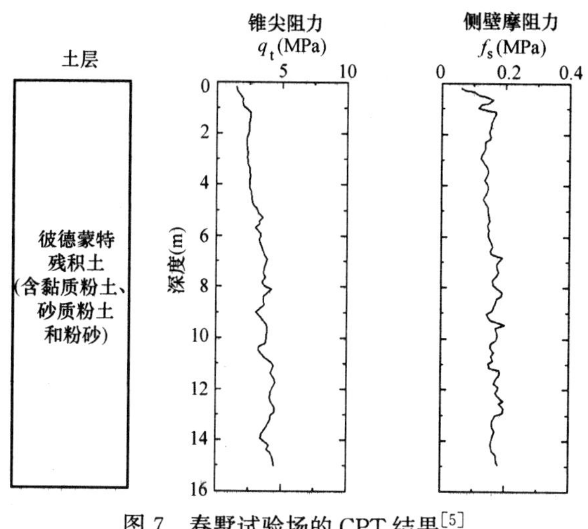

图 7　春墅试验场的 CPT 结果[5]

3　东南大学原位测试试验场

3.1　基本情况

2011 年，东南大学计划于九龙湖校区北部修建土木交通教学科研大楼，同时计划于大楼西侧修建一组四联跨的土木交通试验大厅，其中之一为岩土原位测试试验大厅。该大楼与试验大厅于 2014 年 3 月正式动工，2018 年初正式投入使用。基于新建的岩土原位测试试验大厅，东南大学岩土工程研究所于 2018 年开始建设东南大学原位测试试验场，试验场主要由岩土原位测试试验大厅及附近的试验场地组成，占地面积约为 0.3hm^2（岩土原位测试试验大厅面积为 2376m^2）。

自 2011 年来，东南大学岩土工程研究所在该试验场地已经开展了大量现代多功能原位测试技术的试验研究，分析了试验场地的土体性状及土层分布情况。依托于在试验场内多个试验点处进行的大量现场试验和室内试验数据，经过整理分析后最终确定了东南大学原位测试试验场 18m 以上的土层标准剖面图及其 CPTU 测试曲线，如图 8 所示。

东南大学原位测试试验场的土层分布情况：表层为约 1.6m 厚的杂填土层；1.6～3.7m 为黏土层；3.7～11.1m 为淤泥质粉质黏土层；11.1～14.7m 为粉质黏土夹砂层；14.7～21.8m 为黏土层；21.8～25.9m 为粉质黏土层；25.9m 深处为泥质粉砂岩。地下水位约为 1.4m 深，随季节变化而变化。

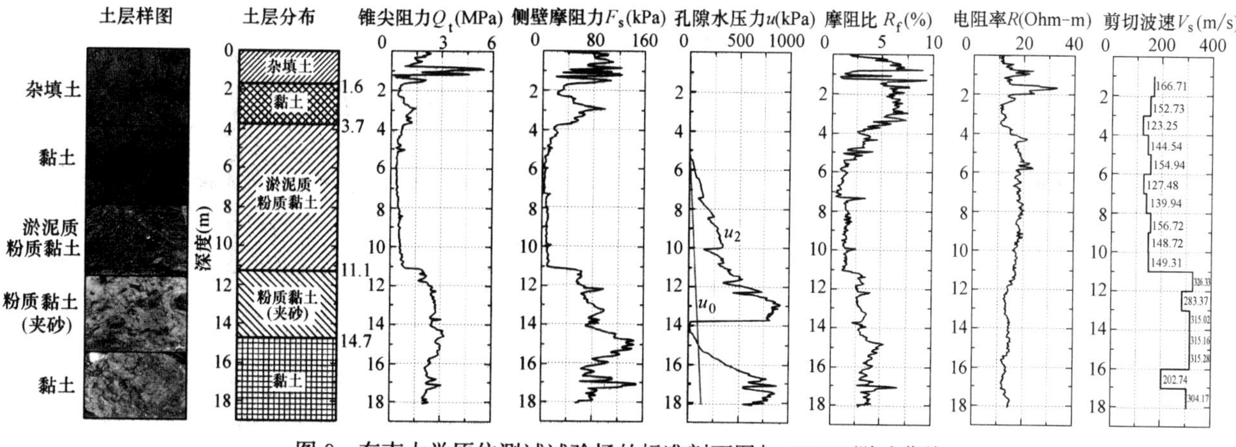

图 8　东南大学原位测试试验场的标准剖面图与 CPTU 测试曲线

3.2　可开展试验与主要研究内容

（1）试验场可进行的原位测试试验种类

静力触探试验 CPT、美国多功能孔压静力触探试验 CPTU（包括电阻率孔压静力触探试验 RCPTU、地震波孔压静力触探试验 SCPTU、热传导孔压静力触探试验 TCPTU)、标准贯入试验 SPT、十字板剪切试验 VST、扁铲侧胀试验 DMT、旁压试验 PMT 等原位测试试验，高密度电法仪、地质雷达、瞬态瑞利波 SASW 等先进的地球物理勘探试验。

（2）已开展的研究工作

通过对原位测试试验和室内试验的数据结果的对比，对我国现有 CPT 和 CPTU 的测试参数的对比进行研究，进而对我国现有 CPT 研究成果进行了延伸应用[17]。利用有限元数值分析方法对 CPTU 贯入机理进行了模拟研究[18]；研究不同规格的探头对静力触探指标的影响；研究不同规格探头的测试指标之间的转化可能性。

CPTU 测试参数（锥尖阻力 q_t、侧壁摩阻力 f_s、孔隙水压力 u、剪切波速 v_s、电阻率）及其他原位测试试验成果与土的物理力学性质指标之间的关系研究及其理论依据[19]，使孔压静力触探技术在我国岩土工程勘察中得到推广应用。

通过在不同岩土场地进行试验，提供了 CPTU 方法对我国土体分层分类的依据。通过理论分析与经验总结，研究得到了国内 CPTU 的分类图及其参数与国际 CPTU 之间的转化理论经验公式[20]。在场地进行单桩或群桩的足尺试验，研究了桩的荷载传递性状。

4　结论

本文主要通过对国内外原位测试试验场，尤其是美国国家岩土试验场的基本情况进行介绍，指出了我国建设原位测试试验场的必要性，并简要介绍了东南大学原位测试试验场的情况。初步得出以下结论：

（1）随着岩土工程技术的不断发展，使得相关研究人员对于试验场地标准化的需求日益增加，而原位测试标准试验场将为现场试验方面的研究带来较大的便利，具有重要的经济与研究价值。

（2）美国已经建立了多个国家岩土工程试验场，并联合建立了中心数据库。东南大学原位测试试验场于2018年开始建设，是我国在建的首个岩土工程原位测试标准试验场。

（3）东南大学岩土所原位测试试验场地，具备了多种原位测试试验和室内试验的试验条件，并能够提供相关试验场土体参数与相关试验的数据资料，将为有相关现场试验需要的研究人员提供试验便利。

（4）国内原位测试试验场的建设还有待进一步发展，更多的原位测试试验场需要建立起来以满足不同场地条件的现场试验需要，并联合建立试验场数据库，以便有需要的研究人员快速查询获取最佳试验场地。

参考文献：

[1] Woods，R. D. National Geotechnical Experimentation Sites (NGES)[J]. International Conferences on Recent Advances in Geotechnical Earthquake Engineering and Soil Dynamics，1995，5.

[2] Albert F. DiMillio，Geraldine C. Prince. National Geotechnical Experimentation Sites[J]. Federal Highway Administration Research and Technology，1993，57(2).

[3] Satyanarayana R.，Benoît J.，Stetson K. P. The National Geotechnical Experimentation Sites Database[J]. National Geotechnical Experimentation Sites，2000，347-371.

[4] Faris，J. R.，de Alba，P. National Geotechnical Experimentation Site at Treasure Island，California[J]. National Geotechnical Experimentation Sites，2000，52-71.

[5] Briaud J. -L. The National Geotechnical Experimentation Sites at Texas A&M University：Clay and Sand，A Summary[J]. National Geotechnical Experimentation Sites，2000，26-51.

[6] Niazi F. S，Mayne P. W.，Wang Y. Statistical Analysis of Cone Penetration Tests and Soil Engineering Parameters at the National Geotechnical Experimentation Clay Site，Texas A&M University[J]. Geo-Frontiers，2011.

[7] O'Neill，M. W. National Geotechnical Experimentation Site：University of Houston[J]. National Geotechnical Experimentation Sites，2000，72-101.

[8] Lutenegger A. J. National Geotechnical Experimentation Site：University of Massachusetts[J]. National Geotechnical Experimentation Sites，2000，102-129.

[9] Sheahan T. C. A Field Study of Soil Nails in Clay at the UMass NGES[J]. National Geotechnical Experimentation Sites，2000，250-263.

[10] Lutenegger A. J.，Mitchell M. T. Pullout Tests on Inclined Grouted Anchors in the Clay Crust at the UMass NGES[J]. National Geotechnical Experimentation Sites，2000，321-335.

[11] Finno R. J.，Gassman S. L.，Calvello M. The NGES at Northwestern University[J]. National Geotechnical Experimentation Sites，2000，130-159.

[12] Finno R. J.，Perdomo C. O.，Calvello M. Compaction-Grouted Micropiles at the Northwestern University NGES[J]. National Geotechnical Experimentation Sites，2000，235-249.

[13] P. W. Mayne，D. A. Brown. Site characterization of Piedmont residuum of North America[J]. Characterization and Engineering Properties of Natural Soils，2003，Vol. 2.

[14] Borden，R. H.，Shao，L，Gupta，A.. Dynamic properties of Piedmont residual soils[J]. Journal of Geotechnical & Geoenvironmental Engineering. 1996，122 (10)：813-821.

[15] Mayne P. W.，Brown D.，Vinson J.，Schneider J. A.，Finke K. A. Site Characterization of Piedmont Residual Soils at the NGES，Opelika，Alabama [J]. National Geotechnical Experimentation Sites，2000，160-185.

[16] Montgomery，J.，Shi C.，Anderson J. B. An Updated Database for the Spring Villa National Geotechnical Experimentation Site[J]. the International Foundations Congress and Equipment Expo，2018.

[17] 蔡国军，刘松玉，童立元，等. 现代数字式多功能CPTU与中国CPT对比试验研究[J]. 岩石力学与工程学报，2009，28(5)：914-928.

[18] 耿功巧，蔡国军，段伟宏，等. 基于大变形有限元的CPTU尺寸效应与贯入速率研究[J]. 岩土工程学报，2015 (S1)：94-98.

[19] 蔡国军，刘松玉，童立元，等. 孔压静力触探(CPTU)测试成果影响因素及原始数据修正方法探讨[J]. 工程地质学报，2006，14(5)：632-636.

[20] 刘松玉，蔡国军，邹海峰. 基于CPTU的中国实用土分类方法研究[J]. 岩土工程学报，2013(10)：6-17.

电子厂房建设前后地面-地板微振动特性实测研究

高广运[1, 2]，张璐璐[1, 2]，耿建龙[1, 2]

（1. 同济大学 地下建筑与工程系，上海 200092；2. 同济大学 岩土及地下工程教育部重点实验室，上海 200092）

摘　要：为研究厂房建设对场地环境振动的影响，实测了厂房建成前后 3 个测点的地面振动速度，对比了各测点在厂房建成前后三方向的速度峰值和主导频率，分析了电子厂房建设及环境振动对地面微振动特性的影响。研究表明：厂房建成前，在场地环境振动的影响下，厂房中部的地面振动速度幅值较小，水平向振动和竖向振动水平相当，且以低频振动为主，3 个方向的主导频率均在 7Hz 左右；厂房建成后，在厂房结构和内部振源等的共同影响下，厂房中部的地板振动速度幅值较大，厂房竖向振动较大且以低频振动为主，水平向振动较小且以高频为主；厂房建成后地板各测点 3 个方向的速度峰值均大于厂房建成前地面振动，其中竖向速度峰值的变化大于水平向。在测点距离道路较近且车流量较大时，路面交通对地板振动的影响较厂房内部振源大。

关键词：现场测试；微振动；电子厂房；频谱分析；速度时程；环境振动

作者简介：高广运，男，1961 年生，教授。主要从事环境振动和桩基研究。E-mail：gaoguangyun@263. net。

Analyses of field measurement on micro-vibration characteristics of ground and floor before and after construction of electronic workshop

GAO Guang-yun[1, 2]，ZHANG Lu-lu[1, 2]，GENG Jian-long[1, 2]

（1. Department of Geotechnical Engineering，Tongji University，Shanghai 200092，China；2. Key Laboratory of Geotechnical and Underground Engineering of Ministry of Education，Tongji University，Shanghai 200092，China）

Abstract：To study the influence of workshop construction on the environment vibration of the site，the ground vibration velocity of three measuring points before and after the completion of the workshop was measured. The peak velocity and dominant frequency of each measuring point in the three directions before and after the completion of the workshop were compared. The influence of electronic workshop construction and surrounding environment on the ground micro-vibration characteristics was analyzed. The results show that before the completion of the workshop，under the influence of the site environment vibration，the ground vibration velocity amplitude in the middle of the workshop is small，and the horizontal vibration and vertical vibration are equivalent，and the low-frequency vibration is the main vibration，and the dominant frequencies in three directions are about 7Hz. After the completion of the workshop，under the combined influence of the workshop structure and internal vibration sources，the floor vibration velocity amplitude in the middle of the workshop is large，the vertical vibration of the workshop is large and mainly low-frequency vibration，and the horizontal vibration is small and mainly high-frequency vibration. The peak values of velocity in three directions of each measuring point on the floor are greater than the ground vibration before the completion of the workshop，and the change of the peak vertical velocity is greater than that of the horizontal direction. When the measuring point on the floor is close to the road and the traffic flow is large，the impact of the road traffic is greater than inside vibration source.

Key words：field test；micro vibration；electronic workshop；spectral analysis；velocity time history；environment vibration

1　引言

随着高新技术产业的发展，精密仪器、光学仪器等高科技电子厂房越来越多，对结构微振动等级要求也越来越高[1]。而厂房周围的路面交通、建筑施工等外部因素，厂房内仪器设备的运行、行人的走动等内部因素都会增大地面环境振动水平，干扰厂房内精密仪器设备的正常运行[2]。

为评价电子厂房建成前场地环境振动对地面微振动特性的影响，高广运等[3] 实测了不同时段某高科技电子工业厂房生产厂区场地的环境振动，研究发现场地白天振动峰值略高于夜间，场地土层对行车荷载引起的振动衰减有一定影响；高广运等[3] 实测了某电子厂房素地环境振动，研究发现场地主要由 10Hz 以下低频振动控制，附近施工机械、车辆运行会产生高频振动；高广运等[3] 实测了苏州某电子厂房振动，基于有限元分析了桩-筏基础的振动特性；钮于蓝等[6] 实测了实验楼建设区域素地振动，研究表明场地周围规划的道路和高铁线路会对场地的微振动产生较大影响。

为分析厂房内外环境共同作用对地面微振动特性的影响，邓峰岩等[7] 结合空间实验室的结构特性建立动力学方程，研究发现只有小于 0.5Hz 的低频段微振动对空间实验室的运作产生影响；胡明祎等[8] 基于超大规模集成电路厂房的微振动实测数据，研究发现装载工况下 OHS 运输系统在厂房内部产生的微振动最大；谢开仲

基金项目：国家自然科学基金资助项目（41772288，51978510）。

等[9] 实测了高层工业厂房的微振动，研究表明厂房内机器设备与厂房共振会造成厂房的异常振动；高广运等[10] 实测了主体结构建成后某高科技电子工业厂房不同部位的微振动，研究表明厂房二层的振动均大于一层，厂房内工作人员的走动对微振动特性产生较大影响。

已有较多研究仅分析高科技生产厂房素地或厂房建设完工后的振动特性，但对厂房建成前后振动特性的对比研究较少。为分析厂房结构、内部振源和周边环境等对地面微振动的影响，本文分别实测了某高科技电子厂房建设前后同一测点处地面和主体结构地板微振动，对比了两种工况下厂房不同位置处地面时频振动特性，研究结果可为类似高科技电子厂房的环境振动特性研究以及微振动控制设计提供参考。

2 微振动实测

2.1 工程概况

某精密电子仪器生产厂房位于合肥市新站区，厂房位置如图1所示。场地东侧为已建成厂区，在测试时已投入运营，距测试厂区约32m。厂区东侧紧邻荆山路，距荆山路中心约17m，南侧紧邻西淝河路，距西淝河路中心约15m，这两条道路均为合肥综合保税区内的主干道。厂区西侧及北侧邻近区域为待建空地，西侧300m外及北侧400m外为城市主干道。

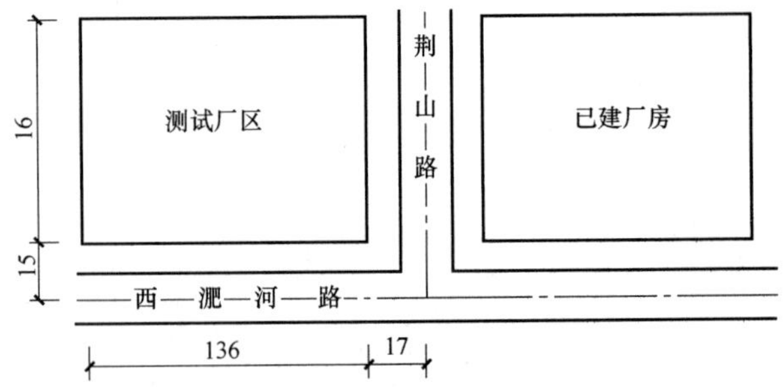

图1 测试厂区位置图（单位：m）

Fig. 1 Location map of testing plant (unit: m)

根据地质勘察报告，该场地地势平坦，略有起伏，无不良地质作用。场地土主要为松散状态素填土、硬塑—坚硬状态黏性土和强风化泥质砂岩。在测试场地建成一栋两层现浇钢筋混凝土框架结构生产厂房，该厂房长度为136m，宽度为91m，纵、横向柱间距均为9m，框架柱截面尺寸主要为900mm×900mm，总占地面积12461.08m^2。基础采用筏板基础，筏板厚度为1000mm，在筏板下设置了150mm厚的C15素混凝土垫层。建成的厂房结构平面如图2所示，3个测点位于一楼混凝土地板上。

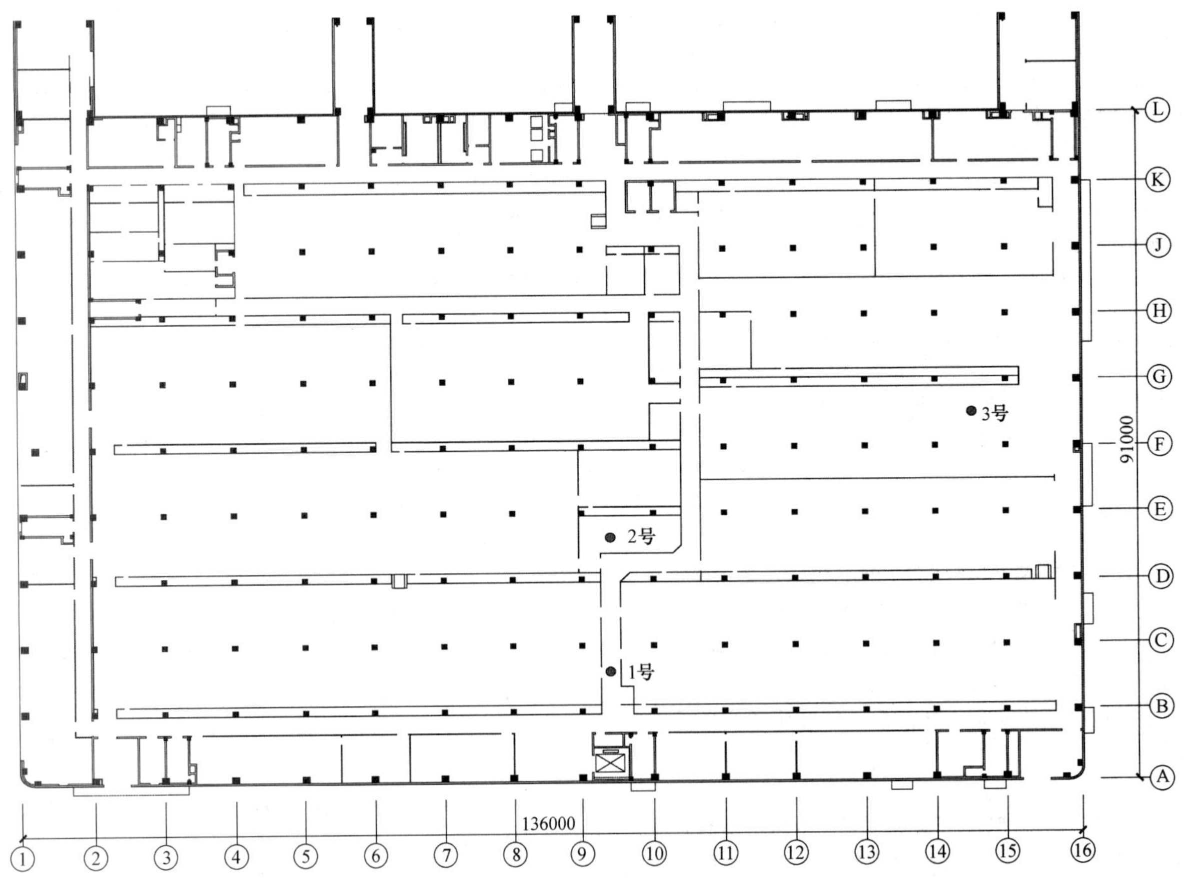

图2 厂房结构平面图和地板测点布置（单位：mm）

Fig. 2 Plant structure plan and measuring points on the floor (unit: mm)

2.2 测试方案

为对比研究厂房建成前后场地的环境振动情况，第一次测试在厂房建设前进行，并在场地不同位置处布置了3个测点，各测点与周围道路相对位置如图3所示。第二次测试时测点位置和测试时长均与第一次相同，其在厂房内部位置如图2所示。

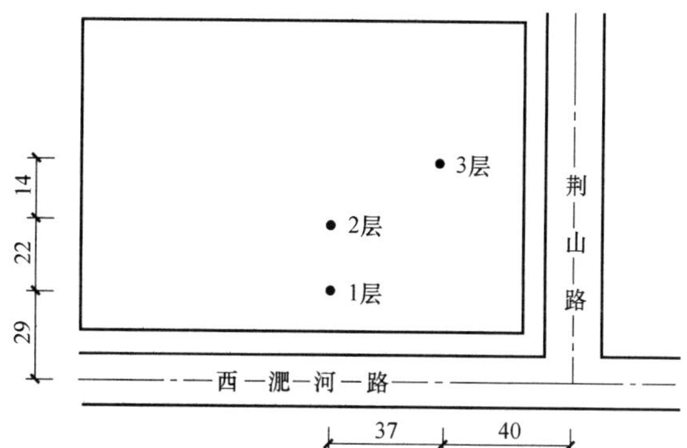

图3 场地微振动测点布置示意图（单位：m）

Fig. 3 Layout diagram of site micro-vibration measuring points (unit: m)

厂房建成前的第一次测试在素地进行，各测点同时开始测试。在测试时，首先要将测点处地面清理干净、整平，保证测试面平坦；然后按预先设定方向将测试仪放置于图3中的地面测点，保证与地面紧密接触，将仪器校平并指北；最后设置测试时长为6min后开始测试地面振动。在厂房建成后，第二次测试在厂房内部地板进行，将仪器放置于图2中的地板测点，获得地面南北方向（厂房纵轴线方向）、东西方向（厂房横轴线方向）和竖直方向的振动速度时程曲线。

由于西淝河路为主干道，车流量较大，在两次测试过程中均有车辆驶过；荆山路车流量相对较小，在两次测试过程中均无车辆驶过。在厂房建成后振动测试时，内部各设备停止作业，但风机保持工作状态，厂房附近有工程车辆运行，有部分人员走动干扰。厂房建成前后两次测试现场情况如图4所示。

图4 厂房建成前后现场测试图

Fig. 4 Field test chart before and after building

2.3 微振测试仪器

本次现场测试使用的测试仪器为意大利进口测试仪TROMINO，设置采样频率为512Hz，其振动响应频率为0.01～300Hz，分辨率达到0.001gal，符合一般高科技精密设备振动测量的要求。在测试时可同时采集南北、东西、竖直方向的振动加速度和速度数据，本文利用三个方向的速度指标分析。

3 测试结果分析

利用MATLAB编写程序，处理厂房建成前后3个测点采集到的三个方向的速度数据，得到厂房建成前后3个测点地面与地板速度时程和频谱曲线。

3.1 速度时程分析

厂房建成前后测点2地面与地板速度时程分别如图5和图6所示。由图可知，厂房建成前，地面测点2的速度幅值较小，南北向、东西向、竖向的振动速度最大值分别为0.0036mm/s、0.0051mm/s、0.0029mm/s，这是由于厂房建成前的场地振动主要由周围路面交通引起，而测点2远离道路，受路面交通影响较小。厂房建成后地面振动速度幅值显著增大，南北向、东西向、竖向的振动速度最大值分别为0.1130mm/s、0.1016mm/s、0.3081mm/s。对比厂房建成前后地板测点2三个方向的速度时程曲线，厂房建成前南北向、东西向和竖向三个方向的整体差异较小，厂房建成后南北向、东西向振动较竖向振动小，这表明厂房建成前场地地面以整体振动为主，厂房建成后地板以竖向振动为主。

厂房建成前的场地振动速度时程曲线较简单，整个测试时间范围内幅值均较小，振动比较均匀，场地振动速度时程曲线幅值无明显变化；厂房建成后的场地振动速度时程曲线较复杂，在整个测试时间段内场地振动速度时程曲线幅值均发生变化，且每个速度峰值出现的时间间隔都不同。可能原因是厂房建成后一楼地板振动主要受结构振动特性控制，同时厂房内的风机等振源也有影响，风机运行和厂房内人员走动等加大厂房内地面振动。

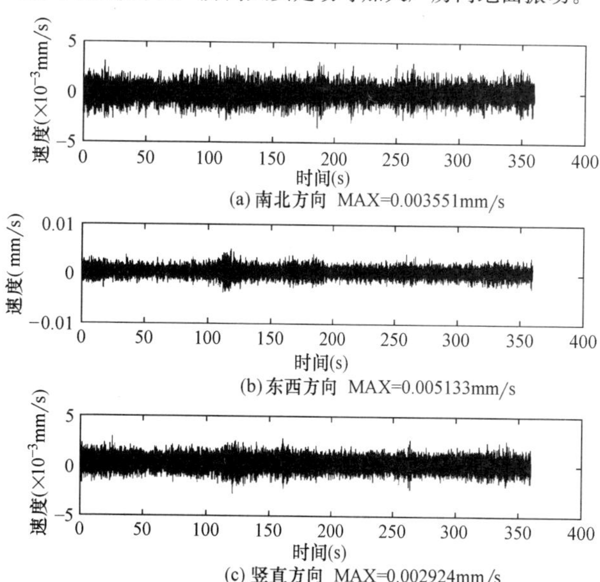

图5 厂房建成前测点2的速度时程

Fig. 5 Velocity time history of point 2 before building

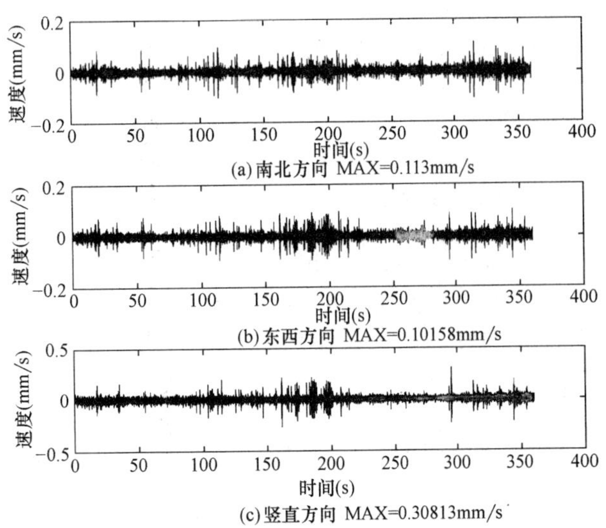

图 6 厂房建成后测点 2 的速度时程

Fig. 6 Velocity time history of point 2 after building

为进一步分析厂房建成前后地面与地板振动差异，汇总 3 个测点在厂房建成前后南北向、东西向和竖向的速度峰值如表 1 所示，并在表中计算了各测点在厂房建成后的三向振动速度峰值相较于厂房建成前的增加幅度。由表 1 可知，厂房建成后 3 个测点速度峰值均大于建成前；对比不同测点的增加幅度，测点 3 的振动速度增长最快，原因有两方面：一方面是受厂房结构振动特性控制；另一方面是测点 3 距离荆山路较近，第二次测试时道路车辆增加的影响，同时在测试时测点 3 附近有人员流动使振动速度增大。对比不同方向速度峰值的增加幅度，竖向速度峰值增加幅度介于南北向的 3～7 倍之间，介于东西向的 2～6 倍之间，竖向速度峰值增加幅度远大于水平向，说明厂房结构建成后对竖向振动幅值影响最大。

厂房建成前后速度峰值　　表 1

Peak velocity before and after Building　　Table 1

方向	实测点号	建成前（mm/s）	建成后（mm/s）	增加幅度（%）
南北方向	1 号	0.0097	0.1208	1145
	2 号	0.0036	0.1130	3039
	3 号	0.0041	0.149	3534
东西方向	1 号	0.0050	0.1503	2906
	2 号	0.0051	0.1016	1892
	3 号	0.0016	0.1169	7206
竖直方向	1 号	0.0033	0.2486	7433
	2 号	0.0029	0.3081	10524
	3 号	0.0030	0.4914	16380

3.2 速度频谱分析

对厂房建成前后测点 2 的速度时程数据进行 Fourier 变换，得到厂房建成前后测点 2 的速度频谱曲线如图 7 和图 8 所示。

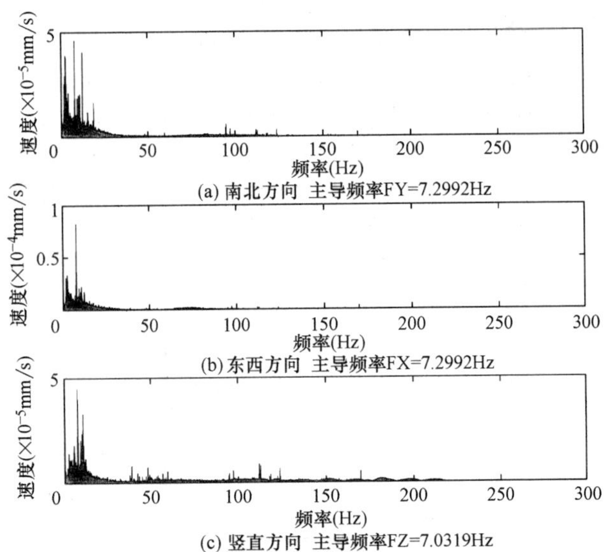

图 7 厂房建成前测点 2 的速度频谱

Fig. 7 Velocity spectrum of point 2 before building

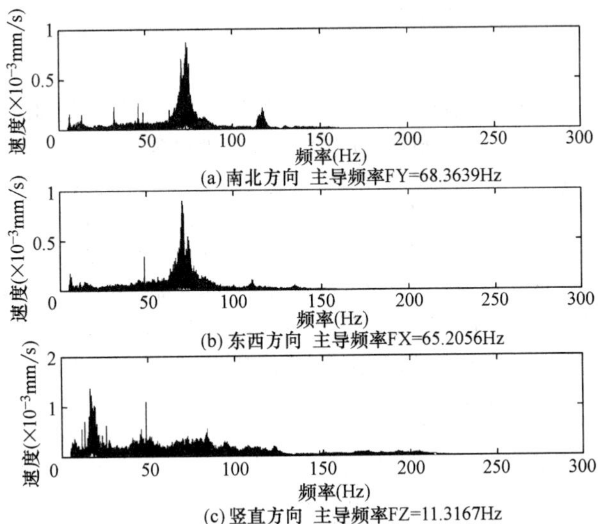

图 8 厂房建成后测点 2 的速度频谱

Fig. 8 Velocity spectrum of point 2 after building

由图 7 和图 8 可知，厂房建成前地面测点 2 南北向、东西向、竖向三个方向的主导频率均约 7Hz，以低频为主。厂房建成后地板测点 2 南北向的频率介于 65～75Hz 之间，主频为 68.36Hz；东西向的频率介于 60～70Hz 之间，主频为 65.21Hz；竖直方向的振动频带较宽，主频为 11.32Hz，同时在 50～90Hz 之间也存在较大幅值的振动。

厂房建成后测点 2 的频率组成相较于建成前复杂，厂房建成前地面振动能量主要集中于低频且分布范围较窄，厂房建成后地板振动能量集中于高频且分布范围较宽。厂房建成后测点 2 水平方向低频部分振动能量占比较低，竖直方向占比较高。这是由于测点 2 远离道路，受路面交通荷载影响较小，而厂区内部振源数量和类型变化较大，说明厂房建成后测点 2 振动主要由厂房结构内部振动特性控制。

为进一步分析厂房结构对一楼地板振动的影响，汇总 3 个测点在厂房建成前后南北向、东西向和竖向的速度主频如表 2 所示。由表 2 可知，厂房建成后各测点三方向振动主频较建成前均有不同程度的增加。对比各测点地面振动主频可知，厂房建成前地面振动，测点 1 的南北向和东西向振动主频最大，竖直方向地面振动主频最小，测点 2 和测点 3 振动以低频为主；厂房建成后地板振动，测点 2 和测点 3 竖直方向振动主频在 10～13Hz 之间，其余测点三向振动主频均大于 40Hz。测点 1 南北方向和东西方向的主频在厂房建成前后变化较其他测点小，这可能是因为测点 1 距西沔河路较近，在两次测试中均受到邻近西沔河路路面交通较大的影响，且较厂房结构和内部振源影响大。

厂房建成前后速度主频　　表 2

Main frequency of velocity before and after building　Table 2

方向	实测点号	建成前(Hz)	建成后(Hz)
南北方向	1 号	44.67	57.00
	2 号	7.30	68.36
	3 号	2.07	43.30
东西方向	1 号	33.27	71.94
	2 号	7.30	65.21
	3 号	2.31	43.30
竖直方向	1 号	1.98	43.31
	2 号	7.03	11.32
	3 号	7.08	12.67

综上，由于厂房的建立和厂区内道路交通流量的增加，厂区地面振动发生较大变化。建成后地板 3 个测点在三个方向的振动主频均有所增加，频率成分更加丰富，这可能是厂房建成后受结构振动特性控制及厂房内风机等振源运行对测点产生影响，使测点产生部分高频成分。在竖直方向对测点 1 的影响最大，在水平方向对测点 2 的影响最大，说明厂房框架结构对测点 2 的水平整体振动产生较大影响。在距离道路较近的测点 1，路面车流量较大，邻近路面交通对地板振动的影响较厂房结构和厂房内部振源大。在距离道路较远的测点 2，地板振动主要受厂房结构和内部振源影响。

4　结论

本文实测对比了高科技厂房建成前和建成后地面与地板 3 个相同测点的速度值，对测试结果进行了时频分析，得到如下结论：

(1) 厂房建成后的地板振动速度幅值增加较大。厂房建成前南北向、东西向和竖向三个方向的整体差异较小，厂房建成后南北向、东西向振动较竖向振动小。厂房结构对地板竖向地面振动影响最大，且厂房建成后因内部风机工作及人员走动等影响，速度时程曲线较厂房建成前复杂。

(2) 厂房建成前地面振动以低频为主，水平向和竖直向的主导频率均在 7Hz 左右。厂房建成后地板水平向振动以高频为主，主导频率约 65Hz，竖直方向振动频带较宽，以低频振动为主，主导频率约 11Hz，有高频分量。

(3) 厂房建成后在厂房结构和各种振源影响下，一楼地板三个方向的振动主导频率均有增加，其中水平向速度振动主频较竖直方向增加大，且在不同位置处各方向振动主频有变化。在测点距离道路较近且车流量较大时，路面交通对地板振动的影响较厂房内部振源大。

(4) 厂房建设完成后在内部振源及厂房结构的影响下，厂房地板水平向振动增加，影响高精密仪器的正常运转。因此在建设厂房前后调研场地周围振源和厂房内部振源，当有对厂房干扰较大的振源时可采取增设屏障隔振系统、增大厂房基础刚度、增加减振支座阻尼等措施使厂房振动水平达到高精密仪器运行时的微振动要求。

参考文献：

[1] 岳建勇. 软土地基精密装置基础微振动控制技术与工程应用[J]. 建筑科学，2020，36(S1)：57-67.

[2] 邱德修，樊开儒. 多层工业厂房的振动问题分析[J]. 工业建筑，2010，40(S1)：510-513.

[3] 高广运，孟园，陈娟. 高科技电子工业厂房微振动实测分析[J]. 工程地质学报，2018，26(S1)：295-300.

[4] 高广运，聂春晓，李绍毅. 电子厂房环境振动测试及有限元分析[J]. 合肥工业大学学报(自然科学版)，2016，39(4)：518-522.

[5] Gao Guangyun，Chen Juan，Jun Yang，Meng Yuan. Field measurement and FE prediction of vibration reduction due to pile-raft foundation for high-tech workshop，Soil Dynamics and Earthquake Engineering，2017，101：264-268.

[6] 钮于蓝，汪洪军，蔡晨光，等. 精密实验室素地微振动测试与分析[J]. 中国测试，2021，47(7)：36-41.

[7] 邓峰岩，和兴锁，张娟，等. 微振动对空间实验室微重力环境的影响研究[J]. 振动与冲击，2005(3)：103-107＋138.

[8] 胡明祎，娄宇，聂建国，等. OHS 运输系统对 VLSI 厂房微振动影响分析方法[J]. 合肥工业大学学报(自然科学版)，2016，39(6)：812-817.

[9] 谢开仲，王红伟，周剑希，等. 高层工业厂房异常振动测试与加固试验[J]. 建筑科学与工程学报，2018，35(5)：39-45.

[10] 高广运，游远洋，毕俊伟. 电子工业厂房微振动测试与分析[J]. 噪声与振动控制，2020，40(1)：239-244.

西安地区抗浮水位确定方法及历史水位推求

侯 威，杨海鹏，李瑞军
（陕西建科岩土工程有限公司，陕西 西安 710000）

摘 要：抗浮水位在工程设计中是一项重要的经济、技术指标，在工程实践中多以经验为主，我国相关标准与规范提出了诸多确定原则与指导方法。加强区域性地下水位长期监测工作、积累丰富的基础性资料，逐步形成实测—预测—修正完善的地下水水位监测与预测体系，最终形成适用于某地区的抗浮水位分析方法体系意义深远。受开采影响西安市平均地下水位1965～2000年呈持续下降，2000～2015年呈缓慢的波动式上涨。通过对西安市两处监测点1991～2015年潜水水位数据的变化分析：1999～2015年表现为基本不受开采活动影响的自然波动。通过1999～2015年两处监测点潜水水位标高与降水及蒸发量的回归分析建立计算模型，对潜水水位标高进行预测与延长，从而形成地下水位长期曲线，采用保证率的方法确定了抗浮水位。

关键词：抗浮水位；研究现状；水位标高；相关分析

Determination method of anti-floating water level and calculation of historical water level in Xi'an area

HOU Wei，YANG Hai-Peng，LI Rui-Jun
（Shaanxi Jianke Geotechnical Engineering Co.，Ltd.，Shaanxi Xi'an 710000）

Abstract：Anti-floating water level is an important economic and technical index in engineering design，which is mainly based on experience in engineering practice. It is of great significance to strengthen long-term monitoring of regional groundwater level，accumulate abundant basic data，and gradually form a monitoring and prediction system of groundwater level which is measured，predicted and modified，and finally form an analysis method system of anti-floating water level suitable for a certain area. Under the influence of mining，the average groundwater level of Xi'an city decreased continuously from 1965 to 2000，and fluctuated slowly from 2000 to 2015. Based on the analysis of the variation of phreatic water level data from 1991 to 2015 at two monitoring points in Xi'an city，it shows that the phreatic water level fluctuates naturally from 1999 to 2015，which is basically not affected by mining activities. Based on the regression analysis of water level elevation and precipitation and evaporation at two monitoring points from 1999 to 2015，a calculation model was established to predict and extend the water level elevation，so as to form a long-term curve of underground water level. The anti-floating water level was determined by the method of guarantee rate.

Key words：anti-floating water level；research status；water level elevation；correlation analysis

1 研究意义

为了满足建设需要，地下车库、地下室、地下广场等的开发和利用日益增多，在地下水浅埋区不得不面临的问题就是地下结构物的防水与抗浮。抗浮设计关系到地下工程的质量和造价，抗浮设计的重点就是设防水位的确定。但影响设防水位的因素很多，加之目前针对这方面的研究并不多且缺乏系统性。因此，对于抗浮设防水位的确定还存在很多争议和不足，特别是在实际工作中往往缺少足够的数据支撑。

抗浮设防水位取值过高，势必要增加结构自重或抗拔桩等复杂的抗浮措施，造成成本升高。抗浮设计水位过低，修建或使用期间遇到地下水位上升，则会造成结构开裂、渗水，甚至失效浮起。抗浮措施总体上可以分为主动抗浮（如排水减压、帷幕隔水等）与被动抗浮（如抗浮桩、抗浮锚杆、结构配重等）两类。我国还是以被动抗浮措施为主[1]，其安全性和造价很大程度上取决于抗浮水位这一重要技术经济指标，相关研究在我国今后相当一段时间内也具有重要的理论与现实意义。

2 研究现状

我国抗浮水位研究最早可追溯到20世纪90年代中期，针对1995年官厅水库放水造成北京市西郊区域性的地下水位回升，引起部分地下室开裂和渗水工程事件，张在明等率先在北京地区开始了有关抗浮水位问题的系统研究。张旷成首次在规范中对抗浮水位做了比较明确的定义，提出了“场地抗浮水位”概念。黄志仑对多层含水层的抗浮水位及扬力分析方法进行了较详细讨论[1]。此后，许多学者在此基础上从不同专业领域（如水文地质、土力学和结构工程等）开展了进一步的研究工作，抗浮水位研究也逐渐成为岩土工程与结构工程领域的一个热点。

但是，由于抗浮水位是一个十分复杂的问题，涉及水文地质、工程地质、土力学、水力学和结构工程等多个学科领域，再加上我国地域辽阔，气象水文条件、地质及岩土条件和城市水资源分布等因素差异较大，因此迄今为止，尚未形成相对统一而严谨的抗浮水位确定方法和技术体系，从而在工程实践中多以经验为主，人为性很大，分歧较多。且目前的研究成果缺乏延续性和系统性，影响了对该问题进一步聚焦和深入研究。

3 我国规范等对抗浮水位的确定原则

《岩土工程勘察规范》GB 50021—2001 第 7.1.3 条[2]、《高层建筑岩土工程勘察标准》JGJ/T 72—2017 第 8.6.2 条规定[3]、《全国民用建筑工程设计技术措施（地基与基础）》（2009 年版）第 7.1.4 条规定[4]、《建筑工程抗浮技术标准》JGJ 476—2019 等现行有关规范对抗浮设计均有说明[5]。给出了总体思路与原则，但在实际应用中仍需足够的资料支撑与系统的分析方法，否则往往难以实施。《高层建筑岩土工程勘察标准》JGJ/T 72—2017 与《全国民用建筑工程设计技术措施（地基与基础）》（2009 年版）均强调了"地下水长期水位观测资料"与"地形地貌、地下水补给、排泄条件等因素综合确定"。

地下水位的变化是复杂的，不但与地下水本身天然变幅、地层赋存条件以及气候变化、降水多寡等自然因素有关，而且还受地下水开采、水资源利用、水库蓄洪泄水等人为因素影响，变得十分复杂。《建筑工程抗浮技术标准》JGJ 476—2019，在总体原则中强调了"长期水位观测资料与水位预测和工程经验综合分析"[5]，在具体勘察与预测工作中强调了"场地水文地质特征、地下水动态变化规律，地下水的补给、径流、排泄条件，地下水长期监测等资料分析和利用"[5] 等，总之《建筑工程抗浮技术标准》JGJ 476—2019 提出了相对具体的抗浮水位确定方法，简而言之就是"分析历史、查明条件、弄清规律、科学预测、合理提出"，可见要提出合理的抗浮设防水位需要足够的数据支撑与深入的补径排和水动态分析。但由于岩土工程勘察工作不论在空间尺度还是时间长短上都难以满足这种要求，开展区域性、长期性抗浮水位研究工作显得尤为重要。

4 目前研究方法

地下水远期最高水位预测是抗浮水位分析的一项重点和难点工作，目前主要有如下 3 类：

（1）历史最高水位法：用历史最高地下水位作为远期最高水位预测值应该说是一种比较常用的方法，许多文献都有不同程度的涉及，尤其是地下水位监测时间序列较长，且水文地质条件比较简单的地区，其主要优点是依据实测资料，在直观上具有较好的说服力。但从本质上看，历史水位并不等于远期水位，前者代表地下水位动态规律的"过去时"，后者代表地下水位动态规律的"将来时"。当有些地下水影响因素不可再现情况下，地下水位动态规律会出现不可逆发展趋势[1]。

（2）基于宏观数据反演方法：该方法基本思路是根据地下水监测网获得地下水水位观测数据生成等值线图和动态曲线图。以此识别不同区域内各水文年中地下水位的主要影响因素，进而定量反演出影响因素对地下水的影响程度作为模型参数，然后利用工程类比法，找出未来影响因素和当前影响因素之间的换算关系，最后将未来影响因素作为预测输入条件，实现远期最高水位的预测。基于宏观数据反演是以大量实测数据分析为基础的，因此，相对具有较好的可靠性，但对数据样本依赖性较强、需足够资料支撑系统的分析方法[1]。

（3）数值方法：数值方法在水文地质学中是较经典的水位预测方法，但传统的地下水数值模型主要目的是为水资源管理和环境保护服务，预测精度尚不足以满足工程需要。数值方法最大的优点是可对各种复杂的边界条件有较强的适应性，但当这些条件发生变化时，需要对模型进行及时更新与维护，且仍需足够的资料支撑。

综上，历史最高水位法是目前常用的地下水位预测方法之一，但历史水位并不完全等同于远期水位，尤其是在有些条件不可再现情况下，因此需要根据水文地质条件区别对待；基于宏观数据反演预测是一种半经验方法，需要足够的资料支撑，是一种较为可靠的方法；数值方法是理论上相对最完善的方法，但需要大量的资料和数据作为建模分析的支持，同时模型也需要根据最新数据不断维护。

5 未来研究方法建议

为推进未来抗浮水位分析工作的科学化和规范化，还需进行两方面的进一步探讨性工作：加强区域性地下水位长期监测，积累丰富的基础性资料；充分考虑地区的地质及水文地质特点、水资源政策和抗浮设计施工技术特点，在上述工作基础上，进行系统的科学研究与工程实践，最终形成适合于某个地区或某些地区相对较统一和实用的抗浮水位分析技术体系或地方性技术标准。对于西安市抗浮水位问题，建议按以下几点开展工作与研究，逐步形成适合于西安市地区确定抗浮水位的数据体系与分析方法：

（1）收集区域地下水水位动态监测点信息并形成已有动态监测点分布图，汇总分析各动态监测点历史水位数据。调查研究区内地下水露头分布与水位埋深情况，与已有地下水动态监测点形成研究区水点分布图。

（2）在水点分布图上选择地下水长期监测点并补充施工必要的监测井，开展长期地下水位监测工作。

（3）汇总分析研究区内前人地下水动态监测数据，形成区内各监测点的历史水位序列数据，结合实测数据初步形成各监测点长序列地下水水位序列数据。进行地下水水位序列数据与气象、地表水文以及人类工程活动的相关性分析，研究各监测点的水位变化规律与成因；进行各监测点地下水位初步预测，利用后期持续的地下水动态监测数据对预测结果与方法进行逐步修正。

（4）逐步形成实测数据—预测数据—修正预测完善可靠的地下水水位监测与预测体系，为抗浮水位的确定提供可靠数据支撑。

6 地下水位数据推求与抗浮水位确定

6.1 研究思路与数据依据

K273、K376号地下水水位长期观测点分别位于西安市灞桥区浐河左岸Ⅱ级阶地与Ⅰ级阶，收集了两个监测点1991～2015年的逐月潜水水位观测数据[6-8]，同时收集了蓝田县气象站1956～2020年逐月降水量与蒸发量数据。首先对水位数据进行分析，剔除明显受开采活动影响的数据段，而后进行水位数据与气象数据的相关性分析、建立回归方程，进而推求计算无水位观测数据年份的水位值、形成长序列水位数据，最后通过对逐年最高水位的频率分析确定抗浮设防水位。

6.2 历史水位数据分析

（1）平均地下水位

西安市平均地下水位1965～1985年处于下降期[9]；1986～2000年受地下水开采活动影响基本呈持续下降，下降幅度达3.5m左右（图1）；2001～2016年，西安市强有力的地下水限采、禁采措施起到明显效果，地下水位有缓慢波动上涨趋势（图2）。

（2）监测点地下水位

对两处观测点监测数据以1991～1998年、1999～2015年为分段，将逐年平均降水量与逐年平均水位绘成散点图（图3、图4）。由图可知，1991～1998年降水量-水位标高散点分布杂乱，主要为期间人工开采影响；1999～2015年基本沿回归线两侧分布，期间基本停止开采地下水，地下水位与降水量呈正相关性。

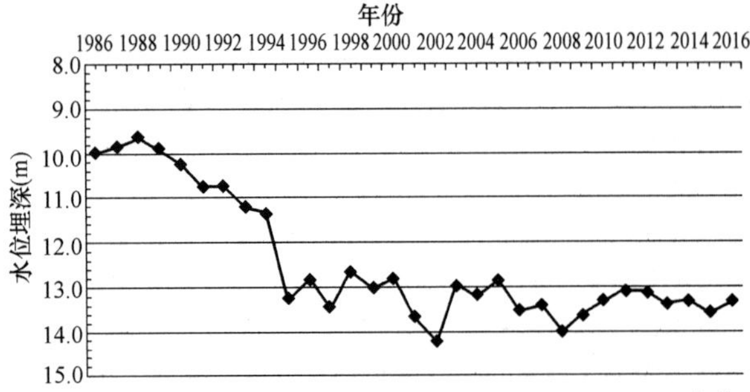

图1 西安市1986～2016年逐年平均水位变化曲线[10]

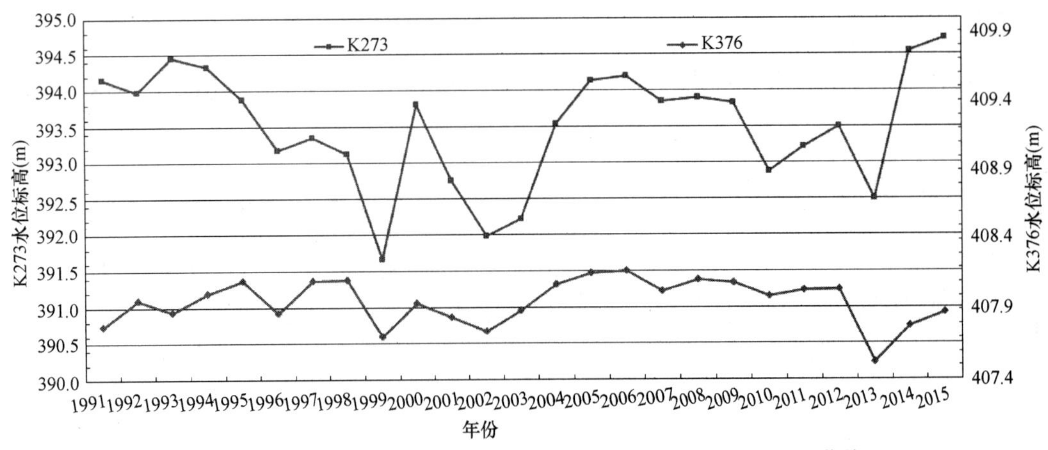

图2 K273、K376潜水逐年平均水位标高1991～2015年变化曲线

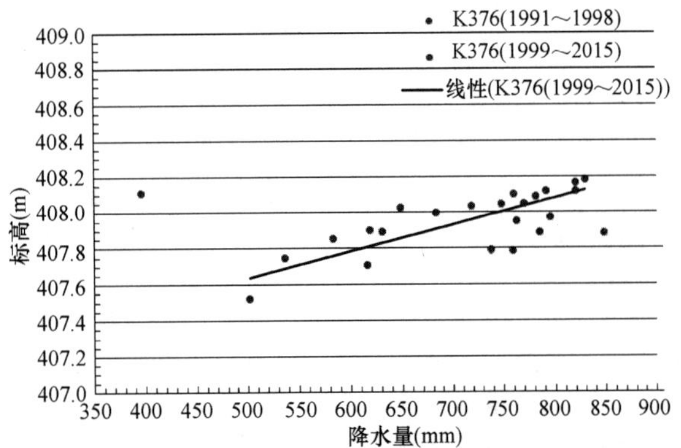

图3 K376分时段年平均水位-降水量散点图

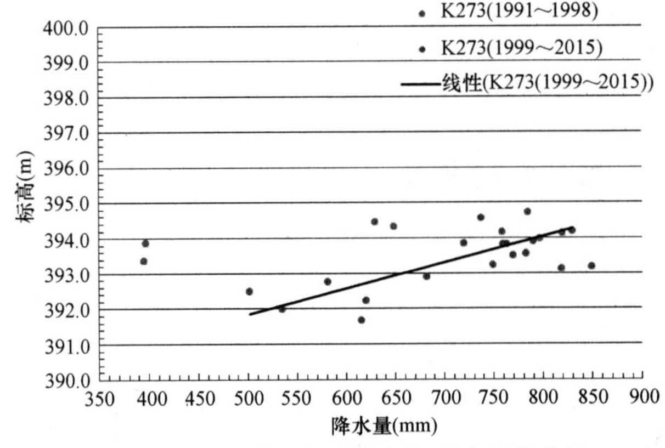

图4 K273分时段年平均水位-降水量散点图

6.3 降水量与潜水水位相关分析

（1）年均值

依据前文，1999～2015年间基本停止开采地下水，潜水水位标高与多年降水量显现出了正相关性。故此，以逐年平均水位标高为因变量，逐年降水量、逐年蒸发量分别为自变量，进行多元线性回归分析，建立回归方程：

$$H=c+k_1\times P+k_2\times E \tag{1}$$

计算各参数使得误差平方和最小，既 $\min I=\sum_{i=0}^{m}[H(P_i,E_i)-H_i]^2$。

式中，H 为水位标高（m）；c 为常数项；k_1、k_2 为回归系数；P 为降水量（mm）；E 为蒸发量（mm）。

两观测点回归分析的 R^2 分别为 0.7012 与 0.6878（表 1），说明降水和蒸发量是为影响潜水水位的主要因素，但仍有其他影响因素未考虑，总体拟合效果较好。

逐年年平均水位标高与降水量、蒸发量线性回归参数

表 1

参数	R^2	c	k_1	k_2
K273	0.7012	388.00	0.007616	−0.002123
K376	0.6878	406.89	0.001497	−0.001458

（2）年最大值-年均值

以逐年最高水位减去逐年水位均值 Δh 为因变量，逐年降水量 P 为自变量，同时考虑到受包气带缓冲作用、地下水位变化相对降水平缓，以丰水期即 7～9 月累计降水量与枯水期 1～3 月累计降水量比值 B 为因变量，代表降水年内分配的不均匀性。进行多元线性回归分析，建立回归方程：

$$\Delta h = c + k_1 \times P + k_2 \times B \qquad (2)$$

式中，Δh 为逐年最高水位与逐年平均水位差值（m）；c 为常数项目；k_1、k_2 为回归系数；P 为降水量（mm）；B 为 7～9 月累计降水量与 1～3 月累计降水量比值。

两观测点数据回归分析的 R^2 分别为 0.352 与 0.341（表 2），说明仍有其他影响因素未考虑，但总体拟合效果较好。

逐年最高水位与逐年水位均值线性回归参数

表 2

参数	R^2	c	k_1	k_2
K273	0.352	0.168	0.00002	0.04125
K376	0.341	0.056	0.00005	0.01125

6.4 水位推求

（1）水位年均值

根据 1959～2020 年的蒸发与降水量数据，通过式（1）计算 1959～2020 年逐年平均潜水水位标高，将 1959～2020 年的计算值与 1991～2015 实测值绘制在同一坐标系（图 5、图 6）。从曲线图中可以看出：1991～1998 年受地下水开采活动影响计算值与实测值有较大偏差且实测值整体小于计算值，1999～2015 年计算值与实测值吻合较好。从 1959～2015 年潜水水位总体呈下降趋势。

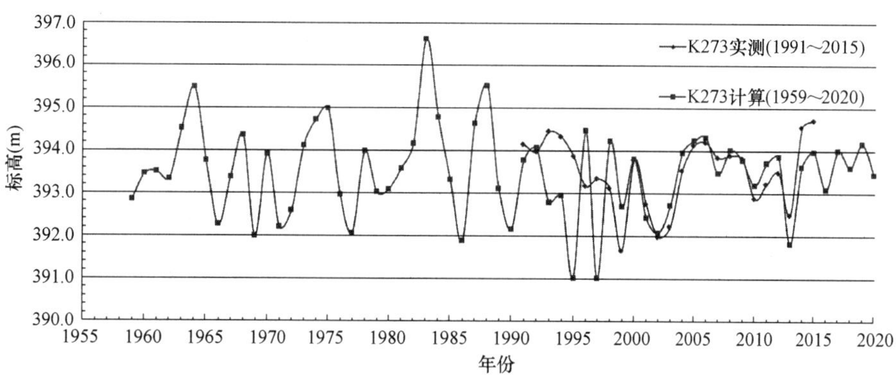

图 5　K273 号监测点潜水水位年均值变化曲线

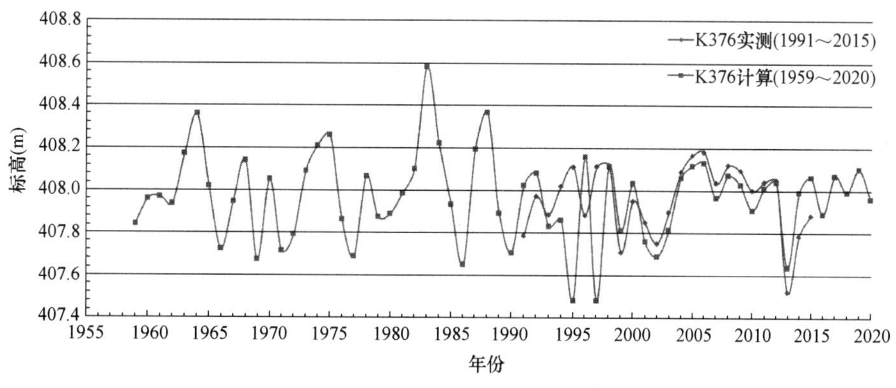

图 6　K376 监测点潜水水位年均值变化曲线

（2）逐年最大水位值

根据 1959～2020 年的降水量与丰枯期比值数据，通过式（2）计算逐年最大水位值与逐年平均水位差值，叠加逐年平均水位计算值得出各年最大月水位值。将 1959～2020 年逐年最大水位计算值与 1991～2015 逐年最大水位实测值在同一坐标系绘制成曲线（图 7、图 8）。从曲线图中可以看出，1991～1998 年受地下水开采活动影响计算值与实测值有较大偏差且实测值整体小于计算值，1999～2015 年计算值与实测值吻合较好。

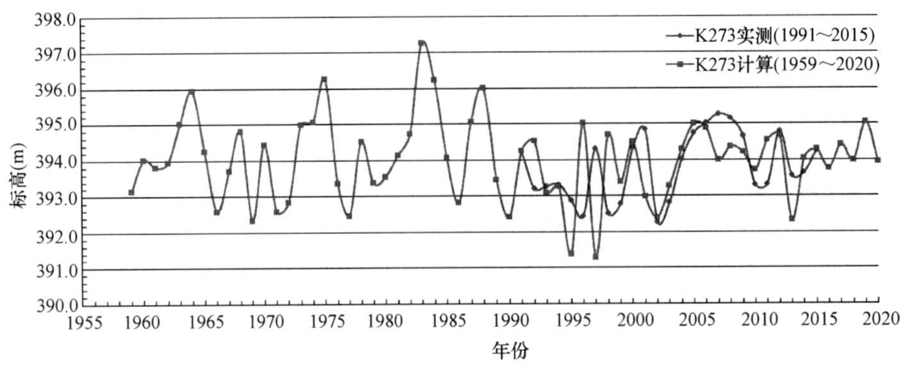

图 7　K273 号监测点潜水水位逐年最大月值变化曲线

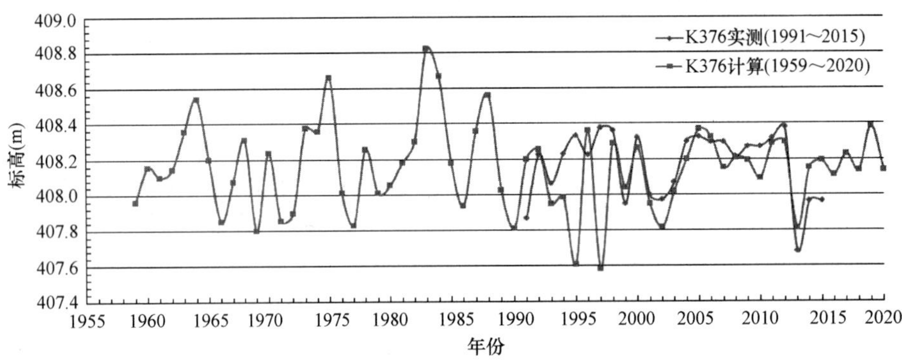

图 8　K376 号监测点潜水水位逐年最大月值变化曲线

6.5　抗浮水位确定

在获得 1959—2020 逐年最大月水位值后，绘制成频率曲线（图 9、图 10）。在实际应用中，可按照设计重现期确定抗浮水位值，例如要求抗浮水位为 50 年一遇，即

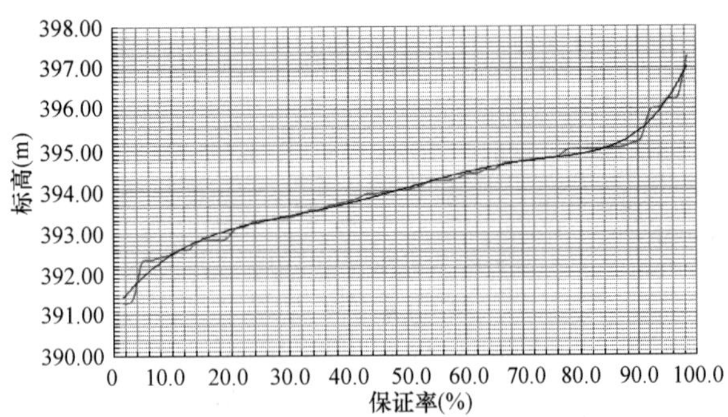

图 9　K273 潜水水位逐年最大月值频率曲线

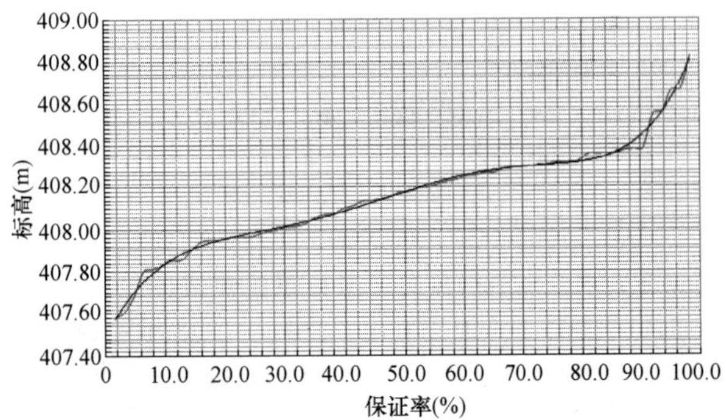

图 10　K376 潜水水位逐年最大月值频率曲线

保证率为 98%，通过曲线可查对于 K273 为 396.78m、对于 K376 为 408.72m。

6.6　展望

目前我国在地震作用、风荷载等诸多可变荷载中均有应用超越概率即保证率的方法确定不同安全目标的荷载设计值。如果可获取长序列的水位实测值与预测值，则也可针对不同安全目标提出不同的抗浮水位设计值。如 20 年一遇高水位下建筑不损坏，50 年一遇高水位建筑损坏在可修复范围内，100 年一遇高水位建筑不会上浮倾倒。针对不同目标采用不同保证率的抗浮水位设计方法将对工程设计产生一定的影响，尚待进一步研究。

7　结语

抗浮水位相关研究在我国今后相当一段时间内也具有重要的理论与现实意义，在工程实践中多以经验为主，人为性很大，我国相关标准与规范提出了诸多确定原则与方法指导。地下水远期最高水位预测是抗浮水位分析的一项重点和难点工作。加强区域性地下水位长期监测工作、建立观测站，积累丰富的基础性资料，逐步形成实测数据—预测数据—修正预测完善可靠的地下水水位监测与预测体系，最终形成适合于某个地区或某些地区相对较统一和实用的抗浮水位分析技术体系或地方性技术标准意义深远。

通过历史水位数据的变化规律分析与降水和蒸发及其他影响因素的相关性分析，可对地下水数据进行预测与延长，从而形成地下水位长期曲线，为采用保证率或者其他原则确定抗浮水位提供依据。对于目前仍无地下水位观测点的区域，建议尽快建立，逐渐形成短期观测资料，通过与邻近观测点的观测数据的相关分析推求水位曲线视为一种可行的方案。

参考文献：

[1] 王军辉，陶连金，韩煊，等．我国结构抗浮水位研究现状与展望[J]．水利水运工程学报，2017，3(1)：104-109.

[2] 中华人民共和国建设部．岩土工程勘察规范(2009 年版)：GB 50021—2001[S]．北京：中国建筑工业出版社，2009.

[3] 中华人民共和国住房和城乡建设部．高层建筑岩土工程勘察标准：JGJ/T 72—2017[S]．北京：中国建筑工业出版社，2018.

[4] 于东辉，马建勋，邓小华，等．全国民用建筑工程设计技术措施(地基与基础)(2009 年版)[M]．北京：中国计划出版社，2015.

[5] 中华人民共和国住房和城乡建设部．建筑工程抗浮技术标准：JGJ 476—2019[S]．北京：中国建筑工业出版社，2019.

[6] 陕西省地质环境监测总站．陕西省地下水位年鉴(1986—2000 年)[M]．武汉：中国地质大学出版社，2015.

[7] 陕西省地质环境监测总站．陕西省地下水位年鉴(2001—2010 年)[M]．武汉：中国地质大学出版社，2015.

[8] 杨忠武，苟润祥，雷鸣雄，等．陕西省地下水监测年鉴(2011—2015 年)/陕西省地质环境监测总站编著[M]．武汉：中国地质大学出版社，2017.

[9] 李慧，周维博，马聪，等．西安市区地下水位动态特征与影响因素[J]．南水北调与水利科技，2016，14(1)：149-153.

[10] 张语格，梁东丽．西安市 33 年间地下水位动态特征分析[J]．地下水，2018，40(6)：66-67.

基于 CPTU 测试的黏性土压缩模量神经网络预测方法

冯华磊[1]，武　猛[1]，蔡国军[*1]，段　伟[2]，常建新[1]，赵泽宁[1]
（1. 东南大学岩土工程研究所，江苏 南京 210096；2. 太原理工大学土木工程学院，山西 太原 030024）

摘　要： 压缩模量是土体的重要力学参数，是评价土体压缩性和计算地基沉降的基本参数。基于 3 个场地现场孔压静力触探（CPTU）测试结果及相应的室内压缩试验结果，通过人工神经网络算法，建立了基于 CPTU 现场测试的黏性土压缩模量预测模型。在神经网络模型中，训练参数选取深度、锥尖阻力、侧壁摩阻力、孔隙水压力得到的预测结果与实测值误差较小，可作为 CPTU 预测黏性土压缩模量的高精度方法。该方法能够解决传统经验关系式相关系数难以确定的问题，且对于不同类型的土体，具有更好的适用性。研究结果对软基上修筑高速公路、高速铁路等长大线性工程具有理论意义和应用价值。

关键词： CPTU；黏性土；压缩模量；GA-ANN 模型

作者简介： 冯华磊，男，（1997—），硕士，主要从事 CPTU 及膜界面探测器等方面的研究。

Prediction method of compressive modulus of clay using artificial neural network based on CPTU data

FENG Hua-lei[1]，WU Meng[1]，CAI Guo-jun[1]，DUAN Wei[2]，CHANG Jian-xin[1]，ZHAO Ze-ning[1]
（1. Institute of Geotechnical Engineering，Southeast University，Nanjing Jiangsu 210096，China；2. College of Civil Engineering，Taiyuan University of Technology，Taiyuan Shanxi 030024，China）

Abstract: Compression modulus is an important mechanical parameter of soil and a basic parameter for evaluating compressibility of soil and calculating settlement of foundation. Based on the CPTU test results of three sites and the corresponding laboratory compression test results, a prediction model of compression modulus of clay soil based on CPTU field test was established by using artificial neural network algorithm. In the neural network model, the training parameters including depth, tip resistance, lateral wall friction and pore water pressure were selected. The predicted results had the highest agreement with the measured values, which can be used as a high-precision method to predict the compression modulus of clay soil. This method can solve the problem that the correlation coefficient of the traditional empirical relation is difficult to determine, and it has better applicability for different types of soil. The research results have theoretical significance and application value for the construction of long linear projects such as expressways and high-speed railways on soft foundations.

Key words: CPTU; cohesive soils; compression modulus; GA-ANN model

1　引言

压缩模量是土的重要力学参数，是评价土的压缩性和计算地基沉降的基本参数[1]。计算过程中需要的软土压缩模量等参数可采用室内土工试验和原位测试确定，或利用现场沉降观测资料反算得到。然而由于土样扰动、试验方法、操作程序等问题，所得的结果往往与其真实值相差很大[2-4]。孔压静力触探，作为一种新型原位测试技术，可以提供锥尖阻力、侧壁摩阻力、孔隙水压力等测试参数[5]。测试结果可准确进行土类判别与划分，获得土体原位固结特性和渗透特性、动力参数、承载力特性、应力状态和应力历史等原位状态参数[6-8]。

国内外学者已经提出了许多经验公式来建立 CPTU 测试资料和压缩模量 E_s 之间的相关关系。然而传统经验公式的相关系数取值范围较大，相关系数难以确定，对预测结果的精确度影响很大。而且这些经验公式在某些情况下相关性很好，但对于不同类型的土体，在锥尖阻力、侧壁摩阻力、孔隙水压力与压缩模量之间建立更好的相关性是必要的，并且具有更高的可靠性。

近年来，随着数学与计算机科学的发展，机器学习方法越来越广泛的应用于岩土工程领域，对于解决岩土工程中的非线性问题具有很大优势。袁俊利用 BP 神经网络分析场地参数与场地大变形之间的非线性关系，从而得到液化场地大变形预测模型[9]。谢文强等利用人工神经网络模型，建立基于孔压静力触探（CPTU）现场测试数据的黏性土不排水抗剪强度的预测方法[10]。陈振新等在已有的 K 均值聚类判层方法基础上，使用自编码神经网络对投入聚类的海底孔压静力触探指标进行降维，去除冗余特征，优化特征间的权重[11]。兰官奇采用 BP 人工神经网络模型模拟输入变量和输出变量间的非线性关系[12]。蔡国军分析了 CPTU 参数与土体类型和土层的关系，设计了用于土壤分类和土层识别的通用回归神经网络[12]。Abdolvahed 等基于 58 个 CPTU 测点生成的土体类型图，提出一种新的优化多输出广义前馈神经网络结构，提高了处理复杂土体类型的精度[14]。Abbas 利用 70

基金项目：国家重点研发计划项目（2020YFC1807200）、国家自然科学基金项目（41877231）、江苏省交通工程建设局科技项目（CX-2019GC02）。

个 CPTU 测点的信息，研究了深度、孔隙水压力、锥尖阻力等参数对黏土敏感性的影响[15]。武猛通过人工神经网络（ANN）建立了 CPTU 与 PMT 参数的相关性[16]。Hossein[17]、刘勇健[18]、朱北斗[19] 等也做了相关的研究，上述研究成果为利用机器学习方法处理 CPTU 数据提供了方法及理论基础，但是通过人工神经网络模型对黏性土压缩模量进行预测的方法却鲜有人研究。

本文利用人工神经网络模型，建立基于孔压静力触探（CPTU）现场测试数据的黏性土压缩模量预测方法。训练参数选取深度、锥尖阻力、侧壁摩阻力、孔隙水压力及室内固结试验获得的压缩模量。预测值可与实测值对比，建立误差指标，验证神经网络模型预测的有效性。并通过误差指标对神经网络模型预测有效性进行对比，评价本文所建立神经网路模型的有效性。

2 基于 GA-ANN 模型的黏性土压缩模量预测

2.1 人工神经网络结构

人工神经网络（ANN）是一种模拟生物神经网络的数据处理模型，已广泛应用于岩土工程数据处理中，一般由三层组成：输入层、隐含层和输出层。每一层都由通常被称为神经元的处理元素连接起来[24]。图 1 为典型的前馈多层人工神经网络架构，X_1、X_2、X_m 代表输入参数，Y_1、Y_n 为输出层的输出参数。由于 ANN 可以处理输入变量和输出结果之间的线性和非线性关系，因此它被认为是预测 CPTU 参数对 E_s 影响的更好的解决方案[25,26]。

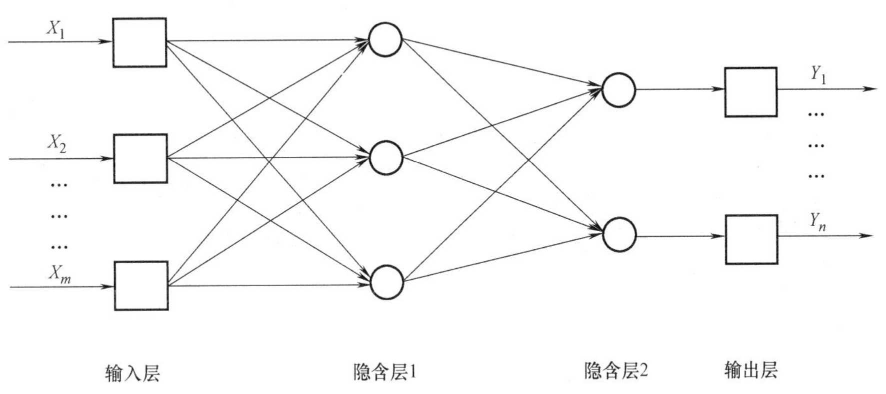

图 1 神经网络模型的结构模型图

Fig. 1 Structural model diagram of neural network model

2.2 遗传算法

遗传算法是在仿照自然界遗传体制和自然生物进化论基础上而建立起来的一种并行随机性搜寻最优化的方式。它把整个自然界中的“优胜劣汰，适者生存”的这种自然生物进化基本原理融入优化参数所构成的编码串联相关的集体当中，根据所选取的适应度相关函数运用自然遗传中的选取、交互以及变异对这些相关的个体实行甄选，促使那些适应度总值相对优良的个体被保存，而适应度相对较差的个体则直接被淘汰，新出现的那些群体不但承接了上一代遗留下来的信息，而且比上一代要更好。这样的不断进行反复循环，直到达到最佳条件为止[27,28]。

2.3 基于 GA-ANN 模型的黏性土压缩模量预测

BP 神经网络能够描述非线性映射关系，具有优良的网络推理能力，而遗传算法交叉和变异操作兼顾全局和局部寻优特性，并通过优化搜索来确定最优的神经网络结构[29]。将这二者的优点结合起来，建立起基于遗传算法的神经网络模型，即 GA-ANN 模型[30]。应用遗传-神经网络模型的主要目标是采用一组偏差和权值来最小化给定的函数[31]。这种方法已被有效地开发并用于克服许多环境和工程问题[32]。该模型通过学习和记忆，能够建立一个利用试验数据和考虑影响预测结果的定性信息预测模型，用该模型预测土层各目标点的压缩模量。

本研究采用两个误差指标，即相关系数和均方根误差，两者均可以代表测试值与预测值的相似程度。RMSE 可以采用式（1）来计算，RMSE 值越接近 0，测试值向量与预测值向量的差越小，相关系数 R^2 可以采用式（2）来计算，相关系数越大，说明测试值向量与预测值向量的相关性越高。相关系数体现的是两者的相关性，而 RMSE 直接体现两者的大小差，本文将以 RMSE 和 R^2 两个指标综合对比分析人工神经网络模型反演和预测的有效性。

$$\mathrm{RMSE}=\sqrt{\frac{1}{N}\sum_{i=1}^{N}(X_i-\widehat{X}_i)^2} \tag{1}$$

其中，N 是样本数量；$\widehat{X}_i$ 是测试值；X_i 是预测值。

$$R^2=1-\frac{\sum_{i=1}^{N}(y_i-\widehat{y}_i)^2}{\sum_{i=1}^{N}(y_i)^2} \tag{2}$$

其中，N 是样本数量；$\widehat{y}_i$ 是测试值；y_i 是预测值。

通过 CPTU 测试在连云港至宿迁高速公路、无锡南通高速公路、如东-常熟-太仓输气管线工程三个试验场地获取现场 CPTU 测试数据，并在测试孔附近现场取样，通过室内压缩试验得到压缩模量强度。得到的压缩模量强度参数和对应土层的 CPTU 参数为一组可用的试验数据。采用一个 CPTU 测点的深度、锥尖阻力、侧壁摩阻力和孔隙水压力，建立基于 CPTU 数据的黏性土压缩模量人工神经网络预测模型。以一个 CPTU 测点的深度、锥尖阻力、侧壁摩阻力和孔隙水压力作为输入因素，以对应点的压缩模量作为输出因素，构建一个样本。一部分数据作为训练样本，用以训练模型。另一部分样本作为测试样本，通过预测值和实测值的对比，建立误差指标，来验证模型的优劣。将实测值与传统经验公式得到的预测值进行对比，并通过误差指标对神经网络模型预测和传统经验公式预测的有效性进行对比，评价本文所建立神经网络模型的有效性。

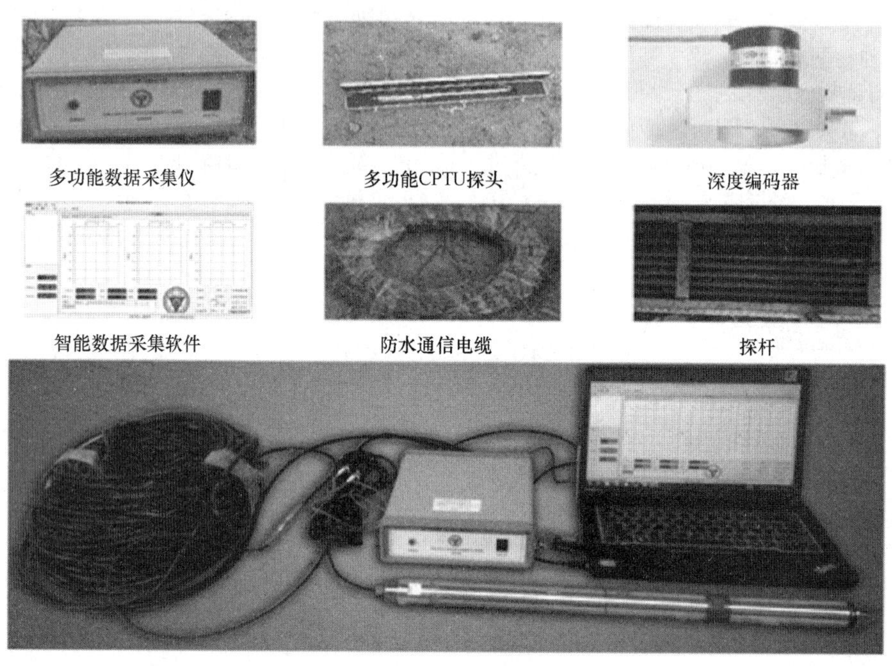

图 2　SEU@CPTU-1 型多功能数字式孔压静力触探系统

Fig. 2　SEU@CPTU-1 multi-functional digital pore-pressure static sounding system

3　工程实例分析

3.1　场地介绍

在连云港至宿迁高速公路、无锡南通高速公路、如东-常熟-太仓输气管线工程试验场地进行了现场测试，共取得 30 个测孔的 CPTU 试验数据。在每个测孔旁现场取样，通过室内压缩试验得到压缩模量强度。CPTU 现场测试采用东南大学自主研发的 SEU@CPTU-1 型多功能数字式 CPTU 测试系统，该系统主要由多功能数字式探头、数据采集系统、测试数据分析软件及静力触探贯入装置 4 大部分构成。SEU@CPTU-1 型多功能数字式孔压静力触探系统组成如图 2 所示。多功能数字式 CPTU 探头集成了锥尖阻力传感器、侧壁摩阻力传感器与孔隙水压力传感器，可以提供锥尖阻力、侧壁摩阻力、孔隙水压力等测试参数。可同时测量锥尖阻力、侧壁摩阻力、孔隙水压力等变量随深度变化。贯入系统采用履带式静探车，由标准制式重型全液压系统组成[33]。

探头规格符合国际标准，锥角为 60°，锥底直径 35.7mm，锥底截面积为 10cm^2，侧壁摩擦筒表面积 150cm^2，孔压测试元件厚度 5mm，位于锥肩位置。贯入速率为 1.2m/min，数据采集点间距为 5cm[34]。

3.2　试验程序

在 CPTU 试验钻孔附近通过固定活塞式薄壁取土器取出高质量的未扰动土样，取样位置距离 CPTU 测孔距离小于 2m，且先进行 CPTU 测试。沿深度每 1.5～2m 的间隔进行取样，待薄壁取样器从钻孔中提出后，在地面上立即进行封蜡保存。采集的土样在运回实验室之前被暂时保存在场地附近。在取样、运输过程中尽量避免对土样的扰动。新鲜的土样经过仔细修剪后作为试样用于室内固结试验，获取 e-p 曲线，计算得到压缩模量[35]。图 3 为试验场地某典型 CPTU 测孔测试结果。表 1 为 CPTU 试验数据统计信息及测试场地的土体室内固结试验结果。试验中得到可对比的 CPTU 测孔数据和土体压缩模量强度对应数据共 386 组。

CPTU 试验数据及压缩模量数据范围　表 1

CPTU test data and E_S data range　Table 1

参数	最大值	最小值	平均值	标准差
深度（m）	36.95	1.4	12.25	
锥尖阻力 q_t（MPa）	8.2	0.17	3.37	
侧壁摩阻力 f_s（kPa）	94.93	0.49	37.96	
孔隙水压力 u_2（kPa）	478.89	1.84	70.08	
压缩模量 E_s（MPa）	13.23	1.29	—	—

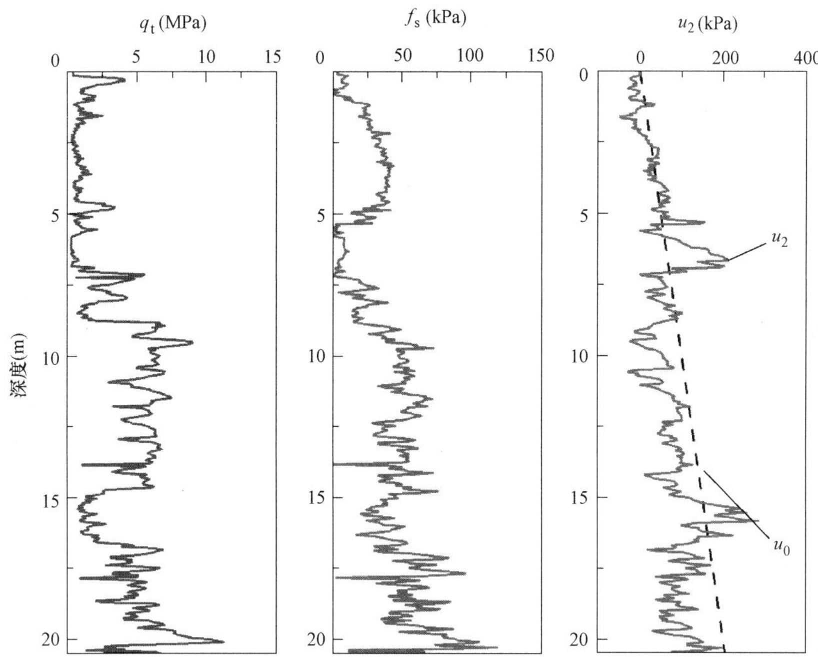

图3　现场某典型CPTU测孔测试结果

Fig. 3　Test results of a typical CPTU hole in the field

3.3　样本构造

采用一个CPTU测点的深度、锥尖阻力、侧壁摩阻力和孔隙水压力，建立基于CPTU数据的黏性土压缩模量人工神经网络预测模型。以一个CPTU测点的深度、锥尖阻力、侧壁摩阻力和孔隙水压力作为输入因素，以对应点的压缩模量作为输出因素，构建一个样本。共构造386组样本。

本文取70%的样本数据作为训练样本，用以训练模型。再选择30%的样本数据作为测试样本，用以验证模型优劣。将训练样本代入GA-ANN模型进行学习与训练，再代入测试样本，通过预测值和实测值的对比，来验证模型的优劣。将实测值与传统经验公式得到的预测值进行对比，并通过误差指标对神经网络模型预测和传统经验公式预测的有效性进行对比，评价本文所建立神经网络模型的有效性。

4　结果分析

图4给出了压缩模量的人工神经网络预测值和实测值对比。图中直线为线性回归结果，回归方程中X为实测值，Y为预测值。从回归结果来看，所建立的人工神经网络模型的回归结果和实测结果非常接近，R^2达到0.88，表明相关性较高，RMSE达到0.7904，表明误差较小。

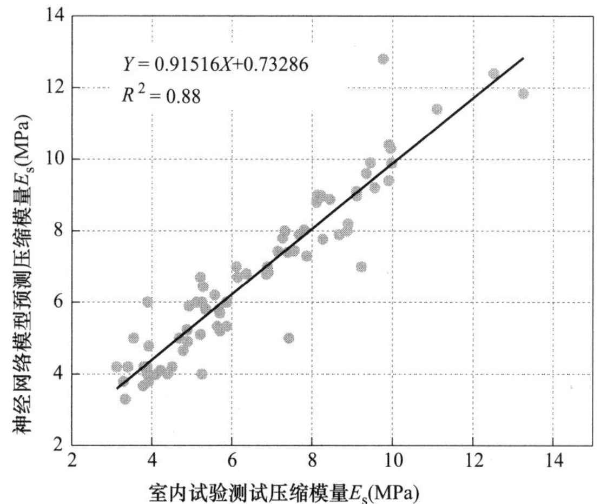

图4　实测E_s与人工神经网络预测E_s对比

Fig. 4　Comparison of measured E_s and predicted E_s by artificial neural network

5 结论

本文利用人工神经网络模型，建立基于孔压静力触探（CPTU）现场测试数据的黏性土压缩模量预测方法。训练参数选取深度、锥尖阻力、侧壁摩阻力、孔隙水压力及室内固结试验获得的压缩模量。通过 CPTU 测试在 3 个试验场地获取现场 CPTU 测试数据及相应的室内压缩试验结果，共构造了 386 组样本。得到以下结论：

（1）采用本文所建立的人工神经网络模型能有效地基于 CPTU 现场测试数据对压缩模量进行预测，预测结果与固结试验所得的压缩模量十分相近，R^2 达到 0.88，RMSE 达到 0.794。

（2）由于机器学习方法的精度依赖于训练数据，因此应尽快建立我国相关场地的 CPTU 测试数据库，对预测模型进行进一步的验证、优化和完善，解决传统经验关系式相关系数难以确定的问题，对于不同类型的土体，具有更好的适用性。使其能够得到更为广泛的应用。

参考文献：

[1] 邱钰，童立元，涂启柱. 基于 CPTU 测试的软土压缩模量确定方法试验研究[J]. 公路，2013(3)：6-9.

[2] 童立元，涂启柱，杜广印，等. 应用孔压静力触探(CPTU)确定软土压缩模量的试验研究[J]. 岩土工程学报，2013，35(S2)：569-572.

[3] 姬付全，经绯，刘志彬，等. 孔压静力触探(CPTU)确定地基土压缩模量方法研究[J]. 工程地质学报，2011，19(6)：882-886.

[4] 杨溢军，童立元，朱宁，等. 基于 SCPTU 测试确定软土压缩模量方法研究[J]. 地下空间与工程学报，2014，10(S1)：1606-1611.

[5] 蔡国军，刘松玉，童立元，等. 现代数字式多功能 CPTU 与中国 CPT 对比试验研究[J]. 岩石力学与工程学报，2009，28(5)：914-928.

[6] 蔡国军，刘松玉，邹海峰. 现代多功能 CPTU 技术在高速公路工程中的应用[C]//中国科学技术协会学会学术部，山区高速公路技术创新论坛论文集，2012.

[7] 许波. CPTU 测试技术在高速公路扩建勘察中的应用[J]. 建材与装饰，2018(48)：206-207.

[8] 杜宇，郭晓勇. 孔压静力触探数据与黏性土不排水抗剪强度的相关性分析[J]. 水运工程，2019(9)：289-293.

[9] 袁俊. 基于多功能 CPTU 测试的液化场地大变形神经网络预测方法研究[D]. 南京：东南大学，2019.

[10] 谢文强，蔡国军，王睿，等. 基于 CPTU 数据的黏性土不排水抗剪强度神经网络预测[J]. 土木工程学报，2019，52(S2)：35-41.

[11] 陈振新，何旭涛，袁舟龙，等. 基于自编码神经网络的孔压静力触探海底土层划分方法改进[J]. 工程勘察，2019，47(6)：23-28.

[12] 兰官奇，王毅红，张建雄，等. 基于人工神经网络的生土基砌体抗压强度预测[J]. 华中科技大学学报(自然科学版)，2019，47(8)：50-54.

[13] Cai G，Liu S，Puppala AJ et al. Identification of Soil Strata Based on General RegrEssion Neural Network Model From CPTU Data[J]. Marine georEsourcEs & geotechnology，2015，33(3)：229-238.

[14] Ghaderi A，Abbaszadeh Shahri A，Larsson S. An artificial neural network based model to predict spatial soil type distribution using piezocone penetration tEst data（CPTU）[J]. Bulletin of Engineering Geology and the Environment，2019，78(6)：4579-4588.

[15] Abbaszadeh Shahri A. An Optimized Artificial Neural Network Structure to Predict Clay Sensitivity in a High Landslide Prone Area Using Piezocone Penetration TEst（CPTU）Data：A Case Study in SouthwEst of Sweden[J]. Geotechnical and Geological Engineering，2016，34(2)：745-758.

[16] Wu M，Congress SSC，Liu L，et al. Prediction of limit prEssure and prEssuremeter modulus using artificial neural network analysis based on CPTU data[J]. Arabian journal of geosciencEs，2021，14(1).

[17] Mola-Abasi H，Eslami A. Prediction of drained soil shear strength parameters of marine deposit from CPTU data using GMDH-type neural network[J]. Marine GeorEsourcEs & Geotechnology，2018，37(2)：180-189.

[18] 刘勇健，李彰明，张建龙，等. 基于遗传-神经网络的深基坑变形实时预报方法研究[J]. 岩石力学与工程学报，2004(6)：1010-1014.

[19] 朱北斗，龚国芳，周如林，等. 基于盾构掘进参数的 BP 神经网络地层识别[J]. 浙江大学学报(工学版)，2011，45(5)：851-857.

[20] SANGLERAT G. The penetrometer and soil exploration [M]. Elsevier，Amsterdam，Netherlands，1972.

[21] SENNESET K，SANDVEN R，JANBU N. The evaluation of soil parameters from piezocone tEsts[J]. Transportation REsearch Record，1989：24-37.

[22] KULHAWY F H，MAYNE P W. Manual on Estimating soil propertiEs for foundation dEsign[R]. Palo Alto：Report EL-6800 Electric Power REsearch Institute，1990.

[23] 中国土木工程学会. 孔压静力触探测试技术规程：T/CECS 1—2017[S]. 北京：中国建筑工业出版社，2017.

[24] SCHALKOFF，R.J.，1997. Artificial Neural Networks. McGraw-Hill，New York.

[25] ERZIN Y，GUMASTE S D，Gupta A K，et al. Artificial neural network（ANN）models for determining hydraulic conductivity of compacted fine-grained soils[J]. Canadian Geotechnical Journal，2009，46(8)：p. 955-968.

[26] ZHANG T，WANG C J，LIU S Y，et al. AssEssment of soil thermal conduction using artificial neural network models[J]. Cold regions science and technology，2020，169(Jan.)：102907.1-102907.13.

[27] 邱微，吴克祥，江进，等. 基于 GA-ANN 模型的 A～2/O 工艺运行参数优化[J]. 哈尔滨工业大学学报，2017，49(9)：117-121.

[28] 李纯，朱浮声，付诗梦，等. 一种基于 GA-ANN 算法的层状土参数预测模型[J]. 东北大学学报(自然科学版)，2012，33(11)：1645-1648+1653.

[29] LIU Qinglin，SUN Panxu，FU XUEYI，ZHANG Jian，YANG Hong，GAO Huaguo，LI Yazhou. Comparative analysis of BP neural network and RBF neural network in seismic performance evaluation of pier columns[J]. Mechanical Systems and Signal ProcEssing，2020，141.

[30] SEAMI M，AHMADI M，VARJANI A Y. DEsign of neural networks using genetic algorithm for the permeability Estimation of the rEservoir[J]. Journal of Petroleum Sci-

ence & Engineering，2007，59(1-2)：97-105.

[31] BA A，MRM B，SA B，et al. Estimation of near-saturated soil hydraulic propertiEs using hybrid genetic algorithm-artificial neural network[J]. Ecohydrology & Hydrobiology，2020，20(3)：437-449.

[32] MOMENI E，NAZIR R，ARMAGHANI D J. et al. Prediction of pile bearing capacity using a hybrid genetic algorithm-based ANN[J]. Measurement，2014，57：122-131.

[33] 蔡国军，刘松玉，童立元，等. 多功能孔压静力触探(CPTU)试验研究[J]. 工程勘察，2007(3)：10-15+73.

[34] 蔡国军. 现代数字式多功能CPTU技术理论与工程应用研究[D]. 南京：东南大学，2010.

[35] 中华人民共和国建设部. 岩土工程勘察规范：GB 50021—2001[S]. 北京：中国建筑工业出版社，2004.

膨胀土基坑原状土水平膨胀力分布模式试验研究

刘　康[1]，杨燕伟[2]，崔同建[3]，戴东涛[3]，康景文[3]

（1. 上海交通大学船舶海洋与建筑工程学院，上海 200240；2. 四川省水利科学研究院，四川 成都 610040；3. 中国建筑西南勘察设计研究院有限公司，四川 成都 610052）

摘　要：膨胀土中黏粒成分主要由蒙脱石、伊利石和高龄石等亲水矿物组成，具有显著的吸水膨胀和失水收缩两种变形特性。在现行的有关膨胀土规范和基坑规范中，未见到明确体现膨胀土设计理论和计算方法的规定。本文在前人研究的基础上，通过模型试验获得原状膨胀土基坑侧壁湿度场、支护桩顶位移以及桩身位移加水量的变化关系，推导出水平膨胀力随含水率变化及其沿深度的分布规律，并采用数值模拟验证所膨胀力计算的适用性，为膨胀土基坑考虑水平膨胀力设计提供依据。

关键词：膨胀土基坑；水平膨胀力；模型试验

作者简介：刘康，男，1982 年生，博士。主要从事本构方面的研究。

Experimental study on distribution of horizontal expansive force of foundation excavations in expansive soil

LIU Kang[1], YANG Yan-wei[2], CUI Tong-jian[3], DAIDong-tao[3], KANG Jing-wen[3]

(1. School of Naval Architecture and Ocean Engineering, Shanghai Jiao tong University, Shanghai 200030, China; 2. Sichuan water conservancy college, Chengdu Sichuan 611231, China; 3. China Southwest Geotechnical lnvestigation & Design lnstitute Co., Ltd., Chengdu Sichuan 610052, China)

Abstract: Clay components in expansive soil are mainly composed of hydrophilic minerals such as montmorillonite, illite and kaolite, which have obvious deformation characteristics of water absorption expansion and water loss contraction. In the existing expansive soil code and foundation pit code, there is no provision that clearly embodies the design theory and calculation method of expansive soil. In this paper, on the basis of predecessors' research, through the model test for undisturbed expansive soil foundation pit side wall humidity field, displacement of supporting pile top, pile body displacement and the changes of water addition lateral swelling pressure is deduced with the moisture content change and its distribution along the depth. Then the applicability of the expansion force calculation is verified by numerical simulation. It provides a basis for the design of expansive soil foundation pit considering lateral swelling pressure.

Key words: expansive soil foundation pit; lateral swelling pressure; model test

1　引言

近年来，具有膨胀土分布的场地基坑开挖后，大量出现基坑变形过大、坡脚软化、支护结构倾斜甚至基坑整体失稳破坏的事故，严重影响了基坑及其环境的安全。按现行的技术标准要求[1]，膨胀土场地基坑支护设计，土体荷载通常是在一般黏性土的计算方法[2] 的基础上对土体的抗剪强度指标进行适当折减，此方式虽然在一定程度上减少了基坑的变形、提高了稳定性，但因缺乏理论依据的支持，时常因质疑而不被设计委托方所接受。鉴于膨胀土地区的基坑各类问题频繁出现，亟需对现行的设计方法进行改进。

针对目前膨胀土基坑工程在设计方法上的缺陷，工程技术人员依据膨胀土特性，尝试着将膨胀力加入膨胀土基坑支护设计计算中，即将水平膨胀力视为附加应力参与设计计算，但膨胀力的大小及分布因缺少公认的计算方法，通常只能采用利用获取竖向膨胀力的室内试验指标[1] 并结合工程经验进行适当折减的方法确定。这样的改进方式，无疑在理论上相比以往的利用强度指标折减的经验方法有所进步，但仍存在着膨胀力试验的方向性、分布模式和指标可靠性等问题，更无法确切地反映出水平膨胀力对基坑变形或稳定性等不利影响的真实程度，这也是部分处于膨胀土场地的基坑按现在确定水平膨胀力方式进行设计仍会出现基坑大变形甚至失稳的主要原因。

通过取自实际工程场地的原状土体进行加水条件下的模型试验，获取原状膨胀土基坑开挖后的湿度场、支护桩桩顶位移以及桩身位移随加水量的变化形态，得到水平膨胀力随含水率变化的关系和沿深度的分布模式，并利用数值分析进行模拟验证，为膨胀土场地的基坑支护设计提供理论依据，以确保基坑稳定和安全。

2　膨胀土基坑模型试验

2.1　工程原型

以某膨胀土场地悬臂桩支护结构的基坑工程为原型，

基金项目：CSCEC-2019-Z-25。

见图1，形成原状土土体的试验模型。为简化问题，将原型基坑的地层概化为两个土层，即上部的膨胀性黏土层0～8m和下部具有膨胀性的强风化层泥岩8～12m；基坑开挖深度6.0m，悬臂支护桩为钢筋混凝土灌注桩，桩径1.0m、桩长11.0m（嵌固深度5.0m），支护桩中心距2.0m（净间距1.0m），冠梁为宽1.0m、高0.8m钢筋混凝土，支护桩桩身和冠梁的混凝土强度等级均为C30。

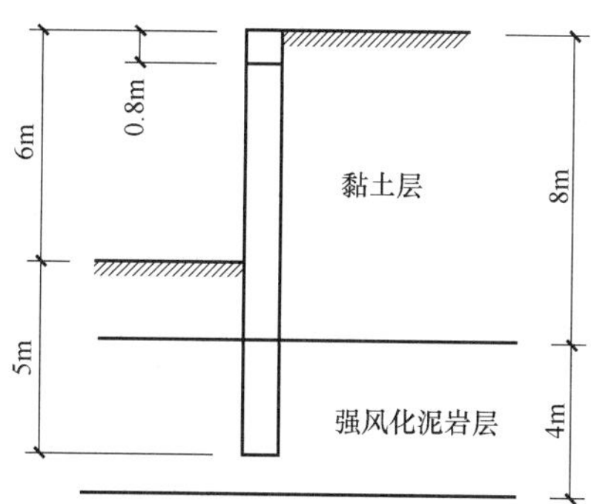

图1 基坑支护结构剖面图

Fig. 1 section of supporting structure

2.2 试验方案

（1）支护结构模型材料

考虑试验周期和试验场地的条件，土体取自原型工程场地原状土；经过反复比选，选用有机玻璃（PMMA）作为支护结构的相似材料。

（2）试验荷载

原型工程基坑的荷载为土压力荷载与膨胀力。根据朗肯土压力理论，模型中的土压力绝大部分位于拉应力区；按现行基坑设计计算方法[2]，模型试验中可忽略拉应力对土压力的影响。由于水平膨胀力是缘于膨胀土吸水导致体积增加，而体积在吸水变大的过程中受到支护桩的约束，从而产生与约束方向相反的作用力，因此采用喷洒水的方式使土体吸水发生膨胀，模拟自然条件下水平膨胀土与支护桩的相互作用状态。

（3）工况量测

由于模型试验的主要目的是测量膨胀土场地基坑支护桩所受水平膨胀力的大小，因此，试验对模拟基坑的开挖、含水量变化、支护桩位移等进行测量。

2.3 模型设计

根据试验目标和原型结构，并综合考虑试验场地条件限制，试验模型与原型比例为1∶15（几何相似比C_l）。根据相似原理，位移量的相似比等于几何相似比，即$C_l=C_\omega$，由于几何相似比已确定为$C_l=1:15$，因此位移量相似比$C_\omega=1:15$，支护桩的弹性模量相似比亦应为$C_E=1:15$；因模型试验采用的基坑土体与原型土体一致，因此材料相似比$C_\gamma=1:1$。

通过压力机测量得到所选有机玻璃材料的弹性模量为5GPa，而依据工程经验，原型支护桩的弹性模量为30GPa，模型支护桩的实际弹性模量相似比为$C_E'=1:6$。为使桩顶位移量不变，须将模型桩的惯性矩I_m缩小$C_E/C_E'=0.4$倍，即将模型桩桩径在原型桩径尺寸的基础上缩小0.795倍。试验模型冠梁与支护桩采用同样材质。模型支护结构与原型支护结构关系见表1。

试验原型及试验模型的参数表　　表1

parameter list of test prototypes and models　　Table 1

类型	桩径（cm）	桩长（cm）	锚固深度（cm）	桩间距（cm）	冠梁尺寸（cm）	弹性模量（GPa）
试验原型	100	1100	500	200	100×80	30
试验模型	5	80	40	10	5×4	5

2.4 试验模型制作

模拟支护桩共设置7根，其中贴有应变片的测试桩3根，悬臂段长0.4m，锚固段长0.6m，如图2所示。试验的反力装置由四块长1.1m、宽1.1m、高1.1m的有机玻璃板和20根角钢焊接的框架组成，整体装置如图2所示。

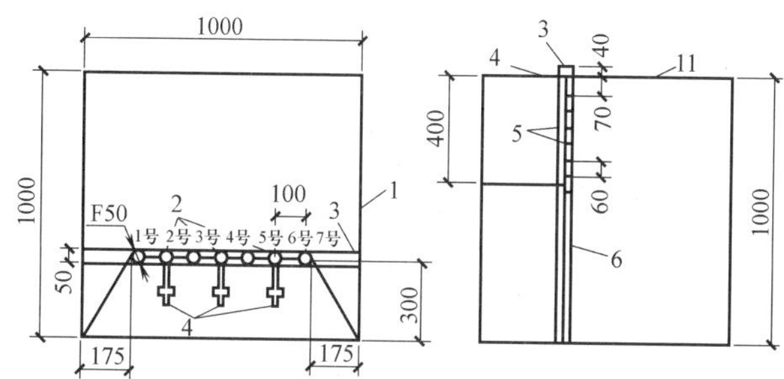

图2 试验模型示意图

Fig. 2 Schematic diagram of test model

1—原装膨胀土；2—贴有应变片的测试桩；3—冠梁；4—电子千分表；5—应变片；6—测试桩

2.5 试验土体截取

试验土体取自原型工程所在现场，几何尺寸为1m×1m×1m，属同一地质区域内相同地质条件下形成的膨胀土，土的各类性质积状态一致。取样过程如图3所示。

图3 现场取样过程

Fig. 3 sampling process of test model

2.6 测试桩应变片布置

贴有应变片的测试桩分别位于2、4、6号孔（图4）。在表面竖直布置三列应变片，每列应变片之间的夹角成120°，编号分别为1、2和3，其中左侧应变片列为“列1”，前侧应变片列为“列2”，右侧应变片列为“列3”，如2号测试桩前侧应变片列记作“2-2”。每列应变片的数量与位置均相同，分别在距离桩顶70mm、

130mm、190mm、250mm、310mm、370mm、430mm，如图4所示。

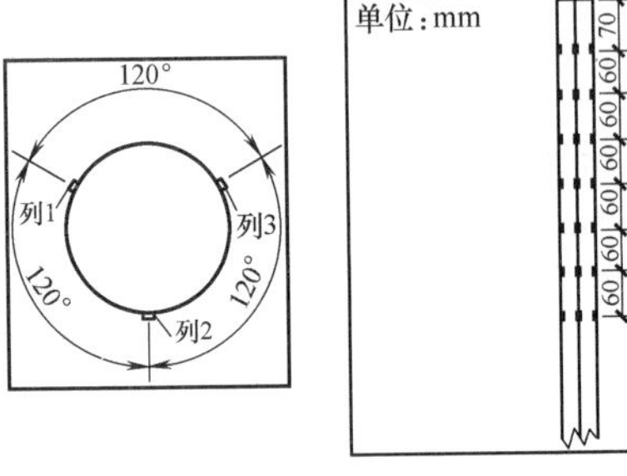

图4　应变片位置示意图片

Fig. 4　Schematic diagram of strain gage layout

2.7　测试桩埋置与开挖

（1）桩位钻孔

由于试验土体为原状土，无法像重塑土在制样时埋置测试桩，需要在原状土体中挖出孔洞将测试桩放置于孔内，并在测试桩与孔内壁空隙中填入胶粘剂，如图5所示。

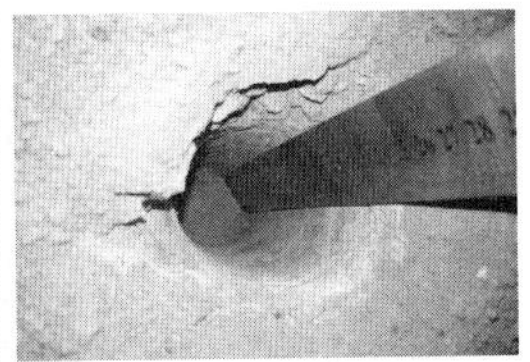

图5　土样原形与支护桩钻孔

Fig. 5　installation the model pile and drill hole

（2）测试桩埋置

为方便在基坑开挖时剥离凝固在测试桩表面的胶粘剂，在埋置测试桩之前，先在测试桩靠近基坑内一侧的外表面均匀地涂抹凡士林，并使测试桩的圆心与孔位的圆心重合。

将过0.5mm筛的膨胀土、过0.1mm筛细砂、过0.015mm筛的石膏粉、纯度99.9%的乙二醇、蒸馏水按照3∶4∶14∶4∶10的比例配置成的胶粘剂填入钻孔内，使测试桩与土样充分接触。

（3）自制测试水入渗深度元件埋置

自制测试水入渗深度元件分两列埋入试验土体中，两列间距为10cm，均位于中间测试桩（4号桩）的正后方，第一列与4号桩桩心距离15cm，第二列与4号桩桩心距离25cm，深度分别为3cm、14cm、25cm、36cm，如图6所示。

（4）基坑的开挖

胶粘剂完全凝固后，使用开土刀、铲子等对模型土体进行分层开挖，并尽量减小对土体产生扰动，如图7所示。开挖时，每隔10cm对刚开挖的新鲜土体取样测试其含水率，得到土样的初始含水率变化状态，如图8所示。

2.8　加水测试步骤

（1）检查确定各个测试装置均处于正常工作状态，使用喷壶在土体表面均匀喷洒净水且不应产生积水，随试验进行可逐步加大每次循环的加水量。

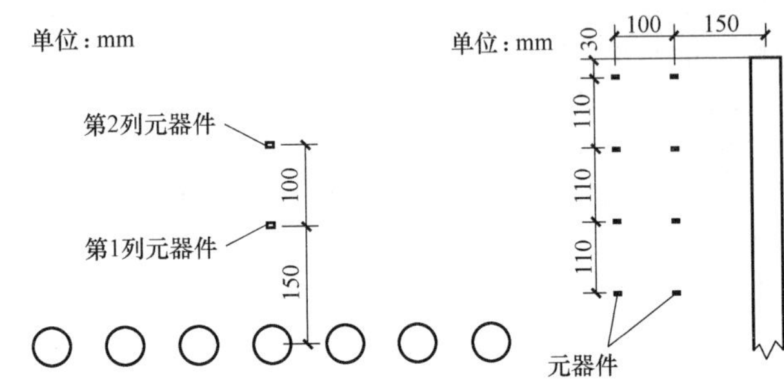

图6　自制测试水入渗深度元件布置示意图

Fig. 6　Self-made test water penetration depth element layout diagram

图7　完成开挖的基坑

Fig. 7　The completed foundation excavation

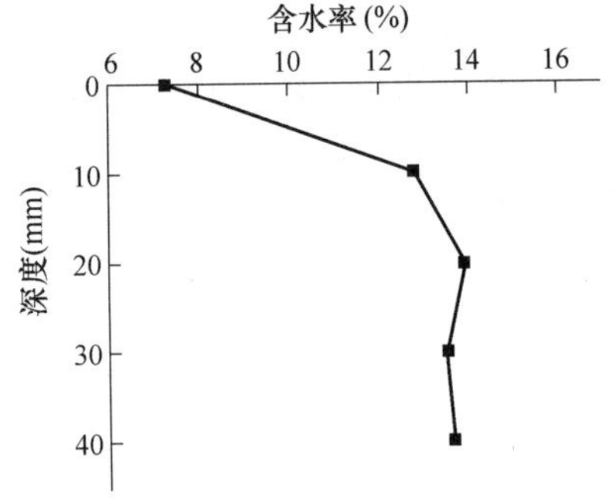

图8　初始含水率随深度的变化曲线

Fig. 8　The Initial water cut curve with depth

（2）开始加水起每隔固定时间读取桩顶千分表、应变仪和自制测试水入渗深度元件示数。

（3）当相邻的几次示数差别不大时，认为土体内的湿度场基本稳定，重复步骤（1）～（3）进行下一个周期的加水测试。

（4）随着累计加水总量的增加，模型土体上部趋于饱和状态，可逐步减小单次加水量，当桩顶位移趋于稳定时，终止加水。

3　试验结果分析

3.1　含水率随累计加水量的变化

随着累计加水量的增加，试验土体不同深度的含水率发生改变，在一次加水循环稳定后，同一深度处土样含水率可视为一致。试验钻取不同深度处的土样采用烘干法测量其含水率。

试验期间累计加水 11 次，在每次加水后，土样的含水率变化达到稳定状态，分别在深度 0cm、10cm、20cm、30cm、40cm 位置处取样，得到不同深度处含水率随累计加水量的变化情况，如图 9、图 10 所示。

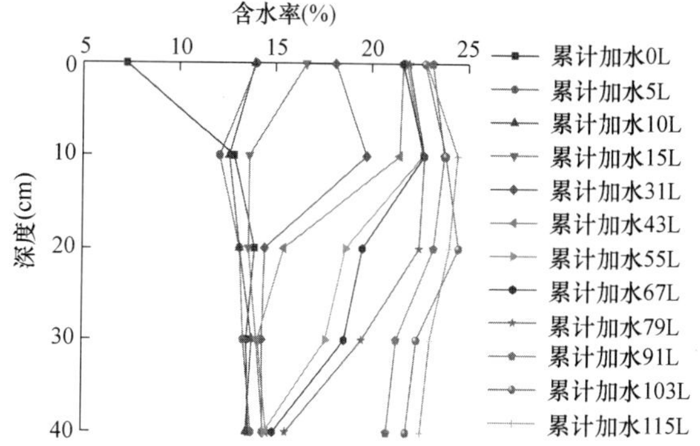

图 9 不同累计加水量下含水率随深度的变化曲线

Fig. 9 The curve of moisture content changing with depth under different accumulative water amount

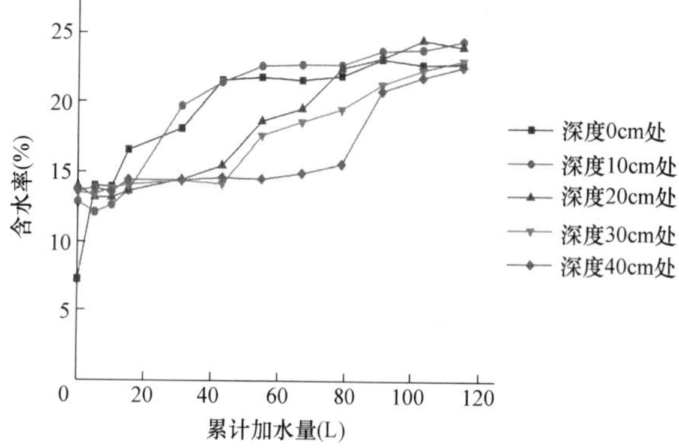

图 10 不同深度处含水率随加累计水量的变化曲线

Fig. 10 The curve of moisture content at different depths with the accumulation of water

图 9 为含水率随累计加水量的增加沿着深度变化规律。累计加水量为 0L 时，含水率的最大值位于 30cm 深度处，为 15.5%，而土样表面的含水率最小，为 7.3%。导致这一现象的原因是蒸发作用使得原型土上部含水率较低（土体从野外取回试验室内避光自然风干 2 年左右）；随着累计加水量的增加，土体的含水率峰值逐步向 10cm 深度处移动；当累计加水量达到 115L 时，土体 10cm 深度处的含水率最大，为 24.5%，其他深度处的含水率趋于一致；而土体 40cm 处裂隙因不发育，不利于水渗入，故其含水率偏低。

图 10 所示，土体深度 0cm、10cm、20cm、30cm、40cm 处的含水率总体上随着累计加水总量的增加而增加，符合野外土体含水率随降雨总量变化的规律。因为土体从野外取回在试验室内，其含水率已经达到自然条件下能达到的最小状态，土样表面因为直接与空气接触，因此其含水率最小，为 22.8%；当累计加水量达到 115L 时，土体各深度处的含水率趋于一致，约为 24%，此时 40cm 以上部分土体基本处于饱和状态；由于试样 0～10cm 深度段裂隙发育、10～20cm 深度段裂隙较发育、20～30cm 深度段裂隙不发育，利于水渗入到土体 10cm 深度处，致使该深度处土样含水率最高，达到 24.5%，20cm 深度处含水率略低于 10cm 深度处，为 24.0%，30cm 和 40cm 深度处含水率较低，30cm 深度处含水率为 23.1%，40cm 处含水率为 22.6%。

在原型场地取土样进行室内离心模型试验，得到了一条含水率沿深度方向变化的曲线，土体的初始含水率为 20%，试验结果如图 11 所示。在本原型场地邻近基坑进行了天然含水率为 20%的降雨（人工淋水）条件下含水率随深度变化的现场试验，试验结果如图 12 所示。

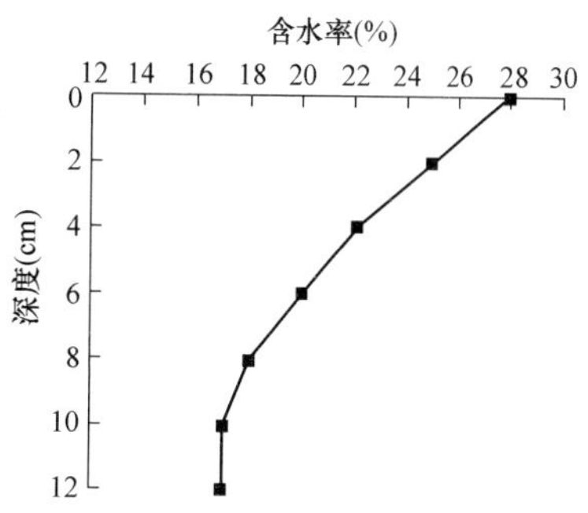

图 11 离心模型试验含水率随深度的变化

Fig. 11 The test moisture content changes with depth

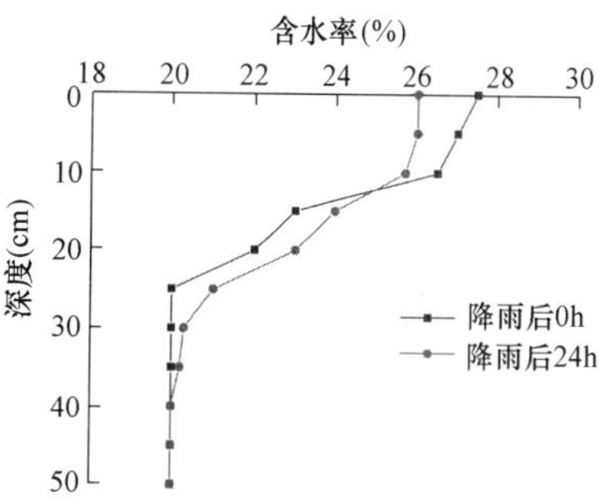

图 12 现场边坡含水率随深度的变化

Fig. 12 The variation of in-situ slope moisture content with depth

图 11 的曲线形态与图 9 中加水 67L 时的曲线形态类似，含水率总体上随着深度的增加而减小，但在土体表面，两条曲线差距较大，图 10 中土体表面的含水率相较 2cm 深度处有较大增长，而图 9 中土体表面的含水率与紧邻深度处的含水率基本相同。造成这一现象的原因是两个试验的加水方式不同，离心模型试验为土体表面连续吸水，0cm 深度处土体的含水率基本处于饱和状态；此次模型试验为断续加水，每次加水稳定后再测量含水率，受到蒸发和渗流作用，土体表面的含水率低于饱和含水率。排除这一因素影响后，两曲线的变化趋势一致。

由图 12 可知，降雨后 24h 相比于降雨后 0h 的 0～10cm 深度范围内土体的含水率明显减小，10～20cm 深度范围内土体的含水率明显增加；降雨后 0h，30～40cm 深度范围内的含水率基本保持不变，当降雨 24h 后，30～40cm 深度范围内的含水率产生了明显的增加趋势，造成这一现象的主要原因在于当停止降雨后，土体中的水因重力作用向下渗流，导致下部的含水率增大，同时，土体表面受到蒸发的作用，进一步增加了土体表面含水率的减小趋势。图 12 的含水率随深度变化曲线与图 9 累计加水 43L、55L 和 67L 时的曲线形态相近，总体上含水率随深度的增加而减小。在 0～10cm 深度区间内，两个试验的含水率均基本保持一致，且均为最大值；10cm 到 30cm 深度处的含水率随着深度的增加而明显减小。

3.2 桩顶位移随累计加水量的变化

随着累计加水量的增加，土体体积会随着含水率的增加而变大。由于土体在其他方向受到边界装置的约束，不能发生通过产生位移释放变形，只能在沿着基坑方向发生位移而出现的体积变大。土体在沿着基坑方向发生位移时，测试桩会随着土体一起沿着基坑方向发生位移，测试桩的位移导致其产生变形，从而产生对土体的约束作用力。由于测试桩的底部设置有嵌固段，因此测试桩位移的最大值发生在其顶部。测量三根桩桩顶沿着基坑方向的位移如图 13 所示。对原型基坑采用测斜管进行现场监测支护桩的位移，如图 14 所示。

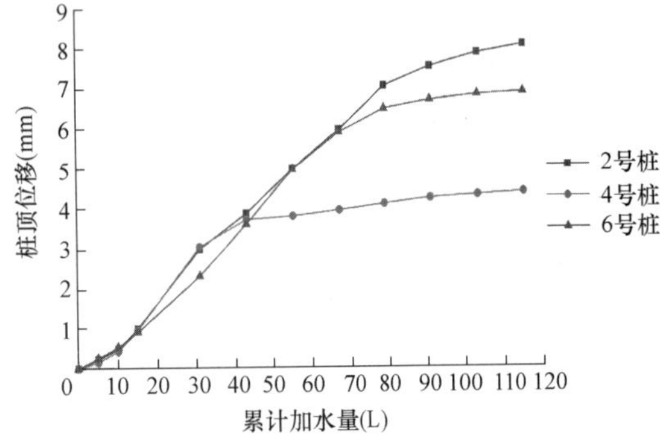

图 13 桩顶位移随累计加水量的变化曲线

Fig. 13 The change curve of pile top displacement with cumulative water addition

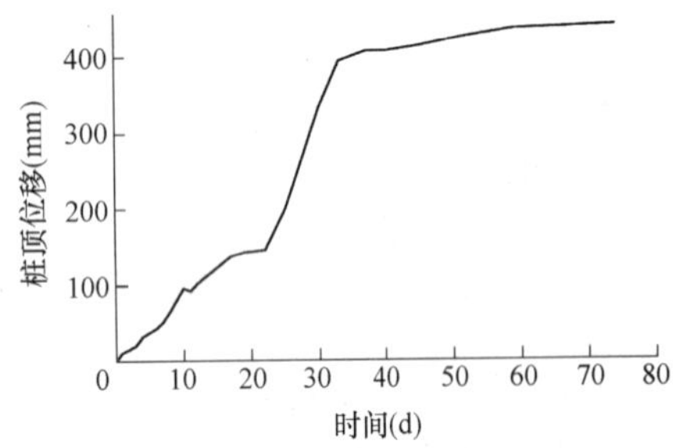

图 14 原型基坑现场监测桩顶位移

Fig. 14 The in-situ monitoring of pile top displacement in prototype foundation pit

由图 13 可知，桩顶位移随着累计加水量的增加而增加，当累计加水量达到 91L 时，桩顶位移趋于稳定并达到最大值。随着累计加水的增加，土体的体积增大趋势呈现线性增加，当累计加水量到达 91L 时，土体产生的体积增大趋势已经随测试桩的变形基本释放完毕，累计加水量再增加，土体产生的体积膨胀增量很小，不足以使桩顶位移产生明显的增加。

由图 14 可知，原型基坑桩顶位移随着基坑开挖时间的增加而逐渐增加，当基坑开挖 33 天左右时，支护桩的桩顶位移达到最大，约为 400mm。在第一次基坑开挖后，第 22 天进行了第二次开挖，导致桩顶位移在第 22 天后的变化率增大。

对比图 13 和图 14 可见，原型基坑桩顶位移随时间的变化曲线与模型桩顶位移随累计加水量的变化曲线形态基本相同，说明模型试验的结果具有合理性。

3.3 桩身应变

2、4、6 号测试桩三列应变片测试结果（仅列出部分结果）见图 15～图 18。

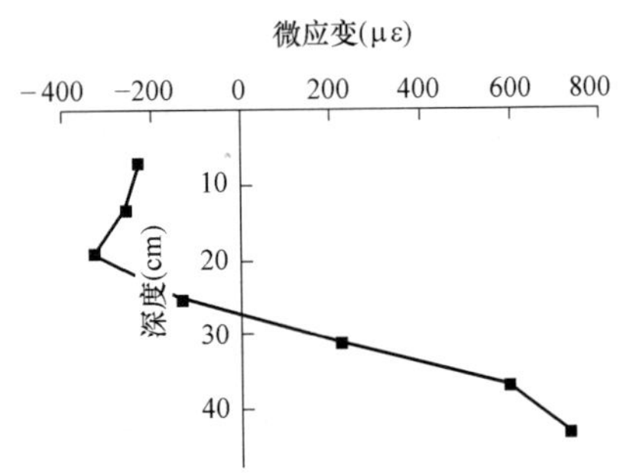

图 15 列 2-1 应变变化

Fig. 15 The strain change of 2-1 column

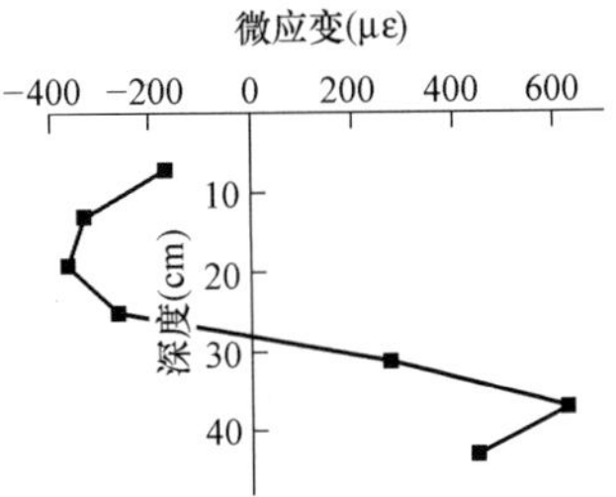

图 16 列 4-3 应变变化

Fig. 16 The strain change of 4-3 column

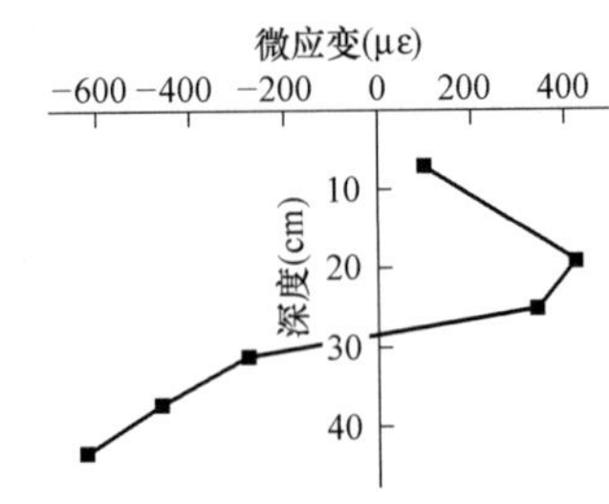

图 17 列 6-2 应变变化

Fig. 17 The strain change of 6-2 column

由图 15～图 18 可知，当累计加水量达到 91L 时，桩顶位移趋于稳定并达到最大值，此时可认为桩身应变达到稳定并达到最大值。应变片数值变化曲线与 y 轴的交点大致位于 30cm 处，此处代表应变片受拉与受压的分界点。

位于测试桩前侧的应变片列 2-2、列 4-2 和列 6-2，30cm 以上部分受到拉应力作用，30cm 以下部分受到压应

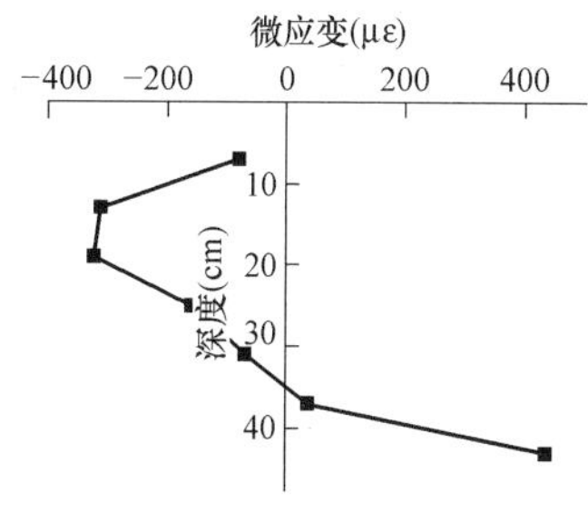

图 18　列 6-3 应变变化

Fig. 15　The strain change of 6-3column

（说明：图中应变片数值为正表示此处的测试桩受拉，应变片数值为负表示此处的测试桩受压）

力作用。位于测试桩左右两侧的应变片列 2-1、列 2-3、列 4-1、列 4-3、列 6-1 和列 6-3，30cm 以上部分受到压应力作用，30cm 以下部分受到拉应力作用。30cm 以上部分，应变片的变化曲线呈现“C”形，30cm 以下部分，应变片的变化曲线基本呈直线。

3.4　膨胀力与含水率的关系

大量的研究表明，对于同一种类型的膨胀土，其膨胀力的大小主要与土体的初始含水率、土体的含水率相较于初始含水率的增量等有关。国内外学者用不同的思路得到了不同的膨胀力计算公式方法，但计算公式需要的参数过多，且部分参数的获取现在并未找到统一、可靠的测试方法，仍不利于实际应用。

膨胀力的以往试验结果表明[3]，膨胀力与时间对数曲线是典型的倒 S 形曲线，曲线形态类似于土体的固结曲线。在某些简化的假设条件下，膨胀土吸力的消散和膨胀力的增加呈正比例关系，且在数学表达式的形式上吸力耗散函数和土体固结方程相似，并认为极限膨胀力约等于吸力。

基于极限膨胀力约等于吸力这一结论的基础上，提出的膨胀力计算如下式：

$$\sigma_{eMax}=-(RT/V')\ln(p/p_0) \tag{1}$$

式中，σ_{eMax} 为常数，由室内试验结果拟合得到；R 为气体常数，8.3L·kPa·mol^{-1}·K^{-1}；T 为绝对温度；p/p_0 为相对蒸气压力，其中 p 为与湿土平衡的蒸气压、p_0 为与纯水平衡的蒸气压；V' 为水的偏摩尔体积，0.018L·mol^{-1}。

相对蒸气压力 p/p_0 在土壤学中应用广泛，但是由于试验手段的限制，一般通过室内土工试验获取土的参数指标代替相对蒸汽压力 p/p_0。根据 Raoult 定律，在温度一定的情况下，对于难挥发性电解质的稀溶液，其蒸气压等于纯溶剂的蒸气压与溶液中溶剂的摩尔分数的乘积：

$$p=p_0x_\alpha \tag{2}$$

式中，p 为难以挥发电解质稀溶液的蒸气压；p_0 为纯溶剂的蒸气压；x_α 为溶液中溶剂 α 的摩尔分数，在土中溶剂 α 为纯水。

将式（2）代入相对蒸气压表达式可得：

$$\frac{p}{p_0}=\frac{p_0x_\alpha}{p_0}=x_\alpha=\frac{n_w}{n_w+n_s} \tag{3}$$

式中，n_w 为纯水的物质的量（mol）；n_s 为溶质的物质的量，即土的物质的量（mol）。

对于自然界中的土体，土颗粒是组成土体的骨架，自由水只存在于土颗粒的间隙中，因此，土颗粒在土体中的占比要远大于水在土体中的占比，即 $n_s \gg n_w$，式（3）可简化为：

$$\frac{p}{p_0}\approx\frac{n_w}{n_s} \tag{4}$$

物质的量等于质量除以物质的摩尔质量，$n=m/M_s$（其中，n 为物质的量（mol）；m 为质量（g）；M_s 为物质的摩尔质量（g/mol），纯水的摩尔质量为 18（g/mol），含水率 $m_w=wm_s$（其中 m_w 为土的质量（g）；m_s 为土颗粒的质量（g）；w 为土的含水率（%）），整理上述关系得到含水率与相对蒸气压的表达式：

$$\frac{p}{p_0}\approx\frac{\frac{m_w}{M_w}}{n_s}=\frac{w\times\frac{m_s}{M_w}}{n_s}=\frac{m_s}{M_w\cdot n_s}\times w=\beta\times w \tag{5}$$

式中，β 为常数，与土颗粒质量 m_s、水的摩尔质量 M_w、土颗粒的物质的量 n_s 有关。

由式（5）可得相对蒸气压与含水率呈现正比关系。通过整理试验吸力曲线发现，对于同一种土，其吸力与初始含水率之间存在唯一对应关系，鉴于认为膨胀力约等于吸力，所以，对于同一种土，其膨胀力与初始含水率之间也存在唯一对应关系。进一步整理上述公式，可得膨胀力与含水率之间的关系为：

$$\begin{aligned}\sigma_{eMax}&=-\frac{RT}{\overline{V}}\ln(\beta w)\\&=-\frac{RT}{\overline{V}}\ln w+-\frac{RT}{\overline{V}}\ln\beta\\&=k\ln w+c\end{aligned} \tag{6}$$

式中，σ_{eMax} 为极限膨胀力（kPa）；k、c 为常数，由室内试验结果拟合得到。

通过室内土膨胀力试验，可以得到不同初始含水率下极限膨胀力的大小，通过对所得数据进行拟合，可以得到式（6）中的常数 k 和 c。

在自然环境中，土体受蒸发作用导致含水率下降，当含水率下降到一定的值时，土体的含水率无法继续下降即达到最小值，此时的含水率称为初始含水率 w_0。不同地区土体的初始含水率有所不同，即使处于同一地区土体的不同深度受蒸发作用的影响程度不同，不同深度处的土体的初始含水率也有所不同。

自然界中的膨胀土无法达到室内土工试验时充分吸水的条件，此时所谓的膨胀力并非膨胀土完全吸水条件下的极限膨胀力，而是相较于初始含水率的含水率增加量产生的膨胀力。在数值上应为初始含水率 w_0 产生的极限膨胀力与实际含水率 w_1 产生的极限膨胀力的差值，即：

$$\begin{aligned}\sigma_e&=\sigma_{eMax}(w_0)-\sigma_{eMax}(w_1)\\&=(k\ln w_0+c)-(k\ln w_1+c)\\&=k\ln(w_0/w_1)\end{aligned} \tag{7}$$

式中，σ_e 为膨胀力（kPa）；w_0 为初始含水率（%）；w_1 为实际含水率（%）。

3.5 膨胀力计算与分布

通过模型试验所用膨胀土进行自由膨胀率试验，得到其试验土样干密度均为 1.5g/cm^3、自由膨胀率为60%，属于弱膨胀潜势土。分别配置初始含水率为12%、14%、16%、18%、21.4%、25%和23%的 ϕ61.8×20mm的环刀土样，通过固结仪进行极限膨胀力试验，得到不同初始含水率下试验土样的极限膨胀力如图19所示。由图19可知，试验土样初始含水率越小，其产生的极限膨胀力越大，初始含水率12%的试样，其膨胀力可以达到62.3kPa，而初始含水率为25%时，试样的极限膨胀力仅为24.6kPa，二者相差约2～3倍，充分说明试验土样初始含水率对其极限膨胀力影响较大。

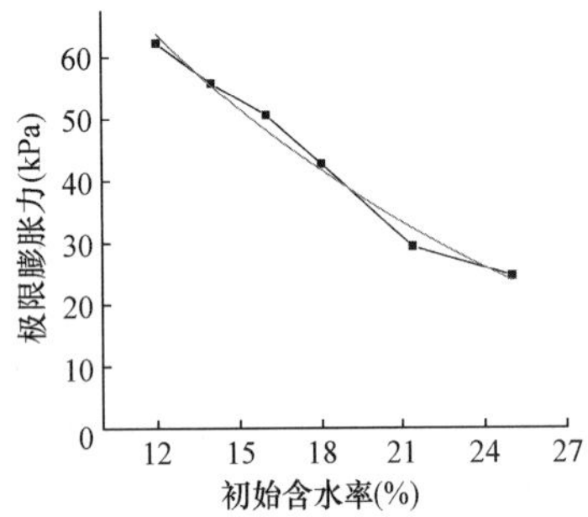

图19 极限膨胀力随初始含水率变化曲线

Fig. 19 The curve of ultimate expansion force changing with initial water content

对图19中的数据进行对数函数拟合，得到 $k=-54.51203$，$c=199.3127$，$R^2=0.97922$，其极限膨胀力 σ_{eMax} 与初始含水率 w_0 关系为：

$$\sigma_{eMax}=-54.512\times\ln w_0+199.3127 \tag{8}$$

将式（8）拟合得到的参数 $k=-54.51203$，$c=199.3127$ 代入式（7），得到试验土体膨胀力与初始含水率 w_0 和实际含水率 w_1 之间的关系为：

$$\sigma_e=-54.512\times\ln(w_0/w_1) \tag{9}$$

为了得到试验模型土体膨胀力随着累计加水量在基坑深度方向的变化，将在模型土体中测量的不同深度处含水率随加水总量的数据代入式（9），得到不同深度处膨胀力随加水总量变化如图20所示，即为膨胀力随累计加水量的增加沿着深度变化规律。因为距离地表0cm深度处，膨胀土的膨胀力能够沿着垂直方向充分释放掉，并不会作用在基坑上，因此，无论距离地表0cm深度处土体的实际含水率为多少，其膨胀力总是为0kPa。

由图21可知，膨胀力随累计加水量的变化曲线呈现“S”形，每条曲线均存在急剧增加段，随着深度的增加，曲线的急剧增加段向后移动。在急剧增加段之前，曲线形态趋于平缓，数值基本不变，可视为膨胀力基本为0；当累计加水量达到31L时，10cm深度处的膨胀力急剧增加，从3.3kPa增加到23.5kPa，当累计加水量达到91L时，10cm深度处的膨胀力趋于稳定并达到最大值33.7kPa；当累计加水量达到55L时，20cm、30cm深度处的膨胀力急剧增加，分别从5.7kPa增加到16.0kPa、从2.6kPa增加到15.5kPa；当累计加水量达到79L时，40cm深度处的膨胀力急剧增加，从7.2 kPa增加到23.1kPa。

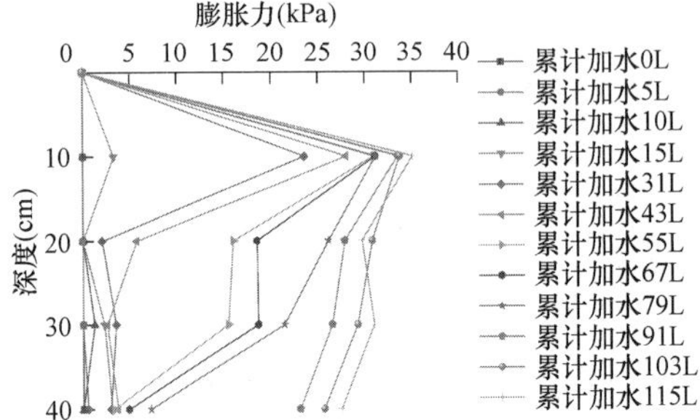

图20 不同累计加水量下膨胀力随深度的变化曲线

Fig. 20 The curve of expansion force with depth under different accumulative water amount

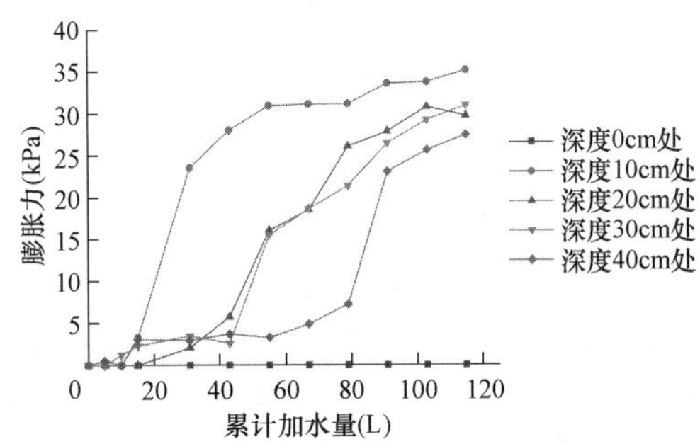

图21 不同深度处膨胀力随累计加水量的变化曲线

Fig. 21 The curve of expansion force at different depths with the cumulative amount of water added

3.6 膨胀力分布模式

在自然环境中，受大气作用导致的膨胀土含水率变化深度存在极限，国内外学者研究发现，在深度1～2m的土层内，受到降雨和蒸发作用导致的含水率变化最为频繁，在3m以下深度，含水率的波动一般不超过1%，所以，膨胀土受到大气风化应力作用影响的临界深度为3m。由于土体的膨胀力与含水率的变化有关，3m深度以下的膨胀土，在自然环境中含水率长期保持不变，其原有的膨胀力会随着时间的推移逐渐释放，3m深度以上的膨胀土，由于受到大气风化应力的作用，含水率会在短时间内急剧变化，膨胀力同样会随含水率的变化在短时间内产生，此时产生的膨胀力会产生明显的破坏作用，在膨胀土基坑中会对支护结构产生额外的应力作用。因此，在自然环境下，可认为膨胀土基坑产生膨胀力的极限深度为3m。

由模型试验结果图20可知，40cm深度处的膨胀力曲线在加水79L以前变化平缓，相比加水79L以后的急剧变化，可以视为基本为0保持不变；将加水79L时膨胀力沿深度变化的曲线等比放大到3m深度，得到实际基坑的膨胀力分布曲线如图22所示。由图22可知，膨胀力沿深度的分布基本呈梯形，分别在0.75m和2.25m处存在明显的拐点，在拐点与起始点之间，呈线性变化。在0m深度和3m深度处，膨胀力均为0kPa，当深度达到0.75m时，膨胀力达到最大值31.2kPa，在另一拐点2.25m处，膨胀力为21.4kPa。

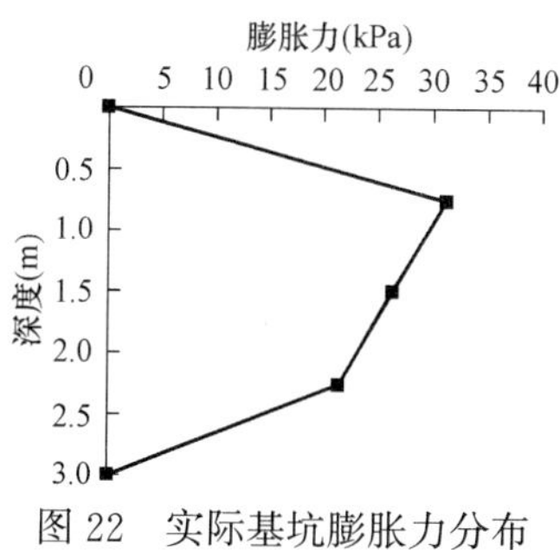

图 22 实际基坑膨胀力分布

Fig. 22 The expansion force distribution of foundation pit

4 模拟计算验证

通过对模型试验结果的分析，得到了膨胀土基坑模型试验不同深度处含水率、桩顶位移和桩身应变随累计加水量的变化规律。由于膨胀力随含水率变化的计算公式完全基于理论推导，通过数值模拟方法将理论公式计算得到的膨胀力及其分布作用在基坑上，计算得到膨胀力作用下桩身变形，并对比模型试验得到的桩身应变，检验膨胀力随含水率变化的理论计算公式在基坑设计计算中的适用性。

4.1 模拟参数确定

数值模拟主要为了研究测试桩在特定约束条件和应力条件下的变形特征，土体仅作为测试桩的嵌固段约束条件。根据原型场地勘察资料，土体重度为 24kN/m^3，体积模量为 23.8MPa，剪切模量为 16.3MPa，弹性模量为 39.81MPa，泊松比为 0.22。试验冠梁有机玻璃重度为 11.8kN/m^3，体积模量为 6.14GPa，剪切模量为 1.83GPa，弹性模量为 5GPa，泊松比为 0.37。

4.2 模拟模型

计算时将公式计算得到的膨胀力直接作用在测试桩上，比较两种情况下测试桩的桩身应变。因此，在建立模型时，将基坑上部产生膨胀力的膨胀土体简化掉。

根据实际情况对模型施加边界条件，边界条件施加在冠梁以及土体上，约束形式采用固定约束，用于限制面在 x、y、z 方向上的移动和绕各轴的转动。

施加膨胀力值选取累计加水量为 91L 时数据，如图 23 所示，膨胀力为分段函数，在 0～0.4m 的范围内被分为 4 段，每段均为线性函数，在施加膨胀力时，同样对测试桩分段施加。

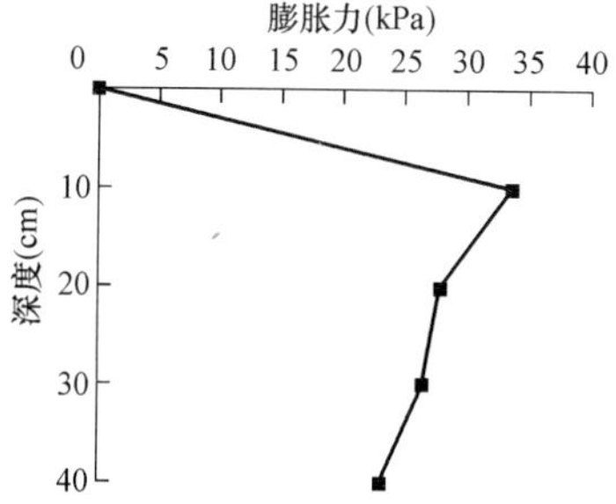

图 23 累计加水量为 91L 时膨胀力沿深度的分布

Fig. 23 The distribution of expansion force along depth when the accumulative water quantity is 91L

将测试桩由上到下每 0.1m 分为一段，共分为 4 段，在每段上分别施加如图 23 所示的膨胀力，如图 24 所示。

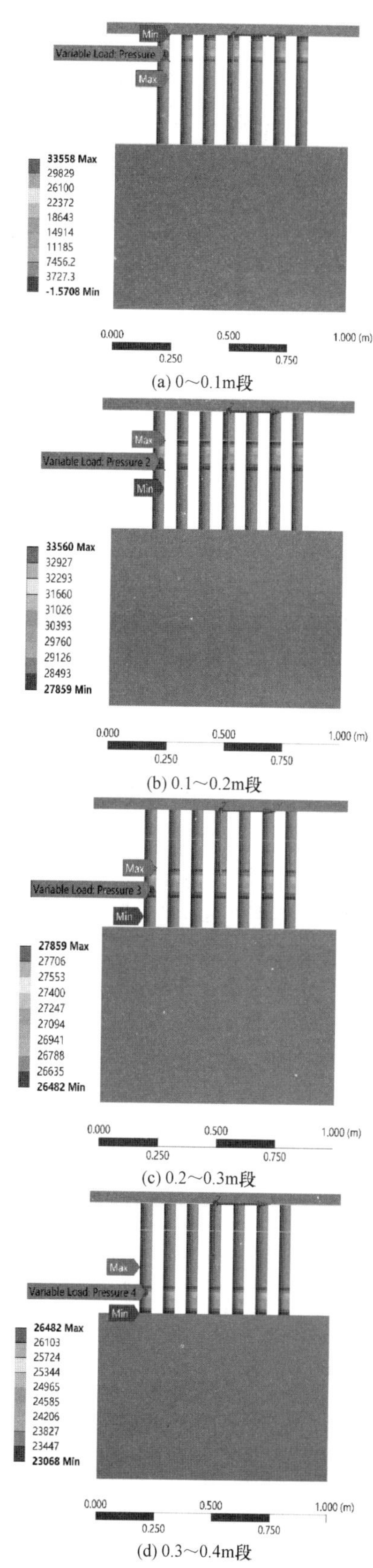

图 24 数值模拟三维模型膨胀力的施加

Fig. 24 The expansion force applied in 3d numerical simulation model

4.3 模拟计算结果

按模型试验应变片的布置方式，分别在测试桩的对应位置设置路径，用以输出对应位置处的桩身应变，在模型试验中，2、4、6号测试桩的表面分别竖直布置三列应变片，在数值模拟的结果同样采取模型试验的编号方式对应变片进行编号。部分计算结果如图25～图28所示。

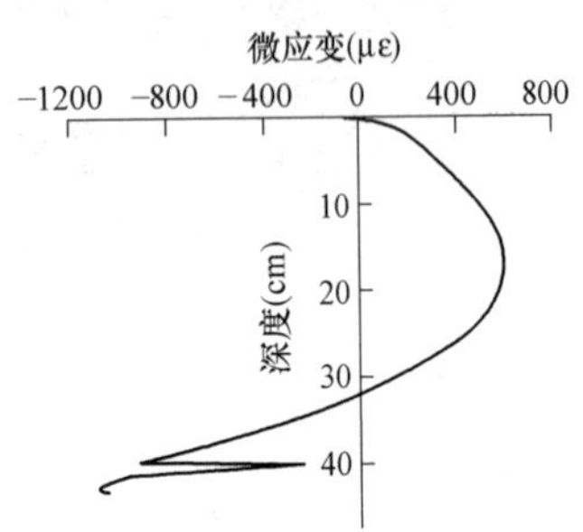

图25 路径2-2应变

Fig. 25 The stress path of 2-2 strain gage

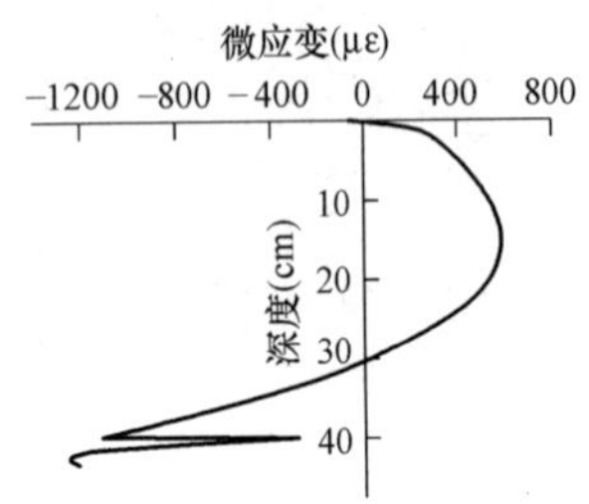

图26 路径4-2应变

Fig. 26 The stress path of 4-2 strain gage

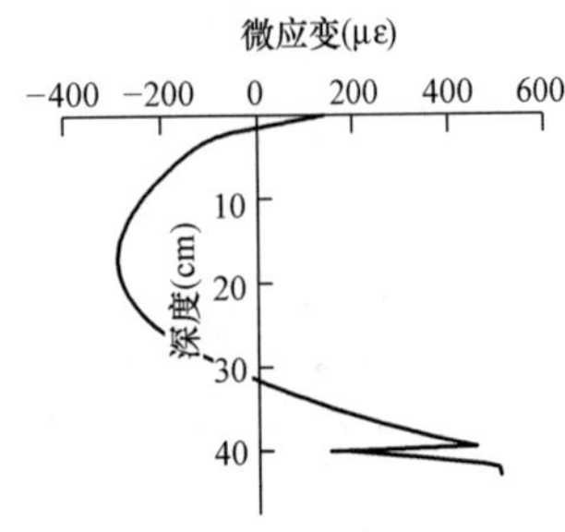

图27 路径6-1应变

Fig. 27 The stress path of 6-1 strain gage

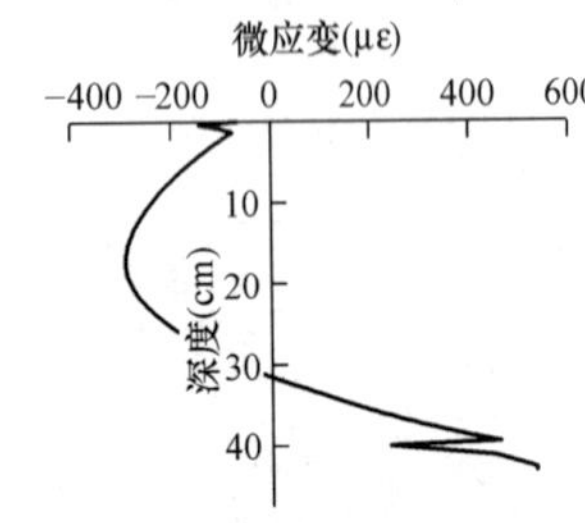

图28 路径6-3应变

Fig. 28 The stress path of 6-3 strain gage

由图25～图28可知，应变数值变化曲线与y轴的交点大致位于30cm处，表示测试桩受拉与受压的分界点位30cm处，30cm以上部分，应变曲线呈现“C”形，深度40cm处，应变产生突变（造成这一现象的原因是基坑深度为40cm，测试桩在这一深度受到了边界条件的影响，产生了应力集中现象）；排除这一点的影响，30cm以下部分，应变曲线基本呈线性变化。位于测试桩前侧的应变路径，列2-2、列4-2和列6-2，30cm以上部分受到拉应力作用，30cm以下部分受到压应力作用；位于测试桩左右两侧的应变路径，列2-1、列2-3、列4-1、列4-3、列6-1和列6-3，30cm以上部分受到压应力作用，30cm以下部分受到拉应力作用。

4.4 模拟计算与模型试验结果对比

对于模型试验应变数据完整的应变片列，对比其数值模拟得到的应变曲线与模型试验得到的应变曲线，如图29～图32所示。由图29～图32可知，数值模拟的应变曲线和模型试验的应变曲线形态相近，两种曲线于y轴的交点均位于30cm附近。在0～30cm段，数值模拟与模型试验的曲线均呈现“C”形；数值模拟曲线在40cm处产生突变，排除这一影响后，数值模拟曲线与模型试验

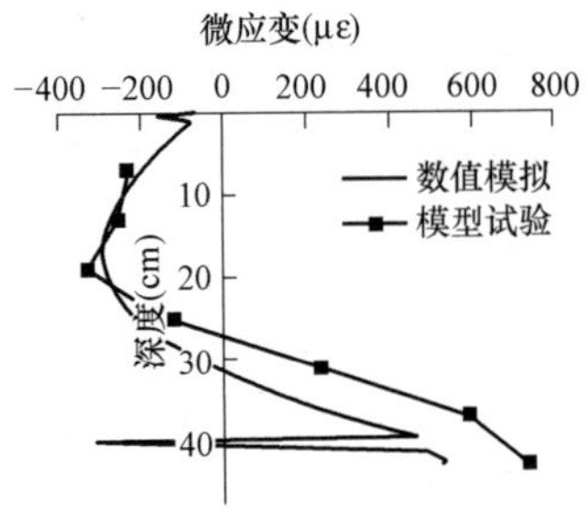

图29 列2-1应变对比

Fig. 29 The comparison of numerical simulation and model test in 2-1 column

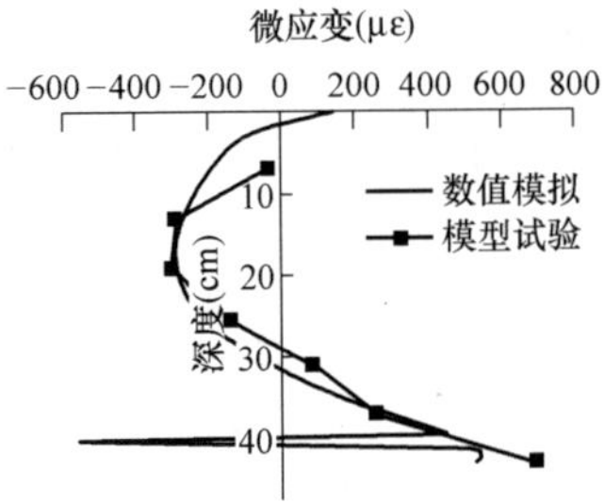

图30 列2-3应变对比

Fig. 30 The comparison of numerical simulation and model test in 2-3 column

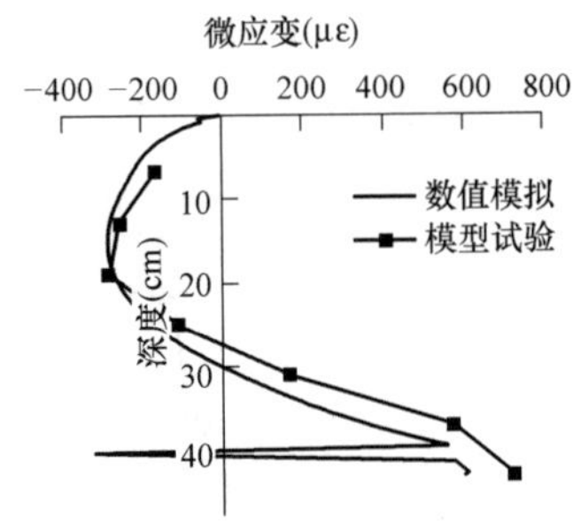

图31 列4-1应变对比

Fig. 31 The comparison of numerical simulation and model test in 4-1 column

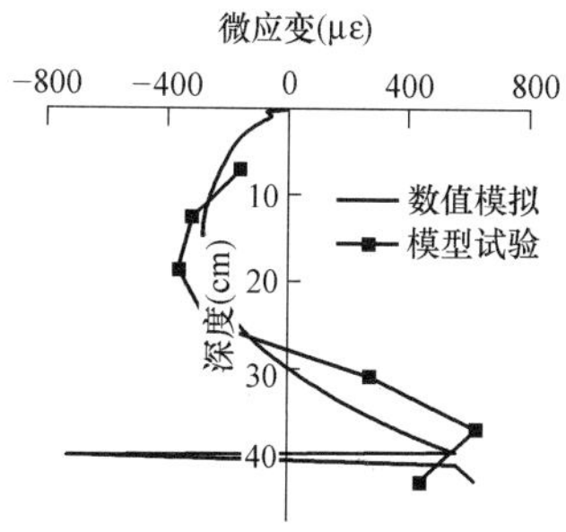

图 32　列 4-3 应变对比

Fig. 32　The comparison of numerical simulation and model test in 4-3 column

的应变曲线变化规律基本一致。

由模型试验与数值模拟桩身应变曲线对比结果可知，对于桩身应变而言，采用公式计算得到的水平膨胀力和原状膨胀土吸水膨胀产生的水平膨胀力是等价的，因此，可认为本文的水平膨胀力计算公式用于膨胀土场地基坑支护结构上水平膨胀力计算具有可行性和适宜性。

5　结论

通过原状膨胀土基坑模型试验和数值模拟验证，可得到如下结论：

（1）膨胀土吸水膨胀后对基坑支护结构产生额外的作用力，可能造成其发生较大的变形。

（2）模型试验得到了膨胀土湿度场沿深度方向的变化状态，进而得到桩顶位移和桩身应变随含水量的变化规律。

（3）基于试验结果得到的膨胀土基坑膨胀力计算的公式 $\sigma_e = k\ln(w_0/w_1)$，通过数值模拟验证其在成都膨胀土基坑支护设计中的具有一定适用性。

（4）模型试验得到的成都膨胀土膨胀力分布曲线近似呈梯形，在深度为 0.75m 时，膨胀力达到最大值 31.2kPa。

（5）限于时间关系和取样条件的限制，仅对膨胀土基坑边坡的膨胀力分布形式进行了初步研究，对于亲水性矿物含量不同的膨胀土基坑边坡，其膨胀力分布模式还有待进一步研究。

参考文献：

[1]　中华人民共和国住房和城乡建设部. 膨胀土地区建筑技术规范：GB 50112—2013[S]. 北京：中国建筑工业出版社，2013.

[2]　中华人民共和国住房和城乡建设部. 建筑基坑支护技术规范：JGJ 120—2012[S]. 北京：中国建筑工业出版社，2012.

[3]　R Baker，G Kassiff. Mathematical Analysis of Swell Pressure With Time for Partly Saturated Clays[J]. Canadian Geotechnical Journal，1968，5(4).

抗浮锚杆内力测试和长期监测

付彬桢，王　新，王君红，陈　展，康景文
（中国建筑西南勘察设计研究院有限公司，四川 成都 610052）

摘　要：为了研究抗浮锚杆安装完成后实际受力随时间的变化情况以及工程后期的安全性，以某含裙房和地下室的高层建筑为依托，在抗浮锚杆上安装钢筋应力计，通过拉拔试验测试和长期监测结果分析抗浮锚杆在不同阶段受力规律、不同埋深位置的受力情况以及引起锚杆内力发生变化的主要影响因素，结果显示：抗浮锚杆的内力变化过程随时间和工程进度的变化可大致分为二个阶段，即先受压阶段、后受拉阶段；同一根抗浮锚杆上的轴力沿深度方向呈递增趋势，超过一定长度后杆体内力几乎不再变化，初步分析结果可为今后完善抗浮锚杆的设计方法提供依据。

关键词：抗浮锚杆；长期监测；受力机理

作者简介：付彬桢，男，1987 年生，高级工程师。主要从事岩土设计与施工管理方面的研究。

Internal force test and long-term monitoring of anti-floating anchor

FU Bing-zhen，WANG Xin，WANG Jun-hong，CHEN Zhan，KANG Jing-wen
（China Southwest Geotechnical Investigation & Design Institute Co.，Ltd.，Chengdu 610052）

Abstract：In order to study the actual force with the time changes after the anti-floating anchor installation is completed and the safety of the later engineering period. Relying on a high-rise buildings with podium and basement，the reinforcement stress gauge is installed on the anti-floating anchor bar，the stress of the anti-floating anchor at different stages and positions of different buried depths as well as the main influencing factors of internal force changes of the anti-floating anchor are analyzed，through drawing test and long-term monitoring results. The results show：The variation of the internal force of the anti-buoyancy anchor is divided into two stages over time of the project，That is the first compression phase after the tension phase. The axial force of the anti-floating anchor is increases in depth，after a certain length，the internal force of the anchor hardly changes. The preliminary analysis results can provide a theoretical basis for improving the design method of anti-floating anchor in the future.

Key words：anti-floating anchor；long-term monitoring；mechanism of force

1　引言

随着地下工程的开挖深度不断增加，工程抗浮问题不容忽视。工程建设在施工和使用过程中，当地下水浮力较大而上部结构自重较小时，仅靠结构自重难以抵抗地下水产生的浮托力，如果没有进行有效的抗浮处理，将会导致结构底板隆起或整体抬升失稳破坏，严重影响工程结构的安全性。目前地下工程的抗浮问题常用压重法、抗浮桩、抗浮锚杆来解决，其中抗浮锚杆具有单点受力小、底板结构受力均匀合理、良好的底层适应性、易于施工、布设灵活、锚固效率高、节约造价等优点，因此，抗浮锚杆被广泛应用在解决工程抗浮问题。

目前，国内学者对抗浮锚杆进行了一系列的研究，包括抗浮锚杆力-位移的一般性测试和结合工程对抗浮锚杆进行破坏性试验研究，测试了锚杆的剪力分布规律，推导抗浮锚杆抗拔承载力计算公式等，但基本上集中在抗浮锚杆的受力机理、优化设计和施工工艺 3 个方面[1-3]。对于抗浮锚杆施工完成后，其实际的受力状态、变化趋势等缺乏相应的研究，对大型地下工程进行长期监测的相关研究尤为欠缺[4-7]。针对以上问题，本文通过安装在抗浮锚杆上的测力元件，对其进行了短期的拉拔试验测试和长期的监测，尝试研究抗浮锚杆内力随时间的变化趋势与受力机理，为探求完善抗浮锚杆优化设计方法提供支撑依据。

2　测试工程概况

项目位于高地震设防地区，拟建地上 15～18 层、地下 2 层大底盘的住宅，总建筑面积为 15427.6m^2。地上部分结构采用钢筋混凝土剪力墙结构，纯地下室采用 600mm 筏板基础，抗浮措施为土层锚杆。

2.1　工程地质及水文地质条件

（1）场地工程地质条件

勘探揭露，场地内基底土层主要为第四系填土、冲洪积粉土、粉质黏土、卵石组成，从上至下分别为：

① 粉质黏土（Q_4^{al+pl}）：可塑—硬塑，稍湿，含氧化铁、铁锰质；大部分地段见有分布；厚度约为 0.80～5.20m；局部地段见有灰褐色软塑状含炭质粉质黏土透镜体分布。

基金项目：CSCEC-2018-Z-22。

② 卵石（Q_4^{al+pl}）：中密为主，湿；成分以长石、石英砂岩为主，粒径以 3～12cm 为主，其含量约为 65%，充填物以粉质黏土及粉土为主，普遍见有约 10%～30%的粒径大于 20cm 的漂石分布；局部地段粉土含量较高，厚度约为 1.30～6.90m。

③ 粉质黏土（Q_4^{al+pl}）：可塑、局部硬塑，湿，含氧化铁、铁锰质；场地内不连续分布，厚度约为 1.20～3.40m。

④ 粉土（Q_4^{al+pl}）：中密，湿；局部地段粉砂含量较高，局部呈尖灭体或透镜体状，厚度约为 0.80～5.20m。

⑤ 全风化卵石（Q_3^{al+pl}）：中密，湿；形状完整，手可捏碎，具有砂土及黏性土的性状；场地内不连续分布，局部呈尖灭体或透镜体状，厚度约为 1.20～5.40m。

⑥ 淤泥质黏土（Q_4^{al+pl}）：软塑状为主，湿；局部地段见有分布，厚度约为 0.50～2.40m。

⑦ 卵石（Q_3^{al+pl}）：中密—密实，湿；成分为紫红色细粒长石石英砂岩，粒径以 3～15cm 为主，其含量约为 70%～85%，充填物以粉质黏土、粉土为主，下部 20.00m 以下充填物以中粗砂为主，普遍见有约 10%～40%粒径大于 20cm 的漂石分布。

⑧ 粉质黏土（Q_3^{al+pl}）：硬塑，湿，含氧化铁、铁锰质；厚度约为 0.60～1.30m，呈透镜体或尖灭体状。

⑨ 粉土（Q_3^{al+pl}）：中密，湿；场地内呈尖灭体或透镜体状，厚度约为 0.90～4.40m。

⑩ 细中砂（Q_3^{al+pl}）：中密—密实，湿；场地内呈尖灭体或透镜体状，厚度约为 0.50～1.20m。

⑪ 粉质黏土（Q_3^{al+pl}）：硬塑，湿，含氧化铁、铁锰质；场地内呈尖灭体或透镜体状，厚度约为 1.20～2.30m。

勘察报告中土层锚杆的极限粘结强度建议值见表 1。

锚杆的极限粘结强度标准值（q_{sik}）　表 1

The standard value of ultimate bond strength of bolt（q_{sik}）

Table 1

土层名称	卵石	粉质黏土	细中砂	粉土
q_{sik}(kPa)	120	70	60	50

（2）场地水文地质条件

勘察期间为场地枯水期到丰水期过渡时期，测得的稳定水位为 1523.94m～1528.10m；据区域水文地质及地区已有资料显示，场地地下水水位变化幅度为 0.50～1.00m；结合场平规划设计和场地周边地形，抗浮设防水位为 1528.30m。

2.2 抗浮锚杆设计

根据主体结构设计单位提供的抗浮技术要求，抗浮区域抗浮锚杆需承担的抗拔力标准值须不小于 42.0kN/m^2，锚杆轴向拉力设计值取 183.71kN。

本工程抗浮区域面积约为 12005.39m^2，需提供的总抗浮力为 680705.613kN。锚杆间距按 1.80m×1.80m 方格网布设，锚杆锚固体直径 150 mm，实际配筋 2 根 HRB400 螺纹钢筋，锚固段实际长度 8.10m，钢筋锚入底板或基础基本长度为 0.9m，锚杆总长度 9.00m，共布设抗浮锚杆 3847 根。总抗浮力为 706724.7.7kN>680705.613kN，满足抗浮设计要求。

3 监测方案及实施

3.1 测试和监测内容

（1）抗浮锚杆拉拔试验

为减少试验荷载，选用 6m 锚杆进行试验，在抗浮锚杆上安装钢筋计量测其轴力分布，在此基础上，核查土层的侧阻力。

（2）抗浮锚杆长期监测

在抗浮区工程锚杆中选择两个典型位置剖面布置测点进行长期量测，获取使用过程中锚杆的受力状态。

3.2 测试原理

（1）拉拔试验

抗浮锚杆拉拔试验的装置，如图 1 所示。

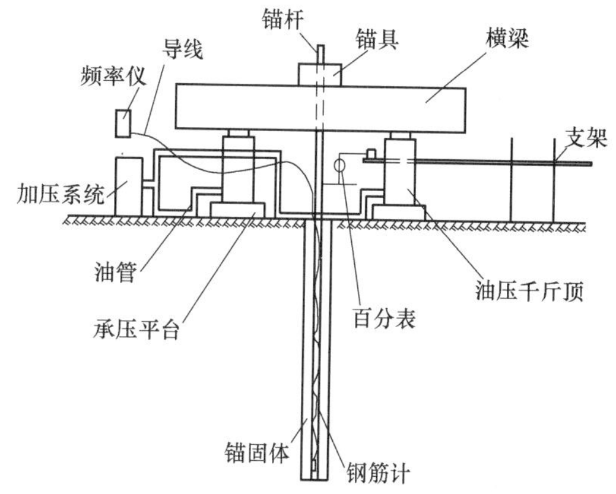

图 1　拉拔试验设备

Fig. 1　The drawing test equipment

（2）试验加载

荷载分为 8 级进行加载，其中最大试验荷载不超过钢筋强度标准值的 0.8 倍。

（3）轴力量测元件

试验所用的钢筋计属振弦式传感器，具有极好的长期稳定性，特别适于在恶劣环境中的长期监测。如图 2 所

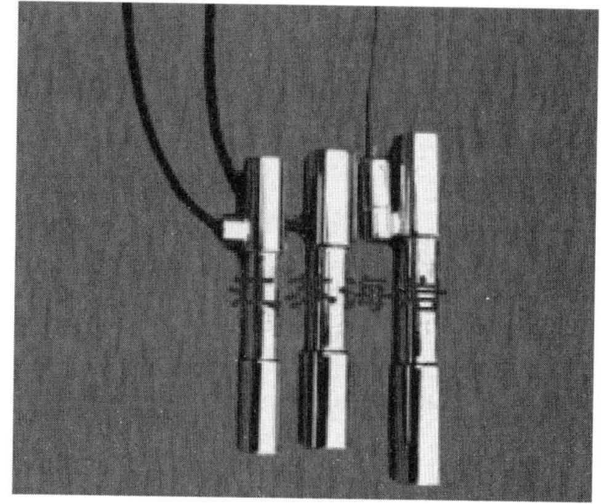

图 2　GXR-1010 型振弦式钢筋计

Fig. 2　The Gxr-1010 vibrating string type reinforcement gauge

示为 GXR-1010 振弦式钢筋计示意图。钢筋计由厂家提供钢筋计频率值与应力的标定曲线，测量范围最大压应力为 100MPa，最大拉应力为 200MPa；分辨率受压时≤0.12%F. S，受拉时≤0.06%F. S；综合误差≤1.5%F. S；工作温度为－25～60℃；长度为 190mm。

（4）钢筋轴力及侧摩阻力计算方法

① 钢筋轴力计算

$$N=K(f_i^2-f_0^2) \tag{1}$$

式中，N 为钢筋计所在截面的轴力（kN）；K 为钢筋计的标定系数（kN/Hz^2）；f_0 为钢筋计的初始频率值；f_i 为钢筋计工作频率值。

② 侧摩阻力计算

如图 3 所示，假设已确定锚杆中截面 i、$i+1$ 的轴力 N_i、N_{i+1}，则可求得该段的平均侧摩阻力：

$$\tau_i=(N_i-N_{i+1})/\Delta l_i u \tag{2}$$

式中，Δl_i 为该段的长度；u 为抗浮锚杆钻孔的周长。

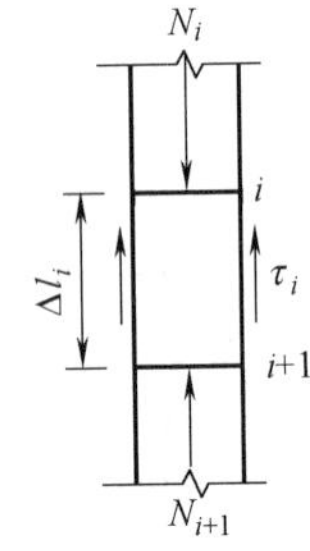

图 3 侧摩阻力计算示意图

Fig. 3 The schematic diagram of calculation of side friction resistance

3.3 测点布置及测试元件布置

如图 4 所示，在 7 号楼下共选择 A1～A13、B1～B11 两排共 24 根抗浮锚杆进行长期监测；每根锚杆自上到下布置 7 根钢筋计，如图 5 所示。

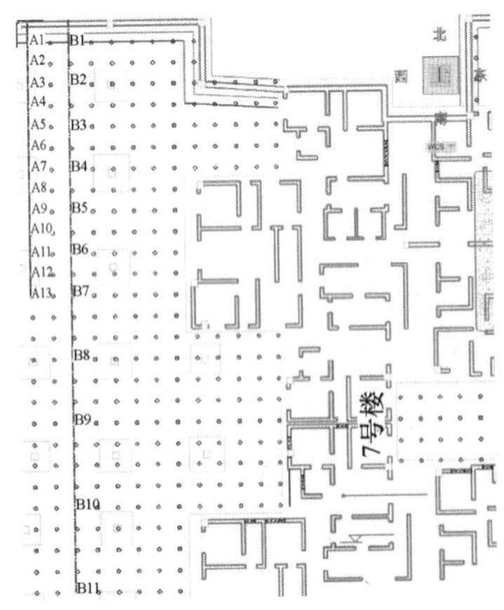

图 4 锚杆测点布置图

Fig. 4 The layout of bolt measuring point

3.4 测试元件安装及保护

（1）根据锚杆中钢筋应力设计值选择钢筋计的量程，并在安装前由生产厂家对钢筋计进行拉、压两种受力状态的标定，并提供合格证书。

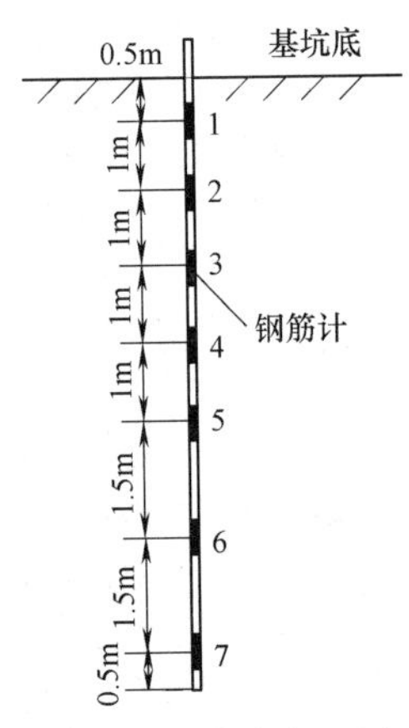

图 5 钢筋计布置图

Fig. 5 The layout of steel rebar meter

（2）钢筋计采用对焊的方式与主筋连接。对焊前将待焊的钢筋计及钢筋端头进行必要的处理。

（3）钢筋计在与主钢筋连接前根据其导线长度在钢筋计编号处进行定位，即在钢筋计编号图上的各钢筋计位置处记上钢筋计的编号，焊接时要按编号图顺序连接。

（4）钢筋计导线一端的编号认真加以保护，为了防止损伤，在原标记以下 5cm 处再作一新标记，新标记使用约 7mm 宽的白胶布在导线上缠绕两圈，将原编号用签字笔写在胶布上，然后用约 3cm 宽的透明胶带缠绕两圈，同时将原来所作的标记用透明胶带缠绕固定在导线上。

（5）将已做好处理的带钢筋计的钢筋固定在锚杆上后，将各钢筋计的导线合在一起，每 2m 依次用细钢丝将其固定在纵向钢筋上，直到伸出锚杆顶，然后用塑料袋包裹好，防止雨水和泥水的浸泡。

（6）钢筋计的导线从锚杆的外侧面引出。

（7）对测点传感器及导线设置醒目的标志和保护措施，防止导线破损，确保在测试周期能正常工作，保证监测期内采集到数据。

（8）考虑到测试试验中，导线数量多、长度大，综合考虑场地内设计方案及现场施工要求，为方便长期监测，A、B 剖面导线沿各自剖面走向在垫层内穿管导出并引至基坑坡顶。

4 测试结果分析

4.1 拉拔试验结果

对 6m 长锚杆进行拉拔试验。图 6 和图 7 分别为典型试验锚杆 LB1、LB2 的拉拔试验获得轴力沿深度的分布图，以及各截面轴力随荷载的变化过程。由轴力可进一步得到抗浮锚杆侧阻力的分布，以及各截面的侧阻力随荷载的变化过程，如图 8 及图 9 所示。

由图 10～图 13 LB2 测点试验结果可以看出：

（1）截面轴力及侧摩阻力随外荷载基本呈线性增长，且未达到极限状态，表明预估的试验荷载较小，或勘察提供的粘结强度安全储备过大。

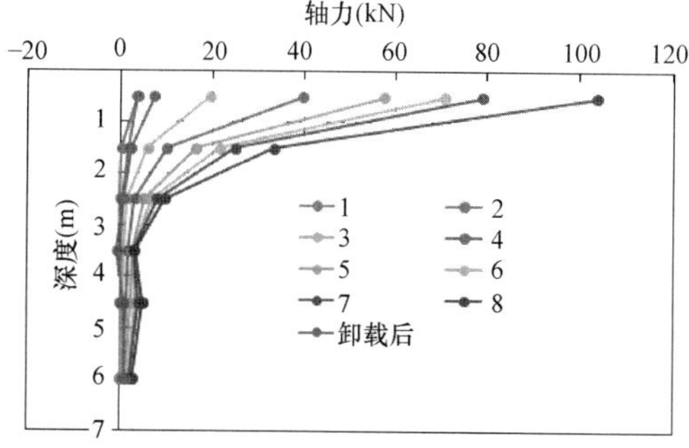

图 6 LB1 测点抗浮锚杆截面轴力沿深度分布图

Fig. 6 The distribution diagram of axial force along depth of anti-floating bolt section at LB1 measurement point

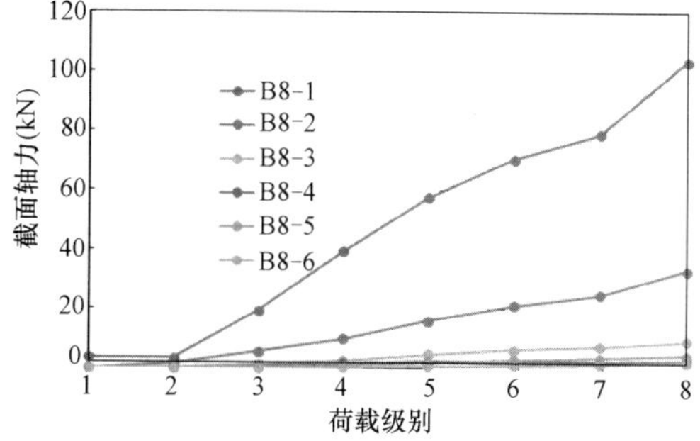

图 7 LB1 测点抗浮锚杆截面轴力随荷载的变化

Fig. 7 The variation of axial force of anti-floating bolt section with load at LB1 measurement point

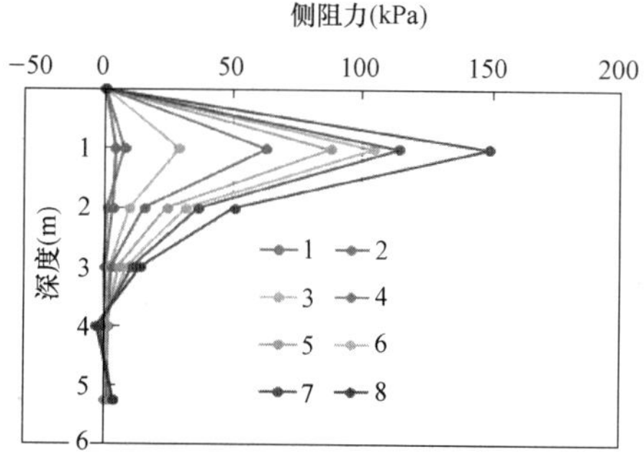

图 8 LB1 测点抗浮锚杆侧阻力沿深度分布图

Fig. 8 The distribution diagram of lateral resistance of anti-floating bolt along depth at LB1 measurement point

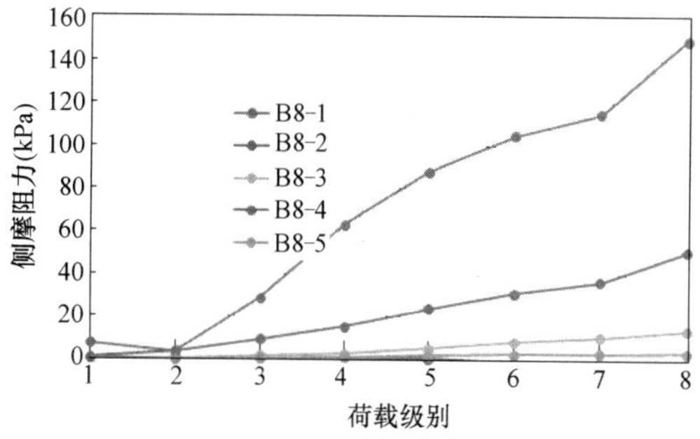

图 9 LB1 测点抗浮锚杆侧摩阻力随荷载的变化

Fig. 9 The variation of lateral friction resistance of anti-floating bolt at LB1 measurement point with load

(2) 抗浮锚杆的有效受力深度大约在地表以下 4m，超过此深度后，锚杆受力很小，可能缘于拉板试验的预估荷载不足。

(3) 抗浮锚杆的最大侧阻力特征值约为 150kPa，推算综合粘结强度特征值为 80kPa，较勘察提供的建议值（表 1 中出卵石层外的土层平均粘结强度）45kPa 大了约 50%。

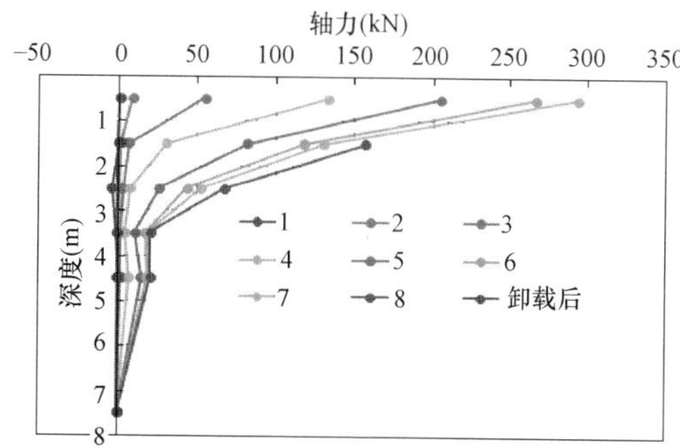

图 10 LB2 测点抗浮锚杆截面轴力沿深度分布图

Fig. 10 The distribution diagram of axial force along depth of anti-floating bolt section at LB2 measurement point

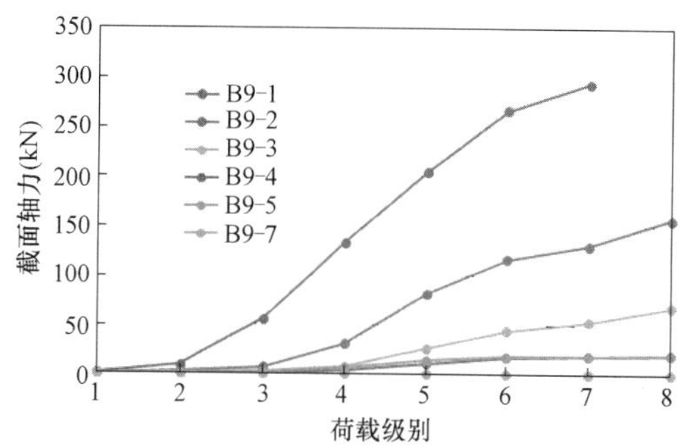

图 11 LB2 测点抗浮锚杆截面轴力随荷载的变化

Fig. 11 The variation of axial force of anti-floating bolt section with load at LB2 measurement point

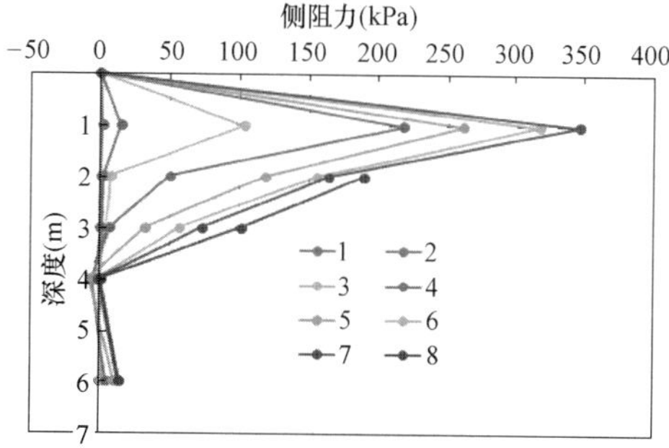

图 12 LB2 测点抗浮锚杆侧阻力沿深度分布图

Fig. 12 The distribution diagram of lateral resistance of anti-floating bolt along depth at LB2 measurement point

由 LB2 测点的试验结果可以看出：

(1) 抗浮锚杆的有效深度大约在地表以下 4m，超过此深度后，锚杆受力很小。

(2) 由侧摩阻力随外荷载变化的趋势可以看出，虽然侧

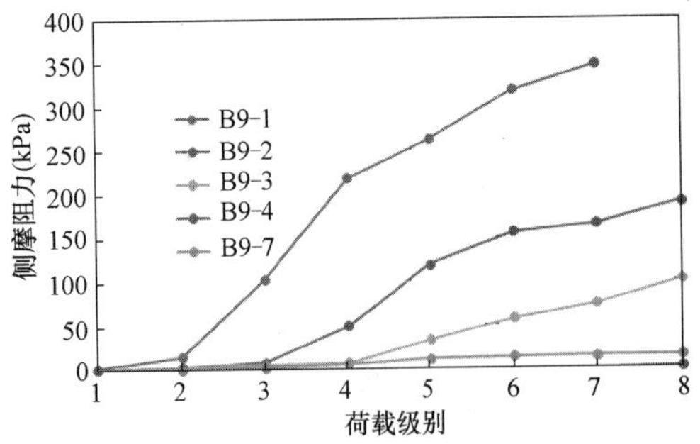

图 13 LB2 测点抗浮锚杆侧摩阻力随荷载的变化

Fig. 13 The variation of lateral friction resistance of anti-floating bolt at LB2 measurement point with load

阻力随外荷载的加大而增长，但约在 150kPa 后，增长速率显著减小，由此可大致认为，其极限侧阻力约为 150kPa。

4.2 长期监测结果

现场监测历时 2 年。期间测试元件的电缆线多次被图件施工掩埋、毁坏，造成测试数据不全，有效样本数量较少，只能限于对其中较完整的数据进行整理。

（1）沿 A 监测线的量测结果

沿 A 线上的监测结果如图 14～图 22 所示。监测结果表明：

① 2 年期间，绝大多数抗浮锚杆以受压为主，且锚杆的轴力压力随深度逐渐衰减，并向受拉状态过渡，且出现往复现象。

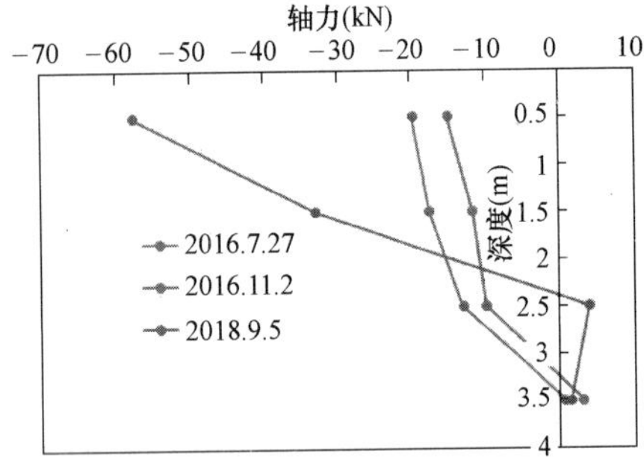

图 14 A2 测点锚杆轴力沿深度的变化

Fig. 14 The change of axial force of anchor bolt at A2 measuring point along depth

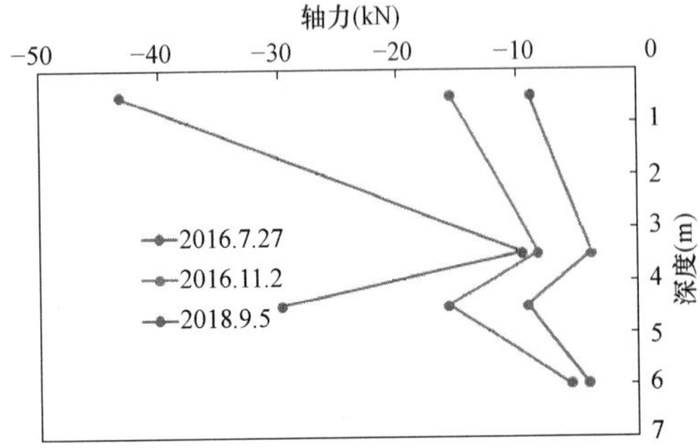

图 15 A3 测点锚杆轴力沿深度的变化

Fig. 15 The change of axial force of anchor bolt at A3 measuring point along depth

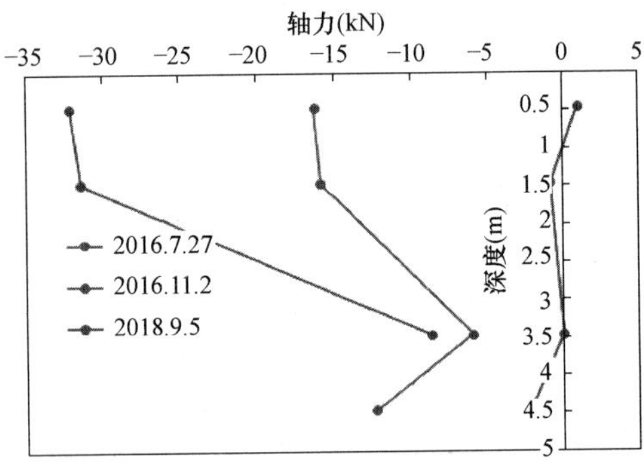

图 16 A4 测点锚杆轴力沿深度的变化

Fig. 16 The change of axial force of anchor bolt at A4 measuring point along depth

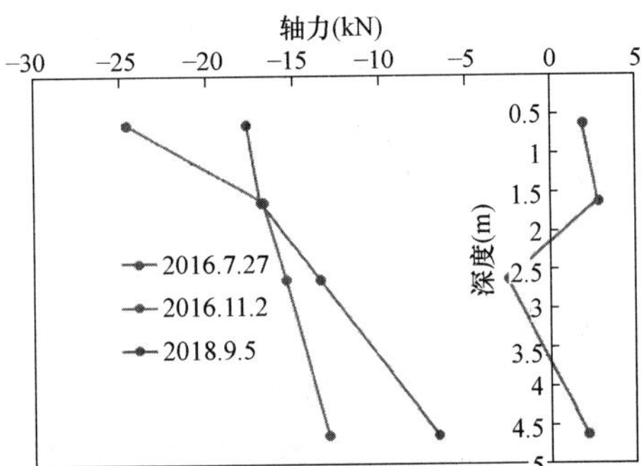

图 17 A5 测点锚杆轴力沿深度的变化

Fig. 17 The change of axial force of anchor bolt at A5 measuring point along depth

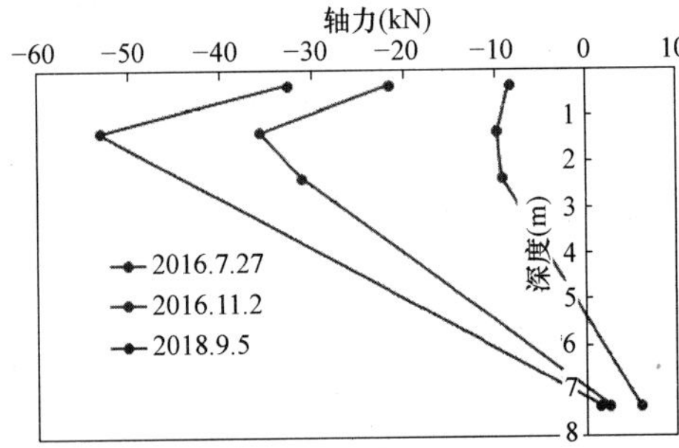

图 18 A7 测点锚杆轴力沿深度的变化

Fig. 18 The change of axial force of anchor bolt at A7 measuring point along depth

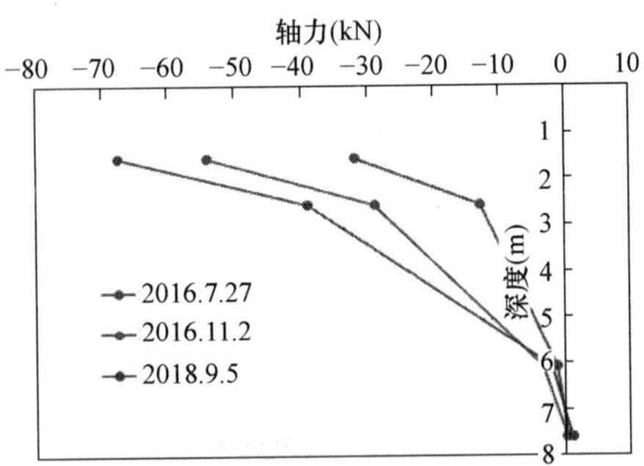

图 19 A8 测点锚杆轴力沿深度的变化

Fig. 19 The change of axial force of anchor bolt at A8 measuring point along depth

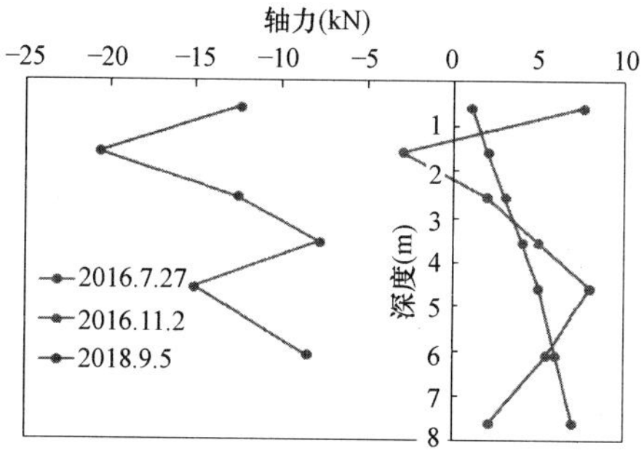

图 20 A9 测点锚杆轴力沿深度的变化

Fig. 20 The change of axial force of anchor bolt at A9 measuring point along depth

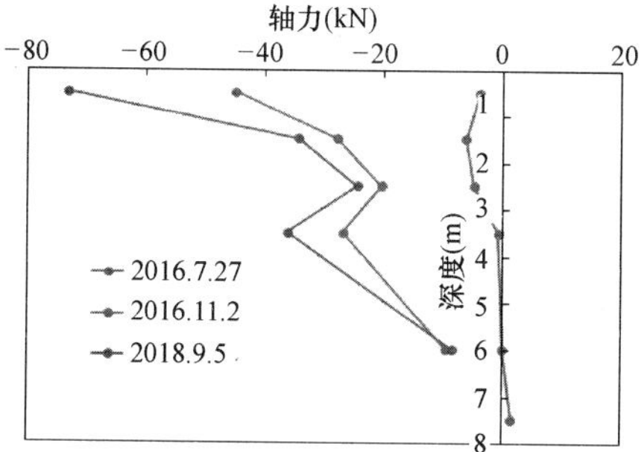

图 21 A12 测点锚杆轴力沿深度的变化

Fig. 21 The change of axial force of anchor bolt at A12 measuring point along depth

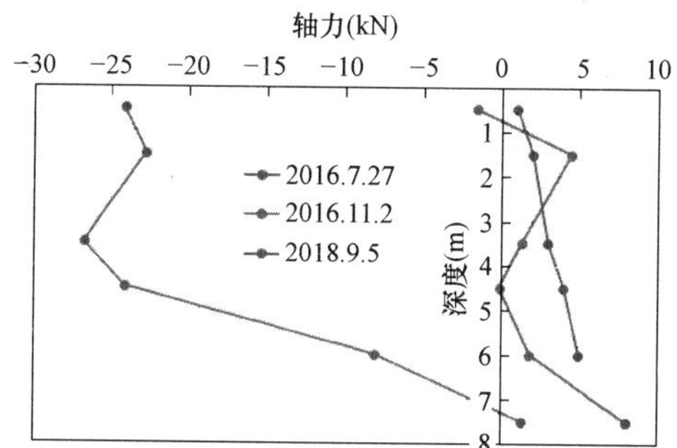

图 22 A13 测点锚杆轴力沿深度的变化

Fig. 22 The change of axial force of anchor bolt at A13 measuring point along depth

② 锚杆所受最大压力为 68.5kN，最大拉力为 8.03kN。其主要原因可能在于，地下结构底板所受的浮力较小，而上部结构传至地基及锚杆中压力远大于浮力。

③ 随着时间或季节水位变化，压力和拉力都呈波动性变化，表明锚杆所受浮力具有往复性。

④ 根据 2 年内锚杆内力的波动情况，与当地气象资料核查发现，2016 年的降雨量变化较大，而 2017～2018 年间，降雨量相对变化较小。

(2) 沿 B 监测线的量测结果

沿 B 监测线上的监测结果如图 23～图 32 所示，监测结果表明与 A 线的结果相似：

① 2 年期间，绝大多数抗浮锚杆以受压为主，且锚杆的轴力压力随深度逐渐衰减，并向受拉状态过渡，且出现往复现现象。

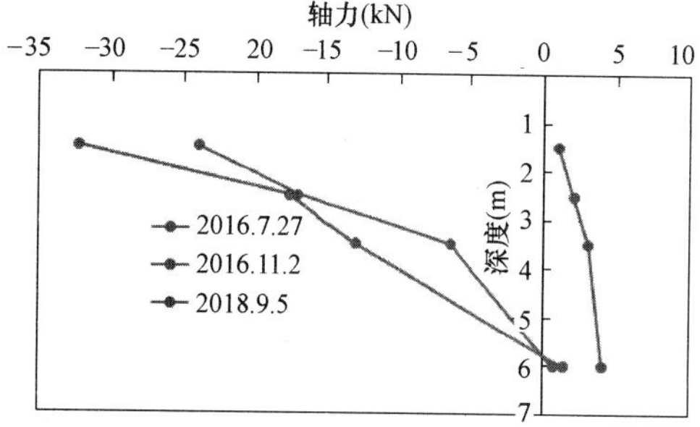

图 23 B1 测点锚杆轴力沿深度的变化

Fig. 23 The change of axial force of anchor bolt at B1 measuring point along depth

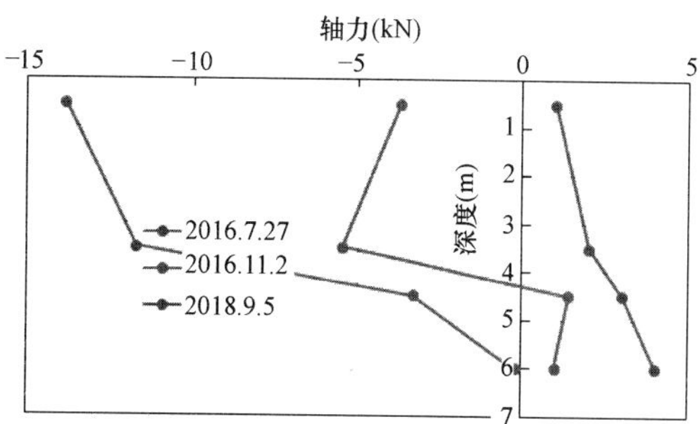

图 24 B2 测点锚杆轴力沿深度的变化

Fig. 24 The change of axial force of anchor bolt at B2 measuring point along depth

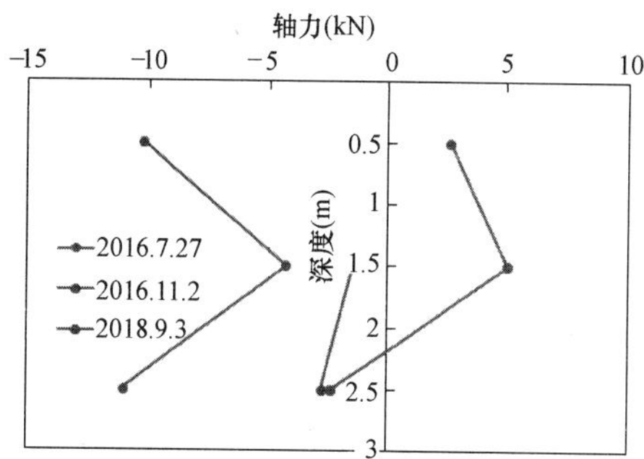

图 25 B3 测点锚杆轴力沿深度的变化

Fig. 25 The change of axial force of anchor bolt at B3 measuring point along depth

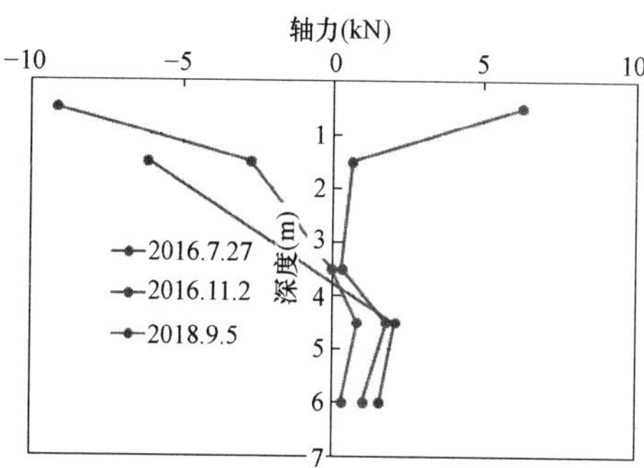

图 26 B4 测点锚杆轴力沿深度的变化

Fig. 26 The change of axial force of anchor bolt at B4 measuring point along depth

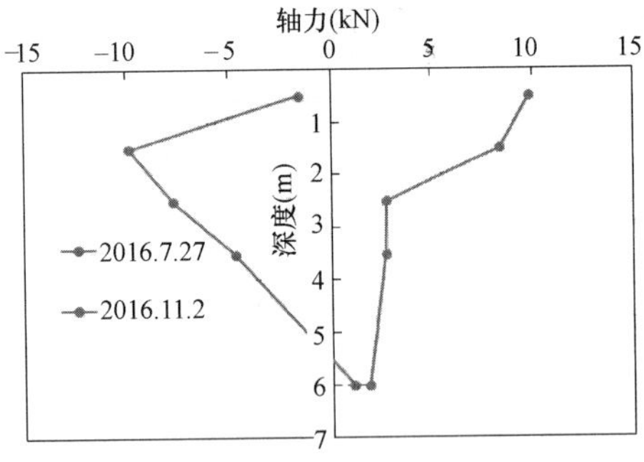

图 27　B5 测点锚杆轴力沿深度的变化
Fig. 27　The change of axial force of anchor bolt at B5 measuring point along depth

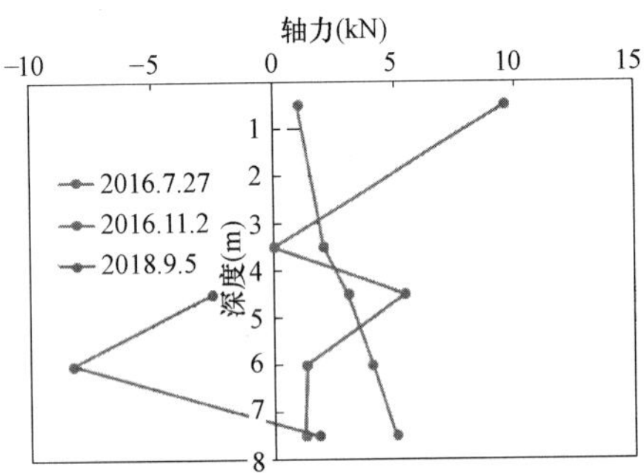

图 28　B6 测点锚杆轴力沿深度的变化
Fig. 28　The change of axial force of anchor bolt at B6 measuring point along depth

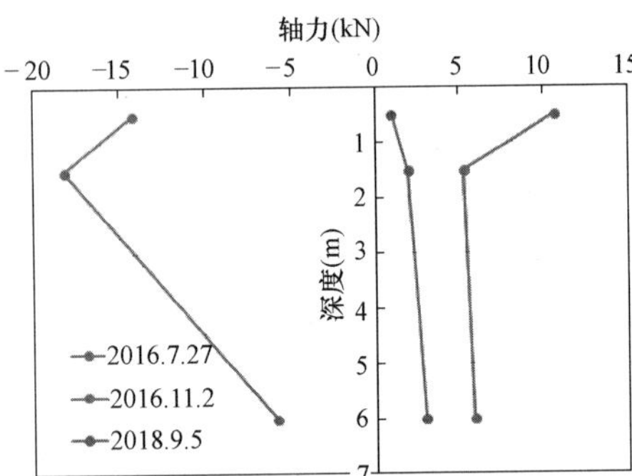

图 29　B7 测点锚杆轴力沿深度的变化
Fig. 29　The change of axial force of anchor bolt at B7 measuring point along depth

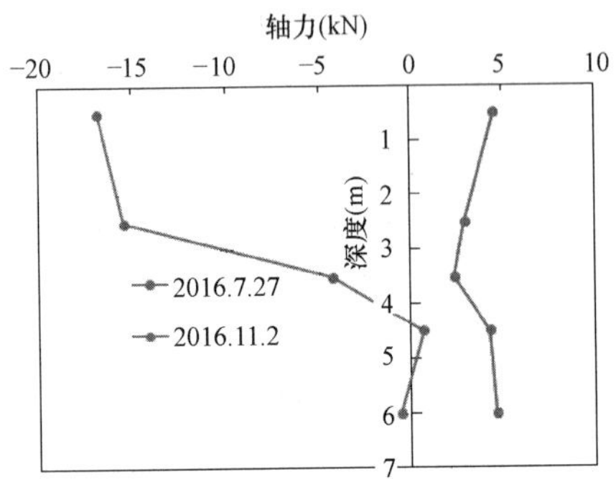

图 30　B8 测点锚杆轴力沿深度的变化
Fig. 30　The change of axial force of anchor bolt at B8 measuring point along depth

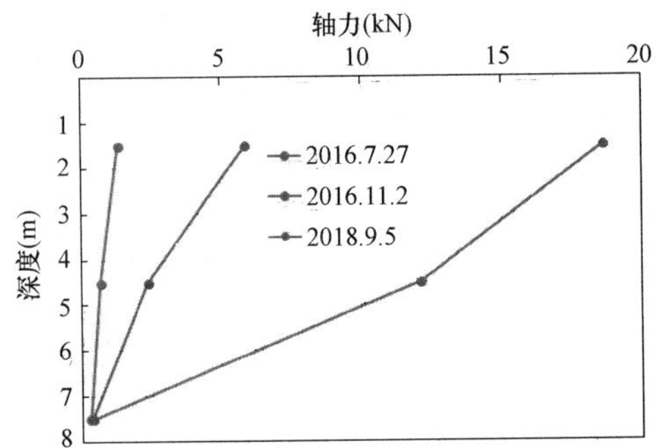

图 31　B9 测点锚杆轴力沿深度的变化
Fig. 31　The change of axial force of anchor bolt at B9 measuring point along depth

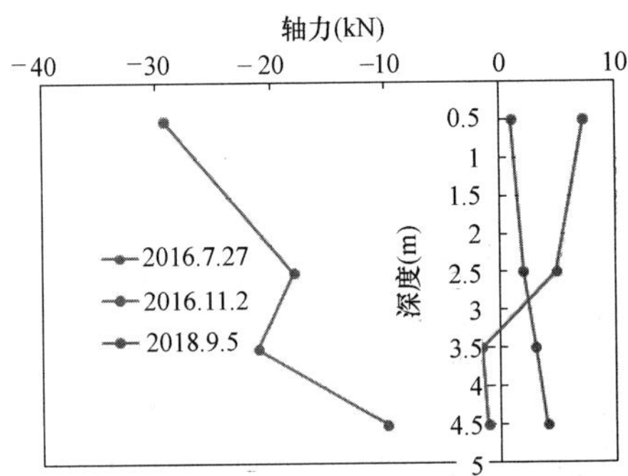

图 32　B10 测点锚杆轴力沿深度的变化
Fig. 32　The change of axial force of anchor bolt at B10 measuring point along depth

② 锚杆所受最大压力为 33.73kN，最大拉力为 18.37kN。其主要原因可能在于，地下结构底板所受的浮力较小，而上部结构传至地基及锚杆中压力远大于浮力。

③ 随着时间或季节性水位变化，无论是压力还是拉力都呈波动性变化，表明锚杆所受浮力具有往复性。

④ 根据 2 年内锚杆内力的波动情况，与当地气象资料核查发现，2016 年的降雨量较大，而 2017～2018 年间，降雨量较小。

⑤ 比较测点与地下室外缘的相对位置，距地下室外缘越远，锚杆所受的拉力越大，且拉力随其与地下室外墙的距离增大逐渐增大。

5　结论

通过对某小区抗浮锚杆拉拔试验中的内力测试以及锚杆长期监测，可以得到以下初步结论：

（1）拉拔试验结果显示，抗浮锚杆的有效深度大约在基底以下 4m，超过此深度后，锚杆受力很小。表明在试验荷载情况下，土层锚杆受到的荷载主要由上部约 2/3 段承担。

（2）拉拔试验结果还显示，锚杆的侧摩阻力主要集中在基底以下 4m 范围内，之后迅速衰减，经综合分析极限粘结强度与勘察提供参数相差约 50%。

（3）现场监测结果显示，多数抗浮锚杆以受压为主，且轴力随深度的增大而衰减，其主要原因是由于地下室所受的浮力远小于上部结构传至地基及锚杆中的压力，且拉力设计值不足特征值的20%。

(4) 现场监测结果显示，土层锚杆受力不均的现象确实存在，锚杆在受拉状态下拉力相差5～10倍，其越靠近中部锚杆拉力越大，表明地下结构的端部约束作用比较显著。

(5) 监测效果显示，导线的保护是监测工程中最关键的内容之一，现场保护不到位，获取的有效数据存在一定的局限性。

参考文献：

[1] 住房和城乡建设部工程质量安全监管司，中国建筑标准设计研究院. 全国民用建筑工程设计技术措施-结构(地基与基础)[M]. 北京：中国计划出版社，2010.

[2] 中华人民共和国住房和城乡建设部. 建筑地基基础设计规范：GB 50007—2011[S]. 北京：中国计划出版社，2012.

[3] 中华人民共和国住房和城乡建设部. 建筑结构荷载规范：GB 50009—2012[S]. 北京：中国建筑工业出版社，2012.

[4] 中华人民共和国住房和城乡建设部. 建筑边坡工程技术规范：GB 50330—2013[S]. 北京：中国建筑工业出版社，2014.

[5] 中华人民共和国住房和城乡建设部. 混凝土结构设计规范：GB 50010—2010[S]. 北京：中国建筑工业出版社，2011.

[6] 中华人民共和国建设部. 建筑桩基技术规范：JGJ 94—2008[S]. 北京：中国建筑工业出版社，2008.

[7] 中国工程建设标准化协会标准. 岩土锚杆(索)技术规程：CECS 22：2005[S]. 北京：中国计划出版社，2005.

水位管偏斜引起水位测量误差的修正方法

梁　谊[1]，于永堂[1, 3]，郑建国[2, 3]，张继文[2]，黄　鑫[3]，王小勇[1]
（1. 中联西北工程设计研究院有限公司，陕西 西安 710077；2. 机械工业勘察设计研究院有限公司 陕西省特殊岩土性质与处理重点实验室，陕西 西安 7100433；3. 西安建筑科技大学 土木工程学院，陕西 西安 710054）

摘　要：利用水位管和电接触悬锤式水位计进行地下水位测量时，水位管偏斜会引起水位测量误差，为此提出了一种水位管偏斜引起水位测量误差的修正方法。该方法是将传统的水位管改为由带有十字导槽的测斜管加工制作，利用滑动式测斜仪分段测量水位管的偏移角度，在电接触悬锤式水位计的下部设置导向滑轮，使电接触悬锤式水位计探头与滑动式测斜仪的测试路径基本一致，然后利用滑动式测斜仪的偏移角度测量数据对电接触悬锤式水位计的地下水位观测值采取分段修正、逐段累加的方法进行修正。现场试验结果表明：测量装置设计合理，测试方法可靠，水位观测值更准确。

关键词：地下水位监测；水位管偏斜；电接触悬锤式水位计；滑动式测斜仪；水位修正

作者简介：梁谊，男，1992 年生，工程师。主要从事岩土工程勘察设计工作。

Study on correction method of groundwater level measurement error caused by water level pipe deflection

LIANG Yi[1]，YU Yong-tang[1, 3]，ZHENG jian-guo[2, 3]，ZHANG Ji-wen[2]，HUANG xin[3]，WANG Xiao-yong[1]
（1. China United Northwest Institue for Engineering Design & Research Co.，Ltd.，Xi′an Shaanxi 710077，China；2. Shaanxi Key Laboratory for the Property and Treatment of Special Rock and Soil，China JK Institute of Engineering Investigation and Design Co.，Ltd.，Xi′an Shaanxi 710043，China；3. China；College of civil engineering，Xi′an University of architecture and technology，Xi′an Shaanxi，710054）

Abstract：Using the electric contact water level gauge in a pipe to measure groundwater level，large measurement error will be caused when the pipe is deflected greatly. This paper introduced a correction method in water level measurement error due to the above reason. The traditional water level pipe is replaced by the inclination pipe with cross guide groove，then using the sliding inclinometer to measure piecewise offset angel of water level tube. A guide pulley is set at the lower part of the steel ruler water level gauge to make the probe of the steel ruler basically consistent with the test path of the sliding inclinometer. Finally，by using measured offset angel data of sliding inclinometer，the observation values of underground water level of steel ruler gauge are corrected with piecewise emendation and accumulation. The field test results show that the new measuring device is reasonably designed，the test method is reliable and the measured value of water level is more accurate.

Key words：groundwater level monitoring；deflection of water level pipe；electric contact water level gauge；sliding inclinometer；water level correction

1　引言

地下水位是工程地质分析评价和地质灾害防护治理中的一个极其重要的监测指标。目前地下水位监测的常用方法包括电接触悬锤式水位计法[1-2]、浮子式地下水位计法[3-4]、压力式地下水位计法[5-6] 等，其中电接触悬锤式水位计法因测量仪器简单、使用方便、水位测量准确性较高等优点，被广泛应用于各类工程。目前采用电接触悬锤式水位计法测量地下水位时，普遍做法是假定水位管竖直，但在实际工程中，经常会发生水位管偏斜的情况。例如，当进行水位管埋设孔钻探时，若钻探设备安装不平整、开孔钻具弯曲、钻具与孔壁间隙过大，或者遇到水平向土层软硬不均、地层软硬频繁变化、岩层倾斜角度大等情况时，极易发生钻孔偏斜的情况，这时安装在该钻孔中的水位管也会发生偏斜。又如，当水位管设置在高边坡等易发生较大水平位移的地质体中时，地质体在不同深度的水平位移量不同，也会导致水位管发生偏斜。当上述情况发生后，若不考虑水位管偏斜对水位观测结果的影响，必然会导致地下水位观测值严重偏离真实值。然而，关于如何处理水位管偏斜对地下水位观测结果的影响，国内外相关文献鲜有报道，相关规范[7-9] 中也未给出相关指导和建议。为了在水位管发生偏斜的情况下，仍能获得准确的地下水位测量结果，本文提出了一种针对水位管偏斜的水位测量误差修正方法，并在实际工程中进行了应用。

2　水位测量装置及修正原理

2.1　测量装置

本文介绍的水位管偏斜引起水位测量误差的修正方法的主要测量装置包括设置在监测场地中带有十字导槽的水位管、用于测量水位具有扶正导向结构的电接触悬锤式水位计和用于测试水位管偏斜量的滑动式测斜仪。

（1）水位管采用 ABS 或铝合金材质的测斜管加工，管内圆周有两组呈十字形布设的导槽。水位管自下而上依次设置有沉淀段、滤水段和闭水段，其中沉淀段、闭水段为实心管，滤水段设置梅花形分布的进水孔，管壁外设置包裹滤网，当安置到水位测量钻孔内后，管壁与钻孔壁之间填充滤砂。通过上述结构改进，可实现水平偏移量和地下水位的同孔测量。

（2）电接触悬锤式水位计探头通过连接管与扶正导向装置连接成一体。扶正导向装置（图 1）由导向轮、导向杆、连接管等组成。导向轮直径为 3cm，通过转动轴与连接杆连接，通过扭簧使导向轮撑开，两转动轴之间的距离为 25cm。

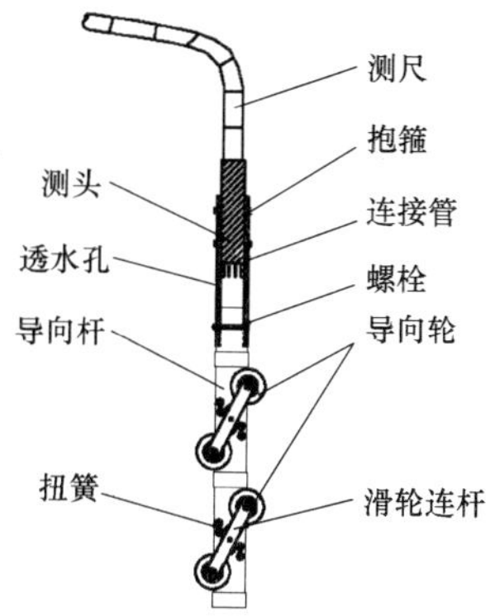

图 1　电接触悬锤式水位计的扶正导向装置

Fig. 1　Directing device of electric contact hammer water level mete

导向杆为圆柱实心金属材质，直径为 3cm，长度为 50 cm。连接管采用 PP-R 管加工，上端通过抱箍与水位计探头顶端连接，下端通过螺栓与扶正导向装置连接，中间空腔段带有通水孔，水位计探头的顶端与通水孔的顶部齐平。

2.2　修正原理

水位孔偏斜引起的水位测量误差修正原理如图 2 所示。当采用电接触悬锤式水位计进行地下水位测量时，扶正导向装置上、下导向轮分别沿水位管中的导槽带动水位计探头下落，此时水位计探头的轴线与水位管轴线重合，当水位计探头检测到水位信号时，停止下落，并记录所述钢尺电缆上相对于管口的读数，即钢尺电缆上的刻度为修正前的地下水位观测值 S。

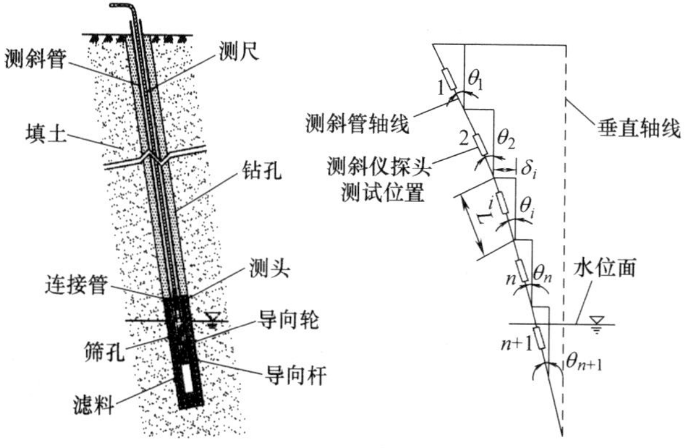

图 2　水位管偏移引起的水位测量误差修正原理

Fig. 2　Correction principle of water level measurement error caused by water level tube offse

水位测量完毕后先将水位计拉出，再将滑动式测斜仪的探头按照预先设定的测量步距 L（L 一般可取 0.5m 或 1m，测斜仪电缆线上带有标距），沿水位管内部十字导槽下放，直至地下水位面在最后一次测量步距范围内。在测斜仪下降过程中，测斜仪探头轴线与水位管的轴线始终重合，每次下放测量步距 L 时，均对该深度处的水位管偏移量进行测量，第 i 次（$i=1, 2, 3, \cdots$）下放测量步距 L 时的水平偏移量为 δ_i，下放次数 n 取整为：

$$n=\mathrm{int}(S/L) \tag{1}$$

测斜仪探头第 i 次下放测量步距 L 时，测斜仪探头相对于垂直轴线方向的偏移角 θ_i 为：

$$\theta_i=\arcsin(\delta_i/L) \tag{2}$$

测斜仪探头最后一次下放测距为（$S-n\times L$）时，测斜仪探头偏移垂直轴线方向的偏移角 θ_{n+1} 为：

$$\theta_{n+1}=\arcsin[\delta_{n+1}/(S-n\times L)] \tag{3}$$

根据地下水位观测值 S，测斜仪的下降次数 n，测斜仪第 i 次下降 L 位移时，偏移垂直方向的偏移角 θ_i 和测斜仪最后一次下降（$S-n\times L$）位移时偏移垂直方向的偏移角 θ_{n+1}，可得到地下水位修正值 S' 为：

$$S'=L\cos\theta_1+L\cos\theta_2+\cdots+L\cos\theta_n+(S-n\times L)\cos\theta_{n+1} \tag{4}$$

3　工程应用实例分析

陕北某高填方工程地处黄土丘陵沟壑区，场区的地下水按水力性质及含水介质，主要分为第四系孔隙潜水和基岩裂隙水，二者在河谷区水力联系密切，构成双层介质统一含水体。在天然条件下，地下水由周边梁峁区向沟谷区径流排泄。填沟造地后，通过在高填方体内部沿沟底设置盲沟向高填方区域外排水。该工程属于“削峁填沟”方式造地，在填方场区边界填筑了大量黄土填方边坡，一些填方边坡的高度达几十米，有的甚至超过 100m。这些填方高边坡主要位于各填方区域沟口位置，对填筑土体起到“锁口”的作用，但由于边坡底部基岩面顺沟倾斜，对边坡稳定性极为不利。在水位变动、降雨入渗影响下，边坡土体的力学性能将产生劣化，在后期的服役期间极有可能发生失稳，一旦边坡出现失稳破坏，不仅会造成大量的新建土地损失，还会对下游基础设施和人民财产造成威胁。因此，准确测定地下水位变动情况，对评估边坡稳定状态至关重要。

本工程在土方填筑完成后，在沟口处的锁口坝边坡坡顶处设置了地下水位监测点，并在同一水位管内分别进行了地下水位和水平位移测量。现以典型地下水位监测点 SW1 为例，对采用该方法后的地下水位测量结果进行简要介绍。监测点 SW1 的水位管孔底埋深 82m，其中 75m 为填筑体，7m 为原地基体，孔底入岩深度约 2m。由于地面上无法确定水位管埋设钻孔的真实偏斜方向，水位管导槽方向无法保证与水位管的主倾斜方向重合，例如图 3 中槽 A_1-A_2 方向与主倾斜方向存在夹角 α，单一导槽的观测数据不能作为水位管的总偏移量，需要对槽 A_1-A_2 和槽 B_1-B_2 分别测量后进行矢量叠加处理，才能确定总的偏斜量。

常用的伺服加速度式测斜仪的工作原理是基于测头传感器加速度计测量重力矢量在测头垂直面上的分量大小，从而确定测头轴线向的倾斜角[9]。如图 3 所示，取一个测段长度为 L 的水位管进行分析，由该段管顶端中心向下做铅垂线作为基准轴，中轴线 O_1O_2 沿 O_2O_3 方向偏移，在 A 和 B 两平面（槽 A_1-A_2 和槽 B_1-B_2）的投影分别是 O_2M 和 O_2N，O_1M 和 O_1N 在 A、B 平面内与中轴线 O_1O_2 的夹角分别为 β_A 和 β_B。为了消除零点偏置误差的影响，在同一导槽中，首先进行正向测量，然后将测头反转 180°负向测量，分别获得槽 A_1-A_2 的测量读数 U_{A1}、U_{A2} 和槽 B_1-B_2 的测量读数 U_{B1}、U_{B2}，将正反方向输出值作差可得偏移角度：

$$\sin\beta_A = \frac{U_{A1} - U_{A2}}{2K_g} \tag{5}$$

$$\sin\beta_B = \frac{U_{B1} - U_{B2}}{2K_g} \tag{6}$$

式（5）、式（6）中，K_g 为标定系数，该测段在 A 和 B 平面上的相对位移 O_2M 和 O_2N 可表示为：

$$O_2M = L\sin\beta_A \tag{7}$$

$$O_2N = L\sin\beta_B \tag{8}$$

式中，β_A 为 $\angle O_2O_1M$；β_B 为 $\angle O_2O_1N$；L 为 O_1O_2 长度，其他符号意义同前。对 O_2M、O_2N 进行位移矢量叠加，即可得到偏移量。

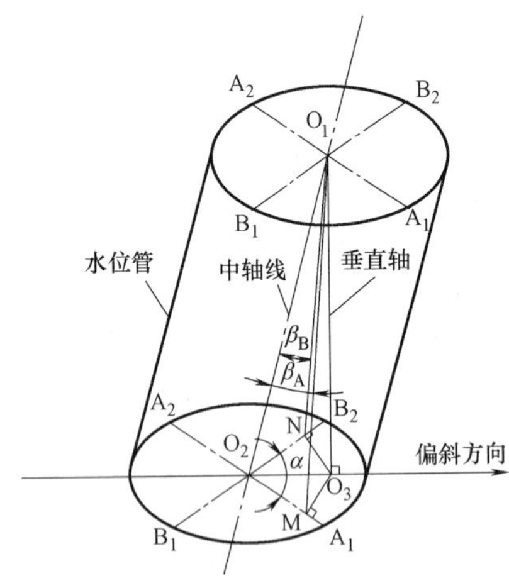

图 3　水位管导槽与主倾斜方向的对应关系图

Fig. 3　Correspondence diagram of water level guide channel and main inclined direction

本次采用的滑动式仪的综合误差为±4mm/15m，测孔斜度范围≤50°，工作环境温度−10～50℃，测头传感器灵敏度：0.02mm/8″。该仪器配套专门数据处理软件，测量结果直接输出偏移量。在水位管理设完毕后，采用滑动式测斜仪按照每间隔 0.5m 的竖向间距，分别沿槽 A_1-A_2 和槽 B_1-B_2 测量水平偏移量，矢量叠加后的偏移量和偏移角曲线如图 4 所示。由图 4 可知，水位管偏斜产生了较大的水平偏移量，地面处的最大水平偏移量达 1.801m，深度方向的偏移角变化范围为 0.4°～1.8°，水位管偏斜必然引起水位测量误差。本次采用前述水位修正方法对传统电接触悬锤式水位计的水位测量值进行修正。修正前后的地下水位观测结果如图 5 所示。

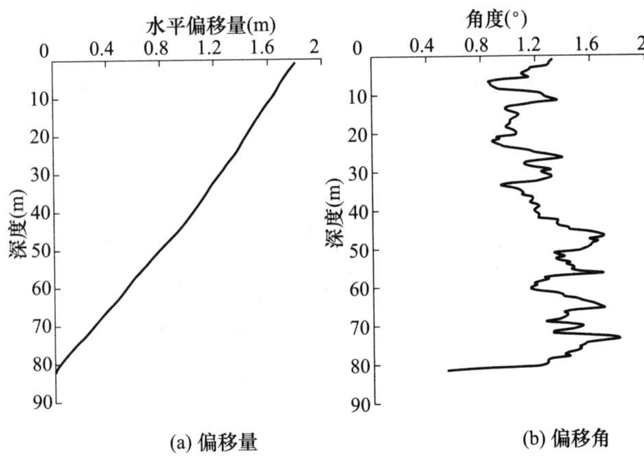

图 4　水位管偏斜量和偏移角曲线

Fig. 4　Deviation and Angle Curve of Water Level Tube

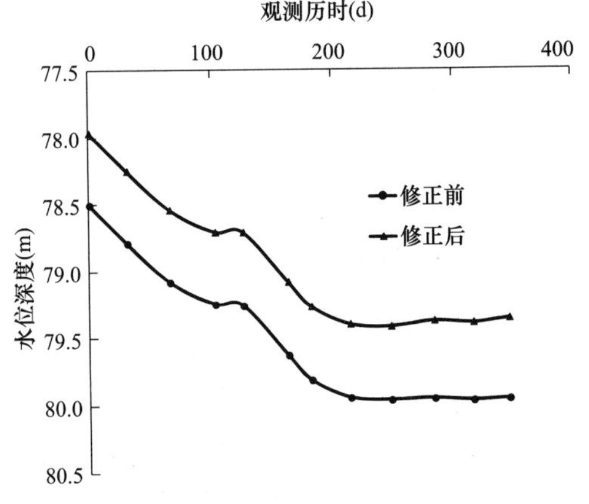

图 5　地下水位修正前后的水位观测结果

Fig. 5　Water level observation results before and after groundwater level correction

图 5 中修正前的实测水位深度为 78.52～79.95m，修正后的地下水位深度范围为 77.96～79.35m，修正前后的水位测量值相差 0.54～0.60m，表明本方法可明显提高地下水位测量结果的准确性。

4　结语

（1）常规采用水位管和电接触悬锤式水位计测量地下水位时，是假定水位管竖直，但实际工程中常会出现水位管偏斜较大的情况，这时会导致水位测量结果存在较大误差。

（2）本文采取将传统的水位管改为由带有十字导槽的测斜管加工制作，使水位管偏斜量与地下水位同管测量，结合滑动式测斜仪的偏移量测量数据，采用几何方法对电接触悬锤式水位计的地下水位观测值采取分段修正、逐段累加，实现了对地下水位的修正。

（3）本文提出的水位测量误差修正方法，配套测量装置结构简单，水位修正原理清晰。经工程实践检验，明显提升了偏斜较大水位管中的地下水位测量精度。该方法适合在地下水位观测精度要求较高的工程中应用。

参考文献：

[1] 姚永熙. 地下水监测方法和仪器概述[J]. 水利水文自动化，2010，1：6-13.
[2] 王爱平，杨建青，杨桂莲. 我国地下水监测现状分析与展望[J]. 水文，2010，30(6)：53-56.
[3] 谢崇宝，黄斌. 低功耗自记式浮子水位计[J]. 中国农村水利水电，2006，1：113-114.
[4] 祝玲，卢胜利，马国华，等. 智能浮子式水位计[J]. 传感器与微系统，2006，25(6)：52-54.
[5] 曾德礼，陈裕昌. 压力水位计法——一种新的地下水位测量方法[J]. 水文地质工程地质，1992，5：50-51.
[6] 景少波，王成富，胡忠林，等. 一体化压力式地下水位计在准东水源地的应用[J]. 地下水，2015，1：59-60+120.
[7] 中华人民共和国住房和城乡建设部. 地下水监测工程技术规范：GB/T 51040—2014[S]. 北京：中国计划出版社，2015.
[8] 中华人民共和国水利部. 地下水监测规范：SL 183—2005[S]. 北京：中国水利水电出版社，2006.
[9] 黄向群，张军辉，李友云，等. 路基侧向位移观测中测斜管偏转和扭转研究[J]. 长江科学院院报，2010，27(5)：49-52.

车载 LiDAR 在公路沿线地质灾害防治工程中的应用

何屹雄
（中航勘察设计研究院有限公司，北京 100098）

摘　要：山区公路地形、地质情况复杂，地质灾害发生频率较高，对交通安全具有较大威胁，公路沿线的地质灾害防治工作十分重要。传统的全野外测绘作业方式进行地质调查存在工作量大、成本高、效率低、安全隐患大、精度低等不足，难以满足地质灾害防治工程对质量、安全和效率的要求。通过车载 LiDAR 技术对地质灾害隐患点进行扫描，可快速获取其三维地形信息，确定地质灾害隐患点的规模、空间位置信息等，为工程地质勘查提供高精度的地质测绘资料。

关键词：LiDAR；地质灾害；点云

作者简介：何屹雄，男，1990 年生，工程师。主要从事测绘工程方面的研究。

Application of vehicular LiDAR in highway geological hazard prevention& treatment project

HE Yi-xiong
（Avic institute of geotechnical engineering Co.，Ltd.，Beijing 100098）

Abstract: The terrain and geological conditions of mountainous roads are complex，and the frequency of geological disasters is high，which poses a great threat to traffic safety. The traditional field surveying and mapping operation mode for geological survey has the disadvantages of large workload，high cost，low efficiency，large potential safety hazards and low accuracy，which is difficult to meet the requirements of geological hazard prevention and treatment engineering for quality，safety and efficiency. Through vehicular LiDAR technology，the geological hazard potential points can be quickly scanned to obtain their three-dimensional topographic information，determine the scale of geological hazard potential points，space location information，etc.，and provide high-precision geological mapping data for engineering geological exploration.

Key words: LiDAR；geological hazard；point cloud

1　引言

随着我国山区公路建设日益增多，复杂山区由于地形、地质情况复杂，工程地质条件亦复杂，特别是滑坡、崩塌、危岩落石等不良地质灾害多有发生。山区道路两侧边坡坡度普遍较陡，大部分为修路时人工削方形成。坡面岩体风化严重，裂隙发育，形成了较多危岩体，对交通安全造成了较大的威胁。在公路沿线地质灾害治理工程勘察中，需要对地质灾害隐患点建立地表三维模型，并进行平剖面图测绘，传统的测绘技术进行外业地质调查存在成本高、效率低、安全隐患大、精度低等问题。

激光雷达（Light Detection and Ranging，LiDAR）技术是今年来快速发展的一种新型数据采集技术，该技术可以通过发射激光束并接收回波获取目标三维信息，以汽车作为搭载平台，可以快速、高精度地获取公路沿线地质灾害隐患点的表面三维信息数据。

2　车载 LiDAR 系统组成与技术特点

2.1　系统组成

车载 LiDAR 系统主要组成包括激光扫描仪、定位定姿系统（包括 GNSS 和 IMU）和储存控制系统。其中，激光扫描仪主要获取三维激光点云数据；定位定姿系统记录设备在每一瞬间的空间位置与姿态，由 GNSS 接收机确定空间位置，IMU 惯导测量俯仰角、侧滚角和航向角数据；储存控制系统用于储存激光扫描仪和定位定姿系统获得的原始数据。

2.2　车载 LiDAR 系统测量原理

若空间内有一向量 S，其模为 $\| S \|$，方向为（φ，ω，κ）。此时，若能获取该向量起点 O 的坐标（X，Y，Z），则该向量的另一端点 P 的坐标可以唯一确定。

对于 LiDAR 系统而言，起点 O 即为激光扫描仪的中心，其坐标为（X，Y，Z）通过动态差分 GNSS 获得，向量 S 的大小即为该脉冲的测距值，而向量方向（φ，ω，κ）则需要联立 IMU 的姿态数据和激光脉冲的瞬时扫描角联合计算得到。

车载 LiDAR 作业如图 1 所示。

2.3　车载 LiDAR 技术优势

车载 LiDAR 测量系统与传统测量作业方法相比，具有以下技术优势：

（1）作业自动化程度高

车载 LiDAR 测量系统采集的点云数据，经过融合、控

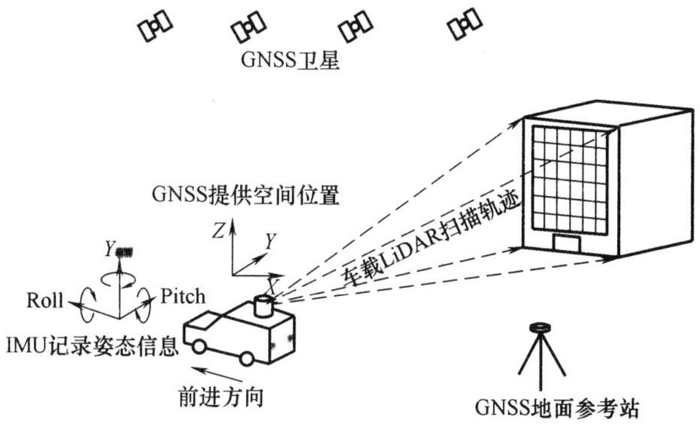

图 1　车载 LiDAR 作业示意图

Fig. 1　Operation diagram of vehicular LiDAR

制点纠偏等技术处理后，可获取高精度的三维坐标数据，激光点云数据密集，每平方米可达百个以上激光点；生产流程简单，作业自动化程度高，DEM、等高线等初步成果可直接由点云自动生成。由于每个激光点都有大地坐标，可显著减少外业调绘，减少外业时间，降低作业成本。

（2）可穿透植被

车载 LiDAR 测量系统的激光扫描仪发射的激光脉冲能部分穿透树林遮挡，LiDAR 对植被的穿透能力可有效去除植被覆盖对地面高程测量的影响，直接获取高精度三维地表地形数据。

（3）不受光线影响

车载 LiDAR 测量系统以主动测量方式采用激光测距方法，不依赖自然光。而因受光线影响，传统测量方式无能为力的地区，车载 LiDAR 测量系统获取数据的精度完全不受影响。在保证安全的前提下，可以夜间进行作业。

3　项目应用实例

3.1　工程概况

北京市怀柔区公路沿线地质灾害防治工程共涉及 15 条道路 39 处地质灾害隐患点。需要治理的隐患点边坡坡度一般为 30°～85°，高度 4～50m，多为修建公路时削方形成，岩体被节理裂隙切割破碎，危岩体体积一般小于 10.0m^3，个别危岩体体积在 10～30m^3 之间，潜在威胁对象主要为公路过往车辆、行人。主要地质灾害隐患点如图 2 所示。地质灾害隐患点较分散，且采取治理措施的时间窗口短，采用车载 LiDAR 系统进行测量作业较为高效。

3.2　外业数据采集

车载 LiDAR 系统作业时需要架设地面 GNSS 基站，与激光雷达搭载的 GNSS 接收机进行同步观测。架设基站的目的是为了通过固定基站所观测到的 GNSS 信号，与移动站所观测 GNSS 信号进行后差分解算，以获得激光雷达设备精确的运动轨迹。

设备连接完成后，对激光雷达内的 POS 装置进行静态对齐，POS 静态对齐完成后，可以进行激光扫描数据采集，使车辆按事先规划的路线进行采集。数据采集结束后，同样需要对 POS 装置进行静态对齐，对齐完成后数据采集即完成。外业数据采集作业如图 3 所示。

图 2　地质灾害隐患点

Fig. 2　Hidden danger point of geological hazards

图 3　LiDAR 外业数据采集

Fig. 3　Field data collection of LiDAR

3.3　数据处理流程

数据处理的主要流程如图 4 所示。

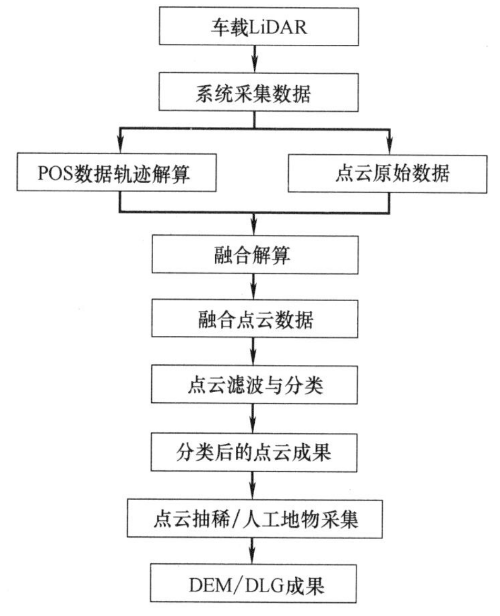

图 4　LiDAR 数据处理流程

Fig. 4　Lidar data processing flow

（1）POS 数据轨迹解算

POS 解算主要是用 GNSS 基站数据和 POS 数据（移动站 GNSS 数据＋IMU 数据）组合解算，并输出融合解算必需的高精度定位定姿数据。

POS 解算利用 Inertial Explorer 软件，首先对数据的格式进行转换，然后对基站数据和 POS 数据进行紧耦合解算，最终解算出 POS 的轨迹数据如图 5 所示。

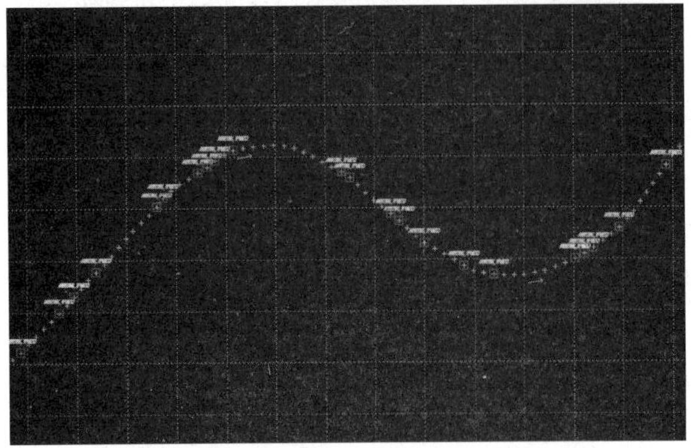

图 5　POS 轨迹

Fig. 5　POS trajectory

（2）融合解算

融合解算是将 LiDAR 系统采集的原始数据与 POS 轨迹进行融合处理，获得标准格式的融合点云数据，以供后续处理。

（3）点云分类

在地质灾害治理项目中仅需要危岩体及周边地面的点云数据，其余数据应分类去除。使用 MicroStation TerraSolid 软件对点云数据的地表、植被、路标、路灯等地物进行分类，并对扫描中的噪声点进行剔除（图 6、图 7）。

图 6　点云分类

Fig. 6　Point cloud classification

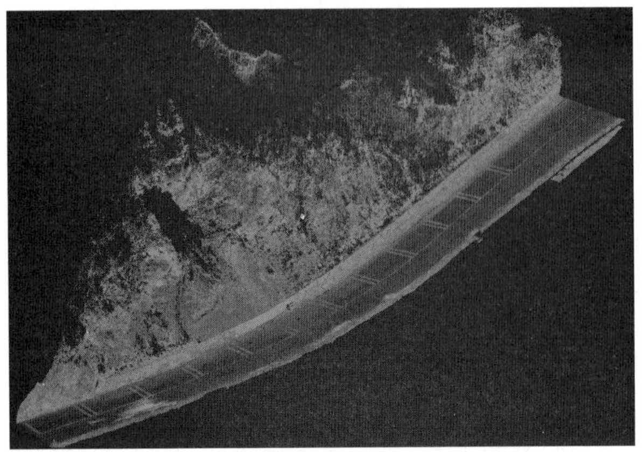

图 7　过滤后的点云数据

Fig. 7　Filtered point cloud data

（4）成果生产

点云成果经分类后，仅保留边坡、岩体、周边地面的点云数据，即可用于生产地质灾害隐患点的 DEM、地形图成果，如图 8～图 10 所示。

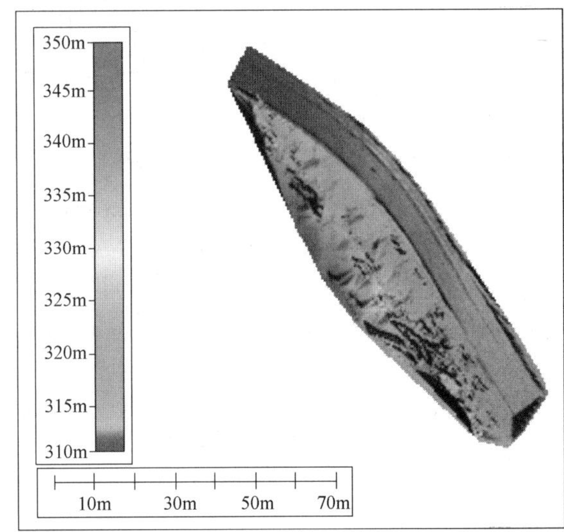

图 8　地质灾害隐患点 TIN 网格（0.5m 间距）

Fig. 8　TIN grid (0.5m spacing)

图 9　DEM 成果（0.5m 间距）

Fig. 9　DEM results (0.5m spacing)

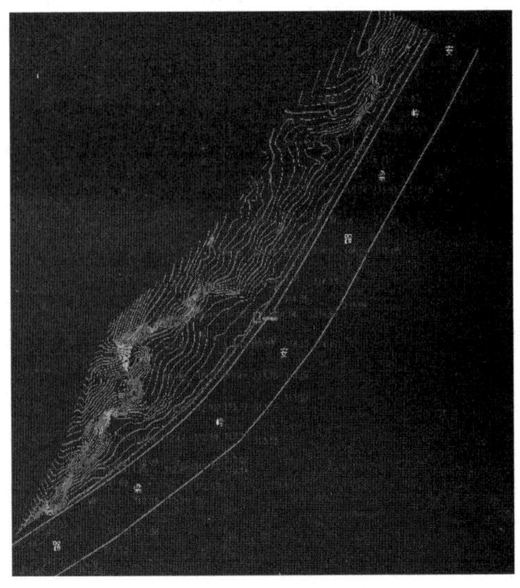

图 10　地形图成果

Fig. 10　Topographic map results

4 结语

与传统测量方式相比，车载 LiDAR 系统以其高精度、高作业效率、丰富的产品类型等特点，在公路沿线地质灾害防治工程应用方面具有显著的优势，尤其适合对人员无法到达的危险区域或分布较为分散的地质灾害隐患点进行测量作业，其应用场景较传统测量方式更为广泛，极具实用性和创新性，可以为地质灾害防治工程提供有效的技术支撑。

参考文献：

[1] 彭艺伟，董琦，田冲，等．基于机载激光雷达的地质灾害识别关键技术及应用研究[J]．安全与环境工程，2021，28(6)：100-108.

[2] 贾虎军，王立娟，范冬丽．无人机载 LiDAR 和倾斜摄影技术在地质灾害隐患早期识别中的应用[J]．中国地质灾害与防治学报，2021，32(2)：60-65.

[3] 李冠，张立伟．三维激光扫描技术在地质灾害调查中的应用研究[J]．城市勘测，2021(1)：205-208.

[4] 彭劲松，许俊，李娟，等．机载激光测量系统在地质灾害中的应用[J]．测绘通报，2018(9)：160-162.

[5] 张勤，黄观文，杨成生．地质灾害监测预警中的精密空间对地观测技术[J]．测绘学报，2017，46(10)：1300-1307.

[6] 康义凯．机载 LiDAR 技术在地质灾害监测中的应用研究[J]．测绘与空间地理信息，2017，40(9)：117-119+122.

[7] 冯光胜．LIDAR 在地质灾害调查与监测中的应用研究[J]．铁道工程学报，2014，31(7)：12-16.

[8] 李昱巨．基于 LiDAR 技术的复杂地质环境区滑坡识别研究[D]．北京：中国地质大学，2012.

混凝土支撑轴力监测方法和计算修正

张子真
（北京市勘察设计研究院有限公司，北京 100038）

摘　要： 本文通过公式推导和案例分析的方法，分析了监测混凝土支撑轴力过程中的注意事项。结果表明：把频率先求平方再求平均，与把频率先求平均再求平方的计算结果基本一致，均满足《标准》要求。当不能保证截面满足平面假定，应在各边中心均安装 1 支应变计，以提高监测精度。线性公式比多项式更适合于轴力监测。当混凝土支撑受拉力时，应由钢筋承担全部拉力，计算公式中不考虑混凝土的抗拉强度。

关键词： 混凝土支撑轴力；公式；平面假定；拉力

作者简介： 张子真，男，1987 年生，监测工程师。主要从事岩土工程监测技术的研究。

Monitoring method and calculation correction of axial force of concrete support

ZHANG Zi-zhen
(BGI Engineering Consultants Ltd., Beijing 100038)

Abstract: Through formula derivation and case analysis, this paper analyzes the matters needing attention in the process of monitoring the axial force of concrete support. The results show that: taking the frequency first and then averaging it is basically the same as the calculation result of taking the frequency first and then taking the square, and both meet the requirements of the "Standard". When it is impossible to ensure that the section meets the plane assumption, a strain gauge shall be installed in the center of each side to improve the monitoring accuracy. Linear formula is more suitable for axial force monitoring than polynomial. When the concrete support is under tension, the reinforcement shall bear all the tension, and the tensile strength of concrete is not considered in the calculation formula.

Key words: axial force of concrete support; formula; plane assumption; pull

1　引言

《建筑基坑工程监测技术标准》GB 50497—2019[1]（以下简称《标准》）规定：对安全等级为一、二级的基坑，应进行支撑轴力监测，对安全等级为三级的基坑，宜进行轴力监测。

混凝土支撑轴力监测，与钢支撑的不同，需要在绑扎钢筋笼时，安装应变计来监测混凝土应变，然后通过取平均得出截面轴心的应变，最后乘以混凝土的弹性模量和截面面积，得到该截面的轴力。目前已有多篇论文对其展开研究。张哲[2] 对基坑混凝土支撑轴力监测数据异常情况进行了分析和探讨，李怀良[3] 提出了一种基于加权平均应变计的混凝土支撑轴力监测方法。

混凝土支撑虽然用来提供水平支撑力，却必然要承受弯矩作用，内力分布不均匀，且混凝土非线性弹性材料，抗压而不抗拉，这些因素都可能在监测过程，带来一些需要解决的问题。

2　轴力计算公式

如果在其混凝土截面上下左右四边中心，各安装一支应变计，如图 1 所示。

约定受压为正，受拉为负，那么 4 个测点的应变，可用下式表达：

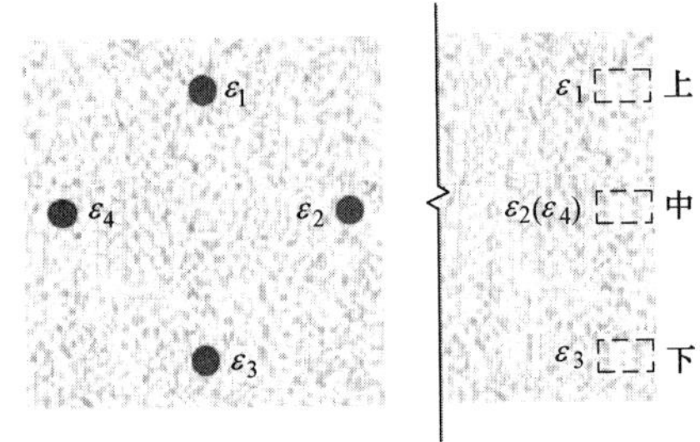

图 1　混凝土监测断面

Fig. 1　Concrete monitoring section

$$\varepsilon_1 = -K_1(f_{1i}^2 - f_{10}^2) \tag{1}$$

$$\varepsilon_2 = -K_2(f_{2i}^2 - f_{20}^2) \tag{2}$$

$$\varepsilon_3 = -K_3(f_{3i}^2 - f_{30}^2) \tag{3}$$

$$\varepsilon_4 = -K_4(f_{4i}^2 - f_{40}^2) \tag{4}$$

式中：K_i——应变计标定系数；

f_i——应变计频率值；

f_0——应变计频率初值；

ε_i——应变计实测应变。

当受弯矩作用时，中性轴应该通过轴心，轴心的应变应该是零，当受拉压作用时，轴心应变开始发生变化。因此轴力可用轴心应变来计算。轴心应变为：

$$\varepsilon_m = \frac{1}{4} \times (\varepsilon_1 + \varepsilon_2 + \varepsilon_3 + \varepsilon_4) \tag{5}$$

某一批次的应变计标定系数 K_i，可以看作是定值，即：

$$K=K_m \approx K_1 \approx K_2 \approx K_3 \approx K_4 \tag{6}$$

将式（1）～式（4）、式（6）都代入（5），可以得到轴心应变为：

$$\varepsilon_m=-K\times\left(\frac{f_{1i}^2+f_{2i}^2+f_{3i}^2+f_{4i}^2}{4}-\frac{f_{10}^2+f_{20}^2+f_{30}^2+f_{40}^2}{4}\right) \tag{7}$$

轴力的计算公式为：

$$F_N=-KE_cA\times\left(\frac{f_{1i}^2+f_{2i}^2+f_{3i}^2+f_{4i}^2}{4}-\frac{f_{10}^2+f_{20}^2+f_{30}^2+f_{40}^2}{4}\right) \tag{8}$$

式中：E_c——混凝土弹性模量；

A——混凝土支撑截面面积。

式（8）可以简单描述为频率先平方，再平均。参考锚索拉力检定证书，还有一种更为简单的支撑轴力计算方式，即频率先平均，再平方：

$$F'_N=-KE_cA\times\left[\left(\frac{f_{1i}+f_{2i}+f_{3i}+f_{4i}}{4}\right)^2-\left(\frac{f_{10}+f_{20}+f_{30}+f_{40}}{4}\right)^2\right] \tag{9}$$

式（8）比式（9）更合理一些，因为应变与频率平方成正比，而非与频率成正比。但这两种计算结果的差别不大，如图3所示。

$$F_N-F'_N=-KE_CA\times\left[\frac{(f_{1i}-f_{2i})^2+(f_{1i}-f_{3i})^2+(f_{1i}-f_{4i})^2+(f_{2i}-f_{3i})^2+(f_{2i}-f_{4i})^2+(f_{3i}-f_{4i})^2}{16}-\frac{(f_{10}-f_{20})^2+(f_{10}-f_{30})^2+(f_{10}-f_{40})^2+(f_{20}-f_{30})^2+(f_{20}-f_{40})^2+(f_{30}-f_{40})^2}{16}\right] \tag{10}$$

从式（10）中可以看出，如果4支应变计的初始频率一致，频率变化步调一致，那么两个公式的计算结果是一致的。

工程1的混凝土支撑按图1安装应变计，如图2所示。

图2　某工程1应变计安装

Fig. 2　Project 1 strain gauge installation

按式（8）、式（9）计算的轴力如图3所示。两种公式的计算结果几乎完全一致，在800kN的水平下，绝对差值仅10kN左右，如果以1.5倍设计值，即1.5×4120=6180kN为全量程，误差为0.16%F.S，满足《标准》提出的，不低于0.5%F.S的要求。

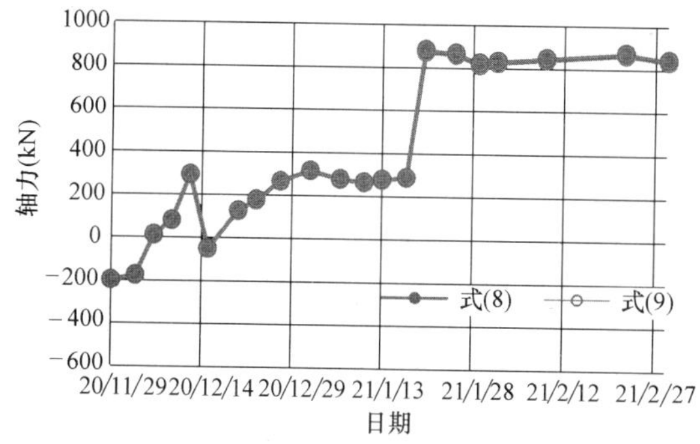

图3　支撑轴力时程曲线

Fig. 3　Support axial force time history curve

3　平面假定

如果混凝土截面满足平面假定，那么轴心应变

$$\varepsilon_m=\frac{1}{4}\times(\varepsilon_1+\varepsilon_2+\varepsilon_3+\varepsilon_4)=\frac{1}{2}\times(\varepsilon_1+\varepsilon_3)=\frac{1}{2}\times(\varepsilon_2+\varepsilon_4) \tag{11}$$

支撑轴力既可以用ε_1、ε_3计算：

$$F_{N1}=-KE_cA\times\left(\frac{f_{1i}^2+f_{3i}^2}{2}-\frac{f_{10}^2+f_{30}^2}{2}\right) \tag{12}$$

也可以用ε_2、ε_4计算：

$$F_{N2}=-KE_cA\times\left(\frac{f_{2i}^2+f_{4i}^2}{2}-\frac{f_{20}^2+f_{40}^2}{2}\right) \tag{13}$$

且满足$F_N=F_{N1}=F_{N2}$，采用式（8）、式（12）、式（13）分别计算某工程1支撑轴力，结果如图4所示。

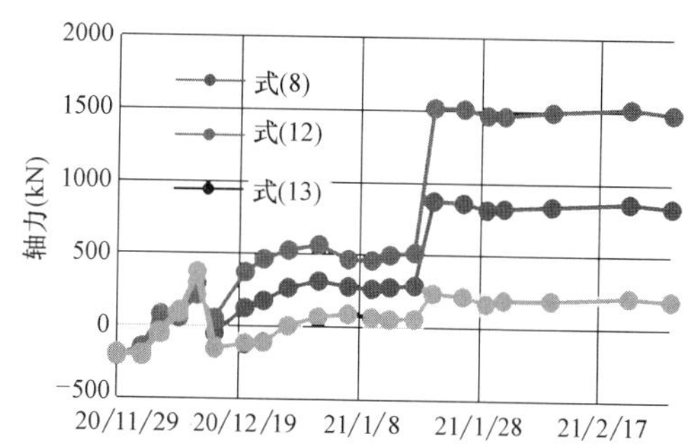

图4　支撑轴力时程曲线

Fig. 4　Support axial force time history curve

不难发现，在2020年12月12日之前，式（8）、式（12）、式（13）的计算结果是一致的，但之后开始出现偏差，式（12）结果偏大，式（13）结果偏小，式（8）计算结果是式（12）和式（13）的算数平均值。

出现这种情况的原因是，混凝土截面并非在任意情况下均满足平面假定，如图5所示。

2020年12月12日之前，截面应变分布完全符合平面假定，式（8）、式（12）、式（13）基本一致。

2020年12月12日～2021年1月17日，截面应变分布稍微偏离平面假定，三个公式的计算结果出现少许偏差。

2021年1月20日之后，截面应变分布完全不符合平面假定，三个公式的计算偏差明显拉大。

当混凝土截面一直保持平面假定时，两支对称安装的应变计计算结果，与四支应变计计算结果是一样的。但

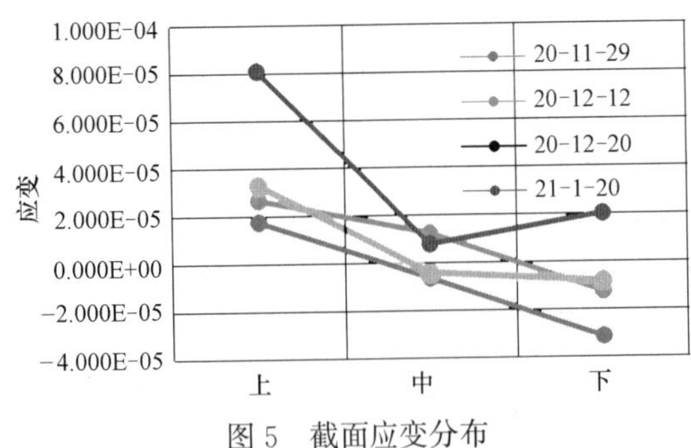

图 5　截面应变分布

Fig. 5　Cross-sectional strain distribution

我们事先很难预判截面是否会一直保持平面状态。当偏离平面假定较大时，两支应变计的监测轴力就会发生比较大的误差。因此，建议安装 4 支应变计监测混凝土支撑轴力，其安装位置见图 6（a），因为它可以获得中性轴位置的应变，如果采用图 6（b），则无法获得中性轴位置的数据，误差会更大。

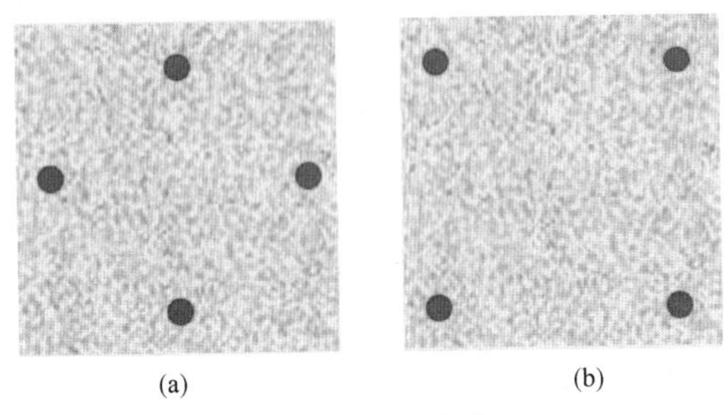

(a)　　(b)

图 6　应变计安装位置

Fig. 6　Strain gage installation location

4　线性公式与多项式公式的选取

目前常见的应变计，采用的是振弦式。如果一根钢弦做自由振动，如图 7 所示，根据振弦定理，振弦自由振动的角频率 $\omega_i = i\pi\sqrt{\dfrac{T}{\rho L^2}}$，其中 ρ 是线密度；L 是振弦长度；T 是弦内拉力；i 是第 i 振型。振弦所受拉力，与其自振频率的平方成正比，而弦内拉力又与应变成正比，从而可以拟合出应变与自振频率平方的直线关系，即线性公式。

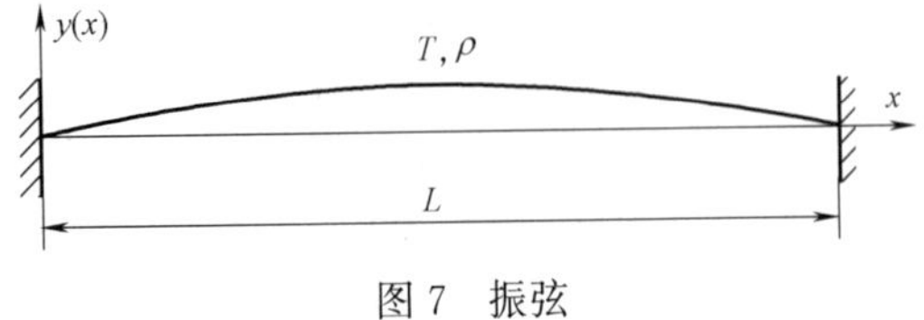

图 7　振弦

Fig. 7　Vibrating wire

如果用多项式去拟合，精度会更高一些，有些应变计检测证书会提供两套公式，即线性公式和多项式公式，如图 8 所示。

无论是线性公式还是多项式公式，均满足《标准》提出的不低于 0.5%F.S 的要求。如果以标准负载为横坐标，计算负载为纵坐标绘制曲线，多项式计算出的结果并未表现出明显的精度优势，如图 9 所示。

环境条件：　温度：21℃　湿度：42%RH

检　测　结　果

测量范围：(20-100) kN　指示器：BGK408振弦式读数仪 (B)

标准负载 (kN)	各测次示值 1	2	3	均值	计算负载 直线	精度 (%FS)	计算负载 多项式	精度 (%FS)
0.0	3288.3	3288.8	3288.7	3288.6	0.1514	0.15	-0.0042	0.00
20.0	3645.8	3645.5	3645.5	3645.6	19.991	-0.01	20.021	0.02
40.0	4003.0	4002.8	4002.3	4002.7	39.842	-0.16	39.966	-0.03
60.0	4363.8	4363.3	4363.5	4363.5	59.90	-0.10	60.02	0.02
80.0	4725.0	4724.6	4724.5	4724.7	79.97	-0.03	80.00	0.00
100.0	5088.2	5087.5	5087.9	5087.9	100.15	0.15	100.00	0.00

计算公式　直线 $F=G(R_1-R_0)+K(T_1-T_0)$

多项式 $F=AR_1^2+BR_1+C+K(T_1-T_0)$

图 8　应变计检测证书

Fig. 8　Strain gauge test certificate

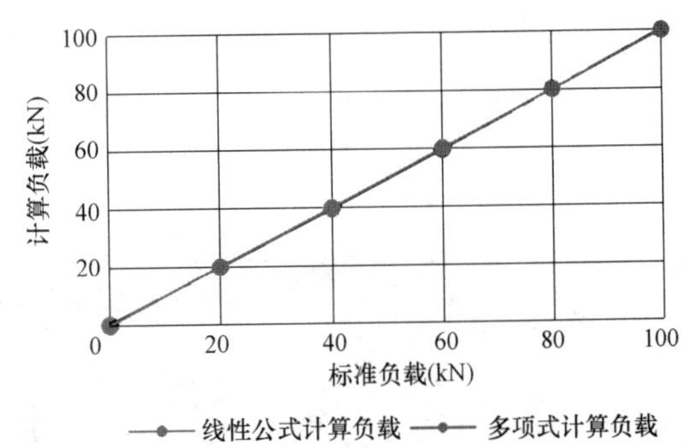

图 9　计算负载-标准负载曲线

Fig. 9　Calculated load-standard load curve

但线性公式可以灵活选择初值 f_0，《标准》建议，内力监测宜取土方开挖前连续 3d 获得的稳定测试数据的平均值作为初始值，采用线性公式可以满足这一要求，但多项式则无法满足。因此推荐采用线性公式计算混凝土支撑轴力。

5　支撑拉力

工程 2 混凝土支撑轴力监测结果如图 10 所示。从中可以看出，浅层支撑在监测初期承受拉力，在监测后期所受压力减小，即内力变化里又有了拉力增量，深层支撑则没有这样的情况。

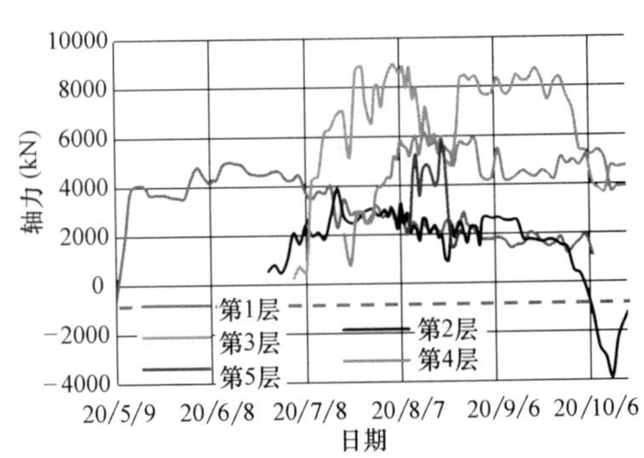

图 10　工程 2 支撑轴力监测成果

Fig. 10　Project 2 support axial force monitoring results

浅层支撑刚开始监测时，基坑开挖较浅，围护结构基本不发生水平位移，水泥水化过程中，混凝土材料发生收缩，两端受约束造成拉力作用，随着基坑开挖的加深，围护结构向坑内水平位移的加大，浅层支撑迅速由受拉转变为受压，但基坑开挖后期，围护结构发生挠曲变形，如图 11 所示，浅层支撑又会重新受到张拉的作用，压力有所减小，甚至直接发展成受拉状态。

深层混凝土绑扎钢筋、浇筑混凝土和养护阶段，基坑已开挖较深，水土压力推动围护结构不断向坑内移动，从两端挤压尚未产生足够强度和刚度的深层支撑，因此即使混凝土材料发生水化收缩，也会被抵消，深层支撑一直表现出受压的状态。

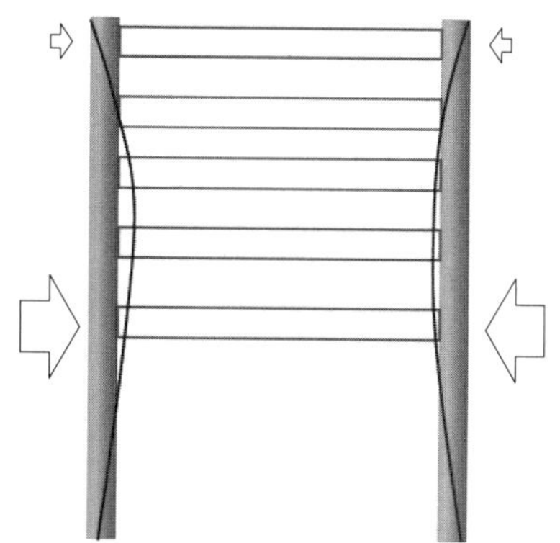

图 11　围护结构变形示意图

Fig. 11　Schematic diagram of the deformation of the enclosure structure

在计算支撑结构内力时，按承载能力极限状态下作用的基本组合，采用相应的分项系数，且不考虑混凝土的抗拉强度，因此这些拉力应全部由支撑内部的钢筋所承担。

以图 10 中的“第二层”支撑轴力为例，如果按照该截面混凝土应变与钢筋应变相同的原则进行拉力修正，其结果如图 12 所示。

修正前支撑所受最大拉力为 4000kN，实际上是不可能发生的，因为混凝土早已被拉裂而退出工作，真实的拉力约为 100kN，相差达 40 倍左右。因此计算混凝土支撑轴力时，一定不能把其当作是钢材一样的各向同性材料。

图 12　混凝土支撑拉力的修正

Fig. 12　Correction of Concrete Support Tension

6　结论

（1）把频率先求平方再求平均，与把频率先求平均再求平方，计算出的混凝土支撑轴力基本相同，均满足《标准》要求，但频率先求平方再求均值的方法更合理一些。

（2）混凝土支撑可能不满足平面假定，建议采用 4 支应变计，分别安装于四边中点位置。如果可以保证平面假定，对称安装两支应变计也是可以的。

（3）当应变计检测证书提供了线性公式和多项式公式，应采用线性公式计算混凝土支撑轴力。

（4）混凝土支撑可能承受拉力，但该拉力应全部由钢筋所承担，不考虑混凝土的抗拉强度，否则会得出错误结果。

参考文献：

[1]　中华人民共和国住房和城乡建设部. 建筑基坑工程监测技术标准：GB 50497—2019 [S]. 北京：中国计划出版社，2019.

[2]　张哲. 基坑混凝土支撑轴力监测数据异常情况分析与探讨 [J]. 隧道建设，2016，36(8)：976-981.

[3]　李怀良，庹先国，荣文征，等. 一种基于加权平均应变计的混凝土支撑轴力监测方法 [J]. 金属矿山，2017(4)：52-55.

无筋扩展基础软岩地基基底反力测试方法研究

杨更浩[1]，黎 鸿[2]，陈海东[2]，李可一[2]，康景文[2]
（1. 中国建筑西南设计研究院有限公司山东分公司，山东 青岛 266000；2. 中国建筑西南勘察设计研究院有限公司，四川 成都 610052）

摘 要：由于大量建设用地延伸到丘陵和山区，因此岩石地基普遍存在，在强风化、中风化软岩上采用柱下无筋扩展独立基础和无筋扩展独立基础+抗水板的形式特别常见。本文结合现场实体模型试验，对软岩地基上无筋扩展基础的基底反力的测试方法进行研究。通过现场试验测试元件的合理性对比分析表明，软岩地基上无筋扩展基础试验的测试元件为基于相似原理的应变式元件具有适用性和有效性。

关键词：软岩地基；无筋扩展基础；测试元件；基底反力

Research on test method of foundation reaction of soft rock foundation with unreinforced extension foundation

YANG Geng-hao[1]，LI Hong[2]，CHEN Hai-dong[2]，LI Ke-yi[2]，KANG Jing-wen[2]
（1. China Southwest Geotechnical lnvestigation，Qingdao Shandong 266000；2. Design lnstitute Co.，Ltd.，Chengdu Sichuan 610052）

Abstract：Due to the large amount of construction land extending to hills and mountainous areas，rock foundation is common. It is particularly common to adopt the type of unreinforced extended independent foundation under flat column and unreinforced extended independent foundation and water-resistant plate on strongly weathered and moderately weathered soft rocks. The test method of foundation reaction of unreinforced foundation on soft rock foundation was studied through the field solid model test. Through the comparative analysis of the rationality of the test elements in the field test，which shows that the strain element based on the similarity principle has applicability and effectiveness.

Key words：soft rock foundation；unreinforced expansion foundation；test element；foundation reaction

1 引言

无筋扩展基础是一种建筑工程中较为常见的基础形式，相比普通的钢筋混凝土扩展基础，其扩展部分主要由素混凝土、砖或毛石构成，具有更高的经济优势。但目前无筋扩展基础大多在承载力要求不高的软弱地基上使用，而在承载力较高的软岩地区则鲜有应用。随着近年来国家对建筑环保节材意识的加强，无筋扩展基础作为一种节材的基础形式，必将应用于更多地基类型。由于软岩与软弱地基工程性质差异较大，扩展基础在两者中的基底反力分布特征及变形破坏模式各不相同，现有的工程实践很难为无筋扩展基础在软岩中的应用提供符合实际承载状况的设计方法。同时，目前针对无筋扩展基础在岩石地基上的反力分布特征及变形破坏模式所开展的研究很少，相关设计规范对于软岩地区无筋扩展基础的设计方法尚缺少针对性的规定，特别是业内很多学者都提出了不同的反力分布模型及相关计算方法，但关于软岩地基中无筋扩展基础基底反力的分布特征仍未达成共识[1-5]。鉴于此，需要提出一套可用于软岩地基的无筋扩展基础计理论及设计方法，保障无筋扩展基础在软岩地区中的推广应用。

而为获得相对准确的基底反力，需要相对可靠的测试方法。目前国内外对于如何获得相对准确的软岩地基上的基底反力的测试方法研究很少。本文结合中国建筑科学研究院“岩石地基课题试验研究”，对几种基底反力的测试方法进行现场测试比较，以期获得最适合的一种方式，为软岩地基上的无筋扩展基础设计方法提供现场试验依据和支撑，对工程应用方面同样具有很好的指导意义。

2 试验场地及加载装置

2.1 场地工程概况

试验场地项目位于成都市外三环航天立交桥外侧，驿都大道与椿树路交叉口。场地内总体西北低，东、东南高，缓斜坡形态分布，场内地形坡 1°～5°。经现场勘察，在钻探深度范围内，主要是由第四系全新人工填土（Q_4^{ml}）、第四系中、下更新冰水沉积层（Q_{2-1}^{fgl}）以及下覆白垩系灌口组（K_2g）砂、泥岩等组成。场地软工程特性指标见表 1。

试验开始前对场地进行预先处理，先用机械将场地上大约 10cm 厚的强风化泥岩铲除，直至场地露出全新的软岩面层，对软岩面进行粗糙推平（图 1），后由人工抹一层薄砂浆找平（图 2）。

2.2 试验加载装置

试验所采用的装置主要由加载装置、反力装置、量测装置三大部分组成。

场地软岩工程特性指标值　表 1

Site soft rock engineering characteristics index value

Table 1

参数名称	天然重度 γ (kN/m³)	单轴抗压强度 (MPa)		地基承载力特征值 f_{ak} (kPa)	压缩模量 E_s (MPa)	黏聚力 c (kPa)	内摩角 φ (°)	基床系数 K (MN/m³)
		天然	饱和					
⑤全风化砂岩	21.0	—	—	200	12.0	20.0	25.0	20
⑥$_1$ 全风化泥岩	20.0	—	—	180	12.0	25.0	17.0	20
⑥$_2$ 强风化泥岩	21.0	—	—	300	15.0	50.0	30.0	40
⑥$_3$ 中等风化泥岩	23.0	4.0	2.5	900	—	250.0	40.0	200

图 1　场地初平

Fig. 1　Preliminary site formation

图 2　砂浆找平

Fig. 2　Mortar leveling

（1）加载装置：主要由千斤顶、压力传感器、油泵及垫块构成。根据试验荷载情况来选取千斤顶的量程，并用刚性垫块调节加载装置的整体高度。千斤顶与油泵相连，按规定的加载值在地面控制逐级加载。为使荷载在加载过程稳定，将压力传感器放置在千斤顶与刚性垫块之间以实测每级荷载的大小。设备装置如图 3 所示。

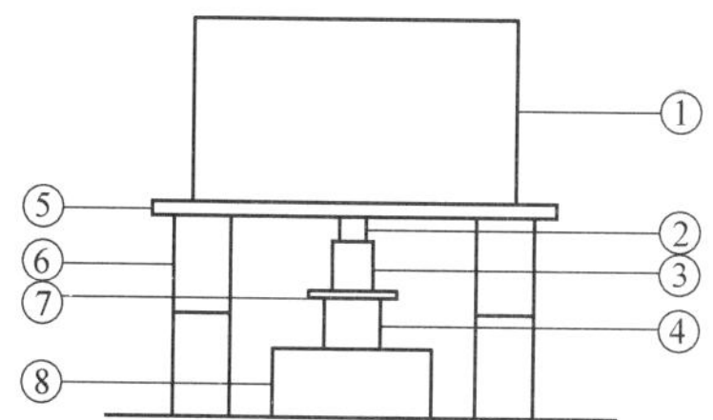

①—堆载块；②—压力传感器；③—千斤顶；④—基础柱；⑤—工字钢梁；⑥—支座；⑦—刚性垫板；⑧—扩展基础试件

图 3　设备装置图

Fig. 3　Schematic diagram of equipment

（2）反力装置：在试验场地的软岩面上用混凝土块堆成反力体系，油压泵通过千斤顶给基础上部柱施加压力，由工字钢传递给其上的混凝土堆载承担。如图 4 所示。

（3）量测装置：量测装置主要由两部分组成，基底反力量测主要由基底预埋的测试元件和振弦频率检测仪组成，通过电脑读取和保存每次加载后基底各位置应变计所测得的基底反力值。整个加载过程中基础模型的沉降量测由沉降仪记录，并用数码照相机存样。如图 5 所示。

图 4　加载装置

Fig. 4　Loading device

图 5　量测装置

Fig. 5　Measurement device

3　土压力盒测试效果分析

3.1　普通压力盒试验

（1）测试试验方法及步骤

① 将土压力盒按设计方案水平安置在处理后的岩石地基上，表面用水泥砂浆找平；

② 在土压力盒上用细砂进行找平，保证基础模型底面与地基顶面密贴；

③ 吊装基础模型至指定位置，确保基础模型水平度，并吊装混凝土配重块及反力装置；

④ 按预先计算的最大破坏荷载分 20 级施加，每级荷载稳压至压力盒读数稳定，采集数据，同时每级荷载施加后观察基础模型表面裂缝情况，直至模型破坏；

⑤ 测试完成后卸载，吊起基础模型并观察模型裂缝分布特征及破坏模式。

（2）试验结果整理

JA-1 模型底面尺寸为 0.9m×1.05m、高 0.3m，其上柱截面尺寸为 0.3 m×0.3m、高 0.3m。计算的 JA-1 轴向荷载与地基压力对应关系见表 2。试压过程显示，加载初期，基底压力基本处于均匀增长，当加载至 450kPa 时，中心压力出现显著增长，基底反力曲线中间较为凸出，见图 6～图 11。从试验的结果可以看出，基底反力的基本规律是：基础两端应力较大，基础中间应力比边缘应力稍小。

计算 JA-1 轴向荷载与地基压力对应关系　表 2

The corresponding relationship between JA-1 axial load and base pressure was calculated

Table 2

轴向荷载 (kN)	94.5	141.75	189	236.25	283.5	330.75	378	425.25	472.5
基底压力 (kPa)	100	150	200	250	300	350	400	450	500

试验结果中存在的一个问题是多数测点的所有下埋土压力盒实测值均大于基底的平均应力值。如，当根据基础上部荷载计算出的基底平均应力为 600kPa 时，实际上基底土压力盒实测应力却都在 800kPa 以上，依据土压力盒测试结果来看基底平均应力必然远大于 600kPa，分析其

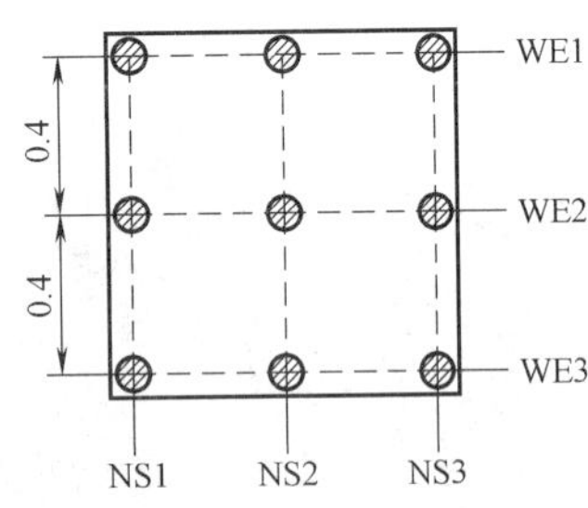

图 6　基础 JA-1 测试元件位置示意图

Fig. 6　Basic JA-1 test element location diagram

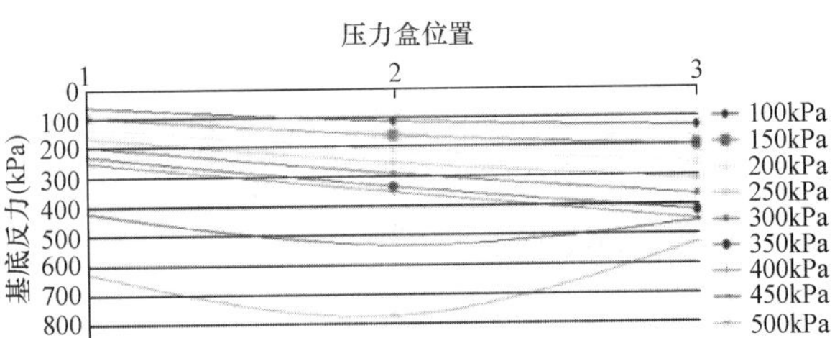

图 7　JA-1NS1 轴基底反力

Fig. 7　JA-1NS1 axial base reaction

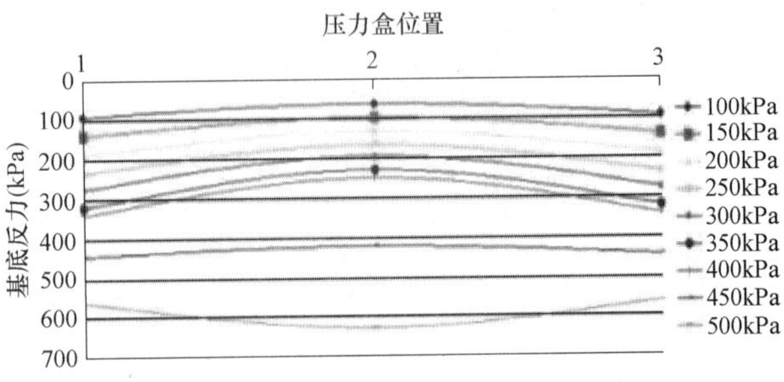

图 8　JA-1NS2 轴基底反力

Fig. 8　JA-1NS2 axial base reaction

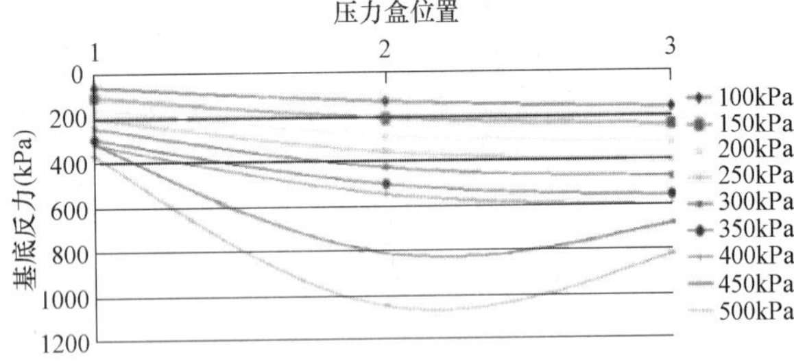

图 9　JA-1NS3 轴基底反力

Fig. 9　JA-1NS3 axial base reaction

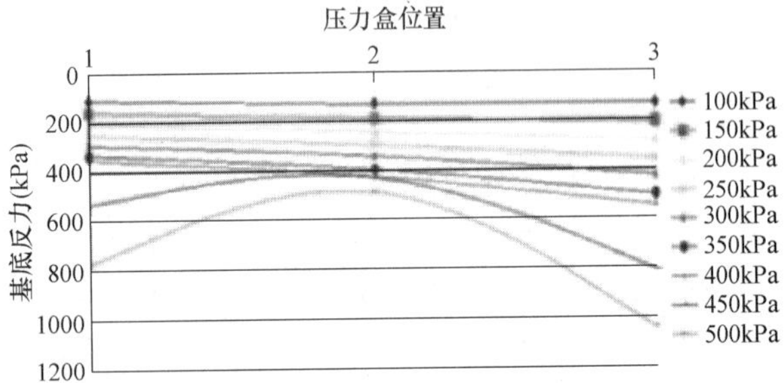

图 10　JA-1WE2 轴基底反力

Fig. 10　JA-1WE2 axial base reaction

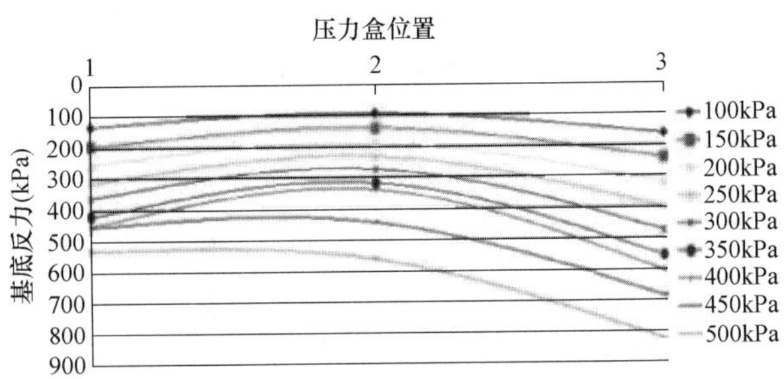

图 11　JA-1WE3 轴基底反力

Fig. 11　JA-1WE3 axial base reaction

中的原因，主要是由于土压力盒的刚度过大，与地基不能够协调变形，基础反力在埋设土压力盒的位置处产生了应力集中。

（3）测试效果分析

为了验证试验中存在的问题，无筋扩展基础试验为原型，建立如图 12 所示的数值模型进行模拟分析。

在基础下埋土压力盒的刚度远大于地基土体的刚度的情况下，数值分析计算得到的基础地基反力分布情况如图 13 所示。从图中可以看出，在 9 个埋设土压力盒位置处的基底应力约为 7.5MPa，基础其余位置的基底应力约为 2.5MPa。试验结果与实际基础地基反力分布不相符，主要原因是土压力盒刚度较大，在基础和地基的接触面形成受力刚性支撑体，改变了无筋扩展基础的受力模式。

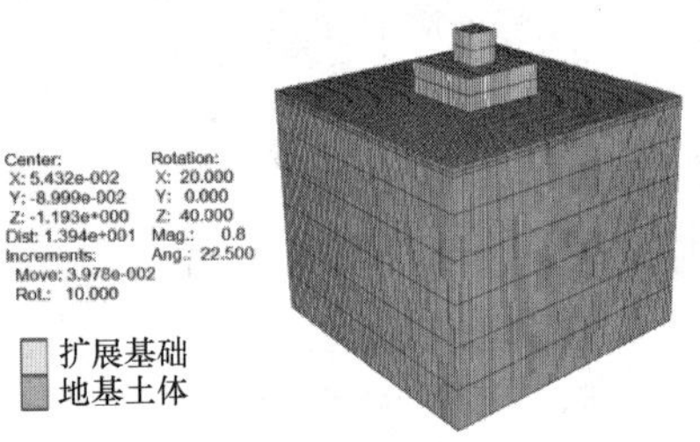

图 12　建立的数值模型示意图

Fig. 12　Schematic diagram of numerical model established

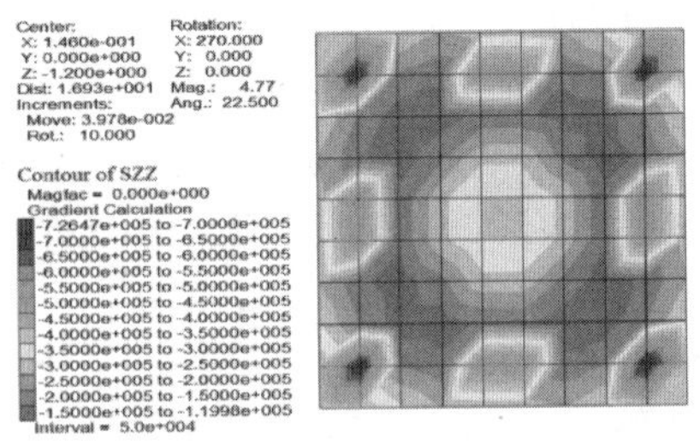

图 13　土压力盒刚度远大于地基刚度情况下的基底反力数值模拟图

Fig. 13　Numerical simulation diagram of foundation reaction when the stiffness of earth pressure box is much greater than that of foundation

结合理论分析和数值模拟的结果认为，由于土压力盒是金属材料制成，其模量远大于地基土体，变形不能与地基相协调，因此基础底部下埋的土压力盒成了支撑柱体，基础上部的大部分荷载将通过土压力盒传递到基础下方的地基土，加载过程中基底较多的应力都集中在土压力盒上，而基底其他位置的地基土受力较小，导致土压力盒的实测值将远大于地基反力的实际值。

这种现象即通常所说的在基础底部形成了“柱体”。基底应力分布特征因土压力盒的存在而发生了变化。试验完成后对基础底部进行观察（图 14），可以看出基础底部土压力盒上方基础底部印记十分明显，也证明此处的应力较其他部位的更大。

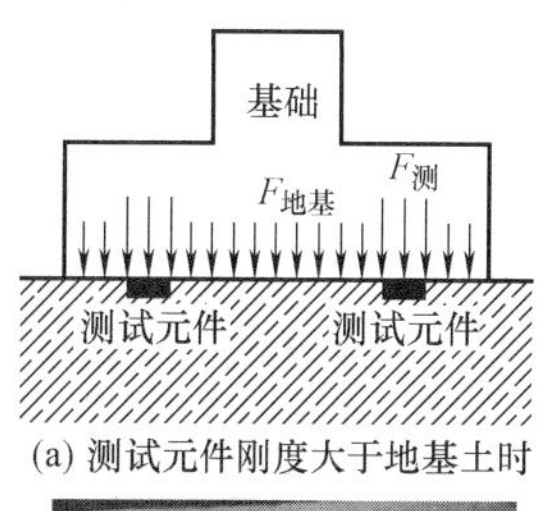

(a) 测试元件刚度大于地基土时

(b) 试验结束后基础底部照片

图 14　测试元件刚度大小与基底压力关系示意图

Fig. 14　Schematic diagram of the relationship between the stiffness of the test element and the base pressure

3.2　油压压力盒测试效果分析

为了弥补传统土压力盒在测试基底反力中存在的刚度过大问题，采用了自主研发设计的油压压力盒进行测试。油压压力盒的最大优点是能够通过油压直接测出基底的反力，并且其受压面能够随着压力的变化自由伸缩，如图 15 所示。

图 15　研发油压压力盒

Fig. 15　Research and development of oil pressure box

（1）现场测试试验方法及步骤

① 将油压压力盒按设计方案水平铺设在硬化的地基土表面，并用水泥砂浆找平压力盒周边，如图 16（a）所示；

② 在需要进行试验的油压压力盒上用细砂进行找平，保证基础模型底面与地面密贴，如图 16（b）所示；

③ 吊装基础模型至指定位置，同时测试保证基础模型的安放水平度，如图 16（c）所示；

④ 吊装混凝土配重块及反力装置，如图 16（d）所示；

⑤ 按预先计算出的破坏最大荷载分 20 级施加，现场采用油压表控制，折算油压压强约为每级 2MPa，每级荷载稳压至压力盒读数稳定后采集数据，同时每级荷载施加后观察记录基础模型表面裂缝情况，直至模型破坏，如图 16（e）所示；

⑥ 试验完成后卸载，吊起基础模型并观察模型裂缝分布特征和破坏模式，如图 16（f）所示。

(a) 压力盒铺设

(b) 砂找平

(c) 吊装基础

(d) 吊装反力架

(e) 分级加载

(f) 吊起基础观察裂缝

图 16　无筋扩展基础试验过程

Fig. 16　Test process of unreinforced extension foundation

（2）试验结果整理

基础底部油压压力盒编号及其布置示意图如图 17 所示。

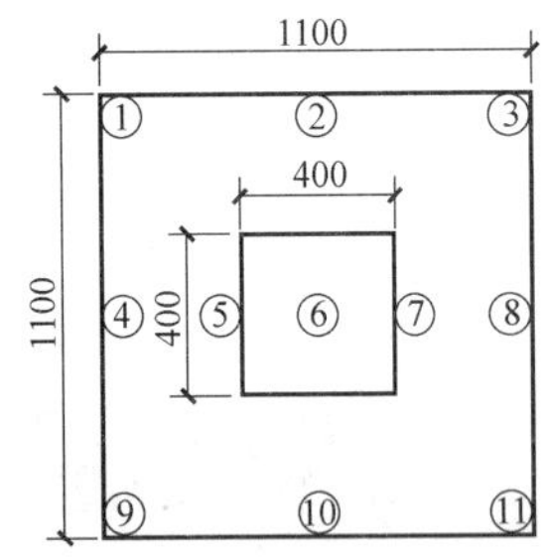

图 17　基础底部压力盒编号及布置编号示意图

Fig. 17　Base bottom pressure box number and layout number schematic diagram

随着的荷载变化，基础底部油压压力盒应力曲线如图 18 所示。基础加载过程中，基础底部压力盒的应力变化曲线概括为 4 个阶段：

① O→A 段。加载初期，随着荷载增大，1 号和 3 号压力盒应力增大，其他压力盒应力变化很小，原因可能是由于基底平整度不够造成的局部应力过大，当到达 A 点时，3 号压力盒超量程后漏油损坏。

② A→B 段。在该区段内 1 号压力盒应力继续增大，当荷载达到 600kN 时，1 号压力盒应力降低，2 号、5 号、6 号压力盒应力增大，同时观察到基础模型产生裂缝，此时基础模型底部压力产生了重分配，1 号压力盒上分布的压力减小，2 号、5 号、6 号压力盒上分布的压力增大。

③ B→C→D 段。在此期间 2 号、5 号、6 号压力盒应力随荷载持续增大，达到 C 点和 D 点后，6 号、5 号、2 号压力盒依次超量程损坏。

④ D→E 段。随着荷载的增大，基础模型最终破坏。

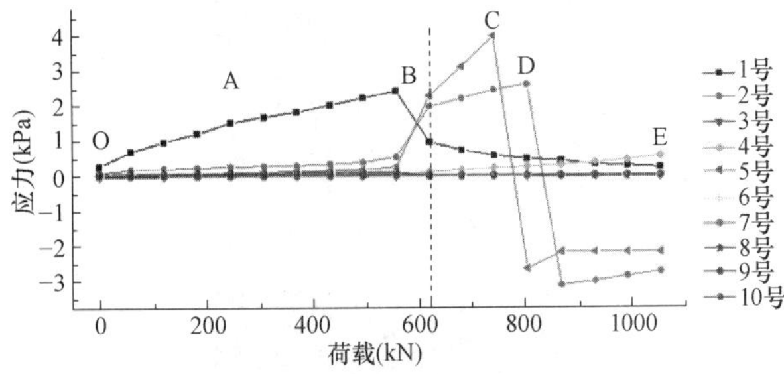

图 18　扩大基础底部压力盒应力随荷载变化曲线图

Fig. 18　Curve of stress variation with load in pressure box at the bottom of enlarged foundation

（3）测试效果分析

现场试验没有测试得到可靠的基底压力分布特征。试验中最主要的问题还是地基反力测试方法和测试元件的缺陷。试验中基底与地基的接触面不平整、测试元件不能与岩基同步变形等是导致试验失败的最主要原因。油压压力盒相对其他测试元件为直接测力装置，但是其刚度随压力变化而变化，受力开始刚度较小，随后压力的增加其刚度继续加大，另外由于厚度控制，其油腔大小有限，量程也较小，一般均小于 1MPa。

4　应变片测试效果分析

为了使测试元件能够与天然地基同步变形，首先通过室内试验配置出与现场泥岩模量相近的试件（由不同配比的石膏、水泥、砂、黏土组成），将贴有应变片的试块埋入地基岩体中，并采用同样的材料封装，如图 19 所示，以保证测试元件（配置的试件）可以与天然地基同步变形，然后量测基底不同位置的岩体应变，计算出基底反力的大小以及分布特征。

试验时，在地基表面铺设了 3cm 厚水泥砂浆，并在砂浆尚未凝固前将基础模型吊装到位，水泥砂浆凝固后即可使基础与地基顶面紧密贴合，保证了基础底部与地基表面能够紧密贴合。如图 20 所示。

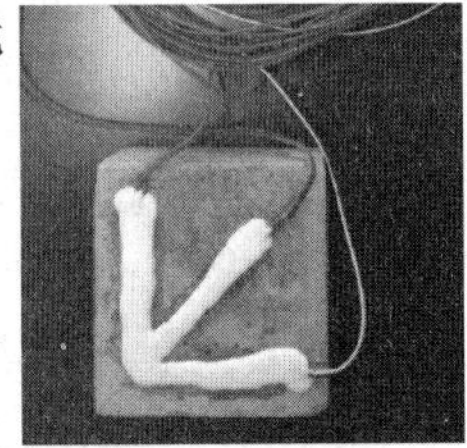

(a) 测试元件示意　(b) 制成的测试元件

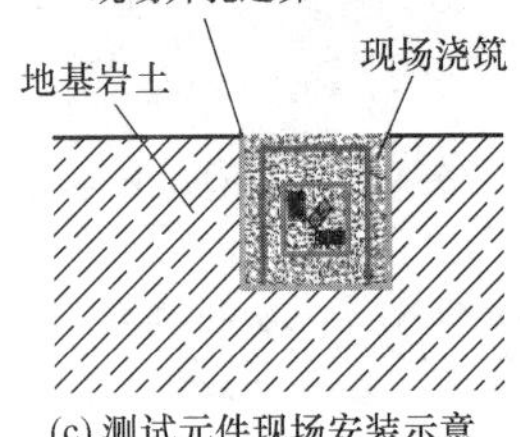

(c) 测试元件现场安装示意

图 19　同步变形测试元件设计及安装方法示意图

Fig. 19　Schematic diagram of design and installation method of synchronous deformation test element

图 20　地基与基础紧密贴合

Fig. 20　The foundation fits tightly into the foundation

4.1　现场测试试验方法及步骤

（1）采用与现场岩土同样模量的材料浇注内芯，在内芯正交的两侧面贴应变花，内芯贴好应变花后进行二次浇注封装，如图 21（a）、图 21（b）所示，该长方体即为最后的测试元件。

（2）现场地基表面预先开孔，预先开出的孔大于测试元件，再将开孔用吹风机清理干净。如图 21（c）所示。

（3）采用同样的材料将孔底整平，安装仪器，对缝隙进行浇注，完成测试元件的安装工作（图 21d），并对测试元件进行养护（图 21e）。

（4）在地基基础表面浇抹水泥砂浆，在水泥砂浆未凝固前将基础模型吊装到位，当水泥砂浆凝固后可保证基础模型地面与地基表面密实接触；

（5）吊装基础模型至指定位置，同时测试保证基础模型的安放水平度，进行分级加载，如图 21（f）所示。

（6）按试验方法进行试验，通过测试得到的元件应变值计算出应力及基底压力（地基反力）大小。

（7）试验完成后卸载，吊起基础模型并观察模型裂缝分布特征和破坏模式。

(a) 测试元件　(b)测试元件
(c)开孔清空　(d) 安装仪器
(e) 现场养护　(f) 分级加载

图 21　无筋扩展基础现场试验过程
Fig. 21　Field test process of unreinforced extension foundation

4.2　试验结果整理

现场试验采用改进的应变片测试，测试元件的布置如图 22 所示。根据现场测试的结果，绘制出基底不同位置上的应力变化曲线，如图 23 所示。从图中可以得出基础模型基底反力的分布规律：随着荷载的增大，基底反力在增大，同时基础中部的基底反力增长速度要大于基础边缘。

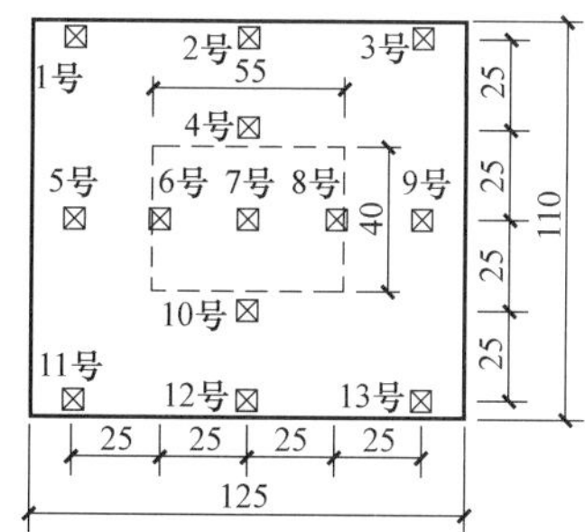

图 22　试验基础模型测试元件安装示意图
Fig. 22　Schematic diagram of installation of test components in test foundation model

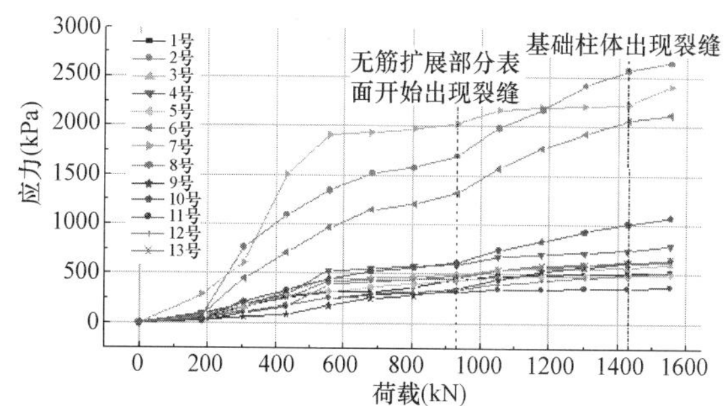

图 23　应变片测试应力结果随荷载变化曲线
Fig. 23　Strain gage test stress curve with load

为了方便观察基础底部地基反力分布规律，分别绘制出基底沿横、纵两个方向的地基反力随荷载变化曲线，图 24 展示了两个剖面的分布情况和基础基底反力的分布曲线。

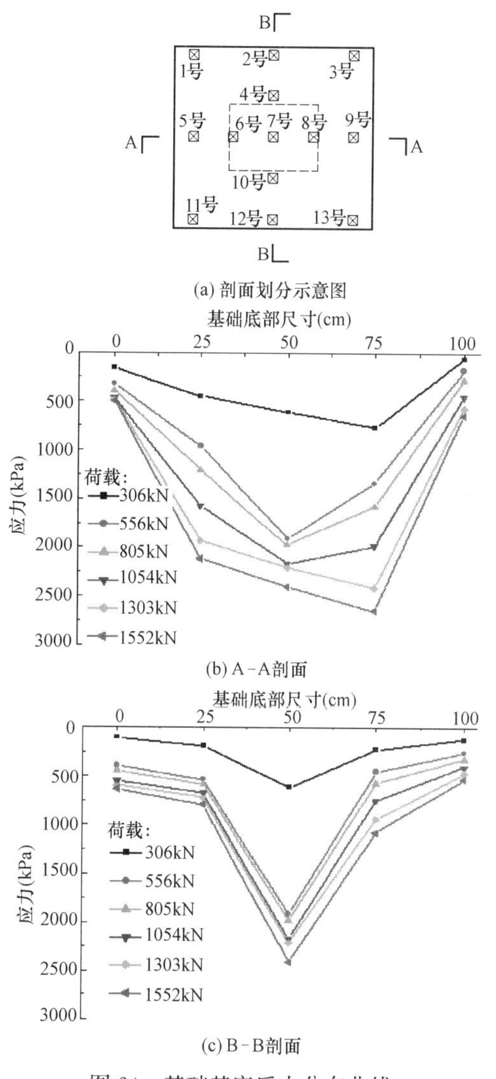

图 24　基础基底反力分布曲线
Fig. 24　Base reaction force distribution curve

从图 24 中可以看出，纵横向基底反力的分布特征均表现为中间大两边小，加载到 1550kN 时，基础中心处的基底反力约为 2600kPa，而基础边缘处仅有 500kPa 左右。经过分析认为产生这种结果的原因主要是：

（1）试验中基础模型扩展部分的高度较小，仅为40cm，因此作用在立柱上的荷载还没有完全传递到基础扩展部分，因此表现出柱体下方的基底反力比基础边缘处的基底反力大得多；

（2）后检查发现在浇筑基础模型时施工人员为了方便施工，将立柱中的钢筋直接放置到基础底部，如此更有利于荷载沿立柱直接向下传递。

4.3　测试效果分析

从测试结果可见，应变片基本能够测试出基地反力的分布形式，试验中基底与地基的接触面接触紧密，测试元件基本能与岩基同步变形。但是存在测试元件制作过程烦琐、运输途中容易损坏等不利因素。另外，由于应变片裸露在外面，与岩土体和水泥砂浆相互接触，在测试精度和耐久性方面都会受到一定的影响。

5　智能应变计测试效果分析

为了解决应变计存在的稳定性和耐久性的问题，又进一步改进了应变片为智能混凝土应变计（图25）。基于振弦理论设计研发的应变计具有高精度、高灵敏度、高稳定性的优点。应变计内置智能模块，量测仪表自动识别型号、编号，配备测试仪即可直接显示应变值。应变计上部端头能够在纵向自由伸缩，实现应变计和地基实现同步变形。

图25　智能型混凝土应变计

Fig. 25　Intelligent concrete strain gauge

5.1　现场测试试验方法及步骤

（1）场地整平以及开孔工作同应变片试验相同，开孔深度近似等长。

（2）随后采用同样的材料将孔底整平，采用水平尺使测试元件在同一个水平面上。对缝隙进行浇注，完成测试元件的安装工作，如图26（a）所示，并对测试元件进行养护。

（3）在地基表面浇抹水泥砂浆，将测试元件置于同一个面上，见图26（b）。

（4）待砂浆达到一定强度，现场支模、浇筑模型混凝土，如图26（c）、图26（d）所示，养护28d。

（5）待混凝土养护结束后拆模，现场载荷试验，测出基底反力，如图26（e）、图26（f）所示。

5.2　试验结果整理

试验采用的智能型混凝土应变计布置如图27所示。根据基础模型现场测试结果，绘制出基底不同位置应力随荷载变化曲线图，如图28所示。从图中可以看出，基

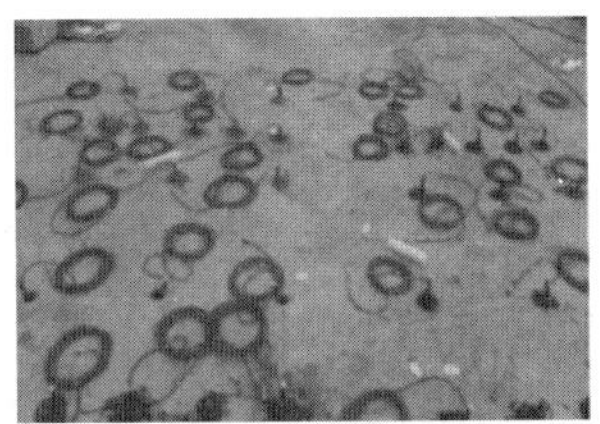

(a) 测试元件

(b) 找平

(c) 现场支模

(d) 现场浇筑

(e) 分级加载

(f) 现场测试

图26　无筋扩展基础试验照片

Fig. 26　Test photo of unreinforced extension foundation

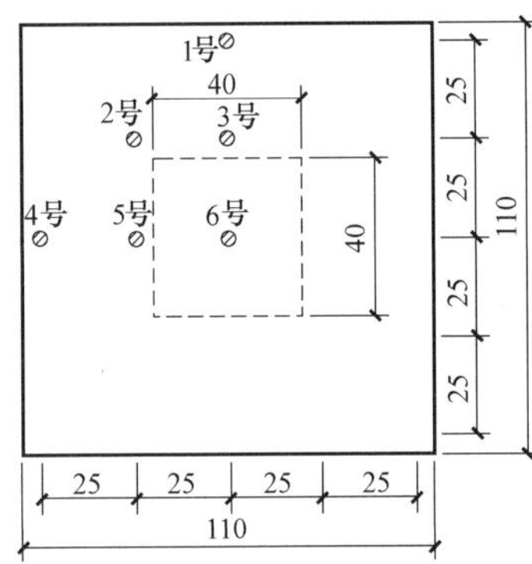

图27　试验测试元件安装示意图

Fig. 27　Installation diagram of test components

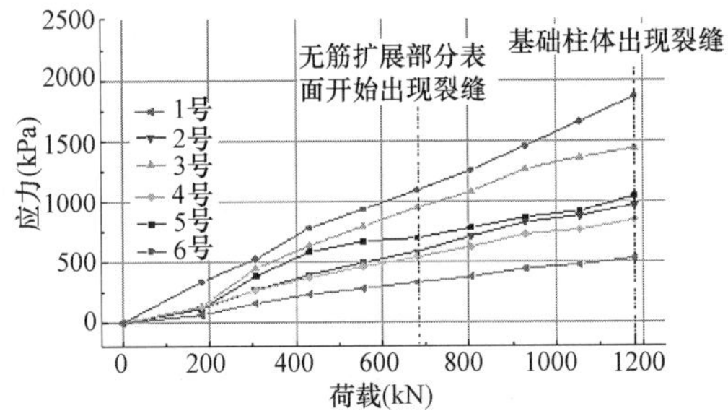

图28　应变计测试应力结果随荷载变化曲线

Fig. 28　Strain gauge test stress curve with load

础模型表现出的基底反力分布规律：基底应力随着荷载的增大而增大，同时基底中部的地基反力明显大于基础边缘位置。

为了方便观察基础底部地基反力分布规律，分别绘制出基底沿横、纵两个方向的地基反力随荷载变化曲线，两个剖面的分布情况和地基反力分布曲线如图 29 所示。

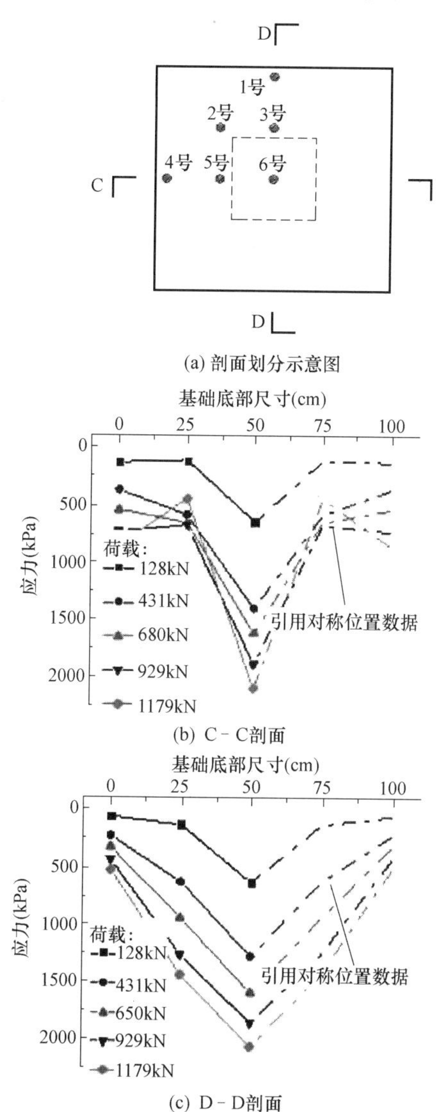

图 29　基础基底反力分布曲线

Fig. 29　Base reaction force distribution curve

从图中可以看出，基础的基底反力表现为中间大两边小的分布特征。试验中基础模型扩展部分的高度较小，并且施工时将立柱中的钢筋直接放置到了基础底部，导致柱子下方的基底反力稍大。由图还可看出：荷载达到 1200kN 时，基础柱体下方基底反力约为 2000kPa，基础边缘处的基底反力为 800kPa 左右，但是其测试精度相比于应变片更加符合实际情况。

5.3　测试效果分析

现场试验测试得到了可靠的基底压力分布特征。以往试验中测试元件和岩基的刚度不协调、测试元件量程不够以及容易损坏的问题得到较好的解决。试验中基底与地基的接触面平整、测试元件能够与岩基同步变形。应变计相对土压力盒很好地调整了刚度过大这个问题，相对于应变片又有很好的耐久性，并且其测试精度也比应变片提高很多。

6　应用效果

JA-1 基础底部尺寸为 0.9m×0.9m、高 0.3m，柱体截面为 0.3m×0.3m、高 0.3m。测试元件安置图如图 30 所示，其中 3 号、8 号测试元件在试验开始之前就已损坏，6 号测试元件在测试过程中损坏。试验加载按每级 100kN 分级加载至基础模型破坏（1100kN），基础模型破坏主要表现为柱体部分开裂，而基础扩展部分及基础底部未发现裂缝。

分级加载过程中基底反力分布如图 31、图 32 所示。在轴线位置上，4 号、5 号、6 号、7 号、8 号应变计测试的基底反力曲线趋势为马鞍形，即中间大，柱根处的地基反力小，到了基础边缘又增大。在边中位置上的 2 号、6 号、10 号以及对角线位置上的 1 号、6 号、11 号应变计测的反力曲线为柱下基底反力大，基础四角处的基地反力小，符合理论分析结果。

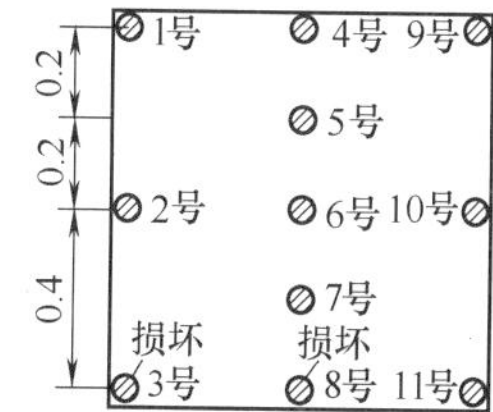

图 30　应变计布置示意图

Fig. 30　Schematic diagram of strain gauge layout

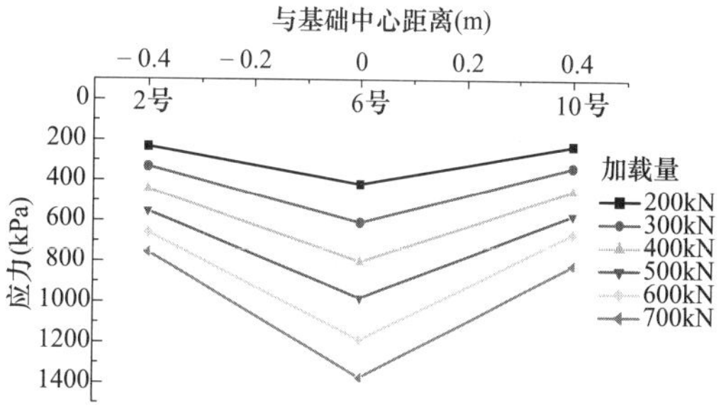

图 31　基底反力分布曲线（2～10 号）

Fig. 31　Base reaction distribution curve（2～10 号）

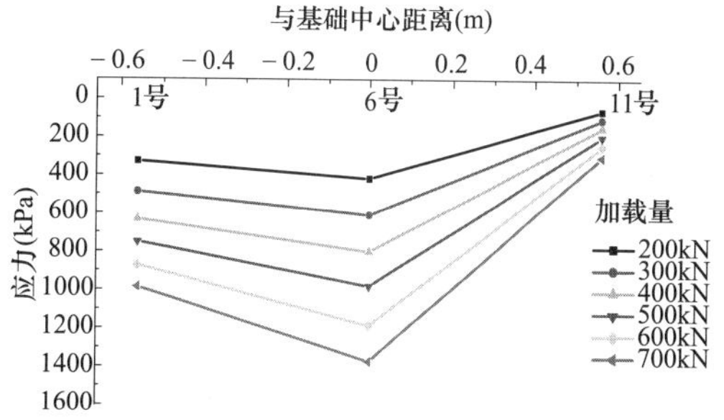

图 32　基底反力分布曲线（1～11 号）

Fig. 32　Base reaction distribution curve（1～11 号）

7 结论

经过相同试验方法的不同测试元件效果比较，以及普通盒、油压压力盒、应变片和应变计等各自的优缺点分析，可得到如下认识。

（1）常规土压力盒与研制的油压压力盒测试比较，常规土压力盒加载过程中基底较多的应力都集中在压力盒上，测得的压力将大于岩基上实际的压力，基底应力分布特征甚至因土压力盒的存在而发生了变化；

（2）油压压力盒相对其他测试元件为直接测力装置，但是其刚度会随着压力的增加会继续加大，另外油腔大小有限、量程有限，且由于基底与地基的接触面不够平整、测试元件不能与岩基同步变形，试验并未能测试得到可靠的基底压力分布特征。

（3）应变片和应变计能够测试出基地反力的分布形式，试验中测试元件和岩体的刚度不协调、测试元件量程不够的问题得到解决。试验中基底与地基的接触面平整，测试元件基本能与岩基同步变形。但应变片制作过程烦琐，运输途中容易损坏，与水泥砂浆相互接触，在测试精度和耐久度方面都比应变计差一些。

（4）自主研发的应变计可以获得软岩地基基底反力与实际受力状态比较符合的测试结果。四种测试元件的优缺点进行对比分析，结果见表 3。

测试元件的优缺点分析　　　　表 3

性能 类型	刚度	耐久性	灵敏度	稳定性	抗干扰能力	绝缘防水	制作成本
普通压力盒	×	√	×	×	√	√	高
研发油压盒	×	√	√	×	√	√	高
研发应变片	√	×	√	×	×	×	中等
研发应变计	√	√	√	√	√	√	中等

参考文献

[1] 朱爱军，邓安福，黄质宏，等．岩石地基上扩展基础基底反力分布的分析[J]．工业建筑，2004，34(4)：53-56.

[2] 康庆宁．岩石地基上扩展基础受力性能研究[D]．重庆：重庆大学，2010.

[3] 张莉．不同岩基上独立基础基底反力分布的研究[J]．有色金属设计，2006，33(3)：34-38.

[4] 王振宇，张保印，高歌．砂卵石地区高层建筑箱基基底反力实测研究[J]．建筑结构学报，2000，21(4)：72-75.

[5] 赖庆文，岩石地基基础受剪计算方法探讨[J]．工业建筑，2002，32(8)：32-35

基坑工程的自动化监测分析

杨　凡，赵欣宇，杨宝森，魏炜
（北京中岩大地科技股份有限公司，北京 100041）

摘　要：为解决传统人工测斜监测中监测频率低、无法实时监测等问题，依托北京市滨河路基坑工程，采用自动化监测技术，利用无线节点自动采集基坑变形数据，并自动上传至监测平台系统并进行变形分析，使得数据能够及时、可视化地传递至各方。通过与人工监测数据的比对分析，验证了自动化测斜技术的可靠性，证明自动化测斜技术的准确性和及时性，对基坑工程的自动化监测具有广泛的应用和推广价值。

关键词：自动化监测；基坑；测斜

作者简介：杨凡（1993—），女，助理工程师。主要从事岩土工程设计等方面的工作。

Automated monitoring and analysis of foundation pit engineering

YANG Fan，ZHAO Xin-yu，YANG Bao-Sen，WEI Wei
（Beijing Zhongyan Technology Co.，Ltd.，Beijing 100041，China）

Abstract：In order to solve the problems of low monitoring frequency and real-time monitoring in traditional manual inclinometer monitoring，relying on Beijing Binhe Road Foundation Pit Project，automatic monitoring technology is adopted，wireless nodes are used to automatically collect foundation pit deformation data，which are automatically uploaded to the monitoring platform system for deformation analysis，so that the data can be transmitted to all parties in time and visually. Through the comparison and analysis with manual monitoring data，the reliability of automatic inclinometer technology is verified，and the accuracy and timeliness of automatic inclinometer technology are proved. Automated monitoring has wide application and popularization value.

Key words：automated monitoring；foundation pit；oblique

1　引言

随着城市化的发展，基坑工程越做越大、越做越深，如不能保证基坑工程的安全性，则会很大程度上限制城市化的进程。基坑坍塌的原因有很多，包括地质勘察不严谨，开挖设计不合理，支撑围护不规范，防渗水手段欠缺、检测手段落后等，坍塌形式可分为基坑整体失稳、坑底隆起变形、围护结构失稳、支锚体系失稳、渗水导致的结构破坏等。具体坍塌的因素包含人为因素和环境因素两种，由此可见基坑安全的复杂性，也突出了基坑检测/监测的必要性。目前以传统人工监测为基坑监测的主流模式，其具有行业规范支撑、评价体系成熟、计算方法成熟、实施简单等特点。但传统人工监测存在一些明显不足，如受环境影响较大、受时间与地点约束、人为记录客观性和及时性差、散点随机性、点模拟线、数据分散不易整合、数据利用率低、施工过程中人员安全得不到保障等，这些都直接影响传统人工监测的健康发展[1-5]。

基坑监测是基坑“动态设计、信息化施工”原则的重要环节。随着科技的发展，目前在基坑及其他工程项目上通过应用自动化监测技术代替人工监测，自动化监测可实现数据采集、自动化分析，直接上传系统，提高工作效率[6,7]。

文中以北京滨河路基坑项目为背景，通过自动化监测与人工监测对比试验，分析二者数据关系和变化规律，探讨自动化监测技术的实际应用效果，为类似工程中推广应用自动化监测技术提供借鉴。

2　工程概况

2.1　工程概况及周边环境

场区位于北京市通州区运河西大街与滨河中路交叉口西北侧（图 1），拟建场地地块由 7 栋科研办公楼及纯地下车库组成，地上 5～18 层，地下 2 层。

基坑面积约 30275m^2，长约 219m，宽 152m。西侧（国铁乔庄东站侧）塔楼基坑深度 9.9m、12.8m，车库范围 8.5m；南侧（运河西大街侧）塔楼范围基坑深度 10.4m，裙房范围基坑 9m、10m；东侧基坑深度 10m；北侧（荒地侧）塔楼范围基坑 9.9m。裙房范围深度 8.5m、9.5m。

基坑周边环境如下：

（1）基坑西侧为北京市郊铁路城市副中心东延支线，国铁乔庄东站站房、铁路接触网、信号塔及铁路光缆；基坑距离线路中心线最小约 27.63m，铁路线间距 11.485m；距离站房约 17.85m，站房基础埋深标高约为绝对标高 19.000m；距离铁路接触网约 24.65m，接触网埋深约 3m；距离铁路信号塔约 15.7m；铁路东侧有一光缆，地面下 1m，与信号塔齐平，距离基坑约 15.5m。

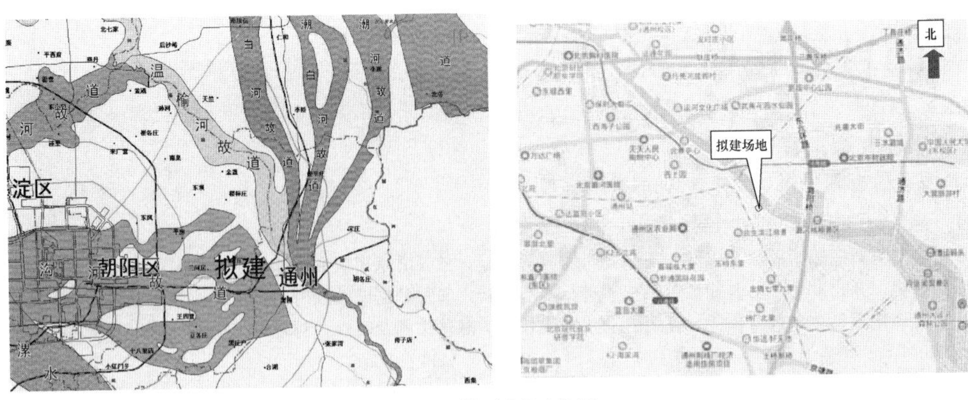

图1　拟建厂区位置

Fig. 1　Location map of proposed plant area

基坑与铁路之间为远期城际联络线区间，城际联络线轨面位于地面以下42m左右，距坑底约32m；基坑与铁路围挡之间堆有2～4m高房渣土。

（2）南侧分布有在用板房及未拆既有建筑，外侧为运河西大街，基坑距道路约29.5m，南侧分布有较多管线，雨水管线紧邻基坑。

（3）东侧树木茂盛、杂草丛生，与废弃沟渠相接，外侧为滨河中路，基坑距道路约22.4m，距离废弃沟渠约4m，沟渠坡高约2m；基坑距离北运河约110m；东南侧有高压线塔，基坑距约15.7m。

（4）北侧地形略有起伏，东北角既有建筑尚未拆除，围挡外局部堆有4m高左右房渣土，堆土距离基坑约4.5m。

2.2　工程地质及水文地质概况

拟建场地为拆除、整平后空地，地形基本平坦，局部有1m左右堆土及浅坑，按岩性及工程性质指标进一步划分为12个大层及亚层，典型地层剖面图及土层具体参数如图2、表1所示。

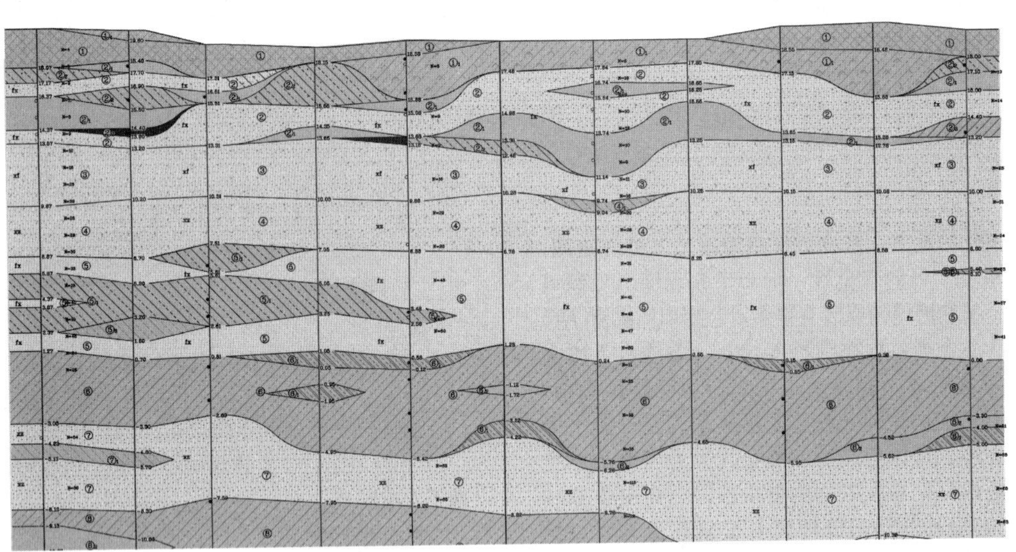

图2　典型地层剖面

Fig. 2　Typical stratigraphic profile

土体参数　　表1

Soil parameters　　Table 1

岩土名称	含水量 w(%)	天然密度 ρ(g/cm^3)	黏聚力 c (kPa)	内摩擦角 φ(°)	土体与锚固体极限粘结强度标准值 q_{sk}(kPa)
①房渣土	—	1.85	0	10	15
①$_1$ 黏质粉土素填土-粉质黏土素填土	21.1	1.92	5	10	15
②粉砂-细砂	—	1.95	0	25	45
②$_1$ 黏质粉土-砂质粉土	23.2	1.88	21	21.7	40
②$_2$ 粉质黏土-重粉质黏土	26.8	1.90	22	18.6	45

续表

岩土名称	含水量 w(%)	天然密度 ρ(g/cm^3)	黏聚力 c (kPa)	内摩擦角 φ(°)	土体与锚固体极限粘结强度标准值 q_{sk}(kPa)
②$_3$ 黏土	38.7	1.79	21	9.5	35
③细砂-粉砂	—	1.98	0	28	50
④细砂-中砂	—	2.00	0	30	55
④$_1$ 粉质黏土-重粉质黏土	25.4	1.92	28	23	50
⑤粉砂-细砂	—	2.00	0	33	70
⑤$_1$ 粉质黏土-黏质粉土	22.2	2.00	26	23.1	60
⑤$_2$ 有机质黏土-有机质重粉质黏土	42.6	1.75	20	5	55
⑤$_3$ 粉质黏土-砂质粉土	19	2.04	22	29.5	60
⑥粉质黏土-黏质粉土	24.1	1.99	25	21.1	60

3 基坑支护设计

本文主要分析基坑西侧（国铁乔庄东站侧），根据场地条件及地质报告，本工程基坑西侧采用地下连续墙+锚索的支护形式，局部采用地下连续墙+内支撑。

西侧（国铁乔庄东站侧）地下连续墙厚度为 0.8m，墙长 15～20.5m，塔楼范围竖向采用 3～4 道锚索，车库范围竖向采用 2 道锚索，水平间距为 1.67m。

本工程基坑采用坑内降水，地下连续墙嵌固深度以下采用同厚度素混凝土墙止水，围护桩段采用 ϕ850@600 三轴搅拌桩进行止水，墙底绝对标高为 −1.000m，且素混凝土墙与三轴搅拌桩均插入（⑥层粉质黏土）以下 1.5m。

基坑西南角、西北角疏散口位置为二期工程，地下连续墙、围护桩同一期工程同期施作，采用地下连续墙或围护桩+2 道内支撑的围护形式，二道支撑均采用 ϕ609 壁厚 16mm 的钢支撑。

本基坑平面布置如图 3 所示，本基坑西侧剖面支护形式如图 4、图 5 所示。

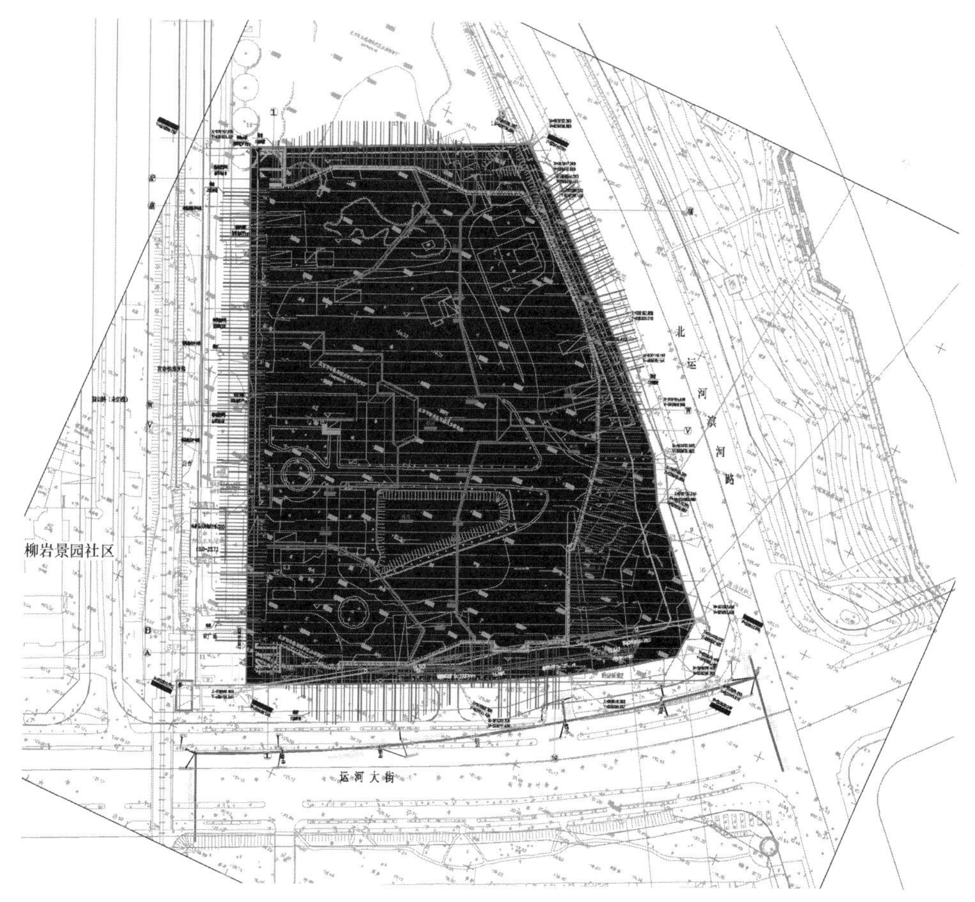

图 3 基坑支护平面布置（一）

Fig. 3 Foundation pit support plan figure (一)

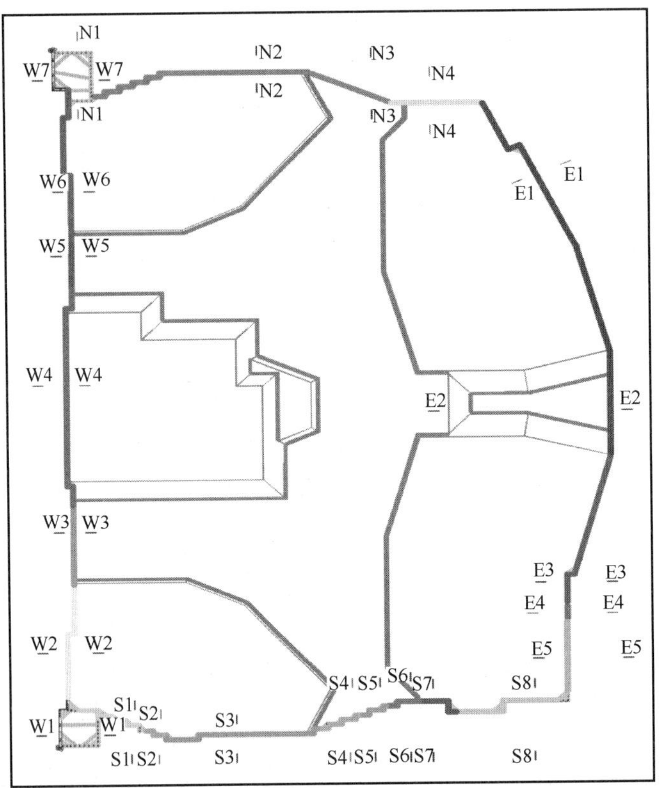

图 3　基坑支护平面布置（二）

Fig. 3　Foundation pit support plan figure（二）

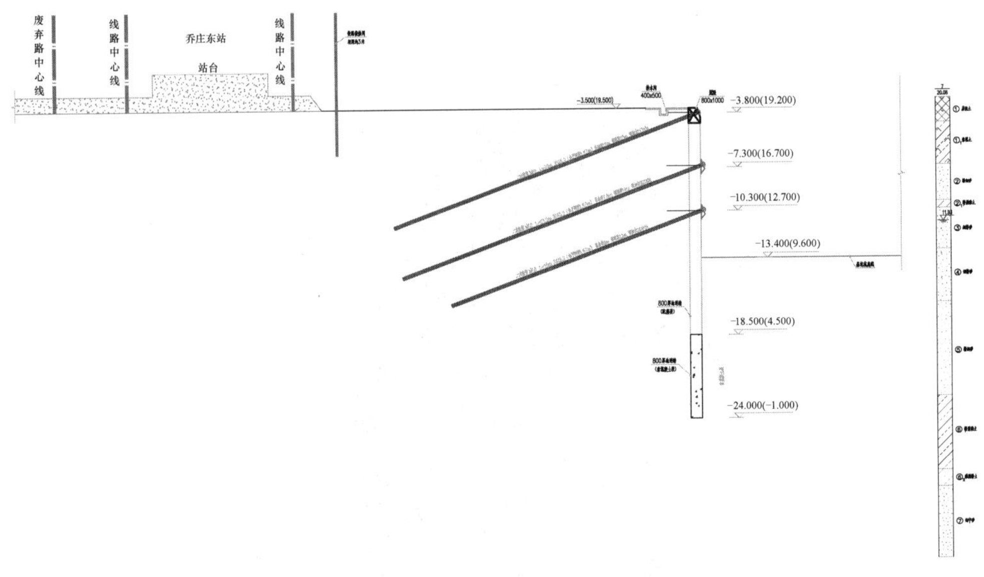

图 4　基坑支护 W2/W6 支护剖面

Fig. 4　Foundation pit support W2/W6 support profile

4　基坑监测

根据规范要求，基坑监测对象主要有：围护结构顶部水平位移、围护结构顶部竖向位移、围护结构深层水平位移、地面沉降量、周边建（构）筑物变形量、周边管线变形。本基坑监测要求满足如下条件：

（1）基坑西侧（国铁乔庄东站侧）安全等级为一级，围护结构顶部最大水平位移≤0.2%H，围护结构顶部最大竖向位移≤20mm，围护结构深层水平位移≤0.3%H。

（2）周边建（构）筑物变形控制标准

基坑西侧临近国铁乔庄东站，铁路接触网杆、信号塔沉降不超过 5mm，国铁乔庄东站站房水平及竖向位移≤10mm。

（3）施工过程按以上标准制定报警值，设计要求一般情况下报警值为极限值的 80%。

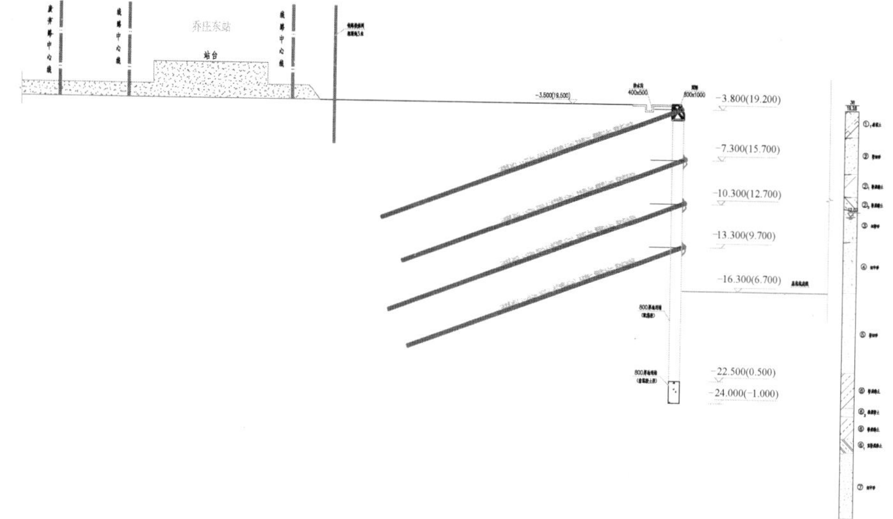

图 5　基坑支护 W4 支护剖面

Fig. 5　Foundation pit support W4 support profile

各监测项目测点布置、控制指标及监测频率，详见基坑监测平面布置（图 6）。

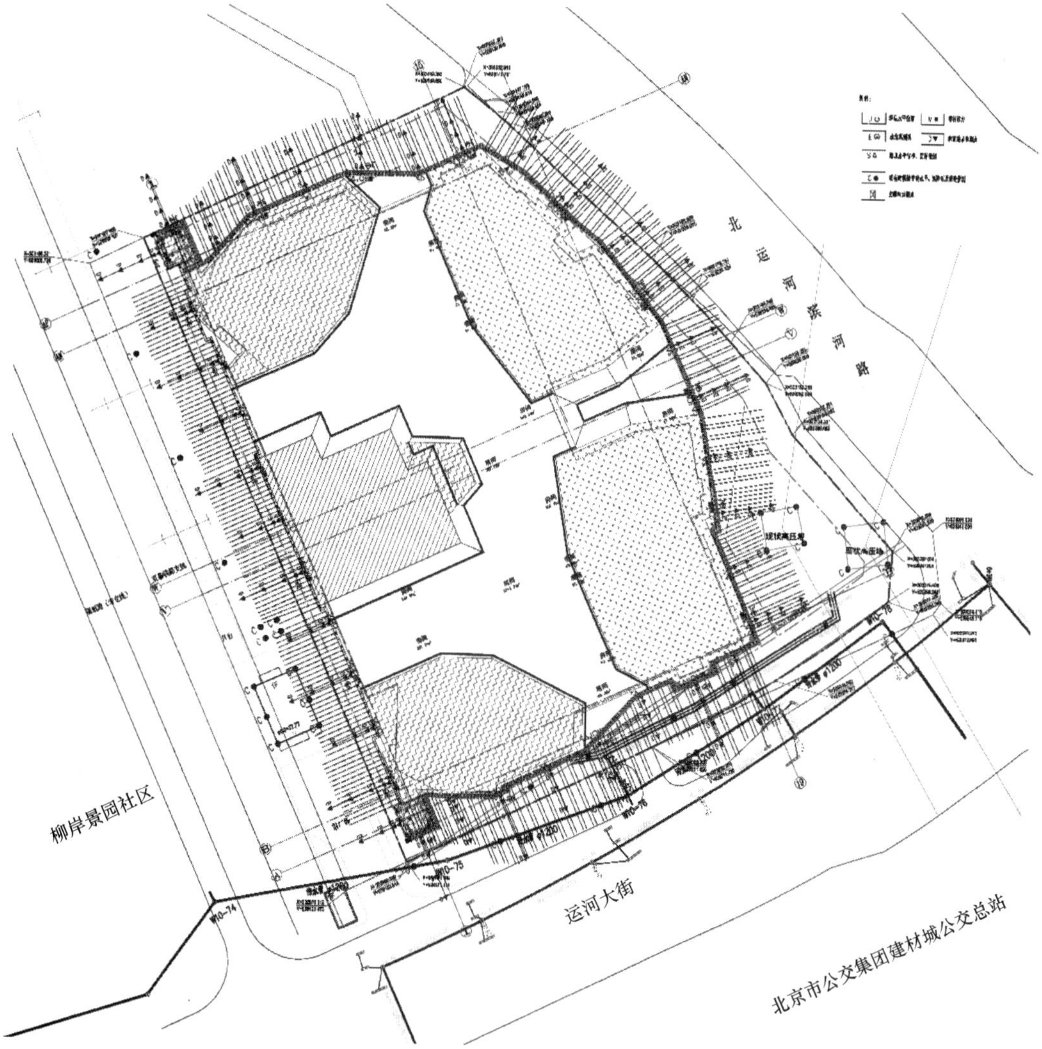

图 6　基坑监测平面布置

Fig. 6　Layout plan of foundation pit monitoring

5 监测数据分析

深层水平位移是基坑监测的一项重要内容，滨河路项目采用了传统的监测手段和自动化监测手段对深层水平位移进行监测，通过数据对比，进一步验证自动化监测手段的可行性、便利性及可靠性。

5.1 自动化监测深层水平位移数据分析

滨河路项目共布置了3个自动化监测点，从冠梁往下每隔1m布设一个传感器用于数据传输。自动化监测的布置点位置及监测数据如图7～图10所示，CX1/CX3布置的位置基坑深9.9m，该剖面支护形式为800mm地连墙+3道预应力锚索，该剖面设计计算时围护侧壁的水平位移为7.6mm；CX2布置的位置基坑深12.8m，该剖面支护形式为800mm地下连续墙+4道预应力锚索，该剖面设计计算时围护侧壁的水平位移为9.2mm。

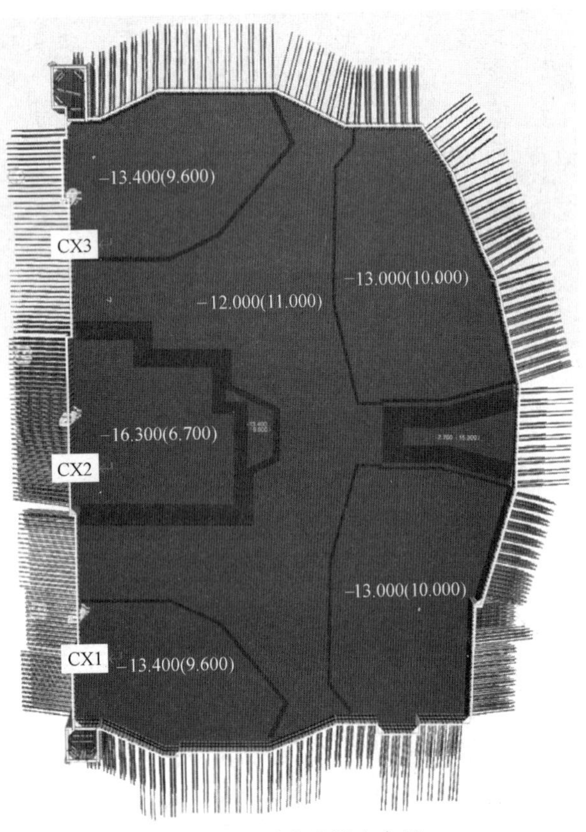

图7 自动化监测点布置

Fig. 7 Layout of automatic monitoring points

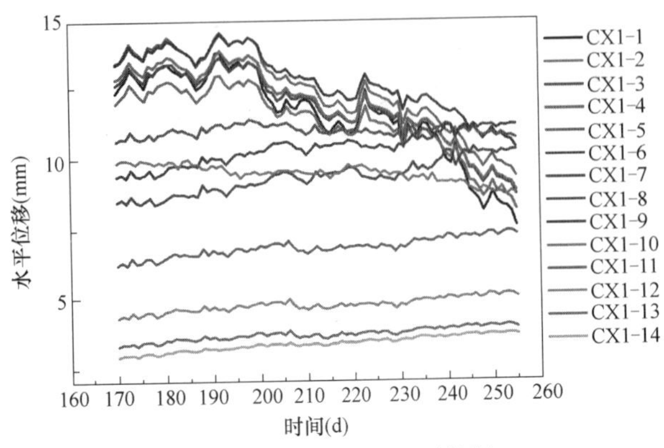

图8 测斜管CX1监测数据

Fig. 8 Monitoring data of inclinometer CX1

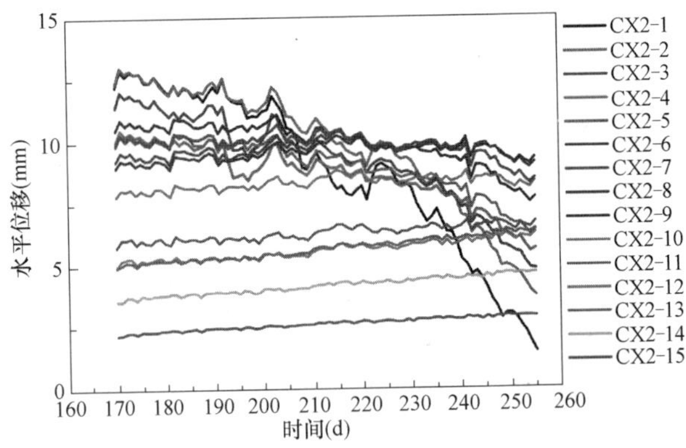

图9 测斜管CX2监测数据

Fig. 9 Monitoring data of inclinometer CX2

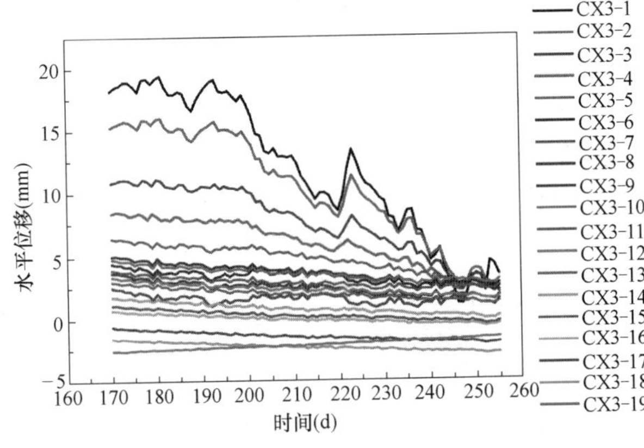

图10 测斜管CX3监测数据

Fig. 10 Monitoring data of inclinometer CX3

注：CX1-1表示测斜管1位于冠梁位置处，CX1-2表示测斜管1位于冠梁以下1m位置处，CX1-3表示测斜管1位于冠梁以下2m位置处。

由自动监测数据可以看出，测斜管CX1的最大位移发生在冠梁以下4m位置，位移值为14.7mm。测斜管CX2的最大位移发生在冠梁以下5m位置，位移值为11.22mm。测斜管CX3的位移变化从大到小依次为冠梁处、冠梁以下1m、2m、3m等位置，最大位移发生在冠梁处，位移值为19.71mm，可以判断该组数据在采集时发生较大偏差。

根据自动化监测数据分析，滨河路项目基坑最大水平位移大致发生在（1/3～1/2）坑深位置处[8-10]。

5.2 传统监测深层水平位移数据分析

滨河路项目一共布置了27个人工测斜点，本文选择其中5组数据进行分析比较（图11）。

由监测数据可以看出，测斜管CX3的最大位移发生在冠梁以下3m位置，位移值为14.73mm；

测斜管CX7的最大位移发生在冠梁以下6m位置，位移值为12.64mm；

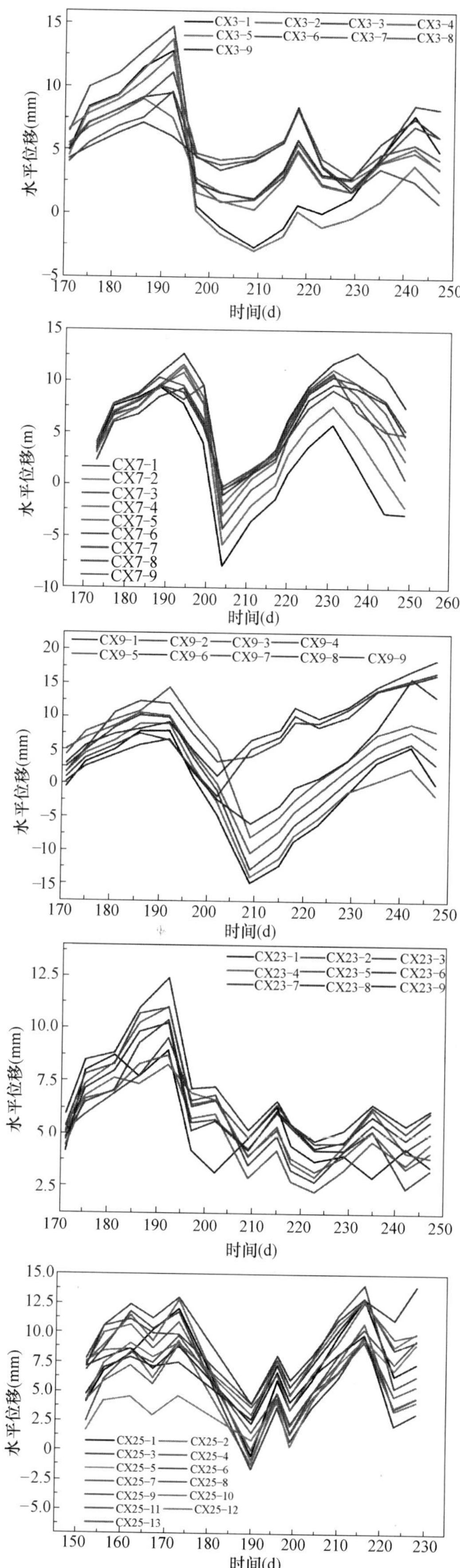

图 11 测斜管 CX3/CX7/CX9/CX23/CX25 监测数据

Fig. 11 Monitoring data of inclinometer CX3/CX7/CX9/CX23/CX25

测斜管 CX9 的最大位移发生在冠梁以下 5m 位置，位移值为 14.32mm；

测斜管 CX23 的最大位移发生在冠梁以下 6m 位置，位移值为 12.42mm；

测斜管 CX25 的最大位移发生在冠梁以下 8m 位置，位移值为 12.4mm。

根据自动化监测数据及人工监测数据分析对比，两者偏差较小，能够相互佐证；同时，由监测数据分析可知滨河路项目基坑最大水平位移大致发生在 1/3～1/2 坑深位置处[8-10]。

6 结论

(1) 通过对基坑进行自动化监测，基坑的变形数据可实时上传至平台，便于各参建单位查阅并做出相应判断，避免发生基坑安全事故。

(2) 通过对基坑的自动化监测数据及传统监测数据的对比，发现自动化监测数据与人工监测数据具有较高的吻合性，说明基坑的自动化监测具有较大的应用价值。

(3) 通过对基坑的自动化监测数据及传统监测数据的分析发现，基坑的最大水平位移发生在 0.3～0.5 倍坑深位置处，可对类似的基坑设计提供参考。

参考文献：

[1] 黄清祥，陈泱，郭晓甜. 某基坑自动化监测与人工监测试验数据对比分析[J]. 低温建筑技术，2021，43(3)：129-132+139.

[2] 曹冬冬. 深基坑工程自动化监测技术研究[J]. 砖瓦，2021(7)：73-74.

[3] 郭鹏飞，马林，刘德港，等. 深基坑监测中自动化监测系统可靠性分析[J]. 建筑技术开发，2021，48(17)：154-155.

[4] 池玮波，胡岳岚，袁国梁，等. 谈自动化监测在深基坑项目中的应用[J]. 山西建筑，2021，47(5)：83-84.

[5] 谢长岭，汤继新，方宝民. 自动化测斜技术在基坑监测中的应用[J]. 城市住宅，2021，28(3)：251-252.

[6] 郦亮，谢长岭，冯立力，等. 自动化测斜仪在地铁基坑水平位移监测中的应用研究[J]. 能源与环保，2022，44(1)：33-39.

[7] 刘思波. 自动化监测在深圳某大厦基坑支护工程中的应用[J]. 广东土木与建筑，2022，29(2)：17-19.

[8] 宋辰辰. 基于 MIDAS/GTS 对某深基坑开挖变形的数值模拟研究[J]. 黑龙江工业学院学报(综合版)，2019，19(4)：60-65.

[9] 帅红岩，陈少平，曾执. 深基坑支护结构变形特征的数值模拟分析[J]. 岩土工程学报，2014，36(52)：374-380.

[10] 姜忻良，宗金辉，孙良涛. 天津某深基坑工程施工监测及数值模拟分析[J]. 土木工程学报，2007(2)：79-84+103.

施 工 技 术

厚砂层等厚水泥土地下连续钢墙成墙技术研究

李耀良[1,2]， 李吉勇[1,2]， 罗云峰[1,2]， 张哲彬[1,2]， 杨子松[1,2]
（1. 上海市基础工程集团有限公司，上海 200433 2. 上海市地下工程施工泥浆专业技术服务平台，上海 200433）

摘 要：为形成等厚水泥土地下连续钢墙完善的施工技术，针对上海软土厚砂层复杂地质条件，在上海机场联络线浦东机场站项目Ⅲ区⑦$_2$厚砂层区域进行铣削式75～50m等厚水泥土墙内插48m连续锁扣型钢现场工艺试验。通过现场工艺试验结合前期理论及室内小样试验，对等厚水泥土地下连续钢墙成墙模式、泥浆参数控制，均匀性控制、施工流程等核心关键技术进行总结研究，以形成完善成套的水泥土地下连续钢墙成墙施工技术，为今后类似工程提供借鉴。

关键词：等厚水泥土连续钢墙；厚砂层；泥浆；两铣三喷；均匀；试验

作者简介：李耀良，1962年生，男，教授级高工。主要从事地基基础工程与地下工程施工技术研究。E-mail：liyaoliang2@qq. com。

Research on continuous steel wall forming technology under thick sand and equal thickness cement soil

LI Yao-liang[1,2]，LI Ji-yong[1,2]，LUO Yun-feng[1,2]，ZHAN Zhe-bin[1,2]，YANG Zi-song[1,2]
（1. Shanghai Foundation Engineering Group Co.，Ltd.，Shanghai 200433，China；2. Shanghai Underground Engineering Construction Mud Professional Technical Service Platform，Shanghai 200433，China）

Abstract: In order to form a perfect construction technology of continuous steel wall under equal thickness cement soil，according to the complex geological conditions of Shanghai soft soil and thick sand layer，the field process test of milling type 75～50m continuous locking steel in equal thickness cement soil wall was carried out in the area of ⑦$_2$ thick sand layer in Area III of Pudong Airport Station project of Shanghai airport liaison line. Through the field process test combined with the preliminary theory and laboratory sample test，the core key technologies such as wall forming mode of continuous steel wall，mud parameter control，uniformity control and construction process under equal thickness cement soil are summarized and studied. In order to form a complete set of cement land continuous steel wall into wall construction technology. It provides reference for similar projects in the future.

Key words: equal thickness cement soil continuous steel wall；thick sand layer；slurry；two milling and three spraying；uniformity；test

1 引言

随着城市地下空间快速发展面临的日益复杂的施工环境，针对传统地墙深基坑围护材料资源消耗量大、占地广、吊装风险高、人工作业效率低等特点，研发一种施工更为快捷、占地面积小且对环境影响小的工艺将成为城市地下空间建设的迫切需求。等厚水泥土地下连续钢墙工艺为等厚水泥土墙（代替原地墙混凝土）内插连续锁扣型钢。可节段拼装锁扣型钢作为劲性骨架较传统地墙中的钢筋施工占地小、安装方便对周边环境影响小。大大改善传统地下连续墙工法在城市工程建设中的用地和环境影响问题。

李吉勇[1] 等从受力性能、环境影响、施工条件、经济性等方面详细分析了等厚水泥土地下连续钢墙工艺优势，并对连续钢墙的结构尺寸及锁扣节点进行设计和细部受力特性分析。李耀良[2] 等研发出一系列适应于地下水泥土连续钢墙型钢插放、定位导向等配套机具及设备。确保了水泥土连续锁扣型钢现场装配式施工的效率和安装精度。

等厚水泥土连续钢墙，由于需内插锁扣型钢劲性骨架，其施工方法较单纯的仅作为止水帷幕作用的等厚水泥土墙不同，止水帷幕作用的等厚水泥土墙在对槽段铣削成槽搅拌后注入水泥浆即可。等厚水泥土连续钢墙，由于需保证后续锁扣型钢等劲性骨架的顺利插入[3]，其对成槽好后的泥浆均匀性、流动度、相对密度及水泥掺量有着特有的要求，以实现水泥土连续钢墙良好止水和劲性骨架在自重作用下顺利插入等厚水泥土连续钢墙成墙核心关键技术控制是成槽泥浆效果控制[4]。

为此，结合上海市基础工程集团有限公司实际在建机场联络线浦东机场站项目。在机场联络线浦东机场站Ⅲ区临近封堵墙位置30m范围槽段内，原位先后进行6组水泥土地下连续钢墙现场工艺试验。以总结等厚水泥土地下连续钢墙成墙及泥浆控制关键技术。

2 等厚水泥土地下连续钢墙现场工艺试验研究

2.1 试验场地及地质情况

本工程最大钻探深度为85m，场地部分为正常沉积

基金项目：住房和城乡建设部科技计划项目（2020-K-121），上海市地质学会科研项目（Dzxh202107）。

区，部分为古河道沉积区，在勘探深度范围内，地层根据其形成年代、成因类型及工程特性特征，自上至下可划分为6个大层和若干亚层。其中①$_1$层为填土，②～⑤层为全新世Q_4沉积层，⑦层为晚更新世Q_3沉积层，⑤$_{31}$～⑤$_4$层为古河道沉积层。本工程场地临近东海，主要为软土及砂性土层，地表以下40m至钻探底标高近45m范围（未见底）都为⑦$_2$层砂性土层，且含承压水。场地地质条件较差（图1）。

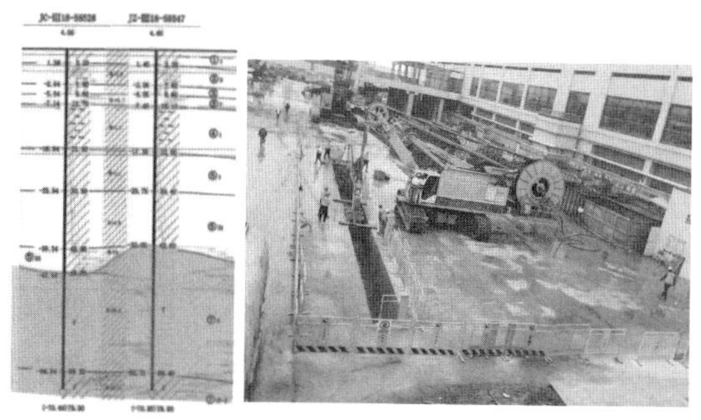

图1　地质及场地布置

Fig. 1　Geological and site layout plan

2.2　试验目的

通过现场工艺试验，同时在实际施工过程中对参数进行微调，得到相关试验数据，以形成水泥土地下连续钢墙成墙施工、泥浆参数控制、垂直度控制等成套施工技术。

2.3　试验分组及参数控制方法

结合徐汇中心、硬X射线、德国宝峨公司关于CSM水泥浆液配比[5]的经验和建议，及前期的水泥浆液配比小样室内试验。初步确定现场水泥浆液配比，进行首次水泥土连续钢墙试验，根据现场试验反馈情况再不断调整相应参数，进行下一次试验，重复6次直至总结形成合理而高效的水泥土地下连续钢墙成套施工方法。

试验主要控制参数指标为：水泥掺量、水灰比、膨润土掺量泥浆配比，现场试验通过调整这几个重要参数指标从而得出现场实际操作的最优参数组合（表1）。

试验参数　　表1

Test parameters　　Table 1

项目内容	单位	G1/G2	G3	G4	G5	G6
膨润土掺量(%)		5	5	5	7	5
膨润土用量	t	18.9	18.9	15.1	15.4	8.4
膨润土喷浆量	m^3	378	567	180	220	170
水灰比		1.0	1.0	1.0	1.0	1.5
水泥掺量(%)		18	15	18	15	11
水泥用量	t	68	56.7	54.43	58.97	33.14
每米泥浆量	L	1451.52	1209.6	1451.2	1209.6	886.85
成槽深度	m	75	75	50	65	50

2.4　现场试验效果

2020.12.10～2021.03.24于机场联络线浦东机场站III区先后进行6次连续钢墙及插入成墙试验。通过跟踪不同泥浆配比试验，及操练现场工艺流程操作。总结分析较优的成墙及泥浆参数配比（图2）。

图2　成槽及型钢插入

Fig. 2　Slotting and section steel insertion

G1成槽深度75m，采用一次铣槽2次喷浆的成槽模式，最终成槽槽段泥浆相对密度达1.60，型钢自重作用下仅仅插入26m。

在G1基础上，原位进行G2次铣槽搅拌，型钢累计3根半（约46m）。

G3成槽深度75m，采用2次铣槽4次喷浆的成槽模式，最终成槽槽段泥浆相对密度达1.35，型钢自重作用可插入50m。

通过G3试验相关数据分析可知：

（1）型钢插入深度与槽段内注入的膨润土量成正比关系；

（2）第3次试验型钢整体插入深度已达到预期要求，但该幅槽段总方量仅为252m^3，注膨润土浆液约567m^3，注浆量达到225%，返浆量约650m^3，达到该幅槽段的260%；现场泥浆拌制、存储难度大，返浆无法直接固化，需用泥浆罐车外运，场地文明施工差，泥浆外运压力大。

因此，在保证型钢正常插入深度的条件下，尽量减小喷浆量是后续工艺试验需解决的问题。

G4～G6成墙深度分别为65m、65m、50m。于2021.03.04～2021.03.24进行现场试验，G4型钢插入36m，G5型钢插入48m（横向×3根）；G6型钢插入48m。试验效果最好的是G5及G6，G5型钢达到了48m自重下放的效果并横向连续下放3根，实现了锁扣连续连接。

3　等厚水泥土连续钢墙成墙泥浆参数控制关键技术研究

结合工艺试验，各阶段进行24h成墙及泥浆性能跟踪测量，对原位泥浆的相对密度、含砂率、黏度、流动度、离析状态等主要参数进行测定，并选择性进行试块制作。结合试验效果，采用单因素分析对比分析法，提出合理的现场泥浆参数及配比方法。

3.1　膨润土静置发酵对新浆质量影响

膨润土作为泥浆最主要的组分之一，其膨胀水化的时间对泥浆性能存在影响。

结合现场多组试验新浆测试，对不同组膨润土浆发酵时间及效果进行跟踪。以静置时间 0～24h 为变量进行试验。未充分发酵时，膨润土新浆黏度 18～18.5s，充分搅拌发酵 24h 后，膨润土新浆黏度可达 30～32s，泥浆相对密度基本稳定在 1.02～1.04 左右。故为充分发挥膨润土浆的效应，施工前需对膨润土浆进行提前搅拌发酵 24h。

3.2 最终成墙泥浆相对密度对型钢插入深度影响研究

结合现场 6 次工艺试验，通过数据分析可知，在型钢插入深度方面，槽段泥浆的最终成型泥浆相对密度状态十分重要。当槽段泥浆相对密度最终控制在 1.39 以下时，型钢插入深度较深可顺利插入 4 节及 48～50m。当泥浆相对密度在 1.45 左右时，型钢插入约 36m，当泥浆相对密度在 1.6 左右时，型钢只能插入 26m。总体而言，槽段成墙泥浆相对密度与型钢插入深度成反比例关系。较合理的槽段泥浆相对密度最终控制在 1.40 以下（表 2、图 3）。

最终槽段泥浆相对密度与型钢插入深度统计 表 2

Final slot mud weight and section steel insertion depth statistics Table 2

试验	最终槽段泥浆相对密度	型钢插入深度(m)
第 1 次	1.62	26
第 2 次	1.45	36
第 4 次	1.43	36
第 5 次	1.42	48
第 6 次	1.41	48
第 3 次	1.38	50

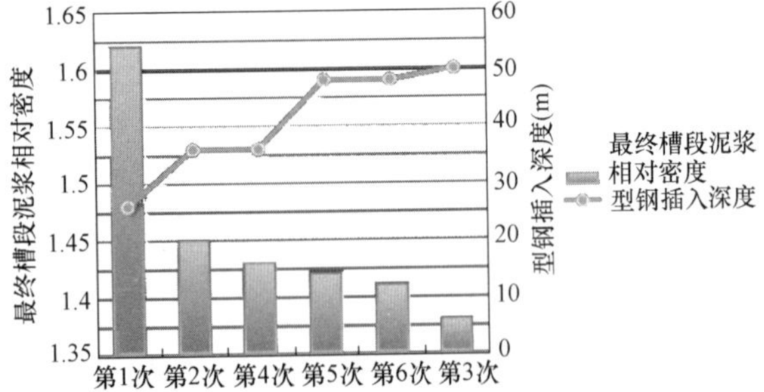

图 3 最终槽段泥浆相对密度与型钢插入深度分析图

Fig. 3 Analysis diagram of final mud weight and section steel insertion depth

3.3 膨润土掺量对对型钢插入深度影响研究

结合前期室内泥浆小样配比试验合理建议，为确保槽段成浆均匀及砂性土的悬浮，由于本工程试验场地⑦$_2$层砂性土较厚，为此现场试验膨润土掺量主要以 5%与 7%两种模式。发酵后的膨润土浆液，结合合理的成槽模式及其他泥浆参数，均可达到槽段对应泥浆性能要求并实现型钢的顺利插入，综合成本及喷浆量及功效。建议较合理的膨润土掺量控制在 5%左右（表 3）。

膨润土掺量与型钢插入深度的影响 表 3

Influence of bentonite content on steel insertion depth Table 3

试验	膨润土掺量(%)	型钢插入深度(m)
第 2 次	5	36
第 4 次	5	36
第 5 次	7	48
第 6 次	5	48
第 3 次	5	50

3.4 水泥浆水灰比控制对型钢插入深度影响研究

对于常规止水帷幕搅拌墙，通常控制水泥浆水水比 1.0（对应泥浆相对密度约 1.50）左右。结合上述槽段最终泥浆相对密度与型钢插入深度关系可知，为确保型钢顺利插入，我们希望最终槽段泥浆相对密度越小越好。在成槽及注入膨润土浆阶段，该阶段主要注入的是水（相对密度 1.0）及膨润土浆（相对密度 1.04）都比原状土 1.8 相对密度小。因此该阶段是槽段浆液相对密度不断置换及相对密度不断减小过程（图 4）。

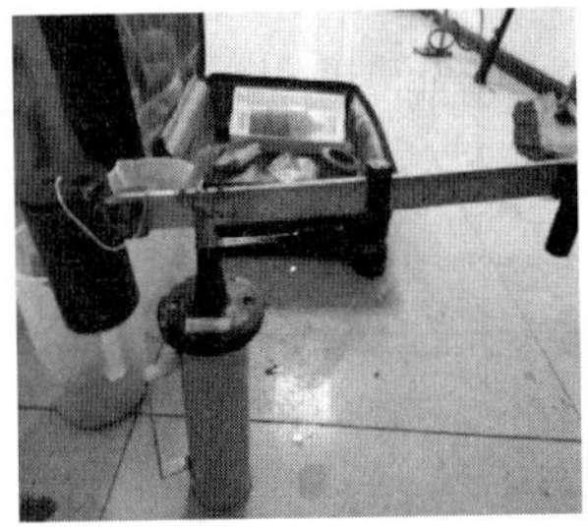

图 4 槽段原位泥浆参数跟踪测量

Fig. 4 In-situ mud parameter tracking measurement

在成槽及注入膨润土浆阶段，槽段浆液相对密度是不断置换、相对密度不断减小过程。该阶段槽段泥浆相对密度结合现场试验跟踪测量在 1.66～1.48 直接不断减小。水泥浆是最后提升阶段注入，后续注入水泥浆阶段，为确保槽段泥浆相对密度逐渐减小，最终形成槽段泥浆相对密度小于 1.38，水泥浆相对密度建议控制在 1.28～1.35 之间，及对应的水泥浆水灰比控制为 1.5～2.0。

结合现场工艺试验，型钢插入较为顺利的 G3 槽段原位浆液进行跟踪测量，其槽段泥浆相对密度变化跟踪测量变化如表 4 所示。

3.5 水泥掺量对成墙泥浆质量研究

在前期的室内泥浆指标小样试验配比研究中，由于未考虑型钢插入效应。仅对单纯的水泥土性能进行对比分析。给出的水泥掺量建议是 23%～28%。现场实际工艺试验中，槽段成浆后，插入连续 H900×700 的锁扣型钢

G3槽段铣槽泥浆相对密度变化跟踪测量

表4

G3 slot milling mud specific gravity change tracking measurement

Table 4

深度(m)	G3(型钢插入50m)	
	第1次铣槽相对密度(t/m³)	第2次铣槽相对密度(t/m³)
0~10	1.64(↓)	1.35(↑)
10~20	1.63(↓)	1.35(↑)
20~30	1.64(↓)	1.36(↑)
30~40	1.62(↓)	1.39(↑)
40~50	1.62(↓)	1.4(↑)
50~60	1.61(↓)	1.4(↑)
60~70	1.6(↓)	1.42(↑)
70~75	1.56(↓)	1.45(↑)

(图5)。由于型钢连续布置，而且双锁扣连接，仅仅锁扣区域存在稍许间隙。断面待填充区域范围仅为3.7%。

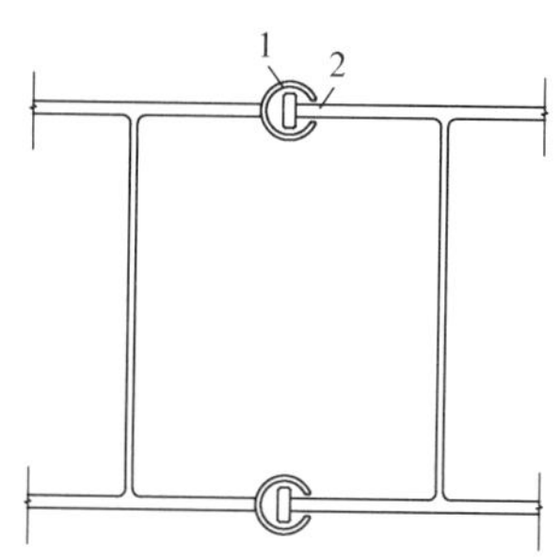

图5 连续锁扣型钢标准平面

Fig. 5 Continuous locking section steel standard plane

现场等厚水泥土连续钢墙，由于连续型钢自身截面及锁扣连接的双C-T锁扣止水效应，水泥土填充止水只需确保锁扣型钢截面3.7%处锁扣的止水效果即可，其技术指标需求比单纯的等厚水泥土墙止水要求大大降低[5]。

结合经济性指标，现场试验水泥掺量从11%~20%不同参数进行对比试验，在各组不同水泥掺量配比下，通过原位取浆试块制作（图6），各组试块水泥土的7d强度都达到1MPa以上，水泥掺量偏高试块强度达6~7MPa。因此在达到水泥土止水填充性能上，结合经济性，对等厚水泥土连续型钢的水泥掺量建议控制在13%~18%。

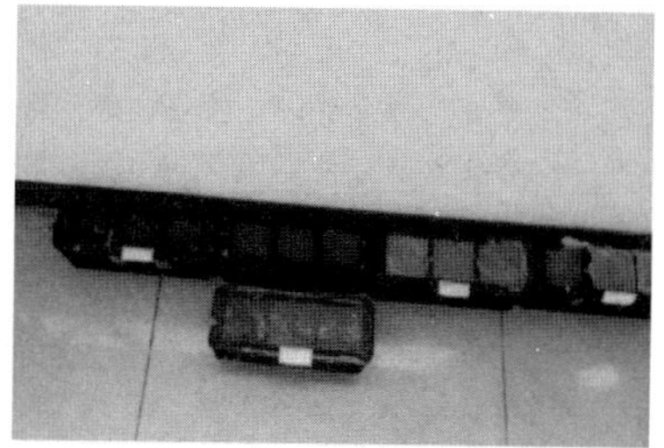

图6 现场原位取浆及试块制作

Fig 6 In-situ pulping and sample production

4 厚砂层等厚水泥土连续钢墙成墙切削搅拌泥浆均匀性控制关键技术

4.1 厚砂层地质均匀性控制难点

等厚水泥土连续钢墙，由于保证后续锁扣型钢等劲性骨架的顺利插入，其对成槽好后的泥浆均匀性、流动度、相对密度及水泥掺量有着特有的要求，以实现水泥土连续钢墙良好止水和劲性骨架在自重作用下顺利插入。在厚砂地层地质条件下，由于砂性土区段成槽后泥浆黏度较小，砂砾相对密度大，宜产生离析及分层沉淀造成槽段介质不均匀、止水性能差，同时砂粒沉淀也会造成后续锁扣型钢劲性骨架的插入困难。等厚水泥土连续钢墙其核心关键技术控制是成槽泥浆效果控制。

4.2 厚砂层地质水泥土连续钢墙成墙切削搅拌泥浆均匀性控制具体步骤

结合前文上海浦东机场三期扩建交通配套工程，浦东机场站厚砂地层进行多组工艺参数试验分析总结，对软土富水厚砂层地质，形成了铣削式水泥土搅拌墙“两铣三喷（两次铣槽三次喷浆）”膨润土结合水泥浆“双浆液模式”下成墙及泥浆参数控制方法，其具体流程及步骤如图7所示。

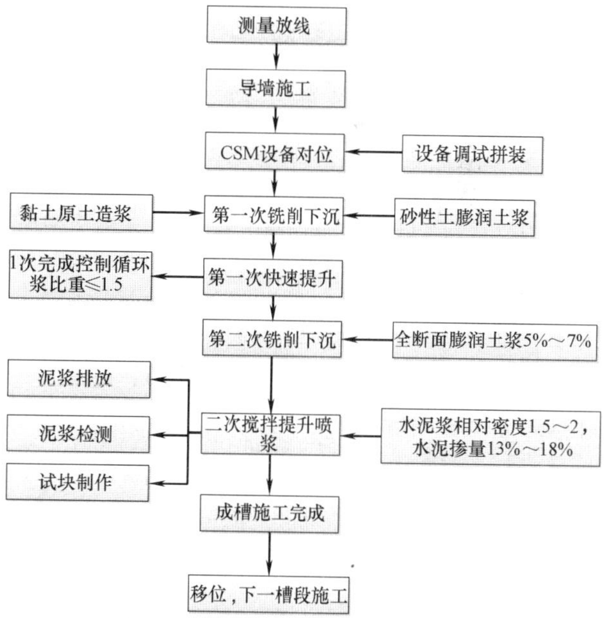

图7 水泥土地下连续钢墙“两铣三喷”成墙泥浆控制流程

Fig. 7 “Two milling and three spraying” slurry control process for continuous steel wall under cement land

（1）前期施工准备及新浆拌制

前期准备主要包括导墙施工、铣削设备调试对中、新鲜泥浆拌制。新鲜泥浆拌制包括膨润土浆和水泥浆。新鲜膨润土浆液拌制完成需经24h发酵后才能投入使用。新浆在发酵过程中反复搅拌保证均匀，充分发酵。发酵后膨润土浆控制相对密度1.02~1.05，黏度检测控制在28~32s。

水泥浆拌制控制水灰比1.5~2.0，对应相对密度

1.35～1.28。

（2）第1次带膨润土浆铣削下沉

铣轮自上往下第1铣，对于黏性土区域采用喷水原土造浆，下沉进尺搅拌速度150～250mm/min；对于砂性土至槽底区域，为保证成槽后泥浆的均匀及砂粒的悬浮，铣削下沉同时注入5%～7%的新鲜膨润土泥浆，下沉进尺搅拌速度控制在100～200mm/min。

（3）第1次快速提升

第1次铣削到底后进行提升，考虑施工功效，第1次提升采取快速提斗带浆搅拌提升，上提速度控制在5～6m/min。

第1次铣削及提升过程，槽段是在原状土槽段内不断注水及新浆过程，槽段泥浆相对密度逐渐减小。过程中跟进循环浆液相对密度、流动度等参数检测。第1次铣削及提升后，循环浆相对密度控制在1.5以下（图8）。

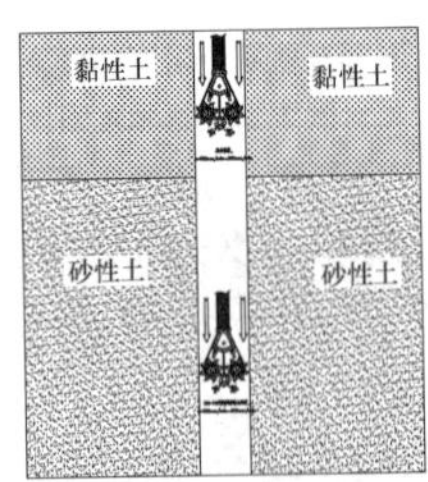

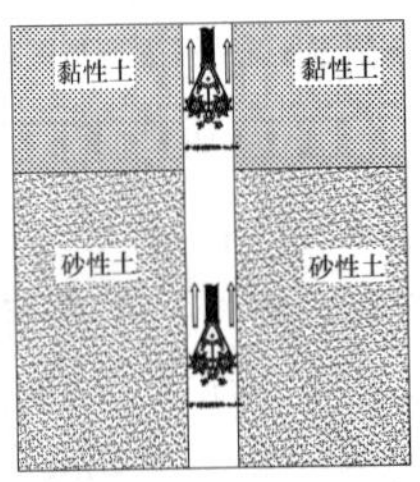

第1次铣削下沉示意图　　第1次快速提斗搅拌提升

图8　第1次铣槽提升

Fig. 8　1st milling groove lift

（4）第2次带膨润土浆铣削下沉

第2次铣槽自地面至槽段底部全断面喷射注入5%～7%新鲜膨润土浆（正常喷浆），下沉进尺搅拌速度150～350mm/min。

二次铣削搅拌可将槽段粗粒土块进行进一步打碎，避免后续型钢插入粗粒土块的黏附和阻挡，阻碍型钢插入。膨润土浆注入量将保证槽段泥浆的整体悬浮和均匀。

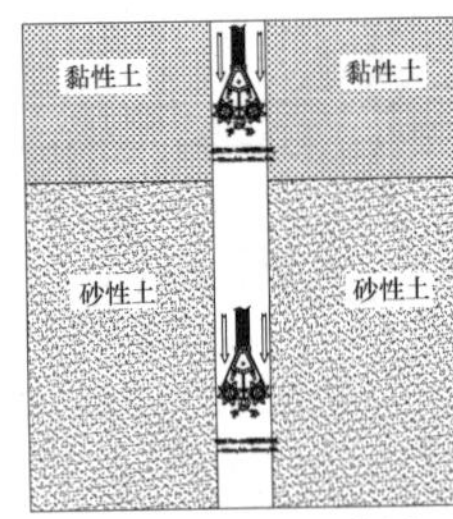

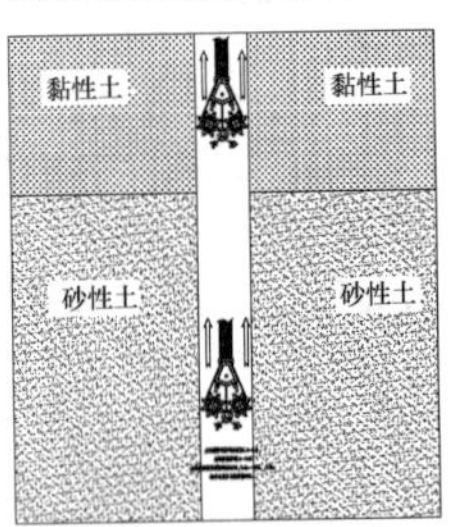

第2次铣削下沉示意图　　第2次提升喷水泥浆

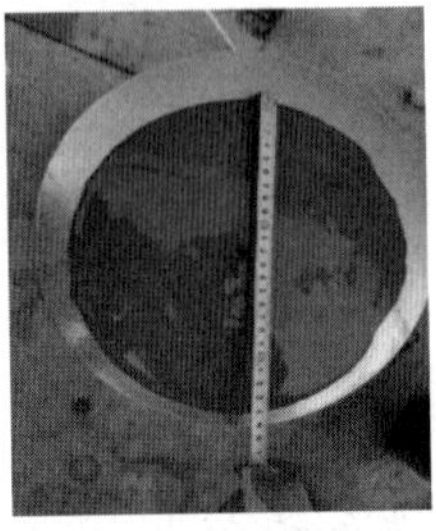

图9　第2次铣槽提升喷浆及槽段泥浆最终流动度测量

Fig. 9　Measurement of the final fluidity of the slurry in the groove section after 2nd milling

（5）第2次提升喷水泥浆

第2次铣槽至底部后开始提升搅拌喷射水泥浆，新鲜水泥浆拌制控制水灰比1.5～2.0，对应相对密度1.35～1.28。水泥掺量控制在13%～18%。

提升成墙搅拌时，水泥浆液流量宜控制在250～400L/min，提升速度应与流量相匹配。

第2次铣削及喷浆提升过程后，最终槽段泥浆相对密度控制在1.38以下。流动度控制在24～30cm（图9）。

4.3　实施效果

厚砂层铣削等厚水泥土连续钢墙两铣三喷成墙及双浆液模式泥浆参数控制方法，有效保证了水泥土墙成墙均匀性和锁扣型钢自重作用下的插入。现场实现了75m、65m、50m深槽成墙并内插入48m锁扣型钢（图10）。

图10　现场锁扣型钢下放效果图

Fig. 10　Effect drawing of lock-down steel on site

5　结语

（1）本文针对水泥土地下连续钢墙施工，通过现场多次连续钢墙及插入成墙试验。总结分析了各泥浆参数的影响效果并进行配比优化。针对上海软土厚砂层复杂地质条件，形成了铣削式水泥土搅拌墙“两铣三喷（两次铣槽三次喷浆）”膨润土结合水泥浆“双浆液模式”下成墙及泥浆参数控制方法，有效保证了水泥土墙成墙均匀性和锁扣型钢自重作用下的插入。解决了厚砂地层水泥土地下连续钢墙成墙均匀性及型钢自重荷载下插入问题，为地下连续钢墙工艺实现提供了保证。

（2）通过上海浦东站水泥土地下连续钢墙的工艺试验，检验水泥土地下连续钢墙的施工工艺流程及施工工效，并总结与掌握地下水泥土搅拌墙成墙施工工艺技术及施工流程。

参考文献：

[1]　李吉勇，李耀良，罗云峰，等．等厚水泥土地下连续钢墙结构设计及受力特性研究[J]．建筑施工，2021(12)：2618-2622.

[2]　李耀良，李吉勇，罗云峰，等．等厚水泥土地下连续钢墙配套装备研究[J]．建筑施工，2021(12)：2623-2626.

[3]　赵海丰，汪大华，贾静，等．NS—box系统在地下基坑支护中的适用性研究[J]．人民长江，2015(14)：61-64.

[4]　王卫东，邸国恩．TRD工法等厚度水泥土搅拌墙技术与工程实践[J]．岩土工程学报，2012，34(S1)：628-633.

[5]　王卫东，邸国恩，王向军．TRD工法构建的等厚度型钢水泥土搅拌墙支护工程实践[J]．建筑结构，2012，42(5)：168-171.

深厚砂层中旋挖钻引孔 TRD 工法施工技术研究

李　刚[1]，刘永超[1,2]，王　淞[2]，陆鸿宇[1]，张　阳[1]，李怿贤[1]

（1. 天津建城基业集团有限公司，天津 300301；2. 天津城建大学，天津 300384）

摘　要： TRD 工法具有优异的防渗止水性能、成墙深度大、地层适应性强、连续性及均匀性好等优点。在深厚砂层中施工 TRD 工法水泥搅拌土地下连续墙，不仅效率低，而且设备磨损严重。本文以在北京地区首次应用 TRD 的工程实例，说明旋挖钻机引孔的方式辅助 TRD 工法在深厚密实砂层中的成墙实践，在保证成墙效率和质量的同时大幅降低设备磨损。

关键词： TRD 工法；旋挖引孔；施工效率

作者简介： 李刚（1972—），男，高级工程师。主要从事地下工程及岩土工程施工方面的研究。

Research on TRD construction technique of rotary drilling in deep sand layer

LI Gang[1]，LIU Yong-chao[1,2]，WANG Song[2]，LU Hong-yu[1]，ZHANG Yang[1]，LI Yi-xian[1]

（1. Tianjin Jiancheng Development Group Co.，Ltd.，Tianjin 300301，China；2. School of Civil Engineering，Tianjin Chengjian University，Tianjin 300384，China）

Abstract： TRD construction method has the advantages of excellent anti-seepage and sealing performance，large wall depth，strong formation adaptability，good continuity and uniformity. In the deep sand layer，the construction of continuous wall under TRD cement mixing soil is not only inefficient but also seriously worn. In this paper，an engineering example of the first application of TRD in Beijing area is used to illustrate the practice of wall formation in deep buried dense sand layer by using rotary drilling rig to assist TRD construction method，which ensures the efficiency and quality of wall formation and greatly reduces equipment wear.

Key words： TRD method；rotary digging guide hole；the efficiency of construction

1　引言

TRD 工法机具备垂直精度高、振动小、噪声低、施工净空低、施工深度大、品质容易保证等优点，适用于人工填土、黏性土、淤泥和淤泥质土、粉土、砂土、碎石土等地层，对于复杂地质条件，应通过试验确定其适用性[1]。基于 TRD 工法连续搅拌工艺的特点，形成的墙体均匀、隔止水效果好。作为一种新型地下帷幕，TRD 工法已经被广泛应用于地铁站、高层建筑基础、地下广场及车库等地下空间的止水帷幕；港口码头、河床堤坝加固、蓄水工程防漏、地下水防污染等隔水帷幕[2-4]。

但 TRD 工法在密实的深厚砂层中会出现施工速度极其缓慢，难以满足施工进度要求，刀具磨损严重，埋钻风险大幅提高等问题。本文通过工程实例探索在密实的深厚砂层中高效完成 TRD 工法水泥土地下连续墙的方法[5,6]。

2　TRD 常规成墙工艺和工作原理

TRD 工法全称渠式切割水泥土连续墙（trench cutting re-mixing deep wall）。TRD 工法将传统的垂直轴螺旋钻杆水平分层搅拌革新为水平轴锯链式切割箱沿墙深垂直整体搅拌。通过动力箱液压马达驱动锯链式切割箱，持续水平横向挖掘推进，同时在切割箱底部注入切割液或固化液，使其与原位土体强制混合搅拌。把不同粒度构成的地层土进行混合、搅拌，在深度方向形成强度差异很小的水泥土搅拌连续墙体。

TRD 的施工方法可采用一步施工法、两步施工法和三步施工法，即通过切割、搅拌、混合，主机经一步、往返两步或往返往三步完成施工的施工方法。施工方法的选用应综合考虑土质条件、墙体性能、墙体深度和环境保护要求等因素。当切割土层较硬、墙体深度深、墙体防渗要求高时宜采用三步施工法。施工长度较长、环境保护要求较高时不宜采用两步施工法；当土体强度低、墙体深度浅时可采用一步施工法。

TRD 工法机作业系锯链式切割箱插入土体横向推进，施工效率取决于横推力及起拔力，示意图见图 1。以

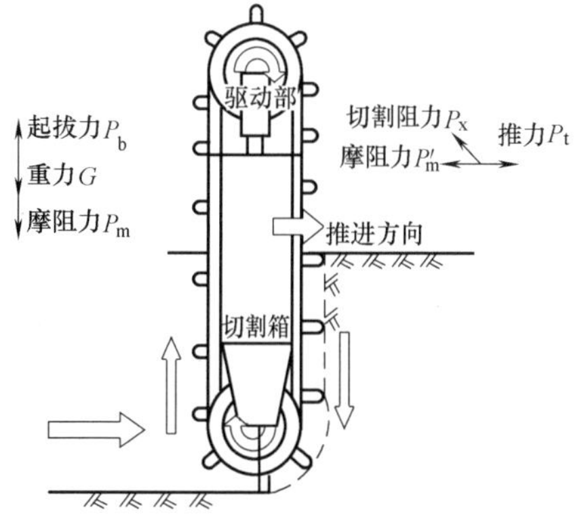

图 1　横推力及起拔力示意图

Fig. 1　Schematic diagram of transverse thrust and pulling force

TRD-60D 工法机为例，最大横推力 627kN，最大提升力 882kN。

其主要驱动机理分析如下：

横推力 P_t 主要克服摩阻力 P'_m、切割阻力 P_x，即 $P_t \geqslant P_m + P_x$；

起拔力 P_b 主要克服摩阻力 P_m、自重 G，即 $P_b \geqslant P_m + G$。

当水平摩阻力大于横推力将无法顺利推进，造成悬浮颗粒淤积挤压，竖向摩阻力骤升。当竖向摩阻力与箱体自重之和大于起拔力时难以提钻。所以，通常切割箱无法进退时，也无法升降，就形成卡钻。

锯链式刀具和切割箱体的磨损消耗大时，如不及时修复，极易出现链条断开进而埋钻的严重事故。所以，在复杂地层中成墙需要选择合适的辅助手段降低磨损，提高工效，可采用旋挖钻机引孔的方式辅助施工。

3 应用案例

3.1 工程概况

本项目位于北京市通州区，北侧距北运河约 210m；东南侧距化工厂旧址约 160m，化工厂地下水受污染，污染水源主要赋存于④细、中砂层中的潜水中。西侧为拟建道路，距结构外轮廓约 16m。拟建地下 2 层，地下共享设施部分基础埋深 14.0～15.6m（局部埋深 17.80m），锅炉房部分基础埋深 13.0m，覆土 1.5～2.0m，设计地坪标高为 22.50m，止水帷幕为 800mm 厚、49m 深 TRD 水泥土搅拌墙。

3.2 工程地质、水文地质条件

3.2.1 工程地质条件

根据现场勘探、原位测试及室内土工试验成果，按沉积年代、成因类型将本工程补充勘察最大勘探深度（70.00m）范围内的地层，划分为人工堆积层、新近沉积层和第四纪沉积层三大类，并按地层岩性及工程特性进一步划分为 12 个大层及亚层，具体土层参数如表 1 所示。

土层参数 表 1

Soil parameter Table 1

层号	土层	厚度（m）	重度（kN/m^3）	孔隙比	含水率（%）	黏聚力（kPa）	内摩擦角（°）	标准贯入击数
①	黏质粉土素填土	1.5	19.2	0.7	16.5	8	10	8
$①_1$	房渣土		18			0	10	19
②	粉砂/细砂	3.6	19.5			0	25	13
$②_1$	黏质粉土/砂质粉土		18.9	0.73	20.8	15	21.8	9
$②_2$	重粉质黏土/粉质黏土		18.8	0.89	31.1	18	7	6
③	黏质粉土/砂质粉土	4.9	19.5	0.74	25.2	14	25.8	10
$③_1$	重粉质黏土/粉质黏土		19.2	0.82	29.4	22	7.8	7
$③_2$	细砂/粉砂		20			0	28	20
④	细砂/中砂	7.7	20			0	30	37
$④_1$	砂质粉土/黏质粉土		18.4	0.91	30.7	18	25	11
$④_2$	有机质重粉质黏土/粉质黏土		18.8	0.88	31.4	30	10	
⑤	粉质黏土/重粉质黏土	3	20.1	0.68	23.4	37	17.1	16
$⑤_1$	砂质粉土/黏质粉土		20.4	0.61	19.4	15	30.8	21
$⑤_2$	黏土		19.6	0.77	26.6			
⑥	细砂/中砂	12.08	20.5			0	32	60
$⑥_1$	黏质粉土/砂质粉土		21	0.52	18.2	20	25	
$⑥_2$	粉质黏土/重粉质黏土		19.9	0.77	24.9	44	10.6	
⑦	粉质黏土/重粉质黏土	2.6	20.3	0.64	22.8	39	15.9	20
$⑦_1$	黏质粉土/砂质粉土		20.6	0.58	19.8	21	29.8	40
$⑦_2$	细砂/中砂		20.5			0	32	75
$⑦_3$	黏土		19.3	0.84	29.2	45	10	
⑧	细砂/中砂	4.1	20.5			0	33	88
$⑧_1$	重粉质黏土/粉质黏土	2.08	19.8	0.75	26.7	40	15.8	
⑧	细砂/中砂	3.6	20.5			0	33	88
$⑧_2$	黏质粉土/砂质粉土		20.7	0.55	19.7	20	25	
$⑧_3$	黏土		18.8	0.89	32.1	51	16.3	
⑨	粉质黏土/重粉质黏土	2.4	20	0.72	24.6	47	14.5	
$⑨_1$	黏质粉土/砂质粉土	2.42	20.4	0.64	20.5	24	26.9	

工程场区典型地质剖面如图 2 所示。

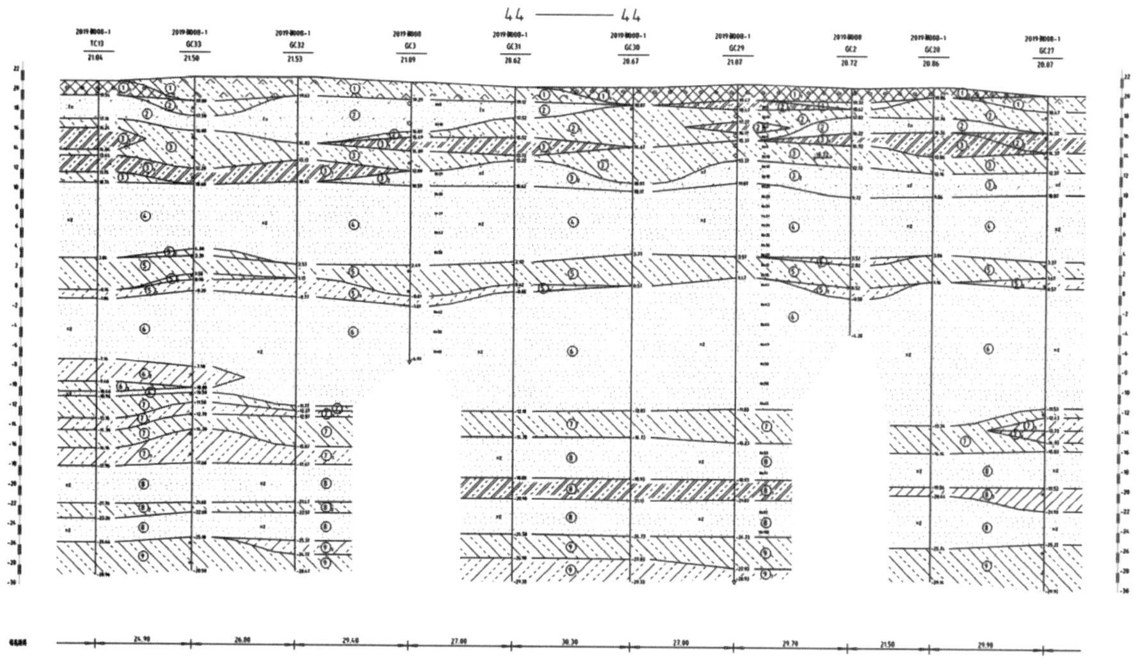

图 2　典型地质剖面

Fig. 2　Typical geological sections

3.2.2　水文地质条件

根据水文地质勘察报告，地质钻孔中实测到 4 层地下水如表 2 所示。

地下水类型　　表 2

Classification of underground water

Table 2

序号	区域地下水类型	地下水稳定水位(承压水测压水头)	
		水位埋深 (m)	水位标高 (m)
1	上层滞水	7.6	13.83
2	潜水	5.60～11.30	11.41～14.41
3	潜水　承压水	7.60～13.30	8.29～13.18
4	承压水	9.10～12.70	8.89～11.48

3.3　施工方法

根据地勘揭示，TRD 施工所穿越地层中约 21m 以下分布⑥细、中砂；⑦粉质黏土、重粉质黏土；⑧细、中砂，标贯击数 N 值基本在 50 以上且均为密实状态，占墙深范围近 60%。鉴于本工程切割土层较硬、墙体深度深、墙体防渗要求高，需采用三步施工法，即先行挖掘、回撤挖掘、固化成墙三步。

TRD 工法施工初期，水平推进的先行挖掘平均每米耗时 5h 以上，导致每日成墙不足 4m，施工工效过慢，无法满足进度要求（图 3）。经分析，由于砂层密实且 N 值较大，推进时需克服的切割阻力 P_x 大幅提高，推力 P_t 难以满足，造成推进速度大幅降低。而且经现场测量切割箱体、切割刀具、链条磨损情况严重超过一般土层中的施工损耗，如不及时维护切割箱体、刀具及链条，势必面临埋钻风险。而起拔维护频率提高，将进一步延滞施工工期。

为提升施工效率，采用 SDMW-280 旋挖钻机（图 6）引孔辅助施工，既可以减少 TRD 工法机切割的工作量，又可以起到松动砂层的作用。另外，考虑 TRD 工法是利用切割土体搅拌成墙的工作机理，为保证成墙质量，将旋挖钻机取出的砂土与黏土分离，保留黏土用于回填空孔至地表。本着引孔不超出墙厚及墙深的原则，旋挖钻机引孔 ϕ800mm@2000mm，旋挖深度为 48m。如图 4、图 5 所示。

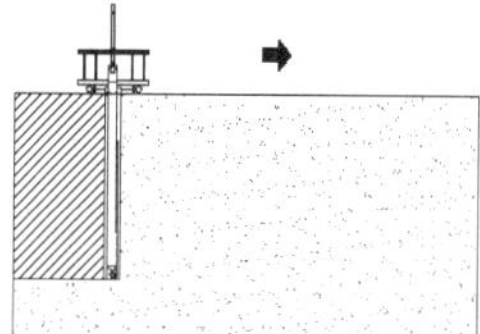

图 3　TRD 工法机单独施工示意图

Fig. 3　Schematic diagram of TRD construction machine alone

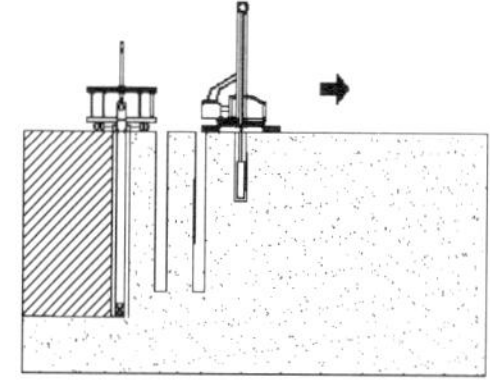

图 4　旋挖钻引孔＋TRD 工法机施工示意图

Fig. 4　Construction diagram of rotary digging and drilling lead holes＋TRD machine

根据工程实际完成情况统计，如表 3 所示，TRD-D 工法机＋旋挖钻机引孔辅助施工工效对比 TRD-D 工法机单独施工工效提高了 80%，而且有效缓解了切割箱体、

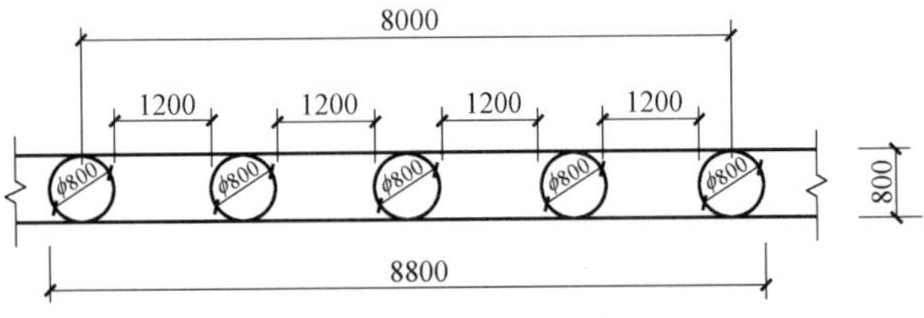

图 5　引孔布置图

Fig. 5　Hole layout drawing

(a) TRD-D工法机

(b) SDMW280型旋挖钻机

图 6　设备实景图

Fig. 6　Real picture of the equipment

刀具及链条的损耗，拔钻维护频率降低了 1 倍，保证了项目顺利如期完工。本项目其他 TRD 设备施工完成情况如表 4、表 5 所示，数据显示 TRD 工法机单独施工平均工

TRD-D 工法机单独施工与引孔辅助施工工效对比　表 3

Comparison of the efficiency of TRD-D machine alone construction and hole guide auxiliary construction　Table 3

	累计成墙(m)	施工天数(d)	日均成墙(m)	备注
TRD-D 工法机单独施工	29	9	3.2	拔钻维护 1 次
TRD-D 工法机＋旋挖钻机引孔辅助施工	174	30	5.8	拔钻维护 2 次

TRD 工法机单独施工　表 4

TRD construction machine works separately　Table 4

设备编号	累计成墙（m）	施工天数（d）	日均成墙（m）
TRD-01	181.7	40	4.5
TRD-02	137.0	27	5.1
TRD-03	264.5	50	5.3
TRD-04	222.1	45	4.9
TRD-05	108.7	22	4.9
TRD-06	209.3	45	4.7
TRD-07	250.5	45	5.6
TRD-08	150.9	30	5.0
TRD-09	162.0	30	5.4
TRD-10	44.0	12	3.7
小计	1730.7	346	5.0

TRD 工法机＋旋挖钻机引孔辅助施工　表 5

TRD construction machine ＋ rotary drilling drill hole guide auxiliary construction　Table 5

设备编号	累计成墙（m）	施工天数（d）	日均成墙（m）
TRD-10	161.0	27	6.0

效日成墙 5m，TRD 工法机＋旋挖钻机引孔辅助施工平均工效日成墙 6m，综合不同设备型号、场地条件等因素差异，TRD 工法机＋旋挖钻机引孔辅助施工平均工效对比 TRD 工法机单独施工平均工效至少提高 25%。

4　结语

（1）TRD 工法在复杂地层中成墙需要选择合适的辅助手段，缓解切割箱体、刀具及链条的损耗，减少埋钻风险，降低拔钻维护频率。

（2）在深厚密实砂层中采用旋挖钻机引孔的方式辅助 TRD 工法机施工可有效地提高成墙效率，保证项目工期。

（3）本项目中综合不同 TRD 工法机设备型号、场地条件等因素差异，TRD 工法机＋旋挖钻机引孔的方式辅助施工平均工效对比 TRD 工法机单独施工平均工效可提高 25%以上。

（4）旋挖钻机引孔辅助 TRD 工法施工技术在北京地区的成功应用，有效解决了复杂地质及施工条件下 TRD 工法应用的局限性。

参考文献：

[1] 中华人民共和国住房和城乡建设部. 渠式切割水泥土连续墙技术规程：JGJ/T 303—2013[S]. 北京：中国建筑工业出版社，2013.

[2] 李刚，刘永超. TRD 在硬质土层施工中埋钻处理及分析[C]// 岩土工程施工技术与装备新进展——第二届全国岩土工程施工技术与装备创新论坛论文集，北京：中国建筑工业出版社，2018

[3] 李瑛，邓以亮，胡琦，等. 卵砾地层中 TRD 工法水泥土连续墙施工方法研究[J]. 施工技术，2018，47(1)：28-31.

[4] 张国富. 复杂地层中 TRD 工法改进策略及应用[J]. 佳木斯大学学报(自然科学版)，2019，37(2)：188-191.

[5] 胡德军，王帅. 复杂地层中 TRD 组合施工技术的应用[J]. 建筑，2017，6：65-66.

[6] 柴功江，刘洁，王照安，等. TRD-旋挖引孔施工技术应用于北京城市绿心三大建筑[J]. 建筑学研究前沿，2020，5：11-12.

振杆密实-注浆法处理深厚杂填土地基施工技术

闫建飞[1]，周同和[2]，刘松玉[3]，杜广印[3]
（1. 郑州大学 土木工程学院，河南 郑州 450001；2. 郑州大学综合设计研究院有限公司，河南 郑州 450002；3. 东南大学岩土工程研究所，江苏 南京 210096）

摘　要：针对工程灌注桩先于杂填土处理已施工完成的特殊情况，提出深部振杆密实＋浅部注浆的处理方案，采用多种原位测试方法对加固处理后的桩间杂填土密实度、地基承载力及处理效果和经济效益进行分析评价，确定了振杆密实施工工艺、注浆工艺材料和施工步骤。结果表明：振杆密实法处理杂填土地基可有效增加其密实度，尤其是深部土层的密实度。振后浅部注浆施工可有效解决因振密间距过大、上覆应力过小导致的浅部土层密实效果欠佳的问题，使基底以下各层杂填土的物理力学性能均能得到有效改善。振杆密实联合浅部注浆工艺是杂填土地基处理的一种新的选择，具有施工简单、节能环保、经济高效等优点，本文方法可为类似深厚杂填土地基处理工程提供参考。

关键词：杂填土地基；振杆振动；密实法；注浆法；加固效果

Construction technology of vibratory probe compaction-grouting method for deep miscellaneous fill foundation

YAN Jian-fei[1], ZHOU Tong-he[2], LIU Song-yu[3], DU Guang-yin[3]
(1. School of Civil Engineering, Zhengzhou University, Zhengzhou Henan 450001, China; 2. Comprehensive Design and Research Institute Co., Ltd., Zhengzhou University, Zhengzhou Henan 450002, China; 3. Institute of Geotechnical Engineering, Southeast University, Nanjing Jiangsu 210096, China)

Abstract: Aiming at the special situation that the engineering cast-in-situ pile has been completed before the miscellaneous fill treatment, a treatment plan of vibrating probe compaction in deep soil + grouting in shallow soil is proposed. The bearing capacity of the foundation, the treatment effect and the economic benefit are analyzed, and the construction technology of the vibratory probe compaction method, grouting technology materials and construction steps are determined. The results show that the vibratory probe compaction method can effectively increase the compactness of the miscellaneous fill foundation, especially the compactness of the deep soil layer. Grouting construction in shallow soil after vibration can effectively solve the problem of poor compaction effect of shallow soil layer caused by too large compaction point spacing and too small overlying stress, so that the physical and mechanical properties of each layer of miscellaneous fill can be obtained effective improvement. The vibratory probe compaction combined with shallow grouting technology is a new choice for the treatment of miscellaneous fill foundation. It has the advantages of simple construction, energy saving, environmental protection, economic efficiency, etc. The method in this paper can provide a reference for similar deep miscellaneous fill foundation treatment projects.

Key words: miscellaneous fill foundation; vibratory probe; compaction method; grouting method; reinforcement effect

1　引言

深厚杂填土地基处理一直是地基处理设计研究中最具挑战性的问题之一，尤其是近年来，随着城市建设的快速发展，产生了大量的生活垃圾和建筑垃圾，这些垃圾在城市周边地区的大量堆放，形成了成分复杂、强度低、孔隙率大、沉降量大、颗粒物质不一、尺寸大小不一的非均匀性深厚杂填土层[1]。以郑州市为例，在城市化进程的推动下，城市不断向周边扩展，将周边深厚杂填土层纳入建设范围内，有的无序填土厚度达到 40m 以上，给桩基工程、基坑工程设计施工带来巨大的困难。这些杂填土占用了较多的土地资源，直接制约了城市的经济发展和生态建设[2]。

传统的杂填土地基处理方式有强夯法、注浆法、换填法等[5]。强夯法是一种反复将夯锤在设计高度处自由释放，给地基施以冲击能量，将地基土夯实的地基处理方法[6]，仅适用于处理场地附近较为空旷的地区，且该方法有效处理深度有限，深层处理效果不理想，处理后可能会产生较大的不均匀沉降[7]。注浆法是在压力作用下将水泥浆或其他化学浆液注入土体，增强土颗粒间联结，从而改善土体的力学性能。单一注浆法处理杂填土地基时注浆量大，串浆严重，处理效果差异性很大[9]。换填法是一种先将软土挖除，然后按要求分层回填素土、砂土等填充材料，再经过碾压、夯实的地基处理方法，适用于埋深不大的杂填土地基处理，处理深厚杂填土地基时处理成本大、工期长、费用高，置换出的杂填土处理不当会造成其他场地的污染，不符合环保要求[10]。分析表明，传统杂填土地基处理方法存在一定的适用范围和局限性，因此研发具备经济实用、处理效果显著和绿色环保等特点的新型杂填土地基处理方法具有重要意义。

振杆密实法是 20 世纪 60 年代兴起的一种处理无黏性

土地基的深层振动密实方法[11]，该方法使用一种类似国内沉管灌注桩的施工机械，振杆固定于振动器下方，并在振动器振动作用下沉入土中，通过调整振锤频率使振动器、振杆、土形成一个共振系统，利用下沉、上拔和留振过程中的反复振动引起土层剧烈振动，实现振动能量由振杆到土层的最佳传递，从而达到最佳的密实加固效果[12]。因其具有经济实用、施工便捷和绿色环保等优点，在国外填海土地加固和液化场地处理中得到广泛应用[13]。近年来成功应用于国内多个可液化粉土[14]和湿陷性黄土地基[15]，取得了显著的经济效益和社会影响。但是，关于振杆密实法处理杂填土地基的应用研究和相关案例还未见报道。

本文以郑州市某住宅地基处理项目为依托，针对工程灌注桩先于杂填土处理已施工完成的特殊情况，采用下部振密、上部注浆的方法加固桩间杂填土地基，结合动力触探、平板载荷试验等原位测试方法对加固处理后的桩间杂填土密实度、地基承载力及处理效果和经济效益进行分析评价，确定振杆密实施工工艺、注浆工艺材料和施工步骤。

2 工程概况

2.1 地质条件

加固场地基坑开挖至 12m 左右时，基坑底尚余 10m 左右厚度杂填土层，该区域原为一冲沟，大致呈南北走向。后期经人为向冲沟内倾倒生活垃圾及建筑垃圾将其填平（近 20 年内）。根据钻探描述、原位测试和室内试验结果，勘探深度 60m 内地基土分为 6 个主层，地质剖面见图 1。

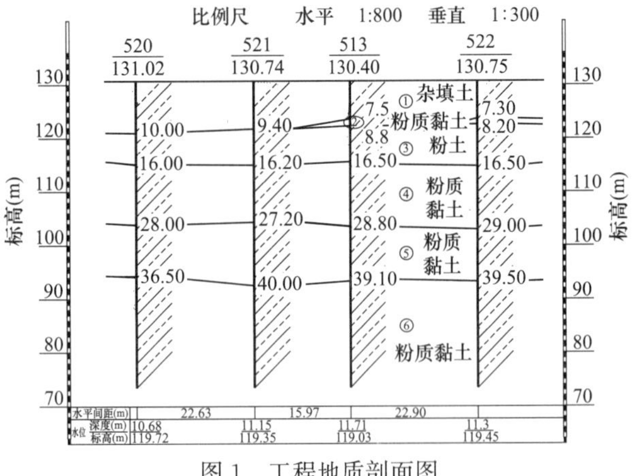

图 1 工程地质剖面图

Fig. 1 Engineering geological profile

2.2 杂填土评价

根据补充勘察报告显示，杂填土中含有砖瓦块、石子、混凝土块等建筑垃圾及少量生活垃圾，建筑垃圾约占 60%～95%，含水量为 15.8%～20.2%，处于不饱和状态，充填土主要为粉土，土质松散，性质不均匀。在加固场地内作重型圆锥动力触探（$N_{63.5}$）试验，试验结果统计见表 1，振前动探典型击数深度曲线如图 2 所示，可以看出振前动探击数整体呈现上小下大的规律，地面以下 5m 范围内动探击数大都在 5 击以内，地面以下 9m 范围内动探击数基本在 10 击以内，参考碎石土评价方法[16]，基底以下 9m 范围内土体为松散—稍密状态。

重型圆锥动力触探（$N_{63.5}$）击数统计结果

表 1

Statistical results of dynamic penetration test（$N_{63.5}$）

Table 1

层号	统计个数	最大—最小击数	平均击数	标准差	变异系数	统计修正系数
①	18	17.0～3.0	7.6	4.012	0.36	0.935

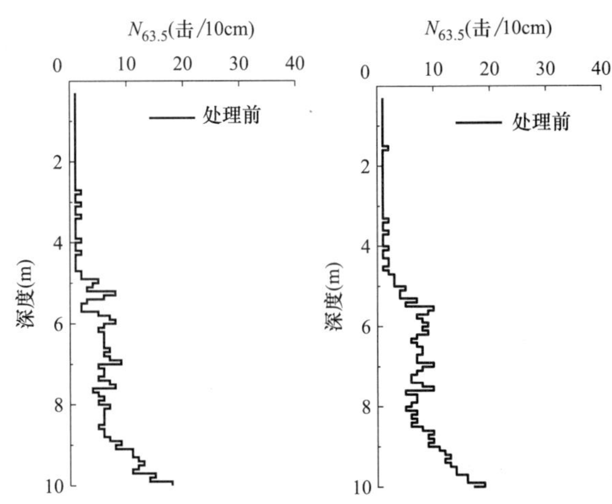

图 2 加固前典型动探击数深度曲线

Fig. 2 Dynamic penetration test results before treatment

试验前，在场地取杂填土试样进行颗分试验，颗粒级配曲线见图 3 所示。级配曲线平缓，不均匀系数 $C_u>5$，曲率系数 C_c 在 1～3 之间，级配良好。

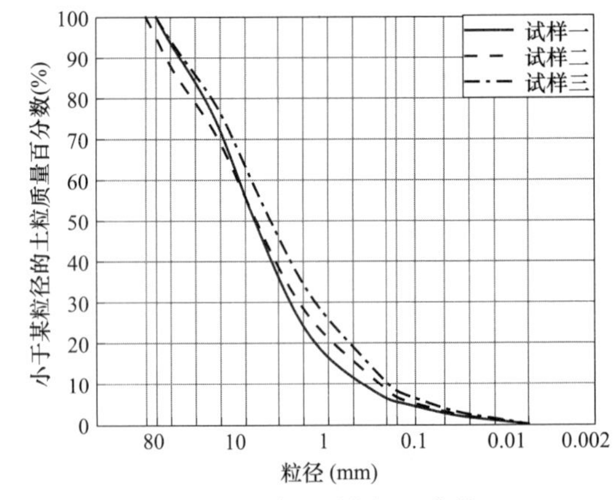

图 3 杂填土颗粒级配曲线

Fig. 3 Grading curve of miscellaneous fill

土样细粒含量为 6.3%，巨粒含量为 11.7%，粗粒含量为 82%，其中砾粒含量 57%，砂粒含量 25%。《建筑地基基础设计规范》GB 50007—2011[17]和《土的工程分类标准》GB/T 50145—2007[18]规定，该杂填土粒径大于 2mm 的颗粒含量超过全重 50%，属于碎石土。Mitchell[19] 研究指出适合振动密实的土类细粒含量少于10%，该杂填土细粒含量为6.3%，且级配良好，属于适合振杆密实加固的土类。

3 加固处理方案

场地内工程桩已施工完成，完整性和承载力检测结果均满足设计要求。为保证杂填土对桩的侧限以满足其水平承载力要求，并减少基础底面与杂填土脱空的可能性，消除负摩阻力，对基底以下杂填土进行深层振杆密实联合浅层注浆处理，要求处理后杂填土密实度达到中密以上状态，基底处地基承载力达到150kPa，需要处理的面积约3700m^2。

振杆密实-注浆法联合处理深厚杂填土地基技术充分利用振杆密实法和注浆法加固的优点，其工艺原理是：先利用振密设备对杂填土地基进行共振密实处理，利用共振放大效应，将振动能量以最佳方式传递给周围土体，使土颗粒发生重新排列，移动到更加稳定的位置，形成初步密实状态。再根据振后土层密实情况，对密实度提升较少的浅部土层进行注浆处理，通过压力注浆把水泥浆液、黏土浆液或者其他化学浆液注入杂填土层中，浆液通过渗透挤密排出土颗粒间的水分与气体并填满缝隙，逐渐与周围土体形成强度高、孔隙少、整体性好的“固结体”，以加固振密效果欠佳的浅部杂填土层，使基底以下各层杂填土的物理力学性能均能得到有效改善，从而增强该地基的整体稳定性和均匀性，确保工程质量。

3.1 深层振杆密实法

1）施工工艺设计

该项目杂填土地基采用十字翼振动杆（直径600mm）进行振密加固，根据国内外以往工程案例经验，振点间距通常布置为1.2～5m，振杆间距与直径的比值接近1～4[20]。

充分考虑到拟加固区域灌注桩已施工完毕，为减小振杆下沉对灌注桩产生的不利影响，最终选择2m（约3.3倍振杆直径）作为振点间距，正方形布点。设计加固深度8m，为了提高加固效果，振杆到达设计深度后留振时间不应小于1min，单点反插2次，现场施工照片见图4。

图4 施工现场照片

Fig. 4 Photos of construction site

共振密实机采用“退打法”施工，以方便钻机进出，减少移位时间。单点施工工艺见图5，具体施工过程如下。

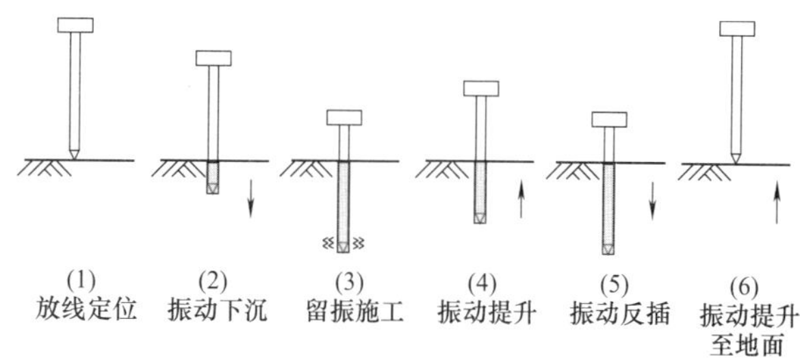

图5 单点施工工艺流程图

Fig. 5 Flow chart of construction technology

（1）测量放样：按照振孔平面布置图和路线控制图，用全站仪定出每个振点位置，并用标签和石灰点明标出；振点采用正方形布置，对离灌注桩过近点位应进行适当调整，朝远离灌注桩方向平移或取消该点施工；

（2）振点定位：移动十字翼共振打桩机到指定区域，并对振点进行对中；

（3）振动下沉：启动振动锤，十字杆下沉至设计深度8m位置，现场施工人员应时刻注意振动翼的垂直度，垂直度允许偏差不应大于1%；

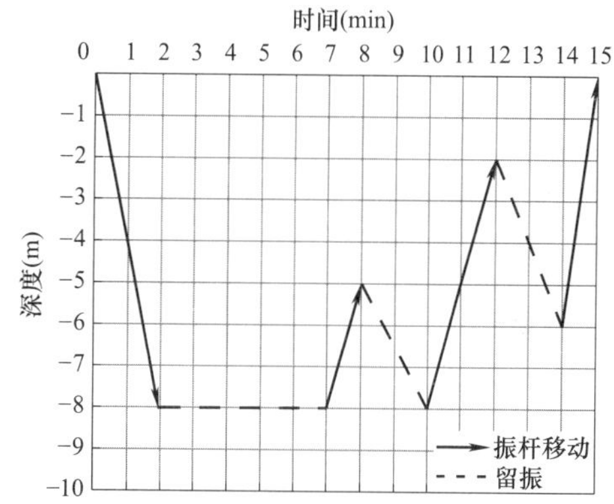

图6 单点施工时间

Fig. 6 Construction time of single vibration point

（4）振动密实：振动杆达到设计深度后，留振时间不小于1min，不大于5min；随后振杆提升至5m，反插至8m深度处，再次提升至2m，反插至6m，最后提升至原地面，单点施工时间见图6；

（5）回填：提升过程中采用现场原状土样回填振孔，边振压边填土直至填满；

（6）移位：单点加固结束后，移动机械到下一点位进行施工。

2）加固处理效果评价

振密施工结束后采用低应变反射波法对场地内所有灌注桩进行桩身完整性检测，典型检测结果见表2，可以看出振杆施工结束后，场地内灌注桩桩身完整，仅有桩底反射波，反射波与入射波同相位，完整性类别为Ⅰ类，说明适当加大间距后，振杆振动不会对灌注桩产生不利影响。

低应变反射波检验结果　　　　表 2

Test result of LSPIT　　　　Table . 2

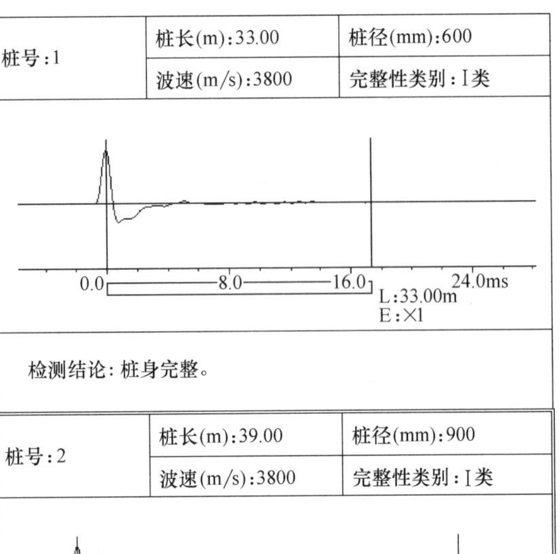

桩号:1	桩长(m):33.00	桩径(mm):600
	波速(m/s):3800	完整性类别:Ⅰ类
检测结论：桩身完整。		

桩号:2	桩长(m):39.00	桩径(mm):900
	波速(m/s):3800	完整性类别:Ⅰ类
检测结论：桩身完整。		

施工结束后，对桩间杂填土地基进行重型圆锥动力触探检测，击数深度关系见图 7。从图 7 中可以看出，十字翼振杆密实法施工后动探击数显著提高，4.5m 深度以下土体动探击数均在 10 击以上，较处理前提高 69%～95%，处理后密实度满足结构设计要求。4.5m 深度以上部分土体平均击数仍在 10 击以内，不满足设计要求，处理效果不理想，需对浅部 4.5m 范围内杂填土进行补强加固。

为方便补强加固施工设计，对振孔附近具有代表性的位置进行动力触探结果分析，如图 7 所示，2m 间距正方形布孔下，四点形心位置加固效果最好，分析其原因为中心位置受振动密实叠加效应影响，加固效果最好。两振点中心位置加固效果次之，振点位置加固效果最差，平均击数分别是形心和边长中心处的 73%与 85%。

3.2 浅部土体注浆加固

（1）振后浅部注浆的必要性与原则

因杂填土为散体材料，缺乏上覆土体时上部振密效果可能较差，根据振杆密实法处理后动探结果显示，4.5m 以下土体密实度有较大提高，达到中密—密实状态，可满足地基使用要求。浅部 4.5m 范围内杂填土动探击数有少量提高，但提升幅度不大，处理后密实度仍未满足地基使用要求，分析其原因为场地灌注桩已施工完毕，振点间距过大和浅部土层上覆应力过小导致振密效果不理想，因此选择对浅部 4.5m 范围内杂填土进行振后注浆补强处理。

根据工艺试验要求，在注浆加固施工前，应先进行现场注浆试验，要求注浆 7d 后重型圆锥动力触探击数达到 10 击以上，即土体达到中密以上状态，并根据试验结果

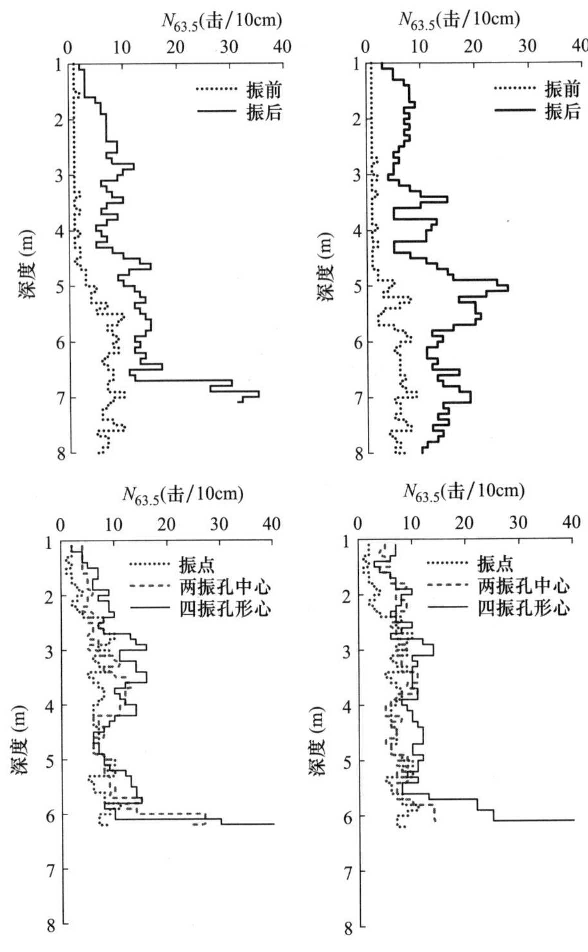

图 7　振后动探击数深度图

Fig. 7　Dynamic penetration test results after vibratory probe compaction method

优化注浆参数。

（2）注浆方案设计

结合现场注浆试验和设计加固要求，确定注浆孔间距 3.5m，正方形布置，加固深度 4.5m，每孔注浆量不小于 $6m^3$。注浆剖面见图 8。

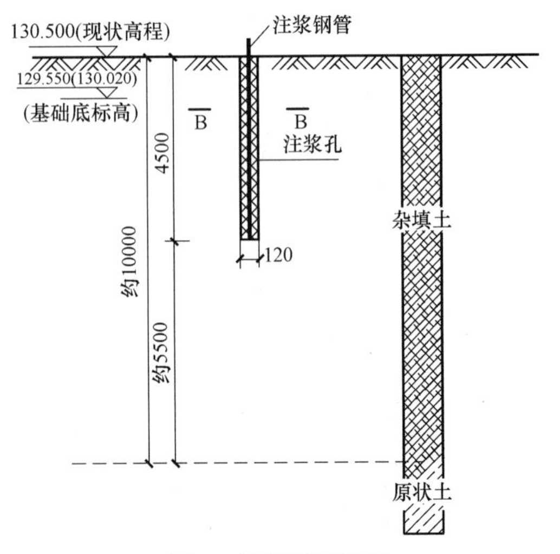

图 8　注浆剖面详图

Fig. 8　Detail view of grouting hole

注浆材料采用水泥、细砂、粉煤灰、水形成的水泥土混合料，水泥采用 32.5 级矿渣硅酸盐水泥，材料施工比例为 1∶5∶3∶6，即每立方浆液内水泥 100kg，细砂 500kg，粉煤灰 300kg，水 600kg。每立方体积内的砂和粉煤灰的占比可以调整，砂和粉煤灰的总占比不变。根据现场试验，该工程设计注浆压力为 0.5～1.5MPa，采用浆液水灰比控制在 0.55～0.60。搅拌时间不少于 2min。搅拌好的水泥浆液用孔径不大于 3mm×3mm 渗网进行过滤。

注浆采用先外围后内部的顺序，施工流程如下：

① 场地平整：施工场地平整，清除地表杂物；依据施工图纸放出注浆点位，做好平面布置；

② 钻孔：注浆孔设计间距 3.5m，采用短螺旋钻机成孔，钻孔直径 120mm，钻孔深度 4.5m；

③ 注浆管制作：注浆管采用 DN20 1.2mm 的 Q235 焊管，在注浆管封孔段以外部位按间距 300mm 钻孔，孔直径 5mm。封孔长度为筏板底下 300mm，注浆钢管下端封闭；

④ 安装注浆钢管：用胶带将注浆孔临时封堵，将注浆钢管安放入孔中央。孔口采用黏土封堵；

⑤ 注浆：灌注顺序采用先外圈，后中间，跳孔间隔方式。注浆采用一次常压灌浆方法，必要时可多次间隔注浆，每个孔内注浆量不小于 $6m^3$，间隔时间小于初凝时间，且不大于 4h，对于地基土较密实部位，注浆结束条件为直至地表冒浆。当注浆量超过设计要求的 50%时应采取掺加速凝剂、水玻璃等措施直至加满，每孔注浆量、注浆压力按有关规范要求做好记录；

⑥ 补浆：桩间土开挖至基底标高后，检查注浆密实情况，对于不密实缺陷部位采用浇灌注浆法进行处理，直至浆液不再下沉为止。

（3）加固处理效果评价

注浆结束 7d 后，采用动力触探检验加固效果，测试结果如图 9 所示，基底（1.5m 深度）以下至 4.5m 范围内杂填土层动探击数较振后增长明显，均在 10 击以上，土体呈中密以上状态，满足设计要求，且距注浆孔越近密实效果越好。

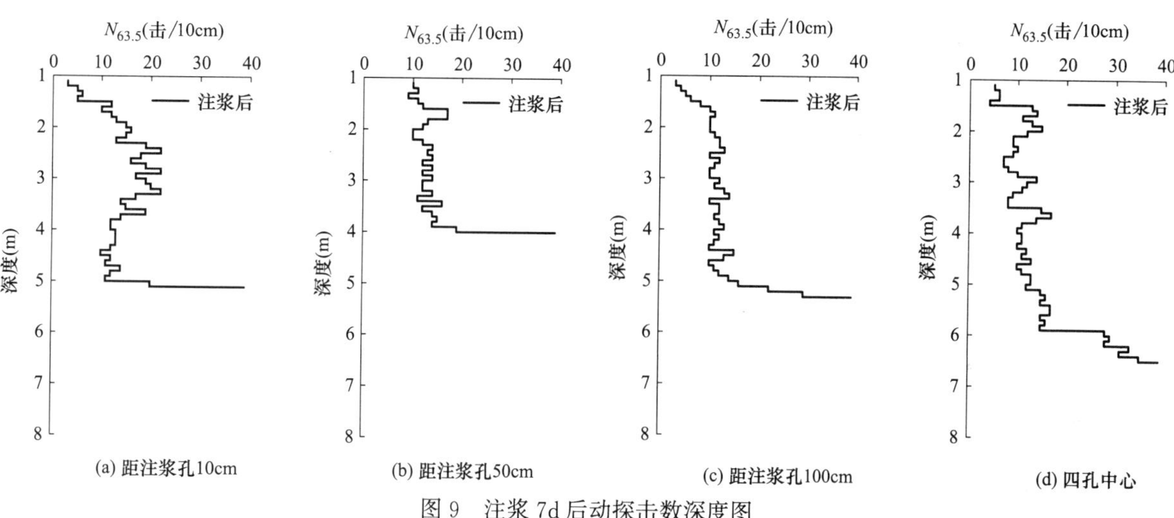

图 9 注浆 7d 后动探击数深度图

Fig. 9 Dynamic penetration test results after grouting seven days

4 地基承载力检测和经济效益分析

4.1 地基承载力检测

采用 3 组浅层平板载荷试验对地基承载力进行检测，在试验过程中，3 组平板载荷试验均加载至要求的最大试验荷载且承压板沉降达到相对稳定标准，试验后的 p-s 曲线和 s-lg$t$ 曲线如图 10 所示。

由 3 组载荷试验 p-s 曲线可知，曲线上无法确定比例界限，承载力又未达到极限值，满足规范[21] 确定地基承载力特征值的相关规定，认为 3 组地基承载力特征值都为最大加载量 304kPa 的一半，即为 152kPa，加固后承载力满足结构设计要求。对比 3 组载荷试验 s-lg$t$ 曲线，其变化趋势保持一致，曲线基本平缓光滑，在各级荷载作用下，承压板沉降量增加较均匀，能在短时间内达到稳定，最大位移量为 11.46mm，地基沉降量小于 24mm，满足设计要求。

4.2 经济效益对比分析

将振杆密实-注浆施工价格与原设计方案水泥注浆进行对比，结果如表 3 所示。

振杆密实-注浆法与原设计方案经济效益对比 表 3

Comparison of economic benefits between vibrating probe compaction-grouting method and original design scheme Table 3

方案	项目名称	处理面积(m^2)	单价(元/m^2)	总价(元)	共计(元)
振杆密实-注浆法	振密施工	3700	230	851000	1961000
	注浆施工	2220	500	1110000	
水泥注浆法	水泥注浆施工	7400	550	4070000	4070000

该项目需要处理的桩间杂填土面积约 $3700m^2$，处理深度 8m，通过计算，振杆密实-注浆法设计方案总造价为

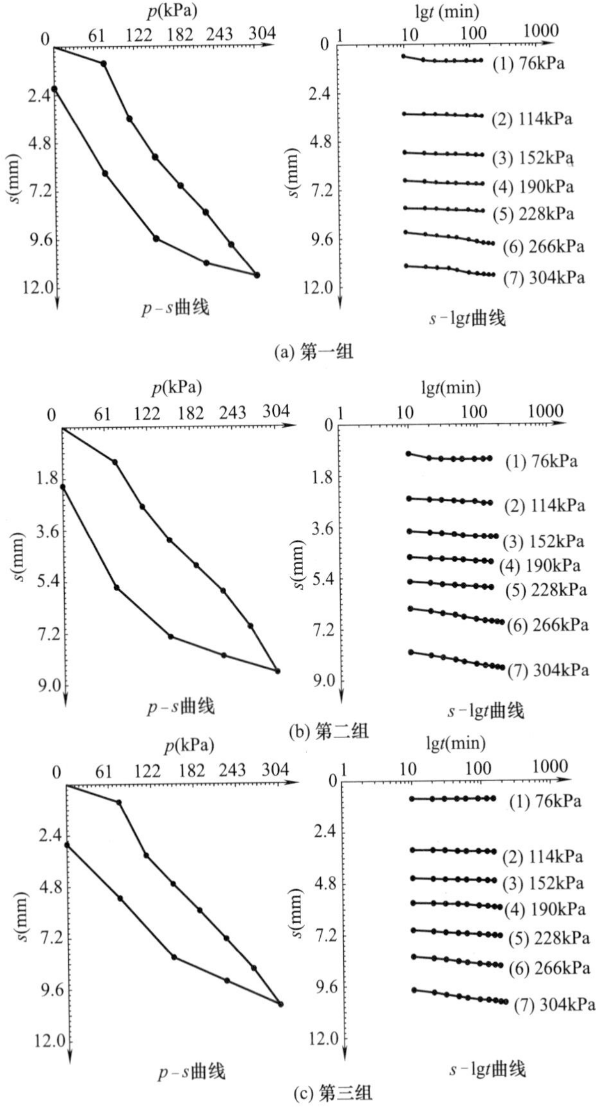

图 10 平板载荷试验 p-s、s-lg$t$ 曲线

Fig. 10 p-s、s-lg$t$ curve of plate load test

1961000 元，原方案总造价 4070000 元，节省投资 51.82%，采用振杆密实配合浅部注浆方法处理深厚杂填土地基具有明显的经济效益。

5 结论

(1) 振杆密实法处理杂填土地基可有效增加其密实度，尤其是深部土层的密实度，该项目施工后 4.5m 以下土层密实度显著提高，满足设计要求，表明加大振点间距后需要一定的上层覆盖土，2m 间距条件下不宜小于 4.5m。多点布孔下，振动叠加效应明显，形心位置处加固效果最好。

(2) 振后注浆施工后，浅部杂填土层得到有效加固，密实度明显提高，地基承载力满足设计要求，解决了因振密间距过大、上覆应力过小导致的浅部土层密实效果欠佳的问题，使基底以下各层杂填土的物理力学性能均能得到有效改善。该项目采用的注浆混合料及配比，对上部杂填土地基注浆加固具有很好的适用性，同时改善了单一注浆法加固杂填土中的注浆材料费用高等缺点。

(3) 通过对比振杆密实-注浆法以及原设计方案的施工成本，结果表明采用振杆密实法可以大大减少工程造价，经济效益显著，可为类似工程提供参考。

参考文献：

[1] 周军红，曹亮，马宏剑. 北京市区杂填土地基处理技术综述[J]. 岩土工程技术，2007(2)：94-100.

[2] 嵇建胜. 杂填土场地地基处理措施分析[J]. 住宅与房地产，2020(29)：198+200.

[3] 童云，蒲彬. 强夯-注浆联合处理城市道路杂填土地基施工技术[J]. 公路交通科技(应用技术版)，2018，14(11)：305-307.

[4] 张振营，吴世明，陈云敏. 城市生活垃圾土性参数的室内试验研究[J]. 岩土工程学报，2000(1)：38-42.

[5] 杨定国，吴瑞潜，王秋苹. 杂填土地基的评价与利用[J]. 绍兴文理学院学报，2005(2)：68-71.

[6] 山东省住房和建设厅. 强夯地基处理技术规程：DB37/T 5136—2019 [S]. 济南：山东大学出版社，2019.

[7] 李浩，刘东甲，侯超群. 强夯法对杂填土地基处理效果的实例分析[J]. 合肥工业大学学报(自然科学版)，2012，35(6)：814-819.

[8] 黄达，金华辉，吴雄伟. 碎石土强夯加固效果荷载试验分析[J]. 西南交通大学学报，2013，48(3)：435-440+454.

[9] 王岩，薛炜，付春青，等. 北京地铁某工程杂填土地层地面注浆加固技术及应用[J]. 现代隧道技术，2016，53(3)：183-188.

[10] 魏国安. 西安北动车段垃圾填埋场地基处理措施研究[J]. 地震工程学报，2017，39(5)：939-945.

[11] Massarsch K R. Deep soil compaction using vibratory probes [C]. In：Robert C，Bachus，eds. Proceedings of Symposium on Design，Construction，and Testing of Deep Foundation Improvement：Stone Columns and Related Techniques. Philadelphia：ASTM Special Techni-cal Publication，1991，297-319.

[12] 程远，刘松玉. 共振密实法加固可液化地基的应用研究[J]. 岩土工程学报，2013，35(S2)：83-87.

[13] 程远，刘松玉，朱合华，等. 振杆密实法加固液化地基施工扰动与影响因素试验[J]. 中国公路学报，2016，29(9)：38-44+52.

[14] 程远，韩杰，朱合华，等. 振杆密实法加固粉土地基效果试验[J]. 中国公路学报，2019，32(3)：63-70.

[15] 刘松玉，杜广印，毛忠良，等. 振杆密实法处理湿陷性黄土地基试验研究[J]. 岩土工程学报，2020，42(8)：1377-1383.

[16] 国家铁路局. 铁路工程地质原位测试规程：TB 10018—2018 [S]. 北京：中国铁道出版社，2018.

[17] 中华人民共和国住房和城乡建设部. 建筑地基基础设计规范：GB 50007—2011 [S]. 北京：中国建筑工业出版社，2012.

[18] 中华人民共和国建设部. 土的工程分类标准：GB/T 50145—2007 [S]. 北京：中国计划出版社，2008.

[19] Mitchell J K. Soil improvement-State-of-the-Art [C]. In：Icsmfe，eds. Proceedings of 10th International Conference on Soil Mechanics and Foundation Engineering，Stockholm，1982. 509-565.

[20] 程远，刘松玉，杜广印. 振杆密实法的应用概况与研究进展[J]. 地震工程学报，2015，37(S2)：207-213.

[21] 中华人民共和国住房和城乡建设部. 建筑基桩检测技术规范：JGJ 106—2014 [S]. 北京：中国建筑工业出版社，2014.

全液压履带式桩架的研发与应用

徐　建，郭传新
（北京建筑机械化研究院有限公司，北京 100007）

摘　要：全液压履带式桩架是基础施工领域中常用的设备，可与打桩锤、振动锤、钻孔机、深层搅拌机等工作装置组合成多种工法设备。随着社会经济的快速发展，基础施工工艺也在不断更新，对施工设备提出了更高的要求。在此背景下，研发人员根据不同的施工要求，研发了多种新型全液压履带式桩架产品，并在工程中得到了成功的应用。本文介绍了不同吨位、不同结构形式的全液压履带式桩架，并介绍了全液压履带式桩架在实际工程中的应用。

关键词：桩架；桩工机械；基础施工

作者简介：徐建，1989 年生，男，高级工程师。主要从事建筑机械的研究。

Development and application of hydraulic crawler piling rig

XU Jian，GUO Chuan-xin
(Beijing Institute of Construction Mechanization Co.，Ltd.，Beijing 100007，China)

Abstract: Hydraulic crawler piling rig is a common equipment in the field of foundation construction. It can be combined with pile hammer，vibrating hammer，drilling machine，deep mixer and other working devices to form a variety of construction equipment. With the rapid development of social economy，the foundation construction technology is also constantly updated，which puts forward higher requirements for construction equipment. In this context，according to different construction requirements，researchers have developed a variety of new hydraulic crawler piling rig，which have been successfully applied in engineering. This paper introduces the hydraulic crawler piling rig with different tonnage and different structural forms，and also introduces the application of the hydraulic crawler piling rig in engineering.

Key words: piling rig；piling machine；foundation construction

1　引言

桩架是一种建筑施工机械，是各种桩基作业专用的起重与导向设备，主要用于钻孔设备或桩锤等工作装置的悬挂、升降和移位等，是基础施工中常用的设备[1]。

由于历史原因和市场特色，国内桩架以电动步履式桩架为主，其结构简单，移位不便，功能较为单一。相比电动步履式桩架，全液压履带式桩架动作平稳、结构紧凑、移动便捷、适应工法多，但其构造较为复杂，技术要求高。在全液压履带式桩架领域，几十年来一直是日本企业处于垄断地位[2]。

为了打破国外企业的技术垄断，北京建筑机械化研究院有限公司多年来一直致力于对全液压履带式桩架的技术研发，并实现了全液压履带式桩架型号的系列化，开发了多种吨位、多种动力、多种配置和多种结构形式的全液压履带式桩架产品。

2　产品研发

如图 1 所示，全液压履带式桩架一般由履带底盘、配重、上平台、A 形架、斜撑、立柱和顶部滑轮组组成。

履带底盘是桩架的行走部件，通过液压马达驱动，动作平稳，移位、对桩方便快捷，可实现原地转弯，通过性强。上平台集成有动力系统、电气系统、液压系统和卷扬等装置。配重用来平衡整机重量，调整重心位置，保证整机稳定性。A 形架上装有起架滑轮组，起架钢丝绳绕过起架滑轮组，将立柱拉起。斜撑用于立柱的支撑和调整，通过斜撑油缸的伸缩，调整立柱的垂直度，保证立柱的工作姿态。顶部滑轮组引导钢丝绳路径，实现钢丝绳对桩或工作装置的吊装。

全液压履带式桩架采用先进的液压系统，并可根据施工要求采用不同形式的液压控制方式，如负流量控制、正流量控制、恒功率控制、负载敏感控制等，使施工更加节能高效。结合先进的电控系统，使全液压履带式桩架更加智能化。

2.1　JU70 桩架

JU70 全液压履带式桩架采用方形立柱，可挂载钻孔机、打桩锤或振动锤等工作装置施工，总装备质量 70t。图 2 为 JU70 桩架的结构和尺寸。该桩架采用后倒架设计，斜撑油缸控制立柱向设备后方倒下，运输时无需拆卸立柱、斜撑和顶部滑轮组。立柱起架时通过辅助起架装置将立柱抬起一定角度，再通过斜撑将立柱支撑到位，完成立柱的起架作业。该结构形式极大地提高了桩架的转场效率。图 3 为 JU70 桩架的运输状态和尺寸。JU70 桩架的参数情况如表 1 所示。

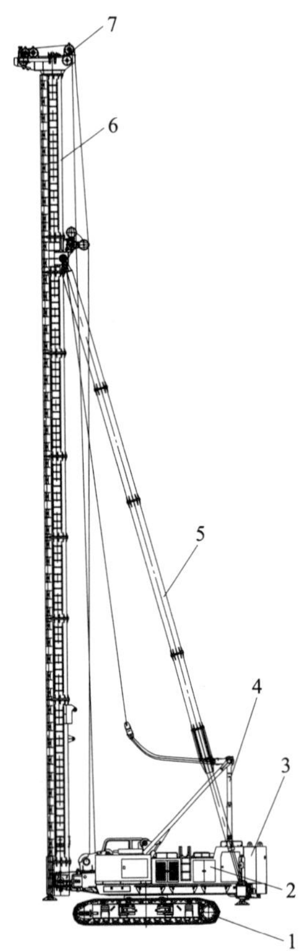

1—履带底盘；2—上平台；3—配重；4—A 型架；5—斜撑；6—立柱；7—顶部滑轮组

图 1　全液压履带式桩架结构

Fig. 1　The structure of hydraulic crawler piling rig

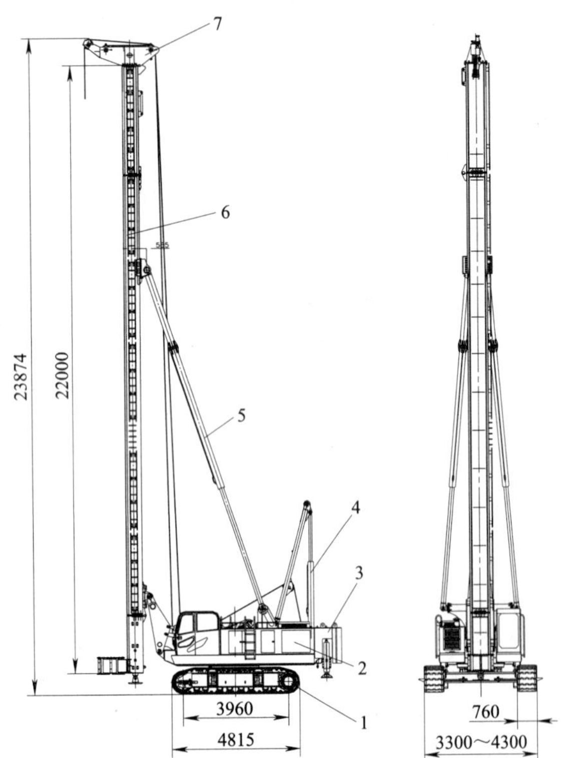

1—底盘；2—上平台；3—配重；4—辅助起架装置；5—斜撑；6—立柱；7—顶部滑轮组

图 2　JU70 结构尺寸

Fig. 2　The structure and dimensions of JU70

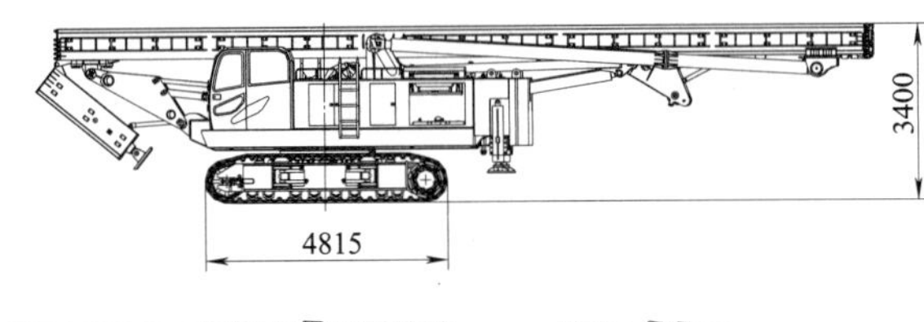

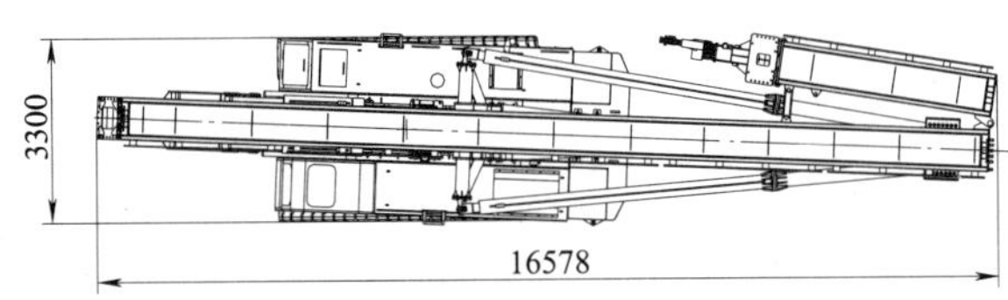

图 3　JU70 运输尺寸

Fig. 3　The transport dimensions of JU70

JU70 参数　　表 1

The parameters of JU70　　Table 1

项目	数值
发动机功率	142kW
立柱高度	22m
立柱截面尺寸	方立柱 580mm×600mm
最大拔桩力	350kN
卷扬配置	主卷扬×1+副卷扬×1
机体质量	60t
总装备质量	70t

2.2　JU90 桩架

JU90 全液压履带式桩架可挂载钻孔机、打桩锤或振动锤等工作装置施工，总装备质量 90t。图 4 为 JU90 桩

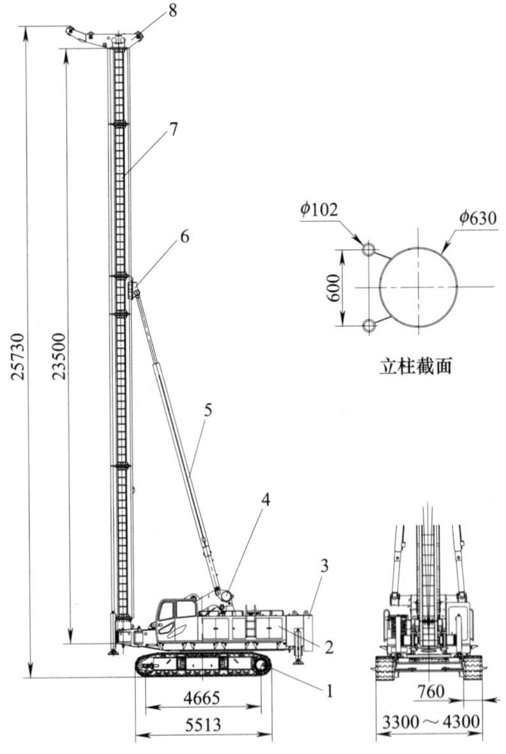

1—底盘；2—上平台；3—配重；4—辅助起架装置；5—斜撑；6—滑架；7—立柱；8—顶部滑轮组

图 4　JU90 结构尺寸

Fig. 4　The structure and dimensions of JU90

架的结构和尺寸。与上述 JU70 桩架结构不同，该桩架采用前倒架设计，斜撑油缸和辅助起架装置油缸调整立柱向前倒架，滑架 6 可在立柱后轨道上进行滑动，且滑架上装有插销，通过插销的插拔实现滑架与立柱的固定和松开，当立柱完全放平时，拔出滑架的插销，收缩斜撑油缸，滑架沿立柱后轨道向立柱下方滑动，当滑动至最下方限位处时，插上插销，将滑架固定在立柱下节上，此时将顶部滑轮组和立柱上部几节标准节拆下，然后收缩辅助起架油缸，即可将设备调整至运输状态，如图 5 所示。

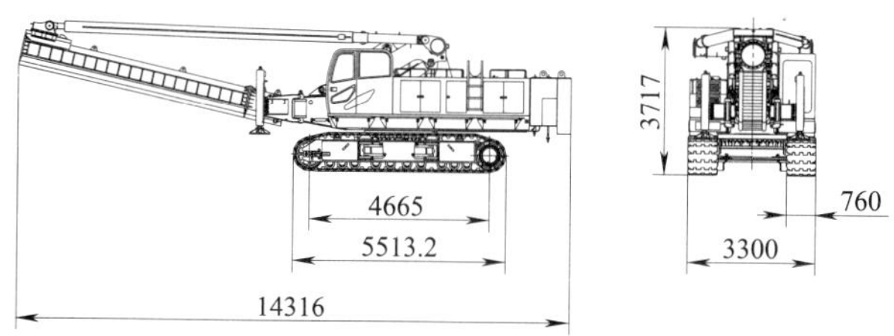

图 5　JU90 运输尺寸

Fig. 5　The transport dimensions of JU90

在设备转场时，该结构形式只需拆卸部分立柱标准节和顶部滑轮组，即可满足运输尺寸和重量要求，提高了转场效率。

JU90 桩架的参数情况如表 2 所示。

JU90 参数　　表 2

The parameters of JU90　　Table 2

项目	数值
发动机功率	142kW
立柱高度	23.5m
立柱截面尺寸	ϕ630mm
最大拔桩力	350kN
卷扬配置	主卷扬×1+副卷扬×1
机体质量	70t
总装备质量	90t

2.3　JU100 桩架

JU100 全液压履带式桩架共设有 5 个卷扬装置：2 个主卷扬、1 个副卷扬、1 个自由溜放卷扬和 1 个起架卷扬。其中，2 个主卷扬可沿立柱挂载上下两个工作装置，例如可挂载两个钻机动力头，实现双动力头工法施工；副卷扬用于桩或钢筋笼的辅助吊装；自由溜放卷扬可挂载重锤，通过自由溜放功能使重锤自由下落，用于对预制桩的锤击，辅助预制桩下沉；起架卷扬用于立柱的起架和倒架。多个卷扬装置组合，可满足多种工作装置的挂载，实现多种工法施工，总装备质量 100t。

该桩架动力系统采用油电双动力系统。电力动力系统是主动力系统，功率较大，以施工现场交流电源为动力源，施工过程环保无污染，施工时常用此动力系统；燃油动力系统是副动力系统，其功率较小，施工现场不具备电源条件时，或整机长距离移动时，或应急情况下采用此动力系统，满足临时施工需求。油电双动力系统的设计兼顾了环保、便利和应急需求，在环保要求越来越严格的形势下，具有良好的市场前景。

JU100 桩架的尺寸如图 6 所示，参数如表 3 所示。

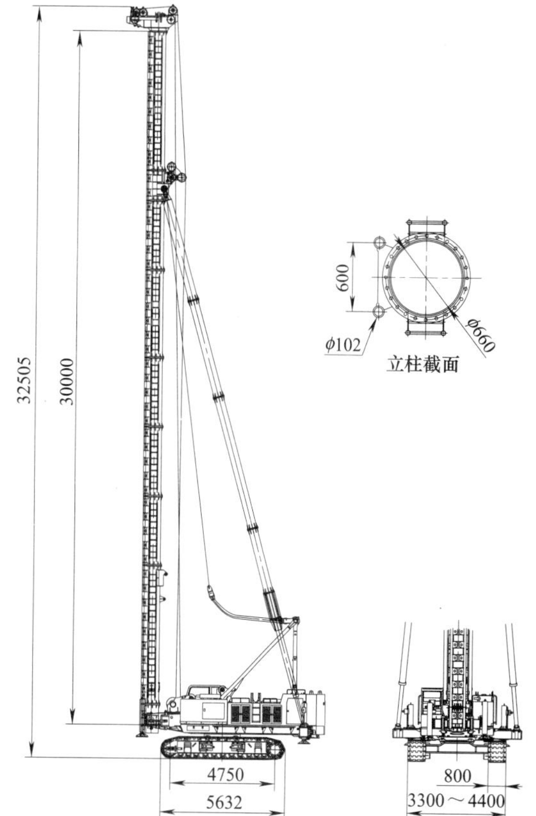

图 6　JU100 尺寸

Fig. 6　The dimensions of JU100

JU100 参数　　表 3

The parameters of JU100　　Table 3

项目	数值
电机功率	132kW
发动机功率	45kW
立柱高度	30m
立柱截面尺寸	ϕ660mm
最大拔桩力	600kN
卷扬配置	主卷扬×2+副卷扬×1+自由溜放卷扬×1+起架卷扬×1
机体质量	80t
总装备质量	105t

2.4　JU110 桩架

JU110 全液压履带式桩架可挂载钻孔机、打桩锤或振动锤等工作装置，总装备质量 110t。图 7 为 JU110 桩架的结构和尺寸。该桩架动力站为模块化设计，可根据施工要求配置不同功率的动力站。例如，该桩架若搭载液压动力头，动力头的动力由桩架动力站提供，桩架的功率需求较大，可配置高功率动力站。

该桩架配重为可伸缩式配重，如图 8 所示，工作状态下将通过油缸将配重伸出，提高了整机稳定性。

JU110 桩架具有加压功能，若搭载钻孔机，可通过加压钢丝绳对钻杆向下加压，解决了在硬地层施工钻孔难的问题。

JU110 桩架参数如表 4 所示。

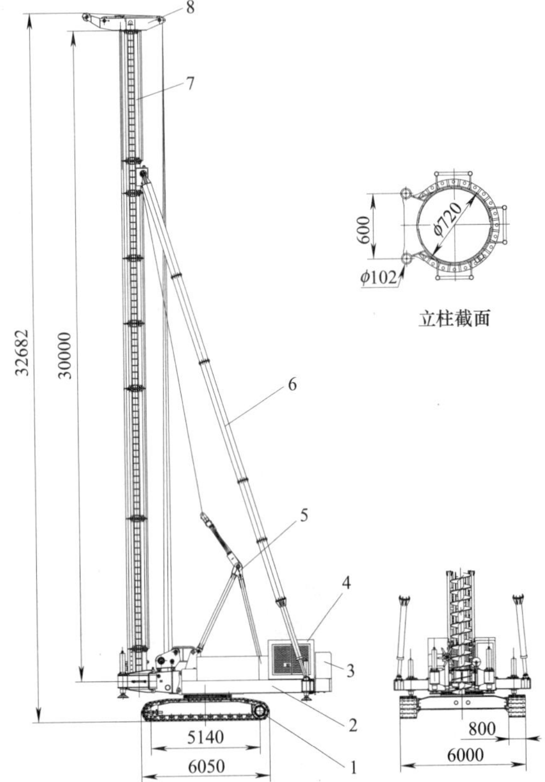

1—底盘；2—上平台；3—可伸缩式配重；4—动力站；
5—A 形架；6—斜撑；7—立柱；8—顶部滑轮组

图 7　JU110 结构尺寸

Fig. 7　The structure and dimensions of JU70

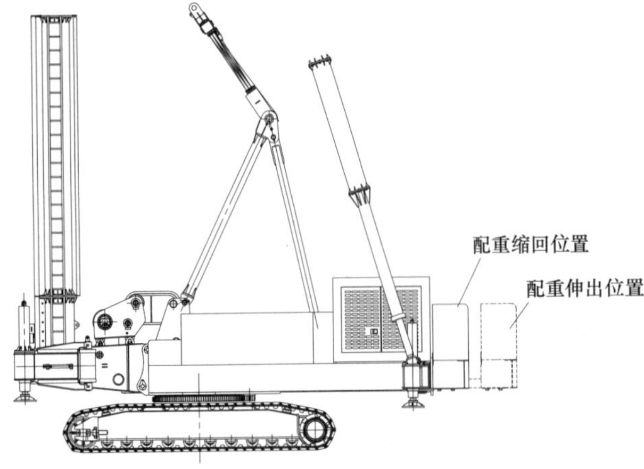

图 8　JU110 可伸缩式配重

Fig. 8　The telescopic counterweight of JU110

2.5　JU140 桩架

与 JU100 桩架相同，JU140 全液压履带式桩架共设有 5 个卷扬装置：2 个主卷扬、1 个副卷扬、1 个自由溜放卷扬和 1 个起架卷扬，可满足多种工作装置的挂载，实现多种工法施工，总装备质量 140t。

JU110 参数　表 4

The parameters of JU110　Table 4

项目	数值
发动机功率	235kW
立柱高度	30m
立柱截面尺寸	ϕ720mm
最大拔桩力	600kN
最大加压力	100kN
卷扬配置	主卷扬×1+副卷扬×1+加压卷扬×1+起架卷扬×1
机体质量	80t
总装备质量	110t

JU140 桩架负载能力较大，为了增加立柱的负载能力，设计有立柱平衡装置，该装置根据立柱负载的大小调节立柱平衡油缸拉力，减小立柱的偏载。

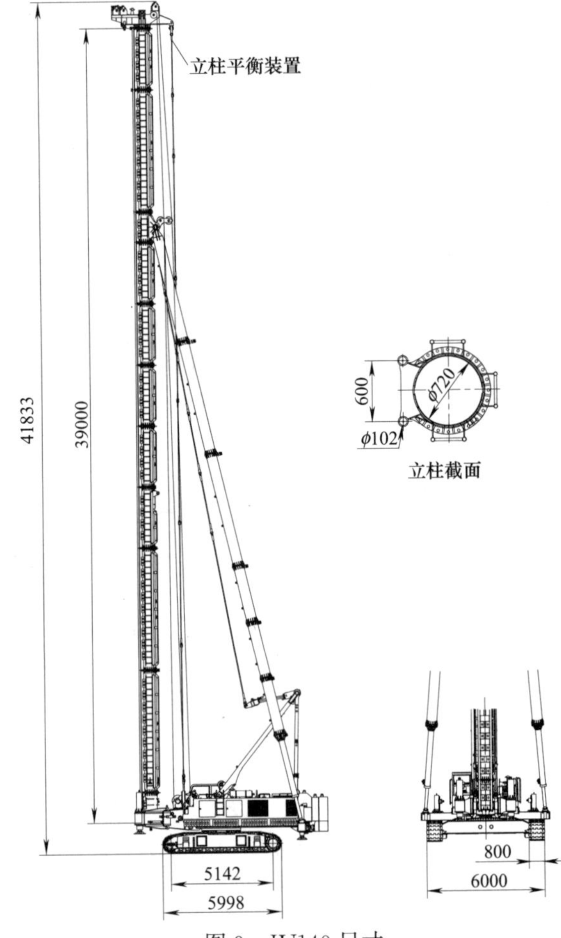

图 9　JU140 尺寸

Fig. 9　The dimensions of JU140

JU140 桩架整机重量较大，运输时必须将立柱、斜撑、顶部滑轮组、配重和两侧履带等部件拆下，分开运输。为了便于拆卸，该桩架两侧履带与履带架通过插装方式连接，并设计有履带拆卸油缸。前后支腿油缸将主机顶起到最大高度后，拆下履带固定销，通过履带拆卸油缸将两侧履带推出，即可完成履带拆卸，如图 10 所示。

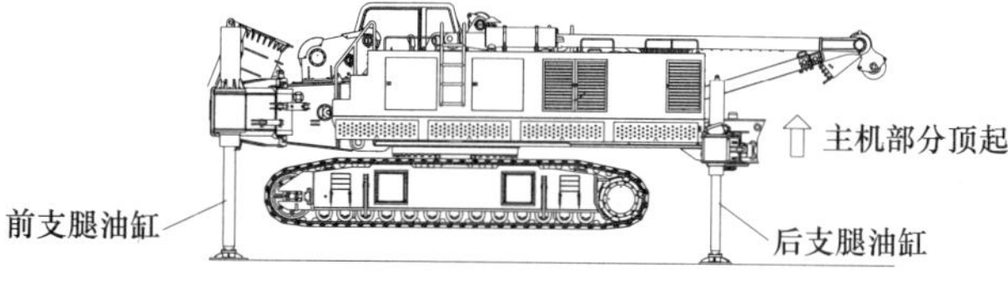

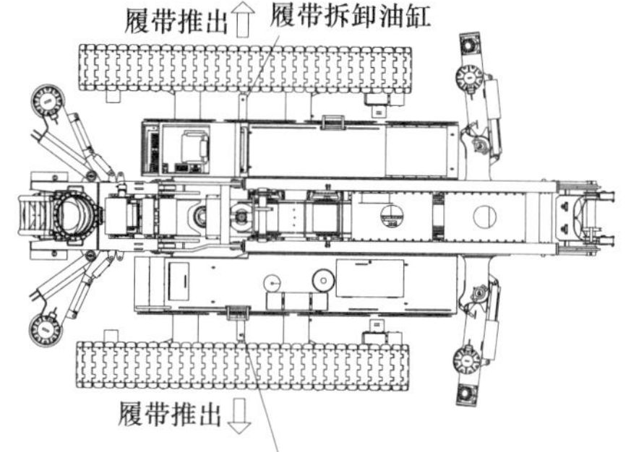

图 10　JU140 履带拆卸示意图

Fig. 10　The crawler disassembly of JU140

履带拆卸完成后，将履带架旋转 90°，与主机前后方向平行，此时将平板车倒入主机下方，如图 11 所示。平板车到位后，缓缓收缩前后支腿，待前后支腿完全收缩后，将前摆腿和后摆腿分别折叠至运输状态，如图 12 所示。

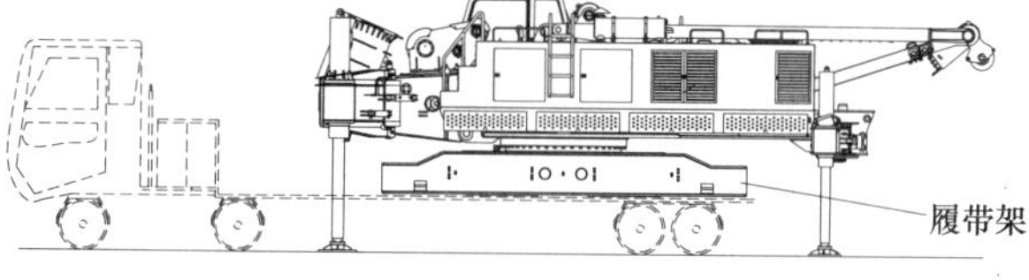

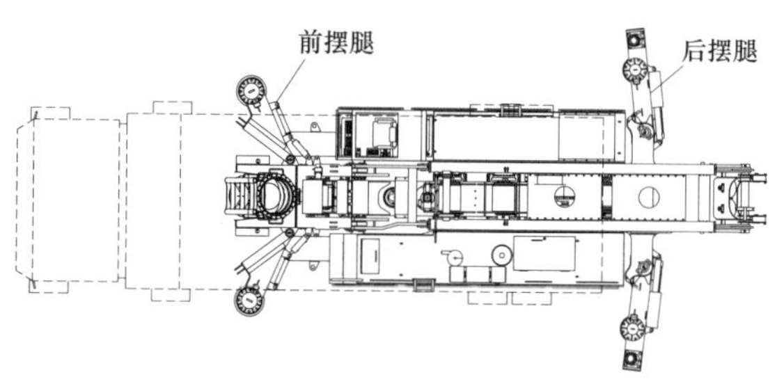

图 11　JU140 装车示意图

Fig. 11　The loading schematic diagram of JU140

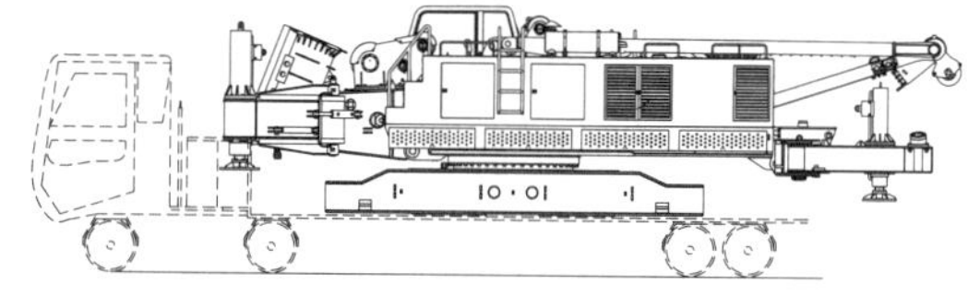

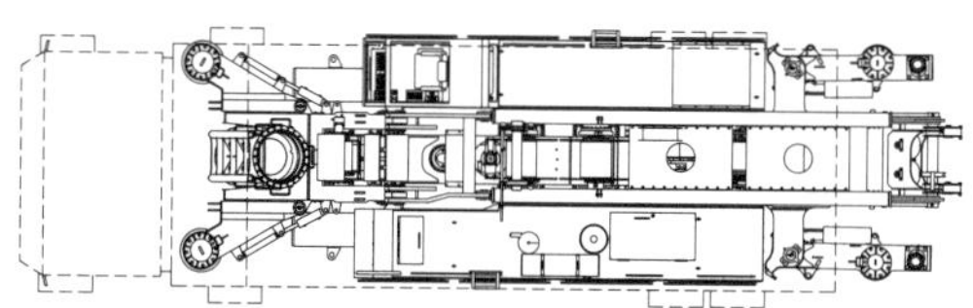

图 12　JU140 运输状态

Fig. 12　The transport status of JU140

JU140 全液压履带式桩架参数如表 5 所示。

JU140 参数　　表 5

The parameters of JU140　　Table 5

项目	数值
发动机功率	210kW
立柱高度	39m
立柱截面尺寸	ϕ720mm
最大拔桩力	700kN
卷扬配置	主卷扬×2+副卷扬×1+ 自由溜放卷扬×1+起架卷扬×1
机体质量	105t
总装备质量	140t

3　产品应用

全液压履带式桩架应用广泛，可与打桩锤、振动锤、钻孔机、深层搅拌机等工作装置组合，广泛应用在高层建筑、地下工程、桥梁、堤坝等大型工程中。如图 13～图 16 所示。

图 13　桩架搭载液压冲击锤施工

Fig. 13　Piling rig with hydraulic hammer

图 14　桩架搭载振动锤施工

Fig. 14　Piling rig with vibrating hammer

图 15　桩架搭载长螺旋钻机施工

Fig. 15　Piling rig with CFA drilling machine

图 16　桩架搭载多轴钻机施工

Fig. 16　Piling rig with deep mixer

除了上述常见的桩架施工应用外，还发展了很多以桩架为平台的新型基础施工工法。

3.1　双动力头潜孔锤凿岩工法

双动力头潜孔锤凿岩工法设备是在桩架上组合上动力头、下动力头、长螺旋钻杆、外套管和气动潜孔锤等工作装置[3]。如图 17 所示。

图 17　双动力头潜孔锤凿岩钻机

Fig. 17　Piling rig with dual power head

上动力头带动长螺旋钻杆旋转，其主轴为空心轴，上部设有回转接头，通过回转接头将高压空气、水泥浆、混凝土注入孔中。

下动力头驱动外套管作与长螺旋钻杆反向的回转切削钻进，外套管形成护孔壁，防止孔壁坍塌，并与长螺旋钻杆形成螺旋排渣通道。

气动潜孔锤连接在长螺旋钻杆的底部，高压空气通过钻杆空心腔接入气动潜孔锤，潜孔锤进行上下往复冲击运动，实现破岩，破碎的岩石碎渣通过高压空气吹起，沿长螺旋钻杆叶片和外套管形成的螺旋空间区域向上运动，在下动力头的排渣口位置排出孔外。

双动力头潜孔锤凿岩工法可在卵石层、漂石层及坚硬岩层等复杂地质条件下高效率钻孔，无需泥浆护壁，成桩质量好，施工过程无泥浆污染，解决了大直径桩基础高效率打孔“入岩”的技术难题，克服了泥浆对环境的严重污染，是一种新型的高效环保桩基础施工设备。

3.2　振动套管长螺旋钻孔工法

振动套管长螺旋钻孔工法设备是在桩架上组合上动力头、中空式振动锤、长螺旋钻杆和外套管等工作装置。如图 18 所示。

图 18　振动套管长螺旋钻机

Fig. 18　Piling rig with vibrating hammer and drilling machine

上动力头带动长螺旋钻杆旋转，主要进行钻进排渣。

中空式振动锤的中间位置设计有一个由上向下的通孔，长螺旋钻杆通过该通孔穿过振动锤。振动锤连接外套管，带动套管振动将土体液化，进而将外套管沉入土体。当完成钻孔后，振动锤再将外套管振动拔出。

该工法无需泥浆护壁，环保无污染，钻孔效率高，常用于混凝土灌注桩。

振动套管长螺旋钻孔工法还可应用于预制混凝土管桩的施工。中空振动锤通过夹具带动中空混凝土管桩，将混凝土管桩沉入土体，上动力头则带动长螺旋钻杆在管桩内钻进取土，减小桩端阻力，促进管桩的下沉。该工法适用于大直径混凝土管桩施工，解决了大直径混凝土管桩通过传统打入方法沉桩难的问题。

3.3 植入桩工法

植入桩工法设备主要由桩架、动力头、钻杆、扩底钻头和下部保持架等组成。如图 19 所示。

图 19 植入桩工法钻机

Fig. 19 Grouted planted piling rig

动力头挂载到桩架立柱上，通过连接盘连接钻杆。钻杆由螺旋钻杆和叶片式钻杆组合而成，螺旋钻杆部分可靠性高、成孔垂直度好，而叶片式钻杆部分搅拌更稳定，植桩更方便。扩底钻头具有扩孔功能，当钻至指定深度时进行扩孔，可增加桩端承载力。下部护筒起对桩和导向作用，减小钻杆在施工时的晃动，保证整机稳定性。

植入桩工法通过预先钻孔，并对孔内土体进行原位搅拌、注浆，再将预制混凝土桩植入，具有施工过程无振动、低噪声、成桩质量好、桩承载力高、泥浆排放少等优点。

4 小结

本文介绍了不同吨位、不同结构形式的全液压履带式桩架，这些桩架特点突出，可满足不同的施工需求。本文还重点介绍了以全液压履带式桩架为平台的各种新型基础施工工法，这些工法在环保施工、克服复杂地层、提高承载力等方面效果突出。

全液压履带式桩架作为建筑机械的大型工作母机，可为各种工作装置提供多功能、多用途、高效率、节能环保的搭载平台。随着基础施工要求越来越高，各种新型全液压履带式桩架产品被开发出来，使施工过程更加智能、高效、节能。

北京建筑机械化研究院有限公司通过多年的研发，已形成了型号、种类较为齐全的全液压履带式桩架产品序列，在国内外市场中得到了成功应用，打破了国外的技术垄断，并在此基础上根据不同的需求进行了多项创新研发，收到了良好的效果。

参考文献：

[1] 徐建，周紫晗，郭传新，等. 一种新型油电双动力全液压履带式桩架研究[J]. 建筑机械，2021(4)：45-47.

[2] 何清华，朱建新，郭传新，等. 桩工机械[M]. 北京：清华大学出版社，2018.

[3] 姜文革，崔向华，郭传新. 双动力头潜孔锤凿岩钻孔机[J]. 建筑机械，2015(3)：37-41.

树根桩顶驱跟管钻进劈裂注浆成桩施工技术

李　凯，雷　斌，尚增弟
（深圳市工勘岩土集团有限公司，深圳 518057）

摘　要：树根桩广泛应用于地基加固处理，当遇到含水量大的软土地基时，钻孔容易发生塌孔、缩颈及偏斜，导致注浆管下入困难，孔内无法填入砾料，注浆效果差，现场施工无法满足设计要求。面对以上问题，采用顶驱回转钻机提供动力，采取全套管跟管护壁钻进成孔，钻进过程利用高压水同步清孔，钻孔完成后在套管内下放注浆管，并在护壁套管和注浆钢管的空隙内填灌砾料，拔除跟管套管后依次进行一次常压注浆和二次高压劈裂注浆，注浆时采用螺栓式封孔器对注浆管口进行有效封堵，取得了满意的施工效果。

关键词：树根桩；顶驱钻进；跟管；螺栓式封孔器；劈裂注浆

作者简介：李凯，男，1989 年生，岩土工程博士，注册岩土工程师，主要从事岩土工程施工技术研究。

Construction technology of split grouting root pile with top drive pipe following drilling

LI Kai，LEI Bin，SHANG Zeng-di
（Shenzhen Gongkan Geotechnical Group Co.，Ltd.，Shenzhen 518057，China）

Abstract：Root pile is widely used in foundation reinforcement. When encountering soft soil foundation with large water content，hole collapse，necking and deflection are easy to occur during drilling，resulting in difficulty in lowering the grouting pipe，failure to fill the hole with gravel，poor grouting effect，and on-site construction can not meet the design requirements. Facing the above problems，the top drive rotary drilling rig is used to provide power，the full casing pipe is used to protect the hole wall during drilling，and the hole is cleaned synchronously with high-pressure water. After the drilling is completed，the grouting pipe is placed in the casing，and the gravel is filled in the gap between the wall protection casing and the grouting steel pipe. After the casing pipe is removed，the first atmospheric pressure grouting and the second high-pressure splitting grouting are carried out successively. During grouting，the bolt hole sealer is used to effectively block the grouting pipe orifice，and satisfactory construction results are obtained.

Key words：root pile；top drive drilling；pipe following；bolt hole sealer；splitting grouting

1　引言

树根桩广泛应用于地基加固处理[1-2]，其加固效果良好，可以有效控制建筑物的后期沉降，对软土地区地基处理及加固施工有一定的指导意义[3]。施工时通常先钻孔至设计孔底标高，清孔后放入注浆管，在孔内填入砾料，然后依次进行孔内常压一次注浆、二次高压注浆成桩，起到对地层加固的作用。

云浮港都骑通用码头二期工程项目场地位于港口沿岸，场地上覆巨厚软弱土层，地下水丰富，需要采用树根桩对岸坡进行地基加固处理。树根桩设计桩径 200mm，平均桩长 24m，梅花形布置，桩间距 1.5m，持力层为强风化砂岩。项目开始施工时，采用一般地质钻机成孔，因地层松软、含水量大，钻孔发生塌孔、缩颈、偏斜等问题[4]，导致注浆管下入困难，孔内无法填入砾料，注浆效果差，现场施工无法满足设计要求。

针对软土地基树根桩施工过程中存在的钻孔易塌孔、砾料填灌困难、注浆效果差等问题，综合项目实际条件及施工特点，我司对软土地基树根桩施工方法展开研究，经过现场试验、优化改进，形成了“树根桩顶驱跟管钻进劈裂注浆成桩施工技术”。此技术采用顶驱回转钻机提供动力，采取全套管跟管钻进成孔，钻进过程利用高压水同步清孔，钻孔完成后在套管内下放注浆钢管。试验研究表明，采用二次注浆工艺可较大幅度提高地基承载力[5]、微型桩的抗拔承载力[6] 和水平承载力[7]。本技术注浆时采用螺栓式封孔工艺对注浆管口进行有效封堵，确保了注浆效果，并有效保证了泥浆不外流，环保效果好。经过多个项目实践，形成了完整的施工工艺流程、技术标准、工序操作规程，达到了质量可靠、成桩高效的效果，取得了显著的社会和经济效益。

2　工程概况

2.1　工程位置及规模

云浮港都骑通用码头工程位于云浮云城区都骑镇，新建 3 个 1000t 级泊位（结构按 5000t 级设计），码头平面布置采用栈桥式。码头通过 2 座引桥与陆域连接，中间引桥宽度为 15m，右侧引桥宽度为 12m；码头长度 173.85m，宽度 25m，前沿顶标高 20.02m。本项目主要针对码头护岸结构的树根桩施工，码头树根桩桩径 200mm，码头顶部平台树根桩 689 根，单根长度 25m，总长 17225m；中部平台树根桩 734 根，单根长度 23m，总长 16882m。

2.2 工程地质条件

本工程施工场地内分布的地层自上而下有人工填土、第四系全新统冲积层、第四系上更新统残积层及加里东期混合花岗岩。其中人工填土分为素填土、填石、杂填土 3 个亚层，层厚 3.5～3.9m；第四系全新统冲积层为可塑粉质黏土，层厚 22.7～26.1m；第四系上更新统残积层为砂质黏性土，可塑—硬塑状态，层厚 8.3～10.2m；加里东期混合花岗岩可划分为全、强、中、微风化 4 个带，其中全风化、强风化花岗岩层厚 0～1.5m。

2.3 现场施工情况

本工程起初采用传统成孔、注浆方式打设树根桩，缩颈、塌孔现象频发，桩体质量参差不齐，无法满足设计要求。项目组针对该问题开展了研究，采用本技术进行顶驱全套管钻进成孔、螺栓式封孔器进行高压注浆，有效加快了成孔效率，提高了桩体质量，提升了施工进度及现场文明施工水平，得到各参建单位的一致好评，取得了显著效益。

3 施工工艺

3.1 适用范围

（1）适用于直径不超过 200mm、长度不超过 30m 的钢管树根桩施工。

（2）适用于松散易塌、地下水丰富的软土地基处理。

3.2 工艺原理

本技术是针对钢管树根桩采用液压顶驱跟管回转、全套管跟管钻进、螺栓式封孔高压注浆的施工工艺，其关键技术主要包括 3 部分：一是顶驱动力回转钻进技术；二是全套管跟管钻进技术；三是装配式螺栓封孔注浆技术。

（1）顶驱动力回转钻进技术

本技术使用的钻机采用顶驱回转钻进，与一般的回转型钻机相比，顶驱动力钻机的动力头能够实现高频往复振动，带动套管及钻头对土体进行冲击回转和切削钻进。本技术采用的顶驱动力钻机振动频率可达 2800 次/min，对地基土体产生高频冲击力，提高破碎能力，提升钻进效率。

（2）全套管跟管钻进技术

为确保微型树根桩的成桩质量，本技术采用全套管跟管钻进成孔。全套管跟管钻进是在套管底部配置合金材质的管靴钻头，在顶驱回转作用下对土体具有良好的切削能力，套管钻头既钻进破碎土层，又起到完全的护壁作用。

在顶驱钻进的同时，采取从钻杆顶部注入压力 10MPa 的高压水配合钻进，高压水对套管内的土体进行高速冲击，减小套管钻进阻力，并将套管内的土体冲压出套管底部，实现有效排渣。

待套管钻进至设计标高，在套管内下放注浆钢管，在套管护壁作用下将砾料填灌至套管与注浆钢管之间的环状空间，待砾料填灌至地面时上拔套管，跟管套管既保证了钻孔直径，又确保了回填砾料满足设计要求。全套管顶驱动力回转钻进原理见图 1。

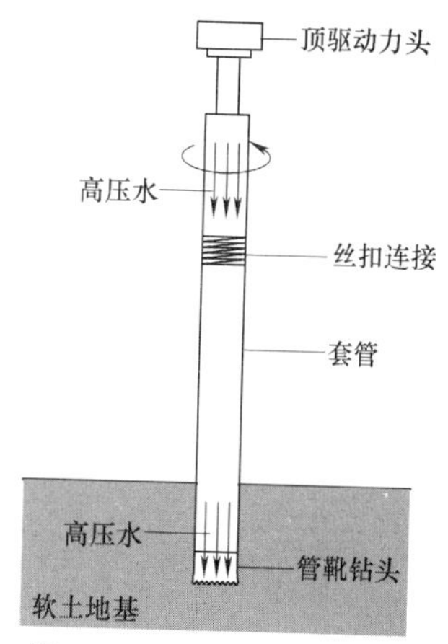

图 1　顶驱回转钻进原理图

Fig. 1　Schematic diagram of top drive drilling

（3）装配式螺栓封孔注浆技术

本技术注浆时采用装配式螺栓封孔技术，对注浆钢管顶部实施有效封孔。装配式螺栓式封孔器主要由两部分组成，上部为带孔钢密封帽，下部为卡扣，具体见图 2。密封帽顶部开孔用于连接注浆导管，内置两层橡胶密封圈（图 3），起到注浆密封作用；卡扣紧固在注浆钢管外侧，起到固定作用；密封帽与卡扣通过螺栓连接，利用卡扣与外壁紧固力抵消注浆时反冲力，以此达到密封及固定效果。使用装配式螺栓式封孔器进行封孔，能有效避

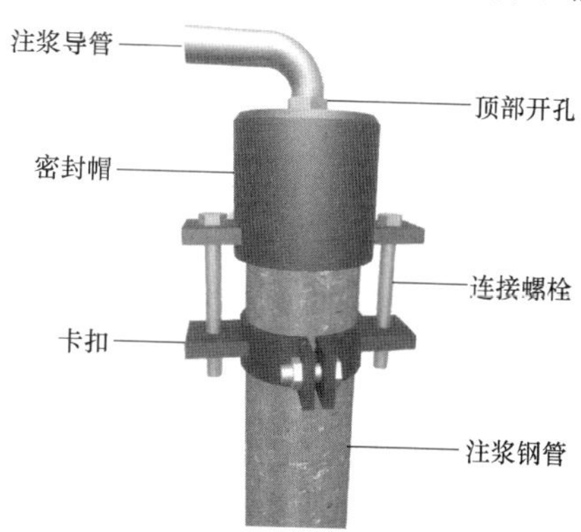

图 2　螺栓式封孔器

Fig. 2　Bolt hole sealer

图 3　密封帽内橡胶密封圈

Fig. 3　Rubber sealing ring in sealing cap

免高压注浆时因漏浆导致的注浆不连续、浆液压力不稳定导致的桩体质量差的问题。

3.3 工艺流程

树根桩顶驱跟管钻进劈裂注浆成桩施工工艺流程见图 4。

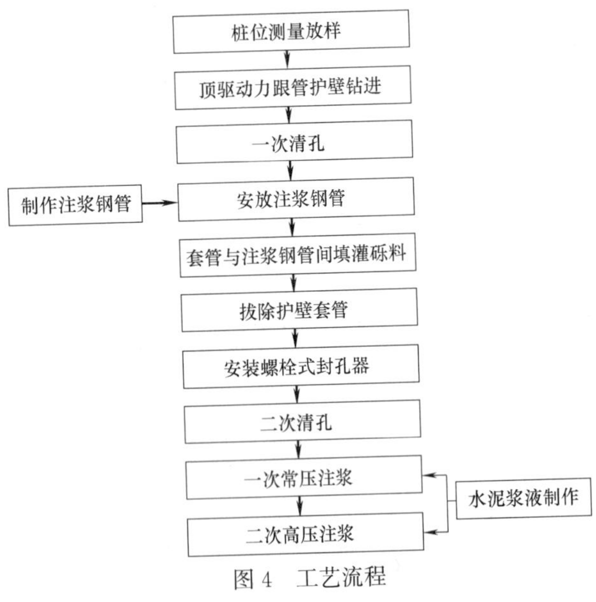

图 4 工艺流程

Fig. 4 Construction process

3.4 操作要点

（1）桩位测量放样

① 根据设计图纸的要求进行放样，布置各树根桩的位置，插定位钢筋，对每个桩孔的位置进行编号，并在钻头就位后复核桩位。

② 在场地内布置定位轴线，以便施工中部分桩位标记被扰动后核对。

（2）顶驱动力跟管护壁钻进

① 在施工位置铺设行道板，用作钻机的工作平台，以防钻机不均匀沉陷或倾斜。

② 安装首节带钻头的套管，利用钻机顶驱回转动力使套管钻入地层，全套管跟管钻进见图 5。

图 5 全套管跟管钻进

Fig. 5 Drilli with full casing pipe following

③ 钻进过程中，从钻杆顶部泵入压力为 10MPa 的高压水配合钻进，高压水对套管内的土体进行冲击，减小套管钻进阻力，同时将套管内的土体冲压出套管底部实现清孔；部分高压水沿套管向上冲出落至地面，设置沟槽将其引至泥浆池为二次清孔备用。

④ 钻进时利用下方三个夹具配合钻机动力头旋转加接套管，套管夹具见图 6；同时，利用钻机自带的小型悬吊装置和置管架配合人工对套管进行吊装存放，具体见图 7。

⑤ 钻机动力头进给导轨上装有测斜仪，钻杆的垂直度在驾驶舱内电子屏上实时显示，具体见图 8。

图 6 套管夹具

Fig. 6 Casing clamp

图 7 悬吊装置和置管架

Fig. 7 Suspension device and pipe rack

图 8 测斜仪

Fig. 8 Inclinometer

（3）一次清孔

① 终孔后，将钻头提离孔底 200mm 开启慢速回转，同时套管内利用高压潜水电泵通入高压清水进行一次清孔。

② 通过一次清孔将孔内泥皮及少量的微细砂粒彻底从孔内带出，为二次清孔做好准备。

（4）注浆钢管制作与安放

① 注浆钢管采用直径 89mm、壁厚 6mm 的钢管，下部 3m 范围内每隔 300mm 周身均匀设 3 个直径 6mm 的注

浆孔；钢管一端焊接内径 91mm、壁厚 6mm、长 200mm 的钢管，用于钢管间套焊接长。

② 注浆钢管底部焊接 3 根定位钢筋，见图 9，使钢管与孔底能预留出 100mm 高的空隙；注浆钢管上每隔 3m 均匀设置 3 个对中支架，以使注浆钢管居中安放，见图 10。

图 9　定位钢筋
Fig. 9　spacer bars

图 10　对中支架
Fig. 10　Centering support

③ 用吊机下放注浆钢管，加接钢管时用卡钳夹住钢管卡在套管口用人工焊接，焊接完松开夹钳并继续下放，直至注浆钢管达到设计标高，焊接注浆钢管见图 11；钢管套焊对接后用测斜尺检测垂直度，检测钢管垂直度见图 12。

图 11　焊接注浆钢管
Fig. 11　Weld the grouting steel pipe

图 12　测量注浆钢管垂直度
Fig. 12　Measure the verticality of grouting steel pipe

（5）套管与注浆钢管间填灌砾料

① 充填砾料采用清洗过的粒径为 5～10mm 的瓜米石，瓜米石先计量再投入孔口填料漏斗中。

② 向套管与注浆钢管之间的环状空间内填灌砾料，直至填至套管口，具体见图 13。

图 13　套管内填灌砾料
Fig. 13　Fill the gravel into casing pipe

（6）拔除护壁套管

① 采用钻机分节起拔套管，起拔过程中低速慢转操作，防止过快起拔造成砾料快速扩散而引起注浆钢管移位；起拔跟管套管时，沿中心线垂直拔出，防止对注浆钢管的扰动。

② 钻机动力头配合下方夹具上拔、拆卸护壁套管，拆下的套管通过钻机自带的小型吊机配人工放至套管架中，见图 14；跟管套管拔出后，及时采用长度为 1m 的临时钢护筒插入孔内用于稳定孔口地层，防止孔口地层塌孔而对注浆管产生挤压，放置孔口临时护筒见图 15。

图 14　起拔套管
Fig. 14　Pull up the casing pipe

③ 临时护筒安装到位后，向孔内补填砾料至孔口位置，以固定注浆钢管；补填料时，将注浆钢管口堵塞，防止砾料填入，具体见图 16；在套管口放置三角定位架，使注浆钢管位于护筒中心即桩孔中心位置，具体见图 17。

图 15　放置孔口临时护筒
Fig. 15　Place a temporary casing at orifice

图 16　孔内补填砾料
Fig. 16　Supplement the gravel into the hole

（7）安装螺栓式封孔器

① 待套管全部拔除后，将螺栓式封孔器的卡扣卡到注浆钢管上，然后穿入螺栓拧紧螺母，将卡扣牢固定在注浆管上，见图 18。

② 将密封帽套在注浆管管口位置上，螺栓孔位置与下部卡扣螺栓孔对正，在密封帽及下部卡扣螺栓孔内插入连接螺栓并拧紧螺母，见图 19。

③ 将注浆导管连接到封孔器上，确保接头拧紧，封孔器连接注浆导管见图 20。

图 17　孔口放置三角定位架

Fig. 17　Positioning a triangular positioning frame at orifice

图 18　安装封孔器卡扣

Fig. 18　Install the hole sealer snap

图 19　安装钢密封帽

Fig. 19　Schematic diagram of top drive drilling

（8）二次清孔

① 二次清孔注水采用 BW150 型高压注浆泵，注浆泵最大流量 150L/min，最大排出压力为 7MPa。

② 向注浆钢管内注入清水，将套管起拔后孔内的泥渣带出，直至孔口返出清水，二次清孔见图 21。

（9）水泥浆液制作

① 采用 42.5R 早强型普通硅酸盐水泥，将水泥倒入搅浆桶内，均匀加水，按 0.6 的水灰比配制好水泥浆，并检测泥浆相对密度是否符合要求；

② 将搅拌均匀后的水泥浆导入泥浆池，进行二次搅拌，保证泥浆供应量充足且泥浆均匀。

图 20　连接注浆导管

Fig. 20　Connect grouting conduit

图 21　二次清孔

Fig. 21　Second hole cleaning

（10）一次常压注浆

① 一次注浆压力控制在 0.5～0.8MPa，注浆流量 32～47L/min，随着注浆的进行，浆液从注浆钢管底部上返，注入的水泥浆液逐步将孔内清水置换。

② 一次注浆直至孔口返浆的相对密度与水泥浆相同时结束，孔口返浆见图 22；在水泥浆初凝过程中及时向桩内补填砾料至孔口。

图 22　孔口返浆

Fig. 22　Slurry return out of the pile hole

（11）二次高压注浆

① 在一次注浆完成后间歇 2～3h 后实施二次高压注浆。

② 二次注浆压力为 2～4MPa，待注浆管内充满水泥浆，在 2MPa 压力下稳压 5min，直至孔口上返浓浆。

③ 注浆结束后，对注浆导管进行清洗，防止导管堵

塞影响下一次注浆。注浆完成最终成桩见图 23。

图 23　成桩桩顶

Fig. 23　The completed pile top

3.5　工艺特点

（1）成孔效率高

本技术采用顶驱动力回转钻进成孔，外套管钻头在高频振动下对土体进行冲击回转切削，同时配合高压水对套管内部土体进行切削冲洗，大大提高了钻进效率。

（2）桩身完整性好

本技术采用全套管跟管护壁成孔后在套管内填灌砾料，避免了因孔壁坍塌造成的砾料填灌不足从而影响桩身质量的问题，有效保证了桩身的完整性。

（3）加固效果好

本技术注浆时采用新型螺栓式封孔器，避免了高压注浆时因注浆压力不够、孔口漏浆而造成注浆效果不理想，有效提高了地基加固效果。

4　结语

树根桩顶驱跟管钻进劈裂注浆成桩施工技术有效解决了软土地基树根桩施工中钻孔易塌孔、砾料填灌困难、注浆效果差的难题，提供了一种树根桩顶驱跟管钻进劈裂注浆成桩施工技术，大大提升了施工效率和成桩质量，取得了显著效益。

参考文献：

[1]　郑瑜. 国外微型桩发展概况[J]. 港口工程，1990(5)：5.

[2]　王辉，陈剑平，阙金声. 树根桩在基础加固中的设计与应用研究[J]. 岩土力学，2006(S2)：5.

[3]　孙训海，佟建兴，杨新辉，等. 微型桩在软土地基加固工程中的应用[J]. 岩土工程学报，2017(S2)：4.

[4]　孙友良. 树根桩在地基基础加固中的应用研究[D]. 南京：河海大学，2006.

[5]　龚健，杨建明，程光明. 微型桩基础的施工技术[J]. 施工技术，2004，33(1)：29-30+39.

[6]　GONG Jian，YANG Jian-ming，CHNEG Guang-ming. Construction Technology of Micropile[J]. Construction Technology，2004，033(001)：29-30，39.

[7]　苏荣臻，郑卫锋，鲁先龙. 压力注浆对微型桩抗拔承载力影响的试验对比[J]. 工业建筑，2011，41(1)：5.

[8]　SU Rong-zhen，ZHENG Wei-feng，LU Xian-long. Test Comparison of Influence of Pressure Grouting on Uplift Capacity of Micropiles [J]. Industrial Construction，2011，41(1)：5.

[9]　王开洋，李亚军，李果，等. 二次注浆竖向钢花管微型桩水平承载能力试验研究[J]. 岩石力学与工程学报，2019，38(8)：11.

废弃泥浆配置膏状浆液的研究及应用

武　峰[1]，刘永超*[2,3]，王洪磊[1]，袁振宇[3]，武　岳[4]，韩玉涛[3]

（1. 中交一公局集团有限公司，北京 100020；2. 天津建城基业集团有限公司，天津 300301；3. 天津大学建筑工程学院，天津 300354；4. 桂林理工大学广西岩土力学重点实验室，广西 桂林 541004）

摘　要：本文用钻孔灌注桩的废弃泥浆配置成膏状浆液材料，在传统水泥浆中加入适量膨润土与粉煤灰，提高水泥浆的抗水冲刷能力，通过研究膏状浆液的分层度、凝结时间、稠度、泌水率等相关技术指标，测试出合理配比的膏状浆液，以应用于工程实践当中。所研究的废弃泥浆配置的膏状浆液可以用作三个方面：隧道及基坑的渗漏封堵、植桩工艺的植桩液、基坑流态回填料，可根据不同的需要选择相应的配比，实现不同的工艺需求；改进了传统双液浆在堵漏过程中动水留存率较低的缺点，提高了堵水浆液的留存率，提高了堵漏效果；回填料的应用可消纳工程废弃泥浆，减少了传统素土、灰土回填的压实（碾压、夯实）工序；用于植桩法制成的泥浆能够减少沉桩阻力，减少了需要处理的泥浆总量，将泥浆通过混合方法消纳掉，有效地减少了泥浆的排放和处理，绿色环保，又有较强的技术经济优势。

关键词：膏状浆液；堵水；植桩；回填料

作者简介：武峰，高级工程师，主要从事岩土与地下工程的技术开发和施工管理，458826578@qq.com。

通讯作者简介：刘永超，男，博导，总工程师，教授级高级工程师，从事岩土工程设计与施工技术研究与管理。Email：chao96521@vip.sina.com。

Research and application of paste grout in waste mud

WU Feng[1], LIU Yong-chao*[2,3], WANG Hong-lei[1], YUAN Zhen-yu[3], WU Yue[4], HAN Yu-tao[3]

(1. CCCC First Highway Engineering Group Co., Ltd., Beijing 100020, China; 2. Tianjin Jiancheng Development Group Co., Ltd., Tianjin 300301, China; 3. School of Civil Engineering and Architecture, Tianjin University, Tianjin 300354, China; 4. Guangxi key Laboratory of Rock and Soil Mechanics, Cuilin University of Technology, Guilin Guangxi 541004, China)

Abstract: In bored piles of waste mud configured to paste slurry material, add right amount of bentonite in traditional cement and fly ash, improve the slurry water erosion resistance, through the study of stratified paste slurry, setting time, consistency, related technical indexes such as exudation rate, test out the reasonable ratio of paste slurry, for use in engineering practice. The paste slurry of the waste mud in this study can be used in three aspects: leakage sealing of tunnels and foundation pits, pile planting fluid for pile planting process, and flow back filling of foundation pits. The corresponding ratio can be selected according to different needs to achieve different technological requirements: The disadvantages of low moving water retention rate of traditional double-liquid slurry in plugging process are improved, the retention rate of water plugging slurry is improved, and the plugging effect is improved. The application of backfilling can absorb the waste engineering mud, without vibration molding, reduce the traditional plain soil, ash backfilling compaction (rolling, tamping) process; The mud used for piling method can reduce pile resistance, reduce the total amount of mud that needs to be treated, the mud will be absorbed by the mixing method, effectively reduce the discharge and treatment of mud, green environmental protection, but also has strong technical and economic advantages.

Key words: paste slurry; water plugging; planting pile; packing

1　引言

随着中国城市化进程的加快，伴随着各类工程建设进入高峰期，产生的工程建设垃圾不仅造成了严重的资源浪费，而且也给环境带来了严重的威胁。其中，工程废弃泥浆就是工程施工中产生的威胁最严重的工程垃圾之一[1]。盾构隧道或基坑工程中经常出现漏水、漏砂事故，注浆是常见的治理抢险方法，由于地下环境经常是动水条件，所以对注浆材料有很高的要求，需要综合考虑注浆材料的凝结时间、动水留存率、堵水率等性质。关于地下工程漏水漏砂等问题防治，工程上多采用注浆的方法进行抢险，常见的浆液分为有机注浆材料和无机注浆材料，浆液在注入后将面临复杂的地质水文条件，在动水的环境下极易被水冲走，大大降低堵漏效果。所以注浆工艺对浆液原料的物理性质及化学性质要求极高，包括初凝、终凝时间，动水留存率，堵水效果等性质。通过长时间对扩散机制及注浆机理的研究，浆液除了需要有抗水冲刷能力外，还需要能够在短时间内具备一定强度，从而达到堵水效果。根据以上研究，故自主研发膏状浆液材料进行堵漏、植桩以及工程回填料，充分利用钻孔灌注桩循环外排的废弃浆液，在传统水泥浆中加入适量膨润土与粉煤灰，提高水泥浆的抗水冲刷能力，通过研究膏状浆液的分层度、凝结时间、稠度、泌水率等相关技术指标，测试出合理配比的膏状浆液，以应用于工程实践当中[2,3]。

2 试验准备

2.1 试验内容

膏状浆液由水泥、膨润土、粉煤灰三种原材料组成并利用钻孔灌注桩的废弃泥浆配置而成，本试验在前期不断试验的基础上对优化选择的十六组不同配比的膏状浆液进行性能研究，开展对膏状浆液的分层度、凝结时间、稠度、泌水率、保水性、表观密度、扩展度、立方体抗压强度等相关技术指标的测试，对各个参数的影响进行总结，并从经济角度对其进行分析，通过分析得出膏状浆液合理配比的结论，为注浆配比提供实用性参考[4,5]。

2.2 试验指标依据

本试验均严格参照国内规范和标准进行，测试主要内容包括分层度、凝结时间、稠度、泌水率、保水性、表观密度、扩展度、立方体抗压强度、收缩率等相关技术指标，试验步骤方法参照行业标准《建筑砂浆基本性能试验方法标准》JGJ/T 70—2009 结果取两次试验结果的算术平均值。

2.3 试验材料

水泥：本试验采用水泥-金盛华牌水泥，强度等级为 P·O42.5。

膨润土：膨润土是一种常见的工业黏土，属于天然火山灰质材料。本试验膨润土选材同信牌膨润土，规格型号为钠基。

粉煤灰：粉煤灰是燃料（主要是煤炭）燃烧过后剩下的灰色颗粒，将粉煤灰加入传统水泥后会加强水泥的保水性、黏聚性，改善材料的流动性；本试验粉煤灰选材为海德润滋牌，类别为 F-Ⅰ；图 1 为拌和中的膏状浆液。

图 1 膏状浆液

2.4 试验指标依据

由于本试验需讨论水泥、膨润土、粉煤灰、泥浆四种变量，变量较多，故采取正交法进行试验。按照正交试验法进行本次试验，具体配比见表 1（泥浆比例为泥浆与水泥掺量的比值）。

试验配比参数 表 1

试验编号	膨润土掺量(%)	粉煤灰掺量(%)	泥浆相对密度	泥浆比例
1 组	20	0	1.25	2.6
2 组	20	10	1.3	2.8
3 组	20	20	1.35	3.0
4 组	20	30	1.4	3.2
5 组	27	0	1.3	3.0
6 组	27	10	1.25	3.2
7 组	27	20	1.4	2.6
8 组	27	30	1.35	2.8
9 组	34	0	1.35	3.2
10 组	34	10	1.4	3.0
11 组	34	20	1.25	2.8
12 组	34	30	1.3	2.6
13 组	41	0	1.4	2.8
14 组	41	10	1.35	2.6
15 组	41	20	1.3	3.2
16 组	41	30	1.25	3.0

2.5 试验仪器及设备

本次试验所需要的设备和仪器有：烧杯、量筒、电子秤、搅拌机（用以搅拌混合好的膏状浆液）、稠度测试仪、混凝土试块压力机等设备，如图 2 所示。

(a) 压力机

(b) 膏状浆液

图 2 试验仪器设备

3 试验过程

3.1 试验测定过程

3.1.1 凝结时间测定

待膏状浆液试件成型的 2h 后开始测定试件的强度，当贯入的阻力值达到 0.3MPa 之后，则由原来的每 0.5h 测定一次改为每 15min 测定一次，一直测定到贯入的阻力值为 0.7MPa 时，将过程中的阻力值与时间都记录下来并绘制成图，根据图表计算求得阻力值为 0.5MPa 时的时间，则此时的时间就是膏状浆液的凝结时间；同一配比的试件做两组，若两次的凝结时间结果不大于 30min，则取平均数即为该配比的凝结时间；若大于 30min，则需要重新测定至达到标准。

3.1.2 稠度测定

用湿润的布将测试容器和金属锥表面擦拭干净，保持滑杆的滑动顺畅；将膏状浆液装入容器中，用振捣棒进行振捣，保证膏状浆液表面平整；将金属锥的顶尖部位与膏状浆液的表面接触后打开螺栓并计时，等到10s后在刻度盘上读数，此时的数值就是膏状浆液的稠度值。

3.1.3 分层度测定

先测试出膏状浆液的稠度，然后把膏状浆液倒入分层度筒内，用木槌敲击并随时添加膏状浆液，然后用刮刀抹平；待静置30min后，取容器下面的1/3的膏状浆液测试稠度，两次测得的稠度差就是分层度。

3.1.4 泌水性测定

将膏状浆液倒入已经称重的玻璃量筒中，记录膏状浆液的体积并称量筒与膏状浆液的总重，将量筒的上口用保鲜膜密封住，避免量筒中的水蒸发，然后将量筒放在没有振动且水平的桌面上静置，30min后每隔5min记录膏状浆液的体积，当读数不再变化时，此时的时间为膏状浆液的泌水时间，然后将水倒出称重并计算泌水率。

3.1.5 保水性测定

称量玻璃片、干燥的试模和八片滤纸的重量，将膏状浆液倒入试模中并振捣，用刮刀将膏状浆液抹平，再称重；然后将医用棉纱放在膏状浆液表面，并将滤纸、玻璃片和2kg的重物压在棉纱上，静置2min后取走重物和玻璃片，称重滤纸，然后计算保水性。

3.1.6 表观密度测定

用秤称出试块的质量，再除以试块的体积，即为试块的密度，每组测试三个试块取平均数。

3.1.7 扩展度测定

用水润湿坍落度筒和底板，底板和坍落度筒内壁应无明水。将拌制的膏状浆液试样分三层均匀地装入筒内并振捣，并用刮刀抹平；清理筒边底板上的膏状浆液后，垂直平稳地提起坍落度筒并测量扩展度。

3.1.8 立方体抗压强度测定

将成型的试件养护到龄期后检查尺寸形状，相对两面应平行。检查完毕后，将试块放置压力机上进行试验，每种配比做三组试验取平均数，测试出抗压强度并记录；试验过程见图3。

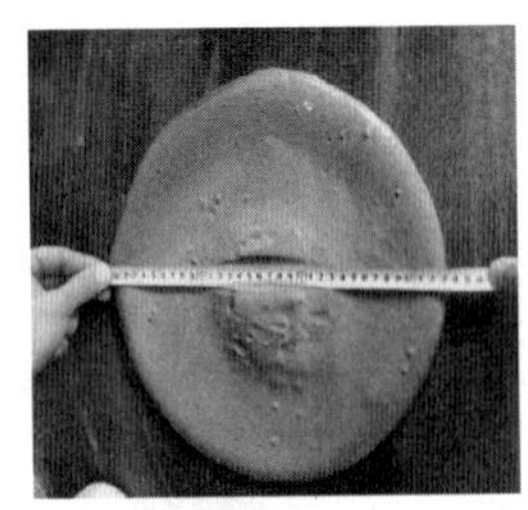

(a) 坍落度测定

(b) 膏状浆液试块

图3 试验指标测定过程

3.2 试验结果

按照正交试验方法要求取16种配比进行试验，并对每种配比的膏状浆液分别进行分层度、凝结时间、稠度、泌水率、保水性、密度、扩展度、立方体抗压强度的测试，具体试验数据如表2、表3所示。

试验数据　　表2

配合比编号	配合比（水泥：泥浆：粉煤灰：膨润土）	扩展度（mm）	密度（kg/m^3）	稠度（mm）	分层度（mm）	泌水率（%）	保水性（%）
K0	1：2.74：0.30：0.27	210	1650	90	0	0	98.7
K1	1：2.60：0.0：0.20	430	1520	143	8	0.9	95.5
K2	1：2.80：0.1：0.20	268	1610	127	0	0.3	97.1
K3	1：3.00：0.2：0.2	278	1630	127	35	0.2	96
K4	1：3.20：0.3：0.20	173	1660	58	0	0	97
K5	1：3.00：0.0：0.27	330	1560	133	25	0.3	97.9
K6	1：3.20：0.1：0.27	170	1470	144	0	0.6	96.1
K7	1：2.60：0.2：0.27	138	1700	54	9.4	0	97.1
K8	1：2.80：0.3：0.27	167	1670	47	0	0	95.1
K9	1：3.20：0.0：0.34	190	1625	64	0	0	96.5
K10	1：3.00：0.1：0.34	186	1655	59	0	0	97.4
K11	1：2.80：0.2：0.34	353	1555	105	18	0.1	94.4
K12	1：2.60：0.3：0.34	158	1640	73	20	0	98.3
K13	1：2.80：0.0：0.41	140	1670	55	0	0	98.1
K14	1：2.60：0.1：0.41	110	1680	52	14	0	96.9
K15	1：3.20：0.2：0.41	205	1590	88	19	0	96.5
K16	1：3.00：0.3：0.41	280	1555	115	17	0.2	97.1

3.3 试验分析

（1）扩展度试验结果分析

运用正交分析法对试验数据进行分析，可以看出，四种变量因素对扩展度的影响从大到小分别是膨润土掺量＞泥浆相对密度＞粉煤灰掺量＞泥浆比例；从图4可以看出，随着膨润土、粉煤灰和泥浆相对密度的增加，浆液的扩展度降低；而随着泥浆比例的增加，浆液的扩展度呈现升高状态。

试验强度数据 **表 3**

配合比编号	凝结时间	1d 试块强度（MPa）	3d 试块强度（MPa）	7d 试块强度（MPa）	28d 试块强度（MPa）
K0	6h40min	1.3	3.3	7.3	6.3
K1	9h	0.8	1.7	4.2	6.1
K2	8h	1.0	2.6	4.2	5.8
K3	7h30min	1.4	3.1	5.6	7.5
K4	7h15min	1.3	2.9	5.0	10
K5	8h10min	0.8	2.0	3.2	4.1
K6	9h	0.5	0.9	2.9	3.7
K7	5h40min	2.0	4.4	7.5	9.9
K8	6h40min	2.1	4.7	6.3	9.6
K9	6h10min	1.6	3.1	4.1	5.2
K10	6h10min	1.8	3.3	4.4	7.4
K11	8h45min	0.7	2.5	3.8	5.1
K12	6h15min	1.9	3.6	6.1	10.1
K13	5h10min	2.3	4.1	6.7	7.8
K14	4h10min	2.6	6.0	7.4	10.5
K15	7h30min	1.0	2.1	2.8	5.3
K16	8h50min	0.8	2.1	3.0	4.3

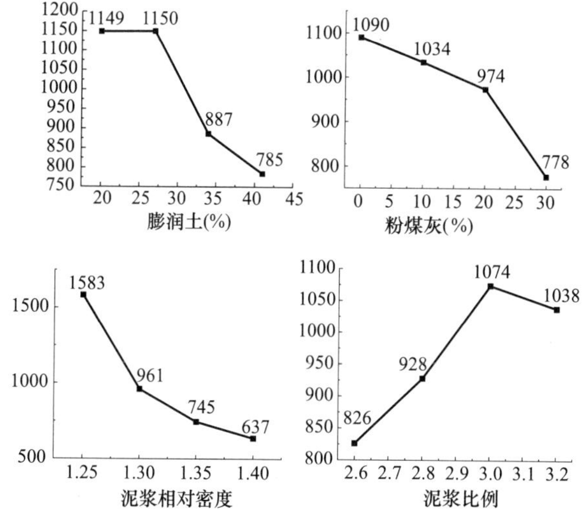

图 4　扩展度试验结果分析

（2）凝结时间试验结果分析

运用正交分析法对试验数据进行分析，可以看出，四种变量因素对凝结时间的影响从大到小分别是泥浆比重＞膨润土掺量＞泥浆比例＞粉煤灰掺量；从图 5 可以看出，随着膨润土、泥浆相对密度的增加，浆液的凝结时间降低；而随着泥浆比例的增加，浆液的凝结时间呈现先升高后降低状态；随着粉煤灰的增加，凝结时间呈现波动状态。

（3）密度试验结果分析

运用正交分析法对试验数据进行分析，可以看出，四种变量因素对密度的影响从大到小分别是泥浆相对密度＞泥浆比例＞粉煤灰掺量＞膨润土掺量；从图 6 可以看出，随着膨润土、粉煤灰和泥浆比重的增加，浆液的密度升高；而随着泥浆比例的增加，浆液的密度降低。

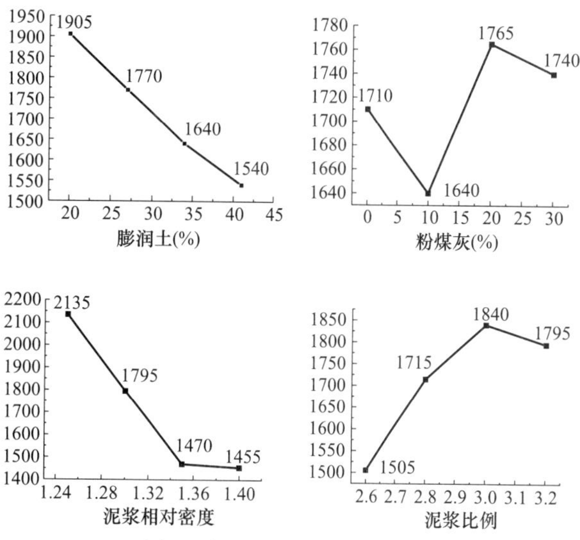

图 5　凝结时间试验结果分析

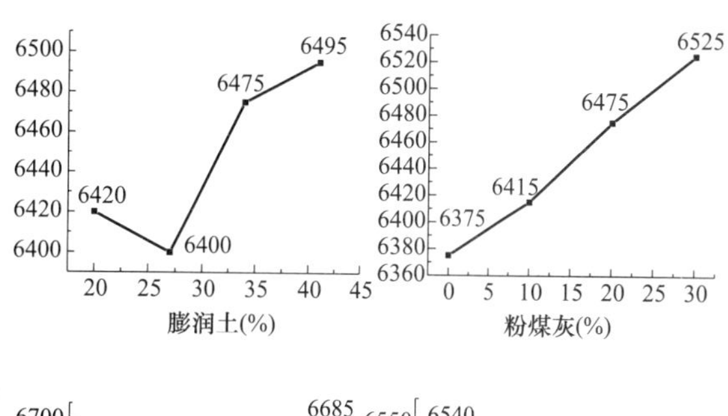

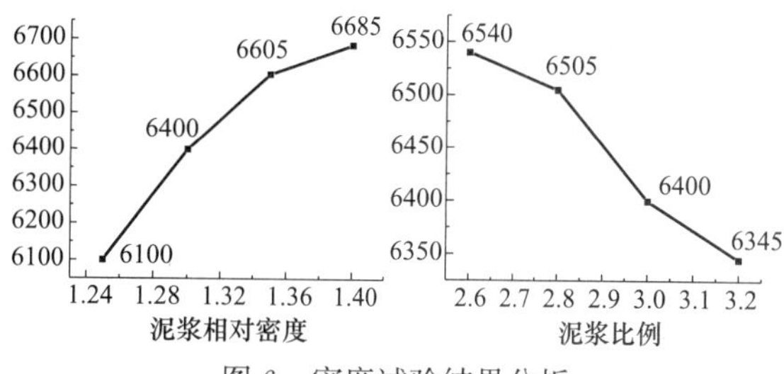

图 6　密度试验结果分析

（4）稠度试验结果分析

运用正交分析法对试验数据进行分析，可以看出，四种变量因素对稠度的影响从大到小分别是泥浆相对密度＞膨润土掺量＞泥浆比例＞粉煤灰掺量；从图 7 可以看出，随着粉煤灰和泥浆相对密度的增加，浆液的稠度降低；而随着膨润土的增加，浆液的稠度先降低后增加；随着泥浆比例增加，浆液的稠度呈现先增加后降低趋势。

（5）分层度试验结果分析

运用正交分析法对试验数据进行分析，可以看出，四种变量因素对分层度的影响从大到小分别是粉煤灰掺量＞泥浆比例＞泥浆相对密度＞膨润土掺量；从图 8 可以看出，随着膨润土相对密度的增加，浆液的分层度先降低后增加；而随着泥浆的增加，浆液的分层度先增加后降低；随着粉煤灰和泥浆比例增加，浆液的分层度呈现波形趋势。

（6）泌水率试验结果分析

运用正交分析法对试验数据进行分析，可以看出，四

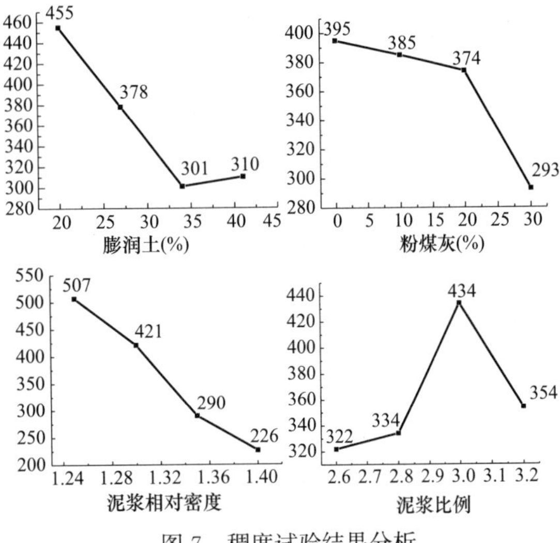

图 7　稠度试验结果分析

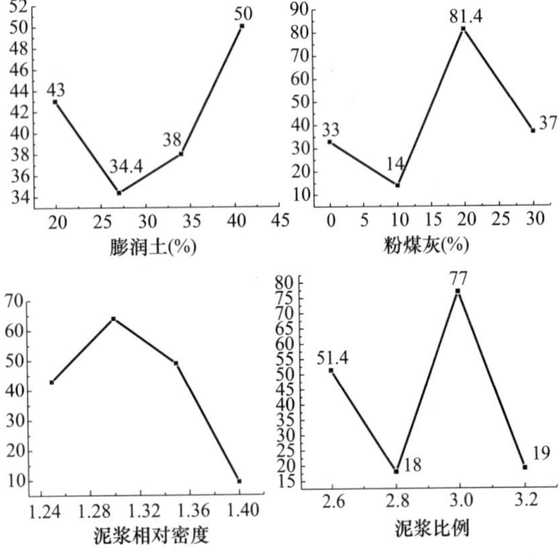

图 8　分层度试验结果分析

种变量因素对泌水率的影响从大到小分别是泥浆相对密度＞膨润土掺量＞粉煤灰掺量＞泥浆比例；从图 9 可以看出，随着膨润土和粉煤灰比重的增加，浆液的泌水率先降低后增加；而随着泥浆比重的增加，浆液的泌水率降低；

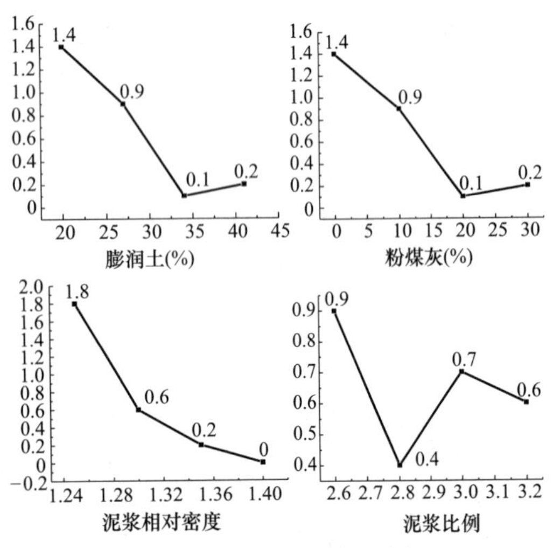

图 9　泌水率试验结果分析

随着泥浆比例增加，浆液的泌水率呈现波形趋势。

（7）保水性试验结果分析

运用正交分析法对试验数据进行分析，可以看出，四种变量因素对保水性的影响从大到小分别是泥浆相对密度＞粉煤灰掺量＞泥浆比例＞膨润土掺量；从图 10 可以看出，随着膨润土的增加，浆液的保水性增加；而随着粉煤灰的增加，浆液的保水性先降低后增加；随着泥浆相对密度和泥浆比例的增加，浆液的保水性呈现波形趋势。

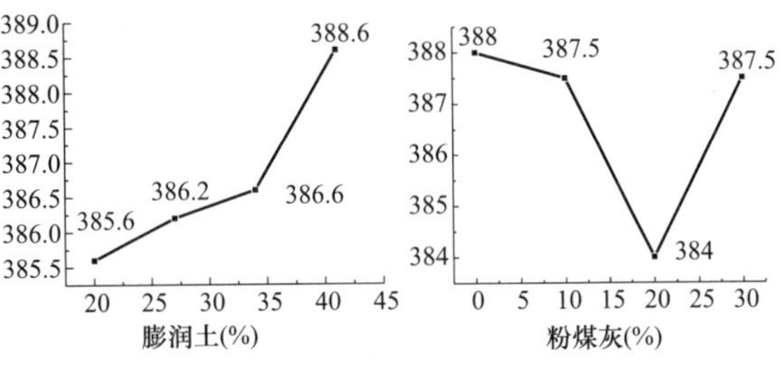

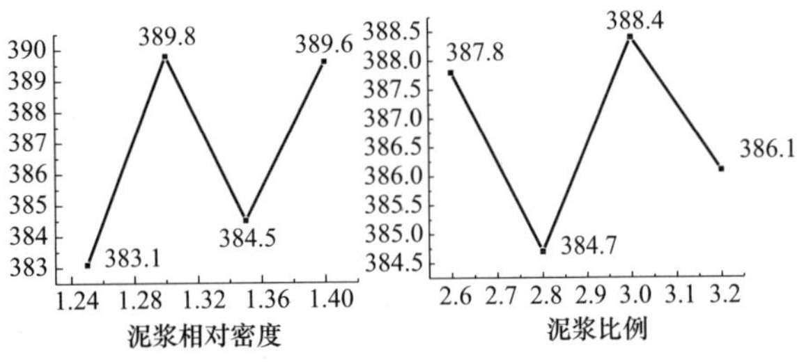

图 10　保水性试验结果分析

（8）立方体抗压强度试验结果分析

运用正交分析法对试验数据进行分析，可以看出，四种变量因素对 28d 强度的影响从大到小分别是泥浆相对密度＞泥浆比例＞粉煤灰掺量＞膨润土掺量；从图 11 可以看出，随着膨润土的增加，膏状浆液立方体抗压强度降低；而随着粉煤灰和泥浆相对密度的增加，膏状浆液的立方体抗压强度增加；随着泥浆比例的增加，膏状浆液的立方体抗压强度先降低后增加。

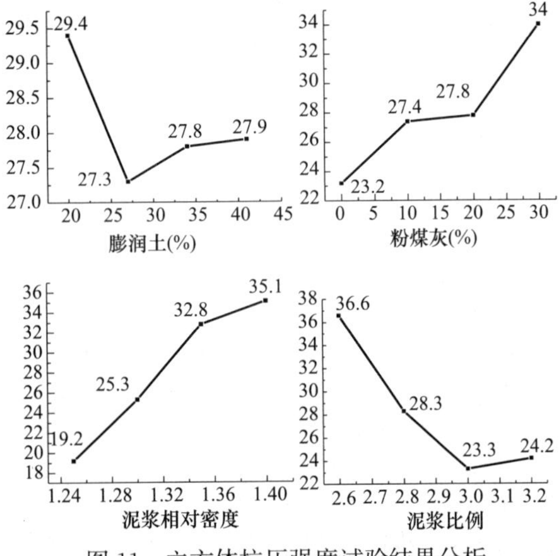

图 11　立方体抗压强度试验结果分析

（9）试验配比结论

根据各种指标综合分析，推荐实验室使用配比如表 4 所示，可根据不同工程需要选用不同配比膏状浆液。

各指标最大配比经济性分析　　表 4

比例编码	A 膨润土掺量(%)		B 粉煤灰掺量(%)		水泥		D 泥浆比例		造价		
	配比	造价	配比	造价	配比	造价	配比	造价	单组总造价	体积	单组总造价(元/m^3)
K16	0.41	126.00	0.30	63.00	1	385	3	—	574	3.03	189.51
K2	0.20	126.00	0.10	21.00	1	385	2.8	—	532	2.67	199.19
K3	0.20	126.00	0.20	42.00	1	385	2.6	—	553	2.45	225.35
K4	0.20	126.00	0.30	63.00	1	385	3	—	574	2.71	211.74

4　经济技术分析

4.1　经济性分析

针对已做试验配比组数，为应用到工程实践，按照市场价格水泥单价 385 元/t、粉煤灰 210 元/t、膨润土 630 元/t 来计算，以下各指标最大配比估算造价，见表 5。

针对已做试验配比组数，为应用到工程实践，按照市场价格水泥单价 385 元/t、粉煤灰 210 元/t、膨润土 630 元/t 来计算，以下各指标最小配比估算造价，见表 6。

各指标最大配比经济性分析　　表 5

指标	A 膨润土掺量		B 膨润土掺量		C 水泥		D 泥浆		造价		
	配比	造价	配比	造价	配比	造价	配比	造价	单组总造价	体积	单组总造价(元/m^3)
扩展度	0.20	126.0	0.0	0.0	1	385	3	—	511	2.63	194.67
凝结时间	0.20	126.0	0.3	63.0	1	385	3	—	574	2.81	204.09
密度	0.41	258.3	0.2	42.0	1	385	2.6	—	685.3	2.63	260.45
稠度	0.20	126.0	0.0	0.0	1	385	3	—	511	2.63	194.67
分层度	0.41	258.3	0.2	42.0	1	385	3	—	685.3	2.88	237.85
沁水率	0.20	126.0	0.0	0.0	1	385	2.6	—	511	2.38	215.16
保水性	0.41	258.3	0.0	0.0	1	385	3	—	643.3	2.76	233.10
1d 强度	0.41	258.3	0.3	63.0	1	385	2.6	—	706.3	2.69	262.20
3d 强度	0.41	258.3	0.3	63.0	1	385	2.6	—	706.3	2.69	262.20
7d 强度	0.41	258.3	0.3	63.0	1	385	2.6	—	706.3	2.69	262.20
28d 强度	0.20	126	0.3	63.0	1	385	26	—	574	2.56	224.00

各指标最小配比经济性分析　　表 6

指标	A 膨润土掺量		B 膨润土掺量		C 水泥		D 泥浆		造价		
	配比	造价	配比	造价	配比	造价	配比	造价	单组总造价	体积	单组总造价(元/m^3)
扩展度	0.27	170.1	0.3	63.0	1	385	2.6	—	618.1	2.61	237.16
凝结时间	0.41	258.3	0.1	21.0	1	385	2.6	—	664.3	2.57	258.61
密度	0.27	170.1	0.0	0.0	1	385	3.2	—	555.1	2.79	198.69
稠度	0.34	214.2	0.3	63.0	1	385	2.6	—	662.2	2.65	249.89
分层度	0.20	126.0	0.0	0.0	1	385	2.6	—	511.0	2.38	215.16
沁水率	0.34	214.2	0.3	36.0	1	385	2.8	—	662.2	2.78	238.63
保水性	0.20	126.0	0.2	42.0	1	385	2.8	—	553.0	2.63	210.67
1d 强度	0.20	126.0	0.2	42.0	1	385	3.2	—	553.0	2.88	192.35
3d 强度	0.20	126.0	0	0.0	1	385	3.2	—	511.0	2.75	185.82
7d 强度	0.20	126.0	0	0.0	1	385	3.2	—	511.0	2.75	185.82
28d 强度	0.41	258.3	0	0.0	1	385	3.0	—	643.3	2.76	233.4

4.2 技术性能分析

由于传统双液浆在堵漏过程中动水留存率较低，在实际注浆过程中，经常出现大量跑浆、漏浆现象，注进去的浆液在凝固之前随着动水一起冲走，不能对漏点起到封堵作用，对于一些堵漏工程不能起到很好的堵漏效果；回填料的应用可消纳处理大量的工程废弃渣土泥浆，可泵送或溜槽浇筑，无需振捣成型，减少了传统素土、灰土回填的压实（碾压、夯实）工序，特别是狭窄空间的填筑工程；用于植桩法制成的泥浆能够减少沉桩阻力，并使得预制桩通过自重沉桩到预定的土层，减小对周边居民的影响，且采用传统钻孔灌注桩工艺成孔，也免去了清孔的过程，减少了需要处理的泥浆总量，将泥浆通过混合方法消纳掉，有效地减少了泥浆的排放和处理，绿色环保；且本方法成桩质量提高，桩基整体的承载力增强更具有无可替代的技术优势[6-7]。

5 试验结论

（1）随着膨润土、粉煤灰和泥浆相对密度的增加，浆液的扩展度降低；而随着泥浆比例的增加，浆液的扩展度呈现升高状态。

（2）随着膨润土、泥浆相对密度的增加，浆液的凝结时间降低；而随着泥浆比例的增加，浆液的凝结时间呈现先升高后降低状态；随着粉煤灰的增加，凝结时间呈现波动状态。

（3）随着膨润土、粉煤灰和泥浆相对密度的增加，浆液的密度升高；而随着泥浆比例的增加，浆液的密度降低。

（4）随着粉煤灰和泥浆相对密度的增加，浆液的稠度降低；而随着膨润土的增加，浆液的稠度先降低后增加；随着泥浆比例增加，浆液的稠度呈现先增加后降低趋势。

（5）随着膨润土相对密度的增加，浆液的分层度先降低后增加；而随着泥浆的增加，浆液的分层度先增加后降低；随着粉煤灰和泥浆比例增加，浆液的分层度呈现波形趋势。

（6）随着膨润土和粉煤灰相对密度的增加，浆液的泌水率先降低后增加；而随着泥浆相对密度的增加，浆液的泌水率降低；随着泥浆比例增加，浆液的泌水率呈现波形趋势。

（7）随着膨润土的增加，浆液的保水性增加；而随着粉煤灰的增加，浆液的保水性先降低后增加；随着泥浆相对密度和泥浆比例的增加，浆液的保水性呈现波形趋势。

（8）随着膨润土的增加，膏状浆液立方体抗压强度降低；而随着粉煤灰和泥浆相对密度的增加，膏状浆液的立方体抗压强度增加；随着泥浆比例的增加，膏状浆液的立方体抗压强度先降低后增加。

（9）废弃泥浆配置的膏状浆液可以用作三个方面：隧道及基坑的渗漏封堵、植桩工艺的植桩液、基坑流态回填料，可根据不同的需要选择相应的配比，实现不同的工艺需求；改进了传统双液浆在堵漏过程中动水留存率较低的缺点，提高了堵水浆液的留存率，提高了堵漏效果；用作回填料可消纳工程废弃泥浆，减少了传统素土、灰土回填的压实（碾压、夯实）工序；用于植桩法制成的泥浆能够减少沉桩阻力，减少了需要处理的泥浆总量，将泥浆通过混合方法消纳掉，有效地减少了泥浆的排放和处理，绿色环保，又有较强的技术经济优势。

参考文献：

[1] 房凯，张忠苗，刘兴旺，等. 工程废弃泥浆污染及其防治措施研究[J]. 岩土工程学报，2011，33(S2)：238-241.

[2] 贾立维，高强，熊颖. 膏状浆液灌浆在构皮滩水电站溶洞处理中的应用[J]. 贵州水力发电，2010，24(2)：28-32.

[3] 张金接. 采用膏状稠水泥浆灌浆新技术[C]//现代灌浆技术译文集，1991：53-63.

[4] 夏可风，崔文光，张金海. 膏状浆液灌浆——围堰防渗的新方法[J]. 中国水利，2005(10)：34-35.

[5] 李召峰，李术才，刘人太，等. 富水破碎岩体注浆加固材料试验研究与应用[J]. 岩土力学，2017，37(7)：1937-1946.

[6] 李利平，李术才，崔金声. 岩溶突水治理浆材的试验研究[J]. 岩土力学，2009，30(12)：3642-3648.

[7] 张忠苗. 桩基工程[M]. 北京：中国建筑工业出版社，2007.

岩土施工项目管理系统的开发与应用

马晓武，郭　磊
（机械工业勘察设计研究院有限公司，陕西 西安 710043）

摘　要：在当前建设工程“大行业、大数据、大平台”信息化特点的前提下，应用工程项目管理协同平台可以显著提高企业的现代化管理能力。传统的岩土施工项目管理中，各种施工记录、签证等工作报表为纸质报送，项目成果分散，资料汇总能力弱，对项目成本控制、技术方案的借鉴等无法提供整合的数据支持，制约了企业在目前高份额环境下的良性发展。经过对岩土施工行业项目管理的实际模式分析，采用模块设置、流程设置、项目数据需求设置建立了系统数据库列表，使用 Java 作为主要开发语言，js 作为辅助语言，开发的岩土施工工程管理系统，实现了现场施工数据的存储、共享、汇总及必要的加工计算。公司管理人员可直观查阅项目运行数据，对项目的监督检查变得及时有效。信息化的应用使项目生产计划、成本目标、利润目标变得更为合理，可以正确引导施工项目管理活动的开展，增强企业的市场竞争力。

关键词：岩土施工；项目管理；系统开发

作者简介：马晓武（1980—），男，陕西西安，硕士，高级工程师，主要从事岩土工程设计与施工管理，E-mail：30578258@qq. com。

Development and application of geotechnical project management system

MA Xiao-wu，GUO Lei
（China JK Institute of Engineering Investigation and Design Co. ，Ltd. ，Xi’an Shaanxi 710043，China）

Abstract：Under the premise of the informatization characteristics of “big industry，big data，and big platform” of current construction projects，The application of collaborative platform of engineering project management can significantly improve the modern management ability of enterprises. Traditional geotechnical construction project management，various construction records，visas and other work reports are submitted on paper，project results are scattered，and the ability to summarize data is weak. It is unable to provide integrated data support for project cost control and technical solutions. The sound development of the enterprise under the current high-share environment. After analyzing the actual mode of project management in the geotechnical construction industry，the system database list is established using module settings，process settings，and project data requirements settings，using java as the main development language and js as the auxiliary language to develop a geotechnical construction engineering management system，To realize the storage，sharing，summary and necessary processing calculation of on-site construction data. Company management personnel can view project operation data intuitively，and the supervision and inspection of the project becomes timely and effective. The application of informatization makes the project production plan，cost target，and profit target more reasonable，can correctly guide the development of construction project management activities，and enhance the market competitiveness of enterprises.

Key words：geotechnical construction；project management system；system development

1　引言

工程项目的管理是一个复杂、艰巨的系统工程，涉及进度、质量、安全、合同、人员、风险、技术文档等多方面的工作，就岩土施工项目管理的特性来说，目前行业传统的项目管理方法和管理模式存在的问题主要有以下几点：

（1）项目进度、安全、技术资料、成本状态、现场报表等信息无法实时查阅。

（2）施工现场条件简陋，各种纸质版现场记录、纪要等资料不易保存，无可追溯性，信息共享不及时。

（3）项目工期短、项目资料信息零散，无法形成一个完整的管理控制系统，绝大多数项目管理水平及工作效率低，无法为决策者提供可供参考的数据。

（4）项目成果分散，无法形成核心竞争力，不能为决策者提供聚合的信息支撑。

（5）高级别管理人员无法直观参与项目，只能通过层层汇报了解项目进展、难度及风险等情况，不能及时提醒规避项目各种风险。

国家已在大力提倡提高项目管理水平，加快提升信息化管理在施工中的应用。岩土工程施工项目实行信息化管理，基于信息化管理系统的应用，可进行数据存储，维护简单，可做到数据的无纸化保存[1]。各项目之间可实现随时查阅施工数据，咨询成本，查找分包商等便利。利用软件将所有施工项目各种现场记录、往来联系函件、签证、材料计划、工作报表进行保存、汇总，后期可利用大数据云计算实现投标价、成本、企业定额的整合及研判，对项目进展的实时宏观把控及市场价格的分析具有指导作用[2]。同时施工项目实施现场及公司领导层可视化管理，优化了项目管理的流程，加强质量、安全、成本风险控制，增强了企业的竞争力，项目管理深度也将提升到一个更高层次。

2 岩土工程项目管理系统的开发

经过调研并分析岩土施工项目管理信息化需求，通过项目立项分析、了解各岩土施工项目实施工作流程、施工项目主要管控点、现场主要报表、计划的种类及编制方式、项目技术质量、安全的管理方式、材料管理及资料保管形式、项目结算竣工流程等，研发了岩土施工工程项目管理系统。该系统同企业 OA 系统功能有所区别，主要目的及功能是全面存储和汇总项目施工中设计的各种资料及数据，为岩土施工项目管理提供信息化数据支持。

在系统规划设计阶段，针对岩土施工项目管理需求，要求系统要有数据处理功能、信息资源共享功能、动态控制功能、辅助决策功能等。采用了 BSP 企业系统规划法来帮助系统开发者依据组织目标制定关系信息系统规划的结构，明确系统各模块的组成和对应次序，明确系统各模块的信息处理和交互方式，保障信息传递和处理的有效性[3]（图 1）。

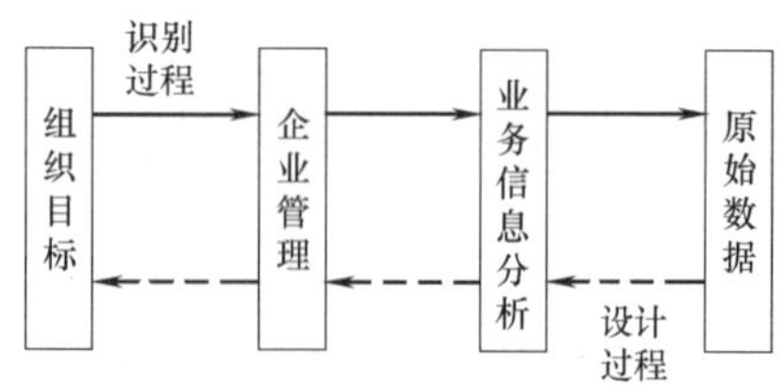

图 1　BSP 方法的识别和设计过程

在系统开发测试阶段，设计了岩土施工项目管理系统的开发方案。系统框架设计内容主要包括了项目分布图、项目进度、项目管理、消息管理和资源共享以及材料信息价。后台管理系统主要包括设备品类管理、材料品类管理、分包商管理、分公司管理、数据管理模块。利用 MVC（Model View Controller）开发模型确立系统的 B/S 架构，借助结构化生命周期法运用网络编程技术设计实现该系统功能。运用 spring boot2.0，JPA，mysql8.0 技术实现了项目管理系统的后端服务程序，运用 Dorado、jquery、H5 编写了该系统的操作界面，技术编写软件程序实现后端管理系统各个模块的具体功能，开发出岩土施工工程项目管理系统基于 Windows 操作系统的 PC 电脑端和安卓手机端两个部分。

系统数据存储云域名：www.jkyantuyun.com。在云系统中，用户模块实现了用户的注册和登陆、用户个人信息管理、项目实时查询等功能；系统模块实现了项目分布图、项目合同额显示等功能；分公司管理实现部门项目的添加、人员添减等功能、分包商管理功能；消息管理模块实现了信息接收与发送功能。项目进度实现了全部项目的实时进度、合同额、工期、资金使用、款项回收、材料使用等功能，在项目管理模块中，实现了项目信息、分包管理、施工日志、材料管理、资料管理、签证变更、财务信息、人员管理、设备管理、安全管理等功能。该岩土工程项目管理系统已取得软件著作权登记，我公司岩土施工项目已全面开始使用。

3 岩土工程项目管理系统功能及应用

本系统根据岩土施工项目管理需要达到的目的，主要实现了登录页、项目分布图展示、项目进度统计、项目管理、消息管理、资源共享、材料信息价、系统管理等功能，不同权限的用户可以操作相应的界面。

系统可使用账号密码登录以及手机号验证码登录两种模式。手机可扫描二维码进行手机端登录。如图 2 所示。

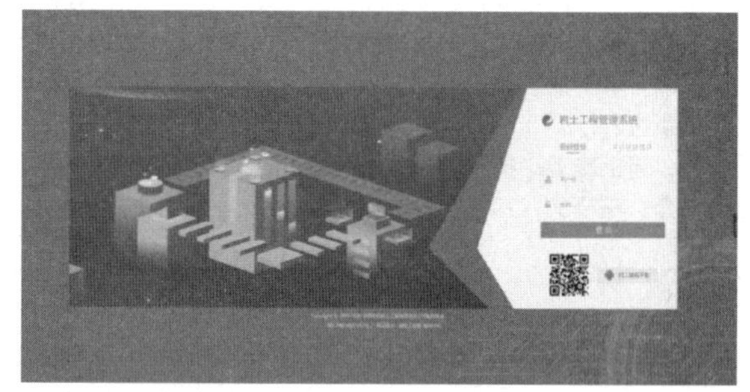

图 2　登录界面

管理人员登录系统后，可将正在施工中项目的工程概况、分包管理、施工日志、材料管理、签证变更、人员管理、安全管理及财务付款信息等录入系统中，能够及时、有效地形成资料数据库。

3.1 项目分布图

该模块主要功能是将系统中所有项目在百度地图上以 maker 的形式显示出来，点击后看到项目简介，可以直观在地图中点击项目，添加了根据分公司筛选项目的功能，实现管理者对项目尽快检索。如图 3 所示。

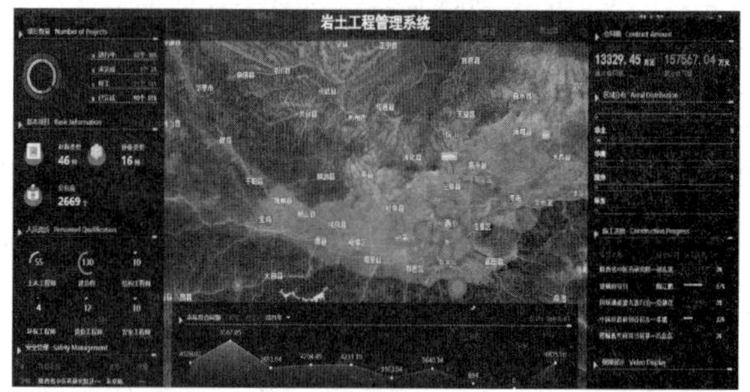

图 3　项目分布图

3.2 项目进度

项目进度模块可以总览系统所有项目的进展情况，通过对施工进度、资金使用、款项回收、材料使用的数据由系统自行计算，并以条形图百分比显示，可以根据项目名称、项目经理、开工日期、完工日期进行项目进度的模糊搜索。如图 4 所示。

3.3 项目列表

项目列表模块包括新建项目、项目信息、项目实况、项目工程量、分包管理、施工日志、材料管理、资料管理、签证变更、财务信息、安全管理等数十个功能模块，

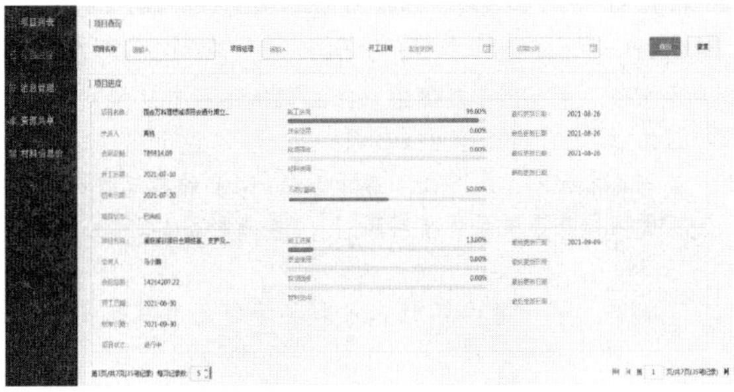

图 4　项目进度

每个模块内容涉及了项目管理的全过程数据。项目列表是工程项目管理系统中项目数据的核心，公司高层管理人员可以通过内容直观参与项目管理，查看项目资金成本动态、现场进度、安全管理等情况，及时规避项目风险，确保项目可控。如图 5 所示。

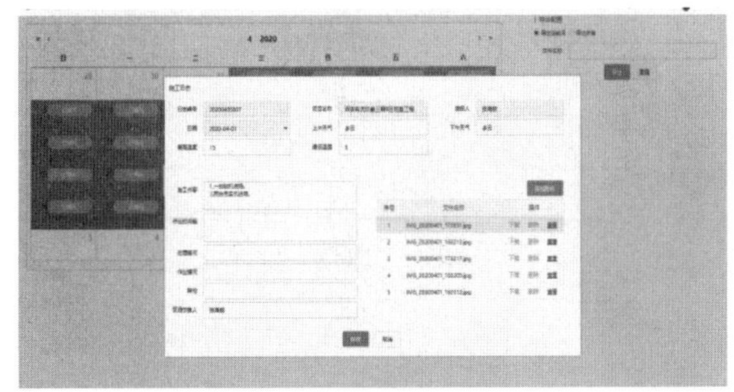

图 5　项目列表模块

（1）施工日志展示

施工日志系统将原本纸质版的施工日志变成了电子版，节约资源，数字存档便于长久保存并可以实时在电脑端查阅。系统设置了上传施工现场照片和文件的功能，可真实反映现场实际情况。如图 6 所示。

图 6　施工日志模板

（2）材料管理

该模块主要展示的是材料信息价，系统管理员及时将最新的各种材料价格汇总上传至系统；公司及项目管理人员可以直接查询各种材料价格，便于动态管理岩土施工项目的成本。

除了以上功能，项目列表还包括资料管理、签证变更、财务信息、设备管理、安全管理、消息管理等。

3.4　系统维护及权限设置

（1）系统维护

本模块主要使用者为系统管理员，主要列表包括设

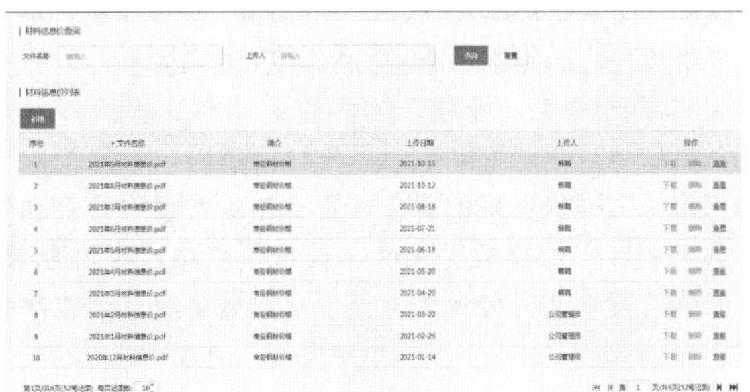

图 7　材料信息价

备品类管理、材料品类管理、分包商管理、人员管理、角色管理、分公司管理、角色分配、字典管理、日志管理，这些模块列表公共服务于本系统，系统中的人员账号，角色权限、字典数据均由此处添加。如图 8 所示。

图 8　系统维护模块

（2）权限设置功能

系统维护模块角色管理及角色分配主要是针对目前系统使用人员架构进行的权限设置功能。工程项目管理系统中记录了所有项目的施工合同、综合单价、分包价格等信息，对系统使用人员进行了多层级角色划分，可限制使用权限及查阅权限，实行层级管理，对系统数据进行保密。

同时还开发了安卓 App 手机端，是 PC 电脑端版本的简化，便于移动操作。目前工程管理系统经岩土施工项目使用及反馈，表现出操作方便、针对性强、数据安全稳定、管理功能齐全等特点。

4　系统在岩土施工中的应用总结

岩土施工工程项目管理系统的开发及应用，可以使项目施工过程中所有数据如：项目概况，技术方案、合同信息，施工进度，施工日志，分包商信息，现场签证、财务收支、往来联系函件、工作报表等进行存储、汇总和实时共享，利用计算机进行项目信息的收集、汇报处理工作，直接为项目管理、决策提供了数据支持，各项目数据利用率预计提高 30%；利用工程项目管理系统提供的便利，使用者可实时查阅各项目的施工进展情况，可以使公司对项目的监督检查等控制及信息反馈变得及时有效，一目了然。

通过工程管理信息化的应用和实施，项目的精细化水平及成本控制已明显加强，系统优化了传统的项目管

理流程，使企业管理人员对项目的质量、安全、成本可控性进一步提高，增强了企业在未来市场的竞争力，将来岩土施工工程项目管理系统将会通过进一步的开发提升，更加可视化、智能化，提升打造新的“智慧工地”，为工程施工提供更好的服务。岩土施工工程项目管理系统为未来岩土行业数字化改革提供了思路，在信息化、大数据的背景下将对岩土工程行业信息化改革产生深远的影响。

参考文献：

[1] 袁东进. 信息化手段促进岩土工程施工进步的探究[J]. 价值工程，2019(33)：212-213.

[2] 苏楠，朱大明，赵海波. 基于 SuperMap 的二三维一体化地下管网信息系统设计与实现[J]. 工程勘察，2018，46(7)：35-39.

[3] 丁相军. 试论岩土工程设计施工中信息管理技术的应用[J]. 中小企业管理与科技，2019(10)：172-173.